HOLT
Pre-Álgebra

Jennie M. Bennett

David J. Chard

Audrey Jackson

Jim Milgram

Janet K. Scheer

Bert K. Waits

HOLT, RINEHART AND WINSTON

A Harcourt Education Company

Orlando • **Austin** • New York • San Diego • Toronto • London

COLABORADORES

Editorial

Lila Nissen, *Editorial Vice President*
Robin Blakely, *Associate Director*
Joseph Achacoso, *Assistant Managing Editor*
Threasa Boyar, *Editor*

Student Edition
Glenn Worthman, *Senior Editor*
Tessa Henry, *Editor*
Kristi Smith, *Associate Editor*

Teacher's Edition
Kelli Flanagan, *Senior Editor*
Thomas Hamilton, *Editor*

Ancillaries
Mary Fraser, *Executive Editor*
Higinio Dominguez, *Associate Editor*

Technology Resources
John Kerwin, *Executive Editor*
Robyn Setzen, *Senior Editor*
Patricia Platt, *Senior Technology Editor*
Manda Reid, *Technology Editor*

Copyediting
Denise Nowotny, *Copyediting Supervisor*
Patrick Ricci, *Copyeditor*

Support
Jill Lawson, *Senior Administrative Assistant*

Design

Book Design
Marc Cooper, *Design Director*
Tim Hovde, *Senior Designer*
Lisa Woods, *Designer*
Teresa Carrera-Paprota, *Designer*
Bruce Albrecht, *Design Associate*
Ruth Limon, *Design Associate*
Holly Whittaker, *Senior Traffic Coordinator*

Teacher's Edition
José Garza, *Designer*
Charlie Taliaferro, *Design Associate*

Cover Design
Pronk & Associates

Image Acquisition
Curtis Riker, *Director*
Tim Taylor, *Photo Research Supervisor*
David Knowles, *Photo Researcher*
Elaine Tate, *Art Buyer Supervisor*
Nicole McLeod, *Art Buyer*
Sam Dudgeon, *Senior Staff Photographer*
Victoria Smith, *Staff Photographer*
Lauren Eischen, *Photo Specialist*

New Media Design
Ed Blake, *Design Director*

Media Design
Dick Metzger, *Design Director*
Chris Smith, *Senior Designer*

Graphic Services
Kristen Darby, *Director*
Eric Rupprath, *Ancillary Designer*
Linda Wilbourn, *Image Designer*

Prepress and Manufacturing

Mimi Stockdell, *Senior Production Manager*
Susan Mussey, *Production Supervisor*
Sara Downs, *Production Coordinator*
Jevara Jackson, *Senior Manufacturing Coordinator*
Ivania Lee, *Inventory Analyst*
Wilonda Ieans, *Manufacturing Coordinator*

Translation Coordinated by Special Projects

Suzanne Thompson, *Director of Special Projects*
Janevieve Eyre, *Managing Editor*
Ivonne Mercado, *Senior Editor*
Gabriela Gándara, *Associate Editor*
John Kendall, *Editorial Coordinator*

AUTORES

Jennie M. Bennett, Ed.D., es supervisora de enseñanza matemática para el distrito escolar independiente de Houston y presidenta de la Asociación Benjamin Banneker.

David J. Chard, Ph.D., es Profesor Auxiliar y Director de posgrado en educación especial en la Universidad de Oregon. Es Presidente de la División de investigación en el Consejo para Niños Excepcionales, es miembro de la Academia internacional para investigación en dificultades para el aprendizaje y es el investigador principal en dos proyectos de investigación para el Departamento de Educación de E.U.

Audrey Jackson es una Directora en San Luis, Missouri, que se ha dedicado a desarrollar planes de estudio y capacitación para maestros durante muchos años.

Jim Milgram, Ph.D., es maestro de Matemáticas en la Universidad de Stanford. Es miembro de la lista de asesores "Achieve Mathematics" y dirige los trabajos de análisis de responsabilidad de las evaluaciones estatales patrocinadas por las fundaciones Fordham y Smith-Richardson. Recientemente lo han nombrado asesor principal del Departamento de Educación en la implantación de la iniciativa Matemáticas-Ciencias, que es un componente clave de la legislación "No child left behind" (Que ningún niño se quede atrás).

Janet K. Scheer, Ph.D., Directora ejecutiva de Create A Vision™, es oradora motivacional y ofrece capacitación personalizada a maestros de matemáticas de los grados K a 12. Ha enseñado en todos los grados a nivel nacional e internacional.

Bert K. Waits, Ph.D., es profesor emérito de matemáticas en la Universidad estatal de Ohio y es cofundador de T³ (Teachers Teaching with Technology) un programa de desarrollo profesional para maestros a nivel nacional.

CONSULTORES

Paul A. Kennedy Kennedy es profesor en el Departamento de Matemáticas en la Universidad estatal de Colorado y recientemente ha dirigido dos proyectos para la Fundación Nacional para las Ciencias, enfocado en aprendizaje basado en preguntas.

Mary Lynn Raith es especialista curricular en Matemáticas para las escuelas públicas de Pittsburg y directora ajunta del proyecto PRIME (Pittsburgh Reform in Mathematics Education), que es parte de la Fundación Nacional para las Ciencias.

Francisco Pacheco
Math Teacher
IS 125
Bronx, NY

Vivian Perry
Edwards, IL

Vicki Perryman Petty
Math Teacher
Central Middle School
Murfreesboro, TN

Jennifer Sawyer
Math Teacher
Shawboro, NC

Russell Sayler
Math Teacher
Longfellow Middle School
Wauwatosa, WI

Raymond Scacalossi
Math Chairperson
Hauppauge Schools
Hauppauge, NY

Richard Seavey
Math Teacher–Retired
Metcalf Jr. High
Eagan, MN

Sherry Shaffer
Math Teacher
Honeoye Central School
Honeoye Falls, NY

Gail M. Sigmund
Math Teacher
Charles A. Mooney Preparatory School
Cleveland, OH

Jonathan Simmons
Math Teacher
Manor Middle School
Killeen, TX

Jeffrey L. Slagel
Math Department Chair
South Eastern Middle School
Fawn Grove, PA

Karen Smith, Ph.D.
Math Teacher
East Middle School
Braintree, MA

Bonnie Thompson
Math Teacher
Tower Heights Middle School
Dayton, OH

Mary Thoreen
Mathematics Subject Area Leader
Wilson Middle School
Tampa, FL

Paul Turney
Math Teacher
Ladue School District
St. Louis, MO

Manual de resolución de problemas

Plan de resolución de problemas . . . . **xx**
Estrategias de resolución de problemas . . . . **xxii**

CAPÍTULO 1

Herramientas de álgebra

Álgebra *Indica que se incluye álgebra
en el desarrollo de la lección*

go.hrw.com **Práctica en línea para la prueba estatal** . . . . **CLAVE: MP4 TestPrep**

Enteros y exponentes

CAPÍTULO 3

Números racionales y números reales

CONEXIONES interdisciplinarias

- Ciencias de la vida 139, 143
- Ciencias de la Tierra 134, 139, 153
- Deportes 117, 120, 148
- Energía 120
- Animales 125
- Profesiones 125
- Economía para el consumidor 125, 132
- Salud 125
- Estudios sociales 132, 149
- Construcción 133
- Mediciones 133
- Computadoras 147
- Arte de la industria 149
- Artes del lenguaje 149
- Recreación 149
- Tecnología 149

Ayuda para el estudiante

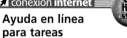

- Recuerda 113, 131, 136, 140, 147
- Pista útil 121, 122, 146, 156, 161
- ¡Consejo! Para la prueba 171

📶 conexión **internet** 🌐

Ayuda en línea para tareas

115, 119, 124, 129, 133, 138, 142, 148, 152, 158

CLAVE: MP4 HWHelp

Álgebra *Indica que se incluye álgebra en el desarrollo de la lección*

Recopilar, presentar y analizar datos

CAPÍTULO 4

CONEXIONES interdisciplinarias

Ciencias de la vida 177, 207

Ciencias de la Tierra 191

Negocios 177

Dinero 177

Artes del lenguaje 183

Astronomía 185, 187

Geografía 192

Ayuda para el estudiante

Pista útil 197, 205

¡Consejo! Para la prueba 219

🖳 conexión **internet**

Ayuda en línea para tareas

176, 181, 186, 190, 198, 202, 206

CLAVE: MP4 HWHelp

Geometría plana

☑ conexión **internet**   go.hrw.com
Ayuda en línea
para tareas
224, 230, 236, 241, 246,
252, 256, 261, 266
CLAVE: MP4 HWHelp

Álgebra   *Indica que se incluye álgebra*
en el desarrollo de la lección

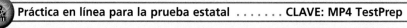

Perímetro, área y volumen

CONEXIONES interdisciplinarias

Ciencias de la vida 311, 321, 327
Ciencias de la Tierra 323
Ciencias físicas 288
Estudios sociales 284, 293, 311, 313, 323
Construcción 293, 309
Transporte 295, 306, 315
Entretenimiento 297, 311
Comida 297
Deportes 297, 319
Tecnología 306
Historia 313
Arquitectura 315
Profesión 315
Arte 317

Ayuda para el estudiante

Pista útil 280, 282, 290, 307
Leer matemáticas 286
¡Recuerda! 294, 307
¡Consejo! Para la prueba 339

 conexión internet
Ayuda en línea para tareas
283, 287, 292, 296, 304, 310, 314, 318, 322, 326
CLAVE: MP4 HWHelp

Práctica en línea para la prueba estatal . . . . CLAVE: MP4 TestPrep

CAPÍTULO 7

Razones y semejanza

Álgebra *Indica que se incluye álgebra en el desarrollo de la lección*

Porcentajes

CAPÍTULO 8

CONEXIONES interdisciplinarias

Ciencias de la vida 403,
408, 411, 416, 419
Ciencias de la Tierra
408, 419, 423
Ciencias físicas 401,
403, 410, 423
Artes del lenguaje 408
Estudios sociales 408,
413
Deportes 423
Economía 427

Ayuda para el estudiante

¡Recuerda! 400
Leer matemáticas 400
Pista útil 406, 420
¡Consejo! Para la prueba
443

🖅 conexión internet
Ayuda en línea
para tareas
402, 407, 412, 418, 422,
426, 430
CLAVE: MP4 HWHelp

CAPÍTULO 9

Probabilidad

CONEXIONES interdisciplinarias

Ciencias de la vida 459, 466, 475
Ciencias de la Tierra 454
Negocios 450, 485
Entretenimiento 450
Seguridad 452
Arte 475
Deportes 475
Juegos 481

Ayuda para el estudiante

Pista útil 457, 472
Leer matemáticas 471
¡Consejo! Para la prueba 495

🔲 conexión internet
Ayuda en línea
para tareas
449, 453, 458, 465, 469, 474, 480, 484
CLAVE: MP4 HWHelp

Álgebra   *Indica que se incluye álgebra en el desarrollo de la lección*

Más ecuaciones y desigualdades

CAPÍTULO 11

Representación gráfica de líneas

⚹ conexión internet 🔵

Ayuda en línea
para tareas

543, 548, 553, 558, 565, 570, 574

CLAVE: MP4 HWHelp

Álgebra *Indica que se incluye álgebra
en el desarrollo de la lección*

Sucesiones y funciones

CONEXIONES interdisciplinarias

Ciencias de la vida 599, 614, 616

Ciencias físicas 599, 618, 625, 631

Viajes 592

Negocios 594, 612, 616, 625

Recreación 594, 616

Dinero 597

Finanzas 631

Música 605, 629

Economía doméstica 612

Deportes 612

Salud 620

Astronomía 623

Pasatiempos 625

Economía 599, 616

Ayuda para el estudiante

Pista útil 590, 618, 628

Escribir matemáticas 591

Leer matemáticas 609

¡Recuerda! 622

¡Consejo! Para la prueba 641

conexión internet

Ayuda en línea para tareas

593, 597, 603, 610, 615, 619, 624, 630

CLAVE: MP4 HWHelp

CAPÍTULO 13

Polinomios

CONEXIONES interdisciplinarias

Ciencias de la vida 652, 673

Arte 653, 657

Negocios 651, 659, 661, 663

Salud 667

Física 645

Deportes 671

Transporte 647, 659

Ayuda para el estudiante

¡Recuerda! 674

Pista útil 670

¡Consejo! Para la prueba 685

☑ conexión internet

Ayuda en línea para tareas

Clave: MP4 HWHelp

 Álgebra *Indica que se incluye álgebra en el desarrollo de la lección*

Teoría de conjuntos y matemáticas discretas

CAPÍTULO 14

CONEXIONES interdisciplinarias

Ayuda para el estudiante

conexión internet

Ayuda en línea para tareas

Clave: MP4 HWHelp

Manual del estudiante

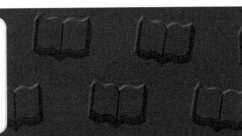

Manual de resolución de problemas

RESOLUCIÓN DE PROBLEMAS

Plan de resolución de problemas

Para resolver bien un problema, necesitas usar un buen plan de resolución de problemas. A continuación se explica el plan que se usa en este libro. Si tienes otro plan que te guste, puedes usarlo también.

COMPRENDE el problema

- **¿Qué se te pide hallar?** — Escribe la pregunta con tus propias palabras.
- **¿Qué información se da?** — Identifica los datos importantes del problema.
- **¿Qué información necesitas?** — Determina qué datos son necesarios para responder a la pregunta.
- **¿Se da toda la información?** — Determina si se dan todos los datos.
- **¿Se da información que no usarás?** — Determina qué datos, si los hay, no son necesarios para resolver el problema.

Haz un PLAN

- **¿Ya has resuelto un problema semejante?** — Piensa en otros problemas como éste que hayas resuelto bien.
- **¿Qué estrategia o estrategias puedes usar?** — Determina una estrategia que puedas usar y cómo la usarás.

RESUELVE

- **Sigue tu plan.** — Muestra los pasos de tu solución. Escribe tu respuesta como un enunciado completo.

REPASA

- **¿Respondiste a la pregunta?** — Asegúrate de haber respondido a lo que te pide la pregunta.
- **¿Es razonable tu respuesta?** — Tu respuesta debe ser razonable en el contexto del problema.
- **¿Hay otra estrategia que puedas usar?** — Resolver el problema con otra estrategia es una buena manera de comprobar tu trabajo.
- **¿Aprendiste algo que pueda ayudarte a resolver problemas semejantes en el futuro?** — Trata de recordar los problemas que resolviste y las estrategias que usaste para resolverlos.

Usar el plan de resolución de problemas

Roy tiene un terreno rectangular que quiere cercar. Colocará un poste cada 9 pies a lo largo del perímetro. Cada poste mide 5 pies de altura. El terreno mide 63 pies de largo y 45 de ancho. ¿Cuántos postes necesita Roy?

COMPRENDE el problema

Roy tiene un terreno de 63 pies por 45 pies. Colocará un poste cada 9 pies en el perímetro. Debes hallar cuántos postes necesita.

Haz un PLAN

Puedes **dibujar un diagrama** para mostrar cuántos postes necesita Roy para su cerca.

RESUELVE

Dibuja un rectángulo semejante al terreno. Pon marcas en el perímetro del rectángulo para representar los postes que se colocarán cada 9 pies.

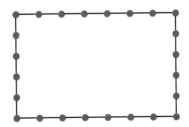

Cuenta el número de marcas que pusiste en el perímetro del rectángulo. En cada esquina sólo debe haber una marca.

Roy necesita 24 postes para su cerca.

REPASA

El perímetro es de 63 + 45 + 63 + 45 = 216 pies. Si se coloca un poste cada 9 pies, habrá 216 ÷ 9 = 24 postes. La respuesta es razonable.

Manual de resolución de problemas

Dibujar un diagrama

Cuando los problemas tratan sobre objetos, distancias o lugares, dibujar un diagrama puede hacer más claro el problema. Puedes **dibujar un diagrama** que te ayude a comprender el problema y resolverlo.

Estrategias de resolución de problemas

Dibujar un diagrama	Hacer una tabla
Hacer un modelo	Resolver un problema más
Calcular y comprobar	sencillo
Trabajar en sentido	Usar el razonamiento lógico
inverso	Usar un diagrama de Venn
Hallar un patrón	Hacer una lista organizada

June lleva su gato, su perro y su pez a su nuevo apartamento. Sólo puede llevar una mascota en cada viaje. No puede dejar juntos el perro y el gato, ni el gato y el pez. ¿Cómo puede llevar todas sus mascotas a salvo a su nuevo apartamento?

 **Comprende el problema**

La respuesta será la descripción de los viajes a su nuevo apartamento. Nunca deberá estar solo el gato con el perro ni con el pez.

 **Haz un plan**

Dibuja un diagrama que represente cada viaje de ida y vuelta.

Resuelve

Al principio, el gato, el perro y el pez están en el antiguo apartamento.

Antiguo apartamento		Nuevo apartamento	
June, gato, perro, pez	June, gato →	June, gato	Viaje 1: Lleva al gato y regresa sola.
June, perro, pez	← June	gato	
June, perro, pez	June, perro →	June, perro, gato	Viaje 2: Lleva al perro y regresa con el gato.
June, gato, pez	← June, gato	perro	
June, gato, pez	June, pez →	June, perro, pez	Viaje 3: Lleva al pez y regresa sola.
June, gato	← June	perro , pez	
June, gato	June, gato →	June, gato, perro, pez	Viaje 4: Lleva al gato.

 Repasa

Comprueba para asegurarte de que el gato nunca esté solo ni con el pez ni con el perro.

PRÁCTICA

1. Hay 8 banderas alrededor de una pista circular acomodadas con el mismo espacio entre una y la otra. Ling tarda 15 s en correr de la primera a la tercera bandera. A este paso, ¿cuánto tardará en dar dos vueltas a la pista?

2. Una rana trepa a un árbol de 22 pies de altura. Cada 5 min, trepa 3 pies, pero resbala hacia abajo 1 pie. ¿Cuánto tardará en llegar hasta arriba?

Hacer un modelo

Un problema que trata sobre objetos puede resolverse haciendo un modelo con objetos similares. **Haz un modelo** que te ayude a comprender el problema y hallar la solución.

Estrategias de resolución de problemas

Dibujar un diagrama	Hacer una tabla
Hacer un modelo	Resolver un problema más
Calcular y comprobar	sencillo
Trabajar en sentido	Usar el razonamiento lógico
inverso	Usar un diagrama de Venn
Hallar un patrón	Hacer una lista organizada

El volumen de un prisma rectangular se obtiene con la fórmula $V = \ell ah$, donde ℓ es la longitud, a es la anchura, y h es la altura del prisma. Halla todos los prismas rectangulares posibles con volumen de 16 unidades cúbicas y dimensiones que sean todas números cabales.

 **Comprende el problema**

Necesitas hallar los diferentes prismas posibles. La longitud, anchura y altura serán números cabales cuyo producto sea 16.

 Haz un plan

Puedes usar cubos unitarios para hacer un modelo de cada prisma rectangular posible. Trabaja de manera sistemática para hallar todas las respuestas posibles.

Resuelve

Comienza con un prisma de $16 \times 1 \times 1$.

16 × 1 × 1

Con la misma altura del prisma, explora qué le pasa a la longitud si cambias la anchura. Luego, prueba con una altura de 2. Observa que un prisma de $8 \times 2 \times 1$ es igual a uno de $8 \times 1 \times 2$ vuelto sobre su lado.

8 × 2 × 1	**No es prisma rectangular**	**4 × 4 × 1**	**4 × 2 × 2**

Las dimensiones posibles son $16 \times 1 \times 1$, $8 \times 2 \times 1$, $4 \times 4 \times 1$, y $4 \times 2 \times 2$.

Repasa

El producto de la longitud, anchura y altura debe ser 16. Examina la factorización prima del volumen: $16 = 2 \cdot 2 \cdot 2 \cdot 2$. Dimensiones posibles:

$1 \cdot 1 \cdot (2 \cdot 2 \cdot 2 \cdot 2) = 1 \cdot 1 \cdot 16$ $\qquad$ $1 \cdot 2 \cdot (2 \cdot 2 \cdot 2) = 1 \cdot 2 \cdot 8$

$1 \cdot (2 \cdot 2) \cdot (2 \cdot 2) = 1 \cdot 4 \cdot 4$ $\qquad$ $2 \cdot 2 \cdot (2 \cdot 2) = 2 \cdot 2 \cdot 4$

PRÁCTICA

1. Cuatro cuadrados unitarios se arreglan para que cada uno comparta una arista con otro cuadrado. ¿Cuántos arreglos diferentes son posibles?

2. Se forman cuatro triángulos cortando un rectángulo por sus diagonales. ¿Qué figuras se pueden formar con esos triángulos?

Calcular y comprobar

Cuando crees que calcular puede ayudarte a resolver un problema, puedes **calcular y comprobar.** Usar claves para hacer cálculos puede reducir las opciones de solución. Comprueba si tu cálculo resuelve el problema, y sigue calculando hasta que halles la solución.

Estrategias de resolución de problemas

Dibujar un diagrama   Hacer una tabla
Hacer un modelo   Resolver un problema más
Calcular y comprobar   sencillo
Trabajar en sentido   Usar el razonamiento lógico
   inverso   Usar un diagrama de Venn
Hallar un patrón   Hacer una lista organizada

La Intermedia North planea reunir $1200 lavando autos. Cobrarán $4 por cada auto y $8 por cada camioneta. ¿Cuántos vehículos habría que lavar para reunir $1200 si piensan lavar el doble de autos que de camionetas?

Comprende el problema

Debes determinar el número de autos y de camionetas que deben lavar para reunir $1200. Sabes la tarifa por vehículo.

Haz un plan

Puedes **calcular y comprobar** para hallar el número de autos y camionetas. Calcula el número de autos y divídelo entre 2 para hallar el número de camionetas.

Resuelve

Puedes organizar tus cálculos en una tabla.

	Autos	Camionetas	Dinero reunido	
Primer cálculo	200	100	$4(200) + $8(100) = $1600	Muy alto
Segundo cálculo	100	50	$4(100) + $8(50) = $800	Muy bajo
Tercer cálculo	150	75	$4(150) + $8(75) = $1200	

Deberán lavar 150 autos y 75 camionetas, o sea, 225 vehículos.

Repasa

El total reunido es de $4(150) + $8(75) = $1200, y el número de autos es el doble del de camionetas. La respuesta es razonable.

PRÁCTICA

1. Las entradas de adulto para un partido de béisbol cuestan $15, y las de niño, $8. Asistió el doble de niños que de adultos, y el total de la venta de entradas fue de $2480. ¿Cuántas personas asistieron al partido?

2. Angie hace pulseras y prendedores de amistad. Hace en 6 minutos una pulsera y en 4 minutos un prendedor. Si quiere hacer tres veces más prendedores que pulseras, ¿cuántos de cada uno puede hacer en 3 horas?

Trabajar en sentido inverso

Si en un problema se pide un valor inicial que sigue una serie de pasos, la mejor forma de resolverlo podría ser **trabajando en sentido inverso**.

Estrategias de resolución de problemas

Dibujar un diagrama	Hacer una tabla
Hacer un modelo	Resolver un problema más
Calcular y comprobar	sencillo
Trabajar en sentido	Usar el razonamiento lógico
inverso	Usar un diagrama de Venn
Hallar un patrón	Hacer una lista organizada

Tyrone tiene dos relojes de mesa y uno de pulsera. Si la electricidad se interrumpe durante el día, sucede lo siguiente:

- **El reloj A se para y continúa cuando vuelve la electricidad.**

- **El reloj B se para y reinicia a las 12:00 am cuando vuelve la electricidad.**

Cuando Tyrone llega a casa, su reloj de pulsera marca las 4:27 pm, el reloj B marca las 5:21 am y el reloj A marca las 3:39 pm. ¿A qué hora se interrumpió la electricidad y durante cuánto tiempo?

 **Comprende el problema**

Necesitas hallar a qué hora se interrumpió la electricidad y por cuánto tiempo. Sabes cómo funciona cada reloj.

 Haz un plan

Trabaja en sentido inverso hasta la hora en que se interrumpió la electricidad. Resta de la hora correcta, las 4:27, que marcó el reloj de pulsera.

Resuelve

La diferencia entre la hora correcta y la del reloj A es la duración de la interrupción del suministro eléctrico.

$$4{:}27 - 3{:}39 = 0{:}48 \qquad \textit{La interrupción duró 48 minutos.}$$

El reloj B reinició a las 12:00 cuando volvió la electricidad.

$$5{:}21 - 12{:}00 = 5{:}21 \qquad \textit{La electricidad volvió hace 5 horas y 21 minutos.}$$

Resta 5:21 a la hora correcta para hallar cuándo volvió la electricidad.

$$4{:}27 - 5{:}21 = 11{:}06 \qquad \textit{La electricidad volvió a las 11:06 am.}$$

Resta 48 minutos a las 11:06 para hallar cuándo se interrumpió la electricidad.

$$11{:}06 - 0{:}48 = 10{:}18$$

La electricidad se interrumpió a las 10:18 am y así estuvo durante 48 minutos.

Repasa

Si la electricidad se interrumpió alrededor de las 10 am y duró cerca de una hora, volvió alrededor de las 11 am, y cada reloj funcionaría cerca de $5\frac{1}{2}$ horas.

PRÁCTICA

1. Jackie tiene 4 años menos que Roger. Roger tiene $2\frac{1}{2}$ años más que Jade. Jade tiene 14 años. ¿Qué edad tiene Jackie?

2. Becca dirige una obra que inicia a las 8:15 pm. Quiere que los actores estén listos 10 minutos antes del inicio de la obra. Los actores necesitan 45 minutos para maquillarse, 15 minutos para una reunión con el director y luego 35 minutos para ponerse el vestuario. ¿A qué hora deberían llegar?

Manual de resolución de problemas

Hallar un patrón

Si un problema trata sobre números, figuras o incluso códigos, observar un patrón puede ayudarte a resolverlo. Para resolver un problema con patrones, debes usar pasos pequeños que te ayuden a **hallar un patrón**.

Estrategias de resolución de problemas

Dibujar un diagrama	Hacer una tabla
Hacer un modelo	Resolver un problema más
Calcular y comprobar	sencillo
Trabajar en sentido	Usar el razonamiento lógico
inverso	Usar un diagrama de Venn
Hallar un patrón	Hacer una lista organizada

Gil trata de descifrar el siguiente enunciado, que puede estar codificado mediante un patrón. ¿Qué dice el enunciado?

BI MBOOL V BI DXGL ZLOOBK BK BI MXQFL.

 **Comprende el problema**

Necesitas hallar si se usó un patrón para codificar el enunciado y continuar el patrón para descifrar el enunciado.

 **Haz un plan**

Halla un patrón. Trata de descifrar una palabra primero. Observa que *BI* aparece tres veces.

 **Resuelve**

Gil piensa que *BI* puede ser la palabra *EL*. Si BI significa *EL*, surge un patrón entre las letras y su posición en el alfabeto.

B: 2ª. letra	*E*: 5ª. letra	*+ 3 letras*
I: 9ª. letra	*L*: 12ª. letra	*+ 3 letras*

Continúa el patrón. Aunque no hay letras 27ª., 28ª. ni 29ª. en el alfabeto, las letras que faltan son obvias (27 = 1 = *A*, 28 = 2 = *B* y 29 = 3 = *C*).

```
BI MBOOL V BI DXQL ZLOOBK BK BI MXQFL.
EL PERRO Y EL GATO CORREN EN EL PATIO.
```

 Repasa

El enunciado tiene sentido, así que el patrón funciona.

PRÁCTICA

Descifra cada enunciado.

1. YJ KCHMP AYXYBMP QC JC TY JY JGCZPC.

   (*YJ = AL*)

2. XYMWCZLUL OH WIXCAI YM XCPYLNCXI.

   (*OH = UN*)

Hacer una tabla

Para resolver un problema sobre una relación entre dos conjuntos de números, puedes **hacer una tabla.** Puede usarse una tabla para organizar datos de manera que puedas ver relaciones, y hallar la solución.

Estrategias de resolución de problemas

Dibujar un diagrama	**Hacer una tabla**
Hacer un modelo	Resolver un problema más
Calcular y comprobar	sencillo
Trabajar en sentido	Usar el razonamiento lógico
inverso	Usar un diagrama de Venn
Hallar un patrón	Hacer una lista organizada

Jill tiene 12 tramos de cerca de 2 pies de largo. Quiere usarlos para cercar un jardín con la mayor área posible junto a la pared trasera de su casa. ¿Qué área máxima puede cercar?

 **Comprende el problema**

Debes determinar el largo y ancho de la cerca.

 Haz un plan

Haz una tabla con los posibles anchos y largos. Empieza con el menor ancho posible e increméntalo de 2 en 2 pies. Recuerda que el ancho es el mismo en los dos lados.

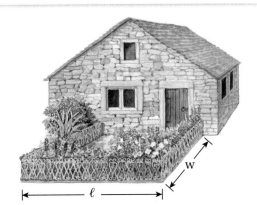

Resuelve

Usa la tabla para resolver.

Ancho (pies)	Largo (pies)	Área del jardín (pies^2)
2	20	40
4	16	64
6	12	72
8	8	64
10	4	40

El área máxima que puede tener el jardín es de 72 pies^2, 6 pies de ancho y 12 pies de largo.

 Repasa

Jill puede usar 3 tramos de cerca para el primer lado, 6 tramos para el segundo lado y otros 3 tramos para el tercer lado.

$$3 \quad + 6 \quad + 3 \quad = 12 \text{ tramos}$$
$$6 \text{ pies} + 12 \text{ pies} + 6 \text{ pies} = 24 \text{ pies}$$

PRÁCTICA

1. Supongamos que Jill decidió no usar la casa como un lado del jardín. ¿Cuál es el área máxima que podría cercar?

2. Una tienda vende baterías en paquetes de 3 a $3.99 y de 2 a $2.99. Barry compró 14 baterías y pagó $18.95. ¿Cuántos paquetes de cada uno compró?

Manual de resolución de problemas

Resolver un problema más sencillo

Si un problema contiene números grandes o requiere muchos pasos, trata de **resolver un problema más sencillo** primero. Busca semejanzas entre los problemas y úsalas para resolver el problema original.

Estrategias de resolución de problemas

Dibujar un diagrama
Hacer un modelo
Calcular y comprobar
Trabajar en sentido inverso
Hallar un patrón

Hacer una tabla
Resolver un problema más sencillo
Usar el razonamiento lógico
Usar un diagrama de Venn
Hacer una lista organizada

Noemi se enteró de que se conectarían entre sí 10 computadoras de su escuela. Pensó que un cable conectaría a cada computadora con las otras. ¿Cuántos cables se necesitarían si se hiciera de esa manera?

 **Comprende el problema**

Sabes que hay 10 computadoras y que cada una necesitaría un cable distinto para conectarse con cada una de las otras. Debes hallar el número total de cables.

 **Haz un plan**

Comienza por **resolver un problema más sencillo** con menos computadoras.

 **Resuelve**

El problema más sencillo comienza con 2 computadoras.

2 computadoras
1 conexión

3 computadoras
3 conexiones

4 computadoras
6 conexiones

Organiza los datos en una tabla para ver si hay un patrón.

Número de computadoras	Número de conexiones
2	1
3	1 + 2 = 3
4	1 + 2 + 3 = 6
5	1 + 2 + 3 + 4 = 10
10	1 + 2 + 3 + 4 + 5 + 6 + 7 + 8 + 9 = 45

Por tanto, si se necesitara un cable distinto para conectar cada una de 10 computadoras con cada una de las otras, se requerirían 45 cables con 10 computadoras.

  Repasa

Aumenta el número de computadoras para comprobar que el patrón continúa.

PRÁCTICA

1. En una mesa se pueden sentar 2 personas a cada lado y 1 en cada cabecera. Si se juntan 6 mesas a lo largo para un banquete, ¿cuántos lugares habrá?

2. ¿Cuántas diagonales hay en un dodecágono (polígono de 12 lados)?

Usar el razonamiento lógico

A veces, un problema puede dar claves y hechos para ayudarte a hallar la solución. Puedes **usar el razonamiento lógico** para resolver este tipo de problemas.

Estrategias de resolución de problemas

Dibujar un diagrama
Hacer un modelo
Calcular y comprobar
Trabajar en sentido inverso
Hallar un patrón

Hacer una tabla
Resolver un problema más sencillo
Usar el razonamiento lógico
Usar un diagrama de Venn
Hacer una lista organizada

Kim, Lily y Suki estudian ballet, tap y jazz (pero no en ese orden). Kim es hermana de la persona que estudia ballet. Lily toma tap.

Comprende el problema

Quieres determinar qué persona estudia cada clase. Sabes que hay tres personas y que cada una estudia sólo una clase.

Haz un plan

Usa el razonamiento lógico para hacer una tabla con los datos.

Resuelve

Haz listas con los tipos de baile y los nombres de las personas. Escribe *Sí* o *No* si no tienes duda de una respuesta. Lily toma tap.

	Ballet	Tap	Jazz
Kim		No	
Lily	No	Sí	No
Suki		No	

La hermana de Kim toma ballet, por tanto, Kim no estudia ballet.
Suki debe ser la que estudia ballet.

	Ballet	Tap	Jazz
Kim		No	
Lily	No	Sí	No
Suki	Yes	No	No

Kim debe ser la que estudia jazz

Kim estudia jazz, Lily estudia tap y Suki estudia ballet.

Repasa

Asegúrate de que ninguna conclusión contradiga las pistas.

PRÁCTICA

1. Patrick, John y Vanessa tienen una serpiente, un gato y un conejo. La mascota de Patrick no tiene pelaje. Vanesa no tiene un gato. Identifica al dueño de cada mascota.

2. Isabella, Keifer, Dylan y Chrissy están en sexto, séptimo, octavo y noveno grado. Isabella no está en séptimo. El de sexto está en la banda con Dylan y almuerza con Isabella. Chrissy está en noveno. Identifica en qué grado está cada estudiante.

Usar un diagrama de Venn

Puedes **usar un diagrama de Venn** para presentar relaciones entre conjuntos en un problema. Usa óvalos, círculos u otras figuras para representar conjuntos individuales.

Estrategias de resolución de problemas

Dibujar un diagrama	Hacer una tabla
Hacer un modelo	Resolver un problema más
Calcular y comprobar	sencillo
Trabajar en sentido	Usar el razonamiento lógico
inverso	**Usar un diagrama de Venn**
Hallar un patrón	Hacer una lista organizada

Patricia encuestó a 100 estudiantes. Escribió que 32 practican baloncesto, 45 practican atletismo y 19 practican ambos deportes. La maestra Thornton quiere saber cuántos de los encuestados sólo practican baloncesto.

 **Comprende el problema**

Sabes que se encuestó a 100 estudiantes, que 32 practican baloncesto, 45 practican atletismo y 19 practican baloncesto *y* atletismo.

La respuesta es el número de estudiantes que sólo practican baloncesto.

 Haz un plan

Usa un diagrama de Venn para representar los conjuntos de estudiantes que practican baloncesto, atletismo y ambos deportes.

Resuelve

Dibuja y rotula en un rectángulo dos círculos que se traslapen. Comienza en el centro. Escribe 19 en el área donde se traslapan los círculos. Esto representa el número de estudiantes que practican baloncesto y atletismo.

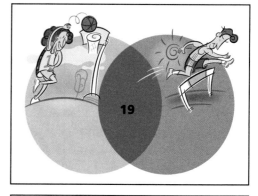

Usa la información del problema para completar el diagrama. Sabes que 32 estudiantes practican baloncesto y que 19 de ésos practican atletismo.

Por tanto, 13 estudiantes sólo juegan baloncesto.

 Repasa

Cuando tu diagrama de Venn esté completo, comprueba con cuidado para asegurarte de que está de acuerdo con la información.

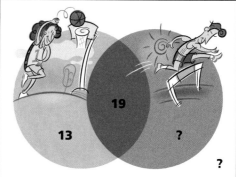

PRÁCTICA

1. ¿Cuántos estudiantes encuestados sólo practican atletismo?

2. ¿Cuántos de los encuestados no practican baloncesto ni atletismo?

Hacer una lista organizada

A veces un problema trata sobre un gran número de formas en que puede hacerse algo. Para resolver este tipo de problema, debes **hacer una lista organizada.** Ésto te ayudará a organizar y contar todos los resultados posibles.

Estrategias de resolución de problemas

Dibujar un diagrama	Hacer una tabla
Hacer un modelo	Resolver un problema más sencillo
Calcular y comprobar	
Trabajar en sentido inverso	Usar el razonamiento lógico
	Usar un diagrama de Venn
Hallar un patrón	**Hacer una lista organizada**

¿Cuál es la mayor cantidad de dinero que puedes tener en monedas (de 25¢, 10¢, 5¢ y 1¢) sin que sumen un dólar?

Comprende el problema

Buscas una cantidad de dinero.
No puedes tener combinaciones de monedas que sumen un dólar, como 4 de 25¢, ó 3 de 25¢, 2 de 10¢ y 1 de 5¢.

Haz un plan

Haz una lista organizada, comenzando con el máximo número posible de cada tipo de moneda. Considera todas las formas en que puedes agregar otros tipos de monedas sin sumar exactamente un dólar.

Resuelve

Haz una lista de la mayor cantidad de cada tipo de moneda que puedes tener.

3 de 25¢ = 75¢   9 de 10¢ = 90¢   19 de 5¢ = 95¢   99 de 1¢ = 99¢

Ahora haz una lista de las combinaciones posibles de dos tipos de monedas.

3 de 25¢ y 4 de 10¢ = 115¢   9 de 10¢ y 1 de 25¢ = 115¢
3 de 25¢ y 4 de 5¢ = 95¢   9 de 10¢ y 1 de 5¢ = 95¢
3 de 25¢ y 24 de 1¢ = 99¢   9 de 10¢ y 9 de 1¢ = 99¢

19 de 5¢ y 4 de 1¢ = 99¢

Busca combinaciones de esta lista a las que podrías agregar otro tipo de moneda sin sumar exactamente un dólar.

3 de 25¢, 4 de 10¢ y 4 de 1¢ = 119¢
3 de 25¢, 4 de 5¢ y 4 de 1¢ = 99¢
9 de 10¢, 1 de 25¢ y 4 de 1¢ = 119¢
9 de 10¢, 1 de 5¢ y 4 de 1¢ = 99¢

La mayor cantidad que puedes tener es 119¢, o sea, $1.19.

Repasa

Intenta añadir una moneda de cualquier tipo a cada combinación que sume $1.19 y ve si podrías dar cambio por un dólar.

PRÁCTICA

1. ¿Cómo puedes arreglar los números 2, 6, 7 y 12 con los símbolos +, ×, y ÷ para crear la expresión del valor mayor?

2. ¿Cuántas formas hay de arreglar 24 escritorios en 3 ó más filas iguales si cada fila debe tener al menos 2 escritorios?

Herramientas de álgebra

Gases tóxicos generados en incendios		
Gas	Nivel de toxicidad (ppm)	Origen
Monóxido de carbono (CO)	1200	Combustión incompleta
Cloruro de hidrógeno (HCl)	50	Plásticos
Cianuro de hidrógeno (HCN)	50	Lana, nylon, espuma de poliuretano, caucho, papel
Fosgeno ($COCl_2$)	2	Refrigerantes

conexión **internet**

Presentación del capítulo en línea: go.hrw.com
CLAVE: MP4 Ch1

Profesión *Bombero*

En un incendio, el bombero debe tener en cuenta la ventilación, el espacio, qué se quema y lo que podría incendiarse. El oxígeno, los combustibles, el calor y las reacciones químicas son el foco de un incendio, pero las cantidades y materiales difieren.

En la tabla de arriba aparecen algunos gases tóxicos que suelen enfrentar los bomberos en los incendios.

¿ESTÁS PREPARADO?

Elige de la lista el término que mejor complete cada enunciado.

1. La __?__ es la __?__ de la suma.

2. Las expresiones $3 \cdot 4$ y $4 \cdot 3$ son iguales según la __?__.

3. Las expresiones $1 + (2 + 3)$ y $(1 + 2) + 3$ son iguales según la __?__.

4. La multiplicación y la __?__ son operaciones inversas.

5. La __?__ y la __?__ son conmutativas.

suma

Propiedad asociativa

Propiedad conmutativa

división

operación inversa

multiplicación

resta

Resuelve los ejercicios para practicar las destrezas que usarás en este capítulo.

✔ Operaciones con números cabales

Simplifica cada expresión.

6. $8 + 116 + 43$ **7.** $2431 - 187$ **8.** $204 \cdot 38$ **9.** $6447 \div 21$

✔ Comparar y ordenar números cabales

Ordena de menor a mayor cada sucesión de números.

10. $1050; 11,500; 105; 150$ **11.** $503; 53; 5300; 5030$ **12.** $44,400; 40,040; 40,400; 44,040$

✔ Operaciones inversas

Escribe cada expresión con la operación inversa.

13. $72 + 18 = 90$ **14.** $12 \cdot 9 = 108$ **15.** $100 - 34 = 66$ **16.** $56 \div 8 = 7$

✔ Orden de las operaciones

Simplifica cada expresión.

17. $2 + 3 \cdot 4$ **18.** $50 - 2 \cdot 5$ **19.** $6 \cdot 3 \cdot 3 - 3$ **20.** $(5 + 2)(5 - 2)$

21. $5 - 6 \div 2$ **22.** $16 \div 4 + 2 \cdot 3$ **23.** $(8 - 3)(8 + 3)$ **24.** $12 \div 3 \div 2 + 5$

✔ Evaluar expresiones

Determina si las expresiones que se dan son iguales.

25. $(4 \cdot 7) \cdot 2$
    y $4 \cdot (7 \cdot 2)$

26. $(2 \cdot 4) \div 2$
    y $2 \cdot (4 \div 2)$

27. $2 \cdot (3 - 3) \cdot 2$
    y $(2 \cdot 3) - 3$

28. $5 \cdot (50 - 44)$
    y $5 \cdot 50 - 44$

29. $9 - (4 \cdot 2)$
    y $(9 - 4) \cdot 2$

30. $2 \cdot 3 + 2 \cdot 4$
    y $2 \cdot (3 + 4)$

31. $(16 \div 4) + 4$
    y $16 \div (4 + 4)$

32. $5 + (2 \cdot 3)$
    y $(5 + 2) \cdot 3$

1-1 Expresiones y variables

Aprender a evaluar expresiones algebraicas.

Vocabulario

variable

coeficiente

expresión algebraica

constante

evaluar

sustituir

El nautilo es un animal marino cuya concha tiene una serie de cámaras. Cada mes lunar (unos 30 días), el nautilo crea una nueva cámara y se muda a ella.

Sea n el número de cámaras de la concha. Puedes calcular los días de edad que tiene el nautilo con esta expresión:

Coeficiente   Variable

Esta concha de nautilo tiene alrededor de 34 cámaras. Con este dato, puedes determinar su edad aproximada.

Una **variable** es una letra que representa un valor que puede cambiar o variar. El **coeficiente** es el número que se multiplica por la variable. Una **expresión algebraica** tiene una o más variables.

En la expresión algebraica $x + 6$, 6 es una **constante** porque no cambia. Para **evaluar** una expresión algebraica, tienes que **sustituir** la variable por un número específico y hallar el valor de la expresión numérica que resulta.

E J E M P L O 1 **Evaluar expresiones algebraicas con una variable**

Evalúa cada expresión con el valor que se da para la variable.

A $x + 6$ con $x = 13$

   $13 + 6$ *Sustituye x por 13.*

   19 *Suma.*

B $2a + 3$ con $a = 4$

   $2(4) + 3$ *Sustituye a por 4.*

   $8 + 3$ *Multiplica.*

   11 *Suma.*

C $3(5 + n) - 1$ con $n = 0, 1, 2$

¡Recuerda!

Orden de las operaciones
PEMDSR:
1. Paréntesis
2. Exponentes
3. Multiplicar y Dividir de izquierda a derecha.
4. Sumar y Restar de izquierda a derecha.

n	Sustitución	Paréntesis	Multiplicar	Restar
0	$3(5 + 0) - 1$	$3(5) - 1$	$15 - 1$	**14**
1	$3(5 + 1) - 1$	$3(6) - 1$	$18 - 1$	**17**
2	$3(5 + 2) - 1$	$3(7) - 1$	$21 - 1$	**20**

Evalúa cada expresión con los valores que se dan para las variables.

A $2x + 3y$ con $x = 15$ y $y = 12$

$2(15) + 3(12)$	*Sustituye x por 15 y y por 12.*
$30 + 36$	*Multiplica.*
66	*Suma.*

B $1.5p - 2q$ con $p = 18$ y $q = 7.5$

$1.5(18) - 2(7.5)$	*Sustituye p por 18 y q por 7.5.*
$27 - 15$	*Multiplica.*
12	*Resta.*

EJEMPLO ③ *Aplicación a las ciencias físicas*

Si *c* es una temperatura en grados Celsius, podemos obtener su equivalente en grados Fahrenheit con **$1.8c + 32$**. Convierte cada temperatura a grados Fahrenheit.

A punto de congelación del agua: 0° C

$1.8c + 32$	
$1.8(0) + 32$	*Sustituye c por 0.*
$0 + 32$	*Multiplica.*
32	*Suma.*
$0° C = 32° F$	

El agua se congela a 32° F.

B la temperatura más alta registrada (El Azizia, Libia): 58° C

$1.8c + 32$	
$1.8(58) + 32$	*Sustituye c por 58.*
$104.4 + 32$	*Multiplica.*
136.4	*Suma.*
$58° C = 136.4° F$	

La temperatura más alta registrada en el mundo es de 136.4° F.

Razonar y comentar

1. Da un ejemplo de expresión que sea algebraica y de una que no sea algebraica.

2. Indica los pasos para evaluar una expresión algebraica con un valor específico.

3. Explica por qué no puedes hallar un valor numérico al evaluar la expresión $4x - 5y$ con $x = 3$.

PARA PRÁCTICA ADICIONAL
ve a la pág. 732

conexión internet
Ayuda en línea para tareas
go.hrw.com   Clave: MP4 1-1

PRÁCTICA GUIADA

Ver Ejemplo **1** Evalúa cada expresión con el valor que se da para la variable.

1. $x + 5$ con $x = 12$ **2.** $3a + 5$ con $a = 6$ **3.** $2(4 + n) - 5$ con $n = 0$

Ver Ejemplo **2** Evalúa cada expresión con los valores que se dan para las variables.

4. $3x + 2y$ con $x = 8$ y $y = 10$ **5.** $1.2p - 2q$ con $p = 3.5$ y $q = 1.2$

Ver Ejemplo **3** Puedes preparar engrudo mezclando almidón y agua en proporción de 2 a 1. ¿Cuántas cucharadas de agua necesitas para cada número de cucharadas de almidón?

6. 10 cucharadas   **7.** 16 cucharadas   **8.** 23 cucharadas   **9.** 34 cucharadas

PRÁCTICA INDEPENDIENTE

Ver Ejemplo **1** Evalúa cada expresión con el valor que se da para la variable.

10. $x + 7$ con $x = 23$ **11.** $5t + 3$ con $t = 6$ **12.** $6(2 + k) - 5$ con $k = 0$

Ver Ejemplo **2** Evalúa cada expresión con los valores que se dan para las variables.

13. $5x + 4y$ con $x = 7$ y $y = 8$ **14.** $4m - 2n$ con $m = 25$ y $n = 2.5$

Ver Ejemplo **3** Si q es el número de cuartos, puedes usar $\frac{1}{4}q$ para hallar el número de galones. Halla el número de galones en cada caso.

15. 16 cuartos   **16.** 24 cuartos   **17.** 8 cuartos   **18.** 32 cuartos

PRÁCTICA Y RESOLUCIÓN DE PROBLEMAS

Evalúa cada expresión con el valor que se da para la variable.

19. $12d$ con $d = 0$ **20.** $x + 3.2$ con $x = 5$ **21.** $30 - n$ con $n = 8$

22. $5t + 5$ con $t = 1$ **23.** $2a - 5$ con $a = 7$ **24.** $3 + 5b$ con $b = 1.2$

25. $12 - 2m$ con $m = 3$ **26.** $3g + 8$ con $g = 14$ **27.** $x + 7.5$ con $x = 2.5$

28. $15 - 5y$ con $y = 3$ **29.** $4y + 2$ con $y = 3.5$ **30.** $2(z + 8)$ con $z = 5$

Evalúa cada expresión con $t = 0$, $x = 1.5$, $y = 6$ y $z = 23$.

31. $y + 5$ **32.** $2y + 7$ **33.** $z - 2x$ **34.** $3z - 3y$

35. $2z - 2y$ **36.** xy **37.** $2.6y - 2x$ **38.** $1.2z - y$

39. $4(y - x)$ **40.** $3(4 + y)$ **41.** $4(2 + z) + 5$ **42.** $2(y - 6) + 3$

43. $3(6 + t) - 1$ **44.** $y(4 + t) - 5$ **45.** $x + y + z$ **46.** $10x + z - y$

47. $3y + 4(x + t)$ **48.** $3(z - 2t) + 1$ **49.** $7tyz$ **50.** $z - 2xy$

51. ***CIENCIAS DE LA VIDA*** Una forma de evaluar la intensidad del ejercicio es medir el ritmo cardiaco. Los estudios han revelado que el ritmo cardiaco máximo depende de la edad. La expresión $220 - a$ representa el ritmo cardiaco máximo en latidos por minuto; en esta expresión a es la edad. Haz el cálculo para tu edad.

52. ***CIENCIAS DE LA VIDA*** En la fórmula de Karvonen, se usan el ritmo cardiaco en reposo de una persona, r, su edad e y la intensidad deseada I para calcular las veces por minuto que el corazón debe latir durante el entrenamiento.

ritmo cardiaco en entrenamiento (RCE) $= I(220 - e - r) + r$

Calcula el RCE de una persona de 45 años cuyo ritmo cardiaco en reposo es de 85 y que desea entrenar con intensidad de 0.5.

53. ***ENTRETENIMIENTO*** En una película, se exhiben 24 fotogramas (fotos fijas) cada segundo.

a. Escribe una expresión para calcular el número de fotogramas en una película.

b. Usa la duración de *E.T. el extraterrestre* para averiguar cuántos fotogramas tiene esa película.

E.T. el extraterrestre (1982) tiene una duración de 115 minutos, o sea, 6900 segundos.

54. ***ELIGE UNA ESTRATEGIA*** Una liga de béisbol tiene 192 jugadores y 12 equipos con el mismo número de jugadores. Si desaparecieran cuatro equipos pero el total de jugadores no cambiara, cada equipo tendría _____ jugadores _____.

A cuatro, más   **B** ocho, menos   **C** cuatro, menos   **D** ocho, más

55. ***ESCRÍBELO*** Un estudiante dice que, con cualquier valor de x la expresión $5x + 1$ siempre da el mismo resultado que $1 + 5x$. ¿Es cierto? Explica tu respuesta.

56. ***DESAFÍO*** ¿Las expresiones $2x$ y $x + 2$ pueden llegar a tener el mismo valor? ¿Qué valor tendría x en ese caso?

Repaso en espiral

Identifica los números impares en cada lista de números. (Curso previo)

57. 15, 18, 22, 34, 21, 62, 71, 100

58. 101, 114, 122, 411, 117, 121

59. 4, 6, 8, 16, 18, 20, 49, 81, 32

60. 9, 15, 31, 47, 65, 93, 1, 3, 43

61. **PREPARACIÓN PARA LA PRUEBA**
¿Cuál **no** es múltiplo de 21? (Curso previo)

A 21   **C** 7

B 42   **D** 105

62. **PREPARACIÓN PARA LA PRUEBA**
¿Cuál es factor de 12? (Curso previo)

F 4   **H** 8

G 24   **J** 36

1-2 Escribir expresiones algebraicas

Destreza de resolución de problemas

Aprender a escribir expresiones algebraicas.

Cada bloque de 30 segundos para comerciales durante el Super Bowl XXXV (Súper Tazón) costó en promedio $2.2 millones.

Con este dato, se puede escribir una expresión algebraica para saber cuánto costaría un número específico de bloques de 30 segundos.

Durante el Súper Tazón de 2002 salieron al aire 83 comerciales.

	Frases	Expresión
+	• un número **más** 5 • **sumar** 5 a un número • **suma** de un número y 5 • 5 **más que** un número • un número **aumentado en** 5	$n + 5$
−	• un número **menos** 11 • **restar** 11 a un número • **diferencia** entre un número y 11 • 11 **menos que** un número • un número **disminuido en** 11	$x - 11$
✕	• 3 **veces** un número • 3 **multiplicado** por un número • **producto** de 3 y un número	$3m$
÷	• un número **dividido** entre 7 • la **séptima parte** de un número • el **cociente** de un número y 7	$\frac{a}{7}$ ó $a \div 7$

EJEMPLO **Convertir frases en expresiones matemáticas**

Escribe una expresión algebraica para cada frase.

A un número n disminuido en 11

n disminuido en   11

n −   11

$n - 11$

Escribe una expresión algebraica para cada frase.

B el cociente de 3 y un número h

cociente de   3 y h

$3 \quad\quad \div \quad\quad h$

$\dfrac{3}{h}$

Pista útil

En el Ejemplo 1C no se necesitan paréntesis, porque por el orden de las operaciones primero se multiplica.

C 1 más que el producto de 12 y p

1   más que   el   producto de   12 y p

$1 \quad\quad + \quad\quad (12 \quad\quad \cdot \quad\quad p)$

$1 + 12p$

D 3 veces la suma de q y 1

3   veces   la   suma de q y 1

$3 \quad\quad \cdot \quad\quad (q \quad\quad + \quad\quad 1)$

$3(q + 1)$

Para resolver un problema escrito con palabras, primero hay que interpretar la acción a realizar y luego elegir la operación correcta para esa acción. Si en un problema intervienen grupos de igual tamaño, usa la ultiplicación o la división. Si no, usa la suma o la resta. La tabla da más información para decidir qué operación es la indicada.

Acción	Operación	Posibles preguntas clave
Combinar	Sumar	¿Cuántos en total?
Combinar grupos iguales	Multiplicar	¿Cuántos en total?
Separar	Restar	¿Cuántos más? ¿Cuántos menos?
Separar en grupos iguales	Dividir	¿Cuántos grupos iguales?

EJEMPLO 2 Interpretar expresiones con palabras para decidir la operación

A Monica compró una tarjeta telefónica de 200 minutos y llamó a su hermano en la universidad. Después de hablar t minutos, le quedaban t minutos menos que 200 en la tarjeta. Escribe una expresión para determinar cuántos minutos quedaron.

$200 - t$ *Separa t minutos de los 200 originales.*

B Si Monica habló 55 minutos con su hermano, ¿cuántos minutos le quedan en su tarjeta?

$200 - 55 = 145$ *Evalúa la expresión con t = 55.*

Quedan 145 minutos en la tarjeta telefónica.

Escribe una expresión algebraica para evaluar cada problema.

A Rob y sus amigos compran un juego de entradas para la temporada de béisbol. Las 81 entradas se dividirán equitativamente entre p personas. Si hay 9 personas, ¿cuántas entradas recibirá cada una?

$81 \div p$ *Separa las entradas en p grupos iguales.*

$81 \div 9 = 9$ *Evalúa con p = 9.*

Cada persona recibirá 9 entradas.

B Una compañía transmite su comercial de 30 segundos n veces durante el Super Bowl XXXV (Súper Tazón) y paga $2.2 millones cada vez. ¿Cuánto pagará por transmitirlo 2, 3, 4 y 5 veces?

$2.2 millones \cdot n$ *Combina n pagos iguales de $2.2 millones.*

$2.2n$ *En millones de dólares*

n	$2.2n$	Costo
2	2.2(2)	$4.4 millones
3	2.2(3)	$6.6 millones
4	2.2(4)	$8.8 millones
5	2.2(5)	$11 millones

Evalúa con n = 2, 3, 4 y 5.

C Antes de un viaje por carretera, el odómetro del auto de Benny marcaba 14,917 millas. Al final, marcaba m millas más que 14,917. Si recorrió 633 millas, ¿cuánto marcaba el odómetro después del viaje?

$14,917 + m$ *Combina 14,917 millas y m millas.*

$14,917 + 633 = 15,550$ *Evalúa con m = 633.*

El odómetro marcaba 15,550 millas después del viaje.

Pista útil

En algunos problemas con palabras se dan más números de los necesarios para hallar la respuesta. En el Ejemplo 3B se dice que un comercial dura 30 segundos, pero no necesitas saberlo para resolver el problema.

Razonar y comentar

1. Da dos palabras o frases para expresar cada operación: suma, resta, multiplicación y división.

2. Expresa $5 + 7n$ con palabras por lo menos de dos maneras distintas.

PARA PRÁCTICA ADICIONAL

ve a la pág. 732

◢ conexión internet
Ayuda en línea para tareas
go.hrw.com Clave: MP4 1-2

PRÁCTICA GUIADA

Ver Ejemplo **Escribe una expresión algebraica para cada frase.**

1. el cociente de 6 y un número t

2. un número y disminuido en 25

3. 7 veces la suma de m y 6

4. la suma de 7 veces m y 6

Ver Ejemplo **5. a.** Carl caminó n millas en un evento para beneficencia, recaudando $8 por milla. Escribe una expresión para hallar cuánto recaudó.

b. ¿Cuánto habría recaudado Carl si hubiera caminado 23 millas?

Ver Ejemplo **Escribe una expresión algebraica para evaluar el problema.**

6. Cheryl y sus amigas compran una pizza a $15.00, pero pagan un cargo por entrega de d dólares. Si el cargo es de $2.50, ¿cuánto pagaron en total?

PRÁCTICA INDEPENDIENTE

Ver Ejemplo **Escribe una expresión algebraica para cada frase.**

7. un número k aumentado en 34

8. el cociente de 12 y un número h

9. 5 más el producto de 5 y z

10. 6 veces la diferencia entre x y 4

Ver Ejemplo **11. a.** El grupo del maestro Gimble va a ir al teatro. Los 42 estudiantes se dividirán en p filas. Escribe una expresión para determinar cuántos se sentarán en cada fila.

b. Si hay 6 filas, ¿cuántos estudiantes habrá en cada una?

Ver Ejemplo **Escribe una expresión algebraica y evalúa cada problema.**

12. Julie compró un abono para 35 visitas a un gimnasio e inició una rutina de acondicionamiento. Después de y visitas, le quedaban y visitas menos en su abono. Después de 18 visitas, ¿cuántas le quedan?

13. Myron compró n docenas de huevos a $1.75 la docena. Si compró 8 docenas, ¿cuánto pagó?

PRÁCTICA Y RESOLUCIÓN DE PROBLEMAS

Escribe una expresión algebraica para cada frase.

14. 7 más que un número y

15. 6 veces la suma de 4 y y

16. 11 menos que un número t

17. la mitad de la suma de m y 5

18. 9 más que el producto de 6 y un número y

19. 6 menos que el producto de 13 y un número y

20. 2 menos que un número m dividido entre 8

21. dos veces el cociente de un número m y 35

Convierte cada expresión algebraica en palabras.

22. $4b - 3$ **23.** $t + 12$ **24.** $3(m + 4)$

25. *ENTRETENIMIENTO* Ron compró dos revistas de historietas en oferta. Cada una estaba rebajada $1 respecto al precio normal p. Escribe una expresión para hallar cuánto pagó Ron sin contar los impuestos. Si cada revista cuesta normalmente $2.50, ¿cuál fue el costo total sin contar los impuestos?

26. *DEPORTES* En básquetbol, se marcan 2 puntos por cada canasta normal, 3 por un tiro lejano y 1 por cada tiro libre. Escribe una expresión para el puntaje total de un equipo que hace c canastas normales, t tiros lejanos y l tiros libres. Halla el marcador total de un equipo que anota 23 canastas normales, 6 tiros lejanos y 11 tiros libres.

27. A los 2 años, se considera que los gatos y los perros tienen 24 años "humanos" de edad. Cada año después de esos 2 equivale a 4 años "humanos". Completa la expresión $[24 + \blacksquare (a - 2)]$ para que represente la edad de un gato o perro en años humanos. Copia la tabla y usa la expresión para completarla.

Edad	$24 + \blacksquare (a - 2)$	Edad (años humanos)
2		
3		
4		
5		
6		

28. *¿DÓNDE ESTÁ EL ERROR?* Un estudiante dice que $3(n - 5)$ es igual a $3n - 5$. ¿Dónde está el error?

29. *ESCRÍBELO* Paul usó la suma para resolver un problema sobre el costo semanal de usar a diario una autopista de cuota que cobra $1.50. Fran resolvió el mismo problema mediante la multiplicación. Ambos obtuvieron la respuesta correcta. ¿Por qué?

30. *DESAFÍO* Escribe una expresión para la suma de 1 y dos veces un número n. Si n es cualquier número impar, ¿el resultado siempre será impar?

Repaso en espiral

Halla cada suma, diferencia, producto o cociente. (Curso previo)

31. $200 + 2$ **32.** $200 \div 2$ **33.** $200 \cdot 2$ **34.** $200 - 2$

35. $200 + 0.2$ **36.** $200 \div 0.2$ **37.** $200 \cdot 0.2$ **38.** $200 - 0.2$

39. PREPARACIÓN PARA LA PRUEBA
¿Cuál **no** es factor de 24? (Curso previo)

    A 24   **C** 48

    B 8   **D** 12

40. PREPARACIÓN PARA LA PRUEBA
¿Cuál es múltiplo de 15? (Curso previo)

    F 1   **H** 3

    G 5   **J** 15

1-3 Cómo resolver ecuaciones con sumas y restas

Aprender a resolver ecuaciones mediante la suma o resta.

Vocabulario

ecuación

resolver

solución

operación inversa

despejar la variable

Propiedad de igualdad de la suma

Propiedad de igualdad de la resta

La Ciudad de México se construyó sobre un gran manantial subterráneo. Entre 1900 y 2000, al extraerse el agua, la ciudad se ha hundido hasta 30 pies en algunas áreas.

Si sabes que la altura de la Ciudad de México en 2000 era de 7350 pies sobre el nivel del mar, puedes usar una *ecuación* para estimar la altura en 1900.

Una **ecuación** lleva un signo de igualdad para indicar que dos expresiones son iguales. Estos son ejemplos de ecuaciones.

En 1910, se construyó el Monumento a la Independencia a ras del suelo. Ahora se requieren 23 escalones para llegar a la base porque el suelo en torno al monumento se ha hundido.

$$3 + 8 = 11 \qquad r + 6 = 14 \qquad 24 = x - 7 \qquad 9n = 27 \qquad \frac{100}{2} = 50$$

Para **resolver** una ecuación que contiene una variable, halla el valor de la variable que hace correcta la ecuación. Este valor es la **solución** de la ecuación.

EJEMPLO 1 Determinar si un número es la solución de una ecuación

Determina qué valor de x es la solución de la ecuación.

$$x - 4 = 16; x = 12, 20 \text{ ó } 21$$

Sustituye con cada valor de x en la ecuación.

$$x - 4 = 16$$
$$12 - 4 \stackrel{?}{=} 16 \qquad \textit{Sustituye x por 12.}$$
$$8 \stackrel{?}{=} 16 \; ✗$$

Por tanto, 12 **no es** la solución.

$$x - 4 = 16$$
$$20 - 4 \stackrel{?}{=} 16 \qquad \textit{Sustituye x por 20.}$$
$$16 \stackrel{?}{=} 16 \; ✔$$

Por tanto, 20 **es** la solución.

$$x - 4 = 16$$
$$21 - 4 \stackrel{?}{=} 16 \qquad \textit{Sustituye x por 21.}$$
$$17 \stackrel{?}{=} 16 \; ✗$$

Por tanto, 21 **no es** la solución.

La frase "la resta 'cancela' a la suma" se puede comprender mediante este ejemplo:
si empiezas en 3 y le sumas 4, puedes regresar a 3 restando 4.

$$3 + 4$$
$$\underline{- 4}$$
$$3$$

La suma y la resta son **operaciones inversas**, lo que significa que una "cancela" a la otra. Al resolver una ecuación, usa operaciones inversas para **despejar la variable**, o sea, dejarla sola en un lado del signo igual.

Para resolver una ecuación con resta, como $y - 15 = 7$, debes usar la **Propiedad de igualdad de la suma**.

PROPIEDAD DE IGUALDAD DE LA SUMA		
Con palabras	**Con números**	**En álgebra**
Puedes sumar el mismo número a ambos lados de una ecuación y el enunciado seguirá siendo verdadero.	$2 + 3 = \quad 5$ $\underline{+ 4 \quad + 4}$ $2 + 7 = \quad 9$	$x = y$ $x + z = y + z$

Hay una propiedad similar para resolver ecuaciones con suma, como $x + 9 = 11$. Se llama **Propiedad de igualdad de la resta**.

PROPIEDAD DE IGUALDAD DE LA RESTA		
Con palabras	**Con números**	**En álgebra**
Puedes restar el mismo número a ambos lados de una ecuación y el enunciado seguirá siendo verdadero.	$4 + 7 = \quad 11$ $\underline{- 3 \quad - 3}$ $4 + 4 = \quad 8$	$x = y$ $x - z = y - z$

EJEMPLO 2 Resolver ecuaciones mediante las propiedades de la suma y la resta

Resuelve.

A $3 + t = 11$

$3 + t = 11$
$\underline{-3 \qquad -3}$ *Resta 3 a ambos lados.*
$0 + t = \quad 8$
$\quad\quad t = \quad 8$ *Propiedad de identidad del cero: $0 + t = t$*

Comprueba

$3 + t = 11$
$3 + 8 \overset{?}{=} 11$ *Sustituye t por 8.*
$11 \overset{?}{=} 11$ ✔

Resuelve.

B $m - 7 = 11$

$$m - 7 = \quad 11$$
$$\underline{\quad + 7 \quad \underline{+ 7}}$$
$$m + 0 = \quad 18$$
$$m = \quad 18$$

Suma 7 a ambos lados.

C $15 = w + 14$

$$15 = w + 14$$
$$15 - 14 = w + 14 - 14$$
$$1 = w + 0$$
$$1 = w$$
$$w = 1$$

Resta 14 a ambos lados.

Definición de igualdad

EJEMPLO 3 *Aplicación a la geografía*

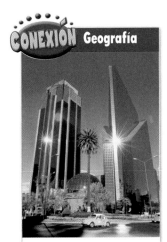

CONEXIÓN Geografía

A **La altitud de la Ciudad de México en el año 2000 era de unos 7350 pies sobre el nivel del mar. ¿Qué altitud aproximada tenía en 1900 si se hundió 30 pies en ese periodo de 100 años?**

altura inicial	−	hundimiento	=	altitud en el año 2000

Resuelve: $\quad x \quad - \quad 30 \quad = \quad 7350$

$$x - 30 = 7350$$
$$\underline{\quad + 30 \quad \underline{+ 30}}$$
$$x + 0 = 7380$$
$$x = 7380$$

Suma 30 a ambos lados.

En 1900, la Ciudad de México tenía una altitud de 7380 pies.

B **Entre 1954 y 1999, el movimiento de las placas aumentó la altitud del monte Everest de 29,028 pies a 29,035 pies. ¿Cuántos pies aumentó la altitud del monte Everest en ese periodo de 45 años?**

Resuelve: $29,028$ pies $+ a = 29,035$ pies

$$29,028 + a = \quad 29,035$$
$$\underline{- 29,028 \quad \underline{- 29,028}}$$
$$0 + a = \quad 7$$
$$a = \quad 7$$

Resta 29,028 a ambos lados.

La altitud del monte Everest aumentó 7 pies entre 1954 y 1999.

La Ciudad de México, arriba, se hundió 19 pulgadas en un año, mientras que Venecia, Italia, la más famosa de las ciudades que se están hundiendo, sólo bajó 9 pulgadas en el último siglo.

go.hrw.com
CLAVE:
MP4 Sinking, disponible en inglés.

CNN student News.

Razonar y comentar

1. Explica si usarías la suma o la resta para resolver $x - 9 = 25$.

2. Explica qué significa despejar la variable.

PARA PRÁCTICA ADICIONAL

ve a la pág. 732

✓ conexión internet
Ayuda en línea para tareas
go.hrw.com   Clave: MP4 1-3

PRÁCTICA GUIADA

Ver Ejemplo Determina qué valor de x es la solución de cada ecuación.

1. $x + 9 = 14$; $x = 2, 5$ ó 23
2. $x - 7 = 14$; $x = 2, 7$ ó 21

Ver Ejemplo ② Resuelve.

3. $m - 9 = 23$
4. $8 + t = 13$
5. $13 = w - 4$

Ver Ejemplo ③ **6.** ¿De qué altura partió un grupo de alpinistas si descendió 3600 pies hasta un campamento que estaba a una altura de 12,035 pies?

PRÁCTICA INDEPENDIENTE

Ver Ejemplo ① Determina qué valor de x es la solución de cada ecuación.

7. $x - 14 = 8$; $x = 6, 22$ ó 32
8. $x + 7 = 35$; $x = 5, 28$ ó 42

Ver Ejemplo ② Resuelve.

9. $9 = w + 8$
10. $m - 11 = 33$
11. $4 + t = 16$

Ver Ejemplo ③ **12.** Si unos alpinistas acampan a 18,450 pies de altura, ¿cuánto deben ascender para llegar a la cima del monte Everest, a 29,035 pies?

PRÁCTICA Y RESOLUCIÓN DE PROBLEMAS

Determina qué valor de la variable es la solución de la ecuación.

13. $d + 4 = 24$; $d = 6, 20$ ó 28
14. $m - 2 = 13$; $m = 11, 15$ ó 16

15. $y - 7 = 23$; $y = 30, 26$ ó 16
16. $k + 3 = 4$; $k = 1, 7$ ó 17

17. $12 + n = 19$; $n = 7, 26$ ó 31
18. $z - 15 = 15$; $z = 0, 15$ ó 30

19. $x + 48 = 48$; $x = 0, 48$ ó 96
20. $p - 2.5 = 6$; $p = 3.1, 3.5$ ó 8.5

Resuelve la ecuación y comprueba la solución.

21. $7 + t = 12$
22. $h - 21 = 52$
23. $15 = m - 9$

24. $m - 5 = 10$
25. $h + 8 = 11$
26. $6 + t = 14$

27. $1785 = t - 836$
28. $m + 35 = 172$
29. $x - 29 = 81$

30. $p + 8 = 23$
31. $n - 14 = 31$
32. $20 = 8 + w$

33. $0.8 + t = 1.3$
34. $5.7 = c - 2.8$
35. $9.87 = w + 7.97$

36. *ESTUDIOS SOCIALES* En 1990, la población en Cheyenne, Wyoming, era de 73,142 habitantes. En 2000, su población había aumentado a 81,607. Escribe y resuelve una ecuación para hallar n, el aumento en la población en Cheyenne entre 1990 y 2000.

37. ESTUDIOS SOCIALES En 1804, los exploradores Lewis y Clark iniciaron su viaje al océano Pacífico en la desembocadura del río Missouri. Usa el mapa para determinar las distancias siguientes.

a. de Blackbird Hill, Nebraska, a Great Falls, Montana

b. de la confluencia de los ríos Missouri y Yellowstone (el punto donde se unen) a Great Falls, Montana

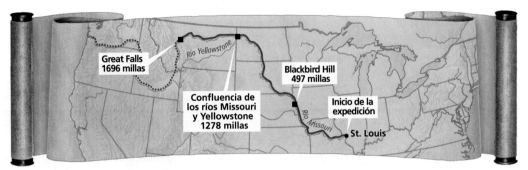

Great Falls
1696 millas

Río Yellowstone

Blackbird Hill
497 millas

Confluencia de
los ríos Missouri
y Yellowstone
1278 millas

Inicio de la
expedición

Río Missouri

St. Louis

38. ESTUDIOS SOCIALES La bandera de Estados Unidos tenía 15 estrellas en 1795. ¿Cuántas estrellas se han agregado desde entonces para llegar a la bandera actual con 50 estrellas? Escribe y resuelve una ecuación para hallar e, el número de estrellas que se han agregado desde 1795.

39. ENTRETENIMIENTO Basándote en la gráfica de barras del costo de una entrada al cine, escribe y resuelve una ecuación para:

a. Hallar c, el incremento en el costo de una entrada entre 1940 y 1990.

b. Hallar el costo c de una entrada en 1995, si en 1950 una entrada costaba $3.82 menos que en 1995.

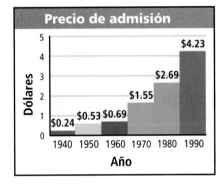

Precio de admisión

Dólares

$4.23

$2.69

$1.55

$0.24 $0.53 $0.69

1940 1950 1960 1970 1980 1990
Año

40. ESCRIBE UN PROBLEMA Escribe un problema de resta basado en la gráfica de costos de admisión. Explica tu solución.

41. ESCRÍBELO Escribe un conjunto de reglas para resolver ecuaciones de suma y resta.

42. DESAFÍO Explica cómo podrías despejar h en la ecuación $14 - h = 8$ empleando el álgebra. Luego halla el valor de h.

Repaso en espiral

Evalúa cada expresión con el valor que se da para la variable. (Lección 1-1)

43. $x + 9$ con $x = 13$

44. $x - 8$ con $x = 18$

45. $14 + x$ con $x = 12$

46. PREPARACIÓN PARA LA PRUEBA ¿Cuál es "3 veces la diferencia entre y y 4"? (Lección 1-2)

A $3 \cdot y - 4$ **B** $3 \cdot (y + 4)$ **C** $3 \cdot (y - 4)$ **D** $3 - (y - 4)$

1-4 Cómo resolver ecuaciones con multiplicaciones y divisiones

Aprender a resolver ecuaciones mediante la multiplicación y la división.

Vocabulario

Propiedad de igualdad de la división

Propiedad de igualdad de la multiplicación

En 1912, Wilbur Scoville inventó una forma de medir qué tan picante es un chile. La unidad de medida se conoce como unidad Scoville.

Puedes usar unidades Scoville al escribir y resolver ecuaciones con multiplicación para sustituir un tipo de chile por otro en una receta.

Las ecuaciones con multiplicación se resuelven mediante la **Propiedad de igualdad de la división**.

Un chile tailandés tiene 90 mil unidades Scoville. Esto implica que se necesitan 90 mil tazas de agua azucarada para neutralizar el picante de una taza de esos chiles.

PROPIEDAD DE IGUALDAD DE LA DIVISIÓN		
Con palabras	**Con números**	**En álgebra**
Puedes dividir ambos lados de una ecuación entre el mismo número distinto de cero, pero el enunciado seguirá siendo verdadero.	$4 \cdot 3 = 12$ $\dfrac{4 \cdot 3}{2} = \dfrac{12}{2}$ $\dfrac{12}{2} = 6$	$x = y$ $\dfrac{x}{z} = \dfrac{y}{z}$

E J E M P L O 1 Resolver ecuaciones mediante la división

Resuelve $7x = 35$.

$7x = 35$

$\dfrac{7x}{7} = \dfrac{35}{7}$ *Divide ambos lados entre 7.*

$1x = 5$ *1 · x = x*

$x = 5$

Comprueba

$7x = 35$

$7(5) \overset{?}{=} 35$ *Sustituye x por 5.*

$35 \overset{?}{=} 35$ ✔

¡Recuerda!

La multiplicación y la división son operaciones inversas.

$\dfrac{8 \cdot 3}{3} = 8$

Puedes resolver ecuaciones de división mediante el uso de la
Propiedad de igualdad de la multiplicación .

PROPIEDAD DE IGUALDAD DE LA MULTIPLICACIÓN		
Con palabras	**Con números**	**En álgebra**
Puedes multiplicar ambos lados de una ecuación por el mismo número, pero el enunciado seguirá siendo verdadero.	$2 \cdot 3 = 6$ $4 \cdot 2 \cdot 3 = 4 \cdot 6$ $8 \cdot 3 = 24$	$x = y$ $zx = zy$

E J E M P L O **2** **Resolver ecuaciones mediante la multiplicación**

Resuelve $\dfrac{h}{3} = 6$.

$$\dfrac{h}{3} = 6$$

$$3 \cdot \dfrac{h}{3} = 3 \cdot 6 \qquad \textit{Multiplica ambos lados por 3.}$$

$$h = 18$$

E J E M P L O **3** *Aplicación a la comida*

Una receta requiere 1 chile tabasco, pero Jennifer quiere usar jalapeños. ¿Cuántos chiles jalapeños deberá usar para que el platillo tenga las mismas unidades Scoville que tendría con 1 chile tabasco?

Unidades Scoville de algunos chiles	
Chile	**Unidades Scoville**
Ancho (poblano)	1,500
Pimiento	100
Ají	30,000
Habanero	360,000
Jalapeño	5,000
Serrano	10,000
Tabasco	30,000
Tailandés	90,000

unidades Scoville de 1 jalapeño	·	número de jalapeños	=	unidades Scoville de 1 tabasco
5000	·	n	=	30,000

$$5{,}000n = 30{,}000 \qquad \textit{Escribe la ecuación.}$$

$$\dfrac{5{,}000n}{5{,}000} = \dfrac{30{,}000}{5{,}000} \qquad \textit{Divide ambos lados entre 5000.}$$

$$n = 6$$

Seis jalapeños pican más o menos lo mismo que un tabasco. Jennifer deberá sustituir el chile tabasco por 6 jalapeños en su receta.

La banda de Helene necesita dinero para asistir a un concurso nacional. Los integrantes de la banda ya recaudaron $560, la tercera parte de lo que necesitan. ¿Cuánto necesitan en total?

fracción del total que se ha recaudado		cantidad total requerida		cantidad ya recaudada
$\frac{1}{3}$	$\cdot$	x	$=$	$560

$\frac{1}{3}x = 560$ *Escribe la ecuación.*

$3 \cdot \frac{1}{3}x = 3 \cdot 560$ *Multiplica ambos lados por 3.*

$x = 1680$

La banda necesita recaudar $1680 en total.

A veces se requieren dos operaciones inversas para resolver una ecuación. Por ejemplo, la ecuación $6x - 2 = 10$ tiene multiplicación y resta.

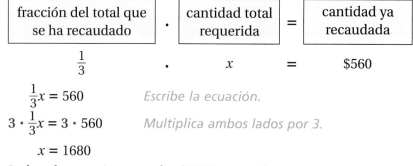

Para resolver esta ecuación, suma para despejar el término que tiene la variable. Luego, divide para resolver la ecuación.

Resuelve $2x + 1 = 7$.

Paso 1:
$$2x + 1 = 7$$
$$\underline{-1 = -1}$$
$$2x = 6$$
Resta 1 a ambos lados para despejar el término x.

Paso 2:
$$\frac{2x}{2} = \frac{6}{2}$$
$$x = 3$$
Divide ambos lados entre 2.

Razonar y comentar

1. Explica qué propiedad usarías para resolver $\frac{k}{2.5} = 6$.

2. Da la ecuación que resolverías para saber cuántos chiles anchos pican tanto como un chile de Cayena.

1-4 **Ejercicios**

PARA PRÁCTICA ADICIONAL	⤢ conexión internet
ve a la pág. 732	**Ayuda en línea para tareas** go.hrw.com Clave: MP4 1-4

PRÁCTICA GUIADA

Ver Ejemplo ① Resuelve.

1. $4x = 28$ **2.** $7t = 49$ **3.** $3y = 42$ **4.** $2w = 26$

Ver Ejemplo ② **5.** $\dfrac{l}{15} = 4$ **6.** $\dfrac{k}{8} = 9$ **7.** $\dfrac{h}{19} = 3$ **8.** $\dfrac{m}{6} = 1$

Ver Ejemplo ③ **9.** Una porción de leche contiene 8 gramos de proteínas; una de filete, 32 gramos de proteínas. Escribe y resuelve una ecuación para hallar las porciones de leche n necesarias para obtener la misma cantidad de proteínas que hay en una porción de filete.

Ver Ejemplo ④ **10.** Gary necesita comprar un traje para un baile formal. Tiene un cupón con el que puede ahorrar $60, que es la cuarta parte del costo del traje. Escribe y resuelve una ecuación para determinar el costo c del traje.

Ver Ejemplo ⑤ Resuelve.

11. $3x + 2 = 23$ **12.** $\dfrac{k}{5} - 1 = 7$ **13.** $3y - 8 = 1$ **14.** $\dfrac{m}{6} + 4 = 10$

PRÁCTICA INDEPENDIENTE

Ver Ejemplo ① Resuelve.

15. $3d = 57$ **16.** $7x = 105$ **17.** $4g = 40$ **18.** $16y = 112$

Ver Ejemplo ② **19.** $\dfrac{n}{9} = 63$ **20.** $\dfrac{h}{27} = 2$ **21.** $\dfrac{a}{6} = 102$ **22.** $\dfrac{j}{8} = 12$

Ver Ejemplo ③ **23.** Una naranja contiene aproximadamente 80 miligramos de vitamina C, 10 veces más que una manzana. Escribe y resuelve una ecuación para hallar n, los miligramos de vitamina C que hay en una manzana.

Ver Ejemplo ④ **24.** Fred recolectó hoy 150 huevos en la granja de su familia, lo cual es sólo un tercio de lo que acostumbra recolectar. Escribe y resuelve una ecuación para determinar el número de huevos n que acostumbra recolectar.

Ver Ejemplo ⑤ Resuelve.

25. $6x - 5 = 7$ **26.** $\dfrac{n}{3} - 4 = 1$ **27.** $2y + 5 = 9$ **28.** $\dfrac{h}{7} + 2 = 2$

PRÁCTICA Y RESOLUCIÓN DE PROBLEMAS

Resuelve.

29. $2x = 14$ **30.** $4y = 80$ **31.** $6y = 12$ **32.** $9m = 9$

33. $\dfrac{k}{8} = 7$ **34.** $\dfrac{1}{5}x = 121$ **35.** $\dfrac{b}{6} = 12$ **36.** $\dfrac{n}{15} = 1$

37. $3x = 51$ **38.** $15g = 75$ **39.** $16y + 18 = 66$ **40.** $3z - 14 = 58$

41. $\dfrac{b}{4} = 12$ **42.** $\dfrac{m}{24} = 24$ **43.** $\dfrac{n}{5} - 3 = 4$ **44.** $\dfrac{a}{2} + 8 = 14$

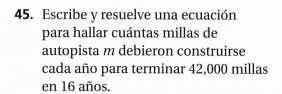

En 1956, durante la presidencia de Eisenhower, se inició la construcción del sistema de autopistas interestatales de EE. UU. El plan original era construir 42,000 millas de autopista en 16 años, pero en realidad se requirieron 37 años para terminar. La última parte, la interestatal 105 en Los Ángeles, se terminó en 1993.

45. Escribe y resuelve una ecuación para hallar cuántas millas de autopista m debieron construirse cada año para terminar 42,000 millas en 16 años.

46. La interestatal 35 corre de sur a norte, de Laredo, Texas, a Duluth, Minnesota, y cubre 1568 millas. 505 millas de la I-35 están en Texas y 262 están en Minnesota. Escribe y resuelve una ecuación para hallar m, el número de millas de la I-35 que están en otros estados.

47. Un tramo de la I-476 en Pensilvania, conocido como la Ruta Azul, mide alrededor de 22 millas. La Ruta Azul es aproximadamente la sexta parte de la longitud total de la I-476. Escribe y resuelve una ecuación para calcular la longitud en millas m de la I-476.

48. ⭐ **DESAFÍO** La I-80 se extiende de California a Nueva Jersey. A la derecha se dan las millas de la I-80 que están en cada estado por el que pasa la autopista.

   a. __?__ tiene 134 millas más que __?__ .

   b. __?__ tiene 174 millas menos que __?__ .

Número de millas de la I-80	
Estado	**Millas**
California	195 mi
Nevada	410 mi
Utah	197 mi
Wyoming	401 mi
Nebraska	455 mi
Iowa	301 mi
Illinois	163 mi
Indiana	167 mi
Ohio	236 mi
Pensilvania	314 mi
Nueva Jersey	68 mi

Repaso en espiral

Resuelve. (Lección 1-3)

49. $3 + x = 11$ **50.** $y - 6 = 8$ **51.** $13 = w + 11$ **52.** $5.6 = b - 4$

53. **PREPARACIÓN PARA LA PRUEBA**
¿Cuál es la factorización prima de 72?
(Curso previo)

   A $3 \cdot 3 \cdot 2 \cdot 2 \cdot 2$ **C** $3 \cdot 2 \cdot 2 \cdot 6$

   B $3^3 \cdot 2^2$ **D** $3^2 \cdot 4 \cdot 2$

54. **PREPARACIÓN PARA LA PRUEBA**
¿Qué valor tiene la expresión $3x + 4$ si $x = 2$?
(Lección 1-1)

   F 4   **H** 9

   G 6   **J** 10

1-5 Cómo resolver desigualdades simples

Aprender a resolver y representar gráficamente desigualdades.

Vocabulario

desigualdad

desigualdad algebraica

solución de una desigualdad

conjunto solución

Tendidas en fila, las hojas de papel impresas por computadoras personales cada año darían vuelta a la Tierra *más de 800* veces.

$$\boxed{\text{vueltas a la Tierra}} > 800$$

Una **desigualdad** compara dos cantidades y generalmente usa uno de estos símbolos:

$<$	$>$	$\leq$	$\geq$
es menor que	*es mayor que*	*es menor o igual a*	*es mayor o igual a*

EJEMPLO 1 Completar una desigualdad

Compara. Escribe $<$ ó $>$.

A $12 - 7 \;\blacksquare\; 6$

$5 \;\blacksquare\; 6$

$5 < 6$

B $3(8) \;\blacksquare\; 16$

$24 \;\blacksquare\; 16$

$24 > 16$

Pista útil

Un círculo abierto (vacío) indica que el valor correspondiente no es una solución. Un círculo cerrado (relleno) indica que el valor forma parte del conjunto solución.

Una **desigualdad algebraica** es una desigualdad que contiene una variable. Un número es la **solución de una desigualdad** si hace que esa desigualdad sea verdadera.

El conjunto de todas las soluciones se llama **conjunto solución** y puede representarse gráficamente en una recta numérica.

Frase	Desigualdad	Ejemplos de soluciones		Conjunto solución
x es menor que 5	$x < 5$	$x = 4$ $x = 2.1$	$4 < 5$ $2.1 < 5$	0 1 2 3 4 5 6 7
a es mayor que 0 a es más de 0	$a > 0$	$a = 7$ $a = 25$	$7 > 0$ $25 > 0$	$-3\ -2\ -1\ 0\ 1\ 2\ 3$
y es menor o igual a 2 y no es más de 2	$y \leq 2$	$y = 0$ $y = 1.5$	$0 \leq 2$ $1.5 \leq 2$	$-3\ -2\ -1\ 0\ 1\ 2\ 3\ 4\ 5$
m es mayor o igual a 3 m es por lo menos 3	$m \geq 3$	$m = 17$ $m = 3$	$17 \geq 3$ $3 \geq 3$	$-1\ 0\ 1\ 2\ 3\ 4\ 5\ 6$

Casi todas las desigualdades pueden resolverse de la misma manera que las ecuaciones. Usa operaciones inversas en ambos lados de la desigualdad para despejar la variable. (Hay reglas especiales para multiplicar o dividir entre un número negativo, que veremos en el próximo capítulo.)

E J E M P L O 2 Resolver y representar gráficamente desigualdades

Resuelve y representa gráficamente cada desigualdad.

A $x + 7.5 < 10$

$$\underline{-7.5 \quad -7.5}$$
$$x < 2.5$$

Resta 7.5 a ambos lados.

Según la gráfica, 2.4 debe ser la solución, pues 2.4 < 2.5, y 3 no debe ser solución, pues 3 > 2.5.

Comprueba $x + 7.5 < 10$

$$2.4 + 7.5 \overset{?}{<} 10$$

Sustituye x por 2.4.

$$9.9 \overset{?}{<} 10 \; ✔$$

Por tanto, 2.4 es la solución.

Comprueba $x + 7.5 < 10$

$$3 + 7.5 \overset{?}{<} 10$$

Sustituye x por 3.

$$10.5 \overset{?}{<} 10 \; ✗$$

Pues 3 no es la solución.

B $6n \geq 18$

$$\frac{6n}{6} \geq \frac{18}{6}$$

Divide ambos lados entre 6.

$$n \geq 3$$

C $t - 3 \leq 22$

$$\underline{+3 \quad +3}$$
$$t \leq 25$$

Suma 3 a ambos lados.

D $5 > \dfrac{w}{2}$

$$2 \cdot 5 > 2 \cdot \frac{w}{2}$$

Multiplica ambos lados por 2.

$$10 > w$$

10 > w es lo mismo que w < 10.

APLICACIÓN A LA RESOLUCIÓN DE PROBLEMAS

Si todas las hojas de papel usadas cada año en impresoras de computadoras personales se tendieran en fila, darían vuelta a la Tierra más de 800 veces. La circunferencia de la Tierra es de aproximadamente 25,120 mi (1,591,603,200 pulg), y una hoja mide 11 pulg de largo. ¿Cuántas hojas de papel se usan al año?

1 Comprende el problema

La **respuesta** es el número de hojas impresas en computadoras personales en un año. **Haz una lista de la información importante:**

• El papel daría vuelta a la Tierra *más de* 800 veces.
• Una vuelta a la Tierra son 1,591,603,200 pulg.
• Una hoja de papel mide 11 pulg de largo.

Indica cómo se relaciona la información:

| número de hojas de papel | · | longitud de una hoja | > | 800 | · | circunferencia de la Tierra |

2 Haz un plan

Usa esta información para *escribir una desigualdad*. Sea x el número de hojas de papel.

| x | · | 11 pulg | > | 5 | · | 1,591,603,200 pulg |

3 Resuelve

$11x > 800 \cdot 1{,}591{,}603{,}200$

$11x > 1{,}273{,}282{,}560{,}000$ *Multiplica.*

$\dfrac{11x}{11} > \dfrac{1{,}273{,}282{,}560{,}000}{11}$ *Divide ambos lados entre 11.*

$x > 115{,}752{,}960{,}000$

Más de 115,752,960,000 hojas de papel se usan cada año en impresoras de computadoras personales.

4 Repasa

Para dar vuelta a la Tierra una vez se necesitan
$\frac{1{,}591{,}603{,}200}{11} = 144{,}691{,}200$ hojas de papel; para darle 800 vueltas se necesitarían $800 \cdot 144{,}691{,}200 = 115{,}752{,}960{,}000$ hojas.

Razonar y comentar

1. Da todos los símbolos que hacen correcta la ecuación $5 + 8 \ \blacksquare \ 13$. Explica tu respuesta.

2. Explica con qué símbolos $3x \ \blacksquare \ 9$ no es correcta si $x = 3$.

1-5 **Ejercicios**

PARA PRÁCTICA ADICIONAL
ve a la pág. 732

conexión **internet**
Ayuda en línea para tareas
go.hrw.com   Clave: MP4 1-5

PRÁCTICA GUIADA

Ver Ejemplo **1**   Compara. Escribe $<$ ó $>$.

1. $4 + 8$ ■ 13 **2.** $4(2)$ ■ 7 **3.** $27 - 13$ ■ 11 **4.** $5(9)$ ■ 42

5. $9 + 2$ ■ 10 **6.** $3(8)$ ■ 27 **7.** $52 - 37$ ■ 14 **8.** $8(7)$ ■ 54

Ver Ejemplo **2**   Resuelve y representa gráficamente cada desigualdad.

9. $x + 3 < 4$ **10.** $4b \geq 20$ **11.** $m - 4 \leq 28$ **12.** $5 > \frac{x}{3}$

13. $y + 8 \geq 25$ **14.** $6f < 30$ **15.** $z - 8 > 13$ **16.** $7 \leq \frac{x}{2}$

Ver Ejemplo **3**   **17.** El club de ciencias visitará el museo. Puede comprar entradas individuales a $4 cada una o un pase de grupo que cuesta $160. ¿Cuántos integrantes debe tener el club para que sea más barato comprar el pase? Escribe y resuelve una desigualdad para responder a la pregunta.

PRÁCTICA INDEPENDIENTE

Ver Ejemplo **1**   Compara. Escribe $<$ ó $>$.

18. $4 + 7$ ■ 12 **19.** $6(4)$ ■ 25 **20.** $15 - 9$ ■ 4 **21.** $7(6)$ ■ 40

22. $13 + 5$ ■ 17 **23.** $5(2.3)$ ■ 12 **24.** 7 ■ $19 - 13$ **25.** 12 ■ $3(4.2)$

Ver Ejemplo **2**   Resuelve y representa gráficamente cada desigualdad.

26. $b + 4 < 8$ **27.** $7x \geq 49$ **28.** $h - 2 \geq 3$ **29.** $1 < \frac{t}{4}$

30. $6 + a > 9$ **31.** $3x \geq 12$ **32.** $f - 9 \leq 2$ **33.** $2 < \frac{a}{3}$

Ver Ejemplo **3**   **34.** Un piano nuevo tiene 88 teclas. Si en un almacén hay 12 pianos descompuestos, a los que podrían faltarles teclas, ¿cuántas teclas de piano podría haber en los pianos? Escribe y resuelve una desigualdad para responder la pregunta.

PRÁCTICA Y RESOLUCIÓN DE PROBLEMAS

Escribe la desigualdad que se muestra en cada gráfica.

35.
$$\xleftarrow{\hspace{1em}}\begin{array}{ccccccc} & & & & & \circ & \\ -4 & -2 & 0 & 2 & 4 & 6 & 8 \end{array}\xrightarrow{\hspace{1em}}$$

36.
$$\xleftarrow{\hspace{1em}}\begin{array}{cccccc} & & & & \bullet & \\ 0 & 2 & 4 & 6 & 8 & 10 & 12 \end{array}\xrightarrow{\hspace{1em}}$$

37.
$$\xleftarrow{\hspace{1em}}\begin{array}{ccccccc} & & & & \circ & & \\ -4 & -2 & 0 & 2 & 4 & 6 & 8 \end{array}\xrightarrow{\hspace{1em}}$$

38.
$$\xleftarrow{\hspace{1em}}\begin{array}{ccccccc} & & & & & & \\ -4 & -2 & 0 & 2 & 4 & 6 & 8 \end{array}\xrightarrow{\hspace{1em}}$$

39.
$$\xleftarrow{\hspace{1em}}\begin{array}{ccccccc} & & & & \circ & & \\ -6 & -4 & -2 & 0 & 2 & 4 & 6 \end{array}\xrightarrow{\hspace{1em}}$$

40.
$$\xleftarrow{\hspace{1em}}\begin{array}{ccccccc} & & & & \bullet & & \\ -4 & -2 & 0 & 2 & 4 & 6 & 8 \end{array}\xrightarrow{\hspace{1em}}$$

41.
$$\xleftarrow{\hspace{1em}}\begin{array}{ccccccc} & & & & \bullet & & \\ -4 & -2 & 0 & 2 & 4 & 6 & 8 \end{array}\xrightarrow{\hspace{1em}}$$

42.
$$\xleftarrow{\hspace{1em}}\begin{array}{ccccccc} & & & & \circ & & \\ -6 & -4 & -2 & 0 & 2 & 4 & 6 \end{array}\xrightarrow{\hspace{1em}}$$

43. El camión cementero de Reginald puede transportar hasta 2200 libras de carga. Reginald necesita entregar 50 sacos de cemento que pesan 50 lb cada uno. Escribe y resuelve una desigualdad para determinar si podrá entregar el cemento en un solo viaje.

44. *DEPORTES* La carrera de yates Desafío Mundial BT 2000 tuvo 7 etapas. Si la tripulación del yate vencedor, el *LG Flatron*, hubiera navegado a una velocidad constante de por lo menos 6 nudos (6 millas náuticas por hora), ¿cuántas horas habría tardado en cubrir la etapa de Ciudad del Cabo, Sudáfrica, a La Rochelle, Francia?

Carrera mundial de yates

3200 millas náuticas
400 millas náuticas
Boston
Southampton
La Rochelle
5840 millas náuticas
5820 millas náuticas
1230 millas náuticas
Buenos Aires
Ciudad del Cabo
Sydney
6520 millas náuticas
7500 millas náuticas
Wellington

45. Suly obtuvo 87 en su primera prueba. Necesita un total de 140 puntos en sus primeras dos pruebas para acreditar el curso. ¿Cuántos puntos necesita en su segunda prueba para poder acreditar el curso?

46. *NEGOCIOS* Según una regla para letreros electrónicos, si sus letras miden n pulgadas son legibles a $50n$ pies de distancia. ¿Qué tamaño de letras serían legibles a 900 pies de distancia?

47. *ESCRIBE UN PROBLEMA* El peso máximo que soporta un elevador es de 2500 libras. Escribe, resuelve y representa un problema acerca del elevador y las personas que puede llevar si cada una pesa 185 lb.

48. *ESCRÍBELO* En matemáticas, la manera usual de escribir una desigualdad es con la variable a la izquierda ($x > 5$). Explica cómo escribir la desigualdad $4 \leq x$ de la manera usual.

49. *DESAFÍO* $3 \leq x < 5$ significa que se cumplen simultáneamente $3 \leq x$ y $x < 5$. Resuelve y representa gráficamente $6 < x \leq 12$.

Repaso en espiral

Evalúa cada expresión con los valores que se dan para la variable. (Lección 1-1)

50. $2(4 + x) - 3$ con $x = 0, 1, 2, 3$

51. $3(8 - x) - 2$ con $x = 0, 1, 2, 3$

52. $5(x - 1) - 1$ con $x = 5, 6, 7, 8$

53. $4(x + 2) - 3$ con $x = 2, 4, 6, 8$

54. $3(7 + x) + 4$ con $x = 2, 4, 6, 8$

55. $2(9 - x) + 3$ con $x = 3, 4, 5, 6$

56. PREPARACIÓN PARA LA PRUEBA Una compañía imprime n libros con un costo de \$9 por libro. ¿Cuál es el costo total? (Lección 1-2)

  A \$9 − n **C** $\dfrac{n}{\$9}$

  B n + \$9   **D** \$9n

57. PREPARACIÓN PARA LA PRUEBA ¿Qué valor de x es la solución de la ecuación $x - 5 = 8$? (Lección 1-3)

  F 3   **H** 13

  G 11   **J** 15

Cómo combinar términos semejantes

Aprender a combinar términos semejantes en una expresión.

En el festival coral participan coros de las tres escuelas intermedias del distrito. El director del festival ha recibido las siguientes listas de integrantes de cada coro.

Vocabulario

término

término semejante

expresión equivalente

simplificar

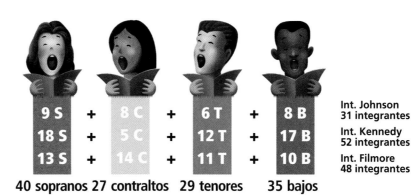

9 S	+	8 C	+	6 T	+	8 B	Int. Johnson 31 integrantes
18 S	+	5 C	+	12 T	+	17 B	Int. Kennedy 52 integrantes
13 S	+	14 C	+	11 T	+	10 B	Int. Filmore 48 integrantes

40 sopranos 27 contraltos 29 tenores 35 bajos

Para conocer el total de integrantes de cada sección, el director agrupa las partes semejantes de todas las escuelas. Los estudiantes de diferentes escuelas que cantan en la misma sección son como los *términos semejantes* de una expresión.

Los **términos** de una expresión están separados por signos de menos o más.

$$7x + 5 - 3y + 2x$$

Pista útil

Las constantes como 4, 0.75 y 11 son términos semejantes porque no tienen variables.

Puedes agrupar los **términos semejantes** porque tienen la misma variable elevada a la misma potencia, aunque suelen tener coeficientes distintos. Si combinas términos semejantes, alteras la apariencia de la expresión, pero no su valor. Las **expresiones equivalentes** siempre tienen el mismo valor, sea cual sea el valor de las variables.

EJEMPLO 1 Combinar términos semejantes para simplificar

Combina términos semejantes.

A $(5x) + (3x)$ *Identifica términos semejantes.*

$8x$ *Combina coeficientes: 5 + 3 = 8*

B $(5m) - (2m) + 8 - (3m) + 6$ *Identifica términos semejantes.*

$0m + 14$ *Combina los coeficientes: 5 − 2 − 3 = 0*

14 *y 8 + 6 = 14*

EJEMPLO 2 Combinar términos semejantes en expresiones con dos variables

Combina términos semejantes.

A $6a + 8a + 4b + 7$

$$\boxed{6a} + \boxed{8a} + \bigcirc\!\!4b + \bigcirc 7$$ *Identifica términos semejantes.*

$14a + 4b + 7$ *Combina los coeficientes: 6 + 8 = 14*

B $k + 3n - 2n + 4k$

$$\boxed{1k} + \bigcirc\!\!3n - \bigcirc\!\!2n + \boxed{4k}$$ *Identifica términos semejantes; el coeficiente de k es 1k porque 1k = k.*

$5k + n$ *Combina los coeficientes.*

C $4f - 12g + 16$

$$\boxed{4f} - \bigcirc\!\!12g + \bigcirc 16$$ *No hay términos semejantes*

Para **simplificar** una expresión, realiza todas las operaciones posibles, incluida la combinación de términos semejantes.

EJEMPLO 3 Simplificar expresiones algebraicas combinando términos semejantes

¡Recuerda!

La Propiedad distributiva dice que $a(b + c) = ab + ac$ para a, b y c. Por ejemplo, $2(3 + 5) = 2(3) + 2(5)$.

Simplifica $4(y + 9) - 3y$.

$4(y + 9) - 3y$

$4(y) + 4(9) - 3y$ *Propiedad distributiva*

$4y + 36 - 3y$ *4y y 3y son términos semejantes.*

$1y + 36$ *Combina los coeficientes: 4 − 3 = 1*

$y + 36$

EJEMPLO 4 Resolver ecuaciones algebraicas combinando términos semejantes

Resuelve $8x - x = 112$.

$8x - x = 112$ *Identifica términos semejantes. El coeficiente de x es 1.*

$7x = 112$ *Combina los coeficientes: 8 − 1 = 7*

$\dfrac{7x}{7} = \dfrac{112}{7}$ *Divide ambos lados entre 7.*

$x = 16$

Razonar y comentar

1. **Describe** el primer paso para simplificar la expresión $2 + 8(3y + 5) - y$.

2. **Indica** cuántos conjuntos de términos semejantes hay en la expresión del Ejemplo 1B. ¿Cuáles son?

3. **Explica** por qué $8x + 8y + 8$ ya está simplificada.

PARA PRÁCTICA ADICIONAL

ve a la pág. 732

▰ conexión **internet** ▰▰▰

Ayuda en línea para tareas
go.hrw.com   Clave: MP4 1-6

PRÁCTICA GUIADA

Ver Ejemplo **1** Combina términos semejantes.

1. $7x - 3x$　　　　　**2.** $2z + 5 + 3z$　　　　**3.** $4f + 2 - 2f + 6 + 6f$

4. $9g + 8g$　　　　　**5.** $5p - 8 - p$　　　　**6.** $2x + 7 - x + 5 + 3x$

Ver Ejemplo **2** **7.** $4x + 3y - x + 2y$　　**8.** $5x + 2y - y + 4x$　　**9.** $3x + 4y + 2x - 3y$

10. $7p + 2p + 5z - 2z$　**11.** $7g + 5h - 12$　　**12.** $2h + 3m + 8h - 3m$

Ver Ejemplo **3** Simplifica.

13. $3(r + 2) - 2r$　　　**14.** $5(2 + x) + 3x$　　**15.** $7(t + 8) - 5t$

Ver Ejemplo **4** Resuelve.

16. $4n - 2n = 84$　　　**17.** $y + 3y = 96$　　　**18.** $5p - 2p = 51$

PRÁCTICA INDEPENDIENTE

Ver Ejemplo **1** Combina términos semejantes.

19. $8y + 5y$　　　　　**20.** $5z - 6 - 3z$　　　**21.** $2a + 4 - a + 7 + 6a$

22. $4z - z$　　　　　**23.** $8x + 2 - 5x$　　　**24.** $9b + 6 - 3b - 3 - b$

25. $12p - 7p$　　　　**26.** $7a + 8 - 3a$　　　**27.** $2x + 8 + 2x - 5 + 5x$

Ver Ejemplo **2** **28.** $2z + 5z + b - 7$　　**29.** $4a + a + 3z - 2z$　　**30.** $9x + 8y + 2x - 8 - 4y$

31. $5x + 3 + 2x + 5q$　　**32.** $7d - d + 3e + 12$　　**33.** $15a + 6c + 3 - 6a + c$

Ver Ejemplo **3** Simplifica.

34. $5(y + 2) - y$　　　**35.** $3(4y - 6) + 8y$　　**36.** $4(x + 8) + 9x$

37. $2(3y + 4) + 9$　　　**38.** $6(2x + 8) - 9x$　　**39.** $3(3x - 3) + 2x$

Ver Ejemplo **4** Resuelve.

40. $5x - x = 48$　　　**41.** $8p - 3p = 25$　　　**42.** $p + 2p = 18$

43. $3y + 5y = 64$　　　**44.** $a + 5a = 72$　　　**45.** $9x - 5x = 56$

PRÁCTICA Y RESOLUCIÓN DE PROBLEMAS

Simplifica.

46. $7(3l + 5k) - 14l + 12$　　　　**47.** $6d + 8 + 5d - 3d - 7$

Resuelve.

48. $13(g + 2) = 78$　　　　　　　**49.** $7x - 12 = x + 2 + 2x - 3x$

Escribe una expresión para cada situación y simplifícala.

50. **NEGOCIOS** La entrada a un museo cuesta $5 por adulto, más $1 de impuesto. ¿Cuánto cuestan en total x entradas?

51. **DEPORTES** Usa la información que sigue para hallar cuántas medallas de cada metal ganó el grupo de cuatro países en los Juegos olímpicos de verano del año 2000.

Estados Unidos	Gran Bretaña	Brasil	Lituania
39 de oro	11 de oro	0 de oro	2 de oro
25 de plata	10 de plata	6 de plata	0 de plata
33 de bronce	7 de bronce	6 de bronce	3 de bronce

Escribe y resuelve una ecuación para cada situación.

52. **NEGOCIOS** El departamento de contabilidad ordenó 12 cajas de papel, y el de mercadotecnia, 20 cajas. Si el costo total del pedido fue de $896 sin impuestos, ¿qué precio tiene cada caja de papel?

53. **¿DÓNDE ESTÁ EL ERROR?** Un estudiante dijo que $2x + 3y$ se puede simplificar a $5xy$ combinando términos semejantes. ¿Qué error cometió?

54. **ESCRÍBELO** Escribe una expresión que pueda simplificarse combinando términos semejantes. Luego, escribe una que no pueda simplificarse y explica por qué está en su mínima expresión.

55. **DESAFÍO** Simplifica y resuelve $2(7x + 5 - 3x) + 4(2x - 2) = 50$.

Repaso en espiral

Resuelve cada ecuación. (Lección 1-3)

56. $4 + x = 13$ **57.** $x - 4 = 9$ **58.** $17 = x + 9$

59. $19 = x + 11$ **60.** $5 + x = 22$ **61.** $x - 24 = 8$

62. $x - 7 = 31$ **63.** $41 = x + 25$ **64.** $x + 8 = 15$

65. **PREPARACIÓN PARA LA PRUEBA**
Determina qué valor de x es la solución de la ecuación $3x + 2 = 11$. (Lección 1-3)

  A $x = 2.2$ **C** $x = 4.3$
  B $x = 3$ **D** $x = 3.6$

66. **PREPARACIÓN PARA LA PRUEBA**
Determina qué valor de x es la solución de la ecuación $4x - 3 = 13$. (Lección 1-3)

  F $x = 3$ **H** $x = 2.5$
  G $x = 3.5$ **J** $x = 4$

LECCIÓN (págs. 4–7)

Evalúa cada expresión con los valores que se dan para las variables.

1. $4x + 7y$
con $x = 7$ y $y = 5$

2. $5(r - 8t)$
con $r = 100$ y $t = 4$

3. $2(3m + 7n)$
con $m = 13$ y $n = 8$

LECCIÓN (págs. 8–12)

Escribe una expresión algebraica para cada frase.

4. 12 más que el doble de un número n

5. 5 menos que 3 veces un número b

6. 6 veces la suma de p y 3

7. 10 más el producto de 16 y m

Escribe una expresión algebraica que represente la situación del siguiente problema.

8. Sami tiene un calendario con 365 páginas de caricaturas. Después de arrancarle p páginas, ¿cuántas páginas de caricaturas quedan?

LECCIÓN (págs. 13–17)

Resuelve.

9. $5 + x = 26$

10. $p - 8 = 16$

11. $32 = h + 21$

12. $60 = k - 33$

Escribe la siguiente expresión con palabras como una ecuación algebraica y resuélvela.

13. El punto más profundo del lago Superior está a 1333 pies de la superficie, 1123 más abajo que el punto más profundo del lago Erie. ¿A qué distancia de la superficie está el punto más profundo del lago Erie?

LECCIÓN (págs. 18–22)

Resuelve.

14. $4m = 88$

15. $\frac{w}{50} = 50$

16. $100y = 50$

17. $\frac{1}{2}x = 16$

18. $3x + 4 = 10$

19. $4z - 1 = 11$

20. $\frac{1}{3}y - 2 = 7$

21. $16 = 10 + 2m$

LECCIÓN (págs. 23–27)

Resuelve y representa gráficamente cada desigualdad.

22. $x + 2.3 < 12$

23. $3n > 15$

24. $y - 4.1 \geq 3$

25. $6 \leq \frac{z}{2}$

LECCIÓN **1-6** (págs. 28–31)

Resuelve.

26. $7y - 4y = 6$

27. $\frac{5x + 3x}{2} = 20$

28. $2(t + 5t) = 48$

Enfoque en resolución de problemas

Resuelve

- **Elige una operación: suma o resta**

Para decidir si debes sumar o restar, determina qué acción se desarrolla en el problema. Si se trata de combinar o juntar números, necesitas sumar. Si se trata de quitar o determinar qué tan separados están dos números, necesitas restar.

Acción	Operación	Ilustración
Combinar o juntar	Suma	
Quitar	Resta	
Hallar la diferencia	Resta	

Jan tiene 10 canicas rojas. Joe le da otras 3. ¿Cuántas canicas tiene Jan ahora? La situación consiste en combinar canicas. Suma 10 y 3.

 Determina la acción que se desarrolla en cada problema. Vuelve a escribir el problema y luego indica qué operación debes usar.

1 El estado de Michigan se compone de dos partes, la Península Baja y la Península Alta. La Península Alta tiene un área aproximada de 16,400 mi^2, y el área aproximada de la Península Baja es de 40,400 mi^2. Estima el área del estado.

2 La temperatura promedio en Homer, Alaska, es de 53.4° F en julio y 24.3° F en diciembre. Halla la diferencia entre esas dos temperaturas medias.

3 Einar puede gastar $18 en regalos para el cumpleaños de su amigo. Compra un regalo que cuesta $12.35. ¿Cúanto le queda para gastar?

4 Dinah obtuvo 87 puntos en su primera prueba y 93 en la segunda. ¿Cuántos puntos obtuvo en total en sus dos primeras pruebas?

1-7 Pares ordenados

Aprender a escribir como pares ordenados las soluciones de ecuaciones con dos variables.

Vocabulario

par ordenado

Un letrero en la tienda dice: "Pancartas para cumpleaños $8. Personalícela a $1 por letra".

El nombre de Cecilia tiene 7 letras, el de Dowen, 5. Calcula cuánto costará una pancarta personalizada para cada uno.

| Precio de pancarta | − | $8 | + | $1 | · | Número de letras en el nombre |

Sea y el precio de la pancarta y x el número de letras en el nombre. La ecuación para el precio de una pancarta es $y = 8 + x$.

Para la pancarta de Cecilia: $x = 7$, $y = 8 + 7$ ó $y = 15$
Para la pancarta de Dowen: $x = 5$, $y = 8 + 5$ ó $y = 13$

La solución de una ecuación con dos variables se escribe como **par ordenado**. Si sustituyes en la ecuación los números del par ordenado, la ecuación es correcta.

(7, 15) es una solución → $15 = 8 + 7$
(5, 13) es una solución → $13 = 8 + 5$

Par ordenado

$$(x, y)$$

EJEMPLO 1 Decidir si un par ordenado es una solución de una ecuación

Determina si cada par ordenado es una solución de $y = 3x + 2$.

A (1, 4)

$y = 3x + 2$
$4 \overset{?}{=} 3(1) + 2$ *Sustituye x por 1 y y por 4.*
$4 \overset{?}{=} 5$ ✗

(1, 4) *no* es una solución.

Pista útil

El orden en que se escribe una solución es importante. La primera variable se llama *variable independiente*, y la segunda, *variable dependiente*.

B (2, 8)

$y = 3x + 2$
$8 \overset{?}{=} 3(2) + 2$ *Sustituye x por 2 y y por 8.*
$8 \overset{?}{=} 8$ ✔   *Es una solución, porque 8 = 8*

(2, 8) es una solución.

C (16, 50)

$y = 3x + 2$
$50 \overset{?}{=} 3(16) + 2$ *Sustituye x por 16 y y por 50.*
$50 \overset{?}{=} 50$ ✔

(16, 50) es una solución.

EJEMPLO 2 Crear una tabla de soluciones con pares ordenados

Haz una tabla de soluciones con los valores que se dan.

A $y = 3x$ con $x = 1, 2, 3, 4$

x	3x	y	(x, y)
1	3(1)	3	(1, 3)
2	3(2)	6	(2, 6)
3	3(3)	9	(3, 9)
4	3(4)	12	(4, 12)

B $n = 4m - 3$ con $m = 1, 2, 3, 4$

m	1	2	3	4
4m − 3	4(1) − 3	4(2) − 3	4(3) − 3	4(4) − 3
n	1	5	9	13
(m, n)	(1, 1)	(2, 5)	(3, 9)	(4, 13)

Pista útil

Las tablas de soluciones pueden organizarse en forma vertical u horizontal.

EJEMPLO 3 *Aplicación a las ventas al detalle*

En casi todos los estados, el precio de un artículo no es su costo total. Hay que sumarle el impuesto de venta. Si el impuesto es del 8%, la ecuación del costo total es $c = 1.08p$, donde p es el precio sin impuestos.

A ¿Cuánto costará la pancarta para Cecilia con impuestos?

$c = 1.08(15)$ *El precio de la pancarta sin impuestos es de $15.*

$c = 16.2$

La pancarta para Cecilia cuesta $15.00; con el impuesto, cuesta $16.20. Por tanto, (15, 16.20) es una solución de la ecuación.

B ¿Cuánto costará la pancarta para Dowen con impuestos?

$c = 1.08(13)$ *El precio de la pancarta sin impuestos es de $13.*

$c = 14.04$

La pancarta para Dowen cuesta $13.00; con el impuesto, cuesta $14.04. Por tanto, (13.00, 14.04) es una solución de la ecuación.

Razonar y comentar

1. **Describe** cómo hallar una solución de una ecuación con dos variables.

2. **Explica** por qué una ecuación con dos variables tiene un número infinito de soluciones.

3. **Da** dos ecuaciones con x y y para las que (1, 2) sea una solución.

1-7 **Ejercicios**

PARA PRÁCTICA ADICIONAL	✓ conexión **internet**
ve a la pág. 733	**Ayuda en línea para tareas** go.hrw.com Clave: MP4 1-7

PRÁCTICA GUIADA

Ver Ejemplo **1** Determina si cada par ordenado es una solución de $y = 2x - 4$.

1. $(2, 1)$ **2.** $(4, 4)$ **3.** $(6, 8)$ **4.** $(5, 5)$

Ver Ejemplo **2** Haz una tabla de soluciones con los valores que se dan.

5. $y = 2x$ con $x = 1, 2, 3, 4, 5, 6$ **6.** $y = 3x - 2$ con $x = 1, 2, 3, 4, 5, 6$

Ver Ejemplo **3** **7.** El envío de una carta cuesta $0.23 por onza más $0.14. La ecuación que da el costo total c de enviar una carta es $c = 0.23p + 0.14$, donde p es el peso en onzas. ¿Cuánto cuesta enviar una carta de 5 onzas?

PRÁCTICA INDEPENDIENTE

Ver Ejemplo **1** Determina si cada par ordenado es una solución de $y = 4x + 3$.

8. $(1, 7)$ **9.** $(4, 20)$ **10.** $(2, 11)$ **11.** $(6, 25)$

Ver Ejemplo **2** Haz una tabla de soluciones con los valores que se dan.

12. $y = 4x - 1$ con $x = 1, 2, 3, 4, 5, 6$ **13.** $y = 2x + 8$ con $x = 1, 2, 3, 4, 5, 6$

14. $y = 2x - 3$ con $x = 2, 4, 6, 8, 10$ **15.** $y = 3x - 4$ con $x = 2, 4, 6, 8, 10$

Ver Ejemplo **3** **16.** La multa por exceso de velocidad en un pueblo es de $75 más $6 por cada milla más allá del límite de velocidad. La ecuación para el costo total c de una multa es $c = 75 + 6m$, donde m es el exceso de velocidad en millas. Terry fue multado por conducir a 71 mi/h en una zona de 55 mi/h. ¿Cuál fue el costo de la multa?

PRÁCTICA Y RESOLUCIÓN DE PROBLEMAS

Determina si cada par ordenado es una solución de $y = x + 3$.

17. $(2, 5)$ **18.** $(4, 6)$ **19.** $(5, 8)$ **20.** $(3, 7)$

Determina si cada par ordenado es una solución de $y = 3x - 5$.

21. $(2, 2)$ **22.** $(4, 7)$ **23.** $(6, 13)$ **24.** $(5, 10)$

Haz una tabla de soluciones con los valores que se dan.

25. $y = 4x - 3$ con $x = 1, 2, 3, 4, 5, 6$ **26.** $y = 3x - 1$ con $x = 1, 2, 3, 4, 5, 6$

27. $y = x + 8$ con $x = 1, 2, 3, 4, 5, 6$ **28.** $y = 2x + 1$ con $x = 2, 4, 6, 8, 10$

29. $y = 2x + 4$ con $x = 2, 4, 6, 8, 10$ **30.** $y = 2x - 3$ con $x = 3, 6, 9, 12, 15$

31. Escribe una ecuación cuyas soluciones sean $(1, 1)$, $(2, 2)$, $(3, 3)$ y (n, n) con todos los valores de n.

32. **NEGOCIOS** El gerente de una pizzería calcula un costo diario de alimentos de $60 más $3 por pizza. Escribe una ecuación para el costo *c* en términos del número de pizzas vendidas *p*. Luego, resuélvela para hallar el costo por alimentos en un día en que se vendieron 113 pizzas. Escribe la respuesta como par ordenado.

33. **GEOMETRÍA** El perímetro *P* de un cuadrado es cuatro veces la longitud de un lado *l*, y puede expresarse como $P = 4l$. Determina si es (13, 51) una solución de esta ecuación. Si no, halla una solución que incluya uno de los valores que se dan.

34. Dada la ecuación $y = 2x - 8$, halla los pares ordenados que sean la solución cuando $x = 4$ y $y = 4$.

35. **CIENCIAS DE LA VIDA**
La longevidad de los estadounidenses ha aumentado constantemente desde 1940. La relación entre el año de nacimiento y la longevidad puede mostrarse con un par ordenado.

a. Escribe un par ordenado que muestre la longevidad de un estadounidense nacido en 1980.

b. Los datos de la gráfica se pueden calcular con la ecuación $L = 0.2n - 323$, donde *L* es la longevidad y *n* es el año de nacimiento. Úsala para hallar un par ordenado que indique la longevidad de un estadounidense nacido en 2020.

 36. **¿DÓNDE ESTÁ EL ERROR?** Una tabla de soluciones indica que (4, 10) es la solución de la ecuación $y = \frac{x}{2} - 1$. ¿Dónde está el error?

37. **ESCRÍBELO** Escribe una ecuación para la que (3, 5) sea una solución. Explica cómo hallaste la ecuación.

38. **DESAFÍO** En fútbol americano, un *touchdown* vale 6 puntos y un gol de campo vale 3. Si *x* es el número de *touchdowns* anotados y *y* es el número de goles de campo anotados, halla las posibles soluciones de la ecuación $54 = 6x + 3y$.

En 1513, Ponce de León salió en busca de la legendaria Fuente de la Juventud, que se creía daba juventud eterna. En su búsqueda, descubrió Florida, a la que nombró Pascua Florida.

Repaso en espiral

Evalúa cada expresión con el valor que se da para la variable. (Lección 1-1)

39. $x - 4$ con $x = 11$

40. $2x + 3$ con $x = 9$

41. $3x - 2$ con $x = 2$

42. $4(x + 1)$ con $x = 8$

43. $3(x - 1)$ con $x = 5$

44. $2(x + 4)$ con $x = 3$

45. PREPARACIÓN PARA LA PRUEBA
Determina qué valor de *x* es la solución de $x + 3 = 14$. (Lección 1-3)

A 9

B 11

C 17

D 21

46. PREPARACIÓN PARA LA PRUEBA
Determina qué valor de *x* es la solución de $x - 4 = 3$. (Lección 1-3)

F 1

G 12

H −1

J 7

Aprender a representar gráficamente puntos y líneas en el plano cartesiano.

Vocabulario

plano cartesiano

eje de las x

eje de las y

coordenada x

coordenada y

origen

gráfica de una ecuación

Kim dejó un mensaje para José: "Nos vemos en la Second Street".

Pero José no sabía en qué parte de esa calle. Habría sido mejor un mensaje como: "Nos vemos en la esquina de East Jefferson Avenue y North Second Street".

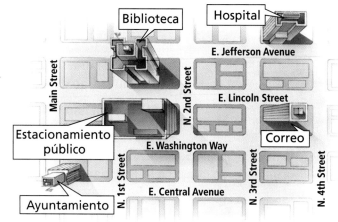

El **plano cartesiano** es como un mapa formado por dos rectas numéricas, el **eje de las x** y el **eje de las y**, que se cruzan perpendicularmente. Los puntos en el mapa se indican con pares ordenados. La **coordenada x** y la **coordenada y** de un par ordenado indican cuántas unidades hay que desplazarse en qué dirección.

coordenada x
moverse a la derecha o a la izquierda coordenada y
moverse arriba o abajo

Pista útil

El signo de un número indica la dirección del movimiento.
Positivo: hacia arriba o la derecha
Negativo: hacia abajo o la izquierda

Para trazar un par ordenado, parte del **origen**, el punto (0, 0), donde se cruzan el eje de las x y el eje de las y. La primera coordenada indica las unidades que hay que desplazarse a la izquierda o la derecha; la segunda indica cuántas unidades hay que subir o bajar.

2 unidades a la derecha **(2, 3)** *subir 3 unidades*

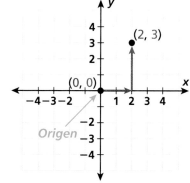

E J E M P L O   **1**   Hallar las coordenadas de un punto en un plano

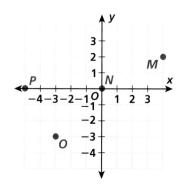

Da las coordenadas de cada punto.

El punto M es (4, 2).

   4 unidades a la derecha, 2 hacia arriba

El punto N es (0, 0).

   0 unidades a la derecha, 0 hacia arriba

El punto O es (−3, −3).

   3 unidades a la izquierda, 3 hacia abajo

El punto P es (−5, 0).

   5 unidades a la izquierda, 0 hacia arriba

Representar puntos en un plano cartesiano

Representa gráficamente cada punto en un plano cartesiano. Rotúlalos *A–D*.

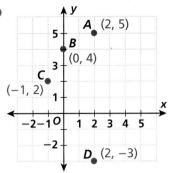

A (2, 5)
derecha 2, arriba 5

B (0, 4)
derecha 0, arriba 4

C (−1, 2)
izquierda 1, arriba 2

D (2, −3)
derecha 2, abajo 3

La **gráfica de una ecuación** es el conjunto de todos los pares ordenados que son soluciones de la ecuación.

Representar gráficamente una ecuación

En cada caso, completa la tabla de pares ordenados y representa gráficamente la ecuación en un plano cartesiano.

A $y = 2x$

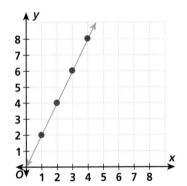

x	2x	y	(x, y)
1	2(1)	2	(1, 2)
2	2(2)	4	(2, 4)
3	2(3)	6	(3, 6)
4	2(4)	8	(4, 8)

Los puntos de cada ecuación forman una línea recta. Traza la línea entre los puntos para representar todas las posibles soluciones.

B $y = 3x - 2$

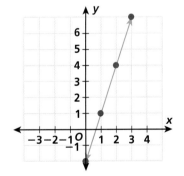

x	3x − 2	y	(x, y)
0	3(0) − 2	−2	(0, −2)
1	3(1) − 2	1	(1, 1)
2	3(2) − 2	4	(2, 4)
3	3(3) − 2	7	(3, 7)

Razonar y comentar

1. Da las coordenadas de un punto en el eje de las *x* y un punto en el eje de las *y*.

2. Da las coordenadas *y* que faltan en las soluciones para $y = 5x + 2$: $(1, y)$, $(3, y)$, $(10, y)$.

1-8 Ejercicios

PARA PRÁCTICA ADICIONAL
ve a la pág. 733

◢ conexión **internet**
Ayuda en línea para tareas
go.hrw.com   Clave: MP4 1-8

PRÁCTICA GUIADA

Ver Ejemplo ① **Da las coordenadas de cada punto.**

1. A **2.** B **3.** C

4. D **5.** E **6.** F

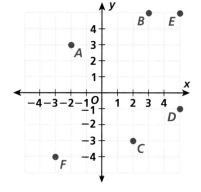

Ver Ejemplo ② **Representa gráficamente cada punto en un plano cartesiano y rotula los puntos.**

7. $A(3, 4)$ **8.** $B(6, 1)$

9. $C(-1, 6)$ **10.** $D(2, -5)$

Ver Ejemplo ③ **Completa cada tabla de pares ordenados. Representa gráficamente cada ecuación en un plano cartesiano.**

11. $y = x + 1$

x	x + 1	y	(x, y)
0	▨	▨	▨
1	▨	▨	▨
2	▨	▨	▨

12. $y = 2x - 1$

x	2x − 1	y	(x, y)
0	▨	▨	▨
1	▨	▨	▨
2	▨	▨	▨

PRÁCTICA INDEPENDIENTE

Ver Ejemplo ① **Da las coordenadas de cada punto.**

13. G **14.** H **15.** J

16. K **17.** L **18.** M

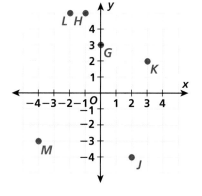

Ver Ejemplo ② **Representa gráficamente cada punto en un plano cartesiano y rotula los puntos.**

19. $A(2, 6)$ **20.** $B(0, 4)$

21. $C(-3, -7)$ **22.** $D(-3, 0)$

Ver Ejemplo ③ **Completa cada tabla de pares ordenados. Representa gráficamente la ecuación en un plano cartesiano.**

23. $y = 3x$

x	3x	y	(x, y)
0	▨	▨	▨
1	▨	▨	▨
2	▨	▨	▨

24. $y = 2x + 1$

x	2x + 1	y	(x, y)
0	▨	▨	▨
1	▨	▨	▨
2	▨	▨	▨

CONEXIÓN Música

Algunos ritmos baila-bles, como *dununba*, de Guinea, se tocan con tambores a alta velocidad durante horas. *Dununba* llega a tocarse a 350 golpes por minuto.

Para cada par ordenado, escribe otros dos con la misma coordenada *y*.

25. (4, 0)   **26.** (6, 2)   **27.** (3, 7)   **28.** (1, 4)

Para cada par ordenado, escribe otros dos con la misma coordenada *x*.

29. (4, 7)   **30.** (2, 5)   **31.** (0, 3)   **32.** (6, 1)

33. *MÚSICA* Un patrón de tamborileo originario de Ghana se puede tocar a 2.5 golpes por segundo. Para hallar cuántos golpes se dan en *s* segundos, usa la ecuación $g = 2.5s$. ¿Cuántos golpes se dan en 30 segundos?

34. *CIENCIAS FÍSICAS* Un automóvil viaja a 60 millas por hora. Usa la ecuación $y = 60x$ para calcular la distancia recorrida en *x* horas. Haz una tabla de pares ordenados y representa gráficamente la solución. ¿Qué distancia recorrerá el automóvil en 3.5 horas?

35. *CONSTRUCCIÓN* Para construir las paredes de una casa, los carpinteros colocan un clavo, o una tabla a cada 16 pulgadas, a menos que haya puertas o ventanas. Usa la ecuación $y = \frac{x}{16} + 1$ para determinar el número de clavos en una pared de *x* pulgadas de longitud sin puertas ni ventanas. Haz una tabla de pares ordenados y representa gráficamente la solución. ¿Cuántos clavos deben colocarse en una pared de 8 pies de longitud? (*Pista:* Un pie tiene 12 pulgadas.)

 36. *ESCRIBE UN PROBLEMA* Escribe un problema cuya solución sea una figura geométrica en el plano cartesiano.

 37. *ESCRÍBELO* Supongamos que estás en una ciudad organizada en manzanas cuadradas, como una cuadrícula de coordenadas, y estás viendo un mapa. Explica cómo ir del punto (4, 6) al punto (1,2).

 38. *DESAFÍO* Usa la tabla de pares ordenados para hallar el número que falta en la ecuación. Representa gráficamente la ecuación.

x	5x + ▨	y	(x, y)
1	5(1) + ▨	8	(1, 8)
2	5(2) + ▨	13	(2, 13)

Repaso en espiral

Escribe una expresión algebraica para cada frase. (Lección 1-2)

39. la diferencia entre un número y 13

40. un número dividido entre 6

41. la suma de un número y 31

42. el cociente de un número y 8

43. **PREPARACIÓN PARA LA PRUEBA** Resuelve la ecuación $7x = 42$. (Lección 1-4)

   A $x = 35$ **C** $x = 6$

   B $x = 294$ **D** $x = 49$

44. **PREPARACIÓN PARA LA PRUEBA** Resuelve la ecuación $\frac{x}{3} = 7$. (Lección 1-4)

   F $x = 21$ **H** $x = 10$

   G $x = 4$ **J** $x = \frac{7}{3}$

Tecnología

LABORATORIO 1A

Crear una tabla de soluciones

Para usar con la Lección 1-8

La función *Table* de una calculadora de gráficas te ayuda a hacer rápidamente una tabla de valores.

◢ conexión **internet**

Recursos en línea para el laboratorio: *go.hrw.com*
CLAVE: MP4 Lab1A

Actividad

1 Haz una tabla de soluciones para la ecuación $y = 2x - 3$. Luego, halla el valor de y cuando $x = 29$.

Para escribir la ecuación, oprime la tecla $\boxed{Y=}$. Luego oprime $2 \boxed{X,T,\theta,n} \boxed{-} 3$.

Oprime $\boxed{2nd}$ $\overset{\text{TBLSET}}{\boxed{WINDOW}}$ para abrir el menú Table Setup. En este menú **TblStart** muestra el valor inicial de x, y **ΔTbl** muestra cómo aumentan los valores x. Si necesitas modificar los valores, usa las teclas de flecha para resaltar el número que quieres cambiar y escribe otro número.

Oprime $\boxed{2nd}$ $\overset{\text{TABLE}}{\boxed{GRAPH}}$ para ver la tabla de valores.

En esta pantalla, puedes ver que $y = 7$ cuando $x = 5$.

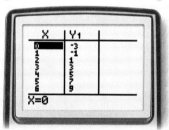

Usa las teclas de flecha para desplazarte por la lista. Puedes ver que $y = 55$ cuando $x = 29$.

Para comprobarlo, sustituye x por 29 en $y = 2x - 3$.

$y = 2x - 3$
$\ \ = 2(29) - 3 = 58 - 3 = 55$

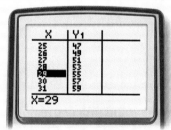

Razonar y comentar

1. En un sitio de Internet, puedes comprar lápices a 17¢ cada uno, pero sólo se venden cajas de 12. Decides hacer una tabla para comparar x, el número de lápices, con y, el costo total de los lápices. ¿Qué valores de **TblStart** y **ΔTbl** usarás? Explica tu respuesta.

Inténtalo

Usa una tabla para hallar los valores de y con los valores de x que se dan para cada ecuación. Da los valores de **TblStart** y **ΔTbl** que usaste.

1. $y = 3x + 6$ cuando $x = 1, 3$ y 7 **2.** $y = \dfrac{x}{4}$ cuando $x = 5, 10, 15$ y 20

1-9 Cómo interpretar gráficas y tablas

Aprender a interpretar la información presentada en una gráfica o tabla y a hacer gráficas para resolver problemas.

Esta tabla muestra con qué rapidez puede aumentar la temperatura en un automóvil que se deja estacionado en una tarde de compras en que la temperatura exterior es de 93° F.

Lugar	Temperatura al llegar	Temperatura al partir
Casa	—	140° a la 1:05
Tintorería	75° a la 1:15	95° a la 1:25
Supermercado	72° a la 1:45	165° a las 3:45
Mercado	80° a las 4:00	125° a las 4:20

EJEMPLO **1** **Relacionar situaciones con tablas**

Esta tabla da la velocidad de 3 perros en mi/h en diferentes momentos. Indica qué perro corresponde a cada situación descrita.

Tiempo	12:00	12:01	12:02	12:03	12:04
Perro 1	8	8	20	3	0
Perro 2	0	10	0	7	0
Perro 3	0	4	4	0	12

A El perro de David mastica un juguete, luego corre al patio trasero, se sienta y ladra y luego vuelve corriendo por el juguete y se sienta.

Perro 2: La velocidad es 0 al principio, mientras ladra y cuando regresa por el juguete. Es positiva mientras corre.

B El perro de Kareem corre con él y luego persigue a un gato hasta que Kareem lo llama. El perro regresa a su lado y se sienta.

Perro 1: El perro está corriendo al principio, así que su velocidad es positiva. Su velocidad aumenta al perseguir al gato y luego disminuye a 0 cuando se sienta.

C El perro de Janelle está sentado arriba de una resbaladilla de alberca, se desliza hacia el agua, nada hasta la escalera, sale del agua, se sacude y corre alrededor de la alberca.

Perro 3: La velocidad del perro es 0 arriba de la resbaladilla, 4 al nadar y 12 al correr alrededor de la alberca.

Relacionar situaciones con gráficas

Indica qué gráfica corresponde a cada situación descrita en el Ejemplo 1.

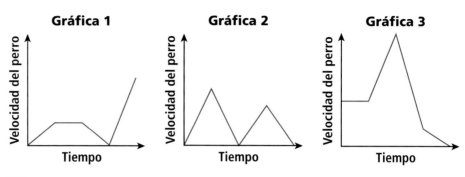

Gráfica 1 **Gráfica 2** **Gráfica 3**

A Perro de David

Gráfica 2: La velocidad del perro es 0 cuando la gráfica toca el eje de las *x*.

B Perro de Kareem

Gráfica 3: La velocidad del perro no es 0 en el inicio.

C Perro de Janelle

Gráfica 1: El perro está corriendo al final; su velocidad no es 0.

Crear una gráfica a partir de una situación

La temperatura dentro de un automóvil puede subir a niveles peligrosos. Haz una gráfica que ilustre la temperatura dentro de un automóvil.

Lugar	Temperatura (°F)	
	Al llegar	Al partir
Casa	—	140° a la 1:00
Tintorería	75° a la 1:10	95° a la 1:20
Centro comercial	72° a la 1:40	165° a las 3:40
Mercado	80° a las 3:55	125° a las 4:15

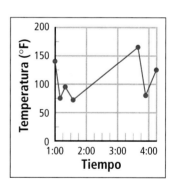

Razonar y comentar

1. Describe el significado de que una gráfica de velocidad inicie en el punto (0, 0).

2. Da una situación que al representarse gráficamente incluya un segmento horizontal.

PARA PRÁCTICA ADICIONAL
ve a la pág. 733

⬜ conexión **internet**
Ayuda en línea para tareas
go.hrw.com   Clave: MP4 1-9

PRÁCTICA GUIADA

Ver Ejemplo ①

1. Indica qué tabla corresponde a la situación que se describe.

Jerry sube en su bicicleta al final de la calle y luego baja con rapidez por una pendiente empinada. Al bajar, Jerry se detiene a platicar con Ryan. Después de unos minutos, Jerry pedalea a la casa de Reggie y se detiene.

Tabla 1	
Tiempo	**Velocidad (mi/h)**
3:00	0
3:05	8
3:10	0
3:15	5
3:20	3

Tabla 2	
Tiempo	**Velocidad (mi/h)**
3:00	5
3:05	12
3:10	0
3:15	5
3:20	0

Tabla 3	
Tiempo	**Velocidad (mi/h)**
3:00	6
3:05	3
3:10	2
3:15	0
3:20	5

Ver Ejemplo ②

2. Indica qué tabla del ejercicio 1 corresponde a cada gráfica.

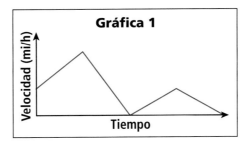

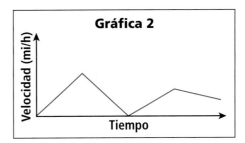

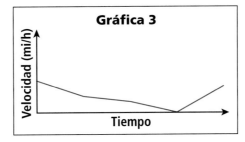

Ver Ejemplo ③

3. Crea una gráfica que ilustre la información de la tabla acerca de un juego de parque de diversiones.

Tiempo	3:20	3:21	3:22	3:23	3:24	3:25
Velocidad (mi/h)	0	14	41	62	8	0

PRÁCTICA INDEPENDIENTE

Ver Ejemplo **4. Indica qué tabla corresponde a la situación que se describe.**

Un avión está parado mientras los pasajeros abordan. Luego, se dirige a la pista, en cuyo extremo espera hasta que autorizan su despegue. El avión despega y sigue acelerando al ascender.

Tabla 1	
Tiempo	Velocidad (mi/h)
6:00	0
6:10	20
6:20	40
6:30	0
6:40	80

Tabla 2	
Tiempo	Velocidad (mi/h)
6:00	20
6:10	0
6:20	10
6:30	80
6:40	300

Tabla 3	
Tiempo	Velocidad (mi/h)
6:00	0
6:10	10
6:20	0
6:30	80
6:40	350

Ver Ejemplo **5. Indica qué gráfica corresponde a cada tabla del ejercicio 4.**

Ver Ejemplo ③ **6.** Crea una gráfica que ilustre la información de la tabla acerca del regreso del señor Schwartz de su trabajo a su casa.

Tiempo	Velocidad (mi/h)	Tiempo	Velocidad (mi/h)
5:12	7	5:15	46
5:13	35	5:16	12
5:14	8	5:17	0

PRÁCTICA Y RESOLUCIÓN DE PROBLEMAS

7. Usa la tabla para representar gráficamente el movimiento de una puerta electrónica de seguridad.

Tiempo (s)	0	5	10	15	20	25	30	35
Abertura (pies)	0	3	6	9	12	12	12	9

Tiempo (s)	40	45	50	55	60	65	70	75
Abertura (pies)	8	12	12	12	9	6	3	0

Geyser es una palabra islandesa que significa "brotar". Los géiseres hacen erupción porque hay agua subterránea que comienza a hervir. Al subir la temperatura, aumenta la presión hasta que el géiser emite una fuente de vapor y agua.

8. Explica qué indican estos datos acerca del géiser Beehive. Haz una gráfica.

Altura media del agua del géiser Beehive								
Hora	1:00	1:01	1:02	1:03	1:04	1:05	1:06	1:07
Altura media (pies)	0	147	153	155	152	148	0	0

9. Usa la tabla siguiente para elegir el nombre del géiser que corresponde a cada gráfica.

Géiseres del Parque Nacional Yellowstone				
Géiser	Old Faithful	Grand	Riverside	Pink Cone
Duración (min)	1.5 a 5	10	20	80

El Old Faithful es el géiser más famoso del Parque Nacional Yellowstone.

go.hrw.com
CLAVE: MP4 Geyser, disponible en inglés.
CNN Student News.

a.
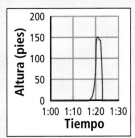

b.
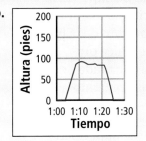

Erupciones del Old Faithful	
Duración	Tiempo entre erupciones
1.5 min	48 min
2 min	55 min
2.5 min	70 min
3 min	72 min
3.5 min	74 min
4 min	82 min
4.5 min	93 min
5 min	100 min

10. ⭐ *DESAFÍO* El Old Faithful alcanza alturas de 105 pies a 184 pies. Hizo erupción a las 7:34 am durante 4.5 minutos. Después hizo erupción durante 2.5 minutos. Una tercera erupción duró 3 minutos. Usa la tabla para determinar cuántos minutos pasaron entre las erupciones. Dibuja una posible gráfica.

Repaso en espiral

Resuelve. (Lección 1-3)

11. $4 + x = 13$ **12.** $13 = 9 + x$ **13.** $x - 9 = 2$ **14.** $x - 2 = 5$

15. PREPARACIÓN PARA LA PRUEBA
Resuelve $x + 7 < 15$. (Lección 1-5)

     A $x > 22$ **C** $x < 22$

     B $x > 8$ **D** $x < 8$

16. PREPARACIÓN PARA LA PRUEBA
Resuelve $4 \leq \frac{x}{2}$. (Lección 1-5)

     F $x \leq 8$ **H** $x \geq 8$

     G $x \geq 2$ **J** $x \leq 2$

El hogar de Supermán

El pueblo de Metropolis, Illinois, se fundó en 1839. Es un poblado pequeño situado en la parte sur del estado, a la orilla del río Ohio, con alrededor de 6500 habitantes.

1. **a.** En la primera historieta de *Supermán*, este personaje llega a una ciudad llamada Metropolis. La historieta apareció n años después de la fundación de Metropolis, Illinois. Escribe una expresión algebraica que represente el año en que apareció la primera historieta de Supermán.

   b. Metropolis se declaró oficialmente hogar de Supermán $(n - 65)$ años después de aparecer la primera historieta. (Es la misma n de la parte **a**.) Usa tu expresión de la parte **a** para escribir una nueva expresión algebraica que represente el año en que Metropolis fue declarada hogar de Supermán. Simplifica tu expresión combinando términos semejantes.

   c. Metropolis, Illinois, fue declarada hogar de Supermán en 1972. Usa esta información y tu expresión de la parte **b** para obtener el valor de n.

Metropolis, Illinois, celebra a Supermán cada año.

2. En 1986 se compró una estatua de Supermán de 7 pies de altura. En 1993, una estatua de bronce de 15 pies de altura, con un costo aproximado de $100,000, la sustituyó. Esta estatua costó 100 veces más que la original. Escribe y resuelve una ecuación para hallar el costo de la estatua original.

3. En 1948 apareció una serie cinematográfica llamada *Las aventuras de Supermán*. Tuvo e episodios con una duración aproximada de 16 minutos cada uno. La duración completa de la serie fue de 244 minutos. Escribe y resuelve una ecuación para hallar el número de episodios. (Redondea al entero más cercano.)

Horizonte de Chicago

La Torre Sears de Chicago es el edificio más alto del mundo en varias categorías.

1. La altura de la Torre Sears desde la entrada principal en el costado oriente del edificio hasta la azotea es de 1450 pies. En cambio, la altura por el costado oeste es de 1454 pies. Ello se debe a que la calle al oeste de la torre está a un nivel y pies más bajo que la calle al este. Escribe y resuelve una ecuación para hallar la diferencia en pies entre los niveles de las dos calles.

2. Escribe y resuelve una ecuación para hallar la distancia d entre la azotea y la punta de la antena.

3. Supongamos que los 110 pisos de la Torre Sears tienen la misma altura y juntos dan una altura total de 1450 pies. Escribe y resuelve una ecuación para hallar la altura de cada piso y redondea al pie más cercano.

La Torre Sears no es el único edificio alto de Chicago. El John Hancock Center y el Aon Center también se cuentan entre los edificios más altos del mundo.

4. La alberca techada más alta de Estados Unidos está en el piso 44 del Hancock Center. Supongamos que cada piso de este edificio tiene a pies de altura y escribe la expresión que da la altura a la que se encuentra la alberca.

5. El Hancock Center tiene 46 pisos residenciales, menos del total de pisos dividido entre 2. Usa j para el número total de pisos y escribe y resuelve una desigualdad que exprese el número de pisos que podría tener el edificio.

Los tres edificios más altos de Chicago son, de izquierda a derecha, el John Hancock Center, la Torre Sears y el Aon Center.

Categoría	Altura (pies)
Altura del piso ocupado más alto	1431
Altura a la azotea	1450
Altura a la punta de la antena	1730

En un día despejado pueden verse cuatro estados desde la azotea: Illinois, Michigan, Indiana y Wisconsin.

MATE-JUEGOS

Magia matemática

Puedes adivinar lo que tus amigos están pensando si descubres cómo "operan" sus mentes. Por ejemplo, prueba este truco.

Piensa un número. Multiplícalo por 8, divídelo entre 2, súmale 5 y luego réstale 4 veces el número original.

Sea cual sea el número escogido, la respuesta siempre será 5. Compruébalo con otro número. Puedes usar lo que sabes acerca de las variables para demostrarlo:

	Lo que dices:	Lo que piensa la persona:	En matemáticas:
Paso 1:	Elige un número.	6 (por ejemplo)	n
Paso 2:	Multiplícalo por 8.	$8(6) = 48$	$8n$
Paso 3:	Divídelo entre 2.	$48 \div 2 = 24$	$8n \div 2 = 4n$
Paso 4:	Súmale 5.	$24 + 5 = 29$	$4n + 5$
Paso 5:	Réstale 4 veces el número original.	$29 - 4(6) = 29 - 24 = 5$	$4n + 5 - 4n = 5$

Inventa tu propio truco de magia matemática con al menos cinco pasos. Da un ejemplo en el que uses números y variables. ¡Pruébalo con un amigo!

Cubos locos

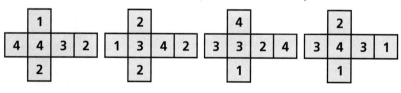

Este juego, llamado The Great Tantalizer (El Gran Tormento) en 1900, se reintrodujo en los años sesenta como "Instant Insanity™". El objetivo es poner en fila cuatro cubos de modo que todas las filas de caras muestren cuatro números distintos. Haz cuatro cubos con cartulina y cinta adhesiva, y numera las

caras así:

Forma los cubos de modo que se vean 1, 2, 3 y 4 en la parte de arriba, de abajo, del frente y de atrás de la fila. Los números pueden estar en cualquier orden, y no importa si quedan acostados o de cabeza.

Tecnología

Representación gráfica de puntos

conexión internet

Recursos en línea para el laboratorio: *go.hrw.com*
CLAVE: MP4 TechLab1

En una calculadora de gráficas, las configuraciones del menú WINDOW determinan qué puntos ves y qué tan espaciados están. En la ventana normal, los valores de x y y van de -10 a 10, cada uno, y hay una unidad entre las marcas. Los límites se establecen con **Xmin, Xmax, Ymin** y **Ymax. Xscl** y **Yscl** dan la distancia entre las marcas.

Actividad

1 Traza los puntos $(2, 5)$, $(-2, 3)$, $(-\frac{3}{2}, 4)$ y $(1.75, -2)$ en la ventana normal. Luego, cambia a -5 y 5 los valores mínimo y máximo de x y y.

Oprime WINDOW para ver que tengas la configuración de ventana normal.

Para trazar $(2, 5)$ oprime 2nd PRGM **POINTS** ENTER .

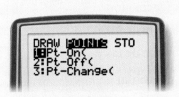

Ahora oprime 2 , 5 ENTER . Cuando aparezca la cuadrícula con un punto en $(2, 5)$, oprime 2nd MODE para salir. Repite los pasos para trazar $(-2, 3)$, $(-\frac{3}{2}, 4)$ y $(1.75, -2)$.

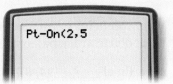

| Ésta es la gráfica en la ventana normal. | Oprime WINDOW . Cambia los valores **Xmin, Xmax, Ymin** y **Ymax** como se muestra. | Repite los pasos para representar gráficamente los puntos en la nueva ventana. |

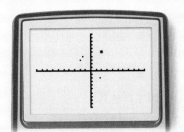

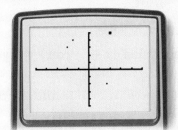

Razonar y comentar

1. Compara las dos gráficas de arriba. Describe y explica las diferencias.

Inténtalo

Representa gráficamente los puntos $(-4, -8)$, $(1, 2)$, $(2.5, 7)$, $(3, 8)$ y $(-4.5, 12)$ en cada ventana.

1. ventana normal

2. **Xmin** $= -5$; **Xmax** $= 5$; **Ymin** $= -20$; **Ymax** $= 20$; **Yscl** $= 5$

Vocabulario

Completa los enunciados con las palabras del vocabulario. Puedes usar las palabras más de una vez.

1. En el ___?___ (4, 9), 4 es la ___?___ y 9 es la ___?___.

2. $x < 3$ es el ___?___ de la ___?___ $x + 5 < 8$.

1-1 Expresiones y variables (págs. 4–7)

EJEMPLO

■ Evalúa $4x + 9y$ con $x = 2$ y $y = 5$.

$4x + 9y$

$4(2) + 9(5)$ *Sustituye x por 2 y y por 5.*

$8 + 45$ *Multiplica.*

53 *Suma.*

EJERCICIOS

Evalúa cada expresión.

3. $9a + 7b$ con $a = 7$ y $b = 12$

4. $17m - 3n$ con $m = 10$ y $n = 6$

5. $1.5r + 19s$ con $r = 8$ y $s = 14$

1-2 Escribir expresiones algebraicas (págs. 8–12)

EJEMPLO

■ Escribe una expresión algebraica para la frase "2 menos que un número n".

$n - 2$ *Escríbelo como resta.*

EJERCICIOS

Escribe una expresión algebraica para cada frase.

6. dos veces la suma de k y 4

7. 5 más que el producto de 4 y t

1-3 Cómo resolver ecuaciones con sumas y restas (págs. 13–17)

EJEMPLO

Resuelve.

■ $x + 7 = 12$

$\dfrac{-7 \quad -7}{x + 0 = 5}$ *Resta 7 a cada lado.*

    $x = 5$ *Propiedad de identidad del cero*

■ $y - 3 = 1.5$

$\dfrac{+3 \quad +3}{y + 0 = 4.5}$ *Suma 3 a cada lado.*

    $y = 4.5$ *Propiedad de identidad del cero*

EJERCICIOS

Resuelve y comprueba.

8. $z - 9 = 14$ **9.** $t + 3 = 11$

10. $6 + k = 21$ **11.** $x + 2 = 13$

Escribe una ecuación y resuélvela.

12. Un oso polar pesa 715 lb, que son 585 lb menos que un manatí. ¿Cuánto pesa el manatí?

13. El desierto Mojave, con un área de 15,000 mi², es 11,700 mi² más extenso que Death Valley. ¿Qué área tiene Death Valley?

1-4 Cómo resolver ecuaciones con multiplicaciones y divisiones (págs. 18–22)

EJEMPLO

Resuelve.

■ $4h = 24$

$\dfrac{4h}{4} = \dfrac{24}{4}$ *Divide cada lado entre 4.*

  $1h = 6$ $4 \div 4 = 1$

   $h = 6$ $1 \cdot h = h$

■ $\dfrac{t}{4} = 16$

$4 \cdot \dfrac{t}{4} = 4 \cdot 16$ *Multiplica cada lado por 4.*

   $1t = 64$ $4 \div 4 = 1$

    $t = 64$ $1 \cdot t = t$

EJERCICIOS

Resuelve y comprueba.

14. $7g = 56$ **15.** $108 = 12k$ **16.** $0.1p = 8$

17. $\dfrac{w}{4} = 12$ **18.** $20 = \dfrac{y}{2}$ **19.** $\dfrac{z}{2.4} = 8$

Escribe una ecuación y resuélvela.

20. La familia Lewis viajó 235 mi hacia su destino, $\frac{2}{3}$ de la distancia total. Calcula la distancia total.

21. Luz pagará un total de $9360 por el préstamo para su auto. Paga $390 cada mes. ¿A cuántos meses fue el préstamo?

1-5 Cómo resolver desigualdades simples (págs. 23–27)

EJEMPLO

Resuelve y representa gráficamente.

■ $x + 5 \le 8$

$\dfrac{-5 \quad -5}{x \le 3}$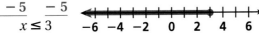

■ $3w > 18$

$\dfrac{3w}{3} > \dfrac{18}{3}$

   $w > 6$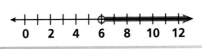

EJERCICIOS

Resuelve y representa gráficamente.

22. $h + 3 < 7$ **23.** $y - 2 > 5$ **24.** $2x \ge 8$

25. $4p < 2$ **26.** $2m > 4.6$ **27.** $3q \le 0$

28. $\dfrac{w}{2} \ge 4$ **29.** $\dfrac{x}{3} \le 1$ **30.** $\dfrac{y}{4} > 4$

31. $4 < x + 1$ **32.** $2 < y - 4$ **33.** $8 \ge 4x$

1-6 Cómo combinar términos semejantes (págs. 28–31)

EJEMPLO

■ Simplifica.

$3(z - 6) + 2z$	
$3z - 3(6) + 2z$	*Propiedad distributiva*
$3z - 18 + 2z$	*3z y 2z son términos semejantes.*
$5z - 18$	*Combina coeficientes.*

EJERCICIOS

Simplifica.

34. $4(2m - 1) + 3m$ **35.** $12w + 2(w + 3)$

Resuelve.

36. $6y + y = 35$ **37.** $9z - 3z = 48$

1-7 Pares ordenados (págs. 34–37)

EJEMPLO

■ Determina si $(8, 3)$ es una solución de la ecuación $y = x - 6$.

$y = x - 6$

$3 \overset{?}{=} 8 - 6$

$3 \overset{?}{=} 2$ ✗

$(8, 3)$ no es una solución.

EJERCICIOS

Determina si el par ordenado es una solución de la ecuación que se da.

38. $(27, 0)$; $y = 81 - 3x$ **39.** $(4, 5)$; $y = 5x$

Haz una tabla de soluciones con los valores.

40. $y = 3x + 2$ con $x = 0, 1, 2, 3, 4$

1-8 Cómo hacer gráficas en un plano cartesiano (págs. 38–41)

EJEMPLO

■ Representa $A(3, -1)$, $B(0, 4)$, $C(-2, -3)$ y $D(1, 0)$ en un plano cartesiano.

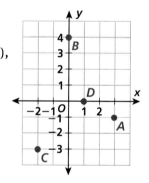

EJERCICIOS

Representa estos puntos en un plano cartesiano.

41. $A(3, 2)$ **42.** $B(-1, 0)$ **43.** $C(0, -5)$

44. $D(1, -3)$ **45.** $E(0, 4)$ **46.** $F(-3, -5)$

Da la coordenada que falta en estas soluciones de $y = 3x + 5$.

47. $(0, y)$ **48.** $(1, y)$ **49.** $(5, y)$

1-9 Cómo interpretar gráficas y tablas (págs. 43–47)

EJEMPLO

■ ¿Qué auto acelera mejor?

Aceleración	Auto A (seg)	Auto B (seg)
0 a 30 mi/h	1.8	3.2
0 a 40 mi/h	2.8	4.7
0 a 50 mi/h	3.9	6.4
0 a 60 mi/h	5.1	8.8

El auto A acelera desde 0 hasta cada velocidad en menos segundos que el auto B.

EJERCICIOS

50. ¿Qué horno no se precalentó?

Tiempo (min)	Horno D (°F)	Horno E (°F)
0	450°	70°
1	435°	220°
2	445°	450°
3	455°	440°
4	450°	450°

Guía de estudio y repaso

Evalúa cada expresión con los valores que se dan para las variables.

1. $4x + 5y$ con $x = 9$ y $y = 7$

2. $5k(6 - 6m)$ con $k = 2$ y $m = \frac{1}{2}$

Escribe una expresión algebraica para cada frase.

3. 3 más que el doble de p

4. 4 veces la suma de t y 5

5. 6 menos la mitad de n

Resuelve.

6. $m + 15 = 25$

7. $4d = 144$

8. $50 = h - 3$

9. $\frac{x}{3} = 18$

10. $y - 4 \geq 1.1$

11. $\frac{x}{3} < 6$

12. $w + 1 < 4.5$

13. $2p > 15$

Representa gráficamente cada desigualdad.

14. $x > 4$

15. $y \leq 8$

Escribe y resuelve una ecuación para cada problema.

16. Acme Sporting Products fabrica 3216 pelotas de tenis al día. Cada tubo contiene 3 pelotas. ¿Cuántos tubos para pelotas de tenis se necesitan cada día?

17. En las elecciones presidenciales de 1996, Bill Clinton obtuvo 2,459,683 votos en Texas, 177,868 más de los que obtuvo en Texas en 1992. ¿Cuántos votos obtuvo Clinton en Texas en 1992?

Resuelve.

18. $4x + 3 = 19$

19. $\frac{y}{2} - 5 = 1$

20. $10z + 2z = 108$

21. $26 = 3f + 10f$

Determina si el par ordenado es una solución de la ecuación que se da.

22. $(6, 5)$; $y = 5x - 25$

Da las coordenadas de cada punto indicado en el plano cartesiano.

23. A

24. B

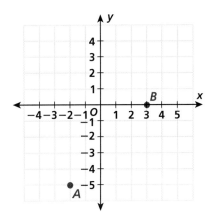

25. Usa la tabla para representar la velocidad del auto en distintos momentos.

Tiempo (s)	0	5	10	15
Velocidad (mi/h)	0	20	30	35

Evaluación del desempeño

 Muestra lo que sabes

Haz un portafolio para tus trabajos en este capítulo. Completa esta página e inclúyela junto con los cuatro mejores trabajos del Capítulo 1. Elige entre las tareas o prácticas de laboratorio, examen parcial del capítulo o cualquier entrada de tu diario para incluirlas en el portafolio empleando el diseño que más te guste. Usa tu portafolio para presentar lo que consideras tu mejor trabajo.

 Respuesta corta

1. Halla el conjunto solución para la ecuación $x + 6 = 10$. Halla el conjunto solución para la desigualdad $2x \geq 8$. Explica qué tienen en común los conjuntos solución y por qué son diferentes.

2. El promedio de ascenso y descenso de la marea en Eastport, Maine, es 5 pies 10 pulg más que el doble del promedio en Filadelfia, Pensilvania. Escribe una expresión algebraica para hallar la medida correspondiente a Eastport. Luego halla la medida.

Ascenso y descenso de la marea		
Lugar	pies	pulg
Boston, MA	10	4
Charleston, SC	5	10
Eastport, ME		
Fort Pulaski, GA	7	6
Key West, FL	1	10
Filadelfia, PA	6	9

 Extensión de resolución de problemas

Elige cualquier estrategia para resolver los problemas.

3. Una compañía de refrescos ha organizado un concurso. Se imprime un número cabal menor que 100 en cada tapa de botella. Si juntas un juego de tapas que sumen exactamente 100, ganas un premio. A continuación se muestran algunas tapas.

a. Escribe la factorización prima de cada número en las tapas.

b. ¿Qué tienen en común todos los números de las tapas?

c. ¿Hay en este grupo de tapas un juego ganador? Explica tu respuesta.

conexión internet
Práctica en línea para la
prueba estatal: *go.hrw.com*
Clave: MP4 TestPrep

Preparación para la prueba estandarizada

Capítulo 1

Evaluación acumulativa: Capítulo 1

1. ¿Qué ecuación algebraica representa la frase "15 menos que el número de computadoras *c* es 32"?

(A) $\frac{c}{15} = 32$ (C) $15 - c = 32$

(B) $15c = 32$ (D) $c - 15 = 32$

2. ¿Qué desigualdad representa esta gráfica?

2   4   6   8   10   12   14

(F) $x < 7$ (H) $7 < x$

(G) $x \leq 7$ (J) $7 \leq x$

3. Bill es 3 años mayor que su gato. La suma de sus edades es 25. Si *c* representa la edad del gato, ¿con qué ecuación obtienes *c*?

(A) $c + 25 = c + 3$ (C) $c + 3c = 25$

(B) $c + 25 = 3c$ (D) $c + (c + 3) = 25$

4. La solución de $k + 3(k - 2) = 34$ es

(F) $k = 10$ (H) $k = 8$

(G) $k = 9$ (J) $k = 7$

5. Jamal tiene $20 y va a una pizzería donde una rebanada cuesta $2.25, incluyendo los impuestos. ¿Qué desigualdad indica cuántas rebanadas puede comprar?

(A) $2.25 + s \leq 20$ (C) $2.25s \leq 20$

(B) $2.25 + s \geq 20$ (D) $2.25s \geq 20$

6. Si al doble de un número le quitas 4, el resultado es 236. ¿De qué número se trata?

(F) 29.5 (H) 116

(G) 59 (J) 120

7. Un número *n* aumenta en 5 y el resultado se multiplica por 5. A ese resultado se le resta 5. ¿Cuál es el resultado final?

(A) $5n$ (C) $5n + 10$

(B) $5n + 5$ (D) $5n + 20$

8. ¿Cuál tiene mayor valor?

(F) $(2 + 3)(2 + 3)$ (H) $(2 \cdot 3)(2 \cdot 3)$

(G) $2 + 3 \cdot 3$ (J) $2 \cdot 2 + 3 \cdot 3$

¡CONSEJO!

PARA LA PRUEBA

Para convertir de una unidad de medida mayor a una menor, multiplica por el factor de conversión. Para convertir de una unidad menor a una mayor divide entre el factor de conversión.

9. ***RESPUESTA CORTA*** Jo tiene 197 carteles para solicitar aportaciones. Decide usar cuatro tiras de cinta de 5 pulgadas para colgar cada cartel. Cada rollo de cinta contiene 250 pies. Estima cuántos rollos de cinta necesitará Jo. Explica cómo hiciste tu estimación. (*Pista:* 12 pulg = 1 pie)

10. ***RESPUESTA CORTA*** La Sra. Morton anotó la duración de las llamadas telefónicas que hizo en la semana.

Duración (min)	2	5	7	12	15
Número de llamadas	7	*x*	2	2	3

El número de llamadas de menos de 6 minutos es igual al número de llamadas de más de 6 minutos. Escribe y resuelve una ecuación para determinar el número de llamadas de 5 minutos que hizo la Sra. Morton.

Preparación para la prueba estandarizada

Capítulo 2

Enteros y exponentes

Partícula atómica	Vida independiente (s)
	Indefinida
Electrón	Indefinida
Protón	920
Neutrón	2.2×10^{-6}
Muón	

□ conexión internet

Presentación del capítulo en línea: **go.hrw.com**
CLAVE: MP4 Ch2

Profesión *Físico nuclear*

Los antiguos griegos definieron al átomo como la partícula más pequeña de materia. Ahora sabemos que los átomos se componen de muchas partículas aún más pequeñas.

Los físicos nucleares estudian esas partículas con gigantescas máquinas como aceleradores lineales, sincrotrones y ciclotrones, que deshacen los átomos para descubrir sus componentes.

Los físicos nucleares aplican las matemáticas a los datos que obtienen, para crear modelos del átomo y de la estructura de la materia.

¿ESTÁS PREPARADO?

Elige de la lista el término que mejor complete cada enunciado.

1. Según el/la __?__, debemos multiplicar o dividir antes de sumar o restar, al simplificar una __?__ numérica.

2. Una expresión algebraica es un enunciado matemático que tiene al menos un(a) __?__.

3. En un(a) __?__, el signo igual indica que dos cantidades son equivalentes.

4. Un(a) __?__ indica que una cantidad es mayor que otra.

expresión

desigualdad

orden de las operaciones

variable

ecuación

Resuelve los ejercicios para practicar las destrezas que usarás en este capítulo.

✔ Orden de las operaciones

Simplifica mediante el orden de las operaciones.

5. $(12) + 4(2)$

6. $12 + 8 \div 4$

7. $15(14 - 4)$

8. $(23 - 5) - 36 \div 2$

9. $12 \div 2 + 10 \div 5$

10. $40 \div 2 \cdot 4$

✔ Ecuaciones

Resuelve.

11. $x + 9 = 21$

12. $3z = 42$

13. $\frac{w}{4} = 16$

14. $24 + t = 24$

15. $p - 7 = 23$

16. $12m = 0$

✔ Relacionar una recta numérica con una desigualdad

Escribe una desigualdad para describir el conjunto de puntos que se muestra en cada recta numérica.

17.
    $-6 \quad -4 \quad -2 \quad 0 \quad 2 \quad 4 \quad 6$

18.
    $-6 \quad -4 \quad -2 \quad 0 \quad 2 \quad 4 \quad 6$

19.
    $-4 \quad -2 \quad 0 \quad 2 \quad 4 \quad 6 \quad 8$

20.
    $-4 \quad -2 \quad 0 \quad 2 \quad 4 \quad 6 \quad 8$

✔ Multiplicar y dividir por potencias de diez

Multiplica o divide.

21. $358(10)$

22. $358(1000)$

23. $358(100,000)$

24. $\frac{358}{10}$

25. $\frac{358}{1000}$

26. $\frac{358}{100,000}$

2-1 Cómo sumar enteros

Aprender a sumar enteros.

Vocabulario

entero

opuesto

valor absoluto

Katrina mantiene un diario de salud. Sabe que al comer suma calorías y al hacer ejercicio las resta, así que usa *enteros* para determinar su total diario.

Los **enteros** son el conjunto de los números cabales, incluido el 0, y sus **opuestos**. La suma de dos enteros opuestos es cero.

−3 y 3 son opuestos.

Enteros negativos   Enteros positivos

El 0 es su propio opuesto.

E J E M P L O **1** **Usar una recta numérica para sumar enteros**

Usa una recta numérica para hallar la suma.

4 + (−6)

Finalizas en −2, por tanto 4 + (−6) = −2.

Avanza a la derecha 4 unidades. Del 4 avanza a la izquierda 6 unidades.

Pista útil

Para sumar un número **positivo**, debes avanzar a la **derecha**. Para sumar un número **negativo**, debes avanzar a la **izquierda**.

Otra forma de sumar enteros es mediante el valor absoluto.

El **valor absoluto** es la distancia a la que está un número de 0. El valor absoluto de −4, que se escribe $|-4|$, es 4; y el valor absoluto de 5 es 5.

SUMAR ENTEROS	
Con el mismo signo...	**Con diferente signo...**
halla la suma de los valores absolutos. Usa el mismo signo que tienen los enteros.	halla la diferencia de los valores absolutos. Usa el signo del entero que tiene mayor valor absoluto.

Usar el valor absoluto para sumar enteros

Suma.

A $-3 + (-5)$

$-3 + (-5)$ *Razona: Halla la suma de 3 y 5.*

-8 *Como tienen el mismo signo, usa el signo de los enteros.*

B $4 + (-7)$

$4 + (-7)$ *Razona: Halla la diferencia de 7 y 4.*

-3 $7 > 4$; *usa el signo de 7.*

C $-3 + 6$

$-3 + 6$ *Razona: Halla la diferencia de 6 y 3.*

3 $6 > 3$; *usa el signo de 6.*

E J E M P L O **3** **Evaluar expresiones con enteros**

Evalúa $b + 12$ con $b = -5$.

$b + 12$

$(-5) + 12$ *Reemplaza b con -5.*
   Razona: Halla la diferencia de 12 y 5.

$-5 + 12 = 7$ $12 > 5$; *usa el signo de 12.*

E J E M P L O **4** *Aplicación a la salud*

Lunes en la mañana

Calorías

Avena	145
Tostada con jalea	62
8 oz líq de jugo	111

Calorías quemadas

Caminar 6 vueltas	110
Nadar 6 vueltas	40

Katrina quiere verificar su cuenta de calorías después de desayunar y hacer ejercicio. Usa la información de su diario para hallar el total.

$145 + 62 + 111 + (-110) + (-40)$ *Usa el signo + para las calorías que se ingieren y el signo − para las que se queman.*

$(145 + 62 + 111) + (-110 + -40)$ *Agrupa enteros del mismo signo.*

$318 + (-150)$ *Suma los enteros de cada grupo.*

168 $318 > 150$; *usa el signo de 318.*

La cuenta de calorías de Katrina después de desayunar y hacer ejercicio es de 168 calorías.

Razonar y comentar

1. Compara las sumas $10 + (-22)$ y $-10 + 22$.

2. Explica si un valor absoluto puede ser negativo.

2-1 **Ejercicios**

PARA PRÁCTICA ADICIONAL
ve a la pág. 734

⤢ conexión internet
Ayuda en línea para tareas
go.hrw.com   Clave: MP4 2-1

PRÁCTICA GUIADA

Ver Ejemplo ① **Usa una recta numérica para hallar cada suma.**

1. $3 + 2$ **2.** $6 + (-4)$ **3.** $-6 + 10$ **4.** $-4 + (-2)$

Ver Ejemplo ② **Suma.**

5. $-11 + 3$ **6.** $8 + (-2)$ **7.** $-12 + 15$ **8.** $-7 + (-9)$

Ver Ejemplo ③ **Evalúa cada expresión con el valor que se da para la variable.**

9. $t + 16$ con $t = -5$ **10.** $m + 8$ con $m = -4$ **11.** $p + (-4)$ con $p = -4$

Ver Ejemplo ④ **12.** Ron hace el balance de su chequera. Usa la información de la derecha para hallar el saldo (diferencia) en su cuenta de cheques. Los cheques representan retiros de la cuenta.

Cheques	Depósitos
$128	$500
$46	$175
$204	

PRÁCTICA INDEPENDIENTE

Ver Ejemplo ① **Usa una recta numérica para hallar cada suma.**

13. $5 + (-7)$ **14.** $-5 + 5$ **15.** $5 + (-8)$ **16.** $-4 + 7$

Ver Ejemplo ② **Suma.**

17. $9 + 12$ **18.** $-7 + (-8)$ **19.** $-9 + (-9)$ **20.** $16 + (-4)$

Ver Ejemplo ③ **Evalúa cada expresión con el valor que se da para la variable.**

21. $q + 10$ con $q = 12$ **22.** $x + 16$ con $x = -6$ **23.** $z + (-7)$ con $z = 16$

Ver Ejemplo ④ **24.** La empleada de un hospital revisa sus expedientes. Usa los datos de la derecha para hallar el cambio neto en el número de pacientes durante la semana.

	Admisiones	Altas
Lunes	14	8
Martes	25	4
Miércoles	13	11
Jueves	17	0
Viernes	9	5

PRÁCTICA Y RESOLUCIÓN DE PROBLEMAS

Escribe una ecuación de suma para cada recta numérica.

25.
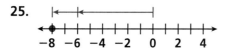

26.
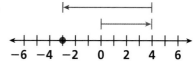

Usa una recta numérica para hallar cada suma.

27. $-8 + (-5)$ **28.** $16 + (-22)$ **29.** $-36 + 18$

30. $55 + 27$ **31.** $57 + (-59)$ **32.** $-14 + 85$

33. $52 + (-9)$ **34.** $-26 + (-26)$ **35.** $-41 + 41$

36. $-7 + 9 + (-8)$ **37.** $-11 + (-6) + (-2)$ **38.** $32 + (-4) + (-15)$

Evalúa cada expresión con el valor que se da para la variable.

39. $c + 16$ con $c = -8$ **40.** $k + (-12)$ con $k = 4$

41. $b + (-3)$ con $b = -17$ **42.** $15 + r$ con $r = -18$

43. $-9 + w$ con $w = -6$ **44.** $1 + n + (-7)$ con $n = 6$

45. Evalúa $2 + x + y$ con $x = 7$ y $y = -4$.

46. *ECONOMÍA* Consulta los siguientes datos sobre el comercio exterior de EE. UU. en el año 2000. Considera las exportaciones como valores positivos y las importaciones como valores negativos.

	Exportaciones	Importaciones
Bienes	$772,210,000,000	$1,224,417,000,000
Servicios	$293,492,000,000	$217,024,000,000

Fuente: Censo de EE. UU. del año 2000

  a. ¿A cuánto ascendieron las exportaciones estadounidenses en 2000?

  b. ¿A cuánto ascendieron las importaciones estadounidenses en 2000?

  c. La suma de las exportaciones e importaciones se llama *balanza comercial*. Escribe una ecuación de suma para mostrar la balanza comercial de EE. UU. en el año 2000.

 47. *¿DÓNDE ESTÁ EL ERROR?* Un estudiante evaluó $-3 + f$ con $f = -4$ y obtuvo como respuesta 1. ¿Qué error cometió?

 48. *ESCRÍBELO* Explica en qué casos es posible sumar dos enteros y obtener un resultado negativo.

 49. *DESAFÍO* Halla la suma de $1 + (-1) + 1 + (-1) + \ldots$ cuando hay 12, 17, 20 y 23 términos. Explica los patrones que halles.

Repaso en espiral

Resuelve. (Lecciones 1-3 y 1-4)

50. $p - 8 = 12$ **51.** $f + 9 = 15$ **52.** $\frac{m}{4} = 16$ **53.** $7q = 42$

54. **PREPARACIÓN PARA LA PRUEBA** ¿Qué número **no** es solución de $n - 7 < 1$? (Lección 1-5)

    A 2   **B** 4   **C** 6   **D** 8

2-2 Cómo restar enteros

Aprender a restar enteros.

Algunas montañas rusas tienen pendientes máximas que rebasan su altura.

Los pasajeros entran en túneles subterráneos con velocidades de hasta 85 mi/h. La profundidad de estos túneles puede representarse con enteros negativos.

Restar un número de otro más grande equivale a determinar a qué distancia están en una recta numérica. Restar un entero equivale a sumar su opuesto.

RESTAR ENTEROS		
Con palabras	**Con números**	**En álgebra**
Cambia el signo de resta por el de suma y cambia el signo del segundo número.	$2 - 3 = 2 + (-3)$ $4 - (-5) = 4 + 5$	$a - b = a + (-b)$ $a - (-b) = a + b$

EJEMPLO 1 Restar enteros

Resta.

A $-5 - 5$

$-5 - 5 = -5 + (-5)$ *Suma el opuesto de 5.*

$= -10$ *Como tienen el mismo signo, usa el signo de los enteros.*

B $2 - (-4)$

$2 - (-4) = 2 + 4$ *Suma el opuesto de -4.*

$= 6$ *Como tienen el mismo signo, usa el signo de los enteros.*

C $-11 - (-8)$

$-11 - (-8) = -11 + 8$ *Suma el opuesto de -8.*

$= -3$ *$11 > 8$; usa el signo de 11.*

Evalúa cada expresión con el valor que se da para la variable.

A $4 - t$ con $t = -3$.

$4 - t$

$4 - (-3)$ *Sustituye t por −3.*

$= 4 + 3$ *Suma el opuesto de −3.*

$= 7$ *Mismo signo; usa el signo de los enteros.*

B $-5 - s$ con $s = -7$.

$-5 - s$

$-5 - (-7)$ *Sustituye s por −7.*

$= -5 + 7$ *Suma el opuesto de −7.*

$= 2$ *7 > 5; usa el signo de 7.*

C $-1 - x$ con $x = 8$.

$-1 - x$

$-1 - 8$ *Sustituye x por 8.*

$= -1 + (-8)$ *Suma el opuesto de 8.*

$= -9$ *Mismo signo; usa el signo de los enteros.*

EJEMPLO **3** *Aplicación a la arquitectura*

La montaña rusa *Desperado* tiene una altura máxima de 209 pies y una pendiente máxima de 225 pies. ¿A qué profundidad desciende la montaña rusa *Desperado*?

$209 - 225$ *Resta la pendiente de la altura.*

$209 + (-225)$ *Suma el opuesto de 225.*

$= -16$ *225 > 209; usa el signo de 225.*

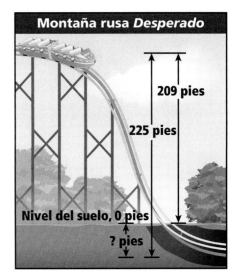

Montaña rusa *Desperado*

209 pies

225 pies

Nivel del suelo, 0 pies

? pies

La montaña rusa *Desperado* desciende a una profundidad de 16 pies.

Razonar y comentar

1. Explica por qué $10 - (-10)$ no es igual a $-10 - 10$.

2. Describe la respuesta que obtienes al restar un número de otro más pequeño.

2-2 **Ejercicios**

PARA PRÁCTICA ADICIONAL
ve a la pág. 734

⚡ conexión **internet**
Ayuda en línea para tareas
go.hrw.com Clave: MP4 2-2

PRÁCTICA GUIADA

Ver Ejemplo ① **Resta.**

1. $-7 - 8$ **2.** $-7 - (-4)$ **3.** $9 - (-5)$ **4.** $-10 - (-3)$

Ver Ejemplo ② **Evalúa cada expresión con el valor que se da para la variable.**

5. $7 - h$ con $h = -6$ **6.** $-8 - m$ con $m = -2$ **7.** $-3 - k$ con $k = 12$

Ver Ejemplo ③ **8.** El 22 de enero de 1943, la temperatura en Spearfish, Dakota del Sur, subió de $-4°$ F a $45°$ F en sólo 2 minutos. ¿En cuántos grados cambió la temperatura? *Fuente: The Weather Book,* Random House, Inc.

PRÁCTICA INDEPENDIENTE

Ver Ejemplo ① **Resta.**

9. $-2 - 9$ **10.** $12 - (-7)$ **11.** $11 - (-6)$ **12.** $-9 - (-3)$

13. $-8 - (-11)$ **14.** $-14 - 8$ **15.** $-5 - (-9)$ **16.** $30 - (-12)$

Ver Ejemplo ② **Evalúa cada expresión con el valor que se da para la variable.**

17. $12 - b$ con $b = -4$ **18.** $-9 - q$ con $q = -12$ **19.** $-7 - f$ con $f = 10$

20. $7 - d$ con $d = 16$ **21.** $-7 - w$ con $w = 7$ **22.** $-3 - p$ con $p = -3$

Ver Ejemplo ③ **23.** Un submarino que se desplaza a 25 m bajo el nivel del mar, es decir a -25 m, desciende 15 m. ¿A qué profundidad está ahora?

PRÁCTICA Y RESOLUCIÓN DE PROBLEMAS

Escribe una ecuación de resta para cada recta numérica.

24.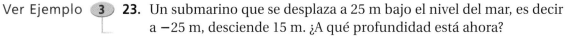

25.

Realiza las operaciones que se indican.

26. $-7 - (-10)$ **27.** $24 - (-27)$ **28.** $-31 - 11$

29. $-31 - 31$ **30.** $-12 - 9 + (-4)$ **31.** $-13 - (-5) + (-8)$

Evalúa cada expresión con el valor que se da para la variable.

32. $x - 15$ con $x = -3$ **33.** $6 - t$ con $t = -7$ **34.** $-14 - y$ con $y = 9$

35. $s - (-21)$ con $s = -19$ **36.** $1 - r - (-2)$ con $r = 5$ **37.** $-3 - w + 3$ con $w = 42$

Usa la línea cronológica para responder a las preguntas. Indica los años a.C. con números negativos. Supongamos que hubo un año 0 (no lo hubo) y que el calendario no ha sufrido cambios importantes (esto también es falso).

go.hrw.com
CLAVE: MP4 Egypt, disponible en inglés.

CNN student News

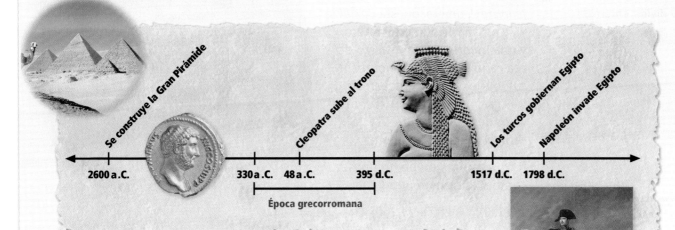

| Se construye la Gran Pirámide | | Cleopatra sube al trono | | Los turcos gobiernan Egipto | Napoleón invade Egipto |

2600 a.C.   330 a.C.   48 a.C.   395 d.C.   1517 d.C.   1798 d.C.

Época grecorromana

38. ¿Cuánto duró la época grecorromana, en la que Grecia y Roma gobernaron Egipto?

39. ¿Qué periodo fue más largo: el que va de la Gran Pirámide a Cleopatra o el de Cleopatra al presente? ¿Por cuántos años?

40. La reina Neferteri gobernó Egipto 2900 años antes de que lo gobernaran los turcos. ¿En qué año gobernó?

41. ¿Entre qué sucesos de la línea cronológica transcurrieron 1846 años?

42. *ESCRÍBELO* ¿Por qué es mejor usar números negativos para indicar fechas a.C.?

43. *DESAFÍO* ¿Cómo cambiarían tus cálculos si consideras que no hubo un año 0?

Repaso en espiral

Combina términos semejantes. (Lección 1-6)

44. $9m + 8 - 4m + 7 - 5m$ **45.** $6t + 3k - 15$ **46.** $5a + 3 - b + 1$

47. PREPARACIÓN PARA LA PRUEBA ¿Qué par ordenado **no** es una solución de $y = 5x + 1$? (Lección 1-7)

   A (0, 1)   **B** (1, 6)   **C** (21, 4)   **D** (22, 111)

48. PREPARACIÓN PARA LA PRUEBA ¿Qué valor tiene $-7 + 3h$ cuando $h = 5$? (Lección 2-1)

   F -8 **G** -22 **H** 8   **J** 22

2-3 Cómo multiplicar y dividir enteros

Aprender a multiplicar y dividir enteros.

En el concurso de televisión *Jeopardy!*, una respuesta correcta vale cierta cantidad de dinero, y una incorrecta, el opuesto de esa cantidad. Si un concursante responde de forma incorrecta tres preguntas que tienen un valor de $200 cada una, ¿cuál sería la puntuación?

La multiplicación de un número positivo por un entero se puede escribir como una suma repetida.

$$3(-200) = -200 + (-200) + (-200) = -600$$

Por lo que conoces de la suma de enteros, ya sabes que un entero positivo multiplicado por un entero negativo es negativo.

Sabes que la multiplicación de dos enteros positivos da un resultado positivo. Busca un patrón en la multiplicación de enteros de la derecha para comprender las reglas de la multiplicación de dos enteros negativos.

$3(-200) = -600$
$2(-200) = -400$ } $+200$
$1(-200) = -200$ } $+200$
$0(-200) = 0$ } $+200$

$-1(-200) = 200$
$-2(-200) = 400$
$-3(-200) = 600$

El producto de dos enteros negativos es un entero positivo.

MULTIPLICAR Y DIVIDIR DOS ENTEROS

Con el mismo signo, el signo de la respuesta es **positivo**.

Con diferente signo, el signo de la respuesta es **negativo**.

EJEMPLO **Multiplicar y dividir enteros**

Multiplica o divide.

A $6(-7)$ *Los signos son distintos.*

   -42 *La respuesta es **negativa**.*

B $\dfrac{-45}{9}$ *Los signos son distintos.*

   -5 *La respuesta es **negativa**.*

C $-12(-4)$ *Los signos son iguales.*

   48 *La respuesta es **positiva**.*

D $\dfrac{18}{-6}$ *Los signos son distintos.*

   -3 *La respuesta es **negativa**.*

Usar el orden de las operaciones con enteros

Simplifica.

A $-2(3 - 9)$

$-2(3 - 9)$	*Resta dentro de los paréntesis.*
$= -2(-6)$	*Razona: Los signos son iguales.*
$= 12$	*La respuesta es positiva.*

B $4(-7 - 2)$

$4(-7 - 2)$	*Resta dentro de los paréntesis.*
$= 4(-9)$	*Razona: Los signos son distintos.*
$= -36$	*La respuesta es negativa.*

C $-3(16 - 8)$

$-3(16 - 8)$	*Resta dentro de los paréntesis.*
$= -3(8)$	*Razona: Los signos son distintos.*
$= -24$	*La respuesta es negativa.*

¡Recuerda!

Orden de las operaciones
1. Paréntesis
2. Exponentes
3. Multiplicar y dividir de izquierda a derecha
4. Sumar y restar de izquierda a derecha.

El orden de las operaciones se usa para hallar pares ordenados que sean la solución de ecuaciones con enteros. Sustituye una variable por su valor entero para hallar el valor de la otra variable en cada par ordenado.

EJEMPLO **3** **Trazar soluciones de ecuaciones con enteros**

Haz una tabla de soluciones para $y = -2x - 1$ con $x = -2$, -1, 0, 1 y 2. Traza los puntos en un plano cartesiano.

x	$-2x - 1$	y	(x, y)
-2	$-2(-2) - 1$	3	$(-2, 3)$
-1	$-2(-1) - 1$	1	$(-1, 1)$
0	$-2(0) - 1$	-1	$(0, -1)$
1	$-2(1) - 1$	-3	$(1, -3)$
2	$-2(2) - 1$	-5	$(2, -5)$

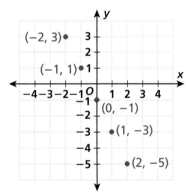

Razonar y comentar

1. Haz una lista de todos los posibles enunciados de multiplicación y división de enteros con valores absolutos de 5, 6 y 30. Ejemplo: $5 \cdot 6 = 30$.

2. Compara el signo del producto de dos enteros negativos con el signo de la suma de dos enteros negativos.

PARA PRÁCTICA ADICIONAL

ve a la pág. 734

🔌 conexión **internet**

Ayuda en línea para tareas
go.hrw.com   Clave: MP4 2-3

PRÁCTICA GUIADA

Ver Ejemplo 1 Multiplica o divide.

1. $9(-3)$ **2.** $\dfrac{-56}{7}$ **3.** $-6(-5)$ **4.** $\dfrac{32}{-8}$

Ver Ejemplo 2 Simplifica.

5. $-7(5-12)$ **6.** $7(-3-8)$ **7.** $-6(-5+9)$ **8.** $12(-8+2)$

Ver Ejemplo 3 Haz una tabla de soluciones para cada ecuación con $x = -2, -1, 0, 1$ y 2. Traza los puntos en un plano cartesiano.

9. $y = 3x + 1$ **10.** $y = -3x - 1$ **11.** $y = 2x + 2$

PRÁCTICA INDEPENDIENTE

Ver Ejemplo 1 Multiplica o divide.

12. $-4(-9)$ **13.** $\dfrac{77}{-7}$ **14.** $12(-7)$ **15.** $\dfrac{-42}{6}$

Ver Ejemplo 2 Simplifica.

16. $10(7-15)$ **17.** $-13(-2-8)$ **18.** $15(9-12)$ **19.** $10 + 4(5-8)$

Ver Ejemplo 3 Haz una tabla de soluciones para cada ecuación con $x = -2, -1, 0, 1$ y 2. Traza los puntos en un plano cartesiano.

20. $y = -2x$ **21.** $y = -2x + 1$ **22.** $y = -x - 3$

PRÁCTICA Y RESOLUCIÓN DE PROBLEMAS

Realiza las operaciones que se indican.

23. $-9(5)$ **24.** $\dfrac{-121}{11}$ **25.** $-6(-6)$

26. $\dfrac{100}{-25}$ **27.** $3(-4)(-2)$ **28.** $\dfrac{-96}{-12}$

29. $12(3)(-2)$ **30.** $\dfrac{-15(3)}{-5}$ **31.** $-10(-1)(-8)$

32. $\dfrac{3(-8)}{2}$ **33.** $-9(2-9)$ **34.** $\dfrac{-12(-6)}{-2}$

Evalúa las expresiones con el valor que se da para la variable.

35. $-3t - 4$ con $t = 5$ **36.** $-x + 2$ con $x = -9$ **37.** $-7(s + 8)$ con $s = -10$

38. $\dfrac{-r}{7}$ con $r = 49$ **39.** $\dfrac{-27}{t}$ con $t = -9$ **40.** $\dfrac{y - 10}{-3}$ con $y = 37$

Haz una tabla de soluciones para cada ecuación con $x = -2, -1, 0, 1$ y 2. Traza los puntos en un plano cartesiano.

41. $y = 2x + 4$ **42.** $y = 5 - 4x$ **43.** $y = 1 + 3x$

CONEXIÓN Ciencias de la Vida

Anoplogaster cornuta, conocido como pez ogro, es un depredador que alcanza una longitud máxima de 15 cm. Vive en aguas tropicales y templadas a −16,000 pies.

44. *CIENCIAS DE LA TIERRA* El suelo oceánico es muy irregular. Incluye montañas y cordilleras submarinas, y áreas en extremo profundas llamadas *fosas*. Halla la profundidad media de las fosas que se dan, redondeada al pie más cercano.

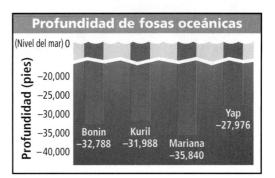

Profundidad de fosas oceánicas

(Nivel del mar) 0
Profundidad (pies)
−20,000
−25,000
−30,000
−35,000
−40,000
Bonin −32,788 Kuril −31,988 Mariana −35,840 Yap −27,976

45. *NEGOCIOS* Una fuga en un tanque comercial de agua hace que el contenido cambie en −6 galones diarios. Cuando el cambio total alcance los −192 galones, la bomba dejará de funcionar. ¿Cuántos días pasarán desde el momento en que el tanque se llene y la bomba deje de funcionar?

46. *CIENCIAS DE LA TIERRA* Las mareas son resultado de la atracción gravitacional entre el Sol, la Luna y la Tierra. Las mareas oceánicas provocan movimientos en la tierra. A estos movimientos se les conoce como mareas terrestres. La fórmula para la altura de una marea terrestre es $y = \frac{x}{3}$, donde x es la altura de la marea oceánica. Llena la tabla y traza los puntos en un plano cartesiano.

Marea oceánica (x)	$\frac{x}{3}$	Marea terrestre (y)
Alta: 12		
Baja: −9		
Alta: 6		
Baja: −12		

47. *ELIGE UNA ESTRATEGIA* P es el conjunto de factores positivos de 20, y Q es el conjunto de factores negativos de 12. Si x es elemento de P y y es elemento de Q, ¿qué valor máximo puede tener $x \cdot y$?

A 220 **B** 212 **C** 210 **D** −1

48. *ESCRÍBELO* Si sabes que el producto de dos enteros es negativo, ¿qué puedes deducir acerca de los dos enteros? Da ejemplos.

49. *DESAFÍO* Haz una tabla de soluciones de $x + y = 10$ con $x = -2, -1, 0, 1$ y 2. Traza los puntos en un plano cartesiano.

Repaso en espiral

Resuelve. (Lecciones 1-3 y 1-4)

50. $z - 13 = 5$ **51.** $8 + w = 19$ **52.** $\frac{x}{5} = 25$ **53.** $3h = 0$

54. PREPARACIÓN PARA LA PRUEBA ¿Qué par ordenado es la solución de $2y - 3x = 8$?
(Lección 1-7)

A (6, 13) **B** (19, 4) **C** (10, 4) **D** (4, 0)

55. PREPARACIÓN PARA LA PRUEBA ¿Qué expresión es equivalente a $|7 - (-3)|$?
(Lección 2-2)

F $|7| - |-3|$ **G** $|7| + |-3|$ **H** −10 **K** 4

Práctica

LABORATORIO 2A

Modelo para resolver ecuaciones

Para usar con la Lección 2-4

CLAVE

$\boxed{+}$ = 1

$\boxed{-}$ = −1

$\boxed{+}$ + $\boxed{-}$ = 0

$\boxed{+}$ = x

RECUERDA

El valor de una expresión no cambia si le sumas o restas cero.

✔ conexión **internet**

Recursos en línea para el laboratorio: ***go.hrw.com***
CLAVE: MP4 Lab2A

Puedes usar fichas de álgebra como ayuda para resolver ecuaciones.

Actividad

Para resolver la ecuación $x + 3 = 5$, la x debe quedar sola en un lado del signo de igualdad. Puedes agregar o quitar fichas mientras agregues o quites la misma cantidad en ambos lados.

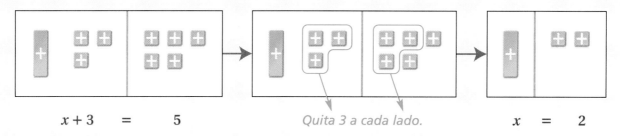

$x + 3$ = 5   *Quita 3 a cada lado.* x = 2

1 Usa fichas de álgebra para representar y resolver cada ecuación.

  a. $x + 1 = 2$ **b.** $x + 2 = 7$ **c.** $x + (−6) = −9$ **d.** $x + 4 = 4$

La ecuación $x + 4 = 2$ es más difícil de resolver porque no hay suficientes fichas amarillas en el lado derecho. Puedes aprovechar que $1 + (−1) = 0$, para ayudarte a resolver la ecuación.

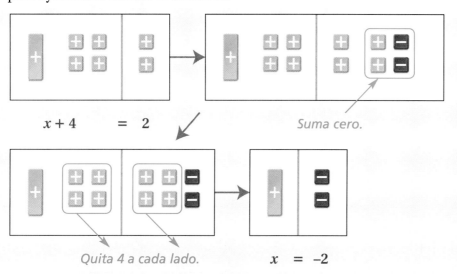

$x + 4$ = 2   *Suma cero.*

Quita 4 a cada lado. x = −2

❷ Usa fichas de álgebra para representar y resolver cada ecuación.

a. $x + 3 = 7$ 　　　　**b.** $x + 9 = 2$ 　　　　**c.** $x + (-3) = -1$ 　　　　**d.** $x + (-11) = -4$

La ecuación $x - 4 = 2$ se representa en forma parecida a $x + 4 = 2$. Recuerda que puedes sumar cero a cualquier ecuación sin alterar su valor.

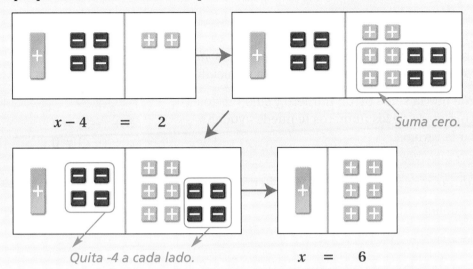

$x - 4 \quad = \quad 2$

Suma cero.

Quita -4 a cada lado.

$x \quad = \quad 6$

❸ Usa fichas de álgebra para representar y resolver cada ecuación.

a. $x - 1 = 2$ 　　　　**b.** $x - 2 = 5$ 　　　　**c.** $x - 4 = -3$ 　　　　**d.** $x - 7 = 4$

Razonar y comentar

1. Al sumar cero a una ecuación, ¿cómo sabes cuántas fichas amarillas y rojas necesitas para representar la suma?

2. Al quitar fichas, ¿qué operación representas? Al agregar fichas, ¿qué operación representas?

3. ¿Cómo puedes usar el modelo original para comprobar tu solución?

4. Da un ejemplo de una ecuación con solución negativa en la que necesitarías agregar 2 fichas rojas y 2 amarillas para representarla y resolverla.

5. Da un ejemplo de una ecuación con solución positiva en la que necesitarías agregar 2 fichas rojas y 2 amarillas para representarla y resolverla.

Inténtalo

Usa fichas de álgebra para representar y resolver cada ecuación.

1. $x - 7 = 10$ 　　　　**2.** $x + 5 = -8$ 　　　　**3.** $x + 3 = 4$ 　　　　**4.** $x + 2 = -1$

5. $x + (-4) = 8$ 　　　　**6.** $x - 6 = 2$ 　　　　**7.** $x + (-1) = -9$ 　　　　**8.** $x - 7 = -6$

2-4 Cómo resolver ecuaciones con enteros

Aprender a resolver ecuaciones con enteros.

Al resolver ecuaciones con enteros, el objetivo es el mismo que al resolver ecuaciones con números cabales: *despejar la variable,* o dejarla sola en un lado de la ecuación.

Recuerda que la suma de un número y su opuesto es 0. Esta propiedada de los numeros te puede ayudar a despejar la variable.

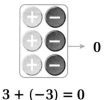

$3 + (-3) = 0$

$a + (-a) = 0$

E J E M P L O 1 Sumar y restar para resolver ecuaciones

Resuelve.

A $y + 8 = 6$

$$y + 8 = 6$$
$$\underline{-8 \qquad -8}$$
$$y = -2$$

Suma −8 a cada lado.

B $-5 + t = -25$

$$-5 + t = -25$$
$$-5 + t + 5 = -25 + 5 \qquad \text{\textit{Suma 5 a cada lado.}}$$
$$t + (-5) + 5 = -20 \qquad \text{\textit{Propiedad conmutativa}}$$
$$t = -20 \qquad t + \underbrace{(-5) + 5}_{0} = -20$$

C $x = -7 + 13$

$$x = -7 + 13 \qquad \text{\textit{La variable ya está despejada.}}$$
$$x = 6 \qquad \text{\textit{Suma los enteros.}}$$

E J E M P L O 2 Multiplicar y dividir para resolver ecuaciones

Resuelve.

A $\dfrac{k}{-7} = -1$

$$\frac{k}{-7} = -1$$
$$-7 \cdot \frac{k}{-7} = -7 \cdot (-1) \qquad \text{\textit{Multiplica ambos lados por −7.}}$$
$$k = 7$$

B $-51 = 17b$

$$\frac{-51}{17} = \frac{17b}{17} \qquad \text{\textit{Divide ambos lados entre 17.}}$$
$$-3 = b$$

RESOLUCIÓN DE PROBLEMAS

La fuerza neta es la suma de todas las fuerzas que actúan sobre un objeto. Ésta se expresa en newtons (N), y nos señala en qué dirección y con qué rapidez se moverá el objeto. Si dos perros tiran de una cuerda y el de la derecha tira con una fuerza de 12 N, ¿con qué fuerza tira de la cuerda el perro de la izquierda si la fuerza neta es de 2 N?

1 **Comprende el problema**

La **respuesta** es la fuerza con que tira el perro de la izquierda.

Haz una lista de la **información importante:**

- El perro de la derecha tira con una fuerza de 12 N.
- La fuerza neta es de 2 N.

Muestra la **relación** de la información:

| fuerza neta | = | fuerza del perro de la izquierda | + | fuerza del perro de la derecha |

2 **Haz un plan**

Escribe una ecuación y resuélvela. Sea *f* la fuerza con que tira de la cuerda el perro de la izquierda. Usa el modelo de la ecuación.

$$2 = f + 12$$

3 **Resuelve**

$$2 = f + 12$$
$$\underline{-12 \qquad -12} \qquad \textit{Resta 12 a ambos lados.}$$
$$-10 = f$$

El perro de la izquierda tira de la cuerda con una fuerza de –10 N.

4 **Repasa**

El perro de la izquierda tira hacia la izquierda, o sea, ejerce una fuerza negativa. Su valor absoluto es menor que la fuerza que ejerce el perro de la derecha. Esto es lógico porque la fuerza neta es positiva; por tanto, la cuerda se está moviendo a la derecha.

Pista útil

La fuerza se mide en newtons (N). El número de newtons indica la magnitud de la fuerza, y su signo indica la dirección. Una fuerza positiva actúa a la derecha, y una negativa, a la izquierda.

Razonar y comentar

1. **Explica** qué sucedería en el Ejemplo 3 si otro perro tirara de la cola del perro de la izquierda con una fuerza de −7 N.

2. **Describe** los pasos para resolver $y - 5 = 16$.

PARA PRÁCTICA ADICIONAL

ve a la pág. 734

✈ conexión **internet**

Ayuda en línea para tareas
go.hrw.com Clave: MP4 2-4

PRÁCTICA GUIADA

Resuelve.

Ver Ejemplo ① **1.** $y - 8 = -2$ **2.** $d = 5 - (-7)$ **3.** $3 + x = -8$ **4.** $b + 4 = -3$

Ver Ejemplo ② **5.** $\dfrac{t}{4} = -4$ **6.** $8g = -32$ **7.** $\dfrac{a}{-6} = -2$ **8.** $-65 = 13f$

Ver Ejemplo ③ **9.** La temperatura en la superficie de Mercurio tiene un rango de 600° C. Éste es el mayor rango de todos los planetas del Sistema Solar. Si la temperatura más baja en la superficie de Mercurio es de −173° C, escribe y resuelve una ecuación para hallar la temperatura más alta.

PRÁCTICA INDEPENDIENTE

Ver Ejemplo ① **Resuelve.**

10. $-8 + b = 4$ **11.** $a - 17 = -4$ **12.** $f = -9 + 16$ **13.** $4 + b = 1$

14. $t - 9 = -22$ **15.** $y + 6 = -31$ **16.** $7 + x = -8$ **17.** $h + 3 = -28$

Ver Ejemplo ② **18.** $-42 = 6a$ **19.** $\dfrac{n}{-3} = 13$ **20.** $34 = -2m$ **21.** $\dfrac{c}{-7} = -12$

22. $-51 = 3f$ **23.** $\dfrac{a}{-5} = -9$ **24.** $-63 = 7g$ **25.** $\dfrac{r}{4} = -16$

Ver Ejemplo ③ **26.** Kayleigh compró acciones a $15 cada una. Al día siguiente, el valor de sus acciones aumentó en $5. Al término del tercer día, cada una de sus acciones valía $17. ¿Cómo cambió el valor el tercer día?

PRÁCTICA Y RESOLUCIÓN DE PROBLEMAS

Resuelve.

27. $s + 3 = -8$ **28.** $-12 = 4b$ **29.** $6x = 24$ **30.** $t - 14 = 15$

31. $\dfrac{m}{3} = -9$ **32.** $p = -18 + 7$ **33.** $z - 12 = 4$ **34.** $\dfrac{n}{-6} = 13$

35. $16 = -4h$ **36.** $-13 + p = 8$ **37.** $-15 = \dfrac{y}{7}$ **38.** $4 + z = -13$

39. $\dfrac{x}{-3} = -8$ **40.** $g - 7 = -31$ **41.** $9p = -54$ **42.** $-8 + f = 8$

43. Al bucear, Tom se sumergió con una rapidez de −4 m por minuto.

   a. Escribe una expresión para hallar la profundidad de Tom después de t minutos.

   b. ¿A qué profundidad está Tom después de 17 minutos?

   c. Si a Tom le faltan −24 m para llegar al fondo del océano, ¿cuánto tardará en llegar si continúa el descenso con la misma rapidez?

44. CIENCIAS FÍSICAS Un ion es una partícula cargada. Cada protón de un ion tiene una carga de +1 y cada electrón tiene una carga de −1. La carga del ion es la carga de los electrones más la carga de los protones. Escribe y resuelve una ecuación para hallar la carga de los electrones de cada ion.

Ion sulfato ácido (HSO_4^-)

Nombre del ion	Carga de protones	Carga de electrones	Carga del ion
Ion aluminio (Al^{3+})	+13		+3
Ion hidróxido (OH^-)	+9		−1
Ion óxido (O^{2-})	+8		−2
Ion sodio (Na^+)	+11		+1

45. ¿DÓNDE ESTÁ EL ERROR? Sumando las yardas obtenidas con cada jugada, un aficionado usó la gráfica de la derecha para hallar el número de yardas netas ganadas en una serie de jugadas: $1 + 2 + 8 + 3 + 0 + 8 = 22$. ¿Qué error tiene este cálculo?

46. ESCRÍBELO Explica qué significa en fútbol americano una ganancia de yardas negativas.

47. DESAFÍO Durante una serie de jugadas en el último cuarto del Super Bowl XXXV (Súper Tazón) los Cuervos ganaron x yardas en una jugada $-2x$ yardas en la siguiente, para una ganancia neta de −3 yardas. ¿Cuántas yardas ganaron en la primera jugada?

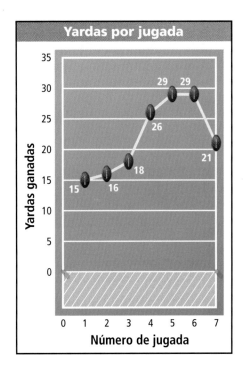

Yardas por jugada

Repaso en espiral

Resuelve combinando términos semejantes. (Lección 1-6)

48. $17x - 16x = 14 + 27$

49. $12w + w = 29 - 3$

50. $5k - (2 + 1)k = 13 - 7$

51. PREPARACIÓN PARA LA PRUEBA ¿Cuál de los siguientes es el valor de $7x + 9$ cuando $x = 2$? (Lección 1-1)

A 2 **B** 16 **C** 23 **D** 81

52. PREPARACIÓN PARA LA PRUEBA ¿Qué valor de y es una solución de $y - 3 = 15$? (Lección 1-3)

F $y = 18$ **G** $y = 12$ **H** $y = 5$ **J** $y = 45$

2-5 Cómo resolver desigualdades con enteros

Aprender a resolver desigualdades con enteros.

Cuando le pones sal al hielo, éste comienza a derretirse. Si agregas suficiente sal, el agua salada resultante tendrá un punto de congelación de $-21°$ C, mucho más bajo que el del agua pura, que es de $0°$ C.

En su punto de congelación, las sustancias comienzan a congelarse. Para no derretirse, las sustancias deben mantener una temperatura menor o igual que su punto de congelación.

Agregar sal gema al hielo baja el punto de congelación y ayuda a congelar el helado.

Si agregas sal a hielo que está a $-4°$ C, ¿cómo debe cambiar la temperatura del hielo para evitar que se derrita?

El problema puede expresarse con esta desigualdad:

$$-4 + t \leq -17$$

Al resolverla sumando 4 a ambos lados, verás que, si $t \leq -21$, el hielo permanecerá congelado.

EJEMPLO 1 Sumar y restar para resolver desigualdades

Resuelve y representa gráficamente.

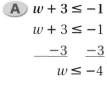

¡Recuerda!

La gráfica de una desigualdad muestra todos los números que hacen correcta la desigualdad. Para representar desigualdades en una recta numérica, usa círculos cerrados o rellenos (●) para $\geq$ y $\leq$ y círculos abiertos o vacíos (○) para $>$ y $<$.

A $w + 3 \leq -1$

$w + 3 \leq -1$

$\underline{\quad -3 \quad -3}$ *Resta 3 a ambos lados.*

$w \leq -4$

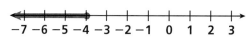

B $n - 6 > -5$

$n - 6 > -5$

$n - 6 + 6 > -5 + 6$ *Suma 6 a ambos lados.*

$n > 1$

A veces hay que multiplicar o dividir para despejar la variable. Al multiplicar o dividir ambos lados de una desigualdad por un número negativo obtenemos un resultado sorprendente.

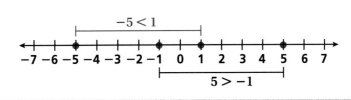

$5 > -1$ *5 es mayor que −1.*

$-1 \cdot 5$ ▨ $-1 \cdot (-1)$ *Multiplica ambos lados por −1.*

-5 ▨ 1 *> ó < ?*

Sabes que −5 es menor que 1, así que debes usar <.

$$-5 < 1$$

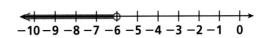

MULTIPLICAR DESIGUALDADES POR ENTEROS NEGATIVOS			
Con palabras	**Desigualdad original**	**Multiplicar/dividir**	**Resultado**
Multiplicar o dividir por un número negativo invierte el signo de desigualdad.	$3 > 1$	Multiplicar por −2	$-6 < -2$
	$-4 \leq 12$	Dividir entre −4	$1 \geq -3$

EJEMPLO 2 Multiplicar y dividir para resolver desigualdades

Resuelve y representa gráficamente.

A $-2d > 12$

$$\frac{-2d}{-2} < \frac{12}{-2}$$

     $d < -6$ *Divide cada lado entre (−2); > cambia a <.*

Pista útil

La dirección de la desigualdad cambia **sólo** si el número por el que multiplicas o divides es negativo.

B $\dfrac{-y}{2} \leq 5$

$$-2 \cdot \frac{-y}{2} \geq -2 \cdot 5$$

     $y \geq -10$ *Multiplica cada lado por −2; ≤ cambia a ≥.*

Razonar y comentar

1. Explica de qué manera multiplicar un número por −1 cambia la posición del número respecto a 0.

2. Indica cuándo hay que invertir la dirección del símbolo de desigualdad al resolver una desigualdad.

2-5 **Ejercicios**

PARA PRÁCTICA ADICIONAL
ve a la pág. 734

⬈ conexión **internet**
Ayuda en línea para tareas
go.hrw.com Clave: MP4 2-5

PRÁCTICA GUIADA

Ver Ejemplo ① **Resuelve y representa gráficamente.**

1. $x + 2 \geq -3$ **2.** $y + 2 < 4$ **3.** $b + 6 \leq -1$

4. $h - 2 < -1$ **5.** $f - 3 > 1$ **6.** $k - 2 \leq 3$

Ver Ejemplo ② **7.** $-11x > 33$ **8.** $2y < -4$ **9.** $-4w \geq -12$

10. $\dfrac{x}{-3} \leq 1$ **11.** $\dfrac{z}{4} > -2$ **12.** $\dfrac{n}{-2} \geq -3$

PRÁCTICA INDEPENDIENTE

Ver Ejemplo ① **Resuelve y representa gráficamente.**

13. $k + 4 > 1$ **14.** $z - 5 \leq 4$ **15.** $x - 2 < -3$

16. $b + 1 \leq -3$ **17.** $r + 2 \geq 4$ **18.** $p - 3 > 3$

19. $n - 3 > 2$ **20.** $g + 1 \leq 5$ **21.** $x + 2 \geq -2$

Ver Ejemplo ② **22.** $-7h < 49$ **23.** $3x > -15$ **24.** $3p \leq 15$

25. $-8x < 16$ **26.** $-5y \leq -25$ **27.** $\dfrac{k}{2} \geq 5$

28. $\dfrac{b}{-4} > -2$ **29.** $\dfrac{a}{3} \leq -4$ **30.** $\dfrac{z}{-2} \geq 4$

PRÁCTICA Y RESOLUCIÓN DE PROBLEMAS

Resuelve y representa gráficamente.

31. $r + 1 \leq 0$ **32.** $\dfrac{x}{-1} > 3$ **33.** $-2t = -4$

34. $s - 4 \geq -1$ **35.** $-4b < 0$ **36.** $\dfrac{a}{-2} \geq -2$

37. $\dfrac{f}{3} = -6$ **38.** $5 + h \geq 1$ **39.** $c - 3 \leq -1$

40. $y + 5 < 1$ **41.** $\dfrac{n}{-2} > 3$ **42.** $k - 3 \geq -3$

43. $g - 5 = 3$ **44.** $3 + f > -1$ **45.** $3p = -27$

46. El punto de congelación del helio es de $-272°$ C. La temperatura original de una muestra de helio es de $3°$ C.

  a. ¿Cuánto debe cambiar la temperatura para tener la certeza de que el helio se congelará?

  b. Supongamos que la temperatura cambió a ritmo constante durante 25 minutos. Usa tu respuesta de la parte **a** para escribir y resolver una desigualdad que indique cuánto debe cambiar la temperatura cada minuto para congelar el helio.

47. Si 3 veces un número sumado a −7 veces ese mismo número es mayor que −12, ¿qué valores puede tener el número? Represéntalos gráficamente en una recta numérica.

48. *CIENCIAS FÍSICAS* Para convertir una temperatura de grados Celsius (*C*) a kelvins (*K*), se usa la fórmula $K = C + 273$.

  a. Si el cloro se congela cuando $K < 172$, ¿qué temperaturas en grados Celsius garantizan que el cloro permanecerá congelado?

  b. Si el nitrógeno se congela cuando $C < −210$, ¿qué temperaturas en kelvins garantizan que el nitrógeno permanecerá congelado?

49. *DEPORTES* En el Torneo femenino abierto de golf de EE. UU. del año 2001, que comprendió cuatro rondas, Karrie Webb ganó con una puntuación de 7 bajo par, o sea, −7. Al final de la tercera ronda, Se Ri Pak, que quedó en segundo lugar, llevaba −1. ¿Con qué puntuación en la cuarta ronda, relativa a par, habría ganado Se Ri Pak? (*Pista:* En golf, gana la puntuación más baja.)

50. *NEGOCIOS* Anna tiene varias acciones. La gráfica muestra el cambio de valor de las acciones en una semana.

  a. Para que las acciones valgan al menos $23 al cierre del viernes, ¿qué valor debieron tener al iniciar el lunes?

  b. Si las acciones valen $15 el lunes en la mañana y Anna quiere que valgan al menos $20 al cierre del siguiente lunes, ¿cuánto tendrán que subir por lo menos?

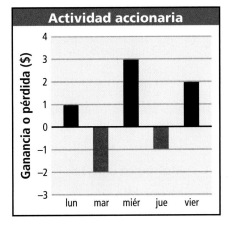

51. *¿DÓNDE ESTÁ EL ERROR?* $−3n > 15; \frac{−3n}{−3} > \frac{15}{−3}; n > −5$. ¿Por qué es esto incorrecto?

52. *ESCRÍBELO* Si $4x \le −16$, explica si cambiará o no la dirección del símbolo de desigualdad al resolverla.

53. *DESAFÍO* Resuelve $4 − x < 6$.

Se Ri Pak ganó el primer torneo del tour LPGA del año 2001 con −13. Esto significa que jugó los 54 hoyos con 13 golpes menos que el número que se considera necesario, al cual se le conoce como *par*.

go.hrw.com
CLAVE:
MP4 LPGA, disponible en inglés.

Repaso en espiral

Suma o resta. (Lecciones 2-1 y 2-2)

54. $−7 + 3$ **55.** $5 − (−4)$ **56.** $−3 + (−6)$ **57.** $−513 − (−259)$

58. $−37 − (−42) + 3$ **59.** $71 + (−83) − 4$ **60.** $−354 − 266 + 100$ **61.** $24 + (−31) − (−10)$

62. PREPARACIÓN PARA LA PRUEBA
Resuelve $\frac{x}{7} = 5$. (Lección 1-4)

  A $x = 12$ **C** $x = 2$
  B $x = 0.71$ **D** $x = 35$

63. PREPARACIÓN PARA LA PRUEBA
Evalúa la expresión $12 − y$ con $y = −8$. (Lección 2-2)

  F −4   **H** 20
  G 4   **J** −20

Examen parcial del capítulo

LECCIÓN **2-1** (págs. 60–63)

Evalúa cada expresión con el valor que se da para la variable.

1. $p + 12$ con $p = -5$ **2.** $w + (-9)$ con $w = -4$ **3.** $t + (-14)$ con $t = 8$

4. En un periodo de 12 horas en Granville, Dakota del Norte, el 21 de febrero de 1918, la temperatura aumentó 83° F. Si la temperatura inicial fue de −33° F, ¿cúal fue la temperatura 12 horas después? *(Fuente: Time Almanac 2000)*

LECCIÓN **2-2** (págs. 64–67)

Resta.

5. $12 - (-8)$ **6.** $-9 - (-3)$ **7.** $-5 - (-16)$ **8.** $-20 - 7$

9. La temperatura aproximada en la superficie de Plutón, el planeta más frío, es de −391° F, mientras que la temperatura de la superficie de Venus, el planeta más caliente, es de 864° F. ¿Por cuánto es más caliente Venus que Plutón?

LECCIÓN **2-3** (págs. 68–71)

Multiplica o divide.

10. $(-8)(-6)$ **11.** $\dfrac{-21}{3}$ **12.** $\dfrac{39}{-3}$ **13.** $(-4)(-7)(-3)$

14. En un *cuadrado mágico,* todas las sumas (horizontales, verticales y diagonales) dan el mismo valor.

A partir del cuadrado A, crea el cuadrado mágico B dividiendo cada número de A entre 2. ¿Qué suma mágica tiene B?

8	−6	4
−2	2	6
0	10	−4

Cuadrado mágico A

LECCIÓN **2-4** (págs. 74–77)

Resuelve.

15. $t - 12 = -4$ **16.** $\dfrac{x}{-2} = -16$ **17.** $7x = -91$ **18.** $10 + y = 24$

19. Al hacer el balance de su chequera, Bárbara obtiene un saldo de $0. Su banco dice que el saldo es de −$18. Bárbara recordó que no había tomado en cuenta el cargo diario de $2 por tazas de café. ¿Cuántos días olvidó Bárbara anotar sus compras de café?

LECCIÓN **2-5** (págs. 78–81)

Resuelve y representa gráficamente.

20. $m + 1 \geq -2$ **21.** $t - 5 < -3$ **22.** $\dfrac{r}{-2} \geq 4$ **23.** $-3k \leq 15$

Enfoque en resolución de problemas

Repasa

- **¿Tiene sentido tu respuesta?**

Después de resolver un problema, piensa si tu respuesta es lógica. Puedes redondear los números del problema y estimar para hallar una respuesta razonable. También podría ser útil escribir la respuesta en forma de enunciado.

 Lee los siguientes problemas e indica qué respuesta es la más razonable.

1. Tonia gana $1836 mensuales y gasta $1005 en total cada mes. ¿Cuánto dinero le queda al mes?
   - **A.** aproximadamente −$800 al mes
   - **B.** aproximadamente $1000 al mes
   - **C.** aproximadamente $800 al mes
   - **D.** aproximadamente −$1000 al mes

2. La Dinastía Qin de China nació unos 2170 años antes de formarse la República Popular China en 1949. ¿Cuándo nació la Dinastía Qin?
   - **A.** antes del 200 a.C.
   - **B.** entre el 200 a.C. y d.C. 200
   - **C.** entre el 200 a.C. y 1949 d.C.
   - **D.** después de 1949 d.C.

3. En Mercurio, la temperatura más fría es aproximadamente 600° C más baja que la más caliente, que es de 430° C. ¿Cuál es la temperatura más fría en ese planeta?
   - **A.** aproximadamente 1030° C
   - **B.** aproximadamente −1030° C
   - **C.** aproximadamente −170° C
   - **D.** aproximadamente 170° C

4. Julie hace el balance de su chequera. Su saldo inicial es de $325.46, sus depósitos suman $285.38 y sus retiros alcanzan los $683.27. ¿Cuál es su saldo final?
   - **A.** aproximadamente −$70
   - **B.** aproximadamente −$600
   - **C.** aproximadamente $700
   - **D.** aproximadamente $1300

2-6 Exponentes

Aprender a evaluar expresiones con exponentes.

Dobla a la mitad una hoja de papel tamaño carta. Si lo vuelves a doblar a la mitad, el papel tendrá un espesor de 4 hojas; al tercer doblez, tendrá 8 hojas. ¿Qué espesor tendrá el papel después de 7 dobleces?

Vocabulario

potencia

forma exponencial

exponente

base

Con cada doblez, el espesor aumenta al doble.

$$2 \cdot 2 \cdot 2 \cdot 2 \cdot 2 \cdot 2 \cdot 2 = 128 \text{ hojas de espesor después de 7 dobleces.}$$

Este problema de multiplicación puede escribirse en *forma exponencial*.

$$2 \cdot 2 \cdot 2 \cdot 2 \cdot 2 \cdot 2 \cdot 2 = 2^7$$

El número 2 es factor 7 veces.

El término 2^7 es una **potencia** . Si un número está en **forma exponencial** , el **exponente** indica cuántas veces se usa la **base** como factor.

Base   Exponente

EJEMPLO 1 **Escribir exponentes**

Escribe en forma exponencial.

A $3 \cdot 3 \cdot 3 \cdot 3 \cdot 3 \cdot 3$

$\quad 3 \cdot 3 \cdot 3 \cdot 3 \cdot 3 \cdot 3 = 3^6$

Identifica las veces que 3 es factor.

Leer matemáticas

3^6 quiere decir "3 a la sexta potencia".

B $(-2) \cdot (-2) \cdot (-2) \cdot (-2)$

$\quad (-2) \cdot (-2) \cdot (-2) \cdot (-2) = (-2)^4$

Identifica las veces que −2 es factor.

C $n \cdot n \cdot n \cdot n \cdot n$

$\quad n \cdot n \cdot n \cdot n \cdot n = n^5$

Identifica las veces que n es factor.

D 12

$\quad 12 = 12^1$

12 se usa como factor 1 vez, así que $12 = 12^1$.

EJEMPLO 2 **Evaluar potencias**

Evalúa.

Pista útil

Siempre usa paréntesis para elevar un número negativo a una potencia.
$(-8)^2 = (-8) \cdot (-8)$
$\quad\quad = 64$
$-8^2 = -(8 \cdot 8)$
$\quad\quad = -64$

A 2^6

$\quad 2^6 = 2 \cdot 2 \cdot 2 \cdot 2 \cdot 2 \cdot 2$

$\quad\quad = 64$

Halla el producto de 2 seis veces.

B $(-8)^2$

$\quad (-8)^2 = (-8) \cdot (-8)$

$\quad\quad\quad = 64$

Halla el producto de −8 dos veces.

Evalúa.

C $(-5)^3$

$$(-5)^3 = (-5) \cdot (-5) \cdot (-5) \qquad \text{Halla el producto de } -5$$
$$= -125 \qquad \text{tres veces.}$$

EJEMPLO 3 **Simplificar expresiones con potencias**

Simplifica $50 - 2(3 \cdot 2^3)$.

$$50 - 2(3 \cdot 2^3)$$
$$= 50 - 2(3 \cdot 8) \qquad \text{Evalúa el exponente.}$$
$$= 50 - 2(24) \qquad \text{Multiplica dentro de los paréntesis.}$$
$$= 50 - 48 \qquad \text{Multiplica de izquierda a derecha.}$$
$$= 2 \qquad \text{Resta de izquierda a derecha.}$$

EJEMPLO 4 *Aplicación a la geometría*

El número de diagonales de una figura con *n* lados es $\frac{1}{2}(n^2 - 3n)$. Usa esta fórmula para hallar el número de diagonales que tiene una figura con 5 lados.

$$\frac{1}{2}(n^2 - 3n)$$

$$\frac{1}{2}(5^2 - 3 \cdot 5) \qquad \text{Sustituye } n \text{ por el número de lados.}$$

$$\frac{1}{2}(25 - 3 \cdot 5) \qquad \text{Evalúa el exponente.}$$

$$\frac{1}{2}(25 - 15) \qquad \text{Multiplica dentro de los paréntesis.}$$

$$\frac{1}{2}(10) \qquad \text{Resta dentro de los paréntesis.}$$

5 diagonales $\qquad$ *Multiplica.*

Traza las diagonales para comprobar tu respuesta.

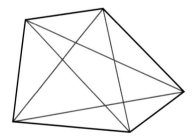

Razonar y comentar

1. Describe una regla para hallar el signo de un número negativo elevado a una potencia representada por un número cabal.

2. Compara $3 \cdot 2$, 3^2 y 2^3.

3. Muestra que $(4 - 11)^2$ no es igual a $4^2 - 11^2$.

PARA PRÁCTICA ADICIONAL

ve a la pág. 735

⌁ conexión **internet** ≣≣≣≣≣

Ayuda en línea para tareas
go.hrw.com   Clave: MP4 2-6

PRÁCTICA GUIADA

Ver Ejemplo ❶ Escribe en forma exponencial.

1. 14 **2.** $15 \cdot 15$ **3.** $b \cdot b \cdot b \cdot b$ **4.** $(-1) \cdot (-1) \cdot (-1)$

Ver Ejemplo ❷ Evalúa.

5. 3^4 **6.** $(-5)^2$ **7.** $(-3)^5$ **8.** 7^4

Ver Ejemplo ❸ Simplifica.

9. $(3 - 6^2)$ **10.** $42 + (3 \cdot 4^2)$ **11.** $(8 - 5^3)$ **12.** $61 - (4 \cdot 3^3)$

Ver Ejemplo ❹ **13.** La suma de los primeros n enteros positivos es $\frac{1}{2}(n^2 + n)$. Comprueba esta fórmula para los cuatro primeros enteros positivos. Luego úsala para hallar la suma de los 12 primeros enteros positivos.

PRÁCTICA INDEPENDIENTE

Ver Ejemplo ❶ Escribe en forma exponencial.

14. $6 \cdot 6 \cdot 6 \cdot 6 \cdot 6 \cdot 6 \cdot 6$ **15.** $(-7) \cdot (-7) \cdot (-7)$

16. -6 **17.** $c \cdot c \cdot c \cdot c \cdot c$

Ver Ejemplo ❷ Evalúa.

18. 6^6 **19.** $(-4)^4$ **20.** 8^4 **21.** $(-2)^9$

Ver Ejemplo ❸ Simplifica.

22. $(1 - 7^2)$ **23.** $27 + (2 \cdot 5^2)$

24. $(8 - 10^3)$ **25.** $45 - (5 \cdot 3^4)$

Ver Ejemplo ❹ **26.** Un círculo se puede dividir en n líneas hasta un máximo de $\frac{1}{2}(n^2 + n) + 1$ regiones. Usa la fórmula para hallar el número máximo de regiones para 7 líneas.

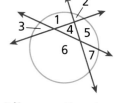

3 líneas → 7 regiones

PRÁCTICA Y RESOLUCIÓN DE PROBLEMAS

Escribe en forma exponencial.

27. $(-2) \cdot (-2) \cdot (-2)$ **28.** $h \cdot h \cdot h \cdot h$

29. $4 \cdot 4 \cdot 4 \cdot 4$ **30.** $(5)(5)(5)(5)(5)$

Evalúa.

31. 7^3 **32.** 8^2 **33.** $(-12)^3$ **34.** $(-6)^5$

35. $(-3)^6$ **36.** $(-9)^3$ **37.** 4^1 **38.** 2^9

Simplifica.

39. $(9 - 5^3)$ **40.** $(18 - 7^3)$ **41.** $42 + (8 - 6^3)$ **42.** $16 + (2 + 8^3)$

43. $32 - (4 \cdot 3^2)$ **44.** $(5 + 5^5)$ **45.** $(5 - 6^1)$ **46.** $86 - [6 - (-2)^5]$

Evalúa cada expresión con el valor que se da para la variable.

47. a^3 con $a = 6$ **48.** x^7 con $x = -1$ **49.** $n^4 + 1$ con $n = 4$ **50.** $1 - y^5$ con $y = 2$

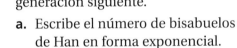
51. **CIENCIAS DE LA VIDA** Las bacterias pueden dividirse cada 20 minutos, así que una bacteria puede convertirse en 2 en 20 minutos, en 4 en 40 minutos, en 8 en 1 hora, y así sucesivamente. ¿Cuántas bacterias habrá en 6 horas? Escribe tu respuesta con exponentes y luego evalúala.

52. Haz una tabla cuyas columnas se llamen n, n^2 y $2n$. Completa la tabla con $n = -5, -4, -3, -2, -1, 0, 1, 2, 3, 4$ y 5.

53. Para cualquier número cabal n, $5^n - 1$ es divisible entre 4. Comprueba esto para $n = 3$ y $n = 5$.

54. El diagrama muestra la genealogía de Han. Cada generación comprende dos veces más personas que la generación siguiente.

a. Escribe el número de bisabuelos de Han en forma exponencial.

b. ¿Cuántos antepasados había en la quinta generación anterior a Han?

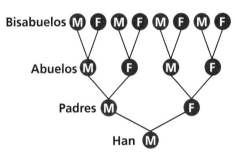

55. **ELIGE UNA ESTRATEGIA** Coloca los números 1, 2, 3, 4 y 5 en los cuadros para hacer verdadero el enunciado: $\blacksquare \cdot \blacksquare^3 = \blacksquare^2 - \blacksquare\blacksquare$

56. **ESCRÍBELO** Compara 10^3 y 3^{10}. Para dos números cualesquiera, ¿cómo se obtiene un resultado mayor, mediante el uso del número más grande como base o como exponente? Da al menos una excepción.

57. **DESAFÍO** Escribe $(3^2)^3$ con un solo exponente.

Repaso en espiral

Multiplica o divide. (Lección 2-3)

58. $7(-8)$ **59.** $\dfrac{-63}{-7}$ **60.** $\dfrac{38}{-19}$ **61.** $-8(-13)$ **62.** $-6(15)$

63. **PREPARACIÓN PARA LA PRUEBA**
¿Qué expresión representa *la diferencia entre un número y 32*? (Lección 1-2)

  A $n + 32$ **C** $n - 32$

  B $n \times 32$ **D** $32 \div n$

64. **PREPARACIÓN PARA LA PRUEBA**
¿Qué valores -2, -1 y 0 son soluciones de $x - 2 > -3$? (Lección 2-5)

  F -1 y 0 **H** -2 y -1

  G sólo 0 **J** -2, -1 y 0

2-7 Propiedades de los exponentes

Aprender a aplicar las propiedades de los exponentes y a evaluar el exponente cero.

Los factores de una potencia como 7^4 se pueden agrupar de distintas maneras. Observa la relación entre los exponentes de cada producto.

$$7 \cdot 7 \cdot 7 \cdot 7 = 7^4$$
$$(7 \cdot 7 \cdot 7) \cdot 7 = 7^3 \cdot 7^1 = 7^4$$
$$(7 \cdot 7) \cdot (7 \cdot 7) = 7^2 \cdot 7^2 = 7^4$$

MULTIPLICAR POTENCIAS CON LA MISMA BASE		
Con palabras	**Con números**	**En álgebra**
Para multiplicar potencias con la misma base, conserva la base y suma los exponentes.	$3^5 \cdot 3^8 = 3^{5+8} = 3^{13}$	$b^m \cdot b^n = b^{m+n}$

EJEMPLO 1 Multiplicar potencias con la misma base

Multiplica. Escribe el producto como una sola potencia.

A $3^5 \cdot 3^2$

$3^5 \cdot 3^2$

3^{5+2} *Suma los exponentes.*

3^7

B $a^{10} \cdot a^{10}$

$a^{10} \cdot a^{10}$

a^{10+10} *Suma los exponentes.*

a^{20}

C $16 \cdot 16^7$

$16 \cdot 16^7$

$16^1 \cdot 16^7$ *Razona: $16 = 16^1$*

16^{1+7} *Suma los exponentes.*

16^8

D $6^4 \cdot 4^4$

$6^4 \cdot 4^4$ *No se pueden combinar porque las bases no son iguales.*

Observa qué sucede cuando divides potencias con la misma base.

$$\frac{5^5}{5^3} = \frac{5 \cdot 5 \cdot 5 \cdot 5 \cdot 5}{5 \cdot 5 \cdot 5} = \frac{\cancel{5} \cdot \cancel{5} \cdot \cancel{5} \cdot 5 \cdot 5}{\cancel{5} \cdot \cancel{5} \cdot \cancel{5}} = 5 \cdot 5 = 5^2$$

DIVIDIR POTENCIAS CON LA MISMA BASE		
Con palabras	**Con números**	**En álgebra**
Para dividir potencias con la misma base, conserva la base y resta los exponentes.	$\dfrac{6^9}{6^4} = 6^{9-4} = 6^5$	$\dfrac{b^m}{b^n} = b^{m-n}$

Divide. Escribe el cociente como una sola potencia.

A $\dfrac{100^9}{100^3}$

$\dfrac{100^9}{100^3}$

100^{9-3} *Resta los exponentes.*

100^6

B $\dfrac{x^8}{y^5}$

$\dfrac{x^8}{y^5}$ *No se pueden combinar porque las bases no son iguales.*

Pista útil

No existe 0^0 porque representa un cociente de la forma $\dfrac{0^n}{0^n}$.

Un denominador 0 es imposible porque no se puede dividir entre 0.

Si el numerador y el denominador de una fracción tienen la misma base y el mismo exponente, al restar el resultado tendrá exponente 0.

$$1 = \frac{4^2}{4^2} = 4^{2-2} = 4^0 = 1$$

Este resultado puede confirmarse al desarrollar los factores.

$$\frac{4^2}{4^2} = \frac{(4 \cdot 4)}{(4 \cdot 4)} = \frac{(\cancel{4} \cdot \cancel{4})}{(\cancel{4} \cdot \cancel{4})} = \frac{1}{1} = 1$$

LA POTENCIA CERO		
Con palabras	**Con números**	**En álgebra**
La potencia cero de cualquier número, excepto 0, es 1.	$100^0 = 1$ $(-7)^0 = 1$	$a^0 = 1$, si $a \neq 0$

EJEMPLO **3** *Aplicación a las ciencias físicas*

Un metro cúbico de aire contiene unas 10^{25} moléculas a nivel del mar, pero sólo 10^{23} moléculas a gran altura (33 km). ¿Por cuánto sobrepasan las moléculas que hay a nivel del mar a las que hay a 33 km?

Se quiere hallar el número que multiplicado por 10^{23} dé 10^{25}. Escribe y resuelve una ecuación. Usa x como variable.

$(10^{23})x = 10^{25}$ *"10^{23} por un número x da 10^{25}".*

$\dfrac{(10^{23})x}{10^{23}} = \dfrac{10^{25}}{10^{23}}$ *Divide ambos lados entre 10^{23}.*

$x = 10^{25-23}$ *Resta los exponentes.*

$x = 10^2$

Hay 10^2 veces más moléculas en un metro cúbico de aire a nivel del mar que a 33 km de altura.

Razonar y comentar

1. Explica por qué no se pueden sumar los exponentes de $14^3 \cdot 18^3$.

2. Haz una lista de dos formas de expresar 4^5 como producto de potencias.

PARA PRÁCTICA ADICIONAL

ve a la pág. 735

☑ conexión **internet**
Ayuda en línea para tareas
go.hrw.com   Clave: MP4 2-7

PRÁCTICA GUIADA

Ver Ejemplo **1**   Multiplica. Escribe el producto como una sola potencia.

1. $3^4 \cdot 3^7$ **2.** $12^3 \cdot 12^2$ **3.** $m \cdot m^5$ **4.** $14^5 \cdot 8^5$

Ver Ejemplo **2**   Divide. Escribe el cociente como una sola potencia.

5. $\dfrac{8^7}{8^5}$ **6.** $\dfrac{a^9}{a^1}$ **7.** $\dfrac{12^5}{12^5}$ **8.** $\dfrac{7^{18}}{7^6}$

Ver Ejemplo **3**   **9.** Un científico calcula que una planta de maíz produce 10^8 granos de polen. Si hay 10^{10} granos de polen, ¿cuántas plantas de maíz hay?

PRÁCTICA INDEPENDIENTE

Ver Ejemplo **1**   Multiplica. Escribe el producto como una sola potencia.

10. $10^{10} \cdot 10^7$ **11.** $2^3 \cdot 2^3$ **12.** $r^5 \cdot r^4$ **13.** $16 \cdot 16^3$

Ver Ejemplo **2**   Divide. Escribe el cociente como una sola potencia.

14. $\dfrac{7^{12}}{7^8}$ **15.** $\dfrac{m^{10}}{d^3}$ **16.** $\dfrac{t^8}{t^5}$ **17.** $\dfrac{10^8}{10^8}$

Ver Ejemplo **3**   **18.** Un tablero estándar de ajedrez tiene 8^2 cuadros, pero un tridimensional tiene 8^3 cuadros. ¿Cuántas veces más cuadros hay en el tablero de ajedrez tridimensional?

PRÁCTICA Y RESOLUCIÓN DE PROBLEMAS

Multiplica o divide. Escribe el producto o cociente como una sola potencia.

19. $\dfrac{6^8}{6^5}$ **20.** $7^9 \cdot 7^1$ **21.** $\dfrac{a^3}{a^2}$ **22.** $\dfrac{10^{18}}{10^9}$

23. $x^3 \cdot x^7$ **24.** $a^7 \cdot b^8$ **25.** $6^4 \cdot 6^2$ **26.** $4 \cdot 4^2$

27. $\dfrac{12^5}{6^3}$ **28.** $\dfrac{11^7}{11^6}$ **29.** $\dfrac{y^9}{y^9}$ **30.** $\dfrac{2^9}{2^3}$

31. $x^5 \cdot x^3$ **32.** $c^9 \cdot d^3$ **33.** $4^4 \cdot 4^2$ **34.** $9^2 \cdot 9^2$

35. $10^5 \cdot 10^9$ **36.** $\dfrac{k^6}{p^2}$ **37.** $n^8 \cdot n^8$ **38.** $\dfrac{9^{11}}{9^6}$

39. $4^9 \div 4^5$ **40.** $2^{12} \div 2^6$ **41.** $6^2 \cdot 6^3 \cdot 6^4$ **42.** $5^3 \cdot 5^6 \cdot 5^0$

43. Hay 26^3 maneras de formar una palabra de 3 letras (de *aaa* hasta *zzz*) y 26^5 maneras de formar una palabra de 5 letras. ¿Cuántas veces más maneras hay de formar una palabra de 5 letras que una de 3 letras?

44. **ASTRONOMÍA** La masa del universo conocido es de alrededor de 10^{23} masas solares, es decir, 10^{50} toneladas métricas. ¿A cuántas toneladas métricas equivale una masa solar?

45. NEGOCIOS Usa los términos siguientes para indicar cuántas docenas hay en una docena de gruesas. ¿Cuántas gruesas hay en una docena de gruesas?

1 docena	$= 12^1$ objetos
1 gruesa	$= 12^2$ objetos
1 docena de gruesas	$= 12^3$ objetos

46. Un gogol es el número 1 seguido de 100 ceros.

   a. Escribe un gogol como potencia.

   b. Escribe como potencia el producto de un gogol por un gogol.

47. ASTRONOMÍA La distancia de la Tierra a la Luna es de aproximadamente 22^4 millas. La distancia de la Tierra a Neptuno es de aproximadamente 22^7 millas. ¿Cuántos viajes de la Tierra a la Luna equivalen aproximadamente a un viaje de la Tierra a Neptuno?

48. ¿DÓNDE ESTÁ EL ERROR? Un estudiante dijo que $\frac{4^7}{8^7}$ es igual a $\frac{1}{2}$. ¿Qué error cometió el estudiante?

49. ESCRÍBELO ¿Por qué se suman los exponentes al multiplicar potencias con la misma base?

50. DESAFÍO Un número elevado a la décima potencia dividido entre el mismo número elevado a la séptima potencia es igual a 125. ¿Qué número es?

Repaso en espiral

Evalúa cada expresión con $m = -3$. (Lección 2-1)

51. $m + 6$ **52.** $m + -5$ **53.** $-9 + m$ **54.** $m + 3$

Resta. (Lección 2-2)

55. $-8 - 8$ **56.** $-3 - (-7)$ **57.** $-10 - 2$ **58.** $11 - (-9)$

59. PREPARACIÓN PARA LA PRUEBA ¿Qué número **no** es solución de $-3x > 15$? (Lección 2-5)

   A -20 **B** -100 **C** -6 **D** -5

2-8 Hallar un patrón en los enteros con exponentes

 Destreza de resolución de problemas

La nanoguitarra se esculpió en silicio cristalino. Tiene 6 cuerdas con un grosor de aproximadamente 100 átomos cada una.

Aprender a evaluar expresiones con exponentes negativos.

La nanoguitarra es la guitarra más pequeña del mundo. Mide aproximadamente 10^{-5} metros de largo, menos que una célula. ¿Puedes imaginar 10^{-5} metros?

Busca un patrón en la tabla, para ampliar lo que sabes acerca de los exponentes y poder incluir exponentes negativos. Comienza con lo que sabes acerca de los exponentes positivos y el exponente cero.

10^2	10^1	10^0	10^{-1}	10^{-2}
$10 \cdot 10$	10	1	$\frac{1}{10}$	$\frac{1}{10 \cdot 10}$
100	10	1	$\frac{1}{10} = 0.1$	$\frac{1}{100} = 0.01$

$\div 10 \qquad \div 10 \qquad \div 10 \qquad \div 10$

EJEMPLO **1** **Usar un patrón para evaluar exponentes negativos**

Evalúa las potencias de 10.

A 10^{-3}

$10^{-3} = \dfrac{1}{10 \cdot 10 \cdot 10}$ *Continúa el patrón de la tabla.*

$10^{-3} = \dfrac{1}{1000} = 0.001$

B 10^{-4}

$10^{-4} = \dfrac{1}{10 \cdot 10 \cdot 10 \cdot 10}$ *Continúa el patrón del Ejemplo 1A.*

$10^{-4} = \dfrac{1}{10,000} = 0.0001$

C 10^{-5}

$10^{-5} = \dfrac{1}{10 \cdot 10 \cdot 10 \cdot 10 \cdot 10}$ *Continúa el patrón del Ejemplo 1B.*

$10^{-5} = \dfrac{1}{100,000} = 0.00001$

Entonces, ¿qué longitud es equivalente a 10^{-5} metros?

$10^{-5} \text{ m} = \dfrac{1}{100,000} \text{ m} \longrightarrow$ "una cienmilésima de metro"

EXPONENTES NEGATIVOS		
Con palabras	**Con números**	**En álgebra**
Una potencia con exponente negativo es igual a 1 dividido entre esa potencia con el exponente opuesto.	$5^{-3} = \dfrac{1}{5^3} = \dfrac{1}{125}$	$b^{-n} = \dfrac{1}{b^n}$

EJEMPLO 2 Evaluar exponentes negativos

Evalúa $(-2)^{-3}$.

$(-2)^{-3}$

$\dfrac{1}{(-2)^3}$ *Escribe el recíproco; cambia el signo del exponente.*

$\dfrac{1}{(-2)(-2)(-2)}$

$-\dfrac{1}{8}$

¡Recuerda!

El recíproco de un número es 1 dividido entre ese número.

EJEMPLO 3 Evaluar productos y cocientes de exponentes negativos

Evalúa.

A $10^3 \cdot 10^{-3}$

$10^3 \cdot 10^{-3}$

$10^{3 + (-3)}$ *Las bases son iguales, así que suma los exponentes.*

$10^0 = 1$ *Comprueba $10^3 \cdot 10^{-3} = 10^3 \cdot \dfrac{1}{10^3} = \dfrac{10^3}{10^3} = \dfrac{\cancel{10} \cdot \cancel{10} \cdot \cancel{10}}{\cancel{10} \cdot \cancel{10} \cdot \cancel{10}} = 1$*

B $\dfrac{2^4}{2^7}$

$\dfrac{2^4}{2^7}$

$2^{4 - 7}$ *Las bases son iguales, así que resta los exponentes.*

2^{-3}

$\dfrac{1}{2^3}$ *Escribe el recíproco; cambia el signo del exponente.*

$\dfrac{1}{8}$ *Comprueba $\dfrac{2^4}{2^7} = \dfrac{\cancel{2} \cdot \cancel{2} \cdot \cancel{2} \cdot \cancel{2}}{\cancel{2} \cdot \cancel{2} \cdot \cancel{2} \cdot \cancel{2} \cdot 2 \cdot 2 \cdot 2} = \dfrac{1}{8}$*

Razonar y comentar

1. **Expresa** $\frac{1}{2}$ con un exponente.

2. **Indica** si es verdad lo siguiente: Si una potencia tiene exponente negativo, la potencia es negativa. Justifica tu respuesta.

3. **Indica** si un entero elevado a un exponente negativo puede ser mayor que 1.

PARA PRÁCTICA ADICIONAL

ve a la pág. 735

⌇conexión **internet**

Ayuda en línea para tareas
go.hrw.com   Clave: MP4 2-8

PRÁCTICA GUIADA

Ver Ejemplo ① Evalúa las potencias de 10.

1. 10^{-7} **2.** 10^{-3} **3.** 10^{-6} **4.** 10^{-1}

Ver Ejemplo ② Evalúa.

5. $(-2)^{-4}$ **6.** $(-3)^{-2}$ **7.** 2^{-3} **8.** $(-2)^{-5}$

Ver Ejemplo ③ **9.** $10^7 \cdot 10^{-4}$ **10.** $3^5 \cdot 3^{-7}$ **11.** $\dfrac{6^8}{6^5}$ **12.** $\dfrac{3^6}{3^9}$

PRÁCTICA INDEPENDIENTE

Ver Ejemplo ① Evalúa las potencias de 10.

13. 10^{-2} **14.** 10^{-9} **15.** 10^{-5} **16.** 10^{-11}

Ver Ejemplo ② Evalúa.

17. $(-4)^{-3}$ **18.** 3^{-2} **19.** $(-10)^{-4}$ **20.** $(-2)^{-1}$

Ver Ejemplo ③ **21.** $10^5 \cdot 10^{-1}$ **22.** $\dfrac{2^3}{2^5}$ **23.** $\dfrac{5^2}{5^2}$ **24.** $\dfrac{3^7}{3^2}$

25. $\dfrac{2^1}{2^4}$ **26.** $4^2 \cdot 4^{-3}$ **27.** $10^3 \cdot 10^{-6}$ **28.** $6^4 \cdot 6^{-2}$

PRÁCTICA Y RESOLUCIÓN DE PROBLEMAS

Evalúa.

29. 2^7 **30.** $\dfrac{5^7}{5^5}$ **31.** $\dfrac{m^9}{m^2}$

32. $x^{-5} \cdot x^7$ **33.** $\dfrac{(-3)^2}{(-3)^4}$ **34.** $8^4 \cdot 8^{-4}$

35. $4^9 \cdot 4^{-4}$ **36.** $\dfrac{7^2}{8^6}$ **37.** $2^{-2} \cdot 2^{-2} \cdot 2^3$

38. $\dfrac{(7-3)^3}{(5-1)^6}$ **39.** $(5-3)^{-7} \cdot (7-5)^5$ **40.** $\dfrac{(4-11)^5}{(1-8)^2}$

41. $(2 \cdot 6)^{-5} \cdot (4 \cdot 3)^3$ **42.** $\dfrac{(3+2)^4}{5(7-2)^3}$ **43.** $(2+2)^{-5} \cdot (1+3)^6$

44. *CIENCIAS DE LA COMPUTACIÓN* Los archivos de computadora se miden en bytes. Un byte contiene aproximadamente 1 carácter de texto.

	Byte	Kilobyte (KB)	Megabyte (MB)	Gigabyte (GB)
Valor (bytes)	$2^0 = 1$	2^{10}	2^{20}	2^{30}

a. Si el disco duro de una computadora guarda 2^{35} bytes de datos, ¿cuántos gigabytes contiene ese disco duro?

b. Un disco Zip® guarda aproximadamente 2^8 MB de datos. ¿Cuántos bytes son?

Prefijos del Sistema Internacional de Unidades									
Factor	10^3	10^2	10^1	10^{-1}	10^{-2}	10^{-3}	10^{-6}	10^{-9}	10^{-12}	10^{-15}
Prefijo	kilo-	hecto-	deca-	deci-	centi-	mili-	micro-	nano-	pico-	femto-
Símbolo	k	h	da	d	c	m	μ	n	p	f

45. El cachalote es la ballena que se sumerge a mayor profundidad. Puede alcanzar profundidades de más de 10^{12} nanómetros. ¿Cuántos kilómetros es eso?

46. La mayor profundidad conocida del océano Ártico es de aproximadamente 10^6 milímetros. ¿Cuántos hectómetros es eso?

47. El alimento básico de la ballena azul es un crustáceo llamado krill. Un krill pesa aproximadamente 10^{-5} kg.

   a. ¿Cuántos gramos pesa un krill?

   b. Si una ballena azul comió 10^7 de krill, ¿cuántos gramos de krill comió?

   c. ¿Cuántos decagramos pesan 10^7 krill?

48. El ofiuro es una estrella marina tropical que vive en arrecifes de coral. Está cubierta por 20,000 ojos cristalinos, cada uno con una anchura de aproximadamente 100 micrómetros.

   a. ¿Cuántos metros de anchura tiene un ojo cristalino?

   b. ¿Qué longitud en metros tendría una hilera de 10^5 ojos cristalinos?

49. ⭐ **DESAFÍO** Un centímetro cúbico es igual a 1 mL. Si una ballena jorobada tiene más de 1 kl de sangre, ¿cuántos centímetros cúbicos de sangre tiene?

Un krill puede medir hasta 2 pulg, casi $\frac{1}{288}$ de la longitud de una ballena jorobada. (Arriba)

Repaso en espiral

Evalúa cada expresión con los valores que se dan para las variables. (Lección 1-1)

50. $2x - 3y$ con $x = 8$ y $y = 4$

51. $6s - t$ con $s = 7$ y $t = 12$

52. $7w + 2z$ con $w = 3$ y $z = 0$

53. $5x + 4y$ con $x = 9$ y $y = 10$

54. PREPARACIÓN PARA LA PRUEBA ¿Qué número es mayor que 1? (Curso previo)

   A -235 **B** 1.000008 **C** 0.99999 **D** -5.88

2-9 Notación científica

Aprender a expresar números grandes y pequeños en notación científica.

Vocabulario

notación científica

Una moneda de un centavo contiene unos 20,000,000,000,000,000,000,000 átomos. El tamaño promedio de un átomo es de aproximadamente 0.00000003 centímetros.

En forma estándar, estos números son tan largos que no es fácil trabajar con ellos.

La **notación científica** es una forma abreviada para escribir números muy largos.

$$1.8 \times 10^4$$

En notación científica, el número de átomos en un centavo es de 2.0×10^{22}, y el tamaño de cada átomo es de 3.0×10^{-8} centímetros.

EJEMPLO **1** Convertir de notación científica a notación estándar

Escribe cada número en forma estándar.

A 2.64×10^7

2.64×10^7

$2.64 \times 10,000,000$ *$10^7 = 10,000,000$*

$26,400,000$ *Razona: Recorre el punto decimal 7 posiciones a la derecha.*

B 1.35×10^{-4}

1.35×10^{-4}

$1.35 \times \dfrac{1}{10,000}$ *$10^{-4} = \dfrac{1}{10,000}$*

$1.35 \div 10,000$ *Divide entre el recíproco.*

0.000135 *Razona: Recorre el punto decimal 4 posiciones a la izquierda.*

C -5.8×10^6

-5.8×10^6

$-5.8 \times 1,000,000$ *$10^6 = 1,000,000$*

$-5,800,000$ *Razona: Recorre el punto decimal 6 posiciones a la derecha.*

> **Pista útil**
>
> El signo del exponente indica en qué dirección debe moverse el punto decimal. Un exponente positivo indica movimiento a la derecha, uno negativo, movimiento a la izquierda.

EJEMPLO **2** **Convertir de forma estándar a notación científica**

Escribe 0.000002 en notación científica.

0.000002

2   *Recorre el punto hasta obtener un número entre 1 y 10.*

$2 \times 10^{\blacksquare}$ *Escribe la notación científica.*

     Razona: Debes recorrer el punto decimal a la izquierda para convertir 2 en 0.000002, así que el exponente será negativo.

     Razona: Debes recorrer el punto decimal 6 posiciones.

Por tanto, 0.000002 en notación científica es 2×10^{-6}.

Comprueba $2 \times 10^{-6} = 2 \times 0.000001 = 0.000002$

EJEMPLO **3** *Aplicación al dinero*

Si tienes un millón de dólares en monedas de 1¢ y cada una tiene un espesor de 1.55 mm. ¿Qué altura tendría una pila con todos los centavos? Da la respuesta en notación científica.

$1.00 = 100$ centavos, así que $1,000,000 = 100,000,000$ centavos.

$1.55 \text{ mm} \times 100,000,000$ *Halla la altura total.*

155,000,000 mm

$1.55 \times 10^{\blacksquare}$ *Escribe en notación científica.*

     Razona: Debes recorrer el punto decimal a la derecha para convertir 1.55 en 155,000,000, así que el exponente será positivo.

     Razona: Debes recorrer el punto decimal 8 lugares.

En notación científica, la altura de una pila con un millón de dólares en centavos es de 1.5×10^8 mm. Esto es aproximadamente unas 96 millas.

Razonar y comentar

1. Explica la ventaja de escribir números en notación científica.

2. Describe cómo convertir 2.977×10^6 a forma estándar.

3. Determina qué medida sería menos útil en notación científica: tamaño de bacterias, velocidad de un auto o número de estrellas.

2-9 Notación científica **97**

2-9 **Ejercicios**

PARA PRÁCTICA ADICIONAL
ve a la pág. 735

conexión **internet**
Ayuda en línea para tareas
go.hrw.com   Clave: MP4 2-9

PRÁCTICA GUIADA

Ver Ejemplo **1** Escribe cada número en forma estándar.

1. 3.15×10^{3} **2.** 1.25×10^{-7} **3.** 4.1×10^{5} **4.** 3.9×10^{-4}

Ver Ejemplo **2** Escribe cada número en notación científica.

5. 0.000057 **6.** 0.0003 **7.** $4{,}890{,}000$ **8.** 0.00000014

Ver Ejemplo **3** **9.** La temperatura en la superficie del Sol es como de 5500° C. Se cree que la temperatura en el centro es 270 veces más alta. ¿Qué temperatura hay en el centro del Sol? Escribe la respuesta en notación científica.

PRÁCTICA INDEPENDIENTE

Ver Ejemplo **1** Escribe cada número en forma estándar.

10. 8.3×10^{5} **11.** 6.7×10^{-4} **12.** 2.1×10^{-3} **13.** 6.37×10^{7}

Ver Ejemplo **2** Escribe cada número en notación científica.

14. 0.000009 **15.** $7{,}800{,}000$ **16.** $1{,}000{,}000{,}000$ **17.** 0.00000003

Ver Ejemplo **3** **18.** El núcleo de un átomo se compone de protones y neutrones, que son las partículas con mayor masa del átomo. De hecho, si un núcleo fuera del tamaño de una uva, tendría una masa de más de 9 millones de toneladas métricas. Una tonelada métrica tiene 1000 kg. ¿Qué masa en kilogramos tendría un núcleo del tamaño de una uva? Escribe tu respuesta en notación científica.

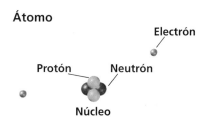

PRÁCTICA Y RESOLUCIÓN DE PROBLEMAS

Escribe cada número en forma estándar.

19. 1.3×10^{4} **20.** 4.45×10^{-2} **21.** 5.6×10^{1} **22.** 1.3×10^{-7}

23. 5.3×10^{-8} **24.** 9.567×10^{-5} **25.** 8.58×10^{6} **26.** 7.1×10^{3}

27. 9.112×10^{6} **28.** 3.4×10^{-1} **29.** 2.9×10^{-4} **30.** 6.8×10^{2}

Escribe cada número en notación científica.

31. 0.00467 **32.** 0.00000059 **33.** $56{,}000{,}000$ **34.** $8{,}079{,}000{,}000$

35. 0.0076 **36.** 0.0000000002 **37.** 3500 **38.** 0.0000000091

39. 900 **40.** 0.000005 **41.** $6{,}000{,}000$ **42.** 0.0095678

43. ESTUDIOS SOCIALES

   a. Expresa la población y el área de Taiwán en notación científica.

   b. Divide el número de millas cuadradas entre el número de habitantes para hallar el número de millas cuadradas por persona. Exprésalo en notación científica.

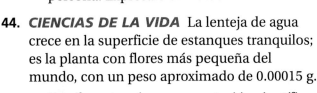

Taiwán	
Población:	22,113,250
Área:	14,032 mi^2
Capital:	Taipei
Número de televisores:	10,800,000
Idiomas:	Taiwanés (Min), mandarín, dialectos hakka

Esta rana está cubierta con lenteja de agua. Esta planta crece tanto al sol como a la sombra, y produce flores blancas tan pequeñas que son casi invisibles para el ojo humano.

44. CIENCIAS DE LA VIDA La lenteja de agua crece en la superficie de estanques tranquilos; es la planta con flores más pequeña del mundo, con un peso aproximado de 0.00015 g.

   a. Escribe este número en notación científica.

   b. Si no se controla, una lenteja de agua, que se reproduce cada 30–36 horas, podría producir 1×10^{30} plantas (un quintillón) en cuatro meses. ¿Cuánto pesaría un quintillón de lentejas de agua?

45. CIENCIAS DE LA VIDA El tamaño aproximado de la bacteria que fermenta la leche es de 7.8×10^{-5} pulg. Escríbelo en forma estándar.

46. CIENCIAS FÍSICAS La *masa atómica* de un elemento es la masa, en gramos, de un *mol*, es decir, 6.02×10^{23} átomos.

   a. ¿Cuántos átomos hay en 3.5 moles de carbono?

   b. Como 3.5 moles de carbono pesan 42 gramos, ¿qué masa atómica tiene el carbono?

   c. Con la respuesta de la parte **b,** halla la masa aproximada de un átomo de carbono.

47. ESCRIBE UN PROBLEMA La masa del protón es de aproximadamente 1.7×10^{-24} g. Usa esta información para escribir un problema.

48. ESCRÍBELO Si tienes dos números en notación científica, ¿cómo sabes cuál es el mayor?

49. DESAFÍO ¿En qué parte de una recta numérica está el valor de un número positivo, en notación científica, con exponente negativo?

Repaso en espiral

Simplifica. (Lección 2-3)

50. $-3(6 - 8)$ **51.** $4(-3 - 2)$ **52.** $-5(3 + 2)$ **53.** $-3(1 - 8)$

Resuelve. (Lección 2-4)

54. $m - 2 = 7$ **55.** $8 + t = -1$ **56.** $y - 24 = -19$ **57.** $b + 4 = -23$

58. PREPARACIÓN PARA LA PRUEBA ¿Qué número equivale a -64? (Lección 2-6)

   A $(-4)^3$ **B** $(-4)^{-3}$ **C** 4^3 **D** 4^{-3}

Resolución de problemas en lugares

MICHIGAN

El estado de los Grandes Lagos

A Michigan se le conoce como el estado de los Grandes Lagos porque las costas de sus dos penínsulas colindan con cuatro de ellos.

Usa la tabla para los ejercicios 1–6.

Grandes lagos colindantes con Michigan	
Lago	Profundidad máxima (pies)
Lago Erie	−210
Lago Hurón	−750
Lago Michigan	−923
Lago Superior	−1333

Una persona en cualquier lugar de Michigan está a poco menos de 85 millas de alguno de los Grandes Lagos.

1. Halla la profundidad máxima promedio de los Grandes Lagos que colindan con Michigan. Redondea al pie más cercano.

2. ¿Qué lago tiene la menor profundidad máxima? ¿Qué lago tiene la mayor profundidad máxima? Calcula la diferencia entre las profundidades máximas de estos lagos.

3. Escribe y resuelve una ecuación para determinar la profundidad p del lago cuya profundidad máxima es 540 pies menor que la del lago Hurón.

4. Si el lago Erie fuera 6 veces más profundo de lo que es, ¿alguno de los Grandes Lagos sería más profundo? Explica tu respuesta.

5. ¿La profundidad máxima del lago Michigan menos la profundidad máxima x de qué lago es igual a −173?

6. Tahquamenon Falls, en la Península Alta de Michigan, es una de las mayores caídas de agua al este del río Mississippi. Su pendiente p es aproximadamente $\frac{1}{27}$ de la profundidad máxima del lago Superior. ¿Cuál es la pendiente, en pies, de Tahquamenon Falls?

7. Incluido el lago Ontario (el único que no colinda con Michigan), los Grandes Lagos y los canales que los conectan contienen un total de 6,000,000,000,000,000 galones de agua. Escribe este número en notación científica.

J. W. Westcott Company

Quienes tripulan embarcaciones en los Grandes Lagos llaman a las entregas del correo del *J. W. Westcott II* "correo en cubeta".

Desde 1895, la J. W. Westcott Company ha entregado correo por remolcador a las embarcaciones que surcan los ríos y lagos del área de los Grandes Lagos. La compañía administra la única oficina postal flotante del mundo, y la Westcott Boat Station es el único embarcadero en Estados Unidos que tiene su propio código postal. La lancha de correo efectúa aproximadamente 30 viajes diarios, 275 días por temporada. En 1968, la lancha entregó casi un millón de correspondencia. Ahora entrega casi 400,000 cartas y paquetes.

1. El *J. W. Westcott II* tiene un motor de diésel con 220 caballos de fuerza. Un caballo de fuerza (hp) es la potencia necesaria para elevar 550 libras a una altura de 1 pie en 1 segundo, por lo tanto 1 hp = 550 pies libras de fuerza por segundo (550 pies lb f/s). ¿Cuántos pies libras f/s desarrolla el motor del *J. W. Westcott II*? Expresa esa cifra redondeando a la potencia de 10 más cercana.

2. Supongamos que la J. W. Westcott Company entregó en promedio 750,000 cartas y paquetes al año durante todos los años que ha administrado la oficina. ¿Aproximadamente cuántas cartas y paquetes habría entregado al cumplir su centenario en 1995? Escribe tu respuesta en notación científica.

3. La J. W. Westcott Company presta servicio de correo las 24 horas del día desde abril hasta diciembre, es decir, 275 días.

   a. ¿Durante cuántas horas se ofrece el servicio de correo? Escribe tu respuesta en notación científica.

   b. Escribe y resuelve una ecuación para hallar el número de turnos de ocho horas entre abril y diciembre.

4. La lancha de correo hace entregas a cargueros que pesan más de 250 toneladas. Una tonelada equivale a 2000 libras. ¿Cuántas libras pesan estos cargueros? Escribe tu respuesta en notación científica.

MATE-JUEGOS

Cuadrados mágicos

Un *cuadrado mágico* es un cuadrado con números ordenados de tal manera que las sumas de los números de cada fila, columna y diagonal son iguales.

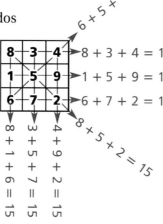

$6 + 5 + 4 = 15$

8	3	4	$8 + 3 + 4 = 15$
1	5	9	$1 + 5 + 9 = 15$
6	7	2	$6 + 7 + 2 = 15$

$8 + 5 + 2 = 15$

$8 + 1 + 6 = 15$

$3 + 5 + 7 = 15$

$4 + 9 + 2 = 15$

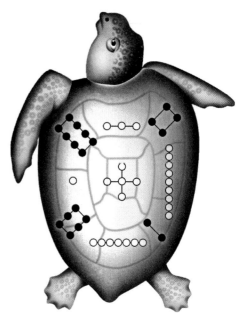

Según una antigua leyenda china, una tortuga del río Lo tenía el patrón de este cuadrado mágico en su concha.

1. Completa cada cuadrado mágico.

6		4
1	3	
	7	

	−6	−1
−4		0
−3	2	

−7		6	−4
4	−2		1
	2	3	−3
5	−5	−6	

2. Usa los números −4, −3, −2, −1, 0, 1, 2, 3, y 4 para formar un cuadrado mágico en el que las sumas de filas, columnas y diagonales sean 0.

Lotería de ecuaciones

Cada tarjeta de lotería tiene números. Quien dirige el juego tiene una serie de ecuaciones que lee en voz alta. Los jugadores resuelven cada ecuación. Si tienen el valor de la variable en su tarjeta, colocan una ficha en ella. Gana quien completa una hilera vertical, horizontal o diagonal de fichas.

◢ conexión internet
Para las reglas completas y las tarjetas visita **go.hrw.com.**
CLAVE: MP4 Game2

Tecnología

Evaluar expresiones

Para usar con la Lección 2-8

Puedes usar una calculadora de gráficas para evaluar expresiones que tienen exponentes negativos.

Actividad

1 Usa la tecla **STO►** para evaluar x^{-3} con $x = 2$. Ve la respuesta como decimal y como fracción.

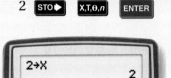 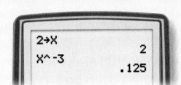 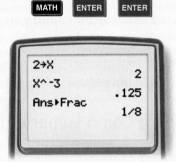

Observa que $2^{-3} = 0.125$, que equivale a $\frac{1}{2^3}$ ó $\frac{1}{8}$.

2 Usa la función **TABLE** para evaluar 2^{-x} con diferentes valores de x. Debe coincidir con las configuraciones que se muestran.

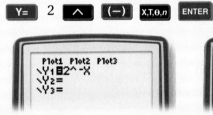  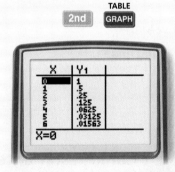

La lista **Y1** muestra el valor de 2^{-x} con varios valores de x.

Razonar y comentar

1. Al evaluar 2^{-3} en la Actividad 1, el resultado no fue un número negativo. ¿Esto te sorprende? Explica tu respuesta.

Inténtalo

Evalúa cada expresión con los valores de x que se dan. Expresa tus respuestas como fracciones y como decimales, redondea a la centésima más cercana.

1. 4^{-x}; $x = 2$

2. 3^{-x}; $x = 1, 2$

3. x^{-2}; $x = 1, 2, 5$

Guía de estudio y repaso

Vocabulario

base 84

entero 60

exponente 84

forma exponencial 84

notación científica 96

opuesto 60

potencia 84

valor absoluto 60

Completa los enunciados con las palabras del vocabulario.
Puedes usar las palabras más de una vez.

1. La suma de un entero y su ___?___ es 0.

2. Un número en ___?___ es un número del 1 al 10 multiplicado por un(a) ___?___ de 10.

3. En la potencia 3^5, el 5 es el/la ___?___ y el 3 el/la ___?___ .

2-1 Cómo sumar enteros (págs. 60–63)

EJEMPLO

■ Suma.

$-8 + 2$ *Halla la diferencia de 8 y 2.*
-6 *8 > 2; usa el signo del 8.*

■ Evalúa.

$-4 + a$ con $a = -7$
$-4 + (-7)$ *Sustituye.*
-11 *Mismo signo*

EJERCICIOS

Suma.

4. $-6 + 4$

5. $-3 + (-9)$

6. $4 + (-7)$

7. $4 + (-3)$

8. $-11 + (-5) + (-8)$

Evalúa.

9. $k + 11$ con $k = -3$

10. $-6 + m$ con $m = -2$

2-2 Cómo restar enteros (págs. 64–67)

EJEMPLO

■ Resta.

$-3 - (-5)$
$-3 + 5$ *Suma el opuesto de −5.*
2 *5 > 3; usa el signo del 5.*

■ Evalúa.

$-9 - d$ con $d = 2$
$-9 - 2$ *Sustituye.*
$-9 + (-2)$ *Suma el opuesto de 2.*
-11 *Mismo signo*

EJERCICIOS

Resta.

11. $-7 - 9$

12. $8 - (-9)$

13. $-2 - (-5)$

14. $13 - (-2)$

15. $-5 - 17$

16. $16 - 20$

Evalúa.

17. $9 - h$ con $h = -7$

18. $12 - z$ con $z = 17$

2-3 Cómo multiplicar y dividir enteros (págs. 68–71)

(págs. 68–71)

EJEMPLO

Multiplica o divide.

- $4(-9)$ *Los signos son **distintos**.*
  -36 *La respuesta es **negativa**.*

- $\dfrac{-33}{-11}$ *Los signos son **iguales**.*
  3 *La respuesta es **positiva**.*

EJERCICIOS

Multiplica o divide.

19. $7(-5)$ **20.** $\dfrac{72}{-4}$ **21.** $-4(-13)$

22. $\dfrac{-100}{-4}$ **23.** $8(-3)(-5)$ **24.** $\dfrac{10(-5)}{-25}$

2-4 Cómo resolver ecuaciones con enteros (págs. 74–77)

(págs. 74–77)

EJEMPLO

Resuelve.

- $\begin{aligned} x - 9 &= -12 \\ +9 &= +9 \\ \hline x &= -3 \end{aligned}$ $\begin{aligned} y + 4 &= -11 \\ -4 &= -4 \\ \hline y &= -15 \end{aligned}$

- $\begin{aligned} 4m &= 20 \\ \dfrac{4m}{4} &= \dfrac{20}{4} \\ m &= 5 \end{aligned}$ $\begin{aligned} \dfrac{t}{-2} &= 10 \\ (-2) \cdot \dfrac{t}{-2} &= (-2) \cdot 10 \\ t &= -20 \end{aligned}$

EJERCICIOS

Resuelve.

25. $p - 8 = 1$ **26.** $t + 4 = 7$

27. $6 + k = 9$ **28.** $-7g = 42$

29. $\dfrac{w}{-4} = 20$ **30.** $10 = \dfrac{b}{-2}$

31. $8 = -2a$ **32.** $-13 = \dfrac{h}{7}$

33. $-15 + s = 23$

2-5 Cómo resolver desigualdades con enteros (págs. 78–81)

(págs. 78–81)

EJEMPLO

Resuelve y representa gráficamente.

- $\begin{aligned} x + 5 &\leq -1 \\ -5 &\quad -5 \\ \hline x &\leq -6 \end{aligned}$

- $\begin{aligned} -3q &> 21 \\ \dfrac{-3q}{-3} &> \dfrac{21}{-3} \\ q &< -7 \end{aligned}$

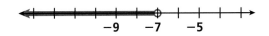

EJERCICIOS

Resuelve y representa gráficamente.

34. $b + 3 < 1$ **35.** $r - 2 > 4$

36. $2m \geq 6$ **37.** $4p < -8$

38. $-2z > 10$ **39.** $-3q \leq -9$

40. $\dfrac{m}{2} \geq 2$ **41.** $\dfrac{x}{-3} < 1$

42. $\dfrac{y}{-1} > -4$ **43.** $4 + x > 1$

44. $-3b \geq 0$ **45.** $-2 + y < 4$

2-6 Exponentes (págs. 84–87)

EJEMPLO

- Escribe en forma exponencial.

  $4 \cdot 4 \cdot 4$

  4^3

- Evalúa la potencia.

  $(-2)^3$

  $(-2) \cdot (-2) \cdot (-2)$

  -8

EJERCICIOS

Escribe en forma exponencial.

46. $7 \cdot 7 \cdot 7$ **47.** $(-3) \cdot (-3)$

48. $k \cdot k \cdot k \cdot k$

Evalúa cada potencia.

49. 5^4 **50.** $(-2)^5$ **51.** $(-1)^9$

2-7 Propiedades de los exponentes (págs. 88–91)

EJEMPLO

Escribe el producto o cociente como una potencia.

- $2^5 \cdot 2^3$

  2^{5+3}

  2^8

- $\dfrac{10^9}{10^2}$

  10^{9-2}

  10^7

EJERCICIOS

Escribe el producto o cociente con una potencia.

52. $4^2 \cdot 4^5$ **53.** $9^2 \cdot 9^4$ **54.** $p \cdot p^3$

55. $\dfrac{8^5}{8^2}$ **56.** $\dfrac{9^3}{9}$ **57.** $\dfrac{m^7}{m^2}$

58. $5^0 \cdot 5^3$ **59.** $y^6 \div y$ **60.** $k^4 \div k^4$

2-8 Hallar un patrón en los enteros con exponentes (págs. 92–95)

EJEMPLO

Evalúa.

- $(-3)^{-2}$

  $\dfrac{1}{(-3)^2}$

  $\dfrac{1}{9}$

- $\dfrac{2^5}{2^5}$

  2^{5-5}

  2^0

  1

EJERCICIOS

Evalúa.

61. 5^{-3} **62.** $(-4)^{-3}$

63. 11^{-1} **64.** $\dfrac{7^4}{7^4}$

65. $\dfrac{5^7}{5^7}$ **66.** $\dfrac{x^3}{x^3}$

67. $(9-7)^{-3}$ **68.** $(6-9)^{-3}$

2-9 Notación científica (págs. 96–99)

EJEMPLO

Escribe en forma estándar.

- 3.58×10^4

  $3.58 \times 10{,}000$

  $35{,}800$

- 3.58×10^{-4}

  $3.58 \times \dfrac{1}{10{,}000}$

  $3.58 \div 10{,}000$

  0.000358

Escribe en notación científica.

- $0.000007 = 7 \times 10^{-6}$ ■ $62{,}500 = 6.25 \times 10^4$

EJERCICIOS

Escribe en forma estándar.

69. 1.62×10^3 **70.** 1.62×10^{-3}

71. 9.1×10^5 **72.** 9.1×10^{-5}

Escribe en notación científica.

73. 0.000000008 **74.** $73{,}000{,}000$

75. 0.0000096 **76.** $56{,}400{,}000{,}000$

Realiza las operaciones indicadas.

1. $-9 + (-12)$ **2.** $11 - 17$ **3.** $6(-22)$ **4.** $(-20) \div (-4)$

5. $42 - (-5)$ **6.** $-18 \div 3$ **7.** $-9 - (-13)$ **8.** $12 - (-6) + (-5)$

9. $-2(-21 - 17)$ **10.** $(-15 + 3) \div (-4)$ **11.** $(54 \div 6) - (-1)$ **12.** $-(16 + 4) - 20$

13. La temperatura en un día invernal se incrementó 37° F. Si la temperatura inicial era de −9° F, ¿qué temperatura se alcanzó después del incremento?

Evalúa cada expresión con el valor que se da para la variable.

14. $16 - p$ con $p = -12$ **15.** $t - 7$ con $t = -14$

16. $13 - x + (-2)$ con $x = 4$ **17.** $-8y + 27$ con $y = -9$

Resuelve.

18. $y + 19 = 9$ **19.** $4z = -32$ **20.** $52 = p - 3$ **21.** $\frac{w}{3} = 9$

22. $t + 1 < 7$ **23.** $z - 4 \geq 7$ **24.** $\frac{m}{-2} \leq 6$ **25.** $-3q > 15$

Representa gráficamente cada desigualdad.

26. $x > -4$ **27.** $n \leq 3$

Evalúa cada potencia.

28. 4^3 **29.** $(-5)^4$ **30.** $(-3)^5$

Multiplica o divide. Escribe el producto o cociente como una potencia.

31. $7^4 \cdot 7^5$ **32.** $\frac{12^5}{12^2}$ **33.** $x \cdot x^3$

Evalúa.

34. $(12 - 3)^2$ **35.** $40 + 5^3$ **36.** $\frac{3^4}{3^7}$ **37.** $10^4 \cdot 10^{-4}$

Escribe cada número en forma estándar.

38. 3×10^6 **39.** 3.1×10^{-6} **40.** 4.52×10^5

Escribe cada número en notación científica.

41. 3000   **42.** 42,000,000   **43.** 0.00000092

44. Un costal de cacao pesa aproximadamente 132 lb. ¿Cuánto pesan mil costales de cacao? Escribe la respuesta en notación científica.

Evaluación del desempeño

 Muestra lo que sabes

Haz un portafolio para tus trabajos en este capítulo. Completa esta página e inclúyela junto con los cuatro mejores trabajos del Capítulo 2. Elige entre las tareas o prácticas de laboratorio, examen parcial del capítulo o cualquier entrada de tu diario para incluirlas en el portafolio empleando el diseño que más te guste. Usa tu portafolio para presentar lo que consideras tu mejor trabajo.

 Respuesta corta

1. a. **Completa las siguientes reglas para las operaciones con números pares e impares:**

    par + par = __?__   impar + impar = __?__   impar + par = __?__
    par · par = __?__   impar · impar = __?__   impar · par = __?__

    b. Compara las reglas de la parte **a** con las reglas para hallar el signo cuando se multiplican dos enteros.

2. Escribe la ecuación de resta $4 - 6 = -2$ como ecuación de suma. Traza una recta numérica que ilustre la ecuación de suma.

3. Considera el enunciado "La mitad de un número es menor o igual que -2". Escribe una desigualdad para este enunciado y resuélvela. Muestra tu trabajo.

 Extensión de resolución de problemas

4. La fórmula para convertir grados Celsius (°C) en grados Fahrenheit (°F) es $F = \frac{9}{5}C + 32$. Una forma de estimar la temperatura en grados Fahrenheit es duplicar la temperatura en grados Celsius y sumarle 30.

   a. Escribe esta forma de estimar como fórmula.

   b. Compara los resultados de la fórmula exacta y la de estimación con $-10°$ C, $0°$ C, $30°$ C, y $100°$ C.

   c. ¿Qué valores de la estimación se acercan más a la respuesta exacta? Halla una temperatura en grados Celsius con la que la estimación y la respuesta exacta sean iguales. Muestra tu trabajo.

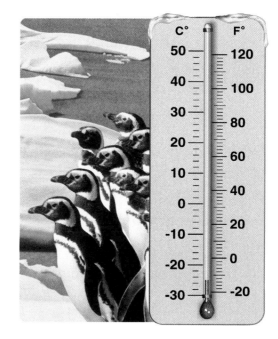

Evaluación del desempeño

Evaluación acumulativa: Capítulos 1–2

1. Si $(n + 3)(9 - 5) = 16$, ¿cuánto vale n?

(A) 1   (C) 4

(B) 7   (D) 9

2. Si $x = -\frac{1}{4}$, ¿qué expresión es menor?

(F) $1 - x$ (H) x

(G) $x - 1$ (J) $1 \div x$

¡CONSEJO!

PARA LA PRUEBA

Haz comparaciones: Expresa cantidades con la misma base numérica.

3. ¿Qué razón compara el valor de cien billetes de $1000 con el valor de mil billetes de $100?

(A) 1 a 10   (C) 5 a 1

(B) 1 a 1   (D) 10 a 1

4. ¿Qué expresión en forma exponencial equivale a $3 \times 3 \times 3 \times 3 \times 11 \times 11 \times 11$?

(F) $4^3 \times 3^{11}$ (H) 33^7

(G) $3^4 \times 11^3$ (J) 33^3

5. ¿Qué número equivale a 2^{-5}?

(A) $\frac{1}{10}$ (C) $-\frac{1}{10}$

(B) $\frac{1}{32}$ (D) $-\frac{1}{32}$

6. ¿Qué número equivale a 8.1×10^{-5}?

(F) 8,100,000   (H) 0.000081

(G) 810,000   (J) 0.0000081

7. ¿Qué potencia equivale a $5^{12} \div 5^4$?

(A) 1^3 (C) 5^3

(B) 1^8 (D) 5^8

8. La gráfica de barras muestra las temperaturas diarias promedio en Sturges, Michigan, para cinco meses. ¿Entre qué meses cambió más la temperatura media?

(F) enero y febrero

(G) febrero y marzo

(H) marzo y abril

(J) abril y mayo

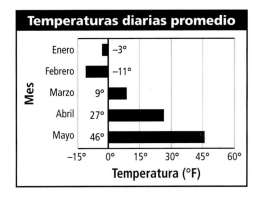

Temperaturas diarias promedio

9. *RESPUESTA CORTA* Linda lleva a su nieto Colin a la heladería cada miércoles y gasta $6.50. Durante un mes de 30 días que inició en lunes, ¿cuánto dinero gastó Linda en la heladería? Explica cómo hallaste la respuesta.

10. *RESPUESTA CORTA* Un elevador desciende desde el 7º piso sobre la planta baja hasta el 2º piso bajo la planta baja. Cada piso tiene 12 pies de altura. Haz un diagrama para determinar cuántos pies recorrió el elevador.

Números racionales y números reales

📕 conexión **internet**

Presentación del capítulo en línea: go.hrw.com
CLAVE: MP4 Ch3

Necesidades nutricionales			
Nutrientes	Chicos y chicas 9-13 años	Chicas 14-18 años	Chicos 14-18 años
Proteína (g)	46	55	66
Hierro (mg)	8	15	11
Calcio (mg)	1300	1300	1300
Calorías	2200–2500	2200	3000

La tabla muestra la cantidad de nutrientes recomendada para personas de 9 a 18 años.

Profesión *Nutrióloga*

Los nutriólogos usan sus conocimientos acerca del contenido nutricional de los alimentos para recomendar dietas saludables. Junto con los científicos alimentarios, crean pautas para quienes deben seguir dietas por razones médicas y para quienes desean mejorar sus hábitos alimenticios.

¿ESTÁS PREPARADO?

Elige de la lista el término que mejor complete cada enunciado.

1. Un número formado por un número entero y una fracción es un(a) __?__.

2. Un(a) __?__ es un número que representa una parte de un todo.

3. Una fracción cuyo valor absoluto es mayor que 1 es un(a) __?__, y una fracción cuyo valor absoluto está entre 0 y 1 es un(a) __?__.

4. Un(a) __?__ representa el mismo valor.

fracción equivalente

fracción

fracción impropia

número mixto

fracción propia

Resuelve los ejercicios para practicar las destrezas que usarás en este capítulo.

✔ Hacer modelos de fracciones

Escribe una fracción que represente la parte sombreada de cada diagrama.

5.

6.

7.

8.

✔ Escribir fracciones como números mixtos

Escribe cada fracción impropia como número mixto.

9. $\frac{22}{7}$

10. $\frac{18}{5}$

11. $\frac{104}{25}$

12. $\frac{65}{9}$

✔ Escribir números mixtos como fracciones

Escribe cada número mixto como fracción impropia.

13. $7\frac{1}{4}$

14. $10\frac{3}{7}$

15. $5\frac{3}{8}$

16. $11\frac{1}{11}$

✔ Escribir fracciones equivalentes

Proporciona la información que falta.

17. $\frac{3}{8} = \frac{\blacksquare}{24}$

18. $\frac{5}{13} = \frac{\blacksquare}{52}$

19. $\frac{7}{12} = \frac{\blacksquare}{36}$

20. $\frac{8}{15} = \frac{\blacksquare}{45}$

Aprender a escribir
números racionales
en formas equivalentes.

Vocabulario

números racionales

primos relativos

En 2001, el número de jugadores
"sembrados" en el torneo de tenis de
Wimbledon aumentó de 16 a 32. Como
hay 128 jugadores en total, $\frac{32}{128}$ de ellos
están sembrados.

Los **números racionales** son números
que se pueden escribir como fracciones
$\frac{n}{d}$, donde n y d son enteros y $d \neq 0$.

Los decimales cerrados y periódicos
son números racionales.

En Wimbledon, se siembra a algunos jugadores
clasificados, como Venus y Serena Williams, para
evitar que se enfrenten al principio del torneo.

Numerador

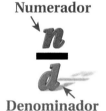

Denominador

Número racional	Descripción	Escrito como fracción
−1.5	Decimal cerrado	$\frac{-15}{10}$
$0.8\overline{3}$	Decimal periódico	$\frac{5}{6}$

El objetivo de simplificar fracciones es lograr que el numerador
y el denominador sean *primos relativos*. Los **primos relativos**
no tienen más factor común que 1.

Puedes simplificar muchas fracciones al dividir el numerador
y el denominador entre el mismo entero distinto de cero. Puedes
simplificar $\frac{12}{15}$ a $\frac{4}{5}$ al dividir el numerador y el denominador entre 3.

*Están
sombreados
12 de los 15
cuadrados.*

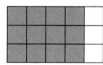 $\frac{12}{15} = \frac{4}{5}$

*Están
sombreados
4 de los 5
rectángulos.*

Está sombreada la misma área total.

EJEMPLO **Simplificar fracciones**

Simplifica.

 $\frac{6}{9}$

$\frac{6}{9} = \frac{6 \div 3}{9 \div 3}$ $\begin{aligned} 6 &= 2 \cdot 3 \\ 9 &= 3 \cdot 3 \end{aligned}$; *3 es un factor común.*

$= \frac{2}{3}$ *Divide el numerador y el denominador entre 3.*

Simplifica.

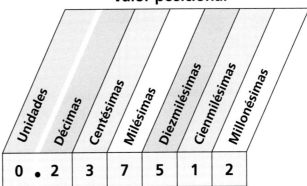

B $\frac{21}{25}$

$21 = 3 \cdot 7$
$25 = 5 \cdot 5$; *no hay factores comunes.*

$\frac{21}{25} = \frac{21}{25}$

21 y 25 son primos relativos.

C $\frac{-24}{32}$

$\frac{-24}{32} = \frac{-24 \div 8}{32 \div 8}$

$24 = \boxed{2 \cdot 2 \cdot 2} \cdot 3$
$32 = \boxed{2 \cdot 2 \cdot 2} \cdot 2 \cdot 2$

8 es un factor común.

$= \frac{-3}{4}$ ó $-\frac{3}{4}$

Divide el numerador y el denominador entre 8.

¡Recuerda!

$\frac{0}{a} = 0$ con $a \neq 0$

$\frac{a}{a} = 1$ con $a \neq 0$

$\frac{-3}{4} = \frac{3}{-4} = -\frac{3}{4}$

Para escribir un decimal finito como fracción, determina el valor posicional del dígito que está más a la derecha. Luego, escribe todos los dígitos que están después del punto como numerador y usa el valor posicional como denominador.

Valor posicional

Unidades	Décimas	Centésimas	Milésimas	Diezmilésimas	Cienmilésimas	Millonésimas
0 . 2		3	7	5	1	2

EJEMPLO 2 **Escribir decimales como fracciones**

Escribe cada decimal como fracción en su mínima expresión.

A 0.5

0.5

$= \frac{5}{10}$

5 está en la posición de las décimas.

$= \frac{1}{2}$

Simplifica dividiendo entre el factor común 5.

B −2.37

−2.37

$= -2\frac{37}{100}$

7 está en la posición de las centésimas.

C 0.8716

0.8716

$= \frac{8716}{10,000}$

6 está en la posición de las diezmilésimas.

$= \frac{2179}{2500}$

Simplifica dividiendo entre el factor común 4.

Para escribir una fracción como decimal, divide el numerador entre el denominador. Puedes usar la división larga.

Al escribir un problema de división larga a partir de una fracción, coloca el numerador dentro del símbolo de división. Puedes escribir primero el numerador y luego decir "dividido entre" mientras trazas el símbolo de división.

$$\frac{\text{numerador}}{\text{denominador}} \rightarrow \text{denominador} \overline{)\text{numerador}}$$

EJEMPLO 3 Escribir fracciones como decimales

Escribe cada fracción como decimal.

A $\frac{5}{4}$

$$
\begin{array}{r}
1.25 \\
4\overline{)5.00} \\
-4 \\
\hline
10 \\
-8 \\
\hline
20 \\
-20 \\
\hline
0
\end{array}
$$

El residuo es 0. Éste es un decimal cerrado.

La fracción $\frac{5}{4}$ equivale al decimal 1.25.

B $\frac{1}{6}$

$$
\begin{array}{r}
0.1\overline{6} \\
6\overline{)1.000} \\
-6 \\
\hline
40 \\
-36 \\
\hline
40
\end{array}
$$

El patrón se repite, así que pon una raya sobre el 6 para indicar que es un decimal periódico.

La fracción $\frac{1}{6}$ equivale al decimal $0.1\overline{6}$.

Razonar y comentar

1. Explica cómo comprobar que una fracción ya está simplificada.

2. Da el signo de una fracción con numerador negativo y denominador negativo.

3-1
Ejercicios

PARA PRÁCTICA ADICIONAL	conexión internet
ve a la pág. 736	Ayuda en línea para tareas go.hrw.com Clave: MP4 3-1

go.hrw.com

PRÁCTICA GUIADA

Ver Ejemplo **1** Simplifica.

1. $\frac{12}{15}$ **2.** $\frac{6}{10}$ **3.** $-\frac{16}{24}$ **4.** $\frac{11}{27}$

5. $\frac{57}{69}$ **6.** $-\frac{20}{24}$ **7.** $-\frac{7}{27}$ **8.** $\frac{49}{112}$

Ver Ejemplo **2** Escribe cada decimal como fracción en su mínima expresión.

9. 0.75 **10.** 1.125 **11.** 0.431 **12.** 0.8

13. -2.2 **14.** 0.625 **15.** 3.21 **16.** -0.3878

Ver Ejemplo **3** Escribe cada fracción como decimal.

17. $\frac{7}{8}$ **18.** $\frac{3}{5}$ **19.** $\frac{5}{12}$ **20.** $\frac{3}{4}$

21. $\frac{16}{4}$ **22.** $\frac{1}{8}$ **23.** $\frac{12}{5}$ **24.** $\frac{9}{4}$

PRÁCTICA INDEPENDIENTE

Ver Ejemplo **1** Simplifica.

25. $\frac{21}{28}$ **26.** $\frac{25}{60}$ **27.** $-\frac{17}{34}$ **28.** $-\frac{18}{21}$

29. $\frac{13}{17}$ **30.** $\frac{22}{35}$ **31.** $\frac{64}{76}$ **32.** $-\frac{78}{126}$

Ver Ejemplo **2** Escribe cada decimal como fracción en su mínima expresión.

33. 0.4 **34.** 3.5 **35.** 0.71 **36.** -0.183

37. 1.377 **38.** 1.450 **39.** -1.4 **40.** -2.9

Ver Ejemplo **3** Escribe cada fracción como decimal.

41. $\frac{3}{8}$ **42.** $\frac{11}{12}$ **43.** $\frac{7}{5}$ **44.** $\frac{9}{20}$

45. $\frac{34}{50}$ **46.** $\frac{23}{5}$ **47.** $\frac{29}{25}$ **48.** $\frac{7}{3}$

PRÁCTICA Y RESOLUCIÓN DE PROBLEMAS

49. Escribe una fracción que no pueda simplificarse y que tenga 36 como denominador.

50. Escribe una fracción que no pueda simplificarse y que tenga 27 como denominador.

51. a. Simplifica cada fracción.

$$\frac{9}{12} \qquad \frac{5}{30} \qquad \frac{15}{27} \qquad \frac{68}{80}$$

$$\frac{39}{96} \qquad \frac{22}{50} \qquad \frac{57}{72} \qquad \frac{32}{60}$$

b. Escribe el denominador de cada fracción simplificada como producto de factores primos.

c. Escribe cada fracción simplificada como decimal. Indica si es un decimal cerrado o periódico.

52. La regla está marcada cada $\frac{1}{16}$ pulg. ¿Las mediciones indicadas dan decimales cerrados o periódicos?

53. Recuerda que el máximo común divisor (MCD) es el factor común más grande de dos o más números. Halla y elimina el MCD de 48 y 76 en la fracción $\frac{48}{76}$. ¿Puede simplificarse más la fracción resultante? Explica tu respuesta.

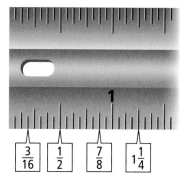

$$\frac{3}{16} \qquad \frac{1}{2} \qquad \frac{7}{8} \qquad 1\frac{1}{4}$$

54. Los precios en un mercado accionario se dan empleando equivalentes decimales de fracciones o números mixtos. Escribe el precio de la acción 13.625 como número mixto.

55. **¿DÓNDE ESTÁ EL ERROR?** Un estudiante simplificó una fracción así: $\frac{-12}{-18} = -\frac{2}{3}$. ¿Qué error cometió?

56. **ESCRÍBELO** En tus respuestas al ejercicio 51, examina los factores primos de los denominadores de las fracciones simplificadas que equivalen a decimales cerrados. Luego, examina los factores primos de los denominadores de las fracciones que equivalen a decimales periódicos. ¿Qué patrón observas?

57. **DESAFÍO** Un estudiante simplificó una fracción a $-\frac{3}{7}$ al eliminar los factores comunes, que eran 3 y 7. Determina la fracción original.

Repaso en espiral

Evalúa cada expresión con los valores que se dan para la variable. (Lección 1-1)

58. $3x + 5$ con $x = 2$ y $x = 3$

59. $4(x + 1)$ con $x = 6$ y $x = 11$

60. $2x - 4$ con $x = 5$ y $x = 7$

61. $7(3x + 2)$ con $x = 1$ y $x = 0$

62. **PREPARACIÓN PARA LA PRUEBA** Resuelve la desigualdad $7 > \frac{x}{3}$. (Lección 1-5)

   A $21 < x$ **B** $x < 21$ **C** $2.333 > x$ **D** $\frac{7}{3} > x$

63. **PREPARACIÓN PARA LA PRUEBA** Resuelve la desigualdad $8x \leq 24$. (Lección 1-5)

   F $x \leq 32$ **G** $x < 3$ **H** $x \leq 3$ **J** $x \leq 16$

3-2 Cómo sumar y restar números racionales

Aprender a sumar y restar decimales y números racionales con denominadores iguales.

En la prueba de 100 metros planos, el tiempo se mide en milésimas de segundo, por tanto los corredores deben reaccionar rápidamente al disparo de salida.

Si restas el tiempo de reacción de un corredor del tiempo total de la carrera, hallarás el tiempo real que el corredor tardó en cubrir los 100 metros.

Placas a presión en los bloques de salida impiden a los corredores "robarse la salida".

EJEMPLO 1 · Aplicación a los deportes

En los 100 metros planos del Campeonato Mundial de 2001, Maurice Green tardó 0.132 segundos en reaccionar al disparo de salida. Su tiempo total, incluido este tiempo de reacción, fue de 9.82 segundos. ¿Cuánto tiempo tardó realmente en correr los 100 metros?

$$\begin{array}{r} 9.820 \quad \leftarrow \text{\textit{Agrega un cero.}} \\ -\ 0.132 \\ \hline 9.688 \end{array}$$

Tardó 9.688 segundos en correr los 100 metros.

EJEMPLO 2 · Usar una recta numérica para sumar números racionales

Usa una recta numérica para hallar cada suma.

A $-0.4 + 1.3$

Avanza 0.4 unidades a la izquierda. De −0.4, avanza 1.3 unidades a la derecha.

Quedas en 0.9, por tanto $-0.4 + 1.3 = 0.9$.

B $-\dfrac{5}{8} + \left(-\dfrac{7}{8}\right)$

Avanza $\frac{5}{8}$ unidades a la izquierda. De $-\frac{5}{8}$, avanza $\frac{7}{8}$ unidades a la izquierda.

Quedas en $-\frac{12}{8}$, que se simplifica a $-\frac{3}{2} = -1\frac{1}{2}$.

SUMAR Y RESTAR CON DENOMINADORES IGUALES		
Con palabras	**Con números**	**En álgebra**
Para sumar o restar números racionales que tienen el mismo denominador, suma o resta los numeradores y conserva el denominador.	$\dfrac{2}{7} + -\dfrac{4}{7} = \dfrac{2+(-4)}{7}$ $= \dfrac{-2}{7}$ ó $-\dfrac{2}{7}$	$\dfrac{a}{d} + \dfrac{b}{d} = \dfrac{a+b}{d}$

EJEMPLO 3 Sumar y restar fracciones con denominadores iguales

Suma o resta.

A $\dfrac{6}{11} + \dfrac{9}{11}$

$\dfrac{6}{11} + \dfrac{9}{11} = \dfrac{6+9}{11}$ *Suma los numeradores. Conserva el denominador.*

$= \dfrac{15}{11}$ ó $1\dfrac{4}{11}$

B $-\dfrac{3}{8} - \dfrac{5}{8}$

$-\dfrac{3}{8} - \dfrac{5}{8} = \dfrac{-3}{8} + \dfrac{-5}{8}$ $-\dfrac{5}{8}$ *se puede escribir como* $\dfrac{-5}{8}$.

$= \dfrac{-3+(-5)}{8} = \dfrac{-8}{8} = -1$

EJEMPLO 4 Evaluar expresiones con números racionales

Evalúa cada expresión con el valor que se da para la variable.

A $23.8 + x$ con $x = -41.3$

$23.8 + (-41.3)$ *Sustituye x por −41.3.*

-17.5 *Razona: 41.3 − 23.8. 41.3 > 23.8. Usa el signo de 41.3.*

B $-\dfrac{1}{8} + t$ con $t = 2\dfrac{5}{8}$

$-\dfrac{1}{8} + 2\dfrac{5}{8}$ *Sustituye t por* $2\dfrac{5}{8}$.

$= \dfrac{-1}{8} + \dfrac{21}{8}$ $2\dfrac{5}{8} = \dfrac{2(8)+5}{8} = \dfrac{21}{8}$

$= \dfrac{-1+21}{8} = \dfrac{20}{8}$ *Suma los numeradores. Conserva el denominador.*

$= \dfrac{5}{2}$ ó $2\dfrac{1}{2}$

Razonar y comentar

1. **Da un ejemplo** de problema de suma que implique simplificar una fracción impropia en el paso final.

2. **Explica** por qué $\dfrac{7}{9} + \dfrac{7}{9}$ no es igual a $\dfrac{14}{18}$.

PARA PRÁCTICA ADICIONAL
ve a la pág. 736

⏎ conexión **internet**
Ayuda en línea para tareas
go.hrw.com   Clave: MP4 3-2

PRÁCTICA GUIADA

Ver Ejemplo ①

1. En los 100 metros planos del Campeonato Mundial en Edmonton, Alberta, Canadá, el 5 de agosto de 2001, Tim Montgomery tuvo un tiempo de reacción de 0.157 segundos. Su tiempo oficial fue de 9.85 segundos. ¿Cuánto tiempo tardó realmente en cubrir la distancia?

Ver Ejemplo ② **Usa una recta numérica para hallar cada suma.**

2. $-0.7 + 2.1$ **3.** $-\frac{3}{4} + (-\frac{5}{4})$ **4.** $-1.3 + 0.9$ **5.** $-\frac{1}{2} + \left(-\frac{4}{2}\right)$

6. $-1.8 + 0.3$ **7.** $-\frac{1}{9} + (-\frac{4}{9})$ **8.** $-3.6 + 1.7$ **9.** $-\frac{2}{3} + \left(-\frac{7}{3}\right)$

Ver Ejemplo ③ **Suma o resta.**

10. $\frac{4}{9} - \frac{7}{9}$ **11.** $-\frac{5}{12} - \frac{11}{12}$ **12.** $\frac{1}{10} + \frac{7}{10}$ **13.** $-\frac{3}{20} + \frac{11}{20}$

14. $\frac{5}{8} - \frac{1}{8}$ **15.** $-\frac{4}{17} + \frac{9}{17}$ **16.** $\frac{13}{5} + \frac{8}{5}$ **17.** $-\frac{17}{18} - \frac{29}{18}$

Ver Ejemplo ④ **Evalúa cada expresión con el valor que se da para la variable.**

18. $17.3 + x$ con $x = -13.1$ **19.** $-\frac{1}{5} + x$ con $x = \frac{3}{5}$

20. $35.3 + x$ con $x = -13.9$ **21.** $-\frac{3}{5} + x$ con $x = 1$

PRÁCTICA INDEPENDIENTE

Ver Ejemplo ① **22.** En la prueba de 5000 m de patinaje de velocidad en pista corta para relevos masculinos de los Juegos olímpicos de 2002, el equipo canadiense ganó medalla de oro con un tiempo de 411.579 segundos, al superar a Italia por 4.748 segundos. ¿Cuánto tiempo le tomó a Italia terminar la prueba?

Ver Ejemplo ② **Usa una recta numérica para hallar cada suma.**

23. $-3.4 + 1.8$ **24.** $-\frac{3}{4} + \left(-\frac{3}{4}\right)$ **25.** $-0.9 + 2.5$ **26.** $-\frac{1}{12} + \left(-\frac{7}{12}\right)$

27. $-1.7 + 3.6$ **28.** $-\frac{7}{10} + \left(-\frac{3}{10}\right)$ **29.** $-4 + 1.3$ **30.** $-\frac{15}{16} + \left(-\frac{9}{16}\right)$

Ver Ejemplo ③ **Suma o resta.**

31. $\frac{8}{11} - \frac{3}{11}$ **32.** $-\frac{4}{13} - \frac{8}{13}$ **33.** $\frac{9}{17} + \frac{16}{17}$ **34.** $-\frac{19}{25} + \frac{13}{25}$

35. $\frac{11}{32} - \frac{27}{32}$ **36.** $-\frac{1}{15} + \frac{13}{15}$ **37.** $\frac{8}{21} + \frac{15}{21}$ **38.** $-\frac{31}{57} - \frac{49}{57}$

Ver Ejemplo ④ **Evalúa cada expresión con el valor que se da para la variable.**

39. $47.3 + x$ con $x = -18.6$ **40.** $-\frac{9}{10} + x$ con $x = \frac{3}{10}$

41. $13.95 + x$ con $x = -30.29$ **42.** $-\frac{16}{23} + x$ con $x = \frac{11}{23}$

43. DISEÑO En un dibujo de mecánica, una línea oculta se representa mediante guiones de $\frac{4}{32}$ pulg de longitud, con espacios de $\frac{1}{32}$ pulg entre ellos. Sin medir, calcula la longitud de cada grupo de guiones.

a. − − − − − −   b. − − − − − − − −   c. − − − −

44. DEPORTES Un balón para fútbol americano colegial debe tener una longitud de entre $10\frac{14}{16}$ y $11\frac{7}{16}$ pulgadas. ¿Qué diferencia máxima puede haber entre dos balones que satisfagan esta norma?

45. ENERGÍA La gráfica circular muestra las fuentes de energía renovable y su consumo en EE. UU., en unidades térmicas británicas (Btu).

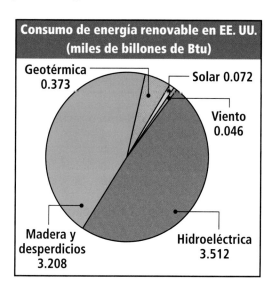

Consumo de energía renovable en EE. UU. (miles de billones de Btu)

Geotérmica 0.373
Solar 0.072
Viento 0.046
Madera y desperdicios 3.208
Hidroeléctrica 3.512

a. ¿Cuánta energía generada por métodos hidroeléctricos, solares y de viento se consumió?

b. ¿Cuántos Btu fueron creados por madera y desechos en comparación a aquellos provenientes de fuentes geotermales, solares y de viento?

46. ESCRIBE UN PROBLEMA Escribe un problema en el que haya que convertir un decimal en fracción y sumar o restar fracciones.

47. ESCRÍBELO Al sumar fracciones, un estudiante no sumó los denominadores. Explica por qué.

48. DESAFÍO Los canales de las pistas de una bolera miden $9\frac{5}{16}$ pulg de ancho. Esto es $\frac{3}{16}$ pulg menos que la anchura máxima reglamentaria y $\frac{5}{16}$ pulg más que la mínima. ¿Qué diferencia máxima puede haber entre la anchura de dos canales?

Repaso en espiral

Combina términos semejantes. (Lección 1-6)

49. $7x - 5y + 18$

50. $3x + y + 5y - 2x$

51. $34x + 17y + 3 - 18x + 5y + 8$

52. $48x + 23y + 5x + 6 - 3y + 15$

53. PREPARACIÓN PARA LA PRUEBA
Resta $-4 - (-12)$. (Lección 2-2)

    A 8   **B** -16 **C** -8 **D** 16

54. PREPARACIÓN PARA LA PRUEBA
Resta $-15 - (-8)$. (Lección 2-2)

    F 7   **G** -7 **H** 23   **J** -23

3-3 Cómo multiplicar números racionales

Aprender a multiplicar fracciones, números mixtos y decimales.

Kendall invitó a 36 personas a una fiesta, y debe triplicar la receta de un aderezo, es decir, multiplicar por 3 la cantidad de cada ingrediente. Recuerda que la multiplicación por un número cabal se puede escribir como suma repetida.

Aderezo favorito

1 taza de crema agria
1/2 taza de mayonesa
1 sobre de aderezo italiano en polvo
1/2 cdta de tomillo
1/4 cdta de curry
Mezclar y enfriar 24 horas. 12 porciones.

Suma repetida
$$\frac{1}{4} + \frac{1}{4} + \frac{1}{4} = \frac{3}{4}$$

Multiplicación
$$3\left(\frac{1}{4}\right) = \frac{3 \cdot 1}{4} = \frac{3}{4}$$

Observa que una fracción por un número cabal equivale a multiplicar el número cabal por el numerador de la fracción y conservar el mismo denominador.

REGLAS PARA MULTIPLICAR DOS NÚMEROS RACIONALES

Si los signos de los factores son iguales, el producto es positivo.

$$(+) \cdot (+) = (+) \text{ ó } (-) \cdot (-) = (+)$$

Si los signos de los factores son distintos, el producto es negativo.

$$(+) \cdot (-) = (-) \cdot (+) = (-)$$

EJEMPLO 1 Multiplicar una fracción y un entero

Multiplica. Escribe cada respuesta en su mínima expresión.

A $6\left(\frac{2}{3}\right)$

$6\left(\frac{2}{3}\right)$

$= \dfrac{6 \cdot 2}{3}$

$= \dfrac{12}{3}$

$= 4$

B $-4\left(2\frac{3}{5}\right)$

$-4\left(2\frac{3}{5}\right)$

$= -4\left(\dfrac{13}{5}\right)$ *$2\frac{3}{5} = \frac{2(5) + 3}{5} = \frac{13}{5}$*

$= -\dfrac{52}{5}$ *Multiplica.*

$= -10\frac{2}{5}$ *Simplifica.*

Pista útil

Para escribir $\frac{12}{5}$ como número mixto, divide:

$\dfrac{12}{5} = 2 \text{ R2}$

$= 2\frac{2}{5}$

Se muestra un modelo de $\frac{3}{5} \cdot \frac{2}{3}$. Recuerda que, para multiplicar fracciones, multiplicas los numeradores y multiplicas los denominadores.

Si colocas el primer rectángulo sobre el segundo, el número de cuadros verdes representa el numerador y el total de cuadros representa el denominador.

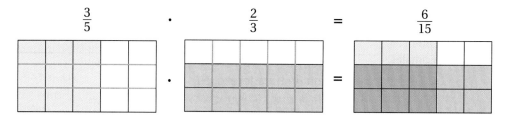

$$\frac{3}{5} \qquad \cdot \qquad \frac{2}{3} \qquad = \qquad \frac{6}{15}$$

Para simplificar el producto, acomoda los seis cuadros verdes en las dos primeras columnas. Verás que el producto es igual a $\frac{2}{5}$.

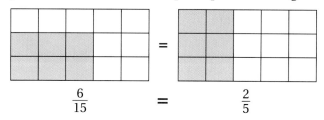

$$\frac{6}{15} \qquad = \qquad \frac{2}{5}$$

EJEMPLO 2 Multiplicar fracciones

Multiplica. Escribe cada respuesta en su mínima expresión.

A $-\frac{1}{2}\left(-\frac{3}{5}\right)$

$$-\frac{1}{2}\left(-\frac{3}{5}\right) = \frac{-1}{2}\left(\frac{-3}{5}\right)$$

$$= \frac{(-1)(-3)}{2(5)}$$

Multiplica los numeradores.
Multiplica los denominadores.

$$= \frac{3}{10}$$

Mínima expresión

B $\frac{5}{12}\left(-\frac{12}{5}\right)$

$$\frac{5}{12}\left(-\frac{12}{5}\right) = \frac{5}{12}\left(\frac{-12}{5}\right)$$

$$= \frac{\overset{1}{\cancel{5}}(\overset{-1}{\cancel{-12}})}{\underset{1}{\cancel{12}}(\underset{1}{\cancel{5}})}$$

Busca factores comunes: 12, 5.

$$= \frac{-1}{1} = -1$$

Mínima expresión

C $6\frac{2}{3}\left(\frac{7}{20}\right)$

$$6\frac{2}{3}\left(\frac{7}{20}\right) = \frac{20}{3}\left(\frac{7}{20}\right)$$

Escribe como fracción impropia.

$$= \frac{\overset{1}{\cancel{20}}(7)}{3(\underset{1}{\cancel{20}})}$$

Busca factores comunes: 20.

$$= \frac{7}{3} \text{ ó } 2\frac{1}{3}$$

$7 \div 3 = 2$ R1

Multiplica.

A $-2.5(-8)$

$-2.5 \cdot (-8) = 20.0$ *El producto es positivo con 1 posición decimal.*

Puedes omitir el cero después del punto decimal.

$= 20$

B $-0.07(4.6)$

$-0.07 \cdot 4.6 = -0.322$ *El producto es negativo con 3 posiciones decimales.*

EJEMPLO **4** **Evaluar expresiones con números racionales**

Evalúa $-5\frac{1}{2}t$ **con cada valor de** *t*.

A $t = -\frac{2}{3}$

$-5\frac{1}{2}t$

$= -5\frac{1}{2}\left(-\frac{2}{3}\right)$ *Sustituye t por $-\frac{2}{3}$.*

$= -\frac{11}{2}\left(-\frac{2}{3}\right)$ *Escribe como fracción impropia.*

$= \frac{11 \cdot \overset{1}{2}}{\underset{1}{2} \cdot 3}$ *El producto de 2 números negativos es positivo.*

$= \frac{11}{3}$ ó $3\frac{2}{3}$ *$11 \div 3 = 3$ R2*

B $t = 8$

$-5\frac{1}{2}t$

$= -\frac{11}{2}(8)$ *Sustituye t por 8.*

$= -\frac{88}{2}$

$= -44$

Razonar y comentar

1. **Indica** el número de posiciones decimales en el producto de 5.625 y 2.75.

2. **Explica** por qué los productos de fracciones son similares a los de enteros.

3. **Da un ejemplo** de dos fracciones cuyo producto sea entero, gracias a los factores comunes.

PARA PRÁCTICA ADICIONAL
ve a la pág. 736

conexión **internet**
Ayuda en línea para tareas
go.hrw.com Clave: MP4 3-3

PRÁCTICA GUIADA

Ver Ejemplo **1** Multiplica. Escribe cada respuesta en su mínima expresión.

1. $4\left(\frac{1}{3}\right)$ **2.** $-6\left(2\frac{2}{5}\right)$ **3.** $3\left(\frac{5}{8}\right)$ **4.** $-2\left(1\frac{9}{10}\right)$

5. $7\left(\frac{4}{9}\right)$ **6.** $-5\left(1\frac{8}{11}\right)$ **7.** $9\left(\frac{3}{4}\right)$ **8.** $3\left(2\frac{1}{8}\right)$

Ver Ejemplo **2** Multiplica. Escribe cada respuesta en su mínima expresión.

9. $-\frac{1}{3}\left(-\frac{4}{7}\right)$ **10.** $\frac{3}{8}\left(-\frac{7}{10}\right)$ **11.** $6\frac{2}{5}\left(\frac{5}{9}\right)$ **12.** $-\frac{2}{3}\left(-\frac{3}{8}\right)$

13. $\frac{5}{13}\left(-\frac{5}{6}\right)$ **14.** $4\frac{7}{8}\left(\frac{5}{12}\right)$ **15.** $-\frac{7}{8}\left(-\frac{2}{3}\right)$ **16.** $\frac{5}{12}\left(-\frac{11}{16}\right)$

Ver Ejemplo **3** Multiplica.

17. $-3.1(-4)$ **18.** $0.04(3.6)$ **19.** $-7.3(-5)$ **20.** $-0.15(2.8)$

21. $-5.9(-7)$ **22.** $0.5(7.3)$ **23.** $-4.7(-3)$ **24.** $-0.08(5.2)$

Ver Ejemplo **4** Evalúa $3\frac{2}{7}x$ con cada valor de x.

25. $x = 4$ **26.** $x = 1\frac{3}{4}$ **27.** $x = -2$ **28.** $x = -\frac{3}{7}$

29. $x = 7$ **30.** $x = 2\frac{1}{3}$ **31.** $x = -3$ **32.** $x = -\frac{3}{10}$

PRÁCTICA INDEPENDIENTE

Ver Ejemplo **1** Multiplica. Escribe cada respuesta en su mínima expresión.

33. $3\left(\frac{1}{5}\right)$ **34.** $-4\left(1\frac{5}{8}\right)$ **35.** $2\left(\frac{9}{16}\right)$ **36.** $-5\left(1\frac{3}{4}\right)$

37. $9\left(\frac{14}{15}\right)$ **38.** $-2\left(4\frac{7}{8}\right)$ **39.** $6\left(\frac{2}{3}\right)$ **40.** $-7\left(3\frac{1}{5}\right)$

Ver Ejemplo **2** Multiplica. Escribe cada respuesta en su mínima expresión.

41. $-\frac{2}{3}\left(-\frac{5}{6}\right)$ **42.** $\frac{2}{5}\left(-\frac{9}{10}\right)$ **43.** $2\frac{5}{7}\left(\frac{2}{9}\right)$ **44.** $-\frac{1}{2}\left(-\frac{11}{12}\right)$

45. $\frac{4}{5}\left(-\frac{3}{8}\right)$ **46.** $5\frac{1}{3}\left(\frac{13}{16}\right)$ **47.** $-\frac{3}{4}\left(-\frac{1}{8}\right)$ **48.** $\frac{7}{8}\left(\frac{3}{5}\right)$

Ver Ejemplo **3** Multiplica.

49. $-2.9(-3)$ **50.** $-0.02(5.9)$ **51.** $-6.2(-7)$ **52.** $-0.25(3.5)$

53. $-4.8(-7)$ **54.** $-0.07(4.8)$ **55.** $-3.6(-8)$ **56.** $-0.04(9.2)$

Ver Ejemplo **4** Evalúa $2\frac{3}{4}x$ con cada valor de x.

57. $x = 6$ **58.** $x = 2\frac{1}{3}$ **59.** $x = -4$ **60.** $x = -\frac{3}{8}$

61. $x = 3$ **62.** $x = 4\frac{7}{8}$ **63.** $x = -7$ **64.** $x = -\frac{7}{9}$

PRÁCTICA Y RESOLUCIÓN DE PROBLEMAS

CONEXIÓN Profesiones

Para ser veterinario se requieren al menos dos años en un colegio de bachilleres y cuatro años en un colegio de veterinaria. Hay menos de 30 colegios de veterinaria en Estados Unidos.

65. *SALUD* Por regla general, una persona debe beber $\frac{1}{2}$ onza de agua al día por cada libra de peso corporal. ¿Cuánta agua debería beber al día una persona que pesa 145 lb?

66. Quienes realizan actividades físicas deben aumentar la cantidad diaria de agua que toman a $\frac{2}{3}$ de onza por libra de peso corporal. ¿Cuánta agua deberá tomar al día un futbolista que pesa 245 libras?

67. *ANIMALES* La etiqueta de un frasco de vitaminas para mascotas indica las dosis. ¿Qué dosis darías a cada uno de estos animales?

   a. un perro adulto de 50 lb

   b. un gato de 12 lb

   c. una perra preñada de 40 lb

> **Vitaminas Mascota Feliz**
> - Perros adultos:
> $\frac{1}{2}$ cdta por cada 20 lb de peso
> - Cachorros y perras preñadas o que amamantan:
> $\frac{1}{2}$ cdta por cada 10 lb de peso
> - Gatos:
> $\frac{1}{4}$ cdta por cada 2 lb de peso

68. *ECONOMÍA PARA EL CONSUMIDOR* En una tienda de ropa, el precio de un suéter es $\frac{1}{2}$ del precio original. Tienes un cupón de descuento de $\frac{1}{2}$ del precio marcado. ¿A qué fracción del precio original corresponde el descuento adicional?

69. *¿DÓNDE ESTÁ EL ERROR?* Un estudiante multiplicó dos números mixtos así: $3\frac{3}{8} \cdot 4\frac{1}{3} = 12\frac{1}{8}$. ¿Dónde está el error?

70. *ESCRÍBELO* En el patrón $\frac{1}{3} + \frac{1}{4} + \frac{1}{5} + \dots$ ¿qué fracción hace que la suma sea mayor que 1? Explica tu respuesta.

71. *DESAFÍO* El 20 de enero de 2001, George W. Bush tomó posesión como el presidente número 43 de Estados Unidos. De los 42 presidentes anteriores, $\frac{1}{3}$ habían sido antes vicepresidentes. De esos ex-vicepresidentes, $\frac{3}{7}$ ocuparon la presidencia más de cuatro años. ¿Qué fracción de los primeros 42 presidentes corresponde a los ex-vicepresidentes que ocuparon la presidencia más de cuatro años?

Repaso en espiral

Resuelve. (Lección 1-3)

72. $7 + x = 13$

73. $x - 5 = 7$

74. $x + 8 = 19$

75. $12 + x = 46$

76. $x - 27 = 54$

77. $x + 31 = 75$

78. PREPARACIÓN PARA LA PRUEBA Resuelve la desigualdad $-3a \geq 24$. (Lección 2-5)

   A $a \geq -8$ **B** $a > 8$ **C** $a < 8$ **D** $a \leq -8$

79. PREPARACIÓN PARA LA PRUEBA Resuelve la desigualdad $\frac{a}{2} < -22$. (Lección 2-5)

   F $a < -44$ **G** $a > -44$ **H** $a > -11$ **J** $a < 11$

3-4 Cómo dividir números racionales

Aprender a dividir fracciones y decimales.

Vocabulario

recíproco

El producto de un número y su **recíproco** es 1. Para hallar el recíproco de una fracción, intercambia el numerador y el denominador. Recuerda que un entero puede escribirse como una fracción con denominador 1.

Número	Recíproco	Producto
$\dfrac{3}{4}$	$\dfrac{4}{3}$	$\dfrac{3}{4}\left(\dfrac{4}{3}\right) = 1$
$-\dfrac{5}{12}$	$-\dfrac{12}{5}$	$-\dfrac{5}{12}\left(-\dfrac{12}{5}\right) = 1$
6	$\dfrac{1}{6}$	$6\left(\dfrac{1}{6}\right) = 1$

La multiplicación y la división son operaciones inversas. Una cancela a la otra.

$$\frac{1}{3}\left(\frac{2}{5}\right) = \frac{2}{15} \longrightarrow \frac{2}{15} \div \frac{2}{5} = \frac{1}{3}$$

Observa que multiplicar por el recíproco equivale a dividir.

$$\left(\frac{2}{15}\right)\left(\frac{5}{2}\right) = \frac{2 \cdot 5}{15 \cdot 2} = \frac{1}{3}$$

DIVIDIR NÚMEROS RACIONALES EN FORMA FRACCIONARIA

Con palabras	Con números	En álgebra
Para dividir entre una fracción, multiplica por el recíproco.	$\dfrac{1}{5} \div \dfrac{2}{3} = \dfrac{1}{5} \cdot \dfrac{3}{2} = \dfrac{3}{10}$	$\dfrac{a}{b} \div \dfrac{c}{d} = \dfrac{a}{b} \cdot \dfrac{d}{c} = \dfrac{ad}{bc}$

EJEMPLO 1 Dividir fracciones

Divide. Escribe cada respuesta en su mínima expresión.

A $\dfrac{7}{12} \div \dfrac{2}{3}$

$\dfrac{7}{12} \div \dfrac{2}{3} = \dfrac{7}{12} \cdot \dfrac{3}{{}_{1}2}$ *Multiplica por el recíproco.*

$= \dfrac{7 \cdot \cancel{3}}{\cancel{12} \cdot 2}$ *Reduce factores comunes.*

$= \dfrac{{}^{4}7}{8}$ *Mínima expresión*

Divide. Escribe cada respuesta en su mínima expresión.

B $3\frac{1}{4} \div 4$

$3\frac{1}{4} \div 4 = \frac{13}{4} \div \frac{4}{1}$ *Escribe como fracciones impropias.*

$= \frac{13}{4}\left(\frac{1}{4}\right)$ *Multiplica por el recíproco.*

$= \frac{13 \cdot 1}{4 \cdot 4}$ *No hay factores comunes.*

$= \frac{13}{16}$ *Mínima expresión*

Al dividir un decimal entre otro, multiplica ambos por una potencia de 10 para poder dividir entre un número cabal. Para elegir la potencia de 10 por la que vas a multiplicar, observa el denominador. El número de posiciones decimales es el número de ceros que debes escribir después del 1.

$$\frac{1.32}{0.4} = \frac{1.32}{0.4}\left(\frac{10}{10}\right) = \frac{13.2}{4}$$

1 posición decimal   *1 cero*

EJEMPLO **2** **Dividir decimales**

Divide.

2.92 ÷ 0.4

$2.92 \div 0.4 = \frac{2.92}{0.4}\left(\frac{10}{10}\right) = \frac{29.2}{4}$

$= 7.3$ *Divide.*

EJEMPLO **3** **Evaluar expresiones con fracciones y decimales**

Evalúa cada expresión con el valor que se da para la variable.

A $\frac{7.2}{n}$ con $n = 0.24$

$\frac{7.2}{0.24} = \frac{7.2}{0.24}\left(\frac{100}{100}\right)$ *0.24 tiene 2 posiciones decimales: usa $\frac{100}{100}$.*

$= \frac{720}{24}$ *Divide.*

$= 30$

Cuando $n = 0.24, \frac{7.2}{n} = 30$.

B $m \div \frac{3}{8}$ con $m = 7\frac{1}{2}$

$7\frac{1}{2} \div \frac{3}{8} = \frac{15}{2} \cdot \frac{8}{3}$

$= \frac{\overset{5}{\cancel{15}} \cdot \overset{4}{\cancel{8}}}{\underset{1}{\cancel{2}} \cdot \underset{1}{\cancel{3}}} = \frac{20}{1} = 20$

Cuando $m = 7\frac{1}{2}, m \div \frac{3}{8} = 20$.

APLICACIÓN A LA RESOLUCIÓN DE PROBLEMAS

RESOLUCIÓN DE PROBLEMAS

Viertes $\frac{2}{3}$ de taza de una bebida deportiva en un vaso. Una porción son 6 onzas, o sea, $\frac{3}{4}$ de taza. ¿Cuántas porciones consumirás? ¿Cuántas calorías consumirás?

1 **Comprende el problema**

El número de calorías que consumes es el número de calorías en la fracción de una porción.

Haz una lista de la **información importante:**
• Planeas beber $\frac{2}{3}$ de taza.
• Una porción son $\frac{3}{4}$ de taza.
• Una porción contiene 50 calorías.

Información nutricional
Tamaño de porción 6 oz liq (240 ml)
Porciones por envase: 2

Cantidad por porción
Calorías

Grasa total 0
Sodio 110 mg
Potasio 30 mg
Carbohidratos totales 14g
Azúcar 14 g
Proteínas 0 g

2 **Haz un plan**

Escribe una ecuación para hallar el número de porciones que beberás.

| cantidad a beber | ÷ | porción | = | número de porciones |

Con el número de porciones, puedes calcular las calorías consumidas.

| número de porciones | · | calorías por porción | = | total de calorías |

3 **Resuelve**

Sea n el número de porciones y c el total de calorías.

Porciones: $\frac{2}{3} \div \frac{3}{4} = n$

$\frac{2}{3} \cdot \frac{4}{3} = n$

$\frac{8}{9} = n$

Calorías: $\frac{8}{9} \cdot 50 = c$

$\frac{8 \cdot 50}{9} = c$

$\frac{400}{9} = c \approx 44.4$

Beberás $\frac{8}{9}$ de porción, o sea, unas 44.4 calorías.

4 **Repasa**

No serviste una porción entera, por tanto $\frac{8}{9}$ es una respuesta razonable. Es menos que 1 y 44.4 calorías son menos de las que hay en una porción entera, es decir, 50.

Razonar y comentar

1. Indica qué sucede cuando divides una fracción entre sí misma. Demuéstralo mediante la multiplicación por el recíproco.

2. Haz un modelo del producto de $\frac{2}{3}$ y $\frac{1}{4}$.

3-4 **Ejercicios**

PARA PRÁCTICA ADICIONAL	↗ conexión **internet**
ve a la pág. 736	Ayuda en línea para tareas go.hrw.com Clave: MP4 3-4

PRÁCTICA GUIADA

Ver Ejemplo ① **Divide. Escribe cada respuesta en su mínima expresión.**

1. $\frac{2}{3} \div \frac{5}{6}$ **2.** $2\frac{1}{4} \div 3\frac{2}{5}$ **3.** $-\frac{6}{7} \div 3$ **4.** $\frac{7}{8} \div \frac{3}{10}$

5. $3\frac{3}{16} \div 2\frac{5}{8}$ **6.** $-\frac{5}{9} \div 6$ **7.** $\frac{9}{10} \div \frac{3}{5}$ **8.** $2\frac{5}{12} \div \frac{5}{6}$

Ver Ejemplo ② **Divide.**

9. $3.72 \div 0.3$ **10.** $3.4 \div 0.05$ **11.** $10.71 \div 0.7$ **12.** $3.44 \div 0.4$

13. $3.46 \div 0.9$ **14.** $14.08 \div 0.8$ **15.** $7.86 \div 0.006$ **16.** $2.76 \div 0.3$

Ver Ejemplo ③ **Evalúa cada expresión con el valor que se da para la variable.**

17. $\frac{4.5}{x}$ con $x = 0.2$ **18.** $\frac{8.4}{x}$ con $x = 0.4$ **19.** $\frac{40.5}{x}$ con $x = 0.9$

20. $\frac{9.2}{x}$ con $x = 2.3$ **21.** $\frac{20.8}{x}$ con $x = 1.6$ **22.** $\frac{21.6}{x}$ con $x = 0.08$

Ver Ejemplo ④ **23.** Bebes $\frac{3}{4}$ de pinta de agua mineral. Una porción de agua son $\frac{7}{8}$ de pinta. ¿Qué fracción de una porción bebiste?

PRÁCTICA INDEPENDIENTE

Ver Ejemplo ① **Divide. Escribe cada respuesta en su mínima expresión.**

24. $\frac{1}{8} \div \frac{2}{5}$ **25.** $3\frac{1}{2} \div 1\frac{7}{8}$ **26.** $-\frac{5}{12} \div \frac{2}{3}$ **27.** $\frac{9}{10} \div \frac{1}{4}$

28. $1\frac{3}{4} \div 4\frac{1}{8}$ **29.** $-\frac{2}{9} \div \frac{7}{12}$ **30.** $\frac{2}{5} \div \frac{5}{16}$ **31.** $2\frac{3}{8} \div 1\frac{1}{6}$

32. $-\frac{3}{11} \div \frac{4}{7}$ **33.** $\frac{3}{16} \div \frac{3}{4}$ **34.** $3\frac{11}{12} \div 2\frac{1}{4}$ **35.** $-\frac{3}{4} \div \frac{1}{6}$

Ver Ejemplo ② **Divide.**

36. $10.86 \div 0.6$ **37.** $1.94 \div 0.02$ **38.** $9.76 \div 0.8$ **39.** $8.55 \div 0.5$

40. $6.52 \div 0.004$ **41.** $24.66 \div 0.9$ **42.** $9.36 \div 0.03$ **43.** $17.78 \div 0.7$

44. $11.128 \div 0.52$ **45.** $24 \div 0.75$ **46.** $13.608 \div 0.81$ **47.** $3.6864 \div 0.64$

Ver Ejemplo ③ **Evalúa cada expresión con el valor que se da para la variable.**

48. $\frac{6.3}{x}$ con $x = 0.3$ **49.** $\frac{9.1}{x}$ con $x = 0.7$ **50.** $\frac{12}{x}$ con $x = 0.02$

51. $\frac{15.4}{x}$ con $x = 1.4$ **52.** $\frac{3.69}{x}$ con $x = 0.9$ **53.** $\frac{22.2}{x}$ con $x = 0.06$

54. $\frac{1.6}{x}$ con $x = 3.2$ **55.** $\frac{0.56}{x}$ con $x = 0.8$ **56.** $\frac{94.05}{x}$ con $x = 28.5$

Ver Ejemplo ④ **57.** La plataforma de un escenario mide $8\frac{3}{4}$ pies de anchura. Cada silla tiene $1\frac{5}{12}$ pies de anchura. ¿Cuántas sillas caben en la plataforma a lo ancho?

PRÁCTICA Y RESOLUCIÓN DE PROBLEMAS

58. Quedan $3\frac{2}{3}$ porciones en una caja de cereal. Reba vacía sólo $\frac{1}{3}$ de porción en su tazón cada vez. ¿Cuántos tazones de cereal puede comer Reba antes de que se acabe el cereal?

59. Los mosaicos de vinilo más gruesos que se venden tienen un espesor de $\frac{1}{8}$ de pulgada. Los más delgados tienen un espesor de $\frac{1}{20}$ de pulgada. ¿Cuántos mosaicos delgados equivalen al espesor de un mosaico grueso?

60. Las muñecas anidadas llamadas *matrushkas* son una artesanía rusa muy conocida. Usa la información de la ilustración para hallar la altura de la muñeca más alta.

$\frac{6}{25}x = \frac{7}{8}$ pulg

x pulg

61. Cal tiene 41 DVDs en estuches de $\frac{5}{8}$ pulg de espesor. ¿Cabrán todos en una repisa de 29 pulgadas de longitud?

62. ¿DÓNDE ESTÁ EL ERROR? Un estudiante tenía una receta que pedía $\frac{7}{8}$ de taza de arroz, pero sólo quería hacer $\frac{1}{3}$ de la receta, así que calculó así la cantidad de arroz necesaria: $\frac{7}{8} \div \frac{1}{3} = \frac{7}{8} \cdot \frac{3}{1} = 2\frac{5}{8}$ tazas. ¿Qué error cometió?

63. ESCRÍBELO Una fracción propia con denominador de 6 se divide entre otra con denominador de 3. ¿El denominador del cociente será impar o par? Explica tu respuesta.

64. DESAFÍO Según el censo de EE. UU. del 2000, cerca de $\frac{1}{30}$ de los habitantes del país reside en el condado de Los Ángeles. Cerca de $\frac{1}{8}$ de los habitantes de EE. UU. reside en California. ¿Qué fracción de los habitantes de California reside en el condado de Los Ángeles?

Repaso en espiral

Resuelve cada ecuación. (Lección 1-4)

65. $7x = 45.5$ **66.** $\frac{x}{6} = 11.2$ **67.** $1032 = 129x$

68. $\frac{x}{5} = 16.25$ **69.** $13x = 58.5$ **70.** $\frac{x}{2} = 1.38$

71. PREPARACIÓN PARA LA PRUEBA Evalúa $3^4 \cdot 3^{-2}$. (Lección 2-8)

A $\frac{1}{9}$ B 72 C 9 D 6

72. PREPARACIÓN PARA LA PRUEBA Evalúa $\frac{2^5}{2^9}$. (Lección 2-8)

F $\frac{1}{16}$ G 16 H 8 J -16

Cómo sumar y restar con denominadores distintos

Aprender a sumar y restar fracciones con denominadores distintos.

Vocabulario

mínimo común denominador (mcd)

Un patrón para una falda de doble círculo requiere $9\frac{1}{3}$ yardas de tela de 45 pulgadas de anchura. El volante requiere otras $2\frac{2}{5}$ yardas. Si se corta toda la tela requerida de un rollo de $15\frac{1}{2}$ yardas, ¿cuánta tela quedará?

Para resolver este problema, debes sumar y restar números racionales con diferente denominador. Primero halla un denominador común con uno de estos métodos:

Método 1   Multiplica un denominador por el otro para hallar un denominador común.

Método 2   Halla el **mínimo común denominador (mcd)**, el mínimo común múltiplo de los denominadores.

E J E M P L O   **1**   **Sumar y restar fracciones con denominadores distintos**

Suma o resta.

A $\frac{2}{3} + \frac{1}{5}$

¡Recuerda!

El mínimo común múltiplo de dos números es el número más pequeño distinto de cero que es múltiplo de los dos números.

Método 1: $\frac{2}{3} + \frac{1}{5}$ *Halla un denominador común: 3(5) = 15.*

$= \frac{2}{3}\left(\frac{5}{5}\right) + \frac{1}{5}\left(\frac{3}{3}\right)$ *Multiplica por fracciones iguales a 1.*

$= \frac{10}{15} + \frac{3}{15}$ *Escribe con un denominador común.*

$= \frac{13}{15}$ *Simplifica.*

B $3\frac{2}{5} + \left(-3\frac{1}{2}\right)$

Método 2: $3\frac{2}{5} + \left(-3\frac{1}{2}\right)$

$= \frac{17}{5} + \left(-\frac{7}{2}\right)$ *Escribe como fracciones impropias.*

Múltiplos de 5: 5, ⑩, 15, 20, . . .   *Escribe los múltiplos de cada*
Múltiplos de 2: 2, 4, 6, 8, ⑩, . . .   *denominador y halla el mcd.*

$= \frac{17}{5}\left(\frac{2}{2}\right) + \left(-\frac{7}{2}\right)\left(\frac{5}{5}\right)$ *Multiplica por fracciones iguales a 1.*

$= \frac{34}{10} + \left(-\frac{35}{10}\right)$ *Escribe con un denominador común.*

$= -\frac{1}{10}$ *Simplifica.*

Evaluar expresiones con números racionales

Evalúa $n - \dfrac{11}{16}$ con $n = -\dfrac{1}{3}$.

$$n - \frac{11}{16}$$

$$= \left(-\frac{1}{3}\right) - \frac{11}{16} \qquad \textit{Sustituye n por } -\frac{1}{3}.$$

$$= \left(-\frac{1}{3}\right)\left(\frac{16}{16}\right) - \frac{11}{16}\left(\frac{3}{3}\right) \qquad \textit{Multiplica por fracciones iguales a 1.}$$

$$= -\frac{16}{48} - \frac{33}{48} \qquad \textit{Escribe con denominador común:}$$
$$\qquad\qquad\qquad\qquad\quad \textit{3(16) = 48.}$$

$$= -\frac{49}{48} \text{ ó } -1\frac{1}{48} \qquad \textit{Simplifica.}$$

EJEMPLO **3** *Aplicación para el consumidor*

Estudios Sociales

Hay tres categorías de baile folclórico en México: *danza, baile mestizo* y *bailes regionales.* Los grupos como el Ballet Folclórico de México ejecutan estos bailes en sus giras.

Un patrón para una falda de baile folclórico requiere $2\frac{2}{5}$ yardas de tela de 45 pulgadas de anchura para el volante y $9\frac{1}{3}$ yardas para la falda. Toda la tela se cortará de un rollo de $15\frac{1}{2}$ yardas. ¿Cuántas yardas de tela quedarán en el rollo?

$$2\frac{2}{5} + 9\frac{1}{3} \qquad \textit{Suma para hallar la longitud total requerida.}$$

$$= \frac{12}{5} + \frac{28}{3} \qquad \textit{Escribe como fracciones impropias. El mcd es 15.}$$

$$= \frac{36}{15} + \frac{140}{15} \qquad \textit{Escribe con denominador común.}$$

$$= \frac{176}{15}$$

La cantidad requerida para la falda y el volante es $\frac{176}{15}$, o sea, $11\frac{11}{15}$ yardas. Ahora halla el número de yardas restantes.

$$15\frac{1}{2} - 11\frac{11}{15} \qquad \textit{Resta a la longitud del rollo la cantidad requerida.}$$

$$= \frac{31}{2} - \frac{176}{15} \qquad \textit{Escribe como fracciones impropias. El mcd es 30.}$$

$$= \frac{465}{30} - \frac{352}{30} \qquad \textit{Escribe con un denominador común.}$$

$$= \frac{113}{30} \text{ ó } 3\frac{23}{30} \qquad \textit{Simplifica.}$$

Quedarán $3\frac{23}{30}$ yardas de tela en el rollo.

Razonar y comentar

1. **Da un ejemplo** de dos denominadores sin factores comunes.

2. **Indica** si $-2\frac{1}{5} - \left(-2\frac{3}{16}\right)$ es positivo o negativo. Explica tu respuesta.

3. **Explica** cómo sumar $2\frac{2}{5} + 9\frac{1}{3}$ sin escribir primero ambos números como fracciones impropias.

3-5 **Ejercicios**

PARA PRÁCTICA ADICIONAL
ve a la pág. 736

↗ conexión **internet**
Ayuda en línea para tareas
go.hrw.com   Clave: MP4 3-5

PRÁCTICA GUIADA

Ver Ejemplo ① **Suma o resta.**

1. $\frac{5}{8} + \frac{1}{6}$

2. $\frac{5}{16} + \frac{2}{7}$

3. $\frac{1}{3} - \frac{7}{9}$

4. $\frac{3}{4} - \frac{5}{16}$

5. $2\frac{1}{5} + \left(-5\frac{2}{3}\right)$

6. $4\frac{11}{12} + \left(-7\frac{3}{8}\right)$

7. $3\frac{7}{12} + \left(-2\frac{4}{5}\right)$

8. $5\frac{3}{5} - 3\frac{7}{8}$

Ver Ejemplo ② **Evalúa cada expresión con el valor que se da para la variable.**

9. $2\frac{3}{5} + x$ con $x = -1\frac{1}{8}$

10. $n - \frac{4}{7}$ con $n = -\frac{5}{9}$

11. $3\frac{1}{2} + x$ con $x = -2\frac{7}{8}$

12. $n - \frac{7}{16}$ con $n = -\frac{1}{3}$

Ver Ejemplo ③ **13.** Se requiere un tramo de madera de $2\frac{1}{4}$ pies para reparar el marco de una ventana. Si se corta de un tramo de $8\frac{7}{8}$ pies de longitud, ¿cuánto quedará?

PRÁCTICA INDEPENDIENTE

Ver Ejemplo ① **Suma o resta.**

14. $\frac{5}{12} + \frac{3}{7}$

15. $\frac{1}{5} + \frac{7}{9}$

16. $\frac{15}{16} - \frac{9}{10}$

17. $\frac{1}{3} + \frac{11}{12}$

18. $5\frac{4}{5} + \left(-3\frac{2}{7}\right)$

19. $\frac{5}{7} - \frac{13}{16}$

20. $1\frac{2}{3} - 4\frac{5}{8}$

21. $\frac{1}{5} + \frac{8}{9}$

Ver Ejemplo ② **Evalúa cada expresión con el valor que se da para la variable.**

22. $1\frac{7}{8} + x$ con $x = -2\frac{5}{6}$

23. $n - \frac{2}{3}$ con $n = \frac{9}{16}$

24. $2\frac{5}{8} + x$ con $x = -1\frac{9}{10}$

25. $n - \frac{13}{15}$ con $n = \frac{3}{4}$

Ver Ejemplo ③ **26.** Un DVD contiene una película que ocupa $4\frac{1}{3}$ gigabytes. Si la capacidad del disco es de $9\frac{2}{5}$ gigabytes, ¿cuánto espacio queda sin usar?

PRÁCTICA Y RESOLUCIÓN DE PROBLEMAS

27. *MEDICIONES* Bernard I. Pietsch midió los lados de la base del Monumento a Washington. El lado norte midió $661\frac{3}{8}$ pulg; el oeste, 661 pulg; el sur, $660\frac{13}{25}$ pulg, y el este, 661 pulg. Halla la longitud media de los lados.

28. *CONSTRUCCIÓN* Una tubería de agua tiene un diámetro exterior de $1\frac{1}{4}$ pulg y sus paredes tienen un espesor de $\frac{5}{16}$ pulg. ¿Cuál es el diámetro interior de la tubería?

$1\frac{1}{4}$ pulg

$\frac{5}{16}$ pulg

con las ciencias de la Tierra

Niagara Falls (Cataratas del Niágara), en la frontera entre Canadá y Estados Unidos, tienen dos cataratas principales: Horseshoe Falls en el lado canadiense y American Falls en el lado estadounidense. En 1842 se comenzó a estudiar la erosión de las cataratas. Entre 1842 y 1905, Horseshoe Falls erosionó $239\frac{2}{5}$ pies.

29. En 1986, Thomas Martin observó que American Falls se erosionó $7\frac{1}{2}$ pulg, y Horseshoe Falls, $2\frac{4}{25}$ pies. ¿Qué diferencia hay entre estas dos mediciones?

30. Entre 1842 y 1875, la erosión real anual de Horseshoe Falls varió entre $\frac{61}{100}$ metros y $1\frac{17}{50}$ metros. ¿Qué diferencia hay entre las dos tasas de erosión?

31. En los 48 años entre 1842 y 1890, la tasa media de erosión de Horseshoe Falls fue de $\frac{33}{50}$ metros al año. En los 22 años entre 1905 y 1927, la tasa de erosión fue de $\frac{7}{10}$ metros al año. ¿Aproximadamente cuál fue la erosión total que hubo durante esos dos periodos?

32. El lago Erie, que alimenta las Niagara Falls, tiene una tasa media de precipitación de $48\frac{1}{2}$ cm en seis meses. Entre septiembre de 1999 y febrero de 2000, la precipitación fue de $40\frac{1}{5}$ cm. ¿Qué tanto más baja que el promedio fue la precipitación en ese periodo?

33. ⭐ **DESAFÍO** Las tasas de erosión de American Falls han sido de $\frac{23}{100}$ metros al año durante 33 años, $\frac{9}{40}$ metros al año durante 48 años y $\frac{1}{5}$ metros al año durante 4 años. ¿Cuál fue la erosión total durante los tres periodos?

Repaso en espiral

Simplifica. (Lección 2-3)

34. $-4(6-8)$

35. $3(-5-4)$

36. $-2(4-9)$

37. $-8(-5-6)$

38. $7(2-5)$

39. $-3(-3-3)$

40. **PREPARACIÓN PARA LA PRUEBA** Simplifica la expresión $100-2(4\cdot3^2)$. (Lección 2-6)

   A 104   **B** 28   **C** 14,112   **D** −188

41. **PREPARACIÓN PARA LA PRUEBA** Simplifica la expresión $41+3(8-2^3)$. (Lección 2-6)

   F 689   **G** 0   **H** 41   **J** 89

Tecnología

LABORATORIO 3A

Explorar decimales periódicos

Para usar con la Lección 3-5

Puedes dividir para mostrar los equivalentes decimales de fracciones con la calculadora de gráficas. Para ello, usa la tecla [MATH].

Esa tecla también sirve para hallar fracciones equivalentes a decimales periódicos.

Actividad

❶ Usa tu calculadora de gráficas para obtener el equivalente decimal de cada fracción. Busca patrones en las formas fraccionaria y decimal.

$$\frac{1}{9} \qquad \frac{4}{9} \qquad \frac{23}{99} \qquad \frac{47}{99} \qquad \frac{461}{999} \qquad \frac{703}{999}$$

Por ejemplo, escribe 1 [÷] 9 y oprime [ENTER].

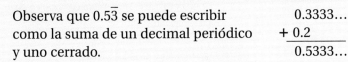

El equivalente decimal es un decimal periódico, $0.\overline{1}$.

Observa que $0.5\overline{3}$ se puede escribir como la suma de un decimal periódico y uno cerrado.

$$\begin{array}{r} 0.3333\ldots \\ + \ 0.2 \\ \hline 0.5333\ldots \end{array}$$

❷ Halla la fracción equivalente a $0.5\overline{3}$.

Para hallar la fracción equivalente a $0.5\overline{3}$, escribe los decimales como fracciones y súmalos.

$$\begin{array}{rr} 0.3333\ldots & \frac{1}{3} = \frac{10}{30} \\ + \ 0.2 & + \ \frac{2}{10} = \frac{6}{30} \\ \hline 0.5333\ldots & = \frac{16}{30} = \frac{8}{15} \end{array}$$

Razonar y comentar

1. Basándote en el patrón hallado en ❶, ¿cómo escribirías el decimal periódico $0.\overline{3726}$ como fracción? Divide para comprobar tu respuesta.

Inténtalo

Escribe cada decimal como la suma o diferencia de un decimal periódico y un decimal cerrado. Luego, escribe los decimales periódicos como fracción. Divide para comprobar.

1. $0.1\overline{5}$ **2.** $0.1\overline{3}$ **3.** $0.6\overline{51}$ **4.** $0.9\overline{15}$ **5.** $0.4\overline{532}$

Cómo resolver ecuaciones con números racionales

Aprender a resolver ecuaciones con números racionales.

Una de las joyas más famosas del mundo es el diamante Hope. La piedra de color azul acerado, cortada en bruto, se vendió al rey Luis XIV de Francia en 1668. Cuando el joyero del rey la cortó, le quitó $45\frac{1}{16}$ quilates para dejarla en $67\frac{1}{8}$ quilates. Con estas fracciones, puedes escribir una ecuación y resolverla para saber el peso del diamante en bruto.

EJEMPLO 1 Resolver ecuaciones con decimales

Resuelve.

A $y - 12.5 = 17$

$$y - 12.5 = 17$$
$$\underline{+\ 12.5 \ \underline{+\ 12.5}}$$
$$y = 29.5$$

Suma 12.5 a ambos lados.

¡Recuerda!

Después de resolver una ecuación, es recomendable comprobar la respuesta. Para hacerlo, sustituye la variable por tu respuesta en la ecuación original.

B $-2.7p = 10.8$

$$-2.7p = 10.8$$
$$\frac{-2.7}{-2.7}p = \frac{10.8}{-2.7}$$
$$p = -4$$

Divide ambos lados entre −2.7.

C $\dfrac{t}{7.5} = 4$

$$\frac{t}{7.5} = 4$$
$$7.5 \cdot \frac{t}{7.5} = 7.5 \cdot 4$$
$$t = 30$$

Multiplica ambos lados por 7.5.

EJEMPLO 2 Resolver ecuaciones con fracciones

Resuelve.

A $x + \dfrac{1}{5} = -\dfrac{2}{5}$

$$x + \frac{1}{5} = -\frac{2}{5}$$
$$x + \frac{1}{5} - \frac{1}{5} = -\frac{2}{5} - \frac{1}{5}$$
$$x = -\frac{3}{5}$$

Resta $\frac{1}{5}$ a ambos lados.

Resuelve.

B

$$x - \frac{1}{4} = \frac{3}{8}$$

$$x - \frac{1}{4} = \frac{3}{8}$$

$$x - \frac{1}{4} + \frac{1}{4} = \frac{3}{8} + \frac{1}{4} \qquad \textit{Suma } \frac{1}{4} \textit{ a ambos lados de la ecuación.}$$

$$x = \frac{3}{8} + \frac{2}{8} \qquad \textit{Halla un denominador común, 8.}$$

$$x = \frac{5}{8}$$

C

$$\frac{3}{5}w = \frac{3}{16}$$

$$\frac{3}{5}w = \frac{3}{16}$$

$$\frac{5}{3} \cdot \frac{3}{5}w = \frac{5}{3} \cdot \frac{3}{16} \qquad \textit{Multiplica ambos lados por } \frac{5}{3}. \textit{ Simplifica.}$$

$$w = \frac{5}{16}$$

E J E M P L O 3 Resolver problemas con ecuaciones

En 1668, el diamante Hope se redujo $45\frac{1}{16}$ quilates de su peso original, quedando en $67\frac{1}{8}$ quilates. ¿Cuántos quilates pesaba el diamante original?

Convierte las fracciones:

$$45\frac{1}{16} = \frac{45(16) + 1}{16} = \frac{721}{16} \qquad 67\frac{1}{8} = \frac{67(8) + 1}{8} = \frac{537}{8}$$

Escribe una ecuación:

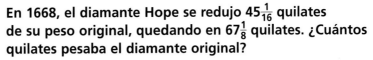

Peso original	−	*Cantidad cortada*	=	*Peso final*
w	−	$\frac{721}{16}$	=	$\frac{537}{8}$

$$w - \frac{721}{16} = \frac{537}{8}$$

$$w - \frac{721}{16} + \frac{721}{16} = \frac{537}{8} + \frac{721}{16} \qquad \textit{Suma } \frac{721}{16} \textit{ a ambos lados.}$$

$$w = \frac{1074}{16} + \frac{721}{16} \qquad \textit{Halla un denominador común, 16.}$$

$$w = \frac{1795}{16} \text{ ó } 112\frac{3}{16} \qquad \textit{Simplifica.}$$

El diamante Hope original pesaba $112\frac{3}{16}$ quilates.

Razonar y comentar

1. Explica el primer paso para resolver una ecuación de suma con fracciones que tienen *el mismo* denominador.

2. Explica el primer paso para resolver una ecuación de suma con fracciones que tienen denominadores *distintos*.

3-6

Ejercicios

PARA PRÁCTICA ADICIONAL

ve a la pág. 736

conexión **internet**

Ayuda en línea para tareas
go.hrw.com   Clave: MP4 3-6

PRÁCTICA GUIADA

Ver Ejemplo ① Resuelve.

1. $y + 23.4 = -52$

2. $-6.3f = 44.1$

3. $\dfrac{m}{3.2} = -6$

4. $r - 17.9 = 36.8$

5. $\dfrac{s}{13.21} = 5.2$

6. $0.04g = 0.252$

Ver Ejemplo ② Resuelve.

7. $x + \dfrac{1}{7} = -\dfrac{3}{7}$

8. $-\dfrac{2}{9} + k = -\dfrac{5}{9}$

9. $\dfrac{3}{5}w = -\dfrac{7}{15}$

10. $m - \dfrac{4}{3} = -\dfrac{4}{3}$

11. $\dfrac{7}{19}y = -\dfrac{63}{19}$

12. $t + \dfrac{4}{13} = \dfrac{12}{39}$

Ver Ejemplo ③ **13.** El diamante Hope tiene una anchura de $21\frac{39}{50}$ milímetros, es decir $3\frac{41}{50}$ milímetros más que su longitud. ¿Cuántos milímetros de largo mide el diamante Hope?

PRÁCTICA INDEPENDIENTE

Ver Ejemplo ① Resuelve.

14. $y + 16.7 = -49$

15. $5.8m = -52.2$

16. $-\dfrac{h}{6.7} = 3$

17. $k - 2.1 = -4.5$

18. $\dfrac{z}{10.7} = 4$

19. $c + 2.94 = 8.1$

Ver Ejemplo ② Resuelve.

20. $j + \dfrac{1}{3} = \dfrac{3}{4}$

21. $\dfrac{5}{8}d = \dfrac{6}{18}$

22. $6h = \dfrac{12}{37}$

23. $x - \dfrac{1}{12} = \dfrac{5}{12}$

24. $r + \dfrac{5}{9} = -\dfrac{1}{9}$

25. $\dfrac{5}{6}c = \dfrac{7}{24}$

Ver Ejemplo ③ **26.** El mineral más duro después del diamante es el zafiro. Uno de los zafiros estrella azul más grandes, el Star of India, pesa 563 quilates. ¿Por cuántos quilates sobrepasa al diamante Hope original, que pesaba $112\frac{3}{16}$ quilates?

PRÁCTICA Y RESOLUCIÓN DE PROBLEMAS

Resuelve.

27. $z - \dfrac{5}{9} = \dfrac{1}{9}$

28. $-5f = -1.5$

29. $\dfrac{j}{8.1} = -4$

30. $t - \dfrac{3}{4} = 6\dfrac{1}{4}$

31. $-2.9g = -26.1$

32. $\dfrac{4}{9}d = -\dfrac{2}{9}$

33. $\dfrac{v}{5.5} = -5.5$

34. $r + \dfrac{5}{8} = -2\dfrac{3}{8}$

35. $y + 3.8 = -1.6$

36. $-\dfrac{1}{12} + r = \dfrac{3}{4}$

37. $-5c = \dfrac{5}{24}$

38. $m - 2.34 = 8.2$

39. $y - 68 = -3.9$

40. $-14 = -7.3 + f$

41. $\dfrac{2m}{0.7} = -8$

CONEXIÓN Ciencias de la Tierra

Los diamantes se encuentran en varias formas: la tan conocida gema, bort, ballas y carbonado. Carbonado, ballas y bort se usan para cortar piedra y para hacer filos de brocas y otras herramientas de corte.

42. *CIENCIAS DE LA TIERRA* El diamante más grande que se conoce, el Cullinan, pesaba 3106 quilates antes de dividirse en 105 gemas. El corte más grande, el Cullinan I (Great Star of Africa) pesa $530\frac{1}{5}$ quilates. Otro corte, llamado Cullinan II, pesa $317\frac{2}{5}$ quilates. El Cullinan III pesa $94\frac{2}{5}$ quilates, y Cullinan IV, $63\frac{3}{5}$ quilates.

a. ¿Cuántos quilates del diamante original quedaron después de cortarse el Great Star of Africa y el Cullinan II?

b. ¿Por cuánto sobrepasa en peso el Cullinan II al Cullinan IV?

c. ¿Cuál diamante pesa 223 quilates menos que el Cullinan II?

43. Jack está poniendo en el piso de la cocina, los mosaicos que se muestran. La cocina tiene una longitud de $243\frac{3}{4}$ pulgadas y una anchura de $146\frac{1}{4}$ pulgadas.

a. ¿Cuántos mosaicos caben a lo largo del piso?

b. ¿Cuántos caben a lo ancho?

c. Si Jack necesita 48 mosaicos para bordear las cuatro paredes, ¿cuántas cajas de 10 mosaicos deberá comprar? (*Pista:* Debe comprar cajas enteras.)

PLANO DE LA COCINA

ESTUFA

REFRIGERADOR

$16\frac{1}{4}$ pulg

$16\frac{1}{4}$ pulg

44. *CIENCIAS DE LA VIDA* Cada tableta de una caja de medicina pesa 0.3 g. El peso total de las tabletas es de 15 g. ¿Cuántas tabletas hay en la caja?

 45. *¿DÓNDE ESTÁ EL ERROR?* El quemador de CD de Ann graba 0.6 megabytes de información por segundo. Un vendedor de computadoras dijo a Ann que si tenía que grabar 28.8 megabytes, tardaría poco más de 15 segundos en hacerlo con este quemador. ¿Dónde está el error?

 46. *ESCRÍBELO* Si a es $\frac{1}{3}$ de b, ¿es correcto decir $\frac{1}{3}a = b$? Explica tu respuesta.

 47. *DESAFÍO* Un diamante de 150 quilates se cortó en dos trozos iguales para obtener dos diamantes. Uno de ellos se volvió a cortar, y se le quitó $\frac{1}{3}$ de su peso. En un corte final, se le quitó $\frac{1}{4}$ de su nuevo peso. ¿Cuántos quilates quedaron al final?

Repaso en espiral

Evalúa cada expresión con el valor que se da para las variables. (Lección 1-1)

48. $4x + 5y$ con $x = 3$ y $y = 9$

49. $7m - 2n$ con $m = 5$ y $n = 7$

Escribe cada número en notación científica. (Lección 2-9)

50. -0.000348

51. 0.00000524

52. $-4,870,000,000$

53. $64,000,000,000$

54. PREPARACIÓN PARA LA PRUEBA Si $x + y = 6$, entonces $x + y - 2 = \underline{}$. (Lección 1-5)

A 4 **B** 8 **C** 3 **D** −4

Cómo resolver desigualdades con números racionales

Aprender a resolver desigualdades con números racionales.

El tamaño mínimo para la correspondencia de primera clase es de 5 pulgadas de longitud, $3\frac{1}{2}$ pulgadas de anchura y 0.007 pulgadas de espesor. La longitud combinada del lado más largo y la distancia alrededor de la parte más gruesa no puede exceder las 108 pulgadas. Se usan muchas desigualdades al determinar franqueos postales.

EJEMPLO **1** **Resolver desigualdades con decimales**

Resuelve.

A $0.5x \geq 0.5$

$0.5x \geq 0.5$

$\dfrac{0.5}{0.5}x \geq \dfrac{0.5}{0.5}$ *Divide ambos lados entre 0.5.*

$x \geq 1$

B $t - 7.5 > 30$

$t - 7.5 > 30$

$t - 7.5 + 7.5 > 30 + 7.5$ *Suma 7.5 a ambos lados de la ecuación.*

$t > 37.5$

EJEMPLO **2** **Resolver desigualdades con fracciones**

Resuelve.

A $x + \dfrac{1}{2} < 1$

$x + \dfrac{1}{2} < 1$

$x + \dfrac{1}{2} - \dfrac{1}{2} < 1 - \dfrac{1}{2}$ *Resta $\frac{1}{2}$ a ambos lados.*

$x < \dfrac{1}{2}$

¡Recuerda!

Al multiplicar o dividir una desigualdad por un número *negativo* invierte el símbolo de desigualdad.

B $-3\dfrac{1}{3}y \geq 10$

$-3\dfrac{1}{3}y \geq 10$

$-\dfrac{10}{3}y \geq 10$ *Escribe $-3\frac{1}{3}$ como la fracción impropia $-\frac{10}{3}$.*

$\left(-\dfrac{3}{10}\right)\left(-\dfrac{10}{3}\right)y \leq \left(-\dfrac{3}{10}\right)10$ *Multiplica ambos lados por $-\frac{3}{10}$.*

$y \leq -3$ *Cambia $\geq$ por $\leq$.*

EJEMPLO 3

RESOLUCIÓN DE PROBLEMAS

APLICACIÓN A LA RESOLUCIÓN DE PROBLEMAS

En el correo de primera clase, hay un cargo extra en estos casos:

- La longitud es mayor que $11\frac{1}{2}$ pulg.
- La altura es mayor que $6\frac{1}{8}$ pulg.
- El espesor es mayor que $\frac{1}{4}$ pulg.
- La longitud dividida entre la altura es menor que 1.3 ó mayor que 2.5.

La altura de un sobre es de 4.5 pulgadas. ¿Qué longitud mínima y máxima debe tener para evitar un cargo extra?

1 Comprende el problema

La **respuestas** son las longitudes máximas y mínimas de un sobre para evitar un cargo extra. Haz una lista de la **información importante:**

- La altura del sobre es de 4.5 pulgadas.
- Si la longitud dividida entre la altura está entre 1.3 y 2.5, *no* se cobrará ningún cargo extra.

Muestra la **relación** de la información:

$$1.3 \;\leq\; \frac{longitud}{altura} \;\leq\; 2.5$$

2 Haz un plan

Con el modelo anterior, puedes escribir una desigualdad en la que ℓ es la longitud y 4.5 es la altura.

$$1.3 \;\leq\; \frac{\ell}{4.5} \;\leq\; 2.5$$

3 Resuelve

$$1.3 \leq \frac{\ell}{4.5} \qquad y \qquad \frac{\ell}{4.5} \leq 2.5$$

$$4.5 \cdot 1.3 \leq \ell \qquad y \qquad \ell \leq 4.5 \cdot 2.5 \qquad \textit{Multiplica ambos lados de cada desigualdad por 4.5.}$$

$$\ell \geq 5.85 \qquad y \qquad \ell \leq 11.25 \qquad \textit{Simplifica.}$$

4 Repasa

La longitud del sobre debe estar entre 5.85 y 11.25 pulg.

Razonar y comentar

1. **Explica** los primeros pasos para resolver $0.5x > 7$ y para resolver $\frac{3}{5}x > 3$.

2. **Da** un ejemplo de desigualdad con una fracción en la que el signo cambie durante la resolución.

PARA PRÁCTICA ADICIONAL

ve a la pág. 736

◪ conexión **internet**
Ayuda en línea para tareas
go.hrw.com   Clave: MP4 3-7

PRÁCTICA GUIADA

Ver Ejemplo ① **Resuelve.**

1. $0.3x \geq 0.6$

2. $k - 7.2 > 2.1$

3. $\dfrac{g}{-0.5} \geq -\dfrac{7}{0.5}$

4. $h + 0.79 < 1.58$

5. $6.07w \leq 1.4568$

6. $z - 0.75 > -0.75$

Ver Ejemplo ② **Resuelve.**

7. $k - \dfrac{2}{5} > \dfrac{3}{15}$

8. $y + \dfrac{7}{9} \geq \dfrac{56}{72}$

9. $13q \leq -\dfrac{1}{13}$

10. $x + \dfrac{1}{3} < 2$

11. $-3f < -\dfrac{4}{5}$

12. $3\dfrac{1}{4}m \geq 13$

Ver Ejemplo ③ **13.** Timothy conducirá de Sampson a Williamsbery, por lo que recorrerá una distancia de 366.5 millas. Si promedia entre 45 mi/h y 55 mi/h, ¿cuánto tardará en llegar a Williamsbery, suponiendo que no pare? Redondea a décimas de hora.

PRÁCTICA INDEPENDIENTE

Ver Ejemplo ① **Resuelve.**

14. $0.6 + y \geq -0.72$

15. $m - 5.8 \leq -5.87$

16. $-0.8x \geq -0.56$

17. $\dfrac{g}{-2.7} \geq 9$

18. $c + 11.7 < 6$

19. $\dfrac{w}{-0.4} \geq \dfrac{3}{0.8}$

Ver Ejemplo ② **Resuelve.**

20. $\dfrac{5}{9} + n \leq \dfrac{9}{5}$

21. $2\dfrac{2}{5}k \geq 1\dfrac{2}{3}$

22. $-\dfrac{2}{7} + x < 3$

23. $x + \dfrac{2}{5} \geq 5$

24. $7t < -\dfrac{14}{15}$

25. $-6\dfrac{1}{8}m \geq 7$

Ver Ejemplo ③ **26.** Un elevador tarda 2 segundos en ir de un piso al siguiente. Cada pasajero tarda entre 1.5 y 2.0 segundos en entrar o salir. Doce pasajeros suben en el primer piso y bajan en el cuarto. ¿Cuánto esperarás si estás en el séptimo piso y llamas al elevador justo cuando éste sale del primer piso?

PRÁCTICA Y RESOLUCIÓN DE PROBLEMAS

Resuelve.

27. $-0.5d \geq 1.5$

28. $-3\dfrac{3}{4}m \geq 7\dfrac{1}{2}$

29. $\dfrac{2g}{0.5} \geq -\dfrac{4}{0.5}$

30. $x + \dfrac{2}{5} \geq 3$

31. $-4t < -\dfrac{12}{13}$

32. $r + 9.3 > 4.2$

33. $-1.6y \leq 12.8$

34. $c - 15.3 < 61.7$

35. $\dfrac{w}{-1.6} \geq \dfrac{1}{4.8}$

36. $6f > -\dfrac{4}{9}$

37. $5 < c + 1.9$

38. $\dfrac{2}{-0.4} \geq -\dfrac{r}{0.8}$

39. $2 > c - 1\dfrac{1}{3}$

40. $-f < \dfrac{6}{7}$

41. $3\dfrac{1}{4}t \leq 19.5$

42. Usa la información del recuadro para explicar si se debe pagar un cargo extra por los sobres con las siguientes medidas. Explica tus respuestas.

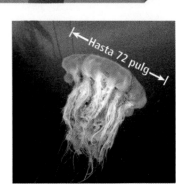

Se requiere franqueo adicional

Longitud mayor que $11\frac{1}{2}$ pulg

Altura mayor que $6\frac{1}{8}$ pulg

Espesor mayor que $\frac{1}{4}$ pulg

La longitud entre la altura es menos de 1.3 ó más de 2.5

a. Longitud $10\frac{3}{4}$ pulg, altura $4\frac{1}{4}$ pulg, espesor $\frac{3}{16}$ pulg.

b. Longitud $11\frac{1}{4}$ pulg, altura $4\frac{1}{2}$ pulg, espesor $\frac{5}{16}$ pulg.

c. Longitud 11 pulg, altura $4\frac{5}{8}$ pulg, espesor $\frac{7}{32}$ pulg.

43. *CIENCIAS DE LA VIDA* Hay más de 2000 especies de medusas. El manto de la más grande, llamada melena de león, puede tener una anchura de hasta 72 pulgadas. La medusa más pequeña mide apenas un cuarto de pulgada. Supongamos que pones en fila 50 especies distintas de medusas. ¿Cuál es la distancia mínima y máxima que abarcarían sus mantos?

← Hasta 72 pulg →

44. **¿CUÁL ES LA PREGUNTA?** En Pen Station, las plumas cuestan entre $0.39 y $5.59 cada una. Si la respuesta es *por lo menos $7.02 pero no más de $100.62*, ¿qué pregunta acerca del costo de cierto número de plumas podría haberse hecho?

45. *ESCRÍBELO* Si $0.3 + 0.7 > y$, ¿ *y* es mayor que 1? Explica tu respuesta.

46. *DESAFÍO* Las fibras de asbesto más delgadas pueden tener un espesor de 2×10^{-5} mm. Las fibras de lana tienen un espesor de 2.5×10^{-2} mm. ¿Cuántas veces más gruesas son las fibras de lana que las de asbesto?

Repaso en espiral

Suma o resta. (Lección 3-2)

47. $-0.4 + 0.7$
48. $1.35 - 5.6$
49. $-0.01 - 0.25$
50. $-0.65 + -0.12$

Multiplica. (Lección 3-3)

51. $-2.4(-7)$
52. $3.2(-1.7)$
53. $-0.03(8.6)$
54. $-1.07(-0.6)$

55. PREPARACIÓN PARA LA PRUEBA Si $y = -\frac{3}{9}$, ¿cuál no es igual a *y*? (Lección 3-1)

A $\frac{-1}{3}$ **B** $-\frac{1}{3}$ **C** $-\left(\frac{-1}{3}\right)$ **D** $-\left(\frac{-1}{-3}\right)$

56. PREPARACIÓN PARA LA PRUEBA Si $24x = 2.4$, ¿cuánto vale $12x$? (Lección 3-6)

F 0.2 **G** 1.2 **H** 4.8 **J** 2

LECCIÓN **3-1** (págs. 112–116)

Simplifica.

1. $\dfrac{12}{36}$

2. $\dfrac{18}{45}$

3. $\dfrac{27}{63}$

4. $\dfrac{55}{121}$

Escribe cada decimal como fracción en su mínima expresión.

5. 0.4

6. 0.75

7. 0.18

8. 0.825

LECCIÓN **3-2** (págs. 117–120)

Evalúa cada expresión con el valor que se da para la variable.

9. $72.9 - x$ con $x = 31.31$

10. $-\dfrac{2}{5} + z$ con $z = 5\dfrac{3}{5}$

11. $\dfrac{3}{4} + y$ con $y = -3\dfrac{1}{4}$

LECCIÓN **3-3** (págs. 121–125)

Multiplica. Escribe cada respuesta en su mínima expresión.

12. $3\left(5\dfrac{3}{4}\right)$

13. $2\dfrac{3}{4}\left(\dfrac{7}{22}\right)$

14. $\dfrac{2}{5}\left(\dfrac{-5}{6}\right)$

15. $\dfrac{-1}{5}\left(\dfrac{-2}{3}\right)$

LECCIÓN **3-4** (págs. 126–130)

Divide. Escribe cada respuesta en su mínima expresión.

16. $\dfrac{3}{5} \div \dfrac{4}{15}$

17. $\dfrac{3}{5} \div 5$

18. $-\dfrac{3}{4} \div 1$

19. $-6\dfrac{7}{8} \div 1\dfrac{2}{3}$

LECCIÓN **3-5** (págs. 131–134)

Suma o resta.

20. $\dfrac{3}{8} + \dfrac{1}{3}$

21. $2\dfrac{1}{2} + 3\dfrac{7}{10}$

22. $7\dfrac{5}{8} - 2\dfrac{1}{6}$

23. $3\dfrac{1}{6} - 1\dfrac{3}{4}$

LECCIÓN **3-6** (págs. 136–139)

Resuelve.

24. $x + \dfrac{1}{5} = -\dfrac{1}{5}$

25. $y - \dfrac{8}{9} = \dfrac{1}{9}$

26. $10 = \dfrac{7}{2}m$

27. $\dfrac{2}{3}d = \dfrac{1}{6}$

28. Un equipo de básquetbol tiene 87 puntos después de las tres cuartas partes de un partido. ¿Cuántos puntos anotará en total si sigue al mismo ritmo?

LECCIÓN **3-7** (págs. 140–143)

Resuelve.

29. $x + \dfrac{1}{10} \geq 5$

30. $-2t > 1$

31. $-6 \leq \dfrac{-g}{3}$

32. $m + 1.3 \leq 0.5$

33. Una campaña de beneficencia ha alcanzado menos de $\dfrac{2}{5}$ de su meta de donativos faltando una semana para terminar. Se han recaudado $7400. ¿Cuál era la meta?

Enfoque en resolución de problemas

 Resuelve

• **Elige una operación**

Para decidir si debes sumar o restar para resolver un problema, debes determinar qué acción se desarrolla en el problema.

Acción	Operación
Combinar o juntar números	Suma
Quitar o determinar la distancia entre dos números	Resta
Combinar grupos iguales	Multiplicación
Separar cosas en grupos iguales o hallar cuántos grupos iguales pueden formarse	División

Determina la acción que se desarrolla en cada problema. Vuelve a escribir el problema e indica qué operación usaste para resolverlo.

1 Mary está haciendo un collar de cuentas. Si cada cuenta tiene una anchura de 0.7 cm, ¿cuántas cuentas necesita para un collar de 35 cm de longitud?

2 Una receta de pastel requiere $2\frac{1}{2}$ tazas de azúcar para la masa y $1\frac{1}{2}$ para el betún. ¿Cuánta azúcar se necesita en total?

3 Supongamos que $\frac{1}{3}$ de los peces de un lago se destina para la pesca deportiva. De ésos, $\frac{2}{5}$ tienen el tamaño legal mínimo. ¿Qué fracción de los peces del lago tiene el tamaño legal mínimo?

4 Abajo se muestra parte de un registro de chequera. Determina el saldo final.

		ANOTE TODOS LOS CARGOS O ABONOS QUE AFECTEN SU CUENTA					
TRANSACCIÓN	FECHA	DESCRIPCIÓN	MONTO	CUOTA	DEPÓSITOS	SALDO	$287.34
Retiro	11/16	pago de teléfono	$43.16				$43.16
Cheque 1256	11/18	comestibles	$27.56				$27.56
Cheque 1257	11/23	ropa nueva	$74.23				$74.23
Retiro	11/27	retiro de cajero	$40.00	$1.25			$41.25

3-8 Cuadrados y raíces cuadradas

Aprender a obtener raíces cuadradas.

Vocabulario

raíz cuadrada principal

cuadrado perfecto

Piensa en la relación entre el área de un cuadrado y la longitud de uno de sus lados.

área = 36 unidades cuadradas
longitud del lado = $\sqrt{36}$ = 6 unidades

Obtener la raíz cuadrada de un número es el inverso de elevarlo al cuadrado.

$6^2 = 36$ $\sqrt{36} = 6$

Todo número positivo tiene dos raíces cuadradas, una positiva y una negativa. Una raíz cuadrada de 16 es 4, porque $4 \cdot 4 = 16$. La otra es -4, porque $(-4)(-4)$ también es 16. Puedes escribir las raíces cuadradas de 16 como ± 4, que significa "más o menos" 4.

En muchas ocasiones, los edredones o colchas se fabrican con pequeños trozos cuadrados de tela.

Si pulsas la tecla $\sqrt{}$ en una calculadora, sólo verás la raíz cuadrada no negativa, llamada **raíz cuadrada principal** del número.

$+\sqrt{16} = 4$ $-\sqrt{16} = -4$

Los números 16, 36 y 49 son ejemplos de cuadrados perfectos. Un **cuadrado perfecto** es un número cuyas raíces cuadradas son enteros. Otros cuadrados perfectos son 1, 4, 9, 25, 64 y 81.

> **Pista útil**
>
> $\sqrt{-49}$ no es lo mismo que $-\sqrt{49}$. Los números negativos no tienen raíz cuadrada.

E J E M P L O **Hallar las raíces cuadradas de un número**

Halla las dos raíces cuadradas de cada número.

A 64

$\sqrt{64} = 8$ *8 es una raíz cuadrada, porque 8 · 8 = 64.*

$-\sqrt{64} = -8$ *−8 también es una raíz, porque −8 · −8 = 64.*

B 1

$\sqrt{1} = 1$ *1 es una raíz cuadrada, porque 1 · 1 = 1.*

$-\sqrt{1} = -1$ *−1 también es una raíz, porque −1 · −1 = 1.*

C 121

$\sqrt{121} = 11$ *11 es una raíz cuadrada, porque 11 · 11 = 121.*

$-\sqrt{121} = -11$ *−11 también es una raíz, porque −11 · −11 = 121.*

EJEMPLO 2 *Aplicación a las computadoras*

Este ícono cuadrado contiene 676 pixeles. ¿Qué altura tiene el ícono en pixeles?

Halla la raíz cuadrada de 676 para hallar la longitud de un lado. Usa la raíz positiva; una longitud negativa no tiene sentido.

$$26^2 = 676$$

Entonces, $\sqrt{676} = 26$.

El ícono tiene 26 pixeles de altura.

Este ícono contiene 676 puntos coloridos que forman la imagen. Los puntos se llaman *pixeles*.

¡Recuerda!

El área de un cuadrado es s^2, donde s es la longitud de un lado.

En el orden de las operaciones, un símbolo de radical es como un exponente. Todo lo que está bajo el símbolo se considera como si estuviera entre paréntesis.

$$\sqrt{5 - 3} = \sqrt{(5 - 3)}$$

EJEMPLO 3 *Evaluar expresiones con raíces cuadradas*

Evalúa cada expresión.

A $2\sqrt{16} + 5$

$$2\sqrt{16} + 5 = 2(4) + 5 \qquad \textit{Evalúa la raíz cuadrada.}$$
$$= 8 + 5 \qquad \textit{Multiplica.}$$
$$= 13 \qquad \textit{Suma.}$$

B $\sqrt{9 + 16} + 7$

$$\sqrt{9 + 16} + 7 = \sqrt{25} + 7 \qquad \textit{Evalúa la expresión bajo el símbolo de raíz cuadrada.}$$
$$= 5 + 7 \qquad \textit{Evalúa la raíz cuadrada.}$$
$$= 12 \qquad \textit{Suma.}$$

Razonar y comentar

1. **Describe** qué significa cuadrado perfecto. Da un ejemplo.

2. **Explica** cuántas raíces cuadradas puede tener un número positivo. ¿En qué difieren esas raíces?

3. **Decide** cuántas raíces cuadradas tiene el 0. Indica qué sabes acerca de las raíces cuadradas de números negativos.

3-8 **Ejercicios**

PARA PRÁCTICA ADICIONAL
ve a la pág. 737

🔀 conexión internet
Ayuda en línea para tareas
go.hrw.com   Clave: MP4 3-8

PRÁCTICA GUIADA

Ver Ejemplo **1** Halla las dos raíces cuadradas de cada número.

1. 25   **2.** 144   **3.** 4   **4.** 400

5. 1   **6.** 81   **7.** 9   **8.** 16

Ver Ejemplo **2**   **9.** Una cancha cuadrada para jugar el juego de "four-square" tiene un área de 256 pies². ¿Qué longitud tiene un lado de la cancha?

Área = 256 pies²

Ver Ejemplo **3** Evalúa cada expresión.

10. $\sqrt{9+16}$ **11.** $\dfrac{\sqrt{64}}{4}$

12. $2\sqrt{100}-75$ **13.** $-\left(\sqrt{169}-\sqrt{144}\right)$

PRÁCTICA INDEPENDIENTE

Ver Ejemplo **1** Halla las dos raíces cuadradas de cada número.

14. 121   **15.** 225   **16.** 484   **17.** 169

18. 196   **19.** 441   **20.** 64   **21.** 361

Ver Ejemplo **2** **22.** Roger halló en un sitio de Internet un mapa digital cuadrado compuesto por 160,000 pixeles. ¿Cuántos pixeles de altura tenía el mapa?

Ver Ejemplo **3** Evalúa cada expresión.

23. $\sqrt{16}-7$ **24.** $\sqrt{\dfrac{64}{4}}$ **25.** $-\left(\sqrt{25}\sqrt{16}\right)$ **26.** $10(\sqrt{400}-15)$

PRÁCTICA Y RESOLUCIÓN DE PROBLEMAS

Halla las dos raíces cuadradas de cada número.

27. 49   **28.** 100   **29.** 289   **30.** 576

31. 900   **32.** 36   **33.** 529   **34.** 324

Puedes hallar la raíz cuadrada de una fracción que no se reduce a un número cabal mediante este método:

$$\sqrt{\dfrac{9}{4}}=\dfrac{\sqrt{9}}{\sqrt{4}}=\dfrac{3}{2}$$

Halla las dos raíces cuadradas de cada número.

35. $\dfrac{1}{4}$ **36.** $\dfrac{1}{100}$ **37.** $\dfrac{25}{4}$ **38.** $\dfrac{81}{16}$

39. $\dfrac{9}{4}$ **40.** $\dfrac{256}{64}$ **41.** $\dfrac{100}{10,000}$ **42.** $\dfrac{121}{484}$

43. **DEPORTES** Los combates de karate se efectúan en una colchoneta cuadrada con un área de 676 pies². ¿Qué longitud tiene la colchoneta?

En 1997, Deep Blue se convirtió en la primera computadora que ganó una partida de ajedrez contra un gran maestro internacional, al derrotar al campeón mundial Garry Kasparov.

go.hrw.com
CLAVE:
MP4 Chess,
disponible en inglés.

44. *ARTES DEL LENGUAJE* *Crelle's Journal* es la revista de matemáticas más antigua que existe. Esta revista hizo famosa la increíble destreza para calcular de Zacharias Dase en 1844. Dase produjo una tabla de factores de todos los números entre 7,000,000 y 10,000,000. Señaló 7,022,500 como un cuadrado perfecto. ¿Cuál es la raíz cuadrada de 7,022,500?

45. *ESTUDIOS SOCIALES* Zerah Colburn nació en Vermont en 1804. A los 8 años de edad, podía calcular mentalmente la raíz cuadrada de 106,929. Halla esa raíz.

46. *RECREACIÓN* Un tablero de ajedrez tiene 32 cuadros negros y 32 blancos. ¿Cuántos cuadros hay en cada lado del tablero?

47. *ARTE DE LA INDUSTRIA* Un carpintero quiere usar de sus 82 cuadritos de madera tantos como pueda para hacer una tapa cuadrada para una caja.

    a. ¿Cuántos cuadritos puede usar? ¿Cuántos le sobrarán?

    b. ¿Cuántos cuadritos más necesitaría para hacer la siguiente tapa cuadrada más grande?

48. *¿DÓNDE ESTÁ EL ERROR?* Según un estudiante, como las raíces cuadradas de cierto número son 2.5 y −2.5, el número debe ser su producto, −6.25. ¿Qué error cometió?

49. *ESCRÍBELO* Explica cómo sabes si $\sqrt{29}$ está más cerca de 5 ó de 6, sin usar una calculadora.

50. *DESAFÍO* La raíz cuadrada de un número es cinco menos que seis por cuatro. ¿De qué número se trata?

Repaso en espiral

Resuelve. (Lección 1-3)

51. $9 + t = 18$ **52.** $t - 2 = 6$ **53.** $10 + t = 32$ **54.** $t + 7 = 7$

Evalúa. (Lección 2-8)

55. $(-3)^{-2}$ **56.** $(-2)^{-3}$ **57.** $(1)^{-3}$ **58.** $\dfrac{6^8}{6^8}$

59. PREPARACIÓN PARA LA PRUEBA Si un número es divisible entre 15, es divisible entre _?_ . (Curso previo)

    A 10   **B** 30   **C** 5 y 10   **D** 3 y 5

60. PREPARACIÓN PARA LA PRUEBA Si un número es divisible entre 5 y entre 8, es divisible entre _?_ . (Curso previo)

    F 40   **G** 3   **H** 13   **J** 24

3-9 Cómo hallar raíces cuadradas

Aprender a estimar raíces cuadradas a cierto número de decimales y a resolver problemas con raíces cuadradas.

El director de un museo quiere instalar un tragaluz para iluminar una obra de arte poco común. Debe ser cuadrado, con un área de 300 pulg^2 y con un marco de madera. Puedes calcular la longitud de la madera que se necesitará si aplicas lo que sabes acerca de cuadrados y raíces cuadradas.

E J E M P L O **1** **Estimar raíces cuadradas**

Cada raíz cuadrada está entre dos enteros. Identifica esos enteros.

A $\sqrt{30}$ *Razona: ¿Qué cuadrados perfectos están cerca de 30?*
$5^2 = 25$ *25 < 30*
$6^2 = 36$ *36 > 30 $5 < \sqrt{30} < 6$*
$\sqrt{30}$ está entre 5 y 6.

B $-\sqrt{150}$ *Razona: ¿Qué cuadrados perfectos están cerca de 150?*
$(-12)^2 = 144$ *144 < 150*
$(-13)^2 = 169$ *169 > 150*
$-\sqrt{150}$ está entre −12 y −13.   *$-13 < -\sqrt{150} < -12$*

E J E M P L O **2** **APLICACIÓN A LA RESOLUCIÓN DE PROBLEMAS**

RESOLUCIÓN DE PROBLEMAS

Quieres instalar un tragaluz cuadrado con un área de 300 pulg^2. Calcula la longitud de cada lado y el tramo de madera que necesitarás para el marco, a la décima de pulgada más cercana.

1 **Comprende el problema**

Primero halla la longitud de un lado. Luego, úsala para calcular el *perímetro*, la longitud de la madera para el marco del tragaluz.

2 **Haz un plan**

La longitud de un lado, en pulgadas, es el número que elevas al cuadrado para obtener 300. Halla el número a la décima más cercana.

Si no conoces un método paso por paso para hallar $\sqrt{300}$, usa el de calcular y comprobar.

3 **Resuelve**

Como 300 está entre 17^2 (289) y 18^2 (324), la raíz cuadrada de 300 está entre 17 y 18.

Calcula 17.5	**Calcula 17.2**	**Calcula 17.4**	**Calcula 17.3**
$17.5^2 = 306.25$	$17.2^2 = 295.84$	$17.4^2 = 302.76$	$17.3^2 = 299.29$
Demasiado alto	Demasiado bajo	Demasiado alto	Demasiado bajo
La raíz está entre 17 y 17.5.	La raíz está entre 17.2 y 17.5.	La raíz está entre 17.2 y 17.4.	La raíz está entre 17.3 y 17.4.

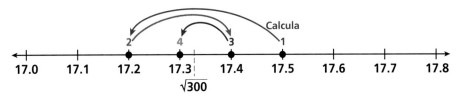

La raíz cuadrada está entre 17.3 y 17.4. Para redondear a décimas, examina la siguiente posición decimal. Considera **17.35**.

$17.35^2 = 301.0225$ *demasiado alto*

La raíz debe ser *menor que* 17.35, así que puedes redondear *hacia abajo*. Redondea a décimas, $\sqrt{300}$ es aproximadamente 17.3.

Cada lado del tragaluz mide **17.3** pulgadas, redondeando a décimas. Ahora estima el perímetro del tragaluz.

$4 \cdot 17.3 = 69.2$ *Perímetro = 4 · lado*

Necesitas un tramo de madera de 69.2 pulgadas.

4 **Repasa**

La longitud de 70 pulgadas dividida entre 4 es igual a 17.5 pulgadas. Un cuadrado de 17.5 pulgadas tiene un área de 306.25 pulg^2, que es cercana a 300, así que las respuestas son razonables.

EJEMPLO **3** **Usar una calculadora para estimar el valor de una raíz cuadrada**

Usa una calculadora para hallar $\sqrt{300}$. Redondea a décimas.

Con calculadora, $\sqrt{300} \approx 17.32050808...$ Redondeado, $\sqrt{300}$ es 17.3.

Razonar y comentar

1. Comenta si 9.5 es útil como primer cálculo para $\sqrt{75}$.

2. Determina para qué raíz o raíces cuadradas 7.5 sería útil como primer cálculo.

3-9 **Ejercicios**

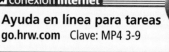

PARA PRÁCTICA ADICIONAL
ve a la pág. 737

⬈ conexión **internet**
Ayuda en línea para tareas
go.hrw.com Clave: MP4 3-9

PRÁCTICA GUIADA

Ver Ejemplo ① Cada raíz cuadrada está entre dos enteros. Identifica los enteros.

1. $\sqrt{40}$ **2.** $-\sqrt{72}$ **3.** $\sqrt{200}$ **4.** $-\sqrt{340}$

Ver Ejemplo ② **5.** Una mesa cuadrada tiene un área de 11 pies². Redondeado a centésimas, ¿qué longitud tienen en total los lados de la mesa?

Ver Ejemplo ③ Halla estas raíces con una calculadora. Redondea a décimas.

6. $\sqrt{83}$ **7.** $\sqrt{42.3}$ **8.** $\sqrt{2500}$ **9.** $\sqrt{190}$

PRÁCTICA INDEPENDIENTE

Ver Ejemplo ① Cada raíz cuadrada está entre dos enteros. Identifica los enteros.

10. $-\sqrt{50}$ **11.** $\sqrt{3}$ **12.** $\sqrt{610}$ **13.** $-\sqrt{1000}$

Ver Ejemplo ② **14.** Cada cuadrado del tablero de ajedrez de Laura tiene 13 cm². Cada lado del tablero tiene 8 cuadrados. ¿Cuál es la anchura del tablero de Laura? Redondea a centésimas.

Ver Ejemplo ③ Halla estas raíces con una calculadora. Redondea a décimas.

15. $\sqrt{69}$ **16.** $\sqrt{91.5}$ **17.** $\sqrt{650}$ **18.** $\sqrt{200}$

PRÁCTICA Y RESOLUCIÓN DE PROBLEMAS

Escribe la letra que identifica la posición de cada raíz cuadrada.

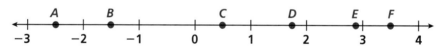

19. $-\sqrt{2}$ **20.** $\sqrt{3}$ **21.** $\sqrt{8}$

22. $-\sqrt{6}$ **23.** $\sqrt{12}$ **24.** $\sqrt{0.25}$

Calcula y comprueba para estimar estas raíces cuadradas a la centésima más cercana.

25. $\sqrt{51}$ **26.** $-\sqrt{80}$ **27.** $\sqrt{135}$ **28.** $\sqrt{930}$

Halla cada producto a la centésima más cercana.

29. $\sqrt{51} \cdot \sqrt{36}$ **30.** $-\sqrt{80} \cdot \sqrt{25}$ **31.** $\sqrt{135} \cdot (-\sqrt{1})$

32. $-\sqrt{164} \cdot \sqrt{4}$ **33.** $\sqrt{22} \cdot (-\sqrt{49})$ **34.** $\sqrt{260} \cdot \sqrt{144}$

Halla cada número a la centésima más cercana.

35. ¿Qué número al cuadrado es 27?   **36.** ¿Qué número al cuadrado es 54?

37. ¿Qué número al cuadrado es 100,500?   **38.** ¿Qué número al cuadrado es 3612?

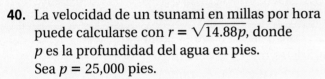

En alta mar, las olas gigantes llamadas tsunamis avanzan a gran velocidad casi sin perturbar la superficie del agua. Es sólo cuando llegan a aguas poco profundas que su energía las levanta para convertirlas en una enorme fuerza destructora.

39. La velocidad de un tsunami, en pies por segundo, se puede obtener con la fórmula $v = \sqrt{32p}$, donde p es la profundidad del agua en pies. Sea $p = 20,000$ pies. ¿Con qué velocidad avanza el tsunami?

Los tsunamis pueden ser causados por terremotos, volcanes, avalanchas o meteoritos.

40. La velocidad de un tsunami en millas por hora puede calcularse con $r = \sqrt{14.88p}$, donde p es la profundidad del agua en pies. Sea $p = 25,000$ pies.

    a. ¿A qué velocidad se mueve el tsunami en millas por hora?

    b. ¿Cuánto tardaría un tsunami en recorrer 3000 millas si la profundidad del agua fuera, de 10,000 pies?

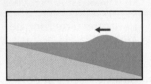

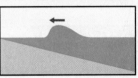

Al acercarse la ola a la playa, pierde velocidad, alcanza mayor altura y se derrumba sobre la costa.

41. **¿DÓNDE ESTÁ EL ERROR?** para hallar la velocidad de un tsunami en pies por segundo, Ashley calculó la raíz cuadrada de 32 y multiplicó el resultado por la profundidad en pies. ¿Qué error cometió?

42. **DESAFÍO** Halla la profundidad del agua si un tsunami avanza a 400 mi/h.

go.hrw.com
CLAVE: MP4 Wave, disponible en inglés.
CNN student News.

Repaso en espiral

Resuelve. (Lección 3-6)

43. $y - 27.6 = -32$ **44.** $-5.3f = 74.2$ **45.** $\dfrac{m}{3.2} = -8$ **46.** $x + \dfrac{1}{8} = -\dfrac{5}{8}$

Evalúa. (Lección 3-7)

47. $x + \dfrac{1}{3} < 6$ **48.** $-7f < -\dfrac{4}{5}$ **49.** $3\dfrac{1}{4}m \geq 26$ **50.** $0.7x \geq -1.4$

Halla las raíces cuadradas de cada número. (Lección 3-8)

51. 16   **52.** 81   **53.** 100   **54.** 1

55. **PREPARACIÓN PARA LA PRUEBA** Tina tardó 6 minutos en cortar una tabla en 3 piezas iguales. ¿Cuánto habría tardado en cortarla en 9 piezas iguales? (*Pista:* Piensa en el número de cortes que debió hacer.) (Lección 1-4)

    A 2 min   **B** 18 min   **C** 21 min   **D** 24 min

Explorar cubos y raíces cúbicas

Para usar con la Lección 3-9

QUÉ NECESITAS:

Cubos pequeños de base 10. (También pueden ser cubos arco iris o de un centímetro.)

RECUERDA

- Todas las aristas de un cubo tienen la misma longitud.
- El volumen es el número de unidades cúbicas necesarias para llenar el espacio de un sólido.

El número de bloques de unidades necesarios para construir un cubo es igual al volumen del cubo. Si construyes un cubo cuyas aristas midan x y cuentas el número de bloques de unidades que usaste para construir el cubo, podrás obtener x^3 (x al cubo), que es el volumen.

Actividad 1

1 Halla 2^3.

Necesitas construir un cubo cuyas aristas tengan una longitud de 2.

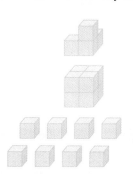

Forma 3 aristas de longitud 2.

Llena el resto del cubo.

Cuenta el número de cubos de unidades que necesitaste para construir un cubo con aristas de longitud 2.

Para hacer un cubo con aristas de longitud 2, necesitas 8 bloques. Por tanto, $2^3 = 8$.

Razonar y comentar

1. ¿Por qué sería difícil hacer un modelo de 2^4?

2. ¿Cómo puedes hallar el valor de un número al cuadrado a partir del modelo de ese número al cubo?

Inténtalo

Haz un modelo de lo siguiente. ¿Cuántos cubos necesitas en cada caso?

1. 1^3

2. 3^3

3. 4^3

Puedes determinar si cualquier número x es un cubo perfecto tratando de construir un cubo con x bloques de unidades. Si logras construir el cubo, es que el número es un cubo perfecto. Su *raíz cúbica* será la longitud de una arista del cubo que formaste.

Actividad 2

❶ Trata de construir un cubo con 27 bloques de unidades. ¿Es 27 un cubo perfecto? Si lo es, halla su raíz cúbica.

Primero construye un cubo con aristas de longitud 2, porque $1^3 = 1$ y $27 > 1$.

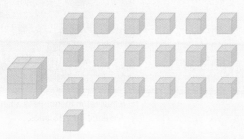

Aún te quedan 19 bloques, así que trata de construir un cubo con aristas de longitud 3. Recuerda que al añadir un bloque a cualquier arista debes hacer lo mismo con las tres aristas para conservar la forma cúbica.

Puedes hacer un cubo con aristas de longitud 3 con 27 bloques.
longitud = 3
anchura = 3
altura = 3

Puedes hacer un cubo con aristas de longitud 3 usando 27 bloques chicos, así que 27 es un cubo perfecto. Su raíz cúbica es 3, y se escribe $\sqrt[3]{27} = 3$.

Razonar y comentar

1. ¿Es 100 un cubo perfecto? ¿Por qué?

2. ¿Cómo estimarías la raíz cúbica de 100?

3. $\sqrt[3]{125} = 5$. ¿Son iguales $\sqrt[3]{2(125)} = \sqrt[3]{250} = 2(\sqrt[3]{125}) = 10$? ¿Por qué?

4. Usa bloques para hacer un sólido con longitud 3, anchura 2 y altura 2. ¿Cuántos bloques usaste? ¿Es un cubo perfecto?

Inténtalo

Haz un modelo para saber si cada número es un cubo perfecto. Si lo es, halla su raíz cúbica. Si no, halla los números cabales entre los que está la raíz cúbica.

1. 64   **2.** 75   **3.** 125   **4.** 200

3-10 Los números reales

Aprender a decidir si un número es racional o irracional.

Vocabulario

números irracionales

números reales

Propiedad de densidad

Los biólogos clasifican los animales según sus características comunes. El lemur ratón menor gris es un animal, un mamífero, un primate y un lemur.

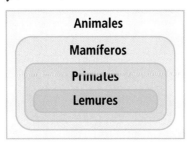

Animales
Mamíferos
Primales
Lemures

El lemur ratón menor pesa apenas de 2 a 3 onzas y vive entre 10 y 15 años.

Ya sabes que algunos números pueden clasificarse como números cabales, enteros y racionales. El número 2 es un número cabal, un entero y un número racional. También es un número *real*.

Recuerda que los números racionales pueden escribirse como fracciones. También pueden escribirse como decimales que terminan o que se repiten.

$$3\frac{4}{5} = 3.8 \qquad \frac{2}{3} = 0.\overline{6} \qquad \sqrt{1.44} = 1.2$$

Pista útil

Un decimal periódico no parece repetirse en una calculadora, porque se muestra tan sólo una cantidad finita de dígitos.

Los **números irracionales** sólo pueden escribirse como decimales que *no* terminan ni se repiten (no cerrado). Si un número cabal no es un cuadrado perfecto, su raíz cuadrada es un número irracional.

$$\sqrt{2} \approx 1.4142135623730950488016\ldots$$

El conjunto de los **números reales** consta del conjunto de los números racionales y el de los números irracionales.

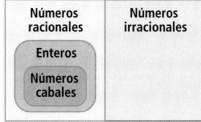

Números reales

Números racionales	Números irracionales
Enteros	
Números cabales	

E J E M P L O **1** **Clasificar números reales**

Escribe todos los nombres que describen cada número.

A $\sqrt{3}$ *3 es un número cabal que no es cuadrado perfecto.*

irracional, real

B -56.85 *−56.85 es un decimal cerrado.*

racional, real

C $\dfrac{\sqrt{9}}{3}$ $\dfrac{\sqrt{9}}{3} = \dfrac{3}{3} = 1$

cabal, entero, racional, real

La raíz cuadrada de un número negativo no es un número real.
Una fracción con denominador cero no está definida; por tanto
no es un número.

EJEMPLO 2 **Determinar la clasificación de todos los números**

Indica si el número es racional, irracional o no es un número real.

A $\sqrt{10}$ *10 es un número cabal que no es cuadrado perfecto.*
irracional

B $\dfrac{3}{0}$

no es número, por tanto no es un número real

C $\sqrt{\dfrac{1}{4}}$ $\left(\dfrac{1}{2}\right)\left(\dfrac{1}{2}\right) = \dfrac{1}{4}$
racional

D $\sqrt{-17}$

no es un número real

La **Propiedad de densidad** de los números reales establece que entre
dos números reales cualesquiera hay otro número real. Los números
racionales también tienen esta propiedad, pero no los números cabales
ni los enteros. Por ejemplo, no hay ningún entero entre −2 y −3.

EJEMPLO 3 **Aplicar la Propiedad de densidad de los números reales**

Halla un número real entre $2\dfrac{1}{3}$ y $2\dfrac{2}{3}$.

Hay muchas soluciones. Una está a la mitad entre los dos números.
Para hallarla, suma los números y divide la suma entre 2.

$\left(2\dfrac{1}{3} + 2\dfrac{2}{3}\right) \div 2$

$= \left(4\dfrac{3}{3}\right) \div 2$

$= 5 \div 2 = 2\dfrac{1}{2}$

Un número real entre $2\dfrac{1}{3}$ y $2\dfrac{2}{3}$ es $2\dfrac{1}{2}$.

Razonar y comentar

1. Explica la relación entre los números racionales y los enteros.

2. Indica si un número puede ser irracional y cabal. Explica tu respuesta.

3. Usa la Propiedad de densidad para explicar por qué hay un número
infinito de números reales entre 0 y 1.

3-10 Ejercicios

PARA PRÁCTICA ADICIONAL
ve a la pág. 737

⊿ conexión internet
Ayuda en línea para tareas
go.hrw.com   Clave: MP4 3-10

PRÁCTICA GUIADA

Ver Ejemplo **1** Escribe todos los nombres que describen cada número.

1. $\sqrt{12}$ **2.** $\sqrt{49}$ **3.** 0.15 **4.** $-\dfrac{\sqrt{25}}{2}$

Ver Ejemplo **2** Indica si el número es racional, irracional o no es número real.

5. $\sqrt{4}$ **6.** $\sqrt{\dfrac{4}{25}}$ **7.** $\sqrt{72}$ **8.** $-\sqrt{-2}$

9. $-\sqrt{36}$ **10.** $\sqrt{-4}$ **11.** $\sqrt{\dfrac{16}{-25}}$ **12.** $\dfrac{0}{0}$

Ver Ejemplo **3** Halla un número real entre cada par de números.

13. $5\dfrac{1}{6}$ y $5\dfrac{2}{6}$ **14.** 3.14 y $\dfrac{22}{7}$ **15.** $\dfrac{1}{8}$ y $\dfrac{1}{4}$

PRÁCTICA INDEPENDIENTE

Ver Ejemplo **1** Escribe todos los nombres que describen cada número.

16. $\sqrt{35}$ **17.** $\dfrac{7}{9}$ **18.** 2 **19.** $\dfrac{\sqrt{100}}{-5}$

Ver Ejemplo **2** Indica si el número es racional, irracional o no es número real.

20. $\dfrac{-\sqrt{25}}{-5}$ **21.** $-\sqrt{\dfrac{0}{9}}$ **22.** $\sqrt{-12(-3)}$ **23.** $-\sqrt{3}$

24. $\dfrac{\sqrt{16}}{5}$ **25.** $\sqrt{18}$ **26.** $\sqrt{-\dfrac{1}{4}}$ **27.** $-\sqrt{\dfrac{9}{0}}$

Ver Ejemplo **3** Halla un número real entre cada par de números.

28. $3\dfrac{2}{5}$ y $3\dfrac{3}{5}$ **29.** $-\dfrac{1}{100}$ y 0 **30.** 3 y $\sqrt{4}$

PRÁCTICA Y RESOLUCIÓN DE PROBLEMAS

Escribe todos los nombres que describen cada número.

31. 8 **32.** $-\sqrt{36}$ **33.** $\sqrt{20}$ **34.** $\dfrac{2}{3}$

35. $\sqrt{3.24}$ **36.** $\sqrt{25}+5$ **37.** $0.\overline{15}$ **38.** $\dfrac{\sqrt{100}}{20}$

39. -6.5356 **40.** $\sqrt{4.5}$ **41.** -122 **42.** $\dfrac{0}{5}$

Da un ejemplo de cada tipo de número.

43. un número irracional menor que -5

44. un número racional menor que 0.5

45. un número real entre $\dfrac{5}{9}$ y $\dfrac{6}{9}$

46. un número real entre $-5\dfrac{4}{7}$ y $-5\dfrac{5}{7}$

47. Halla un número racional entre $\sqrt{\dfrac{1}{4}}$ y $\sqrt{1}$.

48. Halla un número real entre $\sqrt{2}$ y $\sqrt{3}$.

49. Halla un número real entre $\sqrt{5}$ y $\sqrt{11}$.

50. Halla un número real entre $\sqrt{70}$ y $\sqrt{75}$.

51. Halla un número real entre $-\sqrt{20}$ y $-\sqrt{17}$.

52. **a.** Halla un número real entre 1 y $\sqrt{2}$.

    b. Halla un número real entre 1 y tu respuesta a la parte **a**.

    c. Halla un número real entre 1 y tu respuesta a la parte **b**.

¿Con qué valores de x es el valor de cada expresión un número real?

53. $\sqrt{x}$ **54.** $5 - \sqrt{x}$ **55.** $\sqrt{x + 3}$

56. $\sqrt{2x - 4}$ **57.** $\sqrt{5x + 2}$ **58.** $\sqrt{1 - \dfrac{x}{3}}$

 59. **¿DÓNDE ESTÁ EL ERROR?** Un estudiante dijo que la Propiedad de densidad se aplica a los enteros porque entre los enteros 2 y 4 hay otro entero, 3. Explica por qué este argumento demuestra que la Propiedad de densidad no se aplica a los enteros.

60. **ESCRÍBELO** ¿Puedes usar una calculadora para determinar si un número es racional o irracional? Explica tu respuesta.

61. **DESAFÍO** La circunferencia de un círculo dividida entre su diámetro es un número irracional que se representa con la letra griega π (*pi*). ¿Un círculo con un diámetro de 2 unidades podría tener una circunferencia de 6 unidades? ¿Por qué?

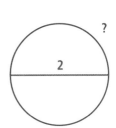

Repaso en espiral

Estima cada raíz cuadrada a la centésima más cercana. (Lección 3-9)

62. $\sqrt{30}$ **63.** $\sqrt{40}$ **64.** $\sqrt{50}$ **65.** $\sqrt{60}$

66. $\sqrt{1.8}$ **67.** $-\sqrt{17}$ **68.** $\sqrt{12}$ **69.** $2 \cdot \sqrt{3}$

Escribe cada número en notación científica. (Lección 2-9)

70. 1,970,000,000   **71.** 2,500,000

72. 31,400   **73.** 5,680,000,000,000,000

74. **PREPARACIÓN PARA LA PRUEBA** Si $20 \cdot 4000 = 8 \cdot 10^x$, entonces $x = \underline{\ \ ?\ \ }$. (Lección 2-7)

    A 4   **B** 1000   **C** 3   **D** 10

75. **PREPARACIÓN PARA LA PRUEBA** Si $\dfrac{12}{36} = 2w$, ¿cuánto vale w? (Lección 3-6)

    F $\dfrac{24}{72}$ **G** $\dfrac{1}{3}$ **H** $\dfrac{24}{36}$ **J** $\dfrac{1}{6}$

Otros sistemas numéricos

Aprender a convertir de una base a otra.

Vocabulario

octal

binario

Usamos el sistema numérico *decimal* (base 10) porque tenemos diez dedos (dígitos). Los personajes de las caricaturas suelen tener ocho dedos porque los dibujantes prefieren reducir los detalles. Esos personajes podrían usar el sistema **octal**, (base 8).

Base 10

- Los valores posicionales son potencias de 10.
- Los dígitos son 0, 1, 2, 3, 4, 5, 6, 7, 8, 9.

$4316_{decimal}$ = 4 millares · 3 centenas · 1 decena · 6 unidades

10^3	10^2	10^1	$10^0 = 1$
4	3	1	6

$$4 \times 10^3 + 3 \times 10^2 + 1 \times 10 + 6 \times 1$$

Base 8

- Los valores posicionales son potencias de 8.
- Los dígitos son 0, 1, 2, 3, 4, 5, 6, 7.

4316_{octal} = 4 quinientos doces · 3 sesenta y cuatros · 1 ocho · 6 unidades

8^3	8^2	8^1	$8^0 = 1$
4	3	1	6

$$4 \times 8^3 + 3 \times 8^2 + 1 \times 8 + 6 \times 1$$

$$= \quad 2048 + 192 + 8 + 6$$

$$= 2254_{decimal}$$

EJEMPLO 1 **Convertir de base 8 a base 10**

Convierte 271_{octal} a base 10.

8^2	8^1	$8^0 = 1$
2	7	1

$$2 \times 8^2 + 7 \times 8^1 + 1 \times 8^0$$

$$= \quad 128 + 56 + 1$$

$$= 185$$

$$271_{octal} = 185_{decimal}$$

EJEMPLO 2 **Convertir de base 10 a base 8**

Pista útil

Hay al menos un múltiplo de 8^2 en 185, pero no hay múltiplos de 8^3, 8^4, 8^5,... porque todos son mayores que 185.

Convierte $185_{decimal}$ a base 8.

185 está entre $8^2 = 64$ y $8^3 = 512$.

Haz divisiones repetidas, entre 8^2, 8^1, y por último 8^0.

$185 \div 8^2 = 2$ residuo 57
$57 \div 8^1 = 7$ residuo 1
$1 \div 8^0 = 1$ residuo 0

$185_{decimal} = 271_{octal}$

Comprueba

$2 \times 8^2 + 7 \times 8^1 + 1 \times 8^0 = 185$

EXTENSIÓN

Ejercicios

Convierte cada número de base 8 a base 10.

1. 63_{octal}
2. 357_{octal}
3. 1042_{octal}

Convierte cada número de base 10 a base 8.

4. $74_{decimal}$
5. $229_{decimal}$
6. $3339_{decimal}$

El sistema **binario** es el sistema numérico que usan las computadoras. Funciona igual que los sistemas de base 10 y base 8, sólo que los valores posicionales son potencias de 2 y los únicos dígitos son 0 y 1.

Convierte cada número de base 2 a base 10.

7. $11_{binario}$
8. $1010_{binario}$
9. $111010_{binario}$

Convierte cada número de base 10 a base 2.

10. $13_{decimal}$
11. $222_{decimal}$
12. $1024_{decimal}$

El sistema binario se puede usar en un código para representar símbolos como letras, números y puntuación. Hay cuatro códigos posibles de dos dígitos.

Posibles códigos de dos dígitos
00, 01, 10, 11

13. a. Escribe los posibles códigos binarios de 3 dígitos.

b. Escribe los posibles códigos binarios de 4 dígitos.

 14. **¿DÓNDE ESTÁ EL ERROR?** El número binario $1010110_{binario}$ supuestamente es igual a $78_{decimal}$. Corrige el error en el número binario.

15. ***DESAFÍO*** ¿Qué dígitos se usarían en base 5? ¿Cuáles en base n?

Resolución de problemas en lugares

NUEVA YORK

Parque Adirondack

El Parque Adirondack cubre una quinta parte del estado de Nueva York, lo que lo hace más grande que Connecticut, Delaware, Hawai, Nueva Jersey o Rhode Island. El parque puede dividirse en seis regiones más la senda Northville-Lake Placid. Hay 589 sendas, con una longitud total de más de 2000 millas. La Northville-Lake Placid, de 135 millas, es la más larga.

Parque Adirondack	
Región	**Sendas**
High Peaks	139
Norte	84
Central	74
Centro-occidental	129
Oriental	100
Sur	62
Total	**588**

Usa la tabla para los ejercicios del 1 al 3. Simplifica tus respuestas.

1. a. Expresa el número de sendas de la región norte como fracción del total de sendas de la tabla.

   b. Expresa el número de sendas de la región central como fracción del total de sendas de la tabla.

   c. ¿Qué fracción de las sendas de la tabla constituyen las de las regiones High Peaks y central combinadas?

2. Combinadas, ¿la región High Peaks y qué otra contienen $\frac{67}{147}$ de las sendas?

3. ¿La región norte tiene $\frac{21}{25}$ de las sendas de qué otra región?

4. Bradley recorrió una senda cada día en un viaje de tres días al Parque Adirondack. El primer día, siguió la senda Black Mountain, de 8.5 millas. El segundo, siguió la senda Dead Creek Flow, de 12.2 millas (ida y vuelta). Y el tercer día, siguió la senda Mount Marcy-Elk Lake. Si en los tres días recorrió 31.15 millas, ¿qué longitud tiene la senda Mount Marcy-Elk Lake?

Zoológicos de la ciudad de Nueva York

El Zoológico Bronx, en la ciudad de Nueva York, opera desde 1899. Se inauguró con 22 áreas de exhibición y 843 animales. Actualmente, los trabajadores del sistema Zoológico Bronx cuidan más de 15,000 animales en cinco sedes de la ciudad, que incluyen el Zoológico Central Park en Manhattan.

Entre las especies poco comunes del Zoológico Bronx están los leopardos de las nieves, gorilas de tierras bajas, palomas rosadas de Mauricio y cocodrilos chinos.

El Bosque de Gorilas del Congo es el hábitat de selva africana del zoológico. Ocupa 6.5 acres y alberga 400 animales de 55 especies. Sus 23 gorilas de tierras bajas forman uno de los grupos en reproducción más grandes de Estados Unidos.

1. ¿Qué fracción de las especies del hábitat de selva africana son los gorilas de tierras bajas?

2. ¿Qué fracción de los animales del hábitat de selva africana son los gorilas de tierras bajas?

3. Si los 6.5 acres del hábitat de selva africana se dividieran equitativamente, ¿qué fracción de acre correspondería a cada uno de los 400 animales?

4. El Zoológico Central Park tiene 1400 animales de 130 especies. El Zoológico Queens tiene 400 animales de 70 especies. ¿Qué representa una fracción mayor, una comparación de las especies del Queens y el Central Park o una comparación de los animales de ambos zoológicos?

MATE-JUEGOS

Fracciones egipcias

Si dividieras 9 panes entre 10 personas, darías a cada una $\frac{9}{10}$ de pan. La respuesta fue diferente en el antiguo papiro egipcio Ahmes, porque los antiguos egipcios sólo usaban *fracciones unitarias*, cuyo numerador es 1. Todas las demás fracciones se escribían como sumas de fracciones unitarias distintas. Por tanto, $\frac{5}{6}$ se podía escribir como $\frac{1}{2} + \frac{1}{3}$, pero no como $\frac{1}{6} + \frac{1}{6} + \frac{1}{6} + \frac{1}{6} + \frac{1}{6}$.

Método	Ejemplo	
Supongamos que quieres escribir una fracción como suma de fracciones unitarias distintas.	$\frac{9}{10}$	
Paso 1. Elige la fracción más grande de la forma $\frac{1}{n}$ y que es menor que la fracción deseada.	0 $\frac{1}{5}$ $\frac{1}{4}$ $\frac{1}{3}$ $\frac{1}{2}$ $\frac{9}{10}$ $\frac{1}{1}$	
Paso 2. Resta $\frac{1}{n}$ a la fracción deseada.	$\frac{9}{10} - \frac{1}{2} = \frac{2}{5}$ restante	
Paso 3. Repite los pasos 1 y 2 con la diferencia de las fracciones, hasta que el resultado sea una fracción unitaria.	0 $\frac{1}{5}$ $\frac{1}{4}$ $\frac{1}{3}$ $\frac{2}{5}$ $\frac{1}{2}$ $\frac{1}{1}$ $\frac{2}{5} - \frac{1}{3} = \frac{1}{15}$ restante	
Paso 4. Escribe la fracción deseada como la suma de las fracciones unitarias.	$\frac{9}{10} = \frac{1}{2} + \frac{1}{3} + \frac{1}{15}$	

Escribe cada fracción como una suma de fracciones unitarias distintas.

1. $\frac{3}{4}$ **2.** $\frac{5}{8}$ **3.** $\frac{11}{12}$ **4.** $\frac{3}{7}$ **5.** $\frac{7}{5}$

Fracciones en cascarón

Este juego requiere una caja vacía de huevos. Cada compartimiento representa una fracción con denominador 12. La meta es colocar fichas en compartimientos con una suma determinada.

> **conexión internet**
> Visita **go.hrw.com** para las reglas e instrucciones completas.
> **CLAVE:** MP4 Game3

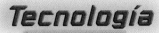

Tecnología
LABORATORIO
Suma y resta de fracciones

Para usar con la Lección 3-5

conexión internet
Recursos en línea para el laboratorio: *go.hrw.com*
CLAVE: MP4 TechLab3

Puedes sumar y restar fracciones con tu calculadora de gráficas. Para presentar decimales como fracciones, usa la tecla MATH .

Actividad

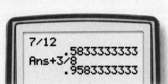

1 Usa una calculadora de gráficas para sumar $\frac{7}{12} + \frac{3}{8}$. Escribe la suma como fracción.

Escribe 7 ÷ 12 y oprime ENTER .

Puedes ver que el equivalente decimal es un decimal periódico, $0.58\overline{3}$.

Escribe + 3 ÷ 8 ENTER . Se muestra la forma decimal de la suma.

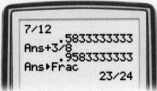

Oprime MATH ENTER ENTER .

La forma fraccionaria de la suma, $\frac{23}{24}$, se muestra como 23/24.

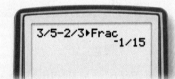

2 Usa una calculadora de gráficas para restar $\frac{3}{5} - \frac{2}{3}$. Escribe la diferencia como fracción.

Escribe 3 ÷ 5 − 2 ÷ 3 MATH ENTER ENTER .

La respuesta es $-\frac{1}{15}$.

Razonar y comentar

1. ¿Por qué en **2** la diferencia es negativa?

2. Escribe 0.33333… (oprimiendo 3 al menos 12 veces). Oprime MATH ENTER ENTER para escribir $0.\overline{3}$ como fracción. Ahora haz lo mismo con $0.\overline{9}$. ¿Qué sucede con $0.\overline{9}$? ¿En qué te ayuda la fracción de $0.\overline{3}$ a explicar este resultado?

Inténtalo

Usa una calculadora para sumar o restar. Escribe cada resultado como fracción.

1. $\frac{1}{2} + \frac{2}{5}$ 2. $\frac{7}{8} - \frac{2}{3}$ 3. $\frac{7}{17} + \frac{1}{10}$ 4. $\frac{1}{3} - \frac{5}{7}$

5. $\frac{5}{32} + \frac{2}{11}$ 6. $\frac{33}{101} - \frac{3}{7}$ 7. $\frac{4}{15} + \frac{7}{16}$ 8. $\frac{1}{35} - \frac{1}{37}$

Guía de estudio y repaso

Vocabulario

cuadrado perfecto 146

números irracionales 156

número racional 112

números reales 156

primos relativos 112

Propiedad de densidad 157

raíz cuadrada principal 146

recíproco 126

Completa los enunciados con las palabras del vocabulario. Puedes usar las palabras más de una vez.

1. Cualquier número que puede escribirse como una fracción $\frac{n}{d}$ (donde n y d son enteros y $d \neq 0$) es un(a) ___?___.

2. El conjunto de los/el ___?___ se compone del conjunto de los números racionales y el conjunto de los(el) ___?___.

3. Los enteros que no tienen factores comunes diferentes de 1 son ___?___.

4. La raíz cuadrada no negativa de un número se llama ___?___ de ese número.

5. Un número cuyas raíces cuadradas son números racionales es un(a) ___?___.

3-1 Números racionales (págs. 112–116)

EJEMPLO

■ Escribe el decimal como fracción.

$0.8 = \frac{8}{10}$ *8 está en la posición de las décimas.*

$= \frac{8 \div 2}{10 \div 2}$ *Divide el numerador y el denominador entre 2.*

$= \frac{4}{5}$

EJERCICIOS

Escribe cada decimal como fracción.

6. 0.6   **7.** 0.25   **8.** 0.525

Simplifica.

9. $\frac{14}{21}$ **10.** $\frac{22}{33}$ **11.** $\frac{75}{100}$

3-2 Cómo sumar y restar números racionales (págs. 117–120)

EJEMPLO

■ Suma o resta.

$\frac{3}{7} + \frac{4}{7} = \frac{3+4}{7} = \frac{7}{7} = 1$

$\frac{8}{11} - \left(\frac{-2}{11}\right) = \frac{8-(-2)}{11} = \frac{8+2}{11} = \frac{10}{11}$

EJERCICIOS

Suma o resta.

12. $\frac{-8}{13} + \frac{2}{13}$ **13.** $\frac{3}{5} - \left(\frac{-4}{5}\right)$

14. $\frac{-2}{9} + \frac{7}{9}$ **15.** $\frac{-5}{12} - \left(\frac{-7}{12}\right)$

3-3 Cómo multiplicar números racionales (págs. 121–125)

EJEMPLO

■ Multiplica. Escribe la respuesta en su mínima expresión.

$$5\left(3\tfrac{1}{4}\right) = \left(\tfrac{5}{1}\right)\left(\tfrac{3(4)+1}{4}\right)$$

$$= \left(\tfrac{5}{1}\right)\left(\tfrac{13}{4}\right) \quad \textit{Escribe como fracciones impropias. Multiplica.}$$

$$= \tfrac{65}{4}$$

$$= 16\tfrac{1}{4} \quad \textit{Escribe en mínima expresión.}$$

EJERCICIOS

Multiplica. Escribe cada respuesta en su mínima expresión.

16. $3\left(-\tfrac{2}{5}\right)$ **17.** $2\left(3\tfrac{4}{5}\right)$

18. $\tfrac{-2}{3}\left(\tfrac{-4}{5}\right)$ **19.** $\tfrac{8}{11}\left(\tfrac{-22}{4}\right)$

20. $5\tfrac{1}{4}\left(\tfrac{3}{7}\right)$ **21.** $2\tfrac{1}{2}\left(1\tfrac{3}{10}\right)$

3-4 Cómo dividir números racionales (págs. 126–130)

EJEMPLO

■ Divide. Escribe la respuesta en su mínima expresión.

$$\tfrac{7}{8} \div \tfrac{3}{4} = \tfrac{7}{8} \cdot \tfrac{4}{3} \quad \textit{Multiplica por el recíproco.}$$

$$= \tfrac{7 \cdot 4}{8 \cdot 3} \quad \textit{Escribe como una sola fracción.}$$

$$\dfrac{7 \cdot \overset{1}{4}}{\underset{2}{8} \cdot 3} = \tfrac{7 \cdot 1}{2 \cdot 3} \quad \textit{Divide entre el factor común, 4.}$$

$$\tfrac{7}{6} = 1\tfrac{1}{6}$$

EJERCICIOS

Divide. Escribe cada respuesta en su mínima expresión.

22. $\tfrac{3}{4} \div \tfrac{1}{8}$ **23.** $\tfrac{3}{10} \div \tfrac{4}{5}$

24. $\tfrac{2}{3} \div 3$ **25.** $4 \div \tfrac{-1}{4}$

26. $3\tfrac{3}{4} \div 3$ **27.** $1\tfrac{1}{3} \div \tfrac{2}{3}$

3-5 Cómo sumar y restar con denominadores distintos (págs. 131–134)

EJEMPLO

■ Suma.

$$\tfrac{3}{4} + \tfrac{2}{5} \quad \textit{Multiplica denominadores, } 4 \cdot 5 = 20.$$

$$\tfrac{3 \cdot 5}{4 \cdot 5} = \tfrac{15}{20} \quad \tfrac{2 \cdot 4}{5 \cdot 4} = \tfrac{8}{20} \quad \textit{Escribe con el mcd 20.}$$

$$\tfrac{15}{20} + \tfrac{8}{20} = \tfrac{15+8}{20} = \tfrac{23}{20} = 1\tfrac{3}{20} \quad \textit{Suma y simplifica.}$$

EJERCICIOS

Suma o resta.

28. $\tfrac{5}{6} + \tfrac{1}{3}$ **29.** $\tfrac{5}{6} - \tfrac{5}{9}$

30. $3\tfrac{1}{2} + 7\tfrac{4}{5}$ **31.** $7\tfrac{1}{10} - 2\tfrac{3}{4}$

3-6 Cómo resolver ecuaciones con números racionales (págs. 136–139)

EJEMPLO

■ Resuelve.

$$\begin{aligned} x - 13.7 &= -22 \\ +13.7 &= +13.7 \quad \textit{Suma 13.7 a cada lado.} \\ x &= -8.3 \end{aligned}$$

EJERCICIOS

Resuelve.

32. $y + 7.8 = -14$ **33.** $2.9z = -52.2$

34. $w + \tfrac{3}{4} = \tfrac{1}{8}$ **35.** $\tfrac{3}{8}p = \tfrac{3}{4}$

3-7 Cómo resolver desigualdades con números racionales (págs. 140–143)

EJEMPLO

■ Resuelve.

$$-3x > \frac{6}{7}$$

$$-\frac{1}{3}(-3x) > -\frac{1}{3}\left(\frac{6}{7}\right) \quad \text{Multiplica cada lado por } -\frac{1}{3}.$$

$$x < -\frac{2}{7} \quad \text{Cambia } > \text{ a } <, \text{ porque multiplicaste por un negativo.}$$

EJERCICIOS

Resuelve.

36. $4m > -\frac{1}{3}$ 　　　**37.** $-2.7t \le 32.4$

38. $7\frac{1}{2} - y \ge 10\frac{3}{4}$ 　　**39.** $x + \frac{4}{5} > \frac{3}{10}$

3-8 Cuadrados y raíces cuadradas (págs. 146–149)

EJEMPLO

■ Halla las dos raíces cuadradas de 400.

$$20 \cdot 20 = 400$$
$$(-20) \cdot (-20) = 400$$
Las raíces cuadradas son 20 y −20.

EJERCICIOS

Halla las dos raíces cuadradas de cada número.

40. 16 　　**41.** 900 　　**42.** 676

Evalúa cada expresión.

43. $\sqrt{4 + 21}$ 　**44.** $\frac{\sqrt{100}}{20}$ 　**45.** $\sqrt{3^4}$

3-9 Cómo hallar raíces cuadradas (págs. 150–153)

EJEMPLO

■ Halla la longitud del lado de un cuadrado con un área de 359 pies² y redondea a décimas. Luego, halla el perímetro.

$$18^2 = 324, \ 19^2 = 361$$
$$\text{Lado} = \sqrt{359} \approx 18.9$$
$$\text{Perímetro} \approx 4(18.9) \approx 75.6 \text{ pies}$$

EJERCICIOS

Halla, redondeando a décimas, el perímetro de cada cuadrado a partir del área que se da.

46. Área del cuadrado *ABCD*: 500 pulg².

47. Área del cuadrado *MNOP*: 1750 cm².

3-10 Los números reales (págs. 156–159)

EJEMPLO

■ Indica si el número es racional, irracional o no es número real.

$-\sqrt{2}$ real, irracional 　*El equivalente decimal no es periódico ni cerrado.*

$\sqrt{-4}$ no real 　*Las raíces cuadradas de números negativos no son reales.*

EJERCICIOS

Indica si el número es racional, irracional o no es número real.

48. $\sqrt{81}$ 　　**49.** $\sqrt{122}$ 　　**50.** $\sqrt{-16}$

51. $-\sqrt{5}$ 　　**52.** $\frac{0}{-4}$ 　　**53.** $\frac{7}{0}$

Simplifica.

1. $\frac{36}{72}$
2. $\frac{21}{35}$
3. $\frac{16}{88}$
4. $\frac{18}{25}$

Escribe cada decimal como fracción en su mínima expresión.

5. 0.225
6. 0.04
7. 0.101
8. 0.875

Escribe cada fracción como decimal.

9. $\frac{7}{8}$
10. $\frac{13}{25}$
11. $\frac{5}{12}$
12. $\frac{4}{33}$

Suma o resta. Escribe cada respuesta en su mínima expresión.

13. $\frac{-3}{11} - \left(\frac{-4}{11}\right)$
14. $7\frac{1}{4} - 2\frac{3}{4}$
15. $\frac{5}{6} + \frac{7}{18}$
16. $\frac{5}{6} - \frac{8}{9}$
17. $4\frac{1}{2} + 5\frac{7}{8}$
18. $8\frac{1}{5} - 1\frac{2}{3}$

Multiplica o divide. Escribe cada respuesta en su mínima expresión.

19. $9\left(\frac{-2}{27}\right)$
20. $\frac{7}{8} \div \frac{5}{24}$
21. $\frac{2}{3}\left(\frac{-9}{20}\right)$
22. $3\frac{3}{7}\left(1\frac{5}{16}\right)$
23. $34 \div 3\frac{2}{5}$
24. $-4\frac{2}{3} \div 1\frac{1}{6}$

Resuelve.

25. $x - \frac{1}{4} = -\frac{3}{8}$
26. $-3.14y = 53.38$
27. $-2k < \frac{1}{4}$
28. $h - 3.24 \le -1.1$

Halla las dos raíces cuadradas de cada número.

29. 196
30. 1
31. 0.25
32. 6.25

Cada raíz cuadrada está entre dos enteros. Identifica esos enteros.

33. $\sqrt{230}$
34. $\sqrt{125}$
35. $\sqrt{89}$
36. $-\sqrt{60}$

Indica si el número es racional, irracional o no es real.

37. $-\sqrt{121}$
38. $-1.\overline{7}$
39. $\sqrt{-9}$

Resuelve.

40. Michelle quiere cercar un lado de un huerto cuadrado. El área del huerto es de 1250 pies². ¿Cuánta cerca deberá comprar, si redondea al pie más cercano?

Evaluación del desempeño

 Muestra lo que sabes

Haz un portafolio para tus trabajos en este capítulo. Completa esta página e inclúyela junto con los cuatro mejores trabajos del Capítulo 3. Elige entre las tareas o prácticas de laboratorio, examen parcial del capítulo o cualquier entrada de tu diario para incluirlas en el portafolio empleando el diseño que más te guste. Usa tu portafolio para presentar lo que consideras tu mejor trabajo.

 Respuesta corta

1. Un tablero cuadrado de ajedrez consta de 64 cuadros. Si colocaras un caballo en cada uno de los cuadros del borde del tablero, ¿cuántos caballos necesitarías?

2. En un dibujo de mecánica, una línea oculta suele representarse con guiones de $\frac{1}{8}$ pulg con espacios de $\frac{1}{32}$ pulg entre ellos. ¿Qué longitud tendría una línea representada por 26 guiones?

3. Escribe la ecuación de multiplicación $\frac{3}{4} \cdot \frac{5}{7} = \frac{15}{28}$ como una ecuación con división. Usa tu resultado para explicar por qué dividir entre una fracción es lo mismo que multiplicar por el recíproco de la fracción.

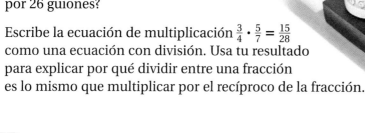

 Extensión de resolución de problemas

4. Usa un diagrama para hacer un modelo de la multiplicación de fracciones.

   a. Haz mediante un diagrama un modelo de la fracción $\frac{5}{6}$.

   b. Sombrea $\frac{2}{5}$ de la parte del diagrama que representa $\frac{5}{6}$. ¿Qué producto representa esta área sombreada?

   c. Usa tu diagrama para escribir el producto en su mínima expresión.

⬈ conexión **internet**
Práctica en línea para
la prueba estatal: *go.hrw.com*
CLAVE: MP4 TestPrep

Preparación para la prueba estandarizada

Capítulo
3

Evaluación acumulativa: Capítulos 1–3

1. ¿Qué par ordenado está en la porción negativa del eje y?

  Ⓐ $(-4, -4)$ Ⓒ $(4, -4)$

  Ⓑ $(0, -4)$ Ⓓ $(-4, 0)$

2. La suma de dos números que difieren en 1 es x. En términos de x, qué valor tiene el mayor de los dos números?

  Ⓕ $\dfrac{x-1}{2}$ Ⓗ $\dfrac{x+1}{2}$

  Ⓖ $\dfrac{x}{2}$ Ⓙ $\dfrac{x}{2} + 1$

3. Si la suma de los enteros consecutivos desde -22 hasta x es 72, ¿qué valor tiene x?

  Ⓐ 23   Ⓒ 50

  Ⓑ 25   Ⓓ 75

4. si $xy + y = x + 2z$, ¿qué valor tiene y cuando $x = 2$ y $z = 3$?

  Ⓕ $\sqrt{8}$ Ⓗ $\sqrt[3]{8}$

  Ⓖ $\dfrac{8}{3}$ Ⓙ 24

5. Una asociación local de bibliotecas publicó los resultados de las aportaciones comunitarias al fondo de construcción.

Fondo para construcción de bibliotecas, Donativos comunitarios: $1,480,000

Benefactores $\dfrac{2}{5}$ Empresas $\dfrac{3}{10}$

Estudiantes $\dfrac{1}{10}$

Otros

¿Cuánto dinero representa "Otros"?

  Ⓐ $148,000   Ⓒ $444,000

  Ⓑ $296,000   Ⓓ $592,000

6. ¿Qué número equivale a 3^{-3}?

  Ⓕ $\dfrac{1}{9}$ Ⓗ $-\dfrac{1}{9}$

  Ⓖ $\dfrac{1}{27}$ Ⓙ $-\dfrac{1}{27}$

7. ¿Cuánto vale $10 - 2 \cdot 3^2$?

  Ⓐ -26 Ⓒ 72

  Ⓑ -8 Ⓓ 576

¡CONSEJO!

PARA LA PRUEBA

Hacer comparaciones: al asignar valores de ensayo, prueba diferentes tipos de números, como negativos y fracciones.

8. Si x es cualquier número real, ¿qué debe cumplirse?

  Ⓕ $x^2 > x$

  Ⓖ $x^3 > x$

  Ⓗ $x^3 > x^2$

  Ⓙ No puede determinarse ninguna relación.

9. ***RESPUESTA CORTA*** El peso total de Sam y su hijo Dan es 250 lb. Sam pesa 10 lb más que el triple del peso de Dan. Escribe una ecuación que sirva para determinar el peso de Dan. Resuelve tu ecuación.

10. ***RESPUESTA CORTA*** Había $1000 en el cajón de un cajero cuando el banco abrió. El primer cliente hizo un retiro, después de lo cual aún había más de $900 en el cajón, divididos en números iguales de billetes de $1, $5, $10, $20, $50 y $100. ¿Cuánto dinero retiró el primer cliente? Muestra o explica cómo obtuviste tu respuesta.

Capítulo 4

Recopilar, presentar y analizar datos

Errores en muestras		Errores
Tipo de compañía	Tamaño de muestra	
	25	2
Software	100	7
Cantería	50	4
Herramientas	75	3
Pizzas		

Profesión

Especialista en certificación de calidad

¿Cómo saben los fabricantes si sus productos están bien hechos? Éste es el trabajo del especialista en certificación de calidad; él diseña pruebas y procedimientos para determinar la calidad de los productos. Como sería imposible revisar cada producto o procedimiento, los especialistas usan el muestreo para predecir el margen de error.

conexión internet

go.hrw.com

Presentación del capítulo en línea: **go.hrw.com**
CLAVE: MP4 CH4

¿ESTÁS PREPARADO?

Elige de la lista el término que mejor complete cada enunciado.

1. Un(a) __?__ es una medida uniforme en la que se marcan distancias iguales para representar cantidades iguales.

2. __?__ es el proceso de aproximar a cierto __?__ .

3. Los pares ordenados de números se representan en un(a) __?__ .

cuadrícula de coordenadas

valor posicional

redondear

escala

Resuelve los ejercicios para practicar las destrezas que usarás en este capítulo.

✔ Redondear decimales

Redondea cada número al valor posicional indicado.

4. 34.7826; décimas

5. 137.5842; un número cabal

6. 287.2872; milésimas

7. 362.6238; centenas

✔ Comparar y ordenar decimales

Ordena cada sucesión de números de mayor a menor.

8. 3.005, 3.05, 0.35, 3.5

9. 0.048, 0.408, 0.0408, 0.48

10. 5.01, 5.1, 5.011, 5.11

11. 1.007, 0.017, 1.7, 0.107

✔ Valor posicional de números cabales

Escribe cada número en forma estándar.

12. 1.3 millones

13. 7.59 millones

14. 4.6 millones

15. 2.83 millones

✔ Leer una tabla

Usa la tabla para los problemas del 16 al 18.

16. ¿Qué actividad tuvo el mayor cambio en participación entre 2000 y 2001?

17. ¿Qué actividad tuvo el mayor cambio positivo en participación entre 2000 y 2001?

18. ¿Qué actividad tuvo el menor cambio en participación entre el año 2000 y 2001?

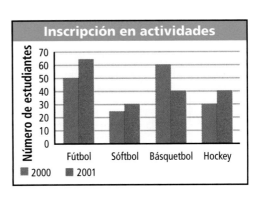

4-1 Muestras y encuestas

Aprender a reconocer muestras no representativas e identificar métodos de muestreo.

Vocabulario

población

muestra

muestra no representativa

muestra aleatoria

muestra sistemática

muestra por estratos

Una revista de salud publicó una encuesta. Los enunciados 1, 2 y 3 son interpretaciones de los resultados. ¿Qué enunciado crees que usará la revista?

1. **El estadounidense promedio hace ejercicio 3 veces por semana.**
2. **El lector promedio de la revista hace ejercicio 3 veces por semana.**
3. **El lector promedio que respondió la encuesta hace ejercicio 3 veces por semana.**

La **población** es el grupo entero que se estudia. La **muestra** es la parte de la población que responde a la encuesta. En el enunciado 1, los estadounidenses son la población y, los lectores de la revista que respondieron, son la muestra. Es una **muestra no representativa** porque no es una buena representación de la población.

Las personas que leen revistas de salud probablemente se interesan por el ejercicio. Esto podría predisponer la muestra en favor de quienes hacen ejercicio más veces por semana.

EJEMPLO **1** **Identificar muestras no representativas**

Identifica la población y la muestra. Da un motivo por el cual la muestra podría ser no representativa.

A El gerente de una estación de radio elige 1500 personas del directorio telefónico local y les pregunta cuál es su estación favorita.

Población	Muestra	Posible predisposición
Gente de la localidad	Hasta 1500 personas encuestadas	No toda la gente aparece en el directorio.

B La escritora de una columna de consejos pregunta a sus lectores acerca de la forma de colocar el papel higiénico.

Población	Muestra	Posible predisposición
Lectores de la columna	Lectores que contestan	Sólo contestan lectores con opiniones decididas.

Identifica la población y la muestra. Da un motivo por el cual la muestra podría ser no representativa.

C Varios encuestadores eligen algunas personas en un centro comercial para preguntarles qué productos prefieren.

Población	Muestra	Posible predisposición
Toda la gente que acude al centro comercial	Las personas encuestadas	Los encuestadores suelen acercarse a quienes parecen más accesibles.

Para obtener información exacta, es importante usar un buen método de muestreo. En una **muestra aleatoria**, todos los miembros de la población tienen la misma probabilidad de ser elegidos. Es mejor obtener una muestra aleatoria, pero a menudo se usan otros métodos por conveniencia.

Método de muestreo	Cómo se eligen los miembros
Aleatorio	Al azar
Sistemático	Según una regla o fórmula
Por estratos	Al azar de subgrupos elegidos al azar

EJEMPLO **2** Identificar métodos de muestreo

Identifica el método de muestreo que se usa.

A Se encuesta a cada décimo votante después de votar.

sistemático *La regla es interrogar a cada décimo votante.*

B En una encuesta estatal, se eligen cinco condados al azar y se encuesta a 100 personas al azar de cada condado.

por estratos *Los cinco condados son los subgrupos aleatorios. Se eligen personas al azar de esos condados.*

C Los estudiantes de un grupo anotan su nombre en papelitos y los colocan en una gorra. El maestro saca cinco papelitos sin ver.

aleatorio *Se eligen nombres al azar.*

Razonar y comentar

1. Describe las formas de eliminar la posible tendencia en el Ejemplo 1C.

2. Decide qué método de muestreo sería el mejor para hallar el número promedio de veces a la semana que los estudiantes de tu escuela hacen ejercicio.

4-1 Ejercicios

PARA PRÁCTICA ADICIONAL
ve a la pág. 738

☑ conexión internet
Ayuda en línea para tareas
go.hrw.com   Clave: MP4 4-1

PRÁCTICA GUIADA

Ver Ejemplo **1** **Identifica la población y la muestra. Da un motivo por el cual la muestra podría ser no representativa.**

1. En una tienda para mascotas se pregunta a 100 clientes qué marca de alimento para perros compran con mayor frecuencia.

Ver Ejemplo **2** **Identifica el método de muestreo que se usa.**

2. Se encuesta a quienes viven en casas cuyo número termina en 1.

3. Se eligen al azar 30 nombres del directorio telefónico.

PRÁCTICA INDEPENDIENTE

Ver Ejemplo **1** **Identifica la población y la muestra. Da un motivo por el cual la muestra podría ser no representativa.**

4. El dueño de un *delicatessen* pregunta a sus clientes del domingo qué mostaza prefieren.

Ver Ejemplo **2** **Identifica el método de muestreo que se usa.**

5. Se encuesta a quienes están sentados en un asiento impar de una fila par del teatro.

6. Se eligen diez grupos de estudio de la biblioteca y se selecciona al azar una persona de cada grupo.

PRÁCTICA Y RESOLUCIÓN DE PROBLEMAS

Identifica la población y la muestra. Da un motivo por el cual la muestra podría ser no representativa.

7. Un empleado de la cafetería pregunta a los estudiantes que compran el plato principal si les gusta la comida de la cafetería.

8. Se pregunta a las últimas diez personas que salen del cine: "¿Le gustó la película?".

9. Un cocinero pregunta a los primeros cuatro clientes que prueban la nueva salsa de queso si les gusta.

10. Un biólogo toma muestras de flores de árboles a la orilla del río.

Identifica el método de muestreo que se usa.

11. Se elige cada quinto nombre de una lista de votantes.

12. Cada estudiante escribe una pregunta en una hoja de papel y la pone en una caja. El maestro saca una pregunta para comentarla.

13. Se eligen casualmente cien compradores de cuatro tiendas de computación seleccionadas al azar.

Identifica el método de muestreo que se usa.

14. Un fabricante prueba uno de cada sesenta artículos de una línea de ensamblaje.

15. A cada tercer estudiante que se inscribe en una clase de astronomía se le pregunta qué telescopio prefiere.

16. Se eligen al azar quince grupos de la escuela y diez estudiantes por grupo.

17. **NEGOCIOS** Necesitas hacer una encuesta para hallar por qué a las personas les gusta ir al zoológico de San Diego.

    a. ¿Cómo puedes elegir una muestra representativa?

    b. ¿Cómo puedes hacer sistemático tu método de muestreo?

    c. ¿Por qué no sería representativo encuestar sólo a familias con niños?

18. **DINERO** Martin ordenó las monedas que guardó por 15 años y notó que la mayoría de las monedas en circulación tienen fecha de 1980.

    a. ¿Cuál es la población de esta encuesta?

    b. ¿Por qué podría ser no representativa esta muestra?

 19. **ESCRÍBELO** Para planear el día de campo anual de tu grupo, tú preguntas a tus compañeros a dónde quieren ir. Elige un método de muestreo y explica tu elección.

 20. **¿DÓNDE ESTÁ EL ERROR?** Un distribuidor necesitaba hacer una muestra por estratos de restaurantes para hallar el producto alimenticio que se ordena con más frecuencia. Eligió cinco restaurantes al azar y encuestó a cada décimo cliente. ¿Por qué ésta no es una muestra por estratos?

 21. **DESAFÍO** Los diagramas muestran los puntos en los que se tomarán muestras de suelo para medir la contaminación. Identifica el tipo de muestra que representa cada diagrama.

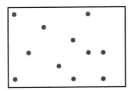  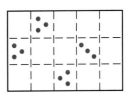

Repaso en espiral

Resuelve. (Lección 3-6)

22. $x + \dfrac{1}{6} = -\dfrac{5}{6}$ **23.** $\dfrac{y}{2.4} = -3$ **24.** $y - 11.6 = -21$ **25.** $23\dfrac{5}{7} - 24 = c$

Resuelve. (Lección 3-7)

26. $w + (-5.7) > -18.9$ **27.** $-14.9x < -381.44$

28. **PREPARACIÓN PARA LA PRUEBA** ¿Qué término sigue en la sucesión 5, 12, 26, 54, … ?
    (Curso previo)

    A 82   **B** 159   **C** 120   **D** 110

Explorar muestras

RECUERDA
- Organízate antes de comenzar.
- Asegúrate de que tu muestra refleje la población.

⤓ conexión **internet**

Recursos en línea para el laboratorio: *go.hrw.com*
CLAVE: MP4 Lab4A

Puedes predecir datos de una población recopilando datos de una muestra representativa.

Actividad

Tu distrito escolar estudia la posibilidad de usar uniformes. Cada escuela podrá elegir el estilo y color del uniforme. Han elegido a tu grupo para decidir qué uniforme y colores se usarán en tu escuela. Para ser justo, quieres estar seguro de que los demás estudiantes de tu escuela también participen. Por tanto, decides hacer una encuesta para averiguar qué prefiere la mayoría de los estudiantes de tu escuela.

1 Sigue estos pasos para representar la encuesta.

a. Elige la población.

- todos los estudiantes de la escuela
- todas las chicas
- sólo tu grupo
- todos los chicos
- todos los estudiantes de octavo grado
- maestros

b. Elige el tipo de muestra que usarás. Comenta sus ventajas y desventajas.

- aleatoria
- sistemática
- por estratos

c. Decide qué opciones de colores y estilos presentarás a la muestra.

- pantalones largos
- pantalones cortos
- faldas
- suéteres
- sacos
- chalecos
- colores de la escuela
- azul marino
- verde oscuro

Razonar y comentar

1. Explica por qué elegir a los maestros como población no es la mejor opción.

2. ¿Cómo decidiste qué colores presentar a tu muestra?

Inténtalo

1. Haz formularios para tu encuesta que presenten las opciones que tiene la muestra para elegir. Luego encuesta a tu muestra y haz una tabla de los resultados. Explica qué te dice esa tabla acerca de la población.

Si quieres ser mecánico de aviones, te conviene tomar cursos de matemáticas, física, computación, química e inglés.

Aprender a organizar datos en tablas y diagramas de tallo y hojas.

Vocabulario

diagrama de tallo y hojas

diagrama doble de tallo y hojas

Cuando te gradúes y busques empleo tendrás que organizar mucha información.

Las tablas son una forma de organizar y presentar datos para comprender su significado y distinguir relaciones.

EJEMPLO 1 Organizar datos en tablas

Usa los datos que se dan para crear una tabla.

A Greg le ofrecieron un puesto de mecánico en tres líneas aéreas. La primera ofrece salarios entre $20,000 y $34,000; beneficios que valen $12,000 y 10 días de vacaciones. La segunda ofrece 15 días de vacaciones, beneficios por $10,500 y salarios entre $18,000 y $50,000. La tercera ofrece beneficios por $11,400; salarios entre $14,000 y $40,000 y 12 días de vacaciones.

	Empleo 1	Empleo 2	Empleo 3
Salarios	$20,000–$34,000	$18,000–$50,000	$14,000–$40,000
Prestaciones	$12,000	$10,500	$11,400
Vacaciones	10	15	12

El **diagrama de tallo y hojas** es otra forma de presentar datos. Los valores se agrupan de modo que en cada categoría todos los dígitos, excepto el último, sean iguales.

Tallo = primer(os) dígito(s)

$$2 \mid 5 = 25$$

Hoja = último dígito

EJEMPLO 2 Leer diagramas de tallo y hojas

Haz una lista de los datos del diagrama de tallo y hojas.

```
0 │ 2 5
1 │ 3 3 7 8
2 │ 0 2 6
3 │ 1 7        Clave: 3│1 significa 31
```

Los datos son 2, 5, 13, 13, 17, 18, 20, 22, 26, 31 y 37.

EJEMPLO **3** Organizar los datos en un diagrama de tallo y hojas

Usa los datos que se dan para hacer un diagrama de tallo y hojas.

Altura de los árboles más altos de EE. UU. (m)					
Fresno	47	Olmo	38	Arce rojo	55
Haya	40	Abeto gigante	77	Secoya	84
Arce negro	40	Abeto canadiense	74	Pícea	63
Cedro	67	Nogal americano	58	Sicómoro	40
Cerezo	42	Roble	61	Pino occidental	48
Abeto Douglas	91	Pacana	44	Sauce	35

Las alturas varían entre 35 y 91, así que los tallos son de 3 a 9.

```
3 | 5 8
4 | 0 0 0 2 4 7 8
5 | 5 8
6 | 1 3 7
7 | 4 7
8 | 4
9 | 1      Clave: 9|1 significa 91 m
```

Un **diagrama doble de tallo y hojas** se usa para comparar dos conjuntos de datos. Los tallos van en el centro y las hojas de la izquierda se leen de derecha a izquierda.

EJEMPLO **4** Organizar datos en un diagrama doble de tallo y hojas

Usa los datos que se dan para hacer un diagrama doble de tallo y hojas.

Marcadores del Super Bowl (Super Tazón), 1990-2000											
	1990	1991	1992	1993	1994	1995	1996	1997	1998	1999	2000
Ganador	55	20	37	52	30	49	27	35	31	34	23
Perdedor	10	19	24	17	13	26	17	21	24	19	16

```
  Perdedor   |   Ganador
9 9 7 7 6 3 0 | 1 |
      6 4 4 1 | 2 | 0 3 7
              | 3 | 0 1 4 5 7
              | 4 | 9
              | 5 | 2 5
```
Clave: |5|2 significa 52 puntos
1|2 significa 21 puntos

Razonar y comentar

1. **Indica** qué es siempre igual al número de los valores de datos en un diagrama de tallo y hojas: el número de tallos o el de hojas.

PARA PRÁCTICA ADICIONAL
ve a la pág. 738

☑ conexión internet
Ayuda en línea para tareas
go.hrw.com   Clave: MP4 4-2

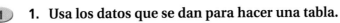

PRÁCTICA GUIADA

Ver Ejemplo ① **1.** Usa los datos que se dan para hacer una tabla.

Una porción de 100 g de papas al horno tiene 2.4 g de fibra, 10 mg de calcio (Ca) y 27 mg de magnesio (Mg).

En una porción de 100 g de papas a la francesa hay 3.2 g de fibra, 10 mg de Ca y 22 mg de Mg.

En una porción de 100 g de papas fritas hay 4.5 g de fibra, 24 mg de Ca y 67 mg de Mg. (*Fuente:* USDA)

Ver Ejemplo ② **Muestra los datos en el diagrama de tallo y hojas.**

2. 0 | 2 3 3 7
1 | 1 3 7 7 8
2 | 0 0 7
3 | 4 4 5 5   *Clave: 3 | 5 significa 35*

3. 6 | 3 6 8
7 | 3 3 5 7
8 | 0 0 1 1
9 | 0 4 5 9   *Clave: 9 | 9 significa 99*

Ver Ejemplo ③ **4.** Usa los datos que se dan para hacer un diagrama de tallo y hojas.

Número atómico de algunos elementos							
Hidrógeno	1	Plata	47	Carbono	6	Titanio	22
Nitrógeno	7	Bario	56	Argón	18	Bromo	35
Calcio	20	Hierro	26	Kriptón	36	Yodo	53

Ver Ejemplo ④ **5.** Usa los datos que se dan para hacer un diagrama doble de tallo y hojas.

Divisiones políticas del Senado de EE. UU.									
Congreso	89º.	90º.	91º.	92º.	93er.	94º.	95º.	96º.	97º.	98º.
Demócratas	68	64	57	54	56	61	61	58	46	46
Republicanos	32	36	43	44	42	37	38	41	53	54

PRÁCTICA INDEPENDIENTE

Ver Ejemplo ① **6.** Usa los datos que se dan para hacer una tabla.

Ventas de autobuses nuevos en 1970: 7,110,000 nacionales, 313,000 importados de Japón, 750,000 importados de Alemania

Ventas de autobuses nuevos en 1980: 6,581,000 nacionales, 1,906,000 importados de Japón, 305,000 importados de Alemania

Ventas de autobuses nuevos en 1990: 6,897,000 nacionales, 1,719,000 importados de Japón, 265,000 importados de Alemania

Ver Ejemplo **2** **Muestra los datos en el diagrama de tallo y hojas.**

7.
```
5 | 0 1 4 8
6 | 2 6 7
7 | 1 4 5 6 6
8 | 2          Clave: 6 | 2 significa 62
```

8.
```
0 | 1 5 7
1 | 2 4 6 8
2 | 0 1 7 9
3 | 3 3 4 6    Clave: 2 | 1 significa 21
```

Ver Ejemplo **3** **9. Usa los datos que se dan para hacer un diagrama de tallo y hojas.**

Precio promedio por galón de gasolina normal sin plomo por año							
1981	$1.38	1986	$0.93	1991	$1.14	1996	$1.23
1982	$1.30	1987	$0.95	1992	$1.13	1997	$1.23
1983	$1.24	1988	$0.95	1993	$1.11	1998	$1.06
1984	$1.21	1989	$1.02	1994	$1.11	1999	$1.17

Ver Ejemplo **4** **10.** Usa los datos del mapa para hacer un diagrama doble de tallo y hojas.

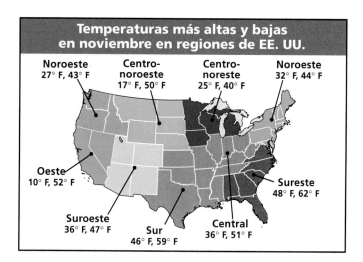

Temperaturas más altas y bajas en noviembre en regiones de EE. UU.

Noroeste 27° F, 43° F
Centro-noroeste 17° F, 50° F
Centro-noreste 25° F, 40° F
Noroeste 32° F, 44° F
Oeste 10° F, 52° F
Suroeste 36° F, 47° F
Sur 46° F, 59° F
Central 36° F, 51° F
Sureste 48° F, 62° F

PRÁCTICA Y RESOLUCIÓN DE PROBLEMAS

Haz un diagrama de tallo y hojas con estos datos.

11. 72, 43, 75, 57, 81, 65, 68, 72, 73, 84, 91, 76, 82, 88

12. 5.3, 6.8, 3.2, 6.4, 2.7, 4.9, 6.3, 5.5, 4.1, 3.8, 6.0, 4.1, 4.5, 5.9

13. Usa los datos que se dan para hacer una tabla.

En 1980, el 89% de la energía consumida en Estados Unidos provenía de combustibles fósiles, el 3% de reactores nucleares y el 7% de fuentes renovables. En 1990, el 86% provenía de combustibles fósiles, el 7% de reactores y el 7% de fuentes renovables. En 2000, el 85% provenía de combustibles fósiles, el 8% de reactores y el 7% de fuentes renovables.

14. Usa los datos que se dan para hacer un diagrama doble de tallo y hojas.

Rendimiento en mi/gal de los modelos de un fabricante de automóviles										
Modelo	A	B	C	D	E	F	G	H	I	J
En ciudad	11	17	28	19	18	15	18	22	14	20
En carretera	15	24	36	28	26	20	23	25	17	29

CONEXIÓN con las artes del lenguaje

El estilo de un autor es tan único como una huella digital. Es posible determinar el autor de una obra analizando la puntuación, la ortografía y el uso de palabras.

Don Foster analizó el poema titulado "Una elegía funeraria" escrito hace 350 años. El análisis confirmó que su autor, hasta entonces desconocido, había sido William Shakespeare.

Los métodos de Don Foster también se han usado para analizar notas de rescate y evidencias en casos judiciales.

15. En el acto 5 de *Sueño de una noche de verano*, Shakespeare menciona estos números: 1 nueve veces, 2 tres veces, 3 seis veces, 10 dos veces, 12 una vez y 14 una vez. También hace referencia a la hora: noche 12 veces, día 4 veces, hora de cenar 1 vez, hora de acostarse 1 vez y anochecer 1 vez. Usa esos datos para hacer una tabla.

16. La tabla muestra la puntuación en el poema "La cabalgata de Paul Revere" de Henry Wadsworth Longfellow. Haz un diagrama doble de tallo y hojas con el número de comas y puntos en cada verso.

	Verso													
	1	**2**	**3**	**4**	**5**	**6**	**7**	**8**	**9**	**10**	**11**	**12**	**13**	**14**
,	4	8	6	8	10	12	15	10	7	3	5	5	5	11
—	1	1	3	0	1	2	2	0	0	0	1	1	2	2
!	0	0	1	0	0	1	3	1	0	0	0	0	0	1
.	1	1	1	1	1	1	2	1	1	2	2	3	2	1

17. ★ **DESAFÍO** Elige dos párrafos de una obra de tu escritor preferido y un tercero de otro escritor. Compara la selección de palabras o la puntuación en los tres párrafos y explica las similitudes y diferencias. Usa una tabla o un diagrama de tallo y hojas para apoyar tu argumento.

Repaso en espiral

Multiplica o divide. Escribe el producto o cociente como una potencia. (Lección 2-7)

18. $\dfrac{7^4}{7^2}$ **19.** $5^3 \cdot 5^8$ **20.** $\dfrac{t^8}{t^5}$ **21.** $\dfrac{10^9}{9^3}$

Identifica la población y la muestra. (Lección 4-1)

22. Una compañía de cable encuesta a sus clientes cuyo apellido comienza con *S*.

23. El director pregunta a cada segundo autobús escolar si el viaje fue cómodo.

24. PREPARACIÓN PARA LA PRUEBA ¿Qué número es menor que 10^3? (Lección 2-6)

    A 2^{10} **B** 25^2 **C** 8^4 **D** 7^5

4-3 Medidas de tendencia dominante

Aprender a hallar medidas apropiadas de tendencia dominante.

Vocabulario

media

mediana

moda

valor extremo

Una medida de tendencia dominante intenta describir un conjunto de datos mediante un solo número. Ese número representa el "centro" del conjunto.

Medidas de tendencia dominante		
	Definición	**Se usa para responder**
Media	La suma de los valores dividida entre el número de valores	"¿Cuál es el promedio?" "¿Qué número representa mejor los datos?"
Mediana	Si el número de valores es impar: el valor intermedio Si el número de valores es par: el promedio de los dos valores intermedios	"¿Qué punto está a la mitad de los datos?"
Moda	El valor o valores que aparecen con más frecuencia	"¿Cuál es el valor más común?"

EJEMPLO 1 Hallar medidas de tendencia dominante

Halla la media, mediana y moda de cada conjunto de datos.

A 4, 8, 8, 3, 6, 8, 3

media: $4 + 8 + 8 + 3 + 6 + 8 + 3 = 40$ *Suma los valores.*

$\frac{40}{7} \approx 5.7$ *Divide entre 7, el número de valores.*

mediana: 3 3 4 (6) 8 8 8   *Ordena los valores.*
3 valores   3 valores
La mediana es 6.

moda: 8   *El valor 8 aparece tres veces.*

B 9, 6, 91, 5, 7, 6, 8, 8, 7, 9

media: $9 + 6 + 91 + 5 + 7 + 6 + 8 + 8 + 7 + 9 = 156$

$\frac{156}{10} = 15.6$ *Divide entre 10.*

mediana: 5 6 6 7 (7 8) 8 9 9 91   *Ordena los valores.*
5 valores   5 valores

$\frac{7 + 8}{2} = 7.5$ *Halla el promedio de los dos valores intermedios.*

moda: 6, 7, 8, 9   *Cuatro valores aparecen dos veces cada uno.*

Halla la media, mediana y moda.

C 28, 12, 101, 53

media: $28 + 12 + 101 + 53 = 194$

$$\frac{194}{4} = 48.5$$

mediana: $12\ \underbrace{28\ \vdots\ 53}\ 101$

$$\frac{28 + 53}{2} = 40.5$$

moda: No hay moda *Ningún valor aparece más veces que otro.*

En el Ejemplo 1B, la media es mucho mayor que la mayoría de los valores de los datos. Esto es porque 91 está muy lejos de los demás valores de los datos, es decir, es un **valor extremo**. Un valor extremo puede influir de manera importante en la media de un conjunto de datos.

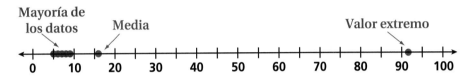

Mayoría de los datos · Media · Valor extremo

0 10 20 30 40 50 60 70 80 90 100

E J E M P L O   2   *Aplicación a la astronomía*

Usa los datos para hallar cada respuesta.

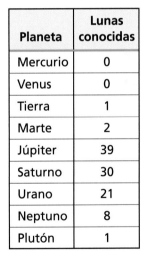

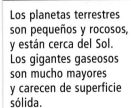
CONEXIÓN Astronomía

Los planetas terrestres son pequeños y rocosos, y están cerca del Sol. Los gigantes gaseosos son mucho mayores y carecen de superficie sólida.

go.hrw.com
CLAVE:
MP4 Moons, disponible en inglés.
CNN student News.

A Halla el promedio de lunas de los *planetas terrestres:* Mercurio, Venus, Tierra y Marte.

Usa la media para responder, "¿Cuál es el promedio?".

$$\frac{0 + 0 + 1 + 2}{4} = \frac{3}{4} = 0.75$$

B Halla el promedio de lunas de los *gigantes gaseosos:* Júpiter, Saturno, Urano y Neptuno.

$$\frac{39 + 30 + 21 + 8}{4} = \frac{98}{4} = 24.5$$

C Halla el promedio de lunas por planeta.

$$\frac{0 + 0 + 1 + 2 + 39 + 30 + 21 + 8 + 1}{9} = \frac{102}{9} \approx 11.33$$

Planeta	Lunas conocidas
Mercurio	0
Venus	0
Tierra	1
Marte	2
Júpiter	39
Saturno	30
Urano	21
Neptuno	8
Plutón	1

Razonar y comentar

1. Compara la media y mediana del conjunto 1, 2, 3 y 4, con la media y mediana de 1, 2, 3 y 40. Explica la diferencia.

2. Da un conjunto de datos cuya media, mediana y moda sean iguales.

4-3 **Ejercicios**

PARA PRÁCTICA ADICIONAL
ve a la pág. 738

⬈ conexión **internet**
Ayuda en línea para tareas
go.hrw.com   Clave: MP4 4-3

PRÁCTICA GUIADA

Ver Ejemplo ① **Halla la media, mediana y moda de cada conjunto de datos.**

1. 35, 21, 34, 44, 36, 42, 29

2. 2.0, 4.4, 6.2, 3.2, 4.4, 6.2

3. 7, 5, 4, 6, 8, 3, 5, 2, 5

4. 23, 13, 45, 56, 72, 44, 89, 92, 67

Ver Ejemplo ② **Usa los datos para hallar cada respuesta.**

Las diez ciudades más pobladas de EE. UU.

Chicago 2.9 millones
Detroit 1.0 millones
Nueva York 8.0 millones
Filadelfia 1.5 millones
Los Ángeles 3.7 millones
San Diego 1.2 millones
San Antonio 1.1 millones
Phoenix 1.3 millones
Houston 2.0 millones
Dallas 1.2 millones

Fuente: Censo de EE. UU. de 2000

5. Halla el promedio de habitantes por ciudad.

6. Halla el promedio de habitantes en las ciudades de Texas: Dallas, Houston y San Antonio.

7. Halla el promedio de habitantes en las ciudades del noreste: Nueva York, Filadelfia, Chicago y Detroit.

PRÁCTICA INDEPENDIENTE

Ver Ejemplo ① **Halla la media, mediana y moda de cada conjunto de datos.**

8. 5, 2, 12, 7, 13, 9, 8

9. 92, 88, 84, 86, 88

10. 6, 8, 6, 7, 9, 2, 4, 22

11. 4.3, 1.3, 4.5, 8.6, 9, 3, 2.1, 14

Ver Ejemplo ② **Usa los datos para hallar cada respuesta.**

12. Halla el promedio de acres cultivados por estado.

13. Halla el promedio de acres cultivados en los estados del sur: Texas, Nuevo México y Kansas.

14. Halla el promedio de acres cultivados en los estados del norte: Montana, Dakota del Norte, Dakota del Sur y Nebraska.

Acres cultivados	
Estado	**Acres (millones)**
Texas	131
Montana	59
Kansas	46
Nebraska	46
Nuevo México	46
Dakota del Sur	44
Dakota del Norte	39

PRÁCTICA Y RESOLUCIÓN DE PROBLEMAS

Halla la media, mediana y moda de cada conjunto de datos. Identifica valores extremos.

15. 20, 17, 42, 26, 27, 12, 31

16. 4.0, 3.3, 5.6, 4.6, 3.3, 5.6

17. 15, 10, 12, 10, 13, 13, 13, 10, 3

18. 8, 5, 3, 75, 7, 3, 4, 7, 9, 2, 8, 5, 7

19. 2, 6, 29, 6, 2, 2, 1, 1, 2, 1, 2, 2, 1, 0, 0, 4, 7

20. 22, 34, 36, 18, 36, 40, 25, 23, 32, 43, 43

21. *ASTRONOMÍA* La tabla muestra la distancia promedio a la que se encuentra cada planeta del Sol. Halla la media, mediana y moda de los datos.

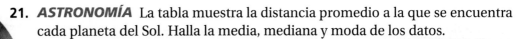

Distancia al Sol									
Planeta	Mercurio	Venus	Tierra	Marte	Júpiter	Saturno	Urano	Neptuno	Plutón
Millas (millones)	36	67	93	141	484	887	1784	2796	3661

22. Teresa ha tomado tres pruebas de 100 puntos cada una, y obtuvo 85, 93 y 88. Le falta una prueba.

    a. Para tener un promedio de 90, ¿cuánto deben sumar sus calificaciones?

    b. ¿Qué calificación necesita en la cuarta prueba para lograr ese promedio?

23. ¿Cuándo usarías la mediana para describir la tendencia dominante en estos salarios? $1350, $1250, $1425, $1250, $10,750.

24. ¿Cuándo es la mediana uno de los datos del conjunto? ¿Cuándo lo es la moda?

 25. *ESCRIBE UN PROBLEMA* Usa tus calificaciones de las pruebas de un curso para escribir un problema de tendencia dominante.

 26. *ESCRÍBELO* Si seis amigos fueron a cenar y se dividieron equitativamente la cuenta, ¿qué medida de tendencia dominante describiría la cantidad que pagó cada persona? Explica tu respuesta.

 27. *DESAFÍO* Si $4\left(\dfrac{x+y+z}{3}\right) = 8$, ¿cuál es la media de x, y y z?

Repaso en espiral

Simplifica. (Lección 1-6)

28. $3(p + 7) - 5p$

29. $4x + 5(2x - 9)$

30. $8 + 7(y + 5) - 3$

Resuelve. (Lección 1-6)

31. $15x - 8x = 91$

32. $3j - 5j = -14$

33. $4m + 6m = 1000$

34. **PREPARACIÓN PARA LA PRUEBA**
¿Qué valor de x es solución de $x - 9 = 8$? (Lección 1-3)

    A -1 **C** 1

    B 17 **D** -17

35. **PREPARACIÓN PARA LA PRUEBA**
¿Qué par ordenado **no** es solución de $y = 3x - 2$? (Lección 1-7)

    F $(0, -2)$ **H** $(2, 4)$

    G $(-2, -8)$ **J** $(2, 0)$

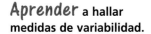

4-4 Variabilidad

Aprender a hallar medidas de variabilidad.

Vocabulario

variabilidad

rango

cuartil

gráfica de mediana y rango

Un veterinario hizo esta tabla para las camadas de gatitos nacidas en cierto año.

Tamaño de la camada	2	3	4	5	6
Número de camadas	1	6	8	11	1

Mientras que la tendencia dominante describe la parte media de un conjunto de datos, la **variabilidad** describe qué tan dispersos están los datos.

El **rango** de un conjunto de datos es el valor mayor menos el menor. Para los datos de gatitos, el rango es 6 − 2 = 4.

En inglés, "diagrama de mediana y rango" se dice "diagrama de caja y bigotes", pero no se refiere a estos gatitos.

Los valores extremos afectan al rango, por lo que se usa otra medida. Los **cuartiles** dividen un conjunto de datos en cuatro partes iguales. El tercer cuartil menos el primer cuartil es el rango de la mitad intermedia de los datos.

Datos de gatitos

Mitad inferior   *Mitad superior*

2 3 3 3 3 3 ③ 4 4 4 4 4 4 ④ 4 5 5 5 5 5 ⑤ 5 5 5 5 5 6

Primer cuartil: 3
mediana de la mitad inferior

Mediana: 4
(segundo cuartil)

Tercer cuartil: 5
mediana de la mitad superior

EJEMPLO **1** **Hallar medidas de variabilidad**

Halla el rango y el primer y tercer cuartiles de cada conjunto de datos.

A 85, 92, 78, 88, 90, 88, 89

78 ⑧⑤ 88 88 89 ⑨⓪ 92   *Ordena los valores.*

rango: 92 − 78 = 14

primer cuartil: 85   **tercer cuartil:** 90

B 14, 12, 15, 17, 15, 16, 17, 18, 15, 19, 20, 17

12 14 ⑮ ⑮ 15 16 17 17 ⑰ ⑱ 19 20   *Ordena los valores.*

rango: 20 − 12 = 8

primer cuartil: $\frac{15 + 15}{2} = 15$ **tercer cuartil:** $\frac{17 + 18}{2} = 17.5$

Una **gráfica de mediana y rango** muestra la distribución de los datos. La mitad intermedia de los datos se representa con un rectángulo con una línea vertical en la mediana. Los cuartos inferior y superior se representan con rectas que se extienden hasta los valores mínimo y máximo.

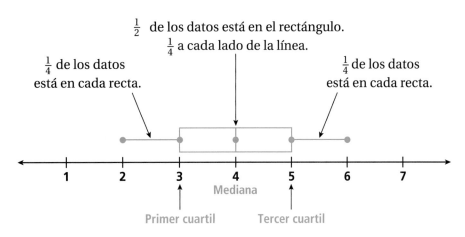

$\frac{1}{2}$ de los datos está en el rectángulo.
$\frac{1}{4}$ a cada lado de la línea.

$\frac{1}{4}$ de los datos está en cada recta.

$\frac{1}{4}$ de los datos está en cada recta.

Mediana

Primer cuartil

Tercer cuartil

EJEMPLO **2** **Hacer una gráfica de mediana y rango**

Usa los datos que se dan para hacer una gráfica de mediana y rango.

22 17 22 49 55 21 49 62 21 16 18 44 42 48 40 33 45

Paso 1: Ordena los datos y halla el menor valor, el primer cuartil, la mediana, el tercer cuartil y el mayor valor.

16 17 18 21 21 22 22 33 40 42 44 45 48 49 49 55 62

valor menor: 16

primer cuartil: $\frac{21 + 21}{2} = 21$

mediana: 40

tercer cuartil: $\frac{48 + 49}{2} = 48.5$

valor mayor: 62

Paso 2: Dibuja una recta numérica y traza un punto encima de cada uno de los valores del Paso 1.

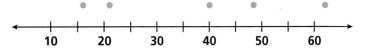

Paso 3: Dibuja el rectángulo y las rectas.

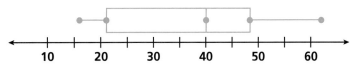

EJEMPLO **3** Comparar conjuntos de datos con gráficas de mediana y rango

Estas gráficas de mediana y rango comparan el número de jonrones que acumuló Babe Ruth durante su carrera de 15 años como beisbolista, de 1920 a 1934, con los de Mark McGwire en los 15 años entre 1986 y 2000.

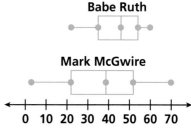

Babe Ruth

Mark McGwire

A Compara las medianas y los rangos.

La mediana de Babe Ruth es mayor que la de Mark McGwire.

El rango de McGwire es mayor que el de Babe Ruth.

B Compara los rangos de la mitad intermedia de los datos de cada uno.

El rango de la mitad intermedia de los datos es la longitud del rectángulo, que es mayor en Mark McGwire.

Razonar y comentar

1. Explica cómo influyen en el rango los valores extremos.

2. Compara el número de valores de datos en el rectángulo con el número de valores de datos en las rectas.

4-4 Ejercicios

PARA PRÁCTICA ADICIONAL

ve a la pág. 738

conexión internet
Ayuda en línea para tareas
go.hrw.com   Clave: MP4 4-1

PRÁCTICA GUIADA

Ver Ejemplo **Halla el rango y el primer y tercer cuartiles de cada conjunto de datos.**

1. 65, 42, 45, 20, 66, 60, 76

2. 3, 0, 4, 1, 5, 2, 6, 3, 4, 1, 5, 3

Ver Ejemplo **2** **Usa los datos que se dan para hacer una gráfica de mediana y rango.**

3. 43, 36, 25, 22, 34, 40, 18, 32, 43

4. 21, 51, 36, 38, 45, 52, 28, 16, 41

Ver Ejemplo **3** **Usa las gráficas de mediana y rango para comparar los conjuntos de datos.**

5. Compara las medianas y los rangos.

6. Compara los rangos de la mitad intermedia de los datos de cada conjunto.

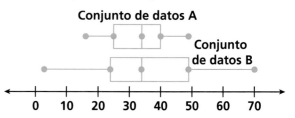

Conjunto de datos A

Conjunto de datos B

PRÁCTICA INDEPENDIENTE

Ver Ejemplo ① **Halla el rango y el primer y tercer cuartiles de cada conjunto de datos.**

7. 37, 61, 32, 41, 37, 45, 39, 48, 31   **8.** 10, 15, 17, 9, 4, 20, 50, 4, 5

Ver Ejemplo ② **Usa los datos que se dan para hacer una gráfica de mediana y rango.**

9. 60, 58, 75, 64, 90, 85, 60   **10.** 1.2, 5.8, 5.4, 10, 8.5, 4.2, 6.7, 5, 8

Ver Ejemplo ③ **Usa las gráficas de mediana y rango para comparar los conjuntos de datos.**

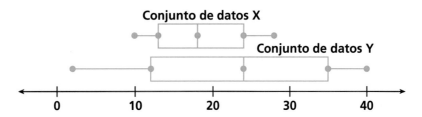

11. Compara las medianas y los rangos.

12. Compara los rangos de la mitad intermedia de los datos de cada conjunto.

PRÁCTICA Y RESOLUCIÓN DE PROBLEMAS

Halla el rango y el primer y tercer cuartiles de cada conjunto de datos.

13. 84, 95, 76, 88, 92, 78, 98   **14.** 2, 7, 9, 12, 2, 6, 8, 1

15. 46, 53, 67, 29, 35, 54, 49, 61, 35   **16.** 2.3, 2.4, 2.3, 2.2, 2.2, 2.2, 2.2, 2.1

17. 11, 8, 25, 27, 10, 25, 31, 8, 11, 8, 9, 22, 21, 24, 20, 16, 23

18. 13, 11, 14, 16, 14, 15, 16, 17, 14, 18, 19, 16, 25

Usa los datos que se dan para hacer una gráfica de mediana y rango.

19. 56, 88, 60, 84, 72, 68, 80, 76   **20.** 11.5, 11.2, 14, 14, 7, 4.3, 2.3, 10, 9

21. 0, 2, 5, 2, 1, 3, 5, 2, 4, 3, 5, 4   **22.** 3.5, 2.2, 4.5, 2.0, 5.6, 7.0, 4.6

23. *CIENCIAS DE LA TIERRA* Se forman huracanes y tormentas tropicales en los siete océanos. Usa una gráfica de mediana y rango para comparar el número anual de tormentas tropicales con el de huracanes en cada océano.

Número de tormentas al año		
Océanos	Tormentas tropicales	Huracanes
Pacífico NO	26	16
Pacífico NE	17	9
Pacífico SO	9	4
Atlántico	10	5
Índico N	5	3
Índico SO	10	4
Índico SE	7	3

24. GEOGRAFÍA Halla el rango y los cuartiles de las áreas de los continentes, en millas cuadradas: África, 11,700,000; Antártida, 5,400,000; Asia, 17,400,000; Europa, 3,800,000; América del Norte, 9,400,000; Oceanía, 3,300,000; América del Sur, 6,900,000.

25. Relaciona cada conjunto de datos con una gráfica de mediana y rango.

a. rango: 16
primer cuartil: 22
tercer cuartil: 34

b. rango: 48
primer cuartil: 5
tercer cuartil: 40

c. rango: 35
primer cuartil: 10
tercer cuartil: 35

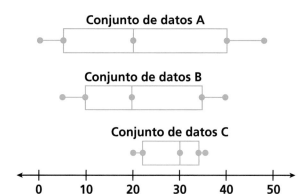

26. ¿DÓNDE ESTÁ EL ERROR? Un estudiante escribió que el conjunto de datos 22, 16, 45, 17, 18, 29, 22, 14, 32, 54 tiene un rango de 32. ¿Qué error cometió?

27. ESCRÍBELO ¿Qué te indican las gráficas de mediana y rango acerca de los datos, que no te indican las mediciones de tendencia central?

28. DESAFÍO ¿Qué te indicaría un rectángulo extremadamente corto y líneas extremadamente largas, acerca de un conjunto de datos?

Repaso en espiral

Da las coordenadas y que faltan y que son soluciones de $y = 4x - 2$. (Lección 1-8)

29. $(0, y)$ **30.** $(1, y)$ **31.** $(3, y)$ **32.** $(7, y)$

Relaciona cada gráfica con una de las situaciones que se dan. (Lección 1-9)

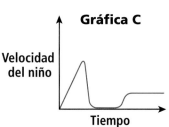

33. Emily se sienta en una banca. Corre a comprar un dulce. Se sienta a comérselo.

34. Zen sube una escalera. Baja por la resbaladilla. Se sienta y se ríe.

35. Josh corre tras el camión. Sube y toma asiento. Entra en la escuela.

36. PREPARACIÓN PARA LA PRUEBA Claire visita a su abuela cada 4 semanas, lava su auto cada 3 semanas y cobra su sueldo cada 2 semanas. ¿Con qué frecuencia sucederán las tres cosas en la misma semana? (Curso previo)

A cada 8 semanas **B** cada 9 semanas **C** cada 12 semanas **D** cada 24 semanas

Tecnología

LABORATORIO 4B

Crear gráficas de mediana y rango

Para usar con la Lección 4-4

Los datos que siguen son las estaturas en pulgadas de las 15 chicas en la clase de octavo grado de la maestra López.

57, 62, 68, 52, 53, 56, 58, 56, 57, 50, 56, 59, 50, 63, 52

⊿ conexión internet

Recursos en línea para el laboratorio: *go.hrw.com*
CLAVE: MP4 Lab4B

Actividad

1. Representa gráficamente las estaturas de las 15 chicas de la clase de la maestra López en una gráfica de mediana y rango.

Oprime **STAT** **Edit** para escribir los valores en la Lista 1 (**L1**). Si es necesario, oprime la flecha hacia arriba y luego **CLEAR** **ENTER** para borrar datos anteriores. Escribe los datos de la clase en **L1**. Oprime **ENTER** después de cada valor.

Usa el editor **STAT PLOT** para ver el menú de configuración para la gráfica.

Oprime **2nd** **Y=** **ENTER**. Usa las teclas de flecha y **ENTER** para seleccionar **On** y luego el quinto tipo. **Xlist** deberá ser **L1** y **Freq** 1, como se muestra. Oprime **ZOOM** **9:ZoomStat**.

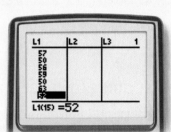

Usa la tecla **TRACE** y las teclas ◀ y ▶ para ver los cinco valores estadísticos sumarios (menor: **MinX**, primer cuartil: **Q1**, mediana: **MED**, tercer cuartil: **Q3**, y mayor: **MaxX**). El menor valor es 50 pulg, el primer cuartil es 52 pulg, la mediana es 56 pulg, el tercer cuartil es 59 pulg y el mayor es 68 pulg.

Razonar y comentar

1. Explica cómo la gráfica de mediana y rango da información que es difícil ver con sólo mirar los números.

Inténtalo

1. Las tallas de zapatos de las 15 chicas de la clase de octavo grado de la maestra López son:
5.5, 6, 7, 5, 5, 5.5, 6, 6, 6.5, 4, 6, 7, 5, 8 y 5

Haz una gráfica de mediana y rango con estos datos. Da el menor valor, el primer cuartil, la mediana, el tercer cuartil y el mayor valor del conjunto de datos.

LECCIÓN **4-1** (págs. 174–177)

Identifica la población, la muestra y el método de muestreo.

1. Se prueba una de cada 30 videograbadoras de las 500 de una línea de ensamble.

2. Se eligen al azar nombres de una lista de registro de votantes.

Identifica el método de muestreo que se usa.

3. Tarjetas postales de los participantes de un concurso se meten en un cilindro giratorio. Una celebridad saca una tarjeta.

4. Se eligen al azar 10 escuelas y luego se eligen al azar diez estudiantes de cada escuela.

5. Se encuesta a una de cada 30 personas que entran en una tienda de videos local.

LECCIÓN **4-2** (págs. 179–183)

6. Usa los datos que se dan para hacer un diagrama de tallo y hojas.

Edificios altos de Charlotte, NC			
Nombre del edificio	**Pisos**	**Nombre del edificio**	**Pisos**
Bank of America Center	60	One Wachovia Center	42
IJL Financial Center	30	Two Wachovia Center	32
Interstate Tower	32	Wachovia Center	32

LECCIÓN **4-3** (págs. 184–187)

Halla la media, mediana y moda de cada conjunto de datos.

7. 60, 70, 70, 80, 75   8. 5, 2, 1, 7, 4, 6, 9   9. 9.1, 8.7, 9.2, 9.0, 8.7, 8.9

LECCIÓN **4-4** (págs. 188–192)

Halla el rango y el primer y tercer cuartiles de cada conjunto de datos.

10. 8, 5, 12, 9, 6, 2, 14, 7, 10, 17, 11   11. 67, 70, 72, 77, 78, 78, 80, 84, 86

12. 0, 0, 3, 3, 3, 1, 3, 1, 3, 7, 9, 9   13. 3.6, 5.0, 4.0, 4.9, 4.2, 4.5, 4.3, 4.8

14. Usa gráficas de mediana y rango para comparar las velocidades en 1911-1914 con las velocidades en 1991-1994.

Ganadores de las 500 millas de Indianápolis					
Año	**Ganador**	**Velocidad (mi/h)**	**Año**	**Ganador**	**Velocidad (mi/h)**
1911	Ray Harroun	75	1991	Rick Mears	176
1912	Joe Dawson	79	1992	Al Unser, Jr.	134
1913	Jules Goux	76	1993	Emerson Fittipaldi	157
1914	Rene Thomas	82	1994	Jacques Villeneuve	154

Enfoque en resolución de problemas

Haz un plan

• **Identifica si tienes demasiada o poca información**

Cuando lees un problema, debes decidir si el problema tiene demasiada o poca información. Si el problema tiene demasiada información, debes decidir qué información usar para resolverlo. Si el problema tiene poca información, debes determinar qué información adicional necesitas para resolverlo.

Lee los problemas que siguen y decide si tienen demasiada o poca información en cada problema. Si tienen demasiada información, indica qué información usarías para resolver el problema. Si tienen poca información, indica qué información adicional necesitarías para resolver el problema.

1. La maestra Robinson tiene 35 estudiantes en su clase. En la última prueba, hubo 7 calificaciones de A, 16 de B, 10 de C y 2 de D. ¿Cuál fue la calificación promedio?

2. La altura promedio de Estados Unidos es aproximadamente 2500 pies sobre el nivel del mar. El punto más alto, el monte McKinley en Alaska, está a 20,320 pies sobre el nivel del mar; el más bajo, Death Valley, California, está a 282 pies bajo el nivel del mar. ¿Cuál es el rango de las alturas en Estados Unidos?

3. Usa la tabla para hallar la mediana de bodas al año en Estados Unidos entre 1940 y 1990.

4. George dedicó 1.5 horas para hacer la tarea el martes, 1 hora el miércoles y 2.7 horas el fin de semana. El lunes, jueves y viernes no tuvo tarea y dedicó 1 hora de cada día a leer o ver televisión. En promedio, ¿cuánto tiempo al día dedicó George para hacer la tarea la semana pasada?

Número de bodas en Estados Unidos						
Año	1940	1950	1960	1970	1980	1990
Número (millares)	1596	1667	1523	2159	2390	2443

Fuente: Centro Nacional de Estadísticas de la Salud

4-5 Cómo presentar datos

Aprender a presentar datos en gráficas de barras, histogramas y gráficas lineales

Vocabulario

gráfica de barras

tabla de frecuencia

histograma

gráfica lineal

La mayoría de los adolescentes ansían tener su licencia de conductor. Pero conducir puede ser muy peligroso para ellos. Muchos estados conceden licencias que no permiten conducir en horas de alto riesgo, como de la medianoche a las 5:00 am.

Una **gráfica de barras** es un buen modo de presentar datos que se pueden agrupar en categorías. Si te dan los datos en una lista, te serviría primero organizarlos en una **tabla de frecuencia** .

EJEMPLO **1** Presentar datos en una gráfica de barras

Organiza los datos en una tabla de frecuencia y haz una gráfica de barras.

Estas son las siguientes edades en las que un grupo de 20 adolescentes elegidos al azar recibieron su licencia para conducir:

18 17 16 16 17 16 16 16 19 16 16 17 16 17 18 16 18 16 19 16

Primero, organiza los datos en una tabla de frecuencia.

Edad al recibir la licencia	16	17	18	19
Frecuencia	11	4	3	2

La frecuencia es el número de veces que se da cada valor

Las frecuencias son las alturas de las barras de la gráfica.

Un **histograma** es un tipo de gráfica de barras. Las barras de un histograma representan intervalos de agrupación de los datos.

EJEMPLO 2 Presentar datos en un histograma

John preguntó a **15** personas cuántas páginas tenía el último libro que leyeron. Usa los datos para hacer un histograma.

368 153 27 187 240 636 98 114 64 212 302 144 76 195 200

Primero, haz una tabla de frecuencia con intervalos de 10 páginas. Luego, haz un histograma.

Páginas	Frecuencia
0–99	4
100–199	5
200–299	3
300–399	2
600–699	1

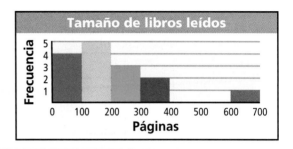

Pista útil

Los histogramas no tienen espacios entre las barras.

Es común usar una **gráfica lineal** para mostrar tendencias o para estimar los valores que hay entre los datos.

EJEMPLO 3 Presentar datos en una gráfica lineal

Haz una gráfica lineal con los datos que se dan. Úsala para estimar el número de casos de polio en 1993.

Crea pares ordenados con los datos de la tabla y trázalos en una cuadrícula. Une los puntos con líneas.

Puedes estimar el número de casos de polio en 1993 al hallar el punto de la línea que corresponde a 1993. La gráfica muestra que hubo unos 12,000 casos. En realidad, hubo 10,487 casos de polio en 1993.

Año	Casos de polio en el mundo
1975	49,293
1980	52,552
1985	38,637
1990	23,484
1995	7,035
2000	2,880

Fuente: Organización Mundial de la Salud

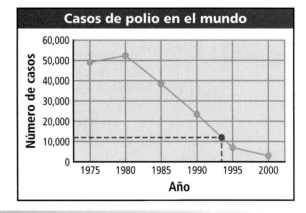

Razonar y comentar

1. **Compara** una gráfica de barras con una gráfica lineal.

2. **Explica** cómo cambiaría el histograma del Ejemplo 2 si usaras intervalos de 200 páginas.

PARA PRÁCTICA ADICIONAL

ve a la pág. 739

⏎ conexión **internet**
Ayuda en línea para tareas
go.hrw.com Clave: MP4 4-5

PRÁCTICA GUIADA

Ver Ejemplo ① **1.** Organiza los datos en una tabla de frecuencia y haz una gráfica de barras.
13 9 10 9 11 13 12 9 11 13 9 13 13 10 9 10 9 12 10 9

Ver Ejemplo ② **2.** Usa los datos para hacer un histograma con intervalos de 50.

Becarios por mérito nacional (1999)			
Universidad	Número de estudiantes	Universidad	Número de estudiantes
Vanderbilt	98	Universidad Rice	183
Princeton	111	Tecnológico de California	52
Duke	76	Universidad de Chicago	139
Stanford	229	M.I.T.	133
Yale	170	Universidad de Texas–Austin	244
Northwestern	128	Universidad Washington	131

Ver Ejemplo ③ **3.** Haz una gráfica lineal con los datos que se dan. Úsala para estimar la expectativa de vida de una persona nacida en 1982.

Expectativa de vida y nacimiento (EE. UU.)					
Año	1970	1975	1980	1985	1990
Edad	70.8	72.6	73.7	74.7	75.4

PRÁCTICA INDEPENDIENTE

Ver Ejemplo ① **4.** Organiza los datos en una tabla de frecuencia y haz una gráfica de barras.
−34, −46, −34, −32, −25, −34, −46, −17, −32, −34, −20, −17, −2

Ver Ejemplo ② **5.** Los restaurantes organizan sus menús por el número de platillos que entran en cada rango de precios. Usa estos precios de platillos para hacer un histograma con intervalos de $10.
$9 $11 $22 $22 $30 $24 $13 $16 $17 $21 $18 $25 $17 $25
$17 $21 $19 $21 $14 $19 $15 $15 $10 $16 $12 $21 $19 $17

Ver Ejemplo ③ **6.** Haz una gráfica lineal con los datos que se dan. Úsala para estimar el número de tornados que hubo en 1995.

Número de tornados en Illinois por año			
Año	Tornados	Año	Tornados
1988	20	1994	20
1990	50	1996	61
1992	23	1998	110

7. Organiza los datos en una tabla de frecuencia y haz una gráfica de barras.

1 3 6 3 1 6 1 2 1 4 1 1 5 1 2 4 4 1 2 1

8. Haz un histograma para la producción de miel por colmena, con intervalos de 2.

Colmenas						
Año	1992	1993	1994	1995	1996	1997
Producción por colmena (lb)	72.8	80.2	78.4	79.5	77.3	74.6

Fuente: USDA

9. a. Haz una gráfica lineal con el promedio de horas semanales que un obrero trabaja al año y estima el promedio de horas semanales en 1995.

b. Haz una gráfica lineal del sueldo promedio por hora de los obreros, por año, y estima el sueldo promedio por hora en 1995.

Promedios para obreros						
Año	1950	1960	1970	1980	1990	2000
Horas/semana	39.8	38.6	37.1	35.3	34.5	34.5
Paga por hora	$1.34	$2.09	$3.23	$6.66	$10.01	$13.75

 10. *ESCRIBE UN PROBLEMA* Tienes las calificaciones de las pruebas de una clase y quieres saber cuántos estudiantes obtuvieron A, B y C. Escribe un problema con un histograma que te ayude a hallar esta información.

 11. *ESCRÍBELO* Te pidieron hacer una gráfica de los salarios totales de un equipo profesional de hockey entre 1980 y 2000. ¿Qué tipo de gráfica elegirías y por qué?

12. *DESAFÍO* Con los datos y el histograma, determina el tamaño del intervalo que se usó. **Tiempo requerido para calentar una cena congelada en el horno (min)**

15 25 20 17 35 28 10
12 15 45 33 35 8 14

Tiempo para calentar cena

Resuelve y representa gráficamente cada desigualdad. (Lección 1-5)

13. $3x < 15$ **14.** $x + 2 \geq 4$ **15.** $x + 1 \leq 3$ **16.** $x - 4 < 4$

17. $5x > 30$ **18.** $x - 5 > 1$ **19.** $3 \geq \frac{x}{2}$ **20.** $8 < \frac{x}{4}$

21. PREPARACIÓN PARA LA PRUEBA Multiplica $5^7 \cdot 5^3$. Escribe el producto como una potencia. (Lección 2-7)

  A 5^4 **B** 5^{10} **C** 5^{21} **D** $5^7 \cdot 5^7 \cdot 5^7$

4-6 Gráficas y estadísticas engañosas

Aprender a reconocer gráficas y estadísticas engañosas.

Las gráficas y estadísticas se usan con frecuencia para persuadir. Los anunciantes y otras personas pueden, por accidente o con intención, presentar información de manera engañosa.

Por ejemplo, con diseño artístico se hace una gráfica más interesante, pero se puede distorsionar la relación entre los datos.

EJEMPLO 1 Identificar gráficas engañosas

Explica por qué es engañosa cada gráfica.

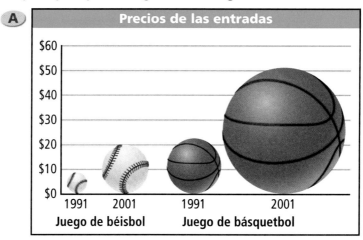

A Precios de las entradas

$60
$50
$40
$30
$20
$10
$0

1991   2001   1991   2001
Juego de béisbol   Juego de básquetbol

La altura de las pelotas representa el precio de entrada, pero las áreas de los círculos y los volúmenes de las pelotas distorsionan la comparación. Los precios del básquetbol son solamente $2\frac{1}{2}$ veces más altos que los del béisbol, pero parecen aún más caros.

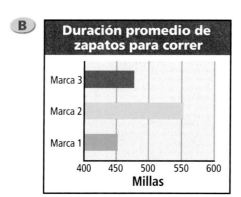

B Duración promedio de zapatos para correr

Marca 3
Marca 2
Marca 1

400   450   500   550   600
Millas

Como la escala no inicia en 0, la barra de la marca 2 es tres veces más larga que la de la marca 1. De hecho, la duración promedio de la marca 2 es sólo 22% mayor que la de la marca 1.

Explica por qué la gráfica es engañosa.

C

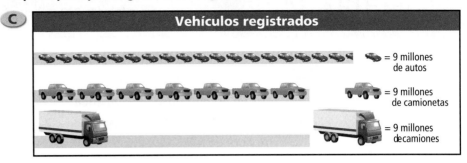

Vehículos registrados

= 9 millones de autos

= 9 millones de camionetas

= 9 millones de camiones

Iconos de distinto tamaño representan el mismo número de vehículos. El número de camionetas parece cercano al de autos, pero en realidad es menos de la mitad. El número de camiones es menos del 5% del total, pero parece mucho mayor.

E J E M P L O ② Identificar estadísticas engañosas

Explica por qué es engañosa cada estadística.

A Una empresa pequeña tiene 5 empleados que ganan lo siguiente: $90,000 (dueño), $18,000, $22,000, $20,000, $23,000. El dueño pone este anuncio:

"Se solicita empleado; salario promedio: $34,600"

Aunque la media de los salarios es $34,600, sólo una persona en la compañía gana más de $23,000. No es cierto que un empleado nuevo podría ser contratado con un salario cercano a $34,600.

B Un investigador de mercado elige 8 personas al azar para que prueben tres marcas, A, B y C. De éstas, 4 personas eligen la marca A, 2 eligen la B y 2 eligen la C. Un anuncio de la marca A dice:

"¡La preferida lidera 2 a 1 sobre otras marcas conocidas!"

La muestra es demasiado pequeña. El doble de personas eligieron la marca A, pero la diferencia entre 2 y 4 personas no es significativa.

C Los ingresos totales de Worthman's en el periodo del 1° de junio al 1° de septiembre fueron de $72,000. Los ingresos totales de Meilleure en el periodo del 1° de octubre al 1° de enero fueron de $108,000.

Los ingresos se midieron en diferente época del año, aunque sean de periodos de igual duración. En la temporada de compras navideñas los ingresos son mayores que en verano.

Razonar y comentar

1. Da un ejemplo de una gráfica que empiece en cero pero aun así sea engañosa.

2. Explica cómo una estadística puede ser exacta pero aun así engañosa.

PARA PRÁCTICA ADICIONAL

ve a la pág. 739

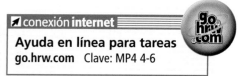

conexión internet

Ayuda en línea para tareas
go.hrw.com Clave: MP4 4-6

PRÁCTICA GUIADA

Ver Ejemplo **1** Explica por qué es engañosa cada gráfica.

1.

Ganancias de la compañía

Ganancias (millares)

120
110
100
90
80
0

1996 1997 1998 1999 2000

2.

Estaturas de estudiantes

Número de estudiantes

20
16
12
8
4

5'0" 5'3" 5'8" 5'10" 6'1"

Ver Ejemplo **2** Explica por qué es engañosa cada estadística.

3. Un limón tiene 31 mg de vitamina C. Una naranja tiene 51 mg de vitamina C. Una toronja tiene 114 mg de vitamina C.

4. La compañía Pool Kingdom vendió un total de 4623 piscinas entre el 1º de mayo y el 1º de agosto. La compañía Splash Down vendió un total de 612 piscinas entre el 1º de junio y el 1º de agosto.

PRÁCTICA INDEPENDIENTE

Ver Ejemplo **1** Explica por qué es engañosa cada gráfica.

5.

Comparación de fondos

Rendimiento

Fondo A Fondo B Fondo C Fondo D

6.

Donaciones de comida

= 100 latas   = 50 paquetes   = 20 cajas

Ver Ejemplo **2** Explica por qué es engañosa cada estadística.

7. Una encuesta a los dueños de vehículos reportó que 759 de 1000 estaban satisfechos con su auto y 756 de 1000 estaban satisfechos con su camioneta. Se afirmó que los dueños de autos están más satisfechos con su vehículo.

8. Un reportero preguntó a 100 personas si salieron de vacaciones este año. De las 45 que dijeron que sí, 20 fueron a una playa estadounidense, 15 salieron al extranjero y 10 fueron a otros lugares de EE. UU. El reportero escribió: "La mitad de la gente vacaciona en la playa".

PRÁCTICA Y RESOLUCIÓN DE PROBLEMAS

Explica por qué es engañosa cada gráfica. Luego dibújalas de manera que no sean engañosas.

9.

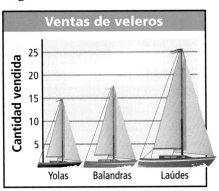

Ventas de veleros

Cantidad vendida

Yolas Balandras Laúdes

10.

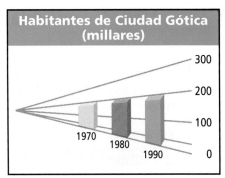

Habitantes de Ciudad Gótica (millares)

1970 1980 1990

11. *¿DÓNDE ESTÁ EL ERROR?* Un estudiante hizo una gráfica lineal con los datos y extendió la línea hasta el año 2010. Concluyó que el récord de la milla en 2010 será de 3 minutos y 25 segundos. Explica su error.

Año	1923	1943	1954	1975	1985
Récord de milla	4 min 10.4 s	4 min 2.6 s	3 min 58.0 s	3 min 49.4 s	3 min 46.3 s

12. *ESCRÍBELO* ¿Cuándo podrías usar una escala en una gráfica que no inicie en 0?

13. *DESAFÍO* Esta gráfica ilustra la Ley de Moore, que dice que el número de transistores en un chip de silicio se duplica cada 18 meses. ¿Por qué es engañosa esta gráfica lineal? ¿Por qué se usaría este tipo de gráfica?

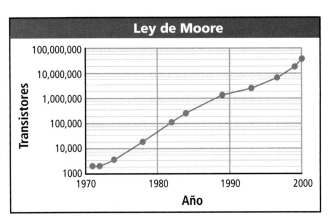

Ley de Moore

Transistores

Año

Repaso en espiral

Resuelve. (Lección 1-4)

14. $3x = 15$

15. $\frac{b}{2} = 3$

16. $18 = 9y$

17. $\frac{a}{3} = 7$

18. $\frac{k}{4} = 4.8$

19. $7.5 = 5h$

20. $\frac{m}{2.5} = 8$

21. $4f = 6$

22. **PREPARACIÓN PARA LA PRUEBA** Halla la mediana de 62, 58, 47, 35, 61, 72, 58, 64. (Lección 4-3)

A 59.5

B 58

C 57.125

D No hay mediana.

4-7 Diagramas de dispersión

Modelo de un *rinovirus*. Los rinovirus constituyen cerca de la mitad de los 2000 y más tipos de virus del resfriado.

Aprender a crear e interpretar diagramas de dispersión.

Vocabulario

diagrama de dispersión

correlación

línea de mejor ajuste

No hay cura para el resfriado común. Pero hay estudios que sugieren que algunas pastillas de cinc podrían reducir su duración hasta en 7 días.

Un **diagrama de dispersión** muestra relaciones entre dos conjuntos de datos.

E J E M P L O 1 Hacer un diagrama de dispersión de un conjunto de datos

Un científico que estudia los efectos de las pastillas de cinc sobre los resfriados ha recopilado estos datos. La disponibilidad del ion de cinc (DIZ) mide la potencia de la pastilla. Usa los datos para hacer un diagrama de dispersión.

Compuesto	DIZ	Efecto promedio
Gluconato de cinc	100	Redujo resfriado 7 días
Gluconato de cinc	44	Redujo resfriado 4.8 días
Orotato de cinc	0	Ninguno
Gluconato de cinc	25	Redujo resfriado 1.6 días
Gluconato de cinc	13.4	Ninguno
Aspartato de cinc	0	Ninguno
Acetato-tartrato de cinc glicina	−55	Alargó resfriado 4.4 días
Gluconato de cinc	−11	Alargó resfriado 1 día

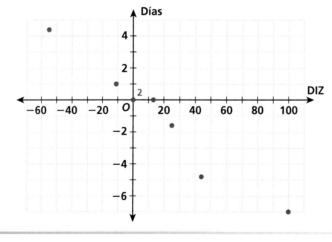

Los puntos del diagrama de dispersión son (100, −7), (44, −4.8), (0, 0), (25, −1.6), (13.4, 0), (0, 0), (−55, 4.4) y (−11, 1).
*El **2** en (0,0) indica que hay dos puntos ahí.*

La **correlación** describe el tipo de relación entre dos conjuntos de datos. La **línea de mejor ajuste** es la que más se acerca a todos los puntos de un diagrama de dispersión. Una forma de estimarla es colocar una regla sobre la gráfica y ajustarla lo más cerca posible de todos los puntos.

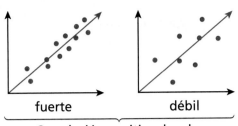

fuerte   débil

Correlación positiva: los dos
conjuntos de datos aumentan juntos.

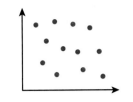

No hay correlación:
los cambios en
un conjunto de datos
no afectan al otro.

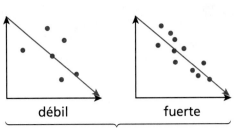

débil   fuerte

Correlación negativa: al aumentar un
conjunto de datos, el otro disminuye.

EJEMPLO 2 Identificar la correlación de datos

¿Los conjuntos de datos tienen correlación positiva, negativa, o no tienen?

A Los habitantes de un estado y el número de diputados

Correlación positiva: Los estados con más habitantes tienen más diputados.

B Los habitantes de un estado y el número de senadores

No hay correlación: Todos los estados tienen 2 senadores.

C Los habitantes de un estado y el número de senadores por persona

Correlación negativa: El número de senadores no cambia, así que la razón de senadores a población disminuye al aumentar los habitantes.

EJEMPLO 3 Usar un diagrama de dispersión para hacer predicciones

Usa los datos para predecir la calificación de un estudiante que estudia 10 horas por semana.

Horas de estudio	5	9	3	12	1
Calificación	80	95	75	98	70

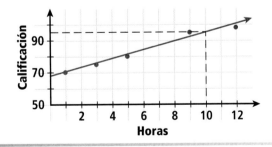

Según la gráfica, quien estudia 10 horas por semana tendrá una calificación aproximada de 95.

Razonar y comentar

1. Compara un diagrama de dispersión con una gráfica lineal.

2. Da un ejemplo de cada tipo de correlación.

PARA PRÁCTICA ADICIONAL

ve a la pág. 739

✔ conexión **internet**
Ayuda en línea para tareas
go.hrw.com   Clave: MP4 4-7

PRÁCTICA GUIADA

Ver Ejemplo   1. Haz un diagrama de dispersión con estos datos.

País	Área (mi²)	Habitantes
Guatemala	42,467	12,335,580
Honduras	43,715	5,997,327
El Salvador	8,206	5,839,079
Nicaragua	50,503	4,717,132
Costa Rica	19,929	3,674,490
Panamá	30,498	2,778,526

Ver Ejemplo   **¿Los conjuntos de datos tienen correlación positiva, negativa o no tienen?**

2. El diámetro de una pizza y el precio de la pizza

3. La edad de una persona y el número de hermanos y hermanas

Ver Ejemplo ③   4. Usa estos datos para predecir el cambio de temperatura con humedad del 50%.

Cambio de temperatura en una habitación a 68° F						
Humedad (%)	0	20	40	60	80	100
Cambio de temperatura (°F)	61	63	65	67	69	71

PRÁCTICA INDEPENDIENTE

Ver Ejemplo   5. Haz un diagrama de dispersión con estos datos.

Tipo de trasplante	Pacientes en espera	Número de trasplantes
Riñón	50,006	13,372
Hígado	18,419	4,954
Corazón	4,176	2,198
Pulmón	3,786	956
Páncreas	1,158	435

Ver Ejemplo ②   **¿Los conjuntos de datos tienen correlación positiva, negativa o no tienen?**

6. Las semanas de exhibición de una película y el público por semana

7. Las semanas de exhibición de una película y el público total

Ver Ejemplo ③   8. Usa estos datos para predecir el cambio de temperatura con humedad del 70%.

Cambio de temperatura en una habitación a 72° F						
Humedad (%)	0	20	40	60	80	100
Cambio de temperatura (°F)	64	67	70	72	74	76

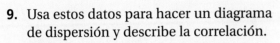

Entre 40 y 50 millones de estadounidenses padecen de alergias. El polen de árboles, pastos, plantas y maleza que flota en el aire es una causa importante de enfermedades e incapacidad. Como los granos de polen son pequeños y ligeros pueden viajar cientos de millas por el aire. Los niveles de polen se miden en granos por metro cúbico.

9. Usa estos datos para hacer un diagrama de dispersión y describe la correlación.

Entre las sustancias comunes que causan alergias están el polen, los ácaros del polvo y las esporas de mohos.

Niveles de polen		
Día	Polen de maleza	Polen de pasto
1	350	16
2	51	1
3	49	9
4	309	3
5	488	29
6	30	3
7	65	12

10. ¿Cómo se comparan los tipos de polen en la gráfica de la derecha?

Determina si estos tipos de polen tienen correlación positiva, negativa, o no tienen.

11. cedro de montaña, pasto

12. olmo otoñal, ambrosía

13. ⭐ *DESAFÍO* Usa la gráfica de alergias para explicar la diferencia entre correlación y relación causa y efecto.

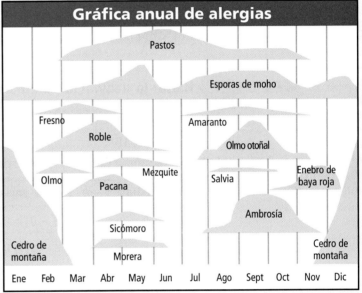

Gráfica anual de alergias

Pastos
Esporas de moho
Fresno
Roble
Amaranto
Olmo otoñal
Olmo
Mezquite
Pacana
Salvia
Enebro de baya roja
Ambrosía
Sicómoro
Cedro de montaña
Morera
Cedro de montaña

Ene Feb Mar Abr May Jun Jul Ago Sept Oct Nov Dic

Fuente: Centro de Alergias y Asma del Centro de Texas

go.hrw.com
CLAVE: MP4 Pollen, disponible en inglés.
CNN student news.

Repaso en espiral

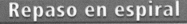

Resuelve. (Lección 1-6)

14. $4x - x = 18$

15. $3(2 + x) = 21$

16. $12x - 6x = 42$

17. $4(1 + x) = 28$

18. $7x + 2x = 108$

19. $7(2x - 4) = 224$

20. **PREPARACIÓN PARA LA PRUEBA** Escribe 29,600,000,000,000 en notación científica.
(Lección 2-9)

    A 2.96×10^{-10} **B** 29.6×10^{10} **C** 2.96×10^{12} **D** 2.96×10^{13}

Desviación media

Aprender a hallar la desviación media de un conjunto de datos.

Vocabulario

desviación media

Otra medida de variación es la **desviación media**, que es la distancia promedio entre el valor de los datos y la media.

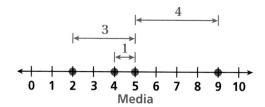

La desviación media de este conjunto de datos es $\dfrac{3 + 1 + 4}{3} = 2.67$.

EJEMPLO 1 **Hallar la desviación media de un conjunto de datos**

Halla la desviación media de cada conjunto de datos.

A 0, 8, 8, 16

La media del conjunto de datos es $\dfrac{0 + 8 + 8 + 16}{4} = \dfrac{32}{4} = 8$.

Media	Valor	Diferencia
8	0	$|8 - 0| = 8$
8	8	$|8 - 8| = 0$
8	8	$|8 - 8| = 0$
8	16	$|8 - 16| = 8$

Resta la media a cada valor. La distancia no puede ser negativa, así que usa el valor absoluto.

desviación media $= \dfrac{8 + 0 + 0 + 8}{4} = \dfrac{16}{4} = 4$

B 7, 8, 8, 9

La media del conjunto de datos es $\dfrac{7 + 8 + 8 + 9}{4} = \dfrac{32}{4} = 8$.

Media	Valor	Diferencia
8	7	$|8 - 7| = 1$
8	8	$|8 - 8| = 0$
8	8	$|8 - 8| = 0$
8	9	$|8 - 8| = 1$

Resta la media a cada valor. La distancia no puede ser negativa, así que usa el valor absoluto.

desviación media $= \dfrac{1 + 0 + 0 + 1}{4} = \dfrac{2}{4} = 0.5$

Los dos conjuntos de datos tienen la misma media, pero las desviaciones medias muestran que uno es mucho más disperso que el otro.

Un diagrama doble de tallo y hojas compara los conjuntos visualmente.

A		B
8 8 0	0	7 8 8 9
6	1	

Clave: $\quad$ *|0|9 significa 9*
$\qquad$ *6|1|significa 16*

Los datos del Ejemplo A, que tienen la mayor desviación media, están más dispersos que los del Ejemplo B. Esto concuerda con la variabilidad que muestra el rango de cada conjunto de datos.

rango del conjunto de datos A > rango del conjunto de datos B
$$16 - 0 > 9 - 7$$
$$16 > 2$$

EXTENSIÓN

Ejercicios

Halla la desviación media de cada conjunto de datos. Redondea a décimas.

1. 27, 26, 25, 22, 20

2. 50, 50, 52, 52, 60, 68, 68, 70, 70

3. 10, 12, 16, 24, 30, 36, 44, 48, 50

4. 4, 4, 4, 6, 12, 20

5. 2, 4, 5, 7, 8, 10

6. enteros pares del 2 al 10

7. 5, 5, 5, 5, 5, 5

8. 0, 0, 0, 1, 2, 3, 4

Se muestran dos conjuntos de datos en cada diagrama doble de tallo y hojas. ¿Cuál de ellos tiene la menor desviación media?

9.

Conjunto A		Conjunto B
1 2 3 3	0	2 3 4 4 5 5
4 7	1	

Clave: $\quad$ *|0|5 significa 5*
$\qquad$ *7|1|significa 17*

10.

Conjunto X		Conjunto Y
1 4 5	1	
7 8 8	2	1 2 2 2 3 9

Clave: $\quad$ *|2|9 significa 29*
$\qquad$ *7|1|significa 17*

11. Los datos muestran las temperaturas diarias más altas en °C, en dos semanas de verano.

Semana 1:	37, 35, 34, 30, 32, 36, 34
Semana 2:	37, 36, 40, 33, 31, 30, 31

a. Halla la desviación media de los datos de cada semana, redondeada a décimas.

b. ¿En qué semana hubo lecturas más dispersas?

12. ¿Por qué usas el valor absoluto para hallar la desviación media?

13. ¿Cuáles serían las desviaciones medias si no se usara el valor absoluto?

14. ¿Qué puedes concluir acerca de la desviación media de un conjunto de datos en el que todos los valores son iguales?

Resolución de problemas en lugares

INDIANA

Indy 500

Indianapolis Motor Speedway es la sede de uno de los más populares eventos deportivos, las 500 Millas de Indianápolis, que se celebra cada fin de semana de Memorial Day (Día de los Caídos) en la capital de Indiana. La carrera es de 200 vueltas, ó 500 millas de longitud.

Usa la tabla para los ejercicios del 1 al 3.

1. Halla la media, mediana y moda de los éxitos de los pilotos.

2. Haz una gráfica de mediana y rango de las salidas en que participaron los pilotos.

3. Haz un diagrama de dispersión de las salidas (eje de las x) contra los éxitos (eje de las y). Describe la correlación.

500 Millas de Indianápolis		
Piloto	**Salidas**	**Éxitos**
A. J. Foyt, Jr.	35	4
Al Unser	27	4
Rick Mears	15	4
Bobby Unser	19	3
Johnny Rutherford	24	3
Lou Meyer	12	3
Mauri Rose	16	3
Wilbur Shaw	13	3
Al Unser, Jr.	14	2
Arie Luyendyk	16	2
Bill Vukovich	12	2
Emerson Fittipaldi	11	2
Rodger Ward	15	2
Tommy Milton	8	2

Grutas de Indiana

Indiana tiene 2640 grutas conocidas en 31 condados. Se conocen 2872 entradas y 257 grutas miden más de 1000 pies de longitud. El Indiana Cave Survey tiene mapas de 1736 grutas en su base de datos.

Usa la tabla para los ejercicios del 1 al 4.

1. Organiza los datos en una tabla de frecuencia que dé el número de grutas en cada condado. Usa un intervalo de 50.

2. Haz un histograma con la tabla de frecuencia del problema 1.

3. Indica qué intervalo del problema 2 representa el mayor número de condados, y qué intervalo representa el número menor de condados.

4. Examina los datos y determina la moda.

   a. ¿En qué intervalo de tu histograma está la moda?

   b. ¿Es el intervalo con más alta frecuencia? Explica por qué.

Grutas de Indiana por condado			
Nombre del Condado	Número de grutas	Nombre del Condado	Número de grutas
Bartholomew	10	Martin	85
Brown	1	Monroe	251
Clark	53	Morgan	12
Clay	1	Orange	240
Crawford	202	Owen	78
Decatur	15	Parke	2
Deleware	2	Perry	9
Dubois	11	Putman	13
Floyd	5	Ripley	20
Fountain	2	Scott	1
Greene	54	Shelby	5
Harrison	600	Tippecanoe	4
Jackson	4	Vanderburgh	4
Jefferson	156	Wabash	4
Jennings	197	Washington	155
Lawrence	444	**TOTAL**	**2640**

MATE-JUEGOS

Distribución de primos

Recuerda que un número primo sólo es divisible entre 1 y entre sí mismo. Hay una cantidad infinita de números primos, pero no hay fórmula algebraica para hallarlos. El número primo más grande que se conoce, descubierto el 14 de noviembre de 2001, es $2^{13,466,917} - 1$. En forma estándar, este número tendría 4,053,946 dígitos.

Criba de Eratóstenes

Una forma de hallar números primos es la criba de Eratóstenes. Usa una lista de números cabales en orden. Cruza el 1. El siguiente número, 2, es primo. Enciérralo en un círculo y luego cruza todos los múltiplos de 2, porque no son primos. Encierra en un círculo el siguiente número de la lista y cruza todos sus múltiplos. Repite hasta haber encerrado o cruzado todos los números. Los que estén encerrados en círculos son primos.

1̸	②	3	4̸	5	6̸	7	8̸	9	1̸0̸
11	1̸2̸	13	1̸4̸	15	1̸6̸	17	1̸8̸	19	2̸0̸
21	2̸2̸	23	2̸4̸	25	2̸6̸	27	2̸8̸	29	3̸0̸
31	3̸2̸	33	3̸4̸	35	3̸6̸	37	3̸8̸	39	4̸0̸
41	4̸2̸	43	4̸4̸	45	4̸6̸	47	4̸8̸	49	5̸0̸

1. Usa la criba de Eratóstenes para hallar todos los números primos menores de 50.

2. Haz un diagrama de dispersión con los primeros 15 números primos. Usa los números primos como las coordenadas *x* y su posición en la sucesión como las coordenadas *y*; 2 es el primer primo, 3 es el segundo, y así sucesivamente.

Número primo	2	3	5	7											
Posición en la sucesión	1	2	3	4	5	6	7	8	9	10	11	12	13	14	15

3. Estima la línea de mejor ajuste y úsala para calcular el número de primos menores que 100. Usa la criba de Eratóstenes para comprobar tu estimación.

Matemáticas en el intermedio

Este juego es para dos o más jugadores. En tu turno, lanza 5 dados. El número de espacios que avanzas será tu elección de la media redondeada a números cabales, la mediana o la moda, si existe. El ganador es el primer jugador que llegue a la meta por conteo exacto.

🔼 **conexión internet**
Visita **go.hrw.com** para ver las reglas completas y el tablero de juego.
CLAVE: MP4 Game4

Tecnología LABORATORIO

Media, mediana y moda

Los torneos de la National Collegiate Athletic Association, NCAA (Asociación Nacional de Atletismo Colegial) determinan los campeones del básquetbol universitario masculino y femenino. Los márgenes de victoria en los partidos de campeonato de 1995 a 2001 se muestran abajo.

conexión **internet**

Recursos en línea para el laboratorio: *go.hrw.com*
CLAVE: MP4 TechLab4

Margen de victoria, partidos de campeonato de la NCAA							
Año	1995	1996	1997	1998	1999	2000	2001
Partido masculino (puntos)	11	9	5	9	3	13	10
Partido femenino (puntos)	6	18	9	18	17	19	2

Actividad

1. Usa una hoja de cálculo para hallar la media, mediana y moda de los márgenes de victoria de los partidos de campeonato masculino. Coloca en las filas 1 y 2 los datos y rótulos que se muestran abajo en la hoja de cálculo.

Las funciones **AVERAGE, MEDIAN** y **MODE** dan la media, mediana y moda de los datos en un rango de celdas de la hoja de cálculo.

- Escribe **=AVERAGE(B2:H2)** en la celda H3 para hallar la media de los datos que están de la celda B2 a la H2.

- Escribe **=MEDIAN(B2:H2)** en la celda H4 para hallar la mediana de los datos.

- Escribe **=MODE(B2:H2)** en la celda H5 para hallar la moda de los datos.

	A	B	C	D	E	F	G	H
1	Año	1995	1996	1997	1998	1999	2000	2001
2	Margen(puntos)	11	9	5	9	3	13	10
3							Media	8.571429
4							Mediana	9
5							Moda	9

Razonar y comentar

1. Si se agregara un octavo juego con un margen de victoria de 30 puntos, ¿qué les pasaría a estos tres valores calculados?

Inténtalo

1. Usa una hoja de cálculo para hallar la media, mediana y moda de los partidos de campeonato femenino (se muestran arriba en la tabla).

Guía de estudio y repaso

Vocabulario

Completa los enunciados con las palabras del vocabulario. Puedes usar las palabras más de una vez.

1. El/La ___?___ de un conjunto de datos es el valor intermedio, mientras que el/la ___?___ es el valor que aparece más veces.

2. El/La ___?___ describe qué tan disperso es un conjunto de datos. Una medida de ___?___ es el/la ___?___.

3. El/La ___?___ es la línea que más se acerca a todos los puntos de un ___?___. El/La ___?___ describe el tipo de relación entre dos conjuntos de datos.

4-1 Muestras y encuestas (págs. 174–177)

EJEMPLO

■ Identifica la población y la muestra. ¿Por qué podría ser no representativa la muestra?

En una comunidad de 1250 personas, se pregunta a 250 personas que viven cerca de una vía férrea si quieren que la quiten.

Población	Muestra	Posible predisposición
1250 personas de una comunidad	250 residentes cercanos a una vía férrea	El ruido molesta a quienes viven cerca de la vía, así que querrán que se cambie.

EJERCICIOS

Identifica la población y la muestra. ¿Por qué podría ser no representativa la muestra?

4. De las 125 personas en línea para ver una película de la *Guerra de las galaxias*, se pregunta a 25 qué tipo de película prefieren.

5. Se pregunta a 50 padres de alumnos de la Intermedia Park si la comunidad debería construir un nuevo parque de liga infantil de béisbol.

6. Una senadora preguntó a 75 de los electores que visitaron su oficina si debía buscar la reelección.

4-2 Cómo organizar datos (págs. 179–183)

EJEMPLO

■ Haz un diagrama doble de tallo y hojas.

Posiciones finales en el Este de la Liga Americana 2000

Equipo	Victorias	Derrotas
Nueva York	87	74
Boston	85	77
Toronto	83	79
Baltimore	74	88
Tampa Bay	69	92

Victorias		Derrotas
9	6	
4	7	4 7 9
7 5 3	8	8
	9	2

Clave:
$|9|2$ *significa 92*
$9|6|$ *significa 69*

EJERCICIOS

Haz un diagrama doble de tallo y hojas.

7.

Presidente	Edad al tomar posesión	Edad al morir
George Washington	57	67
Thomas Jefferson	57	83
Abraham Lincoln	52	56
Franklin D. Roosevelt	51	63
John F. Kennedy	43	46

4-3 Medidas de tendencia dominante (págs. 184–187)

EJEMPLO

■ Halla la media, mediana y moda.

30, 41, 46, 39, 46

media: $\dfrac{30 + 41 + 46 + 39 + 46}{5} = \dfrac{202}{5} = 40.4$

mediana: 30 39 ⟨41⟩ 46 46

moda: 46

EJERCICIOS

Halla la media, mediana y moda.

8. 450, 500, 500, 570, 650, 700, 1950

9. 8, 8, 8.5, 10, 10, 9, 9, 11.5

10. 2, 6, 6, 10, 2, 6, 6, 10

11. 1.1, 3.1, 3.1, 3.1, 7.1, 1.1, 3.1, 3.1

4-4 Variabilidad (págs. 188–192)

EJEMPLO

■ Halla el rango y los cuartiles.

7, 10, 14, 16, 17, 17, 18, 20, 20

rango = $20 - 7 = 13$ *mayor − menor*

mitad inferior   *mitad superior*

7 ⟨10 14⟩ 16 ⟨17⟩ 17 ⟨18 20⟩ 20

1er. cuartil   *3er. cuartil*

$\dfrac{10 + 14}{2} = 12$ $\dfrac{18 + 20}{2} = 19$

EJERCICIOS

Halla el rango y los cuartiles.

12. 80, 80, 80, 82, 85, 87, 87, 90, 90, 90

13. 67, 68, 68, 80, 92, 99, 80, 99, 99, 99

4-5 Cómo presentar datos (págs. 196–199)

EJEMPLO

■ Haz un histograma con estos datos.

Estaturas de 20 personas, en pulgadas:

72, 64, 56, 60, 66, 72, 48, 66, 58, 60,
60, 50, 68, 72, 68, 62, 72, 58, 60, 68

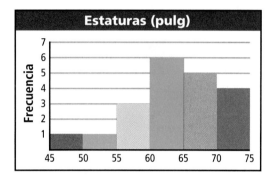

EJERCICIOS

Haz un histograma con estos datos.

14.

Calificaciones	Frecuencia
91–100	6
81–90	8
71–80	11
61–70	4
51–60	0
41–50	3

15. Horas de ver TV por semana: 19, 17, 11, 17, 3, 12, 27, 12, 20, 17, 25, 18, 23, 15, 16, 25, 23, 1, 14, 23, 17, 13, 19, 10, 21

4-6 Gráficas y estadísticas engañosas (págs. 200–203)

EJEMPLO

■ Explica por qué la gráfica es engañosa.

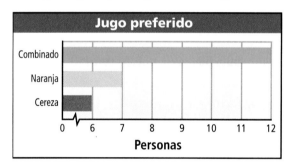

La barra del jugo combinado es 7 veces más larga que la del jugo de cereza, aunque sólo el doble de personas lo prefiere.

EJERCICIOS

Explica por qué la gráfica es engañosa.

16.

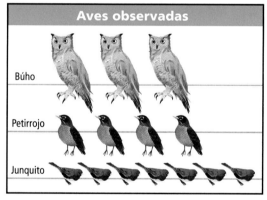

Cada ave = 100 observaciones

4-7 Diagramas de dispersión (págs. 204–207)

EJEMPLO

■ ¿Los datos tienen correlación positiva, negativa o no tienen? Explica tu respuesta.

La edad de una batería en una linterna y la intensidad de la luz de la linterna.
Negativa: Cuanto más vieja es la batería, menos intensa es la luz.

EJERCICIOS

¿Los datos tienen correlación positiva, negativa o no tienen? Explica tu respuesta.

17. El precio de un artículo y la cantidad pagada por impuestos.

18. Tu estatura y el último dígito de tu número telefónico.

Guía de estudio y repaso

Identifica el método de muestreo que se usó.

1. Se eligen al azar 20 ciudades de EE. UU., y se eligen al azar 100 personas de cada una.

Con los datos: 59, 21, 32, 33, 40, 51, 23, 23, 28, 26, 35, 49, 48, 41, 37, 39, 44, 54, 53, 29, 28, 29, 57, 58, 46

2. Halla la media.

3. Halla la mediana.

4. Halla la moda.

5. Haz un diagrama de tallo y hojas.

6. Halla el rango.

7. Halla el primer cuartil.

8. Halla el tercer cuartil.

9. Haz una gráfica de mediana y rango.

Usa los datos: 7, 7, 7, 7, 8, 8, 8, 5, 5, 8, 6, 6, 7, 7, 8, 8, 8, 5, 7, 5, 6, 7, 7, 6, 6, 6, 7, 7, 7, 7, 8

10. Haz una tabla de frecuencia.

11. Haz una gráfica de barras.

Usa los datos: 155, 162, 168, 147, 152, 153, 178, 151, 180, 158, 163, 177, 171, 168, 183, 154, 180, 158, 157, 160, 171, 164, 171

12. Haz una tabla de frecuencia.

13. Haz un histograma.

Usa los datos de la tabla.

14. Haz una gráfica lineal.

15. Usa la gráfica lineal para estimar la población de África en 1800.

16. Usa la gráfica lineal para estimar la población de África en 1900.

Año	Población de África
1650	100,000,000
1750	95,000,000
1850	95,000,000
1950	229,000,000
2000	805,000,000

17. **Explica por qué la estadística podría ser engañosa.**

    Un letrero dice "Trabaje en casa: ¡gane hasta $1000 a la semana!".

Usa los datos de la tabla.

18. Haz un diagrama de dispersión.

19. Traza la línea de mejor ajuste.

20. ¿Los conjuntos de datos tienen una correlación positiva, negativa o no tienen? Explica tu respuesta.

Animal	Gestación (días)	Vida promedio (años)
Babuino	187	20
Ardilla	31	6
Elefante	645	40
Zorro	52	7
Caballo	330	20
León	100	15
Ratón	19	3

Muestra lo que sabes

Haz un portafolio para tus trabajos en este capítulo. Completa esta página e inclúyela junto con los cuatro mejores trabajos del Capítulo 4. Elige entre las tareas o prácticas de laboratorio, examen parcial del capítulo o cualquier entrada de tu diario para incluirlas en el portafolio empleando el diseño que más te guste. Usa tu portafolio para presentar lo que consideras tu mejor trabajo.

 Respuesta corta

1. Determina la media, mediana y moda del conjunto de datos 2, 1, 8, 3, 500, 3, 1. Muestra tu trabajo.

2. Escribe una expresión numérica que sirva para hallar la media de los datos de la tabla de frecuencia. ¿Cuál es la media de los datos?

Número	1	2	3	4	5
Frecuencia	4	7	1	6	2

3. Nombra dos pares ordenados (*x*, *y*) que satisfagan estas condiciones: la media de 0, *x*, y *y* es dos veces la mediana; 0 < *x* < *y*; y *y* = *nx* (*y* es múltiplo de *x*). ¿Cuál es el valor de *n*? Muestra tu trabajo o explica con palabras cómo hallaste tu respuesta.

 Extensión de resolución de problemas

4. Veinte estudiantes de una clase de deportes llevan un registro de la distancia y el tiempo que corren. Los resultados se muestran en el diagrama de dispersión.

   a. Describe la correlación de los datos en el diagrama de dispersión.

   b. Halla la velocidad promedio de quienes corren 1, 2, 3, 4, 5 y 6 millas.

   c. Explica la relación entre tu respuesta a la parte **a** y tus respuestas a la parte **b**.

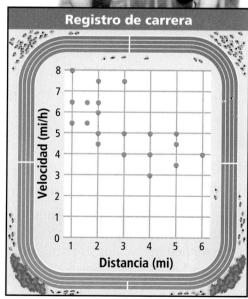

conexión internet
Práctica en línea para la
prueba estatal: *go.hrw.com*
Clave: MP4 TestPrep

Preparación para la prueba estandarizada

Evaluación acumulativa: Capítulos 1–4

1. Dana compró 9 revistas por un total de $30.50. ¿Qué ecuación equivale a $9c = 30.5$?

Ⓐ $c = 30.5 - 9$
Ⓑ $c = \dfrac{30.5}{9}$
Ⓒ $c = 9 - 30.5$
Ⓓ $c = \dfrac{9}{30.5}$

2. En la recta numérica, ¿qué número es la coordenada del punto *R*?

Ⓕ $-1\dfrac{3}{4}$
Ⓖ $-1\dfrac{1}{4}$
Ⓗ $-\dfrac{3}{4}$
Ⓙ $-\dfrac{1}{4}$

3. Si el producto de cinco enteros es negativo, ¿cuántos de ellos podrían ser negativos, como máximo?

Ⓐ cinco
Ⓑ cuatro
Ⓒ tres
Ⓓ dos

4. ¿Cuál es equivalente a $3^8 \cdot 3^4$?

Ⓕ 9^{32}
Ⓖ 9^{12}
Ⓗ 3^{32}
Ⓙ 3^{12}

5. ¿Cuál es el valor de $32 - 2 \cdot 4^2$?

Ⓐ 14,400
Ⓑ 480
Ⓒ 0
Ⓓ -32

¡CONSEJO!
PARA LA PRUEBA

Para calcular la mediana, los datos deben estar en orden.

6. ¿En qué conjunto de datos la media, mediana y moda son el mismo número?

Ⓕ 3, 1, 3, 3, 5
Ⓖ 1, 1, 2, 5, 6
Ⓗ 2, 1, 1, 1, 5
Ⓙ 10, 1, 3, 5, 1

7. ¿Qué es verdad para los datos 6, 6, 6.5, 8, 8.5?

Ⓐ mediana < moda
Ⓑ mediana = media
Ⓒ mediana < media
Ⓓ mediana = moda

8. El diagrama de tallo y hojas muestra las calificaciones del primer y segundo periodo de un maestro. ¿Qué concluyes?

1er. periodo		2do. periodo
7	6	5 8
6 4 2	7	5 6 9
9 8 6 4 2 0	8	1 3 5 7 7 8 8
9 7 7 2 1	9	0 6 7 8 9

Clave: $|9|0$ *significa 90*
$7|6|$ *significa 67*

Ⓕ Más estudiantes del primer periodo obtuvieron entre 90 y 99.
Ⓖ Menos estudiantes del primer periodo obtuvieron 80 ó menos.
Ⓗ Más estudiantes del segundo periodo obtuvieron entre 70 y 79.
Ⓙ Más estudiantes del segundo periodo obtuvieron entre 80 y 89.

9. ***RESPUESTA CORTA*** Julie quiere hacer moños para sus regalos. Compra $\frac{1}{2}$ yarda de listón rojo y $\frac{3}{4}$ yd de verde. Si cada moño ocupa $\frac{1}{8}$ yd, ¿cuántos moños puede hacer en total? Justifica tu respuesta.

10. ***RESPUESTA CORTA*** Max obtuvo 75, 73, 71, 70 y 71 en sus últimas 5 pruebas. Quiere subir su promedio a 75. ¿Qué debe obtener en su siguiente prueba para tener un promedio de 75? Muestra tu trabajo.

Geometría plana

conexión **internet**

Presentación del capítulo
en línea: *go.hrw.com*
CLAVE: MP4 CH5

Forma de juegos infantiles	
Juego	**Forma base**
Tiovivo	Círculo
Cancha de cuatro	Cuadrado
Columpios	Rectángulo
Trepadero	Octágono

Profesión *Diseñadora
de juegos infantiles*

Los juegos infantiles deben ser
atractivos, seguros, divertidos
y apropiados para las edades
de los niños que los usarán.
Hace años, los diseñadores
usaban lápices, reglas T y
reglas de cálculo para crear
sus diseños. Ahora usan
computadoras, programas 3-D
y realidad virtual.

¿ESTÁS PREPARADO?

Elige de la lista el término que mejor complete cada enunciado.

1. En el/la __?__ (4, −3), 4 es el/la __?__, y −3 es el/la __?__.

2. El/Los __?__ divide(n) el/la __?__ en cuatro secciones.

3. El punto (0, 0) se llama __?__.

4. El punto (0, −3) está en el/la __?__, mientras que (−2, 0) está en el/la __?__.

ejes de coordenadas

plano cartesiano

origen

par ordenado

eje de las x

eje de las y

coordenada x

coordenada y

Resuelve los ejercicios para practicar las destrezas que usarás en este capítulo.

✔ Pares ordenados

Escribe las coordenadas de los puntos que se indican.

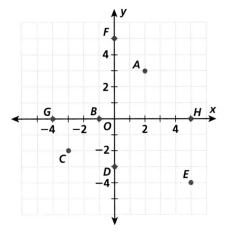

5. punto A

6. punto B

7. punto C

8. punto D

9. punto E

10. punto F

11. punto G

12. punto H

✔ Combinar términos semejantes

Simplifica cada expresión combinando términos semejantes.

13. $5m + 7 - 2m - 1$

14. $2x - 4 - 6x + 1$

15. $6w + z - 5w - z$

16. $3r + 11s$

17. $12h - 9 + 2 - 3h$

18. $4y + 1 - 2y - x$

✔ Ecuaciones

Resuelve cada ecuación.

19. $2p = 18$

20. $7 + h = 21$

21. $\frac{x}{3} = 9$

22. $y - 6 = 16$

23. $4d + 1 = 13$

24. $-2q - 3 = 3$

25. $4(z - 1) = 16$

26. $x + 3 + 4x = 23$

Determina si los valores que se dan son soluciones de las ecuaciones que se dan.

27. $\frac{2}{3}x + 1 = 7$ $x = 9$

28. $2x - 4 = 6$ $x = -1$

29. $8 - 2x = -4$ $x = 5$

30. $\frac{1}{2}x + 5 = -2$ $x = -14$

5-1 Puntos, líneas, planos y ángulos

Aprender a clasificar e identificar figuras.

La geometría se compone de puntos, líneas y planos. Los segmentos, rayos y ángulos se definen en términos de esas figuras básicas.

Vocabulario

punto   línea

plano   segmento

rayo   ángulo

ángulo recto

ángulo agudo

ángulo obtuso

ángulos complementarios

ángulos suplementarios

congruente

ángulos opuestos por el vértice

Un **punto** indica un lugar.	• A punto A
Una **línea** es un trazo que no cambia de dirección y se extiende indefinidamente en ambas direcciones.	línea ℓ, o $\overleftrightarrow{BC}$
Un **plano** es una superficie plana que se extiende indefinidamente en todas direcciones.	plano P, o plano DEF
Un **segmento**, o segmento de recta, es la parte de una línea que está entre dos puntos.	$\overline{GH}$
Un **rayo** es parte de una línea que empieza en un punto y se extiende indefinidamente en una dirección.	$\overrightarrow{KJ}$

$\overleftrightarrow{BC}$ quiere decir "línea BC". $\overline{GH}$ "segmento GH". $\overrightarrow{KJ}$ quiere decir "rayo KJ". Para identificar un rayo, siempre escribe primero el extremo.

EJEMPLO 1 Identificar puntos, líneas, planos, segmentos y rayos

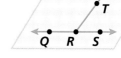

A) Identifica cuatro puntos en la figura.
punto Q, punto R, punto S, punto T

B) Identifica una línea en la figura.
$\overleftrightarrow{QS}$ o $\overleftrightarrow{QR}$ o $\overleftrightarrow{RS}$
Puedes usar dos puntos cualesquiera de la línea.

C) Identifica un plano en la figura.
plano Z o plano QRT   *Puedes usar 3 puntos cualesquiera que formen un triángulo en el plano.*

D) Identifica cuatro segmentos en la figura.
$\overline{QR}$, $\overline{RS}$, $\overline{RT}$, $\overline{QS}$

E) Identifica cinco rayos en la figura.
$\overrightarrow{RQ}$ $\overrightarrow{RS}$, $\overrightarrow{RT}$, $\overrightarrow{SQ}$, $\overrightarrow{QS}$

Un **ángulo** (∠) se forma con dos rayos que tienen un extremo común, el *vértice*. Los ángulos se miden en grados. Un grado (1°), es $\frac{1}{360}$ de un círculo. Por ejemplo, m∠1 significa la medida de ∠1. El ángulo puede identificarse ∠XYZ, ∠ZYX, ∠1 ó ∠Y. El vértice debe ser la letra de en medio.

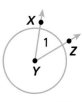

m∠1 = 50°

Las medidas de los ángulos que juntos forman una línea recta, como ∠FKG, ∠GKH y ∠HKJ, suman 180°.

Las medidas de los ángulos que juntos forman un círculo completo, como ∠MRN, ∠NRP, ∠PRQ y ∠QRM, suman 360°.

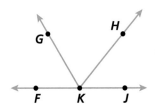

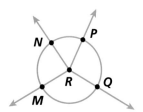

Un **ángulo recto** mide 90°. Un **ángulo agudo** mide menos de 90°. Un **ángulo obtuso** mide más de 90° y menos de 180°. Las medidas de los **ángulos complementarios** suman 90°. Las medidas de los **ángulos suplementarios** suman 180°.

EJEMPLO ② **Clasificar ángulos**

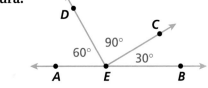

A) Identifica un ángulo recto en la figura.
∠DEC

Leer matemáticas

Puedes indicar un ángulo recto con un cuadrito en el vértice.

B) Identifica dos ángulos agudos en la figura.
∠AED, ∠CEB

C) Identifica dos ángulos obtusos en la figura.
∠AEC, ∠DEB

D) Identifica un par de ángulos complementarios en la figura.
∠AED, ∠CEB   m∠AED + m∠CEB = 60° + 30° = 90°

E) Identifica dos pares de ángulos suplementarios en la figura.
∠AED, ∠DEB   m∠AED + m∠DEB = 60° + 120° = 180°
∠AEC, ∠CEB   m∠AEC + m∠CEB = 150° + 30° = 180°

Las figuras **congruentes** tienen la misma forma y tamaño.

• Los segmentos que tienen la misma longitud son congruentes.

• Los ángulos que tienen la misma medida son congruentes.

• El símbolo de congruencia es ≅, que quiere decir "es congruente con".

Las líneas secantes forman dos pares de **ángulos opuestos por el vértice** . Los ángulos opuestos por el vértice siempre son congruentes, como muestra el siguiente ejemplo.

EJEMPLO **3** **Hallar la medida de ángulos opuestos por el vértice**

En la figura, ∠1 y ∠3 son ángulos opuestos por el vértice. ∠2 y ∠4 son ángulos opuestos por el vértice.

A Si m∠2 = 75°, halla m∠4.

Las medidas de ∠2 y ∠3 suman 180° porque son suplementarios, por tanto m∠3 = 180° − 75° = 105°.

Las medidas de ∠3 y ∠4 suman 180° porque son suplementarios, por tanto m∠4 = 180° − 105° = 75°.

B Si m∠3 = $x°$, halla m∠1.

m∠4 = 180° − $x°$
m∠1 = 180° − (180° − $x°$)
$\quad$ = 180° − 180° + $x°$ $\qquad$ *Propiedad distributiva*
$\quad$ = $x°$ $\qquad\qquad\qquad$ *m∠1 = m∠3*

Razonar y comentar

1. **Indica** qué enunciados son correctos si ∠X y ∠Y son congruentes.

$\quad$ **a.** ∠X = ∠Y $\quad$ **b.** m∠X = m∠Y $\quad$ **c.** ∠X ≅ ∠Y $\quad$ **d.** m∠X ≅ m∠Y

2. **Explica** por qué dos ángulos opuestos por el vértice son congruentes.

5-1 Ejercicios

PARA PRÁCTICA ADICIONAL
ve a la pág. 740
conexión internet
Ayuda en línea para tareas
go.hrw.com Clave: MP4 5-1

PRÁCTICA GUIADA

Ver Ejemplo

1. Identifica tres puntos en la figura.

2. Identifica una línea en la figura.

3. Identifica un plano en la figura.

4. Identifica tres segmentos en la figura.

5. Identifica tres rayos en la figura.

Ver Ejemplo

6. Identifica un ángulo recto en la figura.

7. Identifica dos ángulos agudos en la figura.

8. Identifica un ángulo obtuso en la figura.

9. Identifica un par de ángulos complementarios en la figura.

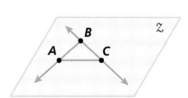

10. Identifica dos pares de ángulos suplementarios en la figura.

224 *Capítulo 5 Geometría plana*

Ver Ejemplo 3 En la figura, ∠1 y ∠3 son ángulos opuestos por el vértice, y ∠2 y ∠4 también son ángulos opuestos por el vértice.

11. Si m∠3 = 115°, halla m∠1.

12. Si m∠2 = *a*°, halla m∠4.

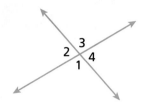

PRÁCTICA INDEPENDIENTE

Ver Ejemplo 1

13. Identifica cuatro puntos en la figura.

14. Identifica dos líneas en la figura.

15. Identifica un plano en la figura.

16. Identifica tres segmentos en la figura.

17. Identifica cinco rayos en la figura.

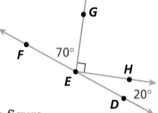

Ver Ejemplo 2

18. Identifica un ángulo recto en la figura.

19. Identifica dos ángulos agudos en la figura.

20. Identifica dos ángulos obtusos en la figura.

21. Identifica un par de ángulos complementarios en la figura.

22. Identifica dos pares de ángulos suplementarios en la figura.

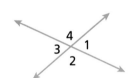

Ver Ejemplo 3 En la figura, ∠1 y ∠3 son ángulos opuestos por el vértice, y ∠2 y ∠4 también son ángulos opuestos por el vértice.

23. Si m∠2 = 117°, halla m∠4.

24. Si m∠1 = *n*°, halla m∠3.

PRÁCTICA Y RESOLUCIÓN DE PROBLEMAS

Usa la figura para los ejercicios del 25 al 34. Escribe *verdadero* o *falso*. Si un enunciado es falso, escríbelo para que sea verdadero.

25. $\overleftrightarrow{AE}$ es una línea en la figura.

26. Los rayos $\overrightarrow{GB}$ y $\overrightarrow{GE}$ forman la línea $\overleftrightarrow{EB}$.

27. ∠EGD es un ángulo obtuso.

28. ∠4 y ∠2 son suplementarios.

29. ∠3 y ∠5 son suplementarios.

30. ∠6 y ∠5 son complementarios.

31. Si m∠1 = 30°, entonces m∠6 = 45°.

32. Si m∠FGD = 130°, entonces m∠DGC = 130°.

33. Si m∠3 = *x*°, entonces m∠FGE = 180° − *x*°.

34. m∠1 + m∠3 + m∠5 + m∠6 = 180°.

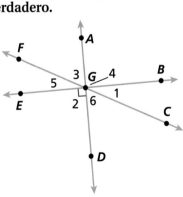

El pez arquero puede escupir, desde dentro del agua, hasta una altura de 3 metros por el aire para derribar a su presa. Esto se dificulta aún más por la *refracción*: la inclinación de las ondas de luz al pasar de una sustancia a otra. Cuando ves un objeto a través de agua, la luz entre tu ojo y el objeto se refracta. A causa de la refracción el objeto parece estar en otro lugar. Pese a la refracción, el pez atrapa a su presa.

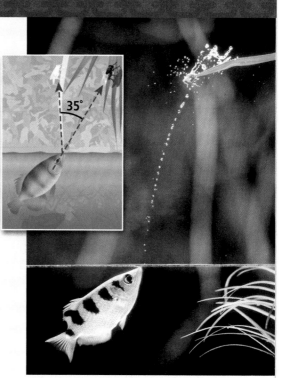

35. Supongamos que la medida del ángulo entre la posición real donde se encuentra el insecto y su posición aparente es de 35°.

   a. Ve el diagrama. A lo largo de la línea visual del pez, ¿cuál es la medida del ángulo entre el pez y la posición aparente del insecto?

   b. ¿Qué relación hay entre los ángulos del diagrama?

36. En la fotografía, la parte sumergida de la red parece estar 40° a la derecha de donde está realmente. ¿Cuál es la medida del ángulo formado por la imagen de la parte sumergida y la parte de la red que se encuentra fuera del agua?

37. ✎ *ESCRÍBELO* Supongamos que un pez arquero está directamente bajo su presa. Explica por qué casi no habría distorsión.

38. ⭐ *DESAFÍO* Una persona en la orilla ve un pez en el agua. Al mismo tiempo, el pez mira a la persona desde donde está sumergido. Describe lo que ve cada observador, y dónde están realmente uno y el otro en relación con el lugar en donde parecen estar.

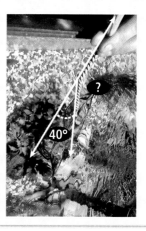

Repaso en espiral

Halla la media, mediana y moda de cada conjunto de datos. Redondea a la décima más cercana. (Lección 4-3)

39. 16, 16, 14, 13, 20, 29, 14, 13, 16

40. 2.1, 2.3, 3.2, 2.2, 1.9, 2.3, 2.2

Halla el rango y el primer y tercer cuartiles de cada conjunto de datos. (Lección 4-4)

41. 32, 26, 24, 14, 20, 32, 16, 25, 26

42. 221, 223, 352, 202, 139, 243, 232

43. **PREPARACIÓN PARA LA PRUEBA** ¿Qué fracción es mayor que $\frac{1}{4}$? (Curso previo)

  A $\frac{12}{49}$ **B** $\frac{6}{23}$ **C** $\frac{15}{68}$ **D** $\frac{17}{99}$

Práctica

LABORATORIO 5A

Para usar con la Lección 5-1

Trazos básicos

↗ conexión **internet**

Recursos en línea para el laboratorio: ***go.hrw.com***
CLAVE: MP4 Lab5A

Al trazar una *bisectriz* o una *mediatriz*, divides un ángulo o segmento en dos partes congruentes.

Actividad

1 **Sigue estos pasos para trazar la mediatriz de un segmento.**

   a. Dibuja $\overline{JK}$ en tu hoja. Coloca la punta del compás en J y dibuja un arco. Con la misma abertura del compás, coloca la punta en K y traza un arco.

   b. Une las intersecciones de los arcos con una línea. Mide $\overline{JM}$ y $\overline{KM}$. ¿Qué observas?

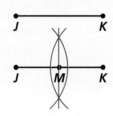

2 **Sigue estos pasos para trazar la bisectriz de un ángulo.**

   a. Dibuja $\angle H$ agudo en tu hoja.

   b. Coloca la punta del compás en H y traza un arco por ambos lados del ángulo.

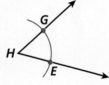

   c. Con la misma abertura del compás, traza los arcos secantes de G y E. Rotula la intersección D.

   d. Dibuja $\overrightarrow{HD}$. Usa un transportador para medir $\angle GHD$ y $\angle DHE$. ¿Qué notas?

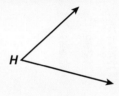

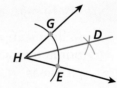

Razonar y comentar

1. Explica cómo usar un compás y una regla para dividir un segmento en cuatro segmentos congruentes. Demuestra que son congruentes.

Inténtalo

Dibuja cada figura y luego usa un compás y una regla para trazar su bisectriz. Comprueba midiendo.

1. un segmento de 2 pulg   **2.** un segmento de 1 pulg   **3.** un segmento de 4 pulg

4. un ángulo de 64°   **5.** un ángulo de 90°   **6.** un ángulo de 120°

Líneas paralelas y perpendiculares

Aprender a identificar líneas paralelas y perpendiculares, y los ángulos formados por una transversal.

Vocabulario

líneas paralelas

líneas perpendiculares

transversal

Dos líneas en un plano que nunca se juntan, como unas vías de tren perfectamente rectas e infinitas, son **líneas paralelas**. En la figura, parece que las líneas se juntan en el horizonte por causa de la *perspectiva*.

Las vías y los durmientes son como **líneas perpendiculares**; se cruzan en un ángulo de 90°.

Los durmientes son transversales a las vías.

Las vías son paralelas.

Una **transversal** es una línea que cruza dos o más líneas. Las transversales a líneas paralelas tienen propiedades interesantes.

EJEMPLO 1 Identificar ángulos congruentes formados por una transversal

¡Recuerda!

Usa un transportador para medir ángulos. No puedes saber si dos ángulos son congruentes midiéndolos, porque la medida no es exacta. Ve a la pág. 772.

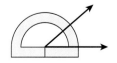

Mide los ángulos formados por la transversal y las líneas paralelas. ¿Qué ángulos parecen congruentes?

$\angle 1$, $\angle 4$, $\angle 5$ y $\angle 8$ miden 130°.
$\angle 2$, $\angle 3$, $\angle 6$ y $\angle 7$ miden 50°.

Los ángulos en azul parecen congruentes, y los ángulos marcados en rojo también parecen congruentes.
$\angle 1 \cong \angle 4 \cong \angle 5 \cong \angle 8$
$\angle 2 \cong \angle 3 \cong \angle 6 \cong \angle 7$

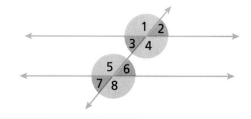

PROPIEDADES DE TRANSVERSALES A LÍNEAS PARALELAS

Si una transversal interseca o cruza dos líneas paralelas,
- todos los ángulos agudos que se forman son congruentes,
- todos los ángulos obtusos son congruentes,
- y cualquier ángulo agudo y cualquier ángulo obtuso son suplementarios.

Si la transversal es perpendicular a las líneas paralelas, todos los ángulos formados son congruentes y miden 90°.

EJEMPLO 2 **Hallar las medidas de los ángulos de líneas paralelas intersecadas por transversales**

En la figura, línea *r* ∥ línea *s*. Halla la medida de cada ángulo.

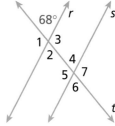

Escribir matemáticas

El símbolo de paralela es ∥. El símbolo de perpendicular es ⊥.

A ∠4

m∠4 = 68°   *Todos los ángulos agudos de la figura son congruentes.*

B ∠3

m∠3 + 68° =   180°   *∠3 y el ángulo de 68° son suplementarios.*

              − 68°   − 68°
              _____
m∠3   =   112°

C ∠7

m∠7 = 112°   *Todos los ángulos obtusos de la figura son congruentes.*

Si una transversal interseca dos líneas y cualquiera de los pares de ángulos que se muestran abajo son congruentes, entonces las líneas son paralelas. Este hecho se usa en el trazo de líneas paralelas.

Alternos internos   Alternos externos   Correspondientes

Razonar y comentar

1. **Indica** cuántos ángulos distintos formaría una transversal que cruza tres líneas paralelas. ¿Cuántas medidas angulares diferentes habría?

2. **Explica** cómo una transversal podría cruzar otras dos líneas de modo que todos los ángulos agudos que se formen *no* sean congruentes.

PARA PRÁCTICA ADICIONAL

ve a la pág. 740

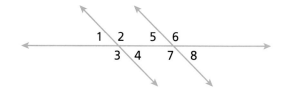

conexión internet

Ayuda en línea para tareas
go.hrw.com   Clave: MP4 5-2

PRÁCTICA GUIADA

Ver Ejemplo ① **1.** Mide los ángulos que se forman con la transversal y las líneas paralelas. ¿Qué ángulos parecen congruentes?

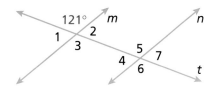

Ver Ejemplo ② **En la figura, línea _m_ ∥ línea _n_. Halla la medida de cada ángulo.**

2. ∠1   **3.** ∠4

4. ∠6   **5.** ∠7

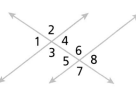

PRÁCTICA INDEPENDIENTE

Ver Ejemplo ① **6.** Mide los ángulos que se forman con la transversal y las líneas paralelas. ¿Qué ángulos parecen congruentes?

Ver Ejemplo ② **En la figura, línea _p_ ∥ línea _q_. Halla la medida de cada ángulo.**

7. ∠1

8. ∠4

9. ∠6

10. ∠7

PRÁCTICA Y RESOLUCIÓN DE PROBLEMAS

En la figura, línea _t_ ∥ línea _s_.

11. Identifica todos los ángulos congruentes con ∠1.

12. Identifica todos los ángulos congruentes con ∠2.

13. Identifica tres pares de ángulos suplementarios.

14. ¿Qué línea es la transversal?

15. Si m∠4 es 129°, ¿cuál es m∠2?

16. Si m∠7 es 52°, ¿cuál es m∠3?

17. Si m∠5 es 90°, ¿cuál es m∠2?

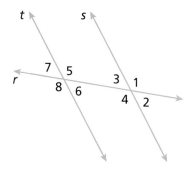

Dibuja un diagrama para ilustrar cada ejercicio.

18. línea _p_ ∥ línea _q_ ∥ línea _r_ y línea _s_ transversal a las líneas _p_, _q_ y _r_

19. línea _m_ ∥ línea _n_ y transversal _h_ con ángulos congruentes ∠1 y ∠3

20. línea _h_ ∥ línea _j_ y transversal _k_ con ocho ángulos congruentes

21. CIENCIAS FÍSICAS
Un periscopio tiene dos espejos paralelos uno frente a otro. Con él, desde un submarino sumergido se puede ver sobre el agua.

a. Identifica la transversal en el diagrama.

b. Si m∠1 = 45°, halla m∠2, m∠3 y m∠4.

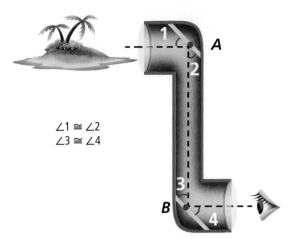

∠1 ≅ ∠2
∠3 ≅ ∠4

22. ARTE Las esquinas de un marco se forman con piezas de madera cortadas en 45°, como muestra la figura. Explica cómo un carpintero podría usar la línea guía en la madera para asegurarse de cortarlas con un ángulo de 45°.

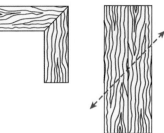

23. ¿DÓNDE ESTÁ EL ERROR? La línea a es paralela a la línea b. La línea c es perpendicular a la línea b. La línea c forma un ángulo de 60° con la línea a. ¿Por qué es imposible dibujar esta figura?

24. ESCRÍBELO Elige un ejemplo de arte abstracto o arquitectura con líneas paralelas. Explica cómo se usan las líneas paralelas, transversales o perpendiculares en la composición.

25. DESAFÍO En la figura, ∠1, ∠4, ∠6 y ∠7 son congruentes, y ∠2, ∠3, ∠5 y ∠8 son congruentes. ¿Significa que línea $s \parallel$ línea t? Explica tu respuesta.

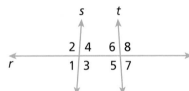

Repaso en espiral

Evalúa. (Lección 2-8)

26. $\dfrac{3^9}{3^2}$

27. 2^5

28. $\dfrac{w^5}{w^1}$

29. $\dfrac{10^2}{10^{10}}$

30. 8^3

31. $2^3 \cdot 2^4$

32. $\dfrac{4^7}{4^5}$

33. $m^5 \cdot m^8$

Identifica la población y la muestra. Da una razón por la que la muestra podría ser no representativa. (Lección 4-1)

34. En diciembre, el dueño de una tienda pregunta a sus clientes si están comprando para ellos o para regalar.

35. Un investigador de mercado paga a un grupo de visitantes a un centro comercial por responder a un cuestionario acerca de productos que se exhiben.

36. PREPARACIÓN PARA LA PRUEBA Si $x + 5 = 16$, entonces $x - 7 = $ ▉ . (Lección 1-3)

    A 9   **B** 2   **C** 11   **D** 4

Práctica

LABORATORIO 5B

Trazos complejos

Para usar con la Lección 5-2

Un paso importante al trazar líneas paralelas es copiar un ángulo.

Actividad

1 **Sigue estos pasos para copiar un ángulo.**

   a. Dibuja ∠*ABC* agudo en tu hoja. Dibuja $\overrightarrow{DE}$.

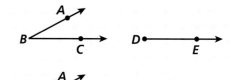

   b. Con la punta del compás en *B*, dibuja un arco por ∠*ABC*. Con la misma abertura del compás, coloca la punta en *D* y dibuja un arco por $\overrightarrow{DE}$.

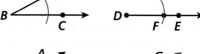

   c. Ajusta tu compás a la anchura del arco que cruza ∠*ABC*. Coloca la punta en *F* y dibuja un arco que cruce en *G* el arco que pasa por $\overrightarrow{DE}$ con un transportador. Dibuja $\overrightarrow{DG}$. Usa tu transportador para medir ∠*ABC* y ∠*GDF*.

2 **Sigue estos pasos para trazar líneas paralelas.**

1. Dibuja $\overleftrightarrow{QR}$ en tu hoja. Dibuja el punto *S* arriba o abajo de $\overleftrightarrow{QR}$. Dibuja una línea por el punto *S* y que cruce $\overleftrightarrow{QR}$. Rotula la intersección *T*.

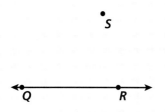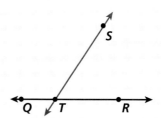

2. Haz una copia de ∠*STR* con su vértice en *S*, usando el método descrito en la primera actividad. ¿Cómo sabes que las líneas son paralelas?

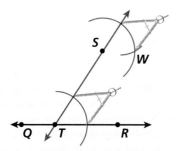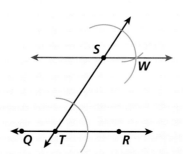

3 **Sigue estos pasos para trazar líneas perpendiculares.**

a. Dibuja $\overleftrightarrow{MN}$ en tu hoja. Dibuja el punto P arriba o abajo de $\overleftrightarrow{MN}$.

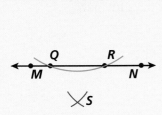

b. Con la punta del compás en P dibuja un arco que cruce $\overleftrightarrow{MN}$ en los puntos Q y R.

c. Con la misma abertura del compás, dibuja arcos desde Q y R que se crucen en el punto S.

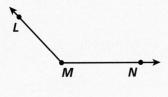

d. Dibuja $\overleftrightarrow{PS}$. ¿Qué característica crees que tengan $\overleftrightarrow{MN}$ y $\overleftrightarrow{PS}$? Usa un transportador para comprobar tu opinión.

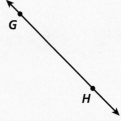

Razonar y comentar

1. ¿Cuántas líneas pueden dibujarse que sean perpendiculares a una línea que se da? Explica tu respuesta.

2. Menciona tres formas de determinar si dos líneas son paralelas.

Inténtalo

Usa un compás y una regla para trazar cada figura.

1. un ángulo congruente con ∠LMN   **2.** una línea paralela a $\overrightarrow{ST}$ **3.** una línea perpendicular a $\overleftrightarrow{GH}$

4. un ángulo congruente con ∠DEF   **5.** una línea paralela a $\overleftrightarrow{AB}$ **6.** una línea perpendicular a $\overleftrightarrow{CD}$

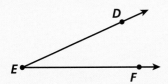

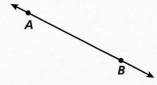

5-3 Triángulos

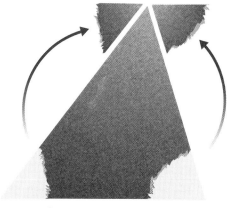

Aprender a hallar ángulos desconocidos en triángulos.

Vocabulario

Teorema de la suma del triángulo

triángulo acutángulo

triángulo rectángulo

triángulo obtusángulo

triángulo equilátero

triángulo isósceles

triángulo escaleno

Si rompes dos esquinas de un triángulo y las colocas junto a la tercera esquina, los tres ángulos parecen formar una línea recta.

Dibuja un triángulo y extiende un lado. Luego dibuja una línea paralela al lado extendido, como se muestra.

Este triángulo roto demuestra el Teorema de la suma del triángulo, muy importante en geometría.

Los tres ángulos del triángulo se pueden acomodar para formar una línea recta, o sea 180°.

Los lados del triángulo son transversales a las líneas paralelas.

TEOREMA DE LA SUMA DEL TRIÁNGULO

Con palabras	Con números	En álgebra
Las medidas de los ángulos de un triángulo en un plano suman 180°.	 $43° + 58° + 79° = 180°$	$r° + s° + t° = 180°$

Un **triángulo acutángulo** tiene 3 ángulos agudos. Un **triángulo rectángulo** tiene 1 ángulo recto.

Un **triángulo obtusángulo** tiene 1 ángulo obtuso.

EJEMPLO 1 Hallar ángulos en triángulos acutángulos, rectángulos y obtusángulos

A Halla x en el triángulo acutángulo.

$$62° + 33° + x° = 180°$$
$$95° + x° = 180°$$
$$\underline{-95° \qquad -95°}$$
$$x° = 85°$$

B Halla y en el triángulo rectángulo.

$$28° + 90° + y° = 180°$$
$$118° + y° = 180°$$
$$\underline{-118° \qquad -118°}$$
$$y° = 62°$$

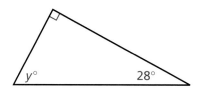

C Halla z en el triángulo obtusángulo.

$$14° + 51° + z° = 180°$$
$$65° + z° = 180°$$
$$\underline{-65° \qquad -65°}$$
$$z° = 115°$$

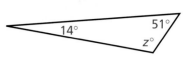

Un **triángulo equilátero** tiene 3 lados congruentes y 3 ángulos congruentes. Un **triángulo isósceles** tiene al menos 2 lados y 2 ángulos congruentes. Un **triángulo escaleno** no tiene lados ni ángulos congruentes.

EJEMPLO 2 Hallar ángulos en triángulos equiláteros, isósceles y escalenos

A Halla las medidas de los ángulos del triángulo equilátero.

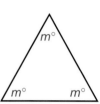

$$3m° = 180° \qquad \text{Teorema de la}$$
$$\frac{3m°}{3} = \frac{180°}{3} \qquad \text{suma del triángulo}$$
$$m° = 60°$$

Los tres ángulos miden 60°.

B Halla las medidas de los ángulos del triángulo isósceles.

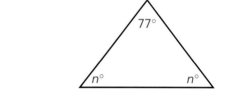

$$77° + n° + n° = 180° \qquad \text{Teorema de la suma del triángulo}$$
$$77° + 2n° = 180° \qquad \text{Combina términos semejantes.}$$
$$\underline{-77° \qquad\qquad -77°} \qquad \text{Resta 77° a ambos lados.}$$
$$2n° = 103°$$
$$\frac{2n°}{2} = \frac{103°}{2} \qquad \text{Divide ambos lados entre 2.}$$
$$n° = 51.5°$$

Los ángulos $n°$ miden 51.5°.

C Halla las medidas de los ángulos del triángulo escaleno.

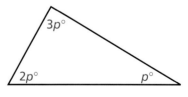

$$p° + 2p° + 3p° = 180° \qquad \text{Teorema de la suma del triángulo}$$
$$\frac{6p°}{6} = \frac{180°}{6} \qquad \text{Combina términos semejantes.}$$
$$p° = 30°$$

El ángulo $p°$ mide 30°, el ángulo $2p°$ mide $2(30°) = 60°$, y el ángulo $3p°$ mide $3(30°) = 90°$.

EJEMPLO 3 Hallar ángulos en un triángulo con ciertas medidas

El segundo ángulo de un triángulo mide el doble que el primero. El tercer ángulo mide la mitad del segundo. Halla las medidas de los ángulos y haz un dibujo de un triángulo posible.

Sea $x°$ = la medida del primer ángulo. Entonces $2x°$ = la medida del segundo ángulo y $\frac{1}{2}(2x)° = x°$ = la medida del tercer ángulo.

$x° + 2x° + x° = 180°$ *Teorema de la suma del triángulo*

$\frac{4x°}{4} = \frac{180°}{4}$ *Combina términos semejantes.*

$x° = 45°$ *Divide ambos lados entre 4.*

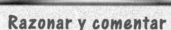

Dos ángulos miden 45° y uno mide 90°. El triángulo tiene dos lados congruentes, así que es un triángulo isósceles rectángulo.

Razonar y comentar

1. ¿Un triángulo rectángulo puede ser equilátero? ¿Isósceles? ¿Escaleno? Explica tu respuesta.

2. ¿Un triángulo isósceles puede ser acutángulo? ¿Obtusángulo? Explica tu respuesta.

3. ¿Un triángulo puede tener 2 ángulos rectos? ¿ Y 2 ángulos obtusos? Explica tu respuesta.

5-3 Ejercicios

PARA PRÁCTICA ADICIONAL
ve a la pág. 740

🔗 conexión **internet**
Ayuda en línea para tareas
go.hrw.com Clave: MP4 5-3

PRÁCTICA GUIADA

Ver Ejemplo **1**

1. Halla q en el triángulo acutángulo.

2. Halla r en el triángulo rectángulo.

3. Halla s en el triángulo obtusángulo.

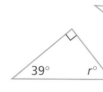

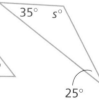

Ver Ejemplo **2**

4. Halla la medida de los ángulos del triángulo equilátero.

5. Halla la medida de los ángulos del triángulo isósceles.

6. Halla la medida de los ángulos del triángulo escaleno.

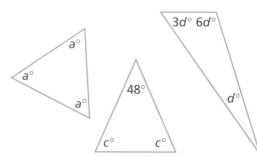

Ver Ejemplo 3 **7.** El segundo ángulo de un triángulo mide la mitad del primero. El tercero mide el triple que el segundo. Halla las medidas de los ángulos y trata de dibujar un triángulo.

PRÁCTICA INDEPENDIENTE

Ver Ejemplo 1 **8.** Halla *r* en el triángulo acutángulo.

9. Halla *s* en el triángulo rectángulo.

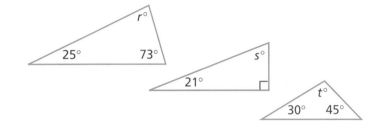

10. Halla *t* en el triángulo obtusángulo.

Ver Ejemplo 2 **11.** Halla la medida de los ángulos del triángulo equilátero.

12. Halla la medida de los ángulos del triángulo isósceles.

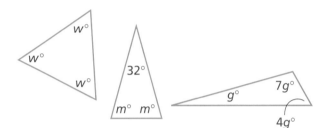

13. Halla la medida de los ángulos del triángulo escaleno.

Ver Ejemplo 3 **14.** El segundo ángulo de un triángulo mide el doble que el primero. El tercero mide tres cuartas partes del primero. Halla las medidas de los ángulos y dibuja un posible triángulo.

PRÁCTICA Y RESOLUCIÓN DE PROBLEMAS

Halla el valor de cada variable.

15.

16.

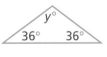

17.

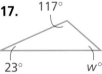

18.

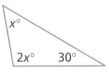

19.

20.

Dibuja un triángulo que se ajuste a cada descripción. Si no se puede hacer, escribe *no es posible*.

21. escaleno acutángulo **22.** equilátero obtusángulo **23.** escaleno rectángulo

24. equilátero rectángulo **25.** escaleno obtusángulo **26.** isósceles acutángulo

Indica si cada enunciado es verdadero siempre, a veces o nunca.

27. Un triángulo equilátero es un triángulo acutángulo.

28. Un triángulo equilátero es un triángulo isósceles.

29. Un triángulo acutángulo es un triángulo equilátero.

30. Un triángulo isósceles es un triángulo equilátero.

31. Un triángulo escaleno es un triángulo equilátero.

32. Un triángulo obtusángulo es un triángulo isósceles.

33. Un triángulo rectángulo es un triángulo obtusángulo.

34. Un triángulo obtusángulo tiene dos ángulos agudos.

35. **ESTUDIOS SOCIALES** La Samoa Americana es un territorio estadounidense constituido por un grupo de islas en el océano Pacífico sur, aproximadamente a la mitad entre Hawai y Nueva Zelanda. Ésta es su bandera.

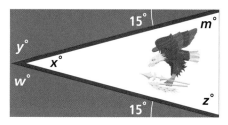

   a. Halla la medida de cada ángulo de los triángulos azules.

   b. Usa tus respuestas de la parte **a** para hallar las medidas de los ángulos del triángulo blanco.

   c. Clasifica los triángulos de la bandera por sus lados y ángulos.

 36. **¿DÓNDE ESTÁ EL ERROR?** Un triángulo isósceles tiene un ángulo que mide 50° y otro que mide 70°. ¿Por qué no puede dibujarse este triángulo?

 37. **ESCRÍBELO** Explica cómo recortar a la mitad un cuadrado o un triángulo equilátero para formar dos triángulos idénticos. ¿Cuál es la medida de los ángulos de los triángulos que resultan en cada caso?

 38. **DESAFÍO** Halla x, y y z.

Repaso en espiral

Evalúa cada expresión con los valores que se dan para las variables. (Lección 1-1)

39. $7x - 4y$ con $x = 5$ y $y = 6$

40. $6.5p - 9.1q$ con $p = 2.5$ y $q = 0$

41. **PREPARACIÓN PARA LA PRUEBA** Una diagonal cruza el rectángulo que se muestra. ¿Qué figuras se forman? (Lección 5-3)

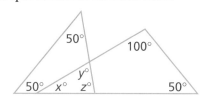

   A Dos triángulos acutángulos   **C** Dos triángulos rectángulos

   B Dos triángulos equiláteros   **D** Dos triángulos isósceles

5-4 Polígonos

Aprender a clasificar polígonos y hallar sus ángulos.

Vocabulario

polígono

polígono regular

trapecio

paralelogramo

rectángulo

rombo

cuadrado

El corte transversal de un diamante con corte de brillante es un *pentágono*. Los diamantes más bellos y valiosos tienen ángulos precisos que reflejan el máximo de luz.

Un **polígono** es una figura plana cerrada formada por tres o más segmentos. Su nombre se deriva del número de lados que tenga.

Muy superficial   Ideal   Muy profundo

Polígono	Número de lados
Triángulo	3
Cuadrilátero	4
Pentágono	5
Hexágono	6
Heptágono	7
Octágono	8
Polígono *n*	*n*

Cuadrilátero

Hexágono

Pentágono

E J E M P L O **1** **Hallar la suma de las medidas de los ángulos de polígonos**

Halla la suma de las medidas de los ángulos de cada figura.

A Halla la suma de las medidas de los ángulos de un cuadrilátero.
Divide la figura en triángulos.
$2 \cdot 180° = 360°$ *2 triángulos*

B Halla la suma de las medidas de los ángulos de un pentágono.
Divide la figura en triángulos.
$3 \cdot 180° = 540°$ *3 triángulos*

Busca un patrón entre el número de lados y el número de triángulos.

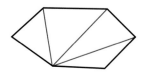

Hexágono:
6 lados
4 triángulos

Heptágono:
7 lados
5 triángulos

El patrón es que el número de triángulos siempre es 2 menos que el número de lados. Así, un polígono n puede dividirse en $n - 2$ triángulos. La suma de las medidas de sus ángulos es de $180°(n - 2)$.

Todos los lados y ángulos de un **polígono regular** miden lo mismo.

EJEMPLO 2 Hallar la medida de cada ángulo de un polígono regular

Halla la medida de los ángulos de cada polígono regular.

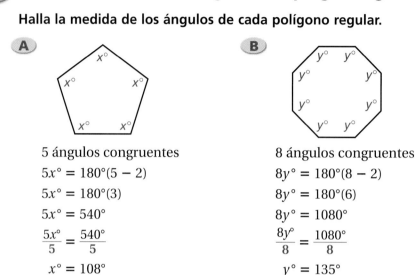

A

5 ángulos congruentes

$5x° = 180°(5 - 2)$

$5x° = 180°(3)$

$5x° = 540°$

$\dfrac{5x°}{5} = \dfrac{540°}{5}$

$x° = 108°$

B

8 ángulos congruentes

$8y° = 180°(8 - 2)$

$8y° = 180°(6)$

$8y° = 1080°$

$\dfrac{8y°}{8} = \dfrac{1080°}{8}$

$y° = 135°$

Los cuadriláteros con ciertas propiedades tienen nombres específicos. Un **trapecio** tiene exactamente 1 par de lados paralelos. Un **paralelogramo** tiene 2 pares de lados paralelos. Un **rectángulo** tiene 4 ángulos rectos. Un **rombo** tiene 4 lados congruentes. Un **cuadrado** tiene 4 lados congruentes y 4 ángulos rectos.

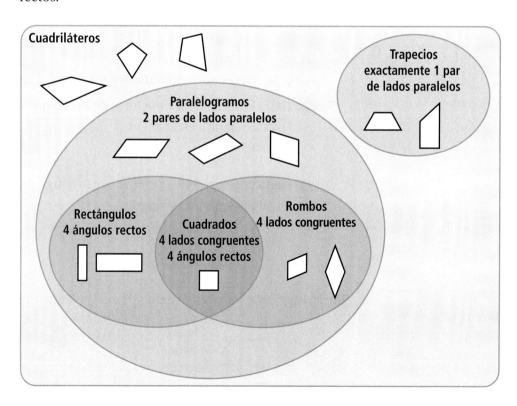

EJEMPLO 3 Clasificar cuadriláteros

Da todos los nombres válidos para cada figura.

A

| cuadrilátero | Polígono de 4 lados |
| trapecio | 1 par de lados paralelos |

$\overline{EF} \parallel \overline{GH}$

B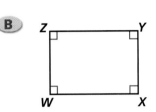

cuadrilátero	Polígono de 4 lados
paralelogramo	2 pares de lados paralelos
rectángulo	4 ángulos rectos

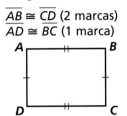

Pista útil

Se pueden usar marcas en los lados para indicar congruencia.

$\overline{AB} \cong \overline{CD}$ (2 marcas)
$\overline{AD} \cong \overline{BC}$ (1 marca)

Razonar y comentar

1. **Elige** qué es mayor, un ángulo de un heptágono regular o un ángulo de un octágono regular.

2. **Explica** por qué todos los rectángulos son paralelogramos y todos los cuadrados son rectángulos.

3. **Da** otro nombre para un triángulo regular y para un cuadrilátero regular.

5-4 Ejercicios

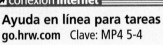

| PARA PRÁCTICA ADICIONAL | ☑ conexión **internet** |
| **ve a la pág. 740** | **Ayuda en línea para tareas** go.hrw.com Clave: MP4 5-4 |

PRÁCTICA GUIADA

Ver Ejemplo ① Halla la suma de las medidas de los ángulos de cada figura.

1.

2.

Ver Ejemplo ② Halla la medida de los ángulos de cada polígono regular.

3.

4.

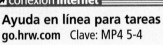

Ver Ejemplo **3** Da todos los nombres que se aplican a cada figura.

5.

6.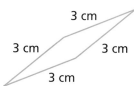
3 cm
3 cm   3 cm
3 cm

PRÁCTICA INDEPENDIENTE

Ver Ejemplo **1** Halla la suma de las medidas de los ángulos de cada figura.

7.

8.

Ver Ejemplo **2** Halla la medida de los ángulos de cada polígono regular.

9.

10.

Ver Ejemplo **3** Da todos los nombres que se aplican a cada figura.

11.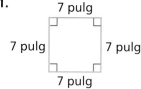
7 pulg
7 pulg   7 pulg
7 pulg

12.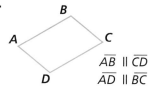
$\overline{AB} \parallel \overline{CD}$
$\overline{AD} \parallel \overline{BC}$

PRÁCTICA Y RESOLUCIÓN DE PROBLEMAS

Halla la suma de las medidas de los ángulos de cada polígono. Si el polígono es regular, halla la medida de cada ángulo.

13. polígono de 20 lados   **14.** polígono de 11 lados   **15.** polígono de 72 lados

16. pentágono   **17.** polígono de 18 lados   **18.** polígono de n lados

Halla el valor de cada variable.

19.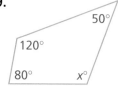
50°
120°
80°   x°

20.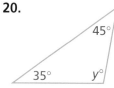
45°
35°   y°

21.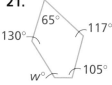
65°
130°   117°
w°   105°

22.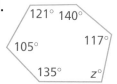
121° 140°
105°   117°
135°   z°

23.
x° x°
50°   50°

24.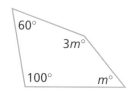
60°
3m°
100°   m°

Se da la suma de los ángulos de un polígono. Identifica el polígono.

25. 720°   **26.** 360°   **27.** 1980°

Representa gráficamente estos vértices en un plano cartesiano. Une los puntos para dibujar un polígono y clasifícalo por el número de sus lados.

28. $A(1, 4)$, $B(2, 3)$, $C(4, 3)$, $D(5, 4)$, $E(4, 5)$, $F(2, 5)$

29. $A(-2, 1)$, $B(-2, -1)$, $C(1, -2)$, $D(3, 0)$, $E(1, 2)$

30. $A(3, 3)$, $B(5, 2)$, $C(5, 1)$, $D(3, -1)$, $E(-2, -1)$, $F(-3, 1)$, $G(-3, 2)$, $H(2, 3)$

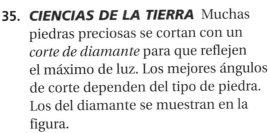

Dibuja un cuadrilátero de acuerdo con cada descripción. Si no se puede hacer, escribe *no es posible*.

31. un paralelogramo que no sea un rectángulo

32. un cuadrado que no sea un rombo

33. un cuadrilátero que no sea un trapecio ni un paralelogramo

34. un rectángulo que no sea un cuadrado

35. *CIENCIAS DE LA TIERRA* Muchas piedras preciosas se cortan con un *corte de diamante* para que reflejen el máximo de luz. Los mejores ángulos de corte dependen del tipo de piedra. Los del diamante se muestran en la figura.

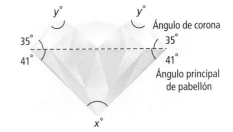

El joyero maestro de las joyas de la corona británica cuida miles de diamantes, incluidos los dos diamantes cortados más grandes del mundo. La Corona del Estado Imperial contiene más de 3000 piedras preciosas, entre ellas 2800 diamantes.

   a. Usa el hecho de que el ángulo principal de pabellón es de 41° para hallar x.

   b. Usa el hecho de que el ángulo de corona es de 35° para hallar y.

 36. *¿DÓNDE ESTÁ EL ERROR?* Un estudiante dijo que todos los cuadrados son rectángulos, pero no todos los cuadrados son rombos. ¿Qué error cometió?

 37. *ESCRÍBELO* ¿Por qué es posible hallar la suma de los ángulos de un polígono regular de n lados con la fórmula $(180n - 360)°$?

 38. *DESAFÍO* Usa propiedades de las líneas paralelas para explicar qué ángulos de un paralelogramo deben ser congruentes.

Repaso en espiral

Escribe estos números en notación científica. (Lección 2-9)

39. 0.00000064   **40.** 7,390,000,000   **41.** −0.0000016   **42.** −4,100,000

43. PREPARACIÓN PARA LA PRUEBA Si un ángulo agudo de un triángulo rectángulo mide 32°, entonces el otro ángulo agudo mide ▇ . (Lección 5-3)

   A 32°   **B** 148°   **C** 58°   **D** 48°

5-5 Geometría de coordenadas

Aprender a identificar polígonos en el plano cartesiano.

Para hacer gráficas en computadoras, se usa un sistema de coordenadas para crear imágenes, desde figuras geométricas simples hasta las figuras realistas del cine.

Vocabulario

pendiente

distancia vertical

distancia horizontal

Puedes usar las propiedades del plano cartesiano para hallar información acerca de figuras en el plano, por ejemplo, si las líneas en el plano son paralelas.

La **pendiente** es un número que describe la inclinación de una línea.

$$\text{pendiente} = \frac{\text{cambio vertical}}{\text{cambio horizontal}} = \frac{\textbf{distancia vertical}}{\textbf{distancia horizontal}}$$

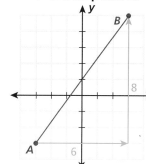

Pendiente positiva

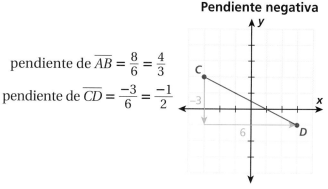

pendiente de $\overline{AB} = \dfrac{8}{6} = \dfrac{4}{3}$

pendiente de $\overline{CD} = \dfrac{-3}{6} = \dfrac{-1}{2}$

Pendiente negativa

La pendiente de una línea horizontal es 0. La pendiente de una línea vertical es indefinida.

EJEMPLO **1** **Hallar la pendiente de una línea**

Determina si la pendiente de cada línea es positiva, negativa, 0, ó indefinida. Luego, halla la pendiente de cada línea.

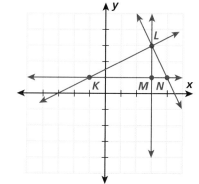

A $\overleftrightarrow{KL}$

pendiente positiva;
pendiente de $\overleftrightarrow{KL} = \dfrac{2}{4} = \dfrac{1}{2}$

B $\overleftrightarrow{LM}$

la pendiente de $\overleftrightarrow{LM}$ es indefinida

C $\overleftrightarrow{LN}$

pendiente negativa; pendiente de $\overleftrightarrow{LN} = \dfrac{-2}{1} = -2$

D $\overleftrightarrow{KM}$

pendiente de $\overleftrightarrow{KM} = 0$

Pendientes de líneas paralelas y perpendiculares
Dos líneas con pendientes iguales son paralelas.
Dos líneas cuyas pendientes tienen un producto de -1 son perpendiculares.

EJEMPLO 2 **Hallar líneas perpendiculares y paralelas**

¿Qué líneas son paralelas?
¿Qué líneas son perpendiculares?

pendiente de $\overleftrightarrow{PQ} = \dfrac{4}{3}$

pendiente de $\overleftrightarrow{RS} = \dfrac{5}{4}$

pendiente de $\overleftrightarrow{AB} = \dfrac{4}{3}$

pendiente de $\overleftrightarrow{PA} = \dfrac{-3}{3}$ ó -1

pendiente de $\overleftrightarrow{GH} = \dfrac{-4}{5}$

pendiente de $\overleftrightarrow{XY} = \dfrac{-7}{9}$

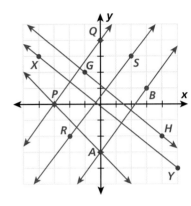

$\overleftrightarrow{PQ} \parallel \overleftrightarrow{AB}$ *Las pendientes son iguales:* $\dfrac{4}{3} = \dfrac{4}{3}$

$\overleftrightarrow{RS} \perp \overleftrightarrow{GH}$ *El producto de las pendientes es -1:* $\dfrac{5}{4} \cdot \dfrac{-4}{5} = -1$

Pista útil

Si una línea tiene pendiente $\dfrac{a}{b}$, entonces una línea perpendicular a ella tiene pendiente $-\dfrac{b}{a}$.

EJEMPLO 3 **Usar coordenadas para clasificar cuadriláteros**

Representa gráficamente los cuadriláteros con los vértices que se dan. Da todos los nombres que se aplican a cada cuadrilátero.

A $J(-6, 3), K(-2, 3),$
$L(-2, -1), M(-6, -1)$

B $W(-1, 0), X(5, -4),$
$Y(3, -7), Z(-3, -3)$

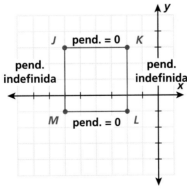

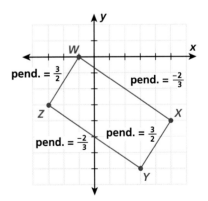

$\overleftrightarrow{JK} \parallel \overleftrightarrow{ML}$ y $\overleftrightarrow{MJ} \parallel \overleftrightarrow{LK}$
$\overleftrightarrow{JK} \perp \overleftrightarrow{LK}, \overleftrightarrow{JK} \perp \overleftrightarrow{MJ},$
$\overleftrightarrow{ML} \perp \overleftrightarrow{LK}$ y $\overleftrightarrow{ML} \perp \overleftrightarrow{MJ}$
paralelogramo, rectángulo, cuadrado, rombo

$\overleftrightarrow{WX} \parallel \overleftrightarrow{ZY}$ y $\overleftrightarrow{ZW} \parallel \overleftrightarrow{YX}$
$\overleftrightarrow{ZW} \perp \overleftrightarrow{WX}, \overleftrightarrow{ZW} \perp \overleftrightarrow{ZY},$
$\overleftrightarrow{YX} \perp \overleftrightarrow{WX}$ y $\overleftrightarrow{YX} \perp \overleftrightarrow{ZY}$
paralelogramo, rectángulo

Representa gráficamente los cuadriláteros con los vértices que se dan. Da todos los nombres que se aplican a cada cuadrilátero.

C $E(-1, 6)$, $F(5, 6)$, $G(3, 4)$, $H(-3, 4)$

D $P(4, 3)$, $Q(9, 2)$, $R(4, -3)$, $S(1, 0)$

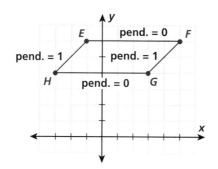

$\overleftrightarrow{EF} \parallel \overleftrightarrow{HG}$ y $\overleftrightarrow{HE} \parallel \overleftrightarrow{GF}$

paralelogramo

$\overleftrightarrow{SP} \parallel \overleftrightarrow{RQ}$

trapecio

Razonar y comentar

1. Explica por qué la pendiente de una línea horizontal es 0.

2. Explica por qué la pendiente de una línea vertical es indefinida.

5-5 Ejercicios

PARA PRÁCTICA ADICIONAL
ve a la pág. 740

🔲 conexión **internet**
Ayuda en línea para tareas
go.hrw.com   Clave: MP4 5-5

PRÁCTICA GUIADA

Ver Ejemplo **1**   Determina si la pendiente de cada línea es positiva, negativa, 0, ó indefinida. Luego, halla la pendiente de cada línea.

1. $\overleftrightarrow{AD}$

2. $\overleftrightarrow{BE}$

3. $\overleftrightarrow{MN}$

4. $\overleftrightarrow{EF}$

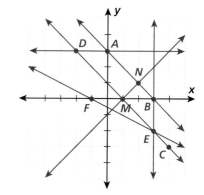

Ver Ejemplo **2**   **5.** ¿Qué líneas son paralelas?

6. ¿Qué líneas son perpendiculares?

Ver Ejemplo **3**   Representa los cuadriláteros con los vértices que se dan. Da todos los nombres que se aplican a cada cuadrilátero.

7. $D(-3, -2)$, $E(-3, 3)$, $F(2, 3)$, $G(2, -2)$

8. $R(3, -2)$, $S(3, 1)$, $T(-3, 5)$, $V(-3, -2)$

PRÁCTICA INDEPENDIENTE

Ver Ejemplo ① Determina si la pendiente de cada línea
es positiva, negativa, 0, ó indefinida. Luego,
halla la pendiente de cada línea.

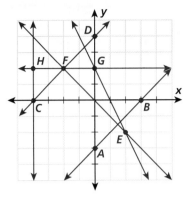

9. $\overleftrightarrow{AB}$ **10.** $\overleftrightarrow{EG}$

11. $\overleftrightarrow{HG}$ **12.** $\overleftrightarrow{CH}$

Ver Ejemplo ② **13.** ¿Qué líneas son paralelas?

14. ¿Qué líneas son perpendiculares?

Ver Ejemplo ③ Representa los cuadriláteros con los vértices que se dan.
Da todos los nombres que se aplican a cada cuadrilátero.

15. $D(-3, 5)$, $E(3, 5)$, $F(3, -1)$, $G(-3, -1)$

16. $W(-2, 1)$, $X(-2, -2)$, $Y(4, 1)$, $Z(0, 2)$

PRÁCTICA Y RESOLUCIÓN DE PROBLEMAS

Traza la línea que pasa por los puntos que se dan y halla su pendiente.

17. $A(2, 1)$, $B(4, 7)$ **18.** $C(-2, 0)$, $D(-2, -5)$

19. $G(5, -4)$, $H(-2, -4)$ **20.** $E(-3, 1)$, $F(4, -2)$

21. En una cuadrícula de coordenadas, traza una línea s con pendiente 0
y una línea t con pendiente 1. Luego traza tres líneas que pasen por la
intersección de s y t que tengan pendientes entre 0 y 1.

22. En una cuadrícula de coordenadas, traza una línea m con pendiente 0
y una línea n con pendiente -1. Luego traza tres líneas que pasen por
la intersección de m y s que tengan pendientes entre 0 y -1.

23. ***¿DÓNDE ESTÁ EL ERROR?*** Los puntos $P(3, 7)$, $Q(5, 2)$, $R(3, -3)$,
y $S(1, 2)$ son vértices de un cuadrado. ¿Dónde está el error?

24. ***ESCRÍBELO*** Explica cómo el uso de diferentes puntos en una línea
para hallar la pendiente afecta la respuesta.

25. ***DESAFÍO*** Usa un cuadrado en el plano cartesiano para explicar por qué
una línea con pendiente 1 forma un ángulo de 45° con el eje de las x.

Repaso en espiral

Se dan las medidas de dos ángulos de un triángulo. Halla la medida del tercer ángulo. (Lección 5-3)

26. 45°, 45°   **27.** 30°, 60°   **28.** 21°, 82°   **29.** 105°, 42°

30. **PREPARACIÓN PARA LA PRUEBA** Evalúa $[(4 \cdot 5) - 5] \div 2$. (Curso previo)

A 2   **B** 5   **C** 7.5   **D** 0

Examen parcial del capítulo

LECCIÓN **5-1** (págs. 222–226)

Observa la figura.

1. Identifica dos pares de ángulos complementarios.

2. Identifica tres pares de ángulos suplementarios.

3. Identifica dos ángulos rectos.

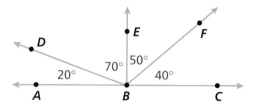

LECCIÓN **5-2** (págs. 228–231)

En la figura, línea $m \parallel$ línea n. Halla la medida de cada ángulo.

4. $\angle 1$

5. $\angle 2$

6. $\angle 3$

7. $\angle 4$

LECCIÓN **5-3** (págs. 234–238)

Halla x en cada triángulo.

8.

9.

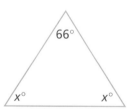

LECCIÓN **5-4** (págs. 239–243)

Da todos los nombres que se aplican a cada figura.

10.

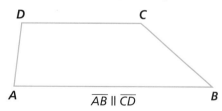

11.

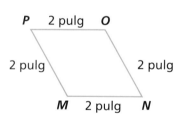

LECCIÓN **5-5** (págs. 244–247)

Representa gráficamente los cuadriláteros con los vértices que se dan. Da todos los nombres que se aplican a cada cuadrilátero.

12. $A(-2, 1), B(3, 2), C(2, 0), D(-3, -1)$

13. $P(-4, 5), Q(3, 5), R(3, -2), S(-4, -2)$

14. $J(0, 2), K(4, 4), L(2, 1), M(0, 0)$

15. $U(4, 2), V(-2, 4), W(-3, 1), X(3, -1)$

Enfoque en resolución de problemas

Comprende

Comprende el problema

• **Escribe el problema con tus propias palabras**

Si escribes un problema con tus propias palabras, podrías comprenderlo mejor. Antes de hacerlo, quizá necesites leerlo varias veces, incluso en voz alta, para captar todas las palabras.

Una vez que hayas escrito el problema con tus propias palabras, asegúrate de haber incluido toda la información necesaria para resolver el problema.

Escribe cada problema con tus propias palabras. Comprueba que hayas incluido toda la información necesaria para resolverlo.

1 En la figura, $\angle 1$ y $\angle 2$ son complementarios, y $\angle 2$ y $\angle 3$ son suplementarios. Si m$\angle 2 = 50°$, halla m$\angle 4$ + m$\angle 5$.

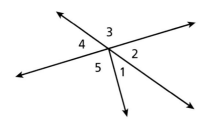

2 En el triángulo ABC, m$\angle A = 25°$ y m$\angle B = 65°$. Usa el Teorema de la suma del triángulo para determinar si el triángulo es rectángulo.

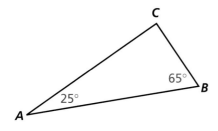

3 El segundo ángulo de un cuadrilátero es seis veces mayor que el primero. El tercero mide la mitad que el segundo. El cuarto mide lo mismo que el primero y el tercero juntos. Determina las medidas de los ángulos del cuadrilátero.

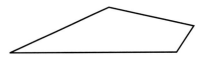

4 La línea transversal p interseca las líneas paralelas m y n. Los ángulos agudos formados por las líneas m y p miden 45°. Halla la medida de los ángulos obtusos formados por la intersección de las líneas n y p.

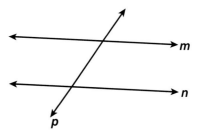

Aprender a usar las propiedades de figuras congruentes para resolver problemas.

Vocabulario

correspondencia

Abajo se muestran los perfiles de ADN de dos pares de gemelos. Los gemelos A y B son idénticos. Los gemelos C y D son fraternos.

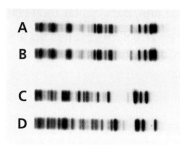

Una **correspondencia** es una forma de comparar dos conjuntos de objetos. Las cadenas de ADN que están una al lado de la otra de cada par coinciden o *corresponden*. En el ADN de los gemelos idénticos, las cadenas correspondientes son iguales.

Si dos polígonos son congruentes, todos sus lados y ángulos correspondientes son congruentes. En un enunciado de congruencia, los vértices del segundo polígono se escriben en orden de correspondencia con el primer polígono.

EJEMPLO **Escribir enunciados de congruencia**

Escribe un enunciado de congruencia para cada par de polígonos.

A

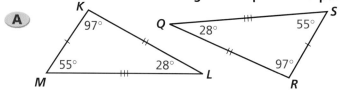

El primer triángulo puede llamarse triángulo *KML*. Para completar el enunciado de congruencia, los vértices del segundo triángulo deben escribirse en orden de correspondencia.

$\angle K \cong \angle R$, por tanto $\angle K$ es correspondiente con $\angle R$.

$\angle L \cong \angle Q$, por tanto $\angle L$ es correspondiente con $\angle Q$.

$\angle M \cong \angle S$, por tanto $\angle M$ es correspondiente con $\angle S$.

El enunciado de congruencia es triángulo *KLM* $\cong$ triángulo *RQS*.

Escribe un enunciado de congruencia para cada par de polígonos.

B

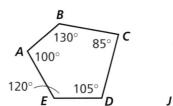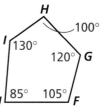

Los vértices del primer pentágono se escriben en orden, yendo alrededor del pentágono, comenzando en cualquier vértice.

$\angle A \cong \angle H$, por tanto $\angle A$ es correspondiente con $\angle H$.

$\angle B \cong \angle I$, por tanto $\angle B$ es correspondiente con $\angle I$.

$\angle C \cong \angle J$, por tanto $\angle C$ es correspondiente con $\angle J$.

$\angle D \cong \angle F$, por tanto $\angle D$ es correspondiente con $\angle F$.

$\angle E \cong \angle G$, por tanto $\angle E$ es correspondiente con $\angle G$.

El enunciado de congruencia es pentágono $ABCDE \cong$ pentágono $HIJFG$.

EJEMPLO 2 Usar relaciones de congruencia para hallar valores desconocidos

En la figura, cuadrilátero $PQSR \cong$ cuadrilátero $WTUV$.

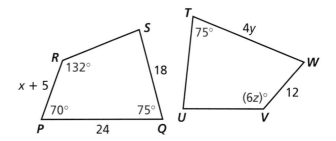

A Halla x.

$x + 5 = 12$ $\quad \overline{PR} \cong \overline{WV}$

$\dfrac{-5 = -5}{x \quad = \quad 7}$ $\quad$ Resta 5 a ambos lados.

B Halla y.

$4y = 24$ $\quad \overline{PQ} \cong \overline{WT}$

$\dfrac{4y}{4} = \dfrac{24}{4}$ $\quad$ Divide ambos lados entre 4.

$y = 6$

C Halla z.

$6z = 132$ $\quad \angle R \cong \angle V$

$\dfrac{6z}{6} = \dfrac{132}{6}$ $\quad$ Divide ambos lados entre 6.

$z = 22$

Razonar y comentar

1. Explica qué significa que dos polígonos sean congruentes.

2. Indica cómo escribir un enunciado de congruencia para dos polígonos.

PARA PRÁCTICA ADICIONAL

ve a la pág. 741

☑ conexión internet

Ayuda en línea para tareas
go.hrw.com   Clave: MP4 5-6

PRÁCTICA GUIADA

Ver Ejemplo **1**   Escribe un enunciado de congruencia para cada par de polígonos.

1.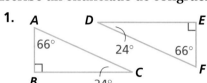

2.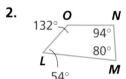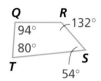

Ver Ejemplo **2**   En la figura, triángulo $ABC \cong$ triángulo LMN.

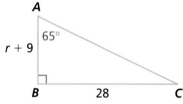 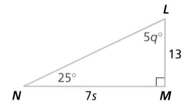

3. Halla q.   **4.** Halla r.   **5.** Halla s.

PRÁCTICA INDEPENDIENTE

Ver Ejemplo **1**   Escribe un enunciado de congruencia para cada par de polígonos.

6.

7.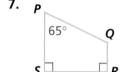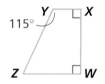

Ver Ejemplo **2**   En la figura, cuadrilátero $ABCD \cong$ cuadrilátero $LMNO$.

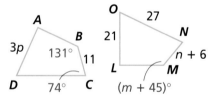

8. Halla m.   **9.** Halla n.   **10.** Halla p.

PRÁCTICA Y RESOLUCIÓN DE PROBLEMAS

Halla el valor de cada variable.

11. pentágono $ABCDE \cong$ pentágono $PQRST$

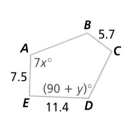 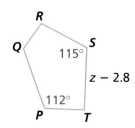

12. hexágono $ABCDEF \cong$ hexágono $LMNOPQ$

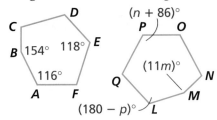

13. cuadrilátero $ABCD \cong$ cuadrilátero $EFGH$

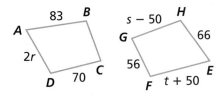

14. heptágono $ABCDEFG \cong$ heptágono $JKLMNOP$

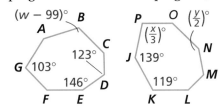

 15. **¿DÓNDE ESTÁ EL ERROR?** Explica el error en este enunciado de congruencia y escríbelo correctamente.

triángulo $ABC \cong$ triángulo DEF

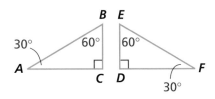

16. **ESCRÍBELO** ¿De qué manera el saber que dos polígonos son congruentes te ayuda a hallar las medidas de sus ángulos?

17. **DESAFÍO** Triángulo $ABC \cong$ triángulo LMN y $\overline{AE} \parallel \overline{BD}$. Halla m$\angle ACD$.

Repaso en espiral

Resuelve. (Lección 2-4)

18. $\dfrac{m}{-3} = 4$

19. $64 = 4x$

20. $\dfrac{x}{-6} = -2$

21. $-60 = 4m$

22. $21 = 6p$

23. $\dfrac{b}{3} = -2$

24. $-95 = 19y$

25. $\dfrac{a}{4} = -8$

26. PREPARACIÓN PARA LA PRUEBA Halla la medida de los ángulos del siguiente triángulo. El primer ángulo es menor que 90°. El segundo es $\frac{3}{4}$ de lo que mide el primero. El tercero es $\frac{2}{3}$ de lo que mide el segundo. (Lección 5-3)

   A 60°, 45°, 75°   **B** 75°, 60°, 45°   **C** 75°, 50°, 35°   **D** 80°, 60°, 40°

5-7 Transformaciones

Aprender a
transformar figuras
planas mediante
traslaciones, rotaciones
y reflexiones.

Vocabulario

transformación

traslación

rotación

centro de rotación

reflexión

imagen

Cuando estás en un parque
de atracciones experimentas una
transformación. Las ruedas de
la fortuna y carruseles son
rotaciones. Los juegos de caída
libre y resbaladillas son
traslaciones. Las traslaciones,
rotaciones y reflexiones son tipos
de **transformaciones** .

Traslación	Rotación	Reflexión
Una **traslación** desliza una figura a lo largo de una línea sin girarla.	Una **rotación** gira la figura en torno a un punto, que se llama **centro de rotación** .	Una **reflexión** voltea una figura al otro lado de una línea para crear una imagen de espejo.

La figura que resulta de una traslación, rotación o reflexión se conoce
como **imagen** , y es congruente con la figura original.

EJEMPLO **1** **Identificar transformaciones**

Identifica si hay traslación, rotación, reflexión o ninguna de las tres.

A

traslación

B

ninguna de las tres

C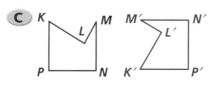

rotación

D

reflexión

EJEMPLO **2** **Dibujar transformaciones**

Dibuja la imagen del triángulo después de cada transformación.

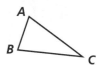

A Traslación sobre $\overline{BC}$ de modo que B' coincida con C

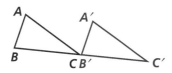

B Reflexión sobre $\overline{AB}$

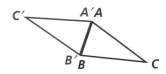

C Rotación de 90° en sentido contrario a las manecillas del reloj en torno al punto C

Traza la figura. Coloca el lápiz en el punto C y gira la figura 90° en sentido contrario a las manecillas del reloj.

EJEMPLO **3** **Representar gráficamente transformaciones**

Dibuja la imagen de un triángulo con vértices (2, 1), (3, 3) y (1, 2) después de cada transformación.

A Traslación 3 unidades hacia abajo

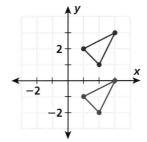

B Reflexión sobre el eje de las y

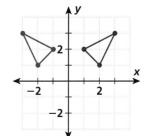

Pista útil

La imagen del punto (x, y) después de una rotación de 180° en torno a (0, 0) es $(-x, -y)$.

C Rotación de 180° en torno a (0, 0)

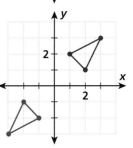

Razonar y comentar

1. Indica si la imagen de una línea vertical es a veces, siempre o nunca vertical después de una traslación, una reflexión o una rotación.

2. Da la imagen del punto $A(a, b)$ después de una reflexión sobre el eje de las x.

5-7 **Ejercicios**

PARA PRÁCTICA ADICIONAL
ve a la pág. 741

conexión internet
Ayuda en línea para tareas
go.hrw.com   Clave: MP4 5-7

PRÁCTICA GUIADA

Ver Ejemplo **1**   Identifica si hay traslación, rotación, reflexión o ninguna de las tres.

1.
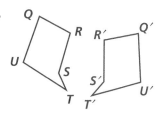

2.
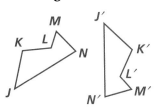

Ver Ejemplo **2**   Dibuja la imagen del triángulo después de cada transformación.

3. traslación sobre $\overline{AC}$ de modo que C' coincida con A

4. reflexión sobre $\overline{ED}$

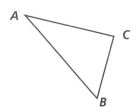
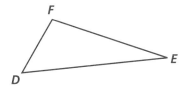

Ver Ejemplo **3**   Dibuja la imagen del paralelogramo con vértices $(-3, 6)$, $(-4, 2)$, $(4, 4)$ y $(3, 0)$ después de cada transformación.

5. traslación 2 unidades hacia arriba

6. reflexión sobre el eje de las x

7. rotación de 180° en torno a $(0, 0)$

PRÁCTICA INDEPENDIENTE

Ver Ejemplo **1**   Identifica si hay traslación, rotación, reflexión o ninguna de las tres.

8.
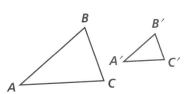

9.
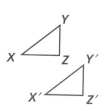

Ver Ejemplo **2**   Dibuja la imagen del triángulo después de cada transformación.

10. traslación sobre $\overline{BC}$ de modo que B' coincida con C

11. reflexión sobre $\overline{AB}$

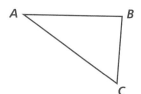
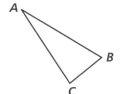

Ver Ejemplo 3 Dibuja la imagen del cuadrilatero con vértices (1, 2), (5, 4), (5, 1) y (3, 5) después de cada transformación.

12. traslación 3 unidades hacia abajo

13. reflexión sobre el eje de las y

14. rotación de 180° en torno a (0, 0)

PRÁCTICA Y RESOLUCIÓN DE PROBLEMAS

Copia cada figura y realiza la transformación que se da.

15. Reflexión sobre la línea m.

16. Reflexión sobre la línea n.

17. Rotación 90° en el sentido de las manecillas del reloj.

Da las coordenadas de cada punto después de una reflexión sobre el eje indicado.

18. (3, 5); eje de las x **19.** (−2, 1); eje de las x **20.** (m, n); eje de las x

21. (4, −3); eje de las y **22.** (−5, 2); eje de las y **23.** (m, n); eje de las y

Da las coordenadas de cada punto después de una rotación de 180° en torno a (0, 0).

24. (2, 3)   **25.** (−6, 1)   **26.** (m, n)

27. *ARTE* Un sello es una reflexión de la imagen que la tinta deja en el papel. Dibuja un sello que imprima el nombre **EMILY**. ¿La imagen es una reflexión sobre una línea vertical u horizontal?

28. *ESCRIBE UN PROBLEMA* Escribe un problema con transformaciones en una cuadrícula de coordenadas que produzca un patrón.

29. *ESCRÍBELO* Explica cómo cada tipo de transformación aplicada a la flecha afectaría la dirección a la que apunta.

30. *DESAFÍO* Un triángulo tiene vértices en (−1, 1), (1, 3), y (4, −2). Después de una reflexión y una traslación, las coordenadas de la imagen son (5, 3), (3, 5) y (0, 0). Describe las transformaciones.

Repaso en espiral

Evalúa. (Lección 2-6)

31. 2^5 **32.** $(−3)^2$ **33.** $(−7)^3$ **34.** 4^0

35. $(−2)^7$ **36.** 5^3 **37.** $(−4)^2$ **38.** 8^1

39. PREPARACIÓN PARA LA PRUEBA Cada ángulo de un polígono regular de 15 lados mide ▩.
(Lección 5-4)

  A 156°   **B** 146°   **C** 150°   **D** 148°

Práctica

LABORATORIO 5C

Combinar transformaciones

Para usar con la Lección 5-7

CLAVE

Bloques de patrones =

triángulo

rombo

trapecio

Puedes usar un plano cartesiano para transformar una figura geométrica.

Actividad

1 **Sigue estos pasos para transformar una figura.**

   a. Coloca un bloque de patrón rojo en un plano cartesiano, dibuja su perímetro y rotula los vértices.

   b. Traslada la figura 3 unidades hacia abajo y 5 a la derecha y refleja la imagen que resulta sobre el eje de las *x*. Dibuja la imagen y rotula los vértices.

   c. Coloca un bloque de patrón verde en el mismo plano. Dibuja su perímetro y rotula los vértices. Gira la figura 180° en torno a (0, 0) y luego trasládala 4 unidades hacia arriba y 3 a la derecha. Dibuja la imagen y rotula los vértices.

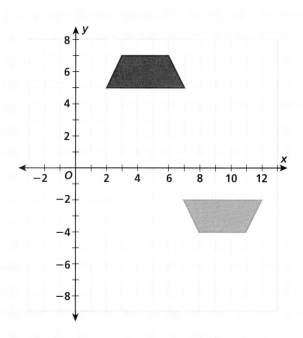

Razonar y comentar

1. Cuando realizas dos o más transformaciones a una figura, ¿es importante el orden en que las realizas? Explica tu respuesta.

Inténtalo

1. Coloca un bloque de patrón azul en un plano cartesiano. Dibuja su perímetro y rotula los vértices. Realiza dos transformaciones diferentes a la figura. Dibuja la imagen y rotula los vértices. Intercambia con un compañero. Describe las transformaciones que usó tu compañero.

5-8 Simetría

Aprender a distinguir simetría de figuras.

Vocabulario

simetría axial

eje de simetría

simetría de rotación

En la naturaleza hay muchos ejemplos de *simetría*, como las alas de una mariposa o los pétalos de una flor. Las partes de los objetos simétricos son congruentes.

Una figura tiene **simetría axial** si puedes trazar una línea que la divida en dos imágenes de espejo. La línea se llama **eje de simetría**.

E J E M P L O **1** **Dibujar figuras con simetría axial**

Completa cada figura. La línea punteada es el eje de simetría.

Pista útil

Si doblas una figura sobre el eje de simetría, las mitades coinciden.

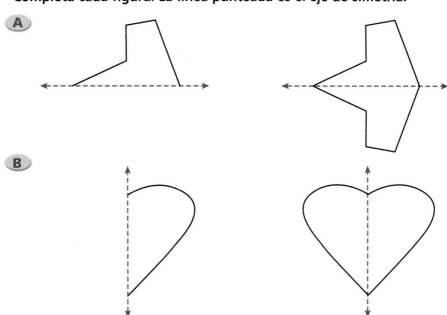

Ⓐ

Ⓑ

Una figura tiene **simetría de rotación** si puedes girarla en torno a un punto y lograr que coincida consigo misma. El punto es el centro de rotación, y el giro debe ser menor que una vuelta completa, es decir, 360°.

7 ejes de simetría de rotación

6 ejes de simetría de rotación

E J E M P L O 2 Dibujar figuras con simetría de rotación

Completa cada figura. El punto es el centro de rotación.

A 2 ejes

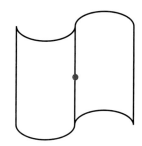

La figura coincide consigo misma cada 180°.

B 8 ejes

La figura coincide consigo misma cada 45°.

Razonar y comentar

1. Explica qué significa que una figura es simétrica.

2. Indica qué letras del alfabeto tienen simetría axial.

3. Indica qué letras del alfabeto tienen simetría de rotación.

PARA PRÁCTICA ADICIONAL
ve a la pág. 741

conexión **internet**
Ayuda en línea para tareas
go.hrw.com   Clave: MP4 5-8

PRÁCTICA GUIADA

Ver Ejemplo ① Completa cada figura. La línea punteada es el eje de simetría.

1.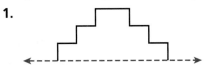

2.

3.

4.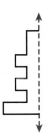

Ver Ejemplo ② Completa cada figura. El punto es el centro de rotación.

5. 4 ejes

6. 6 ejes

PRÁCTICA INDEPENDIENTE

Ver Ejemplo ① Completa cada figura. La línea punteada es el eje de simetría.

7.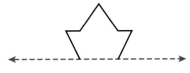

8.

9.

10.

Ver Ejemplo ② Completa cada figura. El punto es el centro de rotación.

11. 4 ejes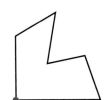

12. 5 ejes

PRÁCTICA Y RESOLUCIÓN DE PROBLEMAS

Dibuja un ejemplo de una figura con cada tipo de simetría.

13. simetría axial y simetría de rotación

14. simetría axial pero no de rotación

15. simetría de rotación pero no axial

16. sin simetría

17. *ESTUDIOS SOCIALES* En Japón, se usan emblemas familiares que se llaman *ka-mon* desde hace muchos siglos. Copia cada emblema. Describe su simetría y traza los ejes de simetría o el centro de rotación.

a.

Kage Asa no ha

b.

Maru ni shichiyo

c.

Nito Nami

d.

Chukage itsutsu nenji Aoi

e.

Tsuki ni sansei

f.

Teuno ke

 18. *ESCRIBE UN PROBLEMA* Para enviar señales, se cuelgan banderines en los barcos. Investiga el alfabeto completo de esos banderines y escribe un problema relacionado con sus tipos de simetría.

 19. *ESCRÍBELO* Para completar una figura con *n* ejes de simetría de rotación, explica cuánto giras cada parte.

 20. *DESAFÍO* Muchas banderas de países tienen simetría. La de Japón tiene simetría rotacional de 180°. Identifica al menos 3 países más cuya bandera tenga simetría de rotación de 180°.

Repaso en espiral

Escribe cada número en forma estándar. (Lección 2-9)

21. 8.21×10^5

22. 2.07×10^{-7}

23. -1.4×10^3

Escribe cada número en notación científica. (Lección 2-9)

24. 4,080,000

25. -0.000035

26. 5,910,000,000

27. **PREPARACIÓN PARA LA PRUEBA** ¿Qué par ordenado está en la línea cuya ecuación es $y = 2x + 1$? (Lección 1-8)

A (0, 0) **B** (2, 6) **C** (0, 1) **D** (5, 13)

5-9 Teselados

Aprender a predecir y comprobar patrones con teselados.

Vocabulario

teselado

teselado regular

teselado semirregular

Se pueden hacer diseños fascinantes repitiendo una figura o grupo de figuras. Esto se hace mucho en arte y arquitectura.

Un patrón repetido de figuras planas que cubre totalmente un plano sin huecos ni traslapes es un **teselado** .

En un **teselado regular** , un polígono regular se repite hasta llenar el plano. Los ángulos en cada vértice suman 360°, por tanto, existen exactamente tres teselados regulares.

El palacio de la Alhambra en Granada, España, está decorado con muchos teselados y otros patrones geométricos.

Triángulos equiláteros	Cuadrados	Hexágonos regulares
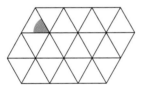	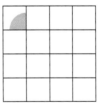	
$6 \cdot 60° = 360°$	$4 \cdot 90° = 360°$	$3 \cdot 120° = 360°$

En un **teselado semirregular** , dos o más polígonos regulares se repiten hasta llenar el plano y todos los vértices son idénticos.

EJEMPLO **1** **APLICACIÓN A LA RESOLUCIÓN DE PROBLEMAS**

RESOLUCIÓN DE PROBLEMAS

Halla todos los teselados semirregulares posibles que usen triángulos y hexágonos.

1 **Comprende el problema**

Haz una lista de la **información importante:**

- Los ángulos de cada vértice suman 360°.

- Todos los ángulos de un hexágono regular miden 120°.

- Todos los ángulos de un triángulo equilátero miden 60°.

2 Haz un plan

Considera todas las posibilidades: Haz una lista de todas las combinaciones posibles de triángulos y hexágonos en torno a un vértice que suman 360°. Luego ve qué combinaciones se pueden usar para crear un teselado semirregular.

6 triángulos, 0 hexágonos	$6(60°) = 360°$	*regular*
4 triángulos, 1 hexágono	$4(60°) + 120° = 360°$	
2 triángulos, 2 hexágonos	$2(60°) + 2(120°) = 360°$	
0 triángulos, 3 hexágonos	$3(120°) = 360°$	*regular*

3 Resuelve

Hay un arreglo de 4 triángulos y 1 hexágono en torno a un vértice. Hay dos arreglos de 2 triángulos y 2 hexágonos en torno a un vértice.

4 triángulos, 1 hexágono   *2 triángulos, 2 hexágonos*

Repite cada arreglo en torno a cada vértice, si es posible, para crear un teselado.

 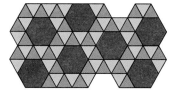

 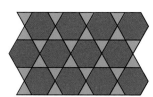

Si tratas de repetir el tercer arreglo en torno al vértice azul, el vértice verde tendrá 3 triángulos. Por tanto, no produce un teselado semirregular.

Hay exactamente dos teselados semirregulares que usan triángulos y hexágonos.

4 Repasa

Si se repite el tercer arreglo, se crea un vértice que no es idéntico a los otros vértices, por tanto, no puedes usar este arreglo para producir un teselado semirregular.

También es posible hacer teselados con polígonos irregulares. Podemos crear teselados con cualquier triángulo o cuadrilátero.

EJEMPLO 2 Crear un teselado

Crea un teselado con el cuadrilátero *ABCD*.

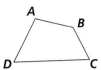

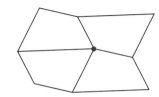

Debe haber una copia de cada ángulo del cuadrilátero ABCD en cada vértice.

EJEMPLO 3 Crear un teselado transformando un polígono

Usa rotaciones para crear una variación del teselado del Ejemplo 2.

Paso 1: Halla el punto medio de un lado.

Paso 2: Haz un nuevo borde para la mitad del lado.

Paso 3: Gira el nuevo borde en torno al punto medio para formar el borde de la otra mitad del lado.

Paso 4: Repite con los otros lados.

Paso 5: Usa la figura para hacer un teselado.

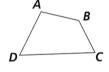

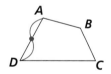

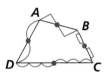

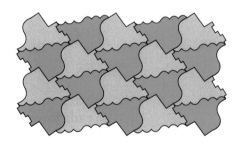

Razonar y comentar

1. **Compara** teselados regulares con teselados semirregulares.

2. **Explica** por qué no se puede usar un pentágono regular para crear un teselado regular.

PARA PRÁCTICA ADICIONAL

ve a la pág. 741

⤢ conexión **internet**

Ayuda en línea para tareas
go.hrw.com   Clave: MP4 5-9

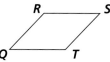

PRÁCTICA GUIADA

Ver Ejemplo ① **1.** Halla todos los teselados semirregulares posibles que usan cuadrados y octágonos.

Ver Ejemplo ② **2.** Crea un teselado con el cuadrilátero *QRST*.

Ver Ejemplo ③ **3.** Usa rotaciones para crear una variación del teselado del ejercicio 2.

PRÁCTICA INDEPENDIENTE

Ver Ejemplo ① **4.** Halla todos los teselados semirregulares posibles que usan triángulos y cuadrados.

Ver Ejemplo ② **5.** Crea un teselado con el triángulo *PQR*.

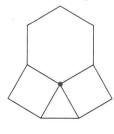

Ver Ejemplo ③ **6.** Usa rotaciones para crear una variación del teselado del ejercicio 5.

PRÁCTICA Y RESOLUCIÓN DE PROBLEMAS

Usa cada arreglo de polígonos regulares para crear un teselado semirregular.

7.

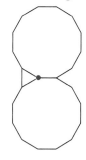

8.

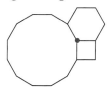

9.

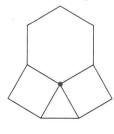

Usa cada forma para crear un teselado.

10.

11.

12.

13. Se recorta una pieza de un lado de un rectángulo y se traslada al lado opuesto. ¿Puede crearse un teselado con esta figura?

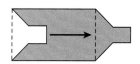

M. C. Escher creó obras de arte repitiendo figuras que se entrelazan. Usó teselados regulares e irregulares. A menudo usó lo que llamó *metamorfosis*, en la que unas figuras se convierten en otras. Escher usó su patrón de reptiles en muchos teselados hexagonales. Uno de los más conocidos se titula simplemente *Reptiles*.

14. Estos pasos muestran el método de Escher para convertir un triángulo en un ave. Crea un teselado con el ave.

Paso 1
Paso 2

Paso 3
Paso 4

Mano con esfera reflejante por M. C. Escher ©2004 Cordon Art-Baarn-Holland. Todos los derechos reservados.

go.hrw.com
CLAVE: MP4 ESCHER, disponible en inglés.
CNN Student News.

Consulta el dibujo de *Reptiles* para los ejercicios 15 y 16.

15. ¿Qué polígono regular crees que usó Escher para iniciar el dibujo?

16. Describe el proceso que usó para crear cada figura a partir de la forma básica.

17. ⭐ *DESAFÍO* Crea un teselado como los de Escher con tu propio diseño.

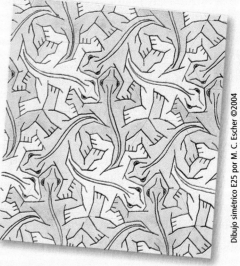

Dibujo simétrico E25 por M. C. Escher ©2004 Cordon Art-Baarn-Holland. Todos los derechos reservados.

Repaso en espiral

Resuelve y representa gráficamente cada desigualdad. (Lección 1-5)

18. $y + 4 > 1$

19. $4p \leq 12$

20. $f - 3 \geq 2$

21. $4 < \frac{w}{3}$

22. $p - 1 \geq 4$

23. $m + 3 \leq 3$

24. $3 > \frac{n}{2}$

25. $3z < 6$

26. PREPARACIÓN PARA LA PRUEBA ¿Qué frase representa la expresión $8 - 6p$? (Lección 1-2)

   A Ocho menos de seis veces un número

   B Ocho menos seis, multiplicado por un número

   C Seis veces un número menos ocho

   D Seis veces un número, restado a ocho

Resolución de problemas en lugares

MARYLAND

Bandera del estado de Maryland

Cecil Calvert, segundo Lord Baltimore, fundó la colonia de Maryland en 1634. Su bandera contiene dos emblemas familiares.

- El diseño negro y dorado es el emblema de la familia Calvert.

- El diseño rojo y blanco es el emblema de la familia Crossland, a la que pertenecía la madre de Cecil Calvert.

Copia la bandera en una hoja de papel.

1. Rotula todas las líneas paralelas, perpendiculares y transversales.

2. Identifica al menos un trapecio, un paralelogramo y un rectángulo en la bandera.

3. Describe la simetría en el emblema de la familia Calvert.

4. Describe la simetría en el emblema de la familia Crossland.

5. Describe la simetría en la bandera de Maryland.

6. Describe otras características geométricas interesantes de la bandera de Maryland.

Pride of Baltimore II

El *Pride of Baltimore II* es una réplica de un tipo de velero de alrededor de 1812 llamado Baltimore Clipper: una goleta de gavia cuadrada. En la navegación a vela se usan tres maniobras básicas: contra el viento, con viento cruzado y con el viento. El resultado es un curso zigzagueante de direcciones alternas que la nave sigue para avanzar en la dirección deseada. Las velas deben adaptarse en relación con el viento para lograr el rumbo deseado o la dirección del viaje.

1. Un velero sale de *A* y navega a *E* siguiendo el curso en zigzag que se indica. Halla los valores de *p, q, r, s* y *t*.

2. Supongamos que m∠*C* se cambia a 100°. Halla los valores de *p, q, r, s* y *t*.

3. Supongamos que m∠*B* se cambia a 85°. Halla los valores de *p, q, r, s* y *t*.

4. Traza un curso zigzagueante similar, del punto *A* al punto *E*, usando 45° para m∠*B*, 70° para m∠*C*, 65° para m∠*D* y 50° para m∠*E*. Halla los valores de *p, q, r, s* y *t*.

5. Mide la distancia entre los puntos *A* y *F* y trázala en tu hoja. Ahora haz tus propios ángulos de ajuste para navegar del punto *A* al punto *F* exactamente, y dibújalos en tu hoja.

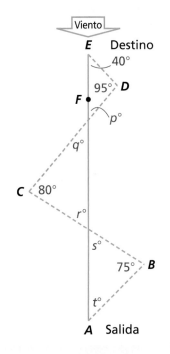

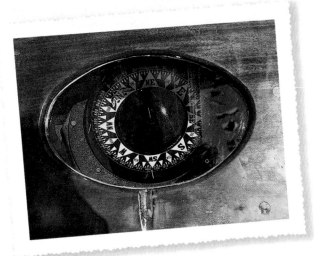

MATE-JUEGOS

A colorear teselados

Dos de los tres teselados regulares —triángulos y cuadrados— se pueden iluminar con dos colores para que así no haya dos polígonos del mismo color juntos. El tercero —hexágonos— requiere tres colores.

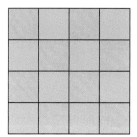
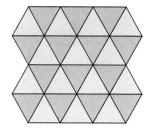

1. Determina si cada teselado semirregular se puede iluminar con dos colores. Si no, indica el mínimo de colores necesarios.

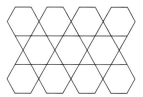
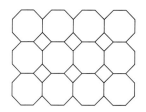
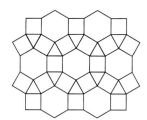

2. Trata de escribir una regla acerca de qué teselados se pueden iluminar con dos colores.

El rummy del polígono

El objetivo de este juego es crear figuras geométricas. Cada carta de la baraja tiene una propiedad de una figura geométrica. Para crear una figura, debes dibujar un polígono que coincida con al menos tres de tus cartas. Por ejemplo, si tienes las cartas "cuadrilátero", "un par de lados paralelos" y "un ángulo recto", podrías dibujar un rectángulo.

conexión internet

Visita **go.hrw.com**, para las reglas completas y las cartas del juego.
CLAVE: MP4 Game5

Tecnología

Ángulos externos de un polígono

⌐ conexión **internet**
Recursos en línea para el
laboratorio: **go.hrw.com**
CLAVE: MP4 TechLab5

Los **ángulos externos** de un polígono
se forman extendiendo los lados del
polígono. Cada uno es suplementario
del que está junto a él en el polígono.

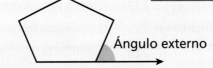

Ángulo externo

Actividad

1 **Sigue los pasos para hallar la suma de los ángulos externos de un polígono.**

a. Usa un software de geometría para hacer
un pentágono. Rotula sus vértices del *A* al *E*.

b. Usa la herramienta **LINE-RAY** para extender
los lados del pentágono. Agrega los puntos
F a *J* como se muestra.

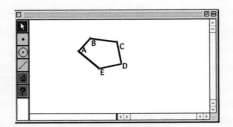

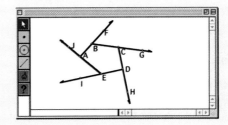

c. Usa **ANGLE MEASURE** para medir cada
ángulo externo y **CALCULATOR** para
sumar las medidas. Observa la suma.

d. Arrastra los vértices del *A* al *E* y ve la suma.
Observa que la suma de los ángulos externos
siempre es 360°.

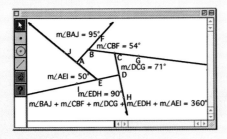

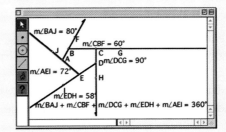

Razonar y comentar

1. Supongamos que arrastraste los vértices de un polígono hasta casi
desaparecer el polígono. ¿Cómo demostraría esto que la suma de
los ángulos externos es de 360°?

Inténtalo

1. Usa el software de geometría para dibujar un cuadrilátero. Halla la
suma de sus ángulos externos. Arrastra sus vértices para comprobar
que la suma es siempre la misma.

Guía de estudio y repaso

Vocabulario

Completa los enunciados con las palabras del vocabulario. Puedes usar las palabras más de una vez.

1. Dos líneas en el mismo plano que nunca se juntan son ___?___. Dos líneas que se cruzan en ángulos de 90° son ___?___.

2. Un cuadrilátero con 4 ángulos congruentes se llama ___?___. Un cuadrilátero con 4 lados congruentes se llama ___?___.

5-1 Puntos, líneas, planos y ángulos (págs. 222–226)

EJEMPLO

■ Halla la medida del ángulo.

$m\angle 1$

$m\angle 1 + 122° = 180°$

$\underline{\qquad -122° \qquad -122°}$

$m\angle 1 = 58°$

EJERCICIOS

Halla la medida de cada ángulo.

3. $m\angle 1$

4. $m\angle 2$

5. $m\angle 3$

5-2 Líneas paralelas y perpendiculares (págs. 228–231)

EJEMPLO

Línea $j \parallel$ línea k. Halla la medida de cada ángulo.

■ m∠1

m∠1 = 143°

■ m∠2

m∠2 + 143° = 180°

    −143°   −143°

m∠2 = 37°

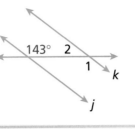

EJERCICIOS

Línea $p \parallel$ línea q. Halla la medida de cada ángulo.

6. m∠1

7. m∠2

8. m∠3

9. m∠4

10. m∠5

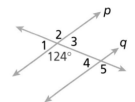

5-3 Triángulos (págs. 234–238)

EJEMPLO

■ Halla n.

$n° + 50° + 90° = 180°$

$n° + 140° = 180°$

    −140°   −140°

$n° = 40°$

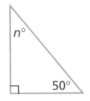

EJERCICIO

11. Halla $m°$.

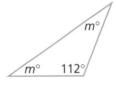

5-4 Polígonos (págs. 239–243)

EJEMPLO

■ Halla la suma de las medidas de los ángulos de un polígono regular de 12 lados.

suma de los ángulos = $180°(n − 2)$

= $180°(12 − 2)$

= $180°(10) = 1800°$

EJERCICIOS

Halla la medida de los ángulos de cada polígono regular.

12. un hexágono regular

13. un polígono regular de 10 lados

5-5 Geometría de coordenadas (págs. 244–247)

EJEMPLO

■ Representa el cuadrilátero con los vértices que se dan. Da todos sus nombres.

$D(−2, 1), E(2, 3), F(3, 1), G(−1, −1)$

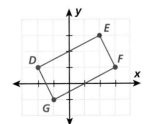

$\overline{DE} \parallel \overline{FG}$

$\overline{EF} \parallel \overline{GD}$

$\overline{DE} \perp \overline{EF}$

cuadrilátero, paralelogramo, rectángulo

EJERCICIOS

Representa los cuadriláteros con los vértices que se dan. Da todos sus nombres.

14. $Q(2, 0), R(−1, 1), S(3, 3), T(8, 3)$

15. $K(0, 3), L(1, 0), M(0, −3), N(−1, 0)$

16. $W(2, 3), X(2, −2), Y(−1, −3), Z(−1, 2)$

5-6 Congruencia (págs. 250–253)

EJEMPLO

■ Triángulo $ABC \cong$ triángulo FDE. Halla x.

$\overline{AC} \cong \overline{FE}$

$$x - 4 = \quad 4$$
$$\underline{+\,4 \quad +\,4}$$
$$x \quad = \quad 8$$

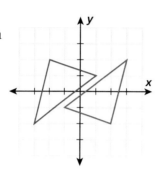

EJERCICIOS

Triángulo $JQZ \cong$ triángulo VTZ.

17. Halla x.

18. Halla t.

19. Halla q.

5-7 Transformaciones (págs. 254–257)

EJEMPLO

■ Dibuja la imagen de un triángulo con vértices $(-2, 2)$, $(1, 1)$, $(-3, -2)$ después de una rotación en torno a $(0, 0)$.

EJERCICIOS

Dibuja la imagen de un triángulo con vértices $(1, 3)$, $(5, 1)$, $(1, 1)$ después de cada transformación.

20. una reflexión sobre el eje de las x

21. una reflexión sobre el eje de las y

22. una rotación de 180° en torno a $(0, 0)$

5-8 Simetría (págs. 259–262)

EJEMPLO

Describe la simetría de cada letra.

■ M
simetría axial; eje de simetría vertical

■ N
2 ejes de simetría de rotación

EJERCICIOS

Describe la simetría de cada letra.

23. D

24. S

25. H

5-9 Teselados (págs. 263–267)

EJEMPLO

■ Crea un teselado con la figura.

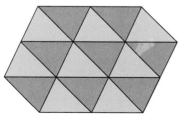

EJERCICIOS

Crea un teselado con cada figura.

26. 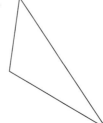   **27.**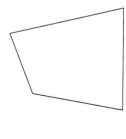

Consulta la figura.

1. Identifica un par de ángulos complementarios.

2. Identifica un par de ángulos suplementarios.

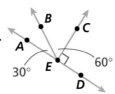

Línea $w \parallel$ línea v. Halla la medida de cada ángulo.

3. $\angle 1$ 4. $\angle 2$ 5. $\angle 3$

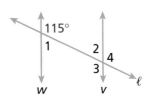

6. El segundo ángulo de un triángulo es tres veces más grande que el primero. El tercero mide 60° menos que el doble del primero. Halla la medida de los ángulos.

Halla la medida de los ángulos de cada polígono regular.

7.

8.

Representa los cuadriláteros con los vértices que se dan. Da todos los nombres que se aplican a cada uno.

9. $(0, 1), (-2, 2), (-1, 0), (3, -2)$

10. $(4, 0), (0, 4), (-4, 0), (0, -4)$

Escribe un enunciado de congruencia para cada par de polígonos.

11.

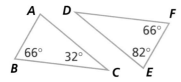

12.

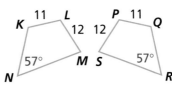

Dibuja la imagen de un triángulo con vértices $(0, 0)$, $(3, 0)$ y $(3, 4)$ después de cada transformación.

13. traslación de 3 unidades a la izquierda

14. reflexión sobre el eje de las y

15. rotación de 180° en torno a $(3, 0)$

16. traslación de 2 unidades hacia abajo

17. Completa la figura. La línea punteada es el eje de simetría.

18. Crea un teselado con esta figura.

Evaluación del desempeño

 Muestra lo que sabes

Haz un portafolio para tus trabajos en este capítulo. Completa esta página e inclúyela junto con los cuatro mejores trabajos del Capítulo 5. Elige entre las tareas o prácticas de laboratorio, examen parcial del capítulo o cualquier entrada de tu diario para incluirlas en el portafolio empleando el diseño que más te guste. Usa tu portafolio para presentar lo que consideras tu mejor trabajo.

Respuesta corta

Consulta la figura para los ejercicios 1 y 2.

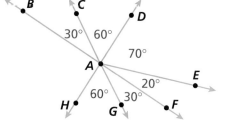

1. ¿Cuánto mide ∠*BAH*? Explica con palabras cómo obtuviste tu respuesta.

2. Identifica todos los pares de ángulos suplementarios. Explica cómo sabes que los identificaste todos.

3. Completa la tabla para mostrar el número de diagonales que tienen los polígonos según el número de lados que se da.

Número de lados	3	4	5	6	7	n
Número de diagonales	0					

 Extensión de resolución de problemas

Elige cualquier estrategia para resolver cada problema.

4. Cuatro personas se conocen en una fiesta, y todos se dan la mano.

   a. Explica con palabras cómo se puede usar el diagrama para determinar el número de apretones de mano que hubo en la fiesta.

   b. ¿Cuántos apretones de mano hubo?

   c. Supongamos que 6 personas se conocieron en una fiesta. Dibuja un diagrama similar al que se muestra para determinar el número de apretones de mano que hubo.

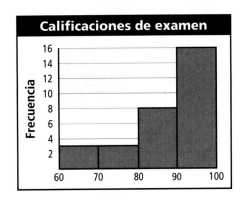
conexión **internet**
Práctica en línea para la
prueba estatal: *go.hrw.com*
Clave: MP4 TestPrep

Evaluación acumulativa: Capítulos 1–5

1. ¿Cómo se escribe $3.1415 \cdot 10^3$ en forma estándar?

A 31,415,000

C 3141.5

B 31,415

D 314.5

2. ¿Qué número equivale a 5^{-2}?

F $\frac{1}{10}$

H $\frac{1}{-10}$

G $\frac{1}{25}$

J $\frac{1}{-25}$

3. El triángulo ABC con vértices $A(2, 3)$, $B(4 -5)$, y $C(6, 8)$ se refleja sobre el eje de las x para dar el triángulo $A'B'C'$. ¿Qué coordenadas tiene B'?

A $(4, 5)$

C $(-5, 4)$

B $(-4, 5)$

D $(-5, -4)$

¡CONSEJO!

PARA LA PRUEBA

Si una letra se usa más de una vez en un enunciado, siempre tiene el mismo valor.

4. Si $a \cdot k = a$ para todos los valores de a, ¿cuánto vale k?

F $-a$

H 0

G -1

J 1

5. Si $m^x \cdot m^7 = m^{28}$ y $\frac{m^y}{m^5} = m^3$ con todos los valores de m, ¿cuál es el valor de $x + y$?

A 19

C 12

B 29

D 31

6. Laura quiere poner baldosas en su cocina. ¿Cuál de las siguientes formas **no** cubriría su piso con un teselado?

F ▢

H ▱

G ⬡

J ⟩

7. La solución de $9x = -72$ es ___?___.

A $x = 8$

C $x = -648$

B $x = 648$

D $x = -8$

8. En este histograma, ¿qué intervalo contiene las calificaciones de la mediana?

Calificaciones de examen

Frecuencia

16
14
12
10
8
6
4
2

60   70   80   90   100

F 60–69

H 80–89

G 70–79

J 90–99

9. **RESPUESTA CORTA** El triángulo ABC, con vértices $A(2,3)$, $B(4,-5)$, $C(6,8)$ se refleja sobre el eje de las x para dar el triángulo $A'B'C'$. Dibuja y rotula los dos triángulos en un plano cartesiano y da las coordenadas del triángulo $A'B'C'$.

10. **RESPUESTA CORTA** Stephen compró 3 peces para su estanque y pagó en total d dólares. A esta tasa, ¿cuánto pagaría si comprara otros 12 peces? Muestra tu trabajo.

Capítulo 6

Perímetro, área y volumen

☑ conexión **internet**

Presentación del capítulo en línea: go.hrw.com
CLAVE: MP4 Ch6

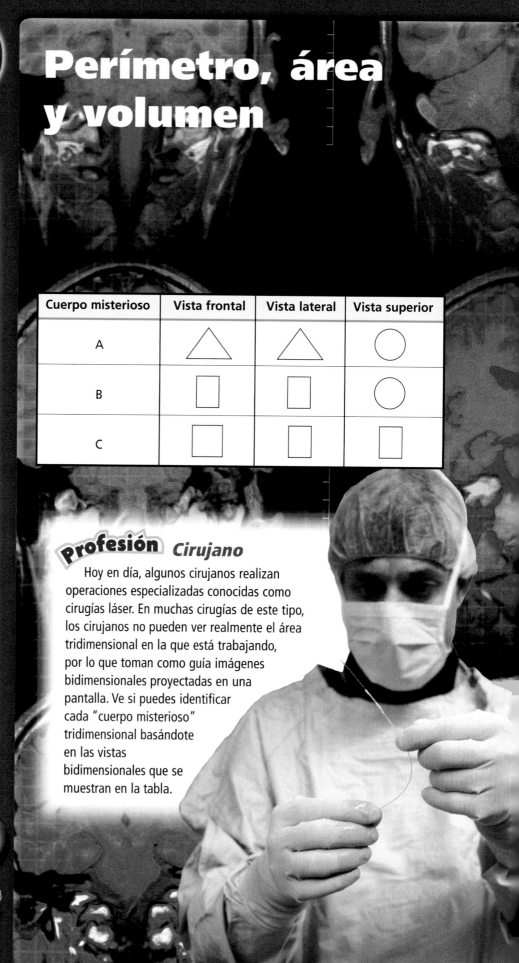

Cuerpo misterioso	Vista frontal	Vista lateral	Vista superior
A	△	△	○
B	▢	▢	○
C	▢	▢	▢

Profesión *Cirujano*

Hoy en día, algunos cirujanos realizan operaciones especializadas conocidas como cirugías láser. En muchas cirugías de este tipo, los cirujanos no pueden ver realmente el área tridimensional en la que está trabajando, por lo que toman como guía imágenes bidimensionales proyectadas en una pantalla. Ve si puedes identificar cada "cuerpo misterioso" tridimensional basándote en las vistas bidimensionales que se muestran en la tabla.

¿ESTÁS PREPARADO?

Elige de la lista el término que mejor complete cada enunciado.

1. Un(a) __?__ es un número que representa la parte de un todo.

2. Un(a) __?__ es otra forma de escribir una fracción.

3. Para multiplicar 7 por la fracción $\frac{2}{3}$, multiplica 7 por el/la __?__ de la fracción y divides el resultado entre el/la __?__ de la fracción.

4. Para redondear 7.836 a décimas, examinas el dígito en la posición de las __?__.

decimal

denominador

fracción

numerador

décimas

centésimas

Resuelve los ejercicios para practicar las destrezas que usarás en este capítulo.

✔ Números al cuadrado y al cubo

Evalúa.

5. 16^2

6. 9^3

7. $(4.1)^2$

8. $(0.5)^3$

9. $\left(\frac{1}{4}\right)^2$

10. $\left(\frac{2}{5}\right)^2$

11. $\left(\frac{1}{2}\right)^3$

12. $\left(\frac{2}{3}\right)^3$

✔ Multiplicar con fracciones

Multiplica.

13. $\frac{1}{2}(8)(10)$

14. $\frac{1}{2}(3)(5)$

15. $\frac{1}{3}(9)(12)$

16. $\frac{1}{3}(4)(11)$

17. $\frac{1}{2}(8^2)16$

18. $\frac{1}{2}(5^2)24$

19. $\frac{1}{2}(6)(3 + 9)$

20. $\frac{1}{2}(5)(7 + 4)$

✔ Multiplicar con decimales

Multiplica. Redondea cada respuesta a la décima más cercana.

21. $2(3.14)(12)$

22. $3.14(5^2)$

23. $3.14(4^2)(7)$

24. $3.14(2.3)^2(5)$

✔ Multiplicar con fracciones y decimales

Multiplica. Redondea cada respuesta a la décima más cercana.

25. $\frac{1}{3}(3.14)(5^2)(7)$

26. $\frac{1}{3}\left(3.14\right)(5^3)$

27. $\frac{1}{3}(3.14)(3.2)^2(2)$

28. $\frac{4}{3}(3.14)(2.7)^3$

29. $\frac{1}{5}\left(\frac{22}{7}\right)(4^2)(5)$

30. $\frac{4}{11}\left(\frac{22}{7}\right)(3.2^3)$

31. $\frac{1}{2}\left(\frac{22}{7}\right)(1.7)^2(4)$

32. $\frac{7}{11}\left(\frac{22}{7}\right)(9.5)^3$

Perímetro y área de rectángulos y paralelogramos

Aprender a hallar el perímetro y el área de rectángulos y paralelogramos.

Vocabulario

perímetro

área

En marquetería, los artistas usan la geometría para crear hermosos patrones. Un diseño puede tener miles de piezas de muchos tipos diferentes de maderas. En un diseño hecho sólo con paralelogramos, el área total del diseño es la suma de las áreas de los paralelogramos del diseño.

Se puede elegir cualquier lado de un rectángulo o paralelogramo como base. La altura se mide sobre una línea perpendicular a la base.

Rectángulo

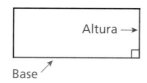

Paralelogramo

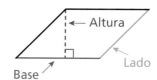

El **perímetro** es la distancia alrededor de una figura. Para hallarlo, suma las longitudes de todos sus lados.

EJEMPLO 1 Hallar el perímetro de rectángulos y paralelogramos

Halla el perímetro de cada figura.

A

$P = 10 + 10 + 8 + 8$ *Suma las longitudes de todos los lados.*

$\quad = 36$ unidades

o $P = 2b + 2h$ *Perímetro de un rectángulo*

$\quad = 2(10) + 2(8)$ *Sustituye b por 10 y h por 8.*

$\quad = 20 + 16 = 36$ unidades

B

$P = 9 + 9 + 11 + 11$ *Suma las longitudes de todos los lados.*

$\quad = 40$ unidades

Pista útil

La fórmula del perímetro de un rectángulo puede escribirse $P = 2b + 2h$, donde b es la longitud de la base y h es la altura.

---

280   *Capítulo 6 Perímetro, área y volumen*

El **área** es el número de unidades cuadradas en una figura. Se puede recortar un paralelogramo y desplazar la pieza recortada para formar un rectángulo con la misma base y altura que el paralelogramo original. Por tanto, un paralelogramo tiene la misma área que un rectángulo con la misma base y altura.

ÁREA DE RECTÁNGULOS Y PARALELOGRAMOS		
Con palabras	**Con números**	**Fórmula**
El área A de un rectángulo o paralelogramo es la longitud de la base b multiplicada por la altura h.	5 ▢ 3 $5 \cdot 3 = 15$ unidades² **Rectángulo** · 5 ▱ 3 $5 \cdot 3 = 15$ unidades² **Paralelogramo**	$A = bh$

EJEMPLO 2 Usar una gráfica para hallar el área

Representa gráficamente cada figura con los vértices que se dan. Luego, halla el área de cada figura.

A $(-2, -1)$, $(2, -1)$, $(2, 2)$, $(-2, 2)$

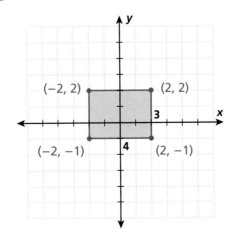

$A = bh$ *Área del rectángulo*

$\quad = 4 \cdot 3$ *Sustituye b por 4 y h por 3.*

$\quad = 12$ unidades²

Representa gráficamente cada figura con los vértices que se dan. Luego, halla el área de la figura.

B $(-4, 0), (2, 0), (4, 3), (-2, 3)$

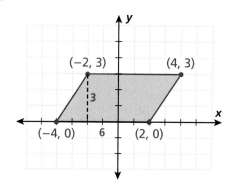

$A = bh$ *Área del paralelogramo*

    $= 6 \cdot 3$ *Sustituye b por 6 y h por 3.*

    $= 18$ unidades^2

EJEMPLO 3   **Hallar el área y el perímetro de una figura compuesta**

Halla el perímetro y el área de la figura.

La longitud del lado que no se indica es la misma longitud del lado opuesto, 3 unidades.

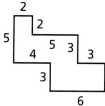

$P = 5 + 2 + 2 + 5 + 3 + 3 + 3 + 6 + 3 + 4$

   $= 36$ unidades

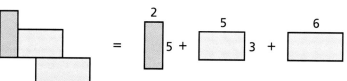

$A = 5 \cdot 2 + 5 \cdot 3 + 6 \cdot 3$ *Suma todas las áreas.*

   $= 10 + 15 + 18$

   $= 43$ unidades^2

Razonar y comentar

1. **Compara** el área de un rectángulo de base b y altura h con la de un rectángulo con base $2b$ y altura $2h$.

2. **Expresa** las fórmulas del área y el perímetro de un cuadrado con s para la longitud de un lado.

6-1 Ejercicios

PARA PRÁCTICA ADICIONAL
ve a la pág. 742

⚡ conexión internet
Ayuda en línea para tareas
go.hrw.com   Clave: MP4 6-1

PRÁCTICA GUIADA

Ver Ejemplo ① **Halla el perímetro de cada figura.**

1.
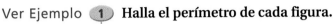
3
7

2.
8
10

3.
3.2x
6.5x

Ver Ejemplo ② **Representa cada figura con los vértices que se dan. Luego, halla cada área.**

4. $(-3, 2), (0, 2), (3, -3), (0, -3)$

5. $(-4, 0), (-4, 4), (3, 4), (3, 0)$

6. $(-4, 1), (4, 1), (3, -3), (-5, -3)$

7. $(-2, 3), (0, 3), (0, -4), (-2, -4)$

Ver Ejemplo ③ **8. Halla el perímetro y el área de la figura.**

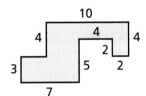
10
4   4   4
2
3   5   2
7

PRÁCTICA INDEPENDIENTE

Ver Ejemplo ① **Halla el perímetro de cada figura.**

9.

11
6

10.
1.0
0.7

11.
5x
8x

Ver Ejemplo ② **Representa cada figura con los vértices que se dan. Luego, halla cada área.**

12. $(-5, -1), (2, -1), (2, -5), (-5, -5)$

13. $(0, 3), (6, 3), (3, -1), (-3, -1)$

14. $(3, 5), (5, 3), (-3, 3), (-5, 5)$

15. $(2, 5), (5, 5), (5, -1), (2, -1)$

Ver Ejemplo ③ **16. Halla el perímetro y el área de la figura.**

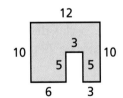
12
10   3   10
5   5
6   3

PRÁCTICA Y RESOLUCIÓN DE PROBLEMAS

Halla el perímetro de cada figura.

17.
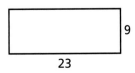
9
23

18.
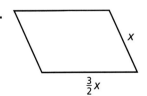
x
$\frac{3}{2}x$

Halla el perímetro y el área de cada figura.

19.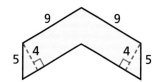

20.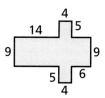

21. Halla el perímetro y el área de la figura con vértices $A(-8, 5)$, $B(-4, 5)$, $C(-4, 2)$, $D(3, 2)$, $E(3, -2)$, $F(6, -2)$, $G(6, -4)$, $H(-8, -4)$.

22. Si el área de un paralelogramo es 52.7 cm² y la altura es 6.2 cm, ¿cuál es la longitud de la base?

23. Halla la altura de un rectángulo con perímetro de 114 pulg y con base de 24 pulg. ¿Cuál es el área?

24. Halla la altura de un rectángulo con área de 143 cm² y base de 11 cm. ¿Cuál es el perímetro?

25. Una pista rectangular de patinaje sobre hielo mide 50 pies por 75 pies.

   a. Si la construcción de un pasamano cuesta $4.50 por pie, ¿cuánto costaría rodear toda la pista con un pasamano?

   b. Si la pista permite una persona por cada 10 pies² de hielo, ¿cuántas personas pueden admitirse en la pista al mismo tiempo?

26. *ESTUDIOS SOCIALES* El estado de Tennessee tiene la forma aproximada de un paralelogramo. Estima el área del estado.

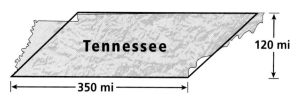

27. *¿CUÁL ES LA PREGUNTA?* Un rectángulo tiene 4 mm de base y 3.7 mm de altura. Si la respuesta es 14.8 mm², ¿cuál es la pregunta?

28. *ESCRÍBELO* Se muestra un rectángulo y otro rectángulo idéntico, al que se le recortó un rectángulo pequeño y se le colocó encima. ¿Tienen las dos figuras la misma área? ¿Tienen el mismo perímetro? Explica tu respuesta.

29. *DESAFÍO* Una regla mide 12 pulg de largo y 1 pulg de ancho. ¿Cuántas reglas de este tamaño puedes cortar de una tabla rectangular de 72 pulg² con base de 15 pulg?

Repaso en espiral

Resuelve y representa gráficamente. (Lección 2-5)

30. $\frac{2}{3}n \leq 4$

31. $y + 4 < 2$

32. $-4x \geq 16$

33. $w - 5 > -2$

34. PREPARACIÓN PARA LA PRUEBA Estima $\sqrt{46}$ a dos posiciones decimales. (Lección 3-9)

   A 7.12

   B 6.78

   C 6.05

   D 5.98

6-2 Perímetro y área de triángulos y trapecios

Aprender a hallar el área de triángulos y trapecios.

Las figuras muestran un *fractal* llamado copo de nieve de Koch. Se construye colocando a la mitad de cada lado de un triángulo equilátero otro triángulo, cuyos lados miden un tercio de los lados del triángulo original. Esto se repite una y otra vez.

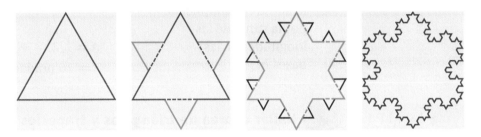

El área y el perímetro de cada figura son mayores que los de la figura anterior. Sin embargo, ninguna de las áreas de las figuras es mayor que el área del cuadro sombreado, mientras el perímetro aumenta sin límites. Para hallar el área y el perímetro de cada figura, debes saber hallar el área de un triángulo.

EJEMPLO **1** **Hallar el perímetro de triángulos y trapecios**

Halla el perímetro de cada figura.

A

$P = 14 + 10 + 8$ *Suma todos los lados.*
  $= 32$ unidades

B

$P = 7 + 11 + 2 + 4$ *Suma todos los lados.*
  $= 24$ unidades

Se puede considerar un triángulo o un trapecio como medio paralelogramo.

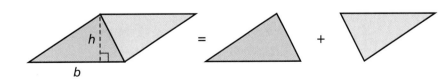

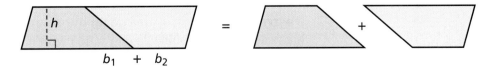

ÁREA DE TRIÁNGULOS Y TRAPECIOS		
Con palabras	**Con números**	**Fórmula**
Triángulo: El área A de un triángulo es la mitad de la longitud de la base b multiplicada por la altura h.	$A = \frac{1}{2}(8)(4)$ $= 16$ unidades^2	$A = \frac{1}{2}bh$
Trapecio: El área de un trapecio es la mitad de la altura h multiplicada por la suma de las longitudes de las bases b_1 y b_2.	$A = \frac{1}{2}(2)(3 + 7)$ $= 10$ unidades^2	$A = \frac{1}{2}h(b_1 + b_2)$

Leer matemáticas

En el término b_1, el número 1 se llama *subíndice*.
Quiere decir "b uno" o "b sub-uno".

EJEMPLO 2 Hallar el área de triángulos y trapecios

Representa cada figura con los vértices que se dan y halla su área.

A $(-1, 1), (3, 1), (1, 5)$

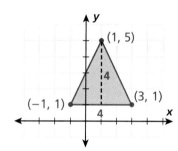

$A = \frac{1}{2}bh$ *Área del triángulo*

$= \frac{1}{2} \cdot 4 \cdot 4$ *Sustituye b y h.*

$= 8$ unidades^2

B $(-3, -2), (-3, 1), (0, 1), (2, -2)$

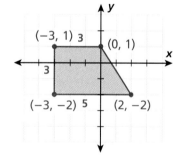

$A = \frac{1}{2}h(b_1 + b_2)$ *Área del trapecio*

$= \frac{1}{2} \cdot 3(3 + 5)$ *Sustituye h, b_1 y b_2.*

$= 12$ unidades^2

Razonar y comentar

1. Describe qué le pasa al área de un triángulo si la base aumenta al doble y la altura no cambia.

2. Describe qué le pasa al área de un trapecio si la longitud de ambas bases aumenta al doble y la altura no cambia.

PARA PRÁCTICA ADICIONAL
ve a la pág. 742

conexión **internet**
Ayuda en línea para tareas
go.hrw.com   Clave: MP4 6-2

go.hrw.com

PRÁCTICA GUIADA

Ver Ejemplo ① Halla el perímetro de cada figura.

1.
4
6   5
7

2.
$3\frac{3}{4}$ $3\frac{1}{2}$
4

3.
13
8
9

4.
9
7.7   6.3
11.5

5.
27
19   17
21

6.
$2x - 3$
x
$x + 4$

Ver Ejemplo ② Representa cada figura con los vértices que se dan y halla su área.

7. $(-2, 3), (2, -3), (-3, -3)$

8. $(5, 2), (2, -2), (-3, -2), (-4, 2)$

9. $(4, 2), (5, -6), (2, -6)$

10. $(0, -1), (-7, -1), (-5, 4), (-2, 4)$

PRÁCTICA INDEPENDIENTE

Ver Ejemplo ① Halla el perímetro de cada figura.

11.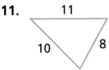
11
10   8

12.
5.6
4.9   4.1
7.5

13.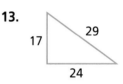
29
17
24

14.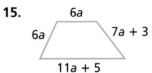
4
$5\frac{1}{3}$ $2\frac{3}{4}$
$3\frac{1}{3}$

15.
6a
6a   7a + 3
11a + 5

16.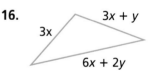
3x + y
3x
6x + 2y

Ver Ejemplo ② Representa cada figura con los vértices que se dan y halla su área.

17. $(1, 5), (1, 1), (-3, 1), (-5, 5)$

18. $(-5, 2), (1, -3), (-3, -3)$

19. $(2, -3), (-1, -6), (-6, -3)$

20. $(1, 4), (4, -5), (-5, -5), (-3, 4)$

PRÁCTICA Y RESOLUCIÓN DE PROBLEMAS

Halla el área de cada figura con las dimensiones que se dan.

21. triángulo: $b = 9, h = 11$

22. trapecio: $b_1 = 6, b_2 = 10, h = 5$

23. triángulo: $b = 7x, h = 6$

24. trapecio: $b_1 = 4.5, b_2 = 8, h = 6.7$

25. El perímetro de un triángulo es de 37.4 pies. Dos de sus lados miden 16.4 pies y 11.9 pies, respectivamente. ¿Cuál es la longitud del tercer lado?

26. El área de un triángulo es de 63 mm². Si su altura es de 14 mm, ¿cuál es la longitud de su base?

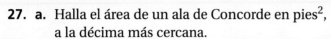

Para volar, un avión debe vencer la gravedad y lograr *sustentación*, la fuerza que permite a un objeto que vuela tener movimiento ascendente. La sustentación depende de la forma y el tamaño de las alas del avión. Las alas de los aviones que desarrollan alta velocidad son delgadas y anguladas hacia atrás para darle más sustentación.

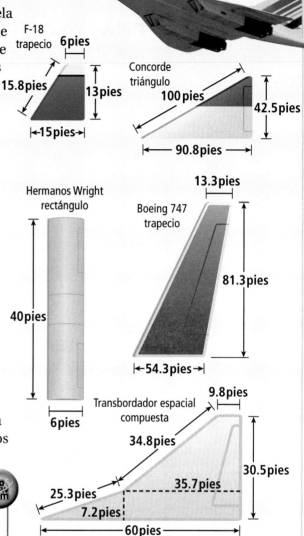

F-18 trapecio   6 pies
15.8 pies   13 pies
←15 pies→

Concorde triángulo
100 pies   42.5 pies
←— 90.8 pies —→

Hermanos Wright rectángulo
40 pies
6 pies

Boeing 747 trapecio
13.3 pies
81.3 pies
←54.3 pies→

Transbordador espacial compuesta
9.8 pies
34.8 pies
30.5 pies
25.3 pies   35.7 pies
7.2 pies
←——— 60 pies ———→

27. a. Halla el área de un ala de Concorde en pies², a la décima más cercana.

b. Halla el perímetro total en pies de las dos alas del Concorde, a la décima más cercana.

28. ¿Cuál es el área de un ala de Boeing 747 en pies, a la décima más cercana?

29. ¿Cuál es el perímetro de un ala de F-18 en pies, a la décima más cercana?

30. ¿Cuál es el área total de las dos alas de un F-18?

31. Halla el área y el perímetro del ala de un transbordador espacial, y redondea a la décima más cercana.

32. ⭐ *DESAFÍO* El ala del avión de los hermanos Wright tiene aproximadamente la mitad de la longitud del ala de un Boeing 747. Compara el área de estas dos alas. ¿Es el área del ala de los hermanos Wright la mitad del área del ala del Boeing 747? Explica tu respuesta.

go.hrw.com
CLAVE: MP4 Lift, disponible en inglés.
CNN student News.

Repaso en espiral

Escribe cada fracción como decimal. (Lección 3-1)

33. $\frac{3}{4}$ **34.** $\frac{1}{8}$ **35.** $\frac{10}{4}$ **36.** $\frac{9}{15}$

¿Estos conjuntos de datos tienen correlación positiva, negativa o no tienen? (Lección 4-7)

37. el número de zapatos comprados y la cantidad de dinero que sobra

38. la longitud de un emparedado de baguette y su precio

39. PREPARACIÓN PARA LA PRUEBA ¿Qué nombre describe mejor un cuadrilátero con vértices en (2, 4), (4, 1), (−3, 1) y (−5, 4)? (Lección 5-5)

A Trapecio   **B** Paralelogramo   **C** Rombo   **D** Rectángulo

Explorar triángulos rectángulos

Para usar con la Lección 6-3

QUÉ NECESITAS:
- tijeras
- papel

RECUERDA

Los triángulos rectángulos tienen 1 ángulo recto y 2 ángulos agudos.

⌐ conexión **internet**

Recursos en línea para el laboratorio: *go.hrw.com*
CLAVE: MP4 Lab6A

Actividad

① El Teorema de Pitágoras establece que si a y b son los catetos de un triángulo rectángulo entonces c es la longitud de la hipotenusa donde $a^2 + b^2 = c^2$. Demuestra el Teorema de Pitágoras mediante los siguientes pasos.

a. Dibuja dos cuadrados uno junto a otro con las letras a y b.

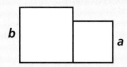

Observa que el área de esta figura compuesta es $a^2 + b^2$.

b. Dibuja hipotenusas de longitud c, para obtener triángulos rectángulos con los lados a, b y c.

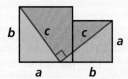

c. Recorta los triángulos y la pieza que queda.

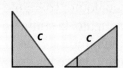

d. Entrelaza las piezas para formar un cuadrado de lados c y área c^2. Has demostrado que el área $a^2 + b^2$ se puede recortar y reacomodar para formar el área c^2, por tanto $a^2 + b^2 = c^2$.

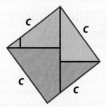

Razonar y comentar

1. ¿Es válido el Teorema de Pitágoras para triángulos que no son rectángulos?

Inténtalo

1. Si sabes que los catetos de un triángulo rectángulo miden 9 y 12, ¿puedes hallar la longitud de la hipotenusa? Muestra tu trabajo.

2. Toma una hoja de papel y dobla la esquina derecha hacia abajo de modo que el borde superior coincida con el borde izquierdo. Sin medir, halla la longitud de la diagonal.

6-3 El Teorema de Pitágoras

Aprender a usar el Teorema de Pitágoras y su expresión recíproca para resolver problemas.

Vocabulario

Teorema de Pitágoras

cateto

hipotenusa

Pitágoras nació en la isla de Samos, en el mar Egeo, entre 580 a.C. y 569 a.C. Es famoso por el *Teorema de Pitágoras*, que relaciona las longitudes de los lados de un triángulo rectángulo.

Una tableta babilónica llamada Plimpton 322 demuestra que la relación entre las longitudes de los lados de un triángulo rectángulo ya se conocían en 1900 a.C. Muchos, entre ellos un presidente de EE. UU., James Garfield, han escrito demostraciones del *Teorema de Pitágoras*. En 1940, E. S. Loomis presentó 370 de ellas en *La propuesta pitagórica*.

Esta estatua de Pitágoras está en el puerto Pythagorion de la isla de Samos.

EL TEOREMA DE PITÁGORAS		
Con palabras	**Con números**	**En álgebra**
En cualquier triángulo rectángulo, la suma de los cuadrados de las longitudes de los dos **catetos** es igual al cuadrado de la longitud de la **hipotenusa**.	$3^2 + 4^2 = 5^2$ $9 + 16 = 25$	Hipotenusa, Catetos

---

EJEMPLO 1 Hallar la longitud de una hipotenusa

Halla la longitud de la hipotenusa.

Pista útil

El triángulo de la figura es un triángulo isósceles rectángulo, también llamado triángulo de 45°-45°-90°.

A

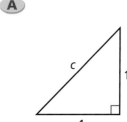

$$a^2 + b^2 = c^2$$ — *Teorema de Pitágoras*
$$1^2 + 1^2 = c^2$$ — *Sustituye a y b.*
$$1 + 1 = c^2$$ — *Simplifica potencias.*
$$2 = c^2$$
$$\sqrt{2} = c$$ — *Halla el valor de c; $c = \sqrt{c^2}$.*
$$1.41 \approx c$$

290 *Capítulo 6 Perímetro, área y volumen*

Halla la longitud de la hipotenusa.

B triángulo con coordenadas (6, 1), (0, 9) y (0, 1)

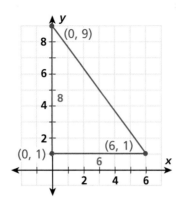

Los puntos forman un triángulo rectángulo con $a = 8$ y $b = 6$.

$$a^2 + b^2 = c^2 \qquad \textit{Teorema de Pitágoras}$$
$$8^2 + 6^2 = c^2 \qquad \textit{Sustituye a y b.}$$
$$64 + 36 = c^2 \qquad \textit{Simplifica potencias.}$$
$$100 = c^2$$
$$10 = c \qquad \textit{$\sqrt{100} = 10$}$$

EJEMPLO 2 **Hallar la longitud de un cateto de un triángulo rectángulo**

Halla el cateto desconocido de este triángulo rectángulo.

$$a^2 + b^2 = c^2$$
$$5^2 + b^2 = 13^2$$
$$25 + b^2 = 169$$
$$\underline{-25 \qquad\qquad -25}$$
$$b^2 = 144$$
$$b = 12 \qquad \textit{$\sqrt{144} = 12$}$$

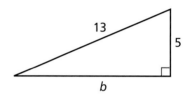

EJEMPLO 3 **Usar el Teorema de Pitágoras para hallar el área**

Usa el Teorema de Pitágoras para hallar la altura del triángulo. Luego, usa la altura para hallar el área del triángulo.

$$a^2 + b^2 = c^2$$
$$a^2 + 1^2 = 2^2 \qquad \textit{Sustituye b por 1 y c por 2.}$$
$$a^2 + 1 = 4$$
$$a^2 = 3$$
$$a = \sqrt{3} \text{ unidades} \approx 1.73 \text{ unidades}$$

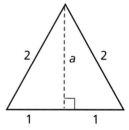

Halla la raíz cuadrada de ambos lados.

$$A = \tfrac{1}{2}bh = \tfrac{1}{2}(2)\,(\sqrt{3}) = \sqrt{3} \text{ unidades}^2 \approx 1.73 \text{ unidades}^2$$

Razonar y comentar

1. Indica cómo usar el Teorema de Pitágoras para hallar la altura de cualquier triángulo isósceles si se dan las longitudes de los lados.

2. Explica si 2, 3 y 4 cm podrían ser las longitudes de los lados de un triángulo rectángulo.

PARA PRÁCTICA ADICIONAL
ve a la pág. 742

☑ **conexión internet**
Ayuda en línea para tareas
go.hrw.com   Clave: MP4 6-3

PRÁCTICA GUIADA

Ver Ejemplo ① **Halla la longitud de cada hipotenusa en cada triángulo a la décima más cercana.**

1.
c   4
3

2.
7
8   *c*

3. triángulo con coordenadas $(-5, 0)$, $(-5, 6)$, y $(0, 6)$

Ver Ejemplo ② **Resuelve para hallar el ángulo desconocido en cada triángulo rectángulo a la décima más cercana.**

4.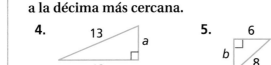
13   *a*
12

5.
6
b   8

6.
b
25   15

Ver Ejemplo ③ **7.** Usa el Teorema de Pitágoras para hallar la altura del triángulo. Luego, usa la altura para hallar el área del triángulo.

a   7
3   5

PRÁCTICA INDEPENDIENTE

Ver Ejemplo ① **Halla la longitud de cada hipotenusa en cada triángulo a la décima más cercana.**

8.
5   *c*
2

9.
15   8
c

10.
9   *c*
22

11. triángulo con coordenadas $(-4, 2)$, $(4, -2)$ y $(-4, -2)$

Ver Ejemplo ② **Resuelve para hallar el ángulo desconocido en cada triángulo rectángulo a la décima más cercana.**

12.
5   *b*
13

13.
b
11   6

14.
10
a
14

Ver Ejemplo ③ **15.** Usa el Teorema de Pitágoras para hallar la altura del triángulo. Luego, usa la altura para hallar el área del triángulo.

12   12
a
8   8

PRÁCTICA Y RESOLUCIÓN DE PROBLEMAS

Halla la longitud que falta en cada triángulo rectángulo.

16. $a = 3, b = 6, c = $ ▓

17. $a = $ ▓ $, b = 24, c = 25$

18. $a = 30, b = 72, c = $ ▓

19. $a = 20, b = $ ▓ $, c = 46$

20. $a = $ ▓ $, b = 53, c = 70$

21. $a = 65, b = $ ▓ $, c = 97$

La *expresión recíproca* del Teorema de Pitágoras dice que tres números positivos cualesquiera que hacen verdadera la ecuación $a^2 + b^2 = c^2$ son las longitudes de los lados de un triángulo rectángulo. Si son números cabales, se llaman *Tripletas de Pitágoras.* Determina si cada conjunto es una Tripleta de Pitágoras.

22. 2, 6, 8   **23.** 3, 4, 5   **24.** 8, 15, 17   **25.** 12, 16, 20

26. 10, 24, 26   **27.** 9, 13, 16   **28.** 11, 17, 23   **29.** 24, 32, 40

30. Usa el Teorema de Pitágoras para hallar la altura de la figura. Luego, halla el área al número cabal más cercano.

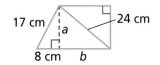

31. ¿A qué distancia está el velero del faro al kilómetro más cercano?

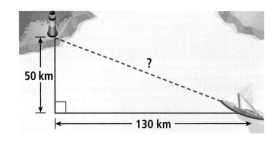

32. *CONSTRUCCIÓN* Una compañía construye unos cimientos de concreto. Las medidas de dos lados que se tocan en una esquina son 33 pies y 56 pies. Para que la esquina forme un ángulo recto, ¿qué longitud deberá tener la diagonal? (*Pista:* Dibuja un diagrama.)

33. *ESTUDIOS SOCIALES* El estado de Colorado es aproximadamente rectangular. ¿Cuál es la distancia entre las esquinas opuestas del estado a la milla más cercana?

34. *ESCRIBE UN PROBLEMA* Usa un mapa de calles para escribir y resolver un problema que requiera usar el Teorema de Pitágoras.

35. *ESCRÍBELO* Explica cómo usar la expresión recíproca del Teorema de Pitágoras para demostrar que un triángulo es un triángulo rectángulo. (Ver ejercicios del 22 al 29.)

36. *DESAFÍO* Los catetos de un triángulo rectángulo miden $6x$ m y $8x$ m. Y la hipotenusa mide 90 m. Halla la longitud de los catetos.

Repaso en espiral

Resuelve. (Lección 2-4)

37. $x + 13 = 22$ **38.** $b + 5 = -2$ **39.** $2y + 9 = 19$ **40.** $4a + 2 = -18$

41. PREPARACIÓN PARA LA PRUEBA ¿Qué número real está entre $3\frac{1}{5}$ y $3\frac{4}{7}$? (Lección 3-10)

   A 3.216   **B** 3.59   **C** 3.701   **D** 3.9

6-4 Círculos

Aprender a hallar el área y la circunferencia de los círculos.

Vocabulario

círculo

radio

diámetro

circunferencia

El odómetro de una bicicleta usa un imán sujeto a una rueda y un sensor sujeto a la estructura de la bicicleta. Cada vez que el imán pasa por el sensor, el odómetro registra la distancia recorrida. La distancia es la *circunferencia* de la rueda.

Un **círculo** es el conjunto de puntos de un plano que están a una misma distancia fija de un punto llamado *centro*. Un **radio** une el centro con cualquier punto del círculo, y un **diámetro** une dos puntos del círculo y pasa por el centro.

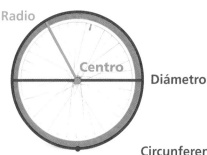

El diámetro d es el doble del radio r.

$$d = 2r$$

Circunferencia

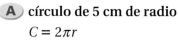

La **circunferencia** de un círculo es la distancia alrededor del círculo.

¡Recuerda!	CIRCUNFERENCIA DE UN CÍRCULO		
	Con palabras	**Con números**	**Fórmula**
Pi (π) es un número irracional que se aproxima con los números racionales 3.14 y $\frac{22}{7}$.	La circunferencia C de un círculo es π por el diámetro d, ó 2π por el radio r.	 $C = \pi(6)$ $= 2\pi(3)$ ≈ 18.8 unidades	$C = \pi d$ o $C = 2\pi r$

EJEMPLO 1 Hallar la circunferencia de un círculo

Halla la circunferencia de cada círculo, en términos de π y a la décima más cercana. Usa $\pi = 3.14$.

A círculo de 5 cm de radio

$C = 2\pi r$

$= 2\pi(5)$

$= 10\pi$ cm ≈ 31.4 cm

B círculo de 1.5 pulg de diámetro

$C = \pi d$

$= \pi(1.5)$

$= 1.5\pi$ pulg ≈ 4.7 pulg

ÁREA DE UN CÍRCULO		
Con palabras	**Con números**	**Fórmula**
El área A de un círculo es π por el cuadrado del radio r.	$\begin{aligned} A &= \pi(3^2) \\ &= 9\pi \\ &\approx 28.3 \text{ unidades}^2 \end{aligned}$	$A = \pi r^2$

EJEMPLO 2 · **Hallar el área de un círculo**

Halla el área de cada círculo, en términos de π y a la décima más cercana. Usa $\pi = 3.14$.

A círculo de 5 cm de radio

$$A = \pi r^2 = \pi(5^2)$$
$$= 25\pi \text{ cm}^2 \approx 78.5 \text{ cm}^2$$

B círculo de 1.5 pulg de diámetro

$$A = \pi r^2 = \pi(0.75^2) \qquad \tfrac{d}{2} = 0.75$$
$$= 0.5625\pi \text{ pulg}^2 \approx 1.8 \text{ pulg}^2$$

EJEMPLO 3 · **Hallar el área y la circunferencia en un plano cartesiano**

Representa gráficamente el círculo con centro $(-1, 1)$ que pase por $(-1, 3)$. Halla el área y la circunferencia en términos de π y a la décima más cercana. Usa $\pi = 3.14$.

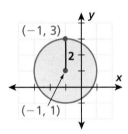

$$\begin{aligned} A &= \pi r^2 \\ &= \pi(2^2) \\ &= 4\pi \text{ unidades}^2 \\ &\approx 12.6 \text{ unidades}^2 \end{aligned} \qquad \begin{aligned} C &= \pi d \\ &= \pi(4) \\ &= 4\pi \text{ unidades} \\ &\approx 12.6 \text{ unidades} \end{aligned}$$

EJEMPLO 4 · *Aplicación al transporte*

El odómetro de una bicicleta registró 147 revoluciones de una rueda de $\frac{4}{3}$ pies de diámetro. ¿Qué distancia recorrió la bicicleta? Usa $\pi = \frac{22}{7}$.

$$C = \pi d = \pi\left(\frac{4}{3}\right) \approx \frac{22}{7}\left(\frac{4}{3}\right) = \frac{88}{21} \qquad \textit{Halla la circunferencia.}$$

La distancia recorrida es la circunferencia de la rueda multiplicada por el número de revoluciones, aproximadamente $\frac{88}{21} \cdot 147 = 616$ pies.

Razonar y comentar

1. **Compara** la circunferencia de un círculo de diámetro x con la circunferencia de un círculo de diámetro $2x$.

2. **Da** la fórmula del área de un círculo en términos del diámetro d.

6-4 Ejercicios

PARA PRÁCTICA ADICIONAL
ve a la pág. 742

☑ conexión **internet**
Ayuda en línea para tareas
go.hrw.com   Clave: MP4 6-4

PRÁCTICA GUIADA

Ver Ejemplo ① **Halla la circunferencia de cada círculo, en términos de π y a la décima más cercana. Usa $\pi = 3.14$.**

1. círculo de 8 cm de diámetro   **2.** círculo de 3.2 pulg de radio

Ver Ejemplo ② **Halla el área de cada círculo, en términos de π y a la décima más cercana. Usa $\pi = 3.14$.**

3. círculo de 1.5 pies de radio   **4.** círculo de 15 cm de diámetro

Ver Ejemplo ③ **5.** Representa gráficamente un círculo con centro $(3, -1)$ que pase por $(0, -1)$. Halla el área y la circunferencia en términos de π y a la décima más cercana. Usa $\pi = 3.14$.

Ver Ejemplo ④ **6.** Estima el diámetro de una rueda que da 9 revoluciones y recorre 50 pies. Usa $\pi = \frac{22}{7}$.

PRÁCTICA INDEPENDIENTE

Ver Ejemplo ① **Halla la circunferencia de cada círculo, en términos de π y a la décima más cercana. Usa $\pi = 3.14$.**

7. círculo de 7 pulg de radio   **8.** círculo de 11.5 m de diámetro

9. círculo de 20.2 cm de radio   **10.** círculo de 2 pies de diámetro

Ver Ejemplo ② **Halla el área de cada círculo, en términos de π y a la décima más cercana. Usa $\pi = 3.14$.**

11. círculo de 24 cm de diámetro   **12.** círculo de 1.4 yd de radio

13. círculo de 18 pulg de radio   **14.** círculo de 17 pies de diámetro

Ver Ejemplo ③ **15.** Representa gráficamente un círculo con centro $(-4, 2)$ que pase por $(-4, -4)$. Halla el área y la circunferencia en términos de π y a la décima más cercana. Usa $\pi = 3.14$.

Ver Ejemplo ④ **16.** Si el diámetro de una rueda es de 2 pies, ¿aproximadamente cuántas revoluciones da por cada milla recorrida? Usa $\pi = \frac{22}{7}$. (*Pista:* 1 mi = 5280 pies.)

PRÁCTICA Y RESOLUCIÓN DE PROBLEMAS

Halla la circunferencia y el área de cada círculo a la décima más cercana. Usa $\pi = 3.14$.

17.

1.2 m

18.

14 pies

19.
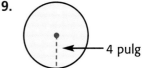
◄— 4 pulg

Halla el radio de cada círculo con la medida que se da.

20. $C = 18\pi$ pulg

21. $C = 12.8\pi$ cm

22. $C = 25\pi$ pies

23. $A = 16\pi$ cm^2

24. $A = 169\pi$ pulg^2

25. $A = 136.89\pi$ m^2

Halla el área sombreada a la décima más cercana. Usa $\pi = 3.14$.

26.

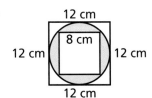

27.

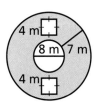

Entretenimiento

El London Eye lleva a sus pasajeros en un vuelo de 30 minutos que alcanza una altura de 450 pies sobre el río Támesis.

28. **ENTRETENIMIENTO** El London Eye es una rueda con un diámetro mayor que 135 metros y menor que 140 metros. Describe el rango de las circunferencias posibles de la rueda a la décima más cercana.

29. **DEPORTES** El radio del círculo para tiros libres en una cancha de básquetbol de la NBA es de 6 pies. ¿Cuál es su circunferencia y su área a la décima más cercana?

30. **COMIDA** Un restaurante sirve panqueques pequeños y panqueques de tamaño normal.

   a. ¿Qué área tiene un panqueque pequeño a la décima más cercana?

   b. ¿Qué área tiene un panqueque normal a la décima más cercana?

   c. Si 6 panqueques pequeños cuestan lo mismo que 3 normales, ¿cuáles convienen más?

31. **¿DÓNDE ESTÁ EL ERROR?** El área de un círculo es 169π pulg^2. Un estudiante dice que esto significa que el diámetro es de 13 pulg. ¿Dónde está el error?

32. **ESCRÍBELO** Explica cómo hallarías el área de la figura compuesta de la derecha. Luego, halla el área.

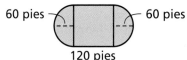

33. **DESAFÍO** Representa gráficamente el círculo con centro $(1, 2)$ que pase por el punto $(4, 6)$. Halla su área y su circunferencia, en términos de π y a la décima más cercana.

Repaso en espiral

Multiplica. Escribe la respuesta en su mínima expresión. (Lección 3-3)

34. $-8\left(3\frac{3}{4}\right)$

35. $\frac{6}{7}\left(\frac{7}{19}\right)$

36. $-\frac{5}{8}\left(-\frac{6}{15}\right)$

37. $-\frac{9}{10}\left(\frac{7}{12}\right)$

38. **PREPARACIÓN PARA LA PRUEBA** $\angle 1$ y $\angle 3$ son ángulos suplementarios. Si $m\angle 1 = 63°$, halla $m\angle 3$. (Lección 5-1)

  A $27°$ **B** $63°$ **C** $87°$ **D** $117°$

Examen parcial del capítulo

LECCIÓN 6-1 (págs. 280–284)

Halla el perímetro de cada figura.

1.
3
2

2.
2.2
4.5

Representa y halla el área de cada figura con los vértices que se dan.

3. (–3, 2), (–3, –2), (5, –2), (5, 2)

4. (–2, 4), (–2, –1), (2, –1), (2, 4)

5. (2, 4), (7, 4), (5, 0), (0, 0)

6. (7, –3), (2, –3), (–2, 3), (3, 3)

LECCIÓN 6-2 (págs. 285–288)

Halla el perímetro de cada figura.

7.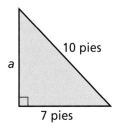
18
4.8   4.8
13

8.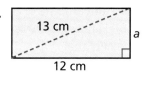
10   8
14

Representa y halla el área de cada figura con los vértices que se dan.

9. (−6, −2), (4, −2), (−3, 3)

10. (−5, 0), (0, 0), (4, 4)

11. (2, −2), (3, 3), (−4, 3), (−3, −2)

12. (0, 4), (3, 6), (3, −3), (0, −3)

LECCIÓN 6-3 (págs. 290–293)

Usa el Teorema de Pitágoras para hallar la altura de cada figura. Luego halla el área de cada figura. Si es necesario, redondea el área a la décima más cercana de una unidad cuadrada.

13.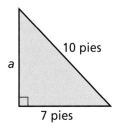
10 pies
a
7 pies

14.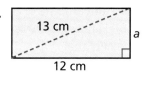
13 cm
a
12 cm

15.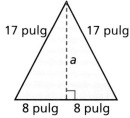
17 pulg   17 pulg
a
8 pulg   8 pulg

LECCIÓN 6-4 (págs. 294–297)

Halla el área y la circunferencia de cada círculo, en términos de π y a la décima más cercana. Usa $\pi = 3.14$.

16. radio = 15 cm

17. diámetro = 6.5 pies

18. radio = $7\frac{1}{2}$ pies

Enfoque en resolución de problemas

 Repasa

• ¿Responde tu solución a la pregunta?

Cuando creas que ya resolviste un problema, piensa otra vez.
Es posible que tu respuesta no sea realmente la solución del
problema. Por ejemplo, puedes resolver una ecuación para hallar
el valor de una variable, pero para hallar la solución del problema
puede ser necesario sustituir el valor de la variable por una expresión.

 **Escribe y resuelve una ecuación para cada problema. Comprueba que el
valor de la variable sea la respuesta a la pregunta. Si no, da la respuesta
a la pregunta.**

1 El triángulo *ABC* es un triángulo isósceles.
Halla su perímetro.

$$A$$
$$25 \quad x + 18$$
$$B \quad 2x \quad C$$

2 Halla la medida del ángulo más pequeño
del triángulo *DEF*.

3 Halla la medida del ángulo más grande del
triángulo *DEF*.

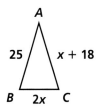

4 Halla el área del triángulo rectángulo *GHI*.

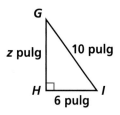

5 Un *frontón* es un espacio triangular lleno
de estatuas en la fachada de un edificio.
Abajo se muestran las medidas
aproximadas de un frontón en forma
de triángulo isósceles. Halla el área
del frontón.

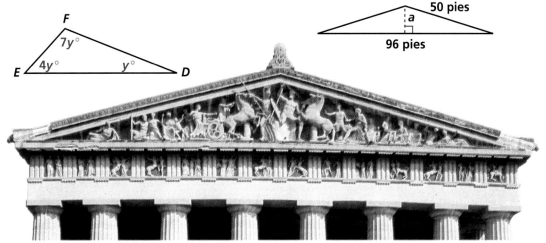

Patrones de figuras sólidas

QUÉ NECESITAS:

- Regla
- Transportador
- Cinta adhesiva
- Papel

RECUERDA

- Un polígono es una figura plana cerrada formada por tres o más segmentos de recta.
- Las caras de un poliedro regular son polígonos congruentes.

conexión **internet**

Recursos en línea para el laboratorio: *go.hrw.com*
CLAVE: MP4 Lab6B

Un **poliedro** es una figura sólida en la que cada superficie es un polígono. Una plantilla es un patrón de polígonos que sirve para representar un poliedro regular.

Hay 5 poliedros regulares: tetraedro, cubo, octaedro, dodecaedro e icosaedro.

Actividad

1 Sigue las instrucciones para cada plantilla. Luego dóblalas para formar figuras tridimensionales.

a. Dibuja un triángulo equilátero de 2 pulg.
Cada ángulo medirá 60°.
Dibuja otros tres como en la Figura 1.
Habrá **4** triángulos.
Junta las aristas comunes y pégalas con cinta.
Ésta es la plantilla de un **tetraedro.**

Figura 1

b. Dibuja un cuadrado de 2 pulg.
Dibuja otros 5 como en la Figura 2.
Habrá **6** cuadrados.
Junta las aristas comunes y pégalas con cinta.
Ésta es la plantilla de un **cubo.**

Figura 2

c. Dibuja un triángulo equilátero de 2 pulg.
Dibuja otros 7 como en la Figura 3.
Habrá **8** triángulos.
Junta las aristas comunes y pégalas con cinta.
Ésta es la plantilla de un **octaedro.**

Figura 3

d. Dibuja un pentágono regular de 2 pulg por lado.
Cada ángulo medirá 108°.
Dibuja otros 11 como en la Figura 4.
Habrá **12** pentágonos.
Junta las aristas comunes y pégalas con cinta.
Ésta es la plantilla de un **dodecaedro.**

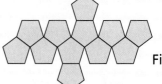

Figura 4

e. Dibuja un triángulo equilátero de 2 pulg.
Dibuja otros 19 como en la Figura 5.
Habrá **20** triángulos.
Junta las aristas comunes y pégalas con cinta.
Ésta es la plantilla de un **icosaedro.**

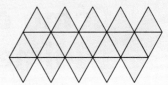

Figura 5

Estudia esta tabla. Compara el número de vértices, caras y aristas de tus poliedros, con los que se dan en la tabla.

Poliedro	Número de vértices (V)	Número de caras (C)	Número de aristas (A)
Tetraedro	4	4	6
Cubo	8	6	12
Octaedro	6	8	12
Dodecaedro	20	12	30
Icosaedro	12	20	30

Razonar y comentar

1. Busca patrones en la tabla. ¿Qué relación puedes hallar entre el número de vértices, el número de caras y el número de aristas de los poliedros regulares?

2. ¿Puedes hacer una plantilla de un octaedro que sea diferente de la plantilla de la Figura 3? Muestra la nueva plantilla.

Inténtalo

Dibuja y dobla cada plantilla para determinar si forma un poliedro. Si lo hace, identifica el poliedro regular que se forma.

1.

2.

3.

4.

5.

6.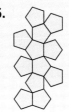

Da el número que falta de cada polígono regular.

7. 12 aristas
■ vértices
8 caras

8. ■ aristas
12 vértices
20 caras

9. 30 aristas
20 vértices
■ caras

10. 6 aristas
■ vértices
4 caras

Cómo dibujar figuras tridimensionales

6-5

Aprender a dibujar e identificar partes de figuras tridimensionales.

Vocabulario

cara

arista

vértice

perspectiva

punto de fuga

línea de horizonte

Los arquitectos usan dibujos para mostrar cómo se verá el exterior de un edificio. Como dibujan objetos tridimensionales en superficies bidimensionales, deben usar técnicas especiales para simular tres dimensiones.

Las figuras tridimensionales tienen *caras*, *aristas* y *vértices*. Una **cara** es una superficie plana, una **arista** es donde se unen dos caras y un **vértice** es donde se unen tres o más aristas.

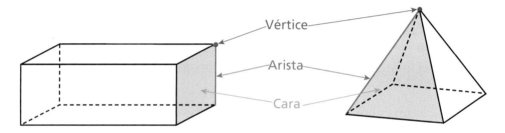

Se puede usar papel de puntos para dibujar figuras tridimensionales.

EJEMPLO 1 Dibujar una caja rectangular

Usa papel de puntos isométricos para dibujar una caja rectangular de 4 unidades de longitud, 2 de anchura y 3 de altura.

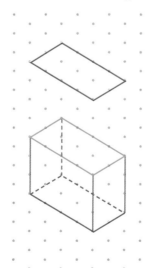

Paso 1: Dibuja tenuemente las aristas de la cara inferior. Se verá como paralelogramo.
2 unidades por 4 unidades

Paso 2: Dibuja tenuemente los segmentos verticales desde los vértices de la base.
3 unidades de altura

Paso 3: Dibuja tenuemente la cara superior uniendo las líneas verticales para formar un paralelogramo.
2 unidades por 4 unidades

Paso 4: Oscurece las líneas.
Usa líneas continuas para las aristas visibles y líneas punteadas para las ocultas.

La **perspectiva** es una técnica que se usa para que los dibujos de objetos tridimensionales parezcan tener profundidad y distancia. En los dibujos en perspectiva de un punto, hay un **punto de fuga** .

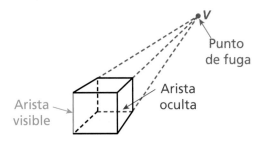

E J E M P L O **2** **Hacer un dibujo en perspectiva de un punto**

Haz un dibujo de una caja rectangular en perspectiva de un punto.

Paso 1: Dibuja un rectángulo que será la cara frontal.
Rotula los vértices A a D.

Paso 2: Marca un punto de fuga *V* arriba y a un lado del rectángulo, y traza una línea punteada de cada vértice a *V.*

Paso 3: Elige un punto *G* sobre $\overline{BV}$. Dibuja tenuemente un rectángulo más pequeño que tenga G como uno de sus vértices.

Paso 4: Une los vértices de los dos rectángulos sobre las líneas punteadas.

Paso 5: Oscurece las aristas visibles y dibuja segmentos punteados para las ocultas. Borra el punto de fuga y las líneas que lo unen a los vértices.

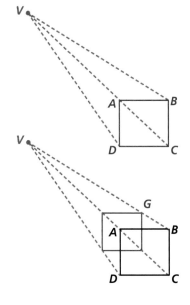

También puedes dibujar una figura en perspectiva de dos puntos empleando dos puntos de fuga y una **línea de horizonte** .

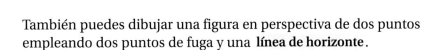
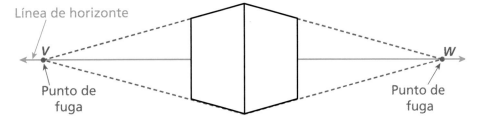

Si subes y bajas la línea de horizonte, tendrás diferentes vistas de la figura.

EJEMPLO **3** Hacer un dibujo en perspectiva de dos puntos

Haz un dibujo de una caja rectangular en perspectiva de dos puntos.

Paso 1: Dibuja el segmento vertical $\overline{AD}$. Dibuja una línea horizontal arriba. Rotula los puntos de fuga V y W, sobre la línea. Dibuja los segmentos punteados $\overline{AV}$, $\overline{AW}$, $\overline{DV}$ y $\overline{DW}$.

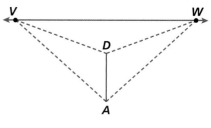

Paso 2: Rotula los puntos C sobre $\overline{DV}$ y E sobre $\overline{DW}$. Dibuja segmentos verticales que pasen por C y E. Dibuja $\overline{EV}$ y $\overline{CW}$.

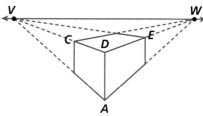

Paso 3: Oscurece las aristas visibles. Borra la línea de horizonte y los segmentos punteados.

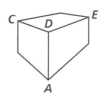

Razonar y comentar

1. Explica si las aristas paralelas de un cubo siempre son paralelas en un dibujo en perspectiva del cubo.

2. Demuestra que comprendes las aristas y caras paralelas y perpendiculares, y los vértices, de una caja rectangular, usando una caja de cartón como modelo.

6-5 **Ejercicios**

PARA PRÁCTICA ADICIONAL	⏩ conexión **internet**
ve a la pág. 743	**Ayuda en línea para tareas** go.hrw.com Clave: MP4 6-5

PRÁCTICA GUIADA

Ver Ejemplo **1**   **1.** Usa papel de puntos isométricos para dibujar una caja rectangular de 3 unidades de longitud, 2 de anchura y 4 de altura.

Ver Ejemplo **2**   **2.** Haz un dibujo de una caja triangular en perspectiva de un punto.

Ver Ejemplo **3**   **3.** Haz un dibujo de una caja rectangular en perspectiva de dos puntos.

Ver Ejemplo 4. Usa papel de puntos isométricos para dibujar una caja rectangular con una base de 4 unidades de longitud por 3 de anchura y 1 de altura.

Ver Ejemplo ② 5. Haz un dibujo de una caja rectangular en perspectiva de un punto.

Ver Ejemplo ③ 6. Haz un dibujo de una caja triangular en perspectiva de dos puntos.

PRÁCTICA Y RESOLUCIÓN DE PROBLEMAS

Identifica todas las caras de cada figura.

7.
8.
9.

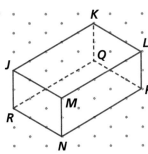
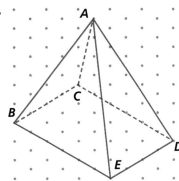
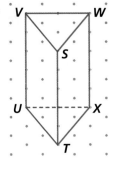

Usa papel de puntos isométricos para dibujar cada figura.

10. un cubo de 3 unidades por lado

11. una caja triangular de 5 unidades de altura

12. una caja rectangular de 7 unidades de altura, y 5 por 2 de base.

13. una caja con caras paralelas de 3 por 2 unidades y 4 por 4 unidades

14. una caja con caras paralelas de 2 por 2 unidades y 5 por 3 unidades

Usa el dibujo en perspectiva de un punto para los ejercicios del 15 al 19.

15. Identifica el punto de fuga.

16. ¿Qué segmentos son paralelos entre sí?

17. ¿Qué cara es la cara frontal?

18. ¿Qué cara es la cara de fondo?

19. ¿Qué segmentos son aristas ocultas?

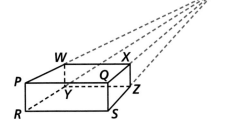

Usa el dibujo en perspectiva de dos puntos para los ejercicios del 20 al 24.

20. Identifica los puntos de fuga.

21. ¿Qué segmentos son paralelos entre sí?

22. Identifica la línea de horizonte.

23. ¿Qué arista es la más cercana al observador?

24. ¿Qué segmentos no son aristas de la figura?

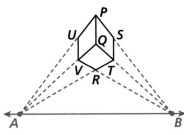

CONEXIÓN Transporte

EURO TUNNEL

El Chunnel se construyó al mismo tiempo desde ambos extremos. Excavadoras de diseño especial avanzaban en promedio 125 m por semana.

25. TRANSPORTE Un antiguo sueño de los ingenieros era unir a Inglaterra con la Europa continental. En 1994 el sueño se hizo realidad con la inauguración del Túnel del Canal, o Chunnel, que une a Gran Bretaña y Francia. El dibujo muestra al tren *Eurostar* en el Chunnel. ¿Es un ejemplo de perspectiva de uno o de dos puntos?

26. TECNOLOGÍA Muchos arquitectos usan programas de CADD (diseño/dibujo asistido por computadora) para crear imágenes tridimensionales de sus ideas. ¿Es éste un ejemplo de perspectiva de uno o de dos puntos?

27. Copia el dibujo de abajo y agrega otro edificio como el que se muestra pero con su borde frontal inferior en $\overline{AB}$.

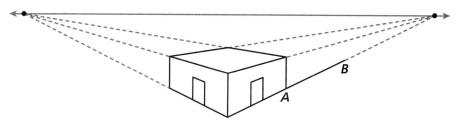

28. ¿DÓNDE ESTÁ EL ERROR? Un estudiante dibujó un cubo de 3 unidades en papel de puntos. El estudiante dijo que había cuatro caras y ocho aristas visibles en el dibujo. ¿Qué error cometió?

29. ESCRÍBELO Describe las diferencias entre un dibujo de un cubo en papel de puntos y un dibujo en perspectiva de un cubo.

30. DESAFÍO Usa la perspectiva de un punto para crear un letrero de tu nombre con letras mayúsculas de imprenta.

Repaso en espiral

Escribe cada número en forma estándar. (Lección 2-9)

31. 2.75×10^3 **32.** -4.2×10^2 **33.** 6.3×10^{-7} **34.** -1.9×10^{-4}

35. PREPARACIÓN PARA LA PRUEBA ¿Qué tipo de triángulo puede construirse con un ángulo de 50° entre dos lados de 8 pulgadas? (Lección 5-3)

  A Equilátero   **B** Isósceles   **C** Escaleno   **D** Obtusángulo

Volumen de prismas y cilindros

6-6

Aprender a hallar el volumen de prismas y cilindros.

Vocabulario

prisma

cilindro

El Aeropuerto Internacional Kansai, en Japón, se construyó en la isla artificial más grande del mundo. Para hallar cuánta piedra, grava y concreto se necesitó para construir la isla, debes saber cómo hallar el volumen de un *prisma rectangular*.

Un **prisma** es una figura tridimensional que se identifica por la forma de sus bases. Las dos bases son polígonos congruentes. Todas las demás caras son paralelogramos. Un **cilindro** tiene dos bases circulares.

¡Recuerda!

Si las seis caras de un prisma rectangular son cuadrados, es un cubo.

Prisma triangular **Prisma rectangular** **Cilindro**

Altura ⟶ Altura ⟶ Altura ⟶

Base Base Base

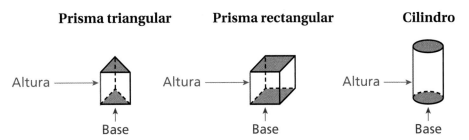

VOLUMEN DE PRISMAS Y CILINDROS		
Con palabras	**Con números**	**Fórmula**
Prisma: El volumen V de un prisma es el área de la base B por la altura h.	$B = 2(5)$ $= 10 \text{ unidades}^2$ $V = (10)(3)$ $= 30 \text{ unidades}^3$	$V = Bh$
Cilindro: El volumen de un cilindro es el área de la base B por la altura h.	$B = \pi(2^2)$ $= 4\pi \text{ unidades}^2$ $V = (4\pi)(6) = 24\pi$ $\approx 75.4 \text{ unidades}^3$	$V = Bh$ $= (\pi r^2)h$

EJEMPLO **1** **Hallar el volumen de prismas y cilindros**

Pista útil

El área se mide en *unidades cuadradas.* El volumen se mide en *unidades cúbicas.*

Halla el volumen de cada figura a la décima más cercana.

A Un prisma rectangular con base de 1 m por 3 m y altura de 6 m.

$B = 1 \cdot 3 = 3 \text{ m}^2$ *Área de la base*

$V = Bh$ *Volumen del prisma*

$= 3 \cdot 6 = 18 \text{ m}^3$

Halla el volumen de cada figura a la décima más cercana.

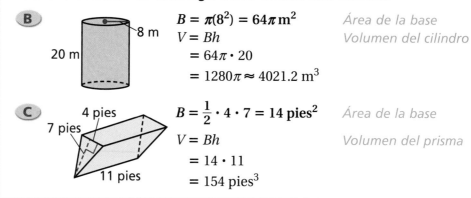

B

$B = \pi(8^2) = 64\pi\,\text{m}^2$ *Área de la base*

$V = Bh$ *Volumen del cilindro*

$\quad = 64\pi \cdot 20$

$\quad = 1280\pi \approx 4021.2\ \text{m}^3$

C

$B = \dfrac{1}{2} \cdot 4 \cdot 7 = 14\ \textbf{pies}^2$ *Área de la base*

$V = Bh$ *Volumen del prisma*

$\quad = 14 \cdot 11$

$\quad = 154\ \text{pies}^3$

El volumen de un prisma rectangular se puede escribir como $V = \ell wh$, donde ℓ es la longitud, w es la anchura y h es la altura.

EJEMPLO 2   **Explorar los efectos al cambiar dimensiones**

A Un envase de jugo mide 3 pulg por 2 pulg por 4 pulg. Explica si doblar la longitud, anchura o altura de la caja doblaría la cantidad de jugo que contiene el envase.

Dimensiones originales	Duplicar la longitud	Duplicar la anchura	Duplicar la altura
$V = \ell wh$	$V = (2\ell)wh$	$V = \ell(2w)h$	$V = \ell w(2h)$
$= 3 \cdot 2 \cdot 4$	$= 6 \cdot 2 \cdot 4$	$= 3 \cdot 4 \cdot 4$	$= 3 \cdot 2 \cdot 8$
$= 24\ \text{pulg}^3$	$= 48\ \text{pulg}^3$	$= 48\ \text{pulg}^3$	$= 48\ \text{pulg}^3$

El envase original tiene un volumen de 24 pulg^3. Podrías duplicar el volumen a 48 pulg^3 duplicando cualquiera de las dimensiones. Por tanto, duplicar la longitud, anchura o altura duplicará la cantidad de jugo que contenga la caja.

B Una lata de jugo tiene 1.5 pulg de radio y 5 pulg de altura. Explica si duplicar la altura de la lata tendría el mismo efecto sobre el volumen que duplicar el radio.

Dimensiones originales	Duplicar el radio	Duplicar la altura
$V = \pi r^2 h$	$V = \pi(2r)^2 h$	$V = \pi r^2(2h)$
$= 1.5^2\pi \cdot 5$	$= 3^2\pi \cdot 5$	$= 1.5^2\pi \cdot (2 \cdot 5)$
$= 11.25\,\pi\ \text{pulg}^3$	$= 45\pi\ \text{pulg}^3$	$= 22.5\pi\ \text{pulg}^3$

Al duplicar la altura, duplicarás el volumen. Al duplicar el radio, aumentarás cuatro veces el volumen original.

EJEMPLO 3 *Aplicación a la construcción*

El Aeropuerto Internacional Kansai está en una isla artificial que es un prisma rectangular de 60 pies de profundidad, 4000 pies de anchura y 2.5 millas de longitud. ¿Qué volumen de piedra, grava y concreto se necesitó para construir la isla?

$$\text{longitud} = 2.5 \text{ mi} = 2.5(5280) \text{ pies}$$
$$= 13{,}200 \text{ pies}$$

1 mi = 5280 pies

$$\text{anchura} = 4000 \text{ pies}$$
$$\text{altura} = 60 \text{ pies}$$
$$V = 13{,}200 \cdot 4000 \cdot 60 \text{ pies}^3$$
$$= 3{,}168{,}000{,}000 \text{ pies}^3$$

V = lwh

El volumen de piedra, grava y concreto que necesitó fue de 3,168,000,000 pies^3, que equivale a casi 24,000 millones de galones de agua.

Para hallar el volumen de una figura tridimensional compuesta, halla el volumen de cada parte y suma los volúmenes.

EJEMPLO 4 Hallar el volumen de figuras compuestas

Halla el volumen del envase de leche.

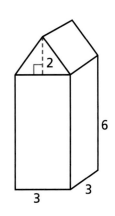

Volumen del envase	=	Volumen del prisma rectangular	+	Volumen del prisma triangular

$$V \quad = \quad (3)(3)(6) \quad + \quad \tfrac{1}{2}(3)(2)(3)$$
$$= \quad 54 \quad + \quad 9$$
$$= \quad 63 \text{ pulg}^3$$

El volumen es 63 pulg^3, o unos 0.27 galones.

Razonar y comentar

1. **Da un ejemplo** que demuestre que dos prismas rectangulares pueden tener diferente altura pero el mismo volumen.

2. **Aplica** tus resultados del Ejemplo 2 para sacar una conclusión acerca del cambio de dimensiones en un prisma triangular.

3. **Describe** qué sucede con el volumen de un cilindro cuando se triplica el diámetro de la base.

6-6 **Ejercicios**

PARA PRÁCTICA ADICIONAL	✓ conexión **internet**
ve a la pág. 743	**Ayuda en línea para tareas** go.hrw.com Clave: MP4 6-6

PRÁCTICA GUIADA

Ver Ejemplo ① **Halla el volumen de cada figura a la décima más cercana. Usa $\pi = 3.14$.**

1.

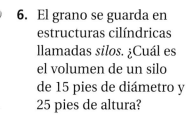

5 cm
6 cm   7 cm

2. 4 pulg

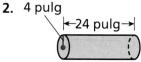

|←24 pulg→|

3. 16 pulg

5 pulg

13.9 pulg

Ver Ejemplo ② **4.** Una caja mide 4 pulg por 3 pulg por 5 pulg. Explica si triplicar un lado, de 4 a 12 pulg, triplicaría el volumen de la caja.

5. Una lata de verduras tiene 2 pulg de radio y 4 pulg de altura. Explica si triplicar el radio triplica el volumen de la lata.

Ver Ejemplo ③ **6.** El grano se guarda en estructuras cilíndricas llamadas *silos*. ¿Cuál es el volumen de un silo de 15 pies de diámetro y 25 pies de altura?

Ver Ejemplo ④ **7.** Halla el volumen del granero.

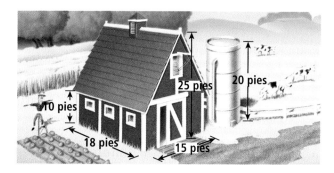

25 pies   20 pies
10 pies
18 pies   15 pies

PRÁCTICA INDEPENDIENTE

Ver Ejemplo ① **Halla el volumen de cada figura a la décima más cercana. Usa $\pi = 3.14$.**

8.

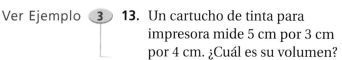

16.5 m
17 m

9. 6 cm

8 cm   2 cm

10. 2 pies

8 pies   12 pies

Ver Ejemplo ② **11.** Una caja de juguetes mide 4 pies por 3 pies por 2 pies. Explica si aumentar la altura cuatro veces, de 2 a 8 pies, aumentaría el volumen cuatro veces.

12. Un envase cilíndrico de avena tiene 4 pulg de diámetro y 7 pulg de altura. Explica si aumentar el diámetro 1.5 veces aumenta el volumen 1.5 veces.

Ver Ejemplo ③ **13.** Un cartucho de tinta para impresora mide 5 cm por 3 cm por 4 cm. ¿Cuál es su volumen?

Ver Ejemplo ④ **14.** Halla el volumen de la caja del cartucho de tinta.

3.5 cm
4.5 cm
6 cm

PRÁCTICA Y RESOLUCIÓN DE PROBLEMAS

Ciencias de la Vida

Por los 52 ventanales del Tanque Oceánico Gigante, los visitantes pueden ver 3000 corales y esponjas, así como tiburones, tortugas marinas, barracudas, morenas y cientos de peces tropicales.

15. *CIENCIAS DE LA VIDA* El Tanque Oceánico Gigante del Acuario de Nueva Inglaterra en Boston es un cilindro que contiene 200,000 galones.

    a. Un galón equivale a 231 pulgadas cúbicas. ¿Cuántas pulgadas cúbicas de agua hay en el Tanque Oceánico Gigante?

    b. Usa tu respuesta a la parte **a** como el volumen. El tanque tiene 24 pies de profundidad. Halla su radio en pies.

16. *ENTRETENIMIENTO* Un grupo de teatro al aire libre instala un escenario portátil. Sus secciones miden 48 pulg por 96 pulg por 36 pulg.

    a. ¿Cuáles son las dimensiones en pies de una sección?

    b. ¿Cuál es el volumen en pies cúbicos de una sección?

    c. Si el escenario tiene un volumen total de 864 pies^3, ¿de cuántas secciones se compone?

17. *ESTUDIOS SOCIALES* La Estatua de la Libertad sostiene una tabla de piedra que es aproximadamente un prisma rectangular con un volumen de 1,107,096 pulg^3. Estima el espesor de la tabla de piedra.

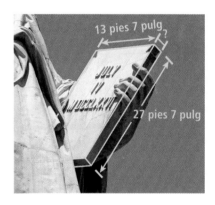

18. *CIENCIAS DE LA VIDA* El aire tiene unas 4000 bacterias por metro cúbico. Hay cerca de 120,000 bacterias en un cuarto de 3 m de longitud y 4 m de anchura. ¿Cuál es la altura del cuarto?

 19. *¿DÓNDE ESTÁ EL ERROR?* Un estudiante leyó este enunciado en un libro: "El volumen de un prisma triangular de 10 cm de altura y área de la base de 25 cm es de 250 cm^3." Corrige el error.

 20. *ESCRÍBELO* Explica por qué un pie cúbico es igual a 1728 pulgadas cúbicas.

21. *DESAFÍO* Una sección de tubo de plástico de 6 cm tiene un diámetro interno de 12 cm y un diámetro externo de 15 cm. Halla el volumen del tubo, no del hueco interno, a la décima más cercana.

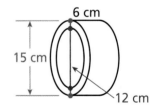

Repaso en espiral

Halla la media, mediana y moda de cada conjunto de datos, a la décima más cercana.
(Lección 4-3)

22. 3, 5, 5, 6, 9, 3, 5, 2, 5   **23.** 17, 15, 14, 16, 18, 13   **24.** 100, 75, 48, 75, 48, 63, 45

25. **PREPARACIÓN PARA LA PRUEBA** Halla la suma de los ángulos de un octágono.
(Lección 5-4)

    A 8°   **B** 135°   **C** 1080°   **D** 1440°

6-7 Volumen de pirámides y conos

Vocabulario

pirámide

cono

La Gran Pirámide de Giza se construyó con unos 2.5 millones de bloques de piedra, cada uno con un peso de, al menos, 2 toneladas. Se cree que entre 20,000 y 30,000 obreros tardaron unos 20 años en construirla.

La altura de la Gran Pirámide equivale a la de un rascacielos de 40 pisos. La pirámide cubre un área de 13 acres.

Una **pirámide** se identifica por la forma de su base. La base es un polígono y todas las otras caras son triángulos. Un **cono** tiene base circular. La altura de una pirámide o cono se mide a lo largo de una perpendicular del punto más alto a la base.

Pirámide rectangular

Pirámide triangular

Cono

Altura

VOLUMEN DE PIRÁMIDES Y CONOS

Con palabras	Con números	Fórmula
Pirámide: El volumen V de una pirámide es un tercio del área de la base B multiplicado por la altura h.	$B = 3(3)$ $\quad = 9$ unidades^2 $V = \frac{1}{3}(9)(4)$ $\quad = 12$ unidades^3	$V = \frac{1}{3}Bh$
Cono: El volumen de un cono es un tercio del área de la base circular B multiplicado por la altura h.	$B = \pi(2^2)$ $\quad = 4\pi$ unidades^2 $V = \frac{1}{3}(4\pi)(3)$ $\quad = 4\pi$ $\quad \approx 12.6$ unidades^3	$V = \frac{1}{3}Bh$ o $V = \frac{1}{3}\pi r^2 h$

EJEMPLO **1** **Hallar el volumen de pirámides y conos**

Halla el volumen de cada figura.

A

$B = \frac{1}{2}(3 \cdot 8) = 12$ unidades^2

$V = \frac{1}{3} \cdot 12 \cdot 8 \qquad V = \frac{1}{3}Bh$

$V = 32$ unidades^3

Halla el volumen de cada figura.

B

$B = \pi(2^2) = 4\pi$ unidades^2

$V = \frac{1}{3} \cdot 4\pi \cdot 12$ $V = \frac{1}{3}Bh$

$V = 16\pi \approx 50.3$ unidades^3 *Usa $\pi = 3.14$.*

C

$B = 10 \cdot 8 = 80$ unidades^2

$V = \frac{1}{3} \cdot 80 \cdot 15$ $V = \frac{1}{3}Bh$

$V = 400$ unidades^3

EJEMPLO **2** **Explorar los efectos al cambiar dimensiones**

Un cono tiene 7 pies de radio y 14 pies de altura. Explica si duplicar la altura tendría el mismo efecto sobre el volumen del cono que duplicar el radio.

Dimensiones originales	Duplicar la altura	Duplicar el radio
$V = \frac{1}{3}\pi r^2 h$	$V = \frac{1}{3}\pi r^2(2h)$	$V = \frac{1}{3}\pi(2r)^2 h$
$= \frac{1}{3}\pi(7^2)(14)$	$= \frac{1}{3}\pi(7^2)(2 \cdot 14)$	$= \frac{1}{3}\pi(2 \cdot 7)^2(14)$
≈ 718.01 pies^3	≈ 1436.03 pies^3	≈ 2872.05 pies^3

Si la altura del cono se duplica, el volumen se duplica. Si el radio se duplica, el volumen aumenta 4 veces.

EJEMPLO **3** *Aplicación a los estudios sociales*

La Gran Pirámide de Giza es una pirámide cuadrada. Su altura es de 481 pies y los lados de su base miden 756 pies. Halla el volumen de la pirámide.

$B = 756^2 = 571{,}536$ pies^2 $A = bh$

$V = \frac{1}{3}(571{,}536)(481)$ $V = \frac{1}{3}Bh$

$V = 91{,}636{,}272$ pies^3

Razonar y comentar

1. Describe dos o más formas en que puedes cambiar las dimensiones de una pirámide rectangular para duplicar su volumen.

2. Compara el volumen de un cubo de 1 pulg por lado con el de una pirámide de 1 pulg de altura y una base cuadrada de 1 pulg por lado.

PARA PRÁCTICA ADICIONAL
ve a la pág. 743

conexión **internet**
Ayuda en línea para tareas
go.hrw.com   Clave: MP4 6-7

PRÁCTICA GUIADA

Ver Ejemplo **1**   Halla el volumen de cada figura a la décima más cercana. Usa $\pi = 3.14$.

1.

7
6   5

2.

5
7   9

3.

4.9
1.7

4.

21
11   18

5.
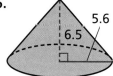
5.6
6.5

6.
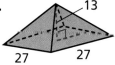
13
27   27

Ver Ejemplo **2**   **7.** Una pirámide cuadrada tiene 4 pies de altura y una base de 3 pies por lado. Explica si duplicar la altura duplicaría el volumen de la pirámide.

Ver Ejemplo **3**   **8.** La Pirámide Transamerica de San Francisco tiene un área de 22,000 pies^2 y una altura de 853 pies. ¿Cuál es su volumen?

PRÁCTICA INDEPENDIENTE

Ver Ejemplo **1**   Halla el volumen de cada figura a la décima más cercana. Usa $\pi = 3.14$.

9.
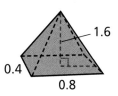
1.6
0.4
0.8

10.
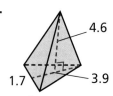
4.6
1.7   3.9

11.
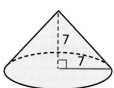
7
7

12.
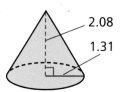
2.08
1.31

13.
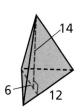
14
6   12

14.
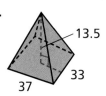
13.5
33
37

Ver Ejemplo **2**   **15.** Una pirámide triangular tiene 6 pies de altura. La base triangular tiene 6 pies de altura y 6 pies de anchura. Explica si duplicar la altura de la base duplicaría el volumen de la pirámide.

Ver Ejemplo **3**   **16.** La sal de grano suele almacenarse en edificios cónicos. ¿Cuál sería el volumen un edificio cónico con 70 pies de diámetro y 50 pies de altura, a la centésima más cercana?

Halla la medida que falta a la décima más cercana. Usa $\pi = 3.14$.

17. cono:
radio = 3 cm
altura =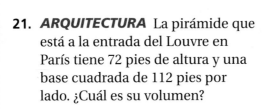
volumen = 37.7 cm³

18. cilindro:
radio =
altura = 2 cm
volumen = 75.36 cm³

19. pirámide triangular:
altura de la base =
anchura de la base = 10 pies
altura = 7 pies
volumen = 105 pies³

20. pirámide rectangular:
altura de la base = 3 pies
anchura de la base =
altura = 7 pies
volumen = 42 pies³

21. *ARQUITECTURA* La pirámide que está a la entrada del Louvre en París tiene 72 pies de altura y una base cuadrada de 112 pies por lado. ¿Cuál es su volumen?

22. *TRANSPORTE* Los conos anaranjados que se usan para desviar el tráfico son de varios tamaños. ¿Cuál es el volumen en pulg³ de uno con 3 pies de altura y 9 pulgadas de diámetro?

23. *ARQUITECTURA* La Pirámide Arena de Memphis, Tennessee, tiene 321 pies de altura y una base cuadrada de 200 yardas por lado.

a. ¿Cuál es el volumen en pies cúbicos de la pirámide?

b. ¿Cuántos pies cúbicos hay en una yarda cúbica?

c. ¿Cuál es el volumen en yardas cúbicas, a la décima más cercana, de la Pirámide Arena?

24. *¿DÓNDE ESTÁ EL ERROR?* Un estudiante dice que la fórmula del volumen del cilindro es la misma que la del volumen de una pirámide, $\frac{1}{3}Bh$. ¿Qué error cometió?

25. *ESCRÍBELO* ¿Cómo cambiaría el volumen de un cono si duplicaras la altura? ¿Si duplicaras el radio?

26. *DESAFÍO* El diámetro de un cono es x pulg, su altura es 12 pulg y su volumen es 36π pulg³. ¿Cuál es el valor de x?

Repaso en espiral

Usa la estrategia de calcular y comprobar para estimar cada raíz cuadrada a dos posiciones decimales. (Lección 3-9)

27. $\sqrt{35}$

28. $\sqrt{45}$

29. $\sqrt{55}$

30. $\sqrt{65}$

31. PREPARACIÓN PARA LA PRUEBA Escribe $\frac{15^3 \cdot 15^{11}}{15^{-13}}$ como una sola potencia. (Lección 2-7)

A 1   **B** 15^1 **C** 15^{27} **D** 15^{46}

6-8 Área total de prismas y cilindros

Aprender a hallar el área total de prismas y cilindros.

Vocabulario

área total

cara lateral

superficie lateral

Una *imagen anamórfica* es una imagen distorsionada que se ve normal al reflejarse en un espejo cilíndrico.

El **área total** es la suma de las áreas de todas las superficies de una figura. Las **caras laterales** de un prisma son paralelogramos que unen las bases. La **superficie lateral** de un cilindro es la superficie curva.

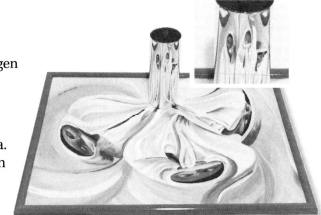

ÁREA TOTAL DE PRISMAS Y CILINDROS		
Con palabras	**Con números**	**Fórmula**
Prisma: El área total S de un prisma es dos veces el área de la base B más el área lateral F, que es el perímetro de la base P multiplicado por la altura h.	$S = 2(3 \cdot 2) + (10)(5) = 62$ unidades^2	$S = 2B + F$ ó $S = 2B + Ph$
Cilindro: El área total S de un cilindro es dos veces el área de la base B más el área lateral L, que es la circunferencia de la base $2\pi r$ multiplicada por la altura h.	$S = 2\pi(5^2) + 2\pi(5)(6)$ ≈ 345.4 unidades^2	$S = 2B + L$ ó $S = 2\pi r^2 + 2\pi rh$

EJEMPLO 1 Hallar el área total

Halla el área total de cada figura.

A

3 cm

5 cm

$S = 2\pi r^2 + 2\pi rh$

$= 2\pi(3^2) + 2\pi(3)(5)$

$= 48\pi$ cm$^2 \approx 150.8$ cm^2

Halla el área total de cada figura.

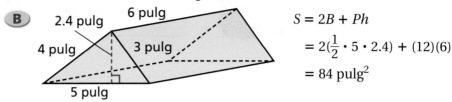

B

2.4 pulg   6 pulg

4 pulg   3 pulg

5 pulg

$S = 2B + Ph$

$= 2(\frac{1}{2} \cdot 5 \cdot 2.4) + (12)(6)$

$= 84 \text{ pulg}^2$

EJEMPLO 2   **Explorar los efectos al cambiar dimensiones**

Un cilindro tiene 8 pulg de diámetro y 3 pulg de altura. Explica si duplicar la altura tendría el mismo efecto sobre el área total que duplicar el radio.

Dimensiones originales	Duplicar la altura	Duplicar el radio
$S = 2\pi r^2 + 2\pi rh$	$S = 2\pi r^2 + 2\pi rh$	$S = 2\pi r^2 + 2\pi rh$
$= 2\pi(4)^2 + 2\pi(4)(3)$	$= 2\pi(4)^2 + 2\pi(4)(6)$	$= 2\pi(8)^2 + 2\pi(8)(3)$
$= 56\pi \text{ pulg}^2 \approx 175.8 \text{ pulg}^2$	$= 80\pi \text{ pulg}^2 \approx 251.2 \text{ pulg}^2$	$= 176\pi \text{ pulg}^2 \approx 552.6 \text{ pulg}^2$

No tendrían el mismo efecto. Duplicar el radio aumentaría el área total más que duplicar la altura.

EJEMPLO 3   *Aplicación al arte*

Un sitio de internet anuncia que puede convertir tu foto en una imagen anamórfica. Para reflejar la imagen, necesitas cubrir con material reflectante un cilindro de 32 mm de diámetro y 100 mm de altura. ¿Cuánto material reflectante necesitas?

$L = 2\pi rh$ *Sólo hay que cubrir la superficie lateral.*

$= 2\pi(16)(100)$ *El diámetro es 32 mm, por tanto r = 16 mm.*

$\approx 10{,}048 \text{ mm}^2$

Razonar y comentar

1. **Compara** la fórmula para el área total de un cilindro y la fórmula para el área total de un prisma.

2. **Explica** la diferencia entre obtener el área total de un vaso cilíndrico y obtener el área total de un cilindro.

3. **Compara** la pintura necesaria para cubrir un cubo de 1 pie por lado, con la necesaria para cubrir un cubo de 2 pies por lado.

PARA PRÁCTICA ADICIONAL

ve a la pág. 743

⚡ conexión **internet**

Ayuda en línea para tareas
go.hrw.com   Clave: MP4 6-8

PRÁCTICA GUIADA

Ver Ejemplo ① Halla el área total de cada figura, a la décima más cercana. Usa $\pi = 3.14$

1.
4 pulg   10 pulg

2.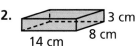
3 cm
8 cm
14 cm

Ver Ejemplo ② **3.** Un prisma rectangular mide 6 cm por 8 cm por 9 cm. Explica si duplicar todas las dimensiones duplicaría el área total.

Ver Ejemplo ③ **4.** A la décima más cercana en pulg², ¿cuánto papel se necesita para la etiqueta de una lata de sopa de 6.4 pulg de altura y 4 pulg de diámetro?

PRÁCTICA INDEPENDIENTE

Ver Ejemplo ① Halla el área total de cada figura, a la décima más cercana. Usa $\pi = 3.14$

5. 12 pulg   16 pulg
12 pulg
20 pulg

6.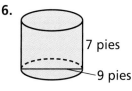
7 pies
9 pies

Ver Ejemplo ② **7.** Un cilindro tiene 4 pies de diámetro y 9 pies de altura. Explica si reducir el diámetro a la mitad tiene el mismo efecto sobre el área total que reducir la altura a la mitad.

Ver Ejemplo ③ **8.** A la décima más cercana en pulg², ¿cuánto papel aluminio se necesita para cubrir una hogaza de pan de plátano y nueces que es un prisma rectangular de 8.5 pulg por 4 pulg por 3.5 pulg?

PRÁCTICA Y RESOLUCIÓN DE PROBLEMAS

Halla el área total de cada figura con las dimensiones que se dan. Usa $\pi = 3.14$.

9. prisma rectangular: 9 pulg por 12 pulg por 15 pulg

10. cilindro: $d = 20$ mm, $h = 37$ mm

11. cilindro: $r = 7.8$ cm, $h = 8.2$ cm

12. prisma rectangular: $4\frac{1}{2}$ pies por 6 pies por 11 pies

Halla la dimensión que falta en cada figura con el área total que se da.

13.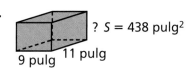
? $S = 438$ pulg²
9 pulg   11 pulg

14.
5 cm
? $S = 120\pi$ cm²

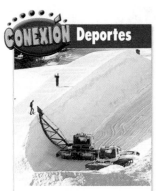

Una máquina para moldear la parte interior de una pista de *half-pipe* (medio tubo) se llama Pipe Dragon. Otras son Pipe Master, Turbo Grinder, Scorpion y Pipe Magician.

Halla el área total de cada batería a la décima más cercana en cm².

15. D   **16.** C

17. AA   **18.** AAA

3.4 cm
2.6 cm
6.1 cm
5.0 cm
5.0 cm
1.0 cm
1.5 cm
4.5 cm
D   C   AA   AAA

19. Jesse hace latas rectangulares de 4 pulg por 6 pulg por 6 pulg. Si la hojalata cuesta $0.09 por pulg², ¿cuánto cuesta el material para una lata?

20. **DEPORTES** Los competidores de *half-pipe* (medio tubo) en deslizador de nieve recorren una pista con forma de cilindro cortado por la mitad a lo largo. ¿Cuál es el área total de esta pista?

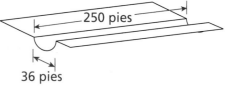

250 pies
36 pies

21. **ELIGE UNA ESTRATEGIA** ¿Cuál de estas figuras desdobladas puede doblarse para formar la figura tridimensional que se da?

A 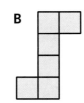   B 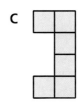   C   D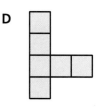

22. **ESCRÍBELO** Compara las fórmulas del área total de un prisma y de un cilindro.

23. **DESAFÍO** Se hace un agujero de 4 cm de diámetro por el centro de un bloque rectangular de madera de 12 cm por 9 cm por 5 cm. Halla el área total del bloque de madera.

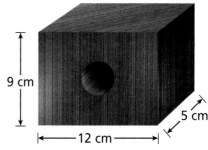

9 cm
5 cm
12 cm

Repaso en espiral

Divide. Escribe cada respuesta en su mínima expresión. (Lección 3-4)

24. $-\dfrac{4}{11} \div \dfrac{2}{7}$ **25.** $\dfrac{4}{9} \div 8$ **26.** $-\dfrac{7}{15} \div \dfrac{14}{45}$ **27.** $3\dfrac{1}{3} \div \dfrac{7}{9}$

28. En un triángulo rectángulo, si $a = 9$ y $b = 12$, ¿cuál es el valor de la hipotenusa c? (Lección 6-3)

29. **PREPARACIÓN PARA LA PRUEBA** Determina qué par ordenado es una solución de $y = 5x - 3$. (Lección 1-7)

A $(-8, -1)$ **B** $(2, 0)$ **C** $(-3, -16)$ **D** $(2, 7)$

Área total de pirámides y conos

Aprender a hallar el área total de pirámides y conos.

Vocabulario
altura inclinada
pirámide regular
cono regular

La **altura inclinada** de una pirámide o cono se mide sobre su superficie lateral.

La base de una **pirámide regular** es un polígono regular, y todas las caras laterales son congruentes.

En un **cono regular**, una línea perpendicular a la base que pasa por la punta del cono pasa por el centro de la base.

Cono regular

Altura inclinada

Pirámide regular

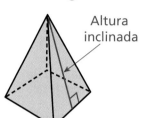

Altura inclinada

ÁREA TOTAL DE PIRÁMIDES Y CONOS		
Con palabras	**Con números**	**Fórmula**
Pirámide: El área total S de una pirámide regular es el área de la base B más el área lateral F. El área lateral es la mitad del perímetro de la base P multiplicado por la altura inclinada ℓ.	$S = (12 \cdot 12) + \frac{1}{2}(48)(8) = 336$ unidades^2	$S = B + F$ ó $S = B + \frac{1}{2}P\ell$
Cono: El área total S de un cono regular es el área de la base B más el área lateral L. El área lateral es la mitad de la circunferencia de la base $2\pi r$ multiplicada por la altura inclinada ℓ.	$S = \pi(3^2) + \pi(3)(4) = 21\pi \approx 65.94$ unidades^2	$S = B + L$ ó $S = \pi r^2 + \pi r\ell$

EJEMPLO 1 Hallar el área total

Halla el área total de cada figura.

 A

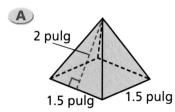

2 pulg
1.5 pulg   1.5 pulg

$S = B + \frac{1}{2}P\ell$

$= (1.5 \cdot 1.5) + \frac{1}{2}(6)(2)$

$= 8.25$ pulg^2

Halla el área total de cada figura.

B 5 m   2 m

$$S = \pi r^2 + \pi r \ell$$
$$= \pi(2)^2 + \pi(2)(5)$$
$$= 14\pi \approx 44.0 \text{ m}^2$$

EJEMPLO **2** **Explorar los efectos al cambiar dimensiones**

Un cono tiene 8 pulg de diámetro y 5 pulg de altura inclinada. Explica si duplicar la altura inclinada tendría el mismo efecto sobre el área total que duplicar el radio.

Dimensiones originales	Duplicar la altura inclinada	Duplicar el radio
$S = \pi r^2 + \pi r \ell$	$S = \pi r^2 + \pi r(2\ell)$	$S = \pi(2r)^2 + \pi(2r)\ell$
$= \pi(4)^2 + \pi(4)(5)$	$= \pi(4)^2 + \pi(4)(10)$	$= \pi(8)^2 + \pi(8)(5)$
$= 36\pi \text{ pulg}^2 \approx 113.1 \text{ pulg}^2$	$= 56\pi \text{ pulg}^2 \approx 175.9 \text{ pulg}^2$	$= 104\pi \text{ pulg}^2 \approx 326.7 \text{ pulg}^2$

No tendrían el mismo efecto. Duplicar el radio aumentaría el área total más que duplicar la altura inclinada.

EJEMPLO **3** *Aplicación a las ciencias de la vida*

CONEXIÓN
Ciencias de la Vida

Un foso de hormiga león es un cono invertido con las dimensiones que se muestran. ¿Cuál es su área total lateral?

La altura inclinada, el radio y la profundidad del foso forman un triángulo rectángulo.

$$a^2 + b^2 = \ell^2 \qquad \text{\textit{Teorema de Pitágoras}}$$
$$(2.5)^2 + 2^2 = \ell^2$$
$$10.25 = \ell^2$$
$$\ell \approx 3.2$$
$$L = \pi r \ell \qquad \text{\textit{Área total lateral}}$$
$$= \pi(2.5)(3.2) \approx 25.1 \text{ cm}^2$$

2.5 cm
2 cm
ℓ

La hormiga león es la larva de un insecto parecido a la libélula. Excavan fosos cónicos en la arena para atrapar hormigas y otros insectos rastreros.

Razonar y comentar

1. **Compara** la fórmula del área total de una pirámide y la fórmula del área total de un cono.

2. **Explica** cómo hallarías la altura inclinada de una pirámide cuadrada de 4 cm de altura y base de 6 cm por lado.

PARA PRÁCTICA ADICIONAL

ve a la pág. 743

✓ conexión **internet**

Ayuda en línea para tareas

go.hrw.com   Clave: MP4 6-9

PRÁCTICA GUIADA

Ver Ejemplo ① Halla el área total de cada figura, a la décima más cercana. Usa $\pi = 3.14$.

1.

9 m
6 m   6 m

2.

7 pies   2.5 pies

Ver Ejemplo ② **3.** Un cono tiene 10 pulg de diámetro y 8 pulg de altura inclinada. Explica si duplicar ambas dimensiones duplicaría el área total.

Ver Ejemplo ③ **4.** Los tipis cónicos del Motel Wigwam Village en Cave City, Kentucky, tienen unos 20 pies de altura y unos 20 pies de diámetro. Estima el área total lateral de un tipi.

PRÁCTICA INDEPENDIENTE

Ver Ejemplo ① Halla el área total de cada figura a la décima más cercana. Usa $\pi = 3.14$.

5.

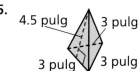

4.5 pulg   3 pulg
3 pulg   3 pulg

6.

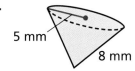

5 mm   8 mm

Ver Ejemplo ② **7.** Una pirámide regular cuadrada tiene una base de 10 yd por lado y una altura inclinada de 6 yd. Indica si duplicar ambas dimensiones duplicaría el área total.

Ver Ejemplo ③ **8.** A fines del siglo XV, Leonardo daVinci diseñó un paracaídas piramidal. Su estructura parecida a una tienda de campaña era de lino y medía 21 pies por lado y 12 pies de altura. ¿Cuánto material se necesitaría para hacer el paracaídas?

PRÁCTICA Y RESOLUCIÓN DE PROBLEMAS

Halla el área total de cada figura con las dimensiones que se dan. Usa $\pi = 3.14$.

9. pirámide regular cuadrada:
perímetro de la base = 60 cm
altura inclinada = 18 cm

10. pirámide regular triangular:
área de la base: 0.04 km²
perímetro de la base de 0.9 km
altura inclinada = 0.2 km

11. cono: $d = 38$ pies
altura inclinada = 53 pies

12. cono: $r = 12\frac{1}{2}$ mi
altura inclinada = $44\frac{1}{4}$ mi

13. CIENCIAS DE LA TIERRA La Luna, cuando está entre el Sol y la Tierra, proyecta un *cono de sombra*. Si el cono tiene 2140 mi de diámetro y 260,955 mi de altura inclinada, ¿cuál es el área total lateral de la sombra?

Cono de sombra

Sol   Luna

14. ESTUDIOS SOCIALES La Pirámide del Sol, en Teotihuacán, México, tiene unos 65 m de altura y una base cuadrada de 225 m por lado. ¿Cuál es su área total lateral?

15. La tabla da las dimensiones de tres pirámides cuadradas.

   a. Completa la tabla.

   b. ¿Qué pirámide tiene mayor área lateral? ¿Cuál es el área total lateral?

   c. ¿Qué pirámide tiene menor volumen? ¿Cuál es su volumen?

Dimensiones de las pirámides de Gizeh (pies)			
Pirámide	Altura	Altura inclinada	Lado de la base
Keops	481	612	756
Kefrén	471		704
Mikerinos		277	346

16. ¿DÓNDE ESTÁ EL ERROR? Corrige el error en este enunciado: el área lateral de un cono es π por el radio de la base multiplicado por la altura del cono.

17. ESCRÍBELO Las dimensiones de una pirámide cuadrada dan su altura y la anchura de su base. Explica cómo hallar la altura inclinada.

18. DESAFÍO Se dice que la pirámide más antigua es la Pirámide Escalonada del Rey Zoser, construida alrededor de 2650 a.C., en Saqqara, Egipto. Su altura es de 204 pies y su base es un rectángulo de 358 pies por 411 pies. Halla el área total lateral de la pirámide.

Repaso en espiral

Halla cada suma. (Lección 3-2)

19. $-1.7 + 2.3$

20. $-\frac{2}{3} + \left(-\frac{1}{6}\right)$

21. $23.75 + (-25.15)$

22. $-\frac{4}{9} + \frac{2}{9}$

23. Halla la longitud de la hipotenusa de un triángulo rectángulo con catetos de 15 m y 22 m. (Lección 6-3)

24. PREPARACIÓN PARA LA PRUEBA Triángulo $EFG \cong$ triángulo JIH. Halla el valor de x.
(Lección 5-6)

   A 5.67

   B 30

   C 63

   D 71

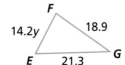

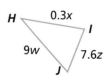

6-10 Esferas

Aprender a hallar el volumen y la superficie de una esfera.

Vocabulario

esfera

hemisferio

círculo máximo

La Tierra no es una *esfera* perfecta, pero las fuerzas gravitacionales le dieron una forma esférica. Su diámetro aproximado es de 7926 millas y su superficie de unos 197 millones de millas cuadradas.

Una **esfera** es el conjunto de puntos en tres dimensiones que están a una misma distancia de un punto, el centro. Un plano que interseca una esfera por su centro la divide en dos mitades o **hemisferios**. El borde de un hemisferio es un **círculo máximo**.

Esfera

Radio

Centro

Hemisferio

Círculo máximo

El volumen de un hemisferio es exactamente la mitad entre el volumen de un cono y el de un cilindro con el mismo radio *r* y altura igual a *r*.

VOLUMEN DE UNA ESFERA		
Con palabras	**Con números**	**Fórmula**
El volumen V de una esfera es $\frac{4}{3}\pi$ veces el cubo del radio r.	$V = \left(\frac{4}{3}\right)\pi(3^3)$ $= \frac{108}{3}\pi$ $= 36\pi$ ≈ 113.1 unidades^3	$V = \left(\frac{4}{3}\right)\pi r^3$

EJEMPLO 1 Hallar el volumen de una esfera

Halla el volumen de una esfera de 6 pies de radio, en términos de π y a la décima más cercana.

$$V = \left(\frac{4}{3}\right)\pi r^3 \qquad \textit{Volumen de la esfera}$$

$$= \left(\frac{4}{3}\right)\pi(6)^3 \qquad \textit{Sustituye r por 6.}$$

$$= 288\pi \text{ pies}^3 \approx 904.3 \text{ pies}^3$$

El área total de una esfera es 4 veces el área de un círculo máximo.

ÁREA DE UNA ESFERA		
Con palabras	**Con números**	**Fórmula**
El área total S de una esfera es 4π veces el cuadrado del radio r.	$S = 4\pi(2^2)$ $= 16\pi$ ≈ 50.3 unidades^2	$S = 4\pi r^2$

EJEMPLO **2** **Hallar el área total de una esfera**

Halla el área total, en términos de π y a la décima más cercana.

$S = 4\pi r^2$ *Área total de la esfera*

$= 4\pi(4^2)$ *Sustituye r por 4.*

$= 64\pi$ mm$^2 \approx 201.1$ mm^2

EJEMPLO **3** **Comparar volúmenes y áreas totales**

Compara el volumen y el área total de una esfera de 21 cm de radio con los de un prisma rectangular de 28 × 33 × 42 cm.

Esfera:

$V = \left(\dfrac{4}{3}\right)\pi r^3 = \left(\dfrac{4}{3}\right)\pi(21^3)$

$\approx \left(\dfrac{4}{3}\right)\left(\dfrac{22}{7}\right)(9261)$

$\approx 38{,}808$ cm^3

$S = 4\pi r^2 = 4\pi(21^2)$

$= 1764\pi$

$\approx 1764\left(\dfrac{22}{7}\right) \approx 5544$ cm^2

Prisma rectangular:

$V = \ell wh$

$= (28)(33)(42)$

$= 38{,}808$ cm^3

$S = 2\ell w + 2\ell h + 2wh$

$= 2(28)(33) + 2(28)(42) + 2(33)(42)$

$= 6972$ cm^2

La esfera y el prisma tienen aproximadamente el mismo volumen, pero el prisma tiene mayor área total.

Razonar y comentar

1. **Compara** el área de un círculo máximo con el área total de una esfera.

2. **Explica** en qué cabría más agua: un tazón de radio r y altura r, un vaso cilíndrico de radio r, y altura r, o en un cono de papel de radio r, y altura r.

6-10 **Ejercicios**

PARA PRÁCTICA ADICIONAL
ve a la pág. 743

⊿conexión **internet**
Ayuda en línea para tareas
go.hrw.com   Clave: MP4 6-10

PRÁCTICA GUIADA

Ver Ejemplo **1**   Halla el volumen de cada esfera, en términos de π y a la décima más cercana. Usa $\pi = 3.14$.

1. $r = 2$ cm   **2.** $r = 10$ pies   **3.** $d = 3.4$ m   **4.** $d = 8$ mi

Ver Ejemplo **2**   Halla el área de cada esfera, en términos de π y a la décima más cercana. Usa $\pi = 3.14$.

5. 1 pulg   **6.** 6.6 mm   **7.** 9 cm   **8.** 15 yd

Ver Ejemplo **3**   **9.** Compara el volumen y el área total de una esfera de 4 pulg de radio con los de un cubo de 6.45 pulg por lado.

PRÁCTICA INDEPENDIENTE

Ver Ejemplo **1**   Halla el volumen de cada esfera, en términos de π y a la décima más cercana. Usa $\pi = 3.14$.

10. $r = 12$ pies   **11.** $r = 4.8$ cm   **12.** $d = 22$ mm   **13.** $d = 1$ pulg

Ver Ejemplo **2**   Halla el área de cada esfera, en términos de π y a la décima más cercana. Usa $\pi = 3.14$.

14. 5 pies   **15.** 7.2 m   **16.** 9 km   **17.** 50 cm

Ver Ejemplo **3**   **18.** Compara el volumen y el área total de una esfera de 3 pies de diámetro con los de un cilindro de 1 pie de altura y base de 2 pies de radio.

PRÁCTICA Y RESOLUCIÓN DE PROBLEMAS

Halla las medidas que faltan a cada esfera, en términos de π y a la centésima más cercana. Usa $\pi = 3.14$.

19. radio = 5.5 pulg
volumen = ▨
área total = 121π pulg^2

20. radio = 10.8 m
volumen = 1679.62π m^2
área total = ▨

21. diámetro = 6.2 yd
volumen = ▨
área total = ▨

22. radio = ▨
diámetro = 18 pulg
área total = ▨

23. radio = ▨
volumen = ▨
área total = 3600π km^2

24. radio = ▨
diámetro = ▨
área total = 1697.44π mi^2

Los huevos tienen muchas formas diferentes. Los de aves que viven en acantilados suelen ser muy puntiagudos para evitar que rueden. Los de otras aves, como el búho cornudo, son casi esféricos, igual que los de las tortugas y cocodrilos. Los huevos de muchos dinosaurios eran esféricos.

25. Para poner huevos, las tortugas verdes viajan cientos de millas a la playa en que nacieron. Entierran los huevos en la arena a una profundidad aproximada de 40 cm. Los huevos son casi esféricos, con un diámetro promedio de 4.5 cm, y cada tortuga pone en promedio 113 huevos cada vez. Estima el volumen total de huevos que una tortuga verde pone cada vez.

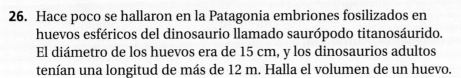

26. Hace poco se hallaron en la Patagonia embriones fosilizados en huevos esféricos del dinosaurio llamado saurópodo titanosáurido. El diámetro de los huevos era de 15 cm, y los dinosaurios adultos tenían una longitud de más de 12 m. Halla el volumen de un huevo.

27. El ácaro de la araña que vive en los invernaderos pone huevos traslúcidos esféricos de aproximadamente 0.1 mm de diámetro. Halla el área de un huevo.

28. Los colibríes ponen huevos casi esféricos de 1 cm de diámetro. Halla el área de un huevo.

29. ⭐ **DESAFÍO** Un huevo de avestruz tiene casi el mismo volumen que una esfera de 5 pulgadas de diámetro. Si el cascarón tiene un espesor aproximado de $\frac{1}{12}$ pulgadas, estima el volumen del cascarón, sin incluir el interior del huevo.

Repaso en espiral

Multiplica o divide. Escribe cada respuesta en su mínima expresión. (Lecciones 3-3 y 3-4)

30. $\frac{2}{3} \cdot \frac{9}{10}$ 31. $\frac{4}{5} \cdot \frac{3}{8}$ 32. $\frac{1}{3} \div \frac{2}{3}$ 33. $\frac{11}{15} \div \frac{5}{22}$

34. **PREPARACIÓN PARA LA PRUEBA** Dos ángulos son complementarios si la suma de sus medidas es igual a ____?____. (Lección 5-1)

   A 90°   **B** 180°   **C** 270°   **D** 360°

35. **PREPARACIÓN PARA LA PRUEBA** Dos ángulos son suplementarios si la suma de sus medidas es igual a ____?____. (Lección 5-1)

   F 90°   **G** 180°   **H** 270°   **J** 360°

EXTENSIÓN Simetría tridimensional

Aprender a identificar tipos de simetría tridimensional.

Vocabulario

simetría bilateral

corte transversal

Las figuras sólidas pueden tener diferentes tipos de simetría.

La apariencia de una figura sólida con *simetría de rotación* no cambia si se gira cierto número de grados en torno a un eje.

Una figura sólida con **simetría bilateral** tiene *simetría de reflexión*, frente a un plano.

EJEMPLO 1 Identificar la simetría en una figura sólida

Identifica todos los tipos de simetría en cada figura.

A

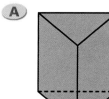

Este prisma rectangular tiene simetría de rotación y bilateral.

B

Este sillón sólo tiene simetría bilateral.

La intersección de un sólido y un plano se llama **corte transversal** .

EJEMPLO 2 Dibujar un corte transversal

Dibuja el corte transversal y describe su simetría.

El corte transversal es un triángulo equilátero, que tiene simetría de rotación de tres ejes y simetría axial. Hay tres ejes de simetría que van de cada vértice al centro del lado opuesto.

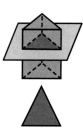

Identifica todos los tipos de simetría en cada figura.

1.

2.

3.

Dibuja la sección transversal y describe su simetría.

4.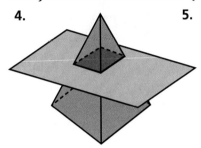

5.

6.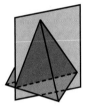

Identifica todos los tipos de simetría en cada figura.

7.

8.

9.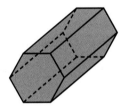

Dibuja la sección transversal y describe su simetría.

10.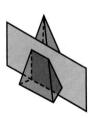

11.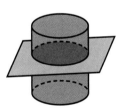

12.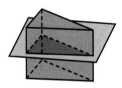

13. La Pirámide Transamerica en San Francisco es una pirámide cuadrada. Cada piso es un corte transversal horizontal de la pirámide. ¿Qué forma tiene cada corte transversal? ¿Qué relación hay entre el tamaño de cada piso y el del piso inmediato inferior?

14. Cuando un plano y un cubo se intersecan, ¿es posible que el corte transversal sea una figura de seis lados? Explica tu respuesta.

15. Describe los posibles cortes transversales de una esfera.

Resolución de problemas en lugares

MINNESOTA

El Mall de América

El Mall (Centro comercial) de América, de Bloomington, Minnesota, cubre 4.2 millones de pies cuadrados. Es tan grande que en él podrían caber 24,336 autobuses escolares ó 32 aviones Boeing 747. Hay planes para hacerlo más grande, agregándole 5 millones de pies cuadrados. Contiene 520 tiendas. Cada año lo visitan más de 42.5 millones de personas. Alberga el Campamento Snoopy, un parque de diversiones interior de 7 acres con 30,000 plantas vivas y 400 árboles, y también Aventuras Submarinas, un acuario con más de 3000 criaturas marinas.

1. El Mall de América tiene 2.5 millones de pies cuadrados de tiendas.

   a. Si alinearas todas las tiendas, formarían un rectángulo aproximado con una base de 4.3 millas (22,704 pies). Halla la altura de este rectángulo.

   b. ¿Qué área promedio tienen las 520 tiendas, según el área total de las tiendas?

2. Dentro del centro de imaginación LEGO® del Mall de América hay un dirigible construido con 138,240 piezas Lego.

   a. Halla el volumen de una pieza rectangular estándar de $1\frac{1}{4}$ pulg por $\frac{5}{8}$ pulg por $\frac{3}{8}$ pulg.

   b. Supón que el dirigible sólo contiene piezas como las descritas en la parte *a*. Halla el volumen aproximado de las piezas que forman el dirigible.

3. El Campamento Snoopy tiene una rueda de la fortuna de 74 pies de diámetro. ¿Cuál es su área y su circunferencia?

Acuario de los Grandes Lagos

El Acuario de los Grandes Lagos en Duluth, Minnesota, es el único acuario de agua dulce en Estados Unidos. Está a la orilla del lago Superior y contiene 170,000 galones de agua.

1. El acuario tiene una pared de vidrio con paneles grabados. La pared mide 5 paneles de ancho y 7 de alto.

   a. Halla el número de paneles de la pared.

   b. Si cada panel tiene 10 pies de anchura y 4 pies de altura, ¿qué área tiene? Halla el área total de la pared.

2. En el globo de 5 pies de diámetro, provisto de una terminal de computadora, puedes comparar el lago Superior con otros 40 lagos, casquetes de hielo y ríos. Halla el área total y el volumen del globo del acuario.

3. El tanque del río St. Louis es un prisma cuya base es un trapecio de 24 pies de altura y bases de 3 pies y 7 pies. Si la altura del tanque es de 3 pies 6 pulg, ¿cuál es el volumen del tanque?

La exhibición, Isle Royale está compuesta de tres tanques, uno al lado del otro, y tiene una capacidad total de 85,000 galones. Cada tanque es un prisma, pero con bases de forma diferente.

4. Isle Royale of the Present es el tanque más grande de los tres y tiene ejemplares de todos los peces que viven actualmente en el lago Superior. Su base mide aproximadamente 447.6 pies^2, y la profundidad del agua es de 23.33 pies. ¿Qué volumen de agua contiene?

5. Isle Royale of the Past alberga los peces nativos del lago. La profundidad del agua es de 23.33 pies. Halla el área de la base usando las dimensiones del diagrama y luego halla el volumen de agua en el tanque.

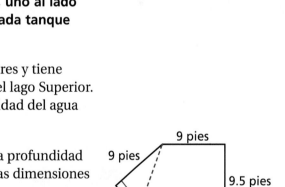

6. El tanque del lago Herring tiene una altura aproximada de 17 pies. Su base es un trapecio con perímetro de 49 pies y área de 294 pies^2. Halla el área de vidrio necesaria para construir los costados de este tanque.

A la lamprea de mar se le conoce como el "vampiro de los Grandes Lagos" porque chupa la sangre de los peces de los que se alimenta.

MATE-JUEGOS

Planos en el espacio

Algunas figuras tridimensionales se generan con figuras planas.

Experimenta primero con un círculo. Gíralo y ve si reconoces alguna figura tridimensional.

Si giras un círculo en torno a un diámetro, obtendrás una esfera.

Si trasladas un círculo sobre una línea perpendicular al plano del círculo, obtendrás un cilindro.

Si giras un círculo en torno a una línea externa a él pero que está en su mismo plano, obtendrás una forma de dona llamada *toroide*.

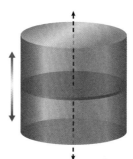

Dibuja o describe la figura tridimensional que genera cada figura plana.

1. un cuadrado que se traslada a lo largo de una línea perpendicular a su plano

2. un rectángulo que gira en torno a una de sus aristas

3. un triángulo rectángulo que gira en torno a uno de sus catetos

Triple concentración

El objetivo de este juego es formar *Tripletas de Pitágoras*, conjuntos de tres números cabales a, b, y c tales que $a^2 + b^2 = c^2$. Una serie de tarjetas con números se colocan boca abajo. Un turno consiste en voltear 3 tarjetas, tratando de formar una Tripleta de Pitágoras. Si las tarjetas no forman una tripleta, se regresan a su posición original.

⊿ conexión internet

Visita *go.hrw.com* para ver las reglas completas y las tarjetas.
CLAVE: MP4 Game6

Tecnología

Tripletas de Pitágoras

Para usar con la Lección 6-3

conexión **internet**

Recursos en línea para el laboratorio: *go.hrw.com*
CLAVE: MP4 TechLab6

Tres enteros positivos *a*, *b* y *c* que satisfacen la ecuación $a^2 + b^2 = c^2$ forman una **Tripleta de Pitágoras.** Sabes que $3^2 + 4^2 = 5^2$. Por tanto, 3, 4 y 5 son una Tripleta de Pitágoras.

Actividad

Puedes generar Tripletas de Pitágoras *a*, *b* y *c* a partir de dos números cabales diferentes *m* y *n*, donde *m* es mayor. La Tripleta de Pitágoras será:

$a = m^2 - n^2$
$b = 2mn$
$c = m^2 + n^2$

> **Ejemplo:** Con $m = 2$ y $n = 1$
> $a = 2^2 - 1^2 = 4 - 1 = 3$
> $b = 2(2)(1) = 4$
> $c = 2^2 + 1^2 = 5$

En una hoja de cálculo, escribe las letras *m, n, a, b* y *c*, en las celdas de A1 a E1.

Ahora escribe la fórmula para *a* para **=A2^2−B2^2** en la celda C2.

	A	B	C	D	E
1	m	n	a	b	c
2			=A2^2-B2^2		0

Para *b*, escribe **=2*A2*B2** en la celda D2, y para *c,* escribe **=A2^2+B2^2** en la celda E2.

Resalta las celdas C2, D2 y E2, y haz clic en el botón **Copy** de la barra de herramientas. Ahora selecciona las celdas C2, D2 y E2, y arrastra el ratón hasta resaltar 7 filas. Haz clic en el botón **Paste**.

	A	B	C	D	E
1	m	n	a	b	c
2			0	0	0
3			0	0	0
4			0	0	0
5			0	0	0
6			0	0	0
7			0	0	0
8			0	0	0

Ahora, escribe 5 y 4 en las celdas A2 y B2, 5 y 3 en las celdas A3 y B3, y así hasta la séptima fila, con los patrones que se dan.

Los enteros *a*, *b* y *c* de las últimas tres columnas son Tripletas de Pitágoras, una en cada fila.

	A	B	C	D	E
1	m	n	a	b	c
2	5	4	9	40	41
3	5	3	16	30	34
4	5	2	21	20	29
5	5	1	24	10	26
6	4	3	7	24	25
7	4	2	12	16	20
8	4	1	15	8	17

Razonar y comentar

1. ¿Es importante el orden en una Tripleta de Pitágoras? ¿Por qué?

Inténtalo

1. Genera 30 Tripletas de Pitágoras con una hoja de cálculo.

Vocabulario

Completa los enunciados con las palabras del vocabulario. Puedes usar las palabras más de una vez.

1. En una figura bidimensional, el/la ___?___ es la distancia en torno al borde de la figura, mientras que el/la ___?___ es el número de unidades cuadradas en la figura.

2. En una figura tridimensional, dos caras se tocan en un(a) ___?___ y tres o más aristas se tocan en un(a) ___?___

3. Un(a) ___?___ divide una esfera en dos mitades o ___?___.

6-1 Perímetro y área de rectángulos y paralelogramos (págs. 280–284)

EJEMPLO

■ Halla el área y perímetro de un rectángulo con base de 2 pies y altura de 5 pies.

$A = bh$
$= 5(2)$
$= 10 \text{ pies}^2$

$P = 2l + 2w$
$= 2(5) + 2(2)$
$= 10 + 4$
$= 14 \text{ pies}$

EJERCICIOS

Halla el área y perímetro de cada figura.

4. Un rectángulo con base de $2\frac{1}{3}$ pulg y altura de $5\frac{2}{3}$ pulg.

5. Un paralelogramo con base de 16 m por 24 m y altura de 13 m.

6-2 Perímetro y área de triángulos y trapecios (págs. 285–288)

EJEMPLO

■ Halla el área de un triángulo rectángulo con base de 6 cm y altura de 3 cm.
$$A = \frac{1}{2}bh = \frac{1}{2}(6)(3) = 9 \text{ cm}^2$$

EJERCICIOS

Halla el área y perímetro de cada figura.

6. un triángulo con 8 cm de base, lados de 4.1 y 8.1 cm y altura de 4 cm

7. el trapecio *DEFG* con *DE* = 4.5 pulg, *EF* = 10.1 pulg, *FG* = 16.5 pulg, y *DG* = 2.9 pulg, $\overline{DE} \parallel \overline{FG}$ y *h* = 2.0 pulg

---

6-3 El Teorema de Pitágoras (págs. 290–293)

EJEMPLO

■ Halla la longitud del lado *b* del triángulo rectángulo donde *a* = 8 y *c* = 17.
$$a^2 + b^2 = c^2$$
$$8^2 + b^2 = 17^2$$
$$64 + b^2 = 289$$
$$b^2 = 225$$
$$b = \sqrt{225} = 15$$

EJERCICIOS

Resuelve para hallar el lado desconocido de cada triángulo rectángulo.

8. Si *a* = 6 y *b* = 8, halla *c*.

9. Si *b* = 24 y *c* = 26, halla *a*.

6-4 Círculos (págs. 294–297)

EJEMPLO

■ Halla el área y la circunferencia de un círculo de 3.1 cm de radio.

$A = \pi r^2$	$C = 2\pi r$
$= \pi(3.1)^2$	$= 2\pi(3.1)$
$= 9.61\pi \approx 30.2 \text{ cm}^2$	$= 6.2\pi \approx 19.5 \text{ cm}$

EJERCICIOS

Halla el área y la circunferencia de cada círculo, en términos de π y a la décima más cercana. Usa π = 3.14.

10. *r* = 15 pulg   11. *r* = 2.4 cm

12. *d* = 8 m   13. *d* = 1.2 pies

6-5 Cómo dibujar figuras tridimensionales (págs. 302–306)

EJEMPLO

■ Usa papel de puntos isométricos para dibujar un prisma rectangular de 3 unidades de longitud, 1 unidad de anchura y 2 unidades de altura.

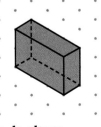

EJERCICIOS

Usa papel de puntos isométricos para dibujar cada figura.

14. una caja rectangular con longitud de 4 unidades, anchura de 3 unidades y altura de 1 unidad

15. un cubo de 3 unidades por lado

16. una caja con base cuadrada de 2 unidades por lado y altura de 4 unidades

6-6 Volumen de prismas y cilindros (págs. 307–311)

EJEMPLO

■ Halla el volumen.
$$V = Bh = (\pi r^2)h$$
$$= \pi(4^2)(6)$$
$$= (16\pi)(6) = 96\pi \, \text{cm}^3$$
$$\approx 301.6 \, \text{cm}^3$$

EJERCICIOS

Halla el volumen de cada figura.

17.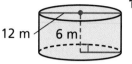

18.

6-7 Volumen de pirámides y conos (págs. 312–315)

EJEMPLO

■ Halla el volumen.
$$V = \frac{1}{3}Bh = \frac{1}{3}(6)(4)(8)$$
$$= \frac{1}{3}(24)(8) = 64 \, \text{pulg}^3$$

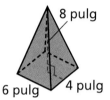

EJERCICIOS

Halla el volumen de cada figura.

19.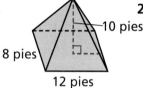

20.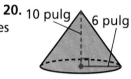

6-8 Área total de prismas y cilindros (págs. 316–319)

EJEMPLO

■ Halla el área total.
$$S = 2B + Ph$$
$$= 2(6) + (10)(4)$$
$$= 52 \, \text{pulg}^2$$

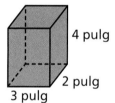

EJERCICIO

Halla el área total de la figura.

21.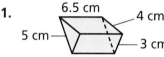

6-9 Área total de pirámides y conos (págs. 320–323)

EJEMPLO

■ Halla el área total.
$$S = B + \frac{1}{2}P\ell$$
$$= 16 + \frac{1}{2}(16)(5)$$
$$= 56 \, \text{pulg}^2$$

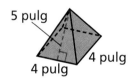

EJERCICIOS

Halla el área total.

22.

23.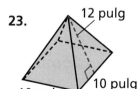

6-10 Esferas (págs. 324–327)

EJEMPLO

■ Halla el volumen de una esfera de 12 cm de radio.
$$V = \frac{4}{3}\pi r^3 = \frac{4}{3}\pi(12^3)$$
$$= 2304\pi \, \text{cm}^3 \approx 7234.6 \, \text{cm}^3$$

EJERCICIOS

Halla el volumen de cada esfera, en términos de π y a la décima más cercana. Usa $\pi = 3.14$.

24. $r = 9$ pulg

25. $d = 30$ m

Guía de estudio y repaso

Representa y halla el área de cada figura con los vértices que se dan.

1. $(4, 1), (-3, 1), (-3, -4), (4, -4)$

2. $(0, 4), (2, 3), (2, -3), (0, -2)$

3. $(-3, 0), (2, 0), (4, -2)$

4. $(2, 3), (6, -2), (-5, -2), (-2, 3)$

5. Usa el Teorema de Pitágoras para hallar la altura del rectángulo *ABCD*.

6. Halla el área del rectángulo *ABCD*.

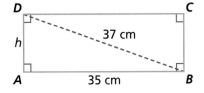

7. Usa el Teorema de Pitágoras para hallar la altura del triángulo equilátero *PQR* a la centésima más cercana.

8. Halla el área del triángulo equilátero *PQR* a la décima más cercana.

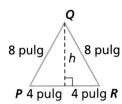

Halla el área del círculo a la décima más cercana. Usa $\pi = 3.14$.

9. radio = 11 pulg

10. diámetro = 26 cm

Halla el volumen de cada figura.

11. una esfera de 8 cm de radio

12. un cilindro de 10 pulg de altura y 6 pulg de radio

13. una pirámide con base cuadrada de 3 pies por 3 pies y altura de 5 pies

14. un cono de 12 pulg de diámetro y altura de 18 pulg

Halla el área total de cada figura.

15.

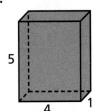

16.

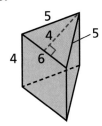

17.

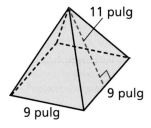

18.

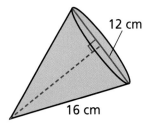

Muestra lo que sabes

Haz un portafolio para tus trabajos en este capítulo. Completa esta página e inclúyela junto con los cuatro mejores trabajos del Capítulo 6. Elige entre las tareas o prácticas de laboratorio, examen parcial del capítulo o cualquier entrada de tu diario para incluirlas en el portafolio empleando el diseño que más te guste. Usa tu portafolio para presentar lo que consideras tu mejor trabajo.

 Respuesta corta

Traza cada forma e identifica el punto de fuga o la línea de horizonte.

1. Dibuja un rectángulo con base de 7 cm y altura de 4 cm. Luego dibuja otro con base de 14 cm y altura de 1 cm. ¿Cuál tiene mayor área? ¿Cuál tiene mayor perímetro? Muestra tu trabajo o explica cómo obtuviste las respuestas.

2. Un cilindro de 6 pulg de altura y 4 pulg de diámetro se llena de agua. Un cono de 6 pulg de altura y 2 pulg de diámetro se coloca en el cilindro con la punta hacia abajo y la base al nivel de la parte alta del cilindro. Dibuja un diagrama que ilustre esta situación y luego determina cuánta agua queda en el cilindro. Muestra tu trabajo.

 Extensión de resolución de problemas

3. Un *domo geodésico* se construye con triángulos. Su superficie es aproximadamente esférica.
   a. Un patrón de domo geodésico que se aproxima a un hemisferio lleva 30 triángulos con base de 8 pies y altura de 5.63 pies, y 75 triángulos con base de 8 pies y altura de 7.13 pies. Halla el área total del domo.
   b. La base del domo es aproximadamente en un círculo con diámetro de 41 pies. Usa un hemisferio con este diámetro para estimar el área total del domo.
   c. Compara tus respuestas de la parte *a* con tu estimación de la parte *b*. Explica la diferencia.

Richard Buckminster Fuller creó el *domo geodésico* y diseñó la casa, el auto y el mapa Dymaxion®.

Evaluación del desempeño

▲ conexión **internet** ▬▬▬▬
Práctica en línea para la
prueba estatal: *go.hrw.com*
Clave: MP4 TestPrep

**Preparación para la
prueba estandarizada**

Capítulo
6

Evaluación acumulativa: Capítulos 1–6

1. La figura sombreada es una plantilla
de un prisma rectangular. ¿Cuál es el área
total del prisma?

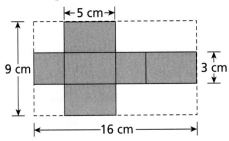

(A) 15 cm^2 (C) 78 cm^2

(B) 144 cm^2 (D) 180 cm^2

2. ¿Cuál es el valor de *x* en la tabla?

Número de pulgadas	5	10	x
Número de centímetros	12.7	25.4	50.8

(F) 15   (H) 20

(G) 18   (J) 22

3. ¿Cuántas veces cabe (3×8^{12}) en (3×8^5)?

(A) 7   (C) 21

(B) 8   (D) 8^7

4. La media aritmética de 3 números es 60.
Si dos de esos números son 50 y 60,
¿cuál es el tercero?

(F) 55   (H) 65

(G) 60   (J) 70

5. ¿Cuál es el valor de $26 - 24 \cdot 2^3$?

(A) 18   (C) −118

(B) 16   (D) −166

6. Si $p = 3$, ¿a qué equivale $4r(3 - 2p)$ en
términos de *r*?

(F) −12*r*   (H) −7*r*

(G) −8*r*   (J) 12*r* − 6

7. El punto *A*′ se forma reflejando
$A(-9, -8)$ sobre el eje de las *y*. Da las
coordenadas de *A*′.

(A) (9, 8)   (C) (−9, 8)

(B) (9, −8)   (D) (−8, −9)

PARA LA PRUEBA

Busca en el conjunto de datos un patrón que
te ayude a hallar la respuesta.

8. El punto *A* está en el borde superior del
cilindro, y el *B* en el inferior. Si el radio del
cilindro es de 2 unidades y la altura es de
5 unidades, ¿cuál es la mayor distancia en
línea recta entre *A* y *B*?

(F) 5   (H) $\sqrt{29}$

(G) 7   (J) $\sqrt{41}$

9. **RESPUESTA CORTA** En
una recta numérica,
el punto *S* tiene la
coordenada −3 y el
punto *B* tiene la
coordenada 12. El punto
P es $\frac{2}{3}$ del camino entre *A* y *B*. Dibuja y
rotula los 3 puntos en una recta numérica.

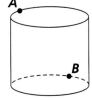

10. **RESPUESTA CORTA** La punta de un aspa
de un ventilador eléctrico está a 1.5 pies
del eje de rotación. Si la máxima velocidad
del ventilador es de 1760 revoluciones
por minuto, ¿cuántas millas recorrerá
un punto en esa punta en una hora?
(1 milla = 5280 pies). Muestra tu trabajo.

Capítulo 7

Razones y semejanza

Árbol	Altura natural (pies)	Altura bonsái (pulg)
Olmo chino	60	10
Cerezo	50	8
Enebro	10	6
Pino tea	200	14
Abeto oriental	80	18

Profesión *Horticultor*

Seguramente, un horticultor contribuyó a crear muchas de las plantas del vivero de tu ciudad. Los horticultores trabajan en el desarrollo de las verduras, el cultivo de frutos y flores y el diseño de jardines. Los que además son científicos, desarrollan nuevos tipos de plantas o formas de controlar sus enfermedades.

El arte del bonsái, la creación de plantas miniatura, se originó en China y se popularizó en Japón. Ahora se practica en todo el mundo.

¿ESTÁS PREPARADO?

Elige de la lista el término que mejor complete cada enunciado.

1. Para resolver una ecuación, usa ___?___ para despejar la variable. Así, para resolver el/la ___?___ $3x = 18$, divide ambos lados entre 3.

2. En las fracciones $\frac{2}{3}$ y $\frac{1}{6}$, 18 es un(a) ___?___ pero 6 es el/la ___?___.

3. Si dos polígonos son congruentes, todos sus lados y ángulos ___?___ son congruentes.

común denominador

correspondientes

operaciones inversas

mínimo común denominador

ecuación de multiplicación

Resuelve los ejercicios para practicar las destrezas que usarás en este capítulo.

✔ Simplificar fracciones

Escribe cada fracción en su mínima expresión.

4. $\frac{8}{24}$

5. $\frac{15}{50}$

6. $\frac{18}{72}$

7. $\frac{25}{125}$

✔ Usar el mínimo común denominador

Halla el mínimo común denominador de cada conjunto de fracciones.

8. $\frac{2}{3}$ y $\frac{1}{5}$

9. $\frac{3}{4}$ y $\frac{1}{8}$

10. $\frac{5}{7}, \frac{3}{7}$ y $\frac{1}{14}$

11. $\frac{1}{2}, \frac{2}{3}$ y $\frac{3}{5}$

✔ Ordenar decimales

Escribe cada conjunto de decimales de menor a mayor.

12. 4.2, 2.24, 2.4, 0.242

13. 1.1, 0.1, 0.01, 1.11

14. 1.4, 2.53, $1.\overline{3}$, $0.\overline{9}$

✔ Resolver ecuaciones de multiplicación

Resuelve.

15. $5x = 60$

16. $0.2y = 14$

17. $\frac{1}{2}t = 10$

18. $\frac{2}{3}z = 9$

✔ Identificar partes correspondientes de figuras congruentes

Si $\triangle ABC \cong \triangle JRW$, completa cada enunciado de congruencia.

19. $\overline{AB} \cong$ ___?___

20. $\angle R \cong$ ___?___

21. $\overline{AC} \cong$ ___?___

22. $\angle C \cong$ ___?___

Razones y proporciones

Aprender a hallar razones equivalentes para crear proporciones.

Vocabulario

razón

razón equivalente

proporción

La densidad relativa es la razón de la densidad de una sustancia a la del agua a 4° C. La densidad relativa de la plata es 10.5. Esto significa que la plata pesa 10.5 veces más que un volumen igual de agua.

Las comparaciones de plata a agua de la tabla son *razones,* y todas son equivalentes.

Comparaciones de la masa de volúmenes iguales de agua y plata				
Agua	1 g	2 g	3 g	4 g
Plata	10.5 g	21 g	31.5 g	42 g

México y Perú son los mayores productores de plata en el mundo.

Leer matemáticas

Hay varias formas de escribir razones. Se usa con frecuencia dos puntos. 90:3 y $\frac{90}{3}$ indican la misma razón.

Una **razón** es una comparación de dos cantidades mediante una división. En un rectángulo, la razón de cuadrados sombreados a no sombreados es 7:5. En el otro rectángulo la razón es 28:20. Ambos rectángulos tienen áreas sombreadas equivalentes. Las razones que hacen la misma comparación son **razones equivalentes** .

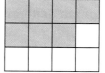 

EJEMPLO **1** **Hallar razones equivalentes**

Halla dos razones equivalentes a cada razón que se da.

A $\frac{6}{8}$

$$\frac{6}{8} = \frac{6 \cdot 2}{8 \cdot 2} = \frac{12}{16}$$
$$\frac{6}{8} = \frac{6 \div 2}{8 \div 2} = \frac{3}{4}$$

Multiplica o divide el numerador y el denominador por el mismo número diferente de cero.

Dos razones equivalentes a $\frac{6}{8}$ son $\frac{12}{16}$ y $\frac{3}{4}$.

B $\frac{48}{27}$

$$\frac{48}{27} = \frac{48 \cdot 2}{27 \cdot 2} = \frac{96}{54}$$
$$\frac{48}{27} = \frac{48 \div 3}{27 \div 3} = \frac{16}{9}$$

Dos razones equivalentes a $\frac{48}{27}$ son $\frac{96}{54}$ y $\frac{16}{9}$.

Se dice que las razones equivalentes son *proporcionales,* o que están en **proporción** . Las razones equivalentes escritas en su mínima expresión son idénticas.

EJEMPLO 2 **Determinar si dos razones están en proporción**

Simplifica para indicar si las razones forman una proporción.

A $\frac{7}{21}$ y $\frac{2}{6}$

$$\frac{7}{21} = \frac{7 \div 7}{21 \div 7} = \frac{1}{3}$$

$$\frac{2}{6} = \frac{2 \div 2}{6 \div 2} = \frac{1}{3}$$

Como $\frac{1}{3} = \frac{1}{3}$, las razones están en proporción.

B $\frac{9}{12}$ y $\frac{16}{24}$

$$\frac{9}{12} = \frac{9 \div 3}{12 \div 3} = \frac{3}{4}$$

$$\frac{16}{24} = \frac{16 \div 8}{24 \div 8} = \frac{2}{3}$$

Como $\frac{3}{4} \neq \frac{2}{3}$, las razones *no* están en proporción.

EJEMPLO 3 *Aplicación a las ciencias de la Tierra*

CONEXIÓN Ciencias de la Tierra

La plata es un mineral escaso que suele extraerse junto con plomo, cobre y cinc.

A 4° C, dos pies cúbicos de plata tienen la misma masa que 21 pies cúbicos de agua. A 4° C, ¿tendrán 126 pies cúbicos de agua la misma masa que 6 pies cúbicos de plata?

$$\frac{2}{21} \overset{?}{=} \frac{6}{126}$$

$$\frac{2}{21} \overset{?}{=} \frac{6 \div 6}{126 \div 6} \qquad \textit{Simplifica.}$$

$$\frac{2}{21} \neq \frac{1}{21}$$

Como $\frac{2}{21}$ no es igual a $\frac{1}{21}$, 126 pies cúbicos de agua a 4° C no tienen la misma masa que 6 pies cúbicos de plata.

Razonar y comentar

1. Describe cómo dos razones pueden formar una proporción.

2. Da tres razones equivalentes a 12:24.

3. Explica por qué las razones 2:4 y 6:10 no forman una proporción.

4. Da un ejemplo de dos razones que sean proporcionales y que tengan numeradores con diferente signo.

PARA PRÁCTICA ADICIONAL
ve a la pág. 744

conexión internet
Ayuda en línea para tareas
go.hrw.com Clave: MP4 7-1

PRÁCTICA GUIADA

Ver Ejemplo Halla dos razones equivalentes a cada razón que se da.

1. $\frac{4}{10}$ **2.** $\frac{3}{9}$ **3.** $\frac{21}{7}$ **4.** $\frac{40}{32}$

Ver Ejemplo Simplifica para indicar si las razones forman una proporción.

5. $\frac{6}{30}$ y $\frac{3}{15}$ **6.** $\frac{6}{9}$ y $\frac{10}{18}$ **7.** $\frac{35}{21}$ y $\frac{20}{12}$

Ver Ejemplo **8.** Una receta requiere 1.5 tazas de mezcla para hacer 8 panecillos. Mike quiere hacer 12 panecillos y usa 2 tazas de mezcla. ¿Tiene Mike la razón correcta para la receta? Explica tu respuesta.

PRÁCTICA INDEPENDIENTE

Ver Ejemplo ① Halla dos razones equivalentes a cada razón que se da.

9. $\frac{1}{7}$ **10.** $\frac{5}{11}$ **11.** $\frac{16}{14}$ **12.** $\frac{65}{15}$

Ver Ejemplo ② Simplifica para indicar si las razones forman una proporción.

13. $\frac{7}{14}$ y $\frac{13}{28}$ **14.** $\frac{80}{100}$ y $\frac{4}{5}$ **15.** $\frac{1}{3}$ y $\frac{15}{45}$

Ver Ejemplo ③ **16.** Una molécula de ácido carbónico contiene 3 átomos de oxígeno por cada 2 átomos de hidrógeno. ¿Podría ser ácido carbónico un compuesto con 81 átomos de hidrógeno y 54 átomos de oxígeno? Explica tu respuesta.

PRÁCTICA Y RESOLUCIÓN DE PROBLEMAS

Indica si las razones forman una proporción. Si no, halla una razón que forme una proporción con la primera razón.

17. $\frac{8}{14}$ y $\frac{6}{21}$ **18.** $\frac{7}{9}$ y $\frac{140}{180}$ **19.** $\frac{4}{7}$ y $\frac{12}{49}$

20. $\frac{30}{36}$ y $\frac{15}{16}$ **21.** $\frac{13}{12}$ y $\frac{39}{36}$ **22.** $\frac{11}{20}$ y $\frac{22}{40}$

23. $\frac{16}{84}$ y $\frac{6}{62}$ **24.** $\frac{24}{10}$ y $\frac{44}{18}$ **25.** $\frac{11}{121}$ y $\frac{33}{363}$

26. *NEGOCIOS* Carl paga a sus empleados por semana, pero quiere comenzar a pagarles cuatro veces el sueldo semanal cada mes. ¿Equivale un mes a cuatro semanas? Explica tu respuesta.

27. *TRANSPORTE* El camión de Aaron tiene un tanque de gasolina de 12 galones y acaba de ponerle 3 galones de gasolina. ¿Equivale esto a un tercio de tanque? Si no, ¿qué cantidad equivale a un tercio de tanque?

28. ENTRETENIMIENTO La tabla muestra los precios de boletos para el cine.

    a. ¿Los precios son proporcionales?

    b. ¿Cuánto cuestan 6 boletos?

    c. Si Suzie pagó $57.75 por boletos para el cine, ¿cuántos compró?

Precios de boletos para el cine			
Número de boletos	1	2	3
Precio	$8.25	$16.50	$24.75

29. PASATIEMPOS Una cadena de bicicleta se mueve entre dos ruedas dentadas cuando se cambia de velocidad. El número de dientes en la rueda delantera y en la rueda posterior forman una razón. Las razones equivalentes producen la misma potencia de pedaleo. Halla una razón equivalente a la que se indica, $\frac{52}{24}$.

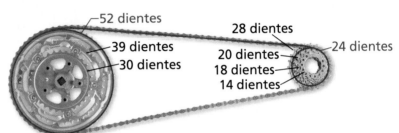

30. COMPUTADORAS Mientras se descarga un archivo, una computadora indica cuántos kilobytes se han bajado y los segundos que han transcurrido. Si se indica 42 KB después de 7 segundos, ¿se está bajando el archivo a cerca de 6 KB/s? Explica tu respuesta.

31. ESCRIBE UN PROBLEMA La razón del número de huesos del cráneo humano al número de huesos en los oídos es 11:3. Hay 22 huesos en el cráneo y 6 en los oídos. Usa esta información para escribir un problema de razones equivalentes. Explica tu solución.

32. ESCRÍBELO Si se da una razón, describe al menos dos formas de crear una razón equivalente.

33. DESAFÍO Escribe todas las proporciones posibles usando los números 2, 4, 8 y 16 una vez cada uno.

Repaso en espiral

Suma o resta. (Lección 3-5)

34. $\frac{5}{7} + \frac{2}{3}$ **35.** $\frac{4}{9} + \left(-1\frac{3}{4}\right)$ **36.** $\frac{3}{5} - \frac{7}{10}$ **37.** $2\frac{7}{9} - 1\frac{8}{11}$

Halla las dos raíces cuadradas de cada número. (Lección 3-8)

38. 49   **39.** 9   **40.** 81   **41.** 169

42. PREPARACIÓN PARA LA PRUEBA Indica los dos enteros entre los que está $-\sqrt{74}$. (Lección 3-9)

    A -7 y -6 **B** -9 y -8 **C** -10 y -11 **D** -8 y -7

7-2 Razones, relaciones y tasas unitarias

Aprender a trabajar con relaciones y razones.

Vocabulario

relación

tasa unitaria

precio unitario

Las pantallas de cine y televisión tienen diversas formas, desde cuadrados casi perfectos hasta rectángulos anchos. Una *razón de aspecto* describe una pantalla comparando su anchura con su altura. Las más comunes son 4:3, 37:20, 16:9 y 47:20.

La mayoría de las pantallas de TV de alta definición tienen una razón de aspecto de 16:9.

EJEMPLO 1 *Aplicación al entretenimiento*

Por diseño, las películas pueden verse en pantallas con diversas razones de aspecto. Las más comunes son 4:3, 37:20, 16:9 y 47:20.

A Ordena las razones anchura:altura de menor (TV estándar) a mayor (pantalla ancha).

$$4:3 = \frac{4}{3} = 1.\overline{3} \qquad\qquad Divide. \ \frac{4}{3} = \frac{1.\overline{3}}{1}$$

$$37:20 = \frac{37}{20} = 1.85$$

$$16:9 = \frac{16}{9} = 1.\overline{7}$$

$$47:20 = \frac{47}{20} = 2.35$$

En orden, los decimales son $1.\overline{3}$, $1.\overline{7}$, 1.85 y 2.35.
Las razones anchura:altura, de menor a mayor, son 4:3, 16:9, 37:20 y 47:20.

B La pantalla de un televisor de pantalla ancha tiene 32 pulg de altura y 18 pulg de anchura. ¿Qué razón de aspecto tiene?

La razón anchura:altura es 32:18.

La razón $\frac{32}{18}$ puede simplificarse: $\frac{32}{18} = \frac{2(16)}{2(9)} = \frac{16}{9}$.

La pantalla tiene una razón de aspecto de 16:9.

Una razón es una comparación de dos cantidades. Una **relación** es una comparación de dos cantidades que se dan en unidades diferentes.

$$\text{razón: } \frac{90}{3} \qquad \text{relación: } \frac{90 \text{ millas}}{3 \text{ horas}} \quad \longleftarrow \quad Quiere\ decir\ "90\ millas\ por\ 3\ horas".$$

Las **tasas unitarias** son relaciones en las que la segunda cantidad es 1.
La razón $\frac{90}{3}$ puede simplificarse dividiendo: $\frac{90}{3} = \frac{30}{1}$.

$$\text{tasa unitaria: } \frac{30 \text{ millas}}{1 \text{ hora}}, \text{ o sea } 30 \text{ mi/h}$$

Usar gráficas de barras para determinar relaciones

Se muestra el número de acres consumidos por incendios en 2000 en los estados más afectados. Usa la gráfica para hallar cuántos acres se destruyeron por día en cada estado, al acre más cercano.

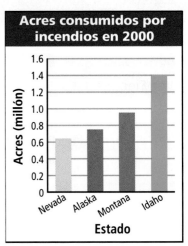

Acres consumidos por incendios en 2000

Acres (millón)

Estado

Fuente: Centro Nacional Interagencias de Incendios

$$\text{Nevada} = \frac{640{,}000 \text{ acres}}{366 \text{ días}} \approx \frac{1749 \text{ acres}}{1 \text{ día}}$$

$$\text{Alaska} = \frac{750{,}000 \text{ acres}}{366 \text{ días}} \approx \frac{2049 \text{ acres}}{1 \text{ día}}$$

$$\text{Montana} = \frac{950{,}000 \text{ acres}}{366 \text{ días}} \approx \frac{2596 \text{ acres}}{1 \text{ día}}$$

$$\text{Idaho} = \frac{1{,}400{,}000 \text{ acres}}{366 \text{ días}} \approx \frac{3825 \text{ acres}}{1 \text{ día}}$$

Nevada: 1749 acres/día; Alaska, 2049 acres/día; Montana: 2596 acres/día; Idaho: 3825 acres/día

Un **precio unitario** es una tasa unitaria que se usa para comparar costos por artículo.

EJEMPLO **3** **Hallar precios unitarios para comparar costos**

A Puedes comprar videocintas para grabar en paquetes de 3 por $4.99 ó de 10 por $15.49. ¿Cuál es la mejor compra?

$$\frac{\text{precio por paquete}}{\text{número de videocintas}} = \frac{\$4.99}{3} \approx \$1.66$$ *Divide el precio entre el número de cintas.*

$$\frac{\text{precio por paquete}}{\text{número de videocintas}} = \frac{\$15.49}{10} \approx \$1.55$$

El paquete de 10 por $15.49 es la mejor compra.

B Leron puede comprar un envase de 64 oz de jugo de naranja por $2.49 ó uno de 96 oz por $3.99. ¿Cuál es la mejor compra?

$$\frac{\text{precio del envase}}{\text{número de onzas}} = \frac{\$2.49}{64} \approx \$0.0389$$ *Divide el precio entre el número de onzas.*

$$\frac{\text{precio del envase}}{\text{número de onzas}} = \frac{\$3.99}{96} \approx \$0.0416$$

El envase de 64 oz por $2.49 es la mejor compra.

Razonar y comentar

1. Elige la cantidad con menor precio unitario: 6 oz por $1.29 ó 15 oz por $3.00. Explica tu respuesta.

2. Explica por qué una razón de aspecto no se considera una relación.

3. Determina dos unidades diferentes para medir velocidad.

PARA PRÁCTICA ADICIONAL
ve a la pág. 744

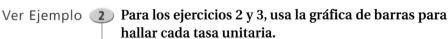

✔ conexión **internet**
Ayuda en línea para tareas
go.hrw.com   Clave: MP4 7-2

PRÁCTICA GUIADA

Ver Ejemplo **1.** La altura de un puente es de 68 pies, y su longitud es de 340 pies. Halla la razón altura a longitud en su mínima expresión.

Ver Ejemplo ② **Para los ejercicios 2 y 3, usa la gráfica de barras para hallar cada tasa unitaria.**

2. las palabras por minuto de Ellen

3. las palabras por minuto de Yoshiko

Ver Ejemplo ③ **Determina la mejor compra.**

4. una lata de elote de 15 oz por $1.39 ó una de 22 oz por $1.85

5. una docena de pelotas de golf por $22.99 ó 20 por $39.50

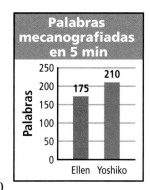

Palabras mecanografiadas en 5 min

PRÁCTICA INDEPENDIENTE

Ver Ejemplo **6.** Un aro para básquetbol infantil tiene 6 pies de altura. Halla la razón entre su altura y la de un aro reglamentario de 10 pies. Expresa la razón en su mínima expresión.

Ver Ejemplo ② **Para los ejercicios 7 y 8, usa la gráfica de barras para hallar cada tasa unitaria.**

7. galones por hora para la máquina A

8. galones por hora para la máquina B

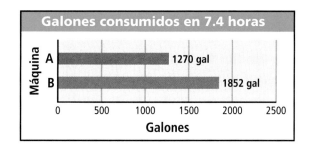

Galones consumidos en 7.4 horas

Ver Ejemplo ③ **Determina la mejor compra.**

9. 4 cajas de cereal por $9.56; 2 cajas de cereal por $4.98

10. Frasco de sopa de 8 oz por $2.39; Frasco de sopa de 10 oz por $2.69

PRÁCTICA Y RESOLUCIÓN DE PROBLEMAS

Halla cada tasa unitaria.

11. $525 por 20 horas de trabajo

12. 96 sillas en 8 filas

13. 12 rebanadas de pizza por $9.25

14. 64 tiempos en 4 compases musicales

Halla cada precio unitario e indica cuál es la mejor compra.

15. $7.47 por 3 yardas de tela; $11.29 por 5 yardas de tela

16. una hamburguesa de $\frac{1}{2}$ lb por $3.50; una hamburguesa de $\frac{1}{3}$ lb por $3.25

17. 10 galones de gasolina por $13.70; 12.5 galones de gasolina por $17.75

18. $1.65 por 5 lb de plátanos; $3.15 por 10 lb de plátanos

19. **COMUNICACIONES** Super-Cell ofrece un plan telefónico que incluye 250 minutos base al mes por $24.99. Easy-Phone tiene un plan que incluye 325 minutos base por $34.99.

   a. Halla la tasa unitaria de los minutos base en cada plan.

   b. ¿Qué compañía ofrece una tasa más baja por minutos base?

20. **NEGOCIOS** Un fabricante de cereales paga $59,969 para que su nuevo cereal se exhiba una semana en un supermercado. Halla la tasa diaria de esta exhibición.

21. **ENTRETENIMIENTO** Tom, Cherise y Tina hacen películas animadas. La gráfica circular muestra cuántos cuadros produjo cada uno en una jornada de 8 horas.

   a. Halla la tasa de producción por hora de cada empleado.

   b. ¿Qué empleado fue el más eficiente?

   c. ¿Por cuánto sobrepasan los cuadros que hizo por hora Cherise a los que hizo Tom?

   d. ¿Por cuánto sobrepasan los cuadros que hicieron Tom y Cherise juntos a los que hizo Tina?

22. **¿DÓNDE ESTÁ EL ERROR?** Una tienda de ropa cobra $30 por 12 pares de calcetines. Un estudiante dice que el precio unitario es $0.40 por par. ¿Dónde está el error? ¿Cuál es el precio unitario correcto.

23. **ESCRÍBELO** Explica cómo hallar tasas unitarias. Da un ejemplo y explica cómo pueden usarlas los consumidores para ahorrar dinero.

24. **DESAFÍO** El tamaño de un televisor (13 pulg, 25 pulg, 32 pulg, etc.) representa la longitud de la diagonal de la pantalla. Un televisor de 25 pulg tiene una razón de aspecto de 4:3. ¿Cuál es la anchura y la altura de la pantalla?

Repaso en espiral

Evalúa cada expresión con el valor que se da para la variable. (Lección 2-1)

25. $c + 4$ con $c = -8$ **26.** $m - 2$ con $m = 13$ **27.** $5 + d$ con $d = -10$

Evalúa cada expresión con el valor que se da para la variable. (Lección 3-2)

28. $45.6 + x$ con $x = -11.1$ **29.** $17.9 - b$ con $b = 22.3$ **30.** $r + (-4.9)$ con $r = 31.8$

31. **PREPARACIÓN PARA LA PRUEBA** ¿Cuánta cerca se necesita, al pie más cercano, para cercar un lote cuadrado con un área de 350 pies^2? (Lección 3-9)

   A 74 pies   **B** 65 pies   **C** 68 pies   **D** 75 pies

7-3 Analizar unidades

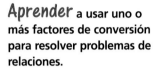

Destreza de resolución de problemas

Aprender a usar uno o más factores de conversión para resolver problemas de relaciones.

Vocabulario

factor de conversión

Puedes medir la velocidad de un objeto mediante una lámpara estroboscópica y una cámara en un cuarto oscuro. Con cada destello, la cámara registra la posición del objeto.

Muchos problemas requieren *análisis dimensional*, o *análisis de unidades*, para convertir de una unidad a otra.

Para convertir unidades, multiplica por una o más razones de cantidades iguales llamadas **factores de conversión** .

Por ejemplo, para convertir de pulgadas a pies usarías la razón de la derecha como factor.

$$\frac{1 \text{ pie}}{12 \text{ pulg}}$$

Multiplicar por un factor de conversión es como multiplicar por una fracción que se reduce a 1, como $\frac{5}{5}$.

$$\frac{1 \text{ pie}}{12 \text{ pulg}} = \frac{12 \text{ pulg}}{12 \text{ pulg}} \text{ ó } \frac{1 \text{ pie}}{1 \text{ pie}}, = 1$$

EJEMPLO 1 Hallar factores de conversión

Pista útil

El factor de conversión
- debe incluir la unidad deseada en la respuesta y
- debe cancelar la unidad original de modo que sólo quede la deseada.

Halla el factor apropiado para cada conversión.

A cuartos de galón a galones

Hay 4 cuartos en 1 galón. Para convertir cuartos a galones, multiplica el número de **cuartos** por $\frac{1 \text{ gal}}{4 \text{ ct}}$.

B metros a centímetros

Hay 100 centímetros en 1 metro. Para convertir metros a centímetros, multiplica el número de **metros** por $\frac{100 \text{ cm}}{1 \text{ m}}$.

EJEMPLO 2 Usar factores de conversión para resolver problemas

El estadounidense promedio come 23 libras de pizza al año. Halla las onzas de pizza que come el estadounidense promedio al año.

El problema da la razón 23 *libras* a 1 año y pide una respuesta en *onzas* por año.

$\frac{23 \text{ lb}}{1 \text{ año}} \cdot \frac{16 \text{ oz}}{1 \text{ lb}}$ *Multiplica la razón por el factor de conversión.*

$= \frac{23 \cdot 16 \text{ oz}}{1 \text{ año}}$ *Cancela las unidades en lb.* $\frac{\cancel{lb}}{\text{año}} \cdot \frac{\text{oz}}{\cancel{lb}} = \frac{\text{oz}}{\text{año}}$

$= 368$ oz por año *Multiplica 23 por 16 oz.*

El estadounidense promedio come 368 onzas de pizza al año.

E J E M P L O **3**

APLICACIÓN A LA RESOLUCIÓN DE PROBLEMAS

Un auto recorrió 990 pies en 15 segundos en una carretera. ¿A cuántas millas por hora viajaba?

1 Comprende el problema

El problema se plantea en unidades de **pies** y **segundos**. Se pide una **respuesta** en **millas** y **horas**. Necesitas usar varios factores de conversión.

Haz una lista de la información importante:

- Pies a millas $\longrightarrow \dfrac{1 \text{ mi}}{5280 \text{ pies}}$

- Segundos a minutos $\longrightarrow \dfrac{60 \text{ s}}{1 \text{ min}}$; minutos a horas $\longrightarrow \dfrac{60 \text{ min}}{1 \text{ h}}$

2 Haz un plan

Multiplica por cada factor de conversión por separado, o **simplifica el problema** y multiplica por varios factores a la vez.

3 Resuelve

Primero, convierte 990 pies en 15 segundos en una tasa unitaria.

$$\frac{990 \text{ pies}}{15 \text{ s}} = \frac{(990 \div 15) \text{ pies}}{(15 \div 15) \text{ s}} = \frac{66 \text{ pies}}{1 \text{ s}}$$

Crea un solo factor de conversión para convertir segundos directamente a horas:

segundos a minutos $\longrightarrow \dfrac{60 \text{ s}}{1 \text{ min}}$; minutos a horas $\longrightarrow \dfrac{60 \text{ min}}{1 \text{ h}}$

segundos a horas $= \dfrac{60 \text{ s}}{1 \text{ min}} \cdot \dfrac{60 \text{ min}}{1 \text{ h}} = \dfrac{3600 \text{ s}}{1 \text{ h}}$

$\dfrac{66 \text{ pies}}{1 \text{ s}} \cdot \dfrac{1 \text{ mi}}{5280 \text{ pies}} \cdot \dfrac{3600 \text{ s}}{1 \text{ h}}$ *Escribe los factores de conversión.*

No incluyas aún los números. Observa qué pasa con las unidades.

$\dfrac{\text{pies}}{\text{s}} \cdot \dfrac{\text{mi}}{\text{pies}} \cdot \dfrac{\text{s}}{\text{h}}$ *Simplifica. Sólo queda $\frac{mi}{h}$.*

$\dfrac{66 \text{ pies}}{1 \text{ s}} \cdot \dfrac{1 \text{ mi}}{5280 \text{ pies}} \cdot \dfrac{3600 \text{ s}}{1 \text{ h}}$ *Multiplica.*

$\dfrac{66 \cdot 1 \text{ mi} \cdot 3600}{1 \cdot 5280 \cdot 1 \text{ h}} = \dfrac{237{,}600 \text{ mi}}{5280 \text{ h}} = \dfrac{45 \text{ mi}}{1 \text{ h}}$

El auto viajaba a 45 millas por hora.

4 Repasa

Una tasa de 45 mi/h es menor que 1 mi/min. 15 segundos es $\frac{1}{4}$ min. Un auto que viaja a 45 mi/h recorrerá menos de $\frac{1}{4}$ de 5280 pies en 15 segundos. Recorre 990 pies, por tanto 45 mi/h es una respuesta razonable.

EJEMPLO (**4**) *Aplicación a las ciencias físicas*

Ciencias Físicas

Con una lámpara estroboscópica, puede parecer que las gotitas de un líquido que gotea no se mueven, o incluso que suben.

Podemos medir la rapidez de un objeto con una lámpara estroboscópica que destella cada $\frac{1}{1000}$ s. Una cámara registra que el objeto se movió 7.5 cm entre cada destello. ¿Cuál es la velocidad del objeto en m/s?

$$\frac{7.5 \text{ cm}}{\frac{1}{1000} \text{ s}} \qquad \textit{Usa la tasa} = \frac{distancia}{tiempo}.$$

Conviene eliminar primero la fracción $\frac{1}{1000}$.

$$\frac{7.5 \text{ cm}}{\frac{1}{1000} \text{ s}} = \frac{1000 \cdot 7.5 \text{ cm}}{1000 \cdot \frac{1}{1000} \text{ s}} \qquad \textit{Multiplica arriba y abajo por 1000.}$$

$$= \frac{7500 \text{ cm}}{1 \text{ s}}$$

Ahora convierte centímetros a metros.

$$\frac{7500 \text{ cm}}{1 \text{ s}}$$

$$= \frac{7500 \text{ cm}}{1 \text{ s}} \cdot \frac{1 \text{ m}}{100 \text{ cm}} \qquad \textit{Multiplica por el factor de conversión.}$$

$$= \frac{7500 \text{ m}}{100 \text{ s}} = \frac{75 \text{ m}}{1 \text{ s}}$$

La velocidad del objeto es de 75 m/s.

EJEMPLO (**5**) *Aplicación al transporte*

Un nudo es una milla náutica por hora. Una milla náutica es 1852 metros. ¿Qué velocidad en metros por segundo tiene un barco que viaja a 20 nudos?

20 nudos = 20 mi náuticas/h

Escribe las unidades de modo que obtengas m/s en la respuesta.

$$\frac{\text{mi náuticas}}{\cancel{\text{h}}} \cdot \frac{\text{m}}{\cancel{\text{mi náuticas}}} \cdot \frac{\cancel{\text{h}}}{\text{s}} \qquad \textit{Examina las unidades.}$$

$$\frac{20 \text{ mi náuticas}}{\text{h}} \cdot \frac{1852 \text{ m}}{\text{mi náuticas}} \cdot \frac{1 \text{ h}}{3600 \text{ s}}$$

$$\frac{20 \cdot 1852}{3600} \approx 10.3$$

El barco viaja aproximadamente a 10.3 m/s.

Razonar y comentar

1. Da el factor de conversión para convertir $\frac{\text{libras}}{\text{año}}$ a $\frac{\text{libras}}{\text{mes}}$.

2. Explica cómo hallar si 10 millas por hora es una velocidad más rápida que 15 pies por segundo.

3. Da un ejemplo de conversión entre unidades que incluya onzas como unidad en la conversión.

PARA PRÁCTICA ADICIONAL
ve a la pág. 744

conexión **internet**
Ayuda en línea para tareas
go.hrw.com   Clave: MP4 7-3

PRÁCTICA GUIADA

Ver Ejemplo **1** **Halla el factor apropiado para cada conversión.**

1. pies a pulgadas

2. galones a pintas

3. centímetros a metros

Ver Ejemplo **2** **4.** Aihua bebe 4 tazas de agua al día. ¿Cuántos galones de agua bebe en un año?

Ver Ejemplo **3** **5.** El modelo a escala de un avión vuela 22 pies en 2 segundos. ¿Cuál es su velocidad en millas por hora?

Ver Ejemplo **4** **6.** Si un pez nada 0.09 centímetros cada centésima de segundo, ¿a qué velocidad en metros por segundo nada?

Ver Ejemplo **5** **7.** Hay unos 400 granos de cacao en una libra. Hay 2.2 libras en 1 kilogramo. ¿Aproximadamente cuántos gramos pesa un grano de cacao?

PRÁCTICA INDEPENDIENTE

Ver Ejemplo **1** **Halla el factor apropiado para cada conversión.**

8. kilómetros a metros

9. pulgadas a yardas

10. días a semanas

Ver Ejemplo **2** **11.** Un parque de diversiones vende 71,175 yardas de regaliz al año. ¿Cuántos pies vende al día?

Ver Ejemplo **3** **12.** Un avispón puede volar 4.5 metros en 9 segundos. ¿A qué velocidad en kilómetros por hora puede volar?

Ver Ejemplo **4** **13.** Brilco Manufacturing produce 0.2 de ladrillo cada segundo. ¿Cuántos ladrillos puede producir al día si la jornada dura 8 horas?

Ver Ejemplo **5** **14.** Supongamos que un dólar equivale a 1.14 euros. Si 500 g de una cosa cuestan 25 euros, ¿cuál es el precio en dólares por kg?

PRÁCTICA Y RESOLUCIÓN DE PROBLEMAS

Usa factores de conversión para hallar cada cantidad especificada.

15. radios producidos en 5 horas a una relación de 3 radios por minuto

16. distancia (en pies) recorrida en 12 segundos a 87 millas por hora

17. perros calientes comidos en un mes a una relación de 48 perros calientes al año

18. paraguas vendidos en un año a una relación de 5 paraguas al día

19. millas corridas en 1 hora a una velocidad promedio de 7.3 pies por segundo

20. estados visitados en una campaña política de dos semanas, a una relación de 2 estados por día

21. DEPORTES Usa la gráfica para hallar cada récord de velocidad en mi/h. (*Pista:* 1 mi ≈ 1609 m.)

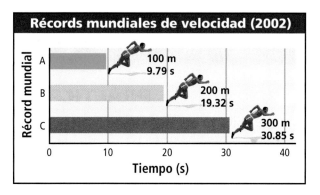

Récords mundiales de velocidad (2002)

100 m
9.79 s

200 m
19.32 s

300 m
30.85 s

Récord mundial
A
B
C

0   10   20   30   40
Tiempo (s)

22. CIENCIAS DE LA VIDA El tanque del Bosque de Quelpo en el Acuario de la Bahía de Monterey contiene 335,000 galones. ¿Cuántos días tardaría en llenarse a una relación de 1 gal/s?

23. TRANSPORTE Un motor de auto gira a 3000 revoluciones por minuto. En cada revolución, se encienden las cuatro bujías. ¿Cuántas veces se encienden las bujías en un segundo?

24. ELIGE UNA ESTRATEGIA La etiqueta del frasco de jarabe para la tos de John dice que se deben tomar 3 cucharaditas. ¿Qué cuchara deberá usar John para tomar su medicina? (*Pista:* 1 cucharadita = $\frac{1}{6}$ oz.)

  A Una cuchara de 1.5 oz   **C** Una cuchara de 1 oz

  B Una cuchara de 0.5 oz   **D** Ninguna de éstas

25. ¿DÓNDE ESTÁ EL ERROR? Para convertir 25 pies por segundo a millas por hora, un estudiante escribió $\frac{25 \text{ pies}}{1 \text{ s}} \cdot \frac{1 \text{ milla}}{5280 \text{ pies}} \cdot \frac{60 \text{ s}}{1 \text{ h}} \approx 0.28$ mi/h. ¿Qué error cometió? ¿Cuál sería la respuesta correcta?

26. ESCRÍBELO Describe lo importantes que son los factores de conversión para resolver problemas de relaciones. Da un ejemplo.

27. DESAFÍO Anthony, el oso hormiguero, requiere 1800 calorías al día. Obtiene 1 caloría de cada 50 hormigas que come. Si saca la lengua 150 veces en un minuto y atrapa 2 hormigas en promedio cada vez, ¿cuántas horas tardará en ingerir 1800 calorías?

Repaso en espiral

Halla el área del cuadrilátero con los vértices que se dan. (Lección 6-1)

28. (0, 0), (0, 9), (5, 9), (5, 0)

29. (–3, 1), (4, 1), (6, 3), (–1, 3)

Halla el área de cada círculo a la décima más cercana. Usa $\pi = 3.14$. (Lección 6-4)

30. círculo con radio de 7 pies

31. círculo con diámetro de 17 pulg

32. círculo con radio de 3.5 cm

33. círculo con diámetro de 2.2 mi

34. PREPARACIÓN PARA LA PRUEBA Un cilindro tiene 6 cm de radio y 14 cm de altura. Si el radio se reduce a la mitad, ¿qué volumen tendrá el cilindro? Usa $\pi = 3.14$ y redondea a la décima más cercana. (Lección 6-6)

  A 395.6 cm^3 **B** 791.3 cm^3 **C** 422.3 cm^3 **D** 393.5 cm^3

Modelo de proporciones

QUÉ NECESITAS:

- Regla
- Bloques de patrones

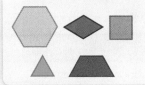

RECUERDA

- Usa las fórmulas de las áreas para hallar el área de cada bloque excepto el hexágono.

Para hallar el área del hexágono, piensa en qué piezas puedes juntar para formar un hexágono.

conexión internet

Recursos en línea para el laboratorio: *go.hrw.com*
CLAVE: MP4 Lab7A

Actividad

1 Mide cada tipo de bloque de patrones a la octava de pulgada más cercana para determinar su área. Usa bloques de patrones para hallar varias relaciones de área que representan fracciones equivalentes a un medio. Por ejemplo,

$$\frac{\triangle}{\diamond} = \frac{1}{2}.$$

2 Acabas de relacionar áreas de bloques de patrones con una razón. Ahora haz una proporción basada en áreas que sólo use bloques de patrones en ambos lados del signo de igualdad. Luego, escribe estas proporciones con números basados en tus mediciones de área. Usa productos cruzados para comprobar tu trabajo.

Razonar y comentar

1. ¿Qué relaciones de área de bloques de patrones son iguales a $\frac{5}{6}$?

2. ¿Qué relaciones de área puedes hacer con un triángulo y un trapecio?

3. ¿Qué relaciones de área puedes hacer con sólo un triángulo?

Inténtalo

Usa bloques de patrones para completar cada proporción basada en área. Luego, escribe las proporciones con números basados en tus mediciones de área.

1.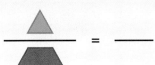

2.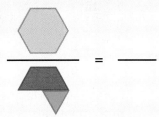

Cómo resolver proporciones

Aprender a resolver proporciones

Vocabulario

producto cruzado

Las masas desiguales no se equilibran en un *fulcro* si están a la misma distancia de él; un lado subirá y el otro bajará.

Las masas desiguales se equilibran cuando la siguiente proporción es verdadera:

$$\frac{\text{masa 1}}{\text{longitud 2}} = \frac{\text{masa 2}}{\text{longitud 1}}$$

Una forma de hallar si razones como ésta son iguales o no es hallar un común denominador. Las razones son iguales si sus numeradores son iguales una vez que las fracciones se han escrito con un común denominador.

$$\frac{6}{8} = \frac{72}{96} \qquad \frac{9}{12} = \frac{72}{96} \qquad \frac{6}{8} = \frac{9}{12}$$

La escultura *Tótem* de Alexander Calder está en París. Se conoce a Calder como el padre del móvil.

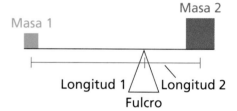

Masa 1   Masa 2

Longitud 1   Longitud 2

Fulcro

PRODUCTOS CRUZADOS

Pista útil

El producto cruzado representa el numerador de la fracción cuando se halla un común denominador al multiplicar los denominadores.

En las proporciones, los **productos cruzados** son iguales. Si las razones *no* están en proporción, los productos cruzados no son iguales.

Están en proporción		*No* están en proporción	
$\frac{6}{8} = \frac{9}{12}$	$\frac{5}{2} = \frac{15}{6}$	$\frac{1}{6} \neq \frac{2}{7}$	$\frac{5}{12} \neq \frac{2}{5}$
$6 \cdot 12 = 8 \cdot 9$	$5 \cdot 6 = 2 \cdot 15$	$1 \cdot 7 \neq 6 \cdot 2$	$5 \cdot 5 \neq 12 \cdot 2$
$72 = 72$	$30 = 30$	$7 \neq 12$	$25 \neq 24$

EJEMPLO **1** **Usar productos cruzados para identificar proporciones**

Indica si las razones son proporcionales.

A $\frac{5}{6} \overset{?}{=} \frac{15}{21}$

$\frac{5}{6} \diagdown \frac{15}{21} \rightarrow \begin{matrix} 90 \\ 105 \end{matrix}$ *Halla los productos cruzados.*

$105 \neq 90$

Como los productos cruzados no son iguales, las razones no son proporcionales.

B Cierto tono de pintura se obtiene mezclando 5 partes de rojo y 7 partes de azul. Si mezclas 12 cuartos de azul y 8 cuartos de rojo, ¿obtendrás el tono correcto?

$$\frac{5 \text{ partes de rojo}}{7 \text{ partes de azul}} \overset{?}{=} \frac{8 \text{ cuartos de rojo}}{12 \text{ cuartos de azul}}$$ *Escribe las razones.*

$$5 \cdot 12 = 60 \quad 7 \cdot 8 = 56$$ *Halla los productos cruzados.*

$$60 \neq 56$$

Las razones no son iguales. No obtendrás el tono correcto.

Si desconoces uno de los cuatro números de una proporción, iguala los productos cruzados y resuelve.

EJEMPLO 2 Resolver proporciones

Resuelve la proporción.

$$\frac{12}{d} = \frac{4}{14}$$

$$\frac{12}{d} = \frac{4}{14}$$

$$12 \cdot 14 = 4d$$ *Halla los productos cruzados.*

$$168 = 4d$$ *Resuelve.*

$$42 = d$$ $\frac{12}{42} = \frac{4}{14}$ ✔; *la proporción se cumple.*

EJEMPLO 3 *Aplicación a las ciencias físicas*

Dos masas se equilibran en un fulcro si $\frac{\text{masa 1}}{\text{longitud 2}} = \frac{\text{masa 2}}{\text{longitud 1}}$. La caja verde y la azul están equilibradas. ¿Qué masa tiene la caja azul?

$$\frac{2}{4} = \frac{m}{10}$$ *Escribe la proporción.*

$$2 \cdot 10 = 4m$$ *Halla los productos cruzados.*

$$\frac{20}{4} = \frac{4m}{4}$$ *Halla el valor de m.*

$$5 = m$$

La masa de la caja azul es de 5 lb.

Razonar y comentar

1. Explica qué representan los productos cruzados de dos razones.

2. Indica qué significa que los productos cruzados no sean iguales.

3. Describe cómo resolver una proporción cuando uno de los cuatro números es una variable.

7-4

Ejercicios

PARA PRÁCTICA ADICIONAL	☑ conexión internet
ve a la pág. 744	**Ayuda en línea para tareas** go.hrw.com Clave: MP4 7-4

PRÁCTICA GUIADA

Ver Ejemplo ① **Indica si las razones de cada par son proporcionales.**

1. $\frac{7}{14} \overset{?}{=} \frac{14}{28}$ **2.** $\frac{2}{9} \overset{?}{=} \frac{6}{27}$ **3.** $\frac{3}{7} \overset{?}{=} \frac{6}{15}$ **4.** $\frac{15}{25} \overset{?}{=} \frac{9}{15}$

5. Una solución para hacer burbujas de jabón requiere una parte de detergente y ocho partes de agua. ¿Una mezcla de 56 oz de agua y 8 oz de detergente sería proporcional a esta razón? Explica tu respuesta.

Ver Ejemplo ② **Resuelve cada proporción.**

6. $\frac{x}{5} = \frac{2}{10}$ **7.** $\frac{4}{9} = \frac{n}{18}$ **8.** $\frac{11}{d} = \frac{66}{12}$ **9.** $\frac{21}{7} = \frac{h}{2}$

10. $\frac{12}{f} = \frac{16}{13}$ **11.** $\frac{t}{7} = \frac{8}{28}$ **12.** $\frac{1}{2} = \frac{s}{18}$ **13.** $\frac{28}{7} = \frac{50}{q}$

Ver Ejemplo ③ **14.** Una pesa de 10 kg se coloca a 5 cm de un fulcro. ¿A qué distancia del fulcro deberá colocarse una pesa de 15 kg para que la balanza esté equilibrada?

PRÁCTICA INDEPENDIENTE

Ver Ejemplo ① **Indica si las razones de cada par son proporcionales.**

15. $\frac{12}{49} \overset{?}{=} \frac{4}{7}$ **16.** $\frac{17}{51} \overset{?}{=} \frac{2}{6}$ **17.** $\frac{30}{36} \overset{?}{=} \frac{15}{16}$ **18.** $\frac{7}{8} \overset{?}{=} \frac{35}{40}$

19. En un grupo había 18 chicas y 12 chicos. Luego 2 chicos y 3 chicas se cambiaron a otro grupo. ¿Cambió la razón de chicas a chicos? Explica tu respuesta.

Ver Ejemplo ② **Resuelve cada proporción.**

20. $\frac{3}{9} = \frac{b}{21}$ **21.** $\frac{27}{90} = \frac{b}{10}$ **22.** $\frac{4}{1} = \frac{0.56}{m}$ **23.** $\frac{y}{5} = \frac{42}{35}$

24. $\frac{r}{7} = \frac{3}{2}$ **25.** $\frac{48}{16} = \frac{12}{n}$ **26.** $\frac{p}{9} = \frac{2}{12}$ **27.** $\frac{2}{d} = \frac{6}{1.5}$

Ver Ejemplo ③ **28.** Jo pesa 65 lb, y Tim, 78 lb. Tim está sentado a 6 pies del centro de un subibaja en equilibrio. ¿A qué distancia del centro está sentada Jo?

PRÁCTICA Y RESOLUCIÓN DE PROBLEMAS

En cada conjunto de razones, halla las dos que son proporcionales.

29. $\frac{6}{3}, \frac{18}{9}, \frac{51}{25}$ **30.** $\frac{1}{4}, \frac{11}{44}, \frac{111}{440}$ **31.** $\frac{30}{14}, \frac{66}{21}, \frac{22}{7}$

32. $\frac{54}{168}, \frac{9}{28}, \frac{52}{142}$ **33.** $\frac{0.25}{4}, \frac{0.125}{6}, \frac{1}{16}$ **34.** $\frac{a}{c}, \frac{a}{b}, \frac{4a}{4b}$

35. *CIENCIAS FÍSICAS* Cada molécula de ácido sulfúrico reacciona con 2 moléculas de amoniaco. ¿Cuántas moléculas de ácido sulfúrico reaccionan con 24 de amoniaco?

CONEXIÓN con la salud

Los médicos informan la presión arterial en milímetros de mercurio (mm Hg) como la razón de la presión *sistólica* a la presión *diastólica* (como 140 sobre 80). La presión sistólica se mide cuando el corazón late, y la diastólica, cuando descansa. Usa la tabla de rangos de presión arterial para adultos, para los ejercicios del 36 al 39.

Rangos de presión arterial			
	Óptima	**Normal–alta**	**Hipertensión (muy alta)**
Sistólica	menos de 120 mm Hg	120–140 mm Hg	más de 140 mm Hg
Diastólica	menos de 80 mm Hg	80–90 mm Hg	más de 90 mm Hg

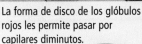

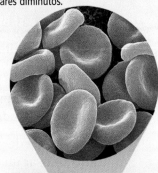

La forma de disco de los glóbulos rojos les permite pasar por capilares diminutos.

36. Eduardo es un hombre saludable de 37 años cuya presión arterial está en la categoría óptima.

　a. Calcula una razón aproximada de presión arterial sistólica a diastólica en el rango óptimo.

　b. La presión sistólica de Eduardo es de 102 mm Hg. Usa la razón de la parte **a** para predecir su presión diastólica.

37. Puedes hallar el punto medio de un rango sumando los valores máximo y mínimo y dividiendo la suma entre 2.

　a. Calcula una razón aproximada de presión arterial sistólica a diastólica para la categoría normal-alta.

　b. La presión diastólica de Tyra es de 88 mm Hg. Usa la razón de la parte **a** para predecir su presión sistólica.

38. Otra razón relacionada con la salud del corazón es la de colesterol LDL a colesterol HDL. La razón LDL a HDL óptima es menor que 3. Si el colesterol total de un paciente es de 168 y su HDL es de 44, ¿es óptima su razón? Explica tu respuesta.

39. ⭐ **DESAFÍO** La suma del colesterol LDL y HDL de Ken es 210 y su razón LDL:HDL es 2.75. ¿Cuál es su LDL y su HDL?

Cerca de $\frac{9}{20}$ de tu sangre consiste en células; el resto es plasma.

go.hrw.com
CLAVE: MP4 Health, disponible en inglés.
CNN student News.

Repaso en espiral

Escribe cada decimal como fracción en su mínima expresión. (Lección 3-1)

40. 0.65　　　　**41.** −1.25　　　　**42.** 0.723　　　　**43.** 11.17

44. PREPARACIÓN PARA LA PRUEBA Se corta un pedazo de madera de $4\frac{5}{8}$ pies de una tabla de $7\frac{1}{2}$ pies. ¿Cuánto queda de la tabla original? (Lección 3-5)

　A $3\frac{5}{8}$ pies　　　**B** $2\frac{3}{8}$ pies　　　**C** $2\frac{7}{8}$ pies　　　**D** $3\frac{9}{16}$ pies

Examen parcial del capítulo

LECCIÓN **7-1** (págs. 342–345)

Simplifica para indicar si las razones forman una proporción.

1. $\frac{4}{5}$ y $\frac{16}{20}$
2. $\frac{33}{60}$ y $\frac{11}{21}$
3. $\frac{12}{42}$ y $\frac{6}{21}$
4. $\frac{8}{20}$ y $\frac{4}{25}$

5. Josh sigue una receta que requiere 2.5 tazas de azúcar para hacer 2 docenas de galletas. Usa 3.5 tazas de azúcar para hacer 3 docenas de galletas. ¿Siguió los pasos de la receta? Explica tu respuesta.

LECCIÓN **7-2** (págs. 346–349)

Halla el precio unitario de cada oferta e indica cuál es la mejor compra.

6. una tarifa de larga distancia de $1.40 por 10 min o una de $4.50 por 45 min

7. Se puede comprar un paquete de diez baterías AAA a $5.49, y recibir un paquete gratis o se puede comprar dos paquetes de cuatro baterías por $2.98.

8. Una botella de jugo de 64 oz cuesta $2.39, y una de 20 oz cuesta $0.79. Puedes usar un cupón de 20 centavos de descuento si compras cuatro botellas de 20 oz, o uno de 15 centavos de descuento si compras una botella de 64 oz. ¿Cuál es la mejor compra?

LECCIÓN **7-3** (págs. 350–354)

Halla el factor apropiado para cada conversión.

9. galones a cuartos
10. milímetros a centímetros
11. minutos a días

Convierte a la unidad que se indica redondeada a centésimas.

12. Cambia 60 onzas a libras.

13. Cambia 25 libras a onzas.

14. Cambia 5 pies por minuto a pies por segundo.

15. Cambia 40 millas por hora a millas por segundo.

16. Noah condujo 140 millas a velocidad constante durante 3.5 horas. Expresa su velocidad en pies por minuto.

LECCIÓN **7-4** (págs. 356–359)

Resuelve.

17. $\frac{6}{9} = \frac{n}{72}$
18. $\frac{18}{12} = \frac{3}{x}$
19. $\frac{0.7}{1.4} = \frac{z}{28}$
20. $\frac{12}{y} = \frac{32}{16}$
21. $\frac{c}{5} = \frac{9}{24}$
22. $\frac{5}{3} = \frac{g}{27}$
23. $\frac{0.5}{h} = \frac{2}{3}$
24. $\frac{9}{0.9} = \frac{72}{b}$

25. Tim puede ingresar 110 datos en 2.5 minutos. Si se mantiene a la misma velocidad, ¿cuántos datos puede ingresar en 7 minutos?

Enfoque en resolución de problemas

Resuelve

- **Elige una operación: multiplicación o división**

Al convertir unidades, piensa si el número de la respuesta va a ser mayor o menor que el número que se da en la pregunta. Esto te ayudará a decidir si debes multiplicar o dividir para convertir las unidades.

Por ejemplo, si vas a convertir pies a pulgadas, sabes que el número de pulgadas será mayor que el número de pies porque un pie tiene 12 pulgadas. Por tanto, sabes que debes multiplicar por 12 para obtener un número mayor.

En general, si vas a convertir a unidades más pequeñas, necesitarás más unidades para representar la misma cantidad.

Para cada problema, determina si el número de la respuesta va a ser mayor o menor que el número de la pregunta. Usa tu respuesta para decidir si debes multiplicar por el factor de conversión o dividir entre él. Luego, resuelve el problema.

1 La velocidad de un barco suele medirse en millas náuticas o nudos. El transbordador Golden Gate-Sausalito, que da servicio entre Sausalito y San Francisco, California, puede viajar a 20.5 nudos. Halla su velocidad en millas por hora.
(*Pista:* 1 nudo = 1.15 millas por hora)

2 Cuando se termine, el monumento a Crazy Horse en las Colinas Negras de Dakota del Sur será la escultura más grande del mundo, con una altura de 563 pies. Halla la altura en metros.
(*Pista:* 1 m = 3.28 pies)

3 La tabla muestra la cantidad de agua que suele consumirse en tareas domésticas. Halla los litros que se requieren para cada tarea. (*Pista:* 1 galón = 3.79 litros)

Tarea	Agua usada (gal)
Lavar ropa (1 carga)	40
Ducha de 5 minutos	12.5
Lavarse las manos	0.5
Accionar el inodoro	3.5

4 El lago Baikal, en Siberia, es tan grande que todos los ríos de la Tierra juntos tardarían un año en llenarlo. Su profundidad de 1.62 kilómetros lo hace el más hondo del mundo. Halla la profundidad del lago Baikal en millas. (1 mi = 1.61 km)

7-5 Dilataciones

Tu pupila funciona como el obturador de una cámara: se dilata para permitir que entre más o menos luz.

Aprender a identificar y crear dilataciones de figuras planas.

Vocabulario

dilatación

factor de escala

centro de dilatación

Tus pupilas son las áreas negras en el centro de tus ojos. Cuando vas al oculista, el oculista puede *dilatar* tus pupilas para agrandarlas.

Las traslaciones, reflexiones y rotaciones son transformaciones que no cambian la forma ni el tamaño de una figura. Una **dilatación** es una transformación que cambia el tamaño, pero no la forma, de una figura. Una dilatación puede agrandar o reducir una figura.

El **factor de escala** describe cuánto se agranda o reduce una figura. Puede expresarse como decimal, fracción o porcentaje. Un aumento del 10% es un factor de escala de 1.1, y una reducción del 10% es un factor de escala de 0.9.

Pista útil

Un factor de escala entre 0 y 1 reduce una figura. Un factor de escala mayor que 1 la agranda.

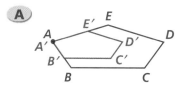

EJEMPLO 1 Identificar dilataciones

Indica si cada transformación es una dilatación.

A

La transformación es una dilatación.

B

La transformación es una dilatación.

C

La transformación es una dilatación.

D

La transformación *no* es una dilatación. La figura se distorsiona.

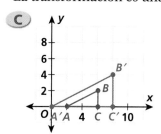

Toda dilatación tiene un punto fijo que es el *centro de dilatación*. Para hallarlo, dibuja una recta que una cada par de vértices correspondientes. Las líneas se intersecan en un punto. Ese punto es el **centro de dilatación**.

2 **Dilatar una figura**

Dilata la figura con un factor de escala de 0.4, con _P_ como centro de dilatación.

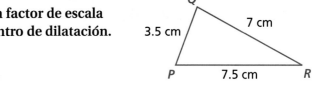

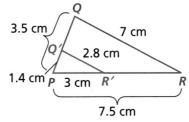

Multiplica cada lado por 0.4.
P′ y P son el mismo punto.

3 **Usar el origen como centro de dilatación**

A **Dilata la figura con un factor de escala de 1.5. ¿Cuáles son los vértices de la imagen?**

Multiplica las coordenadas por 1.5 para hallar los vértices de la imagen.

△ _ABC_ △ _A′B′C′_

$A(4, 8) \rightarrow A'(4 \cdot 1.5, 8 \cdot 1.5) \rightarrow A'(6, 12)$
$B(3, 2) \rightarrow B'(3 \cdot 1.5, 2 \cdot 1.5) \rightarrow B'(4.5, 3)$
$C(5, 2) \rightarrow C'(5 \cdot 1.5, 2 \cdot 1.5) \rightarrow C'(7.5, 3)$

Los vértices de la imagen son
$A'(6, 12)$, $B'(4.5, 3)$ y $C'(7.5, 3)$.

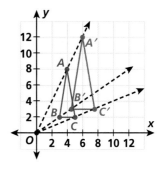

B **Dilata la figura con un factor de escala de $\frac{2}{3}$. Determina los vértices de la imagen.**

Multiplica las coordenadas por $\frac{2}{3}$ para hallar los vértices de la imagen.

△ _ABC_ △ _A′B′C′_

$A(3, 9) \rightarrow A'\left(3 \cdot \frac{2}{3}, 9 \cdot \frac{2}{3}\right) \rightarrow A'(2, 6)$

$B(9, 6) \rightarrow B'\left(9 \cdot \frac{2}{3}, 6 \cdot \frac{2}{3}\right) \rightarrow B'(6, 4)$

$C(6, 3) \rightarrow C'\left(6 \cdot \frac{2}{3}, 3 \cdot \frac{2}{3}\right) \rightarrow C'(4, 2)$

Los vértices de la imagen son
$A'(2, 6)$, $B'(6, 4)$ y $C'(4, 2)$.

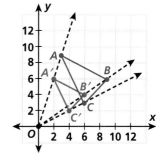

Razonar y comentar

1. Describe la imagen de una dilatación con un factor de escala de 1.

2. Compara una dilatación con el origen como el centro, con una dilatación cuyo centro es un vértice de la figura.

7-5

Ejercicios

PARA PRÁCTICA ADICIONAL

ve a la pág. 745

✒ conexión **internet**

Ayuda en línea para tareas
go.hrw.com   Clave: MP4 7-5

PRÁCTICA GUIADA

Ver Ejemplo 1   **Indica si cada transformación es una dilatación.**

1.

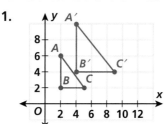

2.

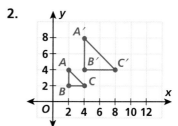

Ver Ejemplo 2   **Dilata cada figura con el factor de escala que se da y *P* como el centro.**

3.

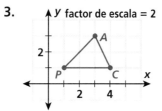

4.

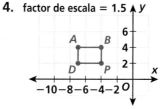

Ver Ejemplo 3   **Dilata cada figura con el factor de escala que se da y el origen como centro de dilatación. ¿Cuáles son los vértices de la imagen?**

5.

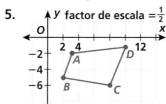

6.

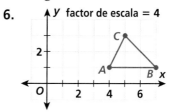

PRÁCTICA INDEPENDIENTE

Ver Ejemplo 1   **Indica si cada transformación es una dilatación.**

7.

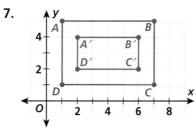

8.

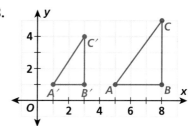

Ver Ejemplo 2   **Dilata cada figura con el factor de escala que se da y *P* como el centro.**

9.

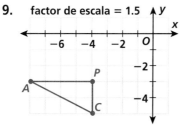

10.

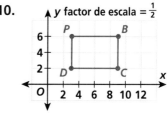

Ver Ejemplo **3** Dilata cada figura con el factor de escala que se da y el origen como centro de dilatación. ¿Cuáles son los vértices de la imagen?

11.

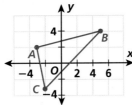

factor de escala = 3

12.

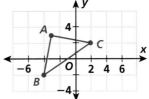

factor de escala = 2

PRÁCTICA Y RESOLUCIÓN DE PROBLEMAS

Identifica el factor de escala que se usó en cada dilatación.

13.

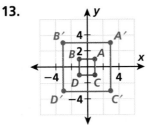

14.

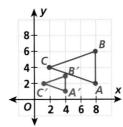

 Fotografía

obturador

En una lente de cámara, cuanto más abierto está el obturador, más luz entra.

15. *FOTOGRAFÍA* El *obturador* de una cámara es un orificio poligonal que se abre al tomar una foto, y puede ser grande o pequeño. ¿Es un obturador una dilatación? ¿Por qué?

16. Un rectángulo tiene vértices $A(4, 4)$, $B(9, 4)$, $C(9, 0)$ y $D(4, 0)$. Da sus coordenadas después de una dilatación desde el origen con factor de escala de 2.5.

 17. *ELIGE UNA ESTRATEGIA* El perímetro de un triángulo equilátero es de 48 cm. Si se dilata el triángulo con un factor de escala de 0.25, ¿qué longitud tendrá cada lado del nuevo triángulo?

A 3 cm **B** 4 cm **C** 16 cm **D** 8 cm

18. *ESCRÍBELO* Explica cómo puedes comprobar la exactitud de un dibujo de una dilatación.

19. *DESAFÍO* ¿Qué factor de escala se usó en la dilatación de un triángulo con vértices $A(6, -2)$, $B(8, 3)$ y $C(-12, 10)$ al triángulo con vértices $A'\left(-2, \frac{2}{3}\right)$, $B'\left(-2\frac{2}{3}, -1\right)$ y $C'\left(4, -3\frac{1}{3}\right)$?

Repaso en espiral

Halla el área de cada figura con los vértices que se dan. (Lección 6-2)

20. $(1, 0)$, $(10, 0)$, $(1, -6)$

21. $(5, 5)$, $(2, 1)$, $(11, 1)$, $(8, 5)$

22. $(-8, -8)$, $(8, -8)$, $(4, 4)$, $(-4, 4)$

23. $(-12, 4)$, $(-6, 4)$, $(-7, 11)$

24. **PREPARACIÓN PARA LA PRUEBA** Una pirámide tiene una base rectangular de 12 cm por 9 cm y 15 cm de altura. ¿Cuál es el volumen de la pirámide? (Lección 6-7)

A 540 cm^3 **B** 315 cm^3 **C** 270 cm^3 **D** 405 cm^3

Explorar la semejanza

Para usar con la Lección 7-6

QUÉ NECESITAS:

- Dos hojas de papel cuadriculado con diferente medida de cuadro, por ejemplo de 1 cm y de $\frac{1}{4}$ de pulgada
- Dado numérico
- Regla métrica
- Transportador

conexión internet

Recursos en línea para el laboratorio: *go.hrw.com*
CLAVE: MP4 Lab7B

Los triángulos que tienen la misma forma tienen algunas relaciones interesantes.

Actividad

1. Sigue los siguientes pasos para dibujar dos triángulos.

   a. En una hoja de papel cuadriculado, traza un punto abajo y a la izquierda del centro de la hoja. Rotula el punto *A*. En la otra hoja, traza un punto abajo y a la izquierda del centro de la hoja. Rotula el punto D.

    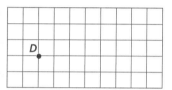

   b. Lanza el dado dos veces. En cada hoja, cuenta hacia arriba el número del primer lanzamiento y hacia la derecha el número del segundo lazamiento, y traza esta posición como punto *B* en la primera hoja y punto *E* en la segunda.

    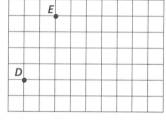

   c. Lanza otras dos veces el dado. En cada hoja, cuenta hacia abajo el número del primer lanzamiento y hacia la derecha el número del segundo lanzamiento. Traza el punto *C* en la primera hoja y el punto *F* en la segunda.

   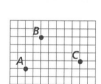 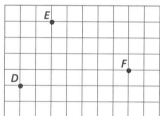

   d. Une los tres puntos de cada hoja de papel cuadriculado para formar los triángulos *ABC* y *DEF*.

   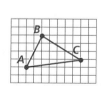 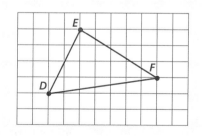

e. Mide los ángulos de cada triángulo. Mide la longitud de los lados de cada triángulo al milímetro más cercano. Halla lo siguiente:

m∠A   m∠D   m∠B   m∠E   m∠C   m∠F

AB   DE $\dfrac{AB}{DE}$ BC   EF $\dfrac{BC}{EF}$

AC   DF $\dfrac{AC}{DF}$

2 Sigue los siguientes pasos para dibujar dos triángulos.

a. En una hoja de papel cuadriculado, traza un punto abajo y a la derecha del centro del papel. Rotula el punto A.

b. Lanza el dado dos veces. Cuenta hacia arriba el número del primer lanzamiento y hacia la derecha el número del segundo, y marca esta posición como el punto B. Desde B, cuenta hacia arriba el número del primer lanzamiento, hacia la derecha el número del segundo y marca ahí el punto D.

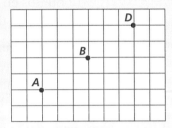

c. Lanza el dado dos veces. Desde B, cuenta hacia abajo el número del primer lanzamiento y hacia la derecha el número del segundo lanzamiento y rotula ahí el punto C.

d. Desde D, cuenta hacia abajo dos veces el número del primer lanzamiento, hacia la derecha dos veces el número del segundo lanzamiento y rotula ahí el punto E.

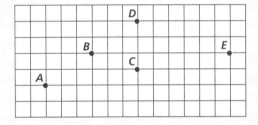

e. Une los puntos para formar los triángulos ABC y ADE.

f. Mide los ángulos de cada triángulo. Mide la longitud de los lados de cada triángulo al milímetro más cercano.

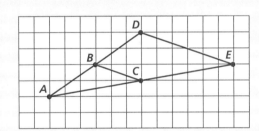

Razonar y comentar

1. ¿Cómo se comparan los ángulos correspondientes de triángulos que tienen la misma forma?

2. ¿Cómo se comparan las longitudes de los lados correspondientes de triángulos que tienen la misma forma?

3. Supón que amplías un triángulo con una copiadora. ¿Qué medidas o valores serían los mismos en la ampliación?

Inténtalo

1. Haz un trapecio pequeño en papel cuadriculado y triplica la longitud de cada lado. Compara las medidas de los ángulos y las longitudes de los lados de los trapecios.

2. Haz un polígono grande en papel cuadriculado. Usa una copiadora para reducir el tamaño del polígono. Compara las medidas de los ángulos y las longitudes de los lados de los polígonos.

7-6 Figuras semejantes

Aprender a determinar si figuras son semejantes, a usar factores de escala y a hallar dimensiones que faltan en figuras semejantes.

Vocabulario

semejantes

La altura de las letras en diarios y carteleras se mide en *puntos* y *picas*. Hay 12 puntos en una pica y 6 picas en una pulgada.

Una letra de 36 pulgadas de altura en una cartelera tendría 216 picas ó 2592 puntos. La primera letra de este párrafo es de 12 puntos.

12 puntos	24 puntos	48 puntos	72 puntos
1 pica	2 picas	4 picas	6 picas
A	A	A	A

Las figuras congruentes tienen el mismo tamaño y forma. Las figuras **semejantes** tienen la misma forma pero no necesariamente el mismo tamaño. Las *A* de la tabla son semejantes. Tienen la misma forma, pero no el mismo tamaño.

Para que los polígonos sean semejantes,

- los ángulos correspondientes deben ser congruentes, y
- las longitudes de los lados correspondientes deben formar razones equivalentes.

La razón formada por los lados correspondientes es el factor de escala.

EJEMPLO 1 Usar factores de escala para hallar dimensiones que faltan

Una foto de 4 pulg de altura y 9 de anchura se reducirá a una altura de 2.5 pulg para presentarla en una página Web. ¿Qué anchura deberá tener la reducción para que las dos sean semejantes?

Para hallar el factor de escala, divide la altura conocida de la foto a escala entre la altura correspondiente de la foto original.

0.625 $\frac{2.5}{4} = 0.625$

Luego multiplica la anchura original por el factor de escala.

5.625 $9 \cdot 0.625$

La foto debe tener una anchura de 5.625 pulg.

EJEMPLO 2 · Usar razones equivalentes para hallar dimensiones que faltan

El logotipo de una empresa tiene forma de triángulo isósceles con dos lados de 2.4 pulg y un lado de 1.8 pulg. En una cartelera, dos lados del logotipo miden 8 pies. ¿Qué longitud tiene el tercer lado del triángulo en la cartelera?

Escribe una proporción.

$$\frac{2.4 \text{ pulg}}{8 \text{ pies}} = \frac{1.8 \text{ pulg}}{x \text{ pies}}$$

2.4 pulg · x pies = 8 pies · 1.8 pulg	*Halla los productos cruzados.*
2.4 p̶u̶l̶g̶ · x p̶i̶e̶s̶ = 8 p̶i̶e̶s̶ · 1.8 p̶u̶l̶g̶	*pulg · pies está en ambos lados*
2.4 x = 8 · 1.8	*Cancela las unidades.*
2.4 x = 14.4	*Multiplica.*
$x = \frac{14.4}{2.4} = 6$	*Halla el valor de x.*

El tercer lado del triángulo mide 6 pies.

EJEMPLO 3 · Identificar figuras semejantes

¿Qué rectángulos son semejantes?

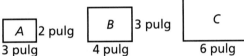

| A | 2 pulg | B | 3 pulg | C | 4 pulg |

3 pulg 4 pulg 6 pulg

Como las tres figuras son rectángulos, todos los ángulos son rectos. Por tanto, los ángulos correspondientes son congruentes.

Compara las razones de los lados correspondientes para ver si son iguales.

$$\frac{\text{longitud del rectángulo } A}{\text{longitud del rectángulo } B} \rightarrow \frac{3}{4} \overset{?}{=} \frac{2}{3} \leftarrow \frac{\text{anchura del rectángulo } A}{\text{anchura del rectángulo } B}$$

$$9 \neq 8$$

Las razones son distintas. El rectángulo A no es semejante a B.

$$\frac{\text{longitud del rectángulo } A}{\text{longitud del rectángulo } C} \rightarrow \frac{3}{6} = \frac{2}{4} \leftarrow \frac{\text{anchura del rectángulo } A}{\text{anchura del rectángulo } C}$$

$$12 = 12$$

Las razones son iguales. El rectángulo A es semejante al rectángulo C. La notación $A \sim C$ indica semejanza.

¡Recuerda!

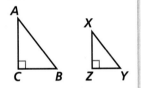

Los siguientes elementos coinciden o son correspondientes:
$\angle A$ y $\angle X$
$\angle B$ y $\angle Y$
$\angle C$ y $\angle Z$
$\overline{AB}$ y $\overline{XY}$.
$\overline{BC}$ y $\overline{YZ}$.
$\overline{AC}$ y $\overline{XZ}$.

Razonar y comentar

1. **Compara** una imagen formada con un factor de escala mayor que 1 con una imagen formada con un factor de escala menor que 1.

2. **Describe** una manera en que dos figuras no sean semejantes.

3. **Explica** si dos figuras congruentes son semejantes

7-6 **Ejercicios**

PARA PRÁCTICA ADICIONAL
ve a la pág. 745

✓ conexión **internet**
Ayuda en línea para tareas
go.hrw.com Clave: MP4 7-6

PRÁCTICA GUIADA

Ver Ejemplo **1.** Fran digitaliza un documento de 8.5 pulg de anchura y 11 pulg de altura. Si cambia la escala para que la longitud se reduzca a 7 pulg, ¿qué anchura tendrá el documento semejante?

Ver Ejemplo **2.** Un triángulo isósceles tiene 12 cm de base y catetos de 18 cm. ¿Qué anchura tiene la base de un triángulo semejante con catetos de 22 cm?

Ver Ejemplo ③ **3.** ¿Qué rectángulos son semejantes?

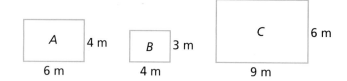

PRÁCTICA INDEPENDIENTE

Ver Ejemplo **4.** Un aeropuerto rectangular mide 4.3 mi de ancho y 7.5 mi de largo. En un mapa, la anchura del aeropuerto es de 3.75 pulg. ¿Qué longitud tiene el aeropuerto en el mapa?

Ver Ejemplo **5.** Rich dibujó una imagen de 7 pulg de ancho y 4 pulg de alto que se convertirá en una cartelera de 40 pies de ancho. ¿Qué altura tendrá la cartelera?

Ver Ejemplo ③ **6.** ¿Qué rectángulos son semejantes?

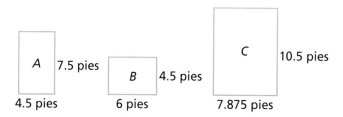

PRÁCTICA Y RESOLUCIÓN DE PROBLEMAS

Indica si las figuras son semejantes. Si no son, explica por qué.

7.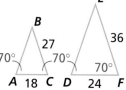

8.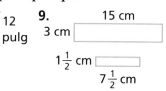

10. Dibuja un triángulo rectángulo con vértices (0, 0), (4, 0) y (4, 6) en un plano cartesiano. Extiende la hipotenusa hasta (6, 9) y forma un nuevo triángulo con vértices (0, 0) y (6, 0). ¿Son semejantes los triángulos? Explica tu respuesa.

Las figuras de cada par son semejantes. Halla el factor de escala y el valor de x.

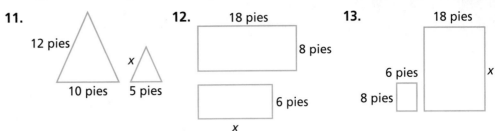

11. 12 pies / 10 pies / x / 5 pies

12. 18 pies / 8 pies / x / 6 pies

13. 18 pies / 6 pies / 8 pies / x

14. **ARTE** Helen copia una reproducción de la *Mona Lisa*. La reproducción mide 24 pulg de ancho y 36 pulg de alto. Si la anchura del lienzo de Helen es de 12 pulg, ¿qué altura deberá tener?

15. El cuarto de Ann mide 10 pies por 12 pies 6 pulg. Su esbozo del cuarto mide 8 pulg por 10 pulg. ¿El esbozo está a escala? Si es así, ¿qué factor de escala usó?

16. Un rectángulo mide 14 cm de largo y 9 cm de ancho. Un rectángulo semejante mide 4.5 cm de ancho y x cm de largo. Halla el valor de x.

17. **CIENCIAS FÍSICAS** Bill mide 6 pies de estatura, y proyecta una sombra de 4 pies al mismo tiempo que un árbol proyecta una sombra de 16 pies. Usa triángulos semejantes para hallar la altura del árbol.

18. **ESCRIBE UN PROBLEMA** Una cometa dibujada en papel cuadriculado mide 8 cm de ancho y 10 cm de largo. El rótulo de la anchura indica 2 pies. Escribe y resuelve un problema relacionado con la cometa.

19. **ESCRÍBELO** Considera el enunciado: "Todas las figuras semejantes son congruentes". ¿Es falso o verdadero? Explica tu respuesta.

20. **DESAFÍO** En el triángulo rectángulo *ABC*, ∠*B* es el ángulo recto, *AB* = 21 cm, y *BC* = 15 cm. El triángulo rectángulo *ABC es* semejante al triángulo *DEF*, cuyo lado *DE* = 7 cm. Halla el área del triángulo *DEF*.

Repaso en espiral

Halla el volumen de cada cono, a la décima más cercana de unidad cúbica. Usa $\pi = 3.14$. (Lección 6-7)

21. radio 10 mm; altura 12 mm

22. diámetro 4 pies; altura 5.7 pies

23. radio y altura 12.5 cm

24. diámetro 15 pulg; altura 35 pulg

25. **PREPARACIÓN PARA LA PRUEBA** Un conjunto de datos contiene 10 números en orden. La mediana es ___?___. (Lección 4-3)

  A el quinto número

  B el número que más se repite

  C el promedio de los números

  D el promedio del quinto y sexto números

26. **PREPARACIÓN PARA LA PRUEBA** ¿Cuál de los siguientes describe cómo cambia el volumen de una esfera al duplicarse el radio? (Lección 6-10)

  F El volumen se triplica.

  G El volumen es 9 veces mayor.

  H El volumen es $\frac{1}{9}$ del volumen original.

  J El volumen es 8 veces mayor.

7-7 Dibujos a escala

Aprender a comparar y hallar dimensiones de dibujos a escala y objetos reales.

Vocabulario

dibujo a escala

escala

reducción

agrandamiento

Stan Herd es un agricultor y "artista agrícola" que ha creado obras de arte de hasta 160 acres cuadrados. Primero hace un *dibujo a escala* y luego determina la longitud real de las partes de la obra de arte.

Un **dibujo a escala** es un dibujo bidimensional que representa con exactitud un objeto. El dibujo a escala es matemáticamente semejante al objeto.

Para tener una idea de la escala, observa el tractor abajo a la derecha.

Una **escala** da la razón de las dimensiones en el dibujo a las dimensiones del objeto. Todas las dimensiones se reducen o agrandan con la misma escala. Las unidades de la escala pueden ser iguales o diferentes.

Leer matemáticas

La escala *a:b* quiere decir "a a b". Por ejemplo, la escala 1 cm:3 pies quiere decir "un centímetro a tres pies".

Escala	Interpretación
1:20	1 unidad en el dibujo son 20 unidades.
1 cm:1 m	1 cm en el dibujo es 1 m.
$\frac{1}{4}$ pulg = 1 pie	$\frac{1}{4}$ pulg en el dibujo es 1 pie.

EJEMPLO **1** **Usar proporciones para hallar escalas o longitudes desconocidas**

A En un dibujo a escala, la longitud de un objeto es de 5 cm; su longitud real es de 15 m. La escala es 1 cm: ▨ m. ¿Cuál es la escala?

$$\frac{1 \text{ cm}}{x \text{ m}} = \frac{5 \text{ cm}}{15 \text{ m}}$$ Escribe la proporción usando $\frac{\text{longitud a escala}}{\text{longitud real}}$.

$1 \cdot 15 = x \cdot 5$ Halla los productos cruzados.

$x = 3$ Resuelve la proporción.

La escala es 1 cm:3 m.

B En un dibujo a escala, un objeto mide 3.5 pulg. La escala es de 1 pulg:12 pies. ¿Cuánto mide el objeto real?

$$\frac{1 \text{ pulg}}{12 \text{ pies}} = \frac{3.5 \text{ pulg}}{x \text{ pies}}$$ Escribe la proporción usando $\frac{\text{longitud a escala}}{\text{longitud real}}$.

$1 \cdot x = 3.5 \cdot 12$ Halla los productos cruzados.

$x = 42$ Resuelve la proporción.

La longitud real es de 42 pies.

Un dibujo a escala que es más pequeño que el objeto real se llama **reducción**. Un dibujo a escala también puede ser más grande que el objeto. En este caso, el dibujo se llama **agrandamiento**.

EJEMPLO 2 *Aplicación a las ciencias de la vida*

A través de un microscopio con escala de 1000:1 un paramecio parece tener 39 mm de longitud. ¿Cuál es su longitud real?

$\dfrac{1000}{1} = \dfrac{39\ \text{mm}}{x\ \text{mm}}$ ⟵ longitud a escala
⟵ longitud real

$1000 \cdot x = 1 \cdot 39$ *Halla los productos cruzados.*

$x = 0.039$ *Resuelve la proporción.*

La longitud real del paramecio es de 0.039 mm.

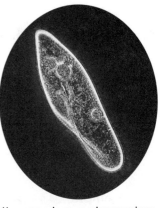

Un paramecio es un microorganismo cilíndrico o con forma de pie.

Se dice que un dibujo está a escala de $\frac{1}{4}$ pulg si usa la escala $\frac{1}{4}$ pulg = 1 pie. Y un dibujo está a escala de $\frac{1}{2}$ pulg si usa la escala $\frac{1}{2}$ pulg = 1 pie.

EJEMPLO 3 **Usar escalas y dibujos a escala para hallar alturas**

A Si una pared en un dibujo a escala de $\frac{1}{4}$ pulg tiene 3 pulg de altura, ¿qué altura tiene la pared real?

$\dfrac{0.25\ \text{pulg}}{1\ \text{pie}} = \dfrac{3\ \text{pulg}}{x\ \text{pie}}$ ⟵ longitud de la escala
⟵ longitud real

Las razones de longitud son iguales.

$0.25 \cdot x = 1 \cdot 3$ *Halla los productos cruzados.*

$x = 12$ *Resuelve la proporción.*

La pared tiene 12 pies de altura.

B ¿Qué altura tiene la pared si se usa una escala de $\frac{1}{2}$ pulg?

$\dfrac{0.5\ \text{pulg}}{1\ \text{pie}} = \dfrac{3\ \text{pulg}}{x\ \text{pie}}$ ⟵ longitud de la escala
⟵ longitud real

Las razones de longitud son iguales.

$0.5 \cdot x = 1 \cdot 3$ *Multiplica cruzado.*

$x = 6$ *Resuelve la proporción.*

La pared tiene 6 pies de altura.

Razonar y comentar

1. Describe qué escala produciría el dibujo más grande de un objeto: 1:20, 1 pulg = 1 pie ó $\frac{1}{4}$ pulg = 1 pie.

2. Describe qué escala produciría el dibujo más pequeño de un objeto: 1:10, 1 cm = 10 cm, ó 1 mm:1 m.

7-7 **Ejercicios**

PARA PRÁCTICA ADICIONAL
ve a la pág. 745

conexión **internet**
Ayuda en línea para tareas
go.hrw.com   Clave: MP4 7-7

PRÁCTICA GUIADA

Ver Ejemplo **1.** Una cerca de 10 pies mide 8 pulg en un dibujo a escala. ¿Cuál es la escala?

2. Con una escala de 2 cm:9 m, ¿cuánto mide un objeto que en un dibujo mide 4.5 cm?

Ver Ejemplo **3.** A través de un microscopio con escala de 100:1, un microorganismo parece tener una longitud de 0.85 pulg. ¿Cuánto mide el microorganismo?

4. A través del microscopio del ejercicio 3, ¿qué longitud parecería tener un microorganismo que mide 0.075 mm?

Ver Ejemplo **5.** En una escala de $\frac{1}{4}$ pulg, un árbol tiene 13 pulg de altura. ¿Cuál es su altura real?

6. ¿Qué altura tiene un puente de 54 pies en un dibujo a escala de $\frac{1}{2}$ pulg?

PRÁCTICA INDEPENDIENTE

Ver Ejemplo **7.** ¿Qué escala tiene un dibujo en el que una pared de 6 m mide 4 cm?

8. Si se usa una escala de 2 pulg:10 pies, ¿cuánto mide un objeto que en un dibujo mide 14 pulg?

Ver Ejemplo **9.** A través de un microscopio con escala de 1000:1, un paramecio mide 23 mm de longitud. ¿Qué longitud real tiene?

10. Si un cristal de 0.27 cm de longitud parece medir 13.5 cm bajo el microscopio, ¿qué potencia tiene el microscopio?

Ver Ejemplo **11.** Con una escala de $\frac{1}{2}$ pulg, ¿qué altura tendría una estatua de 40 pies en un dibujo?

12. ¿Qué anchura tiene una puerta de 3 pies en un dibujo a escala de $\frac{1}{4}$ pulg?

PRÁCTICA Y RESOLUCIÓN DE PROBLEMAS

La escala de un mapa es de 1 pulg = 15 mi. Halla cada longitud en el mapa.

13. 30 mi   **14.** 45 mi   **15.** 7.5 mi   **16.** 153.75 mi

La escala de un dibujo es de 3 pulg = 27 pies. Halla cada medida real.

17. 2 pulg   **18.** 5 pulg   **19.** 6.5 pulg   **20.** 11.25 pulg

21. Usa la escala del mapa y una regla para hallar la distancia en millas entre Two Egg, Florida y Gnaw Bone, Indiana.

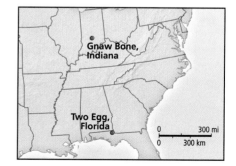

CONEXIÓN con la arquitectura

Usa una regla métrica para medir la anchura de la puerta de 36 pulg en el plano de la sala.

En los ejercicios del 22 al 28, indica qué escala usaste.

22. ¿Qué anchura tienen las puertas deslizantes (línea roja)?

23. ¿Qué distancia m hay entre dos montantes internos?

24. ¿Qué longitud tiene la repisa de roble? (A la derecha, termina justo antes de la *C* de la palabra *CHIMENEA*.)

25. ¿Cabría un librero de 4 pies en la pared derecha sin bloquear las puertas deslizantes? Explica tu respuesta.

26. ¿Cuál es el área que tiene el piso de baldosas de la chimenea en $pulg^2$? ¿En $pies^2$?

27. ¿Cuál es el área que tiene toda la sala en $pies^2$?

28. La anchura máxima del papel para planos es de 36 pulg (unos 91.4 cm). ¿A qué distancia corresponde esto en el mundo real, según la escala que usaste?

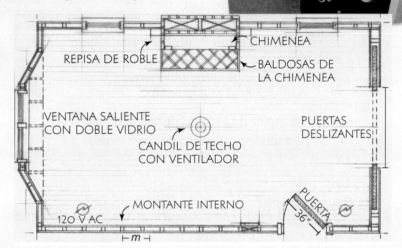

29. ⭐ *DESAFÍO* Supongamos que el arquitecto usó una escala de $\frac{1}{8}$ pulg = 1 pie.

a. ¿Qué dimensiones tendría la sala?

b. Usa el resultado de la parte **a** para hallar el área de la sala.

c. Si la alfombra que quieren los Anderson cuesta $4.99 por pie cuadrado, ¿cuánto costará alfombrar la sala?

go.hrw.com
CLAVE: MP4 Scale,
disponible en inglés.
CNN Student News.

Repaso en espiral

Indica si las razones de cada par forman una proporción. (Lección 7-1)

30. $\frac{3}{7}$ y $\frac{6}{14}$ **31.** $\frac{5}{8}$ y $\frac{10}{4}$ **32.** $\frac{13}{4}$ y $\frac{52}{16}$ **33.** $\frac{22}{7}$ y $\frac{11}{3}$

34. **PREPARACIÓN PARA LA PRUEBA** La altura de un árbol era de 3.5 pies a los 2 años y 8.75 pies a los 5 años. Si su tasa de crecimiento es constante, ¿qué altura tenía a los 3 años? (Lección 7-4)

A 5 pies   **B** 5.25 pies   **C** 6.5 pies   **D** 5.75 pies

7-8 Modelos a escala

Aprender a comparar y hallar dimensiones de modelos a escala y objetos reales.

Vocabulario

modelo a escala

Los mamuts, que pesaban de 4 a 6 toneladas, recorrieron el planeta desde hace 3.75 millones hasta hace 4000 años.

Se hacen modelos de objetos muy grandes y muy pequeños. Un **modelo a escala** es un modelo en tres dimensiones que representa con exactitud un objeto sólido. El modelo a escala es matemáticamente semejante al objeto sólido.

La escala da la razón de las dimensiones del modelo a las dimensiones reales.

Una especie de mamut sobrevivió hasta el tiempo de los faraones egipcios.

EJEMPLO **1** **Analizar y clasificar factores de escala**

Indica si cada escala reduce, agranda o conserva el mismo tamaño del objeto real.

A 1 yd:1 pie

$$\frac{1\,yd}{1\,pie} = \frac{3\,pies}{1\,pie} = 3 \qquad \textit{Convierte: 1 yd = 3 pies. Simplifica.}$$

La escala agranda 3 veces el tamaño del objeto real.

B 100 cm:1 m

$$\frac{100\,cm}{1\,m} = \frac{1m}{1m} = 1 \qquad \textit{Convierte: 100 cm = 1 m. Simplifica.}$$

La escala conserva el tamaño del objeto porque el factor de escala es 1.

EJEMPLO **2** **Hallar factores de escala**

¿Qué factor de escala relaciona un modelo a escala de 20 pulg con un apatosauro de 80 pies?

20 pulg:80 pies *Escribe la escala.*

$$\frac{20\,pulg}{80\,pies} = \frac{1\,pulg}{4\,pies} = \frac{1\,pulg}{48\,pulg} \qquad \textit{Escribe la escala como razón y simplifica.}$$

El factor de escala es $\frac{1}{48}$ ó 1:48.

Hallar dimensiones desconocidas con los factores de escala que se dan

Se usó la escala de 2 pulg:3 pies para hacer un modelo de una casa de 27 pies de altura. ¿Cuál es la altura del modelo?

$$\frac{2 \text{ pulg}}{3 \text{ pies}} = \frac{2 \text{ pulg}}{36 \text{ pulg}} = \frac{1 \text{ pulg}}{18 \text{ pulg}}$$ *Primero halla el factor de escala.*

El factor de escala del modelo es $\frac{1}{18}$. Ahora escribe una proporción.

$$\frac{1}{18} = \frac{a \text{ pulg}}{324 \text{ pulg}}$$ *Convierte: 27 pies = 324 pulg*

$$324 = 18a$$ *Multiplica cruzado.*

$$a = 18$$ *Halla la altura.*

La altura del modelo es de 18 pulg.

EJEMPLO **4** *Aplicación a las ciencias de la vida*

Se construyó un modelo de ADN con la escala de 2 cm:0.0000001 mm. Si el modelo mide 17 cm de longitud, ¿cuánto mide la cadena real de ADN? Halla el factor de escala.

$$\frac{2 \text{ cm}}{0.0000001 \text{ mm}} = \frac{20 \text{ mm}}{0.0000001 \text{ mm}} = 200{,}000{,}000$$

El factor de escala del modelo es 200,000,000. Esto significa que el modelo es 200 millones de veces más grande que la cadena real.

$$\frac{200{,}000{,}000}{1} = \frac{17 \text{ cm}}{x \text{ cm}}$$ *Escribe una proporción.*

$$200{,}000{,}000x = 17(1)$$ *Multiplica cruzado.*

$$x = 0.000000085$$ *Halla la longitud.*

La longitud de la cadena de ADN es de 8.5×10^{-8} cm.

Razonar y comentar

1. Explica cómo hallarías la anchura del modelo de la casa del Ejemplo 3.

2. Describe cómo hallarías el factor de escala de un modelo de la Estatua de la Libertad. ¿Qué información necesitarías?

3. Explica por qué puede ser engañoso comparar modelos con un factor de escala distinto, como el apatosauro del Ejemplo 2 y la casa del Ejemplo 3.

7-8 **Ejercicios**

PARA PRÁCTICA ADICIONAL
ve a la pág. 745

☑ conexión internet
Ayuda en línea para tareas
go.hrw.com Clave: MP4 7-8

PRÁCTICA GUIADA

Ver Ejemplo **Indica si cada escala reduce, agranda o conserva el tamaño del objeto real.**

1. 1 pulg:18 pulg **2.** 4 pies:15 pulg **3.** 1 m:1000 mm

4. 1 cm:10 mm **5.** 6 pulg:100 pies **6.** 80 pies:20 pulg

Ver Ejemplo **7.** ¿Qué factor de escala relaciona un modelo de barco de 15 pulg de altura con un yate de 30 pies de altura?

Ver Ejemplo **8.** Se construyó un modelo de un centro comercial de 42 pies de altura con la escala de 1 pulg:3 pies. ¿Cuál es la altura del modelo?

Ver Ejemplo **4** **9.** Un modelo de molécula usa la escala de 2.5 cm:0.00001 mm. Si cl modelo mide 7 cm de longitud, ¿cuánto mide la molécula?

PRÁCTICA INDEPENDIENTE

Ver Ejemplo **Indica si cada escala reduce, agranda o conserva el tamaño del objeto real.**

10. 10 pies:24 pulg **11.** 1 mi:5280 pies **12.** 6 pulg:100 pies

13. 0.25 pulg:1 pie **14.** 50 pies:1 pulg **15.** 250 cm:1 km

Ver Ejemplo **16.** ¿Qué factor de escala se usó para construir una cartelera de 55 pies de anchura a partir de un modelo de 25 pulg de anchura?

Ver Ejemplo **17.** Se construyó un modelo de una casa con la escala de 5 pulg:25 pies. Si una ventana del modelo mide 1.5 pulg de ancho, ¿cuál es la anchura de la ventana real?

Ver Ejemplo **18.** Para crear un modelo de una arteria, un maestro usa la escala de 2.5 cm:0.75 mm. Si el diámetro de la arteria es de 2.7 mm, ¿cuál es el diámetro del modelo?

PRÁCTICA Y RESOLUCIÓN DE PROBLEMAS

Convierte ambas medidas a la misma unidad de medida y halla el factor de escala.

19. un modelo de 1 pie de un fósil de 1 pulg

20. un modelo de 8 cm de un cohete de 24 m

21. un modelo de 2 pies de una cancha de 30 yd

22. un modelo de 4 pies de una ballena de 6 yd

23. un modelo de 40 cm de un árbol de 5 m

24. un modelo de 6 pulg de un sofá de 6 pies

25. *CIENCIAS DE LA VIDA* Wally tiene un modelo de 18 pulg de un dinosaurio de 42 pies, el Tiranosaurio rex. ¿Qué factor de escala se usó?

26. **NEGOCIOS** Unos ingenieros diseñaron un parque temático creando un modelo a escala de 0.5 pulg:32 pies.

a. Si el modelo mide 41.25 pulg por 82.5 pulg, ¿cuáles son las dimensiones del parque?

b. ¿Cuál es el área del parque en pies cuadrados?

c. Si los constructores estiman que la construcción del parque costará $250 millones, ¿cuánto costará por pie cuadrado?

27. **ARQUITECTURA** Maurice construye un modelo del arco Gateway de St. Louis, Missouri, de 2 pies de altura. Si la escala que usa es de 3 pulg:78.75 pies, ¿cuál es la altura del arco real?

28. **ENTRETENIMIENTO** En Tobu World Square, un parque temático japonés, hay más de 100 modelos de edificios famosos a escala de $\frac{1}{25}$. Con este factor de escala,

a. ¿cuál sería la altura en pulgadas de un modelo de la torre del Big Ben, que mide 320 pies?

b. ¿cuál sería la altura de una persona de 5 pies?

Los modelos de Tobu World Square se ven con frecuencia en cine y televisión.

29. **¿DÓNDE ESTÁ EL ERROR?** Se pide a una estudiante hallar el factor de escala que relaciona un modelo de 10 pulg con un edificio de 45 pies. Ella resuelve el problema escribiendo $\frac{10\ pulg}{45\ pies} = \frac{2}{9} = \frac{1}{4.5}$. ¿Qué error cometió? ¿Cuál es el factor de escala correcto?

30. **ESCRÍBELO** Explica cómo puedes decir si un factor de escala producirá un modelo a escala agrandado o un modelo a escala reducido.

31. **DESAFÍO** Un científico quiere construir un modelo, reducido 11,000,000 veces, de la Luna en órbita alrededor de la Tierra. ¿Dará la escala 48 pies:100,000 mi la reducción deseada?

Repaso en espiral

Halla el área total de cada esfera. Usa $\pi = 3.14$. (Lección 6-10)

32. radio 5 mm   33. radio 12.2 pies   34. diámetro 4 pulg   35. diámetro 20 cm

Halla cada tasa unitaria. (Lección 7-2)

36. $90 por 8 horas de trabajo   37. 5 manzanas por $0.85   38. 24 jugadores en 2 equipos

39. **PREPARACIÓN PARA LA PRUEBA** ¿Cuánto tarda en vaciarse una tina de 750 galones a una tasa de 12.5 galones por minuto? (Lección 7-3)

A   1 hora   B   45 minutos   C   80 minutos   D   55 minutos

Hacer un modelo a escala

Para usar con la Lección 7-9

QUÉ NECESITAS:
- Cartulina
- Regla
- Tijeras
- Cinta adhesiva

RECUERDA
Una escala de 1 pulg = 200 pies produce un modelo a menor escala que una escala de 1 pulg = 20 pies.

✔ conexión **internet**

Recursos en línea para el laboratorio: *go.hrw.com*
CLAVE: MP4 Lab7C

Hay muchas formas de hacer un modelo a escala de un objeto sólido, como un prisma rectangular: puedes hacer una plantilla y doblarla, o recortar cartulina y unir las piezas con cinta. Lo más importante es hallar una buena escala.

Actividad 1

La torre Trump en la ciudad de Nueva York es un prisma rectangular con estas dimensiones aproximadas: altura, 880 pies; longitud de la base, 160 pies; anchura de la base, 80 pies.

1 Haz un modelo a escala de la torre Trump.

Primero determina la altura apropiada para tu modelo y halla una buena escala.

Si usas cartulina de $8\frac{1}{2}$ pulg por 11 pulg, divide la dimensión más larga entre 11 para hallar una escala.

$$\frac{880 \text{ pies}}{11 \text{ pulg}} = \frac{80 \text{ pies}}{1 \text{ pulg}}$$

Sea 1 pulg = 80 pies.

Con esta escala, las dimensiones del modelo son

$\frac{880}{80} = 11$ pulg $\frac{160}{80} = 2$ pulg y $\frac{80}{80} = 1$ pulg.

Por tanto, tendrás que recortar:

dos rectángulos de 11 pulg × 2 pulg

dos rectángulos de 11 pulg × 1 pulg

dos rectángulos de 2 pulg × 1 pulg

Une las piezas con cinta adhesiva para formar el modelo.

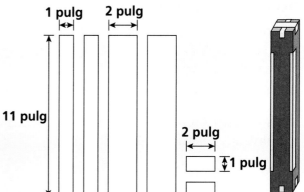

1. ¿Qué altura tendría un modelo de un edificio de 500 pies si se usara la misma escala?

2. ¿Por qué un edificio se sostendría con más firmeza que tu modelo?

3. ¿Qué otra escala podría tener el modelo si los números no tuvieran unidades?

Inténtalo

1. Construye un modelo a escala de un frontón de cuatro paredes. La cancha es un prisma rectangular sin techo que mide 20 pies de ancho y 40 pies de largo. Tres de las paredes miden 20 pies de altura y la del fondo mide 14 pies.

También puede usarse un modelo a escala para hacer un modelo más grande que el objeto original.

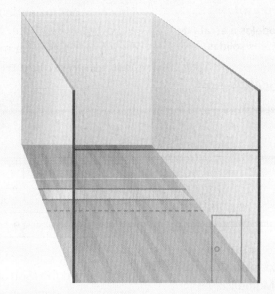

Actividad 2

1️⃣ Una batería AA tiene unas 0.57 pulgadas de diámetro y 2 pulgadas de altura. Haz un modelo a escala de una batería AA.

Puedes enrollar papel o cartulina para crear un cilindro. Halla la circunferencia de la batería: $0.57\pi \approx 1.8$ pulg.

Observa que la altura es mayor que la circunferencia, por tanto, usa la altura para hallar la escala.

$$\frac{11 \text{ pulg}}{2 \text{ pulg}} = 5.5$$

Para usar papel o cartulina de $8\frac{1}{2}$ pulg por 11 pulg, multiplica las dimensiones de la batería por 5.5.

$2(5.5) = 11$ pulg $1.8(5.5) = 9.9$ pulg

Como 9.9 pulg por 11 pulg es mayor que una hoja de papel de 8.5 pulg por 11 pulg, divide la anchura de la hoja entre la altura de la batería para hallar una escala menor. $8.5 \div 2 \approx 4.25$. Usa esta escala para hallar las nuevas dimensiones: diámetro $\approx$ 2.4 pulg, circunferencia $\approx$ 7.7 pulg y altura = 8.5 pulg. Se muestran las piezas del modelo.

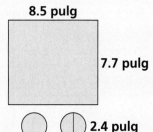

8.5 pulg

7.7 pulg

2.4 pulg

Razonar y comentar

1. Un cristal de sal mide un dieciseisavo de pulgada por lado. ¿Qué escala sería buena para un modelo del cristal?

Inténtalo

1. Mide el diámetro de la terminal (punta) de la batería. Haz un modelo de la terminal con la misma escala que usaste para el modelo de la batería.

7-9 Cómo aplicar escalas a las figuras tridimensionales

Aprender a hacer modelos a escala de figuras sólidas.

Vocabulario

capacidad

Una compañía vende una caja pequeña de palomitas de maíz que mide 1 pie × 1 pie × 1 pie. También vende una caja grande que mide 3 pies × 3 pies × 3 pies. Una máquina tarda 5 segundos en llenar la caja pequeña. Tarda mucho más en llenar la caja grande.

Longitud de arista	1 pie	2 pies	3 pies
Volumen	$1 \times 1 \times 1 = 1$ pie^3	$2 \times 2 \times 2 = 8$ pies^3	$3 \times 3 \times 3 = 27$ pies^3
Área total	$6 \cdot 1 \times 1 = 6$ pies^2	$6 \cdot 2 \times 2 = 24$ pies^2	$6 \cdot 3 \times 3 = 54$ pies^2

Pista útil

Multiplicar las dimensiones lineales de un sólido por n crea n^2 de área total y n^3 de volumen.

Las longitudes de arista correspondientes de dos cubos son proporcionales porque los cubos son semejantes. Sin embargo, los volúmenes y áreas totales no tienen el mismo factor de escala que las longitudes de arista.

Cada arista de un cubo de 2 pies es 2 veces más larga que cada arista del cubo de 1 pie, pero el volumen, o **capacidad**, del cubo, es 8 veces mayor, y su área total es 4 veces mayor que la del cubo de 1 pie.

EJEMPLO **1** **Aplicar escalas a modelos que son cubos**

Un cubo de 5 cm por lado se construye con cubos de 1 cm por lado. Compara estos valores.

 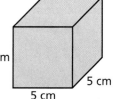

A la longitud de arista de los dos cubos

$$\frac{\text{cubo de 5 cm}}{\text{cubo de 1 cm}} \longrightarrow \frac{5 \text{ cm}}{1 \text{ cm}} = 5 \qquad \textit{Razón de aristas correspondientes}$$

Las aristas del cubo grande son 5 veces más largas que las del cubo pequeño.

B el área total de los dos cubos

$$\frac{\text{cubo de 5 cm}}{\text{cubo de 1 cm}} \longrightarrow \frac{150 \text{ cm}^2}{6 \text{ cm}^2} = 25 \qquad \textit{Razón de áreas correspondientes}$$

El área total del cubo grande es 25 veces mayor que la del cubo pequeño.

C el volumen de los dos cubos

$$\frac{\text{cubo de 5 cm}}{\text{cubo de 1 cm}} \longrightarrow \frac{125 \text{ cm}^3}{1 \text{ cm}^3} = 125 \qquad \textit{Razón de volúmenes correspondientes}$$

El volumen del cubo grande es 125 veces mayor que el del cubo pequeño.

EJEMPLO 2 Aplicar escalas a otras figuras sólidas

El modelo del edificio Fuller de Nueva York, también conocido como Flatiron, se puede hacer como un prisma trapezoidal con las dimensiones aproximadas que se muestran. Para un modelo de 10 cm de altura del edificio, halla lo siguiente.

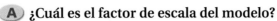

A ¿Cuál es el factor de escala del modelo?

$$\frac{10 \text{ cm}}{93 \text{ m}} = \frac{10 \text{ cm}}{9300 \text{ cm}} = \frac{1}{930}$$ *Convierte y simplifica.*

El factor de escala del modelo es 1:930.

B ¿Cuáles son las otras dimensiones del modelo?

lado izquierdo: $\frac{1}{930} \cdot 65 \text{ m} = \frac{6500}{930} \text{ cm} \approx 6.99 \text{ cm}$

parte de atrás: $\frac{1}{930} \cdot 30 \text{ m} = \frac{3000}{930} \text{ cm} \approx 3.23 \text{ cm}$

lado derecho: $\frac{1}{930} \cdot 60 \text{ m} = \frac{6000}{930} \text{ cm} \approx 6.45 \text{ cm}$

frente: $\frac{1}{930} \cdot 2 \text{ m} = \frac{200}{930} \text{ cm} \approx 0.22 \text{ cm}$

Los lados de la base trapezoidal miden 6.99 cm, 3.23 cm, 6.45 cm y 0.22 cm.

EJEMPLO 3 *Aplicación a los negocios*

Una máquina llena en 5 segundos con palomitas de maíz una caja cúbica cuyas aristas miden 1. ¿Cuánto tardará en llenar una caja cúbica cuyas aristas miden 3 pies?

$V = 3 \text{ pies} \cdot 3 \text{ pies} \cdot 3 \text{ pies} = 27 \text{ pies}^3$ *Halla el volumen de la caja más grande.*

Escribe una proporción y resuélvela.

$\frac{5}{1 \text{ pie}^3} = \frac{x}{27 \text{ pies}^3}$ *Cancela las unidades.*

$5 \cdot 27 = x$ *Multiplica.*

$135 = x$ *Calcula el tiempo de llenado.*

Tarda 135 segundos en llenar la caja grande.

Razonar y comentar

1. **Describe** cómo se comparan el volumen de un modelo y el del objeto original si el factor de escala lineal del modelo es 1:2.

2. **Explica** una posible forma de duplicar el área total de un prisma rectangular.

7-9 **Ejercicios**

PARA PRÁCTICA ADICIONAL
ve a la pág. 745

⬀ conexión internet
Ayuda en línea para tareas
go.hrw.com   Clave: MP4 7-9

PRÁCTICA GUIADA

Ver Ejemplo Un cubo de 4 pulg por lado se construye con cubos de 1 pulg por lado. Compara los valores siguientes.

1. las longitudes de los lados de los cubos grande y pequeño

2. las áreas totales de los dos cubos

3. los volúmenes de los dos cubos

Ver Ejemplo 4. Las dimensiones de una arena para básquetbol son: 500 pies de longitud; 375 pies de anchura y 125 pies de altura. El modelo a escala que se usó para construirla mide 40 pulg de longitud. Halla la anchura y altura del modelo.

Ver Ejemplo 5. Un acuario de 2 pies por 1 pie por 1 pie con forma de prisma rectangular se vacía en 2 min. ¿Cuánto tardará en vaciarse al mismo ritmo un acuario de 8 pies por 3 pies por 3 pies?

PRÁCTICA INDEPENDIENTE

Ver Ejemplo Un cubo de 7 m por lado se construye con cubos de 1 m por lado. Compara los valores siguientes.

6. las longitudes de los lados de los cubos grande y pequeño

7. las áreas totales de los dos cubos

8. los volúmenes de los dos cubos

Ver Ejemplo 9. La Gran Pirámide de Gizeh tiene una base cuadrada que mide 230 m por lado, y una altura aproximada de 147 m. Nathan construye un modelo de la pirámide con una base cuadrada de 50 cm por lado. ¿Cuál es la altura del modelo de Nathan, al centímetro más cercano?

Ver Ejemplo 10. Un silo cilíndrico de 20 pies de altura y 10 pies de diámetro se llena con grano en 25 minutos. ¿Cuánto tardará en llenarse un silo de 38 pies de altura y 14 pies de diámetro?

PRÁCTICA Y RESOLUCIÓN DE PROBLEMAS

Se construye un modelo a escala reducido de cada cubo, con un factor de escala de $\frac{1}{2}$. Halla la longitud del modelo y el número de cubos de 1 cm que se requieren para construirlo.

11. un cubo de 4 cm   12. un cubo de 6 cm   13. un cubo de 8 cm

14. un cubo de 2 cm   15. un cubo de 10 cm   16. un cubo de 12 cm

17. ¿Cuál es el volumen en cm³ de un cubo de 1 m?

18. ARTE Una pieza de alfarería requiere 2 lb de arcilla. ¿Cuánta arcilla se requeriría para duplicar todas las dimensiones de la pieza?

19. Se requirieron 100,000 bloques Lego® para construir un monumento cilíndrico de 5 m de diámetro. ¿Aproximadamente cuántos bloques se necesitarían para construir un monumento de 8 m de diámetro y con la misma altura?

20. CIENCIAS FÍSICAS En un modelo exacto del sistema solar, el diámetro del Sol tendría que ser unas 612 veces el diámentro de Plutón. ¿Qué relación habría entre sus volúmenes?

21. Una caja que contiene 20 oz de cereal se reduce usando un factor lineal de 0.9. ¿Aproximadamente cuántas onzas contendrá la nueva caja?

Legoland, en Billund, Dinamarca, contiene modelos Lego del Taj Majal, el monte Rushmore, otros monumentos y algunos visitantes.

22. ELIGE UNA ESTRATEGIA Se usan cinco cubos de 1 cm para construir un sólido. ¿Cuántos se usarán para construir un modelo a escala del sólido con un factor de escala lineal de 2 a 1?

    A. 10 cubos   **C.** 40 cubos

    B. 20 cubos   **D.** 100 cubos

23. ESCRÍBELO Si el factor de escala lineal de un modelo es $\frac{1}{4}$, ¿cuál es la relación entre el volumen del objeto original y el volumen del modelo?

24. DESAFÍO Para duplicar el volumen de un prisma rectangular, ¿qué número se multiplica por cada dimensión lineal del prisma? Da tu respuesta a la centésima más cercana.

Repaso en espiral

Halla dos razones equivalentes a cada razón que se da. (Lección 7-1)

25. $\frac{3}{5}$ **26.** $\frac{13}{26}$ **27.** $\frac{4}{11}$ **28.** $\frac{10}{9}$

La escala de un dibujo es de 2 pulg = 3 pies. Halla la medida real a la que corresponde cada longitud del dibujo. (Lección 7-7)

29. 1 pulg   **30.** 5 pulg   **31.** 12 pulg   **32.** 8.5 pulg

33. PREPARACIÓN PARA LA PRUEBA ¿Qué factor de escala se usó para crear un modelo de 10 pulg de altura de una estatua de 15 pies de altura? (Lección 7-8)

    A $\frac{1}{1.5}$ **B** $\frac{1}{3}$ **C** $\frac{1}{15}$ **D** $\frac{1}{18}$

Razones trigonométricas

Aprender a hallar las tres razones trigonométricas básicas de un triángulo rectángulo y a usarlas para hallar medidas que faltan.

Vocabulario

razones trigonométricas

seno

coseno

tangente

Examina las razones de las longitudes de los lados de los dos triángulos rectángulos semejantes, *ABC* y *DEF*.

Las razones de los lados correspondientes son iguales.

Las razones especiales llamadas **razones trigonométricas** comparan las longitudes del lado *opuesto* a un ángulo agudo de un triángulo rectángulo, del lado *adyacente* (junto) al ángulo agudo, y de la hipotenusa. La hipotenusa nunca es el lado adyacente.

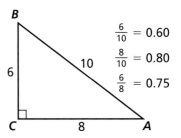

$$\frac{6}{10} = 0.60$$
$$\frac{8}{10} = 0.80$$
$$\frac{6}{8} = 0.75$$

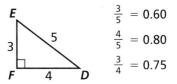

$$\frac{3}{5} = 0.60$$
$$\frac{4}{5} = 0.80$$
$$\frac{3}{4} = 0.75$$

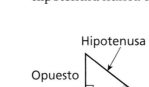

seno de $\angle A$ = sen A = $\dfrac{\text{longitud del lado opuesto } \angle A}{\text{hipotenusa}}$

coseno de $\angle A$ = cos A = $\dfrac{\text{longitud del lado adyacente a } \angle A}{\text{hipotenusa}}$

tangente de $\angle A$ = tan A = $\dfrac{\text{longitud del lado opuesto } \angle A}{\text{longitud del lado adyacente a } \angle A}$

Las razones trigonométricas son constantes para la medida de ángulo que se da.

E J E M P L O   1   Hallar el valor de una razón trigonométrica

Halla el coseno de 50°.

En el triángulo *ABC*: $\cos A = \frac{AC}{AB} = \frac{54}{84} \approx 0.64$

Con una calculadora: **cos** $50 = 0.64278761$

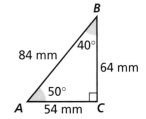

E J E M P L O   2   Usar razones trigonométricas para hallar longitudes que faltan

Halla la altura del Monumento a Washington al pie más cercano.

$\tan 70° = \dfrac{x}{202}$ *Escribe la razón de la tangente de un ángulo de 70°.*

$2.75 \approx \dfrac{x}{202}$ *Usa una calculadora para hallar el valor de tan 70°.*

$x \approx 2.75(202) \approx 555.5$ *Resuelve la ecuación.*

La altura aproximada del Monumento a Washington es de 556 pies.

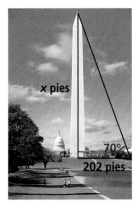

Halla el valor de cada razón trigonométrica a la milésima más cercana.

1. sen 51°

2. tan 72°

3. cos 89°

Halla cada altura indicada al pie más cercano.

4.

5.

Usa razones trigonométricas para hallar cada longitud desconocida *x* a la décima más cercana.

6.

7.
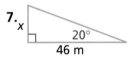

8.
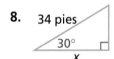

9.
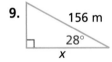

10.

11.
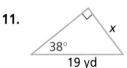

12. Joaquim colocó un asta en su porche. La sostiene con un alambre desde la casa. El alambre forma un ángulo recto con la casa. Halla en pies, a la décima más cercana, la longitud del alambre de soporte.

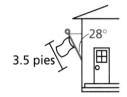

13. Samantha construye un cobertizo. Quiere que el techo tenga una inclinación de 36°. Halla, al pie más cercano, a qué altura del suelo estará la punta del techo.

14. Puesto que la hipotenusa siempre es el lado más largo de un triángulo rectángulo, ¿qué razón(es) trigonométrica(s) no puede(n) ser mayor(es) que 1?

15. ¿Qué ángulo tiene tangente de 1? Explica por qué.

16. Un triángulo rectángulo tiene ángulos agudos *A* y *B*, donde m∠*A* = 36° y m∠*B* = 54°. Compara sen *A* con cos *B*. Compara cos *A* con sen *B*. Explica lo que hallaste.

Resolución de problemas en lugares

VIRGINIA

El Maratón del Pueblo®

El Maratón del Pueblo, o "Maratón de los Monumentos" es el cuarto maratón más grande de Estados Unidos. La salida y la meta de la carrera de 26 millas y 385 yardas están en el Marine Corps War Memorial en Arlington, Virginia (Monumento en honor a los marinos caídos del Cuerpo de la Marina de EE. UU.) Cerca de 16,000 corredores participan en el maratón, que se celebra por lo común el cuarto domingo de octubre de cada año. En 2000, el 225º aniversario del Cuerpo de la Marina, participaron más de 25,000 corredores.

La ruta de la carrera pasa por muchos monumentos y edificios nacionales históricos, como el Monumento a Washington, el Pentágono, el Monumento a Lincoln, el Centro Kennedy, la Estación Unión, el Capitolio de EE. UU., los edificios de la Institución Smithsoniana y el Monumento a Jefferson.

1. ¿Cuántos pies mide la carrera de 26 millas, 385 yardas? (*Pista:* 1 mi = 5280 pies y 1 yd = 3 pies.)

2. ¿Cuál es la longitud en yardas de la carrera de 26 millas y 385 yardas?

3. En 2001, Olga Markova impuso un récord femenino en el Maratón del Pueblo con un tiempo de 2 horas y 37 minutos. ¿Cuántas millas por hora corrió, al número cabal más cercano?

4. En 2001, Jeff Scuffins impuso un récord masculino con un tiempo de 2 horas, 14 minutos y 1 segundo. ¿Cuántas millas por hora corrió, al número cabal más cercano?

Kings Dominion

El parque temático Kings Dominion en Doswell ocupa 400 acres e incluye una réplica de 33 pisos de la torre Eiffel, además de 50 atracciones en 8 áreas temáticas diferentes.

1. La torre Eiffel de Kings Dominion mide 331 pies 5 pulg y se construyó a una escala aproximada de 1:3 de la torre Eiffel de París. ¿Qué altura aproximada tiene la torre Eiffel de París?

Usa la tabla para los ejercicios del 2 al 6.

Montañas rusas de Kings Dominion			
Montaña Rusa	**Longitud (pies)**	**Altura (pies)**	**Duración**
Anaconda		128	1 min 50 s
HyperSonic XLC	1560		20 s
Rebel Yell	3368.5	85	2 min 15 s
Scooby-Doo's Ghoster Coaster	1385	35	

2. La razón altura a longitud de la montaña rusa Anaconda es $\frac{32}{675}$. ¿Qué longitud aproximada tiene la Anaconda?

3. La razón altura a longitud de la HyperSonic XLC es $\frac{11}{104}$. ¿Qué altura aproximada tiene la HyperSonic XLC?

4. La razón de la duración de la HyperSonic XLC a la duración de la Scooby-Doo's Ghoster Coaster es 1:5. ¿Qué duración tiene la Scooby-Doo's Ghoster Coaster en minutos y segundos?

5. Convierte la longitud de la montaña rusa Rebel Yell a millas y halla el máximo número de veces que podría salir la Rebel Yell en una hora.

6. Un modelo a escala de la Scooby-Doo's Ghoster Coaster tenía 277 pies de longitud y 7 pies de altura. ¿Qué factor de escala se usó?

MATE-JUEGOS

Copia cuadriculada

Puedes usar este método para copiar una obra de arte bien conocida o cualquier dibujo. Primero, dibuja una cuadrícula sobre la imagen que quieres copiar, o dibújala en papel para calcar y pégala sobre la imagen.

Luego, dibuja en otra hoja de papel una cuadrícula en blanco con el mismo número de cuadritos. Los cuadritos no tienen que ser del mismo tamaño. Copia exactamente cada cuadrado del original en la cuadrícula en blanco. No veas la imagen total al copiar. Cuando hayas copiado todos los cuadritos, tu dibujo en la cuadrícula completada deberá parecer igual a la imagen original.

Supongamos que copias una imagen de una reproducción de 12 pulg por 18 pulg y que usas cuadritos de 1 pulg en la primera cuadrícula.

1. Si usas cuadritos de 3 pulg en la cuadrícula en blanco, ¿qué tamaño tendrá tu copia final?

2. Si quieres hacer una copia de 10 pulg de altura, ¿de qué tamaño deberán ser los cuadritos de tu cuadrícula en blanco? ¿Qué anchura tendrá la copia?

3. Elige una pintura, dibujo o caricatura y cópialo con este método.

El juego del gato con fracciones

Dibuja un tablero grande de tic-tac-toe (tablero de gato). En cada cuadro, dibuja una proporción en blanco $\frac{\square}{\square} = \frac{\square}{\square}$. Los jugadores se turnan para girar una rueda de 12 secciones o lanzar un dado de 12 lados. Cada turno consiste en colocar un número en cualquier lugar de una de las proporciones. El jugador que completa correctamente una proporción toma ese cuadro. También se puede bloquear un cuadro llenando tres partes de una proporción de modo que no pueda completarse con un número entre 1 y 12. El primer jugador que toma tres cuadros en fila gana.

🔗 conexión **internet**
Visita **go.hrw.com** para una copia del tablero de juego. **CLAVE:** MP4 Game7

Tecnología LABORATORIO

Dilataciones de figuras geométricas

Para usar con la Lección 7-5

Una **dilatación** es una transformación geométrica que cambia el tamaño pero no la forma de una figura.

↗ conexión **internet**
Recursos en línea para el laboratorio: **go.hrw.com**
CLAVE: MP4 TechLab7

Actividad

1 Traza un triángulo semejante al que se muestra. Rotula los vértices A, B y C.

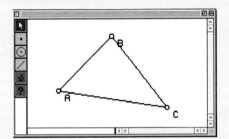

2 Ahora elige un centro de dilatación dentro del triángulo ABC y rotúlalo punto D.

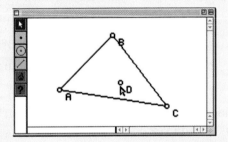

3 Usa la herramienta de dilatación del software para reducir el triángulo con una razón de 1 a 2.

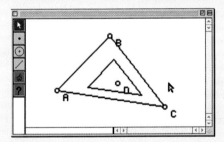

4 Usa otra vez la herramienta para agrandar el triángulo original con una razón de 4 a 3.

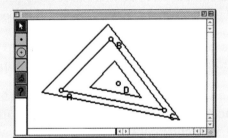

Observa que las dilataciones del triángulo ABC tienen exactamente la misma *forma* que el triángulo original, pero diferente *tamaño*.

Razonar y comentar

1. ¿Son semejantes todos los triángulos de la última figura?

2. Si el centro de dilatación está dentro del triángulo, y el triángulo dilatado se reduce, ¿está el triángulo menor siempre totalmente dentro del triángulo original?

Inténtalo

1. Usa un software de geometría para trazar un cuadrilátero ABCD.

   a. Elige un centro de dilatación dentro de ABCD. Reduce ABCD con un factor de 1 a 3.

   b. Elige un centro de dilatación fuera de ABCD. Agranda ABCD con un factor de 3 a 2.

Vocabulario

Completa los enunciados con las palabras del vocabulario. Puedes usar las palabras más de una vez.

1. Un(a) ___?___ es una comparación de dos cantidades mediante una división. Dos razones que son equivalentes están en ___?___.

2. Un(a) ___?___ es una comparación de dos cantidades que tienen diferentes unidades. Una relación en la que la segunda cantidad es 1 es un(a) ___?___.

3. Un dibujo a escala es matemáticamente ___?___ al objeto real. Todas las dimensiones se reducen o agrandan con el/la mismo(a) ___?___.

4. Una transformación que cambia el tamaño pero no la forma de una figura es un(a) ___?___. Un factor de escala mayor que 1 produce un(a) ___?___ de la figura, mientras que un factor entre 0 y 1 produce un(a) ___?___ .

7-1 Razones y proporciones (págs. 342–345)

EJEMPLO

■ Halla dos razones equivalentes a $\frac{4}{12}$.

$$\frac{4 \cdot 2}{12 \cdot 2} = \frac{8}{24} \qquad \frac{4 \div 2}{12 \div 2} = \frac{2}{6}$$

8:24 y 2:6 son equivalentes a 4:12.

■ Simplifica para indicar si $\frac{5}{15}$ y $\frac{6}{24}$ forman una proporción.

$$\frac{5 \div 5}{15 \div 5} = \frac{1}{3} \qquad \frac{6 \div 6}{24 \div 6} = \frac{1}{4}$$

Puesto que $\frac{1}{3} \neq \frac{1}{4}$, las razones no están en proporción.

EJERCICIOS

Halla dos razones equivalentes a cada razón que se da.

5. $\frac{8}{16}$ 6. $\frac{9}{18}$ 7. $\frac{35}{60}$

Simplifica para indicar si las razones de cada par forman una proporción.

8. $\frac{8}{24}$ y $\frac{2}{6}$ 9. $\frac{3}{12}$ y $\frac{6}{18}$

10. $\frac{25}{125}$ y $\frac{5}{25}$ 11. $\frac{6}{8}$ y $\frac{9}{16}$

7-2 Razones, relaciones y tasas unitarias (págs. 346–349)

EJEMPLO

■ Alex puede comprar un paquete de 4 baterías AA por $2.99 ó uno de 8 por $4.98. ¿Cuál es la mejor compra?

$$\frac{\text{precio por paquete}}{\text{número de baterías}} = \frac{\$2.99}{4} \approx \$0.75 \text{ por batería}$$

$$\frac{\text{precio por paquete}}{\text{número de baterías}} = \frac{\$4.98}{8} \approx \$0.62 \text{ por batería}$$

El paquete de 8 por $4.98 es la mejor compra.

EJERCICIOS

Halla el precio unitario en cada oferta e indica cuál es la mejor compra.

12. 50 discos formateados para computadora por $14.99 ó 75 discos por $21.50

13. 6 cajas de varitas de incienso de 3 pulg por $22.50 u 8 cajas por $30

14. un paquete de 8 separadores multicolores para carpeta por $23.09 ó un paquete de 25 por $99.99

7-3 Analizar unidades (págs. 350–354)

EJEMPLO

■ A 75 kilómetros por hora, ¿cuántos metros recorre un auto en 1 minuto?

km a m

$$\longrightarrow \frac{1000 \text{ m}}{1 \text{ km}}$$

h a min

$$\longrightarrow \frac{1 \text{ h}}{60 \text{ min}}$$

$$\frac{75 \text{ km}}{1 \text{ h}} \cdot \frac{1000 \text{ m}}{1 \text{ km}} \cdot \frac{1 \text{ h}}{60 \text{ min}} = \frac{75 \cdot 1000 \text{ m}}{60 \text{ min}}$$

$$= \frac{1250 \text{ m}}{1 \text{ min}}$$

El auto recorre 1250 m en 1 minuto.

EJERCICIOS

Convierte cada tasa.

15. 90 km/h a m/h

16. 75 pies por segundo a pies por minuto

17. 35 kilómetros por hora a metros por minuto

18. 55 millas por hora a pies por segundo

19. 60 cm/s a m/h

7-4 Cómo resolver proporciones (págs. 356–359)

EJEMPLO

■ Resuelve la proporción $\frac{18}{12} = \frac{x}{2}$.

$12x = 18 \cdot 2$ *Halla los productos cruzados.*

$\frac{12x}{12} = \frac{36}{12}$ *Halla el valor de x.*

$x = 3$

EJERCICIOS

Resuelve cada proporción.

20. $\frac{3}{5} = \frac{9}{x}$

21. $\frac{24}{h} = \frac{16}{4}$

22. $\frac{w}{6} = \frac{7}{2}$

23. $\frac{3}{8} = \frac{11}{y}$

7-5 Dilataciones (págs. 362–365)

EJEMPLO

■ Dilata el triángulo *ABC* con un factor de escala de 2, con *O*(0, 0) como el centro de dilatación.

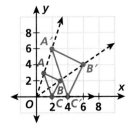

EJERCICIOS

Dilata cada triángulo *ABC* con el factor de escala que se da y *O*(0, 0) como el centro de dilatación.

24. *A*(1, 0), *B*(1, 2), *C*(3, 1); factor de escala = 3

25. *A*(4, 6), *B*(8, 4), *C*(6, 2); factor de escala = 0.5

26. *A*(2, 2), *B*(6, 2), *C*(4, 4); factor de escala = 1.5

7-6 Figuras semejantes (págs. 368–371)

(págs. 368–371)

EJEMPLO

■ Un sello de 1.2 pulg de altura y 1.75 pulg de anchura se agrandará a una altura de 4.2 pulg. ¿Qué anchura deberá tener para que los sellos sean semejantes?

$$\frac{\text{altura a escala}}{\text{altura original}} = \frac{4.2}{1.2} = 3.5 = \text{factor de escala}$$

$$\begin{array}{l}\text{anchura} \\ \text{a escala}\end{array} = \begin{array}{l}\text{anchura} \\ \text{original}\end{array} \cdot \begin{array}{l}\text{factor} \\ \text{a escala}\end{array}$$

$$= 1.75(3.5) = 6.125$$

El sello mayor tendrá 6.125 pulg de ancho.

EJERCICIOS

27. Una imagen de 3 pulg de anchura y 5 pulg de altura se agrandará a 7.5 pulg de ancho para un anuncio. ¿Qué altura tendrá la imagen del anuncio?

28. Una imagen de 8 pulg de anchura y 10 pulg de altura se reducirá a 2.5 pulg de anchura para una invitación. ¿Qué altura tendrá la imagen de la invitación?

7-7 Dibujos a escala (págs. 372–375)

EJEMPLO

■ Una longitud en un mapa es de 4.2 pulg. La escala es de 1 pulg:100 mi. Halla la distancia real.

$$\frac{1 \text{ in.}}{100 \text{ mi}} = \frac{4.2 \text{ in.}}{x \text{ mi}}$$ *Proporción de longitud a escala longitud real*

$$1 \cdot x = 100 \cdot 4.2 = 420 \text{ mi}$$

La distancia real es de 420 mi.

EJERCICIOS

29. Una longitud en un dibujo a escala es de 5.4 cm. La escala es de 1 cm:12 m. Halla la longitud real.

30. Una longitud de 79.2 pies se dibujará a una escala de 1 pulg:12 pies. Halla la longitud a escala.

7-8 Modelos a escala (págs. 376–379)

EJEMPLO

■ Indica si la escala 1000 m:1 km reduce, agranda o conserva el tamaño del objeto real.

$$\frac{1000 \text{ m}}{1 \text{ km}} = \frac{1000 \text{ m}}{1000 \text{ m}} = 1$$ *Convierte 1 km = 1000 m y simplifica.*

La escala conserva el tamaño porque el factor de escala es 1.

EJERCICIOS

Halla cada factor de escala e indica si reduce, agranda o conserva el tamaño del objeto real.

31. 100 pulg:1 yd

32. 5 pulg:2 pulg

33. 10 m:1 km

34. 1 km:100,000 cm

7-9 Cómo aplicar escalas a las figuras tridimensionales (págs. 382–385)

EJEMPLO

■ Un cubo de 4 pulg de lado se construye con cubos de 2 pulg de lado. Compara el volumen del cubo grande y el del cubo pequeño.

$$\frac{\text{vol. cubo grande}}{\text{vol. cubo pequeño}} = \frac{4^3 \text{ pulg}^3}{2^3 \text{ pulg}^3} = \frac{64 \text{ pulg}^3}{8 \text{ pulg}^3} = 8$$

El volumen del cubo grande es 8 veces mayor que el del cubo pequeño.

EJERCICIOS

Un cubo de 3 pies se construye con cubos pequeños de 1 pie por lado. Compara las medidas que se indican de los cubos grande y pequeño.

35. longitud de arista

36. área total

37. volumen

Guía de estudio y repaso

Simplifica para indicar si las razones forman una proporción.

1. $\frac{24}{72}$ y $\frac{36}{108}$

2. $\frac{15}{20}$ y $\frac{9}{16}$

Usa factores de conversión.

3. Convierte 15 cuartos a galones.

4. Convierte 40 kilómetros por hora a metros por hora.

5. Convierte 45 millas por hora a pies por segundo.

Resuelve cada proporción.

6. $\frac{3}{5} = \frac{18}{n}$

7. $\frac{x}{15} = \frac{7}{35}$

8. $\frac{10}{y} = \frac{35}{63}$

9. Usa la escala de 10 pulg:50 pies. Halla el factor de escala. Indica si el factor de escala reduce, agranda o conserva el tamaño de un objeto.

10. Usa la escala de 1000 mm:100 cm. Halla el factor de escala. Indica si el factor de escala reduce, agranda o conserva el tamaño de un objeto.

**Un cubo de 9 cm se construye con cubos pequeños de 1 cm por lado.
Compara las medidas que se indican de los cubos grande y pequeño.**

11. la longitud de arista

12. el área total

13. el volumen

Dilata cada triángulo *ABC* con el factor de escala que se da y el origen como el centro de dilatación.

14. $A(1, 1)$, $B(3, 1)$, $C(1, 3)$;
factor de escala = 3

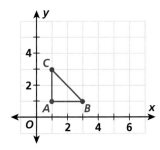

15. $A(2, 2)$, $B(4, 6)$, $C(8, 4)$;
factor de escala = 0.5

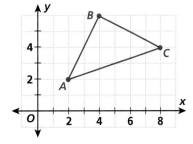

16. Dina ganó $28 por trabajar 2 horas. Con el mismo sueldo, ¿cuántas horas debe trabajar para ganar $49?

17. La razón longitud a anchura de un campo rectangular es 10:7. Si la anchura es de 70 metros, halla el perímetro del campo.

18. Una compañía vende pasas en cajas pequeñas que miden 5 pulg por 2.5 por 1.5 pulg y pesan 2 oz. Quiere hacer una caja tamaño familiar con dimensiones de 7.5 pulg por 3.75 pulg por 2.25 pulg. ¿Cuánto pesaría esta caja de pasas?

Evaluación del desempeño

 Muestra lo que sabes

Haz un portafolio para tus trabajos en este capítulo. Completa esta página e inclúyela junto con los cuatro mejores trabajos del Capítulo 7. Elige entre las tareas o prácticas de laboratorio, examen parcial del capítulo o cualquier entrada de tu diario para incluirlas en el portafolio empleando el diseño que más te guste. Usa tu portafolio para presentar lo que consideras tu mejor trabajo.

 Respuesta corta

1. En la cafetería de la escuela, la razón de pintas de leche con chocolate a pintas de leche sola vendidas es 4 a 7. ¿Cuántas pintas de leche con chocolate se venden, si se venden 168 pintas de leche? Muestra tu trabajo.

2. Al comprar útiles escolares, Sara halla dos tamaños de cajas de lápices. Una tiene 8 lápices y cuesta $0.89; la otra tiene 12 lápices y cuesta $1.25.

   a. ¿Qué caja tiene mejor precio? ¿Por qué? Redondea tu respuesta al centavo más cercano.

   b. ¿Cuánto se ahorraría al comprar 48 lápices al mejor precio? Muestra tu trabajo.

Extensión de resolución de problemas

3. Para construir un modelo exacto del sistema solar, elige un diámetro para el modelo del Sol. Luego, podrás calcular proporcionalmente las distancias y tamaños de los planetas con la tabla de abajo.

   Supón que el diámetro del modelo del Sol es de 1 pulg.

   a. ¿Cuál es el diámetro de Plutón en el modelo?

   b. ¿A qué distancia del Sol está Plutón en el modelo?

   c. ¿En el modelo, a qué distancia del Sol estaría Plutón si se cambiara el diámetro del Sol a 2 pies?

Sólo se conocían seis planetas cuando se creó este modelo mecánico a principios del siglo XVIII.

	Sol	Marte	Júpiter	Plutón
Diámetro (mi)	864,000	4200	88,640	1410
Distancia al Sol (millones de mi)	n/a	141	483	3670

Evaluación acumulativa: Capítulos 1–7

1. Joan pagó $6.40 por 80 copias de un anuncio. ¿Cuál es la tasa unitaria?

Ⓐ 8 copias por dólar

Ⓑ 16 copias por dollar

Ⓒ $0.80 por copia

Ⓓ $0.08 por copia

2. Se hace un modelo de 9 pulg de un barco de 15 pies. ¿Cuál es el factor de escala?

Ⓕ 1:20

Ⓖ 20:1

Ⓗ 3:5

Ⓙ 5:3

3. Si $x = yz$, ¿cuál de los siguientes debe ser igual a xy?

Ⓐ yz

Ⓑ yz^2

Ⓒ y^2z

Ⓓ $\frac{z^2}{y}$

4. Las fracciones $\frac{4}{n}, \frac{5}{n}, \frac{7}{n}$ están en su mínima expresión. ¿Cuál de éstos podría ser el valor de n?

Ⓕ 28

Ⓖ 27

Ⓗ 26

Ⓙ 25

5. En la ecuación $A = \pi r^2$, si se duplica r, ¿por qué número se multiplica A?

Ⓐ 2

Ⓑ $\frac{1}{2}$

Ⓒ 4

Ⓓ $\frac{1}{4}$

6. ¿Cuál de los enunciados es verdadero para el conjunto de datos 20, 30, 50, 70, 80, 80, 90?

   I. La media es mayor que 70.
   II. La mediana es mayor que 70.
   III. La moda es mayor que 70.

Ⓕ I y II solo

Ⓖ II y III solo

Ⓗ III solo

Ⓙ I, II, y III

7. ¿Qué número sigue en esta sucesión?
−27, 9, −3, 1, ▨, . . .

Ⓐ −3

Ⓑ −1

Ⓒ 0

Ⓓ $-\frac{1}{3}$

8. ¿Cuántas aristas tiene este prisma?

Ⓕ 5

Ⓖ 7

Ⓗ 10

Ⓙ 15

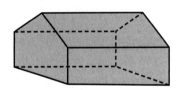

9. ***RESPUESTA CORTA*** ¿Cuál es el valor de $(-1-2)^3 + 2.5^1$? Usa el orden de las operaciones y muestra cada paso.

10. ***RESPUESTA CORTA*** Usa el mapa para estimar a la decena de km más cercana, la distancia que navegará la familia Steward de St. Petersburg a Pensacola, Florida. Explica con palabras cómo determinaste tu respuesta.

Porcentajes

◢ conexión **internet**

Presentación del capítulo en línea: **go.hrw.com**
CLAVE: MP4 Ch8

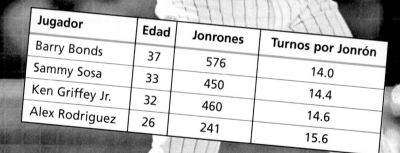

Jugador	Edad	Jonrones	Turnos por Jonrón
Barry Bonds	37	576	
Sammy Sosa	33	450	14.0
Ken Griffey Jr.	32	460	14.4
Alex Rodriguez	26	241	14.6
			15.6

Profesión *Estadígrafo deportivo*

Los estadígrafos son matemáticos que trabajan con datos y crean tablas y gráficas que describen y explican el mundo real. También combinan su afición por el deporte con sus conocimientos matemáticos.

La estadística no sólo explica qué sucedió, sino que también ayuda a predecir lo que podría suceder. La tabla describe los jonrones bateados por algunos beisbolistas activos en las Grandes Ligas.

¿ESTÁS PREPARADO?

Elige de la lista el término que mejor complete cada enunciado.

1. Una __?__ es una comparación de dos cantidades mediante una división.

2. Razones que hacen la misma comparación son __?__.

3. Dos razones equivalentes están en __?__.

4. Para resolver una proporción, hay que __?__.

multiplicar
cruzado

razones
equivalentes

proporción

razón

Resuelve los ejercicios para practicar las destrezas que usarás en este capítulo.

✔ Escribir fracciones como decimales

Escribe cada fracción como decimal.

5. $\dfrac{3}{4}$ 6. $\dfrac{5}{8}$ 7. $\dfrac{2}{5}$ 8. $\dfrac{2}{3}$

✔ Escribir decimales como fracciones

Escribe estos decimales como fracciones en su mínima expresión.

9. 0.7   **10.** 0.6   **11.** 0.25   **12.** 0.375

13. 0.2   **14.** 0.9   **15.** 0.86   **16.** 0.99

✔ Resolver proporciones

Resuelve cada proporción.

17. $\dfrac{x}{3} = \dfrac{9}{27}$ **18.** $\dfrac{7}{8} = \dfrac{h}{4}$ **19.** $\dfrac{9}{n} = \dfrac{2}{3}$

20. $\dfrac{3}{8} = \dfrac{12}{t}$ **21.** $\dfrac{4}{5} = \dfrac{28}{z}$ **22.** $\dfrac{100}{p} = \dfrac{90}{45}$

✔ Leer gráficas circulares

Usa la gráfica para responder a cada pregunta.

23. ¿Qué parte representa casi la mitad del presupuesto?

24. ¿Cuánto dinero se gasta en equipo de cómputo?

25. ¿Cuánto dinero se gasta en libros nuevos y programas?

26. ¿Cuánto dinero se asigna a otros gastos?

Presupuesto de la biblioteca ($25,000)

Programas $\dfrac{49}{100}$

Libros nuevos $\dfrac{1}{5}$

Equipo de cómputo $\dfrac{3}{20}$

Otros

8-1 Cómo relacionar decimales, fracciones y porcentajes

Aprender a relacionar decimales, fracciones y porcentajes.

Vocabulario

porcentaje

En promedio, un koala duerme 20 de 24 horas al día. Hay varias formas de expresar la parte del día que duerme el koala:

$$\frac{20}{24} = 0.83\overline{3} = 83.\overline{3}\%$$

Los koalas duermen más del 80% del tiempo.

Leer matemáticas

Piensa que el símbolo % significa /100.
$0.75 = 75\% = 75/100$

Los **porcentajes** son razones que comparan un número con 100.

Razón	Razón equivalente con denominador de 100	Porcentaje
$\frac{3}{10}$	$\frac{30}{100}$	30%
$\frac{1}{2}$	$\frac{50}{100}$	50%
$\frac{3}{4}$	$\frac{75}{100}$	75%

Los koalas suelen dormir en las horquillas de los árboles. Después de la puesta del sol son más activos.

Para convertir una fracción en decimal, divide el numerador entre el denominador.

$$\frac{1}{8} = 1 \div 8 = 0.125$$

Para convertir un decimal en porcentaje, se multiplica por 100 y se agrega el símbolo %.

$$0.125 \cdot 100 \rightarrow 12.5\%$$

$$
\begin{array}{r}
0.125 \\
8\overline{)1.000} \\
\underline{8} \\
20 \\
\underline{16} \\
40 \\
\underline{40} \\
0
\end{array}
$$

EJEMPLO 1 Hallar razones equivalentes y porcentajes

¡Recuerda!

A continuación aparecen algunos porcentajes y sus razones equivalentes:

$10\% = \frac{1}{10}$ $33\frac{1}{3}\% = \frac{1}{3}$

$12\frac{1}{2}\% = \frac{1}{8}$ $40\% = \frac{2}{5}$

$16\frac{2}{3}\% = \frac{1}{6}$ $50\% = \frac{1}{2}$

$20\% = \frac{1}{5}$ $66\frac{2}{3}\% = \frac{2}{3}$

$25\% = \frac{1}{4}$ $75\% = \frac{3}{4}$

Halla la razón o porcentaje equivalente a cada letra _a–g_ en la recta numérica.

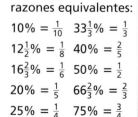

a: $0\% = \frac{0}{100} = 0$

b: $\frac{1}{8} = 0.125 = 12.5\% = 12\frac{1}{2}\%$

c: $20\% = \frac{20}{100} = \frac{2}{10} = \frac{1}{5}$

d: $33\frac{1}{3}\% = 0.33\overline{3} = \frac{1}{3}$

e: $\frac{1}{2} = 0.5 = 50\%$

f: $62\frac{1}{2}\% = 0.625 = \frac{625}{1000} = \frac{5}{8}$

g: $100\% = \frac{100}{100} = 1$

EJEMPLO **2** **Hallar fracciones, decimales y porcentajes equivalentes**

Para cada valor en la gráfica circular, halla el valor equivalente que falta en la tabla.

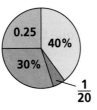

Fracción	Decimal	Porcentaje
$\frac{25}{100} = \frac{1}{4}$	**0.25**	$0.25(100) = 25\%$
$\frac{40}{100} = \frac{2}{5}$	$\frac{2}{5} = 0.4$	**40%**
$\frac{1}{20}$	$\frac{1}{20} = 0.05$	$0.05(100) = 5\%$
$\frac{30}{100} = \frac{3}{10}$	$\frac{3}{10} = 0.3$	**30%**

Puedes usar la información de cada columna de la tabla del ejemplo 2 para crear tres gráficas circulares equivalentes. Una para mostrar la composición por fracciones, otra para los decimales y otra para los porcentajes.

Fracción	Decimal	Porcentaje
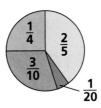	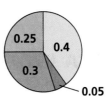	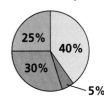
La suma de las fracciones debe ser 1.	La suma de los decimales debe ser 1.	La suma de los porcentajes debe ser 100%.

EJEMPLO **3** *Aplicación a las ciencias físicas*

El oro de 24 quilates es 100% oro puro. El oro de 18 quilates es 18 partes oro puro y 6 partes otro metal, como cobre, cinc, plata o níquel.

¿Qué porcentaje del oro de 18 quilates es oro puro?

$\frac{\text{partes de oro puro}}{\text{partes en total}} \rightarrow \frac{18}{24} = \frac{3}{4}$ *Escribe una razón y redúcela.*

$\frac{3}{4} = 3 \div 4 = 0.75 = 75\%$ *Halla el porcentaje.*

Así, el oro de 18 quilates es 75% oro puro.

Razonar y comentar

1. Da un ejemplo de una situación real en la que usarías (1) decimales, (2) fracciones y (3) porcentajes.

2. Muestra 25 centavos como parte de un dólar en términos de (1) fracción reducida, (2) porcentaje y (3) decimal. ¿Qué es más común?

PARA PRÁCTICA ADICIONAL
ve a la pág. 746

↗ **conexión internet**
Ayuda en línea para tareas
go.hrw.com Clave: MP4 8-1

PRÁCTICA GUIADA

Ver Ejemplo ① Halla la razón o porcentaje equivalente que falta para cada letra de la recta numérica.

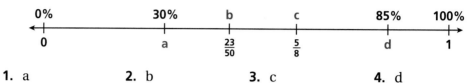

1. a   **2.** b   **3.** c   **4.** d

Ver Ejemplo ② Halla cada valor equivalente.

5. $\frac{2}{5}$ como porcentaje   **6.** 32% como fracción   **7.** $\frac{7}{8}$ como decimal

Ver Ejemplo ③ **8.** Una molécula de agua consta de 2 átomos de hidrógeno y 1 de oxígeno. ¿Qué porcentaje de los átomos de una molécula de agua es oxígeno?

PRÁCTICA INDEPENDIENTE

Ver Ejemplo ① Halla la razón o porcentaje equivalente que falta para cada letra de la recta numérica.

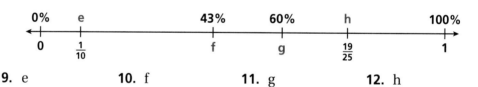

9. e   **10.** f   **11.** g   **12.** h

Ver Ejemplo ② Halla cada valor equivalente.

13. 32% como decimal   **14.** $\frac{23}{25}$ como porcentaje   **15.** 0.545 como fracción

Ver Ejemplo ③ **16.** La plata de ley es una aleación de 925 partes de plata pura con 75 partes de otro metal, como el cobre. ¿Qué porcentaje de la plata de ley no es plata pura?

PRÁCTICA Y RESOLUCIÓN DE PROBLEMAS

Escribe los rótulos de cada gráfica circular como porcentajes.

17.

18.
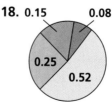

19.
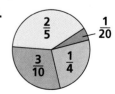

20. Una moneda de 5 centavos es el 5% de un dólar. Escribe el valor de una moneda de cinco centavos como decimal y como fracción.

21. **CIENCIAS FÍSICAS** De las 20 montañas más altas de Estados Unidos, 17 están en Alaska. ¿Qué porcentaje de las montañas más altas de Estados Unidos está en Alaska?

22. **CIENCIAS DE LA VIDA** Al recolectar especímenes de plantas, es recomendable no tomar más del 5% de una población de plantas. Una botánica quiere recolectar plantas de un área que tiene 60 plantas. ¿Cuántas deberá tomar como máximo?

23. La gráfica muestra los porcentajes del área continental de EE. UU. ocupados por los 5 estados más grandes. La sexta sección de la gráfica representa el área de los otros 45 estados.

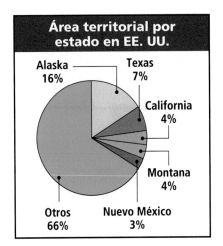

Área territorial por estado en EE. UU.

Alaska 16%
Texas 7%
California 4%
Montana 4%
Nuevo México 3%
Otros 66%

a. Alaska es el estado más extenso. Escribe la porción que corresponde a Alaska del área total de EE. UU. como fracción y como decimal.

b. ¿Qué porcentaje del área de EE. UU. corresponde a Alaska y Texas combinados? ¿Cómo describirías este porcentaje?

24. **¿DÓNDE ESTÁ EL ERROR?** Un análisis reveló que el 0.03% de los juegos de video producidos por una compañía tenían defectos. Wynn dice que eso equivale a 3 de cada 100. ¿Qué error cometió?

25. **ESCRÍBELO** ¿Cómo puedes hallar una fracción, decimal o porcentaje cuando sólo tienes una forma del número?

26. **DESAFÍO** Luke y Lissa deben resolver un problema de porcentaje con los números 17 y 45. Luke obtuvo el 17% de 45, y Lissa, el 45% de 17. Explica por qué ambos obtuvieron la misma respuesta. ¿Funcionaría igual con otros números? ¿Por qué?

Repaso en espiral

Indica si las dos líneas de cada ejercicio son paralelas, perpendiculares o ninguna de las dos. (Lección 5-5)

27. $\overrightarrow{PQ}$ tiene pendiente $\frac{3}{2}$. $\overrightarrow{EF}$ tiene pendiente $-\frac{2}{3}$.

28. $\overrightarrow{AB}$ tiene pendiente $\frac{9}{11}$. $\overrightarrow{CD}$ tiene pendiente $-\frac{3}{4}$.

29. $\overrightarrow{XY}$ tiene pendiente $\frac{13}{25}$. $\overrightarrow{QR}$ tiene pendiente $\frac{13}{25}$.

30. $\overrightarrow{MN}$ tiene pendiente $-\frac{1}{8}$. $\overrightarrow{OP}$ tiene pendiente 8.

31. **PREPARACIÓN PARA LA PRUEBA** Un cono tiene 12 cm de diámetro y 9 cm de altura. Usa $\pi = 3.14$ para hallar su volumen a la décima más cercana. (Lección 6-7)

  A 56.5 cm^3 B 118.3 cm^3 C 1356.5 cm^3 D 339.1 cm^3

32. **PREPARACIÓN PARA LA PRUEBA** Evalúa $Q - 1\frac{2}{3}$ con $Q = 4\frac{3}{4}$. (Lección 3-5)

  F $3\frac{1}{12}$ G $5\frac{1}{12}$ H $1\frac{1}{6}$ J $3\frac{5}{12}$

Práctica

LABORATORIO 8A

Para usar con la Lección 8-1

Hacer una gráfica circular

QUÉ NECESITAS:
- Compás
- Regla
- Transportador
- Papel

RECUERDA
- Un círculo mide 360°.
- Un porcentaje compara un número con 100.

▶ **conexión internet**

Recursos en línea para el laboratorio: *go.hrw.com*
CLAVE: MP4 Lab8A

Actividad

① Algunos estados permiten tener zorrillos como mascotas, pero no la mayoría. Usa la información de la tabla para hacer una gráfica circular que muestre los porcentajes de cada categoría.

a. Dibuja un círculo grande con el compás. Dibuja un radio vertical con la regla.

b. Continúa la tabla para mostrar el porcentaje de estados en cada categoría.

c. Usa los porcentajes para determinar la medida angular de cada sector de la gráfica.

d. Usa un transportador para dibujar cada ángulo en el sentido de las manecillas del reloj, partiendo del radio.

e. Rotula la gráfica y cada sector. Colorea los sectores.

Zorrillos como mascotas por estado	
Legalidad	**Número de estados**
Legal (sin restricciones)	6
Legal con permiso	12
Legal en algunas áreas	2
Ilegal	27
Otras condiciones	3

Legalidad	Número de estados	Porcentaje de estados	Ángulo del sector
Legal (sin restricciones)	6	$\frac{6}{50} = 12\%$	$\frac{12}{100} \cdot 360 = 43.2°$
Legal con permiso	12	$\frac{12}{50} = 24\%$	$\frac{24}{100} \cdot 360 = 86.4°$
Legal en algunas áreas	2	$\frac{2}{50} = 4\%$	$\frac{4}{100} \cdot 360 = 14.4°$
Ilegal	27	$\frac{27}{50} = 54\%$	$\frac{54}{100} \cdot 360 = 194.4°$
Otras condiciones	3	$\frac{3}{50} = 6\%$	$\frac{6}{100} \cdot 360 = 21.6°$

Razonar y comentar

1. ¿Cuántos estados tendrían que legalizar los zorrillos para que el sector más grande midiera 180°?

Inténtalo

1. Haz una gráfica circular que sólo muestre los estados en los que los zorrillos no son ilegales.

Cómo hallar porcentajes

Aprender a hallar porcentajes.

La humedad relativa es una medida de la cantidad de vapor de agua en el aire. Cuando alcanza el 100%, el aire tiene la máxima cantidad de vapor de agua y cualquier cantidad adicional de vapor causa precipitación. Para hallar la humedad relativa en un día determinado, necesitas hallar un porcentaje.

En algunas partes de Indochina, la temporada de lluvias dura de marzo a noviembre, y en ella la humedad media es cercana al 90%.

EJEMPLO 1 Hallar qué porcentaje es un número de otro

A ¿Qué porcentaje de 162 es 90?

Método 1: Escribe una ecuación para hallar el porcentaje.

$p \cdot 162 = 90$ *Escribe una ecuación.*

$p = \dfrac{90}{162}$ *Halla el valor de p.*

$p = 0.\overline{5}$, aproximadamente 0.56.   *0.56 es 56%*

Por tanto, 90 es aproximadamente el 56% de 162.

B La Tierra tiene un área total aproximada de 197 millones de mi^2. Unos 58 millones de mi^2 de esa área total corresponden a tierra firme. ¿Qué porcentaje del área total del planeta es tierra firme?

Método 2: Escribe una proporción para hallar el porcentaje.

Razona: ¿Qué número es a 100 como 58 es a 197?

$\dfrac{\text{número}}{100} = \dfrac{\text{parte}}{\text{todo}}$ *Escribe una proporción.*

$\dfrac{n}{100} = \dfrac{58}{197}$ *Sustituye.*

$n \cdot 197 = 100 \cdot 58$ *Halla los productos cruzados.*

$197n = 5800$

$n = \dfrac{5800}{197}$ *Halla el valor de n.*

$n \approx 29.44$, o aproximadamente 29.

$\dfrac{29}{100} \approx \dfrac{58}{197}$ *La proporción es razonable.*

Aproximadamente el 29% del área total del planeta es tierra firme.

A Un cerdo doméstico puede correr cerca del $33\frac{1}{3}$% de la velocidad con que corre una jirafa, que es de aproximadamente 32 mi/h. A la décima más cercana, ¿con qué velocidad corre el cerdo?

Elige un método:

Escribe una ecuación.

Razona: ¿Qué número es el $33\frac{1}{3}$% de 32?

$n = 33\frac{1}{3}\% \cdot 32$ *Escribe una ecuación.*

$n = \frac{1}{3} \cdot 32$ *$33\frac{1}{3}\%$ es equivalente a $\frac{1}{3}$.*

$n = \frac{32}{3} = 10\frac{2}{3} = 10.\overline{6}$

$n \approx 10.7$ *Redondea a la décima más cercana.*

Un cerdo doméstico puede correr aproximadamente a 10.7 mi/h.

Pista útil

Al resolver un problema como éste, el número que buscas es mayor que el que se da (1046 en este caso).

B El edificio Chrysler de la ciudad de Nueva York tiene una altura aproximada de 1046 pies de altura. La altura del Empire State es aproximadamente el 120% de esa altura. Halla la altura del Empire State al pie más cercano.

Elige un método: Escribe una proporción.

Razona: ¿El 120 es a 100 como **qué número** es a 1046?

$\frac{120}{100} = \frac{n}{1046}$ *Escribe una proporción.*

$120 \cdot 1046 = 100 \cdot n$ *Halla los productos cruzados.*

$125{,}520 = 100n$

$1255.2 = n$ *Halla el valor de n.*

$n \approx 1255$ *Redondea al número cabal más cercano.*

El Empire State tiene una altura aproximada de 1255 pies.

Razonar y comentar

1. **Muestra** por qué el 5% de un número es menor que $\frac{1}{10}$ del número.

2. **Demuestra** dos formas de obtener el 70% de un número.

3. **Da un ejemplo** de una situación en la que una cantidad sea el 300% de otra cantidad.

4. **Identifica** fracciones en su mínima expresión que equivalgan a 40% y a 250%.

PARA PRÁCTICA ADICIONAL
ve a la pág. 746

conexión **internet**
Ayuda en línea para tareas
go.hrw.com   Clave: MP4 8-2

PRÁCTICA GUIADA

Ver Ejemplo **Halla cada porcentaje a la décima más cercana.**

1. ¿Qué porcentaje de 71 es 35?   **2.** ¿Qué porcentaje de 1130 es 225?

3. Del área total de 197 millones de mi² de la Tierra, unos 139 millones de mi² son agua. Halla el porcentaje de la Tierra que está cubierto por agua.

Ver Ejemplo **4.** El trabajo final de Jay tiene 18 páginas. Si el trabajo de Madison representa el 175% del trabajo de Jay, ¿cuán largo es el trabajo de Madison?

PRÁCTICA INDEPENDIENTE

Ver Ejemplo **Halla cada porcentaje a la décima más cercana.**

5. ¿Qué porcentaje de 74 es 222?   **6.** ¿Qué porcentaje de 150 es 25?

7. ¿12.5 es qué porcentaje de 1250?   **8.** ¿150 es qué porcentaje de 80?

9. Alrededor de 600 mi² de las 700 mi² del pantano Okefenokee están en Georgia. Si el área de Georgia es de 57,906 mi², halla el porcentaje de su área que forma parte del pantano Okefenokee.

Ver Ejemplo **10.** El punto más alto de Arkansas es el monte Magazine, al oeste del estado, y el más bajo es el río Ouachita, en la parte sudeste del estado. El monte Magazine está a 2753 pies sobre el nivel del mar, y esta altura es aproximadamente el 5098% de la parte más baja del estado. Halla la altura del área del río Ouachita.

PRÁCTICA Y RESOLUCIÓN DE PROBLEMAS

Halla cada número a la décima más cercana.

11. ¿Qué número es el $66\frac{2}{3}$% de 45?   **12.** ¿Qué número es el $22\frac{2}{3}$% de 320?

13. ¿Qué número es el 44% de 6?   **14.** ¿Qué número es el $2\frac{1}{2}$% de 11,960?

15. ¿Qué número es el 133% de 200?   **16.** ¿Qué número es el $66\frac{2}{3}$% de 750?

Completa cada enunciado.

17. Como 9 es el 15% de 60,

   a. 18 es el ▨ % de 60.

   b. 27 es el ▨ % de 60.

   c. 90 es el ▨ % de 60.

18. Como 8 es el 5% de 160,

   a. 8 es el ▨ % de 80.

   b. 8 es el ▨ % de 40.

   c. 8 es el ▨ % de 20.

19. Como 20 es el 200% de 10,

   a. 20 es el ▨ % de 20.

   b. 20 es el ▨ % de 40.

   c. 20 es el ▨ % de 80.

20. *ARTES DEL LENGUAJE* Las palabras que se muestran contienen todas las letras del alfabeto hawaiano. El ` es una consonante.

alakahiki: piña

Wai: agua

Ekahi: uno

Pohaku: roca, piedra

Mauna: montaña

   a. ¿Qué porcentaje del alfabeto hawaiano son vocales?

   b. A la décima más cercana, ¿qué porcentaje de las letras del alfabeto inglés está también en el hawaiano?

21. *CIENCIAS DE LA TIERRA* Una muestra de 18 cm^3 de aire contiene 3.87 cm^3 de oxígeno. ¿Qué porcentaje de la muestra es oxígeno?

22. *ESTUDIOS SOCIALES* Según el censo de 2000, aproximadamente 2.5 millones de estadounidenses pasan $12\frac{1}{2}\%$ de las 24 horas del día transportándose. ¿Cuántas horas diarias pasa una persona de este grupo en transportarse?

23. *ESTUDIOS SOCIALES* De los 50 estados de la Unión Americana, los nombres del 32% comienzan con *M* o con *N*. ¿Los nombres de cuántos estados empiezan con M o N?

24. *CIENCIAS DE LA VIDA* Se cree que la secoya General Sherman, en California, es el ser vivo más grande del planeta, por volumen. Su altura es de 275 pies. Su rama grande más baja está a 130 pies. ¿Qué porcentaje de la altura del árbol tendrías que trepar para llegar a esa rama?

25. *ELIGE UNA ESTRATEGIA* Los gastos operativos totales por año de Demco Industries son de $12,585,000. Demco paga $5,034,000 al año en salarios. ¿Qué porcentaje de los gastos operativos de la compañía corresponde a salarios?

   A 4%   **B** 40%   **C** 25%   **D** 250%

26. *ESCRÍBELO* Una pregunta de una prueba de matemáticas es "¿Cuánto es el 150% de 88?". La respuesta de Mark es 13.2. ¿Es una respuesta razonable? Explica por qué.

27. *DESAFÍO* Tani cortó 2 pies 6 pulg de una tabla de 3 yd 1 pie. ¿En qué porcentaje redujo Tani la longitud de la tabla y qué longitud queda?

Repaso en espiral

Indica si cada número es racional, irracional o no es un número real.
(Lección 3-10)

28. -14 **29.** $\sqrt{13}$ **30.** $\dfrac{127}{46,191}$ **31.** $\sqrt{-\dfrac{5}{6}}$

32. PREPARACIÓN PARA LA PRUEBA Cada arista de una caja para regalo mide 4 pulg. ¿Cuánto papel de regalo se requiere para cubrir la caja?
(Lección 6-8)

   A 96 pulg^2 **B** 64 pulg^2 **C** 32 pulg^2 **D** 128 pulg^2

Hallar el porcentaje de error

Para usar con la Lección 8-2

Una medición no es más precisa que el instrumento con que se hace. A menudo hay una diferencia entre un valor medido y un valor aceptado o real. Cuando la diferencia se presenta como un porcentaje del valor aceptado, se llama *porcentaje de error*.

El porcentaje de error nunca es negativo, así que usa el valor absoluto.

$$\text{porcentaje de error} = \frac{|\text{valor medido} - \text{valor aceptado}|}{\text{valor aceptado}} \cdot 100$$

Actividad

1. Un estudiante usa una taza de 8 oz para hallar el volumen de un recipiente a las 8 oz más cercanas y obtiene 64 oz. El volumen real del recipiente es de 67.6 oz. Halla el porcentaje de error en la medición a la décima más cercana.

   a. Guarda en tu calculadora el volumen medido como M y el volumen real como R. Escribe 64 **STO▶** **ALPHA** M **ENTER** y luego 67.6 **STO▶** **ALPHA** R **ENTER**.

   b. Halla el porcentaje de error usando estas teclas:
   (**MATH** **NUM 1: ABS (** **ALPHA** M **–** **ALPHA** R **)**
   ÷ **ALPHA** R **)** **×** 100

   A la décima más cercana, el porcentaje de error es del 5.3%.

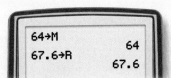

Razonar y comentar

1. ¿Puede el porcentaje de error exceder el 100%? Explica tu respuesta.

2. Indica por qué una medición que difiere 0.1 cm de una longitud real podría tener un mayor porcentaje de error que otra medición que difiere 25 cm de otra longitud real.

3. Describe por qué una regla con marcas en cada centímetro sólo puede medir longitudes con precisión de $\frac{1}{2}$ cm.

Inténtalo

Halla el porcentaje de error a la décima más cercana.

1. longitud medida 3 cm; longitud real 3.4 cm

2. longitud medida 250 pies; longitud real 246.9 pies

8-3 Cómo hallar un número cuando se conoce un porcentaje

Aprender a hallar un número cuando se conoce el porcentaje.

El calamar gigante del Pacífico puede alcanzar un peso de 2000 lb. Esto es 1250% del peso máximo del pulpo gigante del Pacífico. Cuando conoces un número y su relación con otro número se da mediante un porcentaje, puedes hallar el otro número.

En diferentes estudios, el pulpo gigante del Pacífico ha podido recorrer laberintos y abrir frascos con tapa enroscada para sacar comida.

EJEMPLO 1 Hallar un número cuando se conoce el porcentaje

¿36 es 4% de qué número?

Escribe una ecuación para hallar el número.

$$36 = 4\% \cdot n \qquad \textit{Escribe una ecuación.}$$

$$36 = 0.04n \qquad 4\% = \frac{4}{100}$$

$$\frac{36}{0.04} = \frac{0.04}{0.04}n \qquad \textit{Divide ambos lados entre 0.04.}$$

$$900 = n$$

36 es 4% de 900.

EJEMPLO 2 *Aplicación a las ciencias físicas*

En un laboratorio de ciencias, una muestra de un compuesto contiene 16.5 gramos de sodio. Si el 82.5% de la muestra es sodio, halla el número de gramos que pesa toda la muestra.

Elige un método: Escribe una proporción para hallar el número.

Razona: ¿82.5 es a 100 como 16.5 es a **qué número?**

$$\frac{82.5}{100} = \frac{16.5}{n} \qquad \textit{Escribe una proporción.}$$

$$82.5 \cdot n = 100 \cdot 16.5 \qquad \textit{Halla los productos cruzados.}$$

$$82.5n = 1650 \qquad \textit{Halla el valor de n.}$$

$$n = \frac{1650}{82.5}$$

$$n = 20$$

Toda la muestra pesa 20 gramos.

A El calamar gigante del Pacífico alcanza un peso de 2000 lb. Esto es 1250% del peso máximo del pulpo gigante del Pacífico. Halla el peso máximo del pulpo, a la libra más cercana.

Elige un método: Escribe una ecuación.

Razona: ¿2000 es 1250% de qué número?

$$2000 = 1250\% \cdot n \qquad \textit{Escribe una ecuación.}$$

$$2000 = 12.50 \cdot n \qquad \textit{1250\% = 12.50}$$

$$\frac{2000}{12.50} = n \qquad \textit{Halla el valor de n.}$$

$$160 = n$$

El peso máximo del pulpo gigante del Pacífico es de unas 160 lb.

Ciencias de la Vida

B La cobra real, la serpiente venenosa más grande del mundo, puede alcanzar una longitud de 18 pies. Esto es sólo cerca del 60% de la longitud del pitón reticulado más grande. Halla la longitud del pitón reticulado más grande.

Elige un método: Escribe una proporción.

Razona: ¿60 es a 100 como 18 es a qué número?

$$\frac{60}{100} = \frac{18}{n} \qquad \textit{Escribe una proporción.}$$

$$60 \cdot n = 100 \cdot 18 \qquad \textit{Halla los productos cruzados.}$$

$$60n = 1800$$

$$n = \frac{1800}{60} \qquad \textit{Halla el valor de n.}$$

$$n = 30$$

Reticulado significa que "forma" o "parece una red". El pitón reticulado se llama así por el dibujo de su piel.

El pitón reticulado más grande mide 30 pies de largo.

Ya has visto los tres tipos de problemas de porcentaje.

Tres tipos de problemas de porcentaje	
1. Hallar el porcentaje de un número	15% de 120 = n
2. Hallar qué porcentaje es un número de otro	p% de 120 = 18
3. Hallar un número si se conoce el porcentaje	15% de n = 18

Razonar y comentar

1. Compara el hallar un número cuando se conoce un porcentaje con hallar qué porcentaje es un número de otro.

2. Explica si un número es mayor o menor que 36, si el 22% del número es 36.

8-3 **Ejercicios**

PARA PRÁCTICA ADICIONAL
ve a la pág. 746

✍ conexión **internet**
Ayuda en línea para tareas
go.hrw.com Clave: MP4 8-3

PRÁCTICA GUIADA

Ver Ejemplo **Halla cada número a la décima más cercana.**

1. ¿4.3 es $12\frac{1}{2}$% de qué número?

2. ¿56 es $33\frac{1}{3}$% de qué número?

3. ¿El 18% de qué número es 30?

4. ¿El 30% de qué número es 96?

Ver Ejemplo 5. La única piedra que flota en agua es la piedra pómez. La tiza, aunque es más densa, absorbe más agua que la piedra pómez. ¿Cuánta agua puede absorber un trozo de tiza de 5.2 oz si puede absorber el 32% de su peso?

Ver Ejemplo 6. A las 3 pm, la sombra de una chimenea es el 135% de su altura real. Si la sombra mide 37.8 pies, ¿cuánto mide la chimenea?

PRÁCTICA INDEPENDIENTE

Ver Ejemplo **Halla cada número a la décima más cercana.**

7. ¿105 es $33\frac{1}{3}$% de qué número?

8. ¿77 es 25% de qué número?

9. ¿51 es 6% de qué número?

10. ¿24 es 15% de qué número?

11. ¿El 84% de qué número es 14?

12. ¿El 56% de qué número es 39.2?

13. ¿El 10% de qué número es 57?

14. ¿El 180% de qué número es 6?

Ver Ejemplo 15. Manuel vendió 42 de sus tarjetas de béisbol en una exposición de coleccionistas. Si esto representó el $12\frac{1}{2}$% de su colección, ¿cuántas tarjetas tenía antes de la venta?

Ver Ejemplo 16. Un neumático descrito como "185/70/14" tiene una anchura de 185 mm, una altura de pared (de la llanta al suelo) del 70% de su anchura y un diámetro de 14 pulg. ¿Cuánto mide la altura de pared del neumático?

PRÁCTICA Y RESOLUCIÓN DE PROBLEMAS

Completa cada enunciado.

17. Como el 1% de 600 es 6,

   a. el 2% de ▨ es 6.

   b. el 4% de ▨ es 6.

   c. el 8% de ▨ es 6.

18. Como el 100% de 8 es 8,

   a. el 50% de ▨ es 8.

   b. el 25% de ▨ es 8.

   c. el 10% de ▨ es 8.

19. Como el 5% de 80 es 4,

   a. el 10% de ▨ es 4.

   b. el 20% de ▨ es 4.

   c. el 40% de ▨ es 4.

20. En un sondeo de 225 estudiantes, 36 dijeron que su platillo preferido del Día de Acción de Gracias era el pavo y 56 dijeron que era el relleno. Determina los porcentajes correspondientes de estudiantes.

El censo de EE. UU. reúne información acerca del número de
habitantes en cada estado, la economía, niveles de ingresos y pobreza,
nacimientos y fallecimientos, etc. Esta información sirve para estudiar
tendencias y patrones. En los ejercicios del 21 al 23, redondea las
respuestas a la décima más cercana.

Datos del censo de EE. UU. del año 2000			
	Habitantes	**Hombres**	**Mujeres**
Alaska	626,932	324,112	302,820
Nueva York	18,976,457	9,146,748	9,829,709
Hasta los 34 años	139,328,990	71,053,554	68,275,436
Más de 35 años	142,092,916	67,000,009	75,092,907
Todo EE. UU.	281,421,906	138,053,563	143,368,343

21. ¿Qué porcentaje de habitantes de Nueva York son hombres?

22. ¿Qué porcentaje de la población del país vive en Nueva York?

23. ¿Qué porcentaje de la población de EE. UU. representa cada grupo?

   a. personas de hasta 34 años   **b.** mayores de 35 años

   c. hombres   **d.** mujeres

24. Los indígenas estadounidenses y nativos de Alaska son alrededor
del 15.6% de la población de Alaska. Determina este número
de habitantes al millar más cercano.

25. ⭐ *DESAFÍO* Alrededor del 71% de los estadounidenses de 85
ó más años de edad son mujeres. De las fracciones que se redondean
al 71% si se redondean al porcentaje más cercano, ¿cuál tiene el
denominador más bajo?

Los condados de Nueva York
con mayor número de
habitantes son Kings (Brooklyn)
y Queens.

go.hrw.com
CLAVE: MP4 Census,
disponible en inglés.
CNN student News.

Repaso en espiral

Halla el rango de cada conjunto de datos. (Lección 4-4)

26. 16, 32, 1, 54, 30, 28   **27.** 105, 969, 350, 87, 410   **28.** 0.2, 0.8, 0.65, 0.7, 1.6, 1.1

Halla el primer y tercer cuartiles del conjunto de datos. (Lección 4-4)

29. 55, 60, 40, 45, 70, 65, 35, 40, 75, 50, 60, 80, 45, 55

30. **PREPARACIÓN PARA LA PRUEBA** Un triángulo tiene vértices $A(4, 4)$, $B(6, -2)$ y $C(-4, -12)$.
Da los vértices después de dilatarlo con un factor de escala de 2 y el origen como centro de
dilatación. (Lección 7-5)

   A $A'(2, 2)$, $B'(3, -1)$, $C'(-2, -6)$ **C** $A'(8, 8)$, $B'(12, -4)$, $C'(-8, -24)$

   B $A'(-8, -8)$, $B'(-12, 4)$, $C'(8, 24)$ **D** $A'(16, 16)$, $B'(36, 4)$, $C'(16, 144)$

LECCIÓN (**8-1**) (págs. 400–403)

Para cada valor en la gráfica circular, halla el valor equivalente que falta en la tabla.

Fracción	Decimal	Porcentaje
$\frac{1}{8}$	**1.** ▓	**2.** ▓
3. ▓	0.25	**4.** ▓
5. ▓	**6.** ▓	$37\frac{1}{2}\%$
$\frac{1}{4}$	**7.** ▓	**8.** ▓

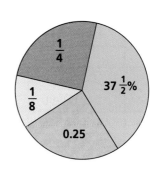

LECCIÓN (**8-2**) (págs. 405–408)

9. ¿Cuánto es el 27% de 16?

10. ¿48 es qué porcentaje de 384?

11. En las elecciones de noviembre de 2001, sólo 191,411 de los 509,719 votantes registrados en el condado de Westchester, Nueva York acudieron a votar. Ésta fue la participación más baja en por lo menos un siglo. A la décima más cercana, ¿qué porcentaje de los votantes registrados acudió a votar?

12. Usa la altura de la torre Jin Mao de Shanghai, con 88 pisos, y la información de la derecha para hallar la altura de la torre Eiffel y de la Estatua de la Patria en Rusia.

13. El área total de Canadá es de 9,976,140 km^2 y 755,170 km^2 es agua. A la décima más cercana, ¿que porcentaje de Canadá es agua?

$x = 1378$ pies

71.5% de x

19.6% de x

Torre Jin Mao   Torre Eiffel   Estatua de la Patria

LECCIÓN (**8-3**) (págs. 410–413)

14. ¿30 es 12.5% de qué número?

15. ¿244 el 250% de qué número?

16. La velocidad del sonido en el aire al nivel del mar a 32° F es de 1088 pies/s. Si eso representa sólo el 22.04% de la velocidad del sonido en agua helada, determina esta velocidad al número cabal más cercano.

17. En 2000, EE. UU. importó de Canadá mercancías por $230,838.3 millones. Esto fue alrededor del 129% del valor de las exportaciones de EE. UU. a Canadá. A los diez millones de dólares más cercanos, ¿cuál fue el valor de las exportaciones a Canadá?

Enfoque en resolución de problemas

Plan

Haz un plan

- **¿Necesitas una estimación o una respuesta exacta?**

Al resolver un problema, piensa si necesitas una respuesta exacta o si basta una estimación. Por ejemplo, si las cantidades que te dan son aproximadas, la respuesta tendrá que ser aproximada. Si basta con una respuesta aproximada, podrías usar técnicas de estimación para ahorrar tiempo.

Para cada problema, explica si se requiere una respuesta exacta o basta con una estimación. Luego halla la respuesta.

1. En un sondeo de 3000 votantes de cierto distrito, 1800 estuvieron a favor de una propuesta para otorgar bonos escolares. ¿Qué porcentaje estuvo a favor?

2. George necesita 76% en su examen final para sacar B en matemáticas. Si ese examen vale 200 puntos, ¿cuántos puntos necesita?

3. Karou está tratando de ahorrar cerca de $3500 para ir a Japón. Si tiene $1000 en una cuenta que gana el 8% de interés y deposita $100 cada mes, ¿tendrá suficiente dinero en 2 años?

4. Erik gana $7.60 por hora en su trabajo. Si recibe un aumento del 5%, ¿cuánto ganará por hora?

5. Jamie planea cubrir con baldosas el piso de la cocina de 330 pies cuadrados. Le recomiendan comprar suficientes baldosas para un área 15% mayor que el área real, por si se rompen algunas. ¿Cuántos pies cuadrados de baldosas deberá comprar?

6. Hay cerca de 1,032,000 especies conocidas de animales en la Tierra. De ellas, cerca de 751,000 son insectos. ¿Qué porcentaje son insectos?

8-4 Porcentaje de aumento y disminución

Aprender a determinar porcentajes de aumento y disminución.

Vocabulario

porcentaje de cambio

porcentaje de aumento

porcentaje de disminución

Muchos animales hibernan en invierno para sobrevivir a las inclemencias del tiempo y la falta de comida. Mientras duermen, disminuyen su temperatura corporal, ritmo de respiración y ritmo cardiaco, incluso podría parecer que están muertos.

© 2002. *The New Yorker* Colección de cartoonbank.com. Todos los derechos reservados.

"Canturrea mientras duerme".

Los porcentajes se pueden usar para describir cambios. El **porcentaje de cambio** es la razón de la *cantidad del cambio* a la *cantidad original*.

$$\text{porcentaje de cambio} = \frac{\text{cantidad de cambio}}{\text{cantidad original}}$$

El **porcentaje de aumento** describe cuánto aumenta la cantidad original.
El **porcentaje de disminución** describe cuánto disminuye la cantidad original.

EJEMPLO 1 Hallar el porcentaje de aumento o disminución

Halla el porcentaje de aumento o disminución de 20 a 24.

Es un porcentaje de aumento.

$24 - 20 = 4$ *Primero halla la cantidad de cambio.*

Razona: ¿Qué porcentaje es 4 de 20?

$\dfrac{\text{cantidad de aumento}}{\text{cantidad original}} \rightarrow \dfrac{4}{20}$ *Escribe la razón.*

$\dfrac{4}{20} = 0.2$ *Halla la forma decimal.*

$\phantom{\dfrac{4}{20}} = 20\%$ *Escríbela como porcentaje.*

De 20 a 24 hay un aumento del 20%.

EJEMPLO 2 *Aplicación a las ciencias de la vida*

A **El ritmo cardiaco de una marmota en hibernación disminuye de 80 a 4 latidos por minuto. ¿Cuál es el porcentaje de disminución?**

$80 - 4 = 76$ *Primero halla la cantidad de cambio.*

Razona: ¿Qué porcentaje es 76 de 80?

$\dfrac{\text{cantidad de disminución}}{\text{cantidad original}} \rightarrow \dfrac{76}{80}$ *Escribe la razón.*

$\dfrac{76}{80} = 0.95$ *Halla la forma decimal.*

$\phantom{\dfrac{76}{80}} = 95\%$ *76 es 95% de 80.*

El ritmo cardiaco de la marmota disminuye 95% durante la hibernación.

B Según la Oficina del Censo de EE. UU., en 1998 vivían 69.9 millones de niños en Estados Unidos. Se calcula que habrá 77.6 millones en 2020. ¿Qué porcentaje de aumento habrá, al porcentaje más cercano?

$77.6 - 69.9 = 7.7$ *Primero halla la cantidad de cambio.*

Razona: ¿Qué porcentaje es 7.7 de 69.9?

$\dfrac{\text{cantidad de aumento}}{\text{cantidad original}} = \dfrac{7.7}{69.9}$ *Escribe la razón.*

$\dfrac{7.7}{69.9} \approx 0.1102$ *Halla la forma decimal.*

$\approx 11.02\%$ *Escríbela como porcentaje.*

Se calcula que el número de niños en Estados Unidos aumentará en un 11%.

EJEMPLO **3** Usar porcentaje de aumento o disminución para hallar precios

A Anthony compró, con un descuento del 35%, un monitor LCD que costaba originalmente $750. ¿Cuál es el precio reducido?

$\$750 \cdot 35\%$ *Primero halla el 35% de $750.*

$\$750 \cdot 0.35 = \$262.50$ *35% = 0.35*

La disminución fue de $262.50.

Razona: El precio reducido es $262.50 *menos que* $750.

$\$750 - \$262.50$ *Resta la disminución.*

$= \$487.50$

El precio reducido del monitor fue de $487.50.

B El Sr. Salazar recibió un embarque de sofás que le costaron $366 cada uno. Añade a este costo el $33\frac{1}{3}\%$ para hallar el *precio al detalle*. ¿Cuál es el precio al detalle de cada sofá?

$\$366 \cdot 33\frac{1}{3}\%$ *Primero halla el $33\frac{1}{3}\%$ de $366.*

$\$366 \cdot \frac{1}{3} = \$122$ *$33\frac{1}{3}\% = \frac{1}{3}$*

El aumento es de $122.

Razona: El precio al detalle es $122 *más que* $366.

$\$366 + \$122 = \$488$ *Suma el aumento.*

El precio al detalle de cada sofá es de $488.

Razonar y comentar

1. Explica si puede o no haber un aumento o una disminución del 150%.

2. Compara el hallar un aumento del 20% con hallar el 120% de un número.

3. Explica cómo podrías hallar el porcentaje de cambio si conocieras el número de habitantes de EE. UU. en 1990 y 2000.

8-4 Ejercicios

PARA PRÁCTICA ADICIONAL
ve a la pág. 747

↗ conexión **internet**
Ayuda en línea para tareas
go.hrw.com   Clave: MP4 8-4

PRÁCTICA GUIADA

Ver Ejemplo Halla el porcentaje de aumento o disminución, al porcentaje más cercano.

1. de 40 a 55   **2.** de 85 a 30   **3.** de 75 a 150

4. de 55 a 90   **5.** de 110 a 82   **6.** de 82 a 110

Ver Ejemplo ② **7.** Una población de gansos aumentó de 234 a 460 en un periodo de dos años. ¿Cuál es el porcentaje de aumento, a la décima de porcentaje más cercana?

Ver Ejemplo ③ **8.** Un concesionario de automóviles acepta dar a un cliente el 5% de descuento respecto al precio de lista de $10,288 de un auto nuevo. ¿Cuánto pagó el cliente?

PRÁCTICA INDEPENDIENTE

Ver Ejemplo ① Halla el porcentaje de aumento o disminución, al porcentaje más cercano.

9. de 55 a 60   **10.** de 111 a 200   **11.** de 9 a 5

12. de 800 a 1500   **13.** de 0.84 a 0.67 **14.** de 45 a 20

Ver Ejemplo **15.** El punto de ebullición del agua es más bajo a mayor altitud. El agua hierve a 212° F a nivel del mar y a 193.7° F a una altitud de 10,000 pies. ¿Cuál es el porcentaje de disminución a la décima de porcentaje más cercano?

Ver Ejemplo **16.** El Sr. Simmons tiene una ferretería y suele marcar su mercancía con un 28% de sobrecosto. ¿Cuánto cobraría por un martillo que le cuesta $13.50?

PRÁCTICA Y RESOLUCIÓN DE PROBLEMAS

Halla el porcentaje de aumento o disminución al porcentaje más cercano.

17. de $49.60 a $38.10   **18.** de $67 a $104   **19.** de $575 a $405

20. de $822 a $766   **21.** de $0.23 a $0.19 **22.** de $12.50 a $14.75

Halla el número que falta.

23. original: $500
nuevo precio: ▢
20% de aumento

24. original: 140
nueva cantidad: ▢
50% de aumento

25. original: ▢ nueva
cantidad: 230
15% de aumento

26. original: ▢
nuevo precio: $4.20
5% de disminución

27. original: 32
nueva cantidad: 48
▢% de aumento

28. original: $65
nuevo precio: $52
▢% de disminución

29. María compró un quemador de CD a $199. Seis meses después, el mismo quemador se vendía a $119. ¿En qué porcentaje disminuyó el precio al porcentaje más cercano?

30. *CIENCIAS DE LA VIDA*
Se cree que el tiburón
Carcharodon megaladon del
Mioceno medía
aproximadamente 12 m. El
gran tiburón blanco de la
actualidad mide alrededor de
6 m. Escribe el cambio en la
longitud de estos tiburones
como porcentaje de aumento
o disminución.

31. Un abrigo invernal de $240 se anuncia con un 35% de descuento.

    a. ¿Cuánto disminuyó el precio?

    b. ¿Cuál es el precio de venta del abrigo?

    c. Si se hace un descuento adicional del $33\frac{1}{3}$% al abrigo, ¿cuál será el nuevo precio de venta?

    d. ¿Qué porcentaje de disminución representa este precio final?

32. ¿Es el porcentaje de cambio el mismo si se aumenta el precio de una blusa de $15 a $20, que cuando se baja de $20 a $15? Explica tu respuesta.

33. *CIENCIAS DE LA TIERRA* Después de que el volcán del monte Sta. Helena hizo erupción en 1980, su altura disminuyó cerca del 13.6%. Si su altura había sido de 9677 pies, ¿qué altura tiene ahora?

34. *ELIGE UNA ESTRATEGIA* El precio original de una impresora era de $199. Seis meses después, su precio se redujo un 45%. En una oferta, se hizo un descuento adicional del 20% al precio reducido. ¿Cuál fue el precio final de la impresora?

    A $17.91   **B** $87.56   **C** $101.89   **D** $98.97

35. *ESCRÍBELO* Describe cómo usarías el cálculo mental para hallar el porcentaje de aumento de 80 a 100 y el de disminución de 100 a 80.

36. *DESAFÍO* En una oferta, el precio de un juego para computadora disminuyó un 40%. ¿En qué porcentaje debe aumentarse el precio de venta para volver al precio original?

Repaso en espiral

Halla el área total de cada figura a la décima de unidad más cercana. Usa $\pi = 3.14$. (Lección 6-9)

37. una pirámide cuadrada con base de 13 m por 13 m y altura inclinada de 7.5 m.

38. un cono con un diámetro de 90 cm y altura inclinada de 125 cm

39. una pirámide cuadrada con base de 6 yd y altura inclinada de 4 yd

40. **PREPARACIÓN PARA LA PRUEBA** Un paquete de 1 lb 8 oz de maíz cuesta $5.76. ¿Cuál es el precio unitario? (Lección 7-2)

    A $0.34 por oz   **B** $0.32 por oz   **C** $0.24 por oz   **D** $0.64 por oz

8-5 Cómo estimar porcentajes

Aprender a estimar porcentajes.

Vocabulario

estimación

números compatibles

Una buena parte de los ingresos de meseros, meseras y otros empleados de restaurantes depende de las propinas. Por lo regular, la propina está entre el 15 y el 20% de la cuenta, pero no tiene que calcularse con exactitud, lo más común es estimarla. Si el impuesto sobre la venta es del 8%, el doble del impuesto es una buena estimación de la propina.

Algunos problemas sólo requieren una **estimación**. Cuando necesitas estimar porcentajes y fracciones, puedes usar los **números compatibles**, ya que éstos poseen factores comunes.

$\dfrac{13}{24}$ Los números 13 y 24 no son compatibles.

Cambia el 13 por 12. $\dfrac{13}{24}$ es casi equivalente a $\dfrac{12}{24}$.

$\approx \dfrac{12}{24}$ 12 y 24 son números compatibles. 12 es un factor común.

La fracción $\dfrac{12}{24}$ se simplifica a $\dfrac{1}{2}$.   *$\dfrac{13}{24} \approx \dfrac{1}{2}$*

E J E M P L O   ①   Estimar porcentajes

Estima.

Pista útil

Métodos para estimar:
1. Usa números compatibles.
2. Redondea a porcentajes comunes. (10%, 25%, $33\frac{1}{3}$%)
3. Divide porcentajes en partes más pequeñas. (1%, 5%, 10%).

A) 26% de 48

Estima en vez de calcular la respuesta exacta de 26% · 48.

$26\% = \dfrac{26}{100} \approx \dfrac{25}{100}$ *Usa números compatibles, 25 y 100.*

$\approx \dfrac{1}{4}$ *Simplifica.*

$\dfrac{1}{4} \cdot 48 = 12$ *Usa el cálculo mental: 48 ÷ 4.*

Por tanto, el 26% de 48 es aproximadamente 12.

B) 14% de 20

Estima en vez de calcular la respuesta exacta de 14% · 20.

$14\% \approx 15\%$ *Redondea.*

$\approx 10\% + 5\%$ *Divide el porcentaje en partes más pequeñas.*

$15\% \cdot 20 = (10\% + 5\%) \cdot 20$ *Escribe una ecuación.*

$= 10\% \cdot 20 + 5\% \cdot 20$ *Usa la propiedad distributiva.*

$= 2 + 1$ *El 10% de 20 es 2, por tanto, el 5% de 20 es 1.*

Por tanto, el 14% de 20 es aproximadamente 3.

APLICACIÓN A LA RESOLUCIÓN DE PROBLEMAS

RESOLUCIÓN DE PROBLEMAS

La catarata del Ángel, en Venezuela, es la caída de agua más alta del mundo. Horseshoe Falls, la parte principal de las Niagara Falls sólo tiene 173 pies de altura, alrededor del 5.3% de la altura de la catarata del Ángel. ¿Qué altura aproximada tiene esta última?

La catarata del Ángel tiene una sección que cae media milla sin interrupción.

1 ▶ Comprende el problema

La **respuesta** es la altura aproximada de la catarata del Ángel.

Haz una lista de la **información importante:**

- Horseshoe Falls tiene 173 pies de altura.
- La altura de Horseshoe Falls es aproximadamente 5.3% de la altura de la catarata del Ángel.

Sea *a* la altura de la catarata del Ángel.

Altura de Horseshoe Falls	≈	5.3%	•	Altura de la catarata del Ángel
173	≈	5.3%	•	*a*

2 ▶ Haz un plan

Razona: Es difícil trabajar con los números 173 y 5.3%.

Usa números compatibles: 173 es cercano a 170; 5.3% es cercano a 5%.

$5\% = \dfrac{5}{100} = \dfrac{1}{20}$ *Halla una razón equivalente para 5%.*

3 ▶ Resuelve

Razona: ¿170 es $\dfrac{1}{20}$ de qué número?

$20 \cdot 170 = a$
La catarata del Ángel tiene una altura aproximada de 3400 pies.

4 ▶ Repasa

5% de 3400 pies es $\dfrac{3400}{20}$, o sea,170 pies. Ésta es la altura aproximada de Horseshoe Falls.

Razonar y comentar

1. Determina las razones que son casi equivalentes a estos porcentajes: 23%, 53%, 65%, 12% y 76%.

2. Describe la forma de hallar el 35% de un número si conoces el 10% del número.

3. Explica un método para estimar una propina del 15 al 20% de una cuenta de $24.89.

8-5 **Ejercicios**

PARA PRÁCTICA ADICIONAL
ve a la pág. 747

✐ conexión **internet**
Ayuda en línea para tareas
go.hrw.com Clave: MP4 8-5

PRÁCTICA GUIADA

Ver Ejemplo ① **Estima.**

1. 20% de 493 **2.** 15% de 162 **3.** 20 de 81

4. 35% de 61 **5.** 5 de 11 **6.** 60% de 1475

Ver Ejemplo ② **7.** Una cuenta de restaurante es de $29.84. Estima una propina del 15%.

PRÁCTICA INDEPENDIENTE

Ver Ejemplo ① **Estima.**

8. 25% de 494 **9.** 5021 de 10,107 **10.** 63 de 82

11. 55% de 810 **12.** 50% de 989 **13.** 103 de 989

Ver Ejemplo ② **14.** Un inodoro de bajo consumo de agua usa cerca de 6 L en cada operación, mientras que uno normal gasta cerca de 19 L. Estima el porcentaje de agua que puede ahorrarse con el inodoro más eficiente.

PRÁCTICA Y RESOLUCIÓN DE PROBLEMAS

Elige la mejor estimación. Escribe A, B o C.

15. 10% de 61.4
 A 0.6
 B 6
 C 60

16. 50% de 29.85
 A 3
 B 12
 C 15

17. 35.5% de 92
 A 30
 B 3
 C 45

18. 75% de $238.99
 A $150
 B $180
 C $230

19. 65% de $298.99
 A $20
 B $100
 C $200

20. 105% de $776.50
 A $80
 B $900
 C $800

Estima cada número o porcentaje.

21. ¿El 50% de 297 es aproximadamente qué número?

22. ¿Aproximadamente qué porcentaje de 42 es 31?

23. 48 es el 20% de aproximadamente ¿qué número?

24. ¿El 25% de 925 es aproximadamente qué número?

25. 795 es el 50% de aproximadamente ¿qué número?

26. 9.1 es aproximadamente ¿qué porcentaje de 21?

27. ¿Aproximadamente qué porcentaje de 73 es 24?

28. ¿El 9.5% de 88 es aproximadamente qué número?

29. 98 es el 26% de aproximadamente ¿qué número?

30. 88 es aproximadamente ¿qué porcentaje de 180?

CONEXIÓN

Ciencias Físicas

Congelar una varita luminosa podría hacer que brille más tiempo, pero no con tanta intensidad.

31. Ayer se entregaron en préstamo 294 libros de la biblioteca. Esto es sólo el 42% de los que se acostumbra prestar. ¿Alrededor de cuántos libros suelen prestarse al día?

32. Un jurado quiere otorgar una recompensa de aproximadamente el 5% de $788,116. ¿Cuál es una buena estimación de la recompensa?

33. **CIENCIAS FÍSICAS** Al doblar una varita luminosa, rompes una barrera entre dos sustancias. Esto da lugar a una reacción que libera energía en forma de luz. Si una mejora logra que una varita de 9 horas brille 13 h 4 min, ¿alrededor de qué porcentaje de aumento hubo?

34. **CIENCIAS DE LA TIERRA** Alaska es el estado más extenso de EE. UU., y Rhode Island, el de área más pequeña.

Área y población: 2000		
	Área total (mi²)	Habitantes
Alaska	570,374	626,932
Rhode Island	1045	1,048,319

a. ¿Alrededor de qué porcentaje del área de Alaska es Rhode Island?

b. Aunque Rhode Island es mucho menos extenso que Alaska, tiene más habitantes. ¿Alrededor de qué porcentaje de la población de Rhode Island es la de Alaska?

c. Estima el número de personas por milla cuadrada en Alaska y en Rhode Island.

35. **DEPORTES** En 2001, Barry Bonds se embasó en 342 de 664 turnos al bate. ¿Alrededor de qué porcentaje de las veces se embasó?

36. **ESCRIBE UN PROBLEMA** Escribe un problema de estimación de porcentaje con estos datos: el diámetro aproximado de la Tierra es 12,756 km, y el de la Luna, 3475 km.

37. **ESCRÍBELO** Explica cómo puedes estimar 1%, 10% y 100% de 3051.

38. **DESAFÍO** ¿Cómo podrías estimar el porcentaje de palabras del inglés que comienzan con *Q*?

Repaso en espiral

Halla el volumen de cada prisma rectangular. (Lección 6-6)

39. longitud 5 pies, anchura 3 pies, altura 8 pies

40. longitud 2.5 m, anchura 3.5 m, altura 7 m

41. longitud 11 pulg, anchura 6 pulg, altura 2 pulg

42. base 40 cm por 25 cm, altura 10 cm

43. base 0.8 pies por 1.2 pies, altura 0.5 pies

44. longitud 12 mm, anchura 24 mm, altura 15 mm

45. **PREPARACIÓN PARA LA PRUEBA** Un barco recorre 110 pies en 5 segundos. ¿Cuál es la velocidad del barco en millas por hora? (Lección 7-3)

A 22.5 mi/h   B 20 mi/h   C 11 mi/h   D 15 mi/h

8-6 Uso de los porcentajes

Aprender a hallar comisiones, impuesto sobre la venta e impuesto retenido.

Vocabulario

comisión

tasa de comisión

impuesto sobre la venta

impuesto retenido

Los agentes inmobiliarios suelen trabajar por *comisión*. Una **comisión** es una cuota que se paga a quien logra una venta, por lo general es un porcentaje del precio de venta, llamado **tasa de comisión** .

Muchos agentes reciben una comisión más un salario fijo. La paga total es un porcentaje de las ventas que logran más un salario.

tasa de comisión • ventas = comisión

E J E M P L O 1 Multiplicar por porcentajes para hallar comisiones

Un agente inmobiliario recibe un salario mensual de $1200 más comisiones. El mes pasado vendió una casa en $97,500 y obtuvo una comisión del 3%. ¿Cuánto fue la comisión? ¿Cuánto ganó en total el mes pasado?

Primero halla la comisión.

$3\% \cdot \$97{,}500 = c$	*tasa de comisión · ventas = comisión.*
$0.03 \cdot 97{,}500 = c$	*Cambia el porcentaje a decimal.*
$2925 = c$	*Halla el valor de c.*

El agente ganó una comisión de $2925 por la venta.

Ahora halla lo que ganó en total el mes pasado.

$\$2925 + \$1200 = \$4125$ *comisión + salario = pago total.*

Lo que ganó en total el mes pasado fue de $4125.

El **impuesto sobre la venta** se aplica a la venta de bienes o servicios. Es un porcentaje del precio de compra y lo cobra el que vende.

E J E M P L O 2 Multiplicar por porcentajes para hallar impuestos sobre la venta

Si la tasa de impuesto sobre la venta es del 8.25%, ¿cuánto impuesto pagará Alexis si compró un paquete de dos cartuchos de tinta negra para su impresora por $52.88 y dos de color a $34.79 cada uno?

un paquete de cartuchos de tinta negra: 1 por $52.88 → $52.88

cartuchos de color: 2 por $34.79 cada uno   → $69.58

$122.46 *Precio total*

$0.0825 \cdot 122.46 = 10.10295$ *Convierte la tasa a decimal y multiplica por el precio total.*

Alexis pagará $10.10 como impuesto sobre la venta.

La cantidad que se resta a los ingresos de una persona como pago adelantado del impuesto sobre la renta se llama **impuesto retenido** .

EJEMPLO 3 Usar proporciones para hallar porcentaje de impuesto retenido

Joseph gana $1070 al mes. De esa cantidad le retienen $160.50 por impuestos. ¿Qué porcentaje de sus ingresos le retienen a Joseph?

Razona: ¿Qué porcentaje de $1070 es $160.50?

Resuelve mediante una proporción:

$$\frac{n}{100} = \frac{160.50}{1070}$$

$n \cdot 1070 = 100 \cdot 160.50$ *Halla los productos cruzados.*

$1070n = 16{,}050$

$n = \dfrac{16{,}050}{1070}$ *Divide ambos lados entre 1070.*

$n = 15$

A Joseph le retienen el 15% de sus ingresos.

EJEMPLO 4 Dividir entre porcentajes para hallar ventas totales

Los estudiantes en la clase de Sele venden envoltura para regalos para financiar sus excursiones. Ganan el 14% de la venta total. Si la clase obtuvo $791.70 por vender una envoltura, ¿a cuánto ascendieron las ventas totales?

Razona: ¿791.70 es 14% de qué número?

Resuelve mediante una ecuación:

$791.70 = 0.14 \cdot v$ *Sea v = ventas totales.*

$\dfrac{791.70}{0.14} = v$ *Divide ambos lados entre 0.14.*

$5655 = v$

Las ventas totales de envolturas para regalos de la clase de Sele fueron de $5655.

Razonar y comentar

1. Indica en qué se parece hallar comisiones a hallar impuestos sobre la venta.

2. Explica si sumar el 6% de impuesto sobre la venta a un total da el mismo resultado que calcular el 106% del total.

3. Explica cómo hallar el precio de un artículo si se conoce el costo total que incluye el 5% de impuesto sobre la venta.

8-6 Ejercicios

PARA PRÁCTICA ADICIONAL
ve a la pág. 747

☑ conexión internet
Ayuda en línea para tareas
go.hrw.com Clave: MP4 8-6

PRÁCTICA GUIADA

Ver Ejemplo
1. Josh recibe un salario semanal de $300 más el 6% de comisión sobre sus ventas. La semana pasada, sus ventas fueron de $3500. ¿Cuánto ganó en total?

Ver Ejemplo
2. En un estado en el que la tasa del impuesto sobre la venta es del 7%, Hernando compró un radio de $59.99 y un CD de $13.99. ¿Cuánto es el impuesto sobre la venta?

Ver Ejemplo
3. El año pasado, Janell ganó $33,095. De esa cantidad, le retuvieron $7,446.38 por impuestos. A la décima más cercana, ¿qué porcentaje de sus ingresos le retuvieron?

Ver Ejemplo
4. Chuck es vendedor en una tienda de artículos electrónicos. Si ganó $29.94 por una comisión del 6% sobre la venta de una cámara de video, ¿qué precio tenía la cámara?

PRÁCTICA INDEPENDIENTE

Ver Ejemplo
5. Marta recibe un salario semanal de $110 más una comisión del 6.5% sobre las ventas en una tienda de pasatiempos. ¿Cuánto ganó en una semana en que vendió mercancías por $4300?

Ver Ejemplo
6. La tasa de impuesto sobre la venta en la ciudad donde vive Lisa es del 5.75%. Si compró 4 sillas de $124.99 cada una y una alfombra de $659.99, ¿cuánto impuesto debe pagar?

Ver Ejemplo
7. Jan gana $435 a la semana, y le retienen $78.30 por impuestos. ¿Qué porcentaje de sus ingresos le retienen?

Ver Ejemplo
8. Heather trabaja en una tienda de ropa en la que recibe únicamente una comisión del 5%, sin salario fijo. ¿Cuánto tendría que vender en una semana para ganar $375?

PRÁCTICA Y RESOLUCIÓN DE PROBLEMAS

Halla la comisión o el impuesto sobre la venta al centavo más cercano.

9. ventas totales: $12,000
tasa de comisión: 2.75%

10. ventas totales: $125.50
tasa de impuesto sobre la venta: 6.25%

11. ventas totales: $26.98
tasa de impuesto sobre la venta: 8%

12. ventas totales: $895.75
tasa de comisión: 4.25%

Halla las ventas totales al centavo más cercano.

13. comisión: $78.55
tasa de comisión: 4%

14. comisión: $2842
tasa de comisión: 3.5%

15. Elena puede elegir entre un salario mensual de $2200 más el 5.5% de sus ventas o $2800 más el 3% de sus ventas. Espera vender entre $10,000 y $20,000 al mes. ¿Qué opción le conviene más?

CONEXIÓN con la economía

Se usan categorías fiscales para determinar cuánto impuesto sobre los ingresos se debe pagar. Dependiendo del ingreso gravable, el impuesto se halla mediante la fórmula impuesto base + tasa de impuesto (excedente de). "Excedente de" se refiere sólo al ingreso que rebasa la cantidad indicada. Usa la tabla para los ejercicios del 16 al 19.

Categorías de impuesto sobre la renta para 2001 (Solteros)			
Ingreso gravable	Impuesto base	Tasa	Excedente de
$0 a $27,050	$0	15%	$0
$27,050 a $65,550	$4057.50	27.5%	$27,050
$65,550 a $136,750	$14,645	30.5%	$65,550
$136,750 a $297,350	$36,361	35.5%	$136,750
$297,350 y más	93,374	39.1%	$297,350

16. A la derecha está el talón de pago de Tina. Halla las cifras que faltan.

17. Anna ganó $71,458 en 2001, y pudo deducir $7250 por gastos relacionados con su trabajo. Esta cantidad se resta a su ingreso total para determinar su ingreso gravable.

    a. ¿Cuál fue el ingreso gravable de Anna en 2001?

    b. ¿Cuánto debe por impuesto sobre los ingresos?

    c. ¿Qué porcentaje de su ingreso total representa ese impuesto?

    d. ¿Qué porcentaje de su ingreso gravable representa ese impuesto?

18. ¿Cuánto más impuesto pagaría alguien que ganó $27,100 que alguien que ganó $27,000? ¿Qué porcentaje pagaría sobre los $100 adicionales de ingreso?

19. ⭐ *DESAFÍO* Charlena pagó impuestos por $10,050 en 2001. ¿Qué ingreso gravable tuvo ese año? (*Pista:* ¿Qué categoría fiscal le debe haber correspondido para pagar impuestos por $10,050?).

Repaso en espiral

Halla el factor de escala que relaciona cada modelo con el objeto real. (Lección 7-8)

20. modelo de 14 pulg, objeto de 70 pulg

21. modelo de 8 cm, objeto de 6 mm

22. modelo de 4 pulg, objeto de 6 pies 8 pulg

23. modelo de 0.25 m, objeto de 0.0025 cm

24. **PREPARACIÓN PARA LA PRUEBA** De los 32 estudiantes del grupo del maestro Smith, 14 trabajan durante el verano. ¿Qué porcentaje del grupo trabaja? (Lección 8-1)

    A 43.75%   **B** 68.56%   **C** 56.25%   **D** 35.65%

Flores Ellie

Horas de trabajo	24
Tasa por horas	☐ por hora
Pago total	$162.50
Impuesto federal sobre los ingresos	☐
Otros impuestos federales	☐
PAGO NETO	☐

Otros usos de los porcentajes

8-7

Aprender a calcular el interés simple.

Vocabulario

interés

interés simple

capital

tasa de interés

Cuando pides un préstamo a un banco, pagas **interés** por usar ese dinero. Cuando depositas dinero en una cuenta de ahorros, te pagan interés. El **interés simple** es un tipo de cuota que se paga por el uso de dinero.

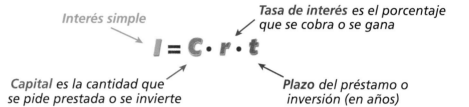

Interés simple

Tasa de interés es el porcentaje que se cobra o se gana

$$I = C \cdot r \cdot t$$

Capital es la cantidad que se pide prestada o se invierte

Plazo del préstamo o inversión (en años)

EJEMPLO 1 **Hallar el interés y el pago total de un préstamo**

Thurman pidió prestado $13,500 a su cuñado durante 4 años con una tasa de interés simple del 6% para comprar un auto. ¿Cuánto interés deberá pagar si salda el préstamo al término del cuarto año? ¿Cuánto pagará en total?

Primero, halla el interés que deberá pagar.

$I = C \cdot r \cdot t$	*Usa la fórmula.*
$I = 13,500 \cdot 0.06 \cdot 4$	*Sustituye. Usa 0.06 en vez de 6%.*
$I = 3240$	*Halla el valor de I.*

Thurman deberá pagar un interés de $3240.

Puedes hallar el total *A* que Thurman pagará por el préstamo si sumas el capital *C* al interés *I*.

$C + I = A$	*capital + interés = cantidad*
$13,500 + 3240 = A$	*Sustituye.*
$16,740 = A$	*Halla el valor de A.*

Thurman pagará en total $16,740 por el préstamo.

EJEMPLO 2 **Determinar el plazo de una inversión**

Tony invirtió $3000 con una tasa anual del 5%. Obtuvo $525 de interés. ¿Durante cuánto tiempo se invirtió el dinero?

$I = C \cdot r \cdot t$	*Usa la fórmula.*
$525 = 3000 \cdot 0.05 \cdot t$	*Sustituye valores en la ecuación.*
$525 = 150t$	*Halla el valor de t.*
$3.5 = t$	

El dinero se invirtió 3.5 años ó 3 años 6 meses.

Calcular el total ahorrado

La abuela de Rebecca depositó $2000 en una cuenta para pagar sus estudios universitarios. ¿Cuánto tendrá Rebecca en esa cuenta después de 3 años con una tasa de interés simple anual del 2.5%?

$I = C \cdot r \cdot t$	*Usa la fórmula.*
$I = 2000 \cdot 0.025 \cdot 3$	*Sustituye. Usa 0.025 en vez de 2.5%.*
$I = 150$	*Halla el valor de I.*

Ahora puedes hallar el total.

$C + I = A$	*Usa la fórmula.*
$2000 + 150 = A$	
$2150 = A$	

Rebecca tendrá $2150 en su cuenta después de tres años.

Hallar la tasa de interés

Suzanne pidió prestado $5000 a un plazo de 5 años con una tasa de interés simple para pagar sus estudios universitarios. Si pagó en total $6187.50, ¿cuál fue la tasa de interés del préstamo?

$C + I = A$	
$5000 + I = 6187.5$	*Halla la tasa de interés.*
$I = 6187.5 - 5000 = 1187.5$	

Pagó $1187.50 de interés. Usa esta cantidad para hallar la tasa de interés.

$I = C \cdot r \cdot t$	*Usa la fórmula*
$1187.5 = 5000 \cdot r \cdot 5$	*Sustituye.*
$1187.5 = 25{,}000r$	*Multiplica.*
$\frac{1187.5}{25{,}000} = r$	
$0.0475 = r$	

Suzanne pidió un préstamo con una tasa anual de 4.75%, o sea, $4\frac{3}{4}\%$.

Razonar y comentar

1. **Explica** el significado de cada variable en la fórmula de interés.

2. **Indica** qué valor debe darse a t cuando el plazo es de 6 meses.

3. **Identifica** las variables de la fórmula de interés simple que representan cantidades de dinero.

4. **Demuestra** que duplicar el plazo al tiempo que se reduce a la mitad la tasa de interés produce el mismo interés simple.

8-7 **Ejercicios**

PARA PRÁCTICA ADICIONAL	☑ conexión **internet**
ve a la pág. 747	**Ayuda en línea para tareas** go.hrw.com Clave: MP4 8-7

PRÁCTICA GUIADA

Ver Ejemplo **1.** Leroy pidió un préstamo de $8250 a 3 años con una tasa de interés simple anual del 7.25%. ¿Cuánto interés deberá después de 3 años? ¿Cuánto tendrá que pagar en total?

Ver Ejemplo **2.** El Sr. Williams invirtió $4000 en bonos con una tasa de interés anual del 4% y obtuvo un interés total de $800. ¿A qué plazo fue la inversión?

Ver Ejemplo **3.** Kim depositó $1422 en una cuenta de ahorros que paga el 3% anual de interés. ¿Cuánto tendrá en la cuenta después de 5 años?

Ver Ejemplo **4** **4.** Hank pidió un préstamo de $25,000 a 3 años para remodelar su casa. Al término de ese plazo, había pagado en total $29,125. ¿Cuál fue la tasa de interés simple del préstamo?

PRÁCTICA INDEPENDIENTE

Ver Ejemplo **5.** Un banco ofrece una tasa de interés simple anual del 7% en préstamos para remodelación de casas. ¿Cuánto deberá Nick si pide prestado $18,500 a pagar en un plazo de 3.5 años?

Ver Ejemplo **6.** Anne deposita $7500 en un fondo universitario para su sobrina. Si el fondo gana una tasa de interés simple anual del 5.5%, ¿cuánto tendrá en él después de 15 años?

Ver Ejemplo **3** **7.** Al alquilar el apartamento del Sr. Rey, Olivia entregó un depósito de seguridad de $1500 hace 6 años. El Sr. Rey se lo devolverá con un interés simple del $3.85%. ¿Cuánto le devolverá?

Ver Ejemplo **4** **8.** El First Bank prestó $125,000 a una constructora con una tasa de interés simple anual. Después de 3 años, la compañía pagó al banco $149,375. ¿Cuál fue la tasa de interés?

PRÁCTICA Y RESOLUCIÓN DE PROBLEMAS

Halla el interés y la cantidad total al centavo más cercano.

9. $225 al 5% anual durante 3 años **10.** $775 al 8% anual durante 1 año

11. $4250 al 7% anual durante 1.5 años **12.** $650 al 4.5% anual durante 2 años

13. $397 al 5% anual durante 9 meses **14.** $2975 al 6% anual durante 5 años

15. $700 al 6.25% anual durante 2 años **16.** $500 al 9% anual durante 3 meses

17. Akule pidió un préstamo de $1500 a 18 meses con una tasa de interés simple anual del 12%. ¿Cuánto interés tendrá que pagar? ¿Cuánto pagará en total?

18. Dena pidió un préstamo de $7500 para comprar un automóvil usado. La asociación de crédito le cobró un interés simple del 9% anual. Dena pagó $2025 de interés. ¿A qué plazo fue el préstamo?

19. En el Thrift Bank, si dejas $675 en una cuenta de ahorros durante 12 años, obtendrás $486 de interés. ¿Qué tasa de interés anual ofrece la cuenta?

20. Los Smith pedirán $35,500 a un banco para abrir un negocio. Tienen dos opciones. La opción A es un préstamo a 5 años; la B, un préstamo a 4 años. Usa la gráfica para responder a estas preguntas.

   a. ¿Cuánto pagarán en total los Smith con cada opción?

   b. ¿Qué tasa de interés tiene cada opción?

   c. ¿Cuánto pagarán cada mes con cada opción?

   d. ¿Cuánto se ahorrarán en intereses si eligen la opción B?

21. ¿DÓNDE ESTÁ EL ERROR? En una prueba, un estudiante tiene que calcular el interés total generado por un préstamo de $4360 a una tasa anual del 4.5% durante 3 años. Su respuesta es $4,948.60. ¿Qué error cometió y cuál es la respuesta correcta?

22. ESCRÍBELO ¿Qué préstamo cuesta menos: $2000 al 8% durante 3 años o $2000 al 9.5% durante 2 años? ¿Cuánto interés se ahorra con el préstamo menos costoso?

23. DESAFÍO ¿Cuál será el pago total de un préstamo a 3 años con interés anual simple del 6% comparado con el pago total de un préstamo a 3 años en el que un doceavo del interés simple, 0.5%, se calcula mensualmente? Da un ejemplo.

Repaso en espiral

Halla cada número o porcentaje. (Lección 8-2)

24. ¿Qué porcentaje de 82 es 20.5?

25. ¿Cuánto es el 15% de 96?

26. ¿Cuánto es el 146% de 12,500?

27. ¿Qué porcentaje de 750 es 125?

28. ¿Qué porcentaje de 0.26 es 0.0338?

29. ¿Cuánto es el 0.5% de 1000?

30. PREPARACIÓN PARA LA PRUEBA Una lavadora cuyo precio normal es $459 se vende rebajada a $379. ¿Cuál fue el porcentaje de disminución a la décima más cercana? (Lección 8-4)

   A 20.3%   **B** 82.6%   **C** 32.8%   **D** 17.4%

El interés compuesto

Aprender a calcular interés compuesto.

Vocabulario

interés compuesto

Si depositas dinero en una cuenta de ahorros, el banco te pagará intereses. Es probable que te pague *interés compuesto*. Si pides un préstamo o usas una tarjeta de crédito, el interés que pagas también suele ser *compuesto*.

Un **interés compuesto** se calcula con base en el capital más los intereses generados en periodos anteriores.

La frecuencia con que se calcula el interés compuesto puede ser *anual* (una vez al año), *semestral* (dos veces al año), *trimestral* (cuatro veces al año), o *diaria*.

E J E M P L O 1 **Calcular interés compuesto con una hoja de cálculo**

Depositas $1000 en una cuenta de ahorros que paga el 5% de interés compuesto anual. Usa una hoja de cálculo o calculadora para hallar cuánto dinero tendrás después de 3 años.

Hay varias maneras de hallar el total después de cada año:

Método 1: Hallar el interés compuesto cada año y sumarlo al total.

Año	Capital ($)	Interés compuesto ($)	Total al término del año ($)
1	1000	1000 × 0.05 = 50	1000 + 50 = 1050
2	1050	1050 × 0.05 = 52.50	1050 + 52.50 = 1102.50
3	1102.50	1102.50 × 0.05 = 55.125	1102.50 + 55.125 = 1157.625

Tendrás $1157.63 en total al término de 3 años.

Puedes usar la propiedad distributiva para multiplicar rápido.
$1000 + 1000(0.05) = 1000(1) + 1000(0.05) = 1000(1.05)$

Método 2: Halla el total para cada año y súmalo al total anterior.

Año	Capital ($)	Total al término del año ($)
1	1000	1000(1.05) = 1050
2	1050	1050(1.05) = 1102.50
3	1102.50	1102.50(1.05) = 1157.625

Tendrás un total de $1157.63 después de 3 años.

Puedes calcular el interés compuesto con una fórmula.

$A = C\left(1 + \dfrac{r}{k}\right)^{n \cdot k}$, donde A = cantidad (nuevo saldo).

C = capital (cantidad original)

r = tasa de interés anual,

n = número de años y

k = número de periodos de composición al año.

EJEMPLO 2 Calcular interés compuesto con una fórmula

Usa la fórmula para hallar la cantidad después de 3 años si inviertes $5000 con un 3% de interés anual compuesto semestralmente.

$A = 5000\left(1 + \dfrac{0.03}{2}\right)^{3 \cdot 2}$ *Sustituye C = 5000, r = 0.03, k = 2, n = 3.*

$A = 5000(1.015)^6$ *Evalúa en los paréntesis y el exponente.*

$A = 5000(1.093443264)$ *Evalúa la potencia. Usa calculadora.*

$A = \$5467.22$ *Evalúa el producto y redondea.*

Tendrás $5467.22 en total después de 3 años.

EXTENSIÓN Ejercicios

Usa una hoja de cálculo o calculadora para hallar el valor de cada inversión después de 3 años, compuesto anualmente.

1. $10,000 con el 8% de interés anual   **2.** $1000 con el 6% de interés anual

Usa la fórmula de interés compuesto para hallar el valor de cada inversión después de 5 años, compuesto semestralmente:

3. $10,000 con el 8% de interés anual   **4.** $1000 con el 6% de interés anual

Usa la fórmula de interés compuesto para hallar el valor de la inversión.

5. $12,500 con el 4% de interés anual, compuesto anualmente durante 5 años

6. $800 con el $5\frac{1}{2}$% de interés anual, compuesto semestralmente durante 7 años

7. $2000 con el 7% de interés anual, compuesto trimestralmente durante 3 años

8. Determina el valor de una herencia de $20,000 después de 20 años si se invierte con una tasa anual del 4% de interés compuesto anual, semestral y trimestral.

9. Determina el valor de $5000 ahorrados en una cuenta que paga el 6% de interés compuesto mensualmente, después de 5 años, suponiendo que no se hacen depósitos ni retiros durante ese periodo.

10. Explica si una inversión gana más con interés compuesto anual o trimestral.

Resolución de problemas en lugares

PENSILVANIA

Punxsutawney Phil

Punxsutawney Phil es la marmota más famosa de Estados Unidos. Según la tradición, si ve su sombra el Día de la Marmota, habrá otras seis semanas de invierno. Si no, la primavera se adelantará.

Esta celebración era originalmente el Día de la Candelaria, cerca del 2 de febrero. Se creía que, si el día era despejado, el invierno se prolongaría. Como los primeros colonos alemanes de Pensilvania hallaron marmotas en gran parte del estado, la tradición cambió gradualmente para incluir a ese animal. Hoy día, decenas de miles de turistas visitan Punxsutawney, Pensilvania, cada año para esperar la aparición de la famosa marmota.

El primer registro oficial del Día de la Marmota en Punxsutawney se hizo en 1887. Entre 1887 y 2002, Phil vio su sombra 92 veces y no la vio 14 veces. 10 años no hubo registro.

1. Descartando los años sin registro, ¿qué porcentaje de las veces no vio Phil su sombra?

2. La tabla indica si Punxsutawney Phil vio o no su sombra en los años de 1980 a 1998. ¿Qué porcentaje de ese tiempo vio Phil su sombra?

3. Compara los resultados para los periodos 1980 a 1998 y 1887 a 2002.

4. Según datos del Centro Nacional de Datos Climáticos de Asheville, Carolina del Norte, la tasa de aciertos de Phil entre 1980 y 1998 fue cercana al 59 porcentaje. ¿Cuántas veces predijo Phil correctamente la duración del invierno en ese periodo?

Apariciones de la sombra de Phil			
1980	sí	1990	no
1981	sí	1991	sí
1982	sí	1992	sí
1983	no	1993	sí
1984	sí	1994	sí
1985	sí	1995	no
1986	no	1996	sí
1987	sí	1997	no
1988	no	1998	sí
1989	sí		

Programa de murales

El programa de murales de Filadelfia se fundó en 1984. Desde entonces, se han pintado más de 2000 murales en la ciudad.

1. En promedio, los murales tienen 45 pies de altura (3 pisos) y 30 pies de anchura. ¿Qué porcentaje de la altura es la anchura?

Un método común para pintar murales es la cuadrícula. Se dibuja una cuadrícula sobre el dibujo a escala de la imagen y luego se dibuja una cuadrícula semejante, pero más grande, en la pared. Luego, los cuadros del dibujo a escala se copian exactamente en la pared.

2. Un mural de 30 pies por 45 pies se divide en cuadrados de 1 pie, y el dibujo a escala de 10 pulg por 15 pulg se divide en cuadrados de $\frac{1}{3}$ pulg. ¿Qué porcentaje de aumento de área hubo de un cuadrado en el dibujo a escala a un cuadrado en la pared? ¿Cuál fue el porcentaje de aumento de área de todo el dibujo? ¿Son iguales los porcentajes? Explica tu respusta.

3. Un mural de 44 pies por 24 pies se transfirió desde un dibujo a escala de 11 pulg por 6 pulg. ¿Qué porcentaje de aumento hubo de la altura del dibujo a la altura del mural?

4. El mural *Lazos comunes*, de 7500 pies^2, fue el más grande del programa. Su altura es de 120 pies (8 pisos).

   a. Halla la anchura del mural.

   b. Si un dibujo a escala del mural tiene 18 pulg de altura, ¿qué anchura debe tener?

   c. ¿Qué porcentaje del área del mural es el área del dibujo a escala?

Acertijos con porcentajes

¡Demuestra tu precisión con estos desconcertantes acertijos de porcentajes!

1. Un granjero va a repartir sus ovejas en 4 corrales. Pone el 20% en un corral, el 30% en el segundo, el 37.5% en el tercero y el resto en el cuarto. ¿Cuál es el mínimo de ovejas que podría tener?

2. Karen y Tina están en el mismo equipo de béisbol. Karen ha bateado hits en el 35% de sus 200 turnos al bate. Tina lo ha hecho en el 30% de sus 20 turnos. Si Karen batea hits 100% en sus siguientes 5 turnos al bate y Tina batea hits 80% en sus siguientes 5 turnos, ¿quién tendrá mayor porcentaje de hits?

3. Joe estaba trabajando tan bien que su jefe le dio un aumento del 10%. Luego, cometió un error tan grave que su jefe recortó su salario en un 10%. ¿Qué porcentaje de su salario original gana Joe ahora?

4. Supongamos que tienes 100 lb de agua salada que contiene 99% de agua (por peso) y 1% de sal. Parte del agua se evapora, de modo que el líquido restante es 98% agua y 2% sal. ¿Cuánto pesa el líquido restante?

Fichas de porcentaje

Usa cartón o papel grueso para hacer 100 fichas con un dígito del 0 al 9 en cada mosaico (10 de cada uno). También imprime un juego de cartas. Cada jugador toma siete fichas. Se colocan cuatro cartas en la mesa como se muestra. El objetivo del juego es juntar el mayor número de cartas. Para quedarse con una carta, un jugador debe completar correctamente la expresión de la carta con sus fichas.

⤢ conexión internet
Visita **go.hrw.com** para las cartas y las reglas completas del juego.
CLAVE: MP4 Game8

Tecnología

LABORATORIO

Calcular el interés compuesto

Para usar con la extensión del Capítulo 8

La fórmula del interés compuesto es $A = C\left(1 + \frac{r}{k}\right)^{nk}$, donde A es la cantidad final, C es la inversión inicial, r es la tasa anual, n es el plazo en años y k es el número de periodos de composición del interés al año.

◢ conexión internet

Recursos en línea para el laboratorio: *go.hrw.com*
CLAVE: MP4 TechLab8

Actividad

1 Usa una calculadora para hallar el valor de $1500 invertidos a 9 años en un banco que paga el 3% de interés compuesto anualmente.

La inversión inicial C es $1500. La tasa r es 3% = 0.03. El número de años n es 9 y, como el periodo de composición del interés es un año, $k = 1$.

$$A = 1500\left(1 + \frac{0.03}{1}\right)^{9 \cdot 1} = 1500(1.03)^9$$

En tu calculadora de gráficas, oprime

1500 ✖ ❪ 1.03 ❫ ∧ 9 ENTER .

```
1500*(1.03)^9
        1957.159776
```

Después de 9 años, la inversión inicial de $1500 valdrá $1957.16 (redondeado a centavos).

2 Usa una calculadora para hallar el valor de $1500 invertidos a 9 años en un banco que paga el 6% de interés anual compuesto semestralmente (dos veces al año).

La inversión inicial C es $1500. Como el interés se compone semestralmente, hay 18 periodos de composición en 9 años, y $n = 9$. La tasa de interés anual r del 6% se divide entre 2, para dar 3% = 0.03.

$$A = 1500 \times \left(1 + \frac{0.06}{2}\right)^{9 \cdot 2} = 1500 \times (1.03)^{18}$$

En tu calculadora, oprime 1500 ✖ ❪ 1.03 ❫ ∧ 18 ENTER . Deberás hallar $A = 2553.65$.

Razonar y comentar

1. Compara el valor final de un depósito inicial de $1000 a 10 años de interés simple del 6%, con el de ese mismo depósito a 10 años con interés compuesto anualmente del 6%. ¿Cuál es mayor? ¿Por qué?

Inténtalo

1. Halla el valor de una inversión inicial de $2500 para el plazo y tasa de interés que se dan.

a. 8 años, 5% compuesto anualmente

b. 20 años, 5% compuesto mensualmente

Vocabulario

Completa los enunciados con las palabras del vocabulario. Puedes usar las palabras más de una vez.

1. Una tasa que compara un número con 100 se llama ___?___.

2. La razón $\dfrac{\text{cantidad de cambio}}{\text{cantidad original}}$ se llama ___?___.

3. Usamos un porcentaje para calcular un(a) ___?___, que es una cuota que se paga a quien logra una venta.

4. Usamos la fórmula $I = Crt$ para calcular ___?___. En ella, C representa la cantidad que se pide prestada o se invierte, el/la ___?___, r es el/la ___?___, y t es el periodo durante el que se pide prestado o se invierte el dinero.

8-1 Cómo relacionar decimales, fracciones y porcentajes (págs. 400–403)

EJEMPLO

■ Completa la tabla.

Fracción	Decimal	Porcentaje
$\frac{3}{4}$	0.75	0.75(100) = 75%
$\frac{625}{1000} = \frac{5}{8}$	0.625	0.625(100) = 62.5%
$\frac{80}{100} = \frac{4}{5}$	$\frac{80}{100} = 0.80$	80%

EJERCICIOS

Completa la tabla.

Fracción	Decimal	Porcentaje
$\frac{7}{16}$	5. ▦	6. ▦
7. ▦	1.125	8. ▦
9. ▦	10. ▦	70%
11. ▦	0.004	12. ▦

8-2 Cómo hallar porcentajes (págs. 405–408)

EJEMPLO

- Una manzana cruda que pesa 5.3 oz contiene cerca de 4.45 oz de agua. ¿Qué porcentaje de una manzana es agua?

$$\frac{\text{número}}{100} = \frac{\text{parte}}{\text{todo}} \quad \text{Escribe una proporción.}$$

$$\frac{n}{100} = \frac{4.45}{5.3} \quad \text{Sustituye.}$$

$$5.3n = 445 \quad \text{Multiplica cruzado.}$$

$$n = \frac{445}{5.3} \approx 83.96 \approx 84\%$$

Una manzana es aproximadamente 84% agua.

EJERCICIOS

13. El año en Mercurio dura unos 88 días terrestres. El año venusino dura unos 225 días terrestres. ¿Aproximadamente qué porcentaje del año venusino es el año de mercurio?

14. El tramo principal del Puente Brooklyn mide 1595 pies. La longitud del Golden Gate es aproximadamente 263% de la del Puente Brooklyn. ¿Qué longitud tiene el Golden Gate, a la centena de pie más cercana?

8-3 Cómo hallar un número cuando se conoce un porcentaje
(págs. 410–413)

EJEMPLO

- Fairbanks, Alaska, tiene 30,224 habitantes. Esto es cerca del 477% de la población de Kodiak, Alaska. A la decena más cercana, ¿cuántos habitantes tiene Kodiak?

$$\frac{477}{100} = \frac{30,224}{n} \quad \text{Escribe una proporción.}$$

$$477n = 3,022,400 \quad \text{Multiplica cruzado.}$$

$$n = \frac{3,022,400}{477} \approx 6336.2683 \approx 6340$$

Kodiak tiene cerca de 6340 habitantes.

EJERCICIOS

15. El diámetro de Júpiter en su ecuador es de 88,846 millas. Esto es alrededor del 2930% del diámetro de Mercurio en el ecuador. A la decena de milla más cercana, halla el diámetro del Mercurio.

16. A las 12 semanas de vida, Rachel pesaba 8 lb 2 oz. Su peso al nacer fue cerca de $66\frac{2}{3}\%$ de ese peso. Halla su peso al nacer a la onza más cercana.

8-4 Porcentaje de aumento y disminución (págs. 416–419)

EJEMPLO

- En 1990, se informó de 639,270 robos en Estados Unidos. Este número bajó a 409,670 en 1999. Halla el porcentaje de disminución.

$$639,270 - 409,670 = 229,600 \quad \text{Cantidad de disminución}$$

$$\frac{\text{disminución}}{\text{cantidad original}} = \frac{229,600}{639,270}$$

$$\approx 0.3592 \approx 35.92\%$$

Entre 1990 y 1999, el número de robos informados en Estados Unidos disminuyó 35.92%.

EJERCICIOS

17. Una camisa de $20 se rebajó a $16. Halla el porcentaje de disminución.

18. En 1900 la deuda pública de EE. UU. era de $1,200 millones de dólares, y aumentó a $5,674,200 millones de dólares en 2000. Halla el porcentaje de aumento.

19. Al principio de una dieta de 10 semanas supervisada por un médico, Ken pesaba 202 lb. Después de la dieta, pesaba 177 lb. Halla el porcentaje de disminución.

8-5 Cómo estimar porcentajes (págs. 420–423)

EJEMPLO

- **Estima qué porcentaje de 17 es 5.**

  $\frac{5}{17} \approx \frac{5}{15}$ *Usa números compatibles.*

  $\frac{1}{3} = 33\frac{1}{3}\%$ *Simplifica; cambia a %.*

  5 es aproximadamente el $33\frac{1}{3}\%$ de 17.

EJERCICIOS

Usa números compatibles para estimar.

20. qué porcentaje de 25 es 6

21. qué porcentaje de 33 es 7

22. 23% de 64

23. 78% de 19

24. 14% de 40

25. 16% de 30

8-6 Uso de los porcentajes (págs. 424–427)

EJEMPLO

- **El vendedor de electrodomésticos, Jim, gana un salario base de $450 a la semana más una comisión del 8% de sus ventas. La semana pasada, vendió $2750. ¿Cuánto ganó esa semana?**

  Halla la cantidad de la comisión.

  $8\% \cdot \$2750 = 0.08 \cdot \$2750 = \$220$

  Suma esa cantidad a su salario base.

  $\$220 + \$450 = \$670$

  La semana pasada, Jim ganó $670.

EJERCICIOS

26. El agente inmobiliario Hal gana una comisión del $3\frac{1}{2}\%$ sobre las casas que vende. En el primer trimestre del año, vendió dos casas, una de $125,000 y otra de $189,000. ¿Qué comisión obtuvo Hal ese trimestre?

27. Si el impuesto sobre la venta es del $6\frac{3}{4}\%$, ¿cuánto impuesto pagará Raymond si compra un radio de $19.99 y una cámara de $24.99?

8-7 Otros usos de los porcentajes (págs. 428–431)

EJEMPLO

- **Para remodelar su casa, los Walter pidieron un préstamo de $10,000 a 3 años con interés simple, y pagaron en total $11,050. ¿Cuál fue la tasa de interés?**

  Halla la cantidad de los intereses.

  $C + I = A$

  $10{,}000 + I = 11{,}050$

  $I = 11{,}050 - 10{,}000 = 1050$

  Sustituye en la fórmula de interés simple.

  $I = C \cdot r \cdot t$

  $1050 = 10{,}000 \cdot r \cdot 3$

  $1050 = 30{,}000r$

  $\frac{1050}{30{,}000} = r$

  $0.035 = r$

  La tasa de interés fue del 3.5%.

EJERCICIOS

Usa la fórmula del interés simple para hallar el número que falta.

28. interés = ____; capital = $12,500; tasa = $5\frac{3}{4}\%$ anual; plazo = $2\frac{1}{2}$ años

29. interés = $90; capital = ____; tasa = 3% anual; plazo = 6 años

30. interés = $367.50; capital = $1500; tasa anual = ____; plazo = $3\frac{1}{2}$ años

31. interés = $1237.50; capital = $45,000; tasa = $5\frac{1}{2}\%$ anual; plazo = ____

¿Qué préstamo a interés simple costará menos? ¿Cuánto menos?

32. $2000 al 4% durante 3 años o $2000 al 4.75% durante 2 años

1. Escribe el porcentaje 125% como decimal.

2. Escribe la fracción $\frac{7}{20}$ como porcentaje.

3. Escribe el decimal 0.0375 como porcentaje.

4. Escribe el porcentaje $87\frac{1}{2}$% como fracción en su mínima expresión.

Calcula.

5. ¿Qué porcentaje de 72 es 9?

6. ¿Cuánto es el 25% de 48?

7. ¿15.9 es $33\frac{1}{3}$% de qué número?

8. ¿Qué porcentaje de 19 es 61.75?

Usa números compatibles para estimar.

9. qué porcentaje de 23 es 7

10. qué porcentaje de 48 es 110

11. 83% de 197

Con la fórmula de interés simple, halla el número que falta.

12. interés = ▢; capital = $15,500; tasa = $4\frac{1}{2}$% anual; plazo = 3 años

13. interés = $87.50; capital = ▢; tasa = $3\frac{1}{2}$% anual; plazo = 6 meses

14. interés = $401.63; capital = $2550; tasa anual = ▢; plazo = $3\frac{1}{2}$ años

15. interés = $562.50; capital = $20,000; tasa = $3\frac{3}{4}$% anual plazo = ▢

Resuelve estos problemas. Da los porcentajes a la centésima más cercana.

16. La distancia media de la Tierra al Sol es de 92,960,000 millas. Esto es aproximadamente el 258% de la distancia media de Mercurio al Sol. A la decena de millones de millas más cercanas, ¿cuál es la distancia media de Mercurio al Sol?

17. En 2000, el comercio de EE. UU. con Arabia Saudita fue de $20,600 millones. De esto, $6,200 millones fueron exportaciones de EE. UU. a Arabia Saudita. ¿Qué porcentaje del total representan las exportaciones de EE. UU.?

18. En el tercer trimestre de 2001, la mediana del precio de venta de una casa unifamiliar en el condado de Putnam, Nueva York, era $259,970. Un año antes, era $242,555. ¿Cuál fue el porcentaje de aumento?

19. El agente inmobiliario Walter Jordan gana una comisión del $3\frac{3}{4}$% sobre las casas que vende. En el último trimestre del año, Walter vendió dos, una a $225,000 y una a $199,000. ¿Qué comisión obtuvo en ese trimestre?

20. Si la tasa de impuesto sobre la venta es de $7\frac{1}{4}$% y Jessica pagó $1.45 de impuesto por un suéter, ¿qué precio tenía el suéter?

21. Determina la cantidad de interés simple de un préstamo de $1250 al $6\frac{1}{2}$% anual durante 3 años.

Evaluación del desempeño

 Muestra lo que sabes

Haz un portafolio para tus trabajos en este capítulo. Completa esta página e inclúyela junto con los cuatro mejores trabajos del Capítulo 8. Elige entre las tareas o prácticas de laboratorio, examen parcial del capítulo o cualquier entrada de tu diario para incluirlas en el portafolio empleando el diseño que más te guste. Usa tu portafolio para representar lo que consideras tu mejor trabajo.

⭐ **Respuesta corta**

1. Si añades 10 kg de ácido puro a 15 kg de agua pura, ¿qué porcentaje de la solución así producida es ácido? Muestra tu trabajo.

2. En el laboratorio de química, Jim está trabajando con seis frascos grandes con capacidades de 5 L, 4 L, 3 L, 2 L, 1 L y 10 L. El de 5 L se llenó con una mezcla de ácido; los demás están vacíos. Jim usa el frasco de 5 L para llenar el de 4 L y vierte el sobrante en el frasco de 10 L. Luego usa el frasco de 4 L para llenar el de 3 L y vierte el sobrante en el de 10 L. Continúa así hasta que todos los frascos están vacíos menos el de 1 L y el de 10 L. ¿Qué porcentaje del frasco de 10 L está lleno? Muestra tu trabajo.

 Extensión de resolución de problemas

3. Se pidió a los 60 estudiantes de una clase de educación física seleccionar una actividad optativa. La tabla muestra los resultados. Haz una gráfica circular que los muestre como porcentajes. Usa un transportador para dibujar los ángulos en el centro del círculo, para cada sector.

   a. ¿Qué dos grupos ocupan el 50% de la gráfica?

   b. ¿Podrías hacer que todas las actividades tengan el mismo porcentaje de participación? Explica tu respuesta.

Actividad	Número de estudiantes
Badminton	15
Básquetbol	12
Gimnasia	6
Voleibol	15
Lucha	12

Evaluación del desempeño

◢ conexión **internet** ≣

Práctica en línea para la
prueba estatal: *go.hrw.com*
Clave: MP4 TestPrep

Preparación para la prueba estandarizada

Evaluación acumulativa: Capítulos 1–8

1. Un club con 30 chicas y 40 chicos organizó un paseo en barco. Si el 60% de las chicas y el 25% de los chicos asistió, ¿qué porcentaje del club fue al paseo?

   (A) 30%

   (B) 35%

   (C) 40%

   (D) 60%

2. Por cada 1000 m^3 de aire que pasan por el filtro de la habitación de Ken, se eliminan 0.05 g de polvo. ¿cuántos gramos de polvo se eliminan si se filtran 10^7 m^3 de aire?

   (F) 50,000 g

   (G) 5,000 g

   (H) 500 g

   (J) 50 g

3. Definimos la operación ◆ como $x ◆ y = x^y$. ¿Cuánto vale $3 ◆ (-1)$?

   (A) -3

   (B) $-\frac{1}{3}$

   (C) -1

   (D) $\frac{1}{3}$

4. $\frac{1}{2}$ de un número es 2 más que $\frac{1}{3}$ del número. ¿Cuál es el número?

   (F) 6

   (G) 12

   (H) 20

   (J) 24

5. Si cierto rectángulo se divide a la mitad, se forman dos cuadrados con perímetro de 48 pulgadas. ¿Cuál es el perímetro del rectángulo original?

   (A) 24 pulgadas

   (B) 36 pulgadas

   (C) 48 pulgadas

   (D) 72 pulgadas

6. Considera esta ecuación: $\frac{20}{x} = \frac{4}{x-5}$.

   ¿Cuál es el equivalente de la ecuación que se da?

   (F) $x(x - 5) = 80$

   (G) $20x = 4(x - 5)$

   (H) $20(x - 5) = 4x$

   (J) $24 = x + (x - 5)$

7. Una carga de 1000 toneladas se incrementa en 1%. ¿Cuánto pesa la nueva carga?

   (A) 1001 toneladas

   (B) 1010 toneladas

   (C) 1100 toneladas

   (D) 1110 toneladas

PARA LA PRUEBA

Usar diagramas: recuerda que no debes inferir de un diagrama nada que no se especifique como dato.

8. En la figura, ¿cuánto vale y en términos de x?

   (F) $90 + x$

   (G) $90 + 2x$

   (H) $180 - x$

   (J) $180 - 2x$

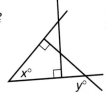

9. ***RESPUESTA CORTA*** Si $(x + 3)(9 - 5) = 16$, ¿cuánto vale x? Muestra tu trabajo o explica cómo hallaste la respuesta.

10. ***RESPUESTA CORTA*** La tabla muestra las calificaciones de 4 estudiantes en sus pruebas.

	Prueba 1	Prueba 2	Prueba 3	Prueba 4
Ann	80	100	100	90
Dan	60	90	90	100
Juan	100	80	100	60
Leon	100	100	100	65

Halla la calificación promedio de cada estudiante y la moda de las calificaciones intermedias.

Capítulo 9

Probabilidad

Letra	Código
A	1000001
C	1000011
E	1000101
I	1001001
L	1001100
M	1001101
O	1001111
S	1010011
T	1010100

conexión **internet**

Presentación del capítulo en línea: **go.hrw.com**
CLAVE: MP4 Ch9

Profesión *Criptógrafa*

1000001100110110011111001100100000
1010011100110110000011010100100010110011
10110000011010100100100110000111000001
1010011

¿Este patrón de ceros y unos es algún tipo de mensaje o código secreto? Un criptógrafo podría averiguarlo. Los criptógrafos crean y descifran códigos asignando valores numéricos a las letras del alfabeto.

Casi todos los textos que se transmiten por Internet se cifran por seguridad. Es común usar *códigos binarios*, formados por ceros y unos, en aplicaciones de computación.

Usa la tabla para descifrar el código.

¿ESTÁS PREPARADO?

Elige de la lista el término que mejor complete cada enunciado.

1. El término __?__ significa "por cada cien".

2. Un(a) __?__ es una comparación de dos números.

3. En un conjunto de datos, el(la) __?__ es el número más grande menos el más pequeño.

4. Un(a) __?__ está en su mínima expresión si su numerador y denominador no tienen otro factor común que 1.

fracción

porcentaje

rango

razón

Resuelve los ejercicios para practicar las destrezas que usarás en este capítulo.

✔ Simplificar razones

Escribe cada razón en su mínima expresión.

5. 5:50

6. 95 a 19

7. $\frac{20}{100}$

8. $\frac{192}{80}$

✔ Escribir fracciones como decimales

Expresa cada fracción como decimal.

9. $\frac{52}{100}$

10. $\frac{7}{1000}$

11. $\frac{3}{5}$

12. $\frac{2}{9}$

✔ Escribir fracciones como porcentajes

Expresa cada fracción como porcentaje.

13. $\frac{19}{100}$

14. $\frac{1}{8}$

15. $\frac{5}{2}$

16. $\frac{2}{3}$

17. $\frac{3}{4}$

18. $\frac{9}{20}$

19. $\frac{7}{10}$

20. $\frac{2}{5}$

✔ Operaciones con fracciones

Suma. Escribe cada respuesta en su mínima expresión.

21. $\frac{3}{8} + \frac{1}{4} + \frac{1}{6}$

22. $\frac{1}{6} + \frac{2}{3} + \frac{1}{9}$

23. $\frac{1}{8} + \frac{1}{4} + \frac{1}{8} + \frac{1}{2}$

24. $\frac{1}{3} + \frac{1}{4} + \frac{2}{5}$

Multiplica. Escribe cada respuesta en su mínima expresión.

25. $\frac{3}{8} \cdot \frac{1}{5}$

26. $\frac{2}{3} \cdot \frac{6}{7}$

27. $\frac{3}{7} \cdot \frac{14}{27}$

28. $\frac{13}{52} \cdot \frac{3}{51}$

29. $\frac{4}{5} \cdot \frac{11}{4}$

30. $\frac{5}{2} \cdot \frac{3}{4}$

31. $\frac{27}{8} \cdot \frac{4}{9}$

32. $\frac{1}{15} \cdot \frac{30}{9}$

9-1 Probabilidad

Aprender a hallar la probabilidad de un suceso mediante la definición de probabilidad.

Vocabulario

experimento

prueba

resultado posible

espacio muestral

suceso

probabilidad

imposible

seguro

Un **experimento** es una actividad cuyos resultados se observan. Cada observación es una **prueba**, y cada resultado es un **resultado posible**. El **espacio muestral** es el conjunto de todos los resultados posibles de un experimento.

Experimento	Espacio muestral
• lanzar una moneda	• caras, cruces
• lanzar un dado numérico	• 1, 2, 3, 4, 5, 6
• adivinar el número de dulces en un frasco	• números cabales

Un **suceso** es cualquier conjunto de uno o más resultados posibles. La **probabilidad** de un suceso, que se escribe P(suceso), es un número de 0 (0%) a 1 (100%) que indica qué tan probable es un suceso.

Espacio muestral

1 2 3
4 5 6

Posibilidad de lanzar un número impar

Posibilidad de lanzar un 6

- Una probabilidad de 0 implica que el suceso es **imposible**, que nunca puede ocurrir.

- Una probabilidad de 1 significa que el suceso es **seguro**, que debe ocurrir.

- Las probabilidades de todos los resultados posibles del espacio muestral suman 1.

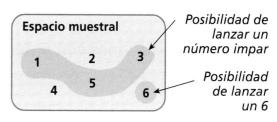

Nunca ocurre		Ocurre cerca de la mitad de las veces		Siempre ocurre
0	$\frac{1}{4}$	$\frac{1}{2}$	$\frac{3}{4}$	1
0	0.25	0.5	0.75	1
0%	25%	50%	75%	100%

EJEMPLO 1 Hallar probabilidades de resultados en un espacio muestral

Da la probabilidad de cada resultado.

A El pronóstico del tiempo indica una posibilidad de lluvia del 40%.

Resultado	Lluvia	No llueva
Probabilidad		

La probabilidad de que llueva es P(lluvia) = 40% = 0.4. Las probabilidades deben sumar 1, así que la probabilidad de que no llueva, P(no llueva) = 1 − 0.4 = 0.6, = 60%.

Da la probabilidad de cada resultado.

Resultado	Rojo	Amarillo	Azul
Probabilidad			

Media rueda es roja, así que es razonable estimar que la probabilidad de que la rueda caiga en rojo es $P(\text{rojo}) = \frac{1}{2}$.

Un cuarto de la rueda es amarillo por tanto, es razonable estimar que la probabilidad de que la rueda caiga en amarillo es $P(\text{amarillo}) = \frac{1}{4}$.

Un cuarto de la rueda es azul; por tanto, es razonable estimar que la probabilidad de que la rueda caiga en azul es $P(\text{azul}) = \frac{1}{4}$.

Comprueba Las probabilidades de todos los resultados posibles deben sumar 1.

$\frac{1}{2} + \frac{1}{4} + \frac{1}{4} = 1$ ✔

Para hallar la probabilidad de un suceso, suma las probabilidades de todos los resultados posibles incluidos en el suceso.

EJEMPLO 2 **Hallar probabilidades de sucesos**

Una prueba contiene 5 preguntas de opción múltiple. Supongamos que respondes al azar a cada pregunta. Esta tabla da la probabilidad de cada puntuación.

Puntuación	0	1	2	3	4	5
Probabilidad	0.237	0.396	0.264	0.088	0.014	0.001

A **¿Qué probabilidad hay de tener una o más respuestas correctas?**

El suceso "una o más correctas" consiste en los resultados 1, 2, 3, 4, 5.

$P(\text{una o más correctas}) = 0.396 + 0.264 + 0.088 + 0.014 + 0.001$
$= 0.763 \text{ ó } 76.3\%$

B **¿Qué probabilidad hay de tener menos de 2 respuestas correctas?**

El suceso "menos de 2 correctas" consiste en los resultados 0 y 1.

$P(\text{menos de 2 correctas}) = 0.237 + 0.396$
$= 0.633 \text{ ó } 63.3\%$

C **¿Qué probabilidad hay de aprobar (tener 4 ó 5 respuestas correctas) respondiendo al azar?**

El suceso "aprobar" consiste en los resultados 4 y 5.

$P(\text{aprobar}) = 0.014 + 0.001$
$= 0.015, \text{ o sea } 1.5\%$

APLICACIÓN A LA RESOLUCIÓN DE PROBLEMAS

Quedan 6 estudiantes en un concurso de ortografía. La probabilidad de que gane Amy es de $\frac{1}{3}$. Es el doble de la probabilidad de que gane Kim. Bob tiene las mismas posibilidades que Kim. Pat, Ani y Jo tienen la misma probabilidad de ganar. Haz una tabla de probabilidades para hallar el espacio muestral.

1 Comprende el problema

La **respuesta** será una tabla de probabilidades. Cada probabilidad será un número de 0 a 1. Las probabilidades de todos los resultados suman 1.

Haz una lista de la **información importante:**

- $P(\text{Amy}) = \frac{1}{3}$
- $P(\text{Kim}) = P(\text{Bob}) = \frac{1}{6}$
- $P(\text{Kim}) = \frac{1}{2} \cdot P(\text{Amy}) = \frac{1}{2} \cdot \frac{1}{3} = \frac{1}{6}$
- $P(\text{Pat}) = P(\text{Ani}) = P(\text{Jo})$

2 Haz un plan

Sabes que las probabilidades suman 1, por tanto, usa la estrategia **escribir una ecuación**. Usa p para representar la probabilidad de Pat, Ani y Jo.

$$P(\text{Amy}) + P(\text{Kim}) + P(\text{Bob}) + P(\text{Pat}) + P(\text{Ani}) + P(\text{Jo}) = 1$$

$$\frac{1}{3} + \frac{1}{6} + \frac{1}{6} + p + p + p = 1$$

$$\frac{2}{3} + 3p = 1$$

3 Resuelve

$$\frac{2}{3} + 3p = 1$$

$$\underline{-\frac{2}{3} \qquad -\frac{2}{3}} \qquad \textit{Resta } \frac{2}{3} \textit{ a ambos lados.}$$

$$3p = \frac{1}{3}$$

$$\frac{1}{3} \cdot 3p = \frac{1}{3} \cdot \frac{1}{3} \qquad \textit{Multiplica ambos lados por } \frac{1}{3}.$$

$$p = \frac{1}{9}$$

Resultado	Amy	Kim	Bob	Pat	Ani	Jo
Probabilidad	$\frac{1}{3}$	$\frac{1}{6}$	$\frac{1}{6}$	$\frac{1}{9}$	$\frac{1}{9}$	$\frac{1}{9}$

4 Repasa

Comprueba que las probabilidades sumen 1.

$$\frac{1}{3} + \frac{1}{6} + \frac{1}{6} + \frac{1}{9} + \frac{1}{9} + \frac{1}{9} = 1 \; ✔$$

Razonar y comentar

1. Da una probabilidad a cada expresión: generalmente, a veces, siempre, nunca. Compara tus valores con los de tus compañeros.

2. Explica la diferencia entre un resultado posible y un suceso.

9-1 **Ejercicios**

PARA PRÁCTICA ADICIONAL	⚡ conexión internet
ve a la pág. 748	**Ayuda en línea para tareas** go.hrw.com Clave: MP4 9-1

PRÁCTICA GUIADA

Ver Ejemplo ①

1. El pronóstico del tiempo indica una posibilidad de que nieve del 55%. Da la probabilidad de cada resultado.

Resultado	Nieve	No nieve
Probabilidad		

Ver Ejemplo ②

Un experimento consiste en sacar 4 canicas de una bolsa y contar el número de canicas azules. La tabla da la probabilidad de cada resultado.

Número de canicas azules	0	1	2	3	4
Probabilidad	0.024	0.238	0.476	0.238	0.024

2. ¿Qué probabilidad hay de sacar al menos 3 canicas azules?

3. ¿Qué probabilidad hay de sacar menos de 3 canicas azules?

Ver Ejemplo ③

4. Hay 4 equipos en un torneo escolar. El equipo A tiene una posibilidad del 25% de ganar. El equipo B tiene tantas posibilidades como el D. El equipo C tiene la mitad de posibilidades de ganar que el B. Crea una tabla de probabilidades para hallar el espacio muestral.

PRÁCTICA INDEPENDIENTE

Ver Ejemplo ①

5. Da la probabilidad de cada resultado.

Resultado	Rojo	Azul	Amarillo	Verde
Probabilidad				

Ver Ejemplo ②

A Raul le faltan 3 materias para graduarse en la universidad, pero se inscribe tarde, así que tal vez no consiga todas las materias que necesita. La tabla da la probabilidad del número de materias en las que podrá inscribirse.

Número de materias disponibles	0	1	2	3
Probabilidad	0.015	0.140	0.505	0.340

6. ¿Qué probabilidad hay de que se inscriba al menos en 1 materia?

7. ¿Qué probabilidad hay de que se inscriba en menos de 2 materias?

Ver Ejemplo ③

8. Hay 5 candidatos para presidente de grupo. Maykla y Jacob tienen la misma posibilidad de ganar. Daniel tiene una posibilidad del 20%, y Samantha y María tienen la mitad de posibilidades que Daniel. Crea una tabla de probabilidades para hallar el espacio muestral.

PRÁCTICA Y RESOLUCIÓN DE PROBLEMAS

Usa la tabla para hallar la probabilidad de cada suceso.

Resultado	A	B	C	D	E
Probabilidad	0.204	0.115	0	0.535	0.146

9. que ocurra A, B o C

10. que ocurra A o E

11. que ocurra A, B, D o E

12. que no ocurra C

13. que no ocurra D

14. que ocurra C o D

15. Jamal tiene 10% de posibilidades de ganar un concurso. Elroy tiene las mismas posibilidades que Tina y Mel, y Gina tiene tres veces más posibilidades que Jamal. Crea una tabla de probabilidades para hallar el espacio muestral.

16. *NEGOCIOS* Los planificadores urbanos han decidido que la probabilidad de que se construya un nuevo centro comercial es del 32% en la Zona A, 20% en la Zona B y 48% en la Zona C. ¿Qué probabilidad hay de que no se construya en la Zona C?

17. *ENTRETENIMIENTO* Los concursantes en un festival tienen 2% de posibilidades de ganar $5, 7% de ganar $1, 15% de ganar $0.50 y 20% de ganar $0.25. ¿Qué probabilidad hay de no ganar nada?

18. *¿DÓNDE ESTÁ EL ERROR?* Dos personas están jugando. Una dice: "Tal vez ganes tú o gane yo. El espacio muestral contiene dos resultados posibles, así que ambos tenemos una probabilidad de un medio." ¿Dónde está el error?

19. *ESCRÍBELO* Supongamos que la probabilidad de un suceso es *p*. ¿Qué puedes decir acerca del valor de *p*? ¿Qué probabilidad hay de que no ocurra el suceso? Explica tu respuesta.

20. *DESAFÍO* Enumera todos los sucesos posibles en un espacio muestral que tiene los resultados A, B y C.

Repaso en espiral

Halla el área total de cada figura. Usa $\pi = 3.14$. (Lección 6-8)

21. un prisma rectangular con base de 4 pulg por 3 pulg y altura de 2.5 pulg

22. un cilindro con 10 cm de radio y 7 cm de altura

23. un cilindro con 7.5 yd de diámetro y 11.3 yd de altura

24. un cubo de 3.2 pies por lado

25. **PREPARACIÓN PARA LA PRUEBA** El área total de una esfera es de 50.24 cm². ¿Cuál es su diámetro? Usa $\pi = 3.14$. (Lección 6-10)

A 2 cm   **B** 4 cm   **C** 1 cm   **D** 2.5 cm

9-2 Probabilidad experimental

Aprender a estimar probabilidades con métodos experimentales.

Vocabulario

probabilidad experimental

Los seguros de automóvil tienen por lo común primas más bajas para chicas adolescentes que para chicos. Las primas para adultos mayores de 25 años son más bajas que para los menores de 25. También podrían bajar si el asegurado es casado, no fuma o es un estudiante con buenas calificaciones. Las aseguradoras estiman la probabilidad de tener un accidente automovilístico al estudiar las tasas de accidentes de diversos grupos.

En la **probabilidad experimental**, se estima la posibilidad de un suceso al repetir muchas veces un experimento y observar el número de veces que ocurre. Ese número se divide entre el total de pruebas. Cuanto más se repita el experimento, más exacta será la estimación.

$$\text{probabilidad} \approx \frac{\text{número de veces que ocurre un suceso}}{\text{número total de pruebas}}$$

E J E M P L O **Estimar la probabilidad de un suceso**

A Después de 1000 giros de la rueda giratoria, se obtuvo la siguiente información. Estima la probabilidad de que la rueda caiga en rojo.

Resultado	Azul	Rojo	Amarillo
Giros	448	267	285

$$\text{probabilidad} \approx \frac{\text{veces que la rueda cayó en rojo}}{\text{número total de giros}} = \frac{267}{1000} = 0.267$$

La probabilidad de que caiga en rojo es como de 0.267 (26.7%).

B Se saca al azar una canica de una bolsa y se devuelve. La tabla muestra los resultados después de 100 intentos. Estima la probabilidad de sacar una canica amarilla.

Resultado	Verde	Roja	Amarilla	Azul	Blanca
Intentos	30	18	18	21	13

$$\text{probabilidad} \approx \frac{\text{canicas amarillas que se sacaron}}{\text{número total de intentos}} = \frac{18}{100} = 0.18$$

La probabilidad de sacar una canica amarilla es como de 0.18 (18%).

C Un investigador observa los autos que pasan por un cruce muy transitado. De los últimos 50 autos, 21 dieron vuelta a la izquierda, 15 dieron vuelta a la derecha y 14 siguieron de frente. Estima la probabilidad de que un auto dé vuelta a la derecha.

Resultado	A la izquierda	A la derecha	De frente
Observaciones	21	15	14

$$\text{probabilidad} \approx \frac{\text{número de vueltas a la derecha}}{\text{número total de autos}} = \frac{15}{50} = 0.30 = 30\%$$

La probabilidad de que un auto dé vuelta a la derecha es aproximadamente de 0.30 ó 30%.

EJEMPLO 2 *Aplicación a la seguridad*

Usa la tabla para comparar la probabilidad de tener un accidente, para un conductor de 16 a 25 años y para un conductor de 26 a 35 años.

Accidentes automovilísticos en Ohio, 1999		
Edad	Conductores con licencia en accidentes	Número total de conductores con licencia
16–25	186,026	1,354,729
26–35	133,451	1,584,345
36–45	124,347	1,779,620
46–55	84,715	1,480,101
56–65	45,525	731,118
66–75	29,527	724,530
76 y más	17,820	499,167

Fuente: Departamento de Seguridad Pública de Ohio

$$\text{probabilidad} \approx \frac{\text{número de conductores con licencia en accidentes}}{\text{número total de conductores con licencia}}$$

$$\text{probabilidad para un conductor entre 16 y 25} \approx \frac{186,026}{1,354,729} \approx 0.137$$

$$\text{probabilidad para un conductor entre 26 y 35} \approx \frac{133,451}{1,584,345} \approx 0.084$$

Es más probable que un conductor entre los 16 y 25 años tenga un accidente, que un conductor entre los 26 y 35 años.

Razonar y comentar

1. Compara la probabilidad de que la rueda giratoria caiga en rojo en el Ejemplo 1A, con la probabilidad que podrías esperar.

2. Da el número posible de canicas de cada color en la bolsa del Ejemplo 1B.

9-2 **Ejercicios**

PARA PRÁCTICA ADICIONAL	⚡ conexión **internet**
ve a la pág. 748	**Ayuda en línea para tareas** go.hrw.com Clave: MP4 9-2

PRÁCTICA GUIADA

Ver Ejemplo **1.** Se giró 500 veces una rueda giratoria. Cayó 170 veces en A, 244 veces en B y 86 veces en C. Estima la probabilidad de que caiga en A.

2. Se sacó al azar una moneda de una bolsa y se devolvió. Después de 200 intentos, se habían sacado 22 monedas de 1¢, 53 de 5¢, 87 de 10¢ y 38 de 25¢. Estima la probabilidad de sacar una moneda de 1¢.

Ver Ejemplo **3.** Usa la tabla para comparar la probabilidad de que una persona escuche noticias con la probabilidad de que escuche música rock.

Estación favorita	Número de personas
Noticias	12,115
Rock	18,230
Country	11,455
Otra	23,160

PRÁCTICA INDEPENDIENTE

Ver Ejemplo **4.** Un investigador encuestó a 230 alumnos de primer año en una universidad y halló que 110 cursaban historia. Estima la probabilidad de que un estudiante de primer año elegido al azar curse historia.

5. Tyler ha encestado 65 de sus últimos 150 tiros libres. Estima la probabilidad de que enceste su próximo tiro libre.

Ver Ejemplo **6.** Ed encuestó a 128 estudiantes acerca de su pasatiempo favorito. Usa la tabla para comparar la probabilidad de que el pasatiempo favorito de un estudiante sea el deporte con la probabilidad de que sea la lectura.

Pasatiempo favorito	Número de estudiantes
Cine	36
Deporte	32
Lectura	32
Videojuegos	28

PRÁCTICA Y RESOLUCIÓN DE PROBLEMAS

Usa la tabla para los ejercicios del 7 al 11. Estima la probabilidad de cada suceso

7. Lograr un hit sencillo.

8. Lograr un hit doble.

9. Lograr un hit triple.

10. Lograr un jonrón.

11. Quedar fuera.

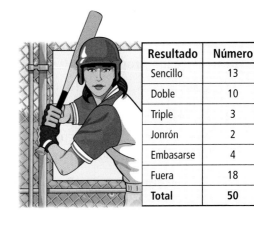

Resultado	Número
Sencillo	13
Doble	10
Triple	3
Jonrón	2
Embasarse	4
Fuera	18
Total	50

La intensidad de un sismo se mide en la escala Richter. Un sismo *mayor* marca entre 7 y 7.9 en esa escala; un sismo *grande* marca 8 ó más. La tabla muestra el número de sismos mayores y grandes por año en todo el mundo, entre 1970 y 1995.

12. Estima la probabilidad de que haya más de 15 sismos mayores el año próximo.

13. Estima la probabilidad de que haya menos de 12 sismos mayores el año próximo.

14. Estima la probabilidad de que no haya sismos grandes el año próximo.

15. *ESCRÍBELO* Supongamos que quieres saber la probabilidad de que habrá más de 5 sismos el próximo año en cierto país. ¿Qué necesitarías saber y cómo estimarías la probabilidad?

16. *DESAFÍO* Estima la probabilidad de que haya más de un sismo mayor el próximo mes.

go.hrw.com
CLAVE: MP4 Quake, disponible en inglés.
CNN Student News.

Número de sismos en todo el mundo					
Año	Mayor	Grande	Año	Mayor	Grande
1970	20	0	1983	14	0
1971	19	1	1984	8	0
1972	15	0	1985	13	1
1973	13	0	1986	5	1
1974	14	0	1987	11	0
1975	14	1	1988	8	0
1976	15	2	1989	6	1
1977	11	2	1990	12	0
1978	16	1	1991	11	0
1979	13	0	1992	23	0
1980	13	1	1993	15	1
1981	13	0	1994	13	2
1982	10	1	1995	22	3

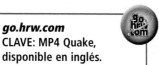
Repaso en espiral

Resuelve cada proporción. (Lección 7-4)

17. $\dfrac{x}{3} = \dfrac{8}{12}$ **18.** $\dfrac{7}{y} = \dfrac{49}{98}$ **19.** $\dfrac{10}{12} = \dfrac{b}{6}$ **20.** $\dfrac{12}{36} = \dfrac{4}{c}$

21. **PREPARACIÓN PARA LA PRUEBA** Un triángulo isósceles tiene dos lados de 4.5 cm y una base de 3 cm. Un triángulo semejante tiene una base de 1.5 cm. ¿Cuánto miden los otros dos lados del triángulo semejante? (Lección 7-6)

    A 150 cm   **B** 3.75 cm   **C** 4.5 cm   **D** 2.25 cm

Tecnología

LABORATORIO 9A

Generar números aleatorios

Para usar con la Lección 9-3

Puedes usar una hoja de cálculo para generar números decimales aleatorios mayores que o iguales a 0 pero menores que 1. Mediante fórmulas, puedes cambiar esos números a un rango útil.

↗ conexión internet

Recursos en línea para el laboratorio: **go.hrw.com**
CLAVE: MP4 Lab9A

Actividad

1 Usa una hoja de cálculo para generar 5 números decimales aleatorios que estén entre 0 y 1. Luego, conviértelos en enteros de 1 a 10.

a. Escribe **=RAND()** en la celda A1 y oprime **ENTER**. Aparecerá un número decimal aleatorio.

	A
1	0.063515
2	

b. Haz clic para resaltar la celda A1. Selecciona **Copy** en el menú **Edit** para copiar el contenido de A1. Luego, haz clic y arrastra para resaltar las celdas de la A2 a la A5. Ve al menú **Edit** y usa **Paste** para llenar esas celdas.

	A
1	0.20589
2	0.837083
3	0.445334
4	0.939134
5	0.993354
6	

Observa que el número aleatorio de la celda A1 cambió cuando llenaste las otras celdas.

RAND() da un número decimal mayor que o igual a 0 pero menor que 1. Para generar enteros aleatorios del 1 al 10, necesitas hacer lo siguiente:

- Multiplica **RAND()** por 10 (para obtener un número mayor que o igual a 0 pero menor que 10).

- Usa la función **INT** para eliminar la parte decimal del resultado (para obtener un entero entre 0 y 9).

- Suma 1 (para obtener un entero del 1 al 10).

c. Cambia la fórmula de A1 a **=INT(10*RAND()) + 1** y oprime **ENTER**. Repite el proceso de la parte **b** para llenar las celdas de la A2 a la A5.

| A2 | ▼ | = =INT(10*RAND()) + 1 |

	A	B	C	D
1	9			
2	1			
3	7			
4	7			
5	6			
6				

La fórmula **=INT(10*RAND()) + 1** genera enteros aleatorios del 1 al 10.

Razonar y comentar

1. Explica cómo **INT(10*RAND()) + 1** genera enteros aleatorios del 1 al 10.

Inténtalo

1. Usa una hoja de cálculo para simular tres lanzamientos de un dado numérico.

9-3

 Usar una simulación

Estrategia de resolución de problemas

Aprender a usar una simulación para estimar probabilidades.

Vocabulario

simulación

números aleatorios

En básquetbol, los tiros libres valen sólo un punto, pero son importantes. En un juego reñido, el entrenador podría usar jugadores que tienen un buen récord en tiros libres.

Si un jugador encesta el 78% de sus tiros libres, encesta unos 78 de cada 100 tiros. ¿Qué probabilidad hay de que enceste al menos 7 de 10 tiros libres? Una *simulación* puede ayudarte a estimar esa probabilidad.

Una **simulación** es un modelo de una situación real. En un conjunto de **números aleatorios**, cualquier número tiene la misma probabilidad de ocurrir, y no puede usarse ningún patrón para predecir el siguiente número. Puedes usar números aleatorios para simular sucesos aleatorios en situaciones reales. La tabla es un conjunto de 280 dígitos aleatorios.

En la temporada 2001–2002, Karl Malone de Utah encestó el 79.7% de sus tiros libres.

87244	11632	85815	61766	19579	28186	18533	42633
74681	65633	54238	32848	87649	85976	13355	46498
53736	21616	86318	77291	24794	31119	48193	44869
86585	27919	65264	93557	94425	13325	16635	28584
18394	73266	67899	38783	94228	23426	76679	41256
39917	16373	59733	18588	22545	61378	33563	65161
96916	46278	78210	13906	82794	01136	60848	98713

EJEMPLO **1** **APLICACIÓN A LA RESOLUCIÓN DE PROBLEMAS**

RESOLUCIÓN DE PROBLEMAS

Un jugador tiene una tasa de tiros libres del 78%. Estima la probabilidad de que acierte al menos 7 de sus 10 próximos tiros.

1. **Comprende el problema**

La **respuesta** será la probabilidad de que enceste al menos 7 de sus 10 próximos tiros. Debe ser un número entre 0 y 1.

Haz una lista de la **información importante:**

• La probabilidad de que enceste un tiro libre es de 0.78.

2 Haz un plan

Usa una simulación para representar la situación. Usa dígitos de la tabla, agrupados en pares. Los números del 01 al 78 representan un enceste, y los números del 79 al 00, un tiro libre fallido. Cada grupo de 20 dígitos representa una prueba. Puedes comenzar en cualquier parte de la tabla.

3 Resuelve

Los primeros 20 dígitos de la tabla son:

87244 11632 85815 61766

Los dígitos pueden agruparse en 10 pares, como se muestra abajo.

87 24 41 16 32 85 81 56 17 66

Esto representa 7 encestes en 10 tiros libres.

Si sigues usando la tabla, las nueve pruebas siguientes serán como sigue.

19	57	92	81	86	18	53	34	26	33	*7 encestes*
74	68	16	56	33	54	23	83	28	48	*9 encestes*
87	64	98	59	76	13	35	54	64	98	*7 encestes*
53	73	62	16	16	86	31	87	72	91	*7 encestes*
24	79	43	11	19	48	19	34	48	69	*9 encestes*
86	58	52	79	19	65	26	49	35	57	*8 encestes*
94	42	51	33	25	16	63	52	85	84	*7 encestes*
18	39	47	32	66	67	89	93	87	83	*6 encestes*
94	22	82	34	26	76	67	94	12	56	*7 encestes*

De 10 pruebas, 9 representan 7 ó más encestes. De acuerdo con esta simulación, la probabilidad de encestar al menos 7 de cada 10 tiros libres es aproximadamente de $\frac{9}{10}$, o sea 90%.

4 Repasa

Una tasa de tiros libres del 78% significa que el jugador encesta 78 de cada 100 tiros, aproximadamente. Esto equivale a 7.8 de cada 10 tiros libres, así que deberá encestar al menos 7 tiros libres la mayor parte del tiempo. La respuesta es razonable.

Razonar y comentar

1. **Explica** cómo ayuda un generador de números aleatorios de una computadora o calculadora a estimar probabilidades mediante la simulación.

2. **Indica** cómo usarías una simulación para estimar la probabilidad de que un jugador que encesta el 50% de sus tiros libres enceste al menos 7 de 10 tiros libres.

PARA PRÁCTICA ADICIONAL

ve a la pág. 748

⤴ conexión **internet**

Ayuda en línea para tareas
go.hrw.com Clave: MP4 9-3

PRÁCTICA GUIADA

Ver Ejemplo ① Usa la tabla de números aleatorios para simular cada situación. Usa al menos 10 pruebas por cada simulación.

49064	12830	66783	14965	81537	24935	69675	32681
42893	42668	70963	58827	17354	42190	36165	29827
21705	89446	38703	21274	90049	19036	37971	05322
52737	40117	54132	11152	02985	82873	28197	89796

1. Carlos cierra una venta con cerca del 42% de los clientes que visita. Si tiene 8 citas con clientes mañana, estima la probabilidad de que cierre al menos 3 ventas.

2. En una ciudad llueve por lo común el 30% de los días de verano. Estima la probabilidad de que llueva en esa ciudad al menos 2 días durante la primera semana de julio.

3. Quienes participan en un juego de feria ganan cerca del 25% de las veces. Estima la probabilidad de que no gane más que 1 de los próximos 6 participantes.

PRÁCTICA INDEPENDIENTE

Ver Ejemplo ① Usa la tabla de números aleatorios para simular cada situación. Usa al menos 10 pruebas por cada simulación.

63415	12776	31960	42974	36444	23826	46320	48308
41591	43536	64118	53147	23544	61352	12954	57628
26446	12734	22435	42612	24834	21961	12526	22832
16522	33043	21997	15738	25788	33205	55699	33357
53040	39923	29591	64384	58166	39164	54474	38970

4. Michelle consigue un hit en el 28% de sus turnos al bate. Estima la probabilidad de que consiga al menos 4 hits en sus próximos 9 turnos.

5. En un restaurante local, cerca del 67% de los clientes pide papas fritas. Estima la probabilidad de que 4 de los próximos 5 clientes pidan papas fritas.

6. Una estación local de radio organiza un concurso. Cada vez que llamas tienes el 6% de posibilidades de ganar. Estima la probabilidad de ganar más de una vez si llamas 10 veces.

7. Liam trabaja en una tienda de videos. Conoce por su nombre alrededor del 55% de los clientes. Estima la probabilidad de que conozca el nombre de por lo menos 8 de los próximos 10 clientes.

PRÁCTICA Y RESOLUCIÓN DE PROBLEMAS

Usa la tabla de números aleatorios para los ejercicios 8 y 9. Usa al menos 10 pruebas para simular cada situación.

19067	26149	88557	80696	88246	56652	73023	56838
98048	26387	65953	94163	66233	57325	65618	76782
32958	47253	24960	32052	16921	54925	44766	33115
89164	06342	98577	44523	72304	38221	33506	63923
48117	18686	54621	65793	70299	20622	81309	76106

CONEXIÓN Ciencias de la Vida

El método de captura-liberación-recaptura usa razones para estimar el tamaño de poblaciones silvestres.

8. Supongamos que tu maestro de matemáticas deja tarea aproximadamente el 75% de las veces. ¿Qué probabilidad hay de que tengas tarea de matemáticas al menos 4 días la próxima semana?

9. *CIENCIAS DE LA VIDA* Se capturó cerca del 7% de los venados de cierta región, se les rotuló para investigaciones y se les liberó. Si posteriormente se encuentran 10 venados al azar, estima la probabilidad de que al menos uno de los diez tenga el rótulo del investigador.

 10. *¿DÓNDE ESTÁ EL ERROR?* Un estudiante hace una simulación con una tabla de números aleatorios en la que un resultado tiene una probabilidad de 0.12. Él representa la probabilidad de que ocurra un resultado con los números del 00 al 12, y de que no ocurra, con los números del 13 al 99. ¿Por qué no es exacta la simulación?

 11. *ESCRÍBELO* Un fabricante prueba productos de la línea de ensamblaje para controlar la calidad. Si el 2% de los productos tienen defectos, ¿cómo estimarías la probabilidad de que no más de 1 producto en cada caja de 144 tenga defectos?

12. *DESAFÍO* Una caja tiene 12 chocolates rellenos con 5 sabores diferentes. Las probabilidades de cada sabor se dan abajo. Lindsay prefiere chocolate y vainilla; April prefiere, naranja y vainilla. Si se reparten la caja, tomando cada una 6 chocolates al azar, estima la probabilidad de que les toque a ambas al menos uno de sus preferidos.

Sabor	Chocolate	Vainilla	Naranja	Cereza	Frambuesa
Probabilidad	0.4	0.3	0.1	0.1	0.1

Repaso en espiral

Usa la escala 1 pulg = 6 pies para hallar la altura o longitud de cada objeto. (Lección 7-7)

13. un modelo de 14 pulg de altura de un edificio

14. un modelo de 2.5 pies de longitud de un tren

15. un modelo de 7 pulg de altura de una cartelera

16. un modelo de 14 pulg de longitud de un avión

17. **PREPARACIÓN PARA LA PRUEBA** Una máquina puede llenar una caja de 2 pies por 3 pies por 5 pies en 42 segundos. ¿Cuánto tardará en llenar una caja que mide 4 pies por 6 pies por 10 pies? (Lección 7-9)

A 168 segundos   **B** 336 segundos   **C** 442 segundos   **D** 84 segundos

LECCIÓN 9-1 (págs. 446–450)

Usa la tabla de probabilidades del espacio muestral para hallar la probabilidad de cada suceso.

Resultado	A	B	C	D
Probabilidad	0.4	0.3	0.2	0.1

1. $P(D)$

2. $P(\text{no } C)$

3. $P(A \text{ o } B)$

4. En una carrera compiten 4 estudiantes. Jennifer tiene una posibilidad de 30% de ganar. Anjelica tiene la misma posibilidad que Jennifer. Debra tiene la misma posibilidad que Yolanda. Crea una tabla de probabilidades del espacio muestral.

LECCIÓN 9-2 (págs. 451–452)

Un experimento consiste en sacar una canica de una bolsa y regresarla. El experimento se repitió 100 veces, con los siguientes resultados:

Resultado	Roja	Verde	Azul	Amarilla
Canicas	23	18	47	12

5. Estima la probabilidad de cada resultado. Crea una tabla de probabilidades del espacio muestral.

6. Estima $P(\text{roja o azul})$.

7. Estima $P(\text{no verde})$.

LECCIÓN 9-3 (págs. 456–459)

Usa la tabla de números aleatorios para simular cada situación. Usa al menos 10 pruebas por cada simulación.

93840	03363	31168	57602	19464	52245	98744	61040
68395	76832	56386	45060	57512	38816	51623	23252
16805	92120	74443	49176	49898	62042	65847	15380
85178	78842	16598	28335	84837	76406	53436	45043

8. En una escuela local, el 68% de los estudiantes de décimo grado estudian geometría. Estima la probabilidad de que al menos 6 de 8 estudiantes de décimo grado elegidos al azar estudien geometría.

9. Kayla tiene un paquete de 100 cuentas de varios colores que contiene 15 cuentas moradas. Si elige al azar 8 cuentas para hacer una pulsera, estima la probabilidad de que tome más de una cuenta morada.

Enfoque en resolución de problemas

Comprende el problema

• **Comprende lo que dice el problema**

Las palabras que no comprendes pueden hacer que un problema sencillo parezca difícil. Antes de tratar de resolver un problema, necesitas saber el significado de las palabras.

Si un problema da el nombre de una persona, lugar o cosa que no conoces, digamos *Eulalia*, puedes usar otro nombre o un pronombre. Podrías sustituir *Eulalia* por *ella*.

Lee los problemas para que te oigas decir las palabras.

 Copia estos problemas y encierra en un círculo las palabras que no comprendas. Búscalas y escribe su definición, o usa pistas del contexto para sustituirlas por otras más fáciles de comprender.

1 Se elige al azar un punto del círculo. ¿Qué probabilidad hay de que el punto esté en el triángulo inscrito?

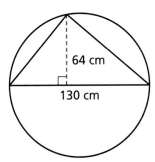

64 cm

130 cm

2 Un cocinero observó el número de personas que piden cada platillo de los especiales del día. Estima la probabilidad de que el siguiente cliente pida *Boeuf Bourguignon*.

3 Eulalia y Nunzio juegan *cribbage* 5 veces por semana. Eulalia le ganó a Nunzio 3 veces en las últimas 12 semanas. Estima la probabilidad de que le gane la próxima vez que jueguen *cribbage*.

4 Un pula (moneda de Botswana) tiene un escudo de armas en el anverso y una cebra que corre en el reverso. Si al lanzar 150 veces una pula cae con el escudo hacia arriba 70 veces. Estima la probabilidad de que caiga con la cebra hacia arriba.

Platillo	*Boeuf Bourguignon*	*Chateaubriand*	Conejo Provenzal
Número que se pidió	23	15	12

9-4 Probabilidad teórica

Aprender a estimar probabilidades con métodos teóricos.

Vocabulario

probabilidad teórica

igualmente probable

justo

mutuamente excluyentes

En el juego Monopoly® puedes salir de la cárcel si lanzas dobles, pero lanzar dobles tres veces seguidas te envía a la cárcel. Tu turno se decide por la probabilidad de que ambos dados muestren el mismo número.

La **probabilidad teórica** se usa para estimar probabilidades haciendo suposiciones acerca de un experimento. Supongamos que un espacio muestral tiene 5 resultados posibles **igualmente probables**, es decir, todos tienen la misma probabilidad, x. Las probabilidades deben sumar 1.

$$x + x + x + x + x = 1$$
$$5x = 1$$
$$x = \frac{1}{5}$$

PROBABILIDAD TEÓRICA PARA RESULTADOS IGUALMENTE PROBABLES

Supongamos que hay n resultados igualmente probables en el espacio muestral de un experimento.

- La probabilidad de cada resultado es $\frac{1}{n}$.

- La probabilidad de un suceso es $\dfrac{\text{número de resultados del suceso}}{n}$.

Una moneda, dado, etc., es **justo** si todos los resultados son igualmente probables.

EJEMPLO **1** **Calcular la probabilidad teórica**

Un experimento consiste en lanzar un dado justo. Hay 6 posibles resultados: 1, 2, 3, 4, 5 y 6.

A ¿Cuál es la probabilidad de obtener un 3?

El dado es justo, por tanto, los 6 resultados son igualmente probables. La probabilidad del resultado de obtener un 3 es $P(3) = \frac{1}{6}$.

B ¿Cuál es la probabilidad de obtener un número impar?

Hay 3 resultados posibles en el suceso de obtener un número impar: 1, 3 y 5.

$P(\text{obtener un número impar}) = \dfrac{\text{cantidad de números impares}}{6} = \frac{3}{6} = \frac{1}{2}$

Un experimento consiste en lanzar un dado justo. Hay 6 posibles resultados: 1, 2, 3, 4, 5 y 6.

C **¿Cuál es la probabilidad de obtener un número menor que 5?**

Hay 4 resultados posibles en el suceso para obtener un número menor que 5: 1, 2, 3 y 4.

P(obtener un número menor que 5) $= \frac{4}{6} = \frac{2}{3}$

Supongamos que lanzas dos dados justos. ¿Son todos los resultados igualmente probables? Depende de cómo consideres los resultados. Podrías ver el número en cada dado o el total que muestran los dados.

Si consideras el total, no todos los resultados son igualmente probables. Por ejemplo, sólo hay una forma de obtener un total de 2, 1 + 1, pero un total de 5 puede ser 1 + 4, 2 + 3, 3 + 2 y 4 + 1.

EJEMPLO **2** **Calcular la probabilidad teórica de dos dados justos**

Un experimento consiste en lanzar dos dados justos.

A **Da un espacio muestral en el que todos los resultados sean igualmente probables.**

Supongamos que los dados son de diferente color, rojo y azul.

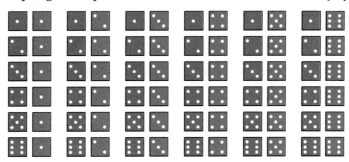

El resultado 3 rojo y 6 azul puede escribirse como un par ordenado, (3, 6). Hay 36 resultados posibles en el espacio muestral.

B **¿Cuál es la probabilidad de obtener números dobles?**

Hay 6 resultados posibles en el suceso "obtener números dobles":
(1, 1), (2, 2), (3, 3), (4, 4), (5, 5) y (6, 6).

P(obtener dobles) $= \frac{6}{36} = \frac{1}{6}$

C **¿Cuál es la probabilidad de que el total de los dados sea 10?**

Hay 3 resultados posibles en el suceso "total de 10": (4, 6), (5, 5) y (6, 4).

P(total $= 10$) $= \frac{3}{36} = \frac{1}{12}$

D **¿Cuál es la probabilidad de que el total sea menor que 5?**

Hay 6 resultados posibles en el suceso "total menor que 5":
(1, 1), (1, 2), (1, 3), (2, 1), (2, 2) y (3, 1).

P(total < 5) $= \frac{6}{36} = \frac{1}{6}$

Dos sucesos son **mutuamente excluyentes** si no pueden ocurrir en la misma prueba de un experimento. Supongamos que *A* y *B* son dos sucesos mutuamente excluyentes.

- $P(\text{ocurran } A \text{ y } B) = 0$
- $P(\text{ocurran } A \text{ o } B) = P(A) + P(B)$

Los ejemplos 2C y 2D son mutuamente excluyentes porque el total no puede ser menor que 5 e igual a 10 al mismo tiempo. Los ejemplos 2B y 2C *no* son mutuamente excluyentes porque el resultado posible (5, 5) es doble y da un total de 10.

EJEMPLO 3 Hallar la probabilidad de sucesos mutuamente excluyentes

Supongamos que estás jugando Monopoly® y acabas de lanzar dobles dos veces seguidas. Si lanzas otro doble, irás a la cárcel. También irás si lanzas un total de 3, porque estás a 3 espacios de la casilla "Váyase a la cárcel". ¿Cuál es la probabilidad de ir a la cárcel?

Es imposible obtener un total de 3 y un doble al mismo tiempo, así que los sucesos son mutuamente excluyentes. Suma las probabilidades para hallar la probabilidad de ir a la cárcel en el siguiente turno. El suceso "total = 3" consta de dos resultados posibles, (1, 2) y (2, 1), por tanto, $P(\text{total de 3}) = \frac{2}{36}$. En el Ejemplo 2B, $P(\text{doble}) = \frac{6}{36}$.

$P(\text{ir a la cárcel}) = P(\text{doble}) + P(\text{total} = 3)$

$$= \frac{6}{36} + \frac{2}{36}$$

$$= \frac{8}{36}$$

La probabilidad de ir a la cárcel es $\frac{8}{36} = \frac{2}{9}$, aproximadamente 22.2%.

Razonar y comentar

1. Describe un espacio muestral si lanzas dos monedas al aire y todos los resultados son igualmente probables.

2. Da un ejemplo de experimento en el que no sería razonable suponer que todos los resultados son igualmente probables.

Ejercicios

PARA PRÁCTICA ADICIONAL
ve a la pág. 749

conexión internet
Ayuda en línea para tareas
go.hrw.com Clave: MP4 9-4

PRÁCTICA GUIADA

Ver Ejemplo ① **Un experimento consiste en lanzar un dado justo.**

1. ¿Cuál es la probabilidad de obtener un número par?

2. ¿Cuál es la probabilidad de obtener un 3 ó un 5?

Ver Ejemplo ② **Un experimento consiste en lanzar dos dados justos. Halla cada probabilidad.**

3. P(total que se muestra = 7)

4. P(dos cincos)

5. P(obtener dos números pares)

6. P(total > 8)

Ver Ejemplo ③ 7. Imagina un juego en el que se lanzan dos dados justos. Para hacer el primer movimiento necesitas obtener un doble o un total de 3 u 11. ¿Cuál es la probabilidad de hacer tu primer movimiento?

PRÁCTICA INDEPENDIENTE

Ver Ejemplo ① **Un experimento consiste en lanzar un dado justo.**

8. ¿Cuál es la probabilidad de obtener un 7?

9. ¿Cuál es la probabilidad de no obtener un 6?

10. ¿Cuál es la probabilidad de obtener un número mayor que 2?

Ver Ejemplo ② **Un experimento consiste en lanzar dos dados justos. Halla cada probabilidad.**

11. P(total que se muestra = 12)

12. P(no obtener dobles)

13. P(total que se muestra > 0)

14. P(total que se muestra < 4)

Ver Ejemplo ③ 15. Imagina un juego en el que lanzas dos dados justos. Necesitas 7 para llegar a la meta con una cuenta exacta, ó 4 para caer en una casilla de "lanza otra vez". ¿Cuál es la probabilidad de llegar a la meta o de lanzar otra vez?

PRÁCTICA Y RESOLUCIÓN DE PROBLEMAS

Se lanzan tres monedas justas: de 1¢, de 10¢ y de 25¢. La tabla da un espacio muestral de resultados igualmente probables. Halla cada probabilidad.

16. P(CCRCR)

17. P(CRCCR)

18. P(CRCRCR)

19. P(2 caras)

20. P(0 cruces)

21. P(al menos 1 cara)

22. P(1 cruz)

23. P(todas iguales)

de 1¢	de 10¢	de 25¢	Resultado
C	C	C	CCC
C	C	CR	CCCR
C	CR	C	CCRC
C	CR	CR	CCRCR
CR	C	C	CRCC
CR	C	CR	CRCCR
CR	CR	C	CRCRC
CR	CR	CR	CRCRCR

CONEXIÓN con las ciencias de la vida

¿De qué color son tus ojos? ¿Puedes enrollar la lengua? Estos rasgos fueron determinados por los genes que heredaste de tus padres antes de nacer. Un *cuadrado de Punnett* muestra las posibles combinaciones de genes si se conocen los genes de los padres.

Para hacer un cuadrado de Punnett dibuja una cuadrícula de 2 por 2. Escribe en la fila superior los genes de un progenitor y a la izquierda los del otro. Luego, llénala como se muestra.

	C	a
a	Ca	aa
a	Ca	aa

24. En el cuadrado de Punnett de arriba, un progenitor tiene la combinación *Ca*, o sea, un gen de ojos cafés y uno de ojos azules. El otro tiene la combinación *aa*: dos genes de ojos azules. Si todos los resultados del cuadrado de Punnett son igualmente probables, ¿cuál es la probabilidad de que un hijo tenga la combinación de genes *aa*?

25. Haz un cuadrado de Punnett para dos progenitores que tienen ambos la combinación de genes *Ca*.

   a. Si todos los resultados son igualmente probables, ¿cuál es la probabilidad de que un hijo tenga la combinación *CC*?

   b. Las combinaciones *CC* y *Ca* producen ojos cafés; la combinación *aa* produce ojos azules. ¿Cuál es la probabilidad de que la pareja tenga un hijo con ojos azules?

26. **DESAFÍO** Las combinaciones *Ll* y *LL* representan la habilidad para enrollar la lengua, y *ll*, significa que no puedes enrollarla. Dibuja un cuadrado de Punnett en el que la probabilidad de que el hijo pueda enrollar la lengua sea $\frac{1}{2}$. ¿Qué puedes decir acerca de si los padres pueden enrollar la lengua o no?

Repaso en espiral

Escribe cada valor como se indica. (Lección 8-1)

27. $\frac{9}{10}$ como porcentaje   28. 46% como fracción   29. $\frac{3}{8}$ como decimal

30. $\frac{7}{14}$ como decimal   31. 0.78 como fracción   32. 52.5% como decimal

33. **PREPARACIÓN PARA LA PRUEBA** El año pasado, una fábrica produjo 1,235,600 piezas. Si se espera un aumento del 12% en la producción este año, ¿cuántas piezas se producirán? (Lección 8-4)

   A 1,383,872   B 14,827,200   C 12,625,400   D 1,482,720

34. **PREPARACIÓN PARA LA PRUEBA** Los ángulos 1 y 2 son suplementarios, y m∠1 = 50°. Halla m∠2. (Lección 5-1)

   F 40°   G 50°   H 130°   J 140°

9-5 Principio fundamental de conteo

Aprender a hallar el número de resultados posibles de un experimento.

Vocabulario

Principio fundamental de conteo

diagrama de árbol

Las computadoras pueden generar contraseñas aleatorias que son difíciles de adivinar porque hay muchas maneras diferentes de ordenar letras, números y símbolos.

Si trataras de adivinar la contraseña de otra persona, quizá tendrías que probar ¡más de un billón de códigos!

"Tu contraseña es XB#2D940: Escríbela y no vuelvas a perderla"

EL PRINCIPIO FUNDAMENTAL DE CONTEO

Si hay m maneras de elegir un objeto y n maneras de elegir un segundo objeto después de elegir el primero, entonces hay $m \cdot n$ maneras de elegir todos los objetos.

EJEMPLO 1 Usar el Principio fundamental de conteo

Con 5 caracteres, una computadora genera al azar una contraseña de 2 letras seguidas de 3 dígitos. Todas las contraseñas son igualmente probables.

A Halla el número de contraseñas posibles.

Usa el Principio fundamental de conteo.

primera letra	segunda letra	primer dígito	segundo dígito	tercer dígito
?	?	?	?	?
26 opciones	26 opciones	10 opciones	10 opciones	10 opciones

$26 \cdot 26 \cdot 10 \cdot 10 \cdot 10 = 676{,}000$

El número de contraseñas posibles de 2 letras y 3 dígitos es 676,000.

B Halla la probabilidad de que se asigne la contraseña MQ836.

$$P(\text{MQ836}) = \frac{1}{\text{número de contraseñas posibles}} = \frac{1}{676{,}000} \approx 0.0000015$$

C Halla la probabilidad de una contraseña que no tenga una *A*.

Primero usa el Principio fundamental de conteo para hallar el número de contraseñas que no contienen una *A*.

$25 \cdot 25 \cdot 10 \cdot 10 \cdot 10 = 625{,}000$ posibles contraseñas sin *A*

Hay 25 opciones para cualquier letra excepto A.

$$P(\text{sin A}) = \frac{625{,}000}{676{,}000} = \frac{625}{676} \approx 0.925$$

Con 5 caracteres, una computadora genera al azar una contraseña de 2 letras seguidas de 3 dígitos. Todas las contraseñas son igualmente probables.

D **Halla la probabilidad de que una contraseña tenga exactamente un 4.**

Sólo uno de los dígitos puede ser 4. Los otros dos pueden ser cualesquiera de los otros 9 dígitos. El 4 podría estar en una de tres posiciones.

Un dígito debe ser 4.   Los otros pueden ser cualesquiera excepto 4.

$26 \cdot 26 \cdot 1 \cdot 9 \cdot 9 =$ 54,756 contraseñas posibles con 4 como 1er. dígito
$26 \cdot 26 \cdot 9 \cdot 1 \cdot 9 =$ 54,756 contraseñas posibles con 4 como 2°. dígito
$26 \cdot 26 \cdot 9 \cdot 9 \cdot 1 =$ $\underline{54,756}$ contraseñas posibles con 4 como 3er. dígito
164,268 que contienen exactamente un 4

$$P(\text{exactamente un 4}) = \frac{164,268}{676,000} = \frac{243}{1000} = 0.243$$

El Principio fundamental de conteo sólo nos da el *número* de resultados posibles en algunos experimentos, no los resultados mismos. Un **diagrama de árbol** es una forma de mostrar todos los resultados posibles.

EJEMPLO 2 **Usar un diagrama de árbol**

Empacas 2 pantalones, 3 camisas y 2 suéteres para tus vacaciones. Describe todos los conjuntos que puedes hacer si cada uno incluye un pantalón, una camisa y un suéter.

Puedes hallar todos los resultados posibles haciendo un diagrama de árbol. Deberá haber $2 \cdot 3 \cdot 2 = 12$ conjuntos distintos.

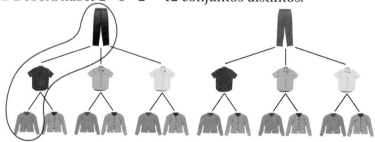

Cada "rama" del diagrama representa un conjunto diferente. El que está encerrado se podría escribir como (negro, rojo, gris). Los otros conjuntos son: (negro, rojo, beige), (negro, verde, gris), (negro, verde, beige), (negro, amarillo, gris), (negro, amarillo, beige), (azul, rojo, gris), (azul, rojo, beige), (azul, verde, gris), (azul, verde, beige), (azul, amarillo, gris), (azul, amarillo, beige)

Razonar y comentar

1. Supongamos que en el Ejemplo 2 puedes empacar otra prenda. ¿Qué llevarías, otra camisa u otro pantalón? Explica tu respuesta.

9-5 **Ejercicios**

PARA PRÁCTICA ADICIONAL
ve a la pág. 749

☑ conexión **internet**
Ayuda en línea para tareas
go.hrw.com   Clave: MP4 9-5

go hrw com

PRÁCTICA GUIADA

Ver Ejemplo **1** Los códigos de identificación de empleado de una compañía tienen 3 letras seguidas de 2 dígitos. Todos son igualmente probables.

1. Halla el número de códigos posibles de identificación.

2. Halla la probabilidad de asignar el código ABC35.

3. Halla la probabilidad de que un código no tenga un 7.

4. Halla la probabilidad de que un código contenga exactamente una *F*.

Ver Ejemplo **2** **5.** Hay 3 formas de viajar de Los Ángeles a San Francisco (auto, tren o avión) y 2 formas de viajar de San Francisco a Honolulú (avión o barco). Describe todas las formas de viajar de Los Ángeles a Honolulú pasando por San Francisco.

6. El menú de un restaurante incluye sopas de pollo, de frijol y de verduras. Los emparedados son de queso, de jamón y de pavo. Describe las diferentes opciones de sopa y emparedado.

PRÁCTICA INDEPENDIENTE

Ver Ejemplo **1** Las placas de automóvil de cierto estado tienen 3 letras seguidas de 3 dígitos. Todas son igualmente probables.

7. Halla el número de placas de automóvil posibles.

8. Halla la probabilidad de no recibir una placa con *A* o *B*.

9. Halla la probabilidad de recibir una placa sin vocales (*A*, *E*, *I*, *O*, *U*).

10. Halla la probabilidad de recibir una placa sólo con números impares.

Ver Ejemplo **2** **11.** Un catálogo de decoración ofrece una silla con acabado oscuro, claro o de roble, tapizada beige, negro o crema, y con altura normal o alta. Describe todas las diferentes sillas disponibles.

12. Una lavadora tiene ciclos normal, delicado y para planchado permanente, con enjuague caliente, tibio o frío. Describe todas las opciones de lavado disponibles.

PRÁCTICA Y RESOLUCIÓN DE PROBLEMAS

Halla el número de resultados posibles.

13. aves: loro, periquito, cacatúa
jaulas: redonda, cuadrada

14. bagels: ajonjolí, fermentado, normal
aderezo: normal, cebollín, verduras

15. colores: morado, rojo, azul, naranja
tallas: chica, mediana, grande

16. destinos: París, Londres, Roma
meses: mayo, junio, julio, agosto

CONEXIÓN Tecnología

Para recubrir un CD-ROM, el disco se gira a alta velocidad. Con este proceso se aplican capas de $\frac{1}{8}$ de micra de espesor, 640 veces más delgadas que un cabello humano.

17. Mario necesita inscribirse en un curso de cada una de seis áreas. Su escuela ofrece 2 cursos de matemáticas, 3 de idiomas extranjeros, 4 de ciencias, 4 de inglés, 4 de estudios sociales y 5 materias optativas. ¿De cuántas formas puede inscribirse?

18. *TECNOLOGÍA* Tim va a comprar una computadora por Internet. Las opciones se muestran a la derecha. Puede elegir un color, un programa de computación y un dispositivo externo.

a. ¿Cuántas opciones distintas se ofrecen?

b. Tim decide que quiere una computadora roja. Describe sus opciones ahora.

19. *¿DÓNDE ESTÁ EL ERROR?*
Para hallar el número total de conjuntos posibles con 5 blusas, 3 pantalones y 2 chaquetas, una estudiante respondió: "$5 + 3 + 2 = 10$ conjuntos diferentes". ¿Qué error cometió la estudiante y cuál es la respuesta correcta?

20. *ESCRÍBELO* Describe cuándo preferirías usar el Principio fundamental de conteo en vez de un diagrama de árbol. Describe cuándo sería más útil el diagrama de árbol que el Principio fundamental de conteo.

21. *DESAFÍO* Una contraseña puede tener letras, dígitos u otros 32 símbolos del teclado en cada uno de sus 5 caracteres. Hay dos restricciones. La contraseña no puede comenzar con *A* ni con 1 y no puede terminar con 0. Halla el número total de contraseñas posibles.

Repaso en espiral

Halla cada número. (Lección 8-3)

22. ¿El 60% de qué número es 12?

23. ¿112 es el 80% de qué número?

24. ¿30 es el 2% de qué número?

25. ¿El 90% de qué número es 18?

26. ¿El 75% de qué número es 200?

27. ¿18 es el 45% de qué número?

28. **PREPARACIÓN PARA LA PRUEBA** El año pasado, Tyrone ganó $45,672. De esto, le retuvieron $6,622.44 por impuestos. ¿Qué porcentaje de sus ingresos le retuvieron?
(Lección 8-6)

    A 12%   **B** 17.8%   **C** 14.5%   **D** 13%

9-6 Permutaciones y combinaciones

Aprender a hallar permutaciones y combinaciones.

Vocabulario

factorial

permutación

combinación

Algunas pizzerías ofrecen muchos ingredientes. Puedes usar *factoriales* para hallar cuántas pizzas diferentes puedes pedir.

El **factorial** de un número es el producto de todos los números cabales desde el número dado hasta 1. El factorial de 0 se define como 1.

$$5! = 5 \cdot 4 \cdot 3 \cdot 2 \cdot 1 = 120$$

EJEMPLO **1** **Evaluar expresiones con factoriales**

Evalúa cada expresión.

A 9!
$9 \cdot 8 \cdot 7 \cdot 6 \cdot 5 \cdot 4 \cdot 3 \cdot 2 \cdot 1 = 362{,}880$

Leer matemáticas

Lee 5! como "cinco factorial".

B $\dfrac{6!}{3!}$

$\dfrac{6 \cdot 5 \cdot 4 \cdot \cancel{3} \cdot \cancel{2} \cdot \cancel{1}}{\cancel{3} \cdot \cancel{2} \cdot \cancel{1}}$ *Escribe cada factorial y simplifica.*

$6 \cdot 5 \cdot 4 = 120$ *Multiplica los factores restantes.*

C $\dfrac{14!}{(11-4)!}$ *Resta entre paréntesis.*

$\dfrac{14!}{7!}$

$\dfrac{14 \cdot 13 \cdot 12 \cdot 11 \cdot 10 \cdot 9 \cdot 8 \cdot \cancel{7} \cdot \cancel{6} \cdot \cancel{5} \cdot \cancel{4} \cdot \cancel{3} \cdot \cancel{2} \cdot \cancel{1}}{\cancel{7} \cdot \cancel{6} \cdot \cancel{5} \cdot \cancel{4} \cdot \cancel{3} \cdot \cancel{2} \cdot \cancel{1}}$

$14 \cdot 13 \cdot 12 \cdot 11 \cdot 10 \cdot 9 \cdot 8 = 17{,}297{,}280$

Una **permutación** es un arreglo de elementos en un orden particular.

Si ninguna letra se puede usar más de una vez, hay 6 permutaciones de las 3 primeras letras del alfabeto: ABC, ACB, BAC, BCA, CAB y CBA.

primera letra	segunda letra	tercera letra
?	?	?
3 opciones ·	2 opciones ·	1 opciones

El producto puede escribirse como factorial.

$3 \cdot 2 \cdot 1 = 3! = 6$

Si ninguna letra se puede usar más de una vez, hay 60 permutaciones de las 5 primeras letras del alfabeto inglés en grupos de 3: ABC, ABD, ABE, ACD, ACE, ADB, ADC, ADE, etcétera.

primera letra	segunda letra	tercera letra
$\boxed{?}$	$\boxed{?}$	$\boxed{?}$

5 opciones $\cdot$ 4 opciones $\cdot$ 3 opciones $=$ 60 permutaciones

Observa que el producto se puede escribir como cociente de factoriales.

$$60 = 5 \cdot 4 \cdot 3 = \frac{5 \cdot 4 \cdot 3 \cdot 2 \cdot 1}{2 \cdot 1} = \frac{5!}{2!}$$

PERMUTACIONES

El número de permutaciones de n elementos en grupos de r es

$$_nP_r = \frac{n!}{(n-r)!}.$$

EJEMPLO 2 Hallar permutaciones

Hay 8 corredores en una carrera.

A **Halla en cuántos órdenes podrían llegar a la meta los corredores.**

El número de corredores es 8.

$$_8P_8 = \frac{8!}{(8-8)!} = \frac{8!}{0!} = \frac{8 \cdot 7 \cdot 6 \cdot 5 \cdot 4 \cdot 3 \cdot 2 \cdot 1}{1} = 40,320$$

Los 8 corredores forman un grupo.

Hay 40,320 permutaciones. Esto significa que los 8 corredores pueden llegar a la meta en 40,320 órdenes distintos.

B **Halla las maneras en que los 8 corredores pueden terminar en primero, segundo y tercer lugar.**

El número de corredores es 8.

$$_8P_3 = \frac{8!}{(8-3)!} = \frac{8!}{5!} = \frac{8 \cdot 7 \cdot 6 \cdot \cancel{5} \cdot \cancel{4} \cdot \cancel{3} \cdot \cancel{2} \cdot \cancel{1}}{\cancel{5} \cdot \cancel{4} \cdot \cancel{3} \cdot \cancel{2} \cdot \cancel{1}} = 8 \cdot 7 \cdot 6 = 336$$

Los 3 primeros lugares forman un grupo.

Hay 336 permutaciones. Esto significa que los 8 corredores pueden llegar en primero, segundo y tercer lugar de 336 maneras distintas.

Pista útil

Por definición, 0! = 1.

Una **combinación** es una selección de elementos hecha en cualquier orden.

Si ninguna letra se puede usar más de una vez, hay sólo 1 combinación de las 3 primeras letras del alfabeto. ABC, ACB, BAC, BCA, CAB y CBA se consideran la misma combinación de A, B y C, porque el orden no es importante.

Si ninguna letra se usa más de una vez, hay 10 combinaciones de las primeras cinco letras del alfabeto, en grupos de 3. Esto se muestra en la siguiente lista de permutaciones.

ABC	ABD	ABE	ACD	ACE	ADE	BCD	BCE	BDE	CDE
ACB	ADB	AEB	ADC	AEC	AED	BDC	BEC	BED	CED
BAC	BAD	BAE	CAD	CAE	DAE	CBD	CBE	DBE	DCE
BCA	BDA	BEA	CDA	CEA	DEA	CDB	CEB	DEB	DEC
CAB	DAB	EAB	DAC	EAC	EAD	DCB	EBC	EBD	ECD
CBA	DBA	EBA	DCA	ECA	EDA	DBC	ECB	EDB	EDC

Estas 6 permutaciones son una misma combinación.

En la lista de 60 permutaciones, cada combinación se repite 6 veces. El número de combinaciones es $\frac{60}{6} = 10$.

COMBINACIONES

El número de combinaciones de n elementos en grupos de r es

$$_nC_r = \frac{_nP_r}{r!} = \frac{n!}{r!(n-r)!}.$$

EJEMPLO 3 Hallar combinaciones

Una pizzería ofrece 9 ingredientes.

A Halla el número de pizzas de 2 ingredientes que puedes pedir.

9 posibles ingredientes

$$_9C_2 = \frac{9!}{2!(9-2)!} = \frac{9!}{2!7!} = \frac{9 \cdot 8 \cdot \not{7} \cdot \not{6} \cdot \not{5} \cdot \not{4} \cdot \not{3} \cdot \not{2} \cdot \not{1}}{(2 \cdot 1)(\not{7} \cdot \not{6} \cdot \not{5} \cdot \not{4} \cdot \not{3} \cdot \not{2} \cdot \not{1})} = 36$$

2 ingredientes elegidos a la vez

Hay 36 combinaciones. Esto significa que puedes pedir 36 pizzas diferentes de dos ingredientes.

B Halla el número de pizzas de 5 ingredientes que puedes pedir.

9 posibles ingredientes

$$_9C_5 = \frac{9!}{5!(9-5)!} = \frac{9!}{5!4!} = \frac{9 \cdot 8 \cdot 7 \cdot 6 \cdot \not{5} \cdot \not{4} \cdot \not{3} \cdot \not{2} \cdot \not{1}}{(\not{5} \cdot \not{4} \cdot \not{3} \cdot \not{2} \cdot \not{1})(4 \cdot 3 \cdot 2 \cdot 1)} = 126$$

5 ingredientes elegidos a la vez

Hay 126 combinaciones. Esto significa que puedes pedir 126 pizzas diferentes de cinco ingredientes.

Razonar y comentar

1. Explica la diferencia entre una combinación y una permutación.

2. Da un ejemplo de experimento en el que el orden es importante, y uno en el que el orden no es importante.

PARA PRÁCTICA ADICIONAL
ve a la pág. 749

conexión internet
Ayuda en línea para tareas
go.hrw.com Clave: MP4 9-6

PRÁCTICA GUIADA

Ver Ejemplo 1 Evalúa cada expresión.

1. $7!$

2. $\dfrac{6!}{2!}$

3. $\dfrac{8!}{(6-4)!}$

4. $\dfrac{5!}{(4-1)!}$

Ver Ejemplo 2 Hay 10 ciclistas en una carrera.

5. ¿En cuántos órdenes posibles pueden llegar a la meta?

6. ¿De cuántas maneras pueden llegar en 1er., 2°. y 3er. lugar?

Ver Ejemplo 3 Un grupo de 8 personas forma varios comités.

7. Halla el número de comités de 3 personas que se pueden formar.

8. Halla el número de comités de 5 personas que se pueden formar.

PRÁCTICA INDEPENDIENTE

Ver Ejemplo 1 Evalúa cada expresión.

9. $3!$

10. $\dfrac{7!}{3!}$

11. $\dfrac{4!}{(3-2)!}$

12. $\dfrac{10!}{(6-3)!}$

Ver Ejemplo 2 Ann tiene 7 libros que quiere poner en su repisa.

13. ¿De cuántas maneras puede acomodarlos?

14. Supongamos que sólo hay espacio para 3 de los 7 libros. ¿De cuántas maneras puede acomodar ahora los libros?

Ver Ejemplo 3 Si Diane se inscribe a un club de CD, recibirá 6 CDs gratuitos.

15. Si puede seleccionar de una lista de 40 CDs, ¿cuántos grupos de 6 CDs diferentes se pueden formar?

16. Si puede elegir de una lista de 55 CDs, ¿cuántos grupos de 6 CDs diferentes se pueden formar?

PRÁCTICA Y RESOLUCIÓN DE PROBLEMAS

Evalúa cada expresión.

17. $\dfrac{9!}{(9-2)!}$

18. $\dfrac{12!}{5!(12-5)!}$

19. $_{11}P_{11}$

20. $_{7}C_{2}$

21. $_{15}C_{15}$

22. $_{9}C_{6}$

23. $\dfrac{10!}{9!}$

24. $_{8}P_{4}$

Simplifica cada expresión.

25. $\dfrac{n!}{(n-1)!}$

26. $_{n}C_{n}$

27. $_{n}P_{n}$

28. $_{n}C_{1}$

29. $_{n}P_{1}$

30. $_{n}C_{0}$

31. $_{n}P_{0}$

32. $_{n}C_{n-1}$

Josef Albers usó el diseño sencillo de cuadrados anidados para investigar relaciones de color. No mezcló colores, pero creó cientos de variaciones aplicando la pintura directamente de los tubos.

33. ¿De cuántas maneras puede un entrenador de sóftbol elegir a los tres primeros bateadores de un equipo de 9 jugadores?

34. ¿Cuántos equipos de 3 personas se pueden hacer con 6 empleados?

35. ¿De cuántas maneras pueden 6 personas hacer fila para el autobús?

36. Si 10 estudiantes salen de excursión en parejas. ¿Cuántas parejas diferentes pueden formarse?

37. Levi hace ensalada. Puede elegir entre los siguientes ingredientes: zanahorias, queso, rábanos, coliflor, brócoli, hongos o huevos cocidos. Si quiere tener 5 ingredientes diferentes, ¿cuántas ensaladas puede hacer?

38. *ARTE* Un artista pinta tres cuadrados anidados. Puede elegir entre 12 colores. ¿Cuántas pinturas distintas podrá hacer si todos los cuadrados son de diferente color?

39. *DEPORTES* En un torneo de atletismo, 7 corredores compiten en los 100 metros a toda velocidad.

a. Halla en cuántos órdenes pueden llegar los 7 corredores a la meta.

b. Halla en cuántos órdenes pueden llegar los 7 corredores en primero, segundo y tercer lugar.

40. *CIENCIAS DE LA VIDA* Hay 12 especies diferentes de peces en un lago. ¿De cuántas maneras pueden los investigadores capturar, rotular y liberar peces de 5 especies diferentes?

41. *¿CUÁL ES LA PREGUNTA?* Hay 11 platillos en un bufé. Los clientes pueden elegir hasta 5 platillos. Si la respuesta es 462, ¿cuál es la pregunta?

42. *ESCRÍBELO* Explica cómo podrías usar combinaciones y permutaciones para hallar la probabilidad de un suceso.

43. *DESAFÍO* ¿De cuántas maneras puede una sección local de la American Mathematical Society (Sociedad Matemática Estadounidense) programar 3 diferentes conferencistas para 3 reuniones en un día si todos los conferencistas están disponibles en cualquiera de 5 fechas?

Repaso en espiral

Halla el interés y el monto total al centavo más cercano. (Lección 8-7)

44. $300 al 5% anual durante 2 años

45. $750 al 4.5% anual durante 4 años

46. $1250 al 7% anual durante 10 años

47. $410 al 2.6% anual durante 1.5 años

48. $1000 al 6% anual durante 5 años

49. $90 al 8% anual durante 3 años

50. PREPARACIÓN PARA LA PRUEBA Una rueda se giró 200 veces. El resultado fue rojo en 58 ocasiones. Estima la probabilidad del rojo. (Lección 9-2)

A 0.225   **B** 0.264   **C** 0.126   **D** 0.32

El Triángulo de Pascal

🔗 conexión **internet**

Recursos en línea para el laboratorio: **go.hrw.com**
CLAVE: MP4 Lab9B

Para usar con la Lección 9-6

El Triángulo de Pascal es un arreglo triangular de números de conteo. La primera inicia con un 1, y cada uno de los otros números es la suma de los dos números que están arriba de él en diagonal. En la orilla del triángulo, los números sólo tienen un número arriba en diagonal, por tanto, todas las filas comienzan y terminan con el número 1.

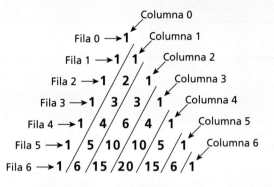

Actividad

1 Copia el Triángulo de Pascal en una hoja.

2 Agrega dos filas al Triángulo de Pascal.

3 Observa la fila 5 del Triángulo de Pascal.

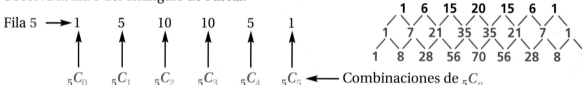

Esta fila muestra todas las posibles combinaciones de 5 elementos en grupos de 1, 2, 3, 4 ó 5 a la vez ($_5C_n$).

Si un club tiene 5 integrantes, ¿cuántas combinaciones diferentes de 2 integrantes pueden llevar refrigerios a una reunión?

$$_5C_2 = 10$$

Razonar y comentar

1. ¿Puedes usar el Triángulo de Pascal para hallar $_{31}C_3$? ¿Sería más fácil que usar la fórmula de combinaciones? Explica tu respuesta.

Inténtalo

1. Halla un patrón en los números de la columna 1 del Triángulo de Pascal. ¿Qué número habrá en la fila 7 de la columna 1?

2. Halla la suma de cada fila. Escribe cada suma como potencia de 2.

3. Misha tiene 7 plumas de colores diferentes. Lleva 2 a la escuela cada día. ¿Cuántos días puede llevar una combinación diferente de colores antes de repetir combinaciones? Explica cómo el Triángulo de Pascal puede ayudarte a responder a esta pregunta.

9-7 Sucesos independientes y dependientes

Aprender a hallar la probabilidad de sucesos independientes y sucesos dependientes.

Vocabulario

sucesos independientes

sucesos dependientes

Es crucial que el motor de un avión de un solo motor no falle en el aire. Estos aviones tienen dos sistemas eléctricos *independientes*. Si uno falla, digamos por una bujía defectuosa, el otro sistema podrá mantener al avión en el aire.

Los **sucesos independientes** son aquellos en los que el resultado del primer suceso no afecta la probabilidad del otro. Los **sucesos dependientes** son aquellos en los que el resultado del primer suceso afecta la probabilidad del otro.

EJEMPLO 1 Clasificar sucesos como independientes o dependientes

Determina si los sucesos son dependientes o independientes.

A una moneda cae cara en un lanzamiento y cruz en otro

El resultado de un lanzamiento no afecta el resultado del otro, por tanto los sucesos son independientes.

B sacar corazones y espadas de una baraja al mismo tiempo

Las cartas que se sacan no pueden ser iguales, así que los sucesos son dependientes.

HALLAR LA PROBABILIDAD DE SUCESOS INDEPENDIENTES

Si A y B son sucesos independientes $P(A \text{ y } B) = P(A) \cdot P(B)$.

EJEMPLO 2 Hallar la probabilidad de sucesos independientes

Un experimento consiste en dar 3 giros a una rueda giratoria. En cada giro, todos los resultados son igualmente probables.

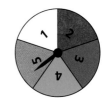

A ¿Cuál es la probabilidad de obtener 5 las tres veces?

El resultado de cada giro no afecta los resultados de los otros dos, por tanto los resultados son independientes.

En cada giro, $P(5) = \frac{1}{5}$.

$P(5, 5, 5) = \frac{1}{5} \cdot \frac{1}{5} \cdot \frac{1}{5} = \frac{1}{125} = 0.008$ *Multiplica.*

Un experimento consiste en dar 3 giros a una rueda giratoria. En cada giro, todos los resultados son igualmente probables.

B ¿Cuál es la probabilidad de obtener un número impar las tres veces?

En cada giro, $P(\text{impar}) = \frac{3}{5}$.

$P(\text{impar, impar, impar}) = \frac{3}{5} \cdot \frac{3}{5} \cdot \frac{3}{5} = \frac{27}{125} = 0.216$ *Multiplica.*

C ¿Cuál es la probabilidad de obtener 5 al menos una vez?

Razona: $P(\text{al menos un 5}) + P(\text{no 5, no 5, no 5}) = 1$.

En cada giro, $P(\text{no 5}) = \frac{4}{5}$.

$P(\text{no 5, no 5, no 5}) = \frac{4}{5} \cdot \frac{4}{5} \cdot \frac{4}{5} = \frac{64}{125} = 0.512$ *Multiplica.*

Resta de 1 para hallar la probabilidad de obtener al menos un 5.

$1 - 0.512 = 0.488$

Para calcular la probabilidad de que ocurran dos sucesos dependientes, haz lo siguiente.

1. Calcula la probabilidad del primer suceso.

2. Calcula la probabilidad de que ocurra el segundo suceso si el primer suceso ya ocurrió.

3. Multiplica las probabilidades.

HALLAR LA PROBABILIDAD DE SUCESOS DEPENDIENTES

Si A y B son sucesos dependientes, $P(A \text{ y } B) = P(A) \cdot P(B \text{ después de } A)$.

Supongamos que sacas, sin reponerlas, 2 canicas de una bolsa que contiene 3 canicas moradas y 3 anaranjadas. En el primer intento,

$P(\text{morada}) = \frac{3}{6} = \frac{1}{2}$.

El espacio muestral del segundo intento depende del primero.

Antes del primer intento

Resultado del primer intento	Morada	Anaranjada
Espacio muestral del segundo intento	2 moradas 3 anaranjadas	3 moradas 2 anaranjadas

Si la primera canica fue morada, la probabilidad de que la segunda sea morada es

$P(\text{morada}) = \frac{2}{5}$.

Así que la probabilidad de sacar dos canicas moradas es

$P(\text{morada, morada}) = \frac{1}{2} \cdot \frac{2}{5} = \frac{1}{5}$.

Después del primer intento

Un cajón contiene 10 calcetines negros y 6 azules.

A **Si se toman 2 calcetines al azar, ¿cuál es la probabilidad de obtener un par de calcetines negros?**

Como el primer calcetín no se repone, el espacio muestral es distinto para el segundo calcetín, por tanto, los sucesos son dependientes. Halla la probabilidad de que el primer calcetín que se toma sea negro.

$P(\text{negro}) = \frac{10}{16} = \frac{5}{8}$

Si el primer calcetín es negro, ahora quedarán 9 calcetines negros y 15 en total en el cajón. Halla la probabilidad de que el segundo calcetín que se tome sea negro.

$P(\text{negro}) = \frac{9}{15} = \frac{3}{5}$

$\frac{5}{8} \cdot \frac{3}{5} = \frac{3}{8}$ *Multiplica.*

La probabilidad de obtener un par de calcetines negro es de $\frac{3}{8}$.

B **Si se toman 2 calcetines al azar, ¿cuál es la probabilidad de obtener un par de calcetines del mismo color?**

Hay dos posibilidades: un par negro y uno azul. Ya se calculó la probabilidad de un par negro en el Ejemplo 3A. Ahora halla la probabilidad de obtener un par azul.

$P(\text{azul}) = \frac{6}{16} = \frac{3}{8}$ *Halla la probabilidad de que el primer calcetín sea azul.*

Si el primer calcetín que se tomó fue azul, quedarán sólo 5 calcetines azules y un total de 15 en el cajón.

$P(\text{azul}) = \frac{5}{15} = \frac{1}{3}$ *Halla la probabilidad de que el segundo calcetín sea azul.*

$\frac{3}{8} \cdot \frac{1}{3} = \frac{1}{8}$ *Multiplica.*

Los sucesos de un par negro y un par azul son mutuamente excluyentes, por tanto, puedes sumar sus probabilidades.

$\frac{3}{8} + \frac{1}{8} = \frac{4}{8} = \frac{1}{2}$ *P(negro) + P(azul)*

La probabilidad de obtener un par de calcetines del mismo color es de $\frac{1}{2}$.

Razonar y comentar

1. **Da un ejemplo** de un par de sucesos independientes y un par de sucesos dependientes.

2. **Indica** cómo podrías hacer que los sucesos del Ejemplo 1B sean independientes.

PARA PRÁCTICA ADICIONAL

ve a la pág. 749

✈ conexión **internet**

Ayuda en línea para tareas
go.hrw.com   Clave: MP4 9-7

PRÁCTICA GUIADA

Ver Ejemplo **Determina si los sucesos son dependientes o independientes.**

1. se saca al mismo tiempo una canica roja y una azul de una bolsa que contiene 6 canicas rojas y 4 azules

2. una moneda cae cara y se saca el nombre "John" de un sombrero

Ver Ejemplo **2** **Un experimento consiste en hacer girar una vez cada rueda.**

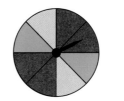 

3. Halla la probabilidad de que la primera rueda caiga en verde y la segunda caiga en 3.

4. Halla la probabilidad de que la primera rueda caiga en amarillo y la segunda caiga en un número impar.

Ver Ejemplo **3** **Un frasco contiene diez monedas de 5¢, doce de 10¢ y ocho de 25¢.**

5. Si se toman dos monedas al azar, ¿cuál es la probabilidad de obtener dos de 25¢?

6. Si se toman 3 monedas al azar, ¿cuál es la probabilidad de obtener primero una de 5¢, luego una de 10¢ y luego una de 25¢?

PRÁCTICA INDEPENDIENTE

Ver Ejemplo **1** **Determina si los sucesos son dependientes o independientes.**

7. sacar un 6 de una baraja de cartas y, sin reponerlo, sacar un 7 de la baraja

8. sacar el nombre "Marcia" de un sombrero, se repone, y luego sacar el nombre "Rosa" del sombrero

Ver Ejemplo **2** **Un experimento consiste en lanzar 2 monedas justas, una de 10¢ y una de 25¢.**

9. Halla la probabilidad de obtener cara con la de 10¢ y cruz con la de 25¢.

10. Halla la probabilidad de que ambas monedas caigan igual.

Ver Ejemplo **3** **Una bolsa contiene 5 galletas de chocolate, 3 de mantequilla de cacahuate, 4 de avena y 4 de azúcar.**

11. Si Don toma 2 galletas al azar, ¿cuál es la probabilidad de que ambas sean de azúcar?

12. Si se toman 2 galletas al azar, ¿cuál es la probabilidad de que sean del mismo tipo?

PRÁCTICA Y RESOLUCIÓN DE PROBLEMAS

Este juego de Scrabble gigante se celebró en el 50 aniversario de Scrabble. Cada ficha tenía 100 veces el tamaño de una ficha normal, y el tablero era de casi 100 pies por 100 pies.

go.hrw.com
CLAVE:
MP4 GAMES,
disponible en inglés.

Una caja contiene 5 canicas rojas, 3 azules y 7 blancas.

13. Halla *P*(roja y luego azul) si se toma primero una canica y luego otra, sin reponer la primera.

14. Halla *P*(roja y luego azul) si se toma una canica, se repone y luego se toma una segunda canica.

15. *JUEGOS* La tabla muestra las 100 fichas de Scrabble® que hay al principio de un juego: 44 vocales, 54 consonantes y 2 fichas en blanco. Para comenzar, cada jugador saca una ficha. Inicia el juego el que obtenga la letra más cercana al principio del alfabeto. Una ficha en blanco vence a cualquier letra.

a. Si sacas primero, ¿cuál es la probabilidad de que obtengas una *A*?

b. Si sacas primero y no repones la ficha, ¿cuál es la probabilidad de que obtengas una *E*, y tu oponente, una *I*?

c. Si sacas primero y no repones la ficha, ¿cuál es la probabilidad de que obtengas una *E* y tu oponente gane el primer turno?

Distribución de letras en el Scrabble		
A-12	B-2	C-4
CH-1	D-5	E-12
F-1	G-2	H-2
I-6	J-1	L-4
LL-1	M-2	N-5
Ñ-1	O-9	P-2
Q-1	R-5	RR-1
S-6	T-4	U-5
V-1	X-1	Y-1
Z-1	blanca-2	

16. *ESCRIBE UN PROBLEMA* Escribe un problema acerca de la probabilidad de un suceso en un juego de mesa y luego resuélvelo.

17. *ESCRÍBELO* En un experimento, se sacan dos cartas de una baraja. ¿Cómo cambia la probabilidad si la primera carta se repone antes de sacar la segunda?

18. *DESAFÍO* Al principio de un juego de Scrabble, cada jugador toma al azar 7 fichas (ve el Ejercicio 15). Si eres mano en el juego, ¿cuál es la probabilidad de que obtengas sólo consonantes?

Repaso en espiral

Halla el porcentaje de incremento o disminución, al porcentaje más cercano. (Lección 8-4)

19. de 600 a 300

20. de $109.99 a $94.99

21. de 125 a 675

22. de $23 a $26.50

23. de $499 a $359

24. de 34.5 a 42.9

25. PREPARACIÓN PARA LA PRUEBA Los costos fijos de una compañía se recortaron de $820,250 a $739,210. Estima el porcentaje de recorte de los gastos fijos, al porcentaje más cercano. (Lección 8-5)

A 12%   **B** 10%   **C** 13%   **D** 15%

26. PREPARACIÓN PARA LA PRUEBA María gana $375 a la semana más una comisión del 3.5% por sus ventas. Si vendió $9452 la semana pasada, ¿cuánto ganó en total? (Lección 8-6)

F $820.12   **G** $595.50   **H** $655.74   **J** $705.82

9-8 Probabilidades

Aprender a convertir entre probabilidades y posibilidades.

Vocabulario

posibilidades a favor

posibilidades en contra

Algunos restaurantes regalan una ficha para un concurso en la compra de un refresco o una orden de papas fritas grande. Las posibilidades de ganar a menudo se indican al reverso de la ficha.

Las **posibilidades a favor** de un suceso es la razón de resultados favorables a resultados no favorables. Las **posibilidades en contra** es la razón de resultados no favorables a resultados favorables.

posibilidades a favor $a:b$ a = resultados favorables

posibilidades en contra $b:a$ b = resultados no favorables

$a + b$ = total de resultados

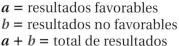

E J E M P L O 1 Estimar posibilidades en un experimento

Durante una excursión, 180 estudiantes se detienen a comer en un restaurante. Cada uno recibe una ficha de concurso, y 6 ganan una comida gratis.

A Estima las posibilidades a favor de ganar una comida gratis.

Hay 6 resultados favorables y $180 - 6 = 174$ resultados no favorables. Las posibilidades a favor de ganar una comida gratis son de alrededor de 6 a 174, ó de 1 a 29.

B Estima las posibilidades en contra de ganar una comida gratis.

Las posibilidades a favor de ganar son de 1 a 29, por tanto, las posibilidades en contra de ganar son aproximadamente de 29 a 1.

Las posibilidades y la probabilidad no son lo mismo, pero están relacionadas. Supongamos que quieres saber la probabilidad de obtener un 2 con un dado numérico justo. Hay una forma de obtener un 2 y cinco de no obtenerlo, por tanto, las posibilidades a favor son de 1:5. Observa que la suma de los números es el denominador de la probabilidad, $\frac{1}{6}$.

CONVERTIR POSIBILIDADES EN PROBABILIDADES

Si las posibilidades a favor de un suceso son a:b, la probabilidad de que el suceso ocurra es entonces $\frac{a}{a + b}$.

A Si las posibilidades a favor de ganar una orden grande de papas fritas son de 1:8, ¿cuál es la probabilidad de ganar papas fritas gratis?

$$P(\text{papas gratis}) = \frac{1}{1 + 8} = \frac{1}{9}$$

En promedio, se gana 1 vez por cada 8 que se pierde, por tanto, alguien gana 1 de cada 9 ocasiones.

B Si las posibilidades en contra de ganar un auto nuevo son de 3,999,999:1, ¿cuál es la probabilidad de ganar el auto?

Si las posibilidades en contra de ganar el auto son de 3,999,999:1, entonces las posibilidades a favor son de 1:3,999,999.

$$P(\text{auto}) = \frac{1}{1 + 3,999,999} = \frac{1}{4,000,000} = 0.00000025$$

Supongamos que la probabilidad de un suceso es de $\frac{1}{3}$. Esto significa que, en promedio, ocurrirá en 1 de cada 3 pruebas y no ocurrirá en 2 de cada 3 pruebas. Por tanto, las posibilidades a favor del suceso son de 1:2, y las posibilidades en contra son de 2:1.

CONVERTIR PROBABILIDAD EN POSIBILIDADES

Si la probabilidad de un suceso es $\frac{m}{n}$, entonces las posibilidades a favor son $m:(n - m)$ y las posibilidades en contra son $(n - m):m$.

A La probabilidad de ganar un desayuno es de $\frac{1}{25}$. ¿Cuáles son las posibilidades a favor de tener un desayuno gratis?

En promedio, 1 de cada 25 personas gana, y las otras 24 pierden. Las posibilidades a favor de ganar un desayuno son de 1:(25 − 1), o sea 1:24.

B La probabilidad de ganar un crucero de una semana es de $\frac{1}{900,000}$. ¿Cuáles son las posibilidades en contra de ganar un crucero?

En promedio, 1 de cada 900,000 personas gana, y las otras 899,999 pierden. Las posibilidades en contra de ganar el crucero son de (900,000 − 1):1, o sea 899,999:1.

Razonar y comentar

1. Explica la diferencia entre probabilidad y posibilidades.

2. Compara las posibilidades a favor de un suceso, con las posibilidades en contra del suceso.

PARA PRÁCTICA ADICIONAL
ve a la pág. 749

⬆ **conexión internet** ═══════
Ayuda en línea para tareas
go.hrw.com   Clave: MP4 9-8

PRÁCTICA GUIADA

Ver Ejemplo **Una familia reúne 63 fichas para un concurso. Tres fichas ganan un premio.**

1. Estima las posibilidades a favor de ganar un premio en el concurso.

2. Estima las posibilidades en contra de ganar un premio en el concurso.

Ver Ejemplo **3.** Si las posibilidades a favor de ganar un juego de palos de golf nuevos son de 1:999, ¿cuál es la probabilidad de ganar los palos de golf?

4. Si las posibilidades en contra de ganar un sistema de juegos son de 2249:1, ¿cuál es la probabilidad de ganar el sistema?

Ver Ejemplo **3** **5.** La probabilidad de ganar un DVD es de $\frac{1}{75}$. ¿Cuáles son las posibilidades a favor de ganar el DVD?

6. La probabilidad de ganar unas vacaciones es de $\frac{1}{22,750}$. ¿Cuáles son las posibilidades en contra de ganar unas vacaciones?

PRÁCTICA INDEPENDIENTE

Ver Ejemplo **De los 1260 asistentes a una convención, 70 ganan premios de entrada.**

7. Estima las posibilidades a favor de ganar un premio de entrada en la convención.

8. Estima las posibilidades en contra de ganar un premio de entrada en la convención.

Ver Ejemplo **9.** Si las posibilidades a favor de ganar una computadora nueva son de 1:9999, ¿cuál es la probabilidad de ganar una computadora nueva?

10. Si las posibilidades en contra de elegir a una persona al azar para un comité son de 19:1, ¿cuál es la probabilidad de que elijan a esa persona?

Ver Ejemplo **11.** La probabilidad de ganar una oportunidad de compras ilimitadas es de $\frac{1}{845}$. ¿Cuáles son las posibilidades a favor de ganar?

12. La probabilidad de ganar un auto nuevo es de $\frac{1}{500,000}$. ¿Cuáles son las posibilidades en contra de ganar el auto?

PRÁCTICA Y RESOLUCIÓN DE PROBLEMAS

Lanzas dos dados numéricos justos. Halla las posibilidades a favor y en contra de cada suceso.

13. obtener dos 6

14. obtener un total de 7

15. obtener un total de 11

16. obtener un número doble

17. obtener dos números impares

18. obtener un 1 y un 4

19. Ruben y Manuel juegan dominó dos veces por semana. En las últimas 12 semanas, Ruben ha ganado 16 veces. Estima las posibilidades a favor de que Manuel gane el siguiente juego.

20. La probabilidad de que elijan la ciudad de Ann como sede de los Juegos Olímpicos de Invierno es de $\frac{1}{12}$. ¿Cuáles son las posibilidades a favor de que elijan su ciudad?

21. Las posibilidades en contra de sacar un dólar de plata pura de un frasco de monedas son de 1274:1. ¿Cuál es la probabilidad de sacar el dólar de plata?

22. *NEGOCIOS* Para promover ventas, una compañía de programas de computación incluye tarjetas para raspar en 1200 de sus cajas. De las tarjetas, 25 ganan una cubierta para ratón y 35 ganan una almohadilla para ratón.

    a. ¿Cuáles son las posibilidades a favor de ganar una almohadilla para ratón?

    b. ¿Cuáles son las posibilidades de ganar un premio en el concurso?

    c. ¿Cuáles son las posibilidades en contra de ganar un premio en el concurso?

23. *RECAUDACIÓN DE FONDOS* Una organización vendió 714 boletos para una rifa de 3 cruceros.

    a. ¿Cuáles son las posibilidades en contra de ganar un crucero.

    b. ¿Cuáles son las probabilidades de no ganar un crucero?

 24. *¿DÓNDE ESTÁ EL ERROR?* Una empresa recibe 6 solicitudes para un trabajo. Todos los candidatos tienen la misma probabilidad de obtenerlo. Uno dice: "Las posibilidades a favor de que me elijan son de 1:6". ¿Qué error cometió el candidato?

 25. *ESCRÍBELO* Una computadora selecciona al azar un dígito entre 0 y 9. Describe cómo determinar las posibilidades de que el número seleccionado sea menor que 4.

 26. *DESAFÍO* Un espacio muestral tiene 3 resultados posibles, A, B y C. B y C son igualmente probables, y A es dos veces más probable que B o C. Halla las posibilidades a favor de que ocurra A.

Repaso en espiral

Un frasco contiene 9 canicas azules, 8 rojas, 13 verdes y 5 sin color. Se toma al azar una canica del frasco. Halla cada probabilidad.
(Lección 9-4)

27. P(sin color)   **28.** P(roja o verde)   **29.** P(negra o amarilla)

30. P(sin color)   **31.** P(azul, roja o sin color)   **32.** P(azul, roja o sin color)

33. PREPARACIÓN PARA LA PRUEBA ¿De cuántas formas pueden formarse en fila 8 estudiantes si hay que considerar el lugar en la fila de cada uno? (Lección 9-6)

    A 40,320   **B** 8   **C** 1   **D** 5040

Resolución de problemas en lugares

Ohio

Centro presidencial Rutherford B. Hayes

Rutherford B. Hayes fue el decimonoveno presidente de Estados Unidos. Su hogar en Fremont, Ohio, se localiza en un parque de 25 acres llamado Spiegel Grove (Arboleda Spiegel). En 1916, Spiegel Grove se convirtió en la primera biblioteca presidencial.

1. La Biblioteca Rutherford B. Hayes tiene 70,000 libros, 12,000 de los cuales provienen de su colección personal. ¿Cuál es la probabilidad de que un libro elegido al azar provenga de esa colección personal?

2. La casa de Hayes, que ahora tiene 33 habitaciones, la construyó Sardis Birchard, tío de Hayes, con 8 recámaras. En 1880, Hayes añadió 3 recámaras. En 1889 se quitaron 4 de las recámaras originales y se agregaron 11 nuevas recámaras. ¿Cuál es la probabilidad de que una recámara elegida al azar haya estado en la casa original de Hayes?

Ocho presidentes de EE. UU. nacieron en Ohio o vivían en ese lugar al ser electos. Usa la tabla para el ejercicio 3.

3. Si eliges al azar un presidente de la tabla, ¿cuál es la probabilidad de que haya ocupado la presidencia al menos 4 años? ¿Cuál es la probabilidad de que haya sido gobernador de Ohio?

Presidente nacidos en o residentes de Ohio al ser electos			
Presidente	Gobernó Ohio	Subió al poder	Murió
William H. Harrison	No	1841	1841
Ulysses S. Grant	No	1869	1885
Rutherford B. Hayes	Sí	1877	1893
James A. Garfield	No	1881	1881
Benjamin Harrison	No	1889	1901
William McKinley	Sí	1897	1901
William H. Taft	No	1909	1930
Warren G. Harding	No	1921	1923

En esta caricatura de 1912, Teddy Roosevelt intenta arrebatar a William Howard Taft los votantes de Ohio, estado natal de Taft.

Salón de la Fama del Fútbol Americano Profesional

Desde septiembre de 1963, Canton, Ohio, es sede del Pro Football Hall of Fame (Salón de la Fama del Fútbol Americano Profesional). Ese año se incluyeron 17 jugadores, y para agosto de 2002 había 221 jugadores en el Salón de la Fama.

Para los ejercicios del 1 al 6, supongamos que elegir cada nombre es igualmente probable.

1. De los jugadores que están en el Salón de la Fama, 61 jugaron en más de un equipo de la National Football League (Liga Nacional de Fútbol). ¿Cuál es la probabilidad de que un jugador elegido al azar de la lista de 221 jugara en más de un equipo de la NFL?

2. Redondeado al número cabal más cercano, $\frac{1}{3}$ de los admitidos al Salón de la Fama que pertenecieron a más de un equipo de la NFL se admitieron en los primeros diez años. ¿Cuál es la probabilidad de que un jugador elegido al azar de la lista de 221 jugara en más de un equipo de la NFL y se admitiera en los primeros diez años?

3. Hay 8 jugadores admitidos en el Salón de la Fama que nacieron fuera de Estados Unidos, y 19 que nacieron en Ohio. ¿Cuál es la probabilidad de que uno de los 221 jugadores, elegido al azar, haya nacido en otro país o en Ohio?

4. Hay 6 jugadores de la posición de ala cerrada en el Salón de la Fama. ¿Cuántas combinaciones con 2 de esos jugadores podrían seleccionarse para un equipo de todos los tiempos? ¿Cuál es la probabilidad de que 2 alas cerradas elegidos al azar sean los mismos 2 elegidos para el equipo?

5. El único jugador del Salón de la Fama que sólo jugó en la posición de pateador es Jan Stenerud. ¿La probabilidad de que haya otros pateadores en el Salón de la Fama es necesariamente cero?

6. Hay 19 entrenadores y 25 mariscales de campo en el Salón de la Fama. ¿Cuántas combinaciones de 1 entrenador y 1 mariscal podrían elegirse para un equipo de todos los tiempos?

MATE-JUEGOS

La cacería del papel

El escritorio de Stephen tiene 8 cajones. Cuando recibe una hoja, la guarda en un cajón al azar, pero 2 de cada 10 veces se le olvida guardar la hoja y la pierde.

La probabilidad de que se pierda una hoja es $\frac{2}{10}$ ó $\frac{1}{5}$.

- ¿Cuál es la probabilidad de que una hoja se guarde en un cajón?

- Si todos los cajones son igualmente probables de ser elegidos, ¿cuál es la probabilidad de guardar una hoja en el cajón 3?

Cuando Stephen necesita una hoja, busca en el primer cajón y luego revisa los otros en orden hasta hallarla o hasta haber registrado todos los cajones.

1. Si Stephen no halló en el cajón 1 la hoja que buscaba, ¿cuál es la probabilidad de que la halle en uno de los otros 7 cajones?

2. Si Stephen no halló la hoja que buscaba en los cajones 1, 2 y 3, ¿cuál es la probabilidad de que la halle en uno de los otros 5 cajones?

3. Si Stephen no halló la hoja en los cajones del 1 al 7. ¿cuál es la probabilidad de que la halle en el último cajón?

Trata de escribir una fórmula para la probabilidad de hallar una hoja.

Permutaciones

Usa un juego de fichas de Scrabble® o haz un juego parecido de tarjetas con letras. Saca 2 vocales y 3 consonantes y colócalas hacia arriba en el centro de la mesa. Cada jugador trata de escribir tantas permutaciones como sean posibles en 60 segundos. Cada permutación vale 1 punto, con 1 punto extra por cada permutación que forme una palabra.

⌁ conexión internet

Visita **go.hrw.com** para las reglas y las fichas completas.

CLAVE: MP4 Game9

Tecnología

Permutaciones y combinaciones

Para usar con la Lección 9-6

Las calculadoras de gráficas tienen funciones para calcular factoriales, permutaciones y combinaciones.

conexión **internet**

Recursos en línea para el laboratorio: *go.hrw.com*
CLAVE: MP4 TechLab9

Actividad

1 En una carrera once autos llegan a la meta. Los distintos órdenes en que pueden llegar a la meta son 11! Una calculadora puede ayudarte a hacer el cálculo. Se muestran ambos procedimientos: el directo, usando la definición de *factorial*, y el comando de factorial de la calculadora.

Para calcular 11!, escribe 11 [MATH], oprime [▶] para ir

al menú **PRB**, y selecciona **4:!** [ENTER].

El número de maneras en que los 11 autos pueden llegar en 1º., 2º., 3º. y 4º. lugar se halla con $11 \cdot 10 \cdot 9 \cdot 8$, ó en notación de *permutación*, $_{11}P_4$, 11 en grupos de 4. Se muestran ambos procedimientos: el directo y el del comando *nPr* de la calculadora. El comando *nPr* también está en el menú **PRB.**

Para calcular $_{11}P_4$, escribe 11 [MATH], oprime [▶] para ir al menú **PRB**,

selecciona **2:nPr**, escribe 4 y oprime [ENTER].

2 Veinte chicas hacen una prueba para ocupar 5 puestos vacantes en un equipo de hockey. Como no importa el orden, el número de *combinaciones* diferentes que pueden elegirse se hallan con $_{20}C_5$, las combinaciones de 20 elementos en grupos de 5. Se muestran ambos cálculos, el directo y con el comando *nCr* .

Para calcular $_{20}C_5$, oprime 20 [MATH], oprime [▶] para ir al menú **PRB**,

selecciona **3:nCr**, y oprime 5 [ENTER].

Razonar y comentar

1. Explica por qué *nPr* es mayor que *nCr* con los mismos valores de *n* y *r*.

2. ¿Puede *nPr* ser igual a *nCr* en algún caso?

Inténtalo

Calcula cada valor por multiplicación y división directa y mediante los comandos de permutación y combinación de la calculadora.

1. $_{14}P_6$ **2.** $_{25}P_{17}$ **3.** $_8P_3$ **4.** $_8C_3$ **5.** $_{16}C_4$ **6.** $_{40}C_6$

Vocabulario

Completa los enunciados con las palabras del vocabulario. Puedes usar las palabras más de una vez.

1. El/La ___?___ de un suceso indica qué tan probable es que ocurra.
- Una probabilidad de 0 significa que es ___?___ que el suceso ocurra.
- Una probabilidad de 1 significa que es ___?___ que el suceso ocurra.

2. El conjunto de todos los resultados posibles de un experimento se llama ___?___.

3. Un(a) ___?___ es una disposición en que el orden es importante.
Un(a) ___?___ es una disposición en que el orden no es importante.

9-1 Probabilidad (págs. 446–450)

EJEMPLO

■ De los diamantes en bruto que recibe un cortador, se espera que cerca de $\frac{1}{8}$ sean aceptables.

Resultado	Aceptable	Inaceptable
Probabilidad		

$P(\text{aceptable}) = \frac{1}{8} = 0.125 = 12.5\%$

$P(\text{inaceptable}) = 1 - \frac{1}{8} = \frac{7}{8} = 0.875 = 87.5\%$

EJERCICIO

Da la probabilidad de cada resultado.

4. Cerca del 75% de quienes acuden con el autor de un libro para que se lo firme ya lo leyeron.

Resultado	Leyeron	No leyeron
Probabilidad		

9-2 Probabilidad experimental (págs. 451–454)

EJEMPLO

■ La tabla muestra los resultados al girar 80 veces una rueda giratoria. Estima la probabilidad de que la rueda caiga en azul.

Resultado	Blanco	Rojo	Azul	Negro
Giros	32	17	24	7

$$\text{probabilidad} \approx \frac{\text{giros que cayeron en azul}}{\text{número total de giros}}$$
$$= \frac{24}{80} = \frac{3}{10} = 0.3$$

La probabilidad de que la rueda giratoria caiga en azul es aproximadamente de 0.3 (30%).

EJERCICIOS

5. La tabla muestra los resultados al girar 100 veces una rueda giratoria. Estima la probabilidad de que la rueda caiga en 5.

Resultado	1	2	3	4	5	6
Giros	17	22	11	18	17	15

6. La tabla muestra los resultados de una encuesta de 500 estudiantes. Estima la probabilidad de que la materia preferida de un estudiante elegido al azar sea matemáticas.

Materia preferida	Matemáticas	Ciencias	Arte	Otra
Número de estudiantes	140	105	75	180

9-3 Usar una simulación (págs. 456–459)

EJEMPLO

■ El 75% de los estudiantes de una escuela local estudian un idioma extranjero. Si se eligen 5 estudiantes al azar, estima la probabilidad de que al menos 4 estudien un idioma extranjero. Usa la tabla de números aleatorios para simular al menos 10 pruebas.

08	57	09	92	75		27	37	87	52	36
16	73	29	39	73		78	65	88	02	42
53	19	18	65	79		64	46	47	60	51
73	16	79	89	12		63	84	60	59	57
13	89	68	35	51		22	56	51	23	81

La probabilidad es como de $\frac{8}{10}$, o sea, 80%.

EJERCICIO

08570	99275	27378	75236	16732
93973	78658	80242	53191	86579
64464	76051	73167	98912	63846
05957	13896	83551	22565	12381
93861	72073	87891	19845	71302

7. En una línea de ensamblaje, se rechaza el 25% de los productos. Estima la probabilidad de que al menos 2 de los próximos 6 productos se rechacen. Usa la tabla de números aleatorios para simular al menos 10 pruebas.

9-4 Probabilidad teórica (págs. 462–466)

EJEMPLO

■ Se lanza una vez un dado justo. Halla la probabilidad de obtener un número impar o un 4.

$$P(\text{impar ó } 4) = P(\text{impar}) + P(4)$$
$$= \frac{3}{6} + \frac{1}{6} = \frac{4}{6} = \frac{2}{3}$$

EJERCICIO

8. Se saca una canica al azar de una caja que contiene 7 canicas rojas, 12 azules y 5 blancas. ¿Cuál es la probabilidad de sacar una canica roja o una blanca?

9-5 Principio fundamental de conteo (págs. 467–470)

EJEMPLO

■ Un código contiene 4 letras. ¿Cuántos códigos puede haber?

26 · 26 · 26 · 26 = 456,976 códigos

EJERCICIOS

Un edificio tiene 6 puertas exteriores.

9. ¿Cuántas formas hay de entrar y salir del edificio?

10. ¿Cuántas formas hay de entrar por una puerta y salir por una puerta diferente?

9-6 Permutaciones y combinaciones (págs. 471–475)

EJEMPLO

■ Blaire tiene 5 plantas que acomodar en una repisa en la que caben 3. ¿De cuántas maneras puede acomodarlas si el orden es importante? ¿Y si no es importante?

Importa el orden: $_5P_3 = \dfrac{5!}{(5-3)!} = \dfrac{5!}{2!} = 60$ maneras

No importa el orden : $_5C_3 = \dfrac{5!}{3!\,(5-3)!} = 10$ maneras

EJERCICIOS

11. Siete personas se acomodan en una fila de 3 asientos. ¿De cuántas maneras distintas se pueden acomodar?

12. El club de debates de una escuela tiene 9 integrantes. Se elegirá un equipo de 4 estudiantes para representar la escuela en una competencia. ¿Cuántos equipos diferentes puede haber?

9-7 Sucesos independientes y dependientes (págs. 477–481)

EJEMPLO

■ Se sacan 2 canicas de un frasco que contiene 3 canicas rojas y 4 negras. ¿Cuál es P (roja, negra) si la primera canica se repone? ¿y si no se repone?

	P(roja)	P(negra)	P(roja, negra)
Se repone	$\dfrac{3}{7}$	$\dfrac{4}{7}$	$\dfrac{12}{49} \approx 0.24$
No se repone	$\dfrac{3}{7}$	$\dfrac{4}{6}$	$\dfrac{12}{42} \approx 0.29$

EJERCICIOS

13. Se lanza un dado numérico 3 veces. ¿Cuál es la probabilidad de obtener un 4 las tres veces?

14. Se sacan dos cartas al azar de una baraja que tiene 26 cartas rojas y 26 negras. ¿Cuál es la probabilidad de que la primera sea roja y la segunda sea negra?

9-8 Probabilidades (págs. 482–485)

EJEMPLO

■ Se selecciona al azar un dígito entre 1 y 9. ¿Cuáles son las posibilidades a favor de seleccionar un número par?

favorable⟶ 4:5 ⟵ no favorable

EJERCICIO

15. Se selecciona al azar una letra del alfabeto. ¿Cuáles son las posibilidades a favor de seleccionar una vocal (A, E, I, O, U)?

1. Los resultados A, C, D y F tienen la misma probabilidad. Completa la tabla de probabilidades.

Resultado	A	B	C	D	E	F
Probabilidad	▨	$\frac{1}{6}$	▨	▨	$\frac{1}{3}$	▨

2. Madeline inscribirá 3 de sus 10 mejores arreglos florales en una competencia. ¿Cuántas selecciones distintas puede hacer?

3. Jim quiere colgar 4 cuadros en fila en su pared. Si tiene 6 cuadros para elegir, ¿de cuántas maneras distintas puede colgar los cuadros?

4. Una moneda se lanza tres veces. ¿Cuál es la probabilidad de que caiga cara las tres veces?

5. En la colonia Westcreek, el 37% de las familias tiene perro. En cada cuadra viven 16 familias, 8 a cada lado. Estima la probabilidad de que 3 ó más familias en un lado de una cuadra tengan perro. Usa la tabla de números aleatorios para simular al menos 10 pruebas.

   97120 08320 17871 21826 74838 37240 36810 20423

   12562 45677 88983 94930 31599 76585 61429 05379

   34628 46304 66531 96270 21309 31567 30762 47240

   30883 71946 25948 97988 26267 21350 59356 43952

6. Jill tiene 6 latas de comida sin etiqueta. Sabe que hay 2 de fruta, 3 de maíz y 1 de frijoles. Si elige una al azar, ¿cuál es la probabilidad de que no sea de fruta?

7. Los padres de Julio anotan 10 quehaceres diferentes en tiras de papel que ponen en una caja. Si Julio tiene que sacar 2 quehaceres de la caja, ¿cuál es la probabilidad de que saque las dos que menos le gustan, limpiar con aspiradora y desyerbar?

8. La tabla muestra los resultados de una entrevista en la que se preguntó a 1000 estudiantes universitarios si pasaron en casa las vacaciones de primavera e invierno. Estima la probabilidad de que un estudiante pase en casa las vacaciones de invierno.

	Primavera (sí)	Primavera (no)
Invierno (sí)	170	520
Invierno (no)	233	77

9. Una tienda de marcos tiene una oferta especial. Los cuadros pueden tener un marco de oro, plata o latón, el fondo puede tener uno de 16 colores y el vidrio puede ser normal o antirreflejante. ¿De cuántas formas puede enmarcarse un cuadro con esta oferta?

10. En un bazar, las posibilidades a favor de ganar un premio de entrada son de 1:15. ¿Cuál es la probabilidad de ganar un premio de entrada?

Evaluación del desempeño

 Muestra lo que sabes

Haz un portafolio para tus trabajos en este capítulo. Completa esta página e inclúyela junto con los cuatro mejores trabajos del Capítulo 9. Elige entre las tareas o prácticas de laboratorio, examen parcial del capítulo o cualquier entrada de tu diario para incluirlas en el portafolio empleando el diseño que más te guste. Usa tu portafolio para presentar lo que consideras tu mejor trabajo.

⭐ **Respuesta corta**

1. Un dardo que se lanza al tablero cuadrado que se muestra cae en un punto al azar del mismo tablero. ¿Cuál es la probabilidad de que caiga en el cuadro azul? Muestra tu trabajo.

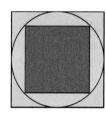

2. El piloto de un globo aerostático trata de aterrizar en un campo cuadrado de 2 km. El campo tiene un árbol grande en cada esquina. Si el globo toca tierra a menos de $\frac{1}{7}$ km de sus troncos, sus cuerdas se enredarán en las ramas. ¿Cuál es la probabilidad de que el globo aterrice en el campo sin enredarse en un árbol? Expresa tu respuesta en porcentaje a la décima más cercana. Muestra tu trabajo.

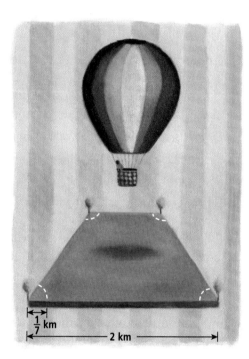

$\frac{1}{7}$ km

2 km

 Extensión de resolución de problemas

3. Los estudiantes de una nueva escuela secundaria eligen una mascota y un color para su escuela. La mascota puede ser un oso, león, jaguar o tigre. El color puede ser rojo, anaranjado o azul.

   a. ¿Entre cuántas combinaciones diferentes pueden elegir los estudiantes? Muestra tu trabajo.

   b. Si se agrega un segundo color, oro o plata, ¿entre cuántas combinaciones podrán elegir los estudiantes? Muestra tu trabajo.

   c. ¿Cómo cambiaría el número de combinaciones si se añadiera la opción de elegir uno de n nombres?

Evaluación acumulativa: Capítulos 1–9

1. En una caja hay 78 gomitas rojas, 24 verdes y las demás son amarillas. Si la probabilidad de elegir una gomita amarilla es de $\frac{1}{3}$, ¿cuántas gomitas amarillas hay en la caja?

(A) 34   (C) 54

(B) 51   (D) 102

2. $P(-2, -3)$ se refleja sobre el eje de las y. ¿Qué coordenadas tiene P'?

(F) $(-3, -2)$ (H) $(-2, 3)$

(G) $(-3, 2)$ (J) $(2, -3)$

3. Si el 125% de x es igual al 80% de y, $y \neq 0$, ¿cuál es el valor de $\frac{x}{y}$?

(A) $\frac{16}{25}$ (C) $\frac{25}{16}$

(B) $\frac{4}{5}$ (D) $\frac{5}{4}$

4. Mia hizo 5 pagos de un préstamo, cada uno el doble del anterior. Si el total de los 5 pagos fue de $465, ¿de cuánto fue el primero?

(F) $5   (H) $31

(G) $15   (J) $93

5. Una bomba eléctrica puede llenar una tina de 45 galones en media hora. A esta tasa, ¿cuánto tardará en llenar una tina de 60 galones?

(A) 35.0 minutos   (C) 40.0 minutos

(B) 37.5 minutos   (D) 42.5 minutos

6. ¿Cuál de estas razones es equivalente a la razón 1.2:1?

(F) 1:2   (H) 5:6

(G) 12:1   (J) 6:5

7. Si $20 \cdot 3000 = 6 \cdot 100^x$, ¿cuál es el valor de x?

(A) 2   (C) 4

(B) 3   (D) 5

8. En este diagrama, la cantidad que representa cada cuadrito sombreado es el doble de la que representa cada cuadrito blanco.

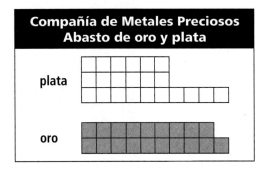

**Compañía de Metales Preciosos
Abasto de oro y plata**

plata

oro

¿Cuál es la razón de la cantidad de oro a la cantidad de plata?

(F) $\frac{19}{22}$ (H) $\frac{22}{19}$

(G) $\frac{13}{19}$ (J) $\frac{19}{11}$

¡CONSEJO!

PARA LA PRUEBA

Para comprobar que las respuestas son razonables, a veces puedes dibujar una gráfica o diagrama en papel cuadriculado.

9. **RESPUESTA CORTA** ¿Qué tipo de cuadrilátero es una figura con vértices $(-3, 4)$, $(3, 4)$, $(3, -2)$ y $(-3, -2)$? ¿Cuál es el área de este cuadrilátero?

10. **RESPUESTA CORTA** Las alturas de dos triángulos semejantes son 4 pulg y 5 pulg. ¿Qué porcentaje de la altura del triángulo menor es la del mayor? Muestra tu trabajo.

Más ecuaciones y desigualdades

Río	Ubicación	Descarga (m³/s)
Colorado	Presa Glen Canyon, CO	314.6
Snake	Presa Hells Canyon, ID	726.04
Missouri	St. Joseph, MO	1751.4
Columbia	The Dalles, OR	6331.65

Profesión *Hidrógrafa*

Los hidrógrafos miden el flujo de agua en ríos, arroyos, lagos y océanos. Hacen mapas para registrar la ubicación y el movimiento de las aguas sobre y bajo la superficie terrestre.

Los hidrógrafos participan en proyectos como estudios de recursos hidráulicos, irrigación, control de inundaciones, prevención de erosión del suelo y el estudio de descargas de agua de arroyos, corrientes y ríos. La tabla muestra la tasa de descarga de agua de cuatro ríos de EE. UU.

conexión **internet**

go.hrw.com

Presentación del capítulo en línea: **go.hrw.com**
CLAVE: MP4 Ch10

¿ESTÁS PREPARADO?

Elige de la lista el término que mejor complete cada enunciado.

1. Una letra que representa un valor que puede cambiar es un(a) __?__.

2. Un(a) __?__ tiene una o más variables.

3. La expresión algebraica $5x^2 - 3y + 4x^2 + 7$ tiene cuatro __?__. Como tienen la misma variable elevada a la misma potencia, $5x^2$ y $4x^2$ son __?__.

4. Cuando multiplicas individualmente los números entre paréntesis por el factor que está afuera de los paréntesis, usas el/la __?__.

expresión algebraica

propiedad distributiva

términos semejantes

términos

variable

Resuelve los ejercicios para practicar las destrezas que usarás en este capítulo.

✔ Distribuir la multiplicación

Sustituye cada ■ por un número para que cada ecuación ilustre la propiedad distributiva.

5. $6 \cdot (11 + 8) = 6 \cdot 11 + 6 \cdot$ ■

6. $7 \cdot (14 + 12) = $ ■ $\cdot 14 + $ ■ $\cdot 12$

7. $9 \cdot (6 - $ ■ $) = 9 \cdot 6 - 9 \cdot 2$

8. $14 \cdot ($ ■ $- 7) = 14 \cdot 20 - 14 \cdot 7$

✔ Simplificar expresiones algebraicas

Simplifica cada expresión usando la propiedad distributiva y combinando términos semejantes.

9. $3(x + 2) + 7x$

10. $4(y - 3) + 8y$

11. $2(z - 1) - 3z$

12. $-4(t - 6) - t$

13. $-(r - 3) - 8r$

14. $-5(4 - 2m) + 7$

✔ Relacionar palabras con ecuaciones

Escribe una ecuación que represente cada situación.

15. El perímetro P de un rectángulo es la suma del doble de la longitud ℓ y el doble de la anchura w.

16. El volumen V de un prisma rectangular es el producto de sus tres dimensiones: longitud ℓ, anchura w y altura h.

17. El área total S de una esfera es el producto de 4π por el cuadrado del radio r.

18. El costo c de un telegrama de 18 palabras es el costo p de las primeras 10 palabras más el costo a de cada palabra adicional.

10-1 Cómo resolver ecuaciones de dos pasos

Aprender a resolver ecuaciones de dos pasos.

A veces se necesita más de una operación inversa para resolver una ecuación. Antes de resolver, pregúntate: "¿qué se está haciendo con la variable y en qué orden?". Luego, trabaja en sentido inverso para cancelar las operaciones.

Los diseñadores de jardines cobran una tarifa por hora más el costo de las plantas. El número de horas que trabajó un diseñador de jardines se halla al resolver una ecuación de dos pasos.

EJEMPLO 1 APLICACIÓN A LA RESOLUCIÓN DE PROBLEMAS

RESOLUCIÓN DE PROBLEMAS

Chris debe pagar una cuenta de $380 a un diseñador de jardines. Las plantas costaron $212 y el trabajo, $48 por hora. ¿Cuántas horas trabajó el diseñador de jardines?

1 Comprende el problema

La **respuesta** es el número de horas que trabajó el diseñador de jardines. Haz una lista de la **información importante:** las plantas cuestan $212, el trabajo cuesta $48 y el total es de $380.

Sea h las horas que trabajó el diseñador de jardines.

Cuenta total	=	Plantas	+	Trabajo
380	=	212	+	$48h$

2 Haz un plan

Razona: Primero se multiplica la variable por 48 y luego se suma 212 al resultado. Trabaja en sentido inverso para resolver la ecuación. Cancela las operaciones en orden inverso: primero resta 212 a ambos lados de la ecuación y luego divide ambos lados de la nueva ecuación entre 48.

3 Resuelve

$$380 = 212 + 48h$$
$$\underline{-212 \quad -212}$$
$$168 = \qquad 48h$$

Resta para cancelar la suma.

$$\frac{168}{48} = \frac{48h}{48}$$

Divide para cancelar la multiplicación.

$$3.5 = h$$

El diseñador de jardines trabajó 3.5 horas.

4 Repasa

Si el diseñador de jardines trabajó 3.5 horas, por hacer el trabajo cobró $48(3.5) = $168. La suma de las plantas y el trabajo sería $212 + $168 = $380.

Resuelve.

A $\dfrac{p}{4} + 5 = 13$

Razona: Primero la variable se **divide entre 4** y luego se le **suma 5**. Para despejar la variable **resta 5** y luego **multiplica por 4**.

$$\dfrac{p}{4} + 5 = 13$$
$$\underline{\phantom{\dfrac{p}{4}} - 5 \qquad - 5}$$
$$\dfrac{p}{4} = 8 \qquad \textit{Resta para cancelar la suma.}$$

$$4 \cdot \dfrac{p}{4} = 4 \cdot 8 \qquad \textit{Multiplica para cancelar la división.}$$

$$p = 32$$

Comprueba $\quad \dfrac{p}{4} + 5 \overset{?}{=} 13$

$$\dfrac{32}{4} + 5 \overset{?}{=} 13 \qquad \textit{Sustituye 32 en la ecuación original.}$$

$$8 + 5 \overset{?}{=} 13 \checkmark$$

B $1.8 = -2.5m - 1.7$

Razona: Primero la variable se **multiplica por −2.5** y luego se le **resta 1.7**. Para despejar la variable **suma 1.7** y luego **divide entre −2.5**.

$$1.8 = -2.5m - 1.7$$
$$\underline{+ 1.7 \qquad\qquad\quad + 1.7}$$
$$3.5 = -2.5m \qquad \textit{Suma para cancelar la resta.}$$

$$\dfrac{3.5}{-2.5} = \dfrac{-2.5m}{-2.5} \qquad \textit{Divide para cancelar la multiplicación.}$$

$$-1.4 = m$$

C $\dfrac{k + 4}{9} = 6$

Razona: Primero se **suma 4** a la variable y el resultado se **divide entre 9**. Para despejar la variable, **multiplica por 9** y luego **resta 4**.

$$\dfrac{k + 4}{9} = 6$$

$$9 \cdot \dfrac{k + 4}{9} = 9 \cdot 6 \qquad \textit{Multiplica para cancelar la división.}$$

$$k + 4 = 54$$
$$\underline{ - 4 \qquad - 4} \qquad \textit{Resta para cancelar la suma.}$$
$$k = 50$$

Razonar y comentar

1. Describe cómo resolverías $4(x - 2) = 16$.

10-1 Ejercicios

PARA PRÁCTICA ADICIONAL
ve a la pág. 750

◢ conexión **internet**
Ayuda en línea para tareas
go.hrw.com Clave: MP4 10-1

PRÁCTICA GUIADA

Ver Ejemplo 1

1. Joe recibe un salario semanal de $520. Por cada hora extra que trabaja recibe $21 adicionales. Esta semana su paga total, incluido el salario normal y las horas extra, fue de $604. ¿Cuántas horas extra trabajó Joe en la semana?

Ver Ejemplo 2 **Resuelve.**

2. $9t + 12 = 75$

3. $-2.4 = -1.2x + 1.8$

4. $\dfrac{r}{7} + 11 = 25$

5. $\dfrac{b + 24}{2} = 13$

6. $14q - 17 = 39$

7. $\dfrac{a - 3}{28} = 3$

PRÁCTICA INDEPENDIENTE

Ver Ejemplo 1

8. El costo de una membresía familiar en un club deportivo es de $58 al mes más una inscripción única de $129. Si una familia gastó $651, ¿de cuántos meses es su membresía?

Ver Ejemplo 2 **Resuelve.**

9. $\dfrac{m}{-3} - 2 = 8$

10. $\dfrac{c - 1}{2} = 12$

11. $15g - 4 = 46$

12. $\dfrac{h + 19}{19} = 2$

13. $6y + 3 = -27$

14. $9.2 = 4.4z - 4$

PRÁCTICA Y RESOLUCIÓN DE PROBLEMAS

Resuelve.

15. $5w + 3.8 = 16.3$

16. $15 - 3x = -6$

17. $\dfrac{m}{5} + 6 = 9$

18. $2.3a + 8.6 = -5.2$

19. $\dfrac{q + 4}{7} = 1$

20. $9 = -5g - 23$

21. $6z - 2 = 0$

22. $\dfrac{5}{2}d - \dfrac{3}{2} = -\dfrac{1}{2}$

23. $47k + 83 = 318$

24. $8 = 6 + \dfrac{p}{4}$

25. $46 - 3n = -23$

26. $\dfrac{7 + s}{5} = -4$

27. $9y - 7.2 = 4.5$

28. $\dfrac{2}{3} - 6h = -\dfrac{11}{6}$

29. $-1 = \dfrac{3}{5}b + \dfrac{1}{5}$

Escribe una ecuación para cada enunciado y luego resuélvela.

30. El cociente de un número y 2, menos 9, es 14.

31. Un número que aumenta en 5 y luego se divide entre 7 es 12.

32. La suma de 10 y 5 veces un número es 25.

con las ciencias de la vida

Cerca del 20% de más de las 2500 especies de serpientes son venenosas. En EE. UU. habitan 20 especies venenosas, entre ellas coralillos, crótalos, cobrizas y mocasines de agua.

33. La taipán, del centro de Australia, es la serpiente más venenosa del mundo. Basta 1 mg de su veneno para matar a 1000 ratones. Una mordedura inyecta hasta 110 mg de veneno. ¿Como cuántos ratones podría matar el veneno de una sola mordedura de la taipán?

34. A un crótalo (serpiente de cascabel) le crece un nuevo segmento de cascabel cada vez que muda de piel. El crótalo muda de piel en promedio tres veces al año. Sin embargo, es común que se desprendan segmentos. Si un crótalo perdió 44 segmentos de cascabel durante su vida y tenía 10 al morir, ¿cuántos años vivió aproximadamente?

35. Todas las serpientes mudan de piel al crecer. La piel mudada es en promedio 10% más larga que la serpiente misma. La piel mudada de cierta coralillo mide 27.5 pulgadas. Estima la longitud de la serpiente.

36. ⭐ *DESAFÍO* La mamba negra se alimenta principalmente de roedores y aves pequeñas. Supongamos que una mamba está a 100 pies de un animal que corre a 8 mi/h. ¿Cuánto tardará en atrapar a su presa? (*Pista*: 1 milla = 5280 pies)

Se recolecta veneno de serpientes para inyectarlo en caballos, que desarrollan anticuerpos. La sangre del caballo se esteriliza para producir un antídoto.

go.hrw.com
CLAVE: MP4 Snakes, disponible en inglés.
CNN student News.

Serpientes más venenosas del mundo

Categoría	Récord	Tipo de serpiente
Más rápida	12 mi/h	Mamba negra
Más larga	18 pies 9 pulg	Cobra real
Más pesada	34 lb	Crótalo diamante oriental
Colmillos más largos	2 pulg	Víbora de Gabón

Repaso en espiral

Simplifica. (Lección 1-6)

37. $x + 4x + 3 + 7x$ **38.** $-2m + 4 + 2m$ **39.** $w - 17 + 2$ **40.** $5s + 3r + s - 5r$

41. PREPARACIÓN PARA LA PRUEBA Halla el área del paralelogramo. (Lección 6-1)

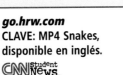

A 38 cm² **B** 76 cm² **C** 288 cm² **D** 336 cm²

Cómo resolver ecuaciones de varios pasos

Aprender a resolver ecuaciones de varios pasos.

Para resolver una ecuación compleja, debes simplificarla primero combinando términos semejantes.

EJEMPLO 1 Resolver ecuaciones que contienen términos semejantes

Resuelve.

$$2x + 4 + 5x - 8 = 24$$

$$2x + 4 + 5x - 8 = 24$$

$$7x - 4 = 24 \qquad \text{Combina términos semejantes.}$$

$$\underline{+4 \qquad +4} \qquad \text{Suma para cancelar la resta.}$$

$$7x = 28$$

$$\frac{7x}{7} = \frac{28}{7} \qquad \text{Divide para cancelar la multiplicación.}$$

$$x = 4$$

Comprueba

$$2x + 4 + 5x - 8 = 24$$

$$2(4) + 4 + 5(4) - 8 \overset{?}{=} 24 \qquad \text{Sustituye x por 4.}$$

$$8 + 4 + 20 - 8 \overset{?}{=} 24$$

$$24 \overset{?}{=} 24 \checkmark$$

Si una ecuación contiene fracciones, se pueden multiplicar ambos lados de la ecuación por el mínimo común denominador (mcd) para eliminar las fracciones antes de despejar la variable.

EJEMPLO 2 Resolver ecuaciones que contienen fracciones

Resuelve.

A $\dfrac{3y}{7} + \dfrac{5}{7} = -\dfrac{1}{7}$

Multiplica ambos lados por 7 para eliminar fracciones y luego resuelve.

$$7\left(\frac{3y}{7} + \frac{5}{7}\right) = 7\left(-\frac{1}{7}\right)$$

$$7\left(\frac{3y}{7}\right) + 7\left(\frac{5}{7}\right) = 7\left(-\frac{1}{7}\right) \qquad \text{Propiedad distributiva}$$

$$3y + 5 = -1$$

$$\underline{-5 \qquad -5} \qquad \text{Resta para cancelar la suma.}$$

$$3y = -6$$

$$\frac{3y}{3} = \frac{-6}{3} \qquad \text{Divide para cancelar la multiplicación.}$$

$$y = -2$$

¡Recuerda!

El mínimo común denominador (mcd) es el número más pequeño entre el que pueden dividirse todos los denominadores.

Resuelve.

B $\dfrac{2p}{3} + \dfrac{p}{4} - \dfrac{1}{6} = \dfrac{7}{2}$

El mcd es 12.

$$12\left(\dfrac{2p}{3} + \dfrac{p}{4} - \dfrac{1}{6}\right) = 12\left(\dfrac{7}{2}\right) \qquad \textit{Multiplica ambos lados por el mcd.}$$

$$12\left(\dfrac{2p}{3}\right) + 12\left(\dfrac{p}{4}\right) - 12\left(\dfrac{1}{6}\right) = 12\left(\dfrac{7}{2}\right) \qquad \textit{Propiedad distributiva}$$

$$8p + 3p - 2 = 42$$

$$11p - 2 = 42 \qquad \textit{Combina términos semejantes.}$$

$$\underline{+2 \quad +2} \qquad \textit{Suma para cancelar la resta.}$$

$$11p = 44$$

$$\dfrac{11p}{11} = \dfrac{44}{11} \qquad \textit{Divide para cancelar la multiplicación.}$$

$$p = 4$$

Comprueba

$$\dfrac{2p}{3} + \dfrac{p}{4} - \dfrac{1}{6} = \dfrac{7}{2}$$

$$\dfrac{2(4)}{3} + \dfrac{4}{4} - \dfrac{1}{6} \overset{?}{=} \dfrac{7}{2} \qquad \textit{Sustituye p por 4.}$$

$$\dfrac{8}{3} + 1 - \dfrac{1}{6} \overset{?}{=} \dfrac{7}{2}$$

$$\dfrac{16}{6} + \dfrac{6}{6} - \dfrac{1}{6} \overset{?}{=} \dfrac{21}{6} \qquad \textit{El mcd es 6.}$$

$$\dfrac{21}{6} \overset{?}{=} \dfrac{21}{6} \ \checkmark$$

EJEMPLO **3** *Aplicación al dinero*

Carly tenía un cupón de $10 para su restaurante favorito. Después de sumar a la cuenta una propina del 20% se restaron los $10 y quedaron $4.40 por pagar. ¿De cuánto era la cuenta original?

Sea b la cantidad de la cuenta original.

$$b + 0.20b - 10 = 4.40 \qquad \textit{cuenta + propina − cupón = cantidad pagada}$$

$$1.20b - 10 = 4.40 \qquad \textit{Combina términos semejantes.}$$

$$\underline{+10 \quad +10} \qquad \textit{Suma 10 a ambos lados.}$$

$$1.20b = 14.40$$

$$\dfrac{1.20b}{1.20} = \dfrac{14.40}{1.20} \qquad \textit{Divide ambos lados entre 1.20.}$$

$$b = 12 \qquad \text{Su cuenta original era de \$12.}$$

Razonar y comentar

1. Haz una lista de los pasos para resolver $3x - 4 + 2x = 7$.

2. Indica cómo eliminarías las fracciones de la ecuación $\dfrac{3x}{4} - \dfrac{2x}{3} + \dfrac{5}{8} = 1$.

PARA PRÁCTICA ADICIONAL

ve a la pág. 750

☑ conexión **internet**

Ayuda en línea para tareas
go.hrw.com   Clave: MP4 10-2

PRÁCTICA GUIADA

Ver Ejemplo **1** Resuelve.

1. $8d - 11 + 3d + 2 = 13$

2. $2y + 5y + 4 = 25$

3. $10e - 2e - 9 = 39$

4. $3c - 7 + 12c = 53$

5. $4h + 8 + 7h - 2h = 89$

6. $8x - 3x + 2 = -33$

Ver Ejemplo **2**   **7.** $\dfrac{5x}{11} + \dfrac{4}{11} = -\dfrac{1}{11}$

8. $\dfrac{y}{2} - \dfrac{3y}{8} + \dfrac{1}{4} = \dfrac{1}{2}$

9. $\dfrac{4}{5} - \dfrac{2p}{5} = \dfrac{6}{5}$

10. $\dfrac{9}{4}z + \dfrac{1}{2} = 2$

Ver Ejemplo **3**   **11.** Joley usó un cupón de $20 para pagar su cena con una amiga. Después de sumar a la cuenta una propina del 18% se restaron los $20. Pagó $8.90. ¿De cuánto era la cuenta original?

PRÁCTICA INDEPENDIENTE

Ver Ejemplo **1** Resuelve.

12. $6n + 4n - n + 5 = 23$

13. $-83 = 6k + 17 + 4k$

14. $36 - 4c - 3c = 22$

15. $10 + 4w - 3w = 13$

16. $28 = 10a - 5a - 2$

17. $30 = 7y - 35 + 6y$

Ver Ejemplo **2**   **18.** $\dfrac{3}{8} + \dfrac{p}{8} = 3\dfrac{1}{8}$

19. $\dfrac{9h}{10} - \dfrac{3h}{10} = \dfrac{18}{10}$

20. $\dfrac{4g}{14} - \dfrac{3}{7} - \dfrac{g}{14} = \dfrac{3}{14}$

21. $\dfrac{5}{18} = \dfrac{4m}{9} - \dfrac{m}{3} + \dfrac{1}{2}$

22. $\dfrac{5}{11} = -\dfrac{3b}{11} + \dfrac{8b}{22}$

23. $\dfrac{3x}{4} - \dfrac{11x}{24} = -1\dfrac{1}{6}$

Ver Ejemplo **3**   **24.** Pat compró 6 camisas, todas del mismo precio. Usó un cheque de viajero de $25 y luego pagó la diferencia de $86. ¿Qué precio tenía cada camisa?

PRÁCTICA Y RESOLUCIÓN DE PROBLEMAS

Resuelve y comprueba.

25. $\dfrac{5n}{6} - \dfrac{1}{4} = \dfrac{3}{8}$

26. $5n + 12 - 9n = -16$

27. $6b - 1 - 10b = 51$

28. $\dfrac{x}{2} + \dfrac{2}{3} = \dfrac{5}{6}$

29. $-2x - 7 + 3x = 10$

30. $\dfrac{3r}{4} - \dfrac{2}{3} = \dfrac{5}{6}$

31. $5y - 2 - 8y = 31$

32. $7n - 10 - 9n = -13$

33. $\dfrac{h}{6} + \dfrac{h}{8} = 1\dfrac{1}{6}$

34. $2a + 7 + 3a = 32$

35. $\dfrac{b}{6} + \dfrac{3b}{8} = \dfrac{5}{12}$

36. $-10 = 9m - 13 - 7m$

Puedes estimar el peso en libras de un pez que mide L pulgadas a lo largo y G pulgadas alrededor de la parte más gruesa, mediante la fórmula $W \approx \frac{LG^2}{800}$.

37. Gina recibe 1.5 veces su sueldo normal por cada hora que trabaja después de 40 horas de trabajo a la semana. La semana pasada trabajó 48 horas y recibió $634.40. ¿Cuál es su sueldo por hora?

38. *DEPORTES* El peso promedio de los 5 peces ganadores en un torneo de pesca fue de 12.3 lb. La tabla da los pesos de los peces que ocuparon los lugares segundo, tercero, cuarto y quinto. ¿Cuánto pesó el pez más pesado?

Ganadores	
Lo pescó	Peso (lb)
Wayne S.	■
Carla P.	12.8
Deb N.	12.6
Virgil W.	11.8
Brian B.	9.7

39. *CIENCIAS FÍSICAS* Se usa la fórmula $C = \frac{5}{9}(F - 32)$ para convertir una temperatura de grados Fahrenheit a Celsius. El agua hierve a 100° C. Usa la fórmula para hallar a qué temperatura hierve el agua en grados Fahrenheit.

40. En una tienda de alimentos, Kerry compró $\frac{2}{3}$ lb de café a $4.50/lb, $\frac{3}{4}$ lb de café a $5.20/lb, y $\frac{1}{5}$ lb de café que no tenía marcado el precio. Si en total pagó $8.18, ¿cuál era el precio por libra del tercer tipo de café?

41. *¿DÓNDE ESTÁ EL ERROR?* Un estudiante resolvió así una ecuación. ¿Qué error cometió y cuál es la respuesta correcta?

$$\frac{1}{3}x + 3x = 7$$
$$x + 3x = 21$$
$$4x = 21$$
$$x = \frac{21}{4}$$

42. *ESCRÍBELO* Compara los pasos que usarías para resolver las siguientes ecuaciones.

$$4x - 8 = 16 \qquad\qquad 4(x - 2) = 16$$

43. *DESAFÍO* Haz una lista de los pasos que usarías para resolver la siguiente ecuación.

$$\frac{5\left(\frac{1}{2}x - \frac{1}{3}\right) + \frac{7}{6}x}{2} + 2 = 3$$

Repaso en espiral

Evalúa cada expresión con el valor que se da para la variable. (Lección 3-2)

44. $19.4 - x$ con $x = -5.6$

45. $11 - r$ con $r = 13.5$

46. $p + 65.1$ con $p = -42.3$

47. $-\frac{3}{7} - t$ con $t = 1\frac{5}{7}$

48. $3\frac{5}{11} + y$ con $y = -2\frac{4}{11}$

49. $-\frac{1}{19} + g$ con $g = \frac{18}{19}$

50. PREPARACIÓN PARA LA PRUEBA $\overleftrightarrow{AB}$ tiene una pendiente de $\frac{2}{5}$.

¿Cuál es la pendiente de una línea perpendicular a $\overleftrightarrow{AB}$? (Lección 5-5)

A $-\frac{2}{5}$ **B** $\frac{5}{2}$ **C** $-\frac{5}{2}$ **D** $\frac{7}{5}$

Modelos de ecuaciones con variables en ambos lados

Para usar con la Lección 10-3

CLAVE

Fichas de álgebra

$\boxed{+} = x$ $\boxed{-} = -x$

$\boxed{-} = -1$ $\boxed{+} = 1$

RECUERDA

Si sumas o restas cero a una expresión, su valor no cambia.

$\boxed{+}\boxed{-} = 0$ $\boxed{-}\boxed{+} = 0$

Para resolver una ecuación que tiene la misma variable en ambos lados del signo igual, primero debes sumar o restar para eliminar de un lado de la ecuación el término que contiene la variable.

Actividad

1 Representa y resuelve la ecuación $-x + 2 = 2x - 4$.

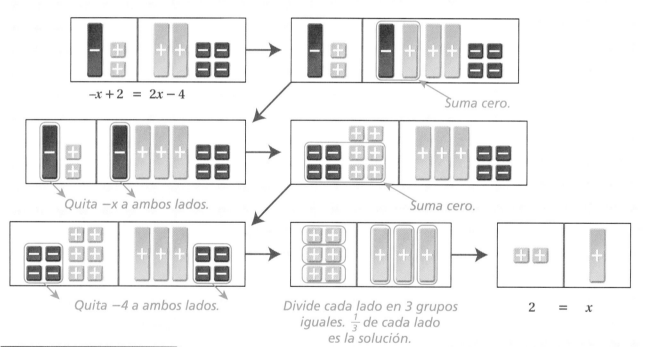

$-x + 2 = 2x - 4$

Suma cero.

Quita $-x$ a ambos lados.

Suma cero.

Quita -4 a ambos lados.

Divide cada lado en 3 grupos iguales. $\frac{1}{3}$ de cada lado es la solución.

$2 = x$

Razonar y comentar

1. ¿Cómo comprobarías la solución de $-x + 2 = 2x - 4$ con fichas de álgebra?

2. ¿Por qué debes despejar los términos que contienen la variable y dejarlos solos en un lado de la ecuación?

Inténtalo

Representa y resuelve cada ecuación.

1. $x + 1 = -x - 1$ **2.** $3x = -3x + 18$ **3.** $4 - 2x = -5x + 7$ **4.** $2x + 2x + 1 = x + 10$

10-3 Cómo resolver ecuaciones con variables en ambos lados

Aprender a resolver ecuaciones con variables en ambos lados del signo igual.

Algunos problemas producen ecuaciones con variables en ambos lados del signo igual. Por ejemplo, Elaine corre la misma distancia todos los días. Los lunes, viernes y sábados da 3 vueltas a la pista y corre otras 5 millas por el sendero. Los martes y jueves da 4 vueltas a la pista y corre 2.5 millas por el sendero.

Expresión para lunes, viernes y sábados

$$3x+5 \qquad 4x+2.5$$

Expresión para martes y jueves

$$3x+5 = 4x+2.5$$

La variable x en estas expresiones es la longitud de una vuelta a la pista. Como la distancia total cada día es la misma, las dos expresiones son iguales.

Resolver una ecuación con variables en ambos lados es igual que resolver una ecuación con una variable en un solo lado. Puedes sumar o restar un término que contenga una variable en ambos lados de una ecuación.

EJEMPLO **Resolver ecuaciones con variables en ambos lados**

Resuelve.

A $2a + 3 = 3a$

$$\begin{array}{rcl} 2a + 3 &=& 3a \\ -2a && -2a \\ \hline 3 &=& a \end{array}$$
Resta 2a a ambos lados.

B $4v - 7 = 5 + 7v$

$$\begin{array}{rcl} 4v - 7 &=& 5 + 7v \\ -4v && -4v \\ \hline -7 &=& 5 + 3v \end{array}$$
Resta 4v a ambos lados.

$$\begin{array}{rcl} -5 && -5 \\ \hline -12 &=& 3v \end{array}$$
Resta 5 a ambos lados.

$$\frac{-12}{3} = \frac{3v}{3}$$
Divide ambos lados entre 3.

$$-4 = v$$

Resuelve.

C) $g + 5 = g - 2$

$$g + 5 = g - 2$$

$$\underline{-g \qquad -g}$$

$$5 \neq -2$$ *Resta g a ambos lados.*

No hay solución. No hay ningún número que sustituya la variable g para hacer verdadera la ecuación.

Para resolver ecuaciones de varios pasos con variables en ambos lados, primero combina términos semejantes y elimina fracciones. Después, suma o resta términos que contengan variables en ambos lados para dejar la variable sola en un lado de la ecuación. Luego, usa las propiedades de la igualdad para despejar la variable.

EJEMPLO 2   **Resolver ecuaciones de varios pasos con variables en ambos lados**

Resuelve.

A) $2c + 4 - 3c = -9 + c + 5$

$$2c + 4 - 3c = -9 + c + 5$$

$$-c + 4 = -4 + c$$ *Combina términos semejantes.*

$$\underline{+c \qquad\qquad +c}$$ *Suma c a ambos lados.*

$$4 = -4 + 2c$$

$$\underline{+4 \quad +4}$$ *Suma para cancelar la resta.*

$$8 = 2c$$

$$\frac{8}{2} = \frac{2c}{2}$$ *Divide para cancelar la multiplicación.*

$$4 = c$$

B) $\dfrac{w}{2} - \dfrac{3w}{4} + \dfrac{1}{3} = w + \dfrac{7}{6}$

$$\frac{w}{2} - \frac{3w}{4} + \frac{1}{3} = w + \frac{7}{6}$$

$$12\left(\frac{w}{2} - \frac{3w}{4} + \frac{1}{3}\right) = 12\left(w + \frac{7}{6}\right)$$ *Multiplica por el mcd, 12.*

$$12\left(\frac{w}{2}\right) - 12\left(\frac{3w}{4}\right) + 12\left(\frac{1}{3}\right) = 12(w) + 12\left(\frac{7}{6}\right)$$

$$6w - 9w + 4 = 12w + 14$$

$$-3w + 4 = 12w + 14$$ *Combina términos semejantes.*

$$\underline{+3w \qquad\quad +3w}$$ *Suma 3w a ambos lados.*

$$4 = 15w + 14$$

$$\underline{-14 \qquad\quad -14}$$ *Resta 14 a ambos lados.*

$$-10 = 15w$$

$$\frac{-10}{15} = \frac{15w}{15}$$ *Divide ambos lados entre 15.*

$$-\frac{2}{3} = w$$

Elaine corre la misma distancia todos los días. Los lunes, viernes y sábados da 3 vueltas a la pista y luego corre otras 5 millas. Los martes y jueves da 4 vueltas y luego corre otras 2.5 millas. Los miércoles sólo da vueltas a la pista. ¿Cuántas vueltas da Elaine los miércoles?

Pista útil

El valor de la variable no es necesariamente la respuesta a la pregunta.

Primero, halla la distancia de una vuelta a la pista.

$3x + 5 =$	$4x + 2.5$	*Sea x la distancia de una vuelta a la pista.*
$-3x \quad = -3x$		*Resta 3x a ambos lados.*
$5 =$	$x + 2.5$	
$-2.5 \qquad -2.5$		*Resta 2.5 a ambos lados.*
$2.5 =$	x	*Una vuelta a la pista es de 2.5 millas.*

Ahora, halla la distancia total que corre Elaine cada día.

$3x + 5$	*Elige una de las expresiones originales.*
$3(2.5) + 5 = 12.5$	*Elaine corre 12.5 millas cada día.*

Halla el número de vueltas que da Elaine los miércoles.

$2.5n = 12.5$	*Sea n el número de vueltas de 2.5 millas.*
$\dfrac{2.5n}{2.5} = \dfrac{12.5}{2.5}$	*Divide ambos lados entre 2.5.*
$n = 5$	

Elaine da 5 vueltas los miércoles.

Razonar y comentar

1. Da un ejemplo de una ecuación que no tenga solución.

10-3 Ejercicios

PARA PRÁCTICA ADICIONAL

ve a la pág. 750

✓ conexión **internet**
Ayuda en línea para tareas
go.hrw.com   Clave: MP4 10-3

PRÁCTICA GUIADA

Ver Ejemplo **1** **Resuelve.**

1. $5x + 2 = x + 6$

2. $6a - 6 = 8 + 4a$

3. $3x + 9 = 10x - 5$

4. $4y - 2 = 6y + 6$

Ver Ejemplo **2** **5.** $4x - 5 + 2x = 13 + 9x - 21$

6. $\dfrac{2n}{5} + \dfrac{n}{10} - 4 = 6 + 3n - 15$

7. $\dfrac{3}{10} + \dfrac{9d}{10} - 2 = 2d + 4 - 3d$

8. $4(x - 5) + 2 = x + 3$

9. June tiene un conjunto de sillas plegables para sus estudiantes de flauta. Si las acomoda en 5 filas para un recital, le sobran 2 sillas. Si las acomoda en 3 filas de la misma longitud, le sobran 14. ¿Cuántas sillas tiene?

PRÁCTICA INDEPENDIENTE

Ver Ejemplo 1   **Resuelve.**

10. $2n + 12 = 5n$ **11.** $9x - 2 = 10 - 3x$

12. $5n + 3 = 14 - 6n$ **13.** $9y - 6 = 7y + 8$

14. $5x + 2 = x + 6$ **15.** $2(4x + 15) = 8x + 3$

Ver Ejemplo 2   **16.** $\frac{2p}{9} + \frac{5p}{18} - \frac{5}{6} = \frac{2}{3} + \frac{p}{12} + \frac{1}{6}$ **17.** $3(x - 4) - 4 = 5x + 6.9 - 3x$

18. $\frac{1}{2}(2n + 6) = 5n - 12 - n$ **19.** $\frac{a}{22} - 4.5 + 2a = \frac{7}{11} + \frac{17a}{11} + \frac{4}{11}$

Ver Ejemplo 3   **20.** John y Laura tienen el mismo número de figuras de acción en sus colecciones. John tiene 6 juegos completos más dos figuras sueltas; Laura tiene 3 juegos completos más 20 figuras sueltas. ¿Cuántas figuras hay en un juego completo?

PRÁCTICA Y RESOLUCIÓN DE PROBLEMAS

Resuelve y comprueba.

21. $8y - 3 = 17 - 2y$ **22.** $2n + 6 = 7n - 9$

23. $2n + 12n = 2(n + 12)$ **24.** $3(4x - 2) = 12x$

25. $100(x - 3) = 450 - 50x$ **26.** $5p - 15 = 15 - 5p$

27. $\frac{1}{2} - \frac{3m}{4} + 7 = 4m - 9 - \frac{m}{28}$ **28.** $7(x - 1) = 3\left(x + \frac{1}{3}\right)$

29. $4(x - 5) + 2 = \frac{1}{3}(x + 9) + \frac{2x}{3}$ **30.** $12\left(4r - \frac{5r}{6}\right) + 20 = 19r - 15 + \frac{45r}{2}$

Ambas figuras tienen el mismo perímetro. Halla cada perímetro.

31.

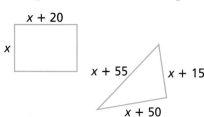

32.

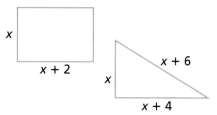

33. Halla dos números cabales consecutivos de modo que un cuarto del primero sea uno más un quinto del segundo. (*Pista:* Sea n el primer número. Luego, $n + 1$ será el siguiente número cabal.)

34. Halla tres números cabales consecutivos de modo que la suma de los dos primeros sea igual al tercero. (*Pista:* Sea n el primer número. Luego, $n + 1$ y $n + 2$ serán los dos siguientes números cabales.)

35. ***CIENCIAS FÍSICAS*** Un átomo de cloro (Cl) tiene 6 protones más que uno de sodio (Na). El número atómico del cloro es 5 menos que dos veces el número atómico del sodio. El número atómico de un elemento es igual al número de protones por átomo.

  a. ¿Cuántos protones tiene un átomo de cloro?

  b. ¿Cuál es el número atómico del sodio?

36. ***CIENCIAS DE LA TIERRA*** La *densidad relativa* (gravedad específica) compara la densidad de un mineral con la densidad del agua. La siguiente ecuación relaciona la densidad relativa de un mineral con su peso en el aire *a* y su peso en el agua *w*.

Mineral	Densidad relativa	Peso en el aire	Peso en el agua
Granito		152.3 g	97.2 g
Oro	19.3	10 g	
Cuarzo	2.65		6.5 g

$$p(a - w) = a$$

  a. Halla la densidad relativa de un trozo de granito.

  b. Halla la densidad en el agua de un trozo de oro que pesa 10 g en el aire.

  c. Halla la densidad en el aire de un trozo de cuarzo que pesa 6.5 g en el agua.

37. ***ELIGE UNA ESTRATEGIA*** Resuelve la ecuación para hallar el valor de *t*. ¿Cómo puedes determinar la solución una vez que has combinado términos semejantes?

$$2(t - 24) = 5t - 3(t + 16)$$

38. ***ESCRÍBELO*** Dos autos viajan en la misma dirección. El primero va a 45 mi/h, y el segundo a 60 mi/h. El primero salió 2 horas antes que el segundo. Explica cómo podrías resolver una ecuación con variables en ambos lados para hallar cuánto tardará el segundo auto en alcanzar al primero.

39. ***DESAFÍO*** Resuelve la ecuación $\frac{x + 1}{7} = \frac{3}{4} + \frac{x - 3}{5}$.

Repaso en espiral

Halla ambos precios unitarios e indica cuál es la mejor compra. (Lección 7-2)

40. $11.99 por 2 yd de cerca
$25 por 10 pies de cerca

41. 20 oz de cereal a $3.49
16 oz de cereal a $2.99

42. 4 boletos a $110
6 boletos a $180

43. $2.39 por una lata de 12 oz de zanahorias
$3.68 por una lata de 20 oz de zanahorias

44. $5.47 por una caja de 100 clavos
$13.12 por una caja de 250 clavos

45. $747 por 3 monitores de computadora
$550 por 2 monitores de computadora

46. PREPARACIÓN PARA LA PRUEBA Un cuadrado tiene un perímetro de 56 cm. Si el cuadrado se dilata con un factor de escala de 0.2, ¿cuál es la longitud de cada lado del cuadrado nuevo? (Lección 7-5)

  A 11.2 cm   **B** 2.8 cm   **C** 5.6 cm   **D** 14 cm

LECCIÓN 10-1 (págs. 498–501)

Resuelve.

1. $5x + 17 = 47$

2. $4y + 1 = -15$

3. $16 - z = 12$

4. $\frac{1}{2}t + 9 = 25$

5. $-32 = \frac{7}{3}w - 11$

6. $\frac{2}{3}q - 9 = -1$

7. $\frac{x + 8}{4} = -10$

8. $5 = \frac{21 - z}{3}$

9. $\frac{a - 4}{3} = 5$

10. Una compañía de alquiler de autos cobra $39.99 al día más $0.20 por milla. Jill alquiló un auto por un día y pagó $47.39 sin impuestos. ¿Cuántas millas recorrió Jill?

LECCIÓN 10-2 (págs. 502–505)

Resuelve.

11. $4c + 2c + 6 = 24$

12. $\frac{2x}{5} - \frac{3}{5} = \frac{11}{5}$

13. $\frac{t}{5} + \frac{t}{3} = \frac{8}{15}$

14. $\frac{4m}{3} - \frac{m}{6} = \frac{7}{2}$

15. $8 - 6g + 15 = 19$

16. $\frac{2}{5}b - \frac{1}{4}b = 3$

17. $\frac{r}{3} + 7 - \frac{r}{5} = -3$

18. $5k + 9.3 = 21.8$

19. $\frac{x}{4} - \frac{x}{5} - \frac{1}{3} = \frac{16}{15}$

20. En sus tres últimos exámenes de matemáticas, Mark obtuvo 85, 95 y 80 puntos. ¿Cuánto debe obtener en su siguiente examen para tener un promedio de 90 en los cuatro exámenes?

LECCIÓN 10-3 (págs. 507–511)

Resuelve.

21. $3x + 13 = x + 1$

22. $q + 7 = 2q + 5$

23. $8n + 24 = 3n + 59$

24. $m + 5 = m - 3$

25. $9w - 2w + 8 = 4w + 38$

26. $-2a - a + 9 = 3a - 9$

27. $\frac{5c}{4} = \frac{2c}{3} + 7$

28. $\frac{3z}{2} - \frac{17}{3} = \frac{2z}{3} - \frac{3}{2}$

29. $\frac{7}{12}y - \frac{1}{4} = 2y - \frac{5}{3}$

30. El rectángulo y el triángulo tienen el mismo perímetro. Halla el perímetro de cada figura.

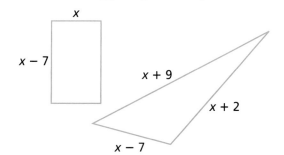

Enfoque en resolución de problemas

Plan

Haz un plan

• Escribe una ecuación

En ocasiones necesitas varios pasos para resolver un problema. A menudo es útil escribir una ecuación para representar los pasos.

Ejemplo:

Juan obtuvo 85, 93 y 87 en sus primeros 3 exámenes. ¿Cuánto necesita obtener en su siguiente examen para tener un promedio de 90 en los cuatro exámenes?

Sea x la calificación de su próximo examen. El promedio de las calificaciones es la suma de las 4 calificaciones dividida entre 4. Esta cantidad debe ser igual a 90.

Promedio de calificaciones $= 90$

$$\frac{85 + 93 + 87 + x}{4} = 90$$

$$\frac{265 + x}{4} = 90$$

$$4\left(\frac{265 + x}{4}\right) = 4(90)$$

$$265 + x = 360$$
$$-265 \qquad -265$$
$$x = 95$$

Juan necesita un 95 en su próximo examen.

Lee cada problema y escribe una ecuación que podría usarse para resolverlo.

1. El promedio de dos números es 27. El primer número es dos veces el segundo. ¿Cuáles son los dos números?

2. Nancy gasta $\frac{1}{3}$ de su salario mensual en renta, $\frac{1}{10}$ en los pagos de su auto, $\frac{1}{12}$ en comida, $\frac{1}{5}$ en otros pagos fijos y le quedan $680 para otros gastos. ¿Cuál es el salario mensual de Nancy?

3. Se venden gorras y camisetas en un concierto. Las camisetas cuestan 1.5 veces lo que cuestan las gorras. Si 5 gorras y 7 camisetas cuestan $248, ¿cuánto cuesta cada cosa?

4. Amanda y Rick tienen el mismo dinero para comprar útiles. Amanda compra 4 cuadernos y le quedan $8.60. Rick compra 7 cuadernos y le quedan $7.55. ¿Cuánto cuesta cada cuaderno?

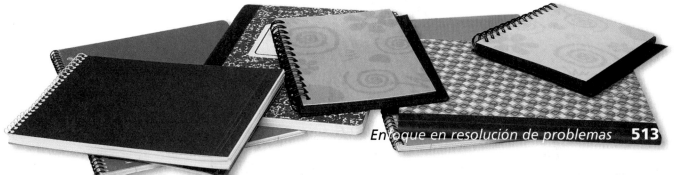

10-4 Cómo resolver desigualdades de varios pasos

Aprender a resolver desigualdades de dos pasos y representar las soluciones de una desigualdad en una recta numérica.

Para recaudar fondos, el consejo estudiantil hace camisetas en las que imprime con serigrafía el logotipo de la escuela. El costo para hacerlas tiene dos partes.

1. costos fijos (equipo de serigrafía)

2. costos unitarios (camisetas, tinta, etc.)

El *ingreso* es el precio al que se vende cada unidad multiplicado por el número de unidades vendidas. El consejo estudiantil obtiene ganancias si el ingreso es mayor que el costo. Para hallar cuántas unidades necesitan vender para que el ingreso sea mayor que el costo, puedes escribir y resolver una desigualdad de varios pasos.

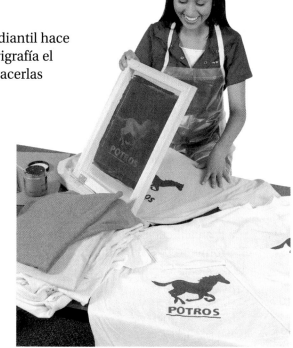

Las desigualdades de varios pasos se resuelven con las mismas operaciones inversas que las ecuaciones de varios pasos. Multiplicar o dividir la desigualdad por un número negativo invierte el símbolo de la desigualdad.

EJEMPLO 1 Resolver desigualdades de dos pasos

Resuelve y representa gráficamente.

A $2x - 3 > 5$

$$2x - 3 > 5$$
$$\underline{+3 \quad +3} \qquad \text{Suma 3 a ambos lados.}$$
$$2x > 8$$

$$\frac{2x}{2} > \frac{8}{2} \qquad \text{Divide ambos lados entre 2.}$$

$$x > 4$$

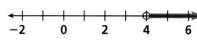

B $-10 < 3x + 2$

$$-10 < 3x + 2$$
$$\underline{-2 \qquad -2} \qquad \text{Resta 2 a ambos lados.}$$
$$-12 < 3x$$

$$\frac{-12}{3} < \frac{3x}{3} \qquad \text{Divide ambos lados entre 3.}$$

$$-4 < x$$

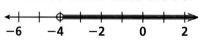

Resuelve y representa gráficamente.

C $-2x + 4 \leq 3$

$-2x + 4 \leq 3$

$\underline{ -4 -4}$ *Resta 4 a ambos lados.*

$-2x \leq -1$

$\dfrac{-2x}{-2} \geq \dfrac{-1}{-2}$ *Divide ambos lados entre −2; cambia ≤ a ≥.*

$x \geq \dfrac{1}{2}$

EJEMPLO 2 Resolver desigualdades de varios pasos

Resuelve y representa gráficamente.

A $3x - 2 - 4x > 5$

$3x - 2 - 4x > 5$

$-1x - 2 > 5$ *Combina términos semejantes.*

$\underline{ +2 +2}$ *Suma 2 a ambos lados.*

$-1x > 7$

$\dfrac{-1x}{-1} < \dfrac{7}{-1}$ *Divide ambos lados entre −1; cambia > a <.*

$x < -7$

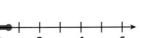

B $\dfrac{2x}{3} + \dfrac{1}{2} \leq \dfrac{5}{6}$

$\dfrac{2x}{3} + \dfrac{1}{2} \leq \dfrac{5}{6}$

$6\left(\dfrac{2x}{3} + \dfrac{1}{2}\right) \leq 6\left(\dfrac{5}{6}\right)$ *Multiplica por el mcd, 6.*

$6\left(\dfrac{2x}{3}\right) + 6\left(\dfrac{1}{2}\right) \leq 6\left(\dfrac{5}{6}\right)$

$4x + 3 \leq 5$

$\underline{ -3 -3}$ *Resta 3 a ambos lados.*

$4x \leq 2$

$\dfrac{4x}{4} \leq \dfrac{2}{4}$ *Divide ambos lados entre 4.*

$x \leq \dfrac{1}{2}$

Resuelve y representa gráficamente.

C $2x + 3 > 5x - 6$

$$2x + 3 > 5x - 6$$

$$\underline{-2x -2x }$$ *Resta 2x a ambos lados.*

$$3 > 3x - 6$$

$$\underline{+6 +6 }$$ *Suma 6 a ambos lados.*

$$9 > 3x$$

$$\frac{9}{3} > \frac{3x}{3}$$ *Divide ambos lados entre 3.*

$$3 > x$$

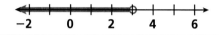

E J E M P L O **3** *Aplicación a los negocios*

El consejo estudiantil vende camisetas con el logo de la escuela. El costo unitario es de \$10.50 por la camiseta y la tinta. El costo fijo es de \$60 por el equipo de serigrafía. Si venden las camisetas a \$12 cada una, ¿cuántas deben vender para tener ganancias?

Sea *I* el ingreso y *C* el costo. Para que el consejo estudiantil tenga ganancias, el ingreso debe ser mayor que el costo.

$$I > C$$

El ingreso al vender *x* camisetas a \$12 cada una es de 12*x*. El costo de producir *x* camisetas es el costo fijo más el costo unitario multiplicado por el número de camisetas producidas, o sea, 60 + 10.50*x*. Sustituye las expresiones para hallar el valor de *I* y *C*.

$$12x > 60 + 10.50x$$ *Sea x el número de camisetas vendidas.*

$$\underline{-10.50x -10.50x}$$ *Resta 10.50x a ambos lados.*

$$1.5x > 60$$

$$\frac{1.5x}{1.5} > \frac{60}{1.5}$$ *Divide ambos lados entre 1.5.*

$$x > 40$$

El consejo estudiantil debe vender más de 40 camisetas para tener ganancias.

Razonar y comentar

1. **Compara** el resolver una ecuación de varios pasos con resolver una desigualdad de varios pasos.

2. **Describe** dos situaciones en las que habría que invertir el símbolo de desigualdad al resolver una desigualdad de varios pasos.

PARA PRÁCTICA ADICIONAL
ve a la pág. 751

⬀ conexión **internet**
Ayuda en línea para tareas
go.hrw.com   Clave: MP4 10-4

PRÁCTICA GUIADA

Ver Ejemplo ① **Resuelve y representa gráficamente.**

1. $2k + 4 > 10$

2. $\frac{1}{2}z - 5.5 \le 4.5$

3. $5y + 10 < -25$

4. $-4x + 6 \ge 14$

5. $4y + 1.5 \ge 13.5$

6. $3k - 2 > 13$

Ver Ejemplo ② **7.** $4x - 3 + x < 12$

8. $\frac{4b}{5} + \frac{7}{10} \ge \frac{1}{2}$

9. $4 + 9h - 7 \le 3h + 3$

10. $14c + 2 - 3c > 8 + 8c$ **11.** $\frac{1}{9} + \frac{d}{3} < \frac{1}{2} - \frac{2d}{3}$

12. $\frac{5}{6} \ge \frac{4m}{9} - \frac{1}{3} + \frac{2m}{9}$

Ver Ejemplo ③ **13.** El club de español de una escuela vende gorras impresas para recaudar fondos para una excursión. El impresor pide un adelanto de $150 más $3 por gorra. Si el club vende las gorras a $12.50 cada una, ¿cuántas tendrán que vender como mínimo para tener ganancias?

PRÁCTICA INDEPENDIENTE

Ver Ejemplo ① **Resuelve y representa gráficamente.**

14. $6k - 8 > 22$

15. $10x + 2 > 42$

16. $5p - 5 \le 45$

17. $14 \ge 13q - 12$

18. $3.6 + 7.2n < 25.2$

19. $-8x - 12 \ge 52$

Ver Ejemplo ② **20.** $7p + 5 < 6p - 12$

21. $11 + 17a \ge 13a - 1$

22. $\frac{11}{13} + \frac{n}{2} > \frac{25}{26}$

23. $\frac{2}{3} \le \frac{1}{2}k - \frac{5}{6}$

24. $\frac{n}{7} + \frac{11}{14} \le -\frac{17}{14}$

25. $3r - 16 + 7r < 14$

Ver Ejemplo ③ **26.** Josef está en el comité de planificación de la fiesta navideña de octavo grado. La comida, decoración y música cuestan en total $350. El comité tiene $75. Si piensan vender las entradas a $5 cada una, ¿cuántas deben vender como mínimo para cubrir el resto de los costos?

PRÁCTICA Y RESOLUCIÓN DE PROBLEMAS

Resuelve y representa gráficamente.

27. $3p - 3 \le 19$

28. $12n + 26 > -10$

29. $4 - 9w < 13$

30. $-8x - 18 \ge 14$

31. $16a + 3 > 11$

32. $-2y + 1 \ge 8$

33. $3q - 5q > -12$

34. $\frac{3m}{4} + \frac{2}{3} > \frac{m}{2} + \frac{7}{8}$

35. $7b - 4.6 < 3b + 6.2$

36. $6k + 4 - 3k \ge 2$

37. $26 - \frac{33}{4} \le -\frac{2}{3}f - \frac{1}{4}$

38. $\frac{7}{9}v + \frac{5}{12} - \frac{3}{18}v \ge \frac{3}{4}v + \frac{1}{3}$

39. *ENTRETENIMIENTO* Se organiza un concierto en un gimnasio con capacidad máxima para 550 personas. En las gradas permanentes pueden sentarse 30 personas. Los organizadores colocan 20 filas de sillas. ¿Cuál es el máximo de sillas que puede haber en cada fila?

40. Katie y April están haciendo un collar de cuentas para el "día pi" (14 de marzo). Usan cuentas de 10 colores que representan los dígitos del 0 al 9, y las ensartan en el orden de los dígitos de π. El collar tiene ahora 70 cuentas. Si faltan 30 días para el día π y quieren tener 1000 cuentas en el collar, ¿cuántas cuentas necesitan ensartar como mínimo cada día?

41. *DEPORTES* Los Cachorros ganaron 44 juegos de béisbol y perdieron 65. Les quedan 53 juegos. ¿Cuántos de estos juegos deben ganar como mínimo para tener una temporada ganadora (una temporada ganadora quiere decir que ganan más del 50% de sus juegos)?

42. *ECONOMÍA* Los clientes de una compañía de TV por satélite pueden comprar una antena y un receptor a $249, ó pagar una tarifa de $50 y rentar el equipo a $12 por mes.

   a. ¿Cuánto costaría rentar el equipo por 9 meses?

   b. ¿En cuántos meses los cargos por renta excederían el precio de compra?

43. *ESCRIBE UN PROBLEMA* Escribe y resuelve una desigualdad usando la tabla que muestra las tarifas que se cobran por enviar pedidos de un catálogo.

Tarifas de envío				
Cantidad de la compra	$0.01–$20	$20.01–$30	$30.01–$45	$45.01–$60
Costo de envío	$4.95	$5.95	$7.95	$8.95

44. *ESCRÍBELO* Describe dos formas de resolver la siguiente desigualdad. En una, debes invertir el símbolo de desigualdad, pero en la otra no necesitas invertirlo.

$$-2x - 3 < x + 4$$

45. *DESAFÍO* Resuelve la desigualdad $\frac{x-1}{5} - \frac{x+2}{6} \geq \frac{7}{15}$.

Repaso en espiral

Halla cada número. (Lección 8-3)

46. ¿19 es 20% de qué número?

47. ¿El 74% de qué número es 481?

48. ¿El 32% de qué número es 58.88?

49. ¿0.7488 es 52% de qué número?

50. **PREPARACIÓN PARA LA PRUEBA** ¿Cuál es la probabilidad de obtener un número impar al lanzar un dado numérico justo? (Lección 9-4)

  A $\frac{1}{2}$ **B** $\frac{2}{3}$ **C** $\frac{1}{6}$ **D** $\frac{1}{3}$

10-5 Cómo hallar una variable

Aprender a resolver una ecuación para una variable.

La fórmula de Euler relaciona el número de vértices V, de aristas E, y de caras F de un poliedro.

$$V - E + F = 2$$

Tetraedro:
4 caras 6 aristas 4 vértices
$$4 - 6 + 4 = 2$$

Supongamos que un poliedro tiene 8 vértices y 12 aristas. ¿Cuántas caras tiene? Una forma de hallar la respuesta es sustituir valores en la fórmula y resolverla. Otra forma es hallar la variable primero y luego sustituir por los valores.

Leonard Euler (1707-1783) hizo importantes aportaciones a casi todas las áreas de las matemáticas, incluyendo álgebra, geometría y cálculo.

Pista útil

E = edges/aristas
F = faces/caras
V = vertices/vértices

Sustituye, luego resuelve:

$$\begin{aligned} V - E + F &= 2 \\ 8 - 12 + F &= 2 \\ -4 + F &= 2 \\ +4 \quad\quad &\quad +4 \\ \hline F &= 6 \end{aligned}$$

Resuelve, luego sustituye:

$$\begin{aligned} V - E + F &= 2 \\ -V + E \quad\quad & \quad -V + E \\ \hline F &= 2 - V + E \\ F &= 2 - 8 + 12 \\ F &= 6 \end{aligned}$$

Si una ecuación contiene más de una variable, a veces puedes despejar una de las variables mediante operaciones inversas. Puedes sumar y restar cualquier cantidad de variables a los dos lados de una ecuación.

EJEMPLO 1 Hallar una variable mediante suma o resta

Halla la variable indicada.

A Halla V en $V - E + F = 2$.

$$\begin{aligned} V - E + F &= 2 \\ + E - F \quad\quad & \quad + E - F \\ \hline V \quad\quad &= 2 + E - F \end{aligned}$$

Suma E y resta F a ambos lados.
Despeja V.

B Halla E en $V - E + F = 2$.

$$\begin{aligned} V - E + F &= \quad 2 \\ -V \quad\quad -F & \quad\quad -V - F \\ \hline -E &= \quad 2 - V - F \\ -1 \cdot (-E) &= -1 \cdot (2 - V - F) \\ E &= \quad -2 + V + F \end{aligned}$$

Resta V y F a ambos lados.

Multiplica ambos lados por −1.
Despeja E.

Para despejar una variable, puedes multiplicar o dividir ambos lados de una ecuación por una variable si ésta nunca puede ser 0. También puedes sacar la raíz cuadrada de ambos lados de una ecuación que no tengan valores negativos.

EJEMPLO 2 Halla el valor de una variable mediante división o raíz cuadrada

Halla la variable indicada. Supongamos que todos los valores son positivos.

A Halla h en $A = \frac{1}{2}bh$.

$$A = \frac{1}{2}bh$$

$$2 \cdot A = 2 \cdot \frac{1}{2}bh$$

$$\frac{2A}{b} = \frac{bh}{b}$$

$$\frac{2A}{b} = h$$

B Halla a en $a^2 + b^2 = c^2$.

$$a^2 + b^2 = c^2$$

$$\underline{ -b^2 \qquad\quad -b^2}$$

$$a^2 = c^2 - b^2$$

$$\sqrt{a^2} = \sqrt{c^2 - b^2}$$

$$a = \sqrt{c^2 - b^2}$$

C Halla h en la fórmula del área total de un cilindro.

$$S = 2\pi r^2 + 2\pi rh \qquad \textit{Escribe la fórmula.}$$

$$\underline{-2\pi r^2 \qquad\quad -2\pi r^2} \qquad \textit{Resta } 2\pi r^2 \textit{ a ambos lados.}$$

$$S - 2\pi r^2 = 2\pi rh$$

$$\frac{S}{2\pi r} - \frac{2\pi r^2}{2\pi r} = \frac{2\pi rh}{2\pi r} \qquad \textit{El radio r no puede ser 0.}$$

$$\frac{S}{2\pi r} - r = h \qquad\qquad \textit{Despeja h.}$$

Al representar gráficamente en un plano cartesiano, es útil hallar el valor de y. La mayoría de las calculadoras de gráficas sólo representarán ecuaciones en las que se halló el valor de y.

EJEMPLO 3 Hallar el valor de y y representar gráficamente

Halla el valor de y y representa gráficamente $2x + 3y = 6$.

$$2x + 3y = 6$$

$$\underline{-2x \qquad\qquad -2x}$$

$$3y = -2x + 6$$

$$\frac{3y}{3} = \frac{-2x + 6}{3}$$

$$y = \frac{-2x}{3} + 2$$

x	y
−3	4
0	2
3	0
6	−2

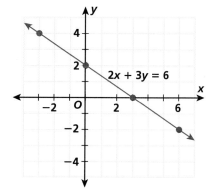

Razonar y comentar

1. Haz una lista de los pasos para hallar h en $P = 2b + 2h$.

2. Describe cómo representar gráficamente la ecuación $\frac{1}{2}x + y = 4$.

PARA PRÁCTICA ADICIONAL

ve a la pág. 751

⚡ conexión **internet**

Ayuda en línea para tareas

go.hrw.com   Clave: MP4 10-5

PRÁCTICA GUIADA

Ver Ejemplo ① Halla la variable indicada. Supongamos que todos los valores son positivos.

1. Halla ℓ_2 en $\ell_1 + \ell_2 + \ell_3 = P$.　　**2.** Halla ℓ_1 en $\ell_1 + \ell_2 + \ell_3 = P$.

3. Halla A en $A - B + 2 = C$.　　**4.** Halla B en $A - B + 2 = C$.

Ver Ejemplo ② **5.** Halla d_1 en $A = \frac{1}{2}d_1 d_2$.　　**6.** Halla b en $a^2 + b^2 = c^2$.

7. Halla n en $A = (n - 2)180$.　　**8.** Halla C en $F = \frac{9}{5}C + 32$.

Ver Ejemplo ③ Halla el valor de y en cada ecuación y representa gráficamente la ecuación.

9. $y + 3x = 15$　　**10.** $2y - 9x = 14$　　**11.** $6x - 3y - 3 = 0$

PRÁCTICA INDEPENDIENTE

Ver Ejemplo ① Halla la variable indicada. Supongamos que todos los valores son positivos.

12. Halla A_1 en $A_1 + A_2 + A_3 = 180$.　　**13.** Halla A_3 en $A_1 + A_2 + A_3 = 180$.

14. Halla a en $p - c = 100 + a$.　　**15.** Halla c en $p - c = 100 + a$.

Ver Ejemplo ② **16.** Halla m en $E = mc^2$.　　**17.** Halla c en $E = mc^2$.

18. Halla t en $p = \frac{w}{t}$　　**19.** Halla b_1 en $A = \frac{1}{2}(b_1 + b_2)h$.

Ver Ejemplo ③ Halla el valor de y en cada ecuación y representa gráficamente la ecuación.

20. $3y + 6x = 24$　　**21.** $-2y - 9x = 10$　　**22.** $5 = 4y - 3x$

PRÁCTICA Y RESOLUCIÓN DE PROBLEMAS

Halla la variable indicada. Supongamos que todos los valores son positivos.

23. Halla x en $\frac{1}{2}x - 2 = y$.　　**24.** Halla y en $7y + 7x = 21x + 35$.

25. Halla k en $\frac{3}{2}k + \ell^2 = 6\ell^2$.　　**26.** Halla m en $4m - 2n^2 = 2m - 72$.

27. Halla y en $y = x - 21y$.　　**28.** Halla g en $9g + 7h = 9g - 7h + g$.

29. Halla z en $z^2 + y = 5y$.　　**30.** Halla r en $\frac{3}{4}r - \frac{1}{2} = 1\frac{1}{4}r + 8s$.

En la Lección 11-3, aprenderás una ecuación importante en álgebra, $y = mx + b$. Resuelve $y = mx + b$ con la variable que se da.

31. Halla m.　　**32.** Halla x.　　**33.** Halla b.

Halla y en cada ecuación. Luego, sustituye con los valores que se dan y representa gráficamente la ecuación.

34. $ax + 5y = c$;
$a = -10$ y $c = 15$

35. $ax + 2y = c$;
$a = 12$ y $c = 16$

36. $-6x + by = c$;
$b = 1$ y $c = 16$

CONEXIÓN con las ciencias físicas

Las compañías de electricidad facturan según la cantidad de energía eléctrica (en kilovatios por hora) consumida. La cantidad de energía eléctrica E que usa un aparato electrodoméstico es su potencia P en kilovatios multiplicada por el tiempo T que se usa en horas, o sea, $E = P \cdot T$. Usa la tabla para los ejercicios del 37 al 39.

37. a. Resuelve la fórmula de la energía eléctrica para hallar el tiempo T.

    b. ¿Cuánto tiempo podrías tener encendida tu secadora de ropa para usar sólo 6 kilovatios por hora de energía?

38. a. Resuelve la fórmula de la energía eléctrica para hallar la potencia P.

    b. Supongamos que tu reloj despertador usó 2.16 kilovatios por hora en 30 días. Si está conectado las 24 horas del día, determina cuántos kilovatios usó por hora.

39. Supongamos que un aparato usa P_1 kilovatios durante T_1 horas y otro usa P_2 kilovatios durante T_2 horas. Si los dos usan la misma cantidad de energía, entonces $P_1 \cdot T_1 = P_2 \cdot T_2$.

    a. Resuelve la ecuación $P_1 T_1 = P_2 \cdot T_2$ para hallar T_1

    b. Usa tu resultado de la parte **a** para determinar cuántas horas de oír radio equivalen a 15 minutos ó $\frac{1}{4}$ de hora, de usar la secadora de pelo.

40. La *ley de Ohm*, $V = I \cdot R$, relaciona la corriente I, el voltaje V y la resistencia R. Resuelve la *ley de Ohm* para hallar I, la corriente de un circuito.

41. ⭐ *DESAFÍO* La corriente en un circuito en serie con dos resistencias R_1 y R_2 se halla con la fórmula $I = \frac{V}{R_1 + R_2}$. Resuelve esta fórmula para hallar R_1.

Potencia de electrodomésticos	
Aparato	**Potencia (kilovatios)**
Secadora de ropa	4
Secadora de pelo	1
Televisor a color	0.2
Radio	0.1
Reloj despertador	

Repaso en espiral

Resuelve y comprueba. (Lección 10-2)

42. $6x - 3 + x = 4$ **43.** $32 = 13 - 4x + 21$ **44.** $5x + 14 - 2x = 23$

45. PREPARACIÓN PARA LA PRUEBA Halla tres enteros consecutivos de modo que la suma de los primeros dos enteros sea 10 más que el tercer entero. (Lección 10-3)

    A 35, 36, 37   **B** 11, 12, 13   **C** 4, 5, 6   **D** −7, −6, −5

Aprender a resolver sistemas de ecuaciones.

Vocabulario

sistema de ecuaciones

solución de un sistema de ecuaciones

Las entradas para un concierto cuestan $40 en el primer piso y $25 en el segundo piso. En total, se vendieron 2000 entradas. La venta total fue de $62,000. ¿Cuántas entradas se vendieron para el primer piso y cuántas para el segundo piso? Puedes resolver este problema con dos ecuaciones.

Un **sistema de ecuaciones** es un conjunto de dos o más ecuaciones que contienen dos o más variables. Una **solución de un sistema de ecuaciones** es un conjunto de valores que son soluciones de todas las ecuaciones. Si el sistema tiene dos variables, las soluciones pueden escribirse como pares ordenados.

EJEMPLO 1 Identificar soluciones de un sistema de ecuaciones

Determina si cada par ordenado es la solución del siguiente sistema de ecuaciones.

$$2x + 3y = 8$$
$$x - 4y = 15$$

A $(-2, 4)$

$$2x + 3y = 8 \qquad\qquad x - 4y = 15$$
$$2(-2) + 3(4) \overset{?}{=} 8 \qquad -2 - 4(4) \overset{?}{=} 15 \qquad \textit{Sustituye x y y.}$$
$$8 = 8 \checkmark \qquad\qquad -18 \neq 15 \ ✗$$

El par ordenado $(-2, 4)$ no es solución del sistema de ecuaciones.

B $(7, -2)$

$$2x + 3y = 8 \qquad\qquad x - 4y = 15$$
$$2(7) + 3(-2) \overset{?}{=} 8 \qquad 7 - 4(-2) \overset{?}{=} 15 \qquad \textit{Sustituye x y y.}$$
$$8 = 8 \checkmark \qquad\qquad 15 = 15 \checkmark$$

El par ordenado $(7, -2)$ es una solución del sistema de ecuaciones.

C $(11, -1)$

$$2x + 3y = 8 \qquad\qquad x - 4y = 15$$
$$2(11) + 3(-1) \overset{?}{=} 8 \qquad 11 - 4(-1) \overset{?}{=} 15 \qquad \textit{Sustituye x y y.}$$
$$19 \neq 8 \ ✗ \qquad\qquad 15 = 15 \checkmark$$

El par ordenado $(11, -1)$ no es solución del sistema de ecuaciones.

Resuelve el sistema de ecuaciones. $\quad y = x + 3$

$$y = 2x + 5$$

Las expresiones $x + 3$ y $2x + 5$ son iguales a y, por tanto, son iguales entre sí.

$$y = y$$
$$y = x + 3 \qquad\qquad y = 2x + 5$$
$$x + 3 = 2x + 5$$

Resuelve la ecuación para hallar x.

$$
\begin{array}{rl}
x + 3 = & 2x + 5 \\
\underline{-x \qquad -x} & \qquad \text{\textit{Resta x a ambos lados.}} \\
3 = & x + 5 \\
\underline{-5 \qquad -5} & \qquad \text{\textit{Resta 5 a ambos lados.}} \\
-2 = & x
\end{array}
$$

Para hallar y, sustituye x por -2 en una de las ecuaciones originales.

$y = x + 3 = -2 + 3 = 1$

La solución es $(-2, 1)$.

Comprueba: Sustituye x por $-2x$ y y por 1 en cada ecuación.

$y = x + 3$	$y = 2x + 5$
$1 \stackrel{?}{=} -2 + 3$	$1 \stackrel{?}{=} 2(-2) + 5$
$1 = 1 ✔$	$1 = 1 ✔$

Pista útil

Al resolver sistemas de ecuaciones, recuerda hallar valores para todas las variables.

Para resolver un sistema general de dos ecuaciones con dos variables, puedes resolver ambas ecuaciones para hallar x ó y.

Resuelve el sistema de ecuaciones.

A $\quad x + y = 5$

$\quad\ \ x - 2y = -4$

$$
\begin{array}{lll}
x + y = 5 & \text{\textit{Resuelve ambas}} & x - 2y = -4 \\
\underline{\quad -y \quad -y} & \text{\textit{ecuaciones para x.}} & \underline{\quad +2y \quad +2y} \\
x \quad = 5 - y & & x \quad = -4 + 2y
\end{array}
$$

$$5 - y = -4 + 2y$$
$$\underline{+y \qquad +y} \qquad \text{\textit{Suma y a ambos lados.}}$$
$$5 = -4 + 3y$$
$$\underline{+4 \qquad +4} \qquad \text{\textit{Suma 4 a ambos lados.}}$$
$$9 = 3y$$
$$3 = y \qquad \text{\textit{Divide ambos lados entre 3.}}$$

$x = 5 - y$

$\ \ = 5 - 3 = 2 \qquad \text{\textit{Sustituye y por 3.}}$

La solución es $(2, 3)$.

Resuelve el sistema de ecuaciones.

B $3x + y = 8$
$4x - 2y = 14$

$$3x + y = 8$$
$$\underline{-3x \qquad\qquad -3x}$$
$$y = 8 - 3x$$

Resuelve ambas ecuaciones para y.

$$4x - 2y = 14$$
$$\underline{-4x \qquad\qquad -4x}$$
$$-2y = 14 - 4x$$
$$\frac{-2y}{-2} = \frac{14}{-2} - \frac{4x}{-2}$$
$$y = -7 + 2x$$

$$8 - 3x = -7 + 2x$$
$$\underline{+3x \qquad\qquad +3x}$$
$$8 \qquad = -7 + 5x$$

Suma 3x a ambos lados.

$$\underline{+7 \qquad\qquad +7}$$
$$15 \qquad = \qquad 5x$$

Suma 7 a ambos lados.

$$3 \qquad = \qquad x$$

Divide ambos lados entre 5.

$$y = 8 - 3x$$
$$= 8 - 3(3) = -1$$

Sustituye x por 3.

La solución es $(3, -1)$.

> ## Pista útil
>
> Puedes elegir cualquier variable para resolver. Con frecuencia es más fácil resolver una variable que tiene un coeficiente de 1.

Razonar y comentar

1. Compara una ecuación con un sistema de ecuaciones.

2. Describe cómo sabrías si $(-1, 0)$ es la solución del siguiente sistema de ecuaciones.

$$x + 2y = -1$$
$$-3x + 4y = 3$$

10-6 Ejercicios

PARA PRÁCTICA ADICIONAL

ve a la pág. 751

⬈ conexión **internet**

Ayuda en línea para tareas
go.hrw.com   Clave: MP4 10-6

PRÁCTICA GUIADA

Ver Ejemplo ① Determina si el par ordenado es la solución de cada sistema de ecuaciones.

1. $(2, 3)$ $\quad y = 2x - 1$
$\qquad\qquad\quad y = x + 1$

2. $(2, 7)$ $\quad y = 5x - 3$
$\qquad\qquad\quad y = 3x + 1$

3. $(2, 4)$ $\quad y = 4x - 4$
$\qquad\qquad\quad y = 2x$

4. $(2, 2)$ $\quad y = 2x + 1$
$\qquad\qquad\quad y = 3x - 2$

Ver Ejemplo ② Resuelve cada sistema de ecuaciones.

5. $y = x + 1$
$y = 2x - 1$

6. $y = -3x + 2$
$y = 4x - 5$

7. $y = 5x - 3$
$y = 2x + 6$

8. $y = 4x - 3$
$y = 2x + 5$

9. $y = -2x + 6$
$y = 3x - 9$

10. $y = 5x + 7$
$y = -3x + 7$

Ver Ejemplo ③ **11.** $x + y = 8$
$x + 3y = 14$

12. $x + y = 20$
$x = y - 4$

13. $2x + y = 12$
$3x - y = 13$

14. $4x - 3y = 33$
$x = -4y - 25$

15. $5x - 2y = 4$
$11x + 4y = -8$

16. $x = -3y$
$7x - 2y = -69$

PRÁCTICA INDEPENDIENTE

Ver Ejemplo ① Determina si el par ordenado es la solución del sistema de ecuaciones.

17. $(0, 1)$ $\quad y = -2x - 1$
$y = 2x + 1$

18. $(5, 11)$ $\quad y = 3x - 4$
$y = 2x + 1$

19. $(-1, 5)$ $\quad y = 4x + 1$
$y = 3x$

20. $(-6, -9)$ $\quad y = x - 3$
$y = 2x + 3$

Ver Ejemplo ② Resuelve cada sistema de ecuaciones.

21. $y = -x - 2$
$y = 3x + 2$

22. $y = 3x - 6$
$y = x + 2$

23. $y = -3x + 5$
$y = x - 3$

24. $y = 2x - 3$
$y = 4x - 3$

25. $y = x + 6$
$y = -2x - 12$

26. $y = 3x - 1$
$y = -2x + 9$

Ver Ejemplo ③ **27.** $x + y = 5$
$x - 2y = -4$

28. $x + 2y = 4$
$2x - y = 3$

29. $y = 5x - 2$
$4x + 3y = 13$

30. $2x + 3y = 1$
$4x - 3y = -7$

31. $5x - 9y = 11$
$3x + 7y = 19$

32. $12x + 18y = 30$
$4x - 13y = 67$

PRÁCTICA Y RESOLUCIÓN DE PROBLEMAS

Resuelve cada sistema de ecuaciones.

33. $y = 3x - 2$
$y = x + 2$

34. $y = 5x - 11$
$y = -2x + 10$

35. $x + y = -1$
$x - y = 5$

36. $y = 2x + 7$
$x + y = 4$

37. $4x - 3y = 0$
$-7x + 9y = 0$

38. $10x + 15y = 74$
$30x - 5y = -68$

39. $3x - y = 5$
$x - 4y = -2$

40. $x = 9y - 100$
$x = -5y + 54$

41. $2x + 6y = 1$
$4x - 3y = 0$

42. $3x - 4y = -5$
$x + 6y = 35$

43. $\frac{1}{3}x + \frac{1}{4}y = 6$
$-\frac{1}{2}x + y = 2$

44. $y = 2x - 2$
$y = -2$

45. $9.7x - 1.5y = 62.7$
$-2.3x - 7.4y = 8.4$

46. $-1.2x + 2.7y = 9.9$
$4.2x + 6.8y = 40.1$

47. $\frac{5}{6}x - 4y = -\frac{5}{2}$
$\frac{10}{3}x + \frac{1}{4}y = \frac{5}{6}$

Escribe y resuelve un sistema de ecuaciones para los ejercicios del 48 al 50.

48. Dos números suman 23 y su diferencia es 9. Halla los dos números.

49. Dos números suman 18. El primero es 2 más que 3 veces el segundo. Halla los dos números.

50. La diferencia de dos números es 6. El primero es 9 más que 2 veces el segundo. Halla los dos números.

51. *ENTRETENIMIENTO* Las entradas para un concierto cuestan $40 en el primer piso y $25 en el segundo piso. Se vendieron 2000 entradas en total. La venta total fue de $62,000. Sea m el número de entradas para el primer piso y u el número de entradas para el segundo piso.

   a. Escribe una ecuación para el número total de entradas vendidas.

   b. Escribe una ecuación para la venta total.

   c. Resuelve el sistema de ecuaciones para hallar cuántas entradas para cada piso se vendieron.

52. *ELIGE UNA ESTRATEGIA* Jan invirtió cierta cantidad de dinero al 7% de interés y $500 más que eso al 9% de interés. En 1 año ganó un interés total de $141. ¿Cuánto invirtió a cada tasa?

   A $350 al 7%, $850 al 9%
      B $800 al 7%, $1300 al 9%

   C $575 al 7%, $1075 al 9%
    D $600 al 7%, $1100 al 9%

53. *ESCRÍBELO* Haz una lista de los pasos que usarías para resolver el siguiente sistema de ecuaciones. Explica qué variable resolverías y por qué.

$$x + 2y = 7$$
$$2x + y = 8$$

54. *DESAFÍO* Resuelve el siguiente sistema de ecuaciones.

$$\frac{x-2}{4} + \frac{y+3}{8} = 1$$
$$\frac{2x-1}{12} + \frac{y+3}{6} = \frac{5}{4}$$

Repaso en espiral

Usa el Principio fundamental de conteo para hallar el número de resultados posibles. (Lección 9-5)

55. ingredientes: mayonesa, cebolla, lechuga, tomate, emparedado: hamburguesa, pescado, pollo

56. tinte: roble, secoya, pino, ámbar, palo de rosa; acabado: brillante, mate, transparente

57. distancias: 50 m, 100 m, 400 m estilo: libre, dorso, mariposa

58. bocadillos: nachos, dulce, salchicha, pizza bebidas: agua, refresco

59. **PREPARACIÓN PARA LA PRUEBA** Si A y B son sucesos independientes y $P(A) = 0.14$ y $P(B) = 0.28$, ¿qué probabilidad hay de que ocurran ambos, A y B? (Lección 9-7)

   A 0.42
      B 0.24
      C 0.0784
      D 0.0392

Resolución de problemas en lugares

Carolina del Norte

El Paseo de la Cordillera Azul

La autopista recreativa Blue Ridge Parkway (Paseo de la Cordillera Azul) de 469 millas une el Parque Nacional Great Smoky Mountains y el Parque Nacional Shenandoah. La construcción de la autopista inició en septiembre de 1935 y terminó en septiembre de 1987 al construirse el tramo que faltaba de 7.5 millas. Ese tramo incluyó la difícil construcción del viaducto Linn Cove.

Las señales que indican las millas que se hallan a lo largo de la autopista empiezan en la milla 0, justo al sur del Parque Nacional Shenandoah.

Para los ejercicios del 1 al 3, usa la fórmula $d = rt$ (distancia = velocidad × tiempo) y la tabla.

1. Un turista condujo de la montaña Cumberland al viaducto Linn Cove en 2.5 horas. Resuelve la fórmula de la distancia para hallar r y luego halla la velocidad media del turista, a la milla por hora más cercana.

2. La familia Perez viajó de la frontera entre Virginia y Carolina del Norte a la Cabaña Brinegar a una velocidad media de 27 mi/h. En la misma cantidad de tiempo, la familia Lewis viajó del estanque Hare Mill al mirador Alligator Back. ¿A qué velocidad en millas por hora viajó la familia Lewis?

3. Resuelve la fórmula de la distancia $d = rt$ para t y luego halla el tiempo que toma viajar a una velocidad media de 35 mi/h de la cabaña Brinegar al sendero silvestre Daniel Boone.

Puntos de interés en el Paseo de la Cordillera Azul	
Milla	**Punto de interés**
216.9	Frontera Virginia-Carolina del Norte
217.5	Montaña Cumberland
225.2	Estanque Hare Mill
238.5	Cabaña Brinegar
242.4	Mirador Alligator Back
261.2	Cañada Horse
285.1	Sendero Silvestre Daniel Boone
304.4	Viaducto Linn Cove

Finca Biltmore

En la finca Biltmore en Asheville, Carolina del Norte, está la casa más grande de Estados Unidos. George Vanderbilt encargó su construcción y la diseñó Richard Hunt. El diseñador de sus jardines fue Frederick Olmstead, que también diseñó el Parque Central de Nueva York. Se han filmado muchas películas en esta finca, como *Patch Adams* y *Richie Rich*. La finca recibe más de 800,000 visitantes al año.

1. La Casa Blanca en Washington, D.C. tiene 132 habitaciones. Esto es 18 menos de $\frac{3}{5}$ de las que tiene la Casa Biltmore. ¿Cuántas habitaciones tiene la Casa Biltmore?

2. El número de baños y el de recámaras de la Casa Biltmore suman 77. Los baños sobrepasan por 9 a las recámaras. ¿Cuántas recámaras hay? ¿Cuántos baños hay?

3. El piso del salón de banquetes rectangular tiene una anchura que es $\frac{7}{12}$ de su longitud, y un perímetro de 228 pies. ¿Cuáles son las dimensiones del piso del salón de banquetes?

4. La piscina tiene forma de prisma rectangular, con una longitud de 53 pies y una anchura de 27 pies. Si el volumen en pies³ es igual a 595 menos que 1501 veces la altura en pies de la piscina, ¿cuál es el volumen de agua que cabe en la piscina?

MATE-JUEGOS

A trasplantar

Resuelve cada ecuación. Luego, usa los valores de las variables para descifrar la respuesta a la pregunta.

$3a + 17 = -25$

$2b - 25 + 5b = 7 - 32$

$2.7c - 4.5 = 3.6c - 9$

$\frac{5}{12}d + \frac{1}{6}d + \frac{1}{3}d + \frac{1}{12}d = 6$

$4e - 6e - 5 = 15$

$420 = 29f - 73$

$2(g + 6) = -20$

$2h + 7 = -3h + 52$

$96i + 245 = 53$

$3j + 7 = 46$

$\frac{1}{2}k = \frac{3}{4}k - \frac{1}{2}$

$30l + 240 = 50l - 160$

$4m + \frac{3}{8} = \frac{67}{8}$

$24 - 6n = 54$

$8.4o - 6.8 = 14.2 + 6.3o$

$4p - p + 8 = 2p + 5$

$16 - 3q = 3q + 40$

$4 + \frac{1}{3}r = r - 8$

$\frac{2}{3}s - \frac{5}{6}s + \frac{1}{2} = -\frac{3}{2}$

$4 - 15 = 4t + 17$

$45 + 36u = 66 + 23u + 31$

$6v + 8 = -4 - 6v$

$4w + 3w - 6w = w + 15 + 2w - 3w$

$x + 2x + 3x + 4x + 5 = 75$

$\frac{4 - y}{5} = \frac{2 - 2y}{8}$

$-11 = 25 - 4.5z$

¿Qué distingue a las plantas que viven en un salón de matemáticas?

$-7, -2, -10, -5, -10, -5$ $18, -14, -2, 5, -10, 12$ $5, 4, -14, 6, 18, -14, 6, -14, 12$

24 puntos

Este juego tradicional chino se juega con 52 cartas numeradas del 1 al 13, cuatro de cada número. Se barajan y se colocan cuatro boca arriba en el centro. Gana el primer jugador que logre una expresión igual a 24, usando una vez cada uno de los números de las cartas. Los jugadores pueden usar símbolos de agrupación y las operaciones de suma, resta, multiplicación y división.

⚡ conexión internet

Visita **go.hrw.com** para el conjunto completo de reglas y cartas. **CLAVE:** MP4 Game10

Tecnología

Resolver ecuaciones de dos pasos con gráficas

Para usar con la Lección 10-3

Una calculadora de gráficas es otra herramienta que se usa para resolver ecuaciones.

⊿ conexión **internet**

Recursos en línea para el laboratorio: *go.hrw.com*
CLAVE: MP4 TechLab10

Actividad

Para resolver la ecuación $2x - 3 = 4x + 1$, usa el menú Y= .

Escribe el lado izquierdo de la ecuación en **Y1** y el derecho en **Y2**.

❶ Oprime Y= 2 X,T,θ,*n* — 3 ENTER 4 X,T,θ,*n* + 1.

❷ Para seleccionar la ventana normal y representar gráficamente las dos ecuaciones, oprime ZOOM **6:ZStandard.**

En la figura, las dos gráficas *parecen* cruzarse en el punto $(-2, -7)$. Las coordenadas -2 y -7 son *aproximaciones*.

La solución de la ecuación original es la coordenada x del punto de intersección de las líneas. La solución aproximada es $x = -2$.

Si la ecuación se resuelve algebraicamente al sumar $-4x$ y 3 a ambos lados, el resultado es $2x - 3 + (-4x) + 3 = 4x + 1 + (-4x) + 3$. Esto se simplifica a $-2x = 4$, o sea, $x = -2$, lo que confirma la solución gráfica estimada.

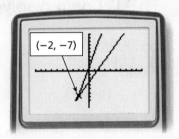

Otra forma de estimar la solución es usar la tecla TRACE .

❸ Oprime TRACE y la tecla de flecha a la izquierda 9 veces para obtener la pantalla que se muestra. Al oprimir las teclas de flecha, observa cómo cambian las coordenadas. No puedes acercarte más a $x = -2$ con esta ventana. El valor para x de $-1.914...$ es sólo una estimación de la solución exacta, -2.

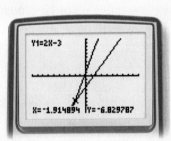

Razonar y comentar

1. Explica por qué la tecla TRACE sólo puede mostrar estimaciones.

2. Representa ambos lados de la ecuación $x + 4 = -2x + 7$ en la ventana normal. ¿Qué debes hacer para resolver la ecuación gráficamente?

Inténtalo

Usa una calculadora de gráficas para hallar una solución aproximada de cada ecuación. Especifica qué ventana usaste. Para confirmar tu estimación resuelve algebraicamente.

1. $2x + 1 = x - 4$ 2. $\frac{1}{2}x - 3 = 2x + 4$ 3. $3x - 5 = 2x + 6$ 4. $3x + 5 = 4 - 2x$

Guía de estudio y repaso

Vocabulario

sistema de ecuaciones 523   solución de un sistema de ecuaciones . . 523

Completa los siguientes enunciados con las palabras del vocabulario de la lista de arriba.

1. Dos o más ecuaciones que contienen dos o más variables forman un(a) ___?___.

2. Un conjunto de valores que son la solución de todas las ecuaciones de un sistema son el/la ___?___.

10-1 Cómo resolver ecuaciones de dos pasos (págs. 498–501)

EJEMPLO

Resuelve.

■ $7x + 12 = 33$

Razona: Primero la variable se multiplica por 7 y luego se suman 12. Para despejar la variable resta 12 y luego divide entre 7.

$$
\begin{array}{rl}
7x + 12 = & 33 \\
\underline{-12} & \underline{-12} \\
7x = & 21
\end{array}
$$
  Resta para cancelar la suma.

$$\frac{7x}{7} = \frac{21}{7}$$ *Divide para cancelar la multiplicación.*

$$x = 3$$

■ $\frac{z}{3} - 8 = 5$

Razona: Primero la variable se divide entre 3 y luego se restan 8. Para despejar la variable suma 8 y luego multiplica por 3.

$$
\begin{array}{rl}
\frac{z}{3} - 8 = & 5 \\
\underline{+8} & \underline{+8} \\
\frac{z}{3} = & 13
\end{array}
$$
  Suma para cancelar la resta.

$$3 \cdot \frac{z}{3} = 3 \cdot 13$$ *Multiplica para cancelar la división.*

$$z = 39$$

EJERCICIOS

Resuelve.

3. $3m + 5 = 35$

4. $55 = 7 - 6y$

5. $2c + 1 = -31$

6. $5r + 15 = 0$

7. $\frac{t}{2} + 7 = 15$

8. $\frac{w}{4} - 5 = 11$

9. $-25 = \frac{7r}{3} - 11$

10. $\frac{2h}{5} - 9 = -19$

11. $\frac{x + 2}{3} = 18$

12. $\frac{d - 3}{4} = -9$

13. $21 = \frac{a - 4}{3}$

14. $14 = \frac{c + 8}{7}$

10-2 Cómo resolver ecuaciones de varios pasos (págs. 502–505)

EJEMPLO

■ Resuelve.

$$\frac{5x}{9} - \frac{x}{6} + \frac{1}{3} = \frac{3}{2}$$

$$18\left(\frac{5x}{9} - \frac{x}{6} + \frac{1}{3}\right) = 18\left(\frac{3}{2}\right)$$

$$18\left(\frac{5x}{9}\right) - 18\left(\frac{x}{6}\right) + 18\left(\frac{1}{3}\right) = 18\left(\frac{3}{2}\right)$$

$$10x - 3x + 6 = 27$$

$$7x + 6 = 27 \qquad \textit{Combina términos semejantes.}$$

$$\underline{ -6 \quad -6} \qquad \textit{Resta para cancelar la suma.}$$

$$7x = 21$$

$$\frac{7x}{7} = \frac{21}{7} \qquad \textit{Divide para canelar la multiplicación.}$$

$$x = 3$$

EJERCICIOS

Resuelve.

15. $5y + 3 + 2y - 9 = 8$

16. $3h - 4 - h + 8 = 10$

17. $\frac{4t}{5} + \frac{3}{5} = -\frac{1}{5}$

18. $\frac{2r}{9} - \frac{4}{9} = \frac{2}{9}$

19. $\frac{3z}{4} - \frac{2z}{3} + \frac{1}{2} = \frac{5}{6}$

20. $\frac{3a}{8} - \frac{a}{12} + \frac{7}{2} = 7$

10-3 Cómo resolver ecuaciones con variables en ambos lados (págs. 507–511)

EJEMPLO

■ Resuelve.

$$3x + 5 - 5x = -12 + x + 2$$

$$-2x + 5 = -10 + x \qquad \textit{Combina términos semejantes.}$$

$$\underline{+2x \qquad\qquad +2x}$$

$$5 = -10 + 3x$$

$$\underline{+10 \qquad +10}$$

$$15 = 3x$$

$$\frac{15}{3} = \frac{3x}{3}$$

$$5 = x$$

EJERCICIOS

Resuelve.

21. $22s = 16 + 3(5s + 4)$

22. $\frac{5c}{8} - \frac{c}{3} = \frac{5c}{6} - 13$

23. $2 + x = 5 - 3x$

24. $6 - 4y = 6y$

10-4 Cómo resolver desigualdades de varios pasos (págs. 514–518)

EJEMPLO

■ Resuelve y representa gráficamente.

$$5x - 3 - 8x < 9$$

$$-3x - 3 < 9 \qquad \textit{Combina términos semejantes.}$$

$$\underline{+3 \quad +3}$$

$$-3x < 12$$

$$\frac{-3x}{-3} > \frac{12}{-3} \qquad \textit{Cambia} < \textit{a} >.$$

$$x > -4$$

EJERCICIOS

Resuelve y representa gráficamente.

25. $5z + 3z - 4 > 4$

26. $2h + 7 \le 3h + 1$

27. $\frac{a}{2} + \frac{a}{3} + \frac{a}{4} < 26$

28. $1 + \frac{2x}{3} \ge \frac{x}{2}$

10-5 Cómo hallar una variable (págs. 519–522)

EJEMPLO

Halla la variable indicada.

■ Halla b en $A = 3b - 4c$.

$$A = 3b - 4c$$

$$\underline{\quad + 4c \qquad + 4c}$$ 　*Suma 4c a*
$$A + 4c = 3b$$ 　*ambos lados.*

$$\frac{A + 4c}{3} = \frac{3b}{3}$$ 　*Divide entre 3.*

$$\frac{A}{3} + \frac{4c}{3} = b$$

■ Halla y en $m = \dfrac{100y}{x}$.

$$m = \frac{100y}{x}$$

$$x \cdot m = x \cdot \left(\frac{100y}{x}\right)$$ 　*Multiplica por x.*

$$xm = 100y$$

$$\frac{xm}{100} = \frac{100y}{100}$$ 　*Divide entre 100.*

$$\frac{xm}{100} = y$$

EJERCICIOS

Halla la variable indicada.

29. Halla ℓ en $P = 2w + 2\ell$.

30. Halla r en $A = C + Crt$.

31. Halla C en $F = \dfrac{9}{5}C + 32$.

32. Halla y en $2x + 3y = 9$.

33. Halla y en $x + 3y = 7$.

34. Halla x en $4x - 12y = 8$.

10-6 Sistemas de ecuaciones (págs. 523–527)

EJEMPLO

■ Resuelve el sistema de ecuaciones.

$$4x + y = 3$$
$$x + y = 12$$

Resuelve ambas ecuaciones para hallar y.

$$4x + y = 3 \qquad\qquad x + y = 12$$
$$\underline{-4x \qquad -4x} \qquad \underline{-x \qquad -x}$$
$$y = -4x + 3 \qquad\qquad y = -x + 12$$

$$-4x + 3 = -x + 12$$
$$\underline{+4x \qquad +4x}$$ 　*Suma 4x.*
$$3 = 3x + 12$$

$$\underline{-12 \qquad\quad -12}$$ 　*Resta 12.*
$$-9 = 3x$$

$$\frac{-9}{3} = \frac{3x}{3}$$ 　*Divide entre 3.*

$$-3 = x$$

$$y = -4x + 3$$
$$\quad = -4(-3) + 3$$ 　*Sustituye x por −3.*
$$\quad = 12 + 3$$
$$\quad = 15$$

La solución es $(-3, 15)$.

EJERCICIOS

Resuelve cada sistema de ecuaciones.

35. $y = x + 7$
$\quad y = 2x + 5$

36. $x - y = -2$
$\quad x + y = 18$

37. $4x + 3y = 27$
$\quad 2x - y = 1$

38. $4x + y = 10$
$\quad x - 2y = 7$

39. $3x - 4y = 26$
$\quad x + 2y = 2$

40. $4x - 3y = 4$
$\quad 2x - y = 1$

Resuelve cada ecuación.

1. $3t - 1 = 92$

2. $\frac{2}{5}y - 9 = 1$

3. $\frac{z - 3}{5} = -4$

4. $\frac{7x}{9} - \frac{2}{9} = \frac{19}{9}$

5. $\frac{2v}{5} + \frac{v}{4} = \frac{9}{5} + \frac{3}{20}$

6. $\frac{r}{3} - \frac{2r}{5} - \frac{1}{4} = \frac{5}{12}$

7. $16z - 3z + 9 = 2z + 86$

8. $\frac{1}{4}w = 2w + \frac{35}{2}$

9. $15n = 29 + 2(3n - 1)$

10. $3(s + 1) - (s - 2) = 22s$

11. $\frac{3}{5}(15k + 10) = 12k - 9$

12. $\frac{3m}{4} - \frac{1}{9} = \frac{5m}{12} + \frac{14}{9}$

13. Un servicio de mensajería cobra $2.50 por la primera libra y $0.75 por cada libra adicional. Si Carl pagó $7.75 por su paquete, ¿cuántas libras pesó el paquete?

14. Una compañía de teléfonos inalámbricos ofrece dos planes. En uno, hay una cuota mensual de $40 más $0.25 por minuto. En el otro, hay una cuota mensual de $25 más $0.40 por minuto. ¿Con qué número de minutos son iguales los costos?

15. El rectángulo y el triángulo que se muestran tienen el mismo perímetro. Halla el perímetro de cada figura.

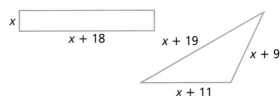

Resuelve y representa gráficamente cada desigualdad.

16. $6m + 4 > 2$

17. $z + 3z + 4 \geq -8$

18. $3x - 5x - 4 > 2$

19. $8 - 3p > 14$

Halla la variable indicada.

20. Halla el valor de w. $P = 2(\ell + w)$

21. Halla el valor de r.　　$s = c + rc$

22. Halla el valor de b.　　$A = \pi ab$

23. Halla el valor de d.　　$x^2 + d^2 = 1$

Resuelve cada ecuación para hallar y.

24. $x + 2y = 12$

25. $10 - x + y = 0$

26. $3y - x = -6$

27. $4x + 3y = 6$

Resuelve cada sistema de ecuaciones.

28. $x - 2y = 16$
$\quad 4x + y = 1$

29. $x + 2y = 6$
$\quad 4x + 3y = 4$

30. $3x - 2y = -3$
$\quad 3x + y = 3$

31. $x + 5y = 11$
$\quad 4x - y = 2$

Muestra lo que sabes

Haz un portafolio para tus trabajos en este capítulo. Completa esta página e inclúyela junto con los cuatro mejores trabajos del Capítulo 10. Elige entre las tareas o prácticas de laboratorio, examen parcial del capítulo o cualquier entrada de tu diario para incluirlas en el portafolio empleando el diseño que más te guste. Usa tu portafolio para presentar lo que consideras tu mejor trabajo.

 Respuesta corta

1. Resuelve la desigualdad $7x - 4 < 9x + 14$. Muestra tu trabajo o explica con palabras cómo determinaste tu respuesta.

2. Resuelve el sistema de ecuaciones. Muestra tu trabajo.
$$x - y = -3$$
$$2x - 4y = 22$$

3. Alfred y Eugene gastaron $62 cada uno en gasolina y cuotas por acampar. El costo por noche fue igual en todos los campamentos en que se quedaron. Alfred pagó 4 noches y $30 de gasolina. Eugene pagó 2 noches y $46 de gasolina. Escribe una ecuación que puede usarse para determinar el costo por noche de los campamentos. ¿Cuál era el costo por noche en un campamento?

 Extensión de resolución de problemas

4. Diseñas una casa para un terreno rectangular con un frente de 90 pies junto al lago y 162 pies de profundidad. Los códigos de construcción no permiten construir a menos de 10 pies de los límites del terreno.

   a. Escribe y resuelve una desigualdad para hallar cuánto puede medir la casa cuyo frente da al lago.

   b. Si quieres que la casa no cubra más del 20% del terreno, ¿cuántos pies cuadrados puede ocupar como máximo la casa?

   c. Si quieres gastar un máximo de $100,000 en la construcción, ¿cuánto podrías gastar como máximo por pie cuadrado para construir una casa de 1988 pies cuadrados, al dólar más cercano?

90 pies

162 pies

conexión internet

Práctica en línea para la
prueba estatal: *go.hrw.com*
Clave: MP4 TestPrep

**Preparación para la
prueba estandarizada**

Capítulo
10

Evaluación acumulativa: Capítulos 1–10

1. ¿Cuál de éstas es solución de la ecuación $5x = 4(x + 2)$?

Ⓐ $x = 2$ Ⓒ $x = 8$

Ⓑ $x = -2$ Ⓓ $x = -8$

2. Si $x + y = 3 + k$ y $2x + 2y = 10$, ¿cuál es el valor de k?

Ⓕ 7 Ⓗ 3

Ⓖ 6 Ⓙ 2

3. Si $3 = b^x$, ¿cuál es el valor de $3b$?

Ⓐ b^{x+1} Ⓒ b^{2x}

Ⓑ b^{x+2} Ⓓ b^{3x}

4. Tim lanza dos veces un dado numérico con los números del 1 al 6. ¿Qué probabilidad hay de que la suma de los lanzamientos sea de 10?

Ⓕ $\frac{1}{36}$ Ⓗ $\frac{1}{10}$

Ⓖ $\frac{1}{12}$ Ⓙ $\frac{1}{9}$

5. La fórmula $M = \frac{C(rt + 1)}{12t}$ da el pago mensual M de un préstamo con capital C, tasa de interés anual r, y plazo t en años. ¿Cuánto se paga al mes por un préstamo de \$3000 a dos años con una tasa anual del 8%?

Ⓐ \$605 Ⓒ \$145

Ⓑ \$480 Ⓓ \$125

6. Mia gana un salario mensual base de \$640 más una comisión del 12% de sus ventas. El mes pasado, Mia ganó \$2380. ¿Cuánto vendió ese mes?

Ⓕ \$145 Ⓗ \$1740

Ⓖ \$285.60 Ⓙ \$14,500

7. En 10 años, Cal tendrá x años de edad. ¿Qué edad tenía hace 5 años?

Ⓐ $x - 5$ Ⓒ $x - 15$

Ⓑ $x - 10$ Ⓓ $x + 10$

¡CONSEJO!

PARA LA PRUEBA

Una forma de hallar la respuesta es sustituir las opciones en el problema. Asegúrate de examinar todas las opciones antes de decidir.

8. Si n es el entero positivo más bajo para el que $3n$ es tanto un entero par como el cuadrado de un entero, ¿cuánto vale n?

Ⓕ 3 Ⓗ 6

Ⓖ 4 Ⓙ 12

9. **RESPUESTA CORTA** ¿Cuáles son los dos enteros positivos consecutivos entre los que está $\sqrt{213}$? Explica con palabras cómo determinaste tu respuesta.

10. **RESPUESTA CORTA** La gráfica muestra el presupuesto semanal de Richie.

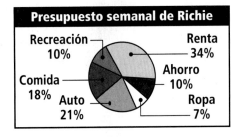

Presupuesto semanal de Richie

Recreación 10% · Renta 34% · Comida 18% · Ahorro 10% · Auto 21% · Ropa 7%

Escribe una ecuación para hallar por cuánto sobrepasa el dinero que Richie destina m a comida al que destina a recreación, con un presupuesto de d dólares. Si Richie destina \$6.40 más a comida que a recreación, ¿cuál es su presupuesto mensual total?

Representación gráfica de líneas

conexión **internet**

Presentación del capítulo en línea: *go.hrw.com*
CLAVE: MP4 Ch11

Población de grullas americanas				
Año	1940	1960	1980	2000
Grullas	15	36	79	202

Profesión *Ecóloga*

¿Qué sucedió con el periquito de Carolina y la paloma silvestre, dos especies de aves que habitaban en Estados Unidos? Ahora parece que están tan extintas como el tiranosaurio rex. El interés primario de los ecólogos consiste en prevenir la extinción de otras especies.

Han tenido éxito con la grulla blanca, el ave silvestre más grande de América del Norte. La tabla muestra cómo se ha recuperado la población de grullas blancas después de estar casi al borde de la extinción.

¿ESTÁS PREPARADO?

Elige de la lista el término que mejor complete cada enunciado.

1. La expresión $4 - 3$ es un ejemplo de un(a) __?__.

2. Cuando divides entre 2 ambos lados de la ecuación $2x = 20$, estás __?__.

3. Un ejemplo de un(a) __?__ es $3x > 12$.

4. La expresión $7 - 6$ se puede escribir como la expresión de __?__ $7 + (-6)$.

suma

desigualdad en una variable

hallando el valor de la variable

resta

Resuelve los ejercicios para practicar las destrezas que usarás en este capítulo.

✔ Operaciones con enteros

Simplifica.

5. $\dfrac{7 - 5}{-2}$

6. $\dfrac{-3 - 5}{-2 - 3}$

7. $\dfrac{-8 + 2}{-2 + 8}$

8. $\dfrac{-16}{-2}$

9. $\dfrac{-22}{2}$

10. $-12 + 9$

✔ Ecuaciones

Resuelve.

11. $3p - 4 = 8$

12. $2(a + 3) = 4$

13. $9 = -2k + 27$

14. $3s - 4 = 1 - 3s$

15. $7x + 1 = x$

16. $4m - 5(m + 2) = 1$

Determina si cada par ordenado es una solución a $-\frac{1}{2}x + 3 = y$.

17. $(4, 1)$

18. $\left(-\dfrac{8}{2}, 2\right)$

19. $(0, 5)$

20. $(-4, 5)$

21. $(8, 1)$

22. $(2, 2)$

23. $(-2, 4)$

24. $(0, 1)$

✔ Hallar el valor de una variable

Resuelve cada ecuación para la variable indicada.

25. Halla el valor de x: $5y - x = 4$.

26. Halla el valor de y: $3y + 9 = 2x$.

27. Halla el valor de y: $2y + 3x = 6$.

28. Halla el valor de x: $ax + by = c$.

✔ Resolver desigualdades en una variable

Resuelve y representa gráficamente cada desigualdad.

29. $x + 4 > 2$

30. $-3x < 9$

31. $x - 1 \leq -5$

Cómo representar gráficamente las ecuaciones lineales

Aprender a identificar y representar gráficamente ecuaciones lineales.

Vocabulario

ecuación lineal

En la mayoría de las ligas de boliche, se suma una ventaja al puntaje de los jugadores para hacer el juego más competitivo. En algunas ligas, la *ecuación lineal* $v = 160 - 0.8f$ expresa la ventaja v de un jugador que tiene un puntaje promedio de f.

Una **ecuación lineal** es una ecuación cuyas soluciones están en una línea en el plano cartesiano. Todas las soluciones de una ecuación lineal particular están en la línea, y todos los puntos de la línea son soluciones de la ecuación. Para hallar una solución que está entre dos puntos (x_1, y_1) y (x_2, y_2), elige un valor de x entre x_1 y x_2 y halla el valor de y correspondiente.

Leer matemáticas

x_1 quiere decir "x subíndice uno" o "x uno."

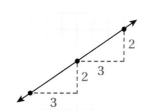

NOMBRE	VENTAJA	1	2	3	4	5	6	7	8	9	10	TOTAL
1 Sandi	44	17	36	45	65	84	98	106	122	130	139	183
2 Dominic	60	9	18	37	46	64	73	82	100	108	117	177
3 Leo	32	20	39	52	72	92	105	125	145	164	173	205
4 Sheila	48	17	26	43	50	66	75	95	113	121	141	189
5 Tawana	20	29	49	67	76	84	104	124	154	181	199	219
6												
7												
8												

Si una ecuación es lineal, a un cambio constante en el valor de x corresponde otro en el valor de y. La gráfica muestra un ejemplo en el que, cada vez que x aumenta en 3, y aumenta en 2.

E J E M P L O **1** Representar gráficamente ecuaciones

Representa gráficamente cada ecuación e indica si es lineal.

A $y = 2x - 3$

x	$2x - 3$	y	(x, y)
-2	$2(-2) - 3$	-7	$(-2, -7)$
-1	$2(-1) - 3$	-5	$(-1, -5)$
0	$2(0) - 3$	-3	$(0, -3)$
1	$2(1) - 3$	-1	$(1, -1)$
2	$2(2) - 3$	1	$(2, 1)$
3	$2(3) - 3$	3	$(3, 3)$

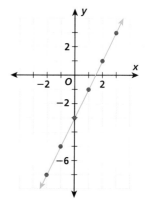

La ecuación $y = 2x - 3$ es lineal porque su gráfica es una línea recta y cada vez que x aumenta en 1 unidad, y aumenta en 2 unidades.

Representa gráficamente cada ecuación e indica si es lineal.

B $y = x^2$

x	x^2	y	(x, y)
−2	$(−2)^2$	4	(−2, 4)
−1	$(−1)^2$	1	(−1, 1)
0	$(0)^2$	0	(0, 0)
1	$(1)^2$	1	(1, 1)
2	$(2)^2$	4	(2, 4)

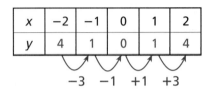

La ecuación $y = x^2$ no es lineal porque su gráfica no es una línea recta. Observa también que, si x tiene un cambio constante de 1, el cambio en y no es constante.

x	−2	−1	0	1	2
y	4	1	0	1	4

−3 −1 +1 +3

C $y = \dfrac{2x}{3}$

x	$\dfrac{2x}{3}$	y	(x, y)
−2	$\dfrac{2(−2)}{3}$	$−\dfrac{4}{3}$	$(−2, −\dfrac{4}{3})$
−1	$\dfrac{2(−1)}{3}$	$−\dfrac{2}{3}$	$(−1, −\dfrac{2}{3})$
0	$\dfrac{2(0)}{3}$	0	(0, 0)
1	$\dfrac{2(1)}{3}$	$\dfrac{2}{3}$	$(1, \dfrac{2}{3})$
2	$\dfrac{2(2)}{3}$	$\dfrac{4}{3}$	$(2, \dfrac{4}{3})$

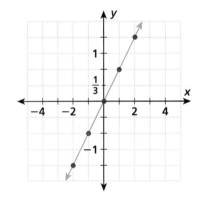

La ecuación $y = \dfrac{2x}{3}$ es lineal porque los puntos forman una línea recta. Cada vez que el valor de x aumenta en 1, el valor de y aumenta en $\dfrac{2}{3}$, ó y aumenta en 2 cada vez que x aumenta en 3.

D $y = −3$

x	−3	y	(x, y)
−2	−3	−3	(−2, −3)
−1	−3	−3	(−1, −3)
0	−3	−3	(0, −3)
1	−3	−3	(1, −3)
2	−3	−3	(2, −3)

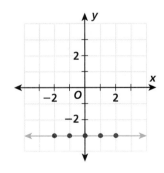

Para cualquier valor de x, y = −3.

La ecuación $y = −3$ es lineal porque los puntos forman una línea recta. Al aumentar el valor de x el valor de y tiene un cambio constante de 0.

En boliche, la ecuación
$v = 160 - 0.8p$ representa la
ventaja v para un jugador cuyo
puntaje promedio es p. ¿Qué
ventaja tendrá cada jugador de
la tabla? Dibuja una gráfica que
representa la relación entre el
puntaje promedio y la ventaja.

Jugador	Puntaje promedio
Sandi	145
Dominic	125
Leo	160
Sheila	140
Tawana	175

p	$v = 160 - 0.8p$	v	(p, v)
145	$v = 160 - 0.8(145)$	44	$(145, 44)$
125	$v = 160 - 0.8(125)$	60	$(125, 60)$
160	$v = 160 - 0.8(160)$	32	$(160, 32)$
140	$v = 160 - 0.8(140)$	48	$(140, 48)$
175	$v = 160 - 0.8(175)$	20	$(175, 20)$

Las ventajas de los jugadores
son: Sandi, 44 bolos; Dominic,
60 bolos; Leo, 32 bolos; Sheila,
48 bolos; y Tawana, 20 bolos.
Es una ecuación lineal porque
cuando p aumenta en 10
unidades, v disminuye en 8
unidades. Vemos que un jugador
con puntaje promedio mayor
que 200 recibe una ventaja de 0.

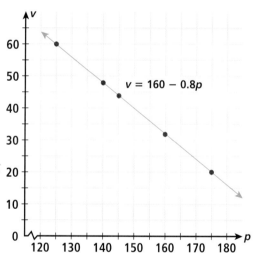

Razonar y comentar

1. Explica si una ecuación es lineal cuando tres pares ordenados están
en una línea recta pero un cuarto no.

2. Compara las ecuaciones $y = 3x + 2$ y $y = 3x^2$. Sin representar
gráficamente, explica por qué una de las ecuaciones no es lineal.

3. Describe por qué el par ordenado para un jugador de boliche con
puntaje promedio de 210 no estaría en la línea del Ejemplo 2.

11-1
Ejercicios

PARA PRÁCTICA ADICIONAL	☑ conexión **internet**
ver pág. 752	**Ayuda en línea para tareas** go.hrw.com Clave: MP4 11-1

PRÁCTICA GUIADA

Ver Ejemplo **Representa gráficamente cada ecuación e indica si es lineal.**

1. $y = x + 2$ **2.** $y = -2x$ **3.** $y = x^3$

Ver Ejemplo
4. El alga parda gigante es una de las plantas de más rápido crecimiento en el mundo. Crece cerca de 2 pies de largo por día. Si hallaras un alga parda gigante de 124 pies de largo, la ecuación $\ell = 2d + 124$ representaría su longitud ℓ después de d días. ¿Qué longitud tendría después de 3 días? ¿Después de 4.5 días? ¿Después de 6 días? Representa gráficamente la ecuación. ¿Es una ecuación lineal?

PRÁCTICA INDEPENDIENTE

Ver Ejemplo ① **Representa gráficamente cada ecuación e indica si es lineal.**

5. $y = \frac{1}{3}x - 2$ **6.** $y = -6$ **7.** $y = \frac{1}{2}x^2$

8. $x = 3$ **9.** $y = x^2 - 12$ **10.** $y = 2x + 1$

Ver Ejemplo ②
11. Un servicio de comida cobra una cuota de preparación de $150 más $7.50 por invitado a una recepción. Esto se representa con la ecuación $C = 7.5i + 150$, donde C es el costo total con i invitados. Halla el costo total de servir a 100, 150, 200, 250 y 300 invitados. ¿Es una ecuación lineal? Dibuja una gráfica que represente gráficamente la relación entre el costo total y el número de invitados.

PRÁCTICA Y RESOLUCIÓN DE PROBLEMAS

Evalúa cada ecuación con $x = -1$, 0 y 1. Luego representa gráficamente la ecuación.

12. $y = 4x$ **13.** $y = 2x + 5$ **14.** $y = 6x - 3$

15. $y = x - 10$ **16.** $y = 4x - 2$ **17.** $y = 4x + 3$

18. $y = 2x - 4$ **19.** $y = x + 7$ **20.** $y = 3x + 2.5$

21. *CIENCIAS FÍSICAS* La fuerza ejercida por la gravedad terrestre sobre un objeto se halla con la fórmula $F = 9.8m$, donde F es la fuerza en newtons y m es la masa del objeto en kg. ¿Cuántos newtons de fuerza gravitacional se ejercen sobre un estudiante de 52 kg?

22. Con una tarifa de $0.08 por kilovatio-hora, la ecuación $C = 0.08t$ da el costo de la factura por electricidad de un cliente que consumió t kilovatios-hora de energía. Completa la tabla de valores y representa la ecuación de costo de energía para hallar el rango de t entre 0 y 1000.

Kilovatios-hora (t)	540	580	620	660	700	740
Costo (C)						

23. El minutero de un reloj avanza $\frac{1}{10}$ grados cada segundo. Si ves el reloj cuando el minutero está 10 grados después del 12, puedes usar la ecuación $y = \frac{1}{10}x + 10$ para hallar cuántos grados después de las 12 está el minutero después de x segundos. Representa gráficamente la ecuación e indica si es lineal.

24. *ENTRETENIMIENTO* Una bolera americana cobra $4 por la renta de zapatos más $1.75 por cada juego. Escribe una ecuación que dé el costo total de j juegos. Representa gráficamente la ecuación. ¿Es lineal?

25. *NEGOCIOS* Un negocio de lavado de autos paga d dólares por hora. La tabla muestra cuánto ganan los empleados según el número de horas que trabajan.

Salarios por lavado de autos				
Horas trabajadas (h)	20	25	30	40
Paga (P)	$150.00	$187.50	$225.00	$300.00

a. Escribe y resuelve una ecuación para hallar la paga P por hora.

b. Escribe una ecuación que dé la paga P de un empleado por h horas de trabajo.

c. Representa gráficamente la ecuación con h entre 0 y 50 horas.

d. ¿Es lineal la ecuación?

26. *¿CUÁL ES LA PREGUNTA?* La ecuación $C = 9.5n + 1350$ da el costo total de producir n remolques. Si la respuesta es $10,850, ¿cuál es la pregunta?

27. *ESCRÍBELO* Explica cómo podrías demostrar que $y = 5x + 1$ es una ecuación lineal.

28. *DESAFÍO* Tres soluciones de una ecuación son (1, 1), (3, 3) y (5, 5). Dibuja una posible gráfica que mostraría que la ecuación no es lineal.

Repaso en espiral

Se lanzan dos dados justos. Halla cada probabilidad. (Lecciones 9-4 y 9-7)

29. lanzar dos números impares

30. lanzar un dos y un número primo

31. lanzar un par de unos

32. lanzar un seis y un siete

33. **PREPARACIÓN PARA LA PRUEBA**
La probabilidad de ganar una rifa es $\frac{1}{1200}$. ¿Cuáles son las posibilidades a favor de ganar la rifa? (Lección 9-8)

  A 1:1200   **C** 1199:1

  B 1:1199   **D** 1200:1

34. **PREPARACIÓN PARA LA PRUEBA** Una bolsa con 9 canicas tiene 3 rojas y 6 azules. ¿Cuál es la probabilidad de sacar una canica roja? (Lección 9-4)

  F 1   **H** $\frac{1}{3}$

  G $\frac{2}{3}$ **J** $\frac{1}{2}$

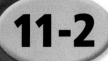

11-2 Pendiente de una línea

Aprender a hallar la pendiente de una línea y usarla para comprender y dibujar gráficas.

¡Recuerda!

Ya viste pendientes en el plano cartesiano en la Lección 5-5 (p. 244).

En esquí, el término *pendiente* se refiere a una ladera inclinada. Cuanto más inclinada sea, mayor será su grado de dificultad. En matemáticas, la pendiente define la "inclinación" de una línea. Cuanto mayor sea el valor absoluto de la pendiente de una línea, más "inclinada" o más vertical será la línea.

Las ecuaciones lineales tienen pendiente constante. Para una línea en el plano cartesiano, la pendiente es la razón

$$\frac{\text{cambio vertical}}{\text{cambio horizontal}} = \frac{\text{cambio en } y}{\text{cambio en } x}$$

Esta razón también se describe como $\frac{\text{distancia vertical}}{\text{distancia horizontal}}$, o "distancia vertical sobre distancia horizontal", donde *distancia vertical* es el número de unidades hacia arriba o hacia abajo, y *distancia horizontal* es el número de unidades a izquierda o derecha. La pendiente puede ser positiva, negativa, cero o indefinida. Una línea con pendiente positiva sube de izquierda a derecha. Una línea con pendiente negativa baja de izquierda a derecha.

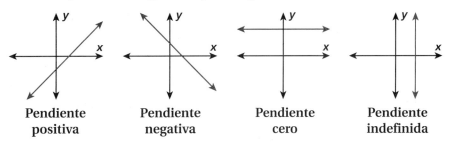

| Pendiente positiva | Pendiente negativa | Pendiente cero | Pendiente indefinida |

Si conoces dos puntos de una línea, o dos soluciones de una ecuación lineal, puedes hallar la pendiente sin representar gráficamente. La pendiente de una línea que pasa por los puntos (x_1, y_1) y (x_2, y_2) es:

$$\frac{y_2 - y_1}{x_2 - x_1}$$

EJEMPLO ① **Hallar la pendiente, dados dos puntos**

Halla la pendiente de la línea que pasa por (2, 5) y (8, 1).

Sea (x_1, y_1) igual a (2, 5) y (x_2, y_2) igual a (8, 1).

$$\frac{y_2 - y_1}{x_2 - x_1} = \frac{1 - 5}{8 - 2}$$ *Sustituye y_2 por 1, y_1 por 5, x_2 por 8, y x_1 por 2.*

$$= \frac{-4}{6} = -\frac{2}{3}$$

La pendiente de la línea que pasa por (2, 5) y (8, 1) es $-\frac{2}{3}$.

Al elegir dos puntos para evaluar la pendiente de una línea, puedes elegir los que quieras, porque la pendiente es constante.

Hay aquí dos gráficas de la misma línea.

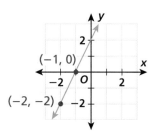 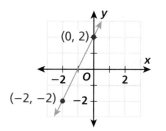

$$\frac{y_2 - y_1}{x_2 - x_1} = \frac{0 - (-2)}{-1 - (-2)} = \frac{2}{1} = 2 \qquad \frac{y_2 - y_1}{x_2 - x_1} = \frac{2 - (-2)}{0 - (-2)} = \frac{4}{2} = \frac{2}{1} = 2$$

La pendiente de la línea es 2. Observa que, aunque se eligieron puntos diferentes en cada caso, la fórmula siempre da la misma pendiente.

E J E M P L O 2 Hallar la pendiente a partir de una gráfica

Usa la gráfica de la línea para determinar su pendiente.

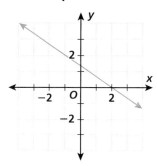

Elige dos puntos de la línea: $(-1, 2)$ y $(2, 0)$.

Haz conjeturas estudiando la gráfica:

$$\frac{\text{distancia vertical}}{\text{distancia horizontal}} = \frac{-2}{3} = -\frac{2}{3}$$

Usa la fórmula de la pendiente.

Sea $(2, 0)$ igual a (x_1, y_1) y $(-1, 2)$ igual a (x_2, y_2).

$$\frac{y_2 - y_1}{x_2 - x_1} = \frac{2 - 0}{-1 - 2} = \frac{2}{-3} = -\frac{2}{3}$$

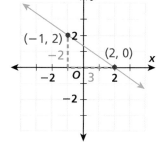

Observa que si intercambias (x_1, y_1) y (x_2, y_2), obtienes la misma pendiente:

Sea $(-1, 2)$ igual a (x_1, y_1) y $(2, 0)$ igual a (x_2, y_2).

$$\frac{y_2 - y_1}{x_2 - x_1} = \frac{0 - 2}{2 - (-1)} = \frac{-2}{3} = -\frac{2}{3}$$

La pendiente de la línea es $-\frac{2}{3}$.

Pista útil

No importa qué punto elijas como (x_1, y_1) y cuál como (x_2, y_2).

Recuerda que dos líneas paralelas tienen la misma pendiente. Las pendientes de dos líneas perpendiculares son recíprocos negativos una de la otra.

EJEMPLO 3 Identificar líneas paralelas y perpendiculares mediante la pendiente

Indica si las líneas que pasan por los puntos que se dan son paralelas o perpendiculares.

A línea 1: $(1, 9)$ y $(-1, 5)$; línea 2: $(-3, -5)$ y $(4, 9)$

$$\text{pendiente de la línea 1: } \frac{y_2 - y_1}{x_2 - x_1} = \frac{5 - 9}{-1 - 1} = \frac{-4}{-2} = 2$$

$$\text{pendiente de la línea 2: } \frac{y_2 - y_1}{x_2 - x_1} = \frac{9 - (-5)}{4 - (-3)} = \frac{14}{7} = 2$$

Ambas pendientes son igual a 2, por tanto, las líneas son paralelas.

¡Recuerda!

El producto de las pendientes de líneas perpendiculares es -1.

B línea 1: $(-10, 0)$ y $(20, 6)$; línea 2: $(-1, 4)$ y $(2, -11)$

$$\text{pendiente de la línea 1: } \frac{y_2 - y_1}{x_2 - x_1} = \frac{6 - 0}{20 - (-10)} = \frac{6}{30} = \frac{1}{5}$$

$$\text{pendiente de la línea 2: } \frac{y_2 - y_1}{x_2 - x_1} = \frac{-11 - 4}{2 - (-1)} = \frac{-15}{3} = -5$$

La pendiente de la línea 1 es $\frac{1}{5}$ y la de la línea 2 es -5. Por tanto, $\frac{1}{5}$ y -5 son recíprocos negativos uno del otro, y las líneas son perpendiculares.

Puedes representar gráficamente una línea si conoces un punto de la línea y la pendiente.

EJEMPLO 4 Representar gráficamente una línea mediante un punto y la pendiente

Representa gráficamente la línea que pasa por $(1, 1)$ con pendiente de $-\frac{1}{3}$.

La pendiente es $-\frac{1}{3}$. Así que por cada unidad hacia abajo te moverás 3 unidades a la derecha, y por cada unidad hacia arriba te moverás 3 unidades a la izquierda.

Traza el punto $(1, 1)$. Luego mueve una unidad hacia abajo y 3 a la derecha y traza el punto $(4, 0)$. Usa una regla para unir los dos puntos.

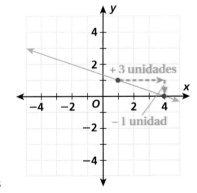

Razonar y comentar

1. **Explica** por qué no importa qué punto elijas como (x_1, y_1) y como (x_2, y_2) al hallar pendientes.

2. **Da un ejemplo** de dos pares de puntos de dos líneas paralelas.

11-2

Ejercicios

PARA PRÁCTICA ADICIONAL
ve a la pág. 752

conexión **internet**
Ayuda en línea para tareas
go.hrw.com   Clave: MP4 11-2

PRÁCTICA GUIADA

Ver Ejemplo ① **Halla la pendiente de la línea que pasa por cada par de puntos.**

1. $(1, 3)$ y $(2, 4)$ **2.** $(2, 6)$ y $(0, 2)$ **3.** $(-1, 2)$ y $(5, 5)$

Ver Ejemplo ② **Usa la gráfica de cada línea para determinar su pendiente.**

4. 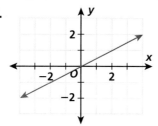   **5.**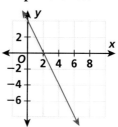

Ver Ejemplo ③ **Indica si las líneas que pasan por los puntos que se dan son paralelas o perpendiculares.**

6. línea 1: $(2, 3)$ y $(4, 7)$
línea 2: $(5, 2)$ y $(9, 0)$

7. línea 1: $(-4, 1)$ y $(0, 29)$
línea 2: $(3, 3)$ y $(5, 17)$

Ver Ejemplo ④ **8.** Representa gráficamente la línea que pasa por $(0, 2)$ con pendiente de $-\frac{1}{2}$.

9. Representa gráficamente la línea que pasa por $(-2, 0)$ con pendiente de $\frac{2}{3}$.

PRÁCTICA INDEPENDIENTE

Ver Ejemplo ① **Halla la pendiente de la línea que pasa por cada par de puntos.**

10. $(-1, -1)$ y $(-3, 2)$ **11.** $(0, 0)$ y $(6, -3)$ **12.** $(2, -5)$ y $(1, -2)$

13. $(3, 1)$ y $(0, 3)$ **14.** $(-2, -3)$ y $(2, 4)$ **15.** $(0, -2)$ y $(-6, 3)$

Ver Ejemplo ② **Usa la gráfica de cada línea para determinar su pendiente.**

16. 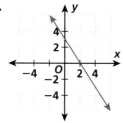   **17.**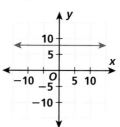

Ver Ejemplo ③ **Indica si las líneas que pasan por los puntos que se dan son paralelas o perpendiculares.**

18. línea 1: $(1, 4)$ y $(6, 6)$
línea 2: $(-1, -6)$ y $(4, -4)$

19. línea 1: $(-1, -1)$ y $(-3, 2)$
línea 2: $(7, -3)$ y $(13, 1)$

Ver Ejemplo ④ **20.** Representa gráficamente la línea que pasa por $(-1, 3)$ con pendiente de $\frac{1}{4}$.

21. Representa gráficamente la línea que pasa por $(4, 2)$ con pendiente de $-\frac{4}{5}$.

22. SEGURIDAD Para subir una distancia vertical de 2.5 pies, una rampa para sillas de ruedas se extiende 30 pies horizontalmente. Halla la pendiente.

Halla las pendientes de cada par de líneas en los ejercicios del 23 al 26. Usa las pendientes para determinar si las líneas son perpendiculares, paralelas o ninguna de éstas.

23.

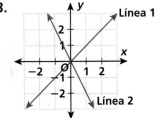

24.

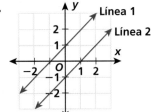

25.

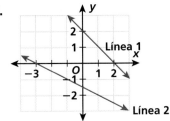

26.

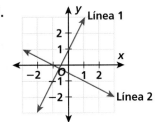

27. El Hotel Luxor en Las Vegas, Nevada, tiene una pirámide de vidrio de 350 pies de altura. El elevador de la pirámide sigue un trayecto inclinado con pendiente de $-\frac{4}{5}$. Representa gráficamente la línea que describe su trayecto. (*Pista:* El punto (0, 350) es la cima de la pirámide.)

28. ¿DÓNDE ESTÁ EL ERROR? La pendiente de la línea que pasa por los puntos (1, 4) y (−1, −4) es $\frac{1-(-1)}{4-(-4)} = \frac{1}{4}$. ¿Dónde está el error de este enunciado?

29. ESCRÍBELO La ecuación de una línea vertical es $x = a$ donde a es cualquier número. Explica por qué no está definida la pendiente de una línea vertical, usando una línea vertical específica.

30. DESAFÍO Representa gráficamente las ecuaciones $y = 2x - 3$, $y = -\frac{1}{2}x$ y $y = 2x + 4$ en un plano cartesiano. Halla la pendiente de cada línea y determina si cada combinación de dos líneas es paralela, perpendicular o ninguna de éstas. Explica cómo puedes determinar si dos líneas son paralelas, perpendiculares o ninguna de éstas mediante sus ecuaciones.

Repaso en espiral

Halla el área de cada figura con las dimensiones que se dan. (Lección 6-2)

31. triángulo: $b = 4$, $h = 6$

32. triángulo: $b = 3$, $h = 14$

33. trapecio: $b_1 = 9$, $b_2 = 11$, $h = 12$

34. trapecio: $b_1 = 3.4$, $b_2 = 6.6$, $h = 1.8$

35. PREPARACIÓN PARA LA PRUEBA Un jardín circular tiene 22 pulg de radio. ¿Cuál es su circunferencia a la décima de pulgada más cercana? Usa $\pi = 3.14$. (Lección 6-4)

A 1519.8 pulg   **B** 69.1 pulg   **C** 103.7 pulg   **D** 138.2 pulg

Cómo usar pendientes e intersecciones

Aprender a usar pendientes e intersecciones para representar gráficamente ecuaciones lineales.

Vocabulario

intersección con el eje x

intersección con el eje y

forma de pendiente-intersección

En una galería de juegos, compras una tarjeta con 50 puntos de crédito. Cada juego de *Skittle-ball* consume 3.5 puntos de tu tarjeta. La ecuación lineal $y = -3.5x + 50$ relaciona el número de puntos y que quedan en tu tarjeta con el número de juegos x que has jugado.

Es fácil representar una ecuación lineal hallando la *intersección con el eje x* y la *intersección con el eje y*. La **intersección con el eje x** de una línea es el valor de x donde la línea cruza el eje de las x (donde $y = 0$). La **intersección con el eje y** de una línea es el valor de y donde la línea cruza el eje de las y (donde $x = 0$).

intersección con el eje x

(0, 2)

(2, 0)

Gráfica de la línea
$y = -x + 2$

intersección con el eje y

EJEMPLO 1 Hallar las intersecciones con los ejes x y y para representar gráficamente ecuaciones lineales

Halla las intersecciones con los ejes x y y de la línea $2x + 3y = 6$. Usa las intersecciones para representar la ecuación.

Halla la intersección con el eje x ($y = 0$).

$$2x + 3y = 6$$
$$2x + 3(0) = 6$$
$$2x = 6$$
$$\frac{2x}{2} = \frac{6}{2}$$
$$x = 3$$

La intersección con el eje x es 3.

Halla la intersección con el eje y ($x = 0$).

$$2x + 3y = 6$$
$$2(0) + 3y = 6$$
$$3y = 6$$
$$\frac{3y}{3} = \frac{6}{3}$$
$$y = 2$$

La intersección con el eje y es 2.

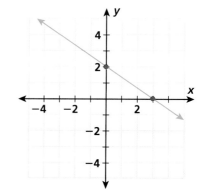

La gráfica de $2x + 3y = 6$ es la línea que cruza el eje de las x en el punto (3, 0) y el eje de las y en el punto (0, 2).

En una ecuación escrita en **forma de pendiente-intersección**, $y = mx + b$, m es la pendiente y b es la intersección con el eje y.

Pendiente $\quad$ Intersección con el eje y

$$y = mx + b$$

EJEMPLO 2 **Usar la forma de pendiente-intersección para hallar pendientes e intersecciones con el eje y**

Escribe cada ecuación en forma de pendiente-intersección y luego halla la pendiente y la intersección con el eje y.

Pista útil

Una ecuación como $y = x - 6$, escríbela $y = x + (-6)$ para identificar la intersección con el eje y, -6.

A $y = x$

$y = x$

$y = 1x + 0$ $\qquad$ *Escribe la ecuación para mostrar cada parte.*

$m = 1 \qquad b = 0$

La pendiente de la línea $y = x$ es 1, y la intersección con el eje y de la línea es 0.

B $7x = 3y$

$7x = 3y$

$3y = 7x$ $\qquad$ *Invierte las expresiones.*

$\dfrac{3y}{3} = \dfrac{7x}{3}$ $\qquad$ *Divide ambos lados entre 3 para hallar y.*

$y = \dfrac{7}{3}x + 0$ $\qquad$ *La ecuación está en forma de pendiente-intersección.*

$m = \dfrac{7}{3} \qquad b = 0$

La pendiente de la línea $7x = 3y$ es $\dfrac{7}{3}$ y la intersección con el eje y es 0.

C $2x + 5y = 8$

$2x + 5y = 8$

$\dfrac{-2x \qquad\qquad -2x}{5y = 8 - 2x}$ $\qquad$ *Resta 2x a ambos lados.*

Escribe en forma de pendiente-intersección.

$5y = -2x + 8$

$\dfrac{5y}{5} = \dfrac{-2x}{5} + \dfrac{8}{5}$ $\qquad$ *Divide ambos lados entre 5.*

$y = -\dfrac{2}{5}x + \dfrac{8}{5}$ $\qquad$ *La ecuación está en forma de pendiente-intersección.*

$m = -\dfrac{2}{5} \qquad b = \dfrac{8}{5}$

La pendiente de la línea $2x + 5y = 8$ es $-\dfrac{2}{5}$, y la intersección con el eje y es $\dfrac{8}{5}$.

Aplicación al entretenimiento

Pista útil

La intersección con el eje *y* representa el número inicial de puntos (50). La pendiente representa la tasa de cambio (−3.5 puntos por juego).

Una galería de juegos resta 3.5 puntos a tu tarjeta de 50 puntos cada vez que juegas *Skittle-ball*. La ecuación lineal *y* = −3.5*x* + 50 representa los puntos *y* que quedan en tu tarjeta después de *x* juegos. Representa gráficamente la ecuación usando la pendiente y la intersección con el eje de las *y*.

$y = -3.5x + 50$ *La ecuación está en forma de pendiente-intersección.*

$m = -3.5$ $b = 50$

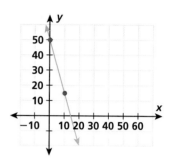

La pendiente es −3.5, y la intersección con el eje *y* es 50. La línea cruza el eje de las *y* en el punto (0, 50) y se mueve hacia abajo 3.5 unidades por cada unidad que se mueve a la derecha.

EJEMPLO 4 **Escribir en forma de pendiente-intersección**

Escribe la ecuación de la línea que pasa por (−3, 1) y (2, −1) en forma de pendiente-intersección.

Halla la pendiente.

$$\frac{y_2 - y_1}{x_2 - x_1} = \frac{-1 - 1}{2 - (-3)} = \frac{-2}{5} = -\frac{2}{5}$$ *La pendiente es $-\frac{2}{5}$.*

Elige cualquiera de los dos puntos y sustitúyelo junto con la pendiente en la forma de pendiente-intersección.

$y = mx + b$

$-1 = -\frac{2}{5}(2) + b$ *Sustituye x por 2, y por −1, y m por $-\frac{2}{5}$.*

$-1 = -\frac{4}{5} + b$ *Simplifica.*

Resuelve para *b*.

$-1 = -\frac{4}{5} + b$

$+\frac{4}{5} \quad +\frac{4}{5}$ *Suma $\frac{4}{5}$ a ambos lados.*

$-\frac{1}{5} = b$

Escribe la ecuación de la línea usando $-\frac{2}{5}$ en lugar de *m* y $-\frac{1}{5}$ en lugar de *b*.

$y = -\frac{2}{5}x + \left(-\frac{1}{5}\right)$, o $y = -\frac{2}{5}x - \frac{1}{5}$

Razonar y comentar

1. Describe la línea que representa gráficamente la ecuación $y = -5x + 3$.

2. Da un ejemplo de la vida real con una gráfica que tiene una pendiente de 5 y una intersección con el eje *y* de 30.

11-3 **Ejercicios**

PARA PRÁCTICA ADICIONAL
ve a la pág. 752

◤ conexión **internet**
Ayuda en línea para tareas
go.hrw.com   Clave: MP4 11-3

PRÁCTICA GUIADA

Ver Ejemplo ① Halla las intersecciones con los ejes *x* y *y* de cada línea. Usa las intersecciones para representar gráficamente la ecuación.

1. $x - y = 5$ **2.** $2x + 3y = 12$ **3.** $3x + 5y = -15$ **4.** $-5x + 2y = -10$

Ver Ejemplo ② Escribe cada ecuación en forma de pendiente-intersección y luego halla la pendiente y la intersección con el eje *y*.

5. $2x = 4y$ **6.** $3x - y = 14$ **7.** $3x - 9y = 27$ **8.** $x + 2y = 8$

Ver Ejemplo ③ **9.** Una compañía de transporte cobra $22 más $3.50 por libra por enviar un artículo que pesa *n* libras. El total de los gastos de envío se halla con la ecuación $C = 3.5n + 22$. Identifica la pendiente y la intersección con el eje *y*, y úsalas para representar gráficamente la ecuación con *n* entre 0 y 100 lb.

Ver Ejemplo ④ Escribe la ecuación de la línea que pasa por cada par de puntos en forma de pendiente-intersección.

10. $(-1, -6)$ y $(2, 6)$ **11.** $(0, 5)$ y $(3, -1)$ **12.** $(3, 5)$ y $(6, 6)$

PRÁCTICA INDEPENDIENTE

Ver Ejemplo ① Halla las intersecciones con los ejes *x* y *y* de cada línea. Usa las intersecciones para representar gráficamente la ecuación.

13. $2y = 20 - 4x$ **14.** $4x = 12 + 3y$ **15.** $-y = 18 - 6x$ **16.** $2x + y = 7$

Ver Ejemplo ② Escribe cada ecuación en forma de pendiente-intersección y luego halla la pendiente y la intersección con el eje *y*.

17. $-y = 2x$ **18.** $5y + 2x = 15$ **19.** $-4y - 8x = 8$ **20.** $2y + 6x = -14$

Ver Ejemplo ③ **21.** Un vendedor recibe un salario semanal de $300 más una comisión de $15 por cada televisor que vende. Su paga semanal se halla con la ecuación $P = 15n + 300$. Identifica la pendiente y la intersección con el eje *y* y úsalas para representar gráficamente la ecuación con *n* entre 0 y 40 televisores.

Ver Ejemplo ④ Escribe la ecuación de la línea que pasa por cada par de puntos en forma de pendiente-intersección.

22. $(0, -7)$ y $(4, 25)$ **23.** $(-1, 1)$ y $(3, -3)$ **24.** $(-6, -3)$ y $(12, 0)$

PRÁCTICA Y RESOLUCIÓN DE PROBLEMAS

Usa las intersecciones con los ejes *x* y *y* de cada línea para representar gráficamente la ecuación.

25. $y = 2x - 10$ **26.** $y = \frac{1}{3}x + 2$ **27.** $y = 4x - 2.5$ **28.** $y = -\frac{4}{5}x + 15$

La enfermedad aguda de montaña (EAM) se presenta si asciendes con demasiada rapidez, sin dar tiempo a tu cuerpo de adaptarse. La EAM se presenta a altitudes de más de 10,000 pies sobre el nivel del mar. Para evitarla, no debes ascender más de 1000 pies por día. Y cada 3000 pies de ascenso tu cuerpo necesita dos noches para adaptarse.

Mucha gente se enferma a grandes altitudes porque hay menos oxígeno y menos presión atmosférica.

Día 3
14,255 pies

Día 2
12,255 pies

Día 1
10,255 pies

Campamento base 8255 pies

29. El mapa muestra el plan de un equipo de alpinistas para escalar Pico Largo en el Parque Nacional de las Montañas Rocosas.

   a. Haz una gráfica del plan de ascenso y halla la pendiente de la línea. (El número del día será el valor de x, y la altura, el valor de y.)

   b. Halla la intersección con el eje y y explica qué significa.

   c. Escribe la ecuación de la línea en forma de pendiente-intersección.

   d. ¿Puede el equipo sufrir EAM?

30. Una expedición empieza en una altitud de 9056 pies y asciende en promedio 544 pies por día. Escribe una ecuación en forma de pendiente-intersección que describa el ascenso. ¿Es probable que los alpinistas sufran EAM con esta tasa de ascenso? ¿Qué día del ascenso estarán en riesgo?

31. La ecuación que describe el ascenso de un alpinista al monte McKinley de Alaska es $y = 955x + 16,500$, donde x es el número del día y y es la altitud al final del día. ¿Cuál es la pendiente y la intersección con el eje y? ¿Qué significan para el ascenso?

32. ⭐ *DESAFÍO* Haz una gráfica del ascenso de un equipo que evita EAM y usa el mínimo número de días para ascender desde el campamento base (17,600 pies) a la cima del Everest (29,035 pies). ¿Puedes escribir una ecuación lineal que describa este ascenso? Explica tu respuesta.

Repaso en espiral

Estima el número o porcentaje. (Lección 8-5)

33. El 25% de 398 es aproximadamente ¿qué número?

34. ¿202 es aproximadamente 50% de qué número?

35. Aproximadamente ¿qué porcentaje de 99 es 39?

36. Aproximadamente ¿qué porcentaje de 989 es 746?

37. **PREPARACIÓN PARA LA PRUEBA** Carlos tiene $3.35 en monedas de 10¢ y 25¢. Si tiene 23 monedas en total, ¿cuántas monedas tiene de 10¢? (Lección 10-6)

   A 16   **B** 11   **C** 18   **D** 9

Tecnología

Gráficas de ecuaciones en forma de pendiente-intersección

Para usar con la Lección 11-4

conexión internet

Recursos en línea para el laboratorio: *go.hrw.com*
CLAVE: MP4 Lab11A

Para representar gráficamente $y = x + 1$, una ecuación lineal en forma de pendiente-intersección, en la ventana normal de la calculadora de gráficas, oprime ; escribe el lado derecho de la ecuación, $+$ 1; y oprime zoom **6:ZStandard.**

Al ver la ecuación, sabes que la pendiente de la línea es 1. Observa que la ventana normal distorsiona la pantalla, por lo que la línea no parece tener la pendiente adecuada.

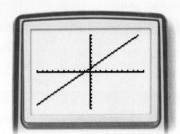

Oprime zoom **5:ZSquare.** Con esto la escala para x de -10 a 10 cambia a una escala de -15.16 a 15.16. La gráfica se muestra a la derecha. O bien, oprime zoom **8:ZInteger** ENTER . Esto cambia la escala para x de -47 a 47 y la de y de -31 a 31.

Actividad

1 Representa gráficamente $2x + 3y = 36$ en la ventana de números enteros. Halla las intersecciones con los ejes x y y de la gráfica.

Primero resuelve $3y = -2x + 36$ para y.

$y = \dfrac{-2x + 36}{3}$, por tanto $y = \dfrac{-2}{3}x + 12$.

Oprime Y= ; escribe el lado derecho de la ecuación, **(** **(−)** 2 **÷** 3 **)** X,T,θ,n **+** 12; y oprime zoom **8:ZInteger** ENTER .

Oprime TRACE para ver la ecuación de la línea y la intersección con el eje y. Se muestra la gráfica en la ventana **ZInteger**

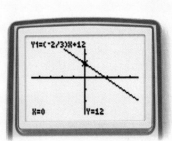

Razonar y comentar

1. ¿Cómo se comparan las razones del rango de y al rango de x en las ventanas **ZSquare** y **ZInteger**?

Inténtalo

Representa gráficamente cada ecuación en una ventana cuadrada.

1. $y = 2x$ **2.** $2y = x$ **3.** $2y - 4x = 12$ **4.** $2x + 5y = 40$

Forma de punto y pendiente

Aprender a hallar la ecuación de una línea si se da un punto y la pendiente.

Vocabulario

forma de punto y pendiente

Los láseres proyectan luz en una trayectoria recta. Si conoces el destino del rayo de luz (un punto en la línea) y su inclinación (la pendiente), podrás escribir una ecuación en *forma de punto y pendiente* para calcular la altura en la que está el láser.

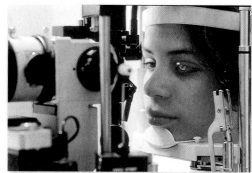

La **forma de punto y pendiente** de la ecuación de una línea con pendiente m que pasa por (x_1, y_1) es $y - y_1 = m(x - x_1)$.

Punto en la línea
$$(x_1, y_1)$$

Forma de punto y pendiente
$$y - y_1 = m(x - x_1)$$
Pendiente

EJEMPLO 1 **Usar la forma de punto y pendiente para identificar información de una línea**

Usa la forma de punto y pendiente de cada ecuación para identificar un punto por el que pasa la línea y la pendiente de la línea.

A $y - 9 = -\frac{2}{3}(x - 21)$

$y - y_1 = m(x - x_1)$

$y - 9 = -\frac{2}{3}(x - 21)$ La ecuación está en forma de punto y pendiente.

$m = -\frac{2}{3}$ Lee el valor de m en la ecuación.

$(x_1, y_1) = (21, 9)$ Lee el punto en la ecuación.

La línea que se define con $y - 9 = -\frac{2}{3}(x - 21)$ tiene pendiente de $-\frac{2}{3}$ y pasa por el punto $(21, 9)$.

B $y - 3 = 4(x + 7)$

$y - y_1 = m(x - x_1)$

$y - 3 = 4(x + 7)$

$y - 3 = 4[x - (-7)]$ Escribe usando resta en lugar

$m = 4$ de suma.

$(x_1, y_1) = (-7, 3)$

La línea que se define con $y - 3 = 4(x + 7)$ tiene pendiente de 4 y pasa por el punto $(-7, 3)$.

Escribe la forma de punto y pendiente de una ecuación con la pendiente que se da y que pasa por el punto indicado.

A la línea con pendiente de –2 que pasa por (4, 1)

$$y - y_1 = m(x - x_1)$$
$$y - 1 = -2(x - 4)$$ *Sustituye x_1 por 1, y_1 por 1 y m por −2.*

En forma de punto y pendiente, la ecuación de la línea con pendiente de −2 que pasa por (4, 1) es $y - 1 = -2(x - 4)$.

B la línea con pendiente de 7 que pasa por (−1, 3)

$$y - y_1 = m(x - x_1)$$
$$y - 3 = 7[x - (-1)]$$ *Sustituye x_1 por −1, y_1 por 3, y m por 7.*
$$y - 3 = 7(x + 1)$$

En forma de punto y pendiente, la ecuación de la línea con pendiente de 7 que pasa por (–1, 3) es $y - 3 = 7(x + 1)$.

EJEMPLO **3** *Aplicación a la medicina*

Supongamos que una cirugía ocular con rayo láser se representa en un plano cartesiano. El láser está en la intersección con el eje *y* de modo que la luz se mueve hacia abajo 1 mm por cada 40 mm que se mueve a la derecha. La luz llega al centro de la córnea del ojo, que está en (125, 0). Escribe la ecuación del rayo de luz en forma de punto y pendiente y halla la altura del láser.

Cuando *x* aumenta en 40, *y* disminuye en 1, por tanto, la pendiente de la línea es $-\frac{1}{40}$. La línea debe pasar por el punto (125, 0).

$$y - y_1 = m(x - x_1)$$
$$y - 0 = -\frac{1}{40}(x - 125)$$ *Sustituye x_1 por 125, y_1 por 0, y m por $-\frac{1}{40}$.*

La ecuación de la línea del haz, en forma de punto y pendiente, es $y = -\frac{1}{40}(x - 125)$. Sustituye *x* por 0 para hallar la intersección con el eje *y*.

$$y = -\frac{1}{40}(0 - 125)$$
$$y = -\frac{1}{40}(-125)$$
$$y = 3.125$$

La intersección con el eje *y* es 3.125, por tanto, el láser está a 3.125 mm de altura.

Razonar y comentar

1. Describe usando la ecuación en forma de punto y pendiente, la línea que tiene pendiente de 2 y que pasa por (−3, 4).

2. Indica cómo hallas la forma de punto y pendiente de una línea cuando conoces las coordenadas de dos puntos.

Ejercicios

11-4

PARA PRÁCTICA ADICIONAL
ve a la pág. 752

conexión **internet**
Ayuda en línea para tareas
go.hrw.com   Clave: MP4 11-4

PRÁCTICA GUIADA

 Ver Ejemplo **1** Usa la forma de punto y pendiente de cada ecuación para identificar un punto por el que pasa y la pendiente de la línea.

1. $y - 4 = -2(x + 7)$ **2.** $y - 9 = 5(x - 12)$ **3.** $y + 2.4 = 2.1(x - 1.8)$

4. $y + 1 = 11(x - 1)$ **5.** $y + 8 = -6(x - 9)$ **6.** $y - 7 = 4(x + 3)$

 Ver Ejemplo **2** Escribe la forma de punto y pendiente de la ecuación con la pendiente que se da y que pasa por el punto indicado.

7. la línea con pendiente de 3 que pasa por $(0, 4)$

8. la línea con pendiente de -10 que pasa por $(-13, 8)$

 Ver Ejemplo **3** **9.** Un estanque se vacía a razón de 12.5 litros por minuto. Después de 44 minutos, quedan 2450 litros de agua. Escribe, en forma de punto y pendiente, la ecuación de una línea que representa la situación. Si el estanque contenía originalmente 3000 litros, ¿en cuánto tiempo se vaciará?

PRÁCTICA INDEPENDIENTE

 Ver Ejemplo **1** Usa la forma de punto y pendiente de cada ecuación para identificar un punto por el que pasa la línea y la pendiente de la línea.

10. $y - 1 = \frac{2}{3}(x + 7)$ **11.** $y + 7 = 3(x + 4)$ **12.** $y - 2 = -\frac{1}{6}(x - 11)$

13. $y - 11 = 14(x - 8)$ **14.** $y - 3 = -1.8(x - 5.6)$ **15.** $y + 7 = 1(x - 5)$

 Ver Ejemplo **2** Escribe la forma de punto y pendiente de la ecuación con la pendiente que se da y que pasa por el punto indicado.

16. la línea con pendiente de -5 que pasa por $(-3, -5)$

17. la línea con pendiente de 4 que pasa por $(-1, 0)$

 Ver Ejemplo **3** **18.** Un tramo de carretera tiene una pendiente del 5%, o sea que sube 1 pie por cada 20 pies de distancia horizontal. Su punto inicial $(x = 0)$ está a una altura de 2344 pies. Escribe una ecuación en forma de punto y pendiente y halla la altura de la carretera a 7500 pies del inicio.

PRÁCTICA Y RESOLUCIÓN DE PROBLEMAS

Escribe la forma de punto y pendiente de cada línea que se describe.

19. la línea paralela a $y = 3x - 4$ que pasa por $(-1, 4)$

20. la línea perpendicular a $y = -2x$ que pasa por $(7, -3)$

21. la línea perpendicular a $y = x + 1$ que pasa por $(-6, -8)$

22. la línea paralela a $y = -10x - 5$ que pasa por $(-3, 0)$

23. CIENCIAS DE LA TIERRA Jorullo es un volcán de cono de toba en México. Supongamos que su altura a 50 m del centro de su base es de 315 m. Usa la pendiente de un cono de toba para escribir una ecuación posible en forma de punto y pendiente que represente aproximadamente la altura del volcán a x metros del centro de su base.

Pendiente típica de volcán de placa: 0.03–0.17

Pendiente típica de volcán compuesto: 0.17–0.5

Pendiente típica de volcán de cono de toba: 0.5–0.65

24. CIENCIAS DE LA VIDA Desde que se introdujo una raza de pinzón en EE. UU. su población ha crecido en unas 600 aves por año. Después de 4 años, hay cerca de 2730 pinzones.

  a. Escribe una ecuación en forma de punto y pendiente que represente la población de pinzones.

  b. ¿Cuál es la intersección con el eje y de la ecuación de la parte **a**, y qué te dice el eje y acerca de la población de pinzones?

25. CIENCIAS DE LA VIDA Las astas de un alce son el hueso animal de más rápido crecimiento. Cada día un asta crece cerca de 1 pulg. Supongamos que comenzaste a observar un alce cuando sus astas medían 15 pulg de largo. Escribe una ecuación en forma de punto y pendiente que describa la longitud de sus astas después de d días de observación.

26. ESCRIBE UN PROBLEMA Escribe un problema acerca de la forma de punto y pendiente de una ecuación con los datos del rendimiento de gasolina de un auto.

Rendimiento de gasolina		
Capacidad del tanque	Eficiencia en ciudad	Eficiencia en carretera
16 gal	28 mi/gal	36 mi/gal

27. ESCRÍBELO Explica cómo podrías convertir una ecuación de la forma de punto y pendiente a la forma de pendiente-intersección.

28. DESAFÍO El valor de la intersección con el eje x de una línea es el opuesto al valor de su intersección y. La línea incluye el punto $(10, -5)$. Halla la forma de punto y pendiente de la ecuación.

Repaso en espiral

Resuelve cada desigualdad. (Lección 10-4)

29. $4x + 3 - x > 15$ **30.** $3 - 7x \leq 24$ **31.** $3x + 9 < 2x - 4$ **32.** $1 - x \geq 11 + x$

33. PREPARACIÓN PARA LA PRUEBA Una empresa de diseño de jardines cobra una cuota de consulta de \$35 más \$50 por hora. ¿Cuánto costaría contratarla por 3 horas? (Lección 11-1)

  A \$225   **B** \$150   **C** \$185   **D** \$135

LECCIÓN 11-1 (págs. 540–544)

Representa gráficamente cada ecuación e indica si es lineal.

1. $y = 1 - 3x$ **2.** $x = 2$ **3.** $y = 2x^2$

Dibuja una gráfica que represente gráficamente la relación.

4. En Bob's Books, la ecuación $u = \frac{2}{3}n + 3$ representa el precio u de un libro usado que costaba n cuando era nuevo. ¿Cuánto costarán los libros usados cuyos precios cuando eran nuevos aparecen en la tabla?

Libro nuevo	Libro usado
$12	
$15	
$24	
$36	

LECCIÓN 11-2 (págs. 545–549)

Halla la pendiente de la línea que pasa por cada par de puntos.

5. $(5, 2)$ y $(1, 3)$ **6.** $(1, 4)$ y $(-1, -3)$ **7.** $(0, -2)$ y $(-5, 0)$

Indica si las líneas que pasan por los puntos que se dan son paralelas o perpendiculares.

8. línea 1: $(-1, -3)$ y $(3, -11)$
línea 2: $(-8, -3)$ y $(6, 4)$

9. línea 1: $(0, -1)$ y $(-2, -9)$
línea 2: $(2, 15)$ y $(-1, 3)$

LECCIÓN 11-3 (págs. 550–554)

Con dos puntos por los que pasa una línea, escribe la ecuación de cada línea en forma de pendiente-intersección.

10. $(-4, 3)$ y $(-2, 1)$ **11.** $(2, 7)$ y $(5, 3)$ **12.** $(4, 0)$ y $(2, -5)$

Identifica la pendiente y la intersección con el eje y, y úsalas para representar gráficamente la ecuación.

13. Un plan de viajero frecuente ofrece un beneficio de 5000 mi a nuevos socios más 1.5 mi por cada dólar cargado a una tarjeta de crédito que aprueba la línea aérea. La ecuación lineal $y = 1.5x + 5000$ representa el número de millas acumuladas después de cargar x dólares a la tarjeta de crédito.

LECCIÓN 11-4 (págs. 556–559)

Usa la forma de punto y pendiente de cada ecuación para identificar un punto por el que pasa la línea y la pendiente de la línea.

14. $y + 4 = -2(x - 1)$ **15.** $y = -(x + 4)$ **16.** $y - 7 = -3x$

Escribe la forma de punto y pendiente de cada línea con las condiciones que se dan.

17. pendiente de -3, pasa por $(7, 2)$ **18.** pendiente de 4, pasa por $(-4, 1)$

Enfoque en resolución de problemas

Comprende

Comprende el problema

• Identifica los detalles importantes en el problema

Al resolver problemas expresados con palabras, necesitas hallar la información que es importante para el problema.

Puedes escribir la ecuación de una línea si conoces la pendiente y un punto de la línea o si conoces dos puntos de la línea.

Ejemplo:

Un autobús escolar con 40 estudiantes viaja hacia la escuela a **30 mi/h**. Después de **15 minutos**, le faltan **20 millas**. ¿Qué tan lejos de la escuela estaba al principio?

Puedes escribir la ecuación de la línea en forma de punto y pendiente.

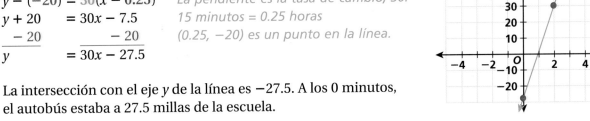

$$y - y_1 = m(x - x_1)$$
$$y - (-20) = 30(x - 0.25)$$
$$y + 20 = 30x - 7.5$$
$$\underline{-20 \qquad\qquad -20}$$
$$y = 30x - 27.5$$

La pendiente es la tasa de cambio, 30.
15 minutos = 0.25 horas
(0.25, −20) es un punto en la línea.

La intersección con el eje *y* de la línea es −27.5. A los 0 minutos, el autobús estaba a 27.5 millas de la escuela.

Lee cada problema e identifica la información necesaria para escribir la ecuación de una línea. Da la pendiente y un punto de la línea, o dos puntos de la línea.

1 En el nivel del mar, el agua hierve a 212° F. A una altitud de 2000 pies, hierve a 208° F. Si la relación es lineal, estima la temperatura a la que hervirá el agua a una altitud de 5000 pies.

2 Don gana un salario semanal de $480 más una comisión del 5% de sus ventas. ¿Cuánto necesita vender para ganar $500 en una semana?

3 Un grupo ecológico quiere plantar 10,000 árboles. El Día del árbol, plantó 4500 árboles con ayuda de voluntarios. Si el grupo puede plantar 500 árboles por semana, ¿en cuánto tiempo plantará los que faltan para alcanzar su meta?

4 Kayla renta un puesto en una feria de artesanías. Si vende 50 brazaletes, su ganancia es de $25. Si vende 80, su ganancia es de $85. ¿Cuál sería su ganancia si vendiera 100 brazaletes?

El hogar de infancia de Mark Twain

Samuel Clemens, mejor conocido por todos como Mark Twain, autor de los famosos relatos para niños *Las aventuras de Huckleberry Finn* y *Las aventuras de Tom Sawyer*, creció en Hannibal, Missouri. Describió en sus libros muchas de las casas y lugares famosos de Hannibal. Hoy día, la ciudad rinde tributo a Twain, a los aspectos de la vida sobre los que escribió y a los personajes de sus libros.

1. Samuel Clemens eligió como seudónimo una frase que usaban los tripulantes de barcos fluviales del Mississippi. Cuando medían la profundidad del río, gritaban "¡mark twain!" cada vez que medían una profundidad de 1 twain (2 brazos).

   a. El número de brazos varía directamente con el número de pies, y 7 brazos equivalen a 42 pies. Halla la ecuación de variación directa.

   b. Escribe la ecuación de variación directa para convertir brazos a pulgadas. ¿Cuál es la constante de proporcionalidad? ¿Cuántas pulgadas equivale a un twain?

2. El *Mark Twain*, un barco fluvial, tiene una capacidad máxima de 400 personas. Escribe y representa una desigualdad que exprese que el número de niños x más el número de adultos y no puede exceder el máximo. Escribe la ecuación de la línea de límite. ¿La línea debe ser continua o punteada?

3. El precio por un paseo de una hora en el *Mark Twain* es de $9 por adulto y $6 por niño. Escribe la ecuación de la línea que te da el número posible de pasajes para niños y adultos adquiridos para un paseo en el que se vendieron pasajes por $3615. Representa gráficamente tu ecuación en el mismo plano cartesiano que tu desigualdad del problema 2. ¿Es posible que el barco venda pasajes por $3615 para un solo paseo? Explica tu respuesta.

Gráficas en el espacio

Puedes representar gráficamente un punto en dos dimensiones con un plano cartesiano con los ejes de las x y de las y. Cada punto se ubica con un par ordenado (x, y). En tres dimensiones, necesitas tres ejes de coordenadas, y cada punto se ubica con una tripleta ordenada (x, y, z).

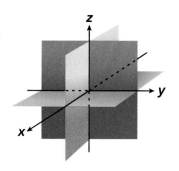

Para representar gráficamente un punto, avanza en el eje de las x el número de unidades de la coordenada x. Luego, avanza a la derecha o a la izquierda el número de unidades de la coordenada y. Luego, avanza hacia arriba o hacia abajo el número de unidades de la coordenada z.

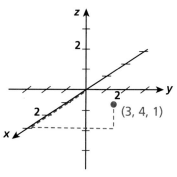

$(3, 4, 1)$

Traza cada punto en tres dimensiones.

1. $(1, 2, 5)$ **2.** $(-2, 3, -2)$

3. $(4, 0, 2)$

La gráfica de la ecuación $y = 2$ en tres dimensiones es un plano perpendicular al eje de las y, dos unidades a la derecha del origen.

Describe la gráfica de cada plano en tres dimensiones.

4. $x = 3$ **5.** $z = 1$ **6.** $y = -1$

Línea solitaria

Usa un dado numérico rojo y uno azul y un plano cartesiano. Lanza los dados para generar las coordenadas de puntos en el plano. La coordenada x de cada punto es el número del dado rojo, y la coordenada y es el número del dado azul. Genera siete pares ordenados y traza los puntos en el plano cartesiano. Luego, trata de escribir las ecuaciones de tres líneas que dividan el plano en siete regiones, de modo que cada punto esté en una región diferente.

Tecnología
LABORATORIO

Gráficas de desigualdades en dos variables

Para usar con la Lección 11-6

Puedes usar una calculadora de gráficas para representar gráficamente la solución de una desigualdad en dos variables.

Actividad

1 Para representar gráficamente la desigualdad $y > 2x - 4$ con una calculadora de gráficas, usa el menú **Y=** y escribe la ecuación $y = 2x - 4$.

Oprime **Y=** 2 **X,T,θ,n** **–** 4 **GRAPH** .

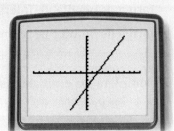

La línea que representa la gráfica de la ecuación representa el *límite* de la región de solución de la desigualdad. La gráfica de la desigualdad es la región arriba de la línea, o bien, abajo de la línea. Usa un punto de prueba para decidir qué región representa la gráfica de la desigualdad.

El punto (0, 0) es un buen punto de prueba si no está en la línea.

Si sustituyes x y y por 0, tienes $0 > 2 \cdot 0 - 4$, ó sea, $0 > -4$, que es *verdadera*. La gráfica de la solución es la región arriba de la línea.

Para representar gráficamente esta región, oprime **Y=** ◄ ◄ y

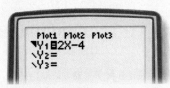

observa que el cursor de edición se coloca a la izquierda de **Y1** en un icono parecido a un segmento de recta pequeño, ＼.

Ahora oprime **ENTER** varias veces y observa los iconos que aparecen. Elige el que parece una región sombreada sobre una línea. Oprime **GRAPH** para presentar la región sombreada. Cualquier punto (x, y) de la región sombreada que no esté en la línea es una solución de $y > 2x - 4$.

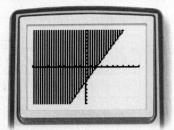

Razonar y comentar

1. ¿Qué desigualdad representaría la gráfica con todos los puntos sombreados bajo el eje x?

2. ¿Cómo usarías tu calculadora para presentar una gráfica de la región que es la intersección de las gráficas de la solución de $y > x - 2$ y $y < x + 3$?

Inténtalo

Usa una calculadora de gráficas para representar gráficamente cada desigualdad.

1. $y < x - 4$　　　　**2.** $y > 4 - x$　　　　**3.** $y < 2x - 5$

4. $2x - 5y < 10$　　　**5.** $x + y < 4$　　　　**6.** $3x + y > 6$

Guía de estudio y repaso

Vocabulario

Completa los enunciados con las palabras del vocabulario. Puedes usar las palabras más de una vez.

1. La coordenada x del punto donde una línea cruza el eje de las x es su ___?___, y la coordenada y del punto donde la línea cruza el eje de las y es su ___?___.

2. $y = mx + b$ es el/la ___?___ de una línea, y $y - y_1 = m(x - x_1)$ es el/la ___?___ .

3. Dos variables relacionadas mediante una razón constante están en ___?___.

11-1 Cómo representar gráficamente las ecuaciones lineales

(págs. 540–544)

EJEMPLO

■ Representa gráficamente $y = x - 2$. Indica si es lineal.

x	$x - 2$	y	(x, y)
-1	$-1 - 2$	-3	$(-1, -3)$
0	$0 - 2$	-2	$(0, -2)$
1	$1 - 2$	-1	$(1, -1)$
2	$2 - 2$	0	$(2, 0)$

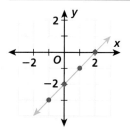

$y = x - 2$ es lineal; su gráfica es una línea recta.

EJERCICIOS

Representa gráficamente cada ecuación e indica si es lineal.

4. $y = 3x - 1$
5. $y = 3 - 2x$
6. $y = -x^2$
7. $y = x^3$
8. $y = -x^3$
9. $y = 3x$
10. $y = \dfrac{12}{x}$ por $x \neq 0$
11. $y = -\dfrac{12}{x}$ por $x \neq 0$

11-2 Pendiente de una línea (págs. 545–549)

■ Halla la pendiente de la línea que pasa por $(-1, 2)$ y $(1, 3)$.

Sea (x_1, y_1) igual a $(-1, 2)$ y (x_2, y_2) igual a $(1, 3)$.

$$\frac{y_2 - y_1}{x_2 - x_1} = \frac{3 - 2}{1 - (-1)}$$
$$= \frac{1}{2}$$

La pendiente de la línea que pasa por $(-1, 2)$ y $(1, 3)$ es $\frac{1}{2}$.

EJERCICIOS

Halla la pendiente de la línea que pasa por cada par de puntos.

12. $(3, 1)$ y $(6, 3)$

13. $(3, 2)$ y $(4, -2)$

14. $(4, 4)$ y $(-1, -2)$

15. $(-1, 5)$ y $(6, -2)$

16. $(-3, -3)$ y $(-4, -2)$

17. $(0, 0)$ y $(-5, -7)$

18. $(-5, 7)$ y $(-1, -2)$

11-3 Cómo usar pendientes e intersecciones (págs. 550–554)

EJEMPLO

■ Escribe $2x + 3y = 6$ en forma de pendiente-intersección. Identifica la pendiente y la intersección con el eje y.

$2x + 3y = 6$

$3y = -2x + 6$ *Resta 2x a ambos lados.*

$\dfrac{3y}{3} = \dfrac{-2x}{3} + \dfrac{6}{3}$ *Divide ambos lados entre 3.*

$y = -\dfrac{2}{3}x + 2$ *forma de pendiente-intersección*

$m = -\dfrac{2}{3}$ y $b = 2$

EJERCICIOS

Escribe cada ecuación en forma de pendiente-intersección. Identifica la pendiente y la intersección con el eje y.

19. $2y = 3x + 8$ **20.** $3y = 5x - 9$

21. $4x + 5y = 10$ **22.** $4y - 7x = 12$

Con dos puntos por los que pasa una línea, escribe la ecuación de la línea en forma de pendiente-intersección.

23. $(0, 4)$ y $(-1, 1)$

24. $(-2, 5)$ y $(3, -5)$

25. $(4, 3)$ y $(-2, 6)$

26. $(3, -1)$ y $(-1, -3)$

11-4 Forma de punto y pendiente (págs. 556–559)

EJEMPLO

■ Escribe la forma de punto y pendiente de la línea con pendiente de -3 que pasa por $(2, -1)$.

$y - y_1 = m(x - x_1)$

$y - (-1) = -3(x - 2)$ *Sustituye x_1 por 2,*

$y + 1 = -3(x - 2)$ *y_1 por -1, m por -3.*

La ecuación en forma de punto y pendiente de la línea con pendiente de -3 que pasa por $(2, -1)$ es $y + 1 = -3(x - 2)$.

EJERCICIOS

Escribe la forma de punto y pendiente de cada línea con las condiciones que se dan.

27. pendiente 4, pasa por $(1, 3)$

28. pendiente -2, pasa por $(-3, 4)$

29. pendiente $-\dfrac{3}{5}$, pasa por $(0, -2)$

30. pendiente $\dfrac{2}{7}$, pasa por $(0, 0)$

EJEMPLO

■ y varía directamente con x, y y es 27 cuando x es 3. Escribe la ecuación de variación directa.

$y = kx$	y varía directamente con x.
$27 = k \cdot 3$	Sustituye x por 3 y y por 27.
$9 = k$	Halla el valor de k.
$y = 9x$	Susitituye k por 9 en la ecuación original.

EJERCICIOS

y varía directamente con x. Escribe la ecuación de variación directa para cada conjunto de condiciones.

31. y es 54 cuando x es 9

32. x es 8 cuando y es 96

33. y es 9 cuando x es 63

11-6 Cómo representar gráficamente las desigualdades en dos variables
(págs. 567–571)

EJEMPLO

■ Representa gráficamente la desigualdad $y > x - 2$.

Representa gráficamente $y = x - 2$ como línea punteada. Prueba $(0, 0)$ en la desigualdad; $0 > -2$ es verdadera, por tanto sombrea el lado de la línea que incluye $(0, 0)$.

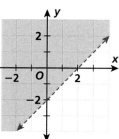

EJERCICIOS

Representa gráficamente cada desigualdad.

34. $y \leq x + 4$

35. $2y \geq 3x + 6$

36. $2x + 5y > 10$

37. $4y - 3x < 12$

38. Jon escribe en computadora hasta 55 palabras por minuto. Representa gráficamente la relación entre el número de minutos y el número de palabras que escribe.

11-7 Líneas de mejor ajuste (págs. 572–575)

EJEMPLO

■ Traza los datos y halla una línea de mejor ajuste.

x	3	4	5	5	6	7
y	4	2	4	5	7	5

Calcula las medias de x y y.

$$x_m = \frac{30}{6} = 5 \qquad y_m = \frac{27}{6} = 4.5$$

Dibuja una línea por $(5, 4.5)$ que se ajuste a los datos. Estima otro punto de la línea, $(3, 3)$. Halla la pendiente, 0.75 y usa la forma de punto y pendiente para escribir una ecuación de la línea.

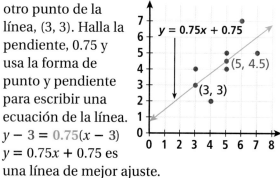

$y - 3 = 0.75(x - 3)$
$y = 0.75x + 0.75$ es una línea de mejor ajuste.

EJERCICIOS

Traza cada conjunto de datos. Halla una línea de mejor ajuste.

39.

x	1	2	2	4	4	5
y	1	4	6	4	7	5

40.

x	1	3	4	4	6	7
y	2	1	4	7	6	7

41.

x	10	20	30	40	50	60
y	6	17	33	39	55	62

42.

x	10	25	40	55	70	85
y	67	58	41	29	28	20

Halla la pendiente de la línea que pasa por cada par de puntos.

1. $(2, 5)$ y $(4, 9)$

2. $(7, 9)$ y $(1, 12)$

3. $(0, -8)$ y $(-1, -10)$

Indica si las líneas que pasan por los puntos que se dan son paralelas o perpendiculares.

4. línea 1: $(0, 8)$ y $(2, 2)$
línea 2: $(-2, 4)$ y $(4, -14)$

5. línea 1: $(0, -1)$ y $(-2, -9)$
línea 2: $(2, 15)$ y $(-1, 3)$

Con dos puntos por los que pasa una línea, escribe la ecuación de cada línea en forma de pendiente-intersección.

6. $(1, 4)$ y $(0, -3)$

7. $(-3, 0)$ y $(2, -4)$

8. $(-1, 5)$ y $(2, 0)$

Usa la forma de punto y pendiente de cada ecuación para identificar un punto por el que pasa la línea y la pendiente de la línea.

9. $y - 6 = 3(x - 5)$

10. $y + 2 = -5(x - 9)$

11. $y - 1 = 7x$

Escribe la forma de punto y pendiente de cada línea con las ecuaciones que se dan.

12. pendiente de -2, pasa por $(-4, 1)$

13. pendiente de 3, pasa por $(2, 0)$

Como y varía directamente con x, escribe la ecuación de variación directa para cada conjunto de condiciones.

14. y es 225 cuando x es 25

15. y es 0.1875 cuando x es 0.25

16. x es 13 cuando y es 91

Representa gráficamente cada desigualdad.

17. $y > x + 3$

18. $3y \leq x - 6$

19. $2y + 3x \geq 12$

Halla una línea de mejor ajuste para cada conjunto de datos.

20.

x	0	1	1	3	5	5	6
y	1	1	2	2	3	2	3

21.

x	0	2	2	3	4	7
y	6	6	5	2	1	1

Marge pagó $200 de enganche por una computadora y hace pagos semanales de $25. La ecuación $y = 25x + 200$ representa la cantidad que ha pagado después de x semanas.

22. Usa la pendiente y la intersección con el eje y para representar gráficamente la ecuación.

23. Marge terminó de pagar en 8 semanas. ¿Cuánto pagó?

24. Una libélula aletea hasta 30 veces por segundo. Representa gráficamente la relación entre el tiempo de vuelo y el número de veces que la libélula aletea. ¿Puede una libélula aletear 1000 veces en medio minuto?

Muestra lo que sabes

Haz un portafolio para tus trabajos en este capítulo. Completa esta página e inclúyela junto con los cuatro mejores trabajos del Capítulo 11. Elige entre las tareas o prácticas de laboratorio, examen parcial del capítulo o cualquier entrada de tu diario para incluirlas en el portafolio empleando el diseño que más te guste. Usa tu portafolio para presentar lo que consideras tu mejor trabajo.

⭐ **Respuesta corta**

1. Representa gráficamente la ecuación $y = |x|$ e indica si es lineal. Como valores de x, usa los enteros del −5 al 5.

2. Los científicos han descubierto que hay una ecuación lineal que puede usarse para representar la relación entre la temperatura exterior y los chirridos por minuto de los grillos. Si el grillo de árbol nevado hace 100 chirridos/min a 63° F y 178 chirridos/min a 77° F, ¿a qué temperatura aproximada hará 126 chirridos/min? Muestra tu trabajo.

3. Traza los puntos $A(-5, -4)$, $B(1, -2)$, $C(2, 3)$ y $D(-4, 1)$. Usa segmentos de recta para unirlos en orden. Luego halla la pendiente de cada segmento. ¿Qué tipo especial de cuadrilátero es $ABCD$? Explica tu respuesta.

 Extensión de resolución de problemas

4. La casa de Tara está en una línea entre la casa de José y un árbol en el que cayó un rayo. José oyó el trueno 6 segundos después de caer el rayo. Tara lo oyó 1.5 segundos antes que José.

   a. ¿A qué velocidad viajó el trueno, al pie por segundo más cercano?

   b. A la decena de pies más cercana, ¿cuál es la distancia entre la casa de José y la de Tara?

   c. Escribe una ecuación lineal que pueda usarse para hallar la distancia y que el trueno viajó en línea recta en x segundos.

   d. Representa gráficamente tu ecuación de la parte **c** en un plano cartesiano.

conexión **internet**
Práctica en línea para la
prueba estatal: *go.hrw.com*
Clave: MP4 TestPrep

Preparación para la prueba estandarizada

Capítulo
11

Evaluación acumulativa: Capítulos 1–11

1. Un plan de ahorro requiere $1000 iniciales más un depósito mensual, como muestra la gráfica.

¿Qué representa la pendiente de la la línea que une estos puntos?

Ⓐ El plan es por 500 semanas.

Ⓑ Los miembros harán 500 depósitos.

Ⓒ Cada depósito sucesivo aumenta en $500.

Ⓓ El depósito mensual es de $500.

2. Halla el valor de k tal que la pendiente de la línea que une los puntos $(k, -3)$ y $(4, 2)$ sea de $\frac{1}{2}$.

Ⓕ 6   **Ⓗ** 14

Ⓖ −6   **Ⓙ** −14

3. Si el 75% de un grupo de 96 graduados tiene más de 25 años de edad y, de ésos, $\frac{1}{3}$ estudiaron administración, ¿cuántos mayores de 25 se graduaron en administración?

Ⓐ 72   **Ⓒ** 48

Ⓑ 64   **Ⓓ** 24

4. ¿Qué volumen tiene un cubo cuya área total es de $150e^2$?

Ⓕ $25e^3$ **Ⓗ** $125e^3$

Ⓖ $50e^3$ **Ⓙ** $625e^3$

5. ¿Cuál de estos números no es un número real?

Ⓐ $-\sqrt{5}$ **Ⓒ** $\sqrt{-5}$

Ⓑ $\sqrt[3]{-8}$ **Ⓓ** -8

6. Luke coloca en orden aleatorio bloques que tienen las letras *K, U, E* y *L*. ¿Cuál es la probabilidad de que formen su nombre?

Ⓕ $\frac{1}{4}$ **Ⓗ** $\frac{1}{12}$

Ⓖ $\frac{1}{8}$ **Ⓙ** $\frac{1}{24}$

7. Una lata de pintura cubre un área de 10 pies por 50 pies. ¿Qué expresión da el número de latas necesarias para pintar un área de *l* pies por *a* pies?

Ⓐ $\frac{500}{la}$ **Ⓒ** $\frac{la}{500}$

Ⓑ $\frac{l+a}{500}$ **Ⓓ** $500la$

8. Si $x \star y$ significa $x^2 < y^2$, ¿cuál de estos enunciados es verdadero?

Ⓕ $\frac{1}{4} \star \frac{1}{3}$ **Ⓗ** $-2 \star \frac{1}{2}$

Ⓖ $-3 \star 2$ **Ⓙ** $-4 \star -2$

¡CONSEJO!

PARA LA PRUEBA

Lee lo que pide el problema; asegúrate de saber qué debes hallar.

9. ***RESPUESTA CORTA*** Si $7 + x + y = 50$ y $x + y = c$, ¿cuál es el valor de $50 - c$? Muestra tu trabajo.

10. ***RESPUESTA CORTA*** Una fábrica recicló 5 de cada 25 piezas mecánicas clasificadas como basura. ¿Cuál es la razón de piezas no recicladas a piezas recicladas? Explica con palabras cómo determinaste tu respuesta.

Preparación para la prueba estandarizada

Sucesiones y funciones

Tasas de crecimiento de bacterias *E. coli*	
Condiciones	Tiempo de duplicación (min)
Temperatura y medio de crecimiento óptimos (30° C)	20
Temperatura baja (menos de 30° C)	40
Medio bajo en nutrientes	60
Temperatura baja y medio bajo en nutrientes	120

Profesión *Bacterióloga*

Los bacteriólogos estudian el crecimiento y las características de los microorganismos. Generalmente trabajan en medicina y salud pública.

Las colonias de bacterias crecen con gran rapidez. Su tasa de multiplicación depende de la temperatura, la cantidad de nutrientes y otros factores. La tabla muestra tasas de crecimiento de una colonia de bacterias *E. coli* en diferentes condiciones.

conexión **internet**

Presentación del capítulo en línea: *go.hrw.com*
CLAVE: MP4 Ch12

¿ESTÁS PREPARADO?

Elige de la lista el término que mejor complete cada enunciado.

1. Una ecuación cuyas soluciones están en una línea en un plano cartesiano se llama __?__.

2. Si la ecuación de una línea se escribe en la forma $y = mx + b$, m representa el/la __?__ y b representa el/la __?__.

3. Para escribir una ecuación de la línea que pasa por $(1, 3)$ y tiene una pendiente de 2, podrías usar el/la __?__ de la ecuación.

ecuación lineal

forma de punto y pendiente

pendiente

intersección con el eje x

intersección con el eje y

Resuelve los ejercicios para practicar las destrezas que usarás en este capítulo.

✔ Patrones numéricos

Halla los siguientes tres números del patrón.

4. $\dfrac{1}{-3}, \dfrac{3}{-4}, \dfrac{5}{-5}, \ldots$

5. $2, 3, 6, 11, 18, \ldots$

6. $-11, -8, -5, \ldots$

7. $4, 2\dfrac{1}{2}, 1, \ldots$

✔ Evaluar expresiones

Evalúa cada expresión con los valores que se dan de las variables.

8. $a + (b - 1)c$ con $a = 6, b = 3, c = -4$

9. $a \cdot b^c$ con $a = -2, b = 4, c = 2$

10. $(ab)^c$ con $a = 3, b = -2, c = 2$

11. $-(a + b) + c$ con $a = -1, b = -4, c = -10$

✔ Representar gráficamente ecuaciones lineales

Usa la pendiente y la intersección con el eje y para representar gráficamente cada línea.

12. $y = \dfrac{2}{3}x + 4$

13. $y = -\dfrac{1}{2}x - 2$

14. $y = 3x + 1$

15. $2y = 3x - 8$

16. $3y + 2x = 6$

17. $x - 5y = 5$

✔ Simplificar razones

Escribe cada razón en su mínima expresión.

18. $\dfrac{3}{9}$

19. $\dfrac{21}{5}$

20. $\dfrac{-12}{4}$

21. $\dfrac{27}{45}$

22. $\dfrac{3}{-45}$

23. $\dfrac{20}{-8}$

Aprender a hallar términos de una sucesión aritmética.

Vocabulario

sucesión

término

sucesión aritmética

diferencia común

Joaquín recibió 5000 millas extra por inscribirse en un programa de viajero frecuente. Cada vez que vuela para visitar a sus abuelos, gana 1250 millas.

Joaquín tiene 6250 millas en su cuenta después de un viaje, 7500 después de dos viajes, 8750 después de tres viajes, y así sucesivamente.

Después de 1 viaje	Después de 2 viajes	Después de 3 viajes	Después de 4 viajes
6250	7500	8750	10,000

Diferencia $7500 - 6250 = 1250$

Diferencia $8750 - 7500 = 1250$

Diferencia $10,000 - 8750 = 1250$

Una **sucesión** es una lista de números u objetos, llamados **términos**, en cierto orden. En una **sucesión aritmética**, la diferencia entre un término y el siguiente siempre es la misma. Esta diferencia se llama **diferencia común**. La diferencia común se suma a cada término para obtener el siguiente.

EJEMPLO 1 Identificar sucesiones aritméticas

> Determina si cada sucesión podría ser aritmética. De ser así, da la diferencia común.

Pista útil

No puedes indicar si una sucesión es aritmética observando un número finito de términos, porque el siguiente podría no entrar en el patrón.

A 8, 13, 18, 23, 28, . . .

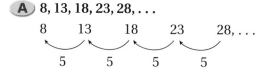

Halla la diferencia entre cada término y el anterior.

La sucesión podría ser aritmética, con una diferencia común de 5.

B 1, 2, 4, 8, 16, . . .

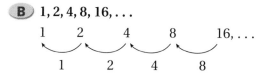

Halla la diferencia entre cada término y el anterior.

La sucesión no es aritmética.

Determina si cada sucesión podría ser aritmética. De ser así, da la diferencia común.

C 100, 93, 86, 79, 72, . . .

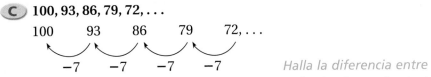

100　　93　　86　　79　　72, . . .

−7　　−7　　−7　　−7

Halla la diferencia entre cada término y el anterior.

La sucesión podría ser aritmética, con una diferencia común de −7.

D $1, \frac{3}{2}, 2, \frac{5}{2}, 3, \frac{7}{2}, 4, \ldots$

$1 \qquad \frac{3}{2} \qquad 2 \qquad \frac{5}{2} \qquad 3 \qquad \frac{7}{2} \qquad 4, \ldots$

$\frac{1}{2} \quad \frac{1}{2} \quad \frac{1}{2} \quad \frac{1}{2} \quad \frac{1}{2} \quad \frac{1}{2}$

Halla la diferencia entre cada término y el anterior.

La sucesión podría ser aritmética, con una diferencia común de $\frac{1}{2}$.

E 5, 1, −3, −7, −11, . . .

$5 \qquad 1 \qquad -3 \qquad -7 \qquad -11, \ldots$

−4　　−4　　−4　　−4

Halla la diferencia entre cada término y el anterior.

La sucesión podría ser aritmética, con una diferencia común de −4.

Escribir matemáticas

Los subíndices se usan para mostrar la posición de los términos de la sucesión. El primer término es a_1, el segundo es a_2, etc.

Supongamos que quieres conocer el centésimo término de la sucesión aritmética 5, 7, 9, 11, 13, ... Si no quieres hallar los primeros 99 términos, podrías buscar un patrón en los términos de la sucesión.

Nombre	a_1	a_2	a_3	a_4	a_5	a_6
Término	5	7	9	11	13	15
Patrón	5 + 0(2)	5 + 1(2)	5 + 2(2)	5 + 3(2)	5 + 4(2)	5 + 5(2)

La diferencia común d es 2. Para el 2º. término, se suma un 2 a a_1. Para el 3er. término, se suman dos 2 a a_1. El patrón indica que el **número de 2 que se suman** es uno menos que el **número del término**, o sea, $(n - 1)$. El centésimo término es el primer término, 5, más 99 veces la diferencia común, o sea 2.

$$a_{100} = 5 + 99(2) = 5 + 198 = 203$$

HALLAR EL ENÉSIMO TÉRMINO DE UNA SUCESIÓN ARITMÉTICA

El enésimo término a_n de una sucesión aritmética con diferencia común d es

$$a_n = a_1 + (n - 1)d.$$

EJEMPLO **2** **Hallar un término que se da de una sucesión aritmética**

Halla el término que se da de cada sucesión aritmética.

A 15º. término: 5, 7, 9, 11, . . .

$a_n = a_1 + (n - 1)d$

$a_{15} = 5 + (15 - 1)2$

$a_{15} = 33$

B 23er. término: 25, 21, 17, 13, . . .

$a_n = a_1 + (n - 1)d$

$a_{23} = 25 + (23 - 1)(-4)$

$a_{23} = -63$

C 12º. término: −9, −5, −1, 3, . . .

$a_n = a_1 + (n - 1)d$

$a_{12} = -9 + (12 - 1)4$

$a_{12} = 35$

D 20º. término: $a_1 = 3$, $d = 15$

$a_n = a_1 + (n - 1)d$

$a_{20} = 3 + (20 - 1)15$

$a_{20} = 288$

Puedes usar la fórmula del enésimo término de una sucesión aritmética para hallar el valor de otras variables.

EJEMPLO **3** *Aplicación a los viajes*

Joaquín recibió 5000 millas extras por inscribirse en el programa de viajero frecuente de una línea aérea. Cada vez que compra un pasaje de vuelo de ida y vuelta para visitar a sus abuelos, gana 1250 millas. ¿Cuántos viajes debe efectuar para reunir 25,000 millas?

Identifica la sucesión aritmética: 6250, 7500, 8750, ...

$a_1 = 6250$ *Sea a₁ = 6250 = millas después del primer viaje.*

$d = 1250$

$a_n = 25,000$

Sea *n* el número del viaje en el que Joaquín reunirá 25,000 millas en total. Usa la fórmula de sucesiones aritméticas.

$a_n = a_1 + (n - 1)d$ *Hallar el valor de n.*

$25,000 = 6250 + (n - 1)1250$ *Propiedad distributiva.*

$25,000 = 6250 + 1250n - 1250$ *Combina términos semejantes.*

$25,000 = 5000 + 1250n$ *Resta 5000 a ambos lados.*

$20,000 = 1250n$ *Divide ambos lados entre 1250.*

$16 = n$

Después de 16 viajes, Joaquín reunirá 25,000 millas.

Razonar y comentar

1. Explica cómo determinas si una sucesión podría o no podría ser una sucesión aritmética.

2. Compara tus respuestas para el décimo término de la sucesión aritmética 5, 7, 9, 11, 13, ... hallando los 10 primeros términos y usando la fórmula.

12-1 Ejercicios

PARA PRÁCTICA ADICIONAL
ve a la pág. 754

⚡conexión **internet**
Ayuda en línea para tareas
go.hrw.com   Clave: MP4 12-1

PRÁCTICA GUIADA

Ver Ejemplo **1**   Determina si cada sucesión podría ser aritmética. De ser así, halla la diferencia común.

1. 4, 6, 8, 10, 12, . . .   **2.** 14, 12, 11, 9, 8, . . .   **3.** $\frac{2}{9}, \frac{1}{3}, \frac{4}{9}, \frac{5}{9}, \frac{2}{3}, \ldots$

4. 99, 92, 85, 78, 71, . . .   **5.** $\frac{1}{2}, \frac{1}{4}, \frac{1}{8}, \frac{1}{16}, \frac{1}{32}, \ldots$ **6.** 9, 6, 3, 0, −3, . . .

Ver Ejemplo **2**   Halla el término que se da de cada sucesión aritmética.

7. 17°. término: 5, 7, 9, 11, . . .   **8.** 24°. término: 2, 6, 10, 14, . . .

9. 21°. término: −4, −8, −12, −16, . . .   **10.** 30°. término: $a_1 = 11, d = 5$

Ver Ejemplo **3**   **11.** El franqueo de primera clase de una carta cuesta $0.37 por la primera onza y $0.23 por cada onza adicional. Si el envío de una carta cuesta $1.52, ¿cuántas onzas pesa?

PRÁCTICA INDEPENDIENTE

Ver Ejemplo **1**   Determina si cada sucesión podría ser aritmética. De ser así, halla la diferencia común.

12. $\frac{1}{2}, 1, 1\frac{1}{2}, 2, 2\frac{1}{2}, \ldots$ **13.** 3, 2, 1, 0, −1, . . .   **14.** $\frac{1}{8}, \frac{3}{8}, \frac{7}{8}, 1\frac{1}{8}, 1\frac{5}{8}, \ldots$

15. 6, 29, 52, 75, 98, . . .   **16.** $\frac{4}{5}, 1\frac{1}{5}, 1\frac{3}{5}, 2, 2\frac{1}{5}, \ldots$ **17.** 0.1, 0.4, 0.7, 1, 1.3, . . .

Ver Ejemplo **2**   Halla el término que se da de cada sucesión aritmética.

18. 11°. término: 5, 3, 1, −1, . . .   **19.** 23er. término: 0.1, 0.15, 0.2, 0.25

20. 50°. término: $a_1 = 1, d = 2$ **21.** 18°. término: $a_1 = 44.5, d = -3.5$

Ver Ejemplo **3**   **22.** Mariano recibió una bonificación o pago extra de $50 por trabajar el día siguiente al Día de Acción de Gracias, más su salario normal de $9.45 por hora. Si ese día ganó en total $135.05, ¿cuántas horas trabajó?

PRÁCTICA Y RESOLUCIÓN DE PROBLEMAS

Escribe los siguientes tres términos de cada sucesión aritmética.

23. 11, 14, 17, 20, . . .   **24.** −14, −8, −2, 4, . . .   **25.** 101, 90, 79, 68, . . .

26. $\frac{1}{2}, \frac{5}{8}, \frac{3}{4}, \frac{7}{8}, \ldots$ **27.** −6, −18, −30, −42, . . .   **28.** 0.5, 0.4, 0.3, 0.2, . . .

Escribe los primeros cinco términos de cada sucesión aritmética.

29. $a_1 = 1, d = 1$ **30.** $a_1 = 3, d = 7$ **31.** $a_1 = 0, d = 0.25$

32. $a_1 = 100, d = -5$ **33.** $a_1 = 32, d = 1\frac{4}{5}$ **34.** $a_1 = 6, d = -4$

35. El quinto término de una sucesión aritmética es 134. La diferencia común es 14. ¿Cuáles son los primeros cuatro términos de la sucesión aritmética?

36. El 1er. término de una sucesión aritmética es 9. La diferencia común es 11. ¿En qué posición está el término 163?

37. El reloj de Julia se atrasa 5 minutos cada día. El domingo a mediodía su reloj marcaba 11:55. Escribe los primeros cuatro términos de una sucesión aritmética que represente la situación. (Supongamos que $a_1 = $ 11:55.)

38. *RECREACIÓN* El volante muestra las tarifas de una pista de carritos.

a. ¿Cuáles son los primeros 5 términos de la sucesión aritmética que representa lo que cobra la pista?

b. ¿Cuánto costaría dar 9 vueltas a la pista?

c. El costo de una licencia más n vueltas es $11. Halla n.

39. *NEGOCIOS* Un despacho de abogados cobra una cuota administrativa de $75 más $52.50 por cada media hora de consulta.

a. ¿Cuáles son los 4 primeros términos de una sucesión aritmética que represente los honorarios del despacho?

b. ¿Cuánto duró una consulta si el costo total fue de $390?

40. *ESCRÍBELO* Explica cómo hallar la diferencia común de una sucesión aritmética. ¿Qué puedes decir de los términos de una sucesión si la diferencia común es positiva? ¿Y si es negativa?

41. *ESCRIBE UN PROBLEMA* Escribe un problema de sucesión aritmética usando $a_7 = -15$ y $d = 6.5$.

42. *DESAFÍO* El 1er. término de una sucesión aritmética es 4 y la diferencia común es 5. Halla dos términos consecutivos de la sucesión que sumen 103. ¿Qué posiciones ocupan esos términos en la sucesión?

Repaso en espiral

Resuelve cada desigualdad. (Lección 10-4)

43. $12x - 4 > 3x + 14$

44. $6p + 11 < 10 + 5p$

45. $5 + 4p \geq 18 + 2p$

46. $0.5x - 1 \leq 0.25x + 4$

47. $19c - 11 > 14c + 14$

48. $10.5d - 1.5 < 9.5d$

49. **PREPARACIÓN PARA LA PRUEBA** Un triángulo rectángulo tiene vértices en $(0, 0)$, $(4, 0)$ y $(4, 10)$. ¿Cuál es la pendiente de la hipotenusa? (Lección 5-5)

    A 2.5   **B** 0.4   **C** 2   **D** 1.8

Sucesiones geométricas

Aprender a hallar términos de una sucesión geométrica.

Vocabulario

sucesión geométrica

razón común

Joey poda el césped de su casa cada semana. Su mamá le da la opción de $10 por semana o de 1¢ la primera semana, 2¢ la segunda, 4¢ la cuarta y así.

Semana 1	Semana 2	Semana 3	Semana 4
1¢	2¢	4¢	8¢

Razón
$\frac{2}{1} = 2$ Razón $\frac{2}{1} = 2$ Razón $\frac{2}{1} = 2$

Los pagos semanales según este plan forman una sucesión geométrica. En una **sucesión geométrica**, la razón de un término al siguiente siempre es la misma. Esta razón se llama **razón común**. La razón común se multiplica por cada término para obtener el siguiente.

EJEMPLO **1** **Identificar sucesiones geométricas**

Determina si cada sucesión podría ser geométrica. De ser así, da la razón común.

A 96, 48, 24, 12, 6, . . .

96   48   24   12   6, . . .

$\frac{1}{2}$ $\frac{1}{2}$ $\frac{1}{2}$ $\frac{1}{2}$

Divide cada término entre el término anterior.

La sucesión podría ser geométrica con una razón común de $\frac{1}{2}$.

B 5, −5, 5, −5, 5, . . .

5   −5   5   −5   5, . . .

−1   −1   −1   −1

Divide cada término entre el término anterior.

La sucesión podría ser geométrica con una razón común de −1.

C 5, 7, 9, 11, . . .

5   7   9   11, . . .

$\frac{7}{5}$ $\frac{9}{7}$ $\frac{11}{9}$

Divide cada término entre el término anterior.

La sucesión no es geométrica.

Determina si cada sucesión podría ser geométrica. De ser así, da la razón común.

D $4, -6, 9, -13.5, 20.25, \ldots$

$$4 \quad -6 \quad 9 \quad -13.5 \quad 20.25, \ldots$$

$$-1.5 \quad -1.5 \quad -1.5 \quad -1.5$$

Divide cada término entre el término anterior.

La sucesión podría ser geométrica con una razón común de -1.5.

Supongamos que quieres hallar el 15º. término de la sucesión geométrica 2, 6, 18, 54, 162, ... Si no quieres hallar los primeros 14 términos, podrías buscar un patrón en los términos de la sucesión.

Nombre	a_1	a_2	a_3	a_4	a_5	a_6
Término	2	6	18	54	162	486
Patrón	$2(3)^0$	$2(3)^1$	$2(3)^2$	$2(3)^3$	$2(3)^4$	$2(3)^5$

La razón común r es 3. Para el 2º. término, a_1 se multiplica por 3 una vez. Para el 3er. término, a_1 se multiplica por 3 dos veces. El patrón es que, para cada término, el **número de veces que se multiplica 3** es uno menos que el **número del término**, o sea ($n - 1$). El 15º. término es el primer término, 2, multiplicado por la razón común, 3, elevada a la 14ª. potencia.

$$a_{15} = 2(3)^{14} = 2(4{,}782{,}969) = 9{,}565{,}938$$

HALLAR EL ENÉSIMO TÉRMINO DE UNA SUCESIÓN GEOMÉTRICA

El enésimo término a_n de una sucesión geométrica con razón común r es

$$a_n = a_1 r^{n-1}.$$

EJEMPLO 2 Hallar un término que se da de una sucesión geométrica

Halla el término que se da de cada sucesión geométrica.

A 12º. término: 6, 18, 54, 162, ...

$$r = \frac{18}{6} = 3$$

$$a_{12} = 6(3)^{11} = 1{,}062{,}882$$

B 57º. término: 1, −1, 1, −1, 1, ...

$$r = \frac{-1}{1} = -1$$

$$a_{57} = 1(-1)^{56} = 1$$

C 10º. término: $5, \frac{5}{2}, \frac{5}{4}, \frac{5}{8}, \frac{5}{16}, \ldots$

$$r = \frac{\frac{5}{2}}{5} = \frac{1}{2}$$

$$a_{10} = 5\left(\frac{1}{2}\right)^9 = \frac{5}{512}$$

D 20º. término: 625, 500, 400, 320, ...

$$r = \frac{500}{625} = 0.8$$

$$a_{20} = 625(0.8)^{19} \approx 9.01$$

Joey tiene dos opciones de pago por podar el césped cada semana:
1) $10 por semana ó 2) 1¢ la primera semana, 2¢ la segunda, 4¢ la tercera, y así sucesivamente, en la que gana cada semana el doble de lo que ganó la semana anterior. Si Joey podará el césped por 15 semanas, ¿qué opción debe elegir?

Si Joey elige $10 por semana, obtendrá 15($10) = $150 en total.

Si elige la segunda opción, su paga tan sólo por la 15ª. semana será más que el total de todos los pagos en la opción 1.

$$a_{15} = (\$0.01)(2)^{14} = (\$0.01)(16{,}384) = \$163.84$$

Con la opción 1, Joey recibe más dinero al principio, pero con la opción 2 recibe más en total.

Razonar y comentar

1. **Compara** las sucesiones aritméticas y las sucesiones geométricas.

2. **Describe** cómo hallas la razón común en una sucesión geométrica.

12-2 Ejercicios

PARA PRÁCTICA ADICIONAL	🔲 conexión **internet**
ve a la pág. 754	**Ayuda en línea para tareas** go.hrw.com Clave: MP4 12-2

PRÁCTICA GUIADA

Ver Ejemplo 1 **Determina si cada sucesión podría ser geométrica. De ser así, da la razón común.**

1. $-4, -2, 0, 2, 4, \ldots$
2. $2, 6, 18, 54, 162, \ldots$
3. $\frac{2}{3}, -\frac{2}{3}, \frac{2}{3}, -\frac{2}{3}, \frac{2}{3}, \ldots$
4. $1, 1.5, 2.25, 3.375, \ldots$
5. $\frac{3}{16}, \frac{3}{8}, \frac{3}{4}, \frac{3}{2}, \ldots$
6. $-2, -4, -8, -16, \ldots$

Ver Ejemplo 2 **Halla el término que se da de cada sucesión geométrica.**

7. 12°. término: $3, 6, 12, 24, 48, \ldots$
8. 101°. término: $\frac{1}{3}, -\frac{1}{3}, \frac{1}{3}, -\frac{1}{3}, \frac{1}{3}, \ldots$
9. 22°. término: $a_1 = 262{,}144$, $r = \frac{1}{2}$
10. 8°. término: $1, 4, 16, 64, 256, \ldots$

Ver Ejemplo 3   11. Heather gana $6.50 por hora. Cada tres meses, tiene la posibilidad de recibir un aumento del 2%. ¿Cuánto ganará después de 2 años si recibe todos los aumentos posibles?

PRÁCTICA INDEPENDIENTE

Ver Ejemplo 1 · Determina si cada sucesión podría ser geométrica. De ser así, da la razón común.

12. $16, 8, 4, 2, 1, \ldots$

13. $\frac{1}{2}, \frac{1}{8}, \frac{1}{4}, \frac{1}{16}, \ldots$

14. $3, 6, 9, 12, \ldots$

15. $768, 384, 192, 96, \ldots$

16. $1, -3, 9, -27, 81, \ldots$

17. $6, 2, \frac{2}{3}, \frac{2}{9}, \ldots$

Ver Ejemplo 2 · Halla el término que se da de cada sucesión geométrica.

18. 6°. término: $\frac{1}{2}, 1, 2, 4, \ldots$

19. 5°. término: $a_1 = 4096, r = \frac{7}{8}$

20. 5°. término: $a_1 = 12, r = -\frac{1}{2}$

21. 7°. término: $3, 6, 12, 24, \ldots$

22. 22°. término: $\frac{1}{36}, \frac{1}{18}, \frac{1}{9}, \frac{2}{9}, \ldots$

23. 6°. término: $1, 1.5, 2.25, 3.375, \ldots$

Ver Ejemplo 3 · **24.** Un tanque contiene 54,000 galones de agua. Cada día se extrae un tercio del agua que queda en el tanque. ¿Cuánta agua quedará en el tanque el 15°. día?

PRÁCTICA Y RESOLUCIÓN DE PROBLEMAS

Halla los siguientes tres términos de cada sucesión geométrica.

25. $a_1 = 24$, razón común $= \frac{1}{2}$

26. $a_1 = 4$, razón común $= 2$

27. $a_1 = \frac{1}{81}$, razón común $= -3$

28. $a_1 = 3$, razón común $= 2.5$

Halla los primeros cinco términos de cada sucesión geométrica.

29. $a_1 = 1, r = 1$

30. $a_1 = 5, r = -3$

31. $a_1 = 100, r = 1.1$

32. $a_1 = 64, r = \frac{3}{2}$

33. $a_1 = 10, r = 0.25$

34. $a_1 = 64, r = -4$

35. Halla el 1er. término de la sucesión geométrica cuyo 6°. término es $\frac{64}{5}$ y cuya razón común es 2.

36. Halla el 3er. término de la sucesión geométrica cuyo 7°. término es 256 y cuya razón común es -4.

37. Halla el 1er. término de la sucesión geométrica cuyo 5°. término es $\frac{125}{432}$ y cuya razón común es $\frac{5}{6}$.

38. Halla el 1er. término de la sucesión geométrica cuyo 4°. término es 28 y cuya razón común es 2.

39. Halla el 5°. término de la sucesión geométrica cuyo 3er. término es 8 y cuyo 4°. término es 12.

40. Halla el 3er. término de la sucesión geométrica cuyo 4°. término es 5400 y cuyo 6°. término es 7776.

41. Halla el 1er. término de la sucesión geométrica cuyo 3er. término es 72 y cuyo 5°. término es 32.

42. **ECONOMÍA** Un automóvil que originalmente valía $16,000 tiene una depreciación anual del 15%. Esto quiere decir que, cada año, el automóvil vale el 85% de lo que valía el año anterior. ¿Qué valor tiene después de 6 años? Redondea al dólar más cercano.

43. **CIENCIAS DE LA VIDA** En condiciones controladas, un cultivo de bacterias se duplica cada 2 días. ¿Cuántas células de bacterias habrá en el cultivo después de 2 semanas si originalmente había 32?

44. **CIENCIAS FÍSICAS** Se deja caer una pelota de caucho de una altura de 256 pies. Después de cada rebote se registra la altura.

Altura de la pelota al rebotar					
Número de rebotes	1	2	3	4	5
Altura (pies)	192	144	108	81	60.75

a. ¿Podrían las alturas de la tabla formar una sucesión geométrica? De ser así, halla la razón común.

b. Estima la altura de la pelota en el 8°. rebote. Redondea tu respuesta al pie más cercano.

45. **ESCRÍBELO** Compara dos sucesiones geométricas, una con $a_1 = 2$ y $r = 3$ y la otra con $a_1 = 3$ y $r = 2$.

46. **¿DÓNDE ESTÁ EL ERROR?** Se pide a un estudiante hallar los siguientes tres términos de una sucesión geométrica, con $a_1 = 10$ y razón común de 5. Su respuesta es $2, \frac{2}{5}, \frac{2}{25}$. ¿Qué error cometió y cuál es la respuesta correcta?

47. **DESAFÍO** El 5°. término de una sucesión geométrica es 768, y el 10°. término es 786,432. Halla el 7°. término.

Repaso en espiral

Halla el factor de conversión adecuado. (Lección 7-3)

48. metros a milímetros

49. cuartos a galones

50. galones a pintas

51. gramos a centigramos

52. kilogramos a gramos

53. yardas a pulgadas

54. **PREPARACIÓN PARA LA PRUEBA** En un plano, la anchura de una ventana es de 2.5 pulg. Si la ventana real tiene 85 pulg de anchura, ¿qué factor de escala se usó en el plano? (Lección 7-7)

A $\frac{1}{28}$

B $\frac{1}{17}$

C $\frac{1}{24}$

D $\frac{1}{34}$

Práctica

LABORATORIO 12A

Sucesión de Fibonacci

Para usar con la Lección 12-3

conexión **internet**
Recursos en línea para el laboratorio: *go.hrw.com*
CLAVE: MP4 Lab12A

QUÉ NECESITAS:
Fichas cuadradas

Actividad

1 Usa fichas cuadradas para representar los siguientes números:

   1   1   2   3   5   8   13   21

2 Coloca la primera pila de fichas sobre la segunda.
¿Qué notas?

Las dos primeras pilas juntas tienen la misma altura que la tercera pila.

3 Coloca la segunda pila de fichas sobre la tercera
¿Qué notas?

La segunda y tercera pilas juntas tienen la misma altura que la cuarta pila.

Esta sucesión se llama **sucesión de Fibonacci.** Al sumar dos números sucesivos, obtienes el siguiente número de la sucesión. La sucesión es infinita.

Razonar y comentar

1. Si hubiera un término antes que el 1 en la sucesión, ¿cuál sería? Explica tu respuesta.

2. ¿Los números 144, 233, 377 podrían ser parte de la sucesión de Fibonacci? Explica tu respuesta.

Inténtalo

1. Usa tus fichas cuadradas para hallar los siguientes dos números en la sucesión. ¿Cuáles son?

2. Los términos 18º. y 19º. de la sucesión de Fibonacci son 2584 y 4181. ¿Cuál es el 20º.?

12-3 Otras sucesiones

Aprender a hallar patrones en sucesiones.

Vocabulario

primeras diferencias

segundas diferencias

sucesión de Fibonacci

Los primeros cinco *números triangulares* se muestran abajo.

1

3

6

10

15

Para continuar la sucesión, puedes dibujar los triángulos o buscar un patrón. Si restas a cada término el anterior, las **primeras diferencias** crean una nueva sucesión. Si no distingues un patrón, puedes repetir el proceso para hallar las **segundas diferencias** .

Término	1	2	3	4	5	6	7
Número triangular	1	3	6	10	15	21	28

Primeras diferencias   2   3   4   5   6   7

Segundas diferencias   1   1   1   1   1

Las primeras y segundas diferencias pueden ayudarte a hallar términos en algunas sucesiones.

EJEMPLO 1 Usar primeras y segundas diferencias

Usa primeras y segundas diferencias para hallar los siguientes tres términos de cada sucesión.

A 1, 9, 24, 46, 75, 111, 154, . . .

Sucesión	1	9	24	46	75	111	154	204	261	325
1as diferencias	8	15	22	29	36	43	50	57	64	
2as diferencias	7	7	7	7	7	7	7	7		

Los siguientes tres términos son 204, 261, 325.

B 5, 5, 7, 13, 25, 45, 75, . . .

Sucesión	5	5	7	13	25	45	75	117	173	245
1as diferencias	0	2	6	12	20	30	42	56	72	
2as diferencias	2	4	6	8	10	12	14	16		

Los siguientes tres términos son 117, 173, 245.

Al ver la sucesión 1, 2, 3, 4, 5, ..., probablemente pensarías que el siguiente término es 6. De hecho, el siguiente término podría ser cualquier número. Si no se da una regla, lo mejor es usar el patrón más sencillo que puedas distinguir en los términos que se dan.

EJEMPLO 2 Hallar una regla con los términos que se dan de una sucesión

Da los siguientes tres términos de cada sucesión mediante la regla más sencilla que puedas hallar.

A $1, \frac{1}{2}, \frac{1}{3}, \frac{1}{4}, \frac{1}{5}, \ldots$

Una posible regla es sumar 1 al denominador del término anterior. Esto podría escribirse algebraicamente como $a_n = \frac{1}{n}$.

Los siguientes tres términos son $\frac{1}{6}, \frac{1}{7}, \frac{1}{8}$.

B $1, -1, 2, -2, 3, -3, \ldots$

A cada término positivo lo sigue su opuesto, y el siguiente término es 1 más que el término positivo anterior.

Los siguientes tres términos son $4, -4, 5$.

C $2, 3, 5, 7, 11, 13, 17, \ldots$

La regla de la sucesión podrían ser los números primos de menor a mayor.

Los siguientes tres términos son 19, 23, 29.

D $1, 4, 9, 16, 25, 36, \ldots$

La regla de la sucesión podría ser los cuadrados perfectos. Esto podría escibirse algebraicamente como $a_n = n^2$.

Los siguientes tres términos son 49, 64, 81.

A veces se usa una regla algebraica para definir una sucesión.

EJEMPLO 3 Hallar términos de una sucesión con una regla que se da

Halla los primeros cinco términos de la sucesión que se define con $a_n = \frac{n}{n+1}$.

$a_1 = \frac{1}{1+1} = \frac{1}{2}$

$a_2 = \frac{2}{2+1} = \frac{2}{3}$

$a_3 = \frac{3}{3+1} = \frac{3}{4}$

$a_4 = \frac{4}{4+1} = \frac{4}{5}$

$a_5 = \frac{5}{5+1} = \frac{5}{6}$

Los primeros cinco términos son $\frac{1}{2}, \frac{2}{3}, \frac{3}{4}, \frac{4}{5}, \frac{5}{6}$.

Una sucesión famosa, llamada **sucesión de Fibonacci** se define con esta regla: suma los dos términos anteriores para hallar el siguiente.

1, 1, 2, 3, 5, 8, 13, 21, . . .

$1 + 1 = 2$ $1 + 2 = 3$ $2 + 3 = 5$ $3 + 5 = 8$ $5 + 8 = 13$ $8 + 13 = 21$

EJEMPLO 4 Usar la sucesión de Fibonacci

Supongamos que *a*, *b*, *c* y *d* son cuatro números consecutivos de la sucesión de Fibonacci. Completa la siguiente tabla y adivina el patrón.

a, *b*, *c*, *d*	*bc*	*ad*
1, 1, 2, 3	1(2) = 2	1(3) = 3
3, 5, 8, 13	5(8) = 40	3(13) = 39
13, 21, 34, 55	21(34) = 714	13(55) = 715
55, 89, 144, 233	89(144) = 12,816	55(233) = 12,815

El producto de los dos términos internos es uno más o uno menos que el producto de los dos términos externos.

Razonar y comentar

1. Halla las primeras y segundas diferencias de la sucesión de números pentagonales: 1, 5, 12, 22, 35, 51, 70, ...

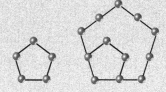

12-3 Ejercicios

PARA PRÁCTICA ADICIONAL
ve a la pág. 754

🔲 conexión **internet**
Ayuda en línea para tareas
go.hrw.com   Clave: MP4 12-3

go.hrw.com

PRÁCTICA GUIADA

Ver Ejemplo 1   Usa primeras y segundas diferencias para hallar los siguientes tres términos de cada sucesión.

1. 1, 7, 22, 46, 79, 121, 172, …

2. 5, 10, 30, 65, 115, 180, …

3. 12, 12, 15, 24, 42, 72, 117, …

4. 6, 8, 19, 48, 104, 196, 333, …

Ver Ejemplo 2   Da los siguientes tres términos de cada sucesión mediante la regla más sencilla que puedas hallar.

5. $\frac{1}{2}, \frac{2}{3}, \frac{3}{4}, \frac{4}{5}, \frac{5}{6}, \frac{6}{7}, \ldots$

6. 5, −6, 7, −8, 9, −10, 11, …

7. 4, 5, 6, 4, 5, 6, 4, …

8. 1, 8, 27, 64, 125, …

Ver Ejemplo 3

Halla los primeros cinco términos de cada sucesión que se define con la regla que se da.

9. $a_n = \dfrac{4n}{n+2}$ **10.** $a_n = (n+2)(n+3)$ **11.** $a_n = \dfrac{2-n}{n} + 1$

Ver Ejemplo 4

12. Supongamos que a, b y c son tres números consecutivos de la sucesión de Fibonacci. Completa la siguiente tabla y adivina el patrón.

a, b, c	ac	b^2
1, 1, 2		
3, 5, 8		
13, 21, 34		
55, 89, 144		

PRÁCTICA INDEPENDIENTE

Ver Ejemplo 1

Usa primeras y segundas diferencias para hallar los siguientes tres términos de cada sucesión.

13. 11, 22, 34, 47, 61, 76, ...   **14.** $-15, -11, -2, 12, 31, 55, ...$

15. 25, 26, 29, 35, 45, 60, 81, ...   **16.** 0.01, 0.02, 0.08, 0.24, 0.55, ...

Ver Ejemplo 2

Da los siguientes tres términos de cada sucesión, mediante la regla más sencilla que puedas hallar.

17. 1, 2, 2, 3, 3, 3, 4, 4, 4, 4, 5, ...   **18.** 3, 1, 4, 1, 5, 9, ...

19. 1.1, 1.01, 1.001, 1.0001, ...   **20.** $1, \dfrac{1}{4}, \dfrac{1}{9}, \dfrac{1}{16}, \dfrac{1}{25}, \dfrac{1}{36}, ...$

Ver Ejemplo 3

Halla los primeros cinco términos de cada sucesión que se define con la regla que se da.

21. $a_n = \dfrac{n-1}{n+1}$ **22.** $a_n = n(n-1) - 2n$ **23.** $a_n = \dfrac{3n}{n+1}$

Ver Ejemplo 4

24. Supongamos que a, b, c, d y e son cinco números consecutivos de la sucesión de Fibonacci. Completa la siguiente tabla y adivina el patrón.

a, b, c, d, e	ae	bd	c^2
1, 1, 2, 3, 5			
3, 5, 8, 13, 21			
13, 21, 34, 55, 89			
55, 89, 144, 233, 377			

PRÁCTICA Y RESOLUCIÓN DE PROBLEMAS

Los primeros 14 términos de la sucesión de Fibonacci son 1, 1, 2, 3, 5, 8, 13, 21, 34, 55, 89, 144, 233, 377.

25. ¿Dónde están los números pares en esta parte de la sucesión? ¿Dónde crees que aparecerán los siguientes cuatro números pares?

26. ¿Dónde están los múltiplos de 3 en esta parte de la sucesión? ¿Dónde crees que aparecerán los siguientes cuatro múltiplos de 3?

CONEXIÓN con la música

Tono es la frecuencia de una nota musical y se mide en unidades llamadas *hertzios* (Hz). Cuanto más baja es la frecuencia de un tono, más grave suena; cuanto más alta es la frecuencia de un tono, más agudo suena. Los tonos se identifican por su octava. A_4 está en la 4ª. octava del teclado del piano y se llama A media.

27. ¿Qué tipo de sucesión representan las frecuencias de A_1, A_2, A_3, A_4, ... ? Escribe una regla para calcular estas frecuencias.

28. ¿Cuál es la frecuencia de la nota A_5, que es una octava más alta que la nota A_4?

Cuando se pulsa una cuerda de un instrumento, sus vibraciones crean muchas frecuencias diferentes al mismo tiempo. Estas frecuencias variables se llaman *armónicas*.

Frecuencias de armónicas de A_1					
Armónica	Fundamental (1ª.)	2ª.	3ª.	4ª.	5ª.
Nota	A_1	A_2	E_2	A_3	$C_3^{\#}$

29. ¿Qué tipo de sucesión representan las frecuencias de diferentes armónicas? Escribe una regla para calcular estas frecuencias.

go.hrw.com
CLAVE: MP4 Pitch, disponible en inglés.
CNN student News.

30. ¿Qué frecuencia tiene la nota E_3 si es la 6ª. armónica de A_1?

31. ⭐ **DESAFÍO** En música, la *quinta* es un intervalo importante. Conforme avanzas en el círculo de quintas, las frecuencias de los tonos son aproximadamente las que se muestran (redondeadas a la décima más cercana). ¿Qué tipo de sucesión forman las frecuencias a partir de C en el sentido de las manecillas del reloj? Escribe la regla de la sucesión. Si la regla se cumple en todo el círculo, ¿cuál sería la frecuencia de la nota F?

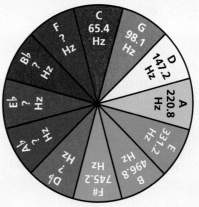

Piano keyboard labels:
55 Hz A_1
110 Hz A_2
165 Hz E_2
$C_3^{\#}$ 220 Hz A_3
275 Hz
? Hz E_3
440 Hz A_4
? Hz A_5
A_6
A_7
A_8

Circle of fifths frequencies:
C 65.4 Hz, G 98.1 Hz, D 147.2 Hz, A 220.8 Hz, E 331.2 Hz, B 496.8 Hz, F# 745.2 Hz, Db ? Hz, Ab ? Hz, Eb ? Hz, Bb ? Hz, F ? Hz

Repaso en espiral

Halla las intersecciones con los ejes *x* y *y* de cada línea. (Lección 11-3)

32. $3x - 8y = 48$ **33.** $5y - 15x = -45$ **34.** $13x + 2y = 26$ **35.** $9x + 27y = 81$

36. **PREPARACIÓN PARA LA PRUEBA** Si *y* varía directamente con *x* y $y = 25$ cuando $x = 15$, ¿cuál es la ecuación de variación directa?. (Lección 11-5)

A $y = \frac{3}{5}x$ **B** $y = \frac{5}{3}x$ **C** $y = 15x$ **D** $y = 25x$

LECCIÓN 12-1 (págs. 590–594)

Determina si cada sucesión podría ser aritmética. De ser así, da la
diferencia común.

1. 10, 11, 13, 16, …

2. 27, 24, 21, 18, …

3. 11, 22, 33, 44, …

4. 17, 60, 103, 177, …

Halla el término que se da de cada sucesión aritmética.

5. 8°. término: 5, 8, 11, 14, …

6. 11°. término: 7, 6.9, 6.8, …

7. 14°. término: $9, 9\frac{1}{4}, 9\frac{1}{2}, \ldots$

8. 6°. término: 28, 15, 2, −11, …

9. Frank depositó \$25 en una cuenta la primera semana. Cada semana,
deposita \$5 más que la anterior. ¿En qué semana depositará \$100?

LECCIÓN 12-2 (págs. 595–599)

Determina si cada sucesión podría ser geométrica. De ser así, da la
razón común.

10. 1, −5, 25, −125, …

11. 2, −5, −12, −19, …

12. 81, 27, 9, 3, …

13. 60, 18, 5.4, 1.62, …

Halla el término que se da de cada sucesión geométrica.

14. 7°. término: 12, 36, 108, …

15. 9°. término: 36, 12, 4, …

16. 10°. término: $-\frac{3}{2}, 3, -6, \ldots$

17. 15°. término: 1000, 100, 10, …

18. El precio de una máquina para una fábrica era de \$500,000. Cada año, el valor
de la máquina disminuye un 5%. Al dólar más cercano, ¿cuánto valdrá la máquina
después de 6 años?

LECCIÓN 12-3 (págs. 601–605)

Halla los primeros cinco términos de cada sucesión con la regla que se da.

19. $a_n = 3n − 5$

20. $a_n = 2^{n-1}$

21. $a_n = (-1)^n \cdot 3n$

22. $a_n = (n + 1)^2 − 1$

Usa primeras y segundas diferencias para hallar los siguientes tres términos
de cada sucesión.

23. 9, 9, 11, 15, 21, …

24. 3, 10, 21, 36, 55, …

25. −6, −11, −13, −12, −8, …

26. 0, 4, 11, 22, 38, 60, …

Da los siguientes tres términos de cada sucesión mediante la regla más
sencilla que puedas hallar.

27. $\frac{1}{2}, \frac{3}{4}, \frac{5}{6}, \frac{7}{8} \cdots$

28. 1, 8, 27, 64, …

Enfoque en resolución de problemas

Resuelve

• **Elimina opciones de respuesta**

Al responder a una pregunta de opción múltiple, quizá puedas eliminar algunas opciones. Si la pregunta es un problema con palabras, comprueba si hay respuestas que no son razonables en el problema.

Ejemplo:

Gabrielle tiene $125 en su cuenta de ahorros. Cada semana, deposita $5 en la cuenta. ¿Cuánto tendrá en 12 semanas?

A $65   **B** $185   **C** $142   **D** $190

La siguiente sucesión representa el saldo semanal en dólares:

125, 130, 135, 140, 145, …

La respuesta será mayor que $125, por tanto no puede ser **A**. También será un múltiplo de 5, por tanto no puede ser **C**.

Lee cada pregunta y decide si puedes eliminar opciones de respuesta antes de elegir una respuesta. Explica tu razonamiento.

1 Una galería de arte tiene 400 pinturas. El conservador adquiere 15 nuevas pinturas cada año. ¿Cuántas pinturas tendrá la galería en 7 años?
A 450   **C** 505
B 6000   **D** 295

2 Hay 360 ciervos en un bosque. Su población aumenta un 10% cada año. ¿Cuántos ciervos habrá después de 9 años?
A 849   **C** 324
B 450   **D** 684

3 Donna se inscribió a un club de libros. Ha leído 24 libros hasta ahora, y cree que puede leer 3 por semana durante el verano. ¿En cuántas semanas leerá 60 libros en total?
A 20 semanas   **C** 3 semanas
B 12 semanas   **D** 60 semanas

4 Oliver tiene $230.00 en una cuenta de ahorros que gana el 6% de interés anual. ¿Cuánto tendrá en 12 años?
A $230.00   **C** $395.60
B $109.46   **D** $462.81

Dominio

Entrada

Función

Salida

Rango

Vocabulario

función

valor de entrada

valor de salida

dominio

rango

notación de función

Una **función** es una regla que relaciona dos cantidades de modo que cada **valor de entrada** corresponda exactamente a un **valor de salida**.

El **dominio** es el conjunto de todos los posibles valores de entrada; el **rango** es el conjunto de todos los posibles valores de salida.

Función
Un valor de entrada da un valor de salida.

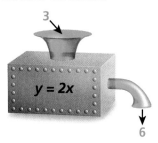

No función
Un valor de entrada da más que un valor de salida.

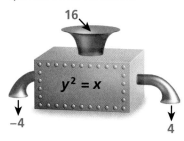

Ejemplo: El valor de salida es 2 veces el valor de entrada.

Ejemplo: Los valores de salida son las raíces cuadradas del valor de entrada.

Hay muchas formas de representar funciones, como tablas, gráficas y ecuaciones. Si el dominio de una función tiene un número infinito de valores, será imposible representarlos todos en una tabla, pero puede usarse una tabla para mostrar algunos de los valores y ayudar a crear una gráfica.

E J E M P L O **Hallar diferentes representaciones de una función**

Haz una tabla y una gráfica de $y = x^2 + 1$.

Haz una tabla de valores de entrada y de salida. Usa la tabla para hacer una gráfica.

x	$x^2 + 1$	y
-2	$(-2)^2 + 1$	5
-1	$(-1)^2 + 1$	2
0	$(0)^2 + 1$	1
1	$(1)^2 + 1$	2
2	$(2)^2 + 1$	5

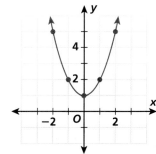

Para determinar si una relación es una función, verifica que cada valor de entrada tenga exactamente un valor de salida.

EJEMPLO 2 Identificar funciones

Determina si cada relación representa una función.

A

x	y
0	5
1	4
2	3
3	2

Cada valor de entrada x tiene sólo un valor de salida y. La relación es una función.

B

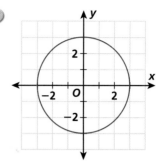

El valor de entrada $x = 0$ tiene dos valores de salida, $y = 3$ y $y = -3$. Otros valores de x también tienen más que un valor de y. La relación no es una función.

C $y = x^2$

Haz una tabla de valores de entrada y de salida y úsala para representar gráficamente $y = x^2$.

x	y
-2	$(-2)^2 = 4$
-1	$(-1)^2 = 1$
0	$(0)^2 = 0$
1	$(1)^2 = 1$
2	$(2)^2 = 4$

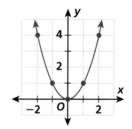

Cada valor de entrada x tiene un solo valor de salida y. La relación es una función.

Leer matemáticas

$f(x)$ quiere decir "f de x."
$f(1)$ quiere decir "f de 1."

Puedes describir una función mediante la **notación de función**. En la notación de función, el valor de salida de la función f que corresponde al valor de entrada x se escribe $f(x)$. La expresión $f(x)$ significa "la regla de f aplicada al valor de x," no "f multiplicada por x."

$y = x^2 \longrightarrow f(x) = x^2$ *El valor de salida y es la regla de f aplicada a x.*

$f(1) = 1^2 = 1$ *f(1) significa evaluar f(x) con x = 1.*

EJEMPLO 3 Evaluar funciones

Para cada función, halla $f(0)$, $f(2)$, y $f(-1)$.

A $y = 2x - 1$

$f(x) = 2x - 1$ *Escribe en notación de función.*

$f(0) = 2(0) - 1 = -1$

$f(2) = 2(2) - 1 = 3$

$f(-1) = 2(-1) - 1 = -3$

Para cada función, halla $f(0)$, $f(2)$, y $f(-1)$.

B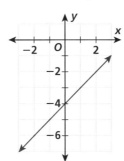

Lee la gráfica y halla y para cada x.
$f(x) = y$
$f(0) = -4$
$f(2) = -2$
$f(-1) = -5$

C

x	y
−1	−1
0	2
1	5
2	8
3	11

Lee la tabla y halla y para cada x.
$f(x) = y$
$f(0) = 2$
$f(2) = 8$
$f(-1) = -1$

Razonar y comentar

1. Da $y = 2x$ en notación de función.

2. Describe cómo indicar si una relación es una función.

12-4 Ejercicios

PARA PRÁCTICA ADICIONAL
ve a la pág. 755

conexión **internet**
Ayuda en línea para tareas
go.hrw.com   Clave: MP4 12-4

PRÁCTICA GUIADA

Ver Ejemplo **1**   Haz una tabla y una gráfica de cada función.

1. $y = x^2 - 4$ **2.** $y = 3x + 4$ **3.** $y = 2x^2 - 3$ **4.** $y = -x + 1$

Ver Ejemplo **2**   Determina si cada relación representa una función.

5.

x	y
−1	7
9	1
12	8
15	0

6.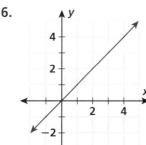

7. $y = 1.5x - 0.5$

Ver Ejemplo ③ Para cada función, halla $f(0)$, $f(3)$ y $f(-1)$.

8. $y = 3.4x + 1.2$

9.
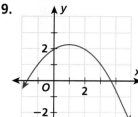

10.

x	y
−1	3
0	5
3	7
5	9

PRÁCTICA INDEPENDIENTE

Ver Ejemplo ① Haz una tabla y una gráfica de cada función.

11. $y = 2x - 4$　　**12.** $y = 3(x + 1)$　　**13.** $y = -(3 - x)$　　**14.** $y = 2(1 - x^2)$

Ver Ejemplo ② Determina si cada relación representa una función.

15.

x	y
2	4
5	5
8	6
2	7

16.
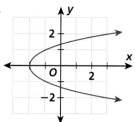

17. $y = -x^2 + 1$

Ver Ejemplo ③ Para cada función, halla $f(0)$, $f(2)$ y $f(-3)$.

18.
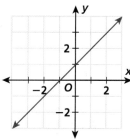

19. $y = 6x^2 - 3x + 1$

20.

x	y
−3	9
−2	4
0	0
2	5

PRÁCTICA Y RESOLUCIÓN DE PROBLEMAS

Da el dominio y el rango de cada función.

21.

x	y
1	27
4	39
8	50
14	62

22.

x	y
100	5.4
120	6.5
150	8.1
170	9.2

23.

x	y
30	20
40	30
55	45
75	65

24.

x	y
20	12
25	15
35	21
40	24

25. **ECONOMÍA DOMÉSTICA** El costo de usar una lámpara de 60 vatios se halla con la función $f(x) = 0.0036x$. El costo en dólares, y x representa el número de horas que la lámpara está encendida.

   a. ¿Cuánto cuesta usar una lámpara de 60 vatios 8 horas al día durante una semana?

   b. ¿Cuál es el dominio de la función?

   c. Si el costo de usar una lámpara de 60 vatios fue de $1.98, ¿cuántas horas estuvo encendida?

26. **NEGOCIOS** La función $f(x) = -2x^2 + 220x - 750$ da las ganancias diarias de una empresa si fabrica x artículos. La compañía puede fabricar 50, 55 ó 60 artículos por día. ¿Cuántos deberá fabricar para obtener el máximo de ganancias diarias?

27. **DEPORTES** Un patinador de velocidad entrena recorriendo distancias de 1000 metros. Su entrenador registró la distancia que cubrió el patinador cada 20 segundos. Los resultados se presentan en la tabla.

Tiempo x (s)	0	20	40	60	80	100
Distancia y (m)	0	200	400	600	800	1000

   a. ¿Representa la relación una función?

   b. ¿Cuál es el dominio de la función? ¿Cuál es el rango?

   c. Representa gráficamente los datos para comprobar tu respuesta a la parte **a**.

 28. **¿CUÁL ES LA PREGUNTA?** El siguiente conjunto de puntos define una función: $\{(3, 6), (-4, 1), (5, -5), (9, 6), (10, -2), (-2, 10)\}$. Si la respuesta es 3, -4, 5, 9, 10, y -2, ¿cuál fue la pregunta?

29. **ESCRÍBELO** Explica cómo puedes indicar si una gráfica no representa una función.

30. **DESAFÍO** Crea una tabla de valores para $f(x) = \frac{1}{x}$ con $x = -3, -2, -1$, $-0.5, -0.25, 0.25, 0.5, 1, 2$ y 3. Dibuja la gráfica de la función. ¿Qué pasa cuando $x = 0$?

Repaso en espiral

Halla el porcentaje o el número. (Lección 8-2)

31. ¿Qué porcentaje de 122 es 61?

32. ¿Cuánto es el 35% de 2340?

33. ¿Cuánto es el 145% de 215?

34. ¿Qué porcentaje de 1193 es 477.2?

35. ¿Qué porcentaje de 212.5 es 136?

36. ¿Qué porcentaje de 990 es 3960?

37. **PREPARACIÓN PARA LA PRUEBA** Thomas gana un salario semanal de $235 más una comisión del 8% por sus ventas cuando pasan de $500. ¿Cuánto sería su salario semanal si vendiera $6250? (Lección 8-6)

   A $695   **B** $735   **C** $640   **D** $545

12-5 Funciones lineales

Aprender a identificar funciones lineales.

Vocabulario

función lineal

Un elefante marino pesa unas 100 lb al nacer. La leche materna tiene tanta grasa (cerca del 50%) que la cría aumenta unas 8 lb por día durante la lactancia.

Peso de una cría de elefante marino					
Día	0	1	2	3	4
Peso (lb)	100	108	116	124	132

Los elefantes marinos son las focas más grandes. Un macho adulto pesa unas 5000 lb en promedio, y una hembra, 1100 lb.

Observa que los pesos forman una sucesión aritmética con una diferencia común de 8. También los datos pueden trazarse en un plano cartesiano con una línea con una pendiente de 8 e intersección con el eje y de 100.

La gráfica de una **función lineal** es una línea. La función lineal $f(x) = mx + b$ tiene una pendiente de m y una intersección con el eje y de b. Puedes usar la ecuación $f(x) = mx + b$ para escribir la ecuación de una función lineal a partir de una gráfica o una tabla.

EJEMPLO 1 Escribir la ecuación de una función lineal a partir de una gráfica

Escribe la regla de la función lineal.

Usa la ecuación $f(x) = mx + b$. Para hallar b, busca la intersección con el eje y a partir de la gráfica.

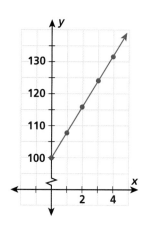

$b = -3$

$f(x) = mx + (-3)$

$f(x) = mx - 3$

Ubica otro punto de la gráfica, como $(1, -2)$. Sustituye los valores x y y del punto en la ecuación y halla el valor de m.

$f(x) = mx - 3$

$-2 = m(1) - 3 \qquad (x, y) = (1, -2)$

$-2 = m - 3$

$\underline{+3 \qquad +3}$

$1 = m$

La regla es $f(x) = 1x + -3$, ó $f(x) = x - 3$.

Escribir la ecuación de una función lineal a partir de una tabla

Escribe la regla de cada función lineal.

A

x	y
−2	9
−1	8
0	7
1	6

B

x	y
−2	−16
−1	−13
1	−7
2	−4

En la tabla vemos que la intersección con el eje y puede indentificarse como $b = f(0) = 7$. Sustituye los valores x y y del punto $(1, 6)$ en la ecuación $f(x) = mx + 7$, y halla el valor de m.

$$f(x) = mx + 7$$
$$6 = m(1) + 7$$
$$6 = m + 7$$
$$\underline{-7 \qquad -7}$$
$$-1 = m$$

La regla es $f(x) = -1x + 7$, ó $f(x) = -x + 7$.

Usa dos puntos, como $(1, -7)$ y $(2, -4)$, para hallar la pendiente.

$$m = \frac{y_2 - y_1}{x_2 - x_1} = \frac{-4 - (-7)}{2 - 1} = \frac{3}{1} = 3$$

Sustituye los valores x y y del punto $(1, -7)$ en $f(x) = 3x + b$, y halla el valor de b.

$$f(x) = 3x + b$$
$$-7 = 3(1) + b \qquad (x, y) = (1, -7)$$
$$-7 = 3 + b$$
$$\underline{-3 \qquad -3}$$
$$-10 = \qquad b$$

La regla es $f(x) = 3x + (-10)$, ó $f(x) = 3x - 10$.

Aplicación a las ciencias de la vida

Un elefante marino pesa 100 lb al nacer y aumenta 8 lb por día durante la lactancia. Halla una regla de la función lineal que describa el aumento de la cría y úsala para hallar cuánto pesará la cría después de 23 días, cuando será destetado.

$$f(x) = mx + 100 \qquad \textit{La intersección con el eje y es el peso al nacer, 100 lb.}$$
$$108 = m(1) + 100 \qquad \textit{Con 1 día de edad, la cría pesará 108 lb.}$$
$$108 = m + 100$$
$$\underline{-100 \qquad\quad -100}$$
$$8 = m$$

La regla de la función es $f(x) = 8x + 100$. Después de 23 días, la cría pesará $f(23) = 8(23) + 100 = 184 + 100 = 284$ libras.

Razonar y comentar

1. Describe cómo usar una gráfica para hallar la ecuación de una función lineal.

12-5 **Ejercicios**

PARA PRÁCTICA ADICIONAL
ve a la pág. 755

conexión **internet**
Ayuda en línea para tareas
go.hrw.com   Clave: MP4 12-5

PRÁCTICA GUIADA

Ver Ejemplo ① **Escribe la regla de cada función lineal.**

1.
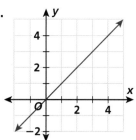

2.
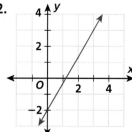

Ver Ejemplo ②

3.

x	y
−3	−7
−1	−1
1	5
3	11

4.

x	y
−1	6
0	4
1	2
2	0

Ver Ejemplo ③ **5.** Kim gana $400 por trabajar 40 horas a la semana. Si trabaja horas extra, gana $15 por cada una. Halla una regla de la función lineal que describa su salario semanal si trabaja *x* horas extra, y úsala para averiguar cuánto ganará Kim si trabaja 7 horas extra.

PRÁCTICA INDEPENDIENTE

Ver Ejemplo ① **Escribe la regla de cada función lineal.**

6.
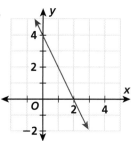

7.
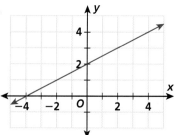

Ver Ejemplo ② **8.**

x	y
−2	2
0	3
2	4
4	5

9.

x	y
−1	−11
0	−5
1	1
2	7

Ver Ejemplo ③ **10.** Un tanque contiene 1200 galones de agua. El tanque se vacía a una tasa de 45 gal/min. Halla una regla de la función lineal que describe la cantidad de agua en el tanque y úsala para determinar cuánta agua queda después de 15 minutos.

PRÁCTICA Y RESOLUCIÓN DE PROBLEMAS

El volumen de un globo de aire caliente típico está entre 65,000 y 105,000 pies cúbicos. La mayoría de estos globos vuelan a alturas de 1000 a 1500 pies.

go.hrw.com
CLAVE:
MP4 Balloons,
disponible en
inglés.

11. RECREACIÓN Un globo de aire caliente está a una altura de 1245 pies sobre el nivel del mar y está ascendiendo a una tasa de 5 pies por segundo.

   a. Escribe una función lineal que describa la altura del globo después de x segundos.

   b. ¿A qué altura estará el globo 5 minutos después? ¿Cuánto habrá ascendido respecto a su altura original?

12. ECONOMÍA Una *depreciación lineal* implica que el valor de una cosa se reduce cada año en la misma cantidad. Supongamos que un auto que valía $17,440 se deprecia $1375 al año durante x años.

   a. Escribe una función lineal del valor del auto después de x años.

   b. ¿Cuál será el valor del auto después de 7 años?

13. CIENCIAS DE LA VIDA Supongamos que un perrito pesó 4 lb al nacer y aumentó unas 3 lb por mes durante el primer año. Halla una regla de la función lineal que describa el crecimiento del perrito y úsala para averiguar cuánto pesaba el cachorro a los 8 meses.

14. NEGOCIOS La tabla muestra el costo de ciertos artículos que compra un comerciante y el precio al que vende cada uno.

Costo mayoreo	$15	$22	$30.50	$40
Precio de venta	$19.50	$28.60	$39.65	$52

   a. Escribe una función lineal del precio de venta de un artículo que cuesta al comerciante x dólares.

   b. ¿Cuál será el precio de un televisor que costó $265 al comerciante?

15. ESCRÍBELO Explica cómo puedes determinar si una función es lineal.

16. ¿CUÁL ES LA PREGUNTA? Considera la función $f(x) = -3x + 9$. Si la respuesta es -6, ¿cuál fue la pregunta?

17. DESAFÍO ¿Cuál es el único tipo de línea en un plano cartesiano que no es una función lineal? Da un ejemplo de este tipo de línea.

Repaso en espiral

Halla la forma de punto y pendiente de cada ecuación. (Lección 11-4)

18. pendiente de 5; pasa por el punto (4, 1)

19. pendiente de −2; pasa por el punto (6, −6)

20. pendiente de –4; pasa por el punto (0, 12)

21. pendiente de 1.4; pasa por el punto (1, −3)

22. PREPARACIÓN PARA LA PRUEBA ¿Cuál de los siguientes pares ordenados **no** es solución de la desigualdad $5x - 13y \leq 61$? (Lección 11-6)

   A (12, 6)   **B** (0, 0)   **C** (−4, −3)   **D** (6, −10)

12-6 · **Funciones exponenciales**

Aprender a identificar y representar gráficamente funciones exponenciales.

Vocabulario

función exponencial

crecimiento exponencial

decremento exponencial

¿Crees llegar a los 100 años de edad? Según datos del censo de EE. UU., el número de estadounidenses mayores de 100 casi se duplicó, de unos 37,000 en 1990 a más de 70,000 en 2000.

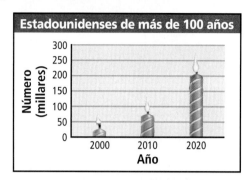

Estadounidenses de más de 100 años

Supongamos que el número de estadounidenses se duplica cada década. Las poblaciones formarían una sucesión geométrica con una razón común de 2.

Población de estadounidenses mayores de 100 años					
Año	2000	2010	2020	2030	2040
Población (millares)	70	140	280	560	1120

Una **función exponencial** tiene la forma $f(x) = p \cdot a^x$, donde $a > 0$ y $a \neq 1$. Si los valores de entrada son el conjunto de los números cabales, los valores de salida forman una sucesión geométrica. La intersección con el eje y es $f(0) = p$. La expresión a^x se define para todos los valores de x, así que el dominio de $f(x) = p \cdot a^x$ es todos los números reales.

EJEMPLO 1 · Representar gráficamente una función exponencial

Crea una tabla para cada función exponencial y úsala para representar gráficamente la función.

A $f(x) = \frac{1}{2} \cdot 2^x$

x	y	
-2	$\frac{1}{8}$	$\frac{1}{2} \cdot 2^{-2} = \frac{1}{2} \cdot \frac{1}{4}$
-1	$\frac{1}{4}$	$\frac{1}{2} \cdot 2^{-1} = \frac{1}{2} \cdot \frac{1}{2}$
0	$\frac{1}{2}$	$\frac{1}{2} \cdot 2^{0} = \frac{1}{2} \cdot 1$
1	1	$\frac{1}{2} \cdot 2^{1} = \frac{1}{2} \cdot 2$
2	2	$\frac{1}{2} \cdot 2^{2} = \frac{1}{2} \cdot 4$

B $f(x) = 2 \cdot \left(\frac{1}{2}\right)^x$

x	y	
-2	8	$2 \cdot \left(\frac{1}{2}\right)^{-2} = 2 \cdot 4$
-1	4	$2 \cdot \left(\frac{1}{2}\right)^{-1} = 2 \cdot 2$
0	2	$2 \cdot \left(\frac{1}{2}\right)^{0} = 2 \cdot 1$
1	1	$2 \cdot \left(\frac{1}{2}\right)^{1} = 2 \cdot \frac{1}{2}$
2	$\frac{1}{2}$	$2 \cdot \left(\frac{1}{2}\right)^{2} = 2 \cdot \frac{1}{4}$

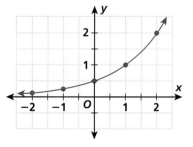

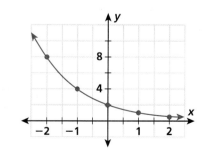

Si $a > 1$, aumenta el valor de salida $f(x)$ al aumentar el valor de entrada x. En este caso, f se llama función de **crecimiento exponencial**.

En 2000 había unos 70,000 estadounidenses mayores de 100 años. Si la población de estadounidenses de 100 años se duplica cada década, estima la población de estadounidenses mayores de 100 años en 2095.

Año	2000	2010	2020	2030	2040
Número de décadas x	0	1	2	3	4
Población $f(x)$ (millares)	70	140	280	560	1120

$f(x) = p \cdot a^x$

$f(x) = 70 \cdot a^x$ *f(0) = p*

$f(x) = 70 \cdot 2^x$ *f(1) = 70 · a¹ = 140, por tanto a = 2.*

El año 2095 es 9.5 décadas después del año 2000, por tanto $x = 9.5$.

$f(9.5) = 70 \cdot 2^{9.5} \approx 50,685$ *Sustituye x por 9.5.*

Si la población de mayores de 100 se duplica cada década, habrá 50,685,000 estadounidenses mayores de 100 años en 2095.

Pista útil

En álgebra, aprenderás el significado de expresiones como $2^{9.5}$. Puedes usar una calculadora para evaluar estas expresiones.

En la función exponencial $f(x) = p \cdot a^x$, Si $a < 1$, el valor de salida disminuye al aumentar x. En este caso, f se llama función de **decremento exponencial**.

El tecnecio 99m tiene una *vida media* de 6 horas. Esto significa que la mitad de la sustancia se descompone en 6 horas. Halla la cantidad de tecnecio 99m que queda de una muestra de 100 mg después de 90 horas.

Horas	0	6	12	18	24
Número de periodos de vida media x	0	1	2	3	4
Tecnecio 99m $f(x)$ (mg)	100	50	25	12.5	6.25

$f(x) = p \cdot a^x$

$f(x) = 100 \cdot a^x$ *f(0) = p*

$f(x) = 100 \cdot \left(\frac{1}{2}\right)^x$ *f(1) = 100 · a¹ = 50, a = $\frac{1}{2}$.*

Divide 90 horas entre 6 horas para hallar el número de periodos de vida media: $x = 15$.

$f(15) = 100 \cdot \left(\frac{1}{2}\right)^{15} \approx 0.003$ *Sustituye x por 15.*

Quedan aproximadamente 0.003 mg después de 90 horas.

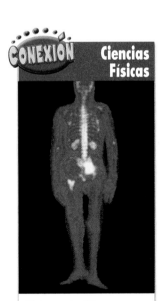

Ciencias Físicas

El tecnecio 99m se usa para diagnosticar enfermedades en humanos y animales.

Razonar y comentar

1. Compara las gráficas de funciones de crecimiento exponencial y decremento exponencial.

12-6 Ejercicios

PARA PRÁCTICA ADICIONAL
ve a la pág. 755

⚡ conexión internet
Ayuda en línea para tareas
go.hrw.com   Clave: MP4 12-6

PRÁCTICA GUIADA

Ver Ejemplo **1.** Crea una tabla para cada función exponencial y úsala para representar gráficamente la función.

1. $f(x) = 3^x$

2. $f(x) = 50 \cdot \left(\frac{1}{3}\right)^x$

3. $f(x) = 3 \cdot 2^x$

4. $f(x) = 0.01 \cdot 5^x$

Ver Ejemplo **5.** Al principio de un experimento, una colonia de bacterias tenía una masa de 2×10^{-6} gramos. Si la masa de la colonia se duplica cada 10 horas, ¿qué masa tendrá la colonia después de 80 horas?

Ver Ejemplo **6.** Se usa glucosa radiactiva para detectar cáncer. Su vida media es de 100 min. ¿Cuánto quedará de una muestra de 100 mg después de 24 horas?

PRÁCTICA INDEPENDIENTE

Ver Ejemplo **1.** Crea una tabla para cada función exponencial y úsala para representar gráficamente la función.

7. $f(x) = 2 \cdot 3^x$

8. $f(x) = -2 \cdot (0.2)^x$

9. $f(x) = \left(\frac{2}{3}\right)^x$

10. $f(x) = 10 \cdot \left(\frac{1}{5}\right)^x$

Ver Ejemplo **2.** **11.** Mariano invirtió \$500 en una cuenta que duplicará su saldo cada 8 años. Escribe una función exponencial para calcular su saldo. ¿Cuál será su saldo en 32 años?

Ver Ejemplo **3.** **12.** El cesio 137 es un elemento radiactivo con una vida media de 30 años. Se usa para estudiar la erosión de suelos altos. ¿Cuánto quedará de una muestra de 50 mg después de 180 años?

PRÁCTICA Y RESOLUCIÓN DE PROBLEMAS

Para cada función exponencial, halla $f(-5)$, $f(0,$ y $f(5)$.

13. $f(x) = 2^x$

14. $f(x) = 0.3^x$

15. $f(x) = 10^x$

16. $f(x) = 200 \cdot \left(\frac{1}{2}\right)^x$

Escribe la ecuación de la función exponencial que pasa por los puntos que se dan. Usa la forma $f(x) = p \cdot a^x$.

17. $(0, 3)$ y $(1, 6)$

18. $(0, 4)$ y $(1, 2)$

19. $(0, 1)$ y $(2, 9)$

Representa gráficamente la función exponencial de la forma $f(x) = p \cdot a^x$.

20. $p = 6$, $a = 5$

21. $p = -1$, $a = \frac{1}{4}$

22. $p = 100$, $a = 0.01$

23. Los arqueólogos usan carbono 14 para determinar la edad aproximada de materiales animales y vegetales. Su vida media es de 5730 años. ¿Qué porcentaje de una muestra quedará después de 34,380 años?

CONEXIÓN con la salud

El periodo de vida media de una sustancia en el cuerpo es el tiempo que el cuerpo tarda en metabolizar la mitad de la sustancia. Puede representarse la cantidad de una sustancia en el cuerpo con una función de decremento exponencial.

El acetaminofén es el ingrediente activo de muchos medicamentos para el dolor y la fiebre. Usa la tabla para los ejercicios del 24 al 26.

Niveles de acetaminofén en el cuerpo				
Tiempo transcurrido (h)	0	3	5	6
Sustancia que queda (mg)	160	80	50.4	40

24. ¿Cuánto acetaminofén había al principio?

25. Halla la vida media del acetaminofén. Escribe una función exponencial que describa el nivel de acetaminofén en el cuerpo.

    a. ¿Cuánto acetaminofén quedará después de 12 horas?

    b. ¿Cuánto acetaminofén quedará después de 1 día?

26. Si tomas 500 mg de acetaminofén, ¿qué porcentaje de esa cantidad quedará en tu cuerpo después de 9 horas?

27. La vida media de la vitamina C es de unas 6 horas. Si tomas una tableta de 60 mg de vitamina C a las 9:00 am, ¿cuánto de la vitamina estará todavía en tu cuerpo a las 9:00 pm?

28. La cafeína tiene una vida media de unas 5 horas en adultos. Dos tazas de café de 6 oz contienen unos 200 mg de cafeína. Si un adulto bebe 2 tazas de café, ¿cuánta cafeína quedará en su cuerpo después de 12 horas?

29. ⭐ **DESAFÍO** En niños, la vida media de la cafeína es de unas 3 horas. Si un niño bebe a las 12 pm un refresco de 12 oz que contiene 40 mg de cafeína y otro a las 6:00 pm, ¿aproximadamente cuánta cafeína quedará en su cuerpo a las 10:00 pm?

Las deficiencias vitamínicas pueden causar enfermedades graves, como escorbuto, raquitismo y beriberi.

Las fuentes de cafeína incluyen café, refrescos y algunos analgésicos.

Repaso en espiral

Determina si cada sucesión podría ser geométrica. Si podría, da la razón común.
(Lección 12-2)

30. 5, 10, 15, 20, 25, …

31. 3, 6, 12, 24, 48, …

32. 1, −3, 9, −27, 81, …

33. 0.1, 0.2, 0.3, 0.4, …

34. −4, −4, −4, −4, −4, …

35. 0.1, 0.01, 0.001, 0.0001, …

36. PREPARACIÓN PARA LA PRUEBA La función $f(x) = 12{,}800 - 1100x$ da el valor en dólares de un auto x años después de su compra. ¿Cuál es el valor del auto 8 años después de su compra? (Lección 12-5)

    A $6200   **B** $7300   **C** $4000   **D** $5100

12-7 Funciones cuadráticas

Aprender a identificar y representar gráficamente funciones cuadráticas.

Vocabulario

función cuadrática

parábola

Una **función cuadrática** contiene una variable al cuadrado. En la función cuadrática

$$f(x) = ax^2 + bx + c$$

la intersección con el eje y es c. Las gráficas de las funciones cuadráticas tienen todas la misma forma básica, llamada **parábola** . El corte transversal del espejo de un telescopio es una parábola. Debido a una propiedad de las parábolas, la luz de una estrella que llega al espejo principal se refleja hacia un solo punto, llamado *foco*.

El espejo de este telescopio es de mercurio líquido que, al girar, adquiere forma parabólica.

E J E M P L O 1 Funciones cuadráticas de la forma $f(x) = ax^2 + bx + c$

Crea una tabla para cada función cuadrática y úsala para hacer una gráfica.

A $f(x) = x^2 - 2$

x	$f(x) = x^2 - 2$
-3	$(-3)^2 - 2 = 7$
-2	$(-2)^2 - 2 = 2$
-1	$(-1)^2 - 2 = -1$
0	$(0)^2 - 2 = -2$
1	$(1)^2 - 2 = -1$
2	$(2)^2 - 2 = 2$
3	$(3)^2 - 2 = 7$

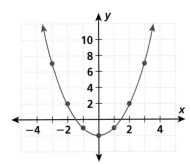

Traza los puntos y únelos con una curva suave.

B $f(x) = x^2 + x - 2$

x	$f(x) = x^2 + x - 2$
-3	$(-3)^2 + (-3) - 2 = 4$
-2	$(-2)^2 + (-2) - 2 = 0$
-1	$(-1)^2 + (-1) - 2 = -2$
0	$(0)^2 + 0 - 2 = -2$
1	$(1)^2 + 1 - 2 = 0$
2	$(2)^2 + 2 - 2 = 4$
3	$(3)^2 + 3 - 2 = 10$

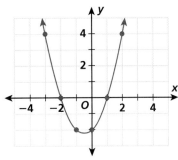

Traza los puntos y únelos con una curva suave.

Quizá recuerdes que, cuando un producto ab es 0, la a debe ser 0 ó la b debe ser cero.

$$0(-20) = 0 \qquad 100(0) = 0$$

Puedes usar este conocimiento para hallar intersecciones de funciones.

Ejemplo: $f(x) = (x - 5)(x - 8)$ *El producto es 0 cuando x = 5 ó cuando x = 8.*

$$(5 - 5)(5 - 8) = 0 \qquad (8 - 5)(8 - 8) = 0$$

Algunas funciones cuadráticas pueden escribirse en la forma $f(x) = (x - r)(x - s)$. Aunque en esta forma la variable no parece estar al cuadrado, la x se multiplicará por sí misma cuando se multipliquen las expresiones entre paréntesis.

EJEMPLO 2   **Funciones cuadráticas de la forma $f(x) = (x - r)(x - s)$**

Crea una tabla para cada función cuadrática y úsala para hacer una gráfica.

A $f(x) = (x - 3)(x - 1)$

La parábola cruza el eje de las x en $x = 1$ y $x = 3$.

¡Recuerda!

La intersección con el eje x es donde la gráfica cruza el eje de las x.

x	$f(x) = (x - 3)(x - 1)$
-3	$(-3 - 3)(-3 - 1) = 24$
-2	$(-2 - 3)(-2 - 1) = 15$
-1	$(-1 - 3)(-1 - 1) = 8$
0	$(0 - 3)(0 - 1) = 3$
1	$(1 - 3)(1 - 1) = 0$
2	$(2 - 3)(2 - 1) = -1$
3	$(3 - 3)(3 - 1) = 0$

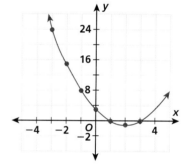

Representa los puntos y únelos con una curva suave.

B $f(x) = (x - 2)(x + 1)$

La parábola cruza el eje de las x en $x = -1$ y $x = 2$.

x	$f(x) = (x - 2)(x + 1)$
-3	$(-3 - 2)(-3 + 1) = 10$
-2	$(-2 - 2)(-2 + 1) = 4$
-1	$(-1 - 2)(-1 + 1) = 0$
0	$(0 - 2)(0 + 1) = -2$
1	$(1 - 2)(1 + 1) = -2$
2	$(2 - 2)(2 + 1) = 0$
3	$(3 - 2)(3 + 1) = 4$

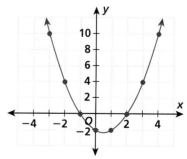

Representa los puntos y únelos con una curva suave.

EJEMPLO **3** *Aplicación a la astronomía*

En un *espejo líquido,* se hace girar alrededor de un eje un recipiente que contiene mercurio líquido. La gravedad y la fuerza centrífuga dan al líquido una forma parabólica. La sección transversal de un espejo líquido que gira a 10 revoluciones por minuto se aproxima a la gráfica de $f(x) = 0.027x^2$. Si el diámetro del espejo es de 3 m, ¿por cuánto sobrepasa la altura del borde a la del centro?

Al girar, el mercurio forma una superficie parabólica.

Primero, representa gráficamente la sección transversal. Crea una tabla de valores.

x	$f(x)$
-2	$0.027(-2)^2 = 0.108$
-1	$0.027(-1)^2 = 0.027$
0	$0.027(0)^2 = 0$
1	$0.027(1)^2 = 0.027$
2	$0.027(2)^2 = 0.108$

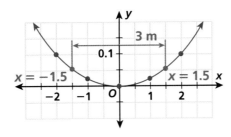

El centro del espejo está en $x = 0$, donde la altura es 0 m. Si el diámetro es de 3 m, el punto más alto en el borde está en $x = 1.5$, y la altura es $f(1.5) = 0.027(1.5)^2 \approx 0.06$ m. El borde está aproximadamente 0.6 m más alto que el centro.

Razonar y comentar

1. Compara las gráficas de $f(x) = x^2$ y de $f(x) = x^2 + 1$.

2. Describe la forma de una parábola.

12-7 **Ejercicios**

PARA PRÁCTICA ADICIONAL
ve a la pág. 755

⬈ conexión **internet**
Ayuda en línea para tareas
go.hrw.com   Clave: MP4 12-7

PRÁCTICA GUIADA

Ver Ejemplo ① **Crea una tabla para cada función cuadrática y úsala para hacer una gráfica.**

1. $f(x) = x^2 + 4$

2. $f(x) = x^2 - 3$

3. $f(x) = x^2 + 2.5x$

4. $f(x) = x^2 + 3x - 1$

Ver Ejemplo ② **5.** $f(x) = (x - 2)(x - 3)$

6. $f(x) = (x + 4)(x - 1)$

7. $f(x) = (x - 1)(x - 5)$

8. $f(x) = (x - 6)(x + 2)$

Ver Ejemplo ③ **9.** La función $f(t) = -0.15t^2 + 2.4t + 5.1$ da la altura en pies de una pelota de béisbol t segundos después de lanzarse. ¿A qué altura estaba la pelota cuando se lanzó ($t = 0$)?

PRÁCTICA INDEPENDIENTE

Ver Ejemplo ① **Crea una tabla para cada función cuadrática y úsala para hacer una gráfica.**

10. $f(x) = x^2 + x + 3$

11. $f(x) = -x^2 + 2$

12. $f(x) = 2x^2 - 1$

13. $f(x) = x^2 - x + 1$

Ver Ejemplo ② **14.** $f(x) = (x - 1)(x + 1)$

15. $f(x) = (x - 1.5)(x + 3)$

16. $f(x) = (x - 2)^2$

17. $f(x) = (x - 3)(x + 7)$

Ver Ejemplo ③ **18.** La función $f(x) = 2x^2 - 300x + 14,450$ da el costo de fabricar x artículos por día. ¿Qué número de artículos dará el costo más bajo por día 50, 70 u 85? ¿Cuál será el costo?

PRÁCTICA Y RESOLUCIÓN DE PROBLEMAS

Halla $f(-3)$, $f(0)$ y $f(3)$ para cada función cuadrática.

19. $f(x) = x^2 + 5$

20. $f(x) = \frac{1}{2}x^2$

21. $f(x) = x^2 + 2x$

22. $f(x) = (x + 3)(x - 3)$

23. $f(x) = 2x^2 - x + 5$

24. $f(x) = \frac{x^2}{3} - 1$

Halla las intersecciones con el eje x de cada función cuadrática.

25. $f(x) = (x - 5)(x + 11)$

26. $f(x) = (x - 1)(x - 6)$

27. $f(x) = (x - 2)(x + 1)$

28. $f(x) = x(x - 7)$

29. $f(x) = (x - 1.8)(x + 2.6)$

30. $f(x) = (x - \frac{2}{3})(x + 7)$

31. La suma de dos números es 10. La suma de sus cuadrados se halla con la función $f(x) = x^2 + (10 - x)^2$. Crea una tabla de valores para $f(x)$, con $x = 3, 4, 5, 6$ y 7. ¿Qué par de números da la suma más baja de cuadrados? ¿Cuál es la suma de sus cuadrados?

32. CIENCIAS FÍSICAS La altura de un cohete de juguete lanzado verticalmente con una velocidad inicial de 48 pies por segundo se halla con la función $f(t) = 48t - 16t^2$. El tiempo t está en segundos.

   a. Representa gráficamente la función con $t = 0, 0.5, 1, 1.5, 2, 2.5$ y 3.

   b. ¿Cuándo alcanza el punto más alto? ¿Cuál es su altura?

   c. ¿Cuántos segundos tarda el cohete en caer al suelo?

33. NEGOCIOS La dueña de una tienda puede vender 30 cámaras digitales por semana a un precio de $150 cada una. Por cada $5 que disminuye el precio podrá vender 2 cámaras más por semana. Si x es el número de disminuciones de $5, la función de las ventas semanales es
$f(x) = (30 + 2x)(150 - 5x)$.

Pronóstico de ventas			
Precio	$150	$145	$140
Número vendido	30	32	34
Ventas semanales	$4500	$4640	$4760

   a. Halla $f(x)$ con $x = 3, 4, 5, 6$ y 7. ¿Cuántas disminuciones de $5 producirán la venta semanal máxima?

   b. ¿Cuál será el precio de una cámara en la parte **a**?

34. PASATIEMPOS La altura de un avión a escala que se lanza desde la cima de una colina de 24 pies se halla con la función $f(t) = -0.08t^2 + 2.6t + 24$. Halla $f(40)$. ¿Qué te indica esto acerca de $t = 40$ segundos?

35. ESCRÍBELO ¿Qué aumenta más rápidamente a medida que x aumenta, $f(x) = x^2$ ó $f(x) = 2^x$? Comprueba cada función con varios valores de x.

36. ELIGE UNA ESTRATEGIA Supongamos que la función $f(x) = -4x^2 + 200x + 1150$ da las ganancias de una compañía si produce x artículos. ¿Cuántos deberá producir para obtener ganancias máximas?

   A 20   **B** 25   **C** 30   **D** 35

37. DESAFÍO Crea una tabla de valores para la función cuadrática $f(x) = -2(x^2 + 1)$ y luego represéntala gráficamente. ¿Cuál es la intersección con el eje x de la función?

Repaso en espiral

Escribe la pendiente y la intersección con el eje y de cada ecuación. (Lección 11-3)

38. $y = 4x - 2$ **39.** $y = -2x + 12$ **40.** $y = -0.25x$ **41.** $y = -x - 4$

42. $x - 3y = 12$ **43.** $y + 4x = 1$ **44.** $5x + 5y = 25$ **45.** $4 - y = 2x$

46. PREPARACIÓN PARA LA PRUEBA El 4º. término de una sucesión aritmética es 10. La diferencia común es 5. ¿Cuál es el 1er. término de la sucesión? (Lección 12-1)

   A -5 **B** -15 **C** 0   **D** 5

47. PREPARACIÓN PARA LA PRUEBA El 4º. término de una sucesión geométrica es 10.125. La razón común es 1.5. ¿Cuál es el 1er. término de la sucesión? (Lección 12-2)

   F 1.5   **G** 5.625   **H** 3   **J** 34.171875

Tecnología

LABORATORIO 12B

Explorar funciones cúbicas

Para usar con la Lección 12-7

Puedes usar tu calculadora de gráficas para explorar funciones cúbicas. Para representar gráficamente la ecuación cúbica $y = x^3$ en la ventana normal, oprime **Y=** ; escribe el lado derecho de la ecuación, **X,T,θ,n** **∧** 3; y oprime **ZOOM** **6:ZStandard**.

Observa que la gráfica va del cuadrante inferior izquierdo al superior derecho y cruza una vez el eje de las x, en $x = 0$.

Actividad 1

① Representa gráficamente $y = -x^3$. Describe la gráfica.

Oprime **Y=** , y escribe el lado derecho de la ecuación, **(–)** **X,T,θ,n** **∧** 3.

La gráfica desciende del cuadrante superior izquierdo al inferior derecho y cruza una vez el eje de las x.

② Representa gráficamente $y = x^3 + 3x^2 - 2$. Describe la gráfica.

Oprime **Y=** ; escribe el lado derecho de la ecuación, **X,T,θ,n** **∧** 3 **+** 3 **X,T,θ,n** **x²** **–** 2 y oprime **ZOOM** **6:ZStandard**.
La gráfica va del cuadrante inferior izquierdo al superior derecho y cruza tres veces el eje de las x.

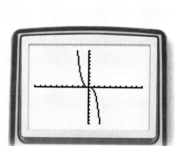

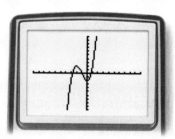

Razonar y comentar

1. ¿Cómo afecta el signo del término x^3 a la gráfica de una función cúbica?

2. ¿Cómo podrías hallar el valor de 7^3 a partir de la gráfica de $y = x^3$?

Inténtalo

Representa gráficamente cada función y describe la gráfica.

1. $y = x^3 - 2$ **2.** $y = x^3 + 3x^2 - 2$ **3.** $y = (x - 2)^3$ **4.** $y = 5 - x^3$

① Compara las gráficas de $y = x^3$ y $y = x^3 + 3$.

Representa gráficamente **Y₁=X^3** y **Y₂=X^3+3** en la misma pantalla como se muestra. Usa la tecla [TRACE] y las teclas [◄] [►] para trazar cualquier valor entero de x. Luego usa las teclas [▲] y [▼] para pasar de una función a la otra y comparar los valores de y en ambas funciones con ese valor de x. También puedes oprimir [2nd] [GRAPH]^TABLE para ver una tabla de valores de ambas funciones. La gráfica de $y = x^3 + 3$ está trasladada 3 unidades hacia arriba, respecto a la de $y = x^3$.

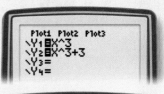

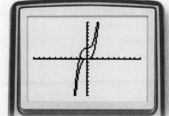

② Compara las gráficas de $y = x^3$ y $y = (x + 3)^3$.

Representa gráficamente **Y₁=X^3** y **Y₂=(X+3)^3** en la misma pantalla. Observa que la gráfica de $y = (x + 3)^3$ es la gráfica de $y = x^3$ trasladada 3 unidades a la izquierda. Oprime [2nd] [GRAPH]^TABLE para ver una tabla de valores. La gráfica de $y = (x + 3)^3$ está 3 unidades a la izquierda, respecto a la de $y = x^3$.

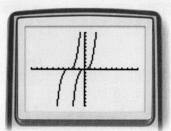

③ Compara las gráficas de $y = x^3$ y $y = 2x^3$.

Representa gráficamente **Y₁=X^3** y **Y₂=2X^3** en la misma pantalla. Usa la tecla [TRACE] y las teclas de flecha para ver los valores de y con cualquier valor de x. Oprime [2nd] [GRAPH]^TABLE para ver una tabla de valores. La gráfica de $y = 2x^3$ está estirada hacia arriba, respecto a la de $y = x^3$. El valor $y = 2x^3$ aumenta dos veces más rápido que el de $y = x^3$. Se muestra la tabla de valores.

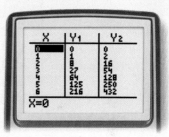

Razonar y comentar

1. ¿Qué función trasladaría $y = x^3$ 6 unidades a la derecha?

2. ¿Crees que los métodos mostrados para trasladar una función cúbica tendrían el mismo resultado con una función cuadrática? Explica tu respuesta.

Inténtalo

Compara la gráfica de $y = x^3$ con la gráfica de cada función.

1. $y = x^3 - 2$ **2.** $y = (x - 7)^3$ **3.** $y = \left(\frac{1}{2}\right)x^3$ **4.** $y = 5 - x^3$

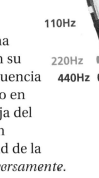

12-8 Variaciones inversas

Aprender a reconocer variaciones inversas representando gráficamente tablas de datos.

Vocabulario

variación inversa

La frecuencia de vibración de una cuerda de piano se relaciona con su longitud. Puedes duplicar la frecuencia de una cuerda poniendo un dedo en su punto medio. La nota más baja del piano es A_1. Si colocas el dedo en distintas fracciones de la longitud de la cuerda, la frecuencia *variará inversamente*.

Longitud completa: **55 Hz** $\frac{1}{2}$ de longitud: **110 Hz** $\frac{1}{4}$ de longitud: 220 Hz

El producto de la fracción de la longitud de la cuerda por la frecuencia siempre es 55.

VARIACIÓN INVERSA		
Con palabras	**Con números**	**En álgebra**
Una **variación inversa** es una relación en la que una cantidad variable aumenta cuando la otra disminuye. El producto de las dos es una constante.	$y = \dfrac{120}{x}$ $xy = 120$	$y = \dfrac{k}{x}$ $xy = k$

EJEMPLO 1 Identificar variación inversa

Indica si cada relación es una variación inversa.

A La tabla muestra los días necesarios para construir un edificio, según el número de trabajadores.

Trabajadores	2	3	5	10	20
Días de construcción	90	60	36	18	9

$20(9) = 180; 10(18) = 180; 5(36) = 180; 3(60) = 180; 2(90) = 180$
$xy = 180$ *El producto siempre es el mismo.*
La relación es una variación inversa: $y = \dfrac{180}{x}$.

Pista útil

Para determinar si una relación es una variación inversa, comprueba si el producto de x y y siempre es el mismo número.

B La tabla da los chips producidos en un tiempo determinado.

Chips producidos	36	60	84	108	120	144
Tiempo (min)	3	5	7	9	10	12

$36(3) = 108; 60(5) = 300$ *El producto no siempre es el mismo.*
La relación no es una variación inversa.

En la relación de variación inversa $y = \frac{k}{x}$, donde $k \neq 0$, y es función de x. La función no está definida con $x = 0$, así que el dominio es todos los números reales excepto 0.

EJEMPLO **2** **Representar gráficamente variaciones inversas**

Representa gráficamente cada función de variación inversa.

A $f(x) = \frac{1}{x}$

B $f(x) = \frac{-2}{x}$

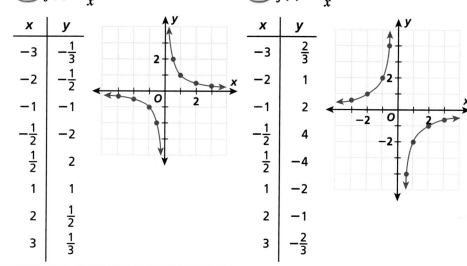

x	y
-3	$-\frac{1}{3}$
-2	$-\frac{1}{2}$
-1	-1
$-\frac{1}{2}$	-2
$\frac{1}{2}$	2
1	1
2	$\frac{1}{2}$
3	$\frac{1}{3}$

x	y
-3	$\frac{2}{3}$
-2	1
-1	2
$-\frac{1}{2}$	4
$\frac{1}{2}$	-4
1	-2
2	-1
3	$-\frac{2}{3}$

EJEMPLO **3** *Aplicación a la música*

La frecuencia de una cuerda de piano cambia según la fracción de su longitud que puede vibrar. Halla la función de variación inversa y úsala para hallar la frecuencia cuando se permite vibrar $\frac{1}{16}$ de la cuerda A_1.

Frecuencia de A_1 por fracción de la longitud original de la cuerda				
Frecuencia (Hz)	55	110	220	440
Fracción de la longitud	1	$\frac{1}{2}$	$\frac{1}{4}$	$\frac{1}{8}$

Puedes ver en la tabla que $xy = 55(1) = 55$, por tanto, $y = \frac{55}{x}$.

Si la cuerda se reduce a $\frac{1}{16}$ de su longitud, su frecuencia será

$y = 55 \div \left(\frac{1}{16}\right) = 16 \cdot 55 = 880$ hz.

Razonar y comentar

1. Identifica k en la variación inversa $y = \frac{3}{x}$.

2. Describe cómo sabes si una relación es una variación inversa.

12-8

Ejercicios

PARA PRÁCTICA ADICIONAL
ve a la pág. 755

◢ conexión **internet**
Ayuda en línea para tareas
go.hrw.com Clave: MP4 12-8

PRÁCTICA GUIADA

Ver Ejemplo **1** **Indica si cada relación es una variación inversa o no.**

1. La tabla muestra los CDs producidos en un tiempo determinado.

CDs producidos	45	120	135	165	210
Tiempo (min)	3	8	9	11	14

2. La tabla muestra el tiempo de construcción de una pared según el número de trabajadores.

Tiempo de construcción (h)	5	9	15	22.5	45
Número de trabajadores	9	5	3	2	1

Ver Ejemplo **2** **Representa gráficamente cada función de variación inversa.**

3. $f(x) = \dfrac{3}{x}$ $\qquad$ **4.** $f(x) = \dfrac{2}{x}$ $\qquad$ **5.** $f(x) = \dfrac{1}{2x}$

Ver Ejemplo **3** **6.** La ley de Ohm relaciona la corriente de un circuito con su resistencia. Halla la función de variación inversa y úsala para determinar la corriente en un circuito de 12 voltios con 9 ohmios de resistencia.

Corriente (amperes)	0.25	0.5	1	2	4
Resistencia (ohmios)	48	24	12	6	3

PRÁCTICA INDEPENDIENTE

Ver Ejemplo **1** **Indica si cada relación es una variación inversa.**

7. La tabla muestra el tiempo que tarda en llegar una pelota de home a primera base según la velocidad del lanzamiento.

Velocidad (pies/s)	30	36	45	60	90
Tiempo (s)	3	2.5	2	1.5	1

8. La tabla muestra las millas recorridas en un tiempo determinado.

Millas recorridas	1	1.5	3	4	5
Tiempo (min)	8	12	24	32	40

Ver Ejemplo **2** **Representa gráficamente cada función de variación inversa.**

9. $f(x) = -\dfrac{1}{x}$ $\qquad$ **10.** $f(x) = \dfrac{1}{3x}$ $\qquad$ **11.** $f(x) = -\dfrac{1}{2x}$

Ver Ejemplo **3** **12.** Según la ley de Boyle, al disminuir el volumen de un gas, aumenta la presión. Halla la función de variación inversa y úsala para hallar la presión del gas si el volumen disminuye a 4 litros.

Volumen (L)	8	10	20	40	80
Presión (atm)	5	4	2	1	0.5

PRÁCTICA Y RESOLUCIÓN DE PROBLEMAS

Halla la ecuación de variación inversa, si x y y varían inversamente.

13. $y = 2$ cuando $x = 2$ **14.** $y = 10$ cuando $x = 2$ **15.** $y = 8$ cuando $x = 4$

16. Si y varía inversamente con x y $y = 27$ cuando $x = 3$, halla la constante de variación.

17. La altura de un triángulo con área de 50 cm² varía inversamente con la longitud de su base. Si $b = 25$ cm cuando $h = 4$ cm, halla b cuando $h = 10$ cm.

18. **CIENCIAS FÍSICAS** Si una fuerza constante de 30 N se aplica a un objeto, la masa del objeto varía inversamente con su aceleración. La tabla contiene datos para objetos de diferentes tamaños.

Masa (kg)	3	6	30	10	5
Aceleración (m/s²)	10	5	1	3	6

   a. Usa la tabla para escribir una función de variación inversa.

   b. ¿Cuál es la masa de un objeto si su aceleración es de 15 m/s²?

19. **FINANZAS** El Sr. Anderson quiere ganar $125 de interés en una cuenta de ahorros en 2 años. El capital que debe depositar varía inversamente con la tasa de interés de la cuenta. Si la tasa de interés es del 6.25%, debe depositar $1000. ¿Cuánto debe depositar si la tasa es del 5%?

 20. **ESCRÍBELO** Explica la diferencia entre variación directa y variación inversa.

 21. **ESCRIBE UN PROBLEMA** Escribe un problema que pueda resolverse con variación inversa. Usa hechos y fórmulas de tu libro de ciencias.

 22. **DESAFÍO** La resistencia de una pieza de alambre de 100 pies varía inversamente con el cuadrado de su diámetro. Si el diámetro es de 3 pulg, la resistencia es de 3 ohmios. ¿Qué resistencia tiene un alambre de 1 pulg de diámetro?

Repaso en espiral

Para cada función, halla $f(-1)$, $f(0)$ y $f(1)$. (Lección 12-4)

23. $f(x) = 3x^2 - 5x + 1$ **24.** $f(x) = x^2 + 15x - 4$ **25.** $f(x) = 3(x - 9)^2$

26. $f(x) = 2x^3 - 6x - 2$ **27.** $f(x) = (-5)(x + 7)$ **28.** $f(x) = -144x^2 - 64x$

29. **PREPARACIÓN PARA LA PRUEBA** La vida media de un isótopo radiactivo de torio es de 8 minutos. Si inicialmente hay 160 gramos del isótopo, ¿cuántos gramos quedarán después de 40 minutos? (Lección 12-6)

   A 10 gramos   **B** 2.5 gramos   **C** 5 gramos   **D** 1.25 gramos

Resolución de problemas en lugares

Alabama

Centro Espacial Marshall de la NASA

Los científicos del Marshall Space Flight Center (Centro Espacial Marshall) de la NASA en Huntsville, Alabama, participan en el desarrollo de la Estación Espacial Internacional. Un campo de investigación en el que se especializan esos científicos es la microgravedad. Los investigadores tratan de reducir al mínimo los efectos de la gravedad para simular la ausencia de gravedad en el espacio.

Para hallar la distancia d en metros que un objeto en caída libre recorre en t segundos sin resistencia del aire, usa la función $d = \frac{1}{2}gt^2$. En esta función, g es la constante gravitacional. En la Tierra, esta constante es $g = 9.8$ m/s^2.

1. ¿Cuál es dominio de la función $d = \frac{1}{2}gt^2$? ¿Cuál es el rango?

2. Representa gráficamente $d = \frac{1}{2}gt^2$.

3. En un experimento de microgravedad, científicos de la NASA registraron que un objeto tardó 4.5 segundos en caer 100 metros. Halla la constante gravitacional g en el experimento.

El avión KC-135 de la NASA, llamado "Weightless Wonder" o "Vomit Comet", se usa para crear un ambiente de microgravedad.

4. Al ascender en un ángulo de 45° la ecuación de la trayectoria del KC-135 es $y = x$. Al descender en un ángulo 45° la ecuación de su trayectoria es $y = -x$. ¿Estas funciones son lineales o cuadráticas?

5. Cuando el KC-135 está en un ambiente de microgravedad, la ecuación de su trayectoria es $y = -x^2$. ¿Es esta función lineal o cuadrática?

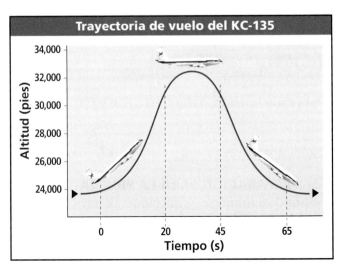

Trayectoria de vuelo del KC-135

Altitud (pies): 34,000 / 32,000 / 30,000 / 28,000 / 26,000 / 24,000

Tiempo (s): 0 / 20 / 45 / 65

Muscle Shoals

Muscle Shoals, a la orilla del río Tennessee, fue en otros tiempos el lugar del canal Muscle Shoals. Cuando se construyó ese canal en la década de 1830, su propósito era unir los condados Colbert y Lauderdale con una vía de fácil recorrido. En intentos posteriores por mejorar el canal, se construyeron presas para controlar el flujo de agua. Cerca de 1924, la presa Wilson y la presa Wheeler inundaron el canal y crearon los lagos hoy conocidos como Wilson y Wheeler.

Cuando baja demasiado el nivel de agua de un lago, se pueden abrir las compuertas de una presa para vaciar agua al lago. Usa la tabla para los ejercicios del 1 al 3.

1. ¿Qué clase de sucesión forman las cantidades de agua de la presa Wheeler liberadas cada segundo después de las 8 am? ¿Cuál es la regla posible de esta sucesión?

2. Escribe una posible regla de la sucesión que forma el total de agua liberada de la presa Wilson cada segundo después de las 9 am. Si el patrón continúa, ¿cuánta agua se habrá liberado después de 6 segundos?

	Liberación de agua de las presas Wheeler y Wilson el 15 de marzo de 2002			
	Total de agua liberada (pies³)			
Número de segundos	Presa Wheeler		Presa Wilson	
	8 am	9 am	8 am	9 am
1	683	9,520	7,310	20,300
2	1,366	19,040	14,620	40,600
3	2,049	28,560	21,930	60,900
4	2,732	38,080	29,240	81,200

Sala de generadores de la presa Wilson en 2002 (arriba) y en 1942 (abajo)

3. Supongamos que se liberó agua de la presa Wheeler a las 3 am a la tasa de 1000 pies cúbicos por segundo, a las 4 am, se liberó agua a la tasa de 1200 pies cúbicos por segundo, a las 5 am, se liberó a la tasa de 1440 pies cúbicos por segundo y a las 6 am, se liberó a la tasa de 1728 pies cúbicos por segundo.

   a. ¿Qué tipo de sucesión forman las tasas de liberación de agua en cada hora?

   b. Escribe una posible regla para la sucesión.

   c. Si el patrón continúa, ¿con qué rapidez se liberará agua a las 10 am?

MATE-JUEGOS

Carrera cuadrada

¿Cuántos cuadrados hay en la figura de la derecha?

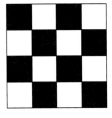

¿Hallaste 30 cuadrados?

La figura contiene cuadrados de cuatro diferentes tamaños.

Tamaño de cuadrado	Número de cuadrados
4 × 4	1
3 × 3	4
2 × 2	9
1 × 1	16
Total	30

cuadrados de 3 × 3

cuadrados de 2 × 2

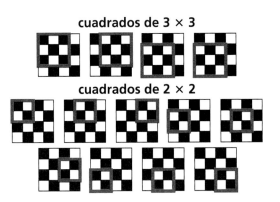

Por tanto, el número total de cuadrados es $1 + 4 + 9 + 16 = 1^2 + 2^2 + 3^2 + 4^2$.

Dibuja una cuadrícula de 5 × 5 y cuenta los cuadrados de cada tamaño? ¿Ves un patrón?

¿Cuántos cuadrados hay en total en una cuadrícula de 6 × 6. ¿De 7 × 7? ¿Puedes sugerir una fórmula general para la suma de cuadrados en una cuadrícula de $n \times n$?

¿Cuál es tu función?

Un integrante del primero de dos equipos saca del mazo una tarjeta con una función y el otro equipo trata de adivinar la regla de función. El equipo que adivina da un valor de entrada de la función, y el que posee la tarjeta debe dar el valor de salida correspondiente. Se otorgan puntos según el tipo de función y el número de valores de entrada que se requieren. Gana el primer equipo que llega a 20 puntos.

conexión internet

Visita **go.hrw.com** para las reglas y las tarjetas completas del juego.
CLAVE: MP4 Game12

Tecnología

LABORATORIO

Generar sucesiones aritméticas y geométricas

Para usar con la Lección 12-2

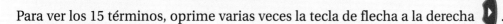

🖉 conexión **internet**

Recursos en línea para el
laboratorio: **go.hrw.com**
CLAVE: MP4 TechLab12

Pueden usarse calculadoras de gráficas para explorar sucesiones
aritméticas y geométricas.

Actividad

1 El comando **seq(** se usa para generar una sucesión.

a. Oprime [2nd] [STAT] **LIST** **OPS 5:seq**.

Al comando **seq(** lo sigue la regla para generar la sucesión, la variable
usada en la regla y las posiciones del primer y el último términos
de la sucesión. Para hallar los primeros 20 términos de la sucesión
aritmética que genera la regla **5 + (x − 1) · 3,** escribe
seq(5 + (x − 1) · 3, x, 1, 20):

5 [+] [(] [X,T,θ,n] [−] 1 [)] [×]

3 [,] [X,T,θ,n] [,] 1 [,] 20 [ENTER]

b. Podrás ver los 20 términos oprimiendo varias veces la tecla

de flecha a la derecha [▶] .

En la pantalla verás que el primer término es 5, el segundo
es 8, el tercero es 11, el cuarto es 14, y así sucesivamente.

2 Considera la sucesión *geométrica* cuyo enésimo término es
$3\left(\frac{1}{4}\right)^{n-1}$. Para hallar los primeros 15 términos en forma
de fracciones en una calculadora de gráficas, oprime

[2nd] [STAT] **LIST** [▶] **5:seq** 3 [×] [(] 1 [÷] 4 [)] [^]

[(] [X,T,θ,n] [−] 1 [)] [,] [X,T,θ,n] [,] 1 [,] 15 [MATH] **1:Frac** [ENTER] .

Para ver los 15 términos, oprime varias veces la tecla de flecha a la derecha [▶] .

Razonar y comentar

1. ¿Por qué el 7º. término de la sucesión de **2** *no* se presentó como fracción?

Inténtalo

Halla los primeros 15 términos de cada sucesión. Indica si los términos consecutivos
aumentan o disminuyen.

1. $-4 + (n - 1) \cdot 7$ **2.** $2\left(\frac{1}{5}\right)^{n-1}$ **3.** 9, 14, 19, 24, … **4.** $2, \frac{2}{3}, \frac{2}{9}, \frac{2}{27}, …$

Vocabulario

Completa los enunciados con las palabras del vocabulario. Puedes usar las palabras más de una vez.

1. Una lista de números o términos en cierto orden es un(a) ___?___.

2. Una sucesión en la que hay una diferencia común es un(a) ___?___; una sucesión en la que hay una razón común es un(a) ___?___.

3. Una sucesión famosa en la que sumas los dos términos anteriores para hallar el siguiente término se llama ___?___.

4. Una regla que relaciona dos cantidades de modo que cada valor de entrada corresponde exactamente a un valor de salida es un(a) ___?___. El conjunto de todos los valores de entrada es el/la ___?___; el conjunto de todos los valores de salida es el/la ___?___.

12-1 Sucesión aritmética (págs. 590–594)

EJEMPLO

■ Halla el 10º. término de la sucesión aritmética 12, 10, 8, 6, ...

$$d = 10 - 12 = -2$$
$$a_n = a_1 + (n-1)d$$
$$a_{10} = 12 + (10-1)(-2)$$
$$a_{10} = 12 - 18$$
$$a_{10} = -6$$

EJERCICIOS

Halla el término que se da de cada sucesión aritmética.

5. 8º. término: 3, 7, 11, ...

6. 7º. término: 0.05, 0.15, 0.25, ...

7. 9º. término: $\frac{2}{3}, \frac{7}{6}, \frac{5}{3}, \ldots$

12-2 Sucesiones geométricas (págs. 595–599)

EJEMPLO

- **Halla el 10º. término de la sucesión geométrica 6, 12, 24, 48, ...**

$$r = \frac{12}{6} = 2$$

$$a_n = a_1 r^{n-1}$$

$$a_{10} = 6(2)^{10-1} = 3072$$

EJERCICIOS

Halla el término que se da de cada sucesión geométrica.

8. 8º. término: 5, −10, 20, −40, …

9. 7º. término: $\frac{1}{2}, \frac{1}{3}, \frac{2}{9}, \ldots$

10. 50º. término: 1, −1, 1, −1, …

12-3 Otras sucesiones (págs. 601–605)

EJEMPLO

- **Halla los primeros cuatro términos de la sucesión que se define con $a_n = -2(-1)^{n-1} - 1$.**

$a_1 = -2(-1)^{1-1} - 1 = -3$
$a_2 = -2(-1)^{2-1} - 1 = 1$
$a_3 = -2(-1)^{3-1} - 1 = -3$
$a_4 = -2(-1)^{4-1} - 1 = 1$
Los cuatro primeros términos son −3, 1, −3, 1.

EJERCICIOS

Halla los primeros cuatro términos de la sucesión que se define con cada regla.

11. $a_n = 3n + 1$ **12.** $a_n = n^2 + 1$

13. $a_n = 8(-1)^n + 2n$ **14.** $a_n = n! + 2$

12-4 Funciones (págs. 608–612)

EJEMPLO

- **Para la función $f(x) = 3x^2 + 4$, halla $f(0), f(3)$ y $f(-2)$.**

$f(0) = 3(0)^2 + 4 = 4$
$f(3) = 3(3)^2 + 4 = 31$
$f(-2) = 3(-2)^2 + 4 = 16$

EJERCICIOS

Para cada función, halla $f(0), f(2)$ y $f(-1)$.

15. $f(x) = 7x - 4$ **16.** $f(x) = 2x^3 + 1$

17. $f(x) = -x^2 + 3x$ **18.** $f(x) = -x^3 + 2x^2$

19. $f(x) = 3x^2 - x + 5$ **20.** $f(x) = -x^2 + x + 1$

12-5 Funciones lineales (págs. 613–616)

EJEMPLO

- **Usa la tabla para escribir la ecuación de la función lineal.**

x	y
−2	−10
−1	−3
0	4
1	11

La intersección con el eje y es $f(0) = 4$.
$f(x) = mx + 4$ $f(x) = mx + b$
Sustituye y halla el valor de m.
$11 = m(1) + 4$ $(x, y) = (1, 11)$
$m = 7$
$f(x) = 7x + 4$

EJERCICIOS

Escribe la ecuación de cada función lineal.

21.

x	y
−2	−3
−1	−2
0	−1
1	0

22.

x	y
−4	2
−2	3
0	4
2	5

12-6 Funciones exponenciales (págs. 617–620)

EJEMPLO

■ Representa gráficamente la función exponencial. $f(x) = 0.1 \cdot 4^x$

x	f(x)
−2	0.00625
−1	0.025
0	0.1
1	0.4
2	1.6

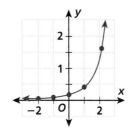

EJERCICIOS

Representa gráficamente cada función exponencial.

23. $f(x) = 0.2 \cdot 3^x$

24. $f(x) = 4 \cdot \left(\frac{1}{2}\right)^x$

25. $f(x) = 2^x$

26. $f(x) = -2 \cdot 10^x$

12-7 Funciones cuadráticas (págs. 621–625)

EJEMPLO

■ Representa gráficamente la función cuadrática. $f(x) = x^2 + 2x - 1$

x	f(x)
−3	2
−2	−1
−1	−2
0	−1
1	2
2	7
3	14

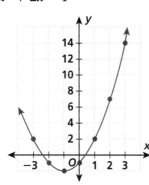

EJERCICIOS

Representa gráficamente cada función cuadrática.

27. $f(x) = x^2$

28. $f(x) = x^2 + 4$

29. $f(x) = x^2 - x$

30. $f(x) = x^2 + 3x + 2$

12-8 Variaciones inversas (págs. 628–631)

EJEMPLO

■ Representa gráficamente la función de variación inversa. $f(x) = \frac{6}{x}$

x	y
−3	−2
−2	−3
−1	−6
1	6
2	3
3	2

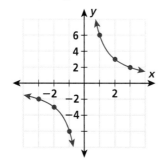

EJERCICIOS

Representa gráficamente cada función de variación inversa.

31. $f(x) = \frac{12}{x}$

32. $f(x) = \frac{16}{x}$

33. $f(x) = -\frac{8}{x}$

34. $f(x) = -\frac{4}{x}$

Guía de estudio y repaso

Halla el término que se da de cada sucesión aritmética.

1. 8º. término: 7, 10, 13, …

2. 3º. término: 7, $7\frac{1}{5}$, $7\frac{2}{5}$, …

3. 11º. término: 11, 10.9, 10.8, …

4. 9º. término: 75, 62, 49, 36, …

Halla el término que se da de cada sucesión geométrica.

5. 7º. término: 8, 32, 128, …

6. 8º. término: 25, 5, 1

7. 6º. término: 17, −0.34, 0.0068, …

8. 110º. término: 0.25, 1.25, 6.25, 31.25, …

Halla los primeros cinco términos de cada sucesión con la regla que se da.

9. $a_n = 6n - 2$

10. $a_n = 2 \cdot 3^n$

11. $a_n = (-1)^n \cdot 5 + 2n$

Usa primeras y segundas diferencias para hallar los siguientes tres términos de cada sucesión.

12. 7, 17, 32, 52, 77, …

13. 10, 16, 20, 22, 22, …

14. 1, 1, 1.05, 1.15, 1.30, …

Para cada función $f(0)$, $f(4)$ y $f(-3)$.

15. $y = 5x - 3$

16. $y = 3x^3 + 2x$

17. $y = -x^2 - 5$

Escribe la ecuación de cada función lineal.

18.

x	y
−4	14
−1	5
0	2
3	−7

19.

x	y
−8	−7
−4	−4
0	−1
4	2

Representa gráficamente cada función de variación inversa.

20. $f(x) = \dfrac{6}{x}$

21. $f(x) = \dfrac{10}{x}$

22. $f(x) = -\dfrac{12}{x}$

23. Un microbiólogo inició un cultivo bacteriano con 1000 bacterias *E. coli*. Si el número de bacterias se duplica cada 20 minutos, halla el número de cultivo después de 2 horas.

24. El carbono 14 (C14), una forma radiactiva del carbono, tiene una vida media aproximada de 5730 años. El carbono 14 se usa para conocer la edad de objetos antiguos hechos de materia vegetal. Si una taza de madera tenía 1000 g de C14 cuando se cortó el árbol del que provino, ¿como cuántos gramos de C14 quedarán 1400 años después?

Evaluación del desempeño

 Muestra lo que sabes

Haz un portafolio para tus trabajos en este capítulo. Completa esta página e inclúyela junto con los cuatro mejores trabajos del Capítulo 12. Elige entre las tareas o prácticas de laboratorio, examen parcial del capítulo o cualquier entrada de tu diario para incluirlas en el portafolio empleando el diseño que más te guste. Usa tu portafolio para presentar lo que consideras tu mejor trabajo.

⭐ **Respuesta corta**

1. Escribe los siguientes tres términos de la sucesión

$$\sqrt{2},\ \sqrt{2+\sqrt{2}},\ \sqrt{2+\sqrt{2+\sqrt{2}}},\ \sqrt{2+\sqrt{2+\sqrt{2+\sqrt{2}}}},\ \dots$$

Usa tu calculadora para evaluar cada término de la sucesión. Describe lo que parece suceder a los términos de la sucesión.

2. Un jugador de básquetbol lanza el balón con una trayectoria que se define con la función $f(x) = -16x^2 + 20x + 7$, donde x es el tiempo en segundos y $f(x)$ es la altura en pies. Representa la función y estima el tiempo que el balón tardará en alcanzar su altura máxima.

3. Al tocar el trombón, produces diferentes notas al mover hacia dentro o hacia afuera el tubo, cambiando la longitud con tu mano. Este movimiento produce una sucesión de longitudes que forman una sucesión geométrica. Si la longitud es de 119.3 pulgadas en la 2ª. posición y de 134.0 pulgadas en la 4ª., ¿qué longitud tiene en la 3ª. posición? Escribe una regla que describa esta relación.

 Extensión de resolución de problemas

4. Considera la sucesión 1, 2, 6, 24, 120, 720, ...

   a. Determina si la sucesión es aritmética, geométrica o ninguna de las dos cosas.

   b. Halla la razón de cada par de términos consecutivos. ¿Qué patrón observas?

   c. Escribe una regla de la sucesión. Usa tu regla para hallar los siguientes dos términos.

conexión **internet**

Práctica en línea para la
prueba estatal: *go.hrw.com*
Clave: MP4 TestPrep

Preparación para la prueba estandarizada

Capítulo
12

Evaluación acumulativa: Capítulos 1–12

1. ¿Cuál es el siguiente término de la sucesión?

1, 2, 4, 7, 11, ...

Ⓐ 13
Ⓒ 15
Ⓑ 14
Ⓓ 16

2. Se forma una sucesión al duplicar el número anterior: 2, 4, 8, 16, 32, ... ¿Qué queda si divides el 15º. término entre 6?

Ⓕ 0
Ⓗ 2
Ⓖ 1
Ⓙ 4

3. ¿Qué ecuación describe la relación que muestra la gráfica?

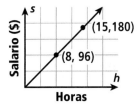

Ⓐ $h = 12s$
Ⓒ $h = s + 88$
Ⓑ $s = 12h$
Ⓓ $s = h + 88$

4. ¿Cuál es la solución del sistema que se muestra? $x > 3$
$x + y < 2$

Ⓕ $(4, -1)$
Ⓗ $(5, 1)$
Ⓖ $(4, -3)$
Ⓙ $(-5, 4)$

5. Si $r = \frac{t}{5}$ y $10r = 32$, halla el valor de t.

Ⓐ 64
Ⓒ 16
Ⓑ 32
Ⓓ 8

6. Si $a = 3$ y $b = 4$ evalúa $b - ab^a$.

Ⓕ 64
Ⓗ -188
Ⓖ 8
Ⓙ -1724

7. En el paralelogramo $JKLM$, $\overline{KP}$ es perpendicular a la diagonal $\overline{JL}$. ¿Cuál de los siguientes es verdad?

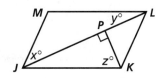

Ⓐ $x + y + z = 180$
Ⓑ $x + z = 90$
Ⓒ $y + z = 90$
Ⓓ $x + y = 90$

¡CONSEJO!

PARA LA PRUEBA

Volver a escribir las opciones que se dan: a veces es útil ver una opción en una forma diferente a la que se da.

8. Si $2^{3x-1} = 8$, ¿cuál es el valor de x?

Ⓕ $\frac{2}{3}$
Ⓗ $1\frac{1}{3}$
Ⓖ 2
Ⓙ $2\frac{1}{3}$

9. *RESPUESTA CORTA* La longitud de un rectángulo es 8 pies menos que el doble de su anchura w. Dibuja un diagrama del rectángulo y rotula las longitudes de sus lados. ¿Cuál es el perímetro del rectángulo en términos de w?

10. *RESPUESTA CORTA* Si se eligen al azar dos números distintos del conjunto {1, 2, 3, 4, 5, 6 }, ¿cuál es la probabilidad de que su producto sea 12? Muestra tu trabajo o explica con palabras cómo determinaste tu respuesta.

Preparación para la prueba estandarizada

Polinomios

conexión **internet**

Presentación del capítulo
en línea: *go.hrw.com*
CLAVE: MP4 Ch13

Costos de producción de CDs				
Fijos		**Variables (por cada CD producido)**		
Montaje	Generales	CD para grabar	Empaque	Mantenimiento
$100	$97	51¢	19¢	18¢

Profesión *Analista financiero*

Hay analistas financieros en muchos campos de los negocios. Ellos pueden ayudar a determinar los costos de producción de una compañía. La tabla muestra los costos de producción de copias de un CD de audio. Los analistas financieros usan polinomios para calcular las relaciones entre el costo de producción, el precio de venta, las ventas totales y las ganancias.

¿ESTÁS PREPARADO?

Elige de la lista el término que mejor complete cada enunciado.

1. Los __?__ tienen las mismas variables elevadas a las mismas potencias.

2. En la expresión $4x^2$, 4 es el/la __?__.

3. $5 + (4 + 3) = (5 + 4) + 3$ según el/la __?__.

4. $3 \cdot 2 + 3 \cdot 4 = 3(2 + 4)$ según el/la __?__.

Propiedad asociativa

coeficiente

Propiedad distributiva

términos semejantes

Resuelve los ejercicios para practicar las destrezas que usarás en este capítulo.

✔ Restar enteros

Resta.

5. $12 - 4$

6. $8 - 10$

7. $14 - (-4)$

8. $-9 - 5$

9. $-9 - (-5)$

10. $9 - (-5)$

✔ Exponentes

Multiplica. Escribe cada producto como una potencia.

11. $3^4 \cdot 3^6$

12. $10^2 \cdot 10^3$

13. $x \cdot x^5$

14. $5^5 \cdot 5^5$

15. $y^2 \cdot y^6$

16. $z^3 \cdot z^3$

17. $a^2 \cdot a$

18. $b \cdot b$

✔ Propiedad distributiva

Escribe usando la Propiedad distributiva.

19. $5(7 + 8)$

20. $3(x + y)$

21. $(a + b)6$

22. $(r + s)4$

✔ Área

Halla el área de la parte sombreada de cada figura.

23.

15 cm

36 cm

24.

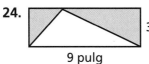

3 pulg

9 pulg

25.

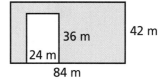

36 m

42 m

24 m

84 m

26.

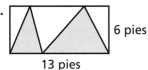

6 pies

13 pies

27.

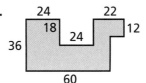

24

22

18

24

12

36

60

28.

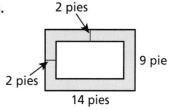

2 pies

9 pie

2 pies

14 pies

13-1 Polinomios

Aprender a clasificar polinomios según su grado y el número de términos.

Vocabulario

monomio

polinomio

binomio

trinomio

grado de un polinomio

A veces se sincronizan los fuegos artificiales con música para lograr efectos dramáticos. Los *polinomios* se usan para calcular la altura exacta de cada cohete cuando estalla.

El tipo más simple de polinomio se llama *monomio*. Un **monomio** es un número o un producto de números y variables con exponentes que son números cabales.

Son monomios	$2n$, x^3, $4a^4b^3$, 7
No son monomios	$p^{2.4}$, 2^x, $\sqrt{x}$, $\dfrac{5}{g^2}$

EJEMPLO 1 Identificar monomios

Determina si cada expresión es un monomio.

A $\dfrac{1}{2}x^2y^5$

es monomio

2 y 5 son números cabales.

B $12xy^{0.4}$

no es monomio

0.4 no es un número cabal.

Un **polinomio** es un monomio o la suma o resta de monomios. Los polinomios se pueden clasificar por el número de términos. Un monomio tiene 1 término, un **binomio** tiene 2 términos y un **trinomio** tiene 3 términos.

EJEMPLO 2 Clasificar polinomios según el número de términos

Clasifica cada expresión como monomio, binomio, trinomio o no es polinomio.

A $49.99h + 24.99g$

binomio   *Polinomio con 2 términos*

B $-3x^4y$

monomio   *Polinomio con 1 término*

C $4x^2 - 2xy + \dfrac{3}{x}$

no es polinomio   *Hay una variable en el denominador.*

D $5mn + 2m - 3n$

trinomio   *Polinomio con 3 términos*

Los polinomios también se clasifican por su grado. El **grado de un polinomio** es el del término con el mayor grado.

$$\underbrace{\underbrace{4x^2}_{\text{Grado 2}} + \underbrace{2x^5}_{\text{Grado 5}} + \underbrace{x}_{\text{Grado 1}} + \underbrace{5}_{\text{Grado 0}}}_{\text{Grado 5}}$$

EJEMPLO 3 Clasificar polinomios según su grado

Halla el grado de cada polinomio.

A $5x^2 + 2x + 3$

$$\underset{\text{Grado 2}}{5x^2} + \underset{\text{Grado 1}}{2x} + \underset{\text{Grado 0}}{3}$$

El grado de $5x^2 + 2x + 3$ es 2.

B $5 + 2m^3 + 3m^6$

$$\underset{\text{Grado 0}}{5} + \underset{\text{Grado 3}}{2m^3} + \underset{\text{Grado 6}}{3m^6}$$

El grado de $5 + 2m^3 + 3m^6$ es 6.

C $h + 2h^3 + h^2$

$$\underset{\text{Grado 1}}{h} + \underset{\text{Grado 3}}{2h^3} + \underset{\text{Grado 2}}{h^2}$$

El grado de $h + 2h^3 + h^2$ es 3.

EJEMPLO 4 *Aplicación a la física*

Estos fuegos artificiales decorados forman parte de la celebración tradicional del año nuevo chino.

La altura en pies que alcanza un cohete lanzado verticalmente desde una altura *s* con una velocidad *v* después de *t* segundos, se halla con el polinomio $-16t^2 + vt + s$. Halla la altura de un cohete lanzado desde una plataforma de 10 pies a 200 pies/s después de 5 segundos.

$-16t^2 + vt + s$	*Escribe el polinomio para la altura.*
$-16(5)^2 + 200(5) + 10$	*Sustituye t por 5, v por 200 y s por 10.*
$-400 + 1000 + 10$	*Simplifica.*
$\quad\quad 610$	

El cohete está a 610 pies de altura 5 segundos después de lanzarlo.

Razonar y comentar

1. Describe dos maneras de clasificar un polinomio. Da un polinomio con tres términos y clasifícalo de dos maneras.

2. Explica por qué $-5x^2 - 3$ es un polinomio pero $-5x^{-2} - 3$ no.

PARA PRÁCTICA ADICIONAL

ve a la pág. 756

☑ conexión **internet**

Ayuda en línea para tareas

go.hrw.com   Clave: MP4 13-1

PRÁCTICA GUIADA

Ver Ejemplo **1**   Determina si cada expresión es un monomio.

1. $-2x^2y$ **2.** $\dfrac{3}{2x}$

3. $4a^{2.4}b^{3.2}$ **4.** $3m^2n^2$

Ver Ejemplo **2**   Clasifica cada expresión como monomio, binomio, trinomio o no es polinomio.

5. $3x^2 - 4x$ **6.** $5r - 3r^2 + 6$

7. $\dfrac{5}{x^2} + 3x$ **8.** 3

Ver Ejemplo **3**   Halla el grado de cada polinomio.

9. $-5m^4 + 2m^7$ **10.** $9w^3 + 4$

11. $-4b^4 + 5b^6 - 2b$ **12.** $x^3 + 2x^2 - 18$

Ver Ejemplo **4**   **13.** El trinomio $-16t^2 + 20t + 50$ describe la altura en pies, después de t segundos, de una pelota lanzada verticalmente hacia arriba con una velocidad de 20 pies/s desde una plataforma de 50 pies. ¿Cuál es su altura después de 2 segundos?

PRÁCTICA INDEPENDIENTE

Ver Ejemplo **1**   Determina si cada expresión es un monomio.

14. $6.7x^4$ **15.** $-2x^{-4}$

16. $\dfrac{4y^3}{5x}$ **17.** $\dfrac{4}{7}x^4y^2$

Ver Ejemplo **2**   Clasifica cada expresión como monomio, binomio, trinomio o no es polinomio.

18. $-8m^3n^5$ **19.** $4g^{\frac{1}{2}}h^3$

20. $4x^3 + 2x^5 + 3$ **21.** $-a + 2$

Ver Ejemplo **3**   Determina el grado de cada polinomio.

22. $2x^2 - 7x + 1$ **23.** $-5m^3 + 6m^4 - 3$

24. $-1 + 2x + 3x^3$ **25.** $5p^4 + 7p^3$

Ver Ejemplo **4**   **26.** El volumen de una caja de altura x, longitud $x + 1$ y anchura $2x - 4$, se representa con el trinomio $2x^3 - 2x^2 - 4x$. ¿Cuál es el volumen de la caja si su altura es de 3 pulgadas?

Clasifica cada expresión como monomio, binomio, trinomio o no es polinomio. Si es un polinomio, da su grado.

27. $3x^2$

28. $5x^{0.5} + 2x$

29. $-\frac{4}{5}x + \frac{2}{3}x^2$

30. $5y^2 - 4y$

31. $3f^4 + 6f^6 - f$

32. $6 - \frac{4}{x}$

33. $5x + 3\sqrt{x}$

34. $5x^{-3}$

35. $2b^2 - 7b - 6b^3$

36. $3 + 4x$

37. $3x^{\frac{2}{3}} - 4x^3 + 6$

38. 8

39. *TRANSPORTE* El rendimiento de la gasolina en un automóvil que viaja a una velocidad v se puede estimar con los polinomios que se dan. Evalúa los polinomios para completar la tabla.

		Rendimiento (mi/gal)		
		40 mi/h	50 mi/h	60 mi/h
Compacto	$-0.025v^2 + 2.45v - 30$			
Mediano	$-0.015v^2 + 1.45v - 13$			
Camioneta	$-0.03v^2 + 2.9v - 53$			

40. *TRANSPORTE* La distancia en pies que se necesita para detener un automóvil que viaja a r mi/h puede aproximarse con el binomio $\frac{r^2}{20} + r$. ¿Aproximadamente cuántos pies se necesitan para detener un automóvil que viaja a 60 mi/h?

41. *¿CUÁL ES LA PREGUNTA?* Para el polinomio $4b^5 - 7b^9 + 6b$, la respuesta es 9. ¿Cuál es la pregunta?

42. *ESCRÍBELO* Da algunos ejemplos de palabras que comiencen con *mono-*, *bi-*, *tri-*, y *poli-*, y relaciona con polinomios el significado de cada una.

43. *DESAFÍO* La base de un triángulo se representa con el binomio $x + 2$, y su altura, con el trinomio $2x^2 + 3x - 7$. ¿Qué área tiene el triángulo si $x = 5$?

Escribe cada número o producto en notación científica. (Lección 2-9)

44. 3,400,000,000

45. 0.00000045

46. $(3.2 \times 10^4) \times (2 \times 10^{-5})$

Simplifica. (Lección 3-8)

47. $\sqrt{144}$

48. $\sqrt{64}$

49. $\sqrt{169}$

50. $\sqrt{225}$

51. **PREPARACIÓN PARA LA PRUEBA** La longitud de la base de un triángulo isósceles mide la mitad que un cateto. ¿Qué expresión da el perímetro del triángulo si la longitud de la base es x? (Lección 6-2)

A $\frac{5}{2}x$

B $5x$

C $6x$

D $\frac{3}{2}x$

Modelos de polinomios

CLAVE			RECUERDA	
$+$ $= x^2$	$-$ $= -x^2$		$+$ $+$ $-$ $= 0$	
$+$ $= x$	$-$ $= -x$		$+$ $+$ $-$ $= 0$	
$+$ $= 1$	$-$ $= -1$		$+$ $+$ $-$ $= 0$	

Puedes usar fichas de álgebra para representar polinomios. Para representar el polinomio $4x^2 + x - 3$, necesitas cuatro fichas de x^2, una ficha x y tres fichas de -1.

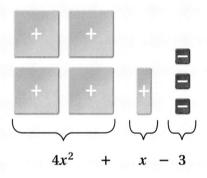

$$4x^2 \quad + \quad x \quad - \quad 3$$

Actividad 1

1 Usa fichas de álgebra para representar el polinomio $2x^2 + 4x + 6$.

Como todos los signos son positivos, usa sólo fichas amarillas.

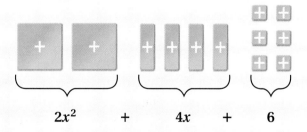

$$2x^2 \quad + \quad 4x \quad + \quad 6$$

2 Usa fichas de álgebra para representar el polinomio $-x^2 + 6x - 4$.

Representar $-x^2 + 6x - 4$ es semejante a representar $2x^2 + 4x + 6$.
Recuerda usar fichas rojas para los valores negativos.

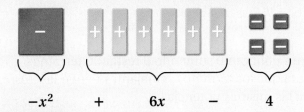

$$-x^2 \quad + \quad 6x \quad - \quad 4$$

Razonar y comentar

1. ¿Cómo sabes cuándo debes usar fichas rojas?

Inténtalo

Usa fichas algebraicas para representar cada polinomio.

1. $3x^2 + 2x - 4$ **2.** $-5x^2 + 4x - 1$ **3.** $4x^2 - x + 7$

Actividad 2

1 Escribe el polinomio que representan las fichas estas fichas.

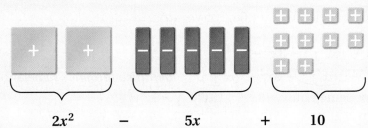

$$2x^2 \quad - \quad 5x \quad + \quad 10$$

El polinomio que representan las fichas es $2x^2 - 5x + 10$.

Razonar y comentar

1. ¿Cómo hallaste el coeficiente del término x^2 en la Actividad 2?

Inténtalo

Escribe el polinomio que representa cada grupo de fichas de álgebra.

1.

2.

3.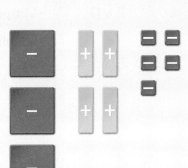

Cómo simplificar polinomios

Aprender a simplificar polinomios.

Puedes simplificar un polinomio sumando o restando términos semejantes. Recuerda que los términos semejantes tienen las mismas variables elevadas a las mismas potencias.

Términos semejantes — *Las variables tienen las mismas potencias.*

$$4a^3b^2 + 3a^2b^3 - 2a^3b^2$$

Términos no semejantes — *Las variables tienen potencias diferentes.*

EJEMPLO 1 Identificar términos semejantes

Identifica los términos semejantes en cada polinomio.

A $3a + 2a^2 - 3 + 6a - 4a^2$

$(3a) + \boxed{2a^2} - 3 + (6a) - \boxed{4a^2}$ *Identifica términos semejantes.*

Términos semejantes: $3a$ y $6a$, $2a^2$ y $-4a^2$

B $-3x^4y^2 + 10x^4y^2 - 3x^2 - 5x^4y^2$

$(-3x^4y^2) + (10x^4y^2) - 3x^2 - (5x^4y^2)$ *Identifica términos semejantes.*

Términos semejantes: $-3x^4y^2$, $10x^4y^2$ y $-5x^4y^2$

C $4m^2 - 2mn + 3m$

$4m^2 - 2mn + 3m$ *Identifica términos semejantes.*

No hay términos semejantes.

Para simplificar un polinomio, combina términos semejantes. Puede ser más fácil si acomodas los términos en orden *descendente* (de mayor a menor grado) antes de combinar términos semejantes.

EJEMPLO 2 Simplificar polinomios combinando términos semejantes

Simplifica.

A $x^2 + 6x^4 - 8 + 9x^2 + 2x^4 - 6x^2$

$x^2 + 6x^4 - 8 + 9x^2 + 2x^4 - 6x^2$

$6x^4 + 2x^4 + x^2 + 9x^2 - 6x^2 - 8$ *Escribe en orden descendente.*

$(6x^4) + (2x^4) + \boxed{x^2} + \boxed{9x^2} - \boxed{6x^2} - 8$ *Identifica términos semejantes.*

$8x^4 + 4x^2 - 8$ *Combina coeficientes:*
$6 + 2 = 8$ y $1 + 9 - 6 = 4$

Simplifica.

B $-4a^2b + 10ab^2 - 3a^2b - ab^2 + 2ab$

$\boxed{-4a^2b} + \boxed{10ab^2} - \boxed{3a^2b} - \boxed{ab^2} + 2ab$ *Identifica términos semejantes.*

$-7a^2b + 9ab^2 + 2ab$ *Combina coeficientes:*
$-4 - 3 = -7$ y $10 - 1 = 9$

En ocasiones necesitarás usar la Propiedad distributiva para simplificar un polinomio.

EJEMPLO **3** **Simplificar polinomios con la Propiedad distributiva**

Simplifica.

A $5(2x^2 + 6x)$

$5(2x^2 + 6x)$ *Propiedad distributiva*

$5 \cdot 2x^2 + 5 \cdot 6x$

$10x^2 + 30x$

B $2(3ab^2 - 6b) + 2ab^2 + 5$

$2(3ab^2 - 6b) + 2ab^2 + 5$ *Propiedad distributiva*

$2 \cdot 3ab^2 - 2 \cdot 6b + 2ab^2 + 5$

$6ab^2 - 12b + 2ab^2 + 5$

$8ab^2 - 12b + 5$ *Combina términos semejantes.*

EJEMPLO **4** *Aplicación a los negocios*

Un *pie de tabla* es una tabla de 1 pie por 1 pie por 1 pulg. La cantidad de madera que puede obtenerse de un árbol con d pulg de diámetro es de aproximadamente $20 + 0.005(d^3 - 30d^2 + 300d - 1000)$ pies de tabla. Usa la propiedad distributiva para escribir una expresión equivalente.

$20 + 0.005(d^3 - 30d^2 + 300d - 1000) = 20 + 0.005d^3 - 0.15d^2 + 1.5d - 5$
$= 15 + 0.005d^3 - 0.15d^2 + 1.5d$

Razonar y comentar

1. Indica cómo sabes si puedes combinar términos semejantes.

2. Da un ejemplo de una expresión que podrías simplificar usando la Propiedad distributiva y una expresión que podrías simplificar combinando términos semejantes.

PARA PRÁCTICA ADICIONAL
ve a la pág. 756

conexión **internet**
Ayuda en línea para tareas
go.hrw.com   Clave: MP4 13-2

PRÁCTICA GUIADA

Ver Ejemplo **1**   Identifica términos semejantes en cada polinomio.

1. $-2b^2 + 4b + 3b^2 - b + 8$

2. $5mn - 4m^2n^2 + 6m^2n + 3m^2n^2$

Ver Ejemplo **2**   Simplifica.

3. $3x^2 - 4x + 6x^2 + 8x - 6$

4. $7 - 4b + 2b^4 - 6b^2 + 8 + 5b - 4b^2$

Ver Ejemplo **3**   **5.** $3(2x - 7)$

6. $6(4a^2 - 7a) + 3a^2 + 5a$

Ver Ejemplo **4**   **7.** El nivel aproximado de emisiones de óxido nítrico, en partes por millón, de un motor de automóvil, se halla con el polinomio $-40{,}000 + 5x(800 - x^2)$, donde x es la razón aire:combustible. Usa la Propiedad distributiva para escribir una expresión equivalente.

PRÁCTICA INDEPENDIENTE

Ver Ejemplo **1**   Identifica términos semejantes en cada polinomio.

8. $-t + 5t^2 - 6t^2 + 6t - 3$

9. $9rs - 2r^2s^2 + 4r^2s^2 + 3rs - 7$

Ver Ejemplo **2**   Simplifica.

10. $3p - 4p^2 + 6p + 10p^2$

11. $2fg + f^2g - fg^2 - 2fg + 3f^2g + 5fg^2$

Ver Ejemplo **3**   **12.** $4(x^2 - 4x) + 3x^2 - 6x$

13. $3(b - 4) + 6b - 4b^2$

Ver Ejemplo **4**   **14.** La concentración de cierto medicamento en la sangre de una persona promedio, h horas después de ser inyectado, puede estimarse con la expresión $7(0.04h - 0.003h^2 - 0.02h^3)$. Usa la Propiedad distributiva para escribir una expresión equivalente.

PRÁCTICA Y RESOLUCIÓN DE PROBLEMAS

Simplifica.

15. $3s^2 - 4s + 12s^2 + 6s - 2$

16. $4gh^2 + 2g^2h + 3g^2h - g^2h$

17. $3(x^2 - 4x + 3) - 2x + 6$

18. $4(x - x^5 + x^3) - 2x$

19. $2(3m - 4m^2) + 6(2m^2 - 5m)$

20. $8b^4 + 3b^2 + 2(b^2 - 8)$

21. $7mn - 4m^3n^2 + 4(m^3n^2 + 2mn)$

22. $4(x + 2y) + 3(2x - 3y)$

23. **CIENCIAS DE LA VIDA** La tasa de circulación, en cm/s, de sangre en una arteria a d cm del centro se halla con el polinomio $1000(0.04 - d^2)$. Usa la Propiedad distributiva para escribir una expresión equivalente.

CONEXIÓN con el arte

Muchos artistas abstractos usan figuras geométricas, como cubos, prismas, pirámides y esferas, para crear esculturas.

24. Supongamos que el volumen de una escultura es de aproximadamente
$s^3 + 0.52s^3 + 0.18s^3 + 0.33s^3$ cm^3
y su área total es de aproximadamente
$6s^2 + 3.14s^2 + 7.62s^2 + 3.24s^2$ cm^2.

   a. Simplifica el polinomio del volumen de la escultura y halla el volumen de la escultura con $s = 5$.

   b. Simplifica el polinomio del área total de la escultura y halla el área total de la escultura con $s = 5$.

O equilibrada/desequilibrada por Fletcher Benton

25. Una escultura incluye un anillo grande con una superficie lateral externa de aproximadamente $44xy$ pulg^2, una superficie lateral interna de aproximadamente $38xy$ pulg^2, y dos bases, cada una con un área de aproximadamente $41y$ pulg^2. Escribe y simplifica un polinomio que exprese el área total del anillo.

26. ⭐ *DESAFÍO* El volumen del anillo de la escultura del ejercicio 25 es de $49\pi xy^2 - 36\pi xy^2$ pulg^3. Simplifica el polinomio y halla el volumen con $x = 12$ y $y = 7.5$. Da tu respuesta en términos de π y a la décima más cercana.

Cubo y esfera en equilibrio sobre una pirámide, artista desconocido

go.hrw.com
CLAVE: MP4 Art,
disponible en inglés.
CNN student News.

Repaso en espiral

Simplifica. (Lecciones 2-1 a 2-3)

27. $-5 + (-8)$ **28.** $4 - (-9)$ **29.** $-6 \times (-5)$ **30.** $-32 \div 8$

Resuelve x. (Lecciones 3-6 y 3-7)

31. $x - \dfrac{3}{2} \geq \dfrac{7}{2}$ **32.** $-\dfrac{3}{4}x + 6 < 8$ **33.** $\dfrac{1}{2}x - \dfrac{2}{3} = 6$

34. **PREPARACIÓN PARA LA PRUEBA** El punto $A(3, -2)$ se refleja sobre el eje de las x y luego se desplaza 3 unidades hacia arriba. ¿Cuáles son las coordenadas de A'? (Lección 5-7)

   A $(3, 5)$ **B** $(-3, 1)$ **C** $(0, -2)$ **D** $(6, 2)$

LECCIÓN 13-1 (págs. 644–647)

Determina si cada expresión es un monomio.

1. $\dfrac{1}{3y^3}$

2. $\dfrac{1}{2}x^2 - x^3$

3. 1

4. $3a^2b^2$

Clasifica cada expresión como monomio, binomio, trinomio o no es polinomio.

5. $\dfrac{1}{y^2} + y$

6. 17

7. $a^2 + a - 20$

8. $x + 1$

Halla el grado de cada polinomio.

9. $w^5 + 3$

10. $2b^4 + b^6 - b$

11. $-9r^4 + 3r^7$

12. 12

13. El trinomio $-16t^2 + 30t + 40$ describe la altura en pies, después de t segundos, de una pelota lanzada verticalmente hacia arriba desde una plataforma de 40 pies, con una velocidad de 30 pies/s. ¿Cuál es la altura de la pelota después de 2 segundos?

14. El precio aproximado de cierta obra de arte y años después de haber sido terminada se puede hallar con el polinomio $0.03y^2 + 6y + 240$. Estima el precio de la obra de arte después de 88 años.

LECCIÓN 13-2 (págs. 650–653)

Identifica términos semejantes en cada polinomio.

15. $-4x^2y^2 + 5xy + 3x^2y^2$

16. $-t^2 + 3t + 2t^2 - t + 5$

17. $y + 3 - 3y - 4$

18. $7ab + 2ac + 4bc - 3ac + 5ab$

Simplifica.

19. $7 + 2c^4 - 6c^2 + 8 - 4c^2$

20. $y + 3 - 3y - 4$

21. $2x^2 + x + 3x^2 + 4x - 6$

22. $-2(3x - 4)$

23. $2(4z^2 - 3z) + 5z^2 + 3z$

24. $x + 3 - 3x - 2(3x + 1)$

Resuelve.

25. El área de una cara de un cubo se halla con la expresión $3s^2 + 5s$. Escribe un polinomio que represente el área total del cubo.

26. El área de cada cara lateral de una pirámide cuadrada regular se representa con la expresión $\dfrac{1}{2}b^2 + 2b$. Escribe un polinomio que represente la superficie lateral de la pirámide.

Enfoque en resolución de problemas

Repasa

- **Estima para comprobar si tu respuesta es razonable**

Antes de resolver un problema con palabras, puedes leerlo y estimar la respuesta. Asegúrate de que tu respuesta sea razonable para la situación del problema. Después de resolver el problema, compara tu respuesta con la estimación original. Si tu respuesta no se acerca a tu estimación comprueba tu trabajo otra vez.

Se ha dado una respuesta incorrecta a cada uno de estos problemas. Explica por qué esa respuesta no es razonable y estima la respuesta correcta.

1 El perímetro del rectángulo *ABCD* es de 50 cm. ¿Cuál es el valor de *x*?

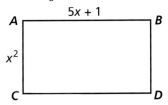

Respuesta: x = −8

2 Un agricultor puede usar $4x + 6y$ pies de cerca para construir tres corrales uno junto a otro, que miden *x* pies de largo y *y* pies de ancho. Si cada corral debe tener al menos 15 pies de ancho y un área de al menos 300 pies ^{2}, ¿cuál es la cantidad mínima de cerca que se necesita para construir los tres corrales?

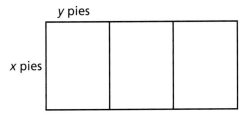

Respuesta: 70 pies

3 Una pelota de béisbol se lanza verticalmente hacia arriba a 30 mi/h desde una altura de 3 pies. Su altura en pies después de *t* segundos es $-16t^2 + 44t + 3$. ¿En cuánto tiempo alcanzará su altura máxima?

Respuesta: 5 minutos

4 Erin depositó $3000 en una cuenta de ahorro que gana el 7% de interés simple. La cantidad en su cuenta después de *t* años es $C + Crt$, donde *C* es la cantidad inicial depositada y *r* es la tasa de interés expresada como decimal. ¿Cuánto dinero tendrá en la cuenta después de 5 años?

Respuesta: $2850

Cómo sumar polinomios

Aprender a sumar polinomios.

Libby quiere enmarcar una fotografía de 8 pulgadas por 10 pulgadas. Si m es la anchura del borde de papel y f es la anchura del marco, puedes sumar polinomios para hallar una expresión que dé la cantidad de material para enmarcar que necesita Libby.

Recuerda: la Propiedad asociativa de la suma dice que, para todo valor de a, b y c, $a + b + c = (a + b) + c = a + (b + c)$. Puedes usar esta propiedad para sumar polinomios.

E J E M P L O **1** **Sumar polinomios horizontalmente**

Suma.

A $(8x^2 - 2x + 3) + (9x - 5)$

$(8x^2 - 2x + 3) + (9x - 5)$

$8x^2 - 2x + 3 + 9x - 5$ *Propiedad asociativa*

$8x^2 + 7x - 2$ *Combina términos semejantes.*

B $(-3cd^2 - 2cd + 5) + (9cd - 7cd^2 - 5)$

$(-3cd^2 - 2cd + 5) + (9cd - 7cd^2 - 5)$

$-3cd^2 - 2cd + 5 + 9cd - 7cd^2 - 5$ *Propiedad asociativa*

$-10cd^2 + 7cd$ *Combina términos semejantes.*

C $(ab^2 + 3a) + (2ab^2 + 3a - 2) + (2a + 4)$

$(ab^2 + 3a) + (2ab^2 + 3a - 2) + (2a + 4)$

$ab^2 + 3a + 2ab^2 + 3a - 2 + 2a + 4$ *Propiedad asociativa*

$3ab^2 + 8a + 2$ *Combina términos semejantes.*

También puedes sumar polinomios en forma vertical. Escribe el segundo polinomio abajo del primero, alineando los términos semejantes. Si reacomodas los términos, recuerda conservar el signo correcto de cada término.

EJEMPLO **2** **Sumar polinomios verticalmente**

Suma.

A $(4a^2 + 3a + 1) + (5a^2 + 2a + 3)$

$$\begin{array}{r} 4a^2 + 3a + 1 \\ + \ 5a^2 + 2a + 3 \\ \hline 9a^2 + 5a + 4 \end{array}$$

Coloca los términos semejantes en columnas.

Combina términos semejantes.

B $(3xy^2 + 2x - 3y) + (9xy^2 - x + 2)$

$$\begin{array}{r} 3xy^2 + 2x - 3y \\ + \ 9xy^2 - \ x \quad + 2 \\ \hline 12xy^2 + \ x - 3y + 2 \end{array}$$

Coloca los términos semejantes en columnas.

Combina términos semejantes.

C $(3a^2b^2 + 2a^2 - 5ab) + (-3ab + a^2 - 2) + (1 + 6ab)$

$$\begin{array}{r} 3a^2b^2 + 2a^2 - 5ab \\ a^2 - 3ab - 2 \\ + \qquad\qquad\quad 6ab + 1 \\ \hline 3a^2b^2 + 3a^2 - 2ab - 1 \end{array}$$

Coloca los términos semejantes en columnas.

Combina términos semejantes.

EJEMPLO **3** *Aplicación al arte*

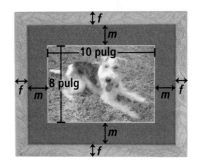

Libby va a poner un borde de papel de anchura *m* y un marco de anchura *f* a una fotografía de 8 pulgadas por 10 pulgadas. Halla una expresión para la cantidad de material para enmarcar que necesita.

La cantidad de material que necesita Libby es igual al perímetro del exterior del marco. Dibuja un diagrama que te ayude a determinar las dimensiones exteriores del marco.

Base $= 10 + m + m + f + f$ Altura $= 8 + m + m + f + f$
   $= 10 + 2m + 2f$ $= 8 + 2m + 2f$

$P = (8 + 2m + 2f) + (10 + 2m + 2f) + (8 + 2m + 2f) + (10 + 2m + 2f)$

  $= 8 + 2m + 2f + 10 + 2m + 2f + 8 + 2m + 2f + 10 + 2m + 2f$

  $= 36 + 8m + 8f$ *Combina términos semejantes.*

Libby necesitará $36 + 8m + 8f$ pulgadas de material para enmarcar.

Razonar y comentar

1. **Compara** sumar $(5x^2 + 2x) + (3x^2 - 2x)$ verticalmente y horizontalmente.

2. **Explica** por qué puedes quitar paréntesis a los polinomios para sumarlos.

PARA PRÁCTICA ADICIONAL

ve a la pág. 757

☑ conexión **internet**

Ayuda en línea para tareas
go.hrw.com Clave: MP4 13-3

PRÁCTICA GUIADA

Ver Ejemplo ① **Suma.**

1. $(4x^3 + 5x - 1) + (-2x + 6)$

2. $(20x - 8) + (12x - 4)$

3. $(m^2n + 2mn) + (3m^2n - 6mn) + (5m^2n + 12mn)$

Ver Ejemplo ② **4.** $(3b^2 - 4b + 8) + (5b^2 + 6b - 7)$

5. $(7ab^2 - 3ab + 8a^2b) + (6ab - 10a^2b + 8) + (4ab^2 + 3a^2b - 12)$

6. $(h^4j - hj^3 + hj - 4) + (3hj^3 + 3) + (4h^4j - 5hj)$

Ver Ejemplo ③ **7.** Colette va a poner un borde de papel de anchura $3w$ y un marco de anchura w a un cartel de 16 pulgadas por 48 pulgadas. Halla una expresión para la cantidad de material para enmarcar que necesita.

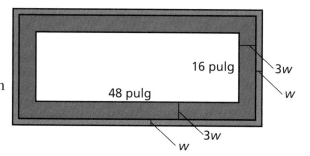

16 pulg

48 pulg

$3w$

w

$3w$

w

PRÁCTICA INDEPENDIENTE

Ver Ejemplo ① **Suma.**

8. $(4x^2y - 3xy + 2) + (6xy - 2x^2y)$

9. $(3g - 7) + (5g^2 - 2g + 6)$

10. $(6bc - 3b^2c^2 + 9bc^2) + (4bc - 2bc^2)$

11. $(7h^4 + 3h - 2h^6) + (h^6 - 4h + 2h^4)$

12. $(3pq - 4p^2q + 7pq^2) + (5p^2q - 9pq^2) + (2pq^2 - 5pq + 4p^2q)$

Ver Ejemplo ② **13.** $(7t^2 + 3t + 2) + (4t^2 - 7t + 8)$

14. $(6b^3c^2 - 4b^2c + 3bc) + (9b^3c^2 - 4bc + 12) + (2b^2c - 6bc - 8)$

15. $(w^2 - 4w + 6) + (-3w - 4w^2 - 2) + (2w^2 + w - 7)$

Ver Ejemplo ③ **16.** Cada lado de un triángulo equilátero mide $w + 2$. Cada lado de un cuadrado mide $3w - 4$. Escribe una expresión para la suma del perímetro del triángulo equilátero y el perímetro del cuadrado.

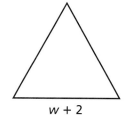

$w + 2$

$3w - 4$

  CONEXIÓN Negocios

Según la Asociación de la Industria del Juguete, el gasto mundial en juguetes en el año 2000 fue de $24.6 billones.

 **go.hrw.com**
CLAVE:
MP4 Toys, disponible en inglés.

Suma.

17. $(y^2 - 4xy) + (2y^2 + 5xy)$

18. $(3x^2 - 2x + 1) + (5x - 4x^2 - 5)$

19. $(5s^4t - 6st^3 + 4st^2) + (3st^4 - 8s^4t)$

20. $(3ab - 5a + 2ab^3) + (3a - 4ab^3)$

21. $(4w^2y + 2wy^2 - 3wy) + (4wy - 3wy^2 + 8w^2y) + (2wy^2 - 6wy - 4w^2y)$

22. $(4p^2t - 5pt + 7) + (p^2t + 4pt^2 - 5pt) + (3 - 7pt^2 + 2p^2t)$

23. ***NEGOCIOS*** El costo de producir n juguetes en una fábrica se representa con el polinomio $0.5n^2 + 3n + 12$. El costo de empacarlos es $0.25n^2 + 5n + 4$. Escribe y simplifica una expresión para el costo total de producir y empacar n juguetes.

24. ***GEOMETRÍA*** Escribe y simplifica una expresión para los volúmenes combinados de una esfera con volumen $\frac{4}{3}\pi r^3$, un cubo con volumen r^3, y un prisma con volumen $10r^3 - 5r^2 - 5r$. Usa $\pi = 3.14$.

25. ***TRANSPORTE*** Dos aviones viajan en direcciones opuestas. Después de 2 horas, uno está a $x^2 + 2x + 400$ millas del aeropuerto, y el otro está a $3x^2 - 50x + 100$ millas del mismo aeropuerto. ¿A qué distancia están los aviones después de 2 horas?

26. ***ESCRIBE UN PROBLEMA*** Un avión sale de un aeropuerto hacia el norte a $x + 3$ mi/h. Al mismo tiempo, otro avión sale del mismo aeropuerto hacia el sur a $x + 4$ mi/h. Escribe un problema usando las velocidades de los dos aviones.

27. ***ESCRÍBELO*** Explica cómo sumar polinomios.

28. ***DESAFÍO*** ¿Qué polinomio tendría que sumarse a $4x^2 - 5x + 6$ para que la suma sea $2x^2 + 5x - 8$?

Repaso en espiral

Halla el volumen de cada figura. (Lección 6-6)

29. un cubo con aristas de 8 cm

30. un cilindro con 5 pulg de radio y 10 pulg de altura

Resuelve x. (Lección 7-4)

31. $\frac{4}{5} = \frac{x}{60}$

32. $\frac{5}{x} = \frac{90}{36}$

33. $\frac{3}{7} = \frac{x}{30}$

34. $\frac{4.8}{2.5} = \frac{x}{17.5}$

35. **PREPARACIÓN PARA LA PRUEBA** Un modelo a escala de un centro comercial tiene una longitud de 20 pies. El centro comercial real tendrá una longitud de 1800 pies y una altura de 45 pies. ¿Qué altura tiene el modelo? (Lección 7-8)

A 5 pies **B** 5 pulgadas **C** 6 pulgadas **D** 50 pies

Aprender a restar polinomios.

Los fabricantes de productos usan polinomios para estimar los costos de producción y los ingresos por ventas. Para estimar las ganancias, deben restar esos polinomios.

La resta es la operación inversa de la suma. Para restar un polinomio, necesitas hallar su opuesto.

EJEMPLO 1 **Hallar el opuesto de un polinomio**

Halla el opuesto de cada polinomio.

A $9x^2y^4z$

$-(9x^2y^4z)$

$-9x^2y^4z$ *El opuesto de a es −a.*

B $10x^2 - 3x$

$-(10x^2 - 3x)$

$-10x^2 + 3x$ *Distribuye el signo.*

C $-2ab^2 - 3ab + 2$

$-(-2ab^2 - 3ab + 2)$

$2ab^2 + 3ab - 2$ *Distribuye el signo.*

Para restar un polinomio, suma su opuesto.

EJEMPLO 2 **Restar polinomios horizontalmente**

Resta.

A $(n^3 - n + 4n^2) - (6n - 3n^2 + 8)$

$= (n^3 - n + 4n^2) + (-6n + 3n^2 - 8)$ *Suma el opuesto.*

$= n^3 - n + 4n^2 - 6n + 3n^2 - 8$ *Propiedad asociativa*

$= n^3 + 7n^2 - 7n - 8$ *Combina términos semejantes.*

B $(-3cd^2 + cd + 6) - (-9cd^2 + 2 - 7cd)$

$= (-3cd^2 + cd + 6) + (9cd^2 - 2 + 7cd)$ *Suma el opuesto.*

$= -3cd^2 + cd + 6 + 9cd^2 - 2 + 7cd$ *Propiedad asociativa*

$= 6cd^2 + 8cd + 4$ *Combina términos semejantes.*

También puedes restar polinomios en forma vertical. Escribe el segundo abajo del primero, alineando los términos semejantes.

EJEMPLO 3 Restar polinomios verticalmente

Resta.

A $(x^3 + 3x + 1) - (5x^3 + 2x + 4)$

$$\begin{array}{r} (x^3 + 3x + 1) \\ - (5x^3 + 2x + 4) \end{array} \longrightarrow \begin{array}{r} x^3 + 3x + 1 \\ + -5x^3 - 2x - 4 \\ \hline -4x^3 + x - 3 \end{array}$$

Suma el opuesto.

B $(3m^2n - 4mn - 3m) - (-9m^2n - 7mn + 2)$

$$\begin{array}{r} (3m^2n - 4mn - 3m) \\ - (-9m^2n - 7mn + 2) \end{array} \longrightarrow \begin{array}{r} 3m^2n - 4mn - 3m \\ + \quad 9m^2n + 7mn \qquad - 2 \\ \hline 12m^2n + 3mn - 3m - 2 \end{array}$$

Suma el opuesto.

C $(3x^2y^2 + xy - 5x) - (6x + 4xy - 5)$

$$\begin{array}{r} (3x^2y^2 + \quad xy - 5x) \\ - (6x + 4xy - 5) \end{array} \longrightarrow \begin{array}{r} 3x^2y^2 + \quad xy - \quad 5x \\ + \qquad - 4xy - \quad 6x + 5 \\ \hline 3x^2y^2 - 3xy - 11x + 5 \end{array}$$

Alinea los términos semejantes.

EJEMPLO 4 *Aplicación a los negocios*

Supongamos que el costo en dólares de producir *x* modelos para armar se representa con el polinomio 500,000 + 2*x* y que los ingresos por sus ventas se representan con $30x - 0.00005x^2$. Halla un polinomio para las ganancias de fabricar y vender *x* modelos, y evalúa el polinomio con *x* = 300,000.

$$30x - 0.00005x^2 - (500,000 + 2x) \qquad \text{ingresos} - \text{costo}$$
$$30x - 0.00005x^2 + (-500,000 - 2x) \qquad \text{Suma el opuesto.}$$
$$30x - 0.00005x^2 - 500,000 - 2x \qquad \text{Propiedad asociativa}$$
$$28x - 0.00005x^2 - 500,000 \qquad \text{Combina términos semejantes.}$$

Las ganancias se representan con el polinomio $28x - 0.00005x^2 - 500,000$. Con *x* = 300,000:

$$28(300,000) - 0.00005(300,000)^2 - 500,000 = 3,400,000$$

Las ganancias son $3,400,000, ó $3.4 millones.

Razonar y comentar

1. **Explica** cómo hallar el opuesto de un polinomio.

2. **Compara** la resta y la suma de polinomios.

PARA PRÁCTICA ADICIONAL

ve a la pág. 757

conexión **internet**

Ayuda en línea para tareas
go.hrw.com   Clave: MP4 13-4

PRÁCTICA GUIADA

Ver Ejemplo ① **Halla el opuesto de cada polinomio.**

1. $4x^2y$

2. $-4x + 3xy^4$

3. $2x^2 - 7x + 4$

4. $-6y^2 - 3y + 5$

Ver Ejemplo ② **Resta.**

5. $(2b^3 + 5b^2 - 8) - (4b^3 + b - 12)$

6. $9b - (3b^2 + 5b - 10)$

7. $(3m^2n - 6mn + 2mn^2) - (-4mn - 3m^2n)$

Ver Ejemplo ③ **8.** $(7x^2 - 5x + 3) - (4x^2 + 3x + 5)$

9. $(-2x^2y - xy + 3x - 4) - (4xy - 7x + 4)$

10. $(-4ab^2 + 3ab - 2a^2b) - (6 - 4ab + 2ab^2 + 5a^2b)$

Ver Ejemplo ④ **11.** El volumen de un prisma rectangular, en pulgadas cúbicas, se representa con la expresión $x^3 + 2x^2 - 4x + 6$. El volumen de un prisma rectangular más pequeño se representa con la expresión $4x^3 - 5x^2 + 6x - 12$. ¿Por cuánto sobrepasa el volumen del prisma más grande al volumen del prisma más pequeño?

PRÁCTICA INDEPENDIENTE

Ver Ejemplo ① **Halla el opuesto de cada polinomio.**

12. $-3rn^2$

13. $2v - 4v^2$

14. $3m^2 - 5m + 1$

15. $4xy^2 + 2xy$

Ver Ejemplo ② **Resta.**

16. $(4w^2 + 2w + 4) - (2w^2 + 3w - 4)$

17. $(12a + a^2) - (5 + a^2 + 6a)$

18. $(5r^2s^2 - 3rs^2 + 4r^2s + 5rs) - (2rs^2 - 2r^2s + 6rs)$

Ver Ejemplo ③ **19.** $(5x^2 + 7x - 1) - (2x^2 + 8x - 4)$

20. $(3a^2b^2 - 4ab - 2a - 4) - (4a^2b^2 + 5a - 3b + 6)$

21. $(3pt^2 - 5p^3 + 4p^2t^2) - (4p^2 - 5pt^2 + 6p^2t^2)$

Ver Ejemplo ④ **22.** La población de una colonia de bacterias después de h horas es $4h^3 - 5h^2 + 2h + 200$. La población de otra colonia de bacterias es $3h^3 - 2h^2 + 5h + 100$. Escribe una expresión que muestre la diferencia entre las dos poblaciones.

Resta.

23. $(3s^2 - 4s + 2) - (5s + 7)$

24. $(2x^3 - 4x + 1) - (3x^2 + 2x - 4)$

25. $(3g^2h + 2gh) - (5gh + 2g^2h)$

26. $(5a + 2b - 4ab) - (5a + 4b - 6ab)$

27. $(3pq^2 - 5p^2q + 2pq) - (6pq^2 + 6p^2q - 2pq)$

28. $(8y^2 - 4x^2y + x^2) - (2y^2 + 6x^2y - 3x^2)$

29. El área del rectángulo es $2a^2 - 4a + 5$ cm². El área del cuadrado es $a^2 - 2a - 6$ cm². ¿Cuál es el área de la región sombreada?

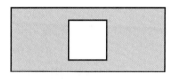

30. El área del cuadrado es $4x^2 - 2x - 6$ pulg². El área del triángulo es $2x^2 + 4x - 5$ pulg². ¿Cuál es el área de la región sombreada?

31. *NEGOCIOS* El precio en dólares de una acción de una empresa después de *y* años se representa con la expresión $4y^3 - 5y + 6.25$. El precio de una acción de otra empresa se representa con $4y^3 + 20y + 22.5$. ¿Qué expresión muestra la diferencia de precio después de *y* años?

32. *ELIGE UNA ESTRATEGIA* ¿Qué polinomio tiene un valor mayor cuando $x = 5$?

A $x^2 - 2x + 6$ **C** $-x^3 - 40x - 300$

B $3x^4 + 6x + 12$ **D** $x^5 - 120x^4 + 10$

33. *ESCRÍBELO* Explica cómo restar el polinomio $4x^3 - 2x - 8$ al polinomio $3x^3 + 8x + 1$.

34. *DESAFÍO* Halla los valores de *a*, *b*, *c* y *d* que hacen verdadera la ecuación. $(2t^3 - at^2 - 4bt - 6) - (ct^3 + 4t^2 + 7t + 1) = 4t^3 - 5t^2 - 15t + d$

Repaso en espiral

Suma o resta. (Lección 3-5)

35. $\frac{7}{8} + \frac{1}{6}$ **36.** $4\frac{2}{3} + 5\frac{3}{4}$ **37.** $6\frac{5}{8} - 2\frac{1}{20}$

38. **PREPARACIÓN PARA LA PRUEBA** ¿Qué figura **no puede** usarse para crear un teselado? (Lección 5-9)

A cuadrado   **B** triángulo equilátero   **C** hexágono regular   **D** pentágono regular

13-5 Cómo multiplicar polinomios por monomios

Aprender a multiplicar polinomios por monomios.

Carlos hace una caja de vidrio de colores con base cuadrada. Quiere que la altura de la caja sea 2 pulg menos que cada lado de la base. El volumen de la caja se halla multiplicando un polinomio por un monomio.

Recuerda que, al multiplicar dos potencias con la misma base, sumas los exponentes. Para multiplicar dos monomios, multiplica los coeficientes y suma los exponentes de las variables que son iguales.

$$(5m^2n^3)(6m^3n^6) = 5 \cdot 6 \cdot m^{2+3}n^{3+6} = 30m^5n^9$$

EJEMPLO 1 Multiplicar monomios

Multiplica.

A $(3r^2s^3)(5r^4s^5)$

$(3r^2s^3)(5r^4s^5)$

$15r^6s^8$ *Multiplica los coeficientes y suma los exponentes.*

B $(7x^2y)(-3x^4yz^8)$

$(7x^2y)(-3x^4yz^8)$

$-21x^6y^2z^8$ *Multiplica los coeficientes y suma los exponentes.*

Para multiplicar un polinomio por un monomio, usa la Propiedad distributiva. Multiplica cada término del polinomio por el monomio.

EJEMPLO 2 Multiplicar un polinomio por un monomio

Multiplica.

A $\frac{1}{2}h(b_1 + b_2)$

$\frac{1}{2}h(b_1 + b_2)$ *Multiplica cada término entre paréntesis por $\frac{1}{2}h$.*

$\frac{1}{2}b_1h + \frac{1}{2}b_2h$

B $-4a^2b\,(2a^4b^3 + 5a^2b^3)$

$-4a^2b\,(2a^4b^3 + 5a^2b^3)$

$-8a^6b^4 - 20a^4b^4$ *Multiplica cada término entre paréntesis por $-4a^2b$.*

Multiplica.

 $4rs^2(r^2s^4 + 2rs^3 - 3rst)$

$$4rs^2(r^2s^4 + 2rs^3 - 3rst)$$
$$4r^3s^6 + 8r^2s^5 - 12r^2s^3t$$

Multiplica cada término entre paréntesis por $4rs^2$.

E J E M P L O 3 APLICACIÓN A LA RESOLUCIÓN DE PROBLEMAS

RESOLUCIÓN DE PROBLEMAS

Carlos hace una caja de vidrio de colores con base cuadrada. Quiere que la altura de la caja sea 2 pulg menos que cada lado de la base. Si quiere que el volumen de la caja sea de 32 pulg³, ¿cuánto debe medir cada lado de la base?

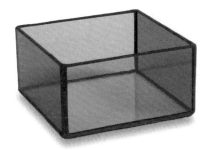

1 Comprende el problema

Si cada lado de la base mide s, la altura es $s - 2$. El volumen es $s \cdot s \cdot (s - 2) = s^2(s - 2)$. La **respuesta** será un valor de s que haga que el volumen de la caja sea 32 pulg³.

2 Haz un plan

Puedes hacer una tabla de valores del polinomio para tratar de hallar el valor de s. Usa la Propiedad distributiva para escribir la expresión $s^2(s - 2)$ de otra manera. Sustituye para completar la tabla.

3 Resuelve

$s^2(s - 2) = s^3 - 2s^2$ *Propiedad distributiva*

s	1	2	3	4
$s^3 - 2s^2$	$1^3 - 2(1)^2$ $= -1$	$2^3 - 2(2)^2$ $= 0$	$3^3 - 2(3)^2$ $= 9$	$4^3 - 2(4)^2$ $= 32$

Cada lado de la base debe medir 4 pulgadas.

4 Repasa

Si cada lado de la base midiera 4 pulg y la altura midiera 2 pulg menos, ó 2 pulg, entonces el volumen sería $4 \cdot 4 \cdot 2 = 32$ pulgadas³. La respuesta es razonable.

Razonar y comentar

1. Compara la multiplicación de dos monomios con la multiplicación de un polinomio por un monomio.

PARA PRÁCTICA ADICIONAL

ve a la pág. 757

PRÁCTICA GUIADA

Ver Ejemplo **1**   Multiplica.

1. $(-4s^2t^2)(2st^3)$

2. $(x^2y^3)(6x^4y^3)$

3. $(4h^2j^4)(-6h^4j^6)$

4. $5m(3m^4)$

Ver Ejemplo **2**   **5.** $2h(3m - 4h)$

6. $3ab(a^2b - ab^2)$

7. $-2x(x^2 - 4x + 12)$

8. $5c^2d(2cd^3 - 4c^3d^2 + 3cd)$

Ver Ejemplo **3**   **9.** La fórmula para el área de un trapecio es $A = \frac{1}{2}h(b_1 + b_2)$, donde h es la altura, y b_1 y b_2 son las longitudes de las bases. Multiplica para escribir la expresión de otra manera. Luego, usa la expresión para hallar el área de un trapecio de 10 pulg de altura y longitudes de base de 8 pulg y 6 pulg.

PRÁCTICA INDEPENDIENTE

Ver Ejemplo **1**   Multiplica.

10. $(5x^2y^5)(-2xy^4)$

11. $(-gh^3)(-3g^2h^5)$

12. $(4a^2b)(2b^3)$

13. $(-s^4t^3)(st)$

Ver Ejemplo **2**   **14.** $(2m^2n^3)(1 - 4mn^4)$

15. $2z(4z^2 - 3z)$

16. $-2h^2(4h + 2h^3)$

17. $-3cd(2c^3d^2 - 4cd^2)$

18. $-3b(5b^4 - 8b + 12)$

19. $-4s^2t^2(5s^2t + 6st - 2s^2t^2)$

Ver Ejemplo **3**   **20.** La base de un rectángulo mide $3x^2y$ y su altura mide $2x^3 - 4xy - 3$. Escribe y simplifica una expresión para el área del rectángulo. Luego, halla el área del rectángulo si $x = 2$ y $y = 1$.

PRÁCTICA Y RESOLUCIÓN DE PROBLEMAS

Multiplica.

21. $(-4b^2)(9b^4)$

22. $(5m^2n)(3mn^4)$

23. $(-2a^2b^2)(-3ab^4)$

24. $9g(g - 7)$

25. $-2m^2(m^3 - 6m)$

26. $3ab(4a^2b + 4ab^2)$

27. $x^3(x - x^2y^4)$

28. $m(x + 3)$

29. $f^2g^2(2 + f - g^3)$

30. $x^2(x^2 - 3x + 7)$

31. $(3m^2p^4)(4m^2p^4 - 2mp^3 + 5m^2p)$

32. $-2wz(5w^4z^2 + 3wz^2 - 4w^2z^2)$

33. **SALUD** La tabla muestra algunas fórmulas para hallar el ritmo cardiaco deseable de una persona con una edad e que se ejercita al porcentaje p de su ritmo cardiaco máximo.

Ritmo cardiaco deseable		
	Hombres	Mujeres
No hacen ejercicio	$p(220 - e)$	$p(226 - e)$
Hacen ejercicio	$\frac{1}{2}p(410 - e)$	$\frac{1}{2}p(422 - e)$

a. Usa la Propiedad distributiva para escribir cada expresión de otra manera.

b. Usa tus respuestas de la parte **a** para escribir una expresión que dé la diferencia entre el ritmo cardiaco deseable de un hombre y una mujer que hacen ejercicio, ambos con una edad e, ejercitándose al porcentaje p de su ritmo cardiaco máximo.

34. **¿CUÁL ES LA PREGUNTA?** Un prisma cuadrangular tiene un área de base de x^2 y una altura de $2x + 3$. Si la respuesta es $2x^3 + 3x^2$, ¿cuál es la pregunta? Si la respuesta es $10x^2 + 12x$, ¿cuál es la pregunta?

35. **ESCRÍBELO** Si un polinomio se multiplica por un monomio, ¿qué puedes decir acerca del número de términos de la respuesta? ¿Qué puedes decir acerca del grado del producto?

36. **DESAFÍO** En un examen con cuatro preguntas de opción múltiple, si la probabilidad de adivinar cada pregunta correctamente es p, entonces la probabilidad de adivinar correctamente dos o más es $6p^2(1 - 2p - p^2) + 4(1 - p) + p^4$. Simplifica la expresión y escribe una expresión para la probabilidad de adivinar correctamente menos de dos.

Repaso en espiral

Clasifica cada triángulo según las medidas de sus ángulos y la longitud de sus lados.
(Lección 5-3)

37.
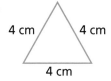
4 cm   4 cm
4 cm

38.

7 pulg   7 pulg
12 pulg

39.
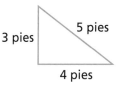
3 pies   5 pies
4 pies

40. **PREPARACIÓN PARA LA PRUEBA** ¿Cuál de los siguientes conjuntos de tres longitudes podría representar las longitudes de los lados de un triángulo rectángulo? (Lección 6-3)

A 6, 8, 12   **B** 5, 12, 13   **C** 1, 1, 2   **D** 3, 5, 8

41. **PREPARACIÓN PARA LA PRUEBA** En un grupo de octavo grado de la Intermedia Lincoln hay 72 chicos. El otro 55% del grupo son chicas. ¿Cuántas chicas hay? (Lección 8-3)

F 55   **G** 127   **H** 88   **J** 72

Multiplicar binomios

Para usar con la Lección 13-6

CLAVE

▢⁺ $= x^2$	▢⁻ $= -x^2$
▯⁺ $= x$	▯⁻ $= -x$
▫⁺ $= 1$	▫⁻ $= -1$

RECUERDA

El área de un rectángulo con base *b* y altura *h* se halla con $A = bh$.

Puedes usar fichas de álgebra para hallar el producto de dos binomios.

Actividad 1

1 Para representar el producto de $(x + 3)(2x + 1)$ con fichas de álgebra, haz un rectángulo con base $x + 3$ y altura $2x + 1$.

$$\text{Área} = (x + 3)(2x + 1)$$
$$= 2x^2 + 7x + 3$$

2 Usa fichas de álgebra para hallar el producto de $(x - 2)(-x + 1)$.

$$\text{Área} = (x - 2)(-x + 1)$$
$$= -x^2 + 3x - 2$$

Razonar y comentar

1. Explica cómo determinas los signos de cada término del producto al multiplicar $(x - 4)(x - 3)$.

2. ¿Cómo hallas $(x + 2)(x - 2)$ con fichas de álgebra?

Inténtalo

Usa fichas de álgebra para hallar cada producto.

1. $(x + 5)(x - 5)$ **2.** $(x - 4)(x + 3)$ **3.** $(x - 6)(-x + 2)$

Actividad 2

1 Escribe dos binomios cuyo producto se representa con estas fichas de
álgebra y luego, escribe el producto como polinomio.

La base del rectángulo es $x - 5$ y la altura es $x - 2$, por tanto, el producto
de los binomios es $(x - 5)(x - 2)$.

El modelo presenta una ficha, x^2, siete fichas, $-x$ y diez fichas unitarias
por tanto, el polinomio es $x^2 - 7x + 10$.

Razonar y comentar

1. Escribe la expresión que representan estas fichas de álgebra. ¿Cuántos pares
nulos se representan? Descríbelos.

Inténtalo

Escribe dos binomios cuyo producto se representa con cada conjunto de
fichas de álgebra, y luego escribe el producto como polinomio.

1.

2.

3.

Cómo multiplicar binomios

Aprender a multiplicar binomios.

Vocabulario

FOIL

Se instalará una alberca olímpica de 50 m por 25 m en un centro recreativo. Habrá un pasillo de cemento de x metros de anchura alrededor de la alberca. Para hallar el área del pasillo, necesitas multiplicar dos binomios.

Una alberca olímpica contiene entre 700,000 y 850,000 galones de agua.

Puedes usar la Propiedad distributiva para multiplicar dos binomios.

$$(x + y)(x + z) = x(x + z) + y(x + z) = x^2 + xz + xy + yz$$

El producto se puede escribir como **FOIL** : los primeros términos (**F**irst), los términos externos (**O**uter), los términos internos (**I**nner) y los últimos términos (**L**ast) de los binomios.

Primeros   **últimos**

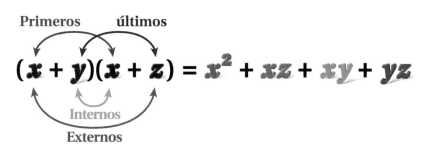

$$(x + y)(x + z) = x^2 + xz + xy + yz$$

Internos

Externos

EJEMPLO 1 **Multiplicar dos binomios**

Multiplica.

A $(p + 3)(4 - q)$

$(p + 3)(4 - q)$ *FOIL*

$4p - pq + 12 - 3q$

B $(a + b)(c + d)$

$(a + b)(c + d)$

$ac + ad + bc + bd$

Pista útil

Al multiplicar dos binomios, siempre obtendrás cuatro productos. Busca términos semejantes que combinar.

C $(x + 3)(x + 7)$

$(x + 3)(x + 7)$

$x^2 + 7x + 3x + 21$
$x^2 + 10x + 21$ *Combina términos semejantes.*

D $(2m + n)(m - 3n)$

$(2m + n)(m - 3n)$

$2m^2 - 6mn + mn - 3n^2$
$2m^2 - 5mn - 3n^2$

EJEMPLO 2 *Aplicación a los deportes*

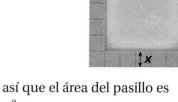

Halla el área de un pasillo de cemento de x metros de anchura alrededor de una alberca de 50 m por 25 m.

Base: $25 + 2x$ Altura: $50 + 2x$

Área de la alberca y el pasillo juntos:

$$A = (25 + 2x)(50 + 2x)$$

$$= 1250 + 50x + 100x + 4x^2$$

$$= 1250 + 150x + 4x^2$$

El área de la alberca es $25 \cdot 50 = 1250$ m^2, así que el área del pasillo es $1250 + 150x + 4x^2 - 1250 = 150x + 4x^2$ m^2.

Los productos de binomios de la forma $(a + b)^2$, $(a - b)^2$ y $(a + b)(a - b)$ se llaman *productos especiales*.

EJEMPLO 3 **Productos especiales de binomios**

Multiplica.

A $(x - 4)^2$

$(x - 4)^2$

$(x - 4)(x - 4)$

$x^2 - 4x - 4x + 4^2$

$x^2 - 8x + 16$

B $(a + b)^2$

$(a + b)^2$

$(a + b)(a + b)$

$a^2 + ab + ab + b^2$

$a^2 + 2ab + b^2$

C $(n + 4)(n - 4)$

$(n + 4)(n - 4)$

$n^2 - 4n + 4n - 4^2$

$n^2 - 16$ $-4n + 4n = 0$

Productos especiales de binomios
$(a + b)^2 = a^2 + ab + ab + b^2 = a^2 + 2ab + b^2$
$(a - b)^2 = a^2 - ab - ab + b^2 = a^2 - 2ab + b^2$
$(a + b)(a - b) = a^2 - ab + ab - b^2 = a^2 - b^2$

Razonar y comentar

1. Da un ejemplo de un producto de dos binomios que tenga 4 términos, uno que tenga 3 términos y uno que tenga 2 términos.

13-6 **Ejercicios**

PARA PRÁCTICA ADICIONAL
ve a la pág. 757

▱ conexión **internet**
Ayuda en línea para tareas
go.hrw.com   Clave: MP4 13-6

PRÁCTICA GUIADA

Ver Ejemplo ① Multiplica.

1. $(x - 4)(y + 3)$　　**2.** $(x - 2)(x + 6)$　　**3.** $(2m - 4)(3m + 8)$

4. $(h + 3)(2h + 5)$　　**5.** $(m - 3)(m - 5)$　　**6.** $(b + 2c)(3b + c)$

Ver Ejemplo ② **7.** En una habitación de 10 pies × 20 pies se coloca una alfombra que deja una franja descubierta de anchura x a su alrededor. Halla el área de la alfombra.

Ver Ejemplo ③ Multiplica.

8. $(x + 3)^2$　　**9.** $(b - 4)(b + 4)$　　**10.** $(x - 5)^2$

PRÁCTICA INDEPENDIENTE

Ver Ejemplo ① Multiplica.

11. $(x + 5)(x - 2)$　　**12.** $(v - 1)(v + 4)$　　**13.** $(w + 5)(w + 3)$

14. $(2x - 4)(x + 8)$　　**15.** $(3m - 1)(2m + 3)$　　**16.** $(2b - c)(3b + 4c)$

17. $(4t - 1)(2t + 1)$　　**18.** $(2r + s)(3r - 4s)$　　**19.** $(6n - 4b)(n + 3b)$

Ver Ejemplo ② **20.** Se hace una caja con un pedazo de cartón de 10 pulg por 15 pulg recortando en cada esquina un cuadrado que mide x por lado y doblando los costados hacia arriba. Escribe y simplifica una expresión para el área de la base de la caja.

Ver Ejemplo ③ Multiplica.

21. $(x - 4)^2$　　**22.** $(b + 3)^2$　　**23.** $(x - 3)(x + 3)$

24. $(2x + 3)(2x - 3)$　　**25.** $(3x - 1)^2$　　**26.** $(a + 7)^2$

PRÁCTICA Y RESOLUCIÓN DE PROBLEMAS

Multiplica.

27. $(m - 5)(m + 5)$　　**28.** $(b - 5)(b + 12)$　　**29.** $(q + 5)(q + 4)$

30. $(t - 8)(t - 5)$　　**31.** $(g + 3)(g - 3)$　　**32.** $(3b + 7)(b - 4)$

33. $(2t - 1)(5t + 6)$　　**34.** $(4m - n)(m + 3n)$　　**35.** $(2a + 5b)^2$

36. $(c - 4)^2$　　**37.** $(w + 5)(w - 5)$　　**38.** $(4x - 1)^2$

39. $(3r - 2s)(5r - 4s)$　　**40.** $(2m + 6)(2m - 6)$　　**41.** $(p + 10)^2$

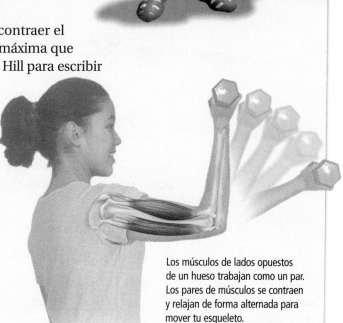

El biofísico A. V. Hill (1886–1977) fue pionero en el estudio del funcionamiento de los músculos. Estudió contracciones musculares en ranas y formuló una ecuación que relaciona la fuerza generada por un músculo con la velocidad con que éste se contrae. Expresó esta relación como:

$$(P + a)(V + b) = c,$$

donde P es la fuerza generada por el músculo, a es la fuerza necesaria para contraer el músculo, V es la velocidad de contracción del músculo, b es la tasa de contracción más baja del músculo y c es una constante.

42. Usa el método FOIL para escribir la ecuación de Hill de otra manera.

43. Supongamos que la fuerza a necesaria para contraer el músculo es aproximadamente $\frac{1}{4}$ de la fuerza máxima que el músculo puede generar. Usa la ecuación de Hill para escribir una ecuación para un músculo que genera la máxima fuerza posible M y simplifica la ecuación.

44. ✏️ **ESCRÍBELO** En la ecuación de Hill, ¿qué le ocurre a V al aumentar P? ¿Qué le ocurre a P al aumentar V? (*Pista:* Puedes sustituir a, b y c por 1 para ver mejor la relación entre P y V.)

45. ⭐ **DESAFÍO** Despeja P en la ecuación de Hill. Supongamos que ninguna variable es igual a 0.

Los músculos de lados opuestos de un hueso trabajan como un par. Los pares de músculos se contraen y relajan de forma alternada para mover tu esqueleto.

Repaso en espiral

Una bolsa tiene 3 canicas rojas, 2 verdes y 4 amarillas. Se saca una canica al azar. Halla la probabilidad de cada suceso.
(Lección 9-1)

46. sacar una canica roja

47. sacar una canica verde

48. sacar una canica que no sea roja

49. sacar una canica púrpura

50. **PREPARACIÓN PARA LA PRUEBA** ¿Cuántas combinaciones de 3 letras son posibles con las letras de la palabra *NUEVO*? (Lección 9-6)

　A 15 　　　　　**B** 10 　　　　　**C** 60 　　　　　**D** 125

Dividir polinomios entre monomios

Aprender a dividir polinomios entre monomios.

Recuerda que al dividir un monomio entre un monomio, restas los exponentes de las variables que están en el denominador a los exponentes de las variables semejantes que están en el numerador.

EJEMPLO 1 **Dividir monomios entre monomios**

Divide. Supongamos que ningún denominador es igual a cero.

A $\dfrac{14x^5}{2x^2}$

$7x^{5-2}$ *Divide los coeficientes. Resta los exponentes de las variables semejantes.*

$7x^3$

B $\dfrac{6x^9y^3}{4x^6y^2}$

$\dfrac{3}{2}x^{9-6}y^{3-2}$ *Divide los coeficientes. Resta los exponentes de las variables semejantes.*

$\dfrac{3}{2}x^3y^1 = \dfrac{3}{2}x^3y$

Al dividir un polinomio entre un monomio, divide cada término del polinomio entre el monomio.

EJEMPLO 2 **Dividir polinomios entre monomios**

Divide. Supongamos que ningún denominador es igual a cero.

A $(x^4 + 5x^3 - 7x^2) \div x^2$

$\dfrac{x^4 + 5x^3 - 7x^2}{x^2}$ *Escribe la expresión como fracción.*

$\dfrac{x^4}{x^2} + \dfrac{5x^3}{x^2} - \dfrac{7x^2}{x^2}$ *Divide cada término del numerador entre el denominador.*

$x^{4-2} + 5x^{3-2} - 7x^{2-2}$

$x^2 + 5x^1 - 7x^0$

$x^2 + 5x - 7$ *Simplifica.*

B $(x^8y^2 - x^4y^6 - 4x^3y^9) \div x^3y$

$\dfrac{x^8y^2 - x^4y^6 - 4x^3y^9}{x^3y}$ *Escribe la expresión como fracción.*

$\dfrac{x^8y^2}{x^3y} - \dfrac{x^4y^6}{x^3y} - \dfrac{4x^3y^9}{x^3y}$ *Divide cada término del numerador entre el denominador.*

$x^{8-3}y^{2-1} - x^{4-3}y^{6-1} - 4x^{3-3}y^{9-1}$

$x^5y - xy^5 - 4y^8$ *Simplifica.*

¡Recuerda!

Para cualquier número x distinto de cero, $x^0 = 1$.

A veces puedes usar la división para factorizar un polinomio, en un producto de un monomio y un polinomio. El monomio es el producto del MCD de los coeficientes y la potencia menor de cada variable del polinomio.

EJEMPLO 3 **Factorizar polinomios**

Factoriza cada polinomio.

A $2x^3 + 6x^5 - 4x^2$

El MCD de los coeficientes es 2 y la potencia menor de la variable es x^2, por tanto, se factoriza $2x^2$.

$$\frac{2x^3 + 6x^5 - 4x^2}{2x^2} = x + 3x^3 - 2$$

Escribe el polinomio como producto.

$2x^3 + 6x^5 - 4x^2 = 2x^2(x + 3x^3 - 2)$

B $9a^3b + 6a^2b$

El MCD de los coeficientes es 3 y las potencias menores de las variables son a^2 y b, por tanto, se factoriza $3a^2b$.

$$\frac{9a^3b + 6a^2b}{3a^2b} = 3a + 2$$

Escribe el polinomio como producto.

$9a^3b + 6a^2b = 3a^2b(3a + 2)$

EXTENSIÓN

Ejercicios
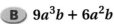

Divide. Supongamos que ningún denominador es igual a cero.

1. $\dfrac{15a^6}{5a^3}$

2. $\dfrac{28m^4}{7m^2}$

3. $\dfrac{12a^4b^2}{2a^2b}$

4. $\dfrac{-12x^2y}{x^2y}$

5. $\dfrac{36a^5b^5c^7}{12a^4bc^3}$

6. $\dfrac{50x^8y^9z^5}{15x^8y^8z^2}$

7. $\dfrac{4x^4 + 6x^3}{2x}$

8. $\dfrac{15a^8 + 9a^6 + 12a^5}{3a^3}$

9. $\dfrac{12p^8q^5 - 48p^9q^3}{12p^4q^2}$

10. $\dfrac{j^5k^2 - 3j^8k^4}{2j^4k}$

11. $\dfrac{27a^6b^{13} - 18a^{12}b^8}{9a^3b^8}$

12. $\dfrac{12x^5 + 9x^4 + 15x^2}{x}$

Factoriza cada polinomio.

13. $6m^2n^4 - 8m^3n^2$

14. $x^2y^3 + x^3y^2$

15. $15z^3 + 25z^6$

16. $4pq^3 + 8p^2q^4 + 4p^3q^5$

17. $24a^2 + 18a^3 + 6a^7$

18. $r^5s^3 + r^7s^4 + r^6s^8$

Resolución de problemas en lugares

Nueva York

El puente de Brooklyn

Un *puente colgante* está suspendido por cables sujetos a torres altas. El peso del puente hace que los cables adopten una forma casi parabólica. Un puente colgante famoso es el de Brooklyn en la ciudad de Nueva York. El puente de Brooklyn cruza East River (el río Este) y une a Brooklyn con Manhattan.

1. La altura aproximada en pies del tramo principal de los cables de suspensión sobre el río se halla con la función cuadrática $f(x) = 0.0002x^2 + 140$, donde x es la distancia horizontal desde el centro del puente.

    a. Estima la altura del cable en el centro del puente.

    b. Estima la altura del cable en las torres.

2. El puente tiene cuatro cables de suspensión. La longitud de cada uno en el tramo principal es aproximadamente $K\left(1 + \frac{8}{3}n^2\right)$, donde K es la anchura del tramo principal y
$$n = \frac{\text{altura del cable en las torres} - \text{altura del cable en el centro}}{K}.$$

    a. Estima la longitud de cada cable del tramo principal del puente.

    b. El diámetro de cada cable es de $15\frac{3}{4}$ pulg. Estima el volumen de cada cable del tramo principal.

3. En 1884, P. T. Barnum hizo desfilar 21 elefantes por el puente de Brooklyn. Supongamos que cada elefante pesaba 4.5 toneladas en promedio. Si cada uno de los cuatro cables puede sostener 11,200 toneladas y la parte suspendida del puente pesa 6620 toneladas, ¿qué porcentaje del peso máximo permitido representó el peso total de los elefantes?

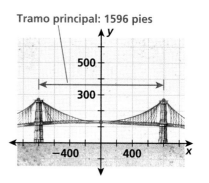

Tramo principal: 1596 pies

Los Finger Lakes

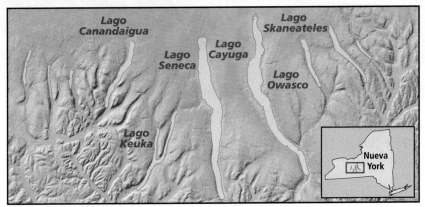

Los Finger Lakes son un grupo de lagos largos y angostos en la parte central del estado de Nueva York. La tabla muestra algunos datos de los seis más grandes.

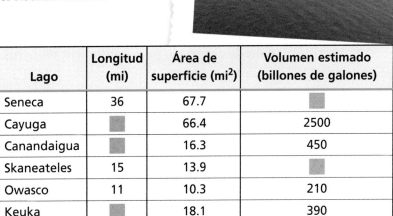

1. La longitud combinada de los Finger Lakes es de 138 mi. El lago Cayuga es dos veces la longitud del Keuka, y el Canandaigua es 0.8 veces la longitud del Keuka. Halla la longitud de los tres lagos.

2. Por ser más profundo, el lago Seneca contiene más agua que los otros cinco Finger Lakes más grandes combinados. El volumen conjunto de los lagos Cayuga, Canandaigua, Skaneateles, Keuka y Owasco es de 230 billones de galones menos que el volumen del Seneca. El volumen del Seneca es 10 veces el volumen del Skaneateles. Halla el volumen del Seneca y el del Skaneateles.

Lago	Longitud (mi)	Área de superficie (mi^2)	Volumen estimado (billones de galones)
Seneca	36	67.7	▧
Cayuga	▧	66.4	2500
Canandaigua	▧	16.3	450
Skaneateles	15	13.9	▧
Owasco	11	10.3	210
Keuka	▧	18.1	390

3. El volumen de un lago es su área multiplicada por su profundidad promedio. Escribe esto como fórmula y resuélvela para la profundidad promedio. Luego, usa tus respuestas del problema **2** y los valores de la tabla para hallar, al pie más cercano, la profundidad promedio de cada lago de la tabla (*Pista:* Hay 5280 pies en una milla y 7.48 gal en un pie ^{3}.)

MATE-JUEGOS

Métodos abreviados

Las propiedades del álgebra explican muchos métodos abreviados de aritmética. Por ejemplo, para elevar al cuadrado un número de dos dígitos que termina en 5, multiplica el primer dígito por el mismo dígito más uno y coloca un 25 al final.

Para hallar 35^2, multiplica el primer dígito, 3, por el mismo dígito más uno, 4. Obtienes $3 \cdot 4 = 12$. Coloca un 25 al final y obtienes 1225. Por tanto, $35^2 = 1225$.

¿Por qué funciona esto? Usa el método FOIL para multiplicar 35 por sí mismo:

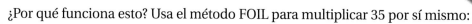

$$35^2 = 35 \cdot 35 = (30 + 5)(30 + 5) = 900 + 150 + 150 + 25$$
$$= 900 + 300 + 25$$
$$= 1200 + 25 \qquad {\scriptstyle 1200 = 30 \cdot 40}$$
$$= 1225$$

Usa primero el método abreviado para elevar cada número al cuadrado. Luego, usa el método FOIL para multiplicar el número por sí mismo.

1. 15^2 **2.** 45^2 **3.** 85^2 **4.** 65^2 **5.** 25^2

6. ¿Puedes explicar por qué funciona el método abreviado?

Usa el método FOIL para multiplicar cada par de números.

7. $11 \cdot 14$ **8.** $12 \cdot 16$ **9.** $13 \cdot 15$ **10.** $14 \cdot 17$ **11.** $18 \cdot 19$

12. Escribe un método abreviado para multiplicar números de dos dígitos que comienzan con 1.

Dados y fichas

Para este juego, necesitarás un dado numérico, un juego de fichas de álgebra y un tablero. Lanza el dado y saca una ficha de álgebra:

$1 = \boxed{\,}, 2 = \boxed{\,}, 3 = \boxed{+}, 4 = \boxed{-}, 5 = \boxed{+}, 6 = \boxed{-}$.

El objetivo es representar expresiones que se puedan sumar, restar, multiplicar o dividir para que sean iguales a los polinomios del tablero.

⬈ conexión internet

Visita **go.hrw.com** para las reglas completas y el tablero.
CLAVE: MP4 Game13

Evaluar y comparar polinomios

Para usar con la Lección 13-6

Puedes comprobar el resultado de una operación con polinomios comparándolo con la expresión o expresiones originales.

Actividad

1 Multiplica $(x + 3)^2$.

Supongamos que tu respuesta es $x^2 + 9$. Oprime **Y=** y escribe $(x + 3)^2$ como **Y₁** y $x^2 + 9$ como **Y₂**, como se muestra.

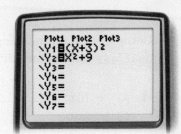

Oprime **2nd** **GRAPH** (TABLE). Verás que los valores de **Y₁** y **Y₂** no son iguales, por tanto $(x + 3)^2 \neq x^2 + 9$.

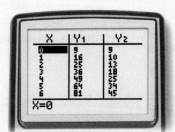

Oprime **Y=** y cambia **Y₂** a $x^2 + 6x + 9$. Cuando oprimas **2nd** **GRAPH** (TABLE), verás que los valores de **Y₁** y **Y₂** son iguales para todos los valores de x que se muestran en la tabla.

$(x + 3)^2 = x^2 + 6x + 9$

Razonar y comentar

1. ¿Cómo podrías usar una tabla para restar $x^2 - 3x + 2$ a $2x^2 + 3x - 1$ y comprobar que la diferencia es correcta?

Inténtalo

1. Multiplica $(x - 4)^2$. Compara con $(x - 4)^2$ las siguientes expresiones: $x^2 - 16$, $x^2 - 8x + 16$ y $x^2 - 8x - 16$. ¿Qué expresión es el producto?

2. Multiplica $(x + 7)(x - 7)$. Compara con $(x + 7)(x - 7)$ las siguientes expresiones: $x^2 - 7$, $x^2 - 49$ y $x^2 + 49$. ¿Qué expresión es el producto?

Guía de estudio y repaso

Vocabulario

Completa los enunciados con las palabras del vocabulario. Puedes usar las palabras más de una vez.

1. $4x^3 - 10x^2 + 4x - 12$ es un ejemplo de un(a) ___?___ cuyo(a) ___?___ es 3.

2. El método ___?___ sirve para hallar el producto de dos ___?___.

3. Un polinomio con 2 términos se llama ___?___. Un polinomio con 3 términos se llama ___?___.

13-1 Polinomios (págs. 644–647)

EJEMPLO

Clasifica cada expresión como monomio, binomio, trinomio o no es polinomio.

■ $4x^5 - 2x^3 + 7$

  trinomio

■ $4xy - \frac{3}{x^4} + 7x^2y^4$

  no es polinomio

Da el grado de cada polinomio.

■ $x^3 - 2x + 1$

  grado 3

■ $n + 3n^4 + 16n^2$

  grado 4

EJERCICIOS

Clasifica cada expresión como monomio, binomio, trinomio o no es polinomio.

4. $-4t^2 + 6t - 7$

5. $r^{-3} + 2r^{-1} + 6$

6. $10g + 4g^5 - \frac{6}{g^3}$

7. $-4a^2b^3c^5$

8. $\sqrt{x} - 2\sqrt{xy}$

9. $5st - 6s$

Da el grado de cada polinomio.

10. $-2x^5 - 7x^8 + 3x$

11. $x^4 - 3x^2 + 4x - 1$

12. $12 + 4r^2 - 6r^3$

13. $\frac{1}{2}m^3 - \frac{1}{4}m^5 + \frac{3}{8}m^2$

14. $-2x^6 + 4x^5 - 8x$

Guía de estudio y repaso

13-2 Cómo simplificar polinomios (págs. 650–653)

EJEMPLO

Simplifica.

■ $5x^2 - 2x + 4 - 5x - 3 + 4x^2$

$\boxed{5x^2} - \boxed{2x} + \boxed{4} - \boxed{5x} - \boxed{3} + \boxed{4x^2}$

$9x^2 - 7x + 1$

■ $4(2x - 7) - 5x + 4$

$\boxed{8x} - \boxed{28} - \boxed{5x} + \boxed{4}$

$3x - 24$

EJERCICIOS

Simplifica.

15. $3t^2 - 7t + 5t - 3t^2 + 6t^2 + 1$
16. $4gh - 5g^2h + 7gh - 4g^2h$
17. $3(4mn - 2m)$
18. $4(2a^2 - 4b) + 6b$
19. $4(3st^2 - 5t) + 14st^2 + 5t$

13-3 Cómo sumar polinomios (págs. 656–659)

EJEMPLO

Suma.

■ $(3x^2 - 2x) + (5x^2 + 3x + 2)$

$\boxed{3x^2} - \boxed{2x} + \boxed{5x^2} + \boxed{3x} + 2$ *Identifica términos semejantes.*

$8x^2 + x + 2$ *Combina términos semejantes.*

■ $(8t^3 + 4t + 6) + (4t^2 - 7t - 2)$

$$
\begin{array}{r}
8t^3 \qquad\quad + 4t + 6 \\
+ \qquad 4t^2 - 7t - 2 \\
\hline
8t^3 + 4t^2 - 3t + 4
\end{array}
$$

Coloca los términos semejantes en columnas.

Combina términos semejantes.

EJERCICIOS

Suma.

20. $(4x^2 + 3x - 7) + (2x^2 - 5x + 12)$
21. $(4x^4 - 2x^2 + 3x - 1) + (3x^2 - 4x + 8)$
22. $(6h + 6) + (3h^2 + 4) + (2h - 1)$
23. $(2xy^2 - 4x^2y - 3xy) + (2x^2y + 5xy - xy^2)$
24. $(4n^2 + 6) + (3n^2 - 2) + (8 + 6n^2)$

13-4 Cómo restar polinomios (págs. 660–663)

EJEMPLO

■ Resta.

$(5x^2 - 3x + 4) - (6x^2 - 7x + 1)$

$5x^2 - 3x + 4 + (-6x^2 + 7x - 1)$ *Suma el opuesto. Propiedad asociativa*

$5x^2 - 3x + 4 - 6x^2 + 7x - 1$

$-x^2 + 4x + 3$ *Combina términos semejantes.*

EJERCICIOS

Resta.

25. $(x^2 - 3) - (3 - 4x^2)$
26. $(w^2 - 4w + 6) - (2w^2 + 8w - 8)$
27. $(2x^2 + 7x - 8) - (6x^2 - 7x + 4)$
28. $(4ab^2 - 5ab + 7a^2b) - (3a^2b + 6ab)$
29. $(4p^3q^2 - 5p^2q^2) - (2pq^2 + 5p^3q^2)$

13-5 Cómo multiplicar polinomios por monomios (págs. 664–667)

Multiplica.

■ $(4x^3y^4)(3xy^3)$

Multiplica los coeficientes y suma los exponentes de las variables.

$(4x^3y^4)(3xy^3)$

$4 \cdot 3 \cdot x^{3+1}y^{4+3}$

$12x^4y^7$

■ $(-2ab^2)(4a^2b^2 - 3ab + 6a - 8)$

$(-2ab^2)(4a^2b^2 - 3ab + 6a - 8)$

$-8a^3b^4 + 6a^2b^3 - 12a^2b^2 + 16ab^2$

Multiplica.

30. $(5st^3)(s - 2st + 7)$

31. $-6a^2b(-2a^2b^2 - 5ab^2 + 6a - 4b)$

32. $3m(2m^2 - 5m + 1)$

33. $-6h(4gh^4 - 2g^3h^2 + 5h - 2g)$

34. $\frac{1}{2}j^3k^2(4j^2k - 3jk^2 + 2j^3k^3)$

35. $2x^2y^5(-4x^4y^7 + 5x^5y^9 - 7xy + 3xy^2)$

13-6 Cómo multiplicar binomios (págs. 670–673)

Multiplica.

■ $(r + 7)(r - 5)$

$(r + 7)(r - 5)$

$r^2 - 5r + 7r - 35$

$r^2 + 2r - 35$

■ $(b + 5)^2$

$(b + 5)(b + 5)$

$b^2 + 5b + 5b + 25$

$b^2 + 10b + 25$

Multiplica.

36. $(p - 5)(p - 3)$

37. $(b + 4)(b + 6)$

38. $(4r - 1)(r + 5)$

39. $(2a + 3b)(a - 4b)$

40. $(m - 8)^2$

41. $(2t - 5)(2t + 5)$

42. $(4b - 8t)(2b + 5t)$

43. $(20 - 4x)(5 + x)$

44. $(y - 10)^2$

Clasifica cada expresión como monomio, binomio, trinomio o no es polinomio.

1. $-2t^4 + 3t - t^{0.5}$

2. $-\frac{2}{3}a^4b^7$

3. $5m^4 - 3t + 4$

4. $4 + n^2$

5. $f^2g^3 - \sqrt{g}$

6. 5

Da el grado de cada polinomio.

7. $3b^7 - 8b^{10} + 6b - 12$

8. $5 - 8m + 3m^4$

9. $6 + y$

10. $x^2 - 4x + 6$

11. $6a^3 - \frac{1}{5}a^6 + 11a^2$

12. $7h + 4h^7 - 2h^3$

Simplifica.

13. $2a - 4b - 5b + 6a - 2b$

14. $2(x^2 - 7x + 12)$

15. $-2x^2y + 3xy^2 - 4x^2y + 2x^2y$

16. $12m^2 + 4m + 3(2m - 4m^2 + 5)$

17. $5(4a^2b - 3a^3b^2 + ab) - 2ab + 6a^2b$

18. $2(x^2y - 4xy^3 - 3x^2y^2) + 8xy^3 + 4x^2y$

Suma.

19. $(2x^2 + 4x - 8) + (6x^2 - 9x - 1)$

20. $(2r^3 - 8r + 2) + (5r^3 - 2r^2 - 8r + 7)$

21. $(5st^3 - 6s^2t^2 + 4st^2) + (2s^2t^2 - 8st^2 + 2st^3)$

22. $(x + y^2) + (2y^2 - 6x + y) + (y^2 - 4y + 4)$

23. Harold coloca un borde de papel de anchura $w + 4$ alrededor de un retrato de 16 pulg por 20 pulg. Halla una expresión para el perímetro exterior del borde de papel.

Resta.

24. $(5x^2 + x - 1) - (2x^2 + 4x - 8)$

25. $(3m^3 - 2m^2 - 4m + 2) - (6m^3 - 8m - 1)$

26. $(3a^2b - 5a^2b^2 + 6ab^2) - (2a^2b^2 - 7a^2b)$

27. $(j^4 + 7j^2 - 4j) - (5j^3 - 2j^2 + 6j + 1)$

28. Un círculo de área $2x^2 + 3x - 4$ se recorta de un trozo rectangular de madera cuya área es $4x^2 - 3x - 1$ y se desecha. Halla una expresión para el área de la madera que queda.

Multiplica.

29. $(3x)(5x^4)$

30. $(2x^2y)(-4xy^3)$

31. $(2a^2b^4)(5a^4b^5)$

32. $a(a^2 - 3a + 7)$

33. $3m^3n^4(2m^3n^4 - 5m^2n^2)$

34. $5a^4(ab^3 - 2ab + 6a)$

35. $(x + 2)(x + 12)$

36. $(x + 3)(x - 4)$

37. $(a - 3)(a - 7)$

38. $(x + 4)(2x + 6)$

39. $(x + 3)(x - 3)$

40. $(x - 12)^2$

Evaluación del desempeño

Muestra lo que sabes

Haz un portafolio para tus trabajos en este capítulo. Completa esta página e inclúyela junto con tus cuatro mejores trabajos del Capítulo 13. Elige entre las tareas o prácticas de laboratorio, examen parcial del capítulo o cualquier entrada de tu diario para incluirlas en el portafolio empleando el diseño que más te guste. Usa tu portafolio para presentar lo que consideras tu mejor trabajo.

⭐ Respuesta corta

1. Simplifica $2a + 3a$. Explica cómo se usa la Propiedad distributiva para simplificar la expresión.

2. ¿Qué polinomio tendrías que sumar a $3x - 6y$ para que la suma sea $6x + 2y$. Explica cómo hallaste el polinomio.

3. ¿Puede el producto de dos polinomios ser un binomio? Explica tu respuesta.

4. Leonard Euler descubrió en 1772 el polinomio $x^2 + x + 41$. Con valores enteros de x del 0 al 49, el valor del polinomio es primo. Usa este polinomio para hallar al menos cinco números primos. Muestra todos tus pasos.

Extensión de resolución de problemas

5. Se hace una caja recortando dos cuadrados de un pedazo de cartón de 16 pulg por 25 pulg y doblando los lados como se muestra.

   a. Escribe una expresión para la longitud, anchura y altura de la caja en términos de x.

   b. Multiplica las expresiones de la parte **a** para hallar un polinomio que represente el volumen de la caja.

   c. Evalúa el polinomio con $x = 1$, $x = 2$, $x = 3$ y $x = 4$. ¿Qué valor de x da la caja con mayor volumen? Da las dimensiones y el volumen de la caja más grande.

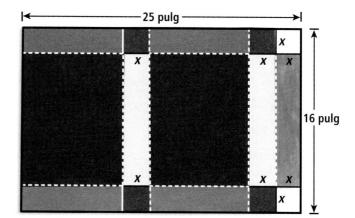

conexión internet

Práctica en línea para la
prueba estatal: *go.hrw.com*
Clave: MP4 TestPrep

**Preparación para la
prueba estandarizada**

Capítulo
13

Evaluación acumulativa: Capítulos 1–13

1. La solución de $12x = -24$ es ___?___ .

(A) $x = -288$ (C) $x = 2$

(B) $x = -2$ (D) $x = 288$

2. Si el producto de cinco enteros es positivo, ¿cuántos de ellos podrían ser negativos, como máximo?

(F) dos (H) cuatro

(G) tres (J) cinco

¡CONSEJO!

PARA LA PRUEBA

Si en un problema hay decimales, podrías eliminar opciones de respuesta que no tienen el número correcto de posiciones después del punto decimal.

3. Halla el producto de 1.8×0.541.

(A) 0.9738 (C) 97.3800

(B) 9.738 (D) 9.738×10^4

4. ¿Qué tipo de polinomio es la mínima expresión del producto de los binomios $(x + 2)$ y $(x - 3)$?

(F) monomio

(G) binomio

(H) trinomio

(J) polinomio con cuatro términos

5. ¿Qué número equivale a 2^{-3}?

(A) $-\frac{1}{6}$ (C) $\frac{1}{8}$

(B) $-\frac{1}{8}$ (D) $\frac{1}{6}$

6. ¿Cuál es la longitud de la diagonal de un rectángulo de 4 pulg de largo por 3 pulg de ancho?

(F) 5 pulg (H) 12 pulg

(G) 7 pulg (J) 14 pulg

7. ¿En qué conjunto de datos son iguales la media y la moda?

(A) 1, 1, 1, 2

(B) 1, 2, 2, 3

(C) 2, 3, 4, 5

(D) 2, 3, 3, 5

8. El punto R' se forma reflejando $R(-3, -2)$ sobre al eje de las y. ¿Cuáles son las coordenadas de R'?

(F) $(3, 2)$ (H) $(-3, 2)$

(G) $(3, -2)$ (J) $(-2, -3)$

9. *RESPUESTA CORTA* Se lanza dos veces un dado numérico justo. ¿Cuál es la probabilidad de que los números lanzados sumen 4? Explica tu respuesta.

10. *RESPUESTA CORTA* ¿Cuál es el área de la región sombreada de la siguiente figura? Da tu respuesta en términos de π. Muestra o explica cómo obtuviste tu respuesta.

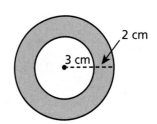

2 cm

3 cm

Capítulo 14

Teoría de conjuntos y matemáticas discretas

conexión **internet**

Presentación del capítulo
en línea: *go.hrw.com*
CLAVE: MP4 Ch14

Tabla del circuito "y"

Compuerta				Flujo de información	
A	Estatus	B	Estatus	A y B	¿Fluye?
0	Cerrada	0	Cerrada	0	No
1	Abierta	0	Cerrada	0	No
0	Cerrada	1	Abierta	0	No
1	Abierta	1	Abierta	1	Sí

Profesión *Diseñador de microcircuitos*

La tarea de los diseñadores de chips es muy parecida a poner el sistema de carreteras de EE. UU. en una moneda de 10 centavos. A estos desarrolladores de circuitos integrados les gusta tomar decisiones y resolver problemas. Se apoyan en la lógica para crear complejos diseños de chips y circuitos. Usan la notación binaria para indicar si las compuertas lógicas que diseñan para controlar el flujo de información están abiertas o cerradas.

¿ESTÁS PREPARADO?

Elige de la lista el término que mejor complete cada enunciado.

1. Los números divisibles sólo entre sí mismos y 1 son __?__.

2. Los números cabales consisten en el conjunto de los __?__ y 0.

3. Los números que no se pueden escribir como decimales cerrados o periódicos se llaman __?__.

4. El conjunto...−4, −3, −2, −1, 0, 1, 2, 3, 4,... es el conjunto de los/las __?__.

números de conteo

enteros

números irracionales

números primos

números racionales

números reales

Resuelve los ejercicios para practicar las destrezas que usarás en este capítulo.

✔ Números compuestos

Haz una lista de los factores de cada número. Indica si el número es compuesto.

5. 37

6. 57

7. 63

8. 83

9. 103

10. 155

✔ Identificar conjuntos de números

Indica si cada número es racional, irracional o no es un número real.

11. $\frac{0}{3}$

12. $\sqrt{12}$

13. $\frac{3}{0}$

14. $\sqrt{2}$

15. $\sqrt{-5}$

16. $-\sqrt{9}$

17. $\sqrt{81}$

18. π

✔ Identificar polígonos

Da todos los nombres que se aplican a cada figura.

19.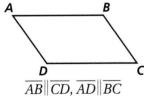
$\overline{AB}\|\overline{CD},\ \overline{AD}\|\overline{BC}$

20.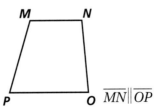
$\overline{MN}\|\overline{OP}$

21.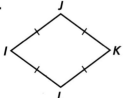

22.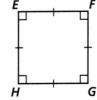

14-1 Conjuntos

Aprender a trabajar con los conjuntos matemáticos y la notación de conjuntos.

Vocabulario

conjunto

elemento

subconjunto

conjunto finito

conjunto infinito

Shana y Robert son coleccionistas. Ella colecciona conchas y objetos relacionados con conchas; él colecciona objetos relacionados con búhos.

Un **conjunto** es una colección de objetos llamados **elementos**. Hay dos maneras de describir los elementos de un conjunto: *notación desarrollada* y *notación abreviada*.

Un búho hecho con conchas podría estar en el conjunto de Shana o en el de Robert.

Conjunto	Notación desarrollada	Notación abreviada
Números de conteo pares	{2, 4, 6, 8, 10, …}	{x|x es un número de conteo par} *Quiere decir "el conjunto de todas las x donde x es un número de conteo par".*
Grandes Lagos	{Hurón, Ontario, Michigan, Erie, Superior}	{x|x es uno de los Grandes Lagos}

Pista útil

Imagina que el símbolo de elemento $\in$ es la letra *e*.

El símbolo $\in$ quiere decir "es elemento de". El enunciado $3 \in$ {números impares} quiere decir "3 es un elemento del conjunto de los números impares". El símbolo $\notin$ quiere decir "*no* es un elemento de". El enunciado $2 \notin$ {números impares} quiere decir "2 *no* es un elemento del conjunto de los números impares".

EJEMPLO 1 Identificar elementos de un conjunto

Escribe $\in$ o $\notin$ para hacer verdadero cada enunciado.

A 1 ▊ {números que son su propio recíproco}

$1 \in$ {números que son su propio recíproco}   *1 equivale a $\frac{1}{1}$.*

B brócoli ▊ {vegetales rojos}

brócoli $\notin$ {vegetales rojos}   *El brócoli no es un vegetal rojo.*

C ◗ ▊ {polígonos}

◗ $\notin$ {polígonos}   *Un semicírculo no es un polígono.*

El conjunto A es un **subconjunto** del conjunto B si todos los elementos de A también están en B. El símbolo $\subset$ quiere decir "es un subconjunto de" y el símbolo $\not\subset$ quiere decir "*no* es un subconjunto de".

EJEMPLO 2 Identificar subconjuntos

Determina si el primer conjunto es un subconjunto del segundo conjunto. Usa el símbolo correcto.

A $Q = \{$números racionales$\}$ $R = \{$números reales$\}$

Sí, $Q \subset R$.   *Todo número racional es un número real.*

B $T = \{0, 1, 2, 3\}$ $N = \{$números de conteo$\}$

No, $T \not\subset N$.   *0 no es un número de conteo.*

C $H = \{$rombos$\}$ $G = \{$rectángulos$\}$

No, $H \not\subset G$.   *Algunos rombos no son rectángulos.*

Un **conjunto finito** contiene un número finito de elementos. Un **conjunto infinito** contiene un número infinito de elementos.

EJEMPLO 3 Identificar conjuntos finitos e infinitos

Indica si cada conjunto es finito o infinito.

A $\{$letras del alfabeto español$\}$

finito   *Hay exactamente 28 elementos en el conjunto.*

B $\{$números racionales entre 99 y 100$\}$

infinito   *Hay un número infinito de números racionales entre dos números racionales.*

C $\{$enteros con valor absoluto menor que 3$\}$

finito   *Sólo -2, -1, 0, 1 y 2 tienen valor absoluto menor que 3.*

Razonar y comentar

1. **Describe** el conjunto de los números cabales que no son números de conteo.

2. **Identifica** tres conjuntos que tengan {albaricoques} como subconjunto.

3. **Da** dos ejemplos de conjuntos finitos que tengan el 20 como elemento. Da ejemplos de conjuntos infinitos que tengan el 20 como elemento.

14-1 Ejercicios

PARA PRÁCTICA ADICIONAL

ve a la pág. 758

conexión internet

Ayuda en línea para tareas
go.hrw.com Clave: MP4 14-1

PRÁCTICA GUIADA

Ver Ejemplo 1 **Escribe $\in$ o $\notin$ para hacer verdadero cada enunciado.**

1. roble ■ {seres vivos}

2. $x^2 - \frac{4}{x} + 2$ ■ {trinomios}

Ver Ejemplo 2 **Determina si el primer conjunto es un subconjunto del segundo conjunto. Usa el símbolo correcto.**

3. E = {números pares}
R = {números reales}

4. P = {paralelogramos}
S = {cuadrados}

Ver Ejemplo 3 **Indica si cada conjunto es finito o infinito.**

5. {letras que son vocales}

6. {número de radios de un círculo}

PRÁCTICA INDEPENDIENTE

Ver Ejemplo 1 **Escribe $\in$ o $\notin$ para hacer verdadero cada enunciado.**

7. español ■ {idiomas del mundo}

8. $2\frac{3}{7}$ ■ {números racionales}

Ver Ejemplo 2 **Determina si el primer conjunto es un subconjunto del segundo conjunto. Usa el símbolo correcto.**

9. F = {futbolistas}
T = {deportistas en equipo}

10. C = {números de conteo}
P = {números primos}

11. P = {números primos}
O = {números impares}

12. S = {cuadrados}
P = {paralelogramos}

Ver Ejemplo 3 **Indica si cada conjunto es finito o infinito.**

13. {números compuestos}

14. {números racionales menores que 0}

15. {segundos en un año}

16. {expresidentes de EE. UU}

PRÁCTICA Y RESOLUCIÓN DE PROBLEMAS

Elige el símbolo que mejor complete cada enunciado. Usa los símbolos $\subset$, $\not\subset$, $\in$ y $\notin$.

17.  ■ {gatos}

18. 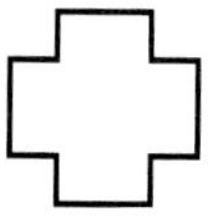 ■ {figuras que forman teselados}

19.  ■ {comestibles}

20.  ■ {banderas de América del Sur}

21. 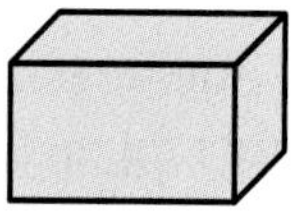 ■ {poliedros}

22.  ■ {monedas de EE. UU}

Determina si cada conjunto es finito o infinito.

23. {habitantes de la Tierra}

24. {números de conteo}

25. {trinomios}

26. {enteros entre 0 y 2}

27. {números cabales factores de 20}

28. {soluciones de $x < 0$}

29. El conjunto S consiste en el cuadrado de cada elemento del conjunto {−5, 5}. ¿Cuál es el conjunto S?

30. La *Propiedad de cerradura* dice que un conjunto es *cerrado* bajo una operación si al realizar esa operación con cualquier elemento del conjunto siempre se tiene como resultado un elemento del conjunto. El conjunto de los enteros es cerrado bajo la multiplicación porque el producto de dos enteros siempre es un entero. Indica si el conjunto es cerrado bajo la operación que se da.

  a. {0, 1}; multiplicación

  b. {números positivos}; resta

  c. {números de conteo}; división

  d. {números pares}; suma

31. **CIENCIAS DE LA VIDA** Escribe un enunciado con uno de los símbolos ⊄, ⊂, ∈ o ∉ para mostrar la relación entre el fémur y el conjunto de los huesos humanos.

32. **MÚSICA** Escribe un enunciado con uno de los símbolos ⊄, ⊂, ∈ o ∉ para mostrar la relación entre el conjunto de instrumentos de percusión y el de instrumentos de cuerda.

33. **ESTUDIOS SOCIALES** Escribe un enunciado con uno de los símbolos ⊄, ⊂, ∈ o ∉ para mostrar la relación entre la ciudad de Miami, Florida y el conjunto de las capitales de estado.

34. **ESCRIBE UN PROBLEMA** Usa datos de tu libro de estudios sociales o de ciencias para mostrar que un conjunto es un subconjunto de otro conjunto.

35. **ESCRÍBELO** Compara el significado de los símbolos ⊂ y ∈. ¿En qué se parecen? ¿En qué son diferentes?

36. **DESAFÍO** Si $P = \{2, 4, 6, 8\}$ y $Q = \{$enteros pares entre 0 y 10$\}$, ¿es P un subconjunto de Q? Explica tu respuesta.

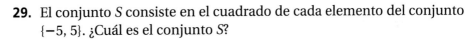

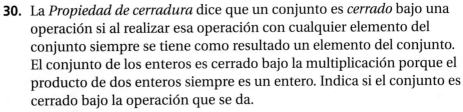

Los primeros instrumentos de percusión que usaron las orquestas fueron los timbales, en el siglo XVII.

Repaso en espiral

Simplifica. (Lección 13-2)

37. $-4(m^2 - 3m + 6)$

38. $3(a^2b - 4a + 3ab) - 2ab$

39. $x^2y + 4(xy^2 - 3x^2y + 4xy)$

40. **PREPARACIÓN PARA LA PRUEBA** ¿Qué polinomio muestra el resultado de usar el método FOIL para hallar $(x - 2)(x + 6)$? (Lección 13-6)

  A $x^2 - 12$

  B $x^2 + 6x - 2x - 12$

  C $2x - 2x - 12$

  D $x^2 + 4$

41. **PREPARACIÓN PARA LA PRUEBA** ¿Cuál es el equivalente de $x^2 - 16$? (Lección 13-6)

  F $(x - 4)(x + 4)$

  G $(x - 4)^2$

  H $(x + 4)^2$

  J $(x)(x - 16)$

14-2 Intersección y unión

Aprender a describir la intersección y unión de conjuntos.

Vocabulario

intersección

conjunto vacío

unión

El mar Caspio, rodeado por los países de Azerbaiján, Irán, Kazajstán, Rusia y Turkmenistán, es uno de los lagos más grandes y profundos del mundo.

La **intersección** de los conjuntos A y B es el conjunto de los elementos que están en A y en B. En otras palabras, la intersección de A y B es el conjunto de los elementos que son comunes a A y B.

Para indicar la intersección de los conjuntos A y B, escribe $A \cap B$.

Si A es el conjunto de los 5 lagos más extensos del mundo, entonces A = {mar Caspio, lago Superior, lago Victoria, lago Hurón, lago Michigan}.

Si B es el conjunto de los 5 lagos más profundos del mundo, entonces B = {lago Baikal, lago Tangañica, mar Caspio, lago Nyasa, Issyk Kul}.

Leer matemáticas

El conjunto vacío también se puede representar con corchetes vacíos, { }.

$A \cap B$ = {mar Caspio} porque el mar Caspio es el único lago que está en ambos conjuntos.

El conjunto sin elementos se llama **conjunto vacío**, o *conjunto nulo*. El símbolo del conjunto vacío es $\varnothing$.

EJEMPLO **1** Hallar la intersección de dos conjuntos

Halla la intersección de los conjuntos.

A Z = {0, 1, 2, 3} T = {2, 4, 6, 8}
El único elemento que aparece en Z y en T es 2.
$Z \cap T$ = {2}

B Q = {números racionales} I = {números irracionales}
No hay números que sean tanto racionales como irracionales.
$Q \cap I$ = { } o $\varnothing$

Halla la intersección de los conjuntos.

C $L = \{x \mid x < 10\}$ $G = \{x \mid x > 5\}$

$L \cap G = \{x \mid 5 < x < 10\}$

```
←—+——○——+——+——+——+——○——+—→
   4  5  6  7  8  9  10 11
```

La **unión** de los conjuntos Q y R es el conjunto de todos los elementos que están en Q *o* en R. Para mostrar la unión de los conjuntos Q y R, escribe $Q \cup R$.

Si $Q = \{-4, 2, 6, 10\}$ y $R = \{-2, 2, 6\}$, entonces $Q \cup R = \{-4, -2, 2, 6, 10\}$. Si un elemento aparece en ambos conjuntos, sólo se representa una vez en la unión.

EJEMPLO 2 Hallar la unión de dos conjuntos

Halla la unión de los conjuntos.

A $Q = \{$números racionales$\}$ $I = \{$números irracionales$\}$

Todo número real es racional o irracional.

$Q \cup I = \{$números reales$\}$

B $Z = \{0, 1, 2, 3\}$ $T = \{2, 3, 4, 5\}$

$Z \cup T = \{0, 1, 2, 3, 4, 5\}$

C $N = \{$enteros negativos$\}$ $C = \{$números cabales$\}$

Los enteros negativos son $\{..., -3, -2, -1\}$. Los números cabales son $\{0, 1, 2, 3, ...\}$.

$N \cup C = \{$enteros$\}$

D $T = \{2, 4, 8, 16\}$ $E = \{$enteros pares$\}$

T es un subconjunto de E, por tanto, la unión de T y E es E.

$T \cup E = \{$enteros pares$\}$

E $L = \{x \mid x < 10\}$ $G = \{x \mid x > 5\}$

Todo número real está en el conjunto L o en el G.

$L \cup G = \{$números reales$\}$

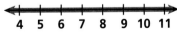

```
←—+——+——+——+——+——+——+——+—→
   4  5  6  7  8  9  10 11
```

Razonar y comentar

1. Describe dos conjuntos cuya intersección sea $\{7, 8, 9, 10\}$.

2. Describe dos conjuntos cuya unión sea $\{7, 8, 9, 10\}$.

3. Da un ejemplo de dos conjuntos cuya intersección sea el conjunto vacío.

PARA PRÁCTICA ADICIONAL
ve a la pág. 758

⊿ conexión **internet**
Ayuda en línea para tareas
go.hrw.com   Clave: MP4 14-2

PRÁCTICA GUIADA

Ver Ejemplo **1** **Halla la intersección de los conjuntos.**

1. $B = \{-2, 0, 2, 4, 6\}$
$D = \{2, 4, 6, 8, 10\}$

2. $A = \{10, 11, 12, 13, 14\}$
$E = \{$números pares$\}$

3. $G = \{x \mid x \geq 2\}$
$H = \{x \mid x \leq 5\}$

4. $M = \{x \mid x \leq 7\}$
$N = \{x \mid x \geq 0\}$

Ver Ejemplo **2** **Halla la unión de los conjuntos.**

5. $R = \{2, 4, 6, 8, 10, 12\}$
$S = \{1, 2, 3, 4, 5\}$

6. $B = \{x \mid 0 < x < 10\}$
$C = \{x \mid x \geq 2\}$

7. $Q = \{$enteros negativos$\}$
$C = \{$números cabales$\}$

8. $Q = \{$números racionales$\}$
$E = \{$enteros$\}$

PRÁCTICA INDEPENDIENTE

Ver Ejemplo **1** **Halla la intersección de los conjuntos.**

9. $R = \{-10, -8, -6, -4\}$
$T = \{-4, -2, 0, 2, 4\}$

10. $L = \{$enteros negativos$\}$
$N = \{$números naturales$\}$

11. $O = \{$enteros positivos impares$\}$
$X = \{x \mid -10 \leq x \leq 5\}$

12. $K = \{x \mid x < 5\}$
$R = \{x \mid x < 2\}$

Ver Ejemplo **2** **Halla la unión de los conjuntos.**

13. $G = \{-12, -10, -8, -6, -4\}$
$H = \{-12, -8, -4, 0\}$

14. $D = \{1, 2, 3, 4, 5\}$
$F = \{2, 4, 6\}$

15. $Y = \{x \mid x \leq 0\}$
$W = \{x \mid x > 0\}$

16. $K = \{$enteros positivos$\}$
$T = \{$números racionales$\}$

PRÁCTICA Y RESOLUCIÓN DE PROBLEMAS

Halla la unión y la intersección de los conjuntos.

17. $F = \{-2, -1, 0, 1, 2\}$
$G = \{-2, 0, 2\}$

18. $W = \{2, 3, 4, 5, 6, 7\}$
$R = \{$enteros pares$\}$

19. $R = \{x \mid x \geq 7\}$
$M = \{x \mid x < 6\}$

20. $T = \{x \mid 0 \leq x \leq 10\}$
$P = \{x \mid 5 < x \leq 15\}$

21. $A = \{$enteros pares$\}$
$B = \{$enteros impares$\}$

22. $Q = \{x \mid x < 5\}$
$T = \{x \mid x > 3\}$

23. $P = \{$múltiplos positivos de 2$\}$
$M = \{$enteros pares$\}$

24. $J = \{$recíprocos de 1, 2, 3 y 4$\}$
$R = \{$cuadrados de 1, 2, 3 y 4$\}$

Las aves se clasifican en ocho diferentes grupos.

Grupos de aves	Nombres de aves
Palmípedas	{flamenco, pato, cisne, ganso}
Rapaces	{buitre, cuervo, lechuza}
Gallináceas	{gallo, pavo real, faisán}
Palomas	{mensajera, real}
Zancudas	{flamenco, cigüeña, marabú}
Trepadoras	{loro, pájaro carpintero}
Pájaros	{canario, loro, pájaro carpintero}
Corredoras	{avestruz, correcaminos}

Da ejemplos de nombres de aves representadas por los siguientes grupos.

25. Halla {palomas} ∪ {corredoras}.

26. Halla {faisanes} ∪ {pollos}.

27. Halla dos conjuntos cuya intersección es el conjunto vacío.

28. Halla dos conjuntos cuya intersección sea uno de los conjuntos.

29.  ★ *DESAFÍO* Agrega otros ejemplos de nombres de aves a los dos grupos que elegiste en el ejercicio 27. ¿Cambia la intersección de estos conjuntos?

Repaso en espiral

Simplifica estas expresiones. (Lección 3-8)

30. $\sqrt{121} + \sqrt{25}$

31. $(4 + 3)^2$

32. $\dfrac{\sqrt{441}}{\sqrt{144}}$

33. $\sqrt{5^2 + 12^2}$

34. **PREPARACIÓN PARA LA PRUEBA** ¿Cuál figura tiene menos ejes de simetría? (Lección 5-8)

A   B ◯   C ⬯   D ▢

35. **PREPARACIÓN PARA LA PRUEBA** Las longitudes de los lados de un rectángulo son números cabales. Si el perímetro es 24 unidades, ¿cuál de las siguientes **no** podría ser el área del rectángulo? (Lección 6-1)

F 27 unidades^2 **G** 20 unidades^2 **H** 24 unidades^2 **J** 11 unidades^2

14-3 Diagramas de Venn

Aprender a hacer y usar diagramas de Venn.

Las computadoras y el cerebro humano tienen algunas características en común, pero obviamente también muchas diferencias. Si consideras sus características y capacidades como conjuntos, lo que tienen en común estaría contenido en su intersección.

Un diagrama de Venn muestra relaciones entre conjuntos. En un diagrama de Venn, se usan círculos para representar conjuntos. Si dos círculos se traslapan, la región donde se traslapan representa la intersección de los dos conjuntos.

Por ejemplo, la intersección del conjunto de todos los triángulos y el conjunto de todos los polígonos regulares es el conjunto de los triángulos equiláteros.

Computadora
Cerebro

Inanimada
Debe programarse
Sin emociones
Analiza todos los resultados posibles
Dura
Seca

Memoria
Conserva información
Puede dañarse
Varias funciones
Matemáticas y lógica
Necesita energía
Ajedrez

Vivo
Nuevas ideas
Sueña
Crea
Tiene emociones
Se cansa
Duerme
Suave
Húmedo

EJEMPLO 1 Dibujar diagramas de Venn

Dibuja un diagrama de Venn para mostrar la relación entre los conjuntos.

A Vocales: {A, E, I, O, U}
Letras para representar las notas musicales: {A, B, C, D, E, F, G}

Para dibujar el diagrama de Venn, primero determina qué hay en la intersección de los conjuntos.

La intersección de los conjuntos es {A, E}.

Vocales   Notas
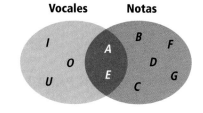

B Factores de 28: {1, 2, 4, 7, 14, 28}
Factores de 32: {1, 2, 4, 8, 16, 32}

La intersección de los conjuntos es {1, 2, 4}.

Factores de 28   Factores de 32
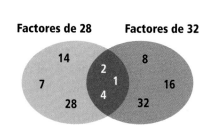

Analizar diagramas de Venn.

Usa cada diagrama de Venn para identificar intersecciones, uniones y subconjuntos.

A

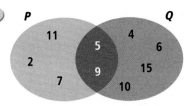

Intersección: $P \cap Q = \{5, 9\}$
Unión: $P \cup Q = \{2, 4, 5, 6, 7, 9, 10, 11, 15\}$
Subconjuntos: ninguno

B

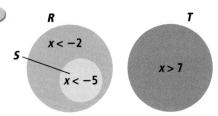

Intersecciones: $R \cap S = S$, $R \cap T = \varnothing$, $S \cap T = \varnothing$
Uniones: $R \cup S = R$, $R \cup T = \{x \mid x < -2 \text{ ó } x > 7\}$, y
$\qquad S \cup T = \{x \mid x < -5 \text{ ó } x > 7\}$
Subconjuntos: $S \subset R$

¡Recuerda!

S es un subconjunto de *R* si todos sus elementos también son elementos de *R*.

El símbolo $\therefore$ significa "por tanto" y simboliza la conclusión de un argumento lógico.

EJEMPLO **3** **Usar diagramas de Venn**

Usa un diagrama de Venn para mostrar el siguiente argumento lógico.

Todas las ranas son anfibios.
Ninguna zarigüeya es anfibia.
$\therefore$ Ninguna zarigüeya es rana.

Anfibios

Ranas

Zarigüeyas

Razonar y comentar

1. Describe cómo mostrar un subconjunto en un diagrama de Venn.

2. Da un ejemplo de diagrama de Venn en el que la intersección sea el conjunto vacío.

14-3 Ejercicios

PARA PRÁCTICA ADICIONAL
ve a la pág. 758

⊿ conexión internet
Ayuda en línea para tareas
go.hrw.com   Clave: MP4 14-3

PRÁCTICA GUIADA

Ver Ejemplo ① **Dibuja un diagrama de Venn para mostrar la relación entre los conjuntos.**

1.

Conjunto	Elementos
Canales preferidos de Ron	2, 4, 5, 6, 7, 8
Canales preferidos de Eve	4, 6, 7, 9, 10, 14

2.

Conjunto	Elementos
Primeros diez múltiplos de 4	4, 8, 12, 16, 20, 24, 28, 32, 36, 40
Primeros diez múltiplos de 6	6, 12, 18, 24, 30, 36, 42, 48, 54, 60

Ver Ejemplo ② **Usa cada diagrama de Venn para identificar intersecciones, uniones y subconjuntos.**

3.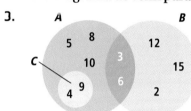

4.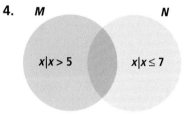

Ver Ejemplo ③ **Usa un diagrama de Venn para mostrar el siguiente argumento lógico.**

5. Todos los cuadrados son rectángulos. Todos los rectángulos son paralelogramos. ∴ Todos los cuadrados son paralelogramos.

PRÁCTICA INDEPENDIENTE

Ver Ejemplo ① **Dibuja un diagrama de Venn para mostrar la relación entre los conjuntos.**

6.

Conjunto	Elementos
Rostros en billetes de EE. UU.	{Washington, Lincoln, Hamilton, Jackson, Grant, Franklin}
Rostros en monedas de EE. UU.	{Lincoln, F.D.R., Kennedy, Jefferson, Washington, Sacagawea}

7.

Conjunto	Elementos
Enteros de −3 a 5	{−3, −2, −1, 0, 1, 2, 3, 4, 5}
Enteros de −6 a 0	{−6, −5, −4, −3, −2, −1, 0}

Ver Ejemplo ② **Usa cada diagrama de Venn para identificar intersecciones, uniones y subconjuntos.**

8.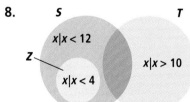

9.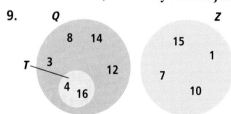

Ver Ejemplo ③ **Usa un diagrama de Venn para mostrar el siguiente argumento lógico.**

10. Todos los cuadriláteros son polígonos. Ningún círculo es polígono. ∴ Ningún círculo es cuadrilátero.

PRÁCTICA Y RESOLUCIÓN DE PROBLEMAS

11. Todos los números primos excepto el 2 son impares. Usa un diagrama de Venn para mostrar este enunciado.

12. *HISTORIA* Un argumento muy conocido dice:

"Todos los hombres son mortales. Sócrates era un hombre. Por tanto, Sócrates era mortal."

Usa un diagrama de Venn para mostrar el argumento.

13. *MÚSICA* Todos los instrumentos de lengüeta son instrumentos de viento. Algunos instrumentos de lengüeta tienen doble lengüeta. Por lo tanto, todos los instrumentos que tienen doble lengüeta son instrumentos de viento. Usa un diagrama de Venn para mostrar este argumento.

14. *ENTRETENIMIENTO* Usa la información de la derecha para escribir desigualdades que muestren los límites de edad. Luego haz un diagrama de Venn para la situación. Identifica la unión y la intersección de los conjuntos.

Parque de diversiones Funland

Toddler Land   Toddler Coaster

No se admiten niños mayores de 8 años

Sólo niños de 3 años y mayores

15. *ELIGE UNA ESTRATEGIA* Los Yanquis de Nueva York han retirado estos números de su uniforme: 1, 3, 4, 5, 7, 8, 9, 10, 15, 16, 23, 32, 37, 42 y 44. Los Dodgers de Los Ángeles han retirado 1, 2, 4, 19, 20, 24, 32, 39, 42 y 53. ¿Cuántos números del 0 al 99 están disponibles para un jugador de cualquiera de los dos equipos?

16. *ESCRÍBELO* Describe cómo te ayudan los diagramas de Venn para hallar la unión y la intersección de dos conjuntos.

17. *DESAFÍO* De una clase, 22 estudiantes han viajado en avión, 28 en tren, 23 en barco, 15 en avión y tren, 20 en tren y barco, 14 en avión y barco, 12 en los tres y 1 en ninguno. ¿Cuántos estudiantes hay en el grupo?

Repaso en espiral

Halla el volumen de cada figura. Usa $\pi = 3.14$. (Lecciones 6-6 y 6-7)

18. un prisma rectangular de 3 pies × 5 pies × 11 pies

19. un cilindro con radio de 3 pulg y altura de 8 pulg.

20. un cono con diámetro de 7 pulg y altura de 12 pulg

21. una pirámide cuadrangular con base de 5 cm por lado y altura de 10 cm

22. **PREPARACIÓN PARA LA PRUEBA** Rachel metió la mano en una bolsa que contenía 7 barras energéticas de malta y 4 barras de arándanos azules, y sacó dos barras. ¿Qué probabilidad hay de que haya sacado 2 barras energéticas de arándanos azules? (Lección 9-7)

A $\frac{2}{11}$ B $\frac{12}{121}$ C $\frac{21}{55}$ D $\frac{6}{55}$

LECCIÓN **14-1** (págs. 688–691)

Escribe ∈ o ∉ para hacer verdadero cada enunciado.

1. Nevada ■ {estados de EE. UU.}

2. México ■ {continentes}

Determina si el primer conjunto es un subconjunto del segundo conjunto. Usa el símbolo correcto.

3. K = {pirámides}
J = {prismas}

4. H = {1, 2, 3, 4, 5}
S = {números racionales}

Indica si cada conjunto es finito o infinito.

5. {entcros menores que 200}

6. {factores de 1500}

LECCIÓN **14-2** (págs. 692–695)

Halla la intersección de los conjuntos.

7. R = {10, 20, 30, 40, 50}
S = {5, 10, 15, 20}

8. W = {enteros}
X = {números para contar}

Halla la unión de los conjuntos.

9. G = {−3, −2, −1, 0}
H = {0, 1, 2, 3}

10. P = {enteros positivos}
R = {factores de 24}

LECCIÓN **14-3** (págs. 696–699)

Dibuja un diagrama de Venn para mostrar las relaciones entre los conjuntos.

11.

Conjunto	Elementos
Factores de 30	{1, 2, 3, 5, 6, 10, 15, 30}
Factores de 18	{1, 2, 3, 6, 9, 18}

12.

Conjunto	Elementos
Enteros mayores o iguales a 7	{7, 8, 9, 10, ...}
Enteros menores o iguales a 5	{5, 4, 3, 2, ...}

Usa los diagramas de Venn para identificar intersecciones, uniones y subconjuntos.

13.

Números cabales

Números primos

Números compuestos

1

0

14. A B

$x|x < 6$

P

$x|x > 3$

$x|x < 0$

Usa un diagrama de Venn para mostrar cada argumento lógico.

15. Ningún círculo es polígono.
Todos los triángulos son polígonos.
∴ Ningún triángulo es círculo.

16. Todos los números para contar son enteros.
Todos los enteros son números racionales.
∴ Todos los números para contar son racionales.

Enfoque en resolución de problemas

Plan

Haz un plan

• **Clasifica y ordena la información**

Algunos problemas contienen mucha información. Lee todo el problema con cuidado y asegúrate de comprender todos los datos. Quizá necesites leerlo varias veces, incluso en voz alta para oír las palabras.

Luego, decide qué información es la más importante (clasifica). ¿Hay información absolutamente necesaria para resolver el problema? Esta información es la más importante.

Por último, organiza la información (ordena). Usa palabras de comparación como *antes, después, más largo, más corto* y otras que te puedan ayudar. Escribe la información en orden antes de tratar de resolver el problema.

Lee cada problema y luego responde las preguntas.

1. Cinco amigos hacen fila para el estreno de una película. Hacen fila según el orden en que llegaron. Tiffany llegó 3 minutos después que Cedric. Roy llegó a las 8:01 pm, 1 minuto después que Celeste y 7 minutos antes que Tiffany. La primera persona llegó a las 8:00 pm. Blanca llegó 6 minutos después que la primera persona. Haz una lista de la hora en que llegó cada persona.

   a. ¿La llegada de qué persona te ayudó a determinar los tiempos de llegada?

   b. ¿Puedes determinar el orden sin el tiempo?

   c. Haz una lista del orden de los amigos, del primero al último en llegar.

2. La familia Putman tiene 4 hijos. Isabelle tiene la mitad de la edad de Maxwell. Joe es 2 años mayor que Isabelle. Maxwell tiene 14 años. Hazel tiene dos veces la edad de Joe y es 4 años mayor que Maxwell. ¿Cuáles son sus edades?

   a. ¿Qué edad debes hallar primero para poder hallar la edad de Joe?

   b. Indica dos maneras de hallar la edad de Hazel.

   c. Haz una lista de los hijos de los Putman de mayor a menor.

14-4 Enunciados compuestos

Aprender a distinguir entre conjunciones y disyunciones y a hacer tablas de verdad.

Vocabulario

enunciado compuesto

conjunción

valor de verdad

tabla de verdad

disyunción

Para estar en un equipo de porristas o animadoras hay que reunir varias condiciones, como éstas:

• Mantener un promedio de calificaciones de 2.5 ó mayor.
• No faltar a más de dos prácticas.

Se forma un **enunciado compuesto** combinando dos o más enunciados simples. Si *P* y *Q* representan enunciados simples, entonces el enunciado compuesto *P* y *Q* se llama **conjunción**.

Si *P* representa el enunciado "Jill ha mantenido un promedio de 2.5 ó más", y *Q* representa el enunciado "Jill no ha faltado a más de dos prácticas", la conjunción *P* y *Q* es el enunciado "Jill ha mantenido un promedio de 2.5 ó más *y* no ha faltado a más de dos prácticas". Un enunciado compuesto puede ser verdadero o falso.

El **valor de verdad** de un enunciado es verdadero o falso. Una **tabla de verdad** es una forma de mostrar el valor de verdad de un enunciado compuesto, que se determina con cada diferente disposición de los valores de verdad de sus enunciados simples.

EJEMPLO **Hacer tablas de verdad para conjunciones**

Haz una tabla de verdad para la conjunción *P* y *Q*, donde *P* es "Jill ha mantenido un promedio de 2.5 ó más", y *Q* es "Jill no ha faltado a más de dos prácticas".

La conjunción *P* y *Q* es "Jill ha mantenido un promedio de 2.5 ó más *y* no ha faltado a más de dos prácticas".

Pista útil

La primera fila de la tabla de verdad quiere decir: "Si *P* es verdadero y *Q* es verdadero, la conjunción *P* y *Q* es verdadera."

Ejemplo	P	Q	P y Q
Jill tiene promedio de 3.2 y ha faltado a 1 práctica.	Verdadero	Verdadero	Verdadera
Jill tiene promedio de 3.6 y ha faltado a 3 prácticas.	Verdadero	Falso	Falsa; sólo se cumple una condición.
Jill tiene promedio de 2.25 y no ha faltado a prácticas.	Falso	Verdadero	Falsa; sólo se cumple una condición
Jill tiene promedio de 2.4 y ha faltado a 3 prácticas.	Falso	Falso	Falsa; no se cumple ninguna condición.

Una conjunción sólo es verdadera si todos sus enunciados simples son verdaderos. Si alguno es falso, la conjunción es falsa.

Un enunciado compuesto de la forma *P o Q* se llama **disyunción**. Por ejemplo, no vas a la escuela si es fin de semana o día feriado.

EJEMPLO 2 Hacer tablas de verdad para disyunciones

Haz una tabla de verdad para la disyunción *P o Q*, donde *P* es "Es fin de semana" y *Q* es "Es día feriado." La disyunción *P o Q* es "Es fin de semana o día feriado".

Pista útil

La primera fila de la tabla de verdad quiere decir: "Si *P* es verdadero o *Q* es verdadero, la disyunción *P o Q* es verdadera."

Ejemplo	*P*	*Q*	*P o Q*
Es sábado. Es día feriado.	Verdadero	Verdadero	Verdadera
Es domingo. No es día feriado.	Verdadero	Falso	Verdadera; sólo debe cumplirse una condición.
Es miércoles. Es día feriado.	Falso	Verdadero	Verdadera; sólo debe cumplirse una condición.
Es martes. No es día feriado.	Falso	Falso	Falsa; no se cumple ninguna condición.

Observa que una disyunción es verdadera si cualquiera de sus enunciados simples es verdadero; la disyunción es falsa sólo si todos sus enunciados simples son falsos.

Razonar y comentar

1. Explica por qué las tablas de verdad de los Ejemplos 1 y 2 tienen cuatro filas cada una.

2. Indica si:

    a. *P* debe ser verdadero si la conjunción *P y Q* es verdadera.

    b. *Q* debe ser verdadero si la disyunción *P o Q* es verdadera.

    c. *P* debe ser falso si la conjunción *P y Q* es falsa.

    d. *Q* debe ser falso si la disyunción *P o Q* es falsa.

3. Considera la expresión "Una cadena no es más fuerte que su eslabón más débil". Usa una conjunción para describir esta situación.

14-4 Ejercicios

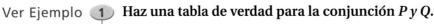

PARA PRÁCTICA ADICIONAL
ve a la pág. 759

conexión internet
Ayuda en línea para tareas
go.hrw.com Clave: MP4 14-4

PRÁCTICA GUIADA

Ver Ejemplo **1** **Haz una tabla de verdad para la conjunción *P* y *Q*.**

1. *P*: Riley mide menos de 60 pulgadas.
   Q: Riley tiene más de 10 años de edad.

2. *P*: *x* es un entero par.
   Q: *x* es un múltiplo de 3.

Ver Ejemplo **2** **Haz una tabla de verdad para la disyunción *P* o *Q*.**

3. *P*: Es después de medianoche
   y antes del mediodía.
   Q: Está a menos de 80° F afuera.

4. *P*: Estás en Florida.
   Q: Estás de vacaciones
   fuera de casa.

PRÁCTICA INDEPENDIENTE

Ver Ejemplo **1** **Haz una tabla de verdad para la conjunción *P* y *Q*.**

5. *P*: Matt tiene pelo rubio.

   Q: Matt usa zapatos talla 9.

6. *P*: La única mascota de
   Harrison es un perro.
   Q: La única mascota de
   Harrison se llama Oso.

7. *P*: El polígono *ABCD* es un rectángulo.
   Q: El perímetro del polígono *ABCD* es
   25 cm.

8. *P*: *n* es un número primo.
   Q: *n* es un número impar.

Ver Ejemplo **2** **Haz una tabla de verdad para la disyunción *P* o *Q*.**

9. *P*: Son las 10 am.
   Q: Estás en clase de matemáticas.

10. *P*: La comida del plato es roja.
   Q: La comida del plato es una
   verdura.

11. *P*: La palabra es un adjetivo.
   Q: La palabra tiene seis letras.

12. *P*: Un número es un entero.
   Q: Un número es negativo.

PRÁCTICA Y RESOLUCIÓN DE PROBLEMAS

Completa la tabla de verdad.

13. *P*: Jesse tiene al menos 17 años de edad.
   Q: Jesse terminó el curso para conducir.

Ejemplo	*P*	*Q*	*P* y *Q*	*P* o *Q*
Jesse tiene 20 años, pero no ha terminado el curso para conducir.	▪	▪	▪	▪
	▪	Falso	▪	▪
	▪	▪	Falsa	Verdadera
Jesse tiene 17 años y terminó el curso para conducir.	▪	▪	▪	▪

14. **CIENCIAS DE LA VIDA** Los animales se clasifican como mamíferos si amamantan a sus crías y tienen pelaje. ¿Representan estas condiciones para clasificar como mamífero una conjunción o una disyunción? Explica tu respuesta.

15. **TRANSPORTE** ¿Representan las condiciones para que expire la garantía una conjunción o una disyunción? Explica tu respuesta.

16. **ECONOMÍA DOMÉSTICA** Para que el banco no le cobre una cuota mensual, un cliente debe escribir menos de 10 cheques al mes o mantener un saldo de $500 ó más. Haz una tabla de verdad para el enunciado compuesto e identifica el enunciado como conjunción o disyunción.

17. **ESTUDIOS SOCIALES** Para ser presidente de EE. UU., un ciudadano debe haber nacido y vivido 14 años en Estados Unidos y tener al menos 35 años de edad. Haz una tabla de verdad para el enunciado compuesto e identifica el enunciado como conjunción o disyunción.

18. **¿CUÁL ES LA PREGUNTA?** La respuesta es que el número $-4\frac{1}{2}$ es negativo *o* es un entero. ¿Cuál es la pregunta?

19. **ESCRÍBELO** ¿Qué es una tabla de verdad? Explica cómo hacer y leer una tabla de verdad.

20. **DESAFÍO** La negación de un enunciado P (que se escribe $\sim P$) se forma agregando o quitando la palabra *no*. ¿Cuál es la negación del enunciado "Roger tiene al menos 35 años de edad"?. Si P es verdadero, ¿qué puedes saber acerca de $\sim P$? Si P es falso, ¿qué puedes saber acerca de $\sim P$? Escribe dos enunciados y sus negaciones para apoyar tus respuestas.

Repaso en espiral

Halla el equivalente decimal de cada porcentaje o fracción. (Lección 8-1)

21. $\frac{5}{8}$
22. 212%
23. 71%
24. $4\frac{1}{12}$

Halla la fracción equivalente a cada decimal o porcentaje. (Lección 8-1)

25. 1.1
26. 58%
27. 0.24
28. 300%

29. **PREPARACIÓN PARA LA PRUEBA** El año pasado, los estudiantes de octavo grado reunieron $200 en la feria escolar. Este año reunieron $275. ¿En qué porcentaje aumentó la cantidad reunida? (Lección 8-4)

A 75% B 37.5% C 72% D 27%

Tecnología

LABORATORIO 14A

Enunciados verdaderos y falsos

Para usar con la Lección 14-4

➚ conexión **internet** ▤▤▤▤

Recursos en línea para el laboratorio: *go.hrw.com*
CLAVE: MP4 Lab14A

Tu calculadora muestra el número 1 para un enunciado verdadero y un 0 para un enunciado falso.

Ejemplo:

$2 + 2 = 4$, la calculadora muestra un 1.

$10 \div 2 = 6$, la calculadora muestra un 0.

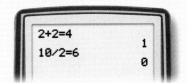

Actividad 1

❶ Prueba valores de x para el enunciado $x - 2 \geq 7$.

Oprime 5 STO▶ X,T,θ,*n* ENTER y luego X,T,θ,*n* ▬ 2 2nd MATH (TEST).

Elige **4:**$\geq$ y oprime 7 ENTER.

El enunciado es falso.

Repite los pasos anteriores con $x = 7$ (mostrará un 0) y $x = 10$ (mostrará un 1).

❷ Haz una tabla de valores de x verdaderos y falsos con $x - 2 \geq 7$.

Oprime Y= y escribe **X−2≥7**. Para escribir el símbolo $\geq$ oprime

2nd MATH (TEST), elige **4:**$\geq$ y oprime ENTER

Oprime 2nd GRAPH (TABLE), y usa la tecla de flecha hacia abajo para ver los valores de x que hacen verdadera la desigualdad.

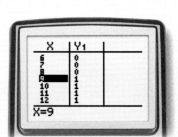

Puedes ver que la desigualdad es verdadera con valores de x mayores o iguales a 9.

Razonar y comentar

1. ¿Con qué valores de x mostraría un 0 el enunciado $|x| = x$?

Inténtalo

1. Escribe un enunciado verdadero y uno falso para cada uno de los comandos de prueba: $=$, $\neq$, $>$, $\geq$, $<$ y $\leq$.

2. Haz una tabla de valores de x verdaderos y falsos para $2x - 1 \leq 15$.

Los resultados de cálculos lógicos pueden ser útiles para representar gráficamente partes de funciones.

Actividad 2

1 Representa gráficamente la línea $y = x - 2$ para $\{x \mid x \geq 9\}$.

Oprime **Y=** , y escribe **(X−2)/(X≥9)**. Para escribir el símbolo ≥,

oprime **2nd** **MATH** , elige **4:≥**, y oprime **ENTER** .

TEST

Oprime **ZOOM** **6:Standard**, luego **ZOOM** **8:Integer**, y luego **ENTER** . La gráfica muestra valores enteros de x.

Oprime **TRACE** . Oprime la tecla de flecha a la derecha para ver pares ordenados.

El primer par ordenado que muestra un valor de y es (9, 7).

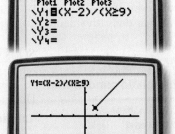

2 Agrega la condición $\{x \mid x \leq 24\}$ a la condición de **1** .

Cambia la función a la que se muestra, **(X−2)/(X ≥ 9 y X ≤ 24)**.

Para escribir la palabra *y* (end), usa **2nd** **MATH** **▶** para ir al menú **LOGIC** y ahí elige **1:and**.

TEST

Oprime **TRACE** para mostrar los valores de x que satisfacen las condiciones.

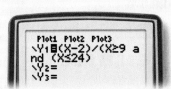

3 Cambia la condición $\{x \mid x \leq 24\}$ a una condición *o*.

Cambia la función a la que se muestra, **(X−2)/(X≥9 o X≤24)**.

Para escribir la palabra *o* (or*)*, usa **2nd** **MATH** **▶** para ir al menú **LOGIC** y ahí elige **2:or**.

TEST

Oprime **TRACE** para mostrar los valores de x que satisfacen las condiciones.

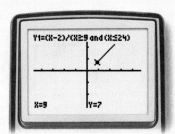

Razonar y comentar

1. ¿Por qué dividir entre ($x \geq 9$) con un valor de x menor que 9 no muestra un valor de y?

Inténtalo

1. Representa gráficamente la línea $y = 2x - 1$ para $\{x \mid x \leq 7\}$.

2. Agrega la condición *o* $\{x \mid x \geq 12\}$ al problema 1 de Inténtalo.

14-5 Razonamiento deductivo

Aprender a trabajar con enunciados condicionales y razonar deductivamente.

Vocabulario

enunciado condicional

enunciado *si p, entonces q*

hipótesis

conclusión

razonamiento deductivo

premisa

En el pie del dibujo, el niño presenta un **enunciado condicional** :

Si los cerdos vuelan ..., *entonces* iré al dentista.

Un **enunciado condicional** , o **enunciado *si p, entonces q*** , es un enunciado compuesto de la forma "Si *P*, entonces *Q*". El enunciado *P* es la **hipótesis** y el enunciado *Q* es la **conclusión** .

"Bueno, ¿qué tal esto?, si los cerdos vuelan y los monos conducen autos, entonces iré al dentista."

© Andrew Toos/CartoonResource.com

EJEMPLO **1** **Identificar hipótesis y conclusiones**

Identifica la hipótesis y la conclusión de cada enunciado condicional.

A **Si llueve hoy, entonces el partido se aplazará.**

Identifica los enunciados que siguen a las palabras *si* y *entonces*.

Hipótesis: Llueve hoy.
Conclusión: El partido se aplazará.

B **Si un polígono tiene tres lados, es un triángulo.**

Puede omitirse la palabra *entonces* del enunciado condicional.

Hipótesis: Un polígono tiene tres lados.
Conclusión: El polígono es un triángulo.

C **Obtendrás una A si tu calificación es de 93% ó más.**

La conclusión puede estar al principio. La hipótesis sigue a *si*.

Hipótesis: Tu calificación es de 93% ó más.
Conclusión: Obtienes una A.

D **Si $x = 2$, entonces $\sqrt{x}$ es irracional.**

Hipótesis: $x = 2$
Conclusión: $\sqrt{x}$ es irracional.

E **Un campista mordido por una serpiente necesita primeros auxilios.**

Si a un campista lo muerde una serpiente, entonces necesita primeros auxilios.

Hipótesis: A un campista lo muerde una serpiente.
Conclusión: El campista necesita primeros auxilios.

Pista útil

Si un enunciado condicional no se escribe en la forma "si ... entonces ...", escríbelo de otra forma. Esto te ayudará a identificar la hipótesis y la conclusión del enunciado.

Si un enunciado condicional es verdadero y lo aplicas a una situación en la que la hipótesis es verdadera, entonces puedes usar el **razonamiento deductivo** para afirmar que la conclusión es verdadera.

EJEMPLO 2 Usar razonamiento deductivo

Si es posible, saca una conclusión de cada argumento deductivo.

A Si un cuadrilátero es un rombo, es un paralelogramo.
El cuadrilátero *ABCD* es un rombo.
Conclusión: El cuadrilátero *ABCD* es un paralelogramo.

B Si un número *n* es divisible entre 9, es divisible entre 3.
$n = 20$
No puede sacarse una conclusión. La hipótesis no es verdadera porque 20 no es divisible entre 9.

C Si $x = 3$, entonces $2x + 1 = 7$.
$x = 17 - 14$
Conclusión: $2x + 1 = 7$

Puede haber más de un enunciado condicional en un argumento deductivo. Los enunciados son las **premisas** del argumento, y todas las premisas deben ser verdaderas para que la conclusión sea verdadera.

EJEMPLO 3 Sacar conclusiones de argumentos deductivos

Si es posible, saca una conclusión del argumento deductivo.

Si el triángulo *ABC* es isósceles y m∠*A* = m∠*B*, entonces el triángulo *ABC* es equilátero.
El triángulo *ABC* es isósceles.
m∠*A* = m∠*B*
Conclusión: El triángulo *ABC* es equilátero.

Razonar y comentar

1. **Explica** cómo sabes si la hipótesis de un enunciado condicional está al principio o al final de un enunciado.

2. **Analiza** el siguiente argumento:
   Premisa 1: Si *P* es verdadero, entonces *Q* es verdadero.
   Premisa 2: *Q no* es verdadero.

   ¿Puede *P* ser verdadero?

14-5 **Ejercicios**

PARA PRÁCTICA ADICIONAL	⏎ conexión **internet**
ve a la pág. 759	**Ayuda en línea para tareas** go.hrw.com Clave: MP4 14-5

PRÁCTICA GUIADA

Ver Ejemplo **1** **Identifica la hipótesis y la conclusión de cada enunciado condicional.**

1. Ron sufre una reacción alérgica cuando come cacahuates (maní).

2. Todo número divisible entre 4 debe ser un número par.

3. La olla vigilada nunca hierve.

Ver Ejemplo **2** **Si es posible, saca una conclusión de cada argumento deductivo.**

4. Si una figura es un pentágono, entonces tiene cinco lados.
La figura *A* es un pentágono.

5. Si $x = 7$, entonces $x + 2 = 9$. $x = 10 - 3$.

Ver Ejemplo **3** **6.** Si una figura es un rectángulo y sus lados miden 7 cm y 5 cm, su perímetro es de 24 cm. *CDFG* es un rectángulo con perímetro de 24 cm.

PRÁCTICA INDEPENDIENTE

Ver Ejemplo **1** **Identifica la hipótesis y la conclusión de cada enunciado condicional.**

7. Si $x - 1 = 6$, entonces $x = 7$.

8. Te quemarás la piel si te asoleas mucho.

9. El club de jardinería se reúne el primer viernes de cada mes.

Ver Ejemplo **2** **Si es posible, saca una conclusión de cada argumento deductivo.**

10. Si x es múltiplo de 6, es múltiplo de 2. $x = 16$.

11. Si un polinomio tiene tres términos, es un trinomio.
La expresión $x^3 - 4x + 2$ tiene tres términos.

12. Si $x = 49$, entonces $\sqrt{x} = 7$. $\frac{x}{7} = 7$.

Ver Ejemplo **3** **13.** Si una figura es un rectángulo y es un rombo, entonces es un cuadrado.
El cuadrilátero *XYWZ* tiene 4 ángulos congruentes y 4 lados congruentes.

PRÁCTICA Y RESOLUCIÓN DE PROBLEMAS

Escribe cada enunciado como enunciado condicional e identifica la hipótesis y la conclusión. Luego, da un ejemplo de un enunciado que, junto con el enunciado condicional, permita sacar una conclusión.

14. *Sophomore* es una palabra que se usa en inglés para describir a los estudiantes de 10º. grado.

15. Se pueden elegir cuatro objetos de dos en dos de 6 maneras diferentes.

16. La suma de las medidas de los ángulos internos de un pentágono es de 540°.

17. **ARTES DEL LENGUAJE** "Cielo rojo de noche, deleite de marinero. Cielo rojo de mañana, presagia aguacero" es un conocido proverbio. Escribe la regla del proverbio en forma condicional e identifica las hipótesis y las conclusiones.

18. **CONSTRUCCIÓN** Para determinar si dos pedazos de madera forman un ángulo recto, un obrero puede medir y marcar longitudes, de 3 pies desde el extremo de una pieza y de 4 pies desde el extremo de la otra pieza. El ángulo donde se unen los extremos es recto si la distancia entre las marcas es exactamente de 5 pies. Escribe la regla en forma condicional e identifica la hipótesis y la conclusión.

19. **NEGOCIOS** Un comercial de televisión dice: "Nuestro champú embellece su cabello". ¿Qué enunciado condicional implica el comercial? ¿Qué conclusión se puede sacar si el cabello de Rhonda es bello? Explica tu respuesta.

20. **CIENCIAS DE LA TIERRA** Un tornado se clasifica como F2 si sus vientos son de entre 113 y 157 mi/h. Escribe un enunciado condicional para la clasificación de un tornado F2. ¿Qué conclusión puede sacarse si los vientos de un tornado son de 139 mi/h? Explica tu respuesta.

21. **¿DÓNDE ESTÁ EL ERROR?** Un estudiante usó el enunciado condicional "Todos los cuadrados son rectángulos" para concluir que el rectángulo *GHJK* es un cuadrado. Explica su error.

22. **ESCRÍBELO** ¿Cuándo se puede usar un enunciado condicional para sacar una conclusión? Da un ejemplo.

23. **DESAFÍO** Cheryl vio cuatro pirámides cuadrangulares y determinó que todas las pirámides tienen base cuadrada. Escribe su conjetura como enunciado condicional. ¿Es su conjetura verdadera o falsa? Si es falsa, da un *ejemplo opuesto*.

Repaso en espiral

Determina el número de combinaciones diferentes que se pueden formar con un elemento de cada categoría. (Lección 9-5)

24. 3 camisas
    4 pares de pantalones cortos
    7 pares de calcetines

25. 4 clases de pan
    5 clases de carne
    3 clases de papas

26. 5 mariscales de campo
    8 delanteros defensivos
    4 pateadores

27. **PREPARACIÓN PARA LA PRUEBA** ¿Cuál es el mejor primer paso para resolver la ecuación $-3x - 4 = 6$? (Lección 10-1)

   A Sumar -4 a ambos lados.

   B Dividir ambos lados entre 6.

   C Dividir ambos lados entre 3.

   D Sumar 4 a ambos lados.

28. **PREPARACIÓN PARA LA PRUEBA** ¿Cuál es la solución de la desigualdad $-5x - 5 \geq 15$? (Lección 2-5)

   F $x \leq -4$ G $x > 4$ H $x \geq -4$ J $x \leq 4$

14-6 · Redes y circuitos de Euler

Aprender a hallar circuitos de Euler.

Vocabulario

gráfica

red

vértice

arista

trayectoria

gráfica conectada

grado (de un vértice)

circuito

circuito de Euler

Al comenzar, las líneas aéreas nuevas pueden ofrecer servicio a pocas ciudades. Supongamos que una línea aérea pequeña sólo tiene vuelos entre las ciudades que se muestran.

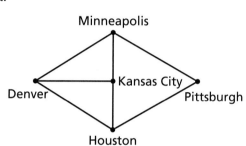

En matemáticas, hay gráficas de ecuaciones, de barras y de varios otros tipos. La representación de las trayectorias de una línea aérea es un tipo de gráfica.

En una rama de las matemáticas llamada *teoría de gráficas*, una **gráfica** es una **red** de puntos y segmentos de recta o arcos que conectan los puntos. Los puntos se llaman **vértices**. Los segmentos de recta o arcos que los conectan se llaman **aristas**.

Una **trayectoria** es una forma de ir de un vértice a otro por una o más aristas. Una gráfica es una **gráfica conectada** si hay una trayectoria entre cada vértice. El **grado** de un vértice es el número de aristas que tocan ese vértice.

EJEMPLO 1 Identificar el grado de un vértice y determinar si hay conexión

Halla el grado de cada vértice y determina si la gráfica está conectada.

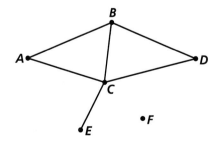

Vértice	Grado
A	2
B	3
C	4
D	2
E	1
F	0

La gráfica no está conectada. No hay trayectoria del vértice *F* a otro vértice.

Observa que la gráfica de la línea aérea al principio de la página está conectada porque hay una trayectoria entre cada ciudad.

---

712 *Capítulo 14 Teoría de conjuntos y matemáticas discretas*

Un **circuito** es una trayectoria que termina en el mismo vértice donde inicia y no pasa más de una vez por ninguna arista. Un **circuito de Euler** (se pronuncia oiler) es un circuito que pasa por todas las aristas de una gráfica conectada.

Todos los vértices de un circuito de Euler tienen grado par. Para entender por qué, supongamos que un vértice tiene grado impar. En un circuito de Euler se necesitan dos aristas cada vez que una trayectoria entra y sale del vértice. Un vértice con grado impar tendría una arista por la que una trayectoria pasaría dos veces o ninguna.

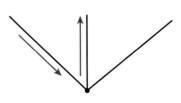

Un problema famoso de teoría de gráficas es el de los puentes de Königsberg. El objetivo es hallar una trayectoria que cruce todos los puentes una sola vez y vuelva al punto de partida. Esto equivale a hallar un circuito de Euler en la gráfica.

EJEMPLO 2 *Aplicación a los estudios sociales*

Determina si los puentes de Königsberg se pueden recorrer con un circuito de Euler. Explica tu respuesta.

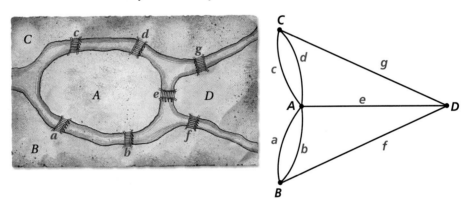

En la gráfica de la derecha, los vértices representan tierra, y las aristas representan los puentes.

Los puentes no se pueden recorrer con un circuito de Euler porque hay un vértice en la gráfica con grado impar (de hecho, todos los vértices tienen grado impar).

Razonar y comentar

1. **Explica** por qué no hay un circuito de Euler en la gráfica inicial de la lección.

2. **Describe** dos trayectorias diferentes de Pittsburgh a Kansas City.

3. **Dibuja** un ejemplo de circuito de Euler.

14-6 **Ejercicios**

PARA PRÁCTICA ADICIONAL
ve a la pág. 759

▨ conexión **internet** ▨
Ayuda en línea para tareas
go.hrw.com   Clave: MP4 14-6

PRÁCTICA GUIADA

Ver Ejemplo ① Halla el grado de cada vértice y determina si la gráfica está conectada.

1.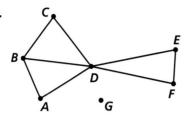

2.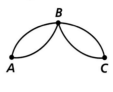

Ver Ejemplo ② Determina si la gráfica se puede recorrer con un circuito de Euler. Si es posible, describe un circuito de Euler en la gráfica.

3. Usa la gráfica del ejercicio 1.   4. Usa la gráfica del ejercicio 2.

PRÁCTICA INDEPENDIENTE

Ver Ejemplo ① Halla el grado de cada vértice y determina si la gráfica está conectada.

5.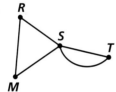

6.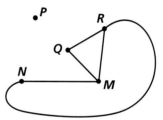

Ver Ejemplo ② Determina si la gráfica se puede recorrer con un circuito de Euler. Si es posible, describe un circuito de Euler en la gráfica.

7. Usa la gráfica del ejercicio 5.   8. Usa la gráfica del ejercicio 6.

PRÁCTICA Y RESOLUCIÓN DE PROBLEMAS

Determina si cada gráfica está conectada y halla el grado de cada vértice. Indica si la gráfica se puede recorrer con un circuito de Euler. Si es posible, muestra un posible circuito de Euler.

9.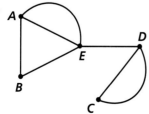

10.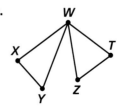

CONEXIÓN con la geografía

La isla de Manhattan está conectada a Nueva Jersey y a los barrios de Queens, Bronx y Brooklyn por una red de túneles y puentes. Usa el mapa para los ejercicios de 11 al 16.

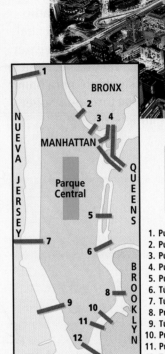

11. Si el sistema de puentes y túneles se representa como una red, ¿qué representan los vértices? ¿Qué representan las aristas?

12. Dibuja una gráfica que represente el sistema de puentes y túneles. (Considera el puente Triborough como tres puentes.)

13. ¿Cuál es el grado del vértice que representa Manhattan?

14. ¿Cuál es el grado del vértice que representa Nueva Jersey?

15. ¿La gráfica está conectada? Explica tu respuesta.

16. ¿La gráfica se puede recorrer con un circuito de Euler? Explica tu respuesta.

17. Dibuja una red que no se pueda recorrer con un circuito de Euler y explica por qué no se puede hacer.

18. **DESAFÍO** Una *trayectoria de Euler* recorre todas las aristas de una gráfica exactamente una vez, pero no necesariamente regresa al vértice inicial. ¿Es posible una trayectoria de Euler en la gráfica que hiciste en el ejercicio 12? Si es posible, da la trayectoria. Si no explica por qué.

go.hrw.com
CLAVE: MP4 Bridges, disponible en inglés.

CNN student News.

1. Puente George Washington
2. Puente de la 3a. Avenida
3. Puente de la Avenida Willis
4. Puente de Triborough
5. Puente de Queens
6. Túnel Central de Queens
7. Túnel Lincoln
8. Puente de Williamsburg
9. Túnel Holland
10. Puente de Manhattan
11. Puente de Brooklyn
12. Túnel Brooklyn Battery

Repaso en espiral

Resuelve. (Lecciones 2-4, 2-5, 3-6, 3-7)

19. $x + (-3) = -4$

20. $3m \leq -12$

21. $z - \frac{2}{3} = \frac{1}{4}$

22. $-\frac{4}{5}d > -12$

Resuelve. (Lecciones 10-1, 10-2, 10-3)

23. $3x - 7 = 20$

24. $4(x - 5) = 16$

25. $2r - 5 = -r + 4$

26. $-2p - 10 = 3p$

27. **PREPARACIÓN PARA LA PRUEBA** La fórmula del área de un trapecio es $A = \frac{1}{2}h(b_1 + b_2)$, donde h es la altura y b_1 y b_2 son las longitudes de las bases. ¿Qué fórmula puedes usar para hallar la altura del trapecio si conoces el área, b_1 y b_2?
(Lección 10-5)

A $h = \dfrac{A}{2(b_1 + b_2)}$

B $h = \dfrac{2A}{(b_1 + b_2)}$

C $h = \dfrac{A(b_1 + b_2)}{2}$

D $h = \dfrac{(b_1 + b_2)}{2A}$

14-7 Circuitos de Hamilton

Aprender a hallar y usar circuitos de Hamilton.

Vocabulario

circuito de Hamilton

Roger y sus amigos planean visitar cuatro parques de béisbol de las Grandes Ligas. El primero será el estadio Busch, en St. Louis, al cual volverán después de visitar cada estadio una vez. Usa la gráfica siguiente para hallar una trayectoria que Roger y sus amigos puedan seguir.

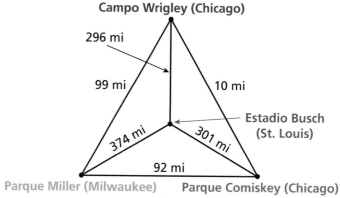

Campo Wrigley (Chicago)

296 mi

99 mi   10 mi

374 mi   301 mi

Estadio Busch (St. Louis)

92 mi

Parque Miller (Milwaukee)   Parque Comiskey (Chicago)

Leer matemáticas

Observa que las longitudes que se muestran son distancias, no medidas de lados de figuras geométricas.

Un **circuito de Hamilton** es una trayectoria que termina en el vértice inicial y pasa exactamente una vez por cada uno de los otros vértices de la gráfica. En un circuito de Hamilton no es necesario recorrer todas las aristas.

EJEMPLO **Hallar circuitos de Hamilton**

Halla un circuito de Hamilton en la gráfica.

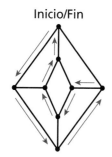

Inicio/Fin

Llega a cada vértice una vez, pero no es necesario recorrer todas las aristas.

EJEMPLO **2** APLICACIÓN A LA RESOLUCIÓN DE PROBLEMAS

RESOLUCIÓN DE PROBLEMAS

Usa la información de la gráfica de la página anterior para hallar la trayectoria más corta que puede seguir el grupo de Roger.

1 Analiza el problema

Halla la trayectoria más corta que pueden seguir Roger y sus amigos.

En la gráfica, los vértices representan diferentes ciudades.

2 Haz un plan

Halla todos los circuitos de Hamilton que inician y terminan en el estadio Busch.

3 Resuelve

Halla la longitud de cada trayectoria. La letra inicial del nombre de cada estadio se usa para representar el estadio.

B $\xrightarrow{301}$ C $\xrightarrow{92}$ M $\xrightarrow{99}$ W $\xrightarrow{296}$ B   788 millas

B $\xrightarrow{301}$ C $\xrightarrow{10}$ W $\xrightarrow{99}$ M $\xrightarrow{374}$ B   784 millas

B $\xrightarrow{374}$ M $\xrightarrow{92}$ C $\xrightarrow{10}$ W $\xrightarrow{296}$ B   772 millas

B $\xrightarrow{374}$ M $\xrightarrow{99}$ W $\xrightarrow{10}$ C $\xrightarrow{301}$ B   784 millas

B $\xrightarrow{296}$ W $\xrightarrow{10}$ C $\xrightarrow{92}$ M $\xrightarrow{374}$ B   772 millas

B $\xrightarrow{296}$ W $\xrightarrow{99}$ M $\xrightarrow{92}$ C $\xrightarrow{301}$ B   788 millas

El grupo debe seguir una de las rutas
B ⟶ M ⟶ C ⟶ W ⟶ B o B ⟶ W ⟶ C ⟶ M ⟶ B
para recorrer el número mínimo de millas.

4 Repasa

Asegúrate de tener todas las rutas posibles. Como hay 3 estadios entre el inicio y el final en el estadio Busch, el número de rutas es 3 · 2 · 1, ó 6.

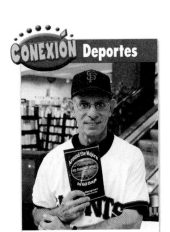

CONEXIÓN Deportes

En 1996, el aficionado al béisbol Ray Bergman realizó un viaje de 15,000 millas en el que visitó los 28 estadios de Grandes Ligas en 60 días. Puedes leer sobre su viaje en *Around the Majors in 60 days* (La vuelta a las Ligas Mayores en 60 días.)

Razonar y comentar

1. Explica la diferencia entre un circuito de Hamilton y un circuito de Euler.

2. Dibuja un circuito que sea tanto un circuito de Hamilton como un circuito de Euler.

14-7 **Ejercicios**

PARA PRÁCTICA ADICIONAL
ve a la pág. 759

⚡ conexión internet
Ayuda en línea para tareas
go.hrw.com   Clave: MP4 14-7

PRÁCTICA GUIADA

Ver Ejemplo **1** Halla un circuito de Hamilton en cada gráfica.

1.
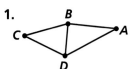

2.
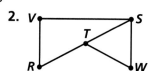

Ver Ejemplo **2** Determina el circuito de Hamilton más corto si inicias en *A*.

3.
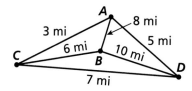

PRÁCTICA INDEPENDIENTE

Ver Ejemplo **1** Halla un circuito de Hamilton en cada gráfica.

4.

5.

Ver Ejemplo **2** Determina el circuito de Hamilton más corto si inicias en *T*.

6.
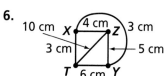

PRÁCTICA Y RESOLUCIÓN DE PROBLEMAS

En cada red, identifica un circuito de Hamilton y halla su longitud.

7.
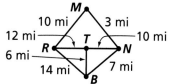

8.
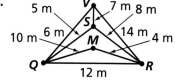

En cada red, identifica el circuito de Hamilton más largo que inicia en *J*.

9.
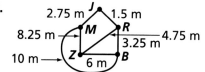

10.

11. Un autobús escolar sale de la escuela, pasa por estudiantes que esperan en 3 puntos y vuelve a la escuela. Usa la gráfica de la red para identificar tantos circuitos de Hamilton como puedas.

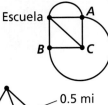

12. Mai irá a la tintorería, a la tienda y al banco. Saldrá de su casa y regresará cuando termine sus actividades. ¿Cuál es la longitud del circuito de Hamilton *casa-banco-tintorería-tienda-casa*? ¿Hay un circuito de Hamilton más corto?

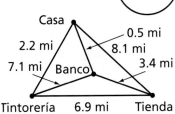

13. *ASTRONOMÍA* Usa las distancias en años luz entre las estrellas de la constelación de Orión para hallar la longitud de dos circuitos de Hamilton que inicien y terminen en Betelgeuse. ¿Qué distancia ahorraría una nave si sigue el circuito más corto?

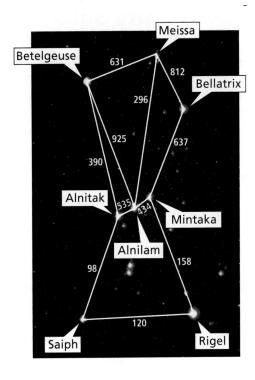

14. *ESCRIBE UN PROBLEMA* Usa un atlas o un servicio de mapas de Internet para hallar las distancias entre cuatro ciudades. Dibuja una red que muestre las distancias. Escribe un problema que se pueda resolver hallando el circuito de Hamilton más corto desde una de las ciudades.

15. *ESCRÍBELO* Compara un circuito de Euler y un circuito de Hamilton. ¿En qué se parecen? ¿En qué son diferentes?

16. *DESAFÍO* Dibuja una red con al menos cuatro vértices en la que sean posibles tanto un circuito de Euler como un circuito de Hamilton.

Repaso en espiral

Simplifica. (Lección 13-2)

17. $x^3y^2 - 2x^2y - 4x^3y^2$

18. $4(zy^3 - 2zy) + 3zy - 5zy^3$ **19.** $6(3x^2 - 6x - 1)$

20. PREPARACIÓN PARA LA PRUEBA ¿Cuál es el opuesto del polinomio $-4a^2b - 3ab^2 + 5ab$? (Lección 13-4)

  A $4a^2b + 3ab^2 + 5ab$

  B $4a^2b - 3ab^2 + 5ab$

  C $-4a^2b - 3ab^2 - 5ab$

  D $4a^2b + 3ab^2 - 5ab$

Resolución de problemas en lugares

I L L I N O I S

Community Solar System

El Community Solar System (Sistema Solar Comunitario) es uno de los modelos del sistema solar más grandes del mundo. Su centro está en el museo Lakeview, en Peoria. El domo del museo representa el Sol. Hay modelos a escala de los planetas dispersos por la zona central de Illinois. El tamaño del Sol y de los planetas y las distancias de los planetas al Sol son aproximadamente 125,000,000 de veces más pequeños que en el sistema solar real.

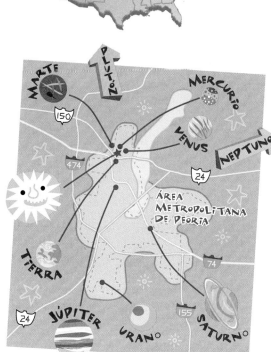

1. El domo del Museo Lakeview tiene aproximadamente 11 m de diámetro. Como el modelo es aproximadamente 125,000,000 de veces más pequeño que el sistema solar, ¿cuál es el diámetro aproximado del Sol, al millón de metros más cercano.

2. El modelo de Júpiter, en el vestíbulo del Olin Hall en la Universidad Bradley, está a 6.4 km del museo. Júpiter está aproximadamente 5.2 veces más lejos del Sol que la Tierra. ¿A qué distancia aproximada está la Tierra del Sol, al millón de kilómetros más cercano?

3. La distancia del Sol a Neptuno es aproximadamente de 4,500,000,000 km. El modelo de Neptuno está en Roanoke, Illinois. ¿A qué distancia aproximada está Roanoke del museo, al kilómetro más cercano?

4. Supongamos que tu tarea consiste en hacer un modelo a escala del sistema solar. Decides usar un balón de básquetbol con diámetro de 0.24 m para representar el Sol.

   a. Usa tu respuesta al problema 1 para calcular la escala de tu modelo.

   b. Plutón está a una distancia promedio de 5,900,000,000 km del Sol. ¿A qué distancia del balón estaría el modelo de Plutón?

Parques estatales de Illinois

1. De los diez parques estatales que se muestran en el mapa, ocho ofrecen campamentos y seis ofrecen paseos en bote. Sólo cuatro parques ofrecen ambas actividades.

   a. Dibuja un diagrama de Venn que muestre los parques que ofrecen campamento y los que ofrecen paseos en bote, y la intersección de los dos conjuntos.

   b. ¿Cuántos parques permiten acampar pero no pasear en bote? ¿Cuántos permiten pasear en bote pero no acampar?

2. Jim y José deciden visitar cuatro parques estatales en sus vacaciones. El diagrama muestra las distancias entre cada parque. ¿Puedes hallar un circuito de Euler en este diagrama? ¿Por qué? ¿Puedes hallar un circuito de Hamilton?

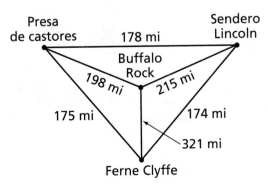

3. Halla la ruta más corta para Jim y José si inician y terminan su viaje en el Parque Estatal de Bufalo Rock. ¿Qué longitud tiene esa ruta?

721

MATE-JUEGOS

¡Halla la falsa!

Supongamos que tienes nueve perlas de aspecto idéntico. Ocho son genuinas y una es falsa. Con la ayuda de una balanza de platillos, debes hallar la falsa. Las perlas genuinas pesan lo mismo, y la falsa pesa menos. Sólo puedes usar dos veces la balanza. ¿Cómo hallas la perla falsa?

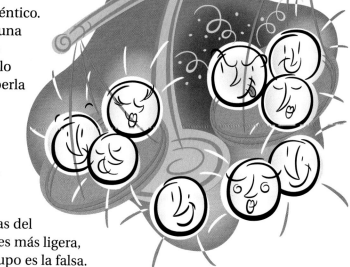

Primero debes dividir las perlas en grupos iguales. Coloca tres en un platillo y otras tres en el otro. Si un grupo pesa menos que el otro, entonces ahí está la perla falsa. ¡Pero aun no has terminado! Ahora necesitas saber cuál de esas tres es la falsa, y sólo puedes usar la balanza una vez más. Toma dos perlas del grupo más ligero y pon una en cada platillo. Si una es más ligera, es la falsa. Si pesan lo mismo, la tercera perla del grupo es la falsa.

Si la balanza quedó equilibrada desde la primera vez, sabrás que la perla falsa está en el tercer grupo. Elige dos perlas de ese grupo para pesar por segunda vez. Si la balanza queda equilibrada, la tercera perla es la falsa; si queda desequilibrada, la perla más ligera es la falsa.

Juega al detective

Supongamos que tienes 12 monedas de oro idénticas. Una es falsa y pesa un poco más que las otras. ¿Cómo la identificas si sólo puedes pesarlas tres veces?

Brotes

Tú y un adversario tratan de hacer la última jugada del juego. Inician con 3 puntos. El primer jugador dibuja una trayectoria que une dos puntos o que inicia y termina en el mismo punto. Luego, se coloca un nuevo punto en esa trayectoria. De ningún punto pueden salir más de tres trayectorias, y las trayectorias no se pueden cruzar. ¡Gana quien hace la última jugada!

⚡ conexión internet
Visita **go.hrw.com**
para las reglas completas del juego. **CLAVE:** MP4 Game14

Tecnología

LABORATORIO

Lógica y programas

Para usar con la Lección 14-4

conexión **internet**

Recursos en línea para el laboratorio: *go.hrw.com*
CLAVE: MP4 TechLab14

Tu calculadora tiene menús integrados para hacer comparaciones lógicas. Son especialmente útiles para escribir programas.

Actividad

① Escribe y ejecuta un programa sencillo que prueba si $a < 7$ y $b < 7$ y muestra YES si es verdadero y NO si es falso.

Oprime `PRGM`. Elige **NEW** y oprime `ENTER`.

La calculadora está en modo `ALPHA`. Escribe el nombre LOGIC para tu programa con los caracteres alfabéticos verdes L O G I C. Oprime `ENTER`. Escribe la primera línea del programa:

Oprime `PRGM` **If.** Oprime `ALPHA` A `2nd`

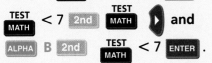

^{TEST}`MATH` < 7 `2nd` ^{TEST}`MATH` ▶ **and**

`ALPHA` B `2nd` ^{TEST}`MATH` < 7 `ENTER`.

Escribe las siguientes tres líneas del programa.

Oprime `PRGM` **THEN** `ENTER`.

Oprime `PRGM` ▶ **Disp** `2nd` ^{A-LOCK}`ALPHA` " Y E S " `ENTER`.

Oprime `PRGM` **Else** `ALPHA` : `PRGM` ▶

Disp `2nd` ^{A-LOCK}`ALPHA` " N O " `ENTER`.

Escribe la última línea del programa.

`PRGM` **End** `2nd` ^{QUIT}`MODE`.

Guarda valores para *A* y *B* y ejecuta el programa.

2 `STO▶` `ALPHA` A `ENTER` 9 `STO▶` `ALPHA` B `ENTER`

`PRGM` **LOGIC** `ENTER`.

Puedes seguir guardando valores para *a* y *b*, y ejecutar otra vez el programa.

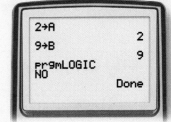

Razonar y comentar

1. ¿Cómo modificarías el programa para probar si $a \leq 7$ ó $b \leq 7$? ¿Qué mostraría el programa anterior? Explica tu respuesta.

Inténtalo

1. Escribe un programa que pruebe si d^2 es mayor que cd y muestre YES o NO. Prueba el programa escribiendo valores para *c* y *d*.

Vocabulario

Completa los enunciados con las palabras del vocabulario. Puedes usar las palabras más de una vez.

1. Un(a) __?__ es una trayectoria que inicia y termina en el/la mismo(a) __?__ y recorre cada arista exactamente una vez.

2. Un(a) __?__ muestra todas las combinaciones de la verdad o falsedad de dos enunciados *P* y *Q*.

3. Un(a) __?__ usa círculos para representar conjuntos. El área común a ambos círculos muestra el/la __?__ de los conjuntos.

4. Si dos conjuntos no tienen elementos en común, su intersección es el/la __?__.

14-1 Conjuntos (págs. 688–691)

EJEMPLO

■ Usa ∈, ∉, ⊂ o ⊄ para hacer verdadero el enunciado.

John ∈ {nombres de hombre};
manzana ∉ {verduras}
{6, 8, 10} ⊄ {enteros impares}
{1, 3, 5} ⊂ {enteros impares}

■ Indica si cada conjunto es finito o infinito.

{números cabales} infinito
{planetas del sistema solar} finito

EJERCICIOS

Usa ∈, ∉, ⊂, o ⊄ para hacer verdadero el enunciado.

5. vainilla ▪ {sabores de helado}
6. cono ▪ {polígonos}
7. R = {múltiplos de 10} ▪ H = {números pares}

Indica si cada conjunto es finito o infinito.

8. {especies del reino animal}
9. {números racionales menores que 0}

14-2 Intersección y unión (págs. 692–695)

EJEMPLO

■ Halla la intersección y la unión.

$N = \{1, 3, 5, 7, 9\}$

$M = \{0, 3, 6, 9\}$

$N \cap M = \{3, 9\}$

$N \cup M = \{0, 1, 3, 5, 6, 7, 9\}$

EJERCICIOS

Halla la intersección y la unión.

10. $P = \{1, 2, 3, 4, 5\}$ $Q = \{0, 2, 4, 6\}$

11. $E = \{$enteros pares$\}$ $I = \{$enteros impares$\}$

12. $H = \{x \mid x > 3\}$ $R = \{x \mid x < 7\}$

14-3 Diagramas de Venn (págs. 696–699)

EJEMPLO

■ Usa el diagrama de Venn para identificar intersecciones, uniones y subconjuntos.

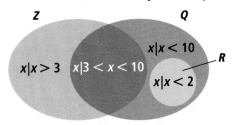

Intersecciones: $Z \cap Q = \{x \mid 3 < x < 10\}$

$\qquad Q \cap R = R, Z \cap R = \varnothing$

Uniones: $Z \cup Q = \{$números reales$\}$

$\qquad R \cup Q = Q$

$\qquad Z \cup R = \{x \mid x > 3 \text{ ó } x < 2\}$

Subconjuntos: $R \subset Q$

EJERCICIOS

Usa el diagrama de Venn para identificar intersecciones, uniones y subconjuntos.

13. Factores de 12   Factores de 18

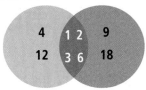

Usa el diagrama de Venn para mostrar el siguiente argumento lógico.

14. Todos los cubos son prismas rectangulares.

Ningún cono es prisma rectangular.

∴ Ningún cono es un cubo.

14-4 Enunciados compuestos (págs. 702–705)

EJEMPLO

■ Haz una tabla de verdad para la conjunción *P y Q*, donde *P* es "Levon conoce CPR(resucitación cardio pulmonar)" y *Q* es "Levon sólo trabaja como maestro."

Ejemplo	P	Q	P y Q
Levon conoce CPR y es maestro.	V	V	V
Levon conoce CPR y es juez.	V	F	F
Levon no conoce CPR y es maestro.	F	V	F
Levon no conoce CPR y es diseñador.	F	F	F

EJERCICIOS

Haz una tabla de verdad para la conjunción *P y Q*.

15. *P*: Carl mide menos de 6 pies.
Q: Carl tiene más de 12 años.

16. *P*: Una figura es un paralelogramo.
Q: Una figura es un cuadrado.

Haz una tabla de verdad para la disyunción *P o Q*.

17. *P*: Jill puede correr una milla en 10 min.
Q: Jill puede hacer 50 abdominales.

18. *P*: John se graduó de la universidad.
Q: John trabaja como diseñador de puentes.

EJEMPLO

■ Si es posible, saca una conclusión del
  argumento deductivo.

Si un número *n* es mayor que 5, entonces
es mayor que 2.
$n = 4$

No puede sacarse ninguna conclusión.
Como 4 no es mayor que 5, la hipótesis
no es verdadera.

EJERCICIOS

Si es posible, saca una conclusión de cada
argumento deductivo.

19. Si la temperatura del agua es mayor que
212° F, entonces el agua hierve.

La temperatura de una olla con agua es
de 210° F.

20. Si $x = 12$, entonces $4x = 48$.
$2x = 6$

21. Si una figura es un paralelogramo,
entonces es un polígono.

La figura *ABCD* es un rectángulo.

14-6 **Redes y circuitos de Euler** (págs. 712–715)

EJEMPLO

■ Determina si la gráfica se puede recorrer
  con un circuito de Euler. Si es posible,
  identifica uno.

Sí. *A-B-C-D-B-A*

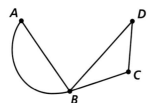

EJERCICIOS

22. Determina si la gráfica se puede recorrer
con un circuito de Euler. Si es posible,
identifica uno.

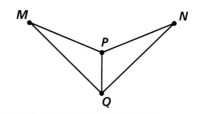

14-7 **Circuitos de Hamilton** (págs. 716–719)

EJEMPLO

■ Usa la información de la gráfica para
  hallar el circuito de Hamilton más corto
  que inicie en el vértice *T*.

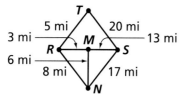

Las trayectorias *T-R-M-N-S-T* y
T-S-N-M-R-T miden 51 millas cada una.

EJERCICIOS

Usa la información de la gráfica para hallar
el circuito de Hamilton más corto que inicie
en el vértice *Y*.

23.

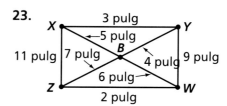

Guía de estudio y repaso

Prueba del capítulo

Usa $\in$, $\notin$, $\subset$, o $\not\subset$ para hacer verdadero cada enunciado.

1. 4 ■ {números impares}

2. {enteros} ■ {números reales}

3. {−1, −2, −3} ■ {enteres positivos}

4. Triángulo *ABC* ■ {polígonos}

Halla la unión y la intersección de los conjuntos.

5. $A = \{-2, 0, 2, 4, 6, 8\}$ $B = \{2, 4, 6, 8, 10\}$

6. $M = \{x \mid x \leq 7\}$ $N = \{x \mid x < 5\}$

Usa el diagrama de Venn para identificar las intersecciones, uniones y subconjuntos.

7.

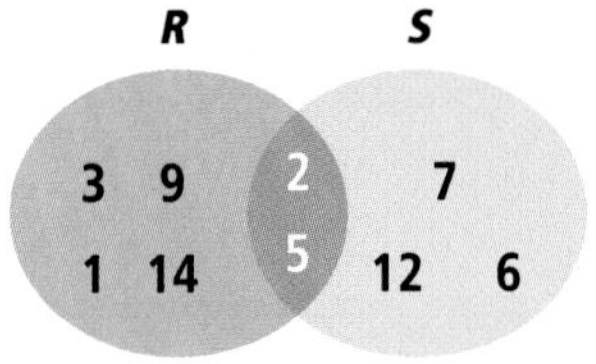

8.

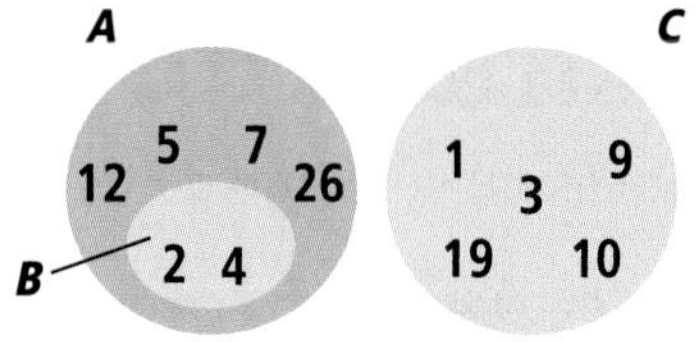

Completa las tablas de verdad para los enunciados.

H: Karen tiene menos de 20 años.

K: Karen mide más de 60 pulgadas.

D: Sam ha conducido al menos 100 millas.

P: Sam ha conducido al menos 2 horas.

Enunciado	*H*	*K*	*H* y *K*
9. ■	V	V	13. ■
10. ■	V	F	14. ■
11. ■	F	V	15. ■
12. ■	F	F	16. ■

Enunciado	*D*	*P*	*D* o *P*
17. ■	V	T	21. ■
18. ■	V	F	22. ■
19. ■	F	V	23. ■
20. ■	F	F	24. ■

Identifica la hipótesis y la conclusión en cada enunciado condicional.

25. Si el galón de gasolina cuesta más de $1.75, Karl sólo comprará medio tanque.

26. Todos los triángulos son polígonos.

Si es posible, saca una conclusión del argumento deductivo.

27. Si un polígono es un triángulo equilátero, entonces tiene tres lados. El polígono *XYZ* tiene tres lados.

Usa la figura para las preguntas de la 28 a la 32.

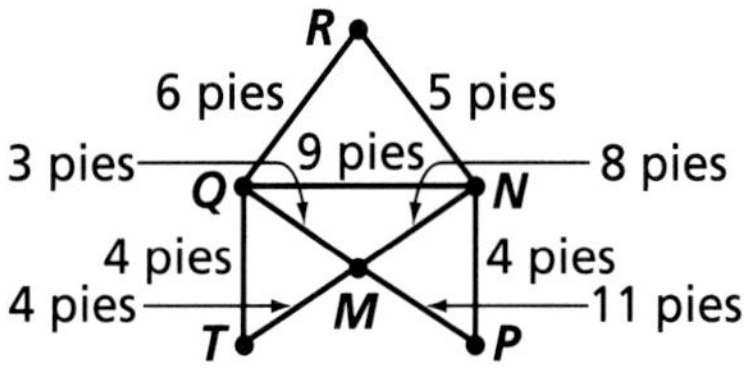

28. ¿Cuál es el grado del vértice *N*?

29. ¿Está conectada la gráfica? Explica tu respuesta.

30. Identifica un circuito de Euler en la gráfica.

31. Halla un circuito de Hamilton con vértice inicial *M*.

32. Halla la longitud del circuito de Hamilton con vértice inicial *M*.

Muestra lo que sabes

Haz un portafolio para tus trabajos en este capítulo. Completa esta página e inclúyela junto con tus cuatro mejores trabajos del Capítulo 14. Elige entre las tareas o prácticas de laboratorio, examen parcial del capítulo o cualquier entrada de tu diario para incluirlas en el portafolio empleando el diseño que más te guste. Usa tu portafolio para presentar lo que consideras tu mejor trabajo.

 Respuesta corta

1. ¿Todo conjunto es subconjunto de sí mismo? Explica tu respuesta.

2. Sea $A = \{2, 4, 6, 8\}$. Sea $B = \{6, 7, 8, 9\}$. ¿Cómo puedes usar un diagrama de Venn para mostrar $A \cap B$?

3. ¿Cuál es el grado de cada vértice de la gráfica $ABCDE$ que se forma con el rectángulo $ABCD$ y sus dos diagonales? Explica tu respuesta.

4. ¿Cuánto suman los grados de los vértices de un triángulo? ¿De un cuadrilátero? ¿De un pentágono? ¿De un polígono de n lados?

5. $\sim P$ significa el valor de verdad opuesto de P. Sea P verdadero y sea Q verdadero. ¿Cuál es el valor de verdad de $\sim(P \, y \, Q)$? ¿Cuál es el valor de verdad de $\sim P \, \acute{o} \sim Q$?

 Extensión de resolución de problemas

Elige cualquier estrategia para resolver cada problema.

6. a. ¿Cuáles de estas gráficas tienen circuitos de Hamilton?

b. ¿Alguna de las gráficas tiene circuitos de Euler? Explica tu respuesta.

c. Dibuja una gráfica con 6 vértices que tenga un circuito de Euler pero no un circuito de Hamilton.

d. Dibuja una gráfica con 6 vértices que tenga un circuito de Hamilton pero no un circuito de Euler.

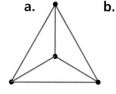

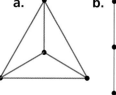

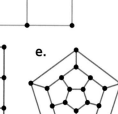

⬈ conexión internet
Práctica en línea para la
prueba estatal: *go.hrw.com*
Clave: MP4 TestPrep

Preparación para la prueba estandarizada

Capítulo 14

Evaluación acumulativa: Capítulos 1–14

1. Si el triple de un número se disminuye en 5, quedan 145. ¿Cuál es el número?

- (A) -150
- (B) -50
- (C) 50
- (D) 150

2. Si $x = -\dfrac{1}{3}$, ¿qué es mayor?

- (F) $1 - x$
- (G) $x - 1$
- (H) $-x$
- (J) $1 \div x$

3. ¿Qué par ordenado está arriba y a la izquierda del origen?

- (A) $(-4, -4)$
- (B) $(-4, 4)$
- (C) $(4, -4)$
- (D) $(4, 4)$

¡CONSEJO!

PARA LA PRUEBA

Al asignar valores de prueba, intenta diferentes tipos de números, como negativos y fracciones.

4. Si x es un número real, ¿qué enunciado **debe** ser verdadero?

- (F) $x^2 > x$
- (G) $-x > x$
- (H) $|x| \geq x$
- (J) No se puede determinar ninguna relación.

5. ¿Qué porcentaje de 5 es 4?

- (A) 75%
- (B) 80%
- (C) 125%
- (D) 150%

6. Si $x = 2$, ¿cuál es $4y(5 - 3x)$ en términos de y?

- (F) $-14y$
- (G) $-4y$
- (H) $14y$
- (J) $20y - 6$

7. ¿Qué número es 7.9×10^{-6} en forma estándar?

- (A) 0.0000079
- (B) 0.00000079
- (C) $7,900,000$
- (D) $79,000,000$

8. Amy pagó $3.20 por 20 onzas de fruta. ¿Cuál es el precio por onza?.

- (F) $0.02
- (G) $0.16
- (H) $0.20
- (J) $1.60

9. *RESPUESTA CORTA* Halla los siguientes tres números en la sucesión 4, 9, 18, 31, 48, ... Explica cómo hallaste tu respuesta.

10. *RESPUESTA CORTA* ¿Cuál es el perímetro de esta figura? Explica tu respuesta.

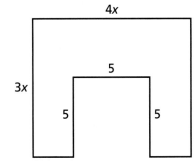

Preparación para la prueba estandarizada

Manual del estudiante

Manual del estudiante

Exponente

Base →

Práctica adicional ▪ Capítulo 1

1A Ecuaciones y desigualdades

LECCIÓN 1-1

Evalúa cada expresión con el valor que se da para la variable.

1. $2 + x$ con $x = 7$

2. $4m - 3$ con $m = 2$

3. $2(p + 3)$ con $p = 8$

Evalúa cada expresión con los valores que se dan para las variables.

4. $3x + y$ con $x = 2, y = 4$

5. $2y - x$ con $x = 2, y = 5$

6. $5x + 2y$ con $x = 1, y = 3$

7. $3x + 2.5y$ con $x = 1, y = 2$

8. $5.7x + 2y$ con $x = 2, y = 1$

9. $4.2x + 3y$ con $x = 2, y = 3$

LECCIÓN 1-2

Escribe una expresión algebraica para cada frase.

10. siete menos que un número b

11. ocho más que el producto de 7 y a

12. el cociente de 8 y un número m

13. cinco veces la suma de c y 18

Resuelve.

14. La fórmula para convertir una temperatura de C grados Celsius (°C) a grados Fahrenheit (°F) es F $= 1.8C + 32$. Convierte 28° C a grados Fahrenheit.

LECCIÓN 1-3

Resuelve.

15. $4 + x = 13$

16. $t - 3 = 8$

17. $17 = m + 11$

18. $5 + a = 7$

19. $p - 5 = 23$

20. $31 + y = 50$

21. $18 + k = 34$

22. $g - 16 = 23$

LECCIÓN 1-4

Resuelve.

23. $5x = 30$

24. $\frac{m}{4} = 13$

25. $9a = 54$

26. $\frac{n}{7} = 7$

27. $3p = 96$

28. $\frac{s}{6} = 3$

29. $3k + 2 = 20$

30. $\frac{r}{4} - 5 = 3$

31. Cuatro amigos se reparten el precio de una pizza de $16.68. ¿Cuánto paga cada uno?

LECCIÓN 1-5

Compara. Escribe < ó >.

32. $15 - 8$ ▮ 6

33. $3(7)$ ▮ 23

34. $51 - 18$ ▮ 34

35. $4(16)$ ▮ 62

Resuelve y representa gráficamente.

36. $x - 3.5 \geq 7$

37. $5p < 40$

38. $2 \leq \frac{a}{3}$

39. $h - 5 \leq 13$

LECCIÓN 1-6

Combina términos semejantes.

40. $3x + 2x + 5x$

41. $4x - 2x + 8 + 3x + 5$

42. $5a - 3b + 4 + 6b - 2a$

Resuelve.

43. $3x + 9 = 84$

44. $2a - 3 = 41$

45. $7b + 5 = 61$

46. $6h - 12 = 78$

1B Representación gráfica

LECCIÓN 1-7

Determina si cada par ordenado es una solución de $3x + 5y = 25$.

1. $(4, 3)$ **2.** $(5, 2)$ **3.** $(6, 1)$ **4.** $(3, 4)$

Usa los valores que se dan para hacer una tabla de soluciones.

5. $y = x - 3$ con $x = -2, -1, 0, 1, 2$ **6.** $y = 2x + 1$ con $x = -2, -1, 0, 1, 2$

7. Si el impuesto sobre la venta es del 6%, la ecuación para el costo total c de un artículo es $c = 1.06p$, donde p es el precio antes del impuesto. ¿Cuál es el costo total, incluyendo el impuesto, de una camiseta de $20?

LECCIÓN 1-8

Representa cada punto en un plano cartesiano.

8. $(4, 3)$ **9.** $(3, 0)$ **10.** $(-1, 3)$

11. $(0, -5)$ **12.** $(-2, -4)$ **13.** $(4, -2)$

Completa cada tabla de pares ordenados. Representa cada ecuación en un plano cartesiano.

14. $x + 3 = y$

x	x + 3	y	(x, y)
1			
2			
3			
4			

15. $3x = y$

x	3x	y	(x, y)
2			
4			
6			
8			

LECCIÓN 1-9

Relaciona cada situación con la gráfica correcta.

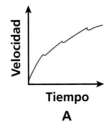

A

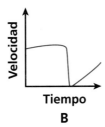

B

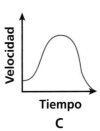

C

16. Un esquiador aumenta de velocidad al bajar una colina y luego se detiene.

17. Un esquiador viaja a campo traviesa, deteniéndose sólo a descansar un minuto antes de subir una colina.

18. Un esquiador acelera en un descenso, reduce un poco su velocidad antes de las curvas y luego acelera otra vez.

Práctica adicional ■ Capítulo 2

2A Enteros

LECCIÓN 2-1

Suma.

1. $-4 + 6$ **2.** $3 + (-8)$ **3.** $-6 + (-2)$ **4.** $7 + (-11)$

5. $-6 + 3$ **6.** $7 + (-2)$ **7.** $-4 + (-1)$ **8.** $9 + (-5)$

Evalúa cada expresión con el valor que se da para la variable.

9. $x + 9$ con $x = -8$ **10.** $x + 3$ con $x = -3$ **11.** $x + 5$ con $x = -7$

12. $x + 1$ con $x = -5$ **13.** $x + 6$ con $x = -9$ **14.** $x + 2$ con $x = -8$

LECCIÓN 2-2

Resta.

15. $-5 - 3$ **16.** $4 - (-1)$ **17.** $-9 - (-4)$ **18.** $-4 - 7$

19. $-2 - 5$ **20.** $3 - (-8)$ **21.** $-6 - (-12)$ **22.** $-1 - 6$

23. Un elevador asciende a 281 pies sobre el nivel del suelo y luego desciende 314 pies hasta el sótano. ¿Cuál es la posición del elevador en comparación con el nivel del suelo?

Evalúa cada expresión con el valor que se da para la variable.

24. $4 - x$ con $x = -7$ **25.** $-7 - s$ con $s = -5$ **26.** $-5 - b$ con $b = 9$

27. $12 - y$ con $y = -8$ **28.** $-13 - f$ con $f = -8$ **29.** $-2 - c$ con $c = 5$

LECCIÓN 2-3

Multiplica o divide.

30. $5(-8)$ **31.** $\frac{-81}{9}$ **32.** $-6(-4)$ **33.** $\frac{24}{-3}$

34. $7(-3)$ **35.** $\frac{-36}{6}$ **36.** $-8(-4)$ **37.** $\frac{48}{-8}$

38. $-9(-12)$ **39.** $\frac{-54}{9}$ **40.** $13(-5)$ **41.** $\frac{96}{-12}$

LECCIÓN 2-4

Resuelve.

42. $x + 13 = 8$ **43.** $-7 + t = -15$ **44.** $h = -8 + 17$ **45.** $g + 15 = 3$

46. $-8 + p = -20$ **47.** $n = -4 + 31$ **48.** $m + 4 = 9$ **49.** $d = -8 + 2$

50. $\frac{a}{-4} = -2$ **51.** $-49 = 7d$ **52.** $\frac{c}{-2} = -8$ **53.** $-57 = 3p$

LECCIÓN 2-5

Resuelve y representa gráficamente.

54. $w - 1 < -4$ **55.** $x - 3 \geq -2$ **56.** $h - 2 \leq -5$ **57.** $g - 6 > -1$

58. $k - 3 > -9$ **59.** $m - 5 > -8$ **60.** $f - 9 < -2$ **61.** $m - 2 \leq -1$

62. $-3a > 15$ **63.** $\frac{x}{-4} < 6$ **64.** $-5b \leq 65$ **65.** $\frac{a}{-8} \geq 4$

Práctica adicional ▪ Capítulo 2

2B Exponentes y notación científica

LECCIÓN 2-6

Escribe usando exponentes.

1. $2 \times 2 \times 2 \times 2$ **2.** $5 \times 5 \times 5 \times 5 \times 5 \times 5 \times 5$ **3.** $4 \cdot 4 \cdot 4 \cdot 4 \cdot 4$

4. $9 \cdot 9 \cdot 9 \cdot 9 \cdot 9 \cdot 9 \cdot 9 \cdot 9$ **5.** $a \cdot a \cdot a \cdot a \cdot a \cdot a \cdot a$ **6.** p

Evalúa.

7. 2^4 **8.** 3^3 **9.** $(-5)^2$ **10.** $(-3)^5$

11. 8^3 **12.** 6^5 **13.** $(-2)^8$ **14.** $(-4)^3$

Simplifica.

15. $20 + 3(2^3)$ **16.** $14 + 5(3^4)$ **17.** $19 + 3(2 \cdot 4^2)$ **18.** $22 + 5(8 + 2^4)$

19. $8 + 2(3 \cdot 4^3)$ **20.** $17 + 2(4 + 5^3)$ **21.** $32 + 4(5 + 2^5)$ **22.** $58 + 3(9 + 6^3)$

LECCIÓN 2-7

Multiplica o divide. Escribe el resultado como una potencia.

23. $5^4 \cdot 5^3$ **24.** $2^6 \cdot 2^3$ **25.** $4^4 \cdot 4^8$ **26.** $7^3 \cdot 7^9$

27. $12^8 \cdot 12^5$ **28.** $a^8 \cdot a^5$ **29.** $b^6 \cdot b^{12}$ **30.** $w^7 \cdot w^7$

31. $\dfrac{16^4}{16^2}$ **32.** $\dfrac{8^9}{8^3}$ **33.** $\dfrac{7^{12}}{7^5}$ **34.** $\dfrac{15^{12}}{15^{11}}$

35. $\dfrac{a^7}{a^4}$ **36.** $\dfrac{w^{11}}{w^4}$ **37.** $\dfrac{c^6}{c^2}$ **38.** $\dfrac{z^{16}}{z^9}$

LECCIÓN 2-8

Evalúa cada potencia de 10.

39. 10^{-2} **40.** 10^{-3} **41.** 10^{-4} **42.** 10^{-5}

43. 10^{-6} **44.** 10^{-7} **45.** 10^{-8} **46.** 10^{-9}

Evalúa.

47. $(-3)^{-2}$ **48.** 4^{-3} **49.** $(-6)^{-4}$ **50.** 7^{-3}

51. $10^4 \cdot 10^{-2}$ **52.** $\dfrac{3^2}{3^4}$ **53.** $2^5 \cdot 2^{-2}$ **54.** $\dfrac{4^3}{4^5}$

LECCIÓN 2-9

Escribe cada número en forma estándar.

55. 3.6×10^3 **56.** 5.62×10^5 **57.** 7.13×10^{-4} **58.** 8.39×10^{-7}

59. 1.6×10^2 **60.** 3.12×10^7 **61.** 1.13×10^{-5} **62.** 5.92×10^{-8}

Escribe cada número en notación científica.

63. 0.000483 **64.** $5{,}410{,}000{,}000$ **65.** 0.00328

66. $12{,}600{,}000$ **67.** 0.0000000000912 **68.** $432{,}000{,}000{,}000{,}000$

3A Números racionales y operaciones

LECCIÓN 3-1

Escribe cada decimal como fracción en su mínima expresión.

1. 0.4

2. 0.05

3. 0.12

4. 0.625

Escribe cada fracción como decimal.

5. $\frac{3}{8}$

6. $\frac{1}{4}$

7. $\frac{9}{4}$

8. $\frac{3}{5}$

LECCIÓN 3-2

Suma o resta.

9. $\frac{2}{3} - \frac{5}{3}$

10. $\frac{17}{4} + \frac{13}{4}$

11. $\frac{5}{8} - \frac{15}{8}$

12. $-\frac{8}{3} + \frac{11}{3}$

13. $\frac{9}{2} - \frac{15}{2}$

14. $\frac{19}{3} + \frac{27}{3}$

15. $\frac{9}{4} - \frac{22}{4}$

16. $-\frac{31}{5} + \frac{24}{5}$

Evalúa cada expresión con el valor que se da para la variable.

17. $32.9 + x$ con $x = -15.8$

18. $21.3 + a$ con $a = -37.6$

19. $-\frac{3}{5} + z$ con $z = 3\frac{1}{5}$

LECCIÓN 3-3

Multiplica. Escribe cada respuesta en su mínima expresión.

20. $-\frac{2}{3}\left(-\frac{5}{8}\right)$

21. $\frac{7}{10}\left(-\frac{2}{3}\right)$

22. $-\frac{4}{5}\left(-\frac{9}{10}\right)$

23. $-\frac{5}{8}\left(\frac{11}{12}\right)$

24. $-3.9(-9)$

25. $-4.1(8.6)$

26. $-0.08(3.1)$

27. $-0.004(-1.9)$

LECCIÓN 3-4

Divide. Escribe cada respuesta en su mínima expresión.

28. $3\frac{2}{3} \div \frac{1}{4}$

29. $5\frac{1}{5} \div \frac{7}{8}$

30. $6\frac{5}{8} \div \frac{2}{3}$

31. $4\frac{1}{9} \div \frac{3}{7}$

32. $5.68 \div 0.2$

33. $9.45 \div 0.05$

34. $2.31 \div 0.7$

35. $0.522 \div 6$

LECCIÓN 3-5

Suma o resta.

36. $\frac{9}{10} + \frac{3}{8}$

37. $\frac{2}{7} - \frac{3}{4}$

38. $\frac{3}{4} + \frac{1}{9}$

39. $\frac{5}{8} - \frac{3}{10}$

40. $5\frac{1}{3} + \left(-2\frac{1}{8}\right)$

41. $3\frac{2}{3} + \left(-1\frac{7}{8}\right)$

42. $4\frac{1}{8} + \left(-1\frac{3}{5}\right)$

43. $9\frac{1}{9} + \left(-5\frac{2}{11}\right)$

LECCIÓN 3-6

Resuelve.

44. $x - 3.2 = 5.1$

45. $-3.1p = 15.5$

46. $\frac{a}{-2.3} = 7.9$

47. $-4.3x = 34.4$

48. $m - \frac{1}{3} = \frac{5}{8}$

49. $x - \frac{3}{7} = \frac{1}{9}$

50. $\frac{4}{5}w = \frac{2}{3}$

51. $\frac{9}{10}z = \frac{5}{8}$

LECCIÓN 3-7

Resuelve.

52. $1.2x > 7.2$

53. $a - 3.8 < 5.4$

54. $3.8b \geq 26.6$

55. $d - 5.3 \leq 7.9$

56. $w + \frac{2}{3} > \frac{2}{5}$

57. $-2\frac{1}{4}b < 9$

58. $b + \frac{3}{8} \geq \frac{9}{10}$

59. $4\frac{2}{5}z \leq 39\frac{3}{5}$

Práctica adicional ▪ Capítulo 3

3B Números reales

LECCIÓN 3-8

Halla las dos raíces cuadradas de cada número.

1. 25

2. 81

3. 144

4. 169

5. 100

6. 225

7. 36

8. 400

Evalúa cada expresión.

9. $3\sqrt{9}$

10. $5\sqrt{36}$

11. $7\sqrt{16}$

12. $3\sqrt{49}$

13. $\sqrt{97 + 24}$

14. $\sqrt{111 + 85}$

15. $\sqrt{231 + 253}$

16. $\sqrt{45 - 9}$

Resuelve.

17. El área de una habitación cuadrada es de 729 pies cuadrados. ¿Cuáles son las dimensiones de la habitación?

18. El área de un jardín cuadrado es de 1,444 pies cuadrados. ¿Cuáles son las dimensiones del jardín?

LECCIÓN 3-9

Cada raíz cuadrada está entre dos enteros. Identifica los enteros.

19. $\sqrt{29}$

20. $\sqrt{51}$

21. $\sqrt{93}$

22. $\sqrt{74}$

23. $\sqrt{32}$

24. $\sqrt{12}$

25. $\sqrt{48}$

26. $\sqrt{128}$

Usa una calculadora para hallar la raíz cuadrada de cada número. Redondea a la décima más cercana.

27. $\sqrt{212}$

28. $\sqrt{186}$

29. $\sqrt{542}$

30. $\sqrt{219}$

31. $\sqrt{384}$

32. $\sqrt{410}$

33. $\sqrt{334}$

34. $\sqrt{96}$

35. $\sqrt{54}$

36. $\sqrt{683}$

37. $\sqrt{614}$

38. $\sqrt{304}$

LECCIÓN 3-10

Escribe los nombres que se aplican a cada número.

39. $\sqrt{7}$

40. -61.2

41. $\dfrac{\sqrt{16}}{2}$

42. -8

43. 4.168

44. $\dfrac{\sqrt{25}}{\sqrt{1}}$

45. $\sqrt{11}$

46. $\sqrt{13}$

Indica si cada número es racional, irracional o si no es un número real.

47. $\sqrt{\dfrac{9}{16}}$

48. $\sqrt{-4}$

49. $\sqrt{19}$

50. $\sqrt{-13}$

51. 12

52. $\dfrac{8}{0}$

53. $\sqrt{\dfrac{36}{49}}$

54. $\dfrac{13}{0}$

Halla un número real entre los dos números que se dan.

55. $5\dfrac{1}{8}$ y $5\dfrac{2}{8}$

56. $2\dfrac{1}{3}$ y $2\dfrac{2}{3}$

57. $4\dfrac{4}{9}$ y $4\dfrac{5}{9}$

58. $1\dfrac{5}{7}$ y $1\dfrac{6}{7}$

59. $3\dfrac{1}{8}$ y $3\dfrac{1}{4}$

60. $9\dfrac{4}{7}$ y $9\dfrac{5}{7}$

4A Reunir y describir datos

LECCIÓN **4-1**

Identifica la población y la muestra. Da una razón por la que la muestra podría ser no representativa.

1. Una compañía elige a 2000 veterinarios que pertenecen a la misma asociación veterinaria para conocer su opinión acerca de una nueva medicina para perros.

Identifica el método de muestreo empleado.

2. En una encuesta a nivel nacional, se eligen 7 estados al azar y se eligen 150 personas de cada estado.

3. Se distribuye un cuestionario a uno de cada cinco clientes de una tienda de comestibles.

LECCIÓN **4-2**

4. Usa los datos que se dan para hacer un diagrama de tallo y hojas.

Número de pisos de algunos edificios importantes					
Promenade	40	One Park Tower	32	Commerce Plaza	31
One Financial Center	46	One Post Office Square	40	Water Tower Place	74
Park Tower Condos	54	City Plaza	40	Harbour Point	54
Park Millennium	53	Energy Plaza	49	San Felipe Plaza	45
The Spires	41	Santa Maria	51	Cityspire	72

5. Usa los datos que se dan para hacer un diagrama doble de tallo y hojas.

Victorias/derrotas de algunos equipos en Series Mundiales (hasta 2001)							
Equipo	Yanquis	Piratas	Gigantes	Tigres	Cardenales	Dodgers	Orioles
Victorias	26	5	5	4	9	6	3
Derrotas	12	2	11	5	6	12	4

LECCIÓN **4-3**

Halla la media, mediana y moda de cada conjunto de datos.

6. 8, 3, 9, 10, 8, 4, 5, 7, 6, 7, 8, 5

7. 31, 28, 25, 41, 52, 40, 38, 24, 43, 27, 24, 35

LECCIÓN **4-4**

Halla el rango y el primero y tercer cuartiles de cada conjunto de datos.

8. 18, 20, 15, 13, 13, 20, 17, 20, 15, 13, 18, 20, 19, 17, 19

9. 82, 77, 74, 71, 85, 89, 81, 85, 80, 91, 72, 81, 88, 86, 75

Usa los datos que se dan para hacer un diagrama de mediana y rango.

10. 3, 12, 17, 9, 8, 4, 13, 24, 17, 19, 5

11. 57, 53, 52, 31, 48, 59, 64, 86, 56, 54, 55

4B Presentar datos

LECCIÓN 4-5

Organiza los datos en una tabla de frecuencia y haz una gráfica de barras.

1. Las siguientes son las edades a las que se graduó de la universidad un grupo de 20 estudiantes elegidos al azar: 20, 21, 23, 19, 20, 21, 21, 21, 19, 22, 21, 21, 21, 20, 21, 20, 21, 21, 22, 21

Haz una gráfica lineal con los datos que se dan y úsala para estimar la densidad de población en 1975.

2.

Año	Densidad de población (habitantes por milla cuadrada)
1950	42.6
1960	50.6
1970	57.5
1980	64.0
1990	70.3
2000	79.6

LECCIÓN 4-6

Explica por qué es engañosa cada gráfica o estadística.

3.

4. Un investigador de mercado elige al azar a 12 clientes para probar 3 marcas de salchicha *A*, *B* y *C*. Ocho clientes eligen *B*, 2 eligen *A*, y 2 eligen *C*. Un anuncio de la marca *B* dice: "Preferido 4 a 1 sobre otras marcas."

5. Una agencia de bienes raíces vendió casas a $75,000, $420,000, $88,000, $80,000 y $82,000. Sus anuncios hacen alarde de un precio promedio de venta de $149,000.

LECCIÓN 4-7

Usa los datos que se dan para hacer un diagrama de dispersión.

6. La tabla muestra la relación entre el número de años de educación superior y el nivel de salario.

¿Los conjuntos de datos tienen una correlación positiva, negativa o ninguna?

1	$18,000	4	$51,000	6	$64,000
1	$20,500	4	$43,000	6	$58,000
3	$28,000	5	$48,000	8	$75,000
4	$35,000	5	$52,000	8	$73,500

7. la temperatura de un horno y el tiempo que tarda en dorar un asado

8. la longitud de los lápices usados en una prueba y la calificación en la prueba

Práctica adicional ■ Capítulo 5

5A Figuras planas

LECCIÓN 5-1

Clasifica cada ángulo como agudo, obtuso o recto.

1.

2.

3.

En la figura, ∠1 y ∠3 son ángulos opuestos por el vértice, lo mismo que ∠2 y ∠4.

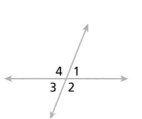

4. Si m∠1 = 83°, halla m∠3.

5. Si m∠2 = 136°, halla m∠4.

LECCIÓN 5-2

En la figura, $d \parallel f$. Halla la medida de cada ángulo.

6. ∠1   **7.** ∠2   **8.** ∠3

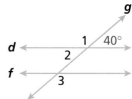

LECCIÓN 5-3

Halla las medidas que faltan en cada triángulo.

9.

10.

11.

12. El primer ángulo de un triángulo mide tres veces lo que mide el segundo. El tercer ángulo mide dos veces lo que mide el segundo. Halla las medidas de los ángulos.

LECCIÓN 5-4

Halla las medidas de los ángulos de cada polígono regular.

13. hexágono (6 lados)   **14.** nonágono (9 lados)   **15.** decágono (10 lados)

Escribe todos los nombres que se aplican a cada figura.

16.

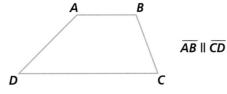

$\overline{AB} \parallel \overline{CD}$

17.

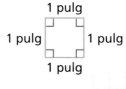

1 pulg
1 pulg   1 pulg
1 pulg

LECCIÓN 5-5

Determina si la pendiente de cada línea es positiva, negativa, 0 ó indefinida. Luego, halla la pendiente de cada línea.

18. línea a **19.** línea b

20. línea c **21.** línea d

22. ¿Qué líneas son perpendiculares?

Práctica adicional ▪ Capítulo 5

5B Patrones en geometría

LECCIÓN 5-6

Cuadrilátero *ABCD* ≅ cuadrilátero *KLMN*. Halla cada valor.

1. *x*

2. *y*

3. *z*

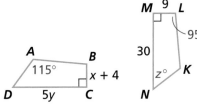

LECCIÓN 5-7

Identifica si hay traslación, rotación, reflexión o ninguna.

4. 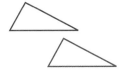   5.    6. 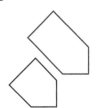   7.

Dibuja la imagen de un triángulo con vértices (1, 1), (4, 2) y (4, 4) después de cada transformación.

8. reflexión sobre el eje de las *y*

9. rotación 180° alrededor del origen

10. reflexión sobre el eje de las *x*

LECCIÓN 5-8

Completa cada figura. La línea punteada es el eje de simetría.

11. 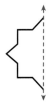   12.

Completa cada figura. El punto es el centro de rotación.

13. 4 veces

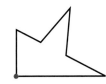

14. 6 veces

LECCIÓN 5-9

Crea un teselado con la figura.

15.

Práctica adicional ■ Capítulo 6

6A Perímetro y área

LECCIÓN 6-1

Halla el perímetro de cada figura.

1.
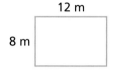
12 m
8 m

2.
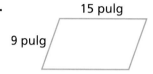
15 pulg
9 pulg

3.
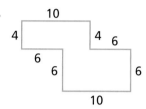
10
4
4
6
6
6
10
6

Repesenta gráficamente cada figura con los vértices que se dan. Luego, halla el área de cada figura.

4. $(-2, 4), (4, 4), (-2, 8), (4, 8)$

5. $(1, 2), (2, -1), (5, 2), (6, -1)$

6. $(3, 3), (1, -2), (-3, 3), (-5, -2)$

LECCIÓN 6-2

Halla el perímetro de cada figura.

7.
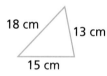
18 cm
13 cm
15 cm

8.
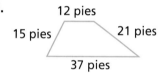
12 pies
15 pies
21 pies
37 pies

9.

3x
4x
4x
5x

Representa gráficamente y halla el área de cada figura con los vértices que se dan.

10. $(5, 1), (5, 4), (-1, 4)$

11. $(2, 1), (-2, 1), (5, -3), (-4, -3)$

12. $(2, -1), (5, 3), (0, -1), (-3, 3)$

LECCIÓN 6-3

Halla la medida que falta en cada triángulo.

13.
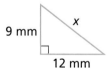
9 mm
x
12 mm

14.

5 pulg
y
3 pulg

15.

24
31
z

LECCIÓN 6-4

Halla la circunferencia y el área de cada círculo en términos de π y a la décima más cercana de una unidad . Usa $\pi = 3.14$.

16.

4 cm

17.

12 pulg

18.

15 pies

Práctica adicional ▪ Capítulo 6

6B Geometría tridimensional

LECCIÓN 6-5

Usa papel de puntos isométricos para dibujar casillas rectangulares con las dimensiones que se dan.

1. 3 unidades de largo, 2 de ancho, 5 de alto   **2.** 5 unidades de largo, 3 de ancho, 4 de alto

3. Dibuja un cubo con perspectiva de un punto.

4. Dibuja un cubo con perspectiva de dos puntos.

LECCIÓN 6-6

Halla el volumen de cada figura a la décima más cercana de una unidad. Usa $\pi = 3.14$.

5.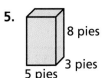

6.

7. un cilindro de 16 unidades de altura y radio de 2 unidades

8.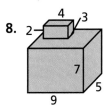

9.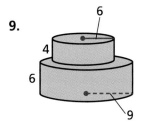

10.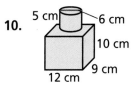

LECCIÓN 6-7

Halla el volumen de cada figura a la décima más cercana. Usa $\pi = 3.14$.

11.

12.

13.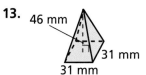

LECCIÓN 6-8

Halla el área total de cada figura a la décima más cercana. Usa $\pi = 3.14$.

14. Un cilindro con radio de 5 cm y altura de 3 cm

15.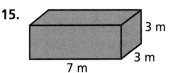

16.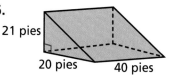

LECCIÓN 6-9

Halla el área total de cada figura a la décima más cercana. Usa $\pi = 3.14$.

17.

18. una pirámide cuadrada con base de 6 pulg por 6 pulg y altura de 4 pulg

19. una pirámide cuya base y caras laterales son triángulos equiláteros de 10 unidades por lado

LECCIÓN 6-10

Halla el volumen y el área total de cada figura a la décima más cercana. Usa $\pi = 3.14$.

20. una esfera con radio de 6 pies

21. una esfera con diámetro de 80 cm

Práctica adicional **743**

Práctica adicional ■ Capítulo 7

7A Razones, tasas y proporciones

LECCIÓN 7-1

Halla dos razones equivalentes a cada razón que se indica.

1. $\dfrac{7}{14}$　　　　**2.** $\dfrac{9}{12}$　　　　**3.** $\dfrac{21}{35}$　　　　**4.** $\dfrac{42}{49}$

Simplifica para indicar si las razones forman una proporción.

5. $\dfrac{6}{30}$ y $\dfrac{4}{20}$　　　**6.** $\dfrac{10}{16}$ y $\dfrac{15}{24}$　　　**7.** $\dfrac{21}{24}$ y $\dfrac{14}{18}$　　　**8.** $\dfrac{52}{64}$ y $\dfrac{91}{112}$

LECCIÓN 7-2

9. Halla la tasa unitaria de cada marca de detergente y determina cuál es la mejor compra.

10. Un monitor de computadora tiene un área visible de pantalla de 15 pulg de ancho y 12 pulg de alto. ¿Cuál es la proporción de las dimensiones de este monitor?

Producto	Tamaño	Precio
Detergente Pizzazz	128 oz	$3.08
Detergente Primavera	64 oz	$1.60
Detergente Burbujas	196 oz	$4.51

LECCIÓN 7-3

Halla el factor de conversión apropiado para cada conversión.

11. pinta a cuarto

12. milla a pie

13. kilogramo a gramo

14. mililitro a litro

Resuelve.

15. En 1911, el primer año de las 500 millas de Indianápolis, el auto ganador tuvo una velocidad promedio de 109.416 pies por segundo. ¿Cuál es la velocidad en millas por hora?

16. Un perezoso de tres dedos tiene una velocidad máxima de 0.22 pies por segundo. Una tortuga gigante tiene una velocidad máxima de 2.992 pulgadas por segundo. Convierte ambas velocidades a millas por hora y determina qué animal es más rápido.

LECCIÓN 7-4

Indica si las razones son proporcionales.

17. $\dfrac{7}{9}$ y $\dfrac{3}{4}$　　　**18.** $\dfrac{2}{3}$ y $\dfrac{16}{24}$　　　**19.** $\dfrac{32}{48}$ y $\dfrac{18}{27}$　　　**20.** $\dfrac{14}{25}$ y $\dfrac{31}{52}$

Resuelve cada proporción.

21. $\dfrac{3}{8} = \dfrac{n}{12}$　　**22.** $\dfrac{c}{15} = \dfrac{3}{45}$　　**23.** $\dfrac{7}{18} = \dfrac{3}{m}$　　**24.** $\dfrac{8}{p} = \dfrac{15}{9}$

25. $\dfrac{5}{f} = \dfrac{8}{12}$　　**26.** $\dfrac{12}{15} = \dfrac{z}{24}$　　**27.** $\dfrac{a}{32} = \dfrac{6}{12}$　　**28.** $\dfrac{30}{b} = \dfrac{6}{17}$

7B Semejanza y escala

LECCIÓN 7-5

Indica si cada transformación es una dilatación.

1.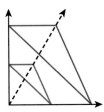

2.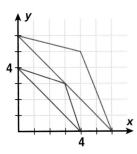

3.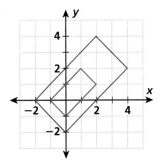

4. Una figura tiene vértices en $(1, 2)$, $(2, 5)$, $(5, 6)$ y $(6, 1)$. La figura se dilata con un factor de escala de 2.5. ¿Cuáles son las coordenadas de la imagen?

LECCIÓN 7-6

5. Halla las dimensiones que faltan de $\triangle XYZ$. $\triangle ABC \sim \triangle XYZ$.

6. Un rectángulo mide 15 cm de largo y 8 cm de alto. Otro rectángulo mide 20 cm de largo y 12 cm de alto. ¿Son semejantes?

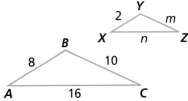

LECCIÓN 7-7

7. En un plano a escala de una casa, el baño de los papás mide $1\frac{1}{2}$ pulg de ancho y $2\frac{5}{8}$ pulg de largo. Si la escala es $\frac{3}{16}$ pulg $= 1$ pie, ¿cuáles son las dimensiones reales del baño?

8. Julio usa una escala de $\frac{1}{8}$ pulg $= 1$ pie al pintar paisajes. En una pintura, una secoya gigante mide 34.375 pulg. ¿Qué altura tiene el árbol real?

LECCIÓN 7-8

Indica si cada escala reduce, agranda o conserva el tamaño del objeto real.

9. 10 cm:1 dam **10.** 3 pies:3 yd **11.** 5 km:5 m **12.** 1760 yd:5280 pies

13. Se hizo un modelo de un rascacielos con una escala de 0.5 pulg:5 pies. Si la altura real es de 570 pies, ¿qué altura en pies tiene el modelo?

LECCIÓN 7-9

Un cubo de 9 cm y un cubo de 2 cm forman parte de un juego de demostración para arquitectos. Compara los siguientes valores de los dos cubos.

14. longitud de lado **15.** área total **16.** volumen

17. Una máquina hace suficientes palomitas de maíz para llenar una caja rectangular de 5 pulg × 8 pulg × 2 pulg en 45 segundos. Usando la misma máquina ¿en cuánto tiempo llenará una caja rectangular de 10 pulg × 16 pulg × 4 pulg?

Práctica adicional · Capítulo 8

8A Números y porcentajes

LECCIÓN 8-1

Halla los valores equivalentes que faltan en la tabla de cada valor que se da en la gráfica circular.

Fracción	Decimal	Porcentaje
$\frac{3}{20}$	1.	2.
3.	0.1	4.
5.	6.	40%
7.	8.	35%

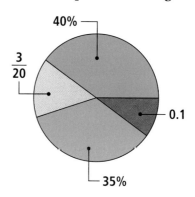

40%

$\frac{3}{20}$

0.1

35%

LECCIÓN 8-2

Halla cada porcentaje o número. Redondea a la décima más cercana si es necesario.

9. ¿Qué porcentaje de 264 es 93?

10. ¿Qué número es a 100 como 4 es a 78?

11. ¿Qué porcentaje de 68 es 5?

12. ¿Qué número es a 100 como 13 es a 107?

13. ¿Qué porcentaje de 144 es 24?

14. ¿Qué número es a 100 como 57 es a 72?

15. ¿Qué porcentaje de 318 es 156?

16. ¿Qué número es a 100 como 31 es a 148?

17. ¿Qué porcentaje de 984 es 593?

18. ¿Qué número es a 100 como 264 es a 985?

19. La altura del monte McKinley, en Alaska, es de 20,320 pies. La del monte Everest es cerca de un 143% de la altura del monte McKinley. Estima la altura del Everest. Redondea al millar más cercano.

20. El área de la isla Adelaide, en la Antártida, es de 1400 mi². El área de la isla Alexander es el 1193% del área de la isla Adelaide. Estima el área de la isla Alexander. Redondea a la centena más cercana.

LECCIÓN 8-3

Halla cada número. Redondea a la décima más cercana si es necesario.

21. ¿26 es 53% de qué número?

22. ¿42 es 86% de qué número?

23. ¿17 es 8% de qué número?

24. ¿93 es 62% de qué número?

25. ¿215 es 94% de qué número?

26. ¿370 es 44% de qué número?

27. ¿73 es 18% de qué número?

28. ¿61 es 77% de qué número?

29. Cierta roca se compone de varios minerales. Un análisis indica que la muestra contiene 20.2 gramos de cuarzo. Si el 37.5% de la roca es cuarzo, halla la masa en gramos de la roca entera.

30. El río Alabama tiene una longitud de 729 mi, cerca del 31% de la longitud del Mississippi. Estima la longitud del río Mississippi. Redondea a la milla más cercana.

8B Aplicar los porcentajes

LECCIÓN 8-4

Halla el porcentaje de incremento o disminución, al porcentaje más cercano.

1. 15 a 27   **2.** 41 a 75   **3.** 91 a 44   **4.** 7 a 31

5. 94 a 53   **6.** 38 a 46   **7.** 24 a 80   **8.** 85 a 22

9. Una computadora cuyo precio normal es de $1295 tiene una rebaja del 30% del precio regular. ¿Cuál es el precio de oferta de la computadora?

LECCIÓN 8-5

Estima.

10. el 26% de 37   **11.** el 16% de 51   **12.** el 48% de 19   **13.** el 75% de 88

14. el 52% de 64   **15.** el 9% de 31   **16.** el 81% de 77   **17.** el 32% de 61

Estima para resolver.

18. El punto más alto de Australia es el monte Kosciusko, cuya altura es el 32% de la del punto más alto de América del Sur, el monte Aconcagua, de 22,834 pies. Estima la altura del monte Kosciusko.

LECCIÓN 8-6

19. Un vendedor de muebles tuvo ventas de $8759 el mes pasado. Si gana una comisión del 4% sobre sus ventas además de un salario mensual de $1500, ¿cuánto ganó en total el mes pasado?

20. Simon compró un juego de bocinas a $279 y un sintonizador a $549. El impuesto sobre la venta fue del 7.5%. ¿Cuánto pagó Simon en total?

21. Antwaan gana $1250 por mes. De eso, le retienen $89.38 por seguro social y médico. ¿Qué porcentaje de lo que gana le retienen?

22. En su tienda, Ashley tiene una ganancia del 22% de toda la cristalería que vende. Las ganancias de este mes fueron $2750. ¿Cuánto vendió en total?

LECCIÓN 8-7

23. Nigel solicitó un préstamo de $7500 para reparar su casa e instalar un baño nuevo. El banco cobra $6\frac{1}{2}$% de interés simple a 3 años. ¿Cuánto pagará Nigel en total al banco?

24. Gwen invirtió $10,000 en un fondo a una tasa anual del 7%. Ganó $5600 de interés simple. ¿Cuánto tiempo estuvo invertido su dinero?

25. Ray ganó $5000 y usó este dinero para comprar un certificado de depósito (CD) a 5 años. El CD paga un interés simple del 6%. ¿Cuánto valdrá el CD al término de los 5 años?

26. Rich solicitó un préstamo de $16,000 a 12 años con interés simple para pagar su educación. Si pagó en total $31,360, ¿cuál fue la tasa de interés del préstamo?

Práctica adicional ▪ Capítulo 9

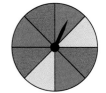

9A Probabilidad experimental

LECCIÓN 9-1

Observa la rueda de la derecha. Da la probabilidad de cada resultado.

1. rojo

2. azul

3. amarillo

4. no rojo

5. no azul

6. no amarillo

7. La probabilidad de que Kara gane un juego es de $\frac{1}{5}$. Kevin y Cheryl tienen la mitad de la posibilidad de ganar que tiene Kara. Sherry y Jameel tienen tres veces la probabilidad de ganar que tiene Kevin. Crea una tabla de probabilidades para el espacio muestral.

LECCIÓN 9-2

Se saca un utensilio de un cajón y se lo devuelve. La tabla muestra los resultados después de 100 pruebas.

8. Estima la probabilidad de sacar una cuchara.

9. Estima la probabilidad de no sacar una cuchara.

Resultados	Pruebas
Cuchara	37
Cuchillo	32
Tenedor	31

Un asistente de ventas analiza las ventas de cierto suéter. La tabla muestra los datos de 1000 ventas.

10. Estima la probabilidad de que el siguiente cliente compre un suéter rosa.

11. Estima la probabilidad de que el siguiente suéter que se venda no sea rosa ni lila.

Resultados	Ventas
Turquesa	361
Lila	207
Rosa	189
Verde	243

LECCIÓN 9-3

Usa la tabla de números aleatorios para simular cada situación. Usa al menos 10 pruebas para cada simulación.

53736	85815	87649	31119	16635	65161	27919	86585	32848	94425	61378	41256
11632	46278	38783	87649	13325	60848	74681	54238	94228	82794	23426	46498
46278	65264	13906	24794	85976	98713	51876	25847	65972	41973	58927	16842
58147	52697	28467	21358	20650	59731	20587	20648	91845	27364	59421	18579

12. Un golfista tiene una posibilidad del 81% de lograr un putt en el primer intento. Estima la probabilidad de que logre el putt al primer intento en al menos 8 de las próximas 10 oportunidades.

13. Un pateador de goles de campo tiene una posibilidad del 94% de anotar goles. Estima la probabilidad de que anote al menos 9 de sus próximos 10 intentos de gol de campo.

9B Probabilidad teórica y conteo

LECCIÓN 9-4

Un experimento consiste en lanzar un dado numérico justo. Hay 6 resultados posibles: 1, 2, 3, 4, 5 y 6. Determina cada probabilidad.

1. P(obtener un número par)

2. P(obtener un 3)

3. P(obtener un número mayor que 4)

4. P(obtener un 7)

Un experimento consiste en lanzar dos dados numéricos justos. Halla cada probabilidad.

5. P(obtener un total de 8)

6. P(obtener un total menor que 3)

7. P(obtener un 2 con al menos un dado)

8. P(obtener un total de 6)

9. P(obtener un total mayor que 5)

10. P(obtener un total de 12)

LECCIÓN 9-5

Una computadora genera al azar una contraseña de 4 caracteres: 2 dígitos seguidos de 2 letras.

11. Halla el número de contraseñas posibles.

12. Halla la probabilidad de que una contraseña no contenga una K.

13. Una bailarina puede elegir entre 2 vestidos, 4 chales y 4 pares de zapatos. Haz un diagrama de árbol que muestre todos los resultados posibles.

LECCIÓN 9-6

Evalúa cada expresión.

14. $8!$

15. $\dfrac{7!}{2!}$

16. $\dfrac{5!}{11!}$

17. $\dfrac{6!}{(14-6)!}$

18. Hay 12 equipos de fútbol americano a nivel universitario en la conferencia. Halla el número de órdenes en que los 12 equipos pueden terminar la temporada.

19. Halla el número de maneras en que los 12 equipos pueden terminar primero, segundo y tercero en la conferencia.

LECCIÓN 9-7

20. Un experimento consiste en lanzar un dado numérico justo 4 veces. En cada lanzamiento, todos los resultados son igualmente probables. ¿Cuál es la probabilidad de obtener un 3 cuatro veces seguidas?

21. Un frasco contiene 8 canicas negras y 5 blancas. ¿Cuál es la probabilidad de sacar 2 canicas blancas al mismo tiempo?

LECCIÓN 9-8

22. En una competencia de atletismo, 250 participantes compitieron por 15 trofeos. Estima las posibilidades a favor de ganar un trofeo.

23. Si las posibilidades en contra de ganar un concurso son de 2999:1, ¿cuál es la probabilidad de ganar el concurso?

Práctica adicional ▪ Capítulo 10

10A Resolver ecuaciones lineales

LECCIÓN 10-1

Resuelve.

1. $\dfrac{a}{2} - 3 = 8$

2. $2.4 = -0.8x + 3.2$

3. $\dfrac{6 + z}{3} = 4$

4. $\dfrac{c}{6} + 2 = 5$

5. $0.9m - 1.6 = -5.2$

6. $\dfrac{x - 4}{3} = 7$

7. $\dfrac{b}{5} + 2 = -3$

8. $2.1d + 0.7 = 7$

9. $\dfrac{p + 5}{3} = 6$

10. $\dfrac{c}{6} - 8 = 3$

11. $-8.6 = 3.4k - 1.8$

12. $\dfrac{r - 6}{9} = 5$

13. La factura de un plomero fue de $383. El plomero cobró $175 por piezas de repuesto y $52 por hora de trabajo. ¿Cuánto tiempo trabajó el plomero?

14. Alicia gastó $116 en flores, además de algunos matorrales para su casa. Los matorrales costaron $28 cada uno. En total, Alicia pagó $340. ¿Cuántos matorrales compró?

LECCIÓN 10-2

Resuelve.

15. $4a - 3 + 2a + 7 = 34$

16. $7 - 6b + 4 - 3b = 74$

17. $5x - 8 - 7x - 9 = 5$

18. $g - 9 + 4g + 6 = 12$

19. $3 - 5f - 7 + 3f = 9$

20. $2r - 6 + 9 - 4r = -7$

21. $\dfrac{2a}{3} - \dfrac{4}{3} = -\dfrac{2}{3}$

22. $\dfrac{2}{5} - \dfrac{3b}{5} = \dfrac{8}{5}$

23. $\dfrac{4z}{13} + \dfrac{3}{13} = -1$

24. $\dfrac{8}{9} - \dfrac{5m}{9} = \dfrac{23}{9}$

25. $\dfrac{9}{8} - \dfrac{3s}{8} = \dfrac{3}{8}$

26. $\dfrac{5p}{3} - \dfrac{3}{3} = 9$

27. $\dfrac{2f}{2} - 4 = -\dfrac{24}{4}$

28. $\dfrac{10c}{2} - \dfrac{32}{4} = \dfrac{56}{8}$

29. $\dfrac{6x}{3} - \dfrac{54}{9} + \dfrac{30x}{6} = -\dfrac{180}{9}$

30. $\dfrac{42y}{6} - \dfrac{9}{3} + \dfrac{16y}{8} = \dfrac{396}{12}$

31. $\dfrac{18a}{9} + \dfrac{12}{3} - \dfrac{6a}{2} = \dfrac{30}{6}$

32. $\dfrac{2b}{2} + \dfrac{b}{4} - \dfrac{4}{2} = \dfrac{34}{8}$

33. Jack tenía un cupón de $5 para un CD de su grupo favorito. Después de sumarse al precio el 8% de impuesto, se descontaron los $5. Jack pagó en total $11.20. ¿Cuánto costaba originalmente el CD?

LECCIÓN 10-3

Resuelve.

34. $4x - 7 = 3x$

35. $3w + 4 = 24 - w$

36. $2y + 6 = 4y$

37. $2b + 8 = -b + 2$

38. $5z - 3 = z + 1$

39. $-2a - 6 = a + 3$

40. $p - 2 = 3 + p$

41. $4 + 3c = 7c - 4$

42. $7d - 3 + 2d = 5d - 8 + 1$

43. $5f - 2 - 3f = 2f + 2 + f$

44. $7k - 6 - 2k = 3k - 8 + 3k$

45. $\dfrac{w}{4} + \dfrac{5}{8} - \dfrac{2w}{2} = \dfrac{7}{8} - \dfrac{2w}{4}$

46. $\dfrac{2a}{3} - \dfrac{11}{6} + \dfrac{3a}{6} = \dfrac{9}{6} + \dfrac{a}{3}$

47. $\dfrac{4q}{3} + \dfrac{7}{9} - \dfrac{3q}{6} = \dfrac{2q}{6} - \dfrac{13}{18}$

48. Una cafetería cobra un precio fijo por onza de ensalada. Un emparedado cuesta $2.10, y una bebida, $1.30. Si una ensalada de 6 onzas y una bebida tienen el mismo precio que una ensalada de 4 onzas y un emparedado, ¿cuánto cuesta una onza de ensalada?

10B Resolver ecuaciones y desigualdades

LECCIÓN 10-4

Resuelve y representa gráficamente.

1. $4a + 3 < 11$

2. $-12 \leq 5x + 3$

3. $2b + 8 > 16$

4. $5c + 6 \geq -4$

5. $4 > 3d - 2$

6. $-6f + 4 \leq 10$

7. $-3g + 2 \geq -4$

8. $-3 < 5h - 8$

9. $4z + 8 - z \leq -1$

10. $\dfrac{6a}{3} + \dfrac{1}{4} > \dfrac{3}{6}$

11. $2x + 3 - 6x > -5x + 1$

12. $5k - 3 + k \geq 9$

13. $\dfrac{5d}{6} - \dfrac{1}{3} \leq \dfrac{15}{9}$

14. $4p - 9 + 3p < 5p - 3$

15. Shelly hace vestidos para muñeca y los vende a \$12 cada uno. El material le cuesta \$4 por vestido y la máquina de coser costó \$360. ¿Cuántos vestidos tiene que vender Shelly para tener ganancias?

LECCIÓN 10-5

Resuelve la variable indicada.

16. Resuelve $P = s_1 + s_2 + s_3$ para s_2.

17. Resuelve $P = s_1 + s_2 + s_3$ para s_3.

18. Resuelve $A = s^2$ para s.

19. Resuelve $A = \frac{1}{2}h(b_1 + b_2)$ para b_1.

20. Resuelve $a^2 + b^2 = c^2$ para a.

21. Resuelve $V = \frac{1}{3}\pi r^2 h$ para h.

Resuelve y y representa gráficamente.

22. $3y + 6x = 6$

23. $5y + 2x = 5$

24. $2x - 2y = 0$

25. $3y + x = 7$

26. $3x - y = 5$

27. $2x + 4y = 6$

28. $4y - 2x = 4$

29. $2x - 3y = -8$

LECCIÓN 10-6

Determina si cada par ordenado es una solución del sistema de ecuaciones.

30. $(2, -2)$ $3y - 2x = -2$
$-3x + 2y = -10$

31. $(4, 3)$ $y - x = -1$
$3y - 2x = 1$

32. $(3, 1)$ $3y - x = 0$
$4x - y = 11$

33. $(-1, -3)$ $-3x + y = 3$
$2y - 2x = -2$

34. $(-1, 5)$ $y - 4x = 7$
$2x + 2y = 4$

35. $(5, 7)$ $3y - 4x = 1$
$y + x = 12$

Resuelve cada sistema de ecuaciones.

36. $y = x - 1$
$y = -2x + 5$

37. $-y = x + 1$
$y = -2x - 4$

38. $y = 2x - 3$
$y = -2x + 13$

39. $x + y = -5$
$x - 2y = 7$

40. $x + y = 1$
$x - 3y = -11$

41. $x - y = 6$
$x + 2y = -3$

42. $x - 2y = 11$
$3y + 5x = 3$

43. $y - 2x = 7$
$4y + x = 10$

44. $3y - 2x = -2$
$y + 2x = -6$

45. $y - x = 4$
$3x + 2y = 3$

46. $-3y - x = 2$
$2y + 2x = 4$

47. $2y - 2x = 4$
$x + y = 8$

Práctica adicional

11A Ecuaciones lineales

LECCIÓN 11-1

Representa cada ecuación e indica si es lineal.

1. $y = 3x - 4$ **2.** $y = -2x + 1$ **3.** $y = x^2 - 3$ **4.** $y = -x - 2$

5. Una compañía que alquila limusinas cobra una cuota base de $200 más $50 por hora. El costo C de h horas se halla con $C = 50h + 200$. Halla el costo para 2, 3, 4, 5 y 6 horas. ¿Es una ecuación lineal? Dibuja una gráfica que represente la relación entre el costo y las horas de alquiler.

LECCIÓN 11-2

Halla la pendiente de la línea que pasa por cada par de puntos que se dan.

6. $(2, 4)$ y $(-3, 1)$ **7.** $(5, 1)$ y $(-1, -5)$ **8.** $(3, 3)$ y $(1, -4)$ **9.** $(-3, 5)$ y $(-1, 3)$

Indica si las líneas que pasan por los puntos que se dan son paralelas o perpendiculares.

10. *A:* $(-2, -6)$ y $(2, -4)$ **11.** *A:* $(-1, -7)$ y $(5, 2)$ **12.** *A:* $(2, 1)$ y $(1, -4)$
B: $(-4, 1)$ y $(4, 5)$ *B:* $(-1, 1)$ y $(-4, 3)$ *B:* $(-2, 2)$ y $(-1, 7)$

13. Representa la línea que pasa por $(4, -2)$ y tiene pendiente de $\frac{1}{2}$.

14. Representa la línea que pasa por $(-3, 1)$ y tiene pendiente de -2.

LECCIÓN 11-3

Halla la intersección de cada línea con los ejes x y y y usa las intersecciones para representar la ecuación.

15. $4x - 3y = 7$ **16.** $2y - x = 4$ **17.** $5x + 3 = 4y$ **18.** $3y + x = 5$

Escribe cada ecuación en forma de pendiente-intersección y luego halla la pendiente y la intersección con el eje y.

19. $2x = y$ **20.** $3y = 5x$ **21.** $4x - y = 7$ **22.** $4y + 5 = 2x$

Escribe en forma de pendiente-intersección la ecuación de la línea que pasa por los puntos que se dan.

23. $(2, -3)$ y $(-4, -5)$ **24.** $(4, 1)$ y $(-1, -4)$ **25.** $(3, 8)$ y $(-5, 2)$

LECCIÓN 11-4

Da un punto por el que pasa la línea y la pendiente de la línea.

26. $y - 3 = \frac{1}{2}(x + 2)$ **27.** $y + 2 = -2(x - 1)$ **28.** $y - 4 = -\frac{1}{3}(x - 5)$

29. $y + 5 = 2(x - 1)$ **30.** $y - 1 = \frac{3}{5}(x + 4)$ **31.** $y = -\frac{2}{3}(x - 3)$

Escribe la forma de punto y pendiente de la ecuación de cada línea.

32. la línea con pendiente de 2 que pasa por $(1, 4)$

33. la línea con pendiente de $-\frac{1}{3}$ que pasa por $(-2, 1)$

11B Relaciones lineales

LECCIÓN 11-5

Determina si el conjunto de datos muestra variación directa.

1.

Peso del paciente	Dosis de medicamento (mg)
100	50
120	60
140	70
160	80

2.

Costo del artículo	Costo del envío
$12.50	$3
$34.97	$5
$52.10	$6
$64.00	$7

Halla cada ecuación de variación directa si y varía directamente con x.

3. y es 36 cuando x es 9.

4. y es 15 cuando x es 10.

5. y es 84 cuando x es 2.

6. y es 6 cuando x es 3.

7. y es 90 cuando x es 18.

8. y es 13 cuando x es 8.

9. Las instrucciones de un líquido para limpieza concentrado dicen que hay que agregar 3 onzas de concentrado por cada $2\frac{1}{2}$ galones de agua. ¿Cuántas onzas de concentrado deben agregarse a 20 galones de agua?

10. La distancia d que un objeto cae varía directamente con el cuadrado del tiempo t de la caída. Esto se expresa con la fórmula $d = k \cdot t^2$. Un objeto cae 90 pies en 3 segundos. ¿Qué distancia caerá en 15 segundos?

LECCIÓN 11-6

Representa gráficamente cada desigualdad.

11. $y \leq x - 4$

12. $y > x + 3$

13. $4x - 2y \geq 8$

14. $6y - 12 < 3x$

15. $5y - 10x < 20$

16. $3y + 9 > 5x$

17. $x - 4y \leq 2$

18. $-2y \geq x - 3$

19. Un carrito de golf no recorre más de 3 millas por galón y su tanque es de 2.3 galones. Representa gráficamente la relación entre la distancia que puede recorrer y el número de galones de gasolina consumidos. ¿El conductor podrá dar dos vueltas al campo de golf sin reabastecerse de gasolina si una vuelta es de 3.8 millas?

LECCIÓN 11-7

Traza los datos y halla la línea de mejor ajuste.

20.

x	6	4	8	5	1	7	2	3
y	5	3	6	2	2	5	1	4

Práctica adicional ▪ Capítulo 12

12A Sucesiones

LECCIÓN 12-1

Determina si cada sucesión podría ser aritmética. Si lo es, da la diferencia común.

1. 203, 195, 187, 179, 171, 163,...

2. 13, 24, 36, 49, 63, 78,...

3. 18.3, 18.8, 19.3, 19.8, 20.3, 20.8,...

4. 151, 156, 162, 167, 173, 178,...

Halla el término que se da de cada sucesión aritmética.

5. 17º. término: 7, 14, 21, 28,...

6. 25º. término: 100, 97, 94, 91,...

7. 19º. término: 52, 41, 30, 19,...

8. 31er. término: 761, 748, 735, 722,...

9. Courtney recibió 200 puntos al solicitar una tarjeta de ahorro en el supermercado. Por cada $100 que gasta, recibe 50 puntos más. ¿Cuánto debe gastar para reunir 1500 puntos?

LECCIÓN 12-2

Indica si cada sucesión podría ser geométrica. Si lo es, da la razón común.

10. 6561, 2187, 729, 243, 81, 27,...

11. 1, 7, 49, 343, 2401, 16,807,...

12. 4, 8, 24, 120, 720, 5040,...

13. 18, 54, 162, 486, 1458, 4374,...

Halla el término que se da de cada sucesión geométrica.

14. 13er. término 4, −4, 4, −4,...

15. 44º. término: 2, 4, 8, 16,...

16. 9º. término: 212, 106, 53, 26.5,...

17. 23er. término: 3, 6, 12, 24,...

18. El agua de una alberca de 16,000 galones se evapora a razón del 2% por semana en el verano. Si no se repone el agua, ¿cuántos galones de agua quedarán después de 8 semanas?

LECCIÓN 12-3

Usa primeras y segundas diferencias para hallar los siguientes tres términos de cada sucesión.

19. 13, 22, 36, 55, 79, 108,...

20. 17, 23, 32, 44, 59, 77,...

21. 10.5, 15.25, 20.75, 27, 34, 41.75,...

22. 8, 15, 23, 33, 46, 63,...

23. 214, 230, 247, 265, 284, 304,...

24. 51, 57, 63.5, 71, 80, 91,...

Da los siguientes tres términos de cada sucesión usando la regla más simple que puedas hallar.

25. 1, 3, 5, 7, 9,...

26. $1, \frac{1}{2}, \frac{1}{4}, \frac{1}{6}, \frac{1}{8}, \frac{1}{10},...$

27. 3, 7, 11, 15, 19,...

Halla los primeros cinco términos de la sucesión que se define con la regla que se da.

28. $a_n = \frac{n}{n+2}$

29. $a_n = n(n+1)$

30. $a_n = n(n-1) + 3n$

31. $a_n = 2n\left(\frac{1}{n}\right)$

32. $a_n = 4n$

33. $a_n = \left(\frac{n}{n+1}\right)n$

12B Funciones

LECCIÓN **12-4**

Determina si cada relación representa una función.

1.

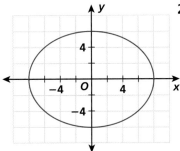

2.

x	y
−3	1
−1	−1
0	−2
2	0
4	2

3.

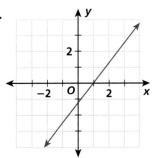

Para cada función, halla $f(-1)$, $f(1)$ y $f(3)$.

4. $f(x) = x^2 + 1$ **5.** $f(x) = |x| - 2$ **6.** $f(x) = 3x + 1$ **7.** $f(x) = \dfrac{x^2}{x - 2}$

LECCIÓN **12-5**

Escribe la regla de cada función lineal.

8.

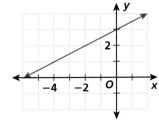

9.

x	y
−2	−7
−1	−5
0	−3
1	−1
2	1

10.

x	y
−2	3
−1	2
0	1
1	0
2	−1

LECCIÓN **12-6**

Crea una tabla para cada función exponencial y úsala para representar la función.

11. $f(x) = 3 \cdot 4^x$ **12.** $f(x) = \dfrac{1}{2} \cdot 3^x$ **13.** $f(x) = 0.75 \cdot 2^x$ **14.** $f(x) = 2 \cdot 10^x$

15. El isótopo cobalto 60, que se halla en desechos radiactivos, tiene una media vida de 5 años. ¿Cuánto de una muestra de 150 g quedará después de 35 años?

LECCIÓN **12-7**

Crea una tabla para cada función cuadrática y úsala para hacer una gráfica.

16. $f(x) = x^2 - 3$ **17.** $f(x) = x^2 - x + 6$ **18.** $f(x) = (x - 1)(x + 2)$

LECCIÓN **12-8**

Indica si la relación es una variación inversa.

19.

Temperatura exterior (°F)	40°	25°	20°	10°	5°
Tazas de café vendidas	200	320	400	800	1600

Representa cada función de variación inversa.

20. $f(x) = \dfrac{3}{x}$ **21.** $f(x) = \dfrac{-0.5}{x}$ **22.** $f(x) = \dfrac{3}{2x}$

13A Introducción a los polinomios

LECCIÓN 13-1

Determina si cada expresión es un monomio.

1. $\frac{2}{3}r^2st^3$

2. $-4p^5q$

3. $5^x y^2$

4. $\frac{4m^2}{n^4}$

Clasifica cada expresión como monomio, binomio, trinomio o no es un polinomio.

5. $6x^2 + 3x + \frac{1}{2}$

6. $-3a^4bc^4$

7. $\frac{3}{4}m^3n^2 + m^2$

8. $5f + 3f^{\frac{1}{2}}g^2$

9. $-mn^5 - 109$

10. $-\frac{2}{z^3}$

11. $-9h^3 + h^2 - 2$

12. $3xy^2$

Halla el grado de cada polinomio.

13. $2x^2 + 3x^4 + 7$

14. $8r + r^3 + 3r^2$

15. $-10y^4 + 4 + 5y^5$

16. $6m^3 + 11m^4 - 3m$

17. El trinomio $-16t^2 + vt + 3$ describe la altura en pies de un modelo de cohete que se lanza verticalmente hacia arriba desde una plataforma de 3 pies con una velocidad de v pies/s después de t segundos. Halla la altura del cohete después de 4 segundos si $v = 70$ pies/s.

18. El trinomio $-16t^2 + vt + 10$ describe la altura en pies de un modelo de cohete que se lanza verticalmente hacia arriba desde una plataforma de 10 pies con una velocidad de v pies/s después de t segundos. Halla la altura del cohete después de 3 segundos si $v = 50$ pies/s.

LECCIÓN 13-2

Identifica términos semejantes en cada polinomio.

19. $5s - 2rs^2 + 3rs^2 + 2rs - s$

20. $-2x^3y^2 + 2x^2y^2 - x^3y + 4x^3y^2$

21. $6b + 4b^2 - 3b^3 + 5b - b^2$

Simplifica.

22. $8r^3 - 2r + 6(r^2 - 3r)$

23. $5(a^2b^2 + 3ab) + 3(ab^2 - 5ab)$

24. $7x - 3x^3 + 4x + 12x^2$

25. $2s^2t^2 + st^2 + 5s^2t^2 - 7s^2t - 3st^2 + s^2t$

26. Un rectángulo tiene 13 cm de anchura y $(4x^2 + 18)$ cm de longitud. El área se representa con la expresión $13(4x^2 + 18)$ cm^2. Usa la Propiedad distributiva para escribir una expresión equivalente.

27. Un paralelogramo tiene una base de $(3x^2 - 4)$ pulg y una altura de 4 pulg. El área se representa con la expresión $4(3x^2 - 4)$ pulg^2. Usa la Propiedad distributiva para escribir una expresión equivalente.

13B Operaciones con polinomios

LECCIÓN 13-3

Suma.

1. $(5x^2y^2 - 3xy^2 + 2y^2) + (3x^2y^2 + 5y^2)$

2. $(4a^2 + 3ab^2) + (2ab^2 + b^2) + (-5a^2 - 2b^2)$

3. $(m^3 + 3m^2n^2 + 4) + (6m^2n^2 - 9)$

4. $(10r^3s^2 - 7r^2s + 4r) + (-4r^3s^2 + 3r)$

5. Un rectángulo tiene anchura de $(x + 5)$ pulg y longitud de $(4x - 3)$ pulg. Un cuadrado tiene lados de $(x^2 + 2x - 3)$ pulg. Escribe una expresión para la suma del perímetro del rectángulo y el perímetro del cuadrado.

LECCIÓN 13-4

Halla el opuesto de cada polinomio.

6. $-6xy - 2y^3$

7. $5a^2b^2 + 3ab - 2$

8. $-4x^4 - 5x + x^3$

9. $9m^3 + mn^2$

Resta.

10. $(5x^2 + 2xy - 3y^2) - (3x^2 + 2y^2 - 8)$

11. $12a - (4a^3 - 2a + 7)$

12. $(8r^2s^2 + 4r^2s + rs) - (-2r^2s - 6rs + 3r^2)$

13. $(12y^3 - 6xy + 1) - (8xy - 2x + 1)$

14. El área del rectángulo mayor es $15x^2 + 11x - 14$ cm^2. El área del rectángulo menor es $6x^2 + 8x$ cm^2. ¿Cuál es el área de la región sombreada?

LECCIÓN 13-5

Multiplica.

15. $(3x^2y^2)(4x^3y)$

16. $(2a^2bc^2)(-5a^3b^2)$

17. $(6m^3n^4)(2mn)$

18. $3s(5t - 8s)$

19. $-p(3p^2 + 2pq - 9)$

20. $2x^2y(3x^2y^3 + 5x^2y - xy + 12y)$

21. Un rectángulo tiene $3x^2y$ pies de anchura y $2x^2 + 4xy + 7$ pies de longitud. Escribe y simplifica una expresión para su área. Luego, halla el área del rectángulo con $x = 2$ y $y = 3$.

LECCIÓN 13-6

Multiplica.

22. $(y + 5)(y - 3)$

23. $(t + 1)(t - 6)$

24. $(3m + 2)(4m - 3)$

25. $(y + 2)^2$

26. $(a - 4)^2$

27. $(c - 2)(c + 2)$

Práctica adicional

14A Teoría de conjuntos

LECCIÓN 14-1

Escribe el símbolo correcto para hacer verdadero cada enunciado.

1. pera ▩ {fruta}

2. $\sqrt{4}$ ▩ {números primos}

Determina si el primer conjunto es subconjunto del segundo. Usa el símbolo correcto.

3. T = {trapecios}
P = {paralelogramos}

4. $N = \{(x + 3), x^2y^2, \frac{1}{2}x\}$
P = {polinomios}

Indica si cada conjunto es finito o infinito.

5. {puntos de una línea}

6. {números primos menores que 100}

LECCIÓN 14-2

Halla la intersección de los conjuntos.

7. $A = \{-3, -1, 3, 5, 7\}$
$B = \{1, 3, 5, 7, 9\}$

8. $N = \{-2, \frac{1}{3}, 0, 1.5, 2\frac{1}{3}, 8\}$
I = {enteros}

9. P = {números primos}
E = {números pares}

Halla la unión de los conjuntos.

10. $E = \{0, 2, 4, 6, 8\}$
$F = \{-4, -2, 0, 2\}$

11. O = {números impares}
$M = \{1, 3, 7, 11\}$

12. $X = \{-3, -2, 0, 2, 3\}$
$Y = \{0, 1, 2, 3\}$

LECCIÓN 14-3

Dibuja un diagrama de Venn que muestre la relación entre los conjuntos.

13.

Conjunto	Elementos
Primeros 10 múltiplos de 3	{3, 6, 9, 12, 15, 18 21, 24, 27, 30}
Factores de 24	{1, 2, 3, 4, 6, 8, 12, 24}

14.

Conjunto	Elementos
Estudiantes del club de ciencias	{Mark, Tina, María, Jacob, Patty, Lucas, Vivian, Bob, Missy, Ariana, Cindy, Dan}
Estudiantes de la banda de jazz	{Nick, Jacob, Rob, Missy, Cathy, Natalie, Cindy}

Usa cada diagrama de Venn para identificar intersecciones, uniones y subconjuntos.

15.

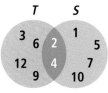

16.

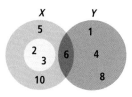

Usa un diagrama de Venn que muestre el siguiente argumento lógico.

17. Todos los cuadrados son rombos.
Todos los rombos son cuadriláteros.
∴ Todos los cuadrados son cuadriláteros.

14B Lógica y matemáticas discretas

LECCIÓN 14-4

Haz una tabla de verdad para *P* y *Q*.

1. *P:* Greg está en octavo grado.
   Q: Greg tiene promedio mayor que 3.0.

Haz una tabla de verdad para *P* o *Q*.

2. *P:* El número *x* es múltiplo de 5.
   Q: El número *x* es par.

LECCIÓN 14-5

Identifica la hipótesis y la conclusión de cada enunciado condicional.

3. Los juegos de béisbol se cancelan cuando llueve.

4. Si $x + 4 = 10$, entonces $x = 6$.

5. Si un polígono tiene cuatro lados, es un cuadrilátero.

Si es posible, saca una conclusión de cada argumento deductivo.

6. Un polígono de 8 lados es un octágono. La figura D es un polígono de 8 lados.

7. Si *x* es múltiplo de 8, es múltiplo de 4. $x = 4^2 + (3)(7)$

8. Si un triángulo tiene base de 8 cm y altura de 5 cm, su área es de 20 cm². El triángulo *ABC* tiene un área de 20 cm².

LECCIÓN 14-6

Halla el grado de cada vértice y determina si la gráfica está conectada.

9.

10.

Determina si cada gráfica de arriba se puede recorrer a través de un circuito de Euler. Si tu respuesta es sí, describe un circuito de Euler en la gráfica.

11. La gráfica del ejercicio 9.

12. La gráfica del ejercicio 10.

LECCIÓN 14-7

Halla un circuito de Hamilton en cada gráfica.

13.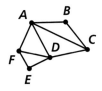

14.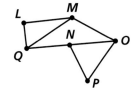

Determina el circuito de Hamilton más corto que inicia en *A*.

15.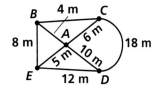

Banco de destrezas · Repaso de destrezas

Valor posicional hasta billones

Una tabla de valores posicionales ayuda a leer y escribir números. Se muestra el número 345,012,678,912.5784 (trescientos cuarenta y cinco billones, doce millones, seiscientos setenta y ocho mil novecientos doce y cinco mil setecientas ochenta y cuatro diezmilésimas).

Billones	Millones	Millares	Unidades	Décimas	Centésimas	Milésimas	Diezmilésimas
345,	012,	678,	912	5	7	8	4

EJEMPLO

Identifica el valor posicional del dígito.

A el 7 en la columna de millares
  7 ⟶ *decenas de millares*

B el 0 en la columna de millones
  0 ⟶ *centenas de millones*

C el 5 en la columna de billones
  5 ⟶ *unidades de billones o billones*

D el 8 a la derecha del punto decimal
  8 ⟶ *milésimas*

PRÁCTICA

Identifica el valor posicional del dígito subrayado.

1. 123,4̲56,789,123.0594
2. 12̲3,456,789,123.0594
3. 123,456,789,123.059̲4
4. 123,456,789,12̲3.0594
5. 123,456,789,123.0̲594
6. 123,456̲,789,123.0594

Redondear números cabales y decimales

Para redondear a una posición determinada, sigue estos pasos.

1. Ubica el dígito de esa posición y considera el siguiente dígito a la derecha.
2. Si el dígito a la derecha es 5 ó mayor, redondea hacia arriba. Si no, redondea hacia abajo.
3. Cambia a cero todos los dígitos a la derecha de la posición de redondeo.

EJEMPLO

A Redondea 125,439.378 al millar más cercano.
  125,439.378   *Ubica el dígito.*
  El dígito a la derecha es menor que 5, por tanto, redondea hacia abajo.
  125,000.000 = 125,000

B Redondea 125,439.378 a la décima más cercana.
  125,439.378   *Ubica el dígito.*
  El dígito a la derecha es mayor que 5, por tanto, redondea hacia arriba.
  125,439.000 = 125,539.4

PRÁCTICA

Redondea 259,345.278 a la posición que se indica.

1. centenas de millares   2. decenas de millares   3. millares   4. centenas

Formas de indicar multiplicación y división

Hay varias formas de mostrar multiplicación y división.

EJEMPLO

1. **Muestra el producto de 7 y 8 de varias formas.**

   7×8 $\qquad$ $7 \cdot 8$ $\qquad$ $7(8)$ $\qquad$ $(7)(8)$

Si se usa una variable en una expresión con multiplicación, generalmente se omite el signo de multiplicación. Una expresión como $5 \times n$ puede escribirse $5n$.

2. **Muestra el cociente de 15 dividido entre 3 de varias formas.**

   $15 \div 3$ $\qquad$ $15/3$ $\qquad$ $\dfrac{15}{3}$ $\qquad$ $3\overline{)15}$

PRÁCTICA

Escribe cada expresión de otras dos formas.

1. 4×8
2. 9×10
3. $18 \div 3$
4. 2×11
5. $(9)(2)(5)$
6. $7 \div n$
7. $\dfrac{b}{2}$
8. $7 \cdot y$
9. $4(c)$
10. $(3)(b)(f)$
11. $24/6$
12. $11\overline{)55}$

División larga con números cabales

Puedes usar división larga para dividir números grandes.

EJEMPLO

Divide 8208 entre 72.

$$
\begin{array}{r}
114 \\
72\overline{)8208} \\
\underline{72} \\
100 \\
\underline{72} \\
288 \\
\underline{288} \\
0
\end{array}
$$

Coloca el primer número bajo el símbolo de división larga.
Resta.
Baja el siguiente dígito.
Resta.
Baja el siguiente dígito.
Resta.

PRÁCTICA

Divide.

1. $125\overline{)4125}$
2. $158\overline{)20,698}$
3. $268\overline{)4556}$
4. $39\overline{)3471}$
5. $99\overline{)4653}$
6. $321\overline{)38,841}$
7. $120\overline{)5040}$
8. $108\overline{)10,476}$
9. $741\overline{)107,445}$

Factores y múltiplos

Si dos números se multiplican para dar un tercero, los dos números son **factores** del tercero. Los **múltiplos** de un número pueden hallarse multiplicando el número por 1, 2, 3, 4, y así sucesivamente.

EJEMPLO

A **Haz una lista de todos los factores de 48.**

$1 \cdot 48 = 48, 2 \cdot 24 = 48, 3 \cdot 16 = 48,$
$4 \cdot 12 = 48$ y $6 \cdot 8 = 48$

Por tanto, los factores de 48 son

1, 2, 3, 4, 6, 8, 12, 16, 24 y 48.

B **Halla los primeros cinco múltiplos de 3.**

$3 \cdot 1 = 3, 3 \cdot 2 = 6, 3 \cdot 3 = 9,$
$3 \cdot 4 = 12$ y $3 \cdot 5 = 15$

Por tanto, los primeros cinco múltiplos de 3 son 3, 6, 9, 12, y 15.

PRÁCTICA

Haz una lista de todos los factores de cada número.

1. 8   **2.** 20   **3.** 9   **4.** 51   **5.** 16   **6.** 27

Escribe los primeros cinco múltiplos de cada número.

7. 9   **8.** 10   **9.** 20   **10.** 15   **11.** 7   **12.** 18

Reglas de divisibilidad

Un número es divisible entre otro número si el residuo de su división es 0. Algunas reglas de divisibilidad se muestran abajo.

Un número es divisible entre...	Divisible	No divisible
2 si el último dígito es un número par.	11,994	2,175
3 si la suma de los dígitos es divisible entre 3.	216	79
4 si los dos últimos dígitos forman un número divisible entre 4.	1,028	621
5 si el último dígito es 0 ó 5.	15,195	10,007
6 si el número es par y divisible entre 3.	1,332	44
8 si los últimos tres dígitos forman un número divisible entre 8.	25,016	14,100
9 si la suma de los dígitos es divisible entre 9.	144	33
10 si el último dígito es 0.	2,790	9,325

PRÁCTICA

Determina si cada número es divisible entre 2, 3, 4, 5, 6, 8, 9 ó 10.

1. 56   **2.** 200   **3.** 75   **4.** 324   **5.** 42   **6.** 812

7. 784   **8.** 501   **9.** 2345   **10.** 555,555   **11.** 3009   **12.** 2001

Números primos y compuestos

Un **número primo** tiene exactamente dos factores, 1 y el mismo número.

Un **número compuesto** tiene más que dos factores.

2	Factores: 1 y 2; primo
11	Factores: 1 y 11; primo
47	Factores: 1 y 47; primo

4	Factores: 1, 2 y 4; compuesto
12	Factores: 1, 2, 3, 4, 6 y 12; compuesto
63	Factores: 1, 3, 7, 9 y 63; compuesto

EJEMPLO

Determina si cada número es primo o compuesto.

A 17

Factores
1, 17 ⟶ primo

B 16

Factores
1, 2, 4, 8, 16 ⟶ compuesto

C 51

Factores
1, 3, 17, 51 ⟶ compuesto

PRÁCTICA

Determina si cada número es primo o compuesto.

1. 5 **2.** 14 **3.** 18 **4.** 2 **5.** 23 **6.** 27

7. 13 **8.** 39 **9.** 72 **10.** 49 **11.** 9 **12.** 89

Factorización prima (árbol de factores)

Un número compuesto puede expresarse como el producto de números primos. Ésta es la **factorización prima** del número. Para hallar la factorización prima de un número, puedes usar un árbol de factores.

EJEMPLO

Halla la factorización prima de 24 con un árbol de factores.

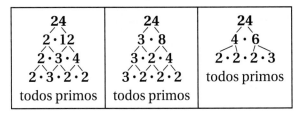

La factorización prima de 24 es 2 · 2 · 2 · 3, o sea $2^3 \cdot 3$.

PRÁCTICA

Halla la factorización prima de cada número con un árbol de factores.

1. 25 **2.** 16 **3.** 56 **4.** 18 **5.** 72 **6.** 40

Máximo común divisor (MCD)

El **máximo común divisor (MCD)** de dos números cabales es el factor más grande que los números tienen en común.

EJEMPLO

Halla el MCD de 24 y 32.

Método 1: Haz una lista de los factores de ambos números.

Halla todos los factores comunes.

24: 1, 2, 3, 4, 6, 8, 12, 24
32: 1, 2, 4, 8, 16, 32

Los factores comunes son 1, 2, 4 y 8.
Por tanto, el MCD es 8.

Método 2: Halla las factorizaciones primas.

Luego, halla los factores primos comunes.

24: $2 \cdot 2 \cdot 2 \cdot 3$
32: $2 \cdot 2 \cdot 2 \cdot 2 \cdot 2$

Los factores primos comunes son 2, 2 y 2.
Su producto es el MCD.
Por tanto, el MCD es $2 \cdot 2 \cdot 2 = 8$.

PRÁCTICA

Halla el MCD de cada par de números por cualquiera de los dos métodos.

1. 9, 15	**2.** 25, 75	**3.** 18, 30	**4.** 4, 10	**5.** 12, 17	**6.** 30, 96
7. 54, 72	**8.** 15, 20	**9.** 40, 60	**10.** 40, 50	**11.** 14, 21	**12.** 14, 28

Mínimo común múltiplo (mcm)

El **mínimo común múltiplo (mcm)** de dos números es el múltiplo común más pequeño que los números comparten.

EJEMPLO

Halla el mínimo común múltiplo de 8 y 10.

Método 1: Haz una lista de los múltiplos de ambos números.

8: 8, 16, 24, 32, 40, 48, 56, 64, 72, 80
10: 10, 20, 30, 40, 50, 60, 70, 80, 90
El múltiplo común más pequeño es 40.

Por tanto, el mcm es 40.

Método 2: Halla las factorizaciones primas. Luego, halla la máxima frecuencia de cada factor.

8: $2 \cdot 2 \cdot 2$
10: $2 \cdot 5$

El mcm es el producto de los factores.

$2 \cdot 2 \cdot 2 \cdot 5 = 40$ El mcm es 40.

PRÁCTICA

Halla el mcm de cada par de número por cualquiera de los dos métodos.

1. 2, 4	**2.** 3, 15	**3.** 10, 25	**4.** 10, 15	**5.** 3, 7	**6.** 18, 27
7. 12, 21	**8.** 9, 21	**9.** 24, 30	**10.** 9, 18	**11.** 16, 24	**12.** 8, 36

Números compatibles

Los **números compatibles** son cercanos a los números de un problema y al dividirse no dejan residuo. Puedes usar números compatibles para estimar cocientes.

EJEMPLO

Usa números compatibles para estimar cada cociente.

A $6134 \div 32$

$6134 \div 32$

$6000 \div 30 = 200$ ←— *Estima*

↑ ↑

Números compatibles

B $647 \div 7$

$647 \div 7$

$630 \div 7 = 90$ ←— *Estima*

↑ ↑

Números compatibles

PRÁCTICA

Estima el cociente mediante números compatibles.

1. $345 \div 5$ **2.** $5474 \div 23$ **3.** $46{,}170 \div 18$ **4.** $749 \div 7$

5. $861 \div 41$ **6.** $1225 \div 2$ **7.** $968 \div 47$ **8.** $3456 \div 432$

9. $5765 \div 26$ **10.** $25{,}012 \div 64$ **11.** $99{,}170 \div 105$ **12.** $868 \div 8$

Números mixtos y fracciones

Los números mixtos pueden escribirse como fracciones mayores que 1 y las fracciones mayores que 1 pueden escribirse como números mixtos.

EJEMPLO

A Escribe $\frac{23}{5}$ como número mixto.

$\frac{23}{5}$ *Divide el numerador entre el denominador.*

$\begin{array}{r} 4 \\ 5\overline{)23} \\ \underline{20} \\ 3 \end{array}$ ⟶ $4\frac{3}{5}$ ←— *Escribe el residuo como numerador de una fracción.*

B Escribe $6\frac{2}{7}$ como fracción.

Multiplica el el denominador por el número cabal.   *Suma el producto al numerador.*

$6\frac{2}{7}$ ⟶ $7 \cdot 6 = 42$ ⟶ $42 + 2 = 44$

Escribe la suma ⟶ $\frac{44}{7}$
sobre el denominador.

PRÁCTICA

Escribe cada número mixto como fracción. Escribe cada fracción como número mixto.

1. $\frac{22}{5}$ **2.** $9\frac{1}{7}$ **3.** $\frac{41}{8}$ **4.** $5\frac{7}{9}$

5. $\frac{7}{3}$ **6.** $4\frac{9}{11}$ **7.** $\frac{47}{16}$ **8.** $3\frac{3}{8}$

9. $\frac{31}{9}$ **10.** $8\frac{2}{3}$ **11.** $\frac{33}{5}$ **12.** $12\frac{1}{9}$

Multiplicar y dividir decimales por potencias de 10

Observa el patrón de abajo.

$0.24 \cdot 10 \quad = 2.4$
$0.24 \cdot 100 \quad = 24$
$0.24 \cdot 1000 \quad = 240$
$0.24 \cdot 10,000 = 2400$

$10 \quad = 10^1$
$100 \quad = 10^2$
$1000 \quad = 10^3$
$10,000 = 10^4$

Observa el patrón de abajo.

$0.24 \div 10 \quad = 0.024$
$0.24 \div 100 \quad = 0.0024$
$0.24 \div 1000 \quad = 0.00024$
$0.24 \div 10,000 = 0.000024$

*Razona: Al multiplicar decimales por potencias de 10, recorre el punto decimal una posición a la **derecha** por cada potencia de 10, ó por cada cero.*

*Razona: Al dividir decimales entre potencias de 10, recorre el punto decimal una posición a la **izquierda** por cada potencia de 10, ó por cada cero.*

PRÁCTICA

Halla cada producto o cociente.

1. $10 \cdot 9.26$
2. $0.642 \cdot 100$
3. $10^3 \cdot 84.2$
4. $0.44 \cdot 10^4$

5. $69.7 \cdot 1000$
6. $11.32 \div 10$
7. $678 \cdot 10^8$
8. $1.276 \div 1000$

9. $536.5 \div 10^2$
10. $5.92 \div 10^3$
11. $25 \div 10,000$
12. $6.519 \cdot 10^2$

Multiplicar decimales

Al multiplicar decimales, multiplica igual que con números cabales. La suma del número de posiciones decimales en los factores es igual al número de posiciones decimales en el producto.

EJEMPLO

Halla cada producto.

A $81.2 \cdot 6.547$

$6.547 \longleftarrow$ *3 posiciones decimales*
$\times \quad 81.2 \longleftarrow$ *1 posición decimal*
$\underline{1\,3094}$
$6\,5470$
$\underline{523\,7600}$
$531.6164 \longleftarrow$ *4 posiciones decimales*

B $0.376 \cdot 0.12$

$0.376 \longleftarrow$ *3 posiciones decimales*
$\times \quad 0.12 \longleftarrow$ *2 posiciones decimales*
752
$\underline{3760}$
$0.04512 \longleftarrow$ *5 posiciones decimales*

PRÁCTICA

Halla cada producto.

1. $6.8 \cdot 3.4$
2. $2.56 \cdot 4.6$
3. $6.787 \cdot 7.6$
4. $0.98 \cdot 4.6$

5. $0.97 \cdot 0.76$
6. $0.5 \cdot 3.761$
7. $42 \cdot 17.654$
8. $7.005 \cdot 32.1$

9. $9.76 \cdot 16.254$
10. $296.5 \cdot 2.4$
11. $7.7 \cdot 6.5$
12. $8.92 \cdot 2.8$

13. $3.65 \cdot 4.2$
14. $0.002 \cdot 8.1$
15. $0.03 \cdot 0.204$
16. $98.6 \cdot 4.9$

Dividir decimales

Al dividir con decimales, escribe la división igual que con números cabales.
Pon atención a las posiciones decimales, como se muestra abajo.

EJEMPLO

Halla cada cociente.

A 89.6 ÷ 16

$$\begin{array}{r} 5.6 \\ 16\overline{)89.6} \\ \underline{80} \\ 96 \\ \underline{96} \\ 0 \end{array}$$

Coloca el punto decimal.

B 3.4 ÷ 4

$$\begin{array}{r} 0.85 \\ 4\overline{)3.40} \\ \underline{3\,2} \\ 20 \\ \underline{20} \\ 0 \end{array}$$

Coloca el punto decimal.
⟵ *Agrega ceros si es necesario.*

PRÁCTICA

Halla cada cociente.

1. 242.76 ÷ 68
2. 40.5 ÷ 18
3. 121.03 ÷ 98
4. 3.6 ÷ 4

5. 1.58 ÷ 5
6. 0.2835 ÷ 2.7
7. 8.1 ÷ 0.09
8. 0.42 ÷ 0.28

9. 480.48 ÷ 7.7
10. 36.9 ÷ 0.003
11. 0.784 ÷ 0.04
12. 15.12 ÷ 0.063

Decimales cerrados y periódicos

Puedes convertir una fracción a decimal mediante una división. Si el decimal
que resulta tiene un número finito de dígitos, es **cerrado** . Si no, es **periódico** .

EJEMPLO

Escribe $\frac{4}{5}$ y $\frac{2}{3}$ como decimales. ¿Son decimales cerrados o periódicos?

$$\frac{4}{5} = 4 \div 5$$

$$\begin{array}{r} 0.8 \\ 5\overline{)4.0} \\ \underline{4\,0} \\ 0 \end{array} \longrightarrow \frac{4}{5} = 0.8$$

$$\frac{2}{3} = 2 \div 3$$

$$\begin{array}{r} 0.6666 \\ 3\overline{)2.0000} \\ \underline{1\,8} \\ 2\,0 \end{array} \longrightarrow \frac{2}{3} = 0.6666...$$

⟶ *Este patrón se repetirá.*

El número 0.8 es un decimal cerrado.

El número 0.6666... es un decimal periódico.

PRÁCTICA

Escribe como decimal. ¿El decimal es cerrado o periódico?

1. $\frac{1}{5}$
2. $\frac{1}{3}$
3. $\frac{3}{11}$
4. $\frac{3}{8}$
5. $\frac{7}{9}$
6. $\frac{7}{15}$

7. $\frac{3}{4}$
8. $\frac{5}{6}$
9. $\frac{4}{11}$
10. $\frac{5}{10}$
11. $\frac{1}{9}$
12. $\frac{11}{12}$

13. $\frac{5}{9}$
14. $\frac{8}{11}$
15. $\frac{7}{8}$
16. $\frac{23}{25}$
17. $\frac{3}{20}$
18. $\frac{5}{11}$

Orden de las operaciones

Al simplificar expresiones, sigue el orden de las operaciones.

  1. Simplifica entre paréntesis.

  2. Evalúa exponentes y raíces.

  3. Multiplica y divide de izquierda a derecha.

  4. Suma y resta de izquierda a derecha.

EJEMPLO

A **Simplifica la expresión $3^2 \times (11 - 4)$.**

$3^2 \times (11 - 4)$

$3^2 \times 7$ *Simplifica entre paréntesis.*

9×7 *Evalúa el exponente.*

63 *Multiplica.*

B **Usa una calculadora para simplificar la expresión $19 - 100 \div 5^2$.**

Si tu calculadora sigue el orden de las operaciones, introduce lo siguiente:

$19 - 100 \div 5$ ENTER El resultado es 15.

Si tu calculadora no sigue el orden de las operaciones, inserta paréntesis para que la expresión se simplifique correctamente.

$19 - (100 \div 5$) ENTER El resultado es 15.

PRÁCTICA

Simplifica cada expresión.

1. $45 - 15 \div 3$

2. $51 + 48 \div 8$

3. $35 \div (15 - 8)$

4. $\sqrt{9} \times 5 - 15$

5. $24 \div 3 - 6 + 12$

6. $(6 \times 8) \div 2^2$

7. $20 - 3 \times 4 + 30 \div 6$

8. $3^2 - 10 \div 2 + 4 \times 2$

9. $27 \div (3 + 6) + 6^2$

10. $4 \div 2 + 8 \times 2^3 - 4$

11. $33 - \sqrt{64} \times 3 - 5$

12. $(8^2 \times 4) - 12 \times 13 + 5$

Usa una calculadora para simplificar cada expresión.

13. $6 + 20 \div 4$

14. $37 - 21 \div 7$

15. $9^2 - 32 \div 8$

16. $10 \div 2 + 8 \times 2$

17. $\sqrt{25} + 4 \times 6$

18. $4 \times 12 - 4 + 8 \div 2$

19. $28 - 3^2 + 27 \div 3$

20. $9 + (50 - 16) \div 2$

21. $4^2 - (10 \times 8) \div 5$

22. $30 + 22 \div 11 - 7 - 3^2$

23. $3 + 7 \times 5 - 1$

24. $38 \div 2 + \sqrt{81} \times 4 - 31$

Propiedades

Las siguientes son propiedades básicas de la suma y la multiplicación cuando *a, b* y *c* son números reales.

Suma		**Multiplicación**	
Cerradura:	$a + b$ es un número real.	Cerradura:	$a \cdot b$ es un número real.
Conmutativa:	$a + b = b + a$	Conmutativa:	$a \cdot b = b \cdot a$
Asociativa:	$(a + b) + c = a + (b + c)$	Asociativa:	$(a \cdot b) \cdot c = a \cdot (b \cdot c)$
Propiedad de identidad del cero:	$a + 0 = a$ y $0 + a = a$	Propiedad de identidad del uno:	$a \cdot 1 = a$ y $1 \cdot a = a$
		Propiedad de multiplicación del cero:	$a \cdot 0 = 0$ y $0 \cdot a = 0$

Las siguientes propiedades son verdaderas cuando *a, b* y *c* son números reales.

Distributiva: $a \cdot (b + c) = a \cdot b + a \cdot c$ **Transitiva:** Si $a = b$ y $b = c$, entonces $a = c$.

EJEMPLO

Identifica la propiedad que se muestra.

A $4 \cdot (7 \cdot 2) = (4 \cdot 7) \cdot 2$
    Propiedad asociativa de la multiplicación

B $4 \cdot (7 + 2) = (4 \cdot 7) + (4 \cdot 2)$
    Propiedad distributiva

PRÁCTICA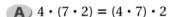

Da un ejemplo de cada propiedad, usando números reales.

1. Propiedad asociativa de la suma

2. Propiedad conmutativa de la multiplicación

3. Propiedad de cerradura de la multiplicación

4. Propiedad distributiva

5. Propiedad de multiplicación del cero

6. Propiedad de identidad de la suma

7. Propiedad transitiva

8. Propiedad de cerradura de la suma

Identifica la propiedad que se ilustra.

9. $4 + 0 = 4$

10. $(6 + 3) + 1 = 6 + (3 + 1)$

11. $7 \cdot 51 = 51 \cdot 7$

12. $5 \cdot 456 = 456 \cdot 5$

13. $17 \cdot (1 + 3) = 17 \cdot 1 + 17 \cdot 3$

14. $1 \cdot 5 = 5$

15. $(8 \cdot 2) \cdot 5 = 8 \cdot (2 \cdot 5)$

16. $72 + 1234 = 1234 + 72$

17. $0 \cdot 12 = 0$

18. $15.7 \cdot 1.3 = 1.3 \cdot 15.7$

19. $8.2 + (9.3 + 7) = (8.2 + 9.3) + 7$

20. $85.98 \cdot 0 = 0$

21. Si $x = 3.5$ y $3.5 = y$, entonces $x = y$.

22. $12a \cdot 15b = 15b \cdot 12a$

23. $(2x + 3y) + 8z = 2x + (3y + 8z)$

24. $0 \cdot 6m^2n = 0$

25. $8j + 32k = 32k + 8j$

26. Si $3 + 8 = 11$ y $11 = x$, entonces $3 + 8 = x$.

Comparar y ordenar números racionales

Una recta numérica ayuda a comparar y ordenar números racionales.

EJEMPLO

A Compara. Escribe < ó >.

$$-\frac{1}{2} \quad\blacksquare\quad -2.5$$

Representa gráficamente ambos números en una recta numérica.

$-\frac{1}{2}$ *está a la derecha de* -2.5.

$$-\frac{1}{2} > -2.5$$

B Ordena 40%, 70% y 10% de menor a mayor. Usa < entre los números.

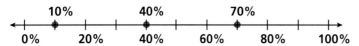

Representa gráficamente los tres porcentajes en una recta numérica.

10% está a la izquierda de 40%, que está a la izquierda de 70%.

$$10\% < 40\% < 70\%$$

PRÁCTICA

Compara. Escribe < ó > .

1. $-0.3 \quad\blacksquare\quad -0.1$

2. $-\frac{3}{4} \quad\blacksquare\quad -\frac{5}{8}$

3. $35\% \quad\blacksquare\quad 6\%$

4. $-8.65 \quad\blacksquare\quad -9.97$

5. $0.25 \quad\blacksquare\quad \frac{2}{5}$

6. $6.05 \quad\blacksquare\quad 6.31$

7. $-\frac{4}{5} \quad\blacksquare\quad -0.5$

8. $75\% \quad\blacksquare\quad 0.80$

9. $-0.07 \quad\blacksquare\quad -0.7$

10. $4.5 \quad\blacksquare\quad 445\%$

11. $0.43 \quad\blacksquare\quad 4.3\%$

12. $-9\frac{1}{3} \quad\blacksquare\quad -9.03$

Ordena los números de menor a mayor. Usa < entre los números.

13. $1.5, 0.15, 1.05$

14. $34\%, 76\%, 9.8\%$

15. $0.4, -\frac{3}{5}, -1\frac{1}{2}$

16. $-2.6, -1.3, -6.3$

17. $-7.1, 0, -2.4$

18. $2.5\%, 105\%, 53\%$

19. $-0.25, -\frac{2}{5}, -1.2$

20. $0.65, 61\%, 3$

21. $13\%, 8.3\%, 6.7\%$

22. $5\frac{3}{4}, 5\frac{4}{25}, 5\frac{2}{5}$

23. $-0.1003, -0.018, -0.008$

24. $2.7, \frac{28}{100}, 0.029$

Valor absoluto y opuestos

El **valor absoluto** de un número es la distancia a la que está el número del cero en una recta numérica. El símbolo de valor absoluto es | |. Dos enteros que están a la misma distancia del 0 en una recta numérica y están en lados opuestos del 0 son **opuestos.**

EJEMPLO

A Identifica el opuesto de 24.

El opuesto de 24 es −24.

B Identifica el opuesto de −8.

El opuesto de −8 es 8.

C Evalúa $|-5|$ y $|3|$.

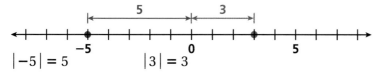

$|-5| = 5$ $|3| = 3$

D Evalúa $|-8 + 6|$.

$|-2|$ *Simplifica entre las barras de valor absoluto.*

2

PRÁCTICA

Identifica el opuesto.

1. 13   **2.** 9   **3.** −28   **4.** −54

5. 85   **6.** 1   **7.** −16   **8.** −125

9. a **10.** $-2x$ **11.** $18x^2y$ **12.** $-20mn$

Evalúa.

13. $|-6|$ **14.** $|-12|$ **15.** $|2.5|$ **16.** $|18|$

17. $|-120|$ **18.** $|-4.4|$ **19.** $\left|\frac{1}{2}\right|$ **20.** $|0|$

21. $\left|-3\frac{2}{5}\right|$ **22.** $|-100,100|$ **23.** $|15.75|$ **24.** $|-52|$

25. $|8 + 6|$ **26.** $|19 - 3|$ **27.** $|2 - 6|$ **28.** $|-3 + 10|$

29. $|27 - 28|$ **30.** $|-107 + 120|$ **31.** $|-3| + |12|$ **32.** $|6| + |-4|$

33. $|-33| + |-17|$ **34.** $|25| - |30|$ **35.** $|15| - |-11|$ **36.** $|-7| + |7|$

Usa < ó > para comparar.

37. $|-6|$ ▨ $|5|$ **38.** $|-10|$ ▨ $|-17|$ **39.** $|3.5|$ ▨ $|-3.7|$ **40.** $\left|-\frac{1}{2}\right|$ ▨ $\left|\frac{2}{3}\right|$

Medir ángulos

Puedes usar un transportador para medir ángulos. Para medir un ángulo, coloca la base del transportador sobre uno de los rayos del ángulo y céntrala en el vértice. Usa la escala del transportador que tiene cero en el primer rayo, lee la escala donde la cruza el segundo rayo. Extiende los rayos si es necesario.

EJEMPLO

A Mide ∠ABC.

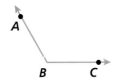

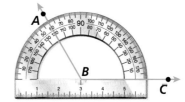

La medida de ∠ABC, o m∠ABC, es de 120°.

B La medida de ∠XYZ.

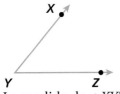

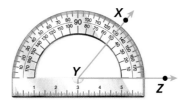

La medida de ∠XYZ, o m∠XYZ, es de 50°.

PRÁCTICA

Usa un transportador para medir cada ángulo.

1.

2.

3.

4.

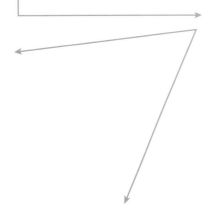

Comprobaciones informales de geometría

El **razonamiento inductivo** consiste en examinar un conjunto de datos para hallar un patrón y luego hacer una conjetura acerca de los datos. Con el **razonamiento deductivo** llegas a una conclusión usando el razonamiento lógico con enunciados o premisas que piensas que son verdaderas.

EJEMPLO

A Usa el razonamiento inductivo para determinar el 30º. número de la sucesión.

3, 5, 7, 9, 11,…

Examina el patrón para determinar la relación entre cada término de la sucesión y su valor.

Término	1º.	2º.	3º.	4º.	5º.
Valor	3	5	7	9	11

$1 \cdot 2 + 1 = 2 + 1 = 3$ $4 \cdot 2 + 1 = 8 + 1 = 9$

$2 \cdot 2 + 1 = 4 + 1 = 5$ $5 \cdot 2 + 1 = 10 + 1 = 11$

$3 \cdot 2 + 1 = 6 + 1 = 7$

Para obtener cada valor, multiplica el término por 2 y suma 1. Por tanto, el 30º. término es $30 \cdot 2 + 1 = 60 + 1 = 61$.

B Usa el razonamiento deductivo para sacar una conclusión de las conjeturas que se dan.

Conjetura: Makayla necesita por lo menos un 89 en su examen para obtener B en el trimestre en su clase de matemáticas.

Conjetura: Makayla obtuvo B en el trimestre en matemáticas.

Conclusión: Makayla obtuvo al menos 89 en su examen.

PRÁCTICA

Usa el razonamiento inductivo para hallar el 100º. número de cada patrón.

1. $\frac{1}{2}$, 1, $1\frac{1}{2}$, 2, $2\frac{1}{2}$,…

2. 1, 4, 9, 16, 25,…

3. 4, 6, 8, 10, 12,…

4. 0, 3, 6, 9, 12, 15,…

Usa el razonamiento deductivo para sacar una conclusión de las conjeturas que se dan.

5. Conjetura: Si está lloviendo, debe haber nubes en el cielo.

Conjetura: Está lloviendo.

6. Conjetura: Un cuadrilátero con cuatro lados congruentes y cuatro ángulos rectos es un cuadrado.

Conjetura: El cuadrilátero *ABCD* tiene cuatro ángulos rectos.

Conjetura: El cuadrilátero *ABCD* tiene cuatro lados congruentes.

7. Conjetura: Darnell tiene 3 años menos que la mitad de la edad de su padre.

Conjetura: El padre de Darnell tiene 40 años.

Iteración

Una **iteración** es un paso en el proceso de repetir algo una y otra vez.
Puedes mostrar los pasos del proceso en un **diagrama de iteración**.

EJEMPLO

A Usa el siguiente diagrama de iteración y completa el proceso 3 veces.

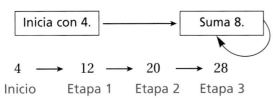

$$4 \longrightarrow 12 \longrightarrow 20 \longrightarrow 28$$

Inicio   Etapa 1   Etapa 2   Etapa 3

B Para el patrón de abajo, indica la iteración y da los siguientes 3 números del patrón.

1, 5, 25, 125,…

Para avanzar de una etapa a la siguiente, la iteración es multiplicar por 5.

$$125 \cdot 5 = 625 \qquad 625 \cdot 5 = 3125 \qquad 3125 \cdot 5 = 15{,}625$$

Los siguientes tres números del patrón son 625, 3125 y 15,625.

PRÁCTICA

Usa el diagrama de la derecha. Da los resultados de las primeras 3 iteraciones.

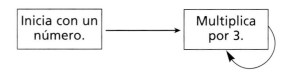

1. Inicia con 1.

2. Inicia con 8.

3. Inicia con 2.

4. Inicia con 25.

5. Inicia con -3.

6. Inicia con -7.

Para cada patrón, escribe la iteración y da los siguientes 3 números del patrón.

7. 11, 17, 23, 29,…

8. 5, 10, 20, 40,…

9. 345, 323, 301, 279,…

10. 30, 75, 120, 165,…

11. 15, 7, -1, -9,…

12. $1, 1\frac{2}{3}, 2\frac{1}{3}, 3,\ldots$

Un **fractal** es un patrón geométrico que es *semejante a sí mismo,* de modo que cada etapa es semejante a una porción de otra etapa del patrón. Por ejemplo, el copo de nieve de Koch es un fractal que se forma iniciando con un triángulo y añadiendo un triángulo equilátero a cada segmento del triángulo.

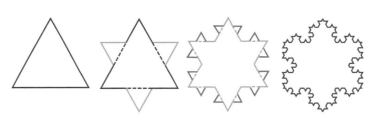

Dibuja las siguientes dos etapas de cada fractal.

13.

Etapa 0   Etapa 1

14.

Etapa 0   Etapa 1

Frecuencia relativa, acumulativa y acumulativa relativa

Una **tabla de frecuencia** muestra cada valor o rango de valores del conjunto de datos y su frecuencia o número de veces que ocurre su **frecuencia**.

Frecuencia relativa es la frecuencia de un valor o rango de valores dividida entre el número total de valores.

Frecuencia acumulativa es la frecuencia de todos los valores que son menores que un valor dado.

Frecuencia acumulativa relativa es la frecuencia acumulativa dividida entre el número total de valores.

Calificación	Frecuencia
66 a 70	3
71 a 75	1
76 a 80	4
81 a 85	7
86 a 90	5
91 a 95	6
96 a 100	2

EJEMPLO

La tabla de frecuencia de arriba muestra un rango de calificaciones de un examen y la frecuencia, o sea, cuántos estudiantes calificaron en cada rango.

A Halla la frecuencia relativa de calificaciones en el rango 76–80.

$3 + 1 + 4 + 7 + 5 + 6 + 2 = 28$ *Halla el total de calificaciones.*

Hay 4 calificaciones en el rango 76–80. La frecuencia relativa es $\frac{4}{28} \approx 0.14$.

B Halla la frecuencia acumulativa de las calificaciones menores que 86.

$7 + 4 + 1 + 3 = 15$ *Suma las frecuencias de las calificaciones menores que 86.*

La frecuencia acumulativa de las calificaciones menores que 86 es 15.

C Halla la frecuencia acumulativa relativa de las calificaciones menores que 86.

$\frac{15}{28} \approx 0.54$ *Divide la frecuencia acumulativa entre el total de valores.*

La frecuencia acumulativa relativa de las calificaciones menores que 86 es 0.54.

PRÁCTICA

La tabla de frecuencia muestra la frecuencia de cada rango de estaturas de los estudiantes de la maestra Dawkin.

Estatura	Frecuencia
4 pies a 4 pies 5 pulg	2
4 pies 6 pulg a 4 pies 11 pulg	8
5 pies a 5 pies 5 pulg	10
5 pies 6 pulg a 5 pies 11 pulg	6
6 pies a 6 pies 5 pulg	1

1. ¿Cuál es la la frecuencia relativa de las estaturas en el rango 5 pies–5 pies 5 pulg?

2. ¿Cuál es la frecuencia relativa de las estaturas en el rango 4 pies–4 pies 5 pulg?

3. ¿Cuál es la frecuencia acumulativa de estaturas menores que 6 pies?

4. ¿Cuál es la frecuencia acumulativa de estaturas menores que 5 pies?

5. ¿Cuál es la frecuencia acumulativa relativa de estaturas menores que 5 pies 6 pulg?

6. ¿Cuál es la frecuencia acumulativa relativa de estaturas menores que 5 pies?

Polígonos de frecuencia

Un **histograma** es una forma común de representar tablas de frecuencia. Es una gráfica de barras sin espacios entre las barras. Cada barra puede representar un rango de valores de un conjunto de datos.

Se forma un **polígono de frecuencia** uniendo los puntos medios de la parte alta de todas las barras de un histograma.

EJEMPLO

A La tabla da las frecuencia del número de lagartijas que hacen los estudiantes en una clase de gimnasia. Dibuja el histograma y el polígono de frecuencia de los datos.

Rotula el eje horizontal con el número de lagartijas, y el vertical, con la frecuencia.

Lagartijas hechas en 1 minuto	
Número de lagartijas	frecuencla
0 a 9	3
10 a 19	6
20 a 29	11
30 a 39	10
40 a 49	4
50 a 59	2

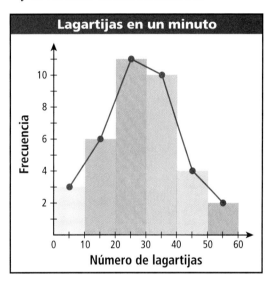

El polígono de frecuencia se hace con los puntos rojos y los segmentos rojos que los unen.

PRÁCTICA

Usa cada tabla de frecuencia para dibujar un histograma y un polígono de frecuencia.

1.

Libros leídos en el verano	
Número de libros	Frecuencia
0 a 2	5
3 a 5	8
6 a 8	12
9 a 11	6
12 a 14	4
15 a 17	2

2.

Millas recorridas para ir al trabajo	
Número de millas	Frecuencia
0 a 4	6
5 a 9	5
10 a 14	13
15 a 19	9
20 a 24	4
25 a 29	1

Crecimiento exponencial y comportamiento cuadrático

Una **función de crecimiento exponencial** tiene la forma $y = C(1 + r)^t$, donde C es la cantidad inicial, r es el porcentaje de incremento y t es el tiempo.

EJEMPLO

A Patrick invirtió $2000 a 5 años con tasa de interés anual del 3%. Escribe una función de crecimiento exponencial que represente esta situación.

C = cantidad inicial = $2000

r = porcentaje de incremento = 3% = 0.03

t = tiempo = 5 años

$y = 2000(1 + 0.03)^5$

$y = 2000(1.03)^5$

Una función de la forma $y = ax^2 + bx + c$ se llama **función cuadrática**. La gráfica de una función cuadrática se llama **parábola**. La función cuadrática más básica es $y = x^2$. A la derecha se muestra su gráfica. Si examinas el valor de a en $y = ax^2$, podrás determinar el efecto que tendrá sobre la gráfica de $y = x^2$.

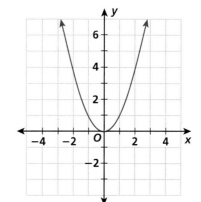

- Si a es positivo, la gráfica se abre hacia arriba.
- Si a es negativo, la gráfica se abre hacia abajo.
- Si $|a| < 1$, la gráfica es más ancha que la de $y = x^2$.
- Si $|a| > 1$, la gráfica es más angosta que la de $y = x^2$.

EJEMPLO

B Compara la gráfica de $y = -2x^2$ con la de $y = x^2$.

Como a es negativo, la gráfica se abrirá hacia abajo. Como $|a| = 2(2 > 1)$, la gráfica será más angosta que la de $y = x^2$.

PRÁCTICA

Escribe una función de crecimiento exponencial que represente cada situación.

1. En 1997, cierto pueblo tenía 25,500 habitantes. En un periodo de 5 años, la población se incrementó a una tasa del 2% anual.

2. Shante invirtió $1800 a 10 años con tasa de interés anual del 4.5%.

3. Tyler consiguió un empleo que pagaba $30,000 al año, con aumentos anuales del 4%, y conservó ese empleo durante 8 años.

Compara la gráfica de cada función cuadrática con la gráfica de $y = x^2$.

4. $y = -x^2$ 5. $y = \frac{1}{2}x^2$ 6. $y = 3x^2$ 7. $y = -\frac{1}{4}x^2$

8. $y = -5x^2$ 9. $y = 0.2x^2$ 10. $y = -\frac{3}{2}x^2$ 11. $6x^2 = y$

Banco de destrezas

Círculos

Un círculo puede identificarse por su centro, usando el símbolo ⊙. Un círculo con un centro rotulado *C* se identificaría ⊙*C*. Un **arco** es una parte continua de un círculo. Hay arcos mayores y menores.

Un **arco menor** de un círculo es más corto que la mitad del círculo y se identifica por sus extremos. Un **arco menor** es más largo que la mitad del círculo y se identifica por sus extremos y otro punto del arco.

$\overset{\frown}{AB}$ es un arco menor.

$\overset{\frown}{BAC}$ es un arco mayor.

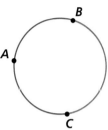

Un **radio** une el centro con un punto del círculo.

radio $\overline{CD}$

Una **cuerda** une dos puntos de un círculo. Un **diámetro** es una cuerda que pasa por el centro del círculo.

cuerda $\overline{AB}$

Una **secante** es una línea que cruza un círculo en dos puntos.

secante $\overleftrightarrow{EF}$

Una **tangente** es una línea que toca un círculo en un punto.

tangente $\overleftrightarrow{GH}$

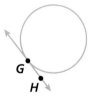

Un **ángulo central** tiene su vértice en el centro del círculo.

ángulo central
$\angle JKL$

Un **ángulo inscrito** tiene su vértice en el círculo.

ángulo inscrito
$\angle MNP$

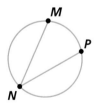

PRÁCTICA

Usa el diagrama que se da de ⊙*A* para los ejercicios del 1 al 6.

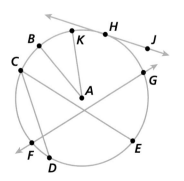

1. Identifica un radio.
2. ¿Cuáles dos cuerdas forman el ángulo inscrito?
3. Identifica una secante.
4. Da la tangente.
5. Identifica el ángulo central.
6. Identifica el ángulo inscrito.

Matrices

Una **matriz** es un arreglo rectangular de datos encerrado en corchetes. Usamos matrices para hacer listas, organizar y ordenar datos.

Las **dimensiones** de una matriz se dan con el número de **filas** horizontales y columnas verticales de la matriz. Por ejemplo, la matriz A es una matriz de 3×2 ("3 por 2") porque tiene 3 filas y 2 columnas, con un total de 6 **elementos** . Siempre se da primero el número de filas, así que una matriz de 3×2 no es lo mismo que una de 2×3.

$$A = \begin{bmatrix} 86 & 137 \\ 103 & 0 \\ 115 & 78 \end{bmatrix} \begin{matrix} \leftarrow \text{Fila 1} \\ \leftarrow \text{Fila 2} \\ \leftarrow \text{Fila 3} \end{matrix}$$

Columna 1   Columna 2

Cada elemento se identifica por su fila y su columna. El elemento de la fila 2 columna 1 es 103. Puedes usar la notación $a_{21} = 103$ para expresar esto.

EJEMPLO

Usa los datos de la gráfica de barras para crear una matriz.

La matriz puede organizarse con los votos de cada año

como columnas: $\begin{bmatrix} 12 & 5 \\ 6 & 11 \\ 2 & 4 \end{bmatrix}$

o con los votos de cada año como filas:

$$\begin{bmatrix} 12 & 6 & 2 \\ 5 & 11 & 4 \end{bmatrix}$$

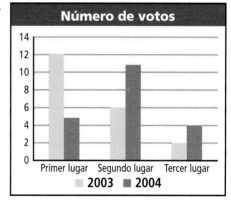

PRÁCTICA

Usa la matriz B para los ejercicios del 1 al 3. $B = \begin{bmatrix} 1 & 0 & 7 & 4 \\ 0 & 1 & 3 & 8 \\ 6 & 5 & 2 & 9 \end{bmatrix}$

1. B es una matriz de a ▢ × ▢ .   2. Identifica el elemento cuyo valor es 5.   3. ¿Cuál es el valor de b_{13}?

4. Un equipo de fútbol americano anotó 24, 13 y 35 puntos en tres juegos de postemporada. Usa estos datos para escribir una matriz de 3×1.

5. El peso medio y longitud máxima de algunas especies de ballena son: rorcual de aleta: 50 pies, 82 toneladas; ballena jorobada: 33 pies, 49 toneladas; ballena de Groenlandia: 50 pies, 59 toneladas; ballena azul: 84 pies, 98 toneladas; ballena franca: 50 pies, 56 toneladas. Organiza estos datos en una matriz.

6. La segunda matriz del ejemplo es la *transposición* de la primera. Escribe la transposición de la matriz B de arriba. ¿Cuáles son sus dimensiones?

Conversión de unidades en 1, 2 y 3 dimensiones

Al convertir entre el sistema métrico y el usual, usa **factores de conversión** .

Conversiones comunes del sistema métrico al usual		
Longitud	**Área**	**Volumen**
1 cm ≈ 0.394 pulg	1 cm^2 ≈ 0.155 pulg^2	1 cm^3 ≈ 0.061 pulg^3
1 m ≈ 3.281 pies	1 m^2 ≈ 10.764 pies^2	1 m^3 ≈ 35.315 pies^3
1 m ≈ 1.094 yd	1 m^2 ≈ 1.196 yd^2	1 m^3 ≈ 1.308 yd^3
1 km ≈ 0.621 mi	1 km^2 ≈ 0.386 mi^2	1 km^3 ≈ 0.239 mi^3

Conversiones comunes del sistema usual al métrico		
Longitud	**Área**	**Volumen**
1pulg ≈ 2.54 cm	1 pulg^2 ≈ 6.452 cm^2	1 pulg^3 ≈ 16.387 cm^3
1 pies ≈ 0.305 m	1 pies^2 ≈ 0.093 m^2	1 pies^3 ≈ 0.028 m^3
1 yd ≈ 0.914 m	1 yd^2 ≈ 0.836 m^2	1 yd^3 ≈ 0.765 m^3
1 mi ≈ 1.609 km	1 mi^2 ≈ 2.590 km^2	1 mi^3 ≈ 4.168 km^3

EJEMPLOS

A 8 cm ≈ ▨ pulg

$1 \text{ cm} \approx 0.394 \text{ pulg}$

$8 \text{ cm} \approx 8(0.394) \text{ pulg}$

$8 \text{ cm} \approx 3.152 \text{ pulg}$

B 45 mi^2 ≈ ▨ km^2

$1 \text{ mi}^2 \approx 2.590 \text{ km}^2$

$45 \text{ mi}^2 \approx 45(2.590) \text{ km}^2$

$45 \text{ mi}^2 \approx 116.550 \text{ km}^2$

PRÁCTICA ▰▰▰

Completa cada conversión.

1. 2 pulg ≈ ▨ cm

2. 3 km^3 ≈ ▨ mi^3

3. 4.2 m^2 ≈ ▨ pies^2

4. 5 pies^2 ≈ ▨ m^2

5. 10 mi ≈ ▨ km

6. 1.1 m^3 ≈ ▨ yd^3

7. 4 yd ≈ ▨ m

8. 15 pulg^2 ≈ ▨ cm^2

9. 12 yd ≈ ▨ m

10. 1 cm^3 ≈ ▨ pulg^3

11. 9 m^3 ≈ ▨ pies^3

12. 2 mi ≈ ▨ km

13. ¿Aproximadamente cuántos metros hay en una milla?

Conversión de temperaturas

En Estados Unidos, la escala de temperatura Fahrenheit (°F) es la de uso común Por ejemplo, los informes del tiempo y las temperaturas corporales se dan en grados Fahrenheit. La escala métrica de temperatura es la Celsius (°C) y suele usarse en aplicaciones científicas. Las temperaturas en una escala pueden convertirse a la otra con estas fórmulas.

Fórmulas

Fahrenheit a Celsius (°F a °C) $\qquad \frac{5}{9}(°F - 32) = °C$

Celsius a Fahrenheit (°C a °F) $\qquad \frac{9}{5}°C + 32 = °F$

EJEMPLOS

A **Convierte 77° F a grados Celsius.**

$$\frac{5}{9}(°F - 32) = °C$$
$$\frac{5}{9}(77 - 32) = °C$$
$$\frac{5}{9}(45) = °C$$
$$25 = °C$$

B **Convierte 103° C a grados Fahrenheit.**

$$\frac{9}{5}°C + 32 = °F$$
$$\frac{9}{5}(103) + 32 = °F$$
$$185.4 + 32 = °F$$
$$217.4 = °F$$

PRÁCTICA

Convierte cada temperatura a grados Celsius. Da la temperatura a la décima más cercana de un grado.

1. 7° F

2. 0° F

3. 12° F

4. 40° F

5. 100° F

6. 32° F

7. 25° F

8. 212° F

9. −50° F

10. −8° F

Convierte cada temperatura a grados Fahrenheit. Da la temperatura a la décima más cercana de un grado.

11. 0° C

12. 10° C

13. 22° C

14. 55° C

15. 212° C

16. 1° C

17. 100° C

18. 80° C

19. 95° C

20. 32° C

21. 31° C

22. 42° C

23. −6° C

24. −40° C

Reglas usuales y métricas

Una regla métrica se divide en centímetros y cada centímetro se divide en 10 milímetros. Una regla métrica que mide 1 metro de longitud se llama *metro*.

1 m = 100 cm
1 cm = 10 mm

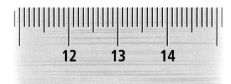

EJEMPLO

¿Cuánto mide el segmento?

Puesto que el segmento mide más que 5 cm y menos que 6 cm, su longitud es un valor decimal entre esas medidas. El dígito en la posición de unidades es el número de centímetro y el de la posición de décimas es el número de milímetros. La longitud del segmento es 5.6 cm.

PRÁCTICA

Usa una regla métrica para hallar la longitud de cada segmento.

1.

2.

Una regla usual mide por lo común 12 pulgadas. La regla se lee en unidades fraccionarias, no decimales. Cada pulgada tiene una marca larga en $\frac{1}{2}$ pulg, marcas más cortas en $\frac{1}{4}$ y $\frac{3}{4}$ pulg, marcas aún más cortas en $\frac{1}{8}$, $\frac{3}{8}$, $\frac{5}{8}$ y $\frac{7}{8}$ pulg, y las marcas más cortas en los dieciseisavos de pulgada restantes.

EJEMPLO

¿Cuánto mide el segmento?

Como el segmento mide más que 2 y menos que 3 pulgadas, su longitud es un número mixto con 2 como número cabal. La parte fraccionaria es $\frac{11}{16}$. La longitud del segmento es $2\frac{11}{16}$ pulg.

PRÁCTICA

Usa una regla usual para hallar la longitud de cada segmento.

3.

4.

Precisión y dígitos significativos

En una medición, todos los dígitos que sin duda alguna son exactos se llaman **dígitos significativos**. Cuanto más precisa es una medición, más dígitos significativos tiene. La tabla muestra algunas reglas para identificar dígitos significativos.

Regla	Ejemplo	Número de dígitos significativos
Todos los dígitos diferentes de cero	15.32	Los 4
Ceros entre dígitos diferentes de cero	43,001	Los 5
Ceros después del último dígito diferente de cero a la derecha del punto decimal	0.0070	2; 0.0070

Los ceros a la derecha en un número cabal son no significativos. (Ejemplo: 500)

EJEMPLO

A ¿Qué medición es más precisa, 14 pies ó 14.2 pies?

Como 14.2 pies tiene 3 dígitos significativos y 14 sólo tiene 2, 14.2 pies es más preciso. Al medir 14.2 pies, se mide cada 0.1 pies.

B Determina el número de dígitos significativos en 20.04 m, 200 m y 200.0 m.

20.04 Los 4 dígitos son significativos.
200   Hay 1 dígito significativo.
200.0 Los 4 dígitos son significativos.

Al calcular con mediciones, la respuesta sólo puede ser tan precisa como la medición menos precisa.

C Multiplica 16.3 m por 2.5 m. Usa el número correcto de dígitos significativos en tu respuesta.

Al multiplicar o dividir, usa el menor número de dígitos significativos de los números.

16.3 m · 2.5 m = 40.75

Redondea a 2 dígitos significativos. $\longrightarrow$ 41 m^2

D Suma 4500 pulg y 70 pulg. Usa el número correcto de dígitos significativos en tu respuesta.

Al sumar o restar, alinea los números. Redondea la respuesta al último dígito significativo que esté más a la izquierda.

4500 pulg *5 es el que está más a la izquierda.*
+ 70 pulg *Redondea a centenas.*

4570 Redondea a centenas. $\longrightarrow$ 4600 pulg

PRÁCTICA

Indica qué es más preciso.

1. 31.8 g ó 32 g

2. 496.5 mi ó 496.50 mi

3. 3.0 pies ó 3.001 pies

Determina el número de dígitos significativos en cada medición.

4. 12 lb

5. 14.00 mm

6. 1.009 yd

7. 20.87 s

Realiza la operación indicada. Usa el número correcto de dígitos significativos en tu respuesta.

8. 210 m + 43 m

9. 4.7 pies · 1.04 pies

10. 6.7 s − 0.08 s

Banco de destrezas

Máximo error posible

Cuanto más pequeñas sean las unidades usadas para medir, mayor será la precisión de la medición. El **máximo error posible** de una medición es la mitad de la unidad más pequeña. Esto se escribe ± 0.5 unidades y se lee "más o menos 0.5 unidad".

EJEMPLOS

A **¿Qué medición es más precisa, 292 cm ó 3 m?**

La medición más precisa es 292 cm porque su unidad de medida, 1 cm, es más pequeña que 1 m.

B **Halla el máximo error posible en una medición de 2.4 cm.**

La unidad más pequeña es 0.1 cm.

$0.5 \times 0.1 = 0.05$

El máximo error posible es ± 0.05 cm.

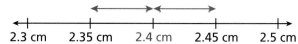

PRÁCTICA

Indica qué medición es más precisa.

1. 40 cm ó 412 mm
2. 3.2 pies ó 1 yd
3. 7 pies ó 87 pulg
4. 3116 m ó 3 km
5. 1 mi ó 5281 pies
6. 0.04 m ó 4.2 cm

Halla el máximo error posible de cada medición.

7. 5 pies
8. 22 mm
9. 12.5 mi
10. 60 km
11. 2.06 cm
12. 0.08 g

pH (escala logarítmica)

El pH es una medida de la concentración de iones de hidrógeno de una solución, y varía entre 0 y 14. Un *ácido* tiene pH menor que 7 y una *base* tiene un pH mayor que 7. Un pH de 7 es *neutro* y puede escribirse como 1×10^{-7} mol/l. El exponente es el opuesto del pH.

0 Ácidos fuertes   Ácidos débiles 7 Bases débiles   Bases fuertes 14

EJEMPLOS

A Escribe el pH de la solución con la concentración de iones de hidrógeno que se da.

café: 1×10^{-5} mol/l

El café es ácido, con pH de 5.

B Escribe la concentración de iones de hidrógeno de la solución usando mol/l.

solución antiácido: pH = 10.0

1×10^{-10} mol/l en la solución.

PRÁCTICA

Escribe el pH de la solución con la concentración de iones de hidrógeno que se da.

1. agua de mar: 1×10^{-8} mol/l
2. lejía: 1×10^{-13} mol/l
3. bórax: 1×10^{-9} mol/l

Escribe la concentración de iones de hidrógeno usando mol/l.

4. destapacaños: pH = 14.0
5. jugo de limón: pH = 2.0
6. leche: pH = 7.0

Escala Richter

Los sismos se clasifican según su magnitud. La escala Richter es un sistema matemático que compara el tamaño y la magnitud de los sismos.

La magnitud depende de la altura, o *amplitud*, de las ondas sísmicas que registra un sismógrafo durante un terremoto. Cuanto más alto sea el número en la escala Richter, mayor es la amplitud de las ondas del sismo.

Sismos por año	Magnitud en la escala Richter	Intensidad
1	8.0 o más	Grande
18	7.0 a 7.9	Mayor
120	6.0 a 6.9	Fuerte
800	5.0 a 5.9	Moderada
6200	4.0 a 4.9	Leve
49,000	3.0 a 3.9	Menor
$\approx$ 3,300,000	menos de 3.0	Mínima

La escala Richter es una *escala logarítmica,* lo que significa que los números de la escala miden factores de 10. Un sismo que mide 6.0 en la escala Richter es 10 veces mayor que con un sismo que mide 5.0.

El sismo más intenso que se ha registrado midió 8.9 en la escala Richter.

EJEMPLO

¿Cuántas veces mayor es un sismo que mide 5.0 en la escala Richter, que con uno que mide 3.0?

Puedes dividir potencias de 10, con las magnitudes como exponentes.

$$\frac{10^5}{10^3} = 10^2$$

Un sismo de 5.0 es 100 veces mayor que con un sismo de 3.0.

PRÁCTICA

Describe la intensidad de un sismo con el número que sale en la escala Richter.

1. 7.6　　　　　　　**2.** 4.2　　　　　　　**3.** 5.0

4. 2.0　　　　　　　**5.** 3.6　　　　　　　**6.** 8.4

Cada par de números representa las magnitudes de dos sismos en la escala Richter. El primer sismo es ¿cuántas veces mayor que el segundo? (Usa una calculadora para los ejercicios del 10 al 12.)

7. 6.0 y 4.0　　　　　**8.** 8.0 y 5.0　　　　　**9.** 7.0 y 3.0

10. 7.5 y 5.5　　　　　**11.** 5.7 y 5.3　　　　　**12.** 8.6 y 7.1

Respuestas seleccionadas

Capítulo 1

1-1 Ejercicios

1. 17 **2.** 23 **3.** 3 **4.** 44 **5.** 1.8
6. 5 cucharadas **7.** 8 cucharadas
8. 11.5 cucharadas **9.** 17 cucharadas
11. 33 **13.** 67 **15.** 4 gal **17.** 2 gal
19. 0 **21.** 22 **23.** 9 **25.** 6 **27.** 10
29. 16 **31.** 11 **33.** 20 **35.** 34
37. 12.6 **39.** 18 **41.** 105 **43.** 17
45. 30.5 **47.** 24 **49.** 0 **51.** Rango
Posible: 204 a 208 latidos/min
53. b. 165,600 fotogramas
57. 15, 21, 71 **59.** 49, 81 **61.** C

1-2 Ejercicios

1. $6 \div t$ **2.** $y - 25$ **3.** $7(m + 6)$
4. $7m + 6$ **5. a.** $8n$ **b.** $8(23) = \$184$
6. $\$15 + d$; $\$17.50$ **7.** $k + 34$
9. $5 + 5z$ **11. a.** $42 \div p$
b. 7 estudiantes **13.** $\$1.75n$; $\$14.00$
15. $6(4 + y)$ **17.** $\frac{1}{2}(m + 5)$
19. $13y - 6$ **21.** $2\left(\frac{m}{35}\right)$
25. $2(r - 1)$; $2(2.50 - 1) = \$3$
27.

$24 + 4(2 - 2)$	24
$24 + 4(3 - 2)$	28
$24 + 4(4 - 2)$	32
$24 + 4(5 - 2)$	36
$24 + 4(6 - 2)$	40

31. 202 **33.** 400 **35.** 200.2 **37.** 40
39. C

1-3 Ejercicios

1. 5 **2.** 21 **3.** $m = 32$ **4.** $t = 5$
5. $w = 17$ **6.** 15,635 pies **7.** 22
9. $w = 1$ **11.** $t = 12$ **13.** 20
15. 30 **17.** 7 **19.** 0 **21.** $t = 5$
23. $m = 24$ **25.** $h = 3$
27. $t = 2621$ **29.** $x = 110$
31. $n = 45$ **33.** $t = 0.5$
35. $w = 1.9$ **37. a.** $497 + m = 1696$;
1199 millas **b.** $1278 + m = 1696$;
418 millas **39. a.** $0.24 + c = 4.23$;
$\$3.99$ **b.** $c - 3.82 = 0.53$; $\$4.35$
43. 22 **45.** 26

1-4 Ejercicios

1. $x = 7$ **2.** $t = 7$ **3.** $y = 14$
4. $w = 13$ **5.** $l = 60$ **6.** $k = 72$
7. $h = 57$ **8.** $m = 6$ **9.** $8n = 32$;
$n = 4$ porciones **10.** $\frac{1}{4}c = \$60$ ó
$\frac{c}{4} = \$60$; $c = \$240$ **11.** $x = 7$
12. $k = 40$ **13.** $y = 3$ **14.** $m = 36$
15. $d = 19$ **17.** $g = 10$ **19.** $n = 567$
21. $a = 612$ **23.** $10n = 80$; $n = 8$ mg
25. $x = 2$ **27.** $y = 2$ **29.** $x = 7$
31. $y = 2$ **33.** $k = 56$ **35.** $b = 72$
37. $x = 17$ **39.** $y = 3$ **41.** $b = 48$
43. $n = 35$ **45.** $16m = 42,000$; $m =$
2625 millas **47.** $\frac{1}{6}m = 22$ ó $\frac{m}{6} = 22$;
$m = 132$ millas **49.** $x = 8$
51. $w = 2$ **53.** A

1-5 Ejercicios

1. $<$ **2.** $>$ **3.** $>$ **4.** $>$ **5.** $>$ **6.** $<$
7. $>$ **8.** $>$ **9.** $x < 1$ **10.** $b \geq 5$
11. $m \leq 32$ **12.** $15 > x$ **13.** $y \geq 17$
14. $f < 5$ **15.** $z > 21$ **16.** $14 \leq x$
17. $m > 40$; más de 40 integrantes
19. $<$ **21.** $>$ **23.** $<$ **25.** $<$
27. $x \geq 7$ **29.** $4 < t$ **31.** $x \geq 4$
33. $6 < a$ **35.** $x < 6$ **37.** $x > 4$
39. $x < 1$ **41.** $x \geq 5$ **43.** $50(50) >$
2200; $2500 > 2200$; no **45.** $x \geq 53$
51. 22; 19; 16; 13 **53.** 13; 21; 29; 37
55. 15; 13; 11; 9 **57.** H

1-6 Ejercicios

1. $4x$ **2.** $5z + 5$ **3.** $8f + 8$ **4.** $17g$
5. $4p - 8$ **6.** $4x + 12$ **7.** $3x + 5y$
8. $9x + y$ **9.** $5x + y$ **10.** $9p + 3z$
11. $7g + 5h - 12$ **12.** $10h$ **13.** $r + 6$
14. $10 + 8x$ **15.** $2t + 56$ **16.** $n = 42$
17. $y = 24$ **18.** $p = 17$ **19.** $13y$
21. $7a + 11$ **23.** $3x + 2$ **25.** $5p$
27. $9x + 3$ **29.** $5a + z$ **31.** $7x + 5q$
$+ 3$ **33.** $9a + 7c + 3$ **35.** $20y - 18$
37. $6y + 17$ **39.** $11x - 9$ **41.** $p = 5$
43. $y = 8$ **45.** $x = 14$ **47.** $8d + 1$
49. $x = 2$ **51.** $52g$; $41p$; $49b$
57. $x = 13$ **59.** $x = 8$ **61.** $x = 32$
63. $x = 16$ **65.** B

1-7 Ejercicios

1. no **2.** sí **3.** sí **4.** no
5.

x	y	(x, y)
1	2	(1, 2)
2	4	(2, 4)
3	6	(3, 6)
4	8	(4, 8)
5	10	(5, 10)
6	12	(6, 12)

6.

x	y	(x, y)
1	1	(1, 1)
2	4	(2, 4)
3	7	(3, 7)
4	10	(4, 10)
5	13	(5, 13)
6	16	(6, 16)

7. $\$1.29$ **9.** no **11.** no
13.

x	y	(x, y)
1	10	(1, 10)
2	12	(2, 12)
3	14	(3, 14)
4	16	(4, 16)
5	18	(5, 18)
6	20	(6, 20)

15.

x	y	(x, y)
2	2	(2, 2)
4	8	(4, 8)
6	14	(6, 14)
8	20	(8, 20)
10	26	(10, 26)

17. sí **19.** sí **21.** no **23.** sí
25.

x	y	(x, y)
1	1	(1, 1)
2	5	(2, 5)
3	9	(3, 9)
4	13	(4, 13)
5	17	(5, 17)
6	21	(6, 21)

27.

x	y	(x, y)
1	9	(1, 9)
2	10	(2, 10)
3	11	(3, 11)
4	12	(4, 12)
5	13	(5, 13)
6	14	(6, 14)

29.

x	y	(x, y)
2	8	(2, 8)
4	12	(4, 12)
6	16	(6, 16)
8	20	(8, 20)
10	24	(10, 24)

31. Respuesta posible: $x = y$ **33.** no;
(13, 52) ó (12.75, 51)
35. a. (1980, 74) **b.** (2020, 81)
39. 7 **41.** 4 **43.** 12 **45.** B

1-8 Ejercicios

1. $(-2, 3)$ **2.** $(3, 5)$ **3.** $(2, -3)$
4. $(5, -1)$ **5.** $(5, 5)$ **6.** $(-3, -4)$

7–10.

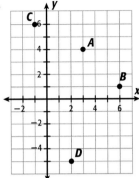

11.

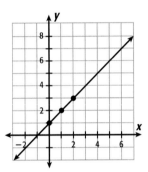

12.

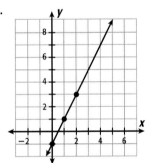

13. $(0, 3)$ **15.** $(2, -4)$ **17.** $(-2, 5)$

19–21.

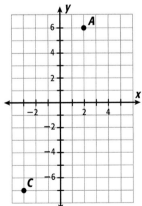

23.

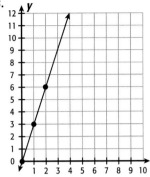

25–31. Se dan respuestas posibles.
25. $(1, 0), (2, 0)$ **27.** $(2, 7), (4, 7)$
29. $(4, 3), (4, 5)$ **31.** $(0, 4), (0, 5)$
33. 75 golpes

35.

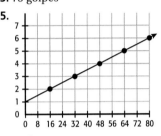

7 clavos

39. $x - 13$ **41.** $x + 31$ **43.** C

1-9 Ejercicios

1. tabla 2 **2.** tabla 2; tabla 1;
tabla 3; ninguna

3.

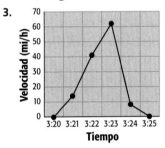

5. Tabla 1; tabla 3; tabla 2

7.

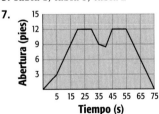

9. a. Old Faithful **b.** Riverside
11. $x = 9$ **13.** $x = 11$ **15.** D

Capítulo 1 Guía de estudio y repaso

1. par ordenado; coordenada x;
coordenada y **2.** conjunto solución;

desigualdad **3.** 147 **4.** 152 **5.** 278
6. $2(k + 4)$ **7.** $4t + 5$ **8.** $z = 23$
9. $t = 8$ **10.** $k = 15$ **11.** $x = 11$
12. 1300 lb. **13.** 3300 mi^2 **14.** $g = 8$
15. $k = 9$ **16.** $p = 80$ **17.** $w = 48$
18. $y = 40$ **19.** $z = 19.2$
20. 352.5 mi **21.** 24 meses
22. $h < 4$ **23.** $y > 7$ **24.** $x \geq 4$
25. $p < \frac{1}{2}$ **26.** $m > 2.3$ **27.** $q \leq 0$
28. $w \geq 8$ **29.** $x \leq 3$ **30.** $y > 16$
31. $x > 3$ **32.** $y > 6$ **33.** $x \leq 2$
34. $11m - 4$ **35.** $14w + 6$ **36.** $y = 5$
37. $z = 8$ **38.** sí **39.** no

40.

x	y	(x, y)
0	2	$(0, 2)$
1	5	$(1, 5)$
2	8	$(2, 8)$
3	11	$(3, 11)$
4	14	$(4, 14)$

41–46.

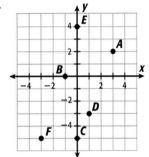

47. 5 **48.** 8 **49.** 20 **50.** Horno E

Capítulo 2

2-1 Ejercicios

1. 5 **2.** 2 **3.** 4 **4.** -6 **5.** -8 **6.** 6
7. 3 **8.** -16 **9.** 11 **10.** 4 **11.** -8
12. \$297 **13.** -2 **15.** -3 **17.** 21
19. -18 **21.** 22 **23.** 9
25. $-6 + (-2) = -8$ **27.** -13
29. -18 **31.** -2 **33.** 43 **35.** 0
37. -19 **39.** 8 **41.** -20 **43.** -15
45. 5 **51.** $f = 6$ **53.** $q = 6$

2-2 Ejercicios

1. -15 **2.** -3 **3.** 14 **4.** -7 **5.** 13
6. -6 **7.** -15 **8.** 49°F **9.** -11
11. 17 **13.** 3 **15.** 4 **17.** 16
19. -17 **21.** -14 **23.** 40 m bajo el
nivel del mar, o sea, -40 m

25. $5 - 8 = -3$ **27.** 51 **29.** -62
31. -16 **33.** 13 **35.** 2 **37.** -42
39. Gran Pirámide a Cleopatra; unos
500 años
41. Cleopatra sube al trono
y Napoleón invade Egipto.
45. no hay términos semejantes
47. C

2-3 Ejercicios

1. -27 **2.** -8 **3.** 30 **4.** -4 **5.** 49
6. -77 **7.** -24 **8.** -72
9.

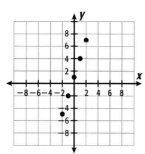

10.

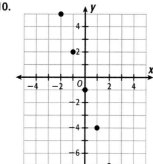

11.

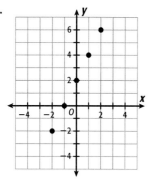

13. -11 **15.** -7 **17.** 130 **19.** -2
21.

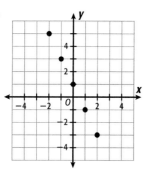

23. -45 **25.** 36 **27.** 24 **29.** -72
31. -80 **33.** 63 **35.** -19 **37.** 14
39. 3
41.

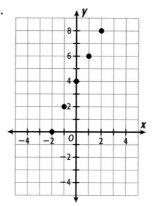

43.

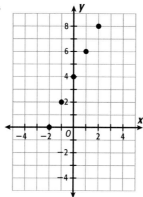

45. 32 días **51.** $w = 11$ **53.** $h = 0$

2-4 Ejercicios

1. $y = 6$ **2.** $d = 12$ **3.** $x = -11$
4. $b = -7$ **5.** $t = -16$ **6.** $g = -4$
7. $a = 12$ **8.** $f = -5$ **9.** $427°C$
11. $a = 13$ **13.** $b = -3$
15. $y = -37$ **17.** $h = -31$
19. $n = -39$ **21.** $c = 84$
23. $a = 45$ **25.** $r = -64$
27. $s = -11$ **29.** $x = 4$
31. $m = -27$ **33.** $z = 16$
35. $h = -4$ **37.** $y = -105$
39. $x = 24$ **41.** $p = -6$
43. a. $-4t = d$, t es tiempo en
minutos y d es profundidad.
b. -68 m
c. $-4t = -24$; $t = 6$ minutos
49. $w = 2$ **51.** C

2-5 Ejercicios

1. $x \geq -5$ **2.** $y < 2$ **3.** $b \leq -7$
4. $h < 1$ **5.** $f > 4$ **6.** $k \leq 5$
7. $x < -3$ **8.** $y < -2$ **9.** $w \leq 3$
10. $x \geq -3$ **11.** $z > -8$ **12.** $n \leq 6$

13. $k > -3$ **15.** $x < -1$ **17.** $r \geq 2$
19. $n > 5$ **21.** $x \geq -4$ **23.** $x > -5$
25. $x > -2$ **27.** $k \geq 10$
29. $a \leq -12$ **31.** $r \leq -1$ **33.** $t = 2$
35. $b > 0$ **37.** $f = -18$ **39.** $c \leq 2$
41. $n < -6$ **43.** $g = 8$ **45.** $p = -9$
47. $3x + (-7x) > -12$; $x < 3$
49. $-1 + x < -7$; $x < -6$;
menos de 6 bajo par **55.** 9
57. -254 **59.** -16 **61.** 3 **63.** H

2-6 Ejercicios

1. 14^1 **2.** 15^2 **3.** b^4 **4.** $(-1)^3$ **5.** 81
6. 25 **7.** -243 **8.** 2401 **9.** -33
10. 90 **11.** -117 **12.** -47 **13.** 78
15. $(-7)^3$ **17.** c^5 **19.** 256
21. -512 **23.** 77 **25.** -360
27. $(-2)^3$ **29.** 4^4 **31.** 343
33. -1728 **35.** 729 **37.** 4
39. -116 **41.** -166 **43.** -4
45. -1 **47.** 216 **49.** 257
51. $2^{18} = 262,144$ bacterias **59.** 9
61. 104 **63.** C

2-7 Ejercicios

1. 3^{11} **2.** 12^5 **3.** m^6 **4.** no pueden
combinarse **5.** 8^2 **6.** a^8 **7.** $12^0 = 1$
8. 7^{12} **9.** 10^2 plantas de maíz **11.** 2^6
13. 16^4 **15.** no pueden combinarse
17. $10^0 = 1$ **19.** 6^3 **21.** a **23.** x^{10}
25. 6^6 **27.** no pueden combinarse
29. $y^0 = 1$ **31.** x^8 **33.** 4^6 **35.** 10^{14}
37. n^{16} **39.** 4^4 **41.** 6^9
43. 26^2, ó 676 maneras más
45. 12^2; 12^1 **47.** 22^3 viajes **51.** 3
53. -12 **55.** -16 **57.** -12 **59.** D

2-8 Ejercicios

1. 0.0000001 **2.** 0.001 **3.** 0.000001
4. 0.1 **5.** $\frac{1}{16}$ **6.** $\frac{1}{9}$ **7.** $\frac{1}{8}$ **8.** $-\frac{1}{32}$
9. 1000 **10.** $\frac{1}{9}$ **11.** 216 **12.** $\frac{1}{27}$
13. 0.01 **15.** 0.00001 **17.** $-\frac{1}{64}$
19. 0.0001 **21.** $10,000$ **23.** 1
25. $\frac{1}{8}$ **27.** 0.001 **29.** 128 **31.** m^7
33. $\frac{1}{9}$ **35.** 1024 **37.** $\frac{1}{2}$ **39.** $\frac{1}{4}$
41. $\frac{1}{144}$ **43.** 4 **45.** 1 kilómetro
47. a. $10^{-5} \cdot 10^3 = 10^{-2}$ g
b. $10^{-2} \cdot 10^7 = 10^5$ g
c. $10^5 \div 10^1 = 10^{5-1} = 10^4$;
10^4 decagramos **51.** 30 **53.** 85

2-9 Ejercicios

1. 3150 **2.** 0.000000125

3. 410,000 **4.** 0.00039

5. 5.7×10^{-5} **6.** 3×10^{-4}

7. 4.89×10^{6} **8.** 1.4×10^{-7}

9. $\left(1.485 \times 10^{6}\right){}^{\circ}$C **11.** 0.00067

13. 63,700,000 **15.** 7.8×10^{6}

17. 3×10^{-8} **19.** 13,000 **21.** 56

23. 0.000000053 **25.** 8,580,000

27. 9,112,000 **29.** 0.00029

31. 4.67×10^{-3} **33.** 5.6×10^{7}

35. 7.6×10^{-3} **37.** 3.5×10^{3}

39. 9×10^{2} **41.** 6×10^{6}

43. a. $\approx 2.21 \times 10^{7}$;

$\approx 1.4 \times 10^{4}$ mi^2 **b.** 6.35×10^{-4}

mi^2/persona **45.** 0.000078 **51.** -20

53. 21 **55.** $t = -9$ **57.** $b = -27$

Capítulo 2 Guía de estudio y repaso

1. opuesto **2.** notación científica;
potencia **3.** exponente; base

4. -2 **5.** -12 **6.** -3 **7.** 1 **8.** -24

9. 8 **10.** -8 **11.** -16 **12.** 17 **13.** 3

14. 15 **15.** -22 **16.** -4 **17.** 16

18. -5 **19.** -35 **20.** -18 **21.** 52

22. 25 **23.** 120 **24.** 2 **25.** $p = 9$

26. $t = 3$ **27.** $k = 3$ **28.** $g = -6$

29. $w = -80$ **30.** $b = -20$

31. $a = -4$ **32.** $h = -91$

33. $S = 38$ **34.** $b < -2$ **35.** $r > 6$

36. $m \geq 3$ **37.** $p < -2$ **38.** $z < -5$

39. $q \geq 3$ **40.** $m \geq 4$ **41.** $x > -3$

42. $y < 4$ **43.** $x > -3$ **44.** $b \leq 0$

45. $y < 6$ **46.** 7^3 **47.** $(-3)^2$

48. K^4 **49.** 625 **50.** -32 **51.** -1

52. 4^7 **53.** 9^6 **54.** p^4 **55.** 8^3

56. 9^2 **57.** m^5 **58.** 5^3 **59.** y^5

60. k^0 **61.** $\frac{1}{125}$ **62.** $-\frac{1}{64}$ **63.** $\frac{1}{11}$

64. 1 **65.** 1 **66.** 1 **67.** $\frac{1}{8}$ **68.** $-\frac{1}{27}$

69. 1620 **70.** 0.00162 **71.** 910,000

72. 0.000091 **73.** 8.0×10^{-9}

74. 7.3×10^{7} **75.** 9.6×10^{-6}

76. 5.64×10^{10}

Capítulo 3

3-1 Ejercicios

1. $\frac{4}{5}$ **2.** $\frac{3}{5}$ **3.** $-\frac{2}{3}$ **4.** $\frac{11}{27}$ **5.** $\frac{19}{23}$

6. $-\frac{5}{6}$ **7.** $-\frac{7}{27}$ **8.** $\frac{7}{16}$ **9.** $\frac{3}{4}$ **10.** $1\frac{1}{8}$

---

11. $\frac{431}{1000}$ **12.** $\frac{4}{5}$ **13.** $-2\frac{1}{5}$ **14.** $\frac{5}{8}$

15. $3\frac{21}{100}$ **16.** $-\frac{1939}{5000}$ **17.** 0.875

18. 0.6 **19.** $0.41\overline{6}$ **20.** 0.75 **21.** 4.0

22. 0.125 **23.** 2.4 **24.** 2.25 **25.** $\frac{3}{4}$

27. $-\frac{1}{2}$ **29.** $\frac{13}{17}$ **31.** $\frac{16}{19}$ **33.** $\frac{2}{5}$ **35.** $\frac{71}{100}$

37. $1\frac{377}{1000}$ **39.** $-1\frac{2}{5}$ **41.** 0.375

43. 1.4 **45.** 0.68 **47.** 1.16

49. Respuesta posible : $\frac{25}{36}$ **51. a.** $\frac{3}{4}$;

$\frac{1}{6}, \frac{5}{9}, \frac{17}{20}, \frac{13}{32}, \frac{11}{25}, \frac{19}{24}, \frac{8}{15}$

b. 2×2; 2×3; 3×3; $2 \times 2 \times 5$; 2×2

$\times 2 \times 2$; 5×5; $2 \times 2 \times 2$; 3×5

c. 0.75 cerrado; $0.1\overline{6}$ periódico;

$0.\overline{5}$ periódico; 0.85 cerrado;

0.40625 cerrado; 0.44 cerrado;

$0.719\overline{6}$ periódico; $0.5\overline{3}$ periódico

53. MCD = 4; $\frac{12}{19}$; No **59.** 28; 48

61. 35; 14 **63.** H

3-2 Ejercicios

1. 9.693 segundos **2.** 1.4 **3.** -2

4. -0.4 **5.** $-2\frac{1}{2}$ **6.** -1.5

7. $-\frac{5}{9}$ **8.** -1.9 **9.** -3 **10.** $-\frac{1}{3}$

11. $-1\frac{1}{3}$ **12.** $\frac{4}{5}$ **13.** $\frac{2}{5}$ **14.** $\frac{1}{2}$

15. $\frac{5}{17}$ **16.** $4\frac{1}{5}$ **17.** $-2\frac{5}{9}$ **18.** 4.2

19. $\frac{2}{5}$ **20.** 21.4 **21.** $\frac{2}{5}$ **23.** -1.6

25. 1.6 **27.** 1.9 **29.** -2.7

31. $\frac{5}{11}$ **33.** $1\frac{8}{17}$ **35.** $-\frac{1}{2}$ **37.** $1\frac{2}{21}$

39. 28.7 **41.** -16.34 **43. a.** $\frac{29}{32}$ pulg

b. $1\frac{7}{32}$ pulg **c.** $\frac{19}{32}$ pulg

45. a. 3.63 cuatrillones de Btu

b. 2.717 cuatrillones de Btu

49. $7x - 5y + 18$

51. $16x + 22y + 11$ **53.** A

3-3 Ejercicios

1. $1\frac{1}{3}$ **2.** $-14\frac{2}{5}$ **3.** $1\frac{7}{8}$ **4.** $-3\frac{4}{5}$

5. $3\frac{1}{9}$ **6.** $-8\frac{7}{11}$ **7.** $6\frac{3}{4}$ **8.** $6\frac{3}{8}$

9. $\frac{4}{21}$ **10.** $-\frac{21}{80}$ **11.** $3\frac{5}{9}$ **12.** $\frac{1}{4}$

13. $-\frac{25}{78}$ **14.** $2\frac{1}{32}$ **15.** $\frac{7}{12}$

16. $-\frac{55}{192}$ **17.** 12.4 **18.** 0.144

19. 36.5 **20.** -0.42 **21.** 41.3

22. 3.65 **23.** 14.1 **24.** -0.416

25. $13\frac{1}{7}$ **26.** $5\frac{3}{4}$ **27.** $-6\frac{4}{7}$

28. $-1\frac{20}{49}$ **29.** 23 **30.** $7\frac{2}{3}$ **31.** $-9\frac{6}{7}$

32. $-\frac{69}{70}$ **33.** $\frac{3}{5}$ **35.** $1\frac{1}{8}$ **37.** $8\frac{2}{5}$

39. 4 **41.** $\frac{5}{9}$ **43.** $\frac{38}{63}$ **45.** $-\frac{3}{10}$

47. $\frac{3}{32}$ **49.** 8.7 **51.** 43.4

---

53. 33.6 **55.** 28.8 **57.** $16\frac{1}{2}$

59. -11 **61.** $8\frac{1}{4}$ **63.** $-19\frac{1}{4}$

65. $72\frac{1}{2}$ onzas **67. a.** $1\frac{1}{4}$ cdta

b. $1\frac{1}{2}$ cdta **c.** 2 cdta **73.** $x = 12$

75. $x = 34$ **77.** $x = 44$ **79.** F

3-4 Ejercicios

1. $\frac{4}{5}$ **2.** $\frac{45}{68}$ **3.** $-\frac{2}{7}$ **4.** $2\frac{11}{12}$ **5.** $1\frac{3}{14}$

6. $-\frac{5}{54}$ **7.** $1\frac{1}{2}$ **8.** $2\frac{9}{10}$ **9.** 12.4 **10.** 68

11. 15.3 **12.** 8.6 **13.** $3.8\overline{4}$ **14.** 17.6

15. 1310 **16.** 9.2 **17.** 22.5 **18.** 21

19. 45 **20.** 4 **21.** 13 **22.** 270

23. $\frac{6}{7}$ de porción

25. $1\frac{13}{15}$ **27.** $3\frac{3}{5}$ **29.** $-\frac{8}{21}$ **31.** $2\frac{1}{28}$

33. $\frac{1}{4}$ **35.** $-4\frac{1}{2}$ **37.** 97

39. 17.1 **41.** 27.4 **43.** 25.4 **45.** 32

47. 5.76 **49.** 13 **51.** 11

53. 370 **55.** 0.7 **57.** 6 sillas

59. $2\frac{1}{2}$ mosaicos **61.** sí **65.** $x = 6.5$

67. $x = 8$ **69.** $x = 4.5$ **71.** C

3-5 Ejercicios

1. $\frac{19}{24}$ **2.** $\frac{67}{112}$ **3.** $-\frac{4}{9}$ **4.** $\frac{7}{16}$

5. $-3\frac{7}{15}$ **6.** $-2\frac{11}{24}$ **7.** $\frac{47}{60}$ **8.** $1\frac{29}{40}$

9. $1\frac{19}{40}$ **10.** $-1\frac{8}{63}$ **11.** $\frac{5}{8}$ **12.** $-\frac{37}{48}$

13. $6\frac{5}{8}$ pies **15.** $\frac{44}{45}$ **17.** $1\frac{1}{4}$ **19.** $-\frac{11}{112}$

21. $1\frac{4}{45}$ **23.** $-\frac{5}{48}$ **25.** $-\frac{7}{60}$

27. $660\frac{779}{800}$ pulg **29.** $18\frac{21}{50}$ pulg

31. $47\frac{2}{25}$ metros **35.** -27 **37.** 88

39. 18 **41.** H

3-6 Ejercicios

1. $y = -75.4$ **2.** $f = -7$

3. $m = -19.2$ **4.** $r = 54.7$

5. $s = 68.692$ **6.** $g = 6.3$

7. $x = -\frac{4}{7}$ **8.** $k = -\frac{1}{3}$ **9.** $w = -\frac{7}{9}$

10. $m = 0$ **11.** $y = -9$ **12.** $t = 0$

13. $17\frac{24}{25}$ mm **15.** $m = -9$

17. $k = -2.4$ **19.** $c = 5.16$

21. $d = \frac{8}{15}$ **23.** $x = \frac{1}{2}$ **25.** $c = \frac{7}{20}$

27. $z = \frac{2}{3}$ **29.** $j = -32.4$

31. $g = 9$ **33.** $v = -30.25$

35. $y = -5.4$ **37.** $c = -\frac{1}{24}$

39. $y = 64.1$ **41.** $m = -2.8$

43. a. 15 mosaicos **b.** 9 mosaicos

c. 5 cajas **49.** 21 **51.** 5.24×10^{-6}

53. 6.4×10^{10}

3-7 Ejercicios

1. $x \geq 2$ **2.** $k > 9.3$ **3.** $g \leq 7$

4. $h < 0.79$ **5.** $w \leq 0.24$

6. $z > 0$ **7.** $k > \frac{3}{5}$ **8.** $y \geq 0$

9. $q \leq -\frac{1}{169}$ **10.** $x < 1\frac{2}{3}$

11. $-f > \frac{4}{15}$ **12.** $m \geq 4$

13. entre 6.7 y 8.1 horas

15. $m \leq -.07$ **17.** $g \leq -24.3$

19. $w \leq -1.5$ **21.** $k \geq \frac{25}{36}$

23. $x \geq 4\frac{3}{5}$ **25.** $m \leq -1\frac{1}{7}$

27. $d \leq -3$ **29.** $g \geq -2$ **31.** $t > \frac{3}{13}$

33. $y \geq -8$ **35.** $w \leq -\frac{1}{3}$

37. $c > 3.1$ **39.** $c < 3\frac{1}{3}$ **41.** $t \leq 6$

43. al menos 12.5 pulg, pero no más de 3600 pulg. **47.** 0.3 **49.** -0.26

51. 16.8 **53.** -0.258 **55.** C

3-8 Ejercicios

1. ± 5 **2.** ± 12 **3.** ± 2 **4.** ± 20 **5.** ± 1

6. ± 9 **7.** ± 3 **8.** ± 4 **9.** 16 pies **10.** 5

11. 2 **12.** -55 **13.** -1 **15.** ± 15

17. ± 13 **19.** ± 21 **21.** ± 19 **23.** -3

25. -20 **27.** ± 7 **29.** ± 17 **31.** ± 30

33. ± 23 **35.** $\pm \frac{1}{2}$ **37.** $\pm \frac{5}{2}$ **39.** $\pm \frac{3}{2}$

41. $\pm \frac{1}{10}$ **43.** 26 pies **45.** 327

47. a. 81; 1 **b.** 18 **51.** $t = 9$

53. $t = 22$ **55.** $\frac{1}{9}$ **57.** 1 **59.** D

3-9 Ejercicios

1. 6 y 7 **2.** -8 y -9 **3.** 14 y 15

4. -18 y -19 **5.** ≈ 13.27 pies **6.** 9.1

7. 6.5 **8.** 50 **9.** 13.8 **11.** 1 y 2

13. -31 y -32 **15.** 8.3 **17.** 25.5

19. B **21.** E **23.** F **25.** 7.14

27. 11.62 **29.** 42.85 **31.** -11.62

33. -32.83 **35.** ± 5.20 **37.** ± 317.02

39. 800 pies/s **43.** $y = -4.4$

45. $m = -25.6$ **47.** $x < 5\frac{2}{3}$

49. $m \geq 8$ **51.** 4 y -4 **53.** 10 y -10

55. D

3-10 Ejercicios

1. irracional, real **2.** cabal, entero, racional, real **3.** racional, real

4. racional, real **5.** racional

6. racional **7.** irracional

8. no real **9.** racional **10.** no real

11. no real **12.** no real

13–15. Se dan respuestas posibles.

13. $5\frac{1}{4}$ **14.** $\frac{2199}{700}$ **15.** $\frac{3}{16}$

17. racional, real

19. entero, racional, real

21. racional **23.** irracional

25. irracional **27.** no real **29.** $-\frac{1}{200}$

31. cabal, entero, racional, real

33. irracional, real **35.** racional, real

37. racional, real **39.** racional, real

41. entero, racional, real

43–51. Se dan respuestas posibles.

43. $-\sqrt{50}$ **45.** $\frac{11}{18}$ **47.** $\frac{3}{4}$ **49.** 3

51. -4.25 **53.** $x \geq 0$ **55.** $x \geq -3$

57. $x \geq -\frac{2}{5}$ **63.** 6.32 **65.** 7.75

67. -4.12 **69.** 3.46 **71.** 2.5×10^6

73. 5.68×10^{15} **75.** J

Capítulo 3 Guía de estudio y repaso

1. número racional **2.** números reales; números irracionales

3. primos relativos

4. raíz cuadrada principal

5. cuadrado perfecto

6. $\frac{3}{5}$ **7.** $\frac{1}{4}$ **8.** $\frac{21}{40}$ **9.** $\frac{2}{3}$ **10.** $\frac{2}{3}$ **11.** $\frac{3}{4}$

12. $\frac{-6}{13}$ **13.** $1\frac{2}{5}$ **14.** $\frac{5}{9}$ **15.** $\frac{1}{6}$

16. $-1\frac{1}{5}$ **17.** $7\frac{3}{5}$ **18.** $\frac{8}{15}$ **19.** -4

20. $2\frac{1}{4}$ **21.** $3\frac{1}{4}$ **22.** 6 **23.** $\frac{3}{8}$ **24.** $\frac{2}{9}$

25. -16 **26.** $1\frac{1}{4}$ **27.** 2 **28.** $1\frac{1}{6}$

29. $\frac{5}{18}$ **30.** $11\frac{3}{10}$ **31.** $4\frac{7}{20}$

32. $y = -21.8$ **33.** $z = -18$

34. $w = -\frac{5}{8}$ **35.** $p = 2$

36. $m > -\frac{1}{12}$ **37.** $t \geq -12$

38. $y \leq -3\frac{1}{4}$ **39.** $x > -\frac{1}{2}$ **40.** ± 4

41. ± 30 **42.** ± 26 **43.** 5 **44.** $\frac{1}{2}$

45. 9 **46.** 89.4 pulg **47.** 167.3 cm

48. racional **49.** irracional

50. no real **51.** irracional

52. racional **53.** no real

Capítulo 4

4-1 Ejercicios

1. Población: clientes de tienda para mascotas; muestra: 100 clientes; posiblemente no representativa: no todos los clientes tienen perros.

2. sistemático **3.** aleatorio

5. sistemático **7.** Población: estudiantes; muestra: estudiantes

que compran el plato principal; posiblemente no representativa: los estudiantes que compran el plato podrían ser quienes gustan de la comida de la cafetería.

9. Población: clientes de restaurante; muestra: primeros cuatro clientes que ordenan la salsa de queso; posiblemente no representativa: si los clientes pidieron la salsa, probablemente les gusta el queso. **11.** sistemático

13. por estratos **15.** sistemático

17 a. Respuesta posible: seleccionar al azar personas que salen del zoológico. **b.** Respuesta posible: elegir a cada décimo visitante que sale. **c.** Respuesta posible: los visitantes con niños podrían acudir al zoológico sólo porque tienen niños. **23.** $y = -7.2$ **25.** $c = -\frac{2}{7}$

27. $x > 25.6$

4-2 Ejercicios

1.

Nutrimentos de papas		
Papa al horno (100 g)	Papas fritas (100 g)	Hojuelas de papa (100 g)
Fibra		
2.4 g	3.2 g	4.5 g
Ca		
10 mg	10 mg	24 mg
Mg		
27 mg	22 mg	67 mg

2. 2, 3, 3, 7, 11, 13, 17, 17, 18, 20, 20, 27, 34, 34, 35, 35 **3.** 63, 66, 68, 73, 73, 75, 77, 80, 80, 81, 90, 94, 95, 99

4.

Decenas	Unidades
0	1 6 7
1	8
2	0 2 6
3	5 6
4	7
5	3 6

Clave: 1|8 significa 18

5.

Demócratas		Republicanos
	3	2 6 7 8
6 6	4	1 2 3 4
8 7 6 4	5	3 4
8 4 1 1	6	

Clave: 4|1 significa 41
6|4 significa 46

7. 50, 51, 54, 58, 62, 66, 67, 71, 74, 75, 76, 76, 82

9.

Dólares	Centavos
0.9	3 5 5
1.0	2 6
1.1	1 1 3 4 7
1.2	1 3 3 4
1.3	0 8

Clave: 1.1 | 1 significa $1.11

11.

Decenas	Unidades
4	3
5	7
6	5 8
7	2 2 3 5 6
8	1 2 4 8
9	1

Clave: 5 | 7 significa 57

13.

Consumo de energía en EE. UU.

	1980	1990	2000
Combustibles fósiles	89%	86%	85%
Energía nuclear	3%	7%	8%
Recursos renovables	7%	7%	7%

15.

Números		Horas	
Uno	9	Noche	12
Dos	3	Día	4
Tres	6	Hora de cenar	1
Diez	2	Hora de acostarse	1
Doce	1	Anochecer	1
Catorce	1		

19. 5^{11} **21.** no pueden combinarse
23. población: estudiantes; muestra: estudiantes en cada segundo autobús

4-3 Ejercicios

1. ≈ 34.43; 35; no hay moda **2.** 4.4; 4.4; 4.4 y 6.2 **3.** 5; 5; 5 **4.** ≈ 55.67; 56; no hay moda **5.** 2.39 millones
6. aproximadamente 1.43 millones
7. 3.35 millones **9.** 87.6; 88; 88
11. 5.85; 4.4; no hay moda
13. aproximadamente 74.33 millones **15.** 25; 26; no hay moda; no hay valor extremo **17.** 11; 12; 10 y 13; 3 **19.** 4; 2; 2; 29 **21.** 1105 millones de millas; 484 millones de millas; no hay moda **29.** $14x - 45$
31. $x = 13$ **33.** $m = 100$ **35.** J

4-4 Ejercicios

1. 56; 42; 66 **2.** 6; 1.5; 4.5
3.
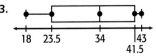

4.
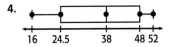

5. Las medianas son iguales, pero el conjunto B tiene un rango mucho mayor. **6.** El rango de la mitad media de los datos es mayor en el conjunto B. **7.** 30; 34.5; 46.5
9.
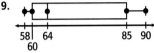

11. El conjunto Y tiene mayor mediana y rango. **13.** 22; 78; 95
15. 38; 35; 57.5 **17.** 23; 9.5; 24.5
19.
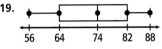

21.
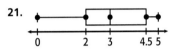

23.
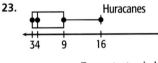
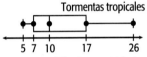

Respuesta posible: La cantidad mediana de tormentas tropicales es mayor que la de huracanes.
25. a. conjunto de datos C
b. conjunto de datos A **c.** conjunto de datos B **29.** −2 **31.** 10
33. gráfica B **35.** gráfica C

4-5 Ejercicios

1.
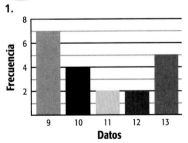

2.
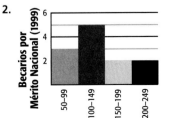

3. 74.1 años
5.
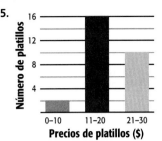

7.
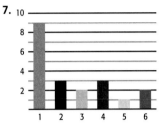

9. a. 34.9 horas **b.** $11.88 **13.** $x < 5$
15. $x \le 2$ **17.** $x > 6$ **19.** $6 \ge x$ **21.** B

4-6 Ejercicios

1–9. Se dan respuestas posibles.
1. La escala no inicia en cero; esto exagera los cambios. **2.** Los intervalos del histograma no son iguales. **3.** Las frutas son de diferente tamaño; sería mejor comparar porciones iguales de cada fruta. **4.** Las ventas pertenecen a periodos de tiempo desiguales.
5. La gráfica no tiene escala; es imposible comparar rendimientos.
7. La diferencia entre las respuestas de los dos grupos es de sólo 3 de 1000 personas. **9.** Las áreas de las velas distorsionan la comparación. Se deben usar barras o imágenes con la misma anchura.
15. $b = 6$ **17.** $a = 21$ **19.** $1.5 = h$
21. $f = 1.5$

4-7 Ejercicios

1.
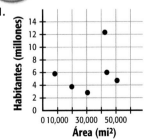

2. positiva **3.** no tienen correlación
4. 66°F

5.

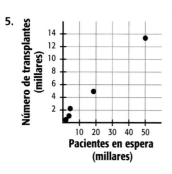

7. positiva

9. Hay correlación positiva entre los niveles de polen.

11. negativa **15.** $x = 5$ **17.** $x = 6$

19. $x = 18$

Capítulo 4 Extensión

1. 2.4 **3.** 12.9 **5.** 2.3 **7.** 0

9. conjunto de datos B

11. a. semana 1: 1.7; semana 2: 3.1

b. semana 2 **13.** Cero; la suma de las diferencias de los valores sería cero.

Capítulo 4 Guía de estudio y repaso

1. mediana; moda **2.** variabilidad; variabilidad; rango **3.** línea de mejor ajuste; diagrama de dispersión; correlación

4. población: quienes van al cine; muestra: 25 personas formadas para una película de la *Guerra de las galaxias*; posiblemente no representativa: quienes hacen fila para esa película podrían preferir películas de ciencia ficción.

5. población: miembros de la comunidad; muestra: 50 padres de estudiantes de intermedia; posiblemente no representativa: esos padres podrían apoyar el parque más que otros miembros de la comunidad. **6.** población: votantes; muestra: 75 votantes que visitaron la oficina; posiblemente no representativa: es probable que los votantes que visitan al senador lo apoyen decididamente.

7.

Edad al tomar posesión		Edad al morir
	3	4	6
7 7 2 1	5	6
	6	3 7
	7	
	8	3

Clave: 3|4| *significa 43*
|4|6 *significa 46*

8. 760; 570; 500 **9.** 9.25; 9; 8, 9, y 10

10. 6; 6; 6 **11.** 3.1; 3.1; 3.1

12. 10; 80; 90 **13.** 32; 68; 99

14.

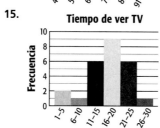

15.

Tiempo de ver TV

16. Respuesta posible: Los símbolos son de distinto tamaño aunque representan el mismo número de aves observadas. **17.** positiva

18. no tienen correlación

Capítulo 5

5-1 Ejercicios

1. puntos A, B, C **2.** $\overrightarrow{BC}$

3. plano $\mathcal{Z}$ o plano ABC

4. $\overline{AB}$, $\overline{BC}$, $\overline{AC}$ **5.** $\overrightarrow{BA}$, $\overrightarrow{BC}$, $\overrightarrow{CB}$

7. $\angle LJM$, $\angle MJK$ **9.** $\angle LJM$ y $\angle MJK$

11. 115° **13.** puntos V, W, X, Y

15. plano $\mathcal{N}$ o plano VWX

17. $\overrightarrow{WV}$, $\overrightarrow{VW}$, $\overrightarrow{WY}$, $\overrightarrow{YW}$, $\overrightarrow{WX}$

19. $\angle DEH$, $\angle GEF$ **21.** $\angle FEG$ y $\angle HED$ **23.** 117° **25.** Falso

27. Falso **29.** Falso **31.** Falso

33. Falso **35. a.** 145° **b.** Son ángulos suplementarios.

41. 18; 18; 29 **43.** B

5-2 Ejercicios

1. $\angle 1 \cong \angle 4 \cong \angle 5 \cong \angle 8$ (45°);

$\angle 2 \cong \angle 3 \cong \angle 6 \cong \angle 7$ (135°)

2. 59° **3.** 59° **4.** 121° **5.** 59°

7. 60° **9.** 120° **11.** $\angle 4$, $\angle 5$, $\angle 8$

13. Respuestas posibles: $\angle 1$ y $\angle 2$, $\angle 1$ y $\angle 3$, $\angle 3$ y $\angle 4$.

15. 51° **17.** 90°

19. Respuesta posible:

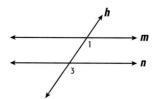

21. a. $\overline{AB}$

b. m$\angle 2 =$ m$\angle 3 =$ m$\angle 4 = 45°$

27. 32 **29.** 0.00000001

31. 128 **33.** m^{13} **35.** Población: visitantes de un mall; muestra: visitantes pagados; posiblemente no representativa: las personas podrían contestar favorablemente porque se les está pagando.

5-3 Ejercicios

1. $q° = 78°$ **2.** $r° = 51°$ **3.** $s° = 120°$

4. $a° = 60°$ **5.** $c° = 66°$

6. $d° = 18°$, $3d° = 54°$, $6d° = 108°$

7. 60°, 30°, 90° **9.** $s° = 69°$

11. $w° = 60°$ **13.** $g° = 15°$, $4g° = 60°$, $7g° = 105°$ **15.** $x° = 56°$

17. $w° = 40°$ **19.** $y° = 18°$

27. siempre **29.** a veces **31.** nunca

33. nunca **35. a.** $w° = 75°$; $y° = 75°$; dos ángulos rectos **b.** $x° = 30°$; $z° = 75°$; $m° = 75°$ **c.** Los dos triángulos azules son triángulos escalenos rectángulos; el blanco es un triángulo isóceles acutángulo. **39.** 11 **41.** C

5-4 Ejercicios

1. 360° **2.** 720° **3.** $t° = 90°$

4. $v° = 144°$ **5.** cuadrilátero, trapecio **6.** cuadrilátero, paralelogramo, rombo **7.** 540°

9. $m° = 120°$ **11.** cuadrilátero, paralelogramo, rombo, rectángulo, cuadrado **13.** 3240°; 162°

15. 12,600°; 175° **17.** 2880°; 160°

19. $x° = 110°$ **21.** $w° = 123°$

23. $x° = 130°$ **25.** hexágono

27. polígono de 13 lados

29. pentágono **35. a.** $x° = 98°$

b. $y° = 145°$ **39.** 6.4×10^{-7}
41. -1.6×10^{-6} **43.** C

5-5 **Ejercicios**

1. 0 **2.** Pendiente indefinida.
3. pendiente positiva; 1
4. pendiente negativa; $-\frac{1}{2}$ **5.** $\overrightarrow{AB} \parallel$
$\overrightarrow{CD}$ **6.** $\overrightarrow{MN} \perp \overrightarrow{AB}$, $\overrightarrow{MN} \perp \overrightarrow{CD}$ y $\overrightarrow{AD} \perp \overrightarrow{BE}$
7. paralelogramo, rombo,
rectángulo, cuadrado **8.** trapecio
9. pendiente positiva, 1 **11.** 0
13. $\overrightarrow{CD} \parallel \overrightarrow{AB}$ **15.** paralelogramo,
rombo, rectángulo, cuadrado **17.** 3
19. 0 **27.** 90° **29.** 33°

5-6 **Ejercicios**

1. triángulo $ABC \cong$ triángulo FED
2. cuadrilátero $LMNO \cong$
cuadrilátero $STQR$ **3.** $q = 13$
4. $r = 4$ **5.** $s = 4$
7. trapecio $PQRS \cong$ trapecio $ZYXW$
9. $n = 5$ **11.** $x = 16, y = 25, z = 14.2$
13. $s = 120, t = 33, r = 33$
19. $16 = x$ **21.** $-15 = m$
23. $b = -6$ **25.** $a = -32$

5-7 **Ejercicios**

1. reflexión **2.** rotación

3.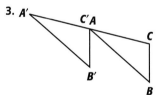

4.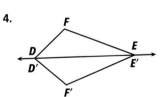

5.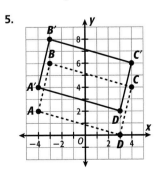

6.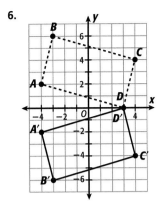

7.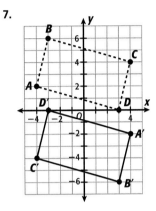

9. traslación

11.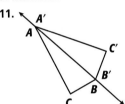

13.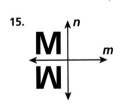

15.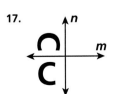

17.

19. $(-2, -1)$ **21.** $(-4, -3)$

23. $(-m, n)$ **25.** $(6, -1)$
27.

reflexión sobre una línea vertical
31. 32 **33.** -343 **35.** -128
37. 16 **39.** A

5-8 **Ejercicios**

1.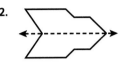

2.

3.

4.

5.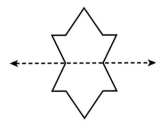

6.

7.

9.

11.

17. a.

Kage Asa no ha

Hay 6 ejes de simetría y simetría de rotación seis veces en torno al centro.

b.

Maru ni shichiyo

Hay 6 ejes de simetría y simetría de rotación seis veces en torno al centro.
c. No hay eje de simetría ni simetría de rotación.

d.

Chukage itsutsu nenji Aoi

Hay simetría de rotación cinco veces en torno al centro.

e.

Tsuki ni sansei

Hay un eje de simetría.

f.

Teuno ke

Hay 16 ejes de simetría y simetría de rotación 16 veces en torno al centro.
21. 821,000 **23.** −1400
25. −3.5 · 10^{-5} **27.** C

5-9 Ejercicios

1. Sólo hay una posibilidad: 1 cuadrado y 2 octágonos

3.

5.

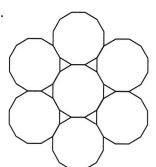

7.

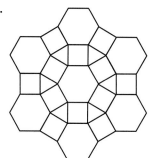

9.

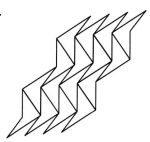

11.

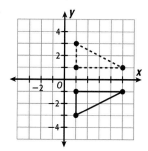

13. Sí, la figura puede teselarse.
15. hexágono **19.** $p \le 3$
21. $12 < w$ **23.** $m \le 0$ **25.** $z < 2$

Capítulo 5 Guía de estudio y repaso

1. líneas paralelas; líneas perpendiculares **2.** rectángulo; rombo **3.** 108° **4.** 72° **5.** 108°
6. 56° **7.** 124° **8.** 56° **9.** 56°
10. 124° **11.** $m° = 34°$ **12.** 120°

---

13. 144° **14.** trapecio
15. paralelogramo, rombo
16. paralelogramo **17.** $x = 23$
18. $t = 3.2$ **19.** $q = 5$

20.

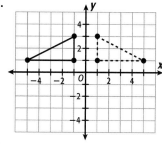

21.

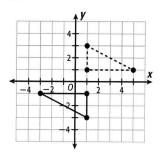

22.

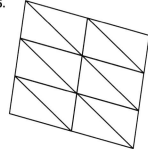

23. simetría axial: eje de simetría horizontal **24.** simetría rotacional doble **25.** simetría axial; ejes de simetría horizontal y vertical; simetría rotacional doble

26.

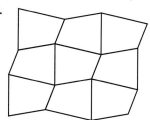

27.

Capítulo 6

6-1 Ejercicios

1. 20 unidades **2.** 36 unidades
3. 19.4x unidades **4.** 15 unidades^2
5. 28 unidades^2 **6.** 32 unidades^2
7. 14 unidades^2 **8.** 44 unidades;
53 unidades^2 **9.** 34 unidades
11. 26x unidades **13.** 24 unidades^2
15. 18 unidades^2 **17.** 64 unidades
19. 46 unidades; 72 unidades^2
21. 46 unidades; 84 unidades^2
23. 33 pulg; 792 pulg^2 **25. a.** $1125
b. 375 personas **31.** $y < -2$
33. $w > 3$

6-2 Ejercicios

1. 22 unidades **2.** $11\frac{1}{4}$ unidades
3. 30 unidades **4.** 34.5 unidades
5. 84 unidades **6.** $(4x + 1)$ unidades
7. 15 unidades^2 **8.** 28 unidades^2
9. 12 unidades^2 **10.** 25 unidades^2
11. 29 unidades **13.** 70 unidades
15. $(30a + 8)$ unidades
17. 20 unidades^2 **19.** 12 unidades^2
21. 49.5 unidades^2 **23.** 21x unidades^2
25. 9.1 pies **27. a.** 1929.5 pies^2
b. 466.6 pies **29.** 49.8 pies **31.** 874.6
pies^2; 160.4 pies **33.** 0.75 **35.** 2.5
37. negativa

6-3 Ejercicios

1. 5 **2.** 10.6 **3.** 7.8 **4.** 5 **5.** 5.3
6. 20 **7.** $\sqrt{24} \approx 4.9$ unidades;
19.6 unidades^2 **9.** 17 **11.** 8.9
13. 9.2 **15.** $\sqrt{80} \approx 8.9$ unidades;
71.2 unidades^2 **17.** 7
19. $\sqrt{1716} \approx 41.4$ **21.** 72 **23.** sí
25. sí **27.** no **29.** sí **31.** 139 km
33. 475 mi **37.** $x = 9$ **39.** $y = 5$ **41.** A

6-4 Ejercicios

1. 8π cm; 25.1 cm **2.** 6.4π pulg;
20.1 pulg **3.** 2.25π pies^2; 7.1 pies^2
4. 56.25π cm^2; 176.6 cm^2
5. $A = 9\pi$ unidades$^2 \approx 28.3$
unidades^2; $C = 6\pi$ unidades ≈ 18.8
unidades
6. $\frac{175}{99} \approx 1.8$ pies **7.** 14π pulg;
44.0 pulg **9.** 40.4π cm; 126.9 cm

11. 144π cm^2; 452.2 cm^2
13. 324π pulg^2; 1017.4 pulg^2
15. $A = 36\pi$ unidades$^2 \approx 113.0$
unidades^2;
$C = 12\pi$ unidades ≈ 37.7 unidades
17. $C \approx 7.5$ m; $A \approx 4.5$ m^2
19. $C \approx 25.1$ pulg; $A \approx 50.2$ pulg^2
21. 6.4 cm **23.** 4 cm **25.** 11.7 m
27. 297.7 m^2 **29.** $C = 12\pi \approx 37.7$ pies;
$A = 36\pi \approx 113.1$ pies^2 **35.** $\frac{6}{19}$
37. $-\frac{21}{40}$

6-5 Ejercicios

1. Respuesta posible:

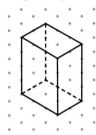

2. Respuesta posible:

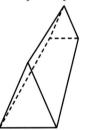

3. Respuesta posible:

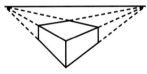

5. Respuesta posible:

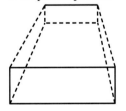

7. rectángulos *JKLM, PQRN, JMNR,
KLPQ, JKQR,* y *LMNP*
9. triángulos *SVW* y *TUX* y
rectángulos *STUV, UVWX,* y *STXW*
15. *A* **17.** *PQSR* **19.** $\overline{RY}$, $\overline{WY}$, y $\overline{YZ}$
21. $\overline{UV} \parallel \overline{PQ} \parallel \overline{ST}$ **23.** $\overline{PQ}$
25. un punto
27.

31. 2750 **33.** 0.00000063 **35.** B

6-6 Ejercicios

1. 210 cm^3 **2.** 1205.8 pulg^3 **3.** 556
pulg^3 **4.** Sí **5.** No **6.** 1406.25π pies^3
≈ 4417.9 pies^3 **7.** 4725 pies^3
9. 96 cm^3 **11.** Sí **13.** 60 cm^3
15. a. 46,200,000 pulg^3
b. unos 18.8 pies **17.** unas 20.5 pulg.
23. 15.5; 15.5; no hay moda **25.** C

6-7 Ejercicios

1. 70 unidades^3 **2.** 52.5 unidades^3
3. 14.8 unidades^3 **4.** 693 unidades^3
5. 213.4 unidades^3 **6.** 3159 unidades^3
7. Sí **8.** 6,255,333 $\frac{1}{3}$ pies^3
9. 0.2 unidades^3 **11.** 359.0 unidades^3
13. 168 unidades^3 **15.** Sí **17.** 4.0 cm
19. 9 pies **21.** 301,056 pies^3
23. a. 38,520,000 pies^3
b. 27 **c.** 1,426,666.67 yd^3 **27.** 5.92
29. 7.42 **31.** C

6-8 Ejercicios

1. 351.7 pulg^2 **2.** 356 cm^2 **3.** No
4. 80.4 pulg^2 **5.** 768 pulg^2 **7.** No
9. 846 pulg^2 **11.** $249.6\pi \approx 784.1$ cm^2
13. 6 pulg **15.** 83.3 cm^2 **17.** 27.1 cm^2
19. $15.12 **25.** $\frac{1}{18}$ **27.** $4\frac{2}{7}$ **29.** D

6-9 Ejercicios

1. 144 m^2 **2.** 74.6 pies^2 **3.** No
4. ≈ 702.5 pies^2 **5.** 24.1 pulg^2
7. No **9.** 765 cm^2
11. $1368\pi \approx 4295.5$ pies^2
13. $\approx 877,201,312$ m^2 **15. a.** ≈ 588;
≈ 216 **b.** Keops; 925,344 pies^2
c. Mikerinos; $\approx 8,619,552$ pies^3
19. 0.6 **21.** −1.4
23. $\sqrt{709} \approx 26.63$ m

6-10 Ejercicios

1. 10.7π cm^3; 33.6 cm^3
2. 1333.3π pies^3; 4186.6 pies^3
3. 6.6π m^3; 20.7 m^3 **4.** 85.3π mi^3;
267.8 mi^3 **5.** 4π pulg^2; 12.6 pulg^2
6. 174.2π mm^2; 547.0 mm^2
7. 324π cm^2; 1017.4 cm^2
8. 225π yd^2; 706.5 yd^2 **9.** El volumen
de la esfera y del cubo son casi
iguales (≈ 268 pulg^3). El área total

de la esfera es de aproximadamente 201 pulg², y la del cubo, 250 pulg².
11. 147.5π cm³; 463.2 cm³ **13.** 0.17π pulg³; 0.5 pulg³ **15.** 207.4π m²; 651.2 m² **17.** 2500π cm²; 7850 cm² **19.** 221.83π pulg³; 696.55 pulg³ **21.** $V = 39.72\pi \approx 124.72$ yd³; $S = 38.44\pi \approx 120.70$ yd² **23.** 30 km; $36{,}000\pi \approx 113{,}040$ km³ **25.** ≈ 5392 cm³ **27.** ≈ 0.0314 mm² **31.** $\frac{3}{10}$ **33.** $3\frac{17}{75}$ **35.** G

Capítulo 6 Extensión

1. rotacional y bilateral
3. rotacional y bilateral
5.

axial y rotacional
7. rotacional **9.** rotacional y bilateral
11.

axial y rotacional
13. cuadrada; menor **15.** círculos

Capítulo 6 Guía de estudio y repaso

1. perímetro; área **2.** arista; vértice
3. círculo máximo; hemisferios
4. $13\frac{2}{9}$ pulg²; 16 pulg **5.** 208 m²; 80 m **6.** 16 cm² ; 20.2 cm **7.** 21 pulg²; 34 pulg **8.** $c = 10$ **9.** $a = 10$
10. $A = 225\pi \approx 706.5$ pulg²; $C = 30\pi \approx 94.2$ pulg
11. $A = 5.8\pi \approx 18.2$ cm²; $C = 4.8\pi \approx 15.1$ cm
12. $A = 16\pi \approx 50.2$ m²; $C = 8\pi \approx 25.1$ m
13. $A = 0.4\pi \approx 1.3$ pies²; $C = 1.2\pi \approx 3.8$ pies
14.

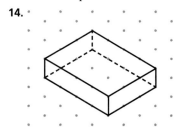

15.

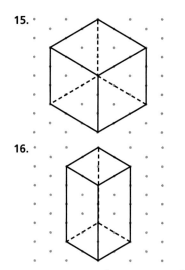

16.

17. $216\pi \approx 678.2$ m³ **18.** 1053 pies³
19. 320 pies³ **20.** $120\pi \approx 376.8$ pulg³
21. 90 cm² **22.** 95 cm² **23.** 340 pulg²
24. 972π pulg³ ≈ 3052.1 pulg³
25. 4500π m³ $\approx 14{,}130$ m³

Capítulo 7

7-1 Ejercicios

1–4. Se dan respuestas posibles.
1. $\frac{2}{5}, \frac{8}{20}$ **2.** $\frac{1}{3}, \frac{6}{18}$ **3.** $\frac{3}{1}, \frac{42}{14}$ **4.** $\frac{20}{16}, \frac{10}{8}$
5. sí **6.** no **7.** sí
8. No; se requieren $2\frac{1}{4}$ tazas.
9. Respuestas posibles: $\frac{2}{14}, \frac{3}{21}$
11. Respuestas posibles: $\frac{8}{7}, \frac{32}{28}$
13. no **15.** sí
17–25. Se dan respuestas posibles.
17. no; $\frac{4}{7}$ **19.** no; $\frac{8}{14}$ **21.** sí
23. no; $\frac{8}{42}$ **25.** sí **27.** no; 4 galones
29. $\frac{39}{18}$ **35.** $-1\frac{11}{36}$ **37.** $1\frac{5}{99}$
39. 3 y -3 **41.** 13 y -13

7-2 Ejercicios

1. 1:5 **2.** 35 ppm **3.** 42 ppm
4. lata de 22 oz **5.** una docena de pelotas **7.** 171.6 gal/h **9.** 4 cajas
11. $26.25/hora **13.** $0.77/rebanada
15. $2.49/yd; $2.26/yd; 5 yd
17. $1.37/gal; $1.42/gal; 10 gal
19. a. Super-Cell: $0.10/min; Easy Phone: $0.11/min
b. Super-Cell ofrece una mejor tasa.
21. a. Tom: $25\frac{3}{8}$ marcos/h; Cherise: 27 marcos/h; Tina: $28\frac{3}{8}$ marcos/h
b. Tina **c.** $1\frac{5}{8}$ **d.** 24 **25.** -4
27. -5 **29.** -4.4 **31.** D

7-3 Ejercicios

1. 12 pulg/1 pies **2.** 8 pt/1 gal
3. 1 m/100 cm **4.** 91.25 gal
5. 7.5 mi/h **6.** 0.09 m/s
7. ≈ 1.14 g **9.** 1 yd/36 pulg
11. 585 pies **13.** 57,600 ladrillos
15. 900 radios **17.** 4 salchichas
19. 4.98 mi **21.** $A \approx 22.88$ mi/h; $B \approx 23.16$ mi/h; $C \approx 21.76$ mi/h
23. 200 veces **29.** 14 unidades²
31. 226.9 pulg² **33.** 3.8 mi²

7-4 Ejercicios

1. sí **2.** sí **3.** no **4.** sí
5. no; $\frac{1}{8} \neq \frac{8}{56}$ **6.** $x = 1$ **7.** $n = 8$
8. $d = 2$ **9.** $h = 6$ **10.** $f = 9.75$
11. $t = 2$ **12.** $s = 9$ **13.** $q = 12.5$
14. ≈ 3.3 cm **15.** no **17.** no
19. sí; $\frac{18}{12} = \frac{15}{10}$ **21.** $b = 3$ **23.** $y = 6$
25. $n = 4$ **27.** $d = 0.5$ **29.** $\frac{6}{3}, \frac{18}{9}$
31. $\frac{66}{21}, \frac{22}{7}$ **33.** $\frac{0.25}{4}, \frac{1}{16}$
35. 12 moléculas
37. a. aprox. 1.53:1 **b.** aprox. 134.6 mm Hg **41.** $-1\frac{1}{4}$ **43.** $11\frac{17}{100}$

7-5 Ejercicios

1. no **2.** sí
3.

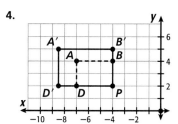

4.

5. $A'(1.5, -1); B'(1, -2.5); C'(4, -3); D'(5, -0.5)$ **6.** $A'(16, 4); B'(28, 4); C'(20, 12)$ **7.** no
9.

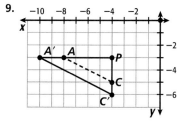

11. $A'(-9, 6)$; $B'(15, 12)$; $C'(-6, -9)$
13. 3 **15.** sí **21.** 24 unidades^2
23. 21 unidades^2

7-6 Ejercicios

1. $\approx$ 5.4 pulg **2.** 14.7 cm **3.** A y C
son semejantes **5.** $\approx$ 22.9 pies
7. semejantes **9.** semejantes
11. $x = 6$ pies **13.** $x = 24$ pies
15. sí; $\frac{1}{15}$ ó $\frac{4\ \text{pulg}}{5\ \text{pies}}$ **17.** 24 pies
21. 1256 mm^3 **23.** 2044.3 cm^3 **25.** D

7-7 Ejercicios

1. 1 pulg:1.25 pies **2.** 20.25 m
3. 0.0085 pulg **4.** 7.5 mm **5.** 52 pies
6. 27 pulg **7.** 1 cm = 1.5 m
9. 0.023 mm **11.** 20 pulg **13.** 2 pulg
15. 0.5 pulg **17.** 18 pies **19.** 58.5 pies
21. aprox. 580 mi **23–27.** La escala
es 1.2 cm:36 pulg **23.** $\approx$ 18 pulg
25. No; la anchura de cada pared es
sólo $\approx$ 45 pulg. **27.** $\approx$ 298 pies^2
31. no **33.** no

7-8 Ejercicios

1. reduce **2.** agranda **3.** conserva
4. conserva **5.** reduce **6.** agranda
7. $\frac{1}{24}$ **8.** 14 pulg **9.** 0.000028 mm
11. conserva **13.** reduce
15. reduce **17.** 7.5 pies **19.** $\frac{12}{1}$
21. $\frac{1}{45}$ **23.** $\frac{1}{12.5}$ **25.** $\frac{1}{28}$ **27.** 630 pies
33. $\approx$ 1869.4 pies^2 **35.** 1256 cm^2
37. \$0.17/manzana **39.** A

7-9 Ejercicios

1. 4:1 **2.** 16:1 **3.** 64:1 **4.** anchura:
30 pulg; altura: 10 pulg **5.** 72 min
6. 7:1 **7.** 49:1 **9.** 32 cm **11.** 2 cm;
8 cubos **13.** 4 cm; 64 cubos
15. 5 cm; 125 cubos
17. 1,000,000 cm^3 **19.** 256,000
21. 14.58 oz **25.** Respuestas
posibles : $\frac{6}{10}$, $\frac{9}{15}$ **27.** Respuestas
posibles: $\frac{8}{22}$, $\frac{12}{33}$
29. 1.5 pies **31.** 18 pies **33.** D

Capítulo 7 Extensión

1. 0.777 **3.** 0.017 **5.** 45 pies
7. 16.7 m **9.** 137.7 m **11.** 11.7 yd
13. 10 pies **15.** 45°

Capítulo 7 Guía de estudio y repaso

1. razón; proporción **2.** tasa; tasa
unitaria **3.** semejante; factor de
escala **4.** dilatación;
agrandamiento; reducción
5–7. Se dan respuestas posibles.
5. $\frac{1}{2}$, $\frac{2}{4}$ **6.** $\frac{3}{6}$, $\frac{4}{8}$ **7.** $\frac{7}{12}$, $\frac{14}{24}$ **8.** sí
9. no **10.** sí **11.** no
12. \$0.30/disco; \$0.29/disco;
75 discos **13.** \$3.75/caja;
\$3.75/caja; los precios unitarios son
iguales. **14.** \$2.89/separador;
\$4.00/separador; paquete de 8
15. 90,000 m/h **16.** 4500 pies/min
17. $583\frac{1}{3}$ m/min **18.** $80\frac{2}{3}$ pies/s
19. 2160 m/h **20.** $x = 15$
21. $h = 6$ **22.** $w = 21$ **23.** $y = 29\frac{1}{3}$
24.

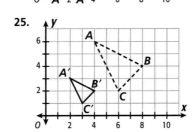

25.

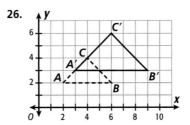

26.

27. 12.5 pulg **28.** 3.125 pulg
29. 64.8 m **30.** 6.6 pulg **31.** $2.\overline{7}$:1;
agranda **32.** 2.5:1; agranda
33. 1:100; reduce **34.** 1:1; conserva
35. 3:1 **36.** 9:1 **37.** 27:1

Capítulo 8

8-1 Ejercicios

1. $\frac{3}{10}$ **2.** 46% **3.** 62.5% **4.** $\frac{17}{20}$ **5.** 40%
6. $\frac{8}{25}$ **7.** 0.875 **8.** $33\frac{1}{3}$% **9.** 10%
11. $\frac{3}{5}$ **13.** 0.32 **15.** $\frac{109}{200}$ **17.** 40%,

30%, 20%, 10% **19.** 40%, 30%, 25%,
5% **21.** 85% **23. a.** $\frac{4}{25}$; 0.16 **b.** 23%
27. perpendiculares **29.** paralelas

8-2 Ejercicios

1. 49.3% **2.** 19.9% **3.** 70.6%
4. 31.5 páginas **5.** 300% **7.** 1%
9. 1.0% **11.** 30 **13.** 2.6 **15.** 266
17. a. 30 **b.** 45 **c.** 150 **19. a.** 100
b. 50 **c.** 25 **21.** 21.5% **23.** 16
29. irracional **31.** no real

8-3 Ejercicios

1. 34.4 **2.** 168 **3.** 166.7 **4.** 320
5. $\approx$ 1.7 oz **6.** 28 pies **7.** 315
9. 850 **11.** 16.7 **13.** 570 **15.** 336
17. a. 300 **b.** 150 **c.** 75 **19. a.** 40
b. 20 **c.** 10 **21.** 48.2% **23. a.** 49.5%
b. 50.5% **c.** 49.1% **d.** 50.9% **27.** 882
29. 45, 65

8-4 Ejercicios

1. 38% de aumento **2.** 65% de
disminución **3.** 100% de aumento
4. 64% de aumento **5.** 25% de
disminución **6.** 34% de aumento
7. 96.6% de aumento **8.** \$9773.60
9. 9% de aumento **11.** 44% de
disminución **13.** 20% de
disminución **15.** $\approx$ 8.6% **17.** 23%
de disminución
19. 30% de disminución **21.** 17% de
disminución **23.** \$600 **25.** 200
27. 50 **29.** 40% **31. a.** \$84 **b.** \$156
c. \$104 **d.** $56\frac{2}{3}$% **33.** aprox. 8361 pies
37. 364 m^2 **39.** 84 yd^2

8-5 Ejercicios

Nota: Todas las respuestas son
estimaciones. **1.** 100 **2.** 24 **3.** 25%
4. 21 **5.** 50% **6.** 900 **7.** \$4.50
9. 50% **11.** 440 **13.** 10% **15.** B
17. A **19.** C **21.** 150 **23.** 250
25. 1600 **27.** 33% **29.** 400 **31.** 750
33. 50% **35.** 50% **39.** 120 pies^3
41. 132 pulg^3 **43.** 0.48 pies^3 **45.** D

8-6 Ejercicios

1. \$510 **2.** \$5.18 **3.** 22.5%
4. \$499 **5.** \$389.50 **7.** 18%

9. $330 **11.** $2.16 **13.** $1963.75
15. $2800 más 3% de las ventas:
$3100 a $3400 al mes **17. a.** $64,208
b. $14,275.95 **c.** $\approx 20.0\%$ **d.** $\approx 22.2\%$
21. 40:3 **23.** 10,000:1

8-7 Ejercicios

1. $1794.38; $10,044.38 **2.** 5 años
3. $1635.30 **4.** 5.5% **5.** $23,032.50
7. $1846.50 **9.** $33.75, $258.75
11. $446.25, $4696.25 **13.** $14.89,
$411.89 **15.** $87.50, $787.50
17. $270, $1770 **19.** 6% **25.** 14.4
27. $16\frac{2}{3}\%$ **29.** 5

Capítulo 8 Extensión

1. $12,597.12 **3.** $14,802.44
5. $15,208.16 **7.** $2462.88
9. $6744.25

Capítulo 8 Guía de estudio y repaso

1. porcentaje **2.** porcentaje de
cambio **3.** comisión **4.** interés
simple; capital; tasa de interés
5. 0.4375 **6.** 43.75% **7.** $1\frac{1}{8}$
8. 112.5% **9.** $\frac{7}{10}$ **10.** 0.7 **11.** $\frac{1}{250}$
12. 0.4% **13.** 39% **14.** 4200 pies
15. 3030 mi **16.** 5 lb 7 oz
17. 20% **18.** 472,750%
19. $\approx 12.38\%$ **20.** $\approx 25\%$
21. $\approx 25\%$ **22.** ≈ 13 **23.** ≈ 16
24. ≈ 6 **25.** ≈ 4.5 **26.** $10,990
27. $3.04 **28.** $1796.88 **29.** $500
30. 7% **31.** $\frac{1}{2}$ año, ó 6 meses
32. préstamo a 2 años; $50

Capítulo 9

9-1 Ejercicios

1. 0.55; 0.45 **2.** 0.262 **3.** 0.738
4.

Equipo	A	B	C	D
Prob.	0.25	0.3	0.15	0.3

5. $\frac{1}{3}, \frac{1}{3}, \frac{1}{6}, \frac{1}{6}$ **7.** 0.155 **9.** 0.319
11. 1 **13.** 0.465

15.

Persona	Probabilidad
Jamal	0.1
Elroy	0.2
Tina	0.2
Mel	0.2
Gina	0.3

17. 0.56 **21.** 59 pulg^2
23. ≈ 354.43 yd^2 **25.** B

9-2 Ejercicios

1. 0.34 **2.** 0.11 **3.** $\approx 0.186; \approx 0.281$;
más probabilidad de escuchar rock
5. 0.433 **7.** 0.26 **9.** 0.06
11. 0.36 **13.** 0.308 **17.** $x = 2$
19. $b = 5$ **21.** D

9-3 Ejercicios

1–9. Se dan respuestas posibles.
1. 90% **2.** 50% **3.** 60% **5.** 30%
7. 30% **9.** 50% **13.** 84 pies de altura
15. 42 pies de altura **17.** B

9-4 Ejercicios

1. $\frac{1}{2}$ **2.** $\frac{1}{3}$ **3.** $\frac{1}{6}$ **4.** $\frac{1}{36}$ **5.** $\frac{1}{4}$ **6.** $\frac{5}{18}$
7. $\frac{5}{18}$ **9.** $\frac{5}{6}$ **11.** $\frac{1}{36}$ **13.** 1 **15.** $\frac{1}{4}$
17. $\frac{1}{8}$ **19.** $\frac{3}{8}$ **21.** $\frac{7}{8}$ **23.** $\frac{1}{4}$ **25. a.** $\frac{1}{4}$
b. $\frac{3}{4}$ **27.** 90% **29.** 0.375 **31.** $\frac{39}{50}$

9-5 Ejercicios

1. 1,757,600 **2.** ≈ 0.000000569
3. 0.81 **4.** ≈ 0.107 **5.** 6 maneras
6. 9 combinaciones **7.** 17,576,000
9. ≈ 0.5269 **11.** 18 sillas **13.** 6
15. 12 **17.** 1920 **23.** 140 **25.** 20
27. 40

9-6 Ejercicios

1. 5040 **2.** 360 **3.** 20,160 **4.** 20
5. 3,628,800 **6.** 720 **7.** 56 **8.** 56
9. 6 **11.** 24 **13.** 5040 **15.** 3,838,380
17. 72 **19.** 39,916,800 **21.** 1 **23.** 10
25. n **27.** $n!$ **29.** n **31.** 1 **33.** 504
35. 720 **37.** 21 **39. a.** 5040 **b.** 210
45. $135, $885 **47.** $15.99, $425.99
49. $21.60, $111.60

9-7 Ejercicios

1. dependientes **2.** independientes
3. $\frac{1}{32}$ **4.** $\frac{1}{8}$ **5.** $\frac{28}{435}$ **6.** $\frac{8}{203}$
7. dependientes **9.** $\frac{1}{4}$ **11.** $\frac{1}{20}$
13. $\frac{1}{14}$ **15. a.** $\frac{9}{100} = 0.09$ **b.** $\frac{3}{275} \approx$
0.01 **c.** $\frac{19}{825} \approx 0.02$ **19.** 50% de
disminución **21.** 440% de aumento
23. 28% de disminución **25.** B

9-8 Ejercicios

1. 1:20 **2.** 20:1 **3.** $\frac{1}{1000}$ **4.** $\frac{1}{2250}$
5. 1:74 **6.** 22,749:1 **7.** 1:17
9. $\frac{1}{10,000}$ **11.** 1:844 **13.** 1:35, 35:1
15. 1:17, 17:1 **17.** 1:3, 3:1 **19.** 1:2
21. $\frac{1}{1275}$ **23. a.** 237:1 **b.** $\frac{237}{238}$
27. $\frac{1}{7}$ **29.** 0 **31.** $\frac{22}{35}$ **33.** A

Capítulo 9 Guía de estudio y repaso

1. probabilidad; imposible; seguro
2. espacio muestral
3. permutación; combinación
4. 0.75; 0.25 **5.** 0.17, ó 17%
6. 0.28, ó 28%
7. Respuesta posible: 40% **8.** $\frac{1}{2}$
9. 36 **10.** 30 **11.** 210 **12.** 126
13. $\frac{1}{216}$ **14.** $\frac{13}{51}$ **15.** 5:21

Capítulo 10

10-1 Ejercicios

1. 4 h **2.** $t = 7$ **3.** $x = 3.5$
4. $r = 98$ **5.** $b = 2$ **6.** $q = 4$
7. $a = 87$ **9.** $m = -30$ **11.** $g = 3\frac{1}{3}$
13. $y = -5$ **15.** $w = 2.5$ **17.** $m = 15$
19. $q = 3$ **21.** $z = \frac{1}{3}$ **23.** $k = 5$
25. $n = 23$ **27.** $y = 1.3$ **29.** $b = -2$
31. $\frac{x + 5}{7} = 12; x = 79$ **33.** 110,000
35. 25 pulg **37.** $12x + 3$ **39.** $w - 15$
41. C

10-2 Ejercicios

1. $d = 2$ **2.** $y = 3$ **3.** $e = 6$
4. $c = 4$ **5.** $h = 9$ **6.** $x = -7$
7. $x = -1$ **8.** $y = 2$ **9.** $p = -1$
10. $z = \frac{2}{3}$ **11.** $24.49 **13.** $k = -10$
15. $w = 3$ **17.** $y = 5$ **19.** $h = 3$
21. $m = -2$ **23.** $x = -4$ **25.** $n = \frac{3}{4}$
27. $b = -13$ **29.** $x = 17$
31. $y = -11$ **33.** $h = 4$ **35.** $b = \frac{10}{13}$
37. $12.20 por h **39.** 212°F
45. -2.5 **47.** $-2\frac{1}{7}$ **49.** $\frac{17}{19}$

10-3 Ejercicios

1. $x = 1$ **2.** $a = 7$ **3.** $x = 2$
4. $y = -4$ **5.** $x = 1$ **6.** $n = 2$
7. $d = 3$ **8.** $x = 7$ **9.** 32 sillas
11. $x = 1$ **13.** $y = 7$ **15.** no hay
solución **17.** $x = 22.9$ **19.** $a = 11$

21. $y = 2$ **23.** $n = 2$ **25.** $x = 5$
27. $m = 3.5$ **29.** $x = 7$ **31.** 360
unidades **33.** 24, 25 **35. a.** 17 **b.** 11
41. $\approx$ \$0.175 por oz; $\approx$ \$0.187 por oz;
20 oz **43.** $\approx$ \$0.199 por oz; \$0.184 por
oz; 20 oz **45.** \$249 por monitor; \$275
por monitor; 3 monitores

10-4 Ejercicios

1. $k > 3$ **2.** $z \leq 20$ **3.** $y < -7$
4. $x \leq -2$ **5.** $y \geq 3$ **6.** $k > 5$
7. $x < 3$ **8.** $b \geq -\frac{1}{4}$ **9.** $h \leq 1$
10. $c > 2$ **11.** $d < \frac{7}{18}$ **12.** $m \leq 1\frac{3}{4}$
13. al menos 16 gorras **15.** $x > 4$
17. $q \leq 2$ **19.** $x \leq -8$ **21.** $a \geq -3$
23. $k \geq 3$ **25.** $r < 3$ **27.** $p \leq \frac{22}{3}$
29. $w > -1$ **31.** $a > \frac{1}{2}$ **33.** $q < 6$
35. $b < 2.7$ **37.** $f \leq -2.7$
39. cuando más 26 sillas **41.** al
menos 38 juegos **47.** 650 **49.** 1.44

10-5 Ejercicios

1. $\ell_2 = P - \ell_1 - \ell_3$
2. $\ell_1 = P - \ell_2 - \ell_3$
3. $A = C + B - 2$ **4.** $B = A - C + 2$
5. $d_1 = \frac{2A}{d_2}$ **6.** $b = \sqrt{c^2 - a^2}$
7. $n = \frac{S}{180} + 2$ **8.** $C = \frac{5}{9}(F - 32)$
9. $y = -3x + 15$ **10.** $y = \frac{9}{2}x + 7$
11. $y = 2x - 1$
13. $A_3 = 180 - A_1 - A_2$
15. $c = p - a - 100$ **17.** $c = \sqrt{\frac{E}{m}}$
19. $b_1 = \frac{2A}{h} - b_2$ **21.** $y = -\frac{9}{2}x - 5$
23. $x = 2y + 4$ **25.** $k = \frac{10\ell^2}{3}$
27. $y = \frac{x}{22}$ **29.** $z = \sqrt{4y}$
31. $m = \frac{y - b}{x}$ **33.** $b = y - mx$
35. $y = -6x + 8$ **37. a.** $T = \frac{E}{P}$
b. 1.5 h **39. a.** $T_1 = \frac{P_2 \cdot T_2}{P_1}$
b. 2.5 h **43.** $x = 0.5$ **45.** B

10-6 Ejercicios

1. sí **2.** sí **3.** sí **4.** no
5. (2, 3) **6.** (1, −1) **7.** (3, 12)
8. (4, 13) **9.** (3, 0) **10.** (0, 7)
11. (5, 3) **12.** (8, 12) **13.** (5, 2)
14. (3, −7) **15.** (0, −2) **16.** (−9, 3)
17. no **19.** no **21.** (−1, −1)
23. (2, −1) **25.** (−6, 0) **27.** (2, 3)
29. (1, 3) **31.** (4, 1) **33.** (2, 4)
35. (2, −3) **37.** (0, 0) **39.** (2, 1)
41. $\left(\frac{1}{10}, \frac{2}{15}\right)$ **43.** (12, 8) **45.** (6, −3)

47. $\left(\frac{1}{5}, \frac{2}{3}\right)$ **49.** 14 y 4
51. a. $m + u = 2000$
b. $40m + 25u = 62{,}000$
c. 800 para el primer piso y 1200
para el segundo piso **55.** 12
57. 9 **59.** D

Capítulo 10 Guía de estudio y repaso

1. sistema de ecuaciones
2. solución de un sistema de
ecuaciones **3.** $m = 10$ **4.** $y = -8$
5. $c = -16$ **6.** $r = -3$ **7.** $t = 16$
8. $w = 64$ **9.** $r = -6$ **10.** $h = -25$
11. $x = 52$ **12.** $d = -33$ **13.** $a = 67$
14. $c = 90$ **15.** $y = 2$ **16.** $h = 3$
17. $t = -1$ **18.** $r = 3$ **19.** $z = 4$
20. $a = 12$ **21.** $s = 4$ **22.** $c = 24$
23. $x = \frac{3}{4}$ **24.** $y = \frac{3}{5}$ **25.** $z > 1$
26. $h \geq 6$ **27.** $a < 24$ **28.** $x \geq -6$
29. $\ell = \frac{P - 2w}{2}$ **30.** $r = \frac{A - P}{Pt}$
31. $C = \frac{5}{9}(F - 32)$ **32.** $y = -\frac{2}{3}x + 3$
33. $y = \frac{7 - x}{3}$ **34.** $x = 3y + 2$
35. (2, 9) **36.** (8, 10) **37.** (3, 5)
38. (3, −2) **39.** (6, −2)
40. $\left(-\frac{1}{2}, -2\right)$

Capítulo 11

11-1 Ejercicios

1. lineal **2.** lineal **3.** no lineal
4. 130 pies, 133 pies, 136 pies; lineal
5. lineal **7.** no lineal
9. no lineal **11.** \$900, \$1275, \$1650,
\$2025, \$2400; lineal
13. (−1, 3), (0, 5), (1, 7)
15. (−1, −11), (0, −10), (1, −9)
17. (−1, −1), (0, 3), (1, 7)
19. (−1, 6), (0, 7), (1, 8) **21.** 509.6 N
23. lineal **25. a.** $w = \$7.50$
b. $E = 7.50h$
c.
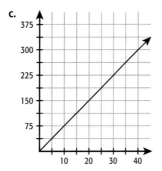

d. sí **29.** $\frac{1}{4}$ **31.** $\frac{1}{36}$ **33.** B

11-2 Ejercicios

1. 1 **2.** 2 **3.** $\frac{1}{2}$ **4.** $\frac{1}{2}$ **5.** −2
6. perpendiculares **7.** paralelas
8.
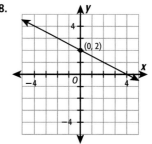

9.
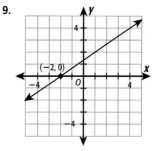

11. $-\frac{1}{2}$ **13.** $-\frac{2}{3}$ **15.** $-\frac{5}{6}$
17. 0 **19.** perpendiculares
21.
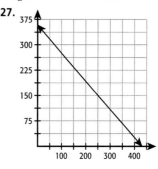

23. línea 1 1: 1; línea 2: −2; ninguna
de las dos cosas **25.** línea 1: −1;
línea 2: = la pendiente es $-\frac{1}{2}$;
ninguna de las dos cosas
27.

31. 12 unidades^2 **33.** 120 unidades^2
35. D

11-3 Ejercicios

1. intersección con el eje x: 5,
intersección con el eje y: −5

2. intersección con el eje x: 6, intersección con el eje y: 4

3. intersección con el eje x: -5, intersección con el eje y: -3

4. intersección con el eje x: 2, intersección con el eje y: -5

5. $y = \frac{1}{2}x$; $m = \frac{1}{2}$; $b = 0$

6. $y = 3x - 14$; $m = 3$, $b = -14$

7. $y = \frac{1}{3}x - 3$; $m = \frac{1}{3}$; $b = -3$

8. $y = -\frac{1}{2}x + 4$; $m = -\frac{1}{2}$; $b = 4$

9. $m = 3.5$; $b = 22$ **10.** $y = 4x - 2$

11. $y = -2x + 5$ **12.** $y = \frac{1}{3}x + 4$

13. intersección con el eje x: 5, intersección con el eje y: 10

15. intersección con el eje x: 3, intersección con el eje y: -18

17. $y = -2x$; $m = -2$; $b = 0$

19. $y = -2x - 2$; $m = -2$; $b = -2$

21. $m = 15$; $b = 300$ **23.** $y = -x$

25.

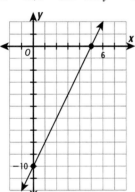

27.

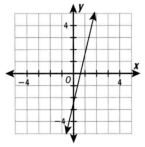

29. a.

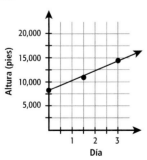

b. 8255 pies **c.** $y = 2000x + 8255$

d. sí **31.** Pendiente: 955 pies por día; intersección con el eje y: 16,500 pies

33. 100 **35.** 40% **37.** A

11-4 Ejercicios

1–6. Se dan respuestas posibles.

1. $(-7, 4)$, -2 **2.** $(12, 9)$, 5

3. $(1.8, -2.4)$, 2.1 **4.** $(1, -1)$, 11

5. $(9, -8)$, -6 **6.** $(-3, 7)$, 4

7. $y - 4 = 3x$ **8.** $y - 8 = -10(x + 13)$

9. $y - 2,450 = -12.5(x - 44)$, $(240, 0)$ ó 240 minutos

11–15. Se dan respuestas posibles.

11. $(-4, -7)$, 3 **13.** $(8, 11)$, 14

15. $(5, -7)$, 1 **17.** $y = 4(x + 1)$

19. $y - 4 = 3(x + 1)$

21. $y + 8 = -1(x + 6)$

23. Respuestas posibles: $y - 315 = -0.6(x - 50)$

25. $\ell - 15 = d$ **29.** $x > 4$

31. $x < -13$ **33.** C

11-5 Ejercicios

1. sí **2.** $y = 5x$ **3.** $y = 4x$

4. $y = \frac{4}{5}x$ **5.** $y = \frac{1}{2}x$ **6.** $y = 110x$

7. $y = \frac{1}{8}x$ **8.** no hay variación directa **9.** no **11.** $y = \frac{1}{4}x$

13. $y = \frac{4}{11}x$ **15.** $y = \frac{1}{10}x$ **17.** sí

19. no **21. a.** sí **b.** 156 lb **23.** sí

27. $x = -4$ **29.** $a = -37$ **31.** B

11-6 Ejercicios

1.

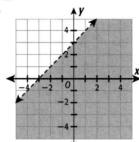

2.

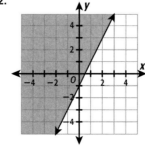

3.

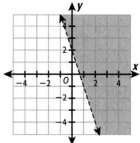

4.

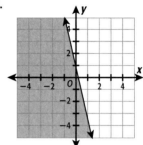

5.

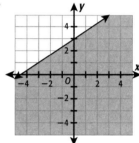

6.

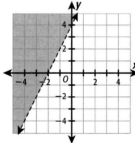

7. a. $10g + 12h \le 150$ **b.** sí

9.

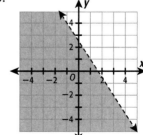

11.

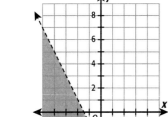

13.

15. sí **17.** sí **19.** sí

21. b. Respuestas posibles: (1, 6)

c. No **d.** el de arriba

e. Respuesta posible: (0, 4)

23. $2x + 3y \leq 18$ **25. a.** $d \leq 800t$

c. sí **29.** $h = \frac{2A}{b}$ **31.** $b_2 = \frac{2A}{h} - b_1$

33. A

11-7 Ejercicios

1. $y = 1.9x + 0.26$

2. $y = -\frac{13}{30}x + 20.8$

3. $y = 0.8x + 72.2$

5. $y = -10.7x + 9.6$ **7.** negativa

9. positiva **11. a.** 5.75

b. $\approx 31.25\%$ **13.** aprox. 42%

17. perpendiculares **19.** ni una cosa ni otra

Extensión
Sistemas de ecuaciones

1. sí **3.** no **5.** (0, 3) **7.** sí

Capítulo 11 Guía de estudio y repaso

1. intersección con el eje x; intersección con el eje y

2. forma de pendiente y ordenada; forma punto-pendiente **3.** variación directa **4.** lineal **5.** lineal **6.** no lineal **7.** no lineal **8.** no lineal **9.** lineal **10.** no lineal **11.** no lineal **12.** $\frac{2}{3}$ **13.** -4 **14.** $\frac{6}{5}$

15. -1 **16.** -1 **17.** $\frac{7}{5}$ **18.** $-\frac{9}{4}$

19. $y = \frac{3}{2}x + 4$; $m = \frac{3}{2}$; $b = 4$

20. $y = \frac{5}{3}x - 3$; $m = \frac{5}{3}$; $b = -3$

21. $y = -\frac{4}{5}x + 2$; $m = -\frac{4}{5}$; $b = 2$

22. $y = \frac{7}{4}x + 3$; $m = \frac{7}{4}$; $b = 3$

23. $y = 3x + 4$ **24.** $y = -2x + 1$

25. $y = -\frac{1}{2}x + 5$ **26.** $y = \frac{1}{2}x - \frac{5}{2}$

27. $y - 3 = 4(x - 1)$

28. $y - 4 = -2(x + 3)$

29. $y + 2 = -\frac{3}{5}x$ **30.** $y = \frac{2}{7}x$

31. $y = 6x$ **32.** $y = 12x$ **33.** $y = \frac{1}{7}x$

34.

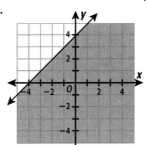

35.

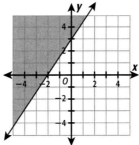

36.

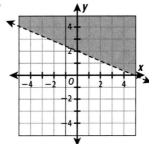

37.

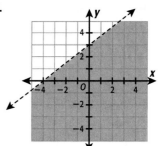

38.

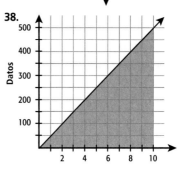

39–42. Se dan respuestas posibles.

39. $y = 1.5x$ **40.** $y = 1.25x - 0.7$

41. $y = 1.1x - 3.5$

42. $y = -0.6x + 69$

Capítulo 12

12-1 Ejercicios

1. sí; 2 **2.** no **3.** sí; $\frac{1}{9}$

4. sí; -7 **5.** no **6.** sí; -3

7. 37 **8.** 94 **9.** -84 **10.** 156

11. 6 oz **13.** sí; -1 **15.** sí; 23

17. sí; 0.3 **19.** 1.2 **21.** -15

23. 23, 26, 29 **25.** 57, 46, 35

27. $-54, -66, -78$ **29.** 1, 2, 3, 4, 5

31. 0, 0.25, 0.5, 0.75, 1 **33.** 32, $33\frac{4}{5}$, $35\frac{3}{5}$, $37\frac{2}{5}$, $39\frac{1}{5}$ **35.** 78, 92, 106, 120

37. 11:55, 11:50, 11:45, 11:40

39. a. $127.50, $180, $232.50, $285

b. 3 h **43.** $x > 2$ **45.** $p \geq \frac{13}{2}$

47. $c > 5$ **49.** A

12-2 Ejercicios

1. no **2.** sí; 3 **3.** sí; -1 **4.** sí; 1.5

5. sí; 2 **6.** sí; 2 **7.** 6144 **8.** $\frac{1}{3}$ **9.** $\frac{1}{8}$

10. 16,384 **11.** $7.62 por hora

13. no **15.** sí; $\frac{1}{2}$ **17.** sí; $\frac{1}{3}$ **19.** 2401

21. 192 **23.** 7.59375 **25.** 12, 6, 3

27. $-\frac{1}{27}, \frac{1}{9}, -\frac{1}{3}$ **29.** 1, 1, 1, 1, 1

31. 100, 110, 121, 133.1, 146.41

33. 10, 2.5, 0.625, 0.15625, 0.0390625

35. $\frac{2}{5}$ **37.** $\frac{3}{5}$ **39.** 18 **41.** 162

43. 4096 células **49.** $\frac{1 \text{ gal}}{4 \text{ qt}}$ **51.** $\frac{100 \text{ cg}}{1 \text{ g}}$

53. $\frac{36 \text{ pulg}}{1 \text{ yd}}$

12-3 Ejercicios

1. 232, 301, 379 **2.** 260, 355, 465

3. 180, 264, 372 **4.** 524, 778, 1104

5. $\frac{7}{8}, \frac{8}{9}, \frac{9}{10}$ **6.** $-12, 13, -14$

7. 5, 6, 4 **8.** 216, 343, 512

9. $\frac{4}{3}, 2, \frac{12}{5}, \frac{8}{3}, \frac{20}{7}$

10. 12, 20, 30, 42, 56 **11.** 2, 1, $\frac{2}{3}, \frac{1}{2}, \frac{2}{5}$

12.

2	1
24	25
442	441
7920	7921

13. 92, 109, 127 **15.** 109, 145, 190

17. 5, 5, 5

19. 1.00001, 1.000001, 1.0000001

21. 0, $\frac{1}{3}, \frac{1}{2}, \frac{3}{5}, \frac{2}{3}$ **23.** $\frac{3}{2}, 2, \frac{9}{4}, \frac{12}{5}, \frac{15}{6}$

25. 3º. 6º. 9º. 12º. término; 15º. 18º.

21º. 24º. término

27. geométrica; $a_n = 55 \cdot 2^{(n-1)}$

29. aritmética; $a_n = 55n$ **33.** 3, −9

35. 9, 3

12-4 Ejercicios

1.

x	−2	−1	0	1	2
y	0	−3	−4	−3	0

2.

x	−2	−1	0	1	2
y	−2	1	4	7	10

3.

x	−2	−1	0	1	2
y	5	−1	−3	−1	5

4.

x	−2	−1	0	1	2
y	3	2	1	0	−1

5. sí **6.** sí **7.** sí **8.** 1.2, 11.4, −2.2

9. 2, 1, 1 **10.** 5, 7, 3

11.

x	−2	−1	0	1	2
y	−8	−6	−4	−2	0

13.

x	−2	−1	0	1	2
y	−5	−4	−3	−2	−1

15. no **17.** sí **19.** 1, 19, 64

21. $D = 1, 4, 8, 14$; $R = 27, 39, 50, 62$

23. $D = 30, 40, 55, 75$;

$R = 20, 30, 45, 65$ **25. a.** \$0.20

b. cualquier número no negativo de

horas ($x \geq 0$) **c.** 550 h **26.** 55

27. a. sí **b.** $D = 0, 20, 40, 60, 80, 100$;

$R = 0, 200, 400, 600, 800, 1000$ **c. 31.**

50% **33.** 311.75 **35.** 64% **37.** A

12-5 Ejercicios

1. $f(x) = x$ **2.** $f(x) = \frac{5}{3}x - 2$

3. $y = 3x + 2$ **4.** $y = -2x + 4$

5. $f(x) = 15x + 400$; \$505

7. $f(x) = \frac{1}{2}x + 2$ **9.** $y = 6x - 5$

11. a. $f(x) = 5x + 1245$

b. 2745 pies; 1500 pies

13. $f(x) = 3x + 4$; 28 lb

19. $y + 6 = -2(x - 6)$

21. $y + 3 = 1.4(x - 1)$

12-6 Ejercicios

1.

x	$f(x)$
−2	$\frac{1}{9}$
−1	$\frac{1}{3}$
0	1
1	3
2	9

2.

x	$f(x)$
−2	450
−1	150
0	50
1	$\frac{50}{3}$
2	$\frac{50}{9}$

3.

x	$f(x)$
−2	$\frac{3}{4}$
−1	$\frac{3}{2}$
0	3
1	6
2	12

4.

x	$f(x)$
−2	0.0004
−1	0.002
0	0.01
1	0.05
2	0.25

5. 5.12×10^{-4} g **6.** ≈ 0.0046 mg

7.

x	$f(x)$
−2	$\frac{2}{9}$
−1	$\frac{2}{3}$
0	2
1	6
2	18

9.

x	$f(x)$
−2	$\frac{9}{4}$
−1	$\frac{3}{2}$
0	1
1	$\frac{2}{3}$
2	$\frac{4}{9}$

11. $f(x) = 500 \cdot 2^x$; \$8000

13. $\frac{1}{32}$, 1, 32

15. $\frac{1}{100,000}$, 1, 100,000

17. $f(x) = 3 \cdot 2^x$ **19.** $f(x) = 1 \cdot 3^x$

21.

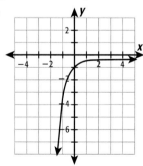

23. 1.5625% **25.** 3 h; $f(x) = 160 \cdot \left(\frac{1}{2}\right)^x$

donde x sea el número de intervalos

de 3 horas. **a.** 10 mg **b.** 0.625 mg

27. 125 mg **31.** sí; 2 **33.** no

35. sí; 0.1

12-7 Ejercicios

1.

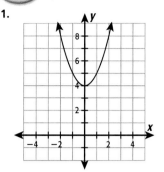

2.

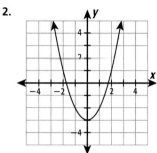

3.

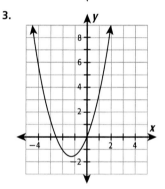

4.

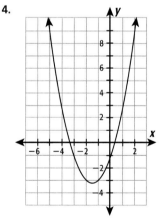

5.

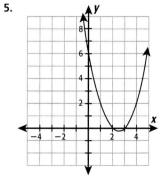

6.

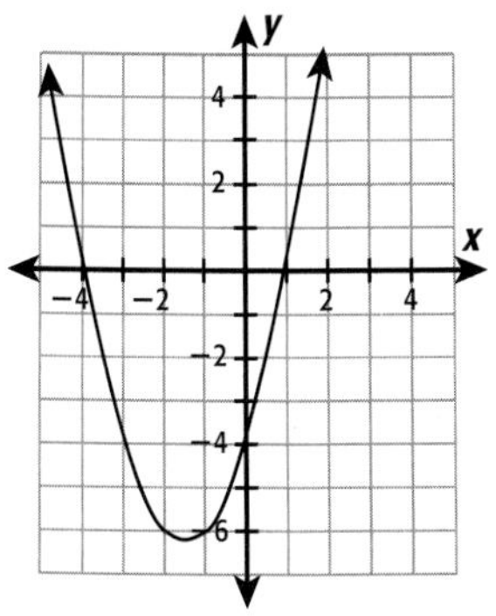

7.

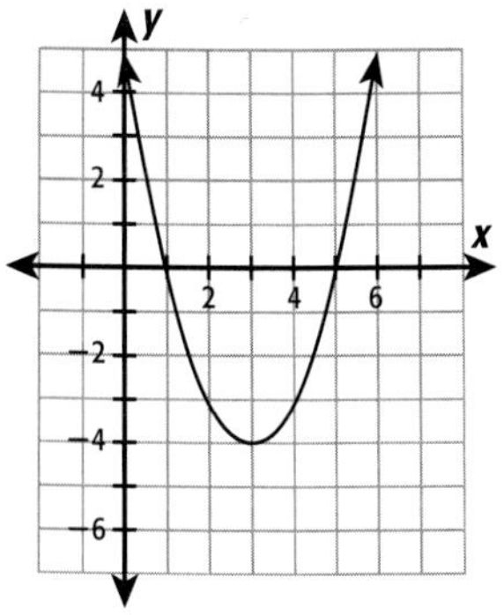

8.

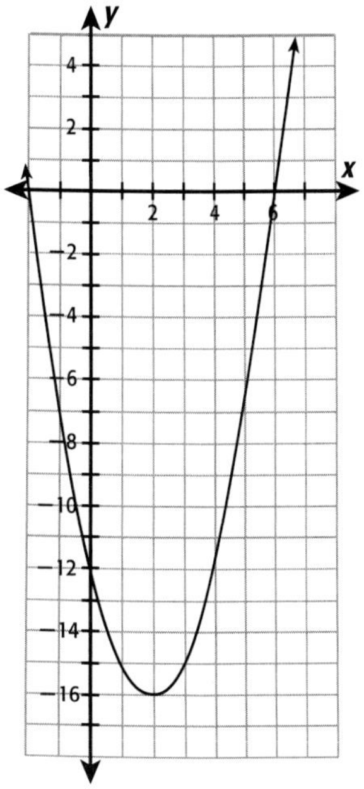

9. 5.1 pies

11.

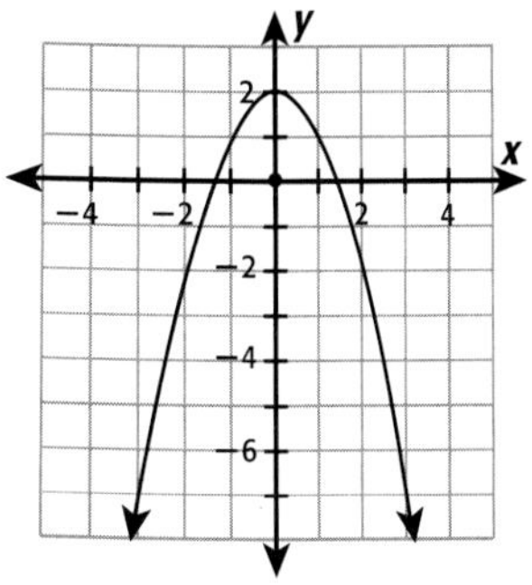

13.

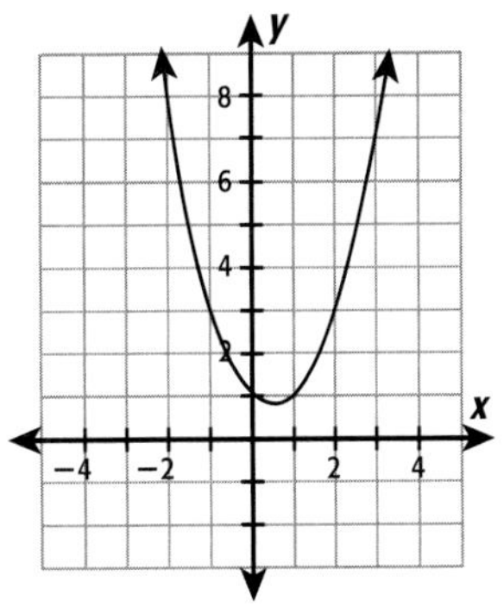

15.

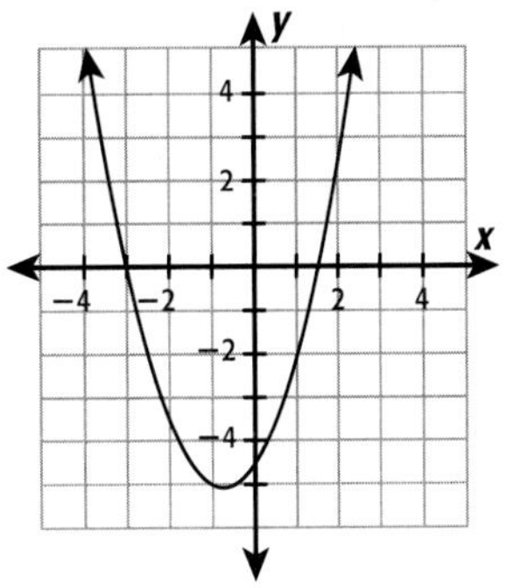

17.

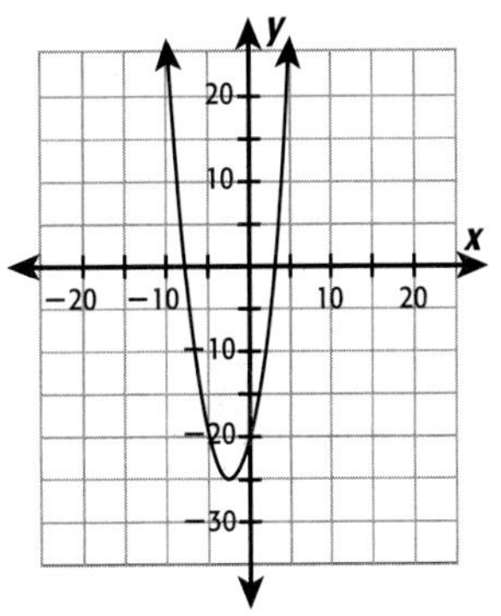

19. 14, 5, 14 **21.** 3, 0, 15 **23.** 26, 5, 20 **25.** $x = 5, x = -11$ **27.** $x = 2, x = -1$ **29.** $x = 1.8, x = -2.6$ **31.** 5 y 5; 50 **33. a.** \$4860, \$4940, \$5000, \$5040, \$5060; 7 **b.** \$115 **39.** −2, 12 **41.** −1, −4 **43.** −4, 1 **45.** −2, 4 **47.** H

12-8 Ejercicios

1. no **2.** sí

3.

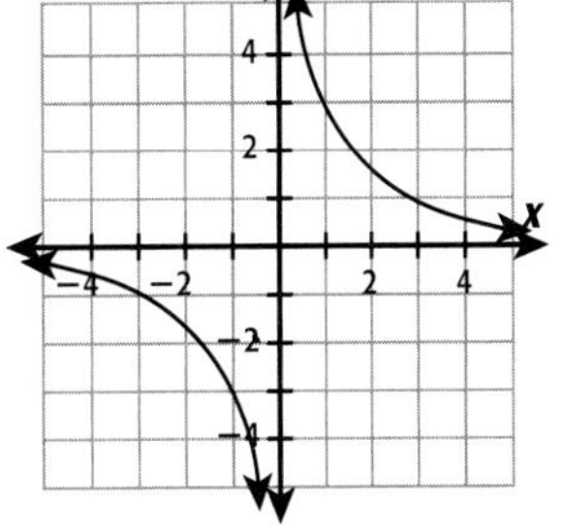

4.

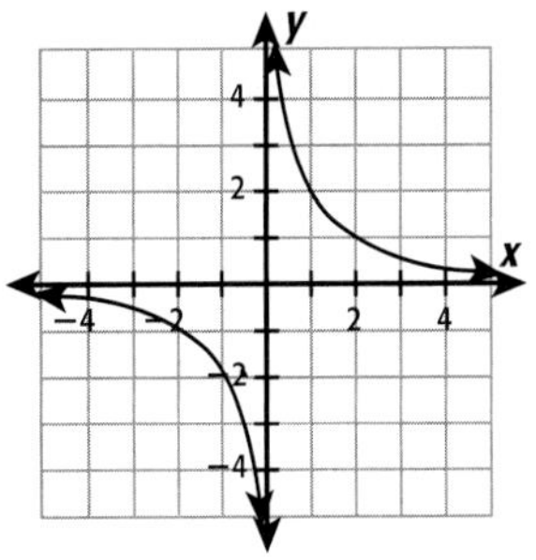

5.

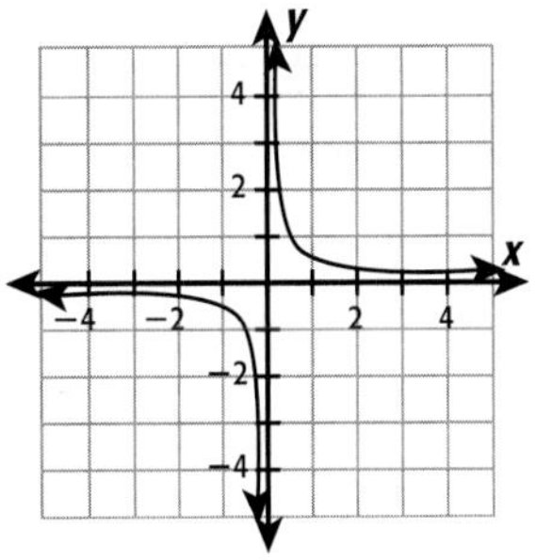

6. $y = \frac{12}{x}$; $1\frac{1}{3}$ amperes **7.** sí

9.

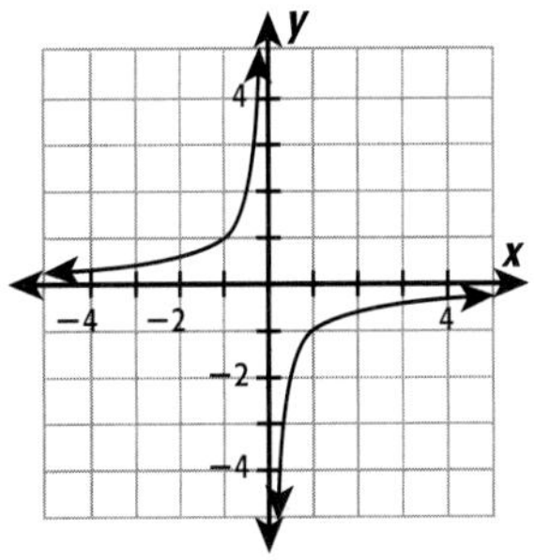

11.

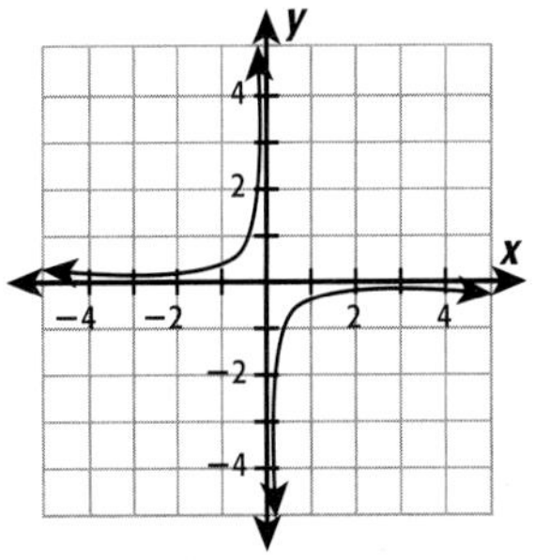

13. $y = \frac{4}{x}$ **15.** $y = \frac{32}{x}$ **17.** 10 cm **19.** \$1250 **23.** 9, 1, −1 **25.** 300, 243, 192 **27.** −36, −35, −32 **29.** C

Capítulo 12 Guía de estudio y repaso

1. sucesión **2.** sucesión aritmética; sucesión geométrica **3.** sucesión de Fibonacci **4.** función; dominio, rango **5.** 31 **6.** 0.65 **7.** $\frac{14}{3}$ **8.** −640 **9.** $\frac{32}{729}$ ó ≈ 0.0439 **10.** −1 **11.** 4, 7, 10, 13

12. 2, 5, 10, 17 **13.** −6, 12, −2, 16
14. 3, 4, 8, 26 **15.** −4, 10, −11
16. 1, 17, −1 **17.** 0, 2, −4
18. 0, 0, 3 **19.** 5, 15, 9
20. 1, −1, −1 **21.** $f(x) = x − 1$
22. $f(x) = \frac{1}{2}x + 4$

23.

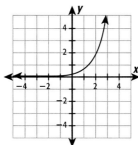

24.

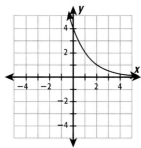

25.

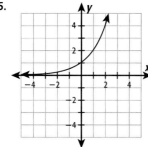

26.

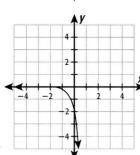

27.

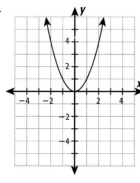

28.

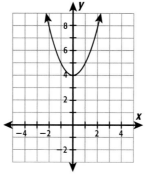

29.

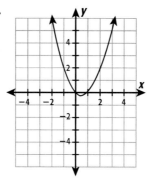

30.

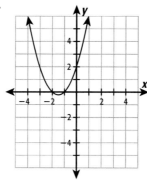

31.

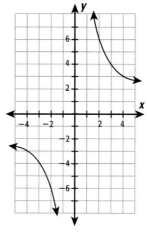

32.

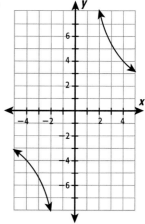

33.

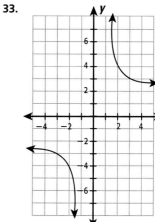

34.

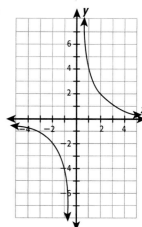

Capítulo 13

13-1 Ejercicios

1. sí **2.** no **3.** no **4.** sí
5. binomio **6.** trinomio **7.** no es
polinomio **8.** monomio **9.** 7
10. 3 **11.** 6 **12.** 3 **13.** 26 pies
15. no **17.** sí **19.** no es polinomio
21. binomio **23.** 4 **25.** 4
27. monomio; 2 **29.** binomio; 2
31. trinomio; 6 **33.** no es polinomio
35. trinomio; 3 **37.** no es polinomio

39.

Rendimiento (mi/gal)			
	40 mi/h	50 mi/h	60 mi/h
Compacto	28	30	27
Mediano	21	22	20
Camioneta	15	17	13

45. 4.5×10^{-7} **47.** 12 **49.** 13 **51.** B

13-2 Ejercicios

1. $-2b^2$ y $3b^2$, $4b$ y $-b$

2. $-4m^2n^2$ y $3m^2n^2$ **3.** $9x^2 + 4x - 6$

4. $2b^4 - 10b^2 + b + 15$

5. $6x - 21$ **6.** $27a^2 - 37a$

7. $-40{,}000 + 4000x - 5x^3$

9. $9rs$ y $3rs$, $-2r^2s^2$ y $4r^2s^2$

11. $4f^2g + 4fg^2$ **13.** $9b - 12 - 4b^2$

15. $15s^2 + 2s - 2$ **17.** $3x^2 - 14x + 15$ **19.** $4m^2 - 24m$ **21.** $15mn$

23. $40 - 1000d^2$ **25.** $82xy + 82y$ pulg^2

27. -13 **29.** 30 **31.** $x \geq 5$

33. $x = \frac{40}{3}$

13-3 Ejercicios

1. $4x^3 + 3x + 5$ **2.** $32x - 12$

3. $9m^2n + 8mn$ **4.** $8b^2 + 2b + 1$

5. $11ab^2 + 3ab + ab^2 - 4$

6. $5h^4j + 2hj^3 - 4hj - 1$

7. $128 + 32w$ pulg **9.** $5g^2 + g - 1$

11. $-h^6 + 9h^4 - h$

13. $11t^2 - 4t + 10$

15. $-w^2 - 6w - 3$ **17.** $3y^2 + xy$

19. $-3s^4t - 6st^3 + 4st^2 + 3st^4$

21. $8w^2y + wy^2 - 5wy$

23. $0.75n^2 + 8n + 16$

25. $4x^2 - 48x + 500$ millas

29. 512 cm^3 **31.** 48 **33.** $\frac{90}{7}$ **35.** C

13-4 Ejercicios

1. $-4x^2y$ **2.** $4x - 3xy^4$

3. $-2x^2 + 7x - 4$ **4.** $6y^2 + 3y - 5$

5. $-2b^3 + 5b^2 - b + 4$

6. $-3b^2 + 4b + 10$

7. $6m^2n + 2mn^2 - 2mn$

8. $3x^2 - 8x - 2$

9. $-2x^2y - 5xy + 10x - 8$

10. $-6ab^2 - 7a^2b + 7ab - 6$

11. $-3x^3 + 7x^2 - 10x + 18$ pulg^3

13. $-2v + 4v^2$ **15.** $-4xy^2 - 2xy$

17. $6a - 5$ **19.** $3x^2 - x + 3$

21. $-5p^3 - 4p^2 - 2p^2t^2 + 8pt^2$

23. $3s^2 - 9s - 5$ **25.** $g^2h - 3gh$

27. $-3pq^2 - 11p^2q + 4pq$

29. $a^2 - 2a + 11$ cm^2 **31.** $25y + 16.25$ dólares **35.** $1\frac{1}{24}$ **37.** $4\frac{23}{40}$

13-5 Ejercicios

1. $-8s^3t^5$ **2.** $6x^6y^6$ **3.** $-24h^6j^{10}$

4. $15m^5$ **5.** $6hm - 8h^2$ **6.** $3a^3b^2 - 3a^2b^3$ **7.** $-2x^3 + 8x^2 - 24x$

8. $10c^3d^4 - 20c^5d^3 + 15c^3d^2$

9. $A = \frac{1}{2}b_1h + \frac{1}{2}b_2h$; 70 pulg^2

11. $3g^3h^8$ **13.** $-s^5t^4$ **15.** $8z^3 - 6z^2$

17. $-6c^4d^3 + 12c^2d^3$

19. $-20s^4t^3 - 24s^3t^3 + 8s^4t^4$

21. $-36b^6$ **23.** $6a^3b^6$ **25.** $-2m^5 + 12m^3$ **27.** $x^4 - x^5y^4$ **29.** $2f^2g^2 + f^3g^2 - f^2g^5$ **31.** $12m^4p^8 - 6m^3p^7 + 15m^4p^5$

33. a.

$220p - pa$	$226p - pa$
$205p - \frac{1}{2}pa$	$211p - \frac{1}{2}pa$

b. $-6p$

37. equilátero acutángulo

39. escaleno rectángulo **41.** H

13-6 Ejercicios

1. $xy + 3x - 4y - 12$ **2.** $x^2 + 4x - 12$ **3.** $6m^2 + 4m - 32$ **4.** $2h^2 + 11h + 15$ **5.** $m^2 - 8m + 15$

6. $3b^2 + 7bc + 2c^2$ **7.** $200 - 60x + 4x^2$ pies^2 **8.** $x^2 + 6x + 9$ **9.** $b^2 - 16$

10. $x^2 - 10x + 25$ **11.** $x^2 + 3x - 10$

13. $w^2 + 8w + 15$

15. $6m^2 + 7m - 3$ **17.** $8t^2 + 2t - 1$

19. $6n^2 + 14bn - 12b^2$

21. $x^2 - 8x + 16$ **23.** $x^2 - 9$

25. $9x^2 - 6x + 1$ **27.** $m^2 - 25$

29. $q^2 + 9q + 20$ **31.** $g^2 - 9$

33. $10t^2 + 7t - 6$

35. $4a^2 + 20ab + 25b^2$ **37.** $w^2 - 25$

39. $15r^2 - 22rs + 8s^2$

41. $p^2 + 20p + 100$

43. $(M + \frac{1}{4}M)(V + b) = c$; $\frac{5}{4}MV + \frac{5}{4}Mb = c$ **47.** $\frac{2}{9}$ **49.** 0

Capítulo 13 Extensión

1. $3a^3$ **3.** $6a^2b$ **5.** $3ab^4c^4$

7. $2x^3 + 3x^2$ **9.** $p^4q^3 - 4p^5q$

11. $3a^3b^5 - 2a^9$

13. $2m^2n^2(3n^2 - 4m)$

15. $5z^3(3 + 5z^3)$

17. $6a^2(4 + 3a + a^5)$

Capítulo 13 Guía de estudio y repaso

1. polinomio; grado **2.** FOIL; binomios **3.** binomio; trinomio

4. trinomio **5.** no es polinomio

6. no es polinomio

7. monomio **8.** no es polinomio

9. binomio **10.** 8 **11.** 4 **12.** 3

13. 5 **14.** 6 **15.** $6t^2 - 2t + 1$

16. $11gh - 9g^2h$ **17.** $12mn - 6m$

18. $8a^2 - 10b$ **19.** $26st^2 - 15t$

20. $6x^2 - 2x + 5$ **21.** $4x^4 + x^2 - x + 7$ **22.** $3h^2 + 8h + 9$

23. $xy^2 - 2x^2y + 2xy$ **24.** $13n^2 + 12$

25. $5x^2 - 6$ **26.** $-w^2 - 12w + 14$

27. $-4x^2 + 14x - 12$ **28.** $4ab^2 - 11ab + 4a^2b$ **29.** $-p^3q^2 - 5p^2q^2 - 2pq^2$ **30.** $5s^2t^3 - 10s^2t^4 + 35st^3$

31. $12a^4b^3 + 30a^3b^3 - 36a^3b + 24a^2b^2$ **32.** $6m^3 - 15m^2 + 3m$

33. $-24gh^5 + 12g^3h^3 - 30h^2 + 12gh$

34. $2j^5k^3 - \frac{3}{2}j^4k^4 + j^6k^5$

35. $-8x^6y^{12} + 10x^7y^{14} - 14x^3y^6 + 6x^3y^7$ **36.** $p^2 - 8p + 15$

37. $b^2 + 10b + 24$

38. $4r^2 + 19r + 5$

39. $2a^2 - 5ab - 12b^2$

40. $m^2 - 16m + 64$

41. $4t^2 - 25$ **42.** $8b^2 + 4bt - 40t^2$

43. $100 - 4x^2$ **44.** $y^2 + 20y + 100$

Capítulo 14

14-1 Ejercicios

1. $\in$ **2.** $\notin$ **3.** Sí, $E \subset R$. **4.** No, $P \not\subset S$. **5.** finito **6.** infinito **7.** $\in$

9. Sí, $F \subset T$. **11.** No, $P \not\subset O$.

13. infinito **15.** finito **17.** $\in$

19. $\in$ **21.** $\in$ **23.** finito

25. infinito **27.** finito **29.** $\{25\}$

31. fémur $\in$ {huesos humanos}

33. Miami $\in$ {capitales de estado}

37. $-4m^2 + 12m - 24$

39. $-11x^2y + 4xy^2 + 16xy$ **41.** F

14-2 Ejercicios

1. $\{2, 4, 6\}$ **2.** $\{10, 12, 14\}$ **3.** $\{x | 2 \leq x \leq 5\}$ **4.** $\{x | 0 \leq x \leq 7\}$ **5.** $\{1, 2, 3, 4, 5, 6, 8, 10, 12\}$ **6.** $\{x | x > 0\}$

7. {enteros} **8.** {números racionales}

9. $\{-4\}$ **11.** $\{1, 3, 5\}$

13. {−12, −10, −8, −6, −4, 0}

15. {números reales}

17. $F \cup G = \{-2, -1, 0, 1, 2\}$; $F \cap G = \{-2, 0, 2\}$

19. $R \cup M = \{x|x < 6 \text{ ó } x \geq 7\}$; $R \cap M = \varnothing$

21. $A \cup B = \{\text{enteros}\}$; $A \cap B = \varnothing$

23. $P \cup M = \{\text{enteros pares}\}$; $P \cap M = \{\text{múltiplos positivos de 2}\}$

25. {mensajera, real, avestruz, correcaminos} **27.** Las respuestas pueden variar. Respuesta posible: Rapaces y Gallináceas

31. 49 **33.** 13 **35.** H

14-3 Ejercicios

1.

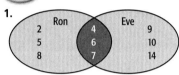

2.

3. $A \cap C = C$, $A \cap B = \{3, 6\}$, $B \cap C = \varnothing$; $A \cup C = A$, $A \cup B = \{2, 3, 4, 5, 6, 8, 9, 10, 12, 15\}$, $B \cup C = \{2, 3, 4, 6, 9, 12, 15\}$; $C \subset A$

4. $M \cap N = \{x|5 < x \leq 7\}$; $A \cup B =$ {todos los números reales}; ninguno

5.

7.

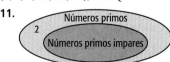

9. $Q \cap T = T$, $Q \cap Z = \varnothing$, $Z \cap T = \varnothing$; $Q \cup T = Q$, $Q \cup Z = \{1, 3, 4, 7, 8, 10, 12, 14, 15, 16\}$, $T \cup Z = \{1, 4, 7, 10, 15, 16\}$; $T \subset Q$

11.

Números primos
2
Números primos impares

13.

Instrumentos de viento
Instrumentos de lengüeta
Instrumentos de doble lengüeta

19. 226.08 pulg³ **21.** $83\frac{1}{3}$ cm³

14-4 Ejercicios

1–13. Se dan ejemplos posibles.

1.

Ejemplo	P	Q	P y Q
Riley mide 58 pulg y tiene 11 años.	V	V	V
Riley mide 40 pulg y tiene 7 años.	V	F	F
Riley mide 62 pulg y tiene 12 años.	F	V	F
Riley mide 63 pulg y tiene 8 años.	F	F	F

2.

Ejemplo	P	Q	P y Q
$x = 6$	V	V	V
$x = 8$	V	F	F
$x = 9$	F	V	F
$x = 7$	F	F	F

3.

Ejemplo	P	Q	P o Q
Son las 7 am y está a 65° afuera.	V	V	V
Son las 3 am y está a 82° afuera.	V	F	V
Son las 4 pm y está a 30° afuera.	F	V	V
Es la 1 pm y está a 90° afuera.	F	F	F

4.

Ejemplo	P	Q	P o Q
Vives en Alabama y estás de vacaciones en Florida.	V	V	V
Vives en Florida y estás en casa.	V	F	V
Vives en Texas y estás de vacaciones en México.	F	V	V
Vives en Michigan y estás en casa.	F	F	F

5.

Ejemplo	P	Q	P y Q
Matt tiene pelo rubio y usa zapatos talla 9.	V	V	V
Matt tiene pelo rubio y usa zapatos talla 10.	V	F	F
Matt es pelirrojo y usa zapatos talla 9.	F	V	F
Matt tiene pelo castaño y usa zapatos talla 11.	F	F	F

7.

Ejemplo	P	Q	P y Q
El polígono ABCD es un rectángulo, con perímetro de 25 cm.	V	V	V
El polígono ABCD es un rectángulo, con perímetro de 22 cm.	V	F	F
El polígono ABCD es un trapecio con perímetro de 25 cm.	F	V	F
El polígono ABCD es un trapecio con perímetro de 20 cm.	F	F	F

9.

Ejemplo	P	Q	P o Q
Son las 10 am y estás en clase de matemáticas.	V	V	V
Son las 10 am y estás en clase de ciencias.	V	F	V
Son las 3 pm y estás en clase de matemáticas.	F	V	V
Son las 5 pm y estás en el cine.	F	F	F

11.

Ejemplo	P	Q	P o Q
La palabra es *fuerte*.	V	V	V
La palabra es *ancho*.	V	F	V
La palabra es *cambio*.	F	V	V
La palabra es *sonreír*.	F	F	F

13.

Ejemplo	P	Q	P y Q	P o Q
Jesse tiene 20 años y no terminó el curso para conducir.	V	F	F	V
Jesse tiene 14 años y no terminó el curso para conducir.	F	F	F	F
Jesse tiene 16 años y terminó el curso para conducir.	F	V	F	V
Jesse tiene 17 años y terminó el curso para conducir.	F	F	V	V

15. Disyunción; si se cumple una de las condiciones, la garantía expira.

17. Conjunción; posible respuesta:

Ejemplo	P	Q	P y Q
John tiene 37 años y ha vivido en EE. UU. toda su vida.	V	V	V
John tiene 42 años y ha vivido en EE. UU. 12 años.	V	F	F
John tiene 21 años y ha vivido en EE. UU. 20 años.	F	V	F
John tiene 5 años y ha vivido en EE. UU. toda su vida.	F	F	F

21. 0.625 **23.** 0.71 **25.** $\frac{11}{10}$, ó, $1\frac{1}{10}$
27. $\frac{6}{25}$ **29.** B

14-5 Ejercicios

1. Ron come cacahuates. Ron tiene una reacción alérgica. **2.** Un número es divisible entre 4. El número es par.
3. Se vigila una olla. La olla nunca hierve. **4.** La figura A tiene 5 lados.
5. $x + 2 = 9$ **6.** No se puede sacar ninguna conclusión.
7. $x - 1 = 6$; $x = 7$ **9.** Es el primer viernes del mes. El club de jardinería se reunirá. **11.** La expresión $x^3 - 4x + 2$ es un trinomio.
13. El cuadrilátero $XYWZ$ es un cuadrado. **25.** 60 **27.** D

14-6 Ejercicios

1. A: 2; B: 3; C: 2; D: 5; E: 2; F: 2; G: 0; no **2.** A: 2; B: 4; C: 2; sí **3.** no
4. sí; respuesta posible: A-B-C-B-A
5. M: 2; R: 2; S: 4; T: 2; sí **7.** sí; respuesta posible: M-R-S-T-S-M
9. conectado; A: 3; B: 2; C: 2; D: 3; E: 4; no **11.** áreas de tierra; puentes y túneles **13.** 13 **15.** Sí; hay una trayectoria de cada vértice a los otros. **19.** $x = -1$ **21.** $z = \frac{11}{12}$
23. $x = 9$ **25.** $r = 3$ **27.** B

14-7 Ejercicios
1.–9. Respuestas posibles.
1. A-B-C-D-A **2.** W-S-V-R-T-W
3. A-C-B-D-A; 24 mi

5. A-D-F-E-C-B-A **7.** B-T-N-M-R-B; 43 mi **9.** J-K-M-L-N-J; 226 mi
11. S-A-C-B-S; S-A-B-C-S; S-B-C-A-S; S-B-A-C-S; S-C-A-B-S; S-C-B-A-S
17. $-3x^3y^2 - 2x^2y$
19. $18x^2 - 36x - 6$

Capítulo 14 Guía de estudio y repaso

1. Circuito de Euler, vértice
2. tabla de verdad
3. diagrama de Venn; intersección
4. conjunto vacío
5. $\in$ **6.** $\notin$ **7.** $\subset$ **8.** finito
9. infinito **10.** $P \cap Q = \{2, 4\}$; $P \cup Q = \{0, 1, 2, 3, 4, 5, 6\}$ **11.** $E \cap O = \varnothing$; $E \cup O = \{$enteros$\}$ **12.** $H \cap R = \{x | 3 < x < 7\}$; $H \cup R = \{$números reales$\}$ **13.** intersección: $\{1, 2, 3, 6\}$; unión: $\{1, 2, 3, 4, 6, 9, 12, 18\}$; subconjuntos: ninguno

14.

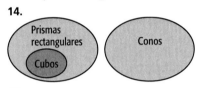

15.

Ejemplo	P	Q	P y Q
Carl mide 5 pies y tiene 13 años.	V	V	V
Carl mide 5 pies y tiene 10 años.	V	F	F
Carl mide 6 pies 2 pulgadas y tiene 13 años.	F	V	F
Carl mide 6 pies 1 pulgada y tiene 10 años.	F	F	F

16.

Ejemplo	P	Q	P y Q
$ABCD$ es un paralelogramo y $EFGH$ es un cuadrado.	V	V	V
$ABCD$ es un paralelogramo y $EFGH$ es un rombo.	V	F	F
$ABCD$ no es un paralelogramo y $EFGH$ es un cuadrado.	F	V	F
$ABCD$ no es un paralelogramo y $EFGH$ es un trapecio.	F	F	F

17.

Ejemplo	P	Q	P o Q
Jill corrió una milla en 9 min e hizo 50 lagartijas.	V	V	V
Jill corrió una milla en 9 min e hizo 40 lagartijas.	V	F	V
Jill corrió una milla en 11 min e hizo 50 lagartijas.	F	V	V
Jill corrió una milla en 12 min e hizo 35 lagartijas.	F	F	F

18.

Ejemplo	P	Q	P o Q
John se graduó de la universidad y ahora diseña puentes.	V	V	V
John se graduó de la universidad y ahora es profesor universitario.	V	F	V
John se graduó de preparatoria y ahora diseña puentes.	F	V	V
John se graduó de preparatoria y ahora es gerente de una zapatería.	F	F	F

19. No se puede sacar ninguna conclusión.
20. No se puede sacar ninguna conclusión.
21. La figura $ABCD$ es un polígono.
22. no
23. Las rutas Y-X-Z-W-B-Y o Y-X-B-Z-W-Y, o ambas en sentido inverso; 26 pulg.

Créditos

■ Fotografías

Cover (all), Pronk & Associates.; **Title Page** (all), Pronk & Associates.; *Master Icons* — teens (all), Sam Dudgeon/HRW.

Problem Solving Handbook: xix, Thomas Wiewandt/Visions of America, LLC/PictureQuest; xxi, xxii, xxiii, Victoria Smith/HRW; xxvi, xxvii, Sam Dudgeon/HRW; xxix, Digital Image ©2004 EyeWire.

All author photos by Sam Dudgeon/HRW. Jan Scheer photo by Ron Shipper.

Chapter One: 2-3 (bkgd), Peter Skinner/Photo Researchers, Inc.; 2 (b), Tom Tracy/Getty Images/FPG International; 4 (tl), Roy King/SuperStock; 4 (tr), Douglas Faulkner/Photo Researchers, Inc.; 7, The Kobal Collection; 8, Robert Landau/CORBIS; 10, ©(2002) PhotoDisc, Inc./HRW; 13, Robert Llewellyn/SuperStock; 15, Mark Lewis/Getty Images/Stone; 18 (tr), Danny Lehman/CORBIS; 18 (tc), Peter Van Steen/HRW; 19, ©2004 PhotoDisc, Inc./HRW; 27, Stephen Munday/Allsport/Getty Images; 33 (tr), Sam Dudgeon/HRW; 33 (tr), Sam Dudgeon/HRW; 34, Peter Van Steen/HRW; 37, Bettmann/CORBIS; 41, Laurence Fleury/Photo Researchers, Inc.; 43, Peter Van Steen/HRW; 47, Alec Pytlowany/Masterfile; 48 (c), Jack Olson; 48 (b), Jack Olson; 49 (t), Mark Segal/Getty Images/Stone; 49 (b), James Blank/Photophile; 50, Randall Hyman; 56, Peter Van Steen/HRW; **Chapter Two:** 58-59 (bkgrd), Science Photo Library/Photo Researchers, Inc.; 58 (b), Dean Conger/CORBIS; 60, Peter Van Steen/HRW; 63, Peter Van Steen/HRW; 64, Lloyd Sutton/Masterfile; 67 (tl), Steve Vidler/SuperStock; 67 (cl), Araldo de Luca/CORBIS; 67 (cr), The Art Archive/Napoleonic Museum Rome/Dagli Orti; 67 (tc), Bettmann/CORBIS; 68, Jeopardy Productions Inc.; 71, Peter David/Masterfile; 75, Sam Dudgeon/HRW; 78, Peter Van Steen/HRW; 81, Luke Frazza/AFP/CORBIS; 83 (b), Dean Conger/CORBIS; 87, S. Lowry/Univ.Ulster/Getty Images/Stone; 92, Courtesy Cornell University; 95 (tc), Francois Gohier/Photo Researchers, Inc.; 95 (bc), Flip Nicklin/Minden Pictures; 96, Sam Dudgeon/HRW; 97, Peter Van Steen/HRW; 99, Joe McDonald/CORBIS; 100 (br), Joseph Sohm; ChromoSohm Inc./CORBIS; 101 (tl), Sam Dudgeon/HRW; 101, John Belliveau; 102 (b), Randall Hyman; 108, Seth Carter/SuperStock; **Chapter Three:** 110-111 (bkgd), Bohemian Nomad Picturemakers/CORBIS; 110 (br), Sam Dudgeon/HRW; 112 (tr), Allsport/Getty Images; 117 (tr), AFP/CORBIS; 125 (tl), John Giustina/Bruce Coleman, Inc.; 130 (tr), Mark Tomalty/Masterfile; 131 (tr), Joe Viesti/Viesti Collection, Inc.; 132 (cl), Lindsay Hebberd/CORBIS; 134 (tr), Wofgang Kaehler/CORBIS; 134 (cr), Sam Dudgeon/HRW; 137 (cl), National Museum of Natural History © 2002 Smithsonian Institution; 140 (tr), Peter Van Steen/HRW Photo; 141, Bettmann/CORBIS; 141, Leonard de Selva/CORBIS;143 (cr), Stuart Westmorland/Getty Images/The Image Bank; 146 (tr), Roman Soumar/CORBIS; 147 (tr), Roberto Rivera; 149 (tr), Peter Van Steen/HRW Photo; 149 (tl), Uimonen Ilkka/CORBIS SYGMA; 150 (tr), Dave Bartruff/Index Stock Imagery, Inc.; 153 (tr), Chris Butler/Photo Researchers, Inc.; 156 (tr), John Garrett/CORBIS; 162 (b), Cosmo Condina/Getty Images/Stone; 163 (tr,br), Morton Beebe/CORBIS; 163 (t), Gail Mooney/CORBIS;164 (br), Jenny Thomas/HRW; 170 (br), Peter Van Steen/HRW; **Chapter Four:** 172-173 (bkgrd), David Joel/Getty Images/Stone; 172 (br), Sam Dudgeon/HRW; 179 (tr), Aaron Weithoff; 183 (tr), Richard Schultz; 185 (cl), Corbis Images; 188 (tr), Peter Van Steen/HRW/Kittens courtesy of Austin Humane Society/SPCA; 195 (br), Richard Cummins/CORBIS; 204 (tr), Custom Medical Stock Photo; 207 (c), Peter Van Steen/HRW; 210 (b), Bruce Schulman/Reuters/TimePix; 210 (cl), Michael Clevenger/AP/Wide World Photos; 211 (t), Layne Kennedy/CORBIS; 213 (br), ; 218 (cr), Michal Heron/Corbis Stock Market; **Chapter Five**: 220-211 (bkgrd), Richard T. Nowitz/CORBIS; 220 (br), Victoria Smith/HRW; 226 (tr), Stephen Dalton/Photo Researchers, Inc.; 226 (cr), Roberto Rivera; 228 (tr), Daryl Benson/Masterfile; 231 (tl), Hulton-Deutsch Collection/CORBIS; 243 (cl), Johnathan Blair/CORBIS; 244 , Lucasfilm, Ltd.; 250 (tr), Seth Kushner/Getty Images/Stone; 254 (tr), Angelo Cavalli/Getty Images/The Image Bank; 259 (butterfly), Bob Jensen/Bruce Coleman, Inc.; 259, Jeff Lepore/Photo Researchers, Inc.; 259, R.N. Mariscal/Bruce Coleman, Inc.; 259, Jeff Rotman/International Stock Photography; 259 (shells), SuperStock; 260 (tc) ; 260 (tr), Garry Black/Masterfile; 262 (tl), Grant V. Faint/Getty Images/The Image Bank; 263 (tr), SuperStock; 263 (cr), Adam Woolfitt/CORBIS; 267 (tr), Hand With Reflecting Sphere by M.C. Escher , Cordon Art - Baarn - Holland. All rights reserved.; 267 (cr), Reptiles by M.C. Escher. © 2004 Cordon Art - Baarn - Holland. All rights reserved; 268 (br), ©2004 EyeWire/Getty; 269 (t), Paul A. Souders/CORBIS; 269 (br), Mae Scanlan; 270 (br), Jenny Thomas/HRW; **Chapter Six:** 278-279 (bkgrd), UHB Trust/Getty Images/Stone; 278 (br), Rob Crandall/Alamy Photos; 280 (tr), Sam Dudgeon/HRW, Woodwork by Carl Childs; 288 (tr), Benelux/ZEFA/H. Armstrong Roberts; 290 (tr), Loukas Hapsis/On Location; 294 (tr), Michelle Bridwell/HRW Photo; 294 (tc), Peter Van Steen/HRW Photo; 297 (cl), Steve vidler/SuperStock; 299 (b), Dave G. Houser/Houserstock; 302 (tr, cr), Jeremy Boon; 306 (cr), Jeremy Boon; 306 (tl), Prat Thierry/Corbis/Sygma; 307 (tr), SuperStock; 309 (tr), Reuters/NewsCom; 311 (cr), Dallas and John Heaton/CORBIS; 311 (tl), G. Leavens/Photo Researchers, Inc.; 312 (tr), Steve Vidler/SuperStock; 313 (cr), Will & Deni McIntyre/Photo Researchers, Inc.; 315 (cl), Owen Franken/CORBIS; 315 (tr), Steve Vidler/SuperStock; 316 (tr), ©2004 Kelly Houle; 317 (cr), Peter Van Steen/HRW Photo; 319 (tr), Peter Van Steen/HRW; 319 (tl), Todd Patrick; 321 (cl), Robert & Linda Mitchell Photography; 322 (cr), Baldwin H. Ward & Kathryn C. Ward/CORBIS; 324 (tr), Imtek Imagineering/Masterfile; 327 (fossil eggs), Sinclair Stammers/Science Photo Library/Photo Researchers, Inc.; 327 (turtle eggs), Dwight Kuhn Photography; 327 (cr), Bob Gossington/Bruce Coleman, Inc.; 327 (c), Frank Lane Picture Agency/CORBIS; 327 (tr), Darryl Torckler/Getty Images/Stone; 328 (tl), Sam Dudgeon/HRW; 328 (tc), Art Stein/Photo Researchers, Inc.; 328 (tr), Neil Rabinowitz/CORBIS; 329 (br), John Elk III; 330 (br, cr), Waverly Traylor; 331 (tr), Courtesy of Great Lakes Aquarium; 331 (bl), Gary Meszaros/Photo Researchers, Inc.; 338 (br), Gunter Marx/CORBIS; **Chapter Seven:** 340-341 (bkgd), Galen Rowell/CORBIS; 340 (br), Michael S. Yamashita/CORBIS; 343 (cl), Biophoto Associates/Photo Researchers, Inc.; 345 (c), Sam Dudgeon/HRW; 346 (tr), Peter Van Steen/HRW Photo; 350 (tr), Stephen Dalton/Photo Researchers, Inc.; 352 (tl), Dr. Harold E. Edgerton/The Harold E. EdgertonTrust ©2004/courtesy Palm Press, Inc.; 356 (tr), Art on File/CORBIS; 359 (tr), Eyewire collection; 359 (tc), Andrew Syred / Microscopix Photolibrary; 359 (bc), Ed Reschke/PA; 361 (b), Nik Wheeler/CORBIS; 362 (tr), Phil Jude/Science Photo Library/Photo Researchers, Inc.; 365 (cl), Peter Van Steen/HRW; 368 (tr), Joseph Sohm; ChromoSohm Inc./CORBIS; 371 (tl), Layne Kennedy/CORBIS; 372 (tr), "Iowa Countryside Outside of Cedar Rapids Iowa" by Stan Herd, photo Jon Blumb; 373 (tr), Eric Grave/Photo Researchers, Inc.; 375 (c), Jeremy Boon, Sam Dudgeon/HRW Photo; 375 (tr), David Young-Wolff/PhotoEdit; 376 (tr), Jonathan Blair/CORBIS; 376 (cr), Peter Van Steen/HRW; 377 (cr), Digital Art/CORBIS; 379 (tl), SuperStock; 379 (cr), Michael S. Yamashita/CORBIS; 380 (cr), Lee Snider/CORBIS; 381 (cr), Peter Van Steen/HRW; 383 (tr), Gail Mooney/CORBIS; 385 (tr), Chris Lisle/CORBIS; 386 (br), Craig Aurness/CORBIS; 387 (tl), Bill Ross/CORBIS; 387 (tr), Robert Holmes/CORBIS; 388 (tr), Isaac Menashe/Zuma Press/NewsCom; 388 (br), AP/Wide World Photos; 388 (bc), William Manning/CORBIS; 389 (tr), Waverly Traylor; 389 (br), Lynda Richardson/CORBIS; 390 (br), Ken Karp/HRW; 390 (tr), Digital Image © 2004 PhotoDisc; 396 (cr), Bettmann/CORBIS; **Chapter Eight:** 398-399 (bkgrd), Photo File/TimePix; 398 (br), Clive Mason/Allsport/Getty Images; 400 (tr), SuperStock; 405 (tr), Ric Ergenbright/CORBIS; 410 (tr), Robert Jensen/Getty Images/Stone; 411 (cl), Hans Reinhard/Bruce Coleman, Inc.; 415 (insects), HRW Photo/Royalty Free; 420 (tr), John Langford/HRW; 421 (tr), Ken Fisher/Getty Images/Stone; 425 (cr), Peter Van Steen; 427, Sam Dudgeon/HRW; 431 (tl), AFP/CORBIS; 434 (cr), Reuters NewMedia Inc./Jacon Cohn/CORBIS; 435 (t), Bob Krist/CORBIS; 435 (br), © 2004 Conrad Gloos c/o MIRA; 436 (br), Victoria Smith/HRW; 442 (br), Sam Dudgeon/HRW; **Chapter Nine:** 444-445 (bkgrd), Erlendur Berg/SuperStock; 444 (br), Bettmann/CORBIS; 446 (tr), Peter Van Steen/HRW Photo; 446 (cr), Sam Dudgeon/HRW; 451 (tr), Joe Richard/AP/Wide World Photos; 454 (tc), Reuters NewMedia Inc./CORBIS; 454 (tr), David Weintraub/Photo Researchers, Inc.; 456 (tr), Duomo/CORBIS; 459 (tl), Raymond Gehman/CORBIS; 461 (br), Susan Marie Anderson/FoodPix; 462 (tr), Sam Dudgeon/HRW; 462 (tr), Sam Dudgeon/HRW; 462 (tr), Sam Dudgeon/HRW; 463 (bl), Peter Van Steen/HRW; 464 (cr), Peter Van Steen/HRW; 466 (tr), Sam Dudgeon/HRW; 467 (tr), ; 470 (tl), Steve Kahn/Getty Images/FPG International; 471 (tr), Peter Van Steen/HRW; 471 (tr), Peter Van Steen/HRW; 475 (tl), The Newark Museum/Art Resource, NY; 477 (tr), Jeffrey Cable/SuperStock; 481 (tl), Corbis/Sygma; 485 (tr), Jeff Greenberg/Photo Researchers, Inc.; 486 (br), From the U.S. Senate Collection, Center for Legislative Archives/Clifford Berryman/Cartoon A-24/May 21, 1912, Washington Evening Star, Washington, D.C.; 486 (cr), CORBIS; 487 (t), Bruce Burkhardt/CORBIS; 487 (br), Paul Sakuma/AP/Wide World Photos; 488 (br), Jenny Thomas/HRW; 494 (cl), Peter Van Steen/HRW Photo; 494 (cr), Peter Van Steen/HRW Photo; **Chapter Ten:** 496-497 (bkgrd), Tom Bean/Getty Images/Stone; 496 (br), David Edwards Photography; 498 (tr), Peter Van Steen; 501 (tr), Karl H. Switak/Photo Researchers, Inc.; 501 (cr), AFP/CORBIS; 503 (cl), Peter Van Steen/HRW; 503 (cl), Sam Dudgeon/HRW; 503 (cl), © 2004 EyeWire, Inc. All rights reserved.; 505 (tr), Peter Van Steen/HRW; 505 (tl), Buddy Mays/CORBIS; 511 (tl), Andrew Syred/Science Photo Library/Photo Researchers, Inc.; 513 (b), Sam Dudgeon/HRW; 514 (tr), Sam Dudgeon/HRW; 516 (cl), Sam Dudgeon/HRW; 518 (tc), Peter Van Steen/HRW; 523 (tr), Kelly-Mooney

▪ Ilustraciones

Glosario

conexión **internet**

Glosario en línea: *go.hrw.com*
Clave: MP4 Glossary

A

agrandamiento Aumento de tamaño de todas las dimensiones en las mismas proporciones. (pág. 373)

altura En una pirámide o cono, la distancia perpendicular que va de la base y al vértice opuesto.

En un triángulo o cuadrilátero, la distancia perpendicular que va de la base de la figura al vértice o lado opuesto. (pág. 280)

En un prisma o cilindro, la distancia perpendicular entre las bases.

altura inclinada Distancia de la base de un cono a su vértice, medida a lo largo de la superficie lateral. (pág. 320)

ángulo Figura formada por dos rayos con un extremo común llamado vértice. (pág. 222)

ángulo agudo Ángulo que mide menos de 90°. (pág. 223)

ángulo central Ángulo formado por dos radios y cuyo vértice se encuentra en el centro de un círculo. (pág. 778)

ángulo inscrito Ángulo formado por dos cuerdas y cuyo vértice está en un círculo. (pág. 778)

ángulo obtuso Ángulo cuya medida es mayor de 90° pero menor de 180°. (pág. 223)

ángulo recto Ángulo que mide exactamente 90°. (pág. 223)

ángulos adyacentes Ángulos en el mismo plano que están uno al lado del otro y comparten un vértice y un lado.

ángulos alternos externos Par de ángulos en los lados externos de dos líneas intersecadas por una transversal, que están en lados opuestos de la transversal. Los pares de ángulos alternos externos son ∠a y ∠d, y ∠b y ∠c. (pág. 229)

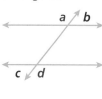

ángulos alternos internos Par de ángulos en los lados internos de dos líneas intersecadas por una transversal, que están en lados opuestos de la transversal. Los pares de ángulos alternos internos son ∠r y ∠v, y ∠s y ∠t. (pág. 229)

ángulos complementarios Dos ángulos cuyas medidas suman 90°. (pág. 223)

ángulos congruentes Ángulos que tienen la misma medida. (pág. 223)

ángulos correspondientes (en líneas) Ángulos formados por una transversal que interseca dos o más líneas y que están en la misma posición relativa. Cuando una transversal interseca dos líneas, como se muestra en el diagrama, los pares de ángulos correspondientes son ∠m y ∠q, ∠n y ∠r, ∠o y ∠s, y ∠p y ∠t. (pág. 229)

ángulos correspondientes (en polígonos) Ángulos que están en la misma posición relativa en dos o más polígonos. (pág. 250)

ángulos internos Ángulos en los lados internos de dos líneas intersecadas por una transversal. En el diagrama ∠c, ∠d, ∠e y ∠f son ángulos internos.

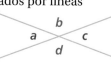

ángulos opuestos por el vértice Par de ángulos congruentes y opuestos formados por líneas secantes. En el diagrama, ∠a y ∠c son opuestos por el vértice, lo mismo que ∠b y ∠d. (pág. 223)

ángulos suplementarios Dos ángulos cuyas medidas suman 180°. (pág. 223)

árbol de factores Diagrama que muestra cómo se descompone un número cabal en sus factores primos. (pág. 763)

arco Parte de un círculo que se localiza entre dos puntos extremos. (pág. 778)

arco mayor Arco que es más de la mitad de un círculo. (pág. 778)

arco menor Arco que es menor que la mitad de un círculo. (pág. 778)

área El número de unidades cuadradas que se necesitan para cubrir una superficie. (pág. 281)

área total Suma de las áreas de las caras, o superficies, de una figura tridimensional. (pág. 316)

arista Segmento de recta formado por la intersección de dos caras de un poliedro. (pág. 302)

arista (de una gráfica) Segmentos de recta o aristas que unen los vértices de una gráfica. (pág. 712)

B

base (de un polígono o figura tridimensional) Lado de un polígono; cara de una figura tridimensional según la cual se mide o se clasifica una figura. (pág. 307)

Bases de un cilindro   Bases de un prisma   Base de un cono   Base de una pirámide

Glosario

base (en numeración) Cuando un número se eleva a una potencia, el número que se usa como factor es la base. (pág. 84)

Ejemplo: $3^5 = 3 \cdot 3 \cdot 3 \cdot 3 \cdot 3$

binomio Polinomio con dos términos. (pág. 644)

bisectriz de un ángulo Línea, segmento o rayo que divide un ángulo en dos ángulos congruentes. (pág. 227)

capacidad Cantidad que cabe en un recipiente cuando se llena. (pág. 382)

capital Cantidad inicial de dinero depositada o recibida en préstamo. (pág. 428)

cara Superficie plana de un poliedro. (pág. 302)

cara lateral En un prisma o pirámide, una cara que no es la base. (pág. 316)

catetos En un triángulo rectángulo, los lados adyacentes al ángulo recto. En un triángulo isósceles, el par de lados congruentes. (pág. 290)

Celsius Escala métrica para medir temperatura, en la que 0 °C es el punto de congelación del agua y 100 °C es el punto de ebullición. También se le llama *centígrada*.

centro (de rotación) Punto alrededor del cual se hace girar una figura. (pág. 254)

centro (de un círculo) Punto interior de un círculo que se encuentra a la misma distancia de todos los puntos de la circunferencia. (pág. 294)

centro (de una dilatación) Punto de intersección de las líneas que pasan a través de cada par de vértices correspondientes. (pág. 362)

cilindro Figura tridimensional con dos bases circulares paralelas y congruentes, unidas por una superficie lateral curva. (pág. 307)

circuito Trayectoria en una gráfica que inicia y termina en el mismo vértice. (pág. 713)

circuito de Euler Circuito que pasa por todas las aristas de una gráfica conectada. (pág. 713)

circuito de Hamilton Circuito que pasa por todos los vértices de una gráfica conectada. (pág. 713)

círculo Conjunto de puntos en un plano que se encuentran a la misma distancia de un punto llamado centro. (pág. 294)

círculo máximo Círculo de una esfera tal que el plano que contiene el círculo pasa por el centro de la esfera. (pág. 324)

circunferencia Distancia alrededor de un círculo. (pág. 294)

cociente Resultado de dividir un número entre otro.

coeficiente Número que se multiplica por la variable en una expresión algebraica. (pág. 4)

Ejemplo: 5 es el coeficiente en 5*b*.

combinación Agrupación de objetos o sucesos en la que el orden no es importante. (pág. 472)

comisión Pago que recibe una persona por realizar una venta. (pág. 424)

común denominador Denominador que es el mismo en dos o más fracciones.

Ejemplo: El común denominador de $\frac{5}{8}$ y $\frac{2}{8}$ es 8.

común múltiplo Número que es múltiplo de dos o más números. (pág. 764)

Ejemplo: 15 es el común múltiplo de 3 y 5.

conclusión El segundo enunciado de un enunciado condicional. (pág. 708)

congruentes Que tiene la misma forma y tamaño. (pág. 223)

conjunción Enunciado compuesto de la forma "*P* y *Q*". (pág. 702)

conjunto Grupo de elementos. (pág. 688)

conjunto finito Conjunto que contiene un número finito de elementos. (pág. 689)

conjunto infinito Conjunto que contiene un número infinito de elementos. (pág. 689)

conjunto solución Conjunto de valores que hacen verdadero un enunciado. (pág. 23)

conjunto vacío Conjunto que no tiene elementos. (pág. 692)

cono Figura tridimensional con un vértice y una base circular. (pág. 312)

cono regular Cono en el que una línea perpendicular trazada de la base a la punta (vértice) pasa por el centro de la base. (pág. 320)

constante Valor que no cambia. (pág. 4)

constante de proporcionalidad Razón constante de dos variables que están relacionadas en forma proporcional. (pág. 562)

conversión de unidades Proceso que consiste en cambiar una unidad de medición en otra.

coordenada Uno de los números de un par ordenado que localizan un punto en un plano cartesiano. (pág. 38)

coordenada *x* El primer número de un par ordenado; indica la distancia que debes moverte hacia la izquierda o la derecha desde el origen, (0, 0). (pág. 38)

Ejemplo: 5 es la coordenada *x* en (5, 3).

coordenada *y* El segundo número de un par ordenado; indica la distancia que debes moverte hacia arriba o abajo desde el origen, (0, 0). (pág. 38)

Ejemplo: 3 es la coordenada *y* en (5, 3)

correlación Descripción de la relación entre dos conjuntos de datos. (pág. 204)

correlación negativa Caso en que los valores de un conjunto de datos aumentan mientras que los valores de otro conjunto de datos disminuyen. (pág. 205)

correlación positiva Caso en el que los valores de ambos conjuntos de datos aumentan o disminuyen al mismo tiempo. (pág. 205)

correspondencia Manera de relacionar dos conjuntos de objetos. (pág. 250)

coseno (cos) En un triángulo rectángulo, la razón de la longitud del lado adyacente a un ángulo agudo a la longitud de la hipotenusa. (pág. 386)

crecimiento exponencial Ocurre en una función exponencial cuando el valor de salida $f(x)$ aumenta a medida que el valor de entrada x aumenta. (pág. 618)

cuadrado (en geometría) Rectángulo con cuatro lados congruentes. (pág. 240)

cuadrado (en numeración) Número elevado a la segunda potencia. (pág. 146)

Ejemplo: En 5^2, el número 5 está elevado al cuadrado.

cuadrado perfecto El cuadrado de un número cabal. (pág. 146)

cuadrante El eje de las x y el eje de las y dividen el plano cartesiano en cuatro regiones. Cada región recibe el nombre de cuadrante.

cuadrilátero Polígono de cuatro lados. (pág. 239)

cuartil Cada uno de tres valores, uno de los cuales es la mediana, que dividen en cuartos un conjunto de datos. Ver también *primer cuartil, tercer cuartil*. (pág. 188)

cubo (en numeración) Número elevado a la tercera potencia. (pág. 154)

cubo (figura geométrica) Prisma rectangular con seis caras cuadradas congruentes. (págs. 154, 300)

cuerda Segmento de recta cuyos extremos forman parte de un círculo. (pág. 778)

decágono Polígono de diez lados.

decimal cerrado Decimal que termina debido a que tiene un número determinado de posiciones decimales. (págs. 156, 767)

Ejemplo: 6.75

decimal no cerrado Decimal que nunca termina. (pág. 156)

decimal periódico Decimal en el que uno o más dígitos se repiten de manera indefinida. (págs. 156, 767)

Ejemplo: $0.757575\ldots = 0.\overline{75}$

decremento exponencial Ocurre en una función exponencial cuando el valor de salida $f(x)$ disminuye a medida que el valor de entrada x aumenta. (pág. 618)

denominador Número que está abajo en una fracción y que indica las partes en que se divide el entero. (pág. 112)

descuento Cantidad que se resta al precio original de un artículo.

desigualdad Enunciado matemático que muestra una relación entre cantidades que no son equivalentes. (pág. 23)

Ejemplo: $5 < 8; 5x + 2 \geq 12$.

desigualdad algebraica Desigualdad que contiene una o más variables. (pág. 23)

Ejemplo: $x + 3 > 10; 5a > b + 3$.

desigualdad compuesta Combinación de dos o más desigualdades. (pág. 23)

Ejemplo: $x \geq -2$ ó $x < 10$, ó $-2 \leq x < 10$.
x es mayor que o igual a -2 y menor que 10.

desigualdad lineal Enunciado matemático que usa los símbolos $<$, $>$, $\leq$, o $\geq$ y cuya gráfica es una región con una línea de límite recta. (pág. 567)

despejar la variable Dejar sola la variable en un lado de una ecuación o desigualdad para resolverla. (pág. 14)

desviación media Distancia promedio entre el valor de datos y la media. (pág. 208)

diagonal Segmento de recta que une dos vértices no adyacentes de un polígono.

diagrama de árbol Diagrama ramificado que muestra todas las posibles combinaciones o resultados de un suceso. (pág. 468)

diagrama de dispersión Gráfica de pares ordenados que se usa para mostrar una posible relación entre dos conjuntos de datos. (pág. 204)

diagrama de tallo y hojas Gráfica que muestra y ordena los datos de modo que se puedan comparar las frecuencias. (pág. 179)

diagrama de Venn Diagrama que sirve para mostrar las relaciones entre conjuntos. (pág. 696)

diagrama doble de tallo y hojas Diagrama de tallo y hojas que compara dos conjuntos de datos presentando uno de ellos a la izquierda del tallo y el otro a la derecha. (pág. 180)

diámetro Segmento de recta que pasa por el centro de un círculo y tiene sus extremos en la circunferencia, o bien la longitud de ese segmento. (pág. 294)

dibujo a escala Dibujo que usa una escala para que un objeto se vea proporcionalmente menor (reducción) o mayor (ampliación) que el objeto real al que representa. (pág. 372)

dibujo isométrico Representación de una figura tridimensional que se dibuja sobre una cuadrícula de triángulos equiláteros. (pág. 302)

diferencia El resultado de restar un número de otro.

diferencia común Diferencia entre dos términos consecutivos de una sucesión aritmética. (pág. 590)

dígitos significativos Dígitos usados para expresar la exactitud de una medida. (pág. 783)

dilatación Transformación que agranda o reduce una figura. (pág. 362)

dimensiones (de una matriz) Número de filas y columnas que hay en una matriz. (pág. 779)

dimensiones (geometría) Longitud, anchura o altura de una figura.

discontinuidad (gráfica) Zig-zag en la escala horizontal o vertical de una gráfica que indica la omisión de algunos números de la escala.

distancia horizontal El cambio horizontal cuando la pendiente de una línea se expresa como la razón $\frac{\text{distancia vertical}}{\text{distancia horizontal}}$, o "distancia vertical sobre distancia horizontal". (pág. 244)

distancia vertical El cambio vertical cuando la pendiente de una línea se expresa como la razón $\frac{\text{distancia vertical}}{\text{distancia horizontal}}$, o "distancia vertical sobre distancia horizontal". (pág. 244)

disyunción Enunciado compuesto de la forma "P ó Q". (pág. 703)

dividendo Número que se divide en un problema de división.

Ejemplo: En $8 \div 4 = 2$, 8 es el dividendo.

divisible Que se puede dividir entre un número sin dejar residuo. (pág. 762)

divisor El número entre el que se divide en un problema de división.

dodecaedro Poliedro de 12 caras.

dominio Conjunto de todos los posibles valores de entrada de una función. (pág. 608)

E

ecuación Enunciado matemático que indica que dos expresiones son equivalentes. (pág. 13)

ecuación lineal Ecuación cuyas soluciones forman una línea recta en un plano cartesiano. (pág. 540)

eje de las x El eje horizontal del plano cartesiano. (pág. 38)

eje de las y El eje vertical del plano cartesiano. (pág. 38)

eje de simetría El "espejo" imaginario en la simetría axial. (pág. 259)

ejes Las dos rectas numéricas perpendiculares del plano cartesiano que se intersecan en el origen. (pág. 38)

elementos (de una matriz) Entradas individuales de una matriz. (pág. 779)

elementos (de conjuntos) Palabras, números u objetos que forman un conjunto. (pág. 688)

en sentido contrario a las manecillas del reloj Movimiento circular hacia la izquierda en la dirección que se indica.

en sentido de las manecillas del reloj Movimiento circular hacia la derecha en la dirección que se indica.

entero negativo Entero menor que cero. (pág. 60)

entero positivo Entero mayor que cero. (pág. 60)

enteros Conjunto de todos los números cabales y sus opuestos. (pág. 60)

enunciado compuesto Enunciado que se forma combinando dos o más enunciados simples. (pág. 702)

enunciado condicional Enunciado compuesto de la forma "Si P, entonces Q". También se llama enunciado *si..., entonces...* (pág. 708)

enunciado *si..., entonces...* Enunciado compuesto de la forma "Si P, entonces Q". También se llama enunciado condicional. (pág. 708)

equivalentes Que tienen el mismo valor. (pág. 28)

escala La razón entre dos conjuntos de medidas. (pág. 372)

esfera Figura tridimensional en la que todos los puntos están a la misma distancia del centro. (pág. 324)

espacio muestral Todos los resultados posibles de un experimento. (pág. 446)

estimación Solución aproximada a la respuesta exacta que se obtiene mediante el redondeo u otros métodos. (pág. 420)

estimación alta Estimación mayor que la respuesta exacta.

estimación baja Estimación menor que la respuesta exacta.

estimar Hallar una solución aproximada a la respuesta exacta mediante el redondeo u otros métodos. (pág. 420)

evaluar Hallar el valor de una expresión numérica o algebraica. (pág. 4)

exactitud Cercanía de una medida o valor a la medida o valor real.

experimento (probabilidad) En probabilidad, cualquier actividad basada en la posibilidad, como lanzar una moneda. (pág. 446)

exponente Número que indica cuántas veces se usa la base como factor. (pág. 84)

expresión Enunciado matemático que contiene operaciones, números y(o) variables. (pág. 4)

expresión algebraica Expresión que contiene una o más variables. (pág. 4)

Ejemplo: $x + 8$, $4(m - b)$.

expresión numérica Expresión matemática que incluye sólo números y operaciones matemáticas.

extremo Punto al final de un segmento de recta o rayo.

factor Número que se multiplica por otro para hallar un producto. (pág. 762)

factor común Número que es factor de dos o más números. (pág. 764)

Ejemplo: 8 es factor común de 16 y 40.

factor de conversión Fracción cuyo numerador y denominador representan la misma cantidad pero con unidades distintas; la fracción es igual a 1 porque el numerador y el denominador son iguales. (págs. 350, 780)

Ejemplo: $\frac{24 \text{ horas}}{1 \text{ día}}$ y $\frac{1 \text{ día}}{24 \text{ horas}}$.

factor de conversión de unidades Fracción que se usa para la conversión de unidades, donde el numerador y el denominador representan la misma cantidad pero con unidades distintas. (pág. 350)

Ejemplo: $\frac{60 \text{ min}}{1 \text{ hora}}$ ó $\frac{1 \text{ hora}}{60 \text{ min}}$.

factor de escala Razón empleada para agrandar o reducir figuras semejantes. (pág. 362)

factorial El producto de todos los números cabales menores o iguales a un número, excepto cero. (pág. 471)

Ejemplo: 4 factorial = 4! = $4 \cdot 3 \cdot 2 \cdot 1$;
0! se define como 1.

factorización prima Número que se escribe como el producto de sus factores primos. (pág. 763)

Fahrenheit Escala de temperatura en la que 32° F es el punto de congelación del agua y 212° F es el punto de ebullición.

FOIL Acrónimo en inglés de los términos que se usan al multiplicar dos binomios: Primeros (**F**irst), Internos (**I**nner), Externos (**O**uter), Últimos (**L**ast). (pág. 670)

forma de pendiente-intersección Ecuación lineal escrita en la forma $y = mx + b$, donde m es la pendiente y b es la intersección con el eje de las y. (pág. 551)

forma de punto y pendiente Ecuación lineal en la forma $y - y_1 = m(x - x_1)$, donde m es la pendiente y (x_1, y_1) es un punto específico de la línea. (pág. 556)

forma desarrollada Número escrito como suma de los valores de sus dígitos.

Ejemplo: 236,536 escrito en forma desarrollada es 200,000 + 30,000 + 6,000 + 500 + 30 + 6.

forma estándar (en numeración) Una manera de escribir números usando dígitos.

Ejemplo: Cinco mil doscientos diez en la forma estándar es 5210.

forma exponencial Un número está en forma exponencial cuando se escribe con una base y un exponente. (pág. 84)

fórmula Regla que muestra relaciones entre cantidades.

fracción Número escrito en la forma $\frac{a}{b}$, donde $b \neq 0$.

fracción impropia Fracción cuyo numerador es mayor o igual que el denominador. (pág. 765)

fracción propia Fracción en la que el numerador es menor que el denominador.

Ejemplo: $\frac{3}{4}, \frac{1}{12}, \frac{7}{8}$

fracciones distintas Fracciones con denominadores distintos. (pág.131)

fracciones equivalentes Fracciones que representan la misma cantidad o la misma parte de un todo.

fracciones semejantes Fracciones que tienen el mismo denominador.

fractal Estructura con patrones repetidos que contienen figuras similares al patrón general pero de diferente tamaño. (pág. 285)

frecuencia acumulativa Muestra el total acumulado de las frecuencias. (pág. 775)

función Regla que relaciona dos cantidades de forma que a cada valor de entrada corresponde exactamente un valor de salida. (pág. 608)

función cuadrática Función de la forma $y = ax^2 + bx + c$, donde $a \neq 0$. (pág. 621)

Ejemplo: $y = 2x^2 - 12x + 10, y = -3x^2$

función exponencial Función no lineal en la que la variable está en el exponente. (pág. 617)

función lineal Función cuya gráfica es una línea recta. (pág. 613)

función no lineal Función cuya gráfica no es una línea recta.

grado Unidad de medida para ángulos y temperaturas. (pág. 222)

grado de un polinomio La potencia más alta de la variable en un polinomio. (pág. 645)

grado (de un vértice) El número de aristas que tocan un vértice. (pág. 712)

gráfica Conjunto de puntos y los segmentos de recta o arcos que los conectan. También se llama red. (pág. 712)

gráfica circular Gráfica que usa secciones de un círculo para comparar partes con el todo y con otras partes.

gráfica conectada Gráfica en la que existe una trayectoria de cada vértice a todos los demás vértices. (pág. 712)

gráfica de barras Gráfica en la que se usan barras verticales u horizontales para presentar datos. (pág. 196)

gráfica de doble barra Gráfica de barras que compara dos conjuntos de datos relacionados.

gráfica de doble línea Gráfica lineal que muestra cómo cambian con el tiempo dos conjuntos de datos relacionados.

gráfica de mediana y rango También conocida como gráfica de "caja y bigotes" ya que muestra los cuartiles superior e inferior como "bigotes", los dos cuartiles intermedios como una "caja", así como la mediana de los datos. (pág. 189)

gráfica de una ecuación Gráfica del conjunto de pares ordenados que son soluciones de la ecuación. (pág. 39)

gráfica lineal Gráfica que muestra cómo cambian los datos mediante segmentos de recta. (pág. 197)

hemisferio La mitad de una esfera. (pág. 324)

heptágono Polígono de siete lados. (pág. 239)

hexágono Polígono de seis lados. (pág. 239)

hipotenusa En un triángulo rectángulo, el lado opuesto al ángulo recto. (pág. 290)

hipótesis El primer enunciado de un enunciado condicional. (pág. 708)

histograma Gráfica de barras que muestra la frecuencia de los datos en intervalos iguales. (pág. 196)

icosaedro Poliedro de 20 caras. (pág. 300)

imagen Figura que resulta de una transformación. (pág. 254)

imposible (en probabilidad) Que nunca puede ocurrir. Suceso cuya probabilidad de ocurrir es 0. (pág. 446)

impuesto retenido Deducción de las ganancias como pago anticipado del impuesto sobre los ingresos. (pág. 425)

impuesto sobre la venta Porcentaje del costo de un artículo que los gobiernos cobran para recaudar fondos. (pág. 424)

interés Cantidad de dinero que se cobra por el préstamo o uso del dinero, o la cantidad que se gana al ahorrar dinero. (pág. 428)

interés compuesto Interés que se gana o se paga sobre el capital y los intereses previamente ganados o pagados. (pág. 432)

interés simple Un porcentaje fijo del capital. Se calcula con la fórmula $I = Crt$, donde C representa el capital, r, la tasa de interés, y t, el tiempo. (pág. 428)

intersección (de conjuntos) El conjunto de elementos comunes a dos o más conjuntos. (pág. 692)

intersección con el eje de las *x* Coordenada x del punto donde la gráfica de una recta cruza el eje de las x. (pág. 550)

intersección con el eje de las *y* Coordenada y del punto donde la gráfica de una recta cruza el eje de las y. (pág. 550)

intervalo El espacio entre los valores marcados en una recta numérica o en la escala de una gráfica.

inverso aditivo El opuesto de un número. (pág. 126)
Ejemplo: El inverso aditivo de 6 es −6.

inverso multiplicativo Un número multiplicado por su inverso multiplicativo es igual a 1. También se le llama *recíproco*. (pág. 126)
Ejemplo: El inverso multiplicativo de $\frac{4}{5}$ es $\frac{5}{4}$.

justo Un experimento es justo si todos los resultados posibles son igualmente probables. (pág. 462)

lado Segmento de recta que delimita las figuras geométricas; una de las caras que forman la parte exterior de un objeto. (pág. 280)

lados correspondientes Lados que se localizan en la misma posición relativa en dos o más polígonos. (pág. 250)

línea Trayectoria recta que se extiende de manera indefinida en direcciones opuestas. (pág. 222)

Línea de horizonte Línea que representa el nivel de la vista del observador. (pág. 303)

línea de límite Conjunto de puntos donde los dos lados de una desigualdad lineal con dos variables son iguales. (pág. 567)

línea de mejor ajuste La línea recta que más se aproxima a los puntos de un diagrama de dispersión. (pág. 204)

línea de reflexión Línea sobre la cual se voltea una figura para crear una imagen idéntica de la figura original. (pág. 254)

líneas oblicuas Líneas que se encuentran en planos distintos, por eso no se intersecan ni son paralelas.

líneas paralelas Líneas que se encuentran en el mismo plano pero que nunca se intersecan. (pág. 228)

líneas perpendiculares Líneas que al intersecarse forman ángulos rectos. (pág. 228)

líneas secantes Líneas que se cruzan en un solo punto.

matriz Arreglo rectangular de datos encerrado entre corchetes. (pág. 779)

máximo común divisor (MCD) El mayor de los factores comunes compartidos por dos o más números. (pág. 764)

media La suma de todos los elementos, dividida entre el número total de elementos en el conjunto de datos. También se llama *promedio*. (pág. 184)

mediana El número intermedio, o la media (el promedio), de los dos números intermedios en un conjunto ordenado de datos. (pág. 184)

mediatriz Línea que cruza un segmento en su punto medio y es perpendicular al segmento. (pág. 227)

medición indirecta Técnica que consiste en usar figuras semejantes y proporciones para hallar la medida de un objeto que no se puede medir en forma directa.

medida de tendencia dominante Medida empleada para describir la parte media de un conjunto de datos; la media, la mediana y la moda son medidas de tendencia dominante. (pág. 184)

mínima expresión Una fracción está en su mínima expresión cuando el numerador y el denominador no tienen más factor común que 1. (pág. 112)

mínimo común denominador (mcd) El múltiplo común más pequeño de dos o más denominadores.

mínimo común múltiplo (mcm) El menor de los múltiplos de dos o más números que no sea cero. (pág. 764)

moda Valor o valores más frecuentes en un conjunto de datos; si todos los números aparecen con la misma frecuencia, no hay moda. (pág. 184)

modelo a escala Modelo proporcional de un objeto tridimensional. (pág. 376)

monomio Un número o un producto de números y variables con exponentes que son números cabales. (pág. 644)

muestra Parte del grupo o población que se desea estudiar. (pág. 174)

muestra aleatoria Muestra que da a cada miembro de una población la misma posibilidad de ser elegido. (pág. 175)

muestra imparcial Una muestra es imparcial si cada individuo de la población tiene la misma posibilidad de ser seleccionado. (pág. 174)

muestra no representativa Muestra que no representa de forma justa la población. (pág. 174)

muestra por estratos Muestra de una población que ha sido dividida en subgrupos. (pág. 175)

muestra sistemática Muestra de una población, la cual se elije mediante un patrón. (pág. 175)

múltiplo El producto de cualquier número y un número cabal es un múltiplo de ese número. (pág. 762)

mutuamente excluyentes Dos sucesos son mutuamente excluyentes cuando no pueden ocurrir en la misma prueba de un experimento. (pág. 464)

notación científica Método abreviado que se usa para escribir números muy grandes o muy pequeños usando potencias de 10. (pág. 96)

notación de funciones Notación que se usa para describir una función. (pág. 609)

Ejemplo: $y = 3x^2 \longrightarrow f(x) = 3x^2$;
$f(x)$ se lee "f de x."

numerador El número de arriba de una fracción; indica cuántas partes de un todo se están considerando. (pág. 112)

número compuesto Número mayor que 1 que tiene más de dos factores que son números cabales. (pág. 763)

número impar Número cabal que no es divisible entre 2.

número irracional Número que no se puede expresar como una razón de dos enteros ni como decimal periódico o cerrado. (pág. 156)

número mixto Número que contiene un número cabal mayor que cero y una fracción. (pág. 765)

número par Número cabal divisible entre 2.

número primo Número cabal mayor que 1 que sólo es divisible entre 1 y entre él mismo. (pág. 763)

número racional Número que se puede escribir como una razón de dos enteros. (pág. 112)

Ejemplo: 6 se puede escribir como $\frac{6}{1}$, y 0.5 como $\frac{1}{2}$.

número real Número racional o irracional. (pág. 156)

números aleatorios En un conjunto de números aleatorios, todos los números tienen la misma probabilidad de ser seleccionados. (pág. 456)

números compatibles Números que pueden reemplazar a otros en un problema por ser más fáciles de usar en estimaciones o cálculos mentales. (págs. 420, 765)

octaedro Poliedro de ocho caras. (pág. 300)

octágono Polígono de ocho lados. (pág. 239)

operaciones inversas Operaciones que se anulan mutuamente: suma y resta, o multiplicación y división. (pág. 14)

opuestos Dos números que están a la misma distancia de cero en una recta numérica. También se llaman *inversos aditivos*. (pág. 60)

orden de las operaciones Regla para evaluar expresiones: primero se hacen las operaciones entre paréntesis, luego se hallan las potencias y raíces, después todas las multiplicaciones y divisiones de izquierda a derecha ,y por último todas las sumas y restas de izquierda a derecha. (pág. 768)

origen Punto de intersección entre el eje de las x y el eje de las y en un plano cartesiano: (0, 0). (pág. 38)

par nulo Un número y su opuesto, cuya suma es 0.

par ordenado Par de números que sirven para localizar un punto en un plano cartesiano. (pág. 34)

parábola Gráfica de una función cuadrática. (pág. 621)

paralelogramo Cuadrilátero con dos pares de lados paralelos. (pág. 240)

pendiente Medida de la inclinación de una línea en una gráfica. La distancia vertical dividida entre la distancia horizontal. (pág. 244)

pentágono Polígono de cinco lados. (pág. 239)

perímetro Distancia alrededor de un polígono. (pág. 280)

permutación Arreglo de objetos o sucesos en el que el orden es importante. (pág. 471)

perspectiva Técnica que sirve para hacer que los objetos tridimensionales parezcan tener profundidad y distancia en una superficie plana. (pág. 303)

pi (π) Razón de la circunferencia de un círculo a la longitud de su diámetro; $\pi \approx 3.14$ ó $\frac{22}{7}$. (pág. 294)

pirámide Poliedro cuya base es un polígono y tiene caras triangulares que terminan en un vértice común. (pág. 312)

pirámide regular Pirámide que tiene un polígono regular como base y caras laterales congruentes. (pág. 320)

plano Superficie plana que se extiende de manera indefinida en todas direcciones. (pág. 222)

plano cartesiano (cuadrícula de coordenadas) Plano formado por la intersección de una recta numérica horizontal llamada eje de las x y otra vertical llamada eje de las y. (pág. 38)

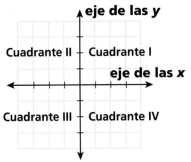

plantilla Arreglo de figuras bidimensionales que se doblan para formar un poliedro. (pág. 300)

población Grupo completo de objetos o individuos que se desea estudiar. (pág. 174)

poliedro Figura tridimensional cuyas superficies o caras tiene forma de polígonos.

polígono Figura cerrada plana, formada por tres o más segmentos de recta que se intersecan sólo en sus extremos (vértices). (pág. 239)

polígono regular Polígono con lados y ángulos congruentes. (pág. 240)

polinomio Un monomio o la suma o resta de monomios. (pág. 644)

porcentaje Razón que compara un número con el número 100. (pág. 400)

porcentaje de cambio Cantidad expresada como un porcentaje en que un número aumenta o disminuye. (pág. 416)

porcentaje de disminución Porcentaje en que una cifra disminuye. (pág. 416)

porcentaje de incremento Porcentaje en que una cifra aumenta. (pág. 416)

posibilidades Comparación de resultados favorables y no favorables. (pág. 482)

posibilidades a favor Razón del número de resultados posibles favorables con respecto al número de resultados posibles desfavorables. (pág. 482)

posibilidades en contra Razón del número de resultados posibles no favorables con respecto al número de resultados posibles favorables. (pág. 482)

potencia Número que resulta al elevar una base a un exponente. (pág. 84)

Ejemplo: $2^3 = 8$, así que 8 es la 3a. potencia de 2.

precio unitario Relación unitaria que sirve para comparar precios. (pág. 347)

precisión El nivel de detalle de una medición, determinado por la unidad de medida. (pág. 783)

premisa Enunciado condicional empleado en el razonamiento deductivo. (pág. 709)

primer cuartil La mediana de la mitad inferior de un conjunto de datos. También se llama *cuartil inferior*. (pág. 188)

primeras diferencias Sucesión que se forma al restar cada término de una sucesión del término siguiente. (pág. 601)

primo relativo Dos números son primos relativos si su máximo común divisor (MCD) es 1. (pág. 112)

Ejemplo: 7 y 15 son primos relativos.

Principio fundamental de conteo Si un suceso tiene m resultados posibles y un segundo suceso tiene n resultados posibles, después de ocurrido el primer suceso, entonces hay $m \cdot n$ posibles resultados en total para los dos sucesos. (pág. 467)

prisma Poliedro con dos bases congruentes con forma de polígono y caras con forma de paralelogramos. (pág. 307)

prisma rectangular Poliedro cuyas bases son rectángulos y sus caras tiene forma de paralelogramos. (pág. 307)

prisma triangular Poliedro cuyas bases son triángulos y sus demás caras tienen forma de paralelogramos. (pág. 307)

probabilidad Un número entre 0 y 1 (ó 0% y 100%) que describe la posibilidad de que un suceso ocurra. (pág. 446)

probabilidad experimental Razón del número de veces que ocurre un suceso al número total de pruebas o a las veces que se realiza el experimento. (pág. 451)

probabilidad teórica Razón del número de resultados igualmente probales al número de resultados posibles. (pág. 462)

producto Resultado de multiplicar dos o más números.

producto cruzado Multiplicación cruzada de los numeradores y denominadores de dos razones. (pág. 356)

Ejemplo: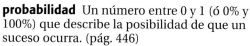

$$2 \cdot 6 = 12$$
$$3 \cdot 4 = 12$$

promedio La suma de un conjunto de datos dividida entre el número de elementos en el conjunto. También se le llama *media*. (pág. 184)

Propiedad asociativa
de la multiplicación: Propiedad que establece que para todos los números reales a, b y c, el producto siempre es el mismo, sin importar cómo se agrupen.

$a \cdot b \cdot c = (a \cdot b) \cdot c = a \cdot (b \cdot c)$. (pág. 769)

de la suma: Propiedad que establece que para todos los números reales a, b y c, la suma siempre es la misma sin importar cómo se agrupen:

$a + b + c = (a + b) + c = a + (b + c)$. (pág. 769)

Propiedad conmutativa
de la multiplicación: Propiedad que establece que dos o más números se pueden multiplicar en cualquier orden sin alterar el producto. (pág. 769)

Ejemplo: $6 \cdot 12 = 12 \cdot 6; a \cdot b = b \cdot a$

de la suma: Propiedad que establece que dos o más números se pueden sumar en cualquier orden sin alterar la suma. (pág. 769)

Ejemplo: $8 + 20 = 20 + 8; a + b = b + a$

Propiedad de densidad de los números reales Propiedad según la cual entre dos números reales cualesquiera siempre hay otro número real. (pág.157)

Propiedad de identidad del cero Propiedad que establece que la suma de cero y cualquier número es ese número. (pág. 769)

Propiedad de identidad del uno Propiedad que establece que el producto de 1 y cualquier número es ese número. (pág. 769)

Propiedad de igualdad de la división Propiedad que establece que puedes dividir ambos lados de una ecuación entre el mismo número distinto de cero, y la ecuación resultante tendrá la misma solución. (pág. 18)

Propiedad de igualdad de la multiplicación Propiedad que establece que puedes multiplicar ambos lados de una ecuación por el mismo número y la ecuación resultante tendrá la misma solución. (pág. 19)

Propiedad de igualdad de la resta Propiedad que establece que puedes restar el mismo número en ambos lados de una ecuación y la ecuación resultante tendrá la misma solución. (pág. 14)

Propiedad de igualdad de la suma Propiedad que establece que puedes sumar el mismo número en ambos lados de una ecuación y la ecuación resultante tendrá la misma solución. (pág. 14)

Propiedad de multiplicación del cero Propiedad que establece que para todos los números reales a, $a \cdot 0 = 0$ y $0 \cdot a = 0$. (pág. 769)

Propiedad de suma de los opuestos Propiedad que establece que la suma de un número y su opuesto es cero. (pág. 60)

Ejemplo: $12 + (-12) = 0$.

Propiedad distributiva Propiedad que establece que si multiplicas una suma por un número, obtienes el mismo resultado que si multiplicas cada sumando por ese número y luego sumas los productos. (pág. 769)

Ejemplo: $5 \cdot 21 = 5(20 + 1) = (5 \cdot 20) + (5 \cdot 1)$.

propina Cantidad de dinero que se agrega a una cuenta por un servicio; por lo regular es un porcentaje de la cuenta. (pág. 420)

proporción Ecuación que establece que dos razones son equivalentes. (pág. 343)

prueba En probabilidad, una sola repetición u observación de un experimento. (pág. 446)

punto Ubicación exacta en el espacio. (pág. 222)

punto de fuga En el dibujo en perspectiva, es el punto donde se encuentran los segmentos paralelos de un objeto. (pág. 303)

punto medio El punto que divide un segmento de recta en dos segmentos de recta congruentes.

radio Segmento de recta con un extremo en el centro de un círculo y el otro en la circunferencia. También se llama radio a la longitud de ese segmento. (pág. 294)

raíz cuadrada Uno de los dos factores iguales de un número. (pág.146)

Ejemplo: $16 = 4 \cdot 4$, ó $16 = -4 \cdot -4$; por tanto, 4 y −4 son raíces cuadradas de 16.

raíz cuadrada principal Raíz cuadrada no negativa de un número. (pág. 146)

Ejemplo: $\sqrt{25} = 5$. La raíz cuadrada principal es 5.

rango (en estadística) Diferencia entre los valores máximo y mínimo de un conjunto de datos. (pág. 188)

rango (en una función) El conjunto de todos los valores posibles de una función. (pág. 608)

rayo Parte de una línea que inicia en un extremo y se extiende de manera indefinida. (pág. 222)

razón Comparación de dos cantidades mediante una división. (pág. 342)

Ejemplo: 12 a 25, 12:25, $\frac{12}{25}$.

razón común Razón por la que se multiplica cada término para obtener el siguiente término de una sucesión geométrica. (pág. 595)

razonamiento deductivo Forma de argumento que usa enunciados condicionales. (pág. 709)

razonamiento inductivo Uso de un patrón para sacar una conclusión. (pág. 773)

razones equivalentes Razones que representan la misma comparación. (pág. 342)

razones trigonométricas Razones que comparan las longitudes de los lados de un triángulo rectángulo; las razones más comunes son tangente, seno y coseno. (pág. 386)

recíproco Uno de dos números cuyo producto es igual a 1. También se llama *inverso multiplicativo*. (pág. 126)

Ejemplo: El recíproco de $\frac{2}{3}$ es $\frac{3}{2}$. El recíproco de n es $\frac{1}{n}$.

rectángulo Paralelogramo con cuatro ángulos rectos. (pág. 240)

red Conjunto de puntos y segmentos de recta o arcos que los conectan. También se llama gráfica. (pág. 712)

redondear Sustituir un número por una estimación de ese número hasta cierto valor posicional. (pág. 760)

Ejemplo: 2354 redondeado a millares es 2000 y 2354 redondeado a centenas es 2400.

reducción Disminución de tamaño en todas las dimensiones de una figura. (pág. 373)

reflexión Transformación que ocurre cuando se voltea una figura sobre la línea de reflexión. (pág. 254)

relación Comparación de dos cantidades expresadas con unidades diferentes. (pág. 346)

Ejemplo: El límite de velocidad es de 55 millas por hora, o 55 mi/h.

resolver Hallar una respuesta o solución. (pág. 13)

resultado posible (en probabilidad) Un posible resultado de un experimento de probabilidad. (pág. 446)

resultados igualmente probables Resultados que tienen la misma probabilidad de ocurrir. (pág. 462)

rombo Paralelogramo en el que todos los lados son congruentes. (pág. 240)

rotación Transformación que ocurre cuando una figura gira alrededor de un punto. (pág. 254)

secante Línea que interseca un círculo en dos puntos. (pág. 778)

sector (datos) Porción de una gráfica circular que representa una parte del conjunto de datos. (pág. 404)

segmento Parte de una línea entre dos extremos. (pág. 222)

segmento de recta Parte de una línea entre dos extremos. (pág. 222)

segmentos de recta congruentes Segmentos que tienen la misma longitud. (pág. 223)

segundas diferencias Sucesión formada a partir de las diferencias de diferencias entre términos de una sucesión. (pág. 601)

segundo cuartil La mediana de un conjunto de datos. (pág. 188)

seguro (probabilidad) Que con seguridad sucederá. Representa una probabilidad de 1. (pág. 446)

semejantes Figuras que tienen la misma forma, pero no necesariamente el mismo tamaño. (pág. 367)

seno (sen) En un triángulo rectángulo, la razón de la longitud del lado opuesto al ángulo agudo a la longitud de la hipotenusa. (pág. 386)

símbolo de radical El símbolo $\sqrt{}$ que se usa para representar la raíz cuadrada no negativa de un número. (pág. 146)

simetría axial Una figura tiene simetría axial si una mitad es la imagen idéntica de la otra mitad. (pág. 259)

simetría con respecto a un punto Una figura tiene simetría con respecto a un punto si coincide con sí misma después de una rotación de 180°. (pág. 260)

simetría de rotación Ocurre cuando una figura gira menos de 360° alrededor de un punto sin dejar de ser congruente con la figura original. (pág. 260)

simplificar Escribir una fracción o expresión en su mínima expresión. (pág. 29)

simulación Representación de un experimento que en muchos casos sería demasiado difícil o tomaría demasiado tiempo realizarlo. (pág. 456)

sin correlación Caso en que los valores de los dos conjuntos no muestran ninguna relación. (pág. 205)

sistema de base 10 Sistema de numeración en el que todos los números se expresan con los dígitos 0–9. (pág. 160)

sistema de ecuaciones Conjunto de dos o más ecuaciones que contienen dos o más variables. (pág. 523)

sistema de ecuaciones lineales Dos o más ecuaciones lineales que se representan gráficamente en un mismo plano cartesiano. (pág. 576)

sistema de números binarios Sistema de numeración en el que todos los números se expresan por medio de dos dígitos, 0 y 1. (pág. 160)

sistema decimal Sistema de valor posicional de base 10. (pág. 160)

sistema métrico de medición Sistema decimal de pesos y medidas empleado universalmente en las ciencias y de uso común en todo el mundo.
Ejemplo: centímetros, metros, kilómetros, gramos, kilogramos, mililitros, litros

sistema usual de medidas El sistema de medidas que se usa en Estados Unidos.
Ejemplo: pulgadas, pies, millas, onzas, libras toneladas, tazas, cuartos, galones.

solución de un sistema de ecuaciones Conjunto de valores que hacen verdaderas todas las ecuaciones de un sistema. (pág. 523)

solución de una desigualdad Valor o valores que hacen verdadera una desigualdad. (pág. 23)

solución de una ecuación Valor o valores que hacen verdadera una ecuación. (pág. 13)

subconjunto Conjunto que pertenece a otro conjunto. (pág. 689)

sucesión Lista ordenada de números. (pág. 590)

sucesión aritmética Lista ordenada de números en la que la diferencia entre términos consecutivos siempre es la misma. (pág. 590)

sucesión de Fibonacci La sucesión infinita de números (1, 1, 2, 3, 5, 8, 13…); a partir del tercer término, cada número es la suma de los dos anteriores. Esta sucesión lleva el nombre de Leonardo Fibonacci, un matemático del siglo XIII. (pág. 603)

sucesión geométrica Lista ordenada de números que tiene una razón común entre términos consecutivos. (pág. 595)

suceso Resultado o conjunto de resultados posibles de un experimento o situación. (pág. 446)

sucesos dependientes Sucesos en los que el resultado del primero no afecta la probabilidad del segundo. (pág. 477)

sucesos independientes Sucesos en los que el resultado del primero no afecta la probabilidad del segundo. (pág. 477)

suma Resultado de sumar dos o más números.

superficie lateral En un cilindro, superficie curva que une las bases circulares y forma los lados del cilindro; en un cono, la superficie curva que no es la base. (pág. 316)

sustituir Reemplazar una variable por un número u otra expresión en una expresión algebraica. (pág. 4)

tabla de frecuencia Tabla que organiza los datos de acuerdo al número de veces o frecuencia con que aparece cada valor. (págs. 196, 775)

tabla de función Tabla de pares ordenados que representan soluciones de una función.

tabla de verdad Forma de mostrar el valor lógico de un enunciado compuesto. (pág. 702)

tangente (en geometría) Recta que interseca un círculo en un punto. (pág. 778)

tangente (tan) En un triángulo rectángulo, la razón de la longitud del lado opuesto a un ángulo agudo a la longitud del lado adyacente a ese ángulo. (pág. 386)

tasa de comisión Pago que recibe una persona por hacer una venta, expresado como un porcentaje del precio de venta. (pág. 424)

tasa de interés Porcentaje que se cobra por una cantidad de dinero prestada o que se gana por una cantidad de dinero ahorrada; ver interés simple. (pág. 428)

tasa unitaria Una relación en donde la segunda cantidad de comparación es la unidad. (pág. 346)
Ejemplo: 10 centímetros por minuto

Teorema de la suma del triángulo Teorema que establece que las medidas de los ángulos de un triángulo suman 180°. (pág. 234)

Teorema de Pitágoras En un triángulo rectángulo, la suma de los cuadrados de los catetos es igual al cuadrado de la hipotenusa. (pág. 290)

tercer cuartil La mediana de la mitad superior de un conjunto de datos. También se llama *cuartil superior*. (pág. 188)

término (de una sucesión) Elemento o número de una sucesión. (pág. 590)

término (en una expresión) Las partes de una expresión que se suman o se restan. (pág. 28)

Ejemplo: $5x^2$ es una expresión de un término, -10 es una expresión de un término, y $x + 1$ es una expresión de dos términos.

términos semejantes Términos que contienen la misma variable elevada a la misma potencia. (pág. 28)

Ejemplo: En la expresión $3a + 5b + 12a$, $3a$ y $12a$ son términos semejantes.

teselado Patrón repetido de figuras planas que cubren totalmente un plano sin traslaparse ni dejar huecos. (pág. 263)

teselado regular Se forma al usar un polígono regular para llenar un plano. (pág. 263)

teselado semirregular Se forma con dos o más polígonos regulares repetidos en los que todos los vértices son idénticos. (pág. 263)

tetraedro Poliedro de cuatro caras. (pág. 300)

transformación Cambio en el tamaño o la posición de una figura. (pág. 254)

transportador Instrumento para medir ángulos. (págs. 228, 772)

transversal Línea que cruza dos o más líneas. (pág. 228)

trapecio Cuadrilátero que tiene exactamente un par de lados paralelos. (pág. 240)

traslación Desplazamiento de una figura a lo largo de una línea recta. (pág. 254)

trayectoria Forma de ir de un vértice de una gráfica a otro, siguiendo una o más aristas. (pág. 712)

trazar una bisectriz Dividir en dos partes congruentes. (pág. 227)

triángulo Polígono de tres lados. (pág. 234)

triángulo acutángulo Triángulo en el que todos los ángulos miden menos de 90°. (pág. 234)

Triángulo de Pascal Arreglo triangular de números en el que cada fila inicia y termina con 1 y cada uno de los otros números es la suma de los dos números que están arriba de él. (pág. 476)

triángulo equilátero Triángulo con tres lados congruentes. (pág. 235)

triángulo escaleno Triángulo que no tiene lados congruentes. (pág. 235)

triángulo isósceles Triángulo que tiene al menos dos lados congruentes. (pág. 235)

triángulo obtusángulo Triángulo que tiene un ángulo obtuso. (pág. 234)

triángulo rectángulo Triángulo que tiene un ángulo recto. (pág. 234)

trimestral Cuatro veces al año. (pág. 432)

trinomio Polinomio con tres términos. (pág. 644)

unión El conjunto de todos los elementos que pertenecen a dos o más conjuntos. (pág. 693)

valor absoluto Distancia a la que está un número de 0 en una recta numérica. El símbolo del valor absoluto es $|\,|$. (págs. 60, 771)

Ejemplo: $|-5| = 5$.

valor de entrada Valor que se usa para sustituir una variable en una expresión o función. (pág. 608)

valor de salida Valor que resulta después de sustituir una variable con un valor de entrada en una función o expresión. (pág. 608)

valor de verdad Verdadero o falso. (pág. 702)

valor extremo Valor mucho mayor o mucho menor que los demás de un conjunto de datos. (pág. 185)

variabilidad Medida en que se extienden los valores de un conjunto de datos. (pág. 188)

variable Letra o símbolo que representa una cantidad que puede cambiar. (pág. 4)

variación directa Relación entre dos variables en la que los datos aumentan o disminuyen juntos a una tasa constante. (pág. 562)

variación inversa Relación en la que una cantidad variable aumenta a medida que otra cantidad variable disminuye; el producto de las variables es una constante. (pág. 628)

vértice En un ángulo o polígono, el punto de intersección de dos lados; en un poliedro, el punto de intersección de tres o más caras; en un cono o pirámide, la punta. (pág. 302)

vértice (de una gráfica) Los puntos de una gráfica. (pág. 712)

volumen Número de unidades cúbicas que se necesitan para llenar un espacio. (pág. 307)

Índice

índice

Índice

Índice

Fórmulas

Perímetro

Polígono	$P = $ la suma de la longitud de todos los lados
Rectángulo	$P = 2(b + h)$
Cuadrado	$P = 4s$

Variables: $b = $ base/base; $h = $ height/altura; $s = $ side/lado

Circunferencia

Círculo	$C = 2\pi r$, ó $C = \pi d$
	$d = 2r$

Variables: $r = $ radius/radio; $d = $ diameter/diámetro

Volumen

Prisma	$V - Bh$
Prisma rectangular	$V = \ell w h$
Cubo	$V = s^3$
Cilindro	$V = \pi r^2 h$
Pirámide	$V = \frac{1}{3}Bh$
Cono	$V = \frac{1}{3}\pi r^2 h$
Esfera	$V = \frac{4}{3}\pi r^3$

Variables: $B = $ area of the base/área de la base; $h = $ height/altura; $\ell = $ length/longitud; $w = $ width/anchura; $s = $ side/lado; $r = $ radius/radio

Área

Círculo	$A = \pi r^2$
Paralelogramo	$A = bh$
Rectángulo	$A = bh$
Cuadrado	$A = s^2$
Triángulo	$A = \frac{1}{2}bh$
Trapecio	$A = \frac{1}{2}h(b_1 + b_2)$

Variables: $r = $ radius/radio; $b = $ base/base; $h = $ height/altura; $s = $ side/lado; $b_1 = $ one base/una base; $b_2 = $ the other base/la otra base

Área total

Prisma	$S = 2B + ph$
Prisma rectangular	$S = 2\ell w + 2\ell h + 2wh$
Cubo	$S = 6s^2$
Cilindro	$S = 2B + 2\pi rh$
Pirámide regular	$S = B + \frac{1}{2}p\ell$
Cono	$S = \pi r^2 + \pi r\ell$
Esfera	$S = 4\pi r^2$

Variables: $S = $ Surface area/Área total; $B = $ area of the base/área de la base; $p = $ perimeter of the base/perímetro de la base; $h = $ height/altura; $\ell = $ length/longitud; $w = $ width/anchura; $s = $ side/lado; $\ell = $ slant height/altura inclinada

Trigonometría

Seno	$\operatorname{sen} A = \dfrac{\text{longitud del cateto opuesto al } \angle A}{\text{longitud de la hipotenusa}}$
Coseno	$\cos A = \dfrac{\text{longitud del cateto adyacente al } \angle A}{\text{longitud de la hipotenusa}}$
Tangente	$\tan A = \dfrac{\text{longitud del cateto opuesto al } \angle A}{\text{longitud del cateto adyacente al } \angle A}$

Probabilidad

Experimental	$\text{probabilidad} \approx \dfrac{\text{número de resultados favorables}}{\text{número total de pruebas}}$
Teórica	$\text{probabilidad} = \dfrac{\text{número de resultados en el suceso}}{\text{número de resultados en el espacio muestral}}$
Permutaciones	$_nP_r = \dfrac{n!}{(n - r)!}$
Combinaciones	$_nC_r = \dfrac{_nP_r}{r!} = \dfrac{n!}{r!(n - r)!}$
Sucesos dependientes	$P(A \text{ y } B) = P(A) \cdot P(B \text{ luego de } A)$
Sucesos independientes	$P(A \text{ y } B) = P(A) \cdot P(B)$